主编单位　中国机械工程学会铸造分会
　　　　　济南圣泉集团股份有限公司

圣泉铸工手册

（第二版）

SQ Manual for Foundrymen

（The Second Edition）

主编　娄延春

东北大学出版社

Ⓒ 娄延春 2024

图书在版编目（CIP）数据

圣泉铸工手册 / 娄延春主编. —2版. —沈阳：
东北大学出版社，2024.4
ISBN 978-7-5517-3424-0

Ⅰ．①圣… Ⅱ．①娄… Ⅲ．①铸造—手册 Ⅳ．
①TG2-62

中国国家版本馆CIP数据核字（2023）第199947号

出 版 者：东北大学出版社
　　　　　地址：沈阳市和平区文化路三号巷 11 号
　　　　　邮编：110819
　　　　　电话：024-83687331（市场部）　83680267（社务部）
　　　　　传真：024-83680180（市场部）　83687332（社务部）
　　　　　网址：http://www.neupress.com
　　　　　E-mail：neuph@neupress.com
印 刷 者：济南世博印刷有限公司
发 行 者：东北大学出版社
幅面尺寸：185 mm × 260 mm
印 　 张：41.5
字 　 数：983 千字
出版时间：1999 年 10 月第 1 版
　　　　　2024 年 4 月第 2 版
印刷时间：2024 年 4 月第 3 次印刷
责任编辑：郭爱民　项　阳
责任校对：孙德海　汪彤彤　邱　静　高艳君
封面设计：潘正一
责任出版：唐敏志

ISBN 978-7-5517-3424-0　　　　　　　　　　　　定价：198.00 元

第二版编委会

第一版编委会

中国机械工程学会铸造分会简介

中国机械工程学会铸造分会（以下简称"铸造分会"）是专业学术团体，隶属于中国机械工程学会，成立于1962年，于1978年代表中国正式加入世界铸造组织（WFO），是该组织的中国官方代表。WFO造型材料委员会、铁基材料委员会、非铁合金委员会和压铸委员会的秘书处均设在该会，并由该会负责每年组织开展各项交流活动。自成立以来，铸造分会始终致力于中国铸造行业的发展，不断加强与世界各国铸造组织的交流与合作，在国内外广泛开展全方位铸造行业服务工作，助力中国乃至全球铸造产业发展。

铸造分会依托于中国机械总院集团沈阳铸造研究所有限公司，集成铸造杂志社、全国铸造标准化技术委员会、世界铸造组织等国内外相关优质资质和资源，开展了学术和技术交流，展览展示，教育培训，表彰奖励，科技成果评价，国际交流，编辑出版，铸造国家标准、行业标准和团体标准制订和修订以及世界铸造组织业务等工作。

铸造杂志社现编辑出版2种国内外公开发行的铸造技术期刊：一种是《铸造》杂志，月刊；另一种是*China Foundry*杂志，英文版，双月刊。《铸造》杂志是以报道应用技术为主的综合性刊物，坚持面向经济建设、面向生产实际，体现国家对铸造科技的具体方针政策，致力于促进我国铸造科技的进步和生产的发展。*China Foundry*旨在宣传中国铸造领域的发展状况，为国外科研院所企业了解中国铸造行业，进一步增进学术交流与技术合作提供了一个有效的平台。

铸造分会作为唯一代表我国加入世界铸造组织的机构，先后于1995年和2010年分别在北京和杭州承办了第61届、第69届世界铸造会议；组织召开了两届亚洲铸造会议，并组织铸造专业人士参加国际会议和国际交流活动。通过组织开展系列国际交流活动，加强了我国铸造工作者同国外同行的交流与合作，促进了我国铸造行业的发展。2024年10月，铸造分会将于中国德阳再次承办第75届世界铸造会议。届时，铸造分会一定会全力以赴，给世界呈现一场精彩绝伦的会议，让中国铸造再次闪亮在世界的舞台！

近年来，在中国机械工程学会和各级组织以及广大铸造工作者的支持下，铸造分会不断增强凝聚力和影响力，不断增强生机和活力，推进了工作的快速发展。相信在各级主管部门的领导下及各级组织的支持下，在一个新的历史起点上，铸造分会将更加紧密和广泛地团结广大铸造工作者，在振兴铸造业，建设创新型国家与构筑和谐社会的进程中，一定能够不辱使命，不负重托，创造出无愧于时代的新业绩。

济南圣泉集团股份有限公司简介

济南圣泉集团股份有限公司（以下简称"圣泉集团"）始建于1979年，是沪市主板上市企业（股票代码：605589），总部坐落于一代儒商孟洛川的故里章丘刁镇，占地面积200多万平方米，现有员工4000余名，总资产130余亿元。业务涵盖生物质精炼、高性能树脂及复合材料、铸造材料、健康医药、新能源等领域。在德国、西班牙、俄罗斯、印度、巴西等国以及我国广东、四川、辽宁、黑龙江、内蒙古、河北等地设有子公司，产品市场覆盖全国并远销欧美、东南亚等区域的50多个国家和地区。

圣泉集团旗下拥有2家国家制造业单项冠军示范企业、1家国家专精特新"小巨人"企业、2家省级制造业单项冠军示范企业、12家高新技术企业，是国家技术创新示范企业、农业产业化国家重点龙头企业、国家知识产权示范企业、首批国家级"绿色工厂"、中国制造业民营企业五百强。圣泉集团是全球秸秆绿色节能综合利用引领者和"神舟"飞船返回舱保温原材料制造商，主导产品呋喃树脂和酚醛树脂产销规模位居全球首位，芯片光刻胶用树脂、5G 通信 PCB 用电子树脂、轻芯钢等多种产品打破国外垄断。

铸造材料是圣泉集团优势支柱产业，主导产品呋喃树脂年产能15万吨，位居世界第一；酚醛树脂年产能60万吨（其中覆膜砂树脂10万吨），位居世界第一；过滤器产品打破国外垄断，被科技部认定为国家"火炬计划"重点高新技术产品，产销量亚洲最大；冷芯盒树脂、覆膜砂酚醛树脂、碱性酚醛树脂、涂料、固化剂、无机黏结剂、发热保温冒口套、熔炼材料等铸造辅助材料产品达100多系列，构建了完整的铸造辅助材料产品体系。产品广泛应用于汽车、船舶、飞机、轨道交通、内燃机、风电及能源设备、机床、工程机械及矿业设备、通用机械等产业的高端精密铸件以及出口铸件，产品质量国际领先，"圣泉"品牌成为全球铸造行业领军品牌。

圣泉集团始终坚持绿色低碳发展理念和"一站式采购、全方位服务"合作理念，依托核心技术，提供产品开发、产品应用、工艺优化、环保治理等系列服务，为客户稳定高效生产提供技术保障。行业内率先推出低VOCs（挥发性有机物）呋喃树脂、超低加入量冷芯盒树脂、双层复合过滤器、碱酚砂再生、车间烟气治理等产品和技术，通过产业链协作与创新，促进行业高质量发展。

创新是圣泉集团发展的灵魂。公司建有国家级企业技术中心，下设10余个专业研究所，拥有科研人员400余名，每年研发费用投入超过3.5亿元；设有国家级博士后科研工作站、国家生物质燃料加工专业分中心、国家认证认可实验室、山东省企业重点实验室、山东省工程研究中心等多个科研平台；重视产学研建设，与中国科学院、清华大学、武汉大学、西安交通大学、天津大学、华东师范大学、哈尔滨工业大学、厦门大学、大连理工大学、四川大学、山东大学等50余家高校院所建立长期合作关系，搭建多个协同创新平台，创新体系日益完善；累计申报国际、国家专利1200余项，多项专利相继荣获"中国专利银奖""中国专利优秀奖"等荣誉；承担省级及以上科技项目近百项，主持起草标准近百项，创新成果竞相涌现。

圣泉集团将坚持创新驱动发展战略，努力迈向高端，走高端化、功能化、精细化、高性能化路线，继续加大在电子化学品、绿色铸造、生物医药、碳材料、新能源等领域的技术创新投入，全力构建低碳、生态、循环的高质量发展体系，致力于成为全球领先的生物质和化学新材料解决方案提供商，实现"立百年圣泉，为人类造福"的企业愿景。

第二版前言

为推动铸造行业技术进步，促进生产实践与理论紧密结合，中国机械工程学会铸造分会与济南圣泉集团股份有限公司共同主编了《圣泉铸工手册》。该书自1999年第一次出版后，以"基本、常用、先进、实用、通俗、精练"等特点，受到广大铸造工作者的喜爱，是基层铸造工作者一本方便实用的工具书，对于实际工作起到了积极的作用。20多年来，铸造行业的新材料、新装备、新工艺、新技术朝着轻量化、数字化、智能化、绿色化不断发展。为紧跟铸造行业产品及技术发展步伐，中国机械工程学会铸造分会与济南圣泉集团股份有限公司经过友好协商，决定修订再版《圣泉铸工手册》。

《圣泉铸工手册》（第二版）正文共9章，近100万字，阐述了先进实用的铸造工艺与技术，并对第一版手册的内容做了相应的修订、补充、完善，融入国际、国家、行业及团体标准，促进世界铸造互联互通，为广大铸造工作者再次呈现一本先进、实用的工具书。希望《圣泉铸工手册》（第二版）能够走进广大铸造企业及相关高校，服务于更多铸造行业的一线工作者，助力行业培养更多实用型人才，推动行业更好地发展。

各章编审人员如下：

	主　编	主　审
第1章	傅高升	刘　越
第2章	黄天佑	樊自田
第3章	王泽华	洪恒发
第4章	刘金海	解明国
第5章	谢敬佩	吴铁明
第6章	刘相法	吴树森
第7章	李大勇	尹大伟
第8章	刘统洲	刘春雷
第9章	祝建勋	刘　烨　张科峰

编　者

2023年10月

第一版前言

改革开放以来，铸造行业有了长足的发展。为了给铸造工作者提供工作上的方便，在不同的组织和出版社的努力下，已面世了若干版本的《铸造手册》，这里的《圣泉铸工手册》，是以新的面貌与铸造工作者见面的。本手册力图贯彻改革开放和市场经济的思想，由铸造学术组织（中国机械工程学会铸造分会）与一个著名的、具有雄厚实力的铸造材料生产集团（济南圣泉集团股份有限公司）相结合，把铸造材料产品的应用与推动铸造技术的发展紧密地联系在一起；本手册力图反映近年来的新技术和新产品，使之具有20世纪末的水平；本手册力图简明扼要，为铸造工作者提供一本通俗易懂的工具书；本手册力图达到"基本、常用、先进、实用、通俗、精练"，让工人读者也能看得懂，用得上，并希望在广大铸造工作者用于改善产品质量，提高经济效益的同时也能促进圣泉产品质量的提高和带来更大的效益。

本手册正文共九章，约55万字，既阐述了先进实用的技术，又为使读者更全面地了解"圣泉"产品而专设一章《圣泉产品应用指南》，并在附录中简要地介绍了"圣泉集团"。希望读者对它有一个比较深入的了解。

各章编审人员如下：

	编写人	审稿人
第一章	周继扬	胡火生
第二章	王兴琳	周静一
第三章	李弘英　周静一	施与众　刘洪升　梁振寿
第四章	林克光	刘静远　赵宝峰
第五章	胡火生	何镇明
第六章	林汉同	贾　均
第七章	邓茂安	应忠堂
第八章	施与众	陈立夏
第九章	周静一	祝建勋

本手册有一些新尝试，不足之处在所难免，敬请读者指正。

编　者

1999年4月

目　录

第1章 基本知识与常用数据图表

1.1 基本知识

1.1.1 金属学基本知识

1.1.1.1 金属的晶体结构

1）基本概念

（1）晶格与晶胞。晶体内部的原子按一定的几何形状作有规则的长距离、周期性重复排列，即长程有序［图1.1（a）］，如金刚石、石墨及固态金属等均为晶体，晶体原子或分子规则排列方式称为晶体结构。金属的性能不仅取决于其组成的原子

和原子间结合的类型，也取决于原子规则排列的方式。为了便于分析晶体中原子的排列情况，将晶体中的原子抽象成几何质点，称为阵点。这些阵点有规则地周期性重复排列所形成的三维空间阵列，称为空间点阵。用假想的直线将阵点在空间的3个方向上连接起来而形成的空间格架，称为晶格［图1.1（b）］。直线的交点（原子中心）称为结点。晶格可以形象地表示晶体中原子的排列规律。从晶格中提取出的可以反映空间晶体结构特征最基本的几何单元称为晶胞，它是代表晶格原子排列规律的最小几何单元。晶胞［图1.1（c）］的各棱边长度分别用a、b、c表示，棱边之间的夹角分别用α、β、γ表示，这6个参数称为晶格常数。

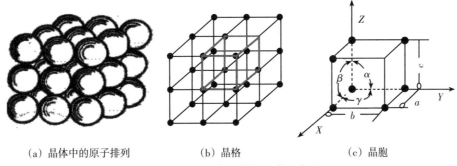

（a）晶体中的原子排列　　（b）晶格　　（c）晶胞

图1.1　简单立方晶格与晶胞示意图

（2）晶系。按照晶格常数a、b、c以及α、β、γ之间的相互关系分析所有晶体发现，这些晶体总体上可以划分为14种类型，称为布拉格点阵；进一步根据空间点阵的基本特点进行归纳整理，又可将这14

个点阵分为7个晶系。90%以上的金属具有立方晶系和六方晶系。

立方晶系：$a = b = c$，$\alpha = \beta = \gamma = 90°$

六方晶系：$a = b \neq c$，$\alpha = \beta = 90°$，$\gamma = 120°$

表1.1　晶格的晶系

晶　　系	晶胞棱边	棱边夹角
立方系	$a=b=c$	$\alpha=\beta=\gamma=90°$
正方（四方）系	$a=b\neq c$	$\alpha=\beta=\gamma=90°$
六方系	$a=b\neq c$	$\alpha=\beta=90°$，$\gamma=120°$
正交（斜方）系	$a\neq b\neq c$	$\alpha=\beta=\gamma=90°$
菱方（三角）系	$a=b=c$	$\alpha=\beta=\gamma\neq90°$
单斜系	$a\neq b\neq c$	$\alpha=\gamma=90°\neq\beta$
三斜系	$a\neq b\neq c$	$\alpha\neq\beta\neq\gamma\neq90°$

2）常见的晶体结构

（1）体心立方晶格。体心立方晶格的晶胞为一立方体，立方体的8个顶角各排列1个原子，立方体中心有1个原子，如图1.2所示。其晶格参数$a=b=c$。属于这种晶格类型的金属有α-铁、铬、钨、钼、钒等。

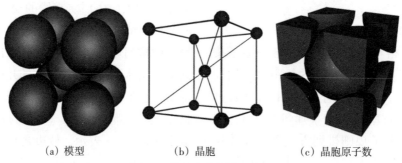

（a）模型　　　　（b）晶胞　　　　（c）晶胞原子数

图1.2　体心立方晶格示意图

（2）面心立方晶格。面心立方晶格的晶胞也是一个立方体，立方体的8个顶角和6个面的中心各排列1个原子，如图1.3所示。属于这种晶格类型的金属有 γ-铁、铝、铜、镍、金、银等。

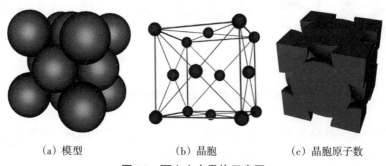

（a）模型　　　　（b）晶胞　　　　（c）晶胞原子数

图1.3　面心立方晶格示意图

（3）密排六方晶格。密排六方晶格的晶胞是一个六方柱体，柱体的12个顶角和上、下面中心各排列一个原子，在上、下面之间还有3个原子，如图1.4所示。属于这种晶格类型的金属有镁、锌、铍、α-钛等。

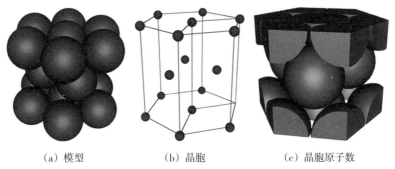

（a）模型　　　　　（b）晶胞　　　　　（c）晶胞原子数

图1.4　密排六方晶格示意图

1.1.1.2　金属结晶

1）金属结晶的概念　金属结晶是金属从液态转变为固态（晶态）的过程，或者说是原子从不规则排列向规则排列的晶态转变过程。金属结晶示意图如图1.5所示。

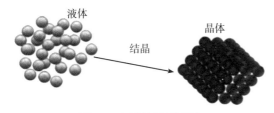

图1.5　金属结晶示意图

2）金属结晶过程　金属结晶包括两个阶段：形核与长大。形核分为均匀形核（自发形核）和非均匀形核（非自发形核）两种方式。均匀形核是靠自身的结构起伏和能量起伏等条件在均匀的母相中无择优位置，任意地形成核心。这种晶核由母相中的一些原子团直接形成，不受外界影响。非均匀形核是在母相中利用自有的杂质、模壁等异质作为基底，择优形核，易受杂质等外界因素的影响。由于非均匀形核所需能量较少，且实际中不可避免地存在杂质等，因此金属凝固时的形核主要为非均匀形核。晶核生成以后，随即长大。晶核长大，实质上就是原子由液体向固体表面转移。结晶过程中，由于长大速度不同，晶核的棱角和棱边的散热条件比面上的优越，因而长大较快，成为伸入液体中

的晶枝。优先形成的晶枝称一次晶轴，在一次晶轴增长和变粗的同时，在其侧面生出新的晶枝，即二次晶轴。其后又生成三次晶轴、四次晶轴。此形态如同树枝，因此称为"枝晶"，其长大示意图如图1.6所示。然后晶核不断凝聚，逐渐长大，直到各晶体相互接触，最后全部液体变为固体，结晶过程结束（图1.7）。由以上结晶过程可知，开始时形成的晶核越多，则金属的晶粒数越多，晶粒越细；反之，就形成粗大晶粒。

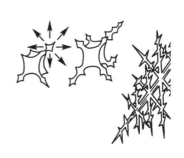

图1.6　树枝状晶体长大过程示意图

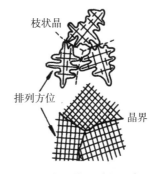

图1.7　金属结晶过程示意图

3

3）结晶时的过冷现象 当液态金属冷却到理论结晶温度 T_m（熔点）时，并未开始结晶，而是需冷却到 T_m 之下某一温度 T_n 时才开始结晶。这种现象称过冷现象。金属的实际结晶温度 T_n 与理论结晶温度 T_m 之差，称为过冷度（ΔT）。金属的冷却曲线如图1.8所示。金属的纯度越高，过冷度越大。此外，冷却速度越大，过冷度也越大。金属都是在过冷情况下结晶的，过冷是金属结晶的必要条件。

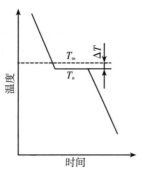

图1.8 纯金属结晶时的冷却曲线

4）铸件的宏观组织 在实际生产中，液态金属被浇注到锭模中便得到铸锭（结晶后还要进行轧制、锻压等压力加工），而浇注到铸型模具中成形则得到铸件。铸锭（件）组织及存在的缺陷对其加工和使用性能有着直接的影响。根据结晶条件的不同，铸锭（件）一般会形成三个结晶区，如图1.9所示。

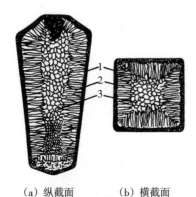

（a）纵截面 （b）横截面

图1.9 铸锭（件）宏观组织示意图

1—表层细等轴晶区；2—柱状晶区；3—中心粗等轴晶区

（1）表层细等轴晶区。高温液体金属浇入铸型时，由于型壁温度较低，能强烈吸热与散热，使靠近型壁的一薄层液体产生极大的过冷，于是在表层形成大量晶核，并同时向各个方向生长。此外，液体的流动引起靠铸型表面的晶体脱落和游离，使激冷区内大量生核，最终在靠近型壁处形成一薄层细等轴晶区。

（2）柱状晶区。表层细等轴晶区形成后，铸型温度逐渐升高，同时结晶潜热的析出使界面前沿液体温度升高，表层细等轴晶区一些晶粒的主轴与散热热流方向平行，反向生长，生长速度逐渐超过其他位向差较大的树枝状晶粒而优先生长，结果形成平行于散热方向的柱状结晶区。

（3）中心粗等轴晶区。液体金属内部存在外来生核质点以及来自型壁、液面或枝晶熔断的游离晶，由于中心区的散热已失去方向性，晶核在各个方向上的长大速度几乎相等，因此在中心区长成粗等轴晶区。此区的晶粒取向各不相同，故性能没有方向性，且晶粒粗大，微观缩松较多，组织不致密。一般情况下，大铸锭都存在三个结晶区，但中小铸件因冷却较快等，不一定都存在三个结晶区。

5）晶粒细化 晶粒细化的目的在于提高合金的力学性能，改善物理性能和加工性能，增强热处理效果，减少铸造缺陷（如气孔、热裂等）。促使晶粒细化的方法有：

（1）增大冷却速度。增大冷却速度的主要方法是提高铸型的激冷能力（降低铸型温度，采用蓄热系数大的铸型，如金属型）。

（2）孕育处理。孕育处理是向液态金属中加入少量物质促使其生核的方法。加入的物质有：

① 同类金属的碎粒及那些与细化相在

结晶时具有晶格对应关系的高熔点物质，如在高锰钢中加入锰铁。

② 能与液态金属中某元素形成稳定的化合物的物质。如含有Ti、Zr、V的合金加入铝液中，形成$TiAl_3$、$ZrAl_3$、VAl_{10}，作为新的晶核，使铝合金晶粒细化。

③ 在液态金属中能形成微区浓度富集的元素。如硅铁在铁液中可瞬间形成很多富硅区，促使石墨提前析出，作为晶核。

6）变质处理 在浇注前人为地向金属液中加入一定量的高熔点金属、合金元素或熔剂等（称为变质剂），如在铸造铝硅合金中加入钠等改变共晶硅的形貌。这种通过改变第二相生长方式来改变第二相的形貌的方法称为变质处理。

1.1.1.3 合金的相结构

作为工程材料的金属，很少使用纯金属，而是使用合金；这是因为，纯金属的性能一般比较差，不易满足综合性能要求，而且纯金属不便冶炼，价格昂贵。

合金比纯金属性能优良的原因是，各组元相互作用后形成一些随着成分、温度的变化，在晶体的结构、形态、大小、数量、分布等方面也产生变化的各种相，它们直接影响合金的性能。

合金中的相，是指结构相同、成分和性能均以界面相互分开的组成部分。合金中出现的相分为两大类：固溶体和金属化合物。

1）固溶体 合金的组元通过溶解形成一种成分及性能均匀且结构与组元之一相同的固相，称为固溶体。与固溶体结构相同的组元为溶剂，另一组元为溶质。固溶体通常用α、β、γ等希腊字母来表示，例如α相。固溶体分为置换固溶体和间隙固溶体两种类型，其结构示意图如图1.10所示。固溶体的强度、硬度比其两个组元的平均值高，但比一般化合物的低；伸长率、韧性比两个组元的平均值略低，但比一般化合物的高得多。工业合金绝大多数是以固溶体为基础的，有的甚至完全由固溶体组成，例如，碳钢组织中的固溶体含量在85%以上。

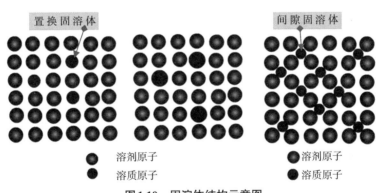

图1.10 固溶体结构示意图

2）金属化合物 合金中的组元相互作用形成的晶格类型和特性完全不同于任一组元的新相即为金属化合物，或称中间相。其性能特点是：熔点一般较高，硬度高，脆性大。金属化合物是许多合金的重要组成相（常作为强化相）。金属化合物分为正常价化合物、电子化合物和间隙化合物三种类型。例如碳钢中的Fe_3C、黄铜中的$CuZn$、铝合金中的$CuAl_2$等。由于金属化合物具有较高的熔点、硬度和脆性，因此合金中若存在金属化合物，将使合金的强度、硬度、耐磨性及耐热性提高，塑性和韧性降低。

1.1.1.4　相图

1）基本概念　相图（phase diagram）是一个材料系统在不同的化学成分、温度、压力条件下所处状态的图形表示，因此，相图也称为状态图。由于相图都是在平衡条件（极缓慢冷却）下测得的，所以，相图也称为平衡相图。相图的横坐标表示成分，纵坐标表示温度。相图内由线条组成一个个区域，每个区域代表一种或两种相，垂直于横坐标的直线代表金属化合物。图1.11为铁碳双重相图。

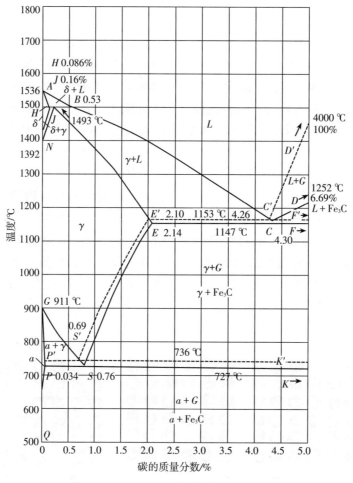

图1.11　铁碳双重相图

2）相图阅读　阅读相图时，第一，根据合金的成分找出其在横坐标上的位置，从该点画一条垂直于横坐标的直线。第二，在此垂线上找出要观察的温度对应点所处的区域。第三，根据该区域内含有的组织，确定这种合金在该温度下由哪些相构成。第四，根据这些相的特性，初步判断该合金的性能。

3）相图的用途　从相图中可以得到许多重要的信息：某一成分的合金（材料）在一定的温度下所处的状态、相的组成；合金在冷却过程中发生了哪些反应或转变，以及发生反应或转变的开始与终了温度；一定成分的合金在室温下具有什么样的平衡组织，可以进一步根据组织与性能的关系预测材料的性能；相图与材料的加工工艺性能（如流动性）也存在一定的对应关系。因此，相图在新材料研究和开发、材料生产加工过程中都有十分重要的用途。如：

（1）确定合金的熔点。相图最上面那条曲线叫"液相线"，如铁碳相图中的AC、CD线，从AC、CD线上可确定合金开始熔化的温度。

（2）确定合金的凝固区间。相图中，液相线下方的线称为固相线。液相线与固相线之间为凝固区间，合金在此温度范围内凝固。凝固区间大，则铸造性能差，易产生热裂、缩松、偏析等缺陷。

（3）判断哪些合金可以进行热处理。固相线以下存在斜线的区域可以进行固态

下相变，可以通过热处理来改善合金的性能。

（4）决定热处理的温度。

（5）决定各种温度下合金的组织组成。

（6）利用杠杆定律确定两相区相混合物中各相所占的比例。

4）铁碳相图 铁碳相图以碳的质量分数为横坐标。铁碳合金中的碳因结晶条件不同而有两种存在形式，即渗碳体（Fe_3C）和石墨，因而出现铁–渗碳体和铁–石墨两种不同的结晶系统。铁–渗碳体系统称为亚稳定系统，如图1.11中的实线所示；铁–石墨系统称为稳定系统，如图1.11中的虚线所示。由于两种系统表示在同一图上，故称之为双重相图。铁碳平衡相图中各特性点的含义见表1.2。双重相图中各线的意义见表1.3。铁碳合金的平衡组织见表1.4。

表1.2 铁碳平衡相图中各特性点的含义

符号	温度/℃	$w(C)$/%	含 义	符号	温度/℃	$w(C)$/%	含 义
A	1583	0	纯铁的熔点	E	1148	2.11	碳在γ-Fe中的最大溶解度
B	1495	0.53	包晶转变时液态合金的成分	G	912	0	α-Fe $\Leftrightarrow$ γ-Fe转变温度
C	1148	4.3	共晶点	H	1495	0.09	碳在α-Fe中的最大溶解度
D	1227	6.69	渗碳体的熔点	J	1495	0.17	包晶点
K	727	6.69	渗碳体的成分	P	727	0.022	碳在α-Fe中的最大溶解度
M	770	0	纯铁磁性转变温度	S	727	0.77	共析点
N	1394	0	γ-Fe $\Leftrightarrow$ δ-Fe转变温度	Q	600	0.006	该温度下碳在α-Fe中的溶解度

表1.3 双重相图中各线的意义

线的符号	说 明
$ABCD$ 和 $ABC'D'$	称作液相线。铁碳合金温度在$ABCD$或$ABC'D'$线以上都处于液体状态
$AHJECF$ 和 $AHJE'C'F'$	称作固相线。铁碳合金温度在$AHJECF$或$AHJE'C'F'$线以下都处于固体状态
ES 和 $E'S'$	是碳在奥氏体中的溶解曲线，当合金中碳含量（质量分数）超过此线时，会从奥氏体中析出渗碳体（二次）。稳定状态下会析出石墨（二次）
PQ 和 $P'Q$	是碳在铁素体中的溶解曲线，当合金中碳含量超过此线时，会从铁素体中析出渗碳体（三次）。稳定状态下会析出石墨（三次，数量极微）
GS	是冷却时奥氏体转变为铁素体的开始线，也是加热时铁素体转变为奥氏体的终了线
HJB	称作包晶线。在这条线上将发生下述包晶反应 $$L_B + \delta_H \xleftarrow{} \xrightarrow{1493\ ℃} \gamma_J$$

表1.3（续）

线的符号	说　明
ECF 和 $E'C'F'$	称作共晶线。在共晶温度下发生共晶反应。碳含量超过 E 或 E' 的铁碳合金将发生如下共晶转变： $$L_{c'} \xrightarrow{1153\ ℃} \gamma'_E + G$$ 亚稳定状态转变得到的共晶体（$\gamma_E + Fe_3C$）称为莱氏体
PSK 和 $P'S'K'$	称作共析线。碳含量超过 P 或 P' 的铁碳合金在共析线温度下要发生如下共析转变： $$\gamma_S = \xleftarrow{727\ ℃} \alpha_P + Fe_3C$$ $$\gamma_S{}' = \xleftarrow{736\ ℃} \alpha_{P'} + G$$ 稳定状态转变得到的共析体（$\alpha_P + Fe_3C$）称为珠光体

表1.4　铁碳合金的平衡组织

组织名称	说　明
铁素体	碳在 α 铁或 β 铁中的固溶体，碳含量极少，性能近似于纯铁，强度、硬度低，塑性、韧性好
奥氏体	碳在 γ 铁中的固溶体，碳含量较多，强度、硬度不高，塑性、韧性很好
渗碳体	铁原子与碳原子形成的化合物，硬度很高，耐磨，塑性接近于零，很脆
珠光体	铁素体和渗碳体的机械混合物，强度、硬度较高，塑性较低
莱氏体	奥氏体和渗碳体的机械混合物，强度低，硬而脆

注：根据生成条件的不同，渗碳体可分为一次渗碳体、二次渗碳体、三次渗碳体、共晶渗碳体、共析渗碳体5种。它们的不同形态与分布，除对铁碳合金性能有不同影响外，就其本身来讲，并无本质区别。

一次渗碳体：$Fe_3C\,Ⅰ$，从液相中结晶出的渗碳体；

二次渗碳体：$Fe_3C\,Ⅱ$，从奥氏体中析出的渗碳体；

三次渗碳体：$Fe_3C\,Ⅲ$，从铁素体中析出的渗碳体；

共晶渗碳体：经共晶反应生成的 Fe_3C，即莱氏体中的 Fe_3C；

共析渗碳体：经共析反应生成的 Fe_3C，即珠光体中的 Fe_3C。

铁碳合金中常可遇到一些在平衡状态图上不存在的组织，称非平衡组织，如马氏体、贝氏体，见表1.5。

表1.5　铁碳合金的非平衡组织

组织名称	说　明
马氏体	碳在 α 铁中的过饱和固溶体，强度和硬度很高，韧性差
贝氏体	铁素体和渗碳体的机械混合物，综合性能好，强度、硬度高，耐磨性好，韧性也较好

1.1.1.5　热处理

热处理是将固态金属及合金以适当方式进行加热、保温和冷却，获得所需的组织与性能的一种热加工工艺。热处理方法虽然很多，但都由加热、保温和冷却三个阶段组成，通常用热处理工艺曲线表示。图1.12为热处理工艺曲线示意图，图1.13为几种典型的热处理工艺曲线示意图。钢铁的热处理方式如下：

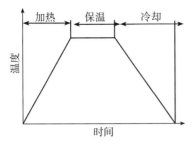

图1.12　热处理工艺曲线示意图

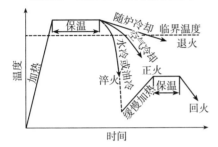

图1.13　几种典型的热处理工艺曲线示意图

1）退火　退火是将钢铁加热至临界点Ac_1以上或以下温度，保温一定时间，然后随炉缓慢冷却到室温的热处理工艺。目的是细化晶粒、均匀成分、消除内应力。对于铸铁，还有促使石墨化、降低硬度、提高塑性的作用。退火温度可根据退火目的来选择。

2）正火　正火是将钢铁加热到Ac_3（或Ac_m以上适当温度），保温一定时间，以后在空气中冷却得到珠光体类组织，以提高合金的强度、硬度为主要目的的热处理工艺。此外，正火还有细化晶粒、均匀组织、消除内应力的作用。几种退火与正火的加热温度范围及热处理工艺曲线，如图1.14所示。

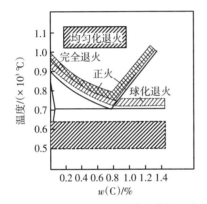
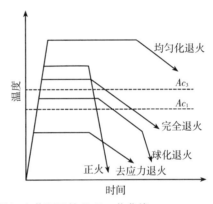

图1.14　几种退火与正火的加热温度范围及热处理工艺曲线

3）淬火　淬火是将钢铁加热至临界点Ac_3或Ac_1以上一定温度，保温后淬入水或油中冷却，得到马氏体的热处理工艺。淬火的目的是获得尽量多的马氏体，提高材料硬度，并以不同温度回火，获得更好的综合性能。

4）回火　回火是将淬火钢加热到Ac_1以下温度保温一段时间，冷却使其转变为稳定的回火组织，目的在于减少应力，保证相应的组织转变，达到不同性能要求。回火有低温回火、中温回火和高温回火。各种回火类型与组织、性能的关系见表1.6。

表1.6　各种回火类型与组织、性能的关系

回火类型	回火温度/℃	获得的组织	性　能
低温回火	150~250	隐晶回火马氏体＋均细粒状碳化物	高硬度、高耐磨
中温回火	350~500	回火屈氏体	较高的强度和硬度，良好的塑性和韧性，弹性极限高
高温回火（即调质处理）	500~650	回火索氏体	较高的强度，承受冲击和交变负荷能力强

此外，由于铸铁中硅含量高，金相组织中有石墨存在，因此铸铁的热处理有其特点（参见第4章4.3.6节）。

1.1.1.6 金属的力学性能

常用的金属力学性能名称、符号、单位及说明见表1.7。

表1.7 常用的金属力学性能名称、符号、单位及说明

名称	符号	单位	说 明
抗拉强度	R_m	MPa	金属抵抗永久变形和断裂的能力总称为强度。试样拉断前承受的最大标称拉应力叫抗拉强度，试样压至破坏前承受的最大标称压应力叫抗压强度
抗压强度	R_{mc}		
弹性极限	R_e		材料产生完全弹性变形时所能承担的最大应力
屈服强度	—		当金属材料呈现屈服现象时，在试验期间达到塑性变形发生而力不增加的应力点
在N次循环的疲劳强度	σ_N		在规定应力比下试样具有N次循环的应力幅值
上屈服强度	R_{eH}		试样发生屈服而力首次下降前的最高应力值
下屈服强度	R_{eL}		在屈服期间不计初始瞬时效应时的最低应力值
规定残余延伸强度	R_P		卸除应力后残余延伸率等于规定的引伸计标距百分率时对应的应力。使用的符号应附下脚标说明所规定的残余延伸率。例如，$R_{P0.2}$表示规定残余延伸率为0.2%时的应力
规定塑性延伸强度	R_r		塑性延伸率等于规定的引伸计标距百分率时对应的应力。使用的符号应附下脚标说明所规定的塑性延伸率。例如，$R_{r0.2}$表示规定塑性延伸率为0.2%时的应力
断后伸长率	A	%	材料断裂前发生不可逆永久变形的能力称为塑性，常用的塑性判据是断后伸长率和断面收缩率
断面收缩率	Z		
弹性模量	E	GPa	材料在弹性变形阶段，其应力和应变成正比例关系（即符合胡克定律），其比例系数称为弹性模量
平面应变断裂韧度	K_{IC}	$MPa \cdot m^{1/2}$	在裂纹尖端附近的应力状态处于平面应变状态，且裂纹尖端塑性变形受到约束时，材料对裂纹扩展的抗力
硬度	—	—	材料抵抗局部变形，特别是塑性变形、压痕或划痕的能力叫硬度。硬度是衡量金属软硬的判据
布氏硬度	HBW	—	材料抵抗通过硬质合金球压头施加试验力所产生永久压痕变形的度量单位。 注1：$HBW = 0.102 \times$ 试验力(N)/永久压痕表面积(mm^2)； 注2：假设压痕保持球形不变，其表面积是根据平均压痕直径和球的直径计算的
洛氏硬度	HR	—	材料抵抗通过硬质合金或钢球压头，或对应某一标尺的金刚石圆锥体压头施加试验力所产生永久压痕变形的度量单位。 注：$HR = N - h/S$。式中N和S为给定的洛氏硬度标尺常数，$h(mm)$为在施加并卸除主试验力后初试验力下的压痕深度增量
努氏硬度	HK	—	材料抵抗通过金刚石菱形锥体压头施加试验力所产生永久压痕变形的度量单位。 注1：$HK = 0.102 \times$ 试验力(N)/永久压痕投影面积(mm^2)； 注2：假设压痕保持压头理想的几何形状不变，其投影面积是根据长对角线的长度计算的

表 1.7 （续）

名称	符号	单位	说　明
马氏硬度	HM	—	材料抵抗通过金刚石棱锥体(正四棱锥体或正三棱锥体)压头施加试验力所产生塑性变形和弹性变形的度量单位。 注1：HM = 试验力(N)/压头过接触零点后的表面积$A(h)$； 注2：压头的表面积是根据压痕深度和压头面积函数计算的
里氏硬度	HL	—	用规定质量的冲击体在弹性力作用下以一定速度冲击试样表面，用冲头在距试样表面 1 mm 处的回弹速度与冲击速度的比值计算硬度值。 注：$HL = 1000 \times$ 冲击体回弹速度/冲击体冲击速度

资料来源：《金属力学性能试验　出版标准中的符号及定义》（GB/T 24182—2009）。

1.1.2　合金熔炼与处理的冶金原理

1.1.2.1　氧化与还原

铸造合金熔炼过程中，有大量的氧化-还原反应，如合金元素的烧损，杂质的氧化，金属氧化物还原，铸造合金与炉气、炉衬的相互作用等。

1）炉气的氧化性与还原性　当炉气主要含有 CO_2、O_2 等氧化性气体，火焰呈微蓝色，则炉气为氧化性。在使用燃料加热的炉中，当燃烧不完全时，炉气为还原性，火焰发黄和冒黑烟，其中含有 H_2、CO 和碳氢化合物。

2）金属的氧化趋势　大多数元素在熔炼时都要受到氧化，但氧化程度不同，可根据其氧化物的自由能数据比较这些元素的氧化次序。图 1.15 是各元素与氧化合的

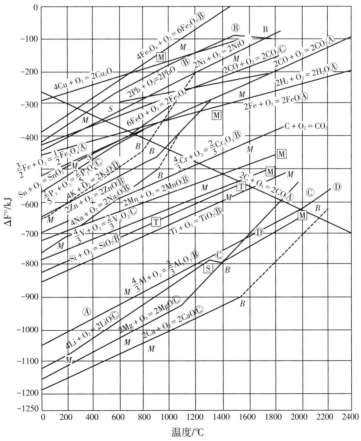

图1.15　各元素与氧化合的自由能变化（ΔF°）与温度的关系

11

自由能变化与温度的关系。图中位置最低的线，说明生成的氧化物最稳定。这种元素最容易被氧化，可以将它上方的氧化物还原。另外，从图中还可看出，各种元素与氧反应的自由能变化$\Delta F°$随温度变化的线都向上倾斜，说明它们的氧化物随温度的升高变得不稳定；只有CO特殊，它是向下倾斜的，说明温度升高后CO更稳定了。

3）脱氧　脱氧是使液态金属中氧化物还原而除去氧的过程。在这个过程中，采用比较活泼的脱氧剂经过置换反应使氧化物中的氧得以去除。生产中使用的脱氧方法有三种：沉淀脱氧、扩散脱氧和真空脱氧。

（1）沉淀脱氧。把脱氧剂加入液态金属内，使其直接与金属中的氧发生反应，脱氧产物不溶于液态金属，且密度比金属小，能从金属中排出，这种脱氧方法称沉淀脱氧。该方法脱氧速度快，脱氧彻底，但脱氧产物难以非常彻底地从液态金属中清除。图1.15中位于铁以下的元素，原则上都可以作为脱氧剂，工业上使用较多的是Al、Ca、Si等元素。

（2）扩散脱氧。扩散脱氧是通过含氧量低的炉渣在钢渣界面或渣的下层进行氧的扩散，使钢中的氧向渣中转移，不断造新渣、扒渣而达到脱氧的目的。

（3）真空脱氧。钢水中的碳（用［C］表示）和氧要发生如下反应：

$$［C］+［O］=CO$$

通过抽真空降低体系的压力，使CO的分压降低，让反应向右进行，以脱掉钢水中的氧，称真空脱氧。

1.1.2.2　金属精炼与净化

金属精炼与净化是利用一定的物理化学原理和相应的工艺措施，去除液态金属和合金中的气体与夹杂物的过程。

1）炉渣（或熔剂）精炼　其实质上是利用炉渣与合金液相互反应或向合金液中加入一定的熔剂来净化合金的一种方法。

（1）铸钢的熔渣精炼。炼钢炉渣主要由多种氧化物、少量硫化物及其他化合物组成，其主要成分为FeO、CaO和SiO_2。通常用碱度（R）表示炉渣中碱性氧化物与酸性氧化物的相对含量，以说明炉渣的性质，常以$R=\dfrac{w(CaO)}{w(SiO_2)}$来表示。$R>1$为碱性炉渣，$R=1$为中性炉渣，$R<1$为酸性炉渣。

可以利用炉渣进行脱硫、脱磷。炉渣的碱度越高，则其中CaO的活度越大，促使钢液中的硫、磷向炉渣中转移的能力越强。但碱度过高时，炉渣的黏度大，又不利于脱硫和脱磷。

（2）有色合金Al、Cu的熔剂精炼。铝在熔炼中，表面易形成一层致密的氧化膜，阻碍气体逸入大气。加入一定的熔剂使膜破碎后，气体就很容易排出。要求熔剂能吸附或溶解Al_2O_3等氧化物，但不和铝液发生作用。熔剂的熔点应低于熔炼温度，流动性和覆盖性要好，密度应明显小于铝液。

铜合金利用熔剂的主要目的是除氢，常利用一些高温下不稳定的高价氧化物［如MnO_2（锰矿石）、$KMnO_4$（高锰酸钾）、CuO（氧化铜）］作为熔剂。它们在高温时分解，析出的氧溶解在铜液中。由于铜液中氧的浓度高，氢的浓度自然降低，最终达到除氢的目的。

2）吹气精炼　吹气精炼是利用合金液中存在的或人为加入的气泡吸收合金液中的气体，并促使非金属夹杂物上浮，从而净化合金的一种方法。铸钢熔炼过程中，主要使用吹氩精炼和氩-氧联合吹炼两种方法。

铝合金熔炼过程中，人为地通过多孔塞加入惰性气体（Ar、N_2等）或不溶于铝液的活性气体（Cl_2、C_2Cl_6、C_2Cl_4等），形成小而多的气泡，铝液中的氢可直接向这些初始无氢的气泡中迁移，然后随气泡上浮而逸出铝液。

吹气精炼法还能清除夹杂物。吹入的氮气能不断地从铝液中吸附并带出氧化夹杂物。

3）真空精炼　真空精炼是利用气体能够自发地从高浓度区向低浓度区扩散的原理净化合金的一种方法。处于真空中的合金液析出氢的倾向很强烈，合金液中的氢不断析出，并在氢气泡上浮过程中带走非金属夹杂物，使合金液净化。

1.1.3　铸件凝固

合金从液态转变为固态的状态变化称

为凝固。许多铸造缺陷（如缩孔、缩松、热裂、偏析、气孔、夹杂物等）都产生在凝固期间。

1.1.3.1　铸件凝固方式

铸件凝固方式一般分为三种：逐层凝固、体积凝固（糊状凝固）和中间凝固。铸件凝固方式是由凝固区域的宽度决定的。凝固区域很窄或等于零时，为逐层凝固；凝固区域很宽时，为体积凝固；凝固区域宽度介于前两者之间时，为中间凝固。

凝固区域宽度又受两个因素控制：①合金的结晶温度范围（由合金成分决定），见表1.8；②铸件断面的温度梯度（由断面厚薄和铸型冷却速度决定）。

表1.8　各种金属的结晶温度范围

结晶温度范围大小	金属、合金种类
窄	所有纯金属（如Cu、Al、Zn、Sn）
	各种共晶成分合金
	近共晶成分合金
	低碳钢
	铝青铜
	黄铜
宽	铝铜合金
	铝镁合金
	镁合金
	锰青铜
	锡青铜
	高碳钢
	球墨铸铁
中等	中碳钢
	高锰钢
	白口铁
	特种黄铜

增加冷却速度（如放置冷铁），可使结晶温度范围宽的合金由体积凝固向逐层凝固过渡。

1.1.3.2 铸件凝固方式对铸件质量的影响

1) 窄结晶温度范围的合金 这类合金包括纯金属、共晶成分合金和其他窄结晶温度范围的合金。在一般铸造条件下，这类合金以逐层凝固方式凝固，其凝固前沿直接与液态金属接触。图1.16为结晶温度范围窄的合金凝固过程，图1.17为逐层凝固方式的缩孔特点。当液体凝固成固体而发生体积收缩时，可以不断地得到液体的补充，在铸件最后凝固的部位将留下集中缩孔。集中缩孔容易消除。当收缩受阻而产生晶间裂纹时，也容易得到金属液的充填，使裂纹愈合。在充型过程中发生凝固时，也具有较好的充型能力。

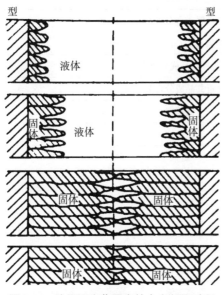

图1.16 结晶温度范围窄的合金凝固过程

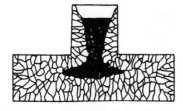

图1.17 逐层凝固方式的缩孔特点

2) 宽结晶温度范围的合金 这类合金

倾向于体积凝固方式，其发达的粗大枝晶组织将尚未凝固的合金液分割成一个个互不相通的小"熔池"，最后在铸件中形成分散性的小缩孔，即缩松。这种缩松很难通过普通冒口消除。图1.18为宽结晶温度范围合金的凝固过程。

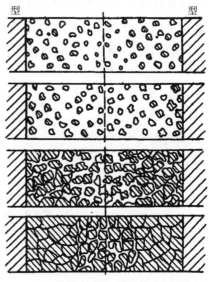

图1.18 宽结晶温度范围合金的凝固过程

3) 中等结晶温度范围的合金 这类合金为中间凝固方式，其补缩特征、热裂倾向和充型能力介于逐层凝固和体积凝固之间。图1.19为这类合金的凝固过程。

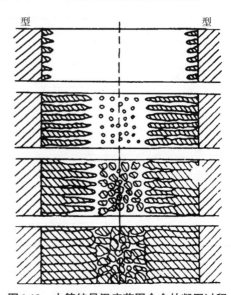

图1.19 中等结晶温度范围合金的凝固过程

1.1.3.3　铸件凝固过程控制

1）顺序凝固　铸件的顺序凝固原则是，采用各种措施，保证铸件按照远离冒口的部分最先凝固、靠近冒口的部分后凝固、冒口本身最后凝固的次序进行凝固。如图1.20所示。

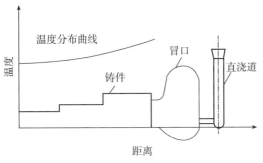

图1.20　顺序凝固原则的应用

顺序凝固的优点是，冒口补缩作用好，可防止缩孔和缩松，铸件致密。凝固收缩大、结晶温度范围较窄的合金常采用顺序凝固。

顺序凝固的缺点是，由于铸件各部分温差较大，因此容易产生热裂、应力和变形。此外，为了形成顺序凝固，需加冒口和补贴，因而工艺出品率低，切割冒口的工作量大。

2）同时凝固　若铸件各部分之间没有温差或温差很小，则各部分同时凝固。如图1.21所示。

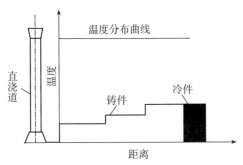

图1.21　同时凝固原则的应用

同时凝固的优点是，铸件不容易产生热裂、应力和变形；由于不用冒口或冒口很小，因而节约金属，简化工艺，减少劳动量。

同时凝固的缺点是，铸件中心区域往往出现缩松，铸件不致密。因此，同时凝固一般用于以下情况：

（1）碳硅含量高的灰铸铁。

（2）结晶温度范围大、对气密性要求不高的铸件。

（3）壁厚均匀的铸件。

（4）球墨铸铁件利用石墨膨胀力实现自身补缩时，必须采用同时凝固原则。

3）凝固顺序控制　控制凝固顺序可采用如下方法：

（1）确定适当的浇注系统引入位置。

（2）调整浇注工艺，如浇注温度和浇注速度。

（3）合理应用冒口、补贴和冷铁。

1.1.4　合金铸造性能

1.1.4.1　合金的流动性

合金的流动性是指在铸型条件、浇注条件和铸件结构确定的条件下，液态合金充填铸型的能力。合金的流动性主要取决于合金的成分。共晶合金和结晶温度范围窄的合金，流动性好。

1.1.4.2　收缩

合金从液态到凝固完毕直至常温，体积和线尺寸缩小的现象称为收缩。收缩是铸件产生缩孔、缩松、裂纹、应力和变形等缺陷的基本原因。

合金的收缩分为液态收缩、凝固收缩和固态收缩。其收缩阶段如图1.22所示。就其实质而言，三个阶段的收缩都是体积收缩。为了使用方便，液态收缩和凝固收缩常以体收缩表示；而固态收缩因与铸件的尺寸、形状关系大，所以多考虑线收缩。

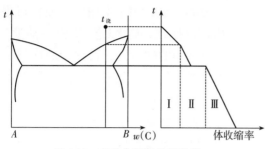

图1.22 铸造金属的收缩阶段

Ⅰ—液态收缩；Ⅱ—凝固收缩；Ⅲ—固态收缩

1）体收缩 铸造合金由高温t_0降至温度t时的体收缩率$\varepsilon_{体}$可用下式表示：

$$\varepsilon_{体} = \frac{V_0 - V}{V_0} \times 100\%$$

式中，V_0——合金在温度t_0时的体积，cm^3；

V——合金在温度t时的体积，cm^3。

体收缩使铸件在最后凝固的地方出现宏观或微观缩孔，统称缩孔。宏观缩孔又分为集中缩孔（简称缩孔）和分散缩孔（简称缩松）。缩孔与缩松产生的条件是：合金的液态收缩+凝固收缩＞固态收缩。

合金的凝固温度范围愈小，愈容易形成集中缩孔；反之，易形成缩松。

2）线收缩 铸造合金自温度t_0降至温度t时的线收缩率$\varepsilon_{线}$可用下式表示：

$$\varepsilon_{线} = \frac{L_0 - L}{L_0} \times 100\%$$

式中，L_0——被测合金试样在温度t_0时的长度，mm；

L——被测合金试样在温度t时的长度，mm。

但是，铸件在铸型内收缩时，往往受到摩擦阻碍、热阻碍及机械阻碍而不能自由收缩。铸件在这些阻力作用下产生的收缩称为受阻收缩。形状简单的铸件（如圆柱形长铸件）收缩时受阻极小，此时的受阻收缩可近似地视为自由收缩。受阻收缩总是小于自由收缩。生产中为弥补铸件尺寸的实际收缩量，在制作试样时采取相应的"缩尺"，即铸造收缩率$\varepsilon_{铸}$。$\varepsilon_{铸}$可用下式表示：

$$\varepsilon_{铸} = \frac{L_{型} - L_{件}}{L_{件}} \times 100\%$$

式中，$L_{型}$——铸型尺寸，mm；

$L_{件}$——铸件尺寸，mm。

对于不同的合金，因其线收缩率不同，应采用不同的铸造收缩率。常用的几种合金的铸造收缩率见表1.9。对于用同一种合金铸造的不同铸件，或同一铸件的不同部位，因其收缩时受阻程度不同，往往采用不同的铸造收缩率。

表1.9 几种合金的铸造收缩率

合金类别			收缩率/%	
			自由收缩	受阻收缩
灰铸铁	中小型铸件		1.0	0.9
	中大型铸件		0.9	0.8
	圆筒形铸件	长度方向	0.9	0.8
		直径方向	0.7	0.5
孕育铸铁			1.0～1.3	0.8～1.0
球墨铸铁			1.0	0.8
铸钢			1.6～2.0	1.3～1.7
铝合金（硅铝明）			1.0～1.2	0.8～1.0
锡青铜			1.4	1.2

表1.9（续）

合金类别	收缩率/%	
	自由收缩	受阻收缩
无锡青铜	2.0 ~ 2.2	1.6 ~ 1.8
锌黄铜	1.8 ~ 2.0	1.5 ~ 1.7
钛合金	1.7 ~ 2.5	1.2 ~ 2.0
镁合金	0.8 ~ 1.0	0.4 ~ 0.6

1.1.4.3　热裂与冷裂

1）热裂　铸件在凝固过程中和在固相线附近收缩时，大部分合金已经凝固，但在结晶构架间还有少量液体。此时合金强度较低，在收缩应力作用下，铸件会产生裂纹，称为热裂。热裂断口严重氧化，无金属光泽，裂纹沿晶界产生和发展，外形曲折而不规则。它是铸钢件、可锻铸铁件和某些轻合金铸件常见的缺陷。

影响热裂的因素很多，其主要决定于合金的性质。合金的结晶温度范围大，凝固收缩量大，易形成热裂。能扩大结晶温度范围的元素容易促使铸件形成热裂；型、芯的强度和退让性对于铸件形成热裂也起一定的作用。

2）冷裂　铸件在弹性状态时，或接近室温时，由于铸型的外阻力或铸件结构本身的收缩阻力，铸件内的铸造应力超过金属或合金的强度极限而产生的裂纹，称为冷裂。冷裂裂口宽度均匀，外形呈直线或圆滑曲线状，常穿过晶粒而延伸到整个断面。断面干净，有金属光泽，有时呈轻微氧化色。

1.1.4.4　铸造应力与铸件变形

1）铸造应力　铸件在凝固和冷却过程中产生的铸造应力有热应力、相变应力和收缩应力。

（1）热应力。铸件在凝固和冷却过程中，由于不同部位断面厚度不同，冷却时收缩时间先后不一致而产生的应力称为热应力。铸件厚壁处承受拉应力，薄壁处承受压应力。

（2）相变应力。有些合金在凝固以后的冷却中发生固态相变，伴随着体积变化。铸件不在同一时间发生相变而引起的应力称为相变应力。

（3）收缩应力。收缩应力也叫机械阻碍应力，是铸件在固态收缩时，因受型、芯、浇冒口、箱档等外界阻碍而产生的应力。这种应力总是拉应力。

根据铸件的具体情况，三种应力有时互相抵消，有时互相叠加；有时临时存在，有时则残留下来。

2）铸件变形　铸件在冷却过程中产生的铸造应力如超过该温度下合金的屈服强度，则产生残留变形；如超过抗拉强度，则形成裂纹；如在弹性范围内，以残留应力的形式存在于铸件中，则可能改变设计强度。此外，带有残留应力的铸件在使用或存放过程中发生变形，会降低机器的精度。

铸件产生挠曲变形以后，具有一定塑性的材料（如钢和有色合金）可以校正，脆性材料（如灰铸铁）则因变形较大或加工余量不够而报废。

防止铸件变形的主要措施是消除铸件中的铸造应力，或在制造模样时采用反变形措施。为减少或消除残余应力，可采用退火热处理或自然时效。热处理工艺具有耗费高、耗能大以及过大铸件不易处理等缺点。自然时效是指将工件放在室外等自然条件下，使工件内部应力自然释放，从而使残余应力消除或减少，但时效时间长。振动时效是通过施加外部激振力，使工件在固有频率附近发生最大振幅的振动，增加晶粒密度，推动位错塞积群打开，降低工件残余应力和提高尺寸稳定性的一种方法。与传统时效相比，振动时效具有灵活性强、投资少、节能显著、效率高等特点。

1.1.4.5 合金的偏析

铸件，特别是厚壁铸件凝固以后，截面上不同位置，以至晶粒内部会产生化学成分不均匀现象，称为偏析。

偏析可分为两大类：微观偏析和宏观偏析。微观偏析是指在晶粒尺寸范围内的化学成分不均匀现象，按其形式分为晶内偏析和晶界偏析。微观偏析是一种不平衡状态，在热力学上是不稳定的。宏观偏析则表现在较大的尺寸范围，也称区域偏析，大都是由凝固过程液相或固相的物理运动所致。根据其表现形式可分为正常偏析、逆偏析、带状偏析、V形及逆V形偏析以及密度偏析。

偏析会影响铸件的物理、化学性能和力学性能，从而影响其使用寿命和工作效果。

防止微观偏析的方法主要有高温扩散退火和晶粒化孕育处理。防止宏观偏析的方法主要有加快冷却速度、调整铸件各部分温差使其接近同时凝固及降低有害元素含量等。

1.2 常用数据与图表

1.2.1 单位与换算

1.2.1.1 长度单位换算（表1.10）

表1.10 长度单位换算

米（m）	厘米（cm）	毫米（mm）	英尺（ft）	英寸（in）
1	100	1000	3.28084	39.3701
0.01	1	10	0.03281	0.3937
0.001	0.1	1	0.003281	0.03937
0.3048	30.48	304.8	1	12
0.0254	2.54	25.4	0.08333	1

注：在书写中，英尺和英寸可用符号表示，如2英尺3英寸写成2′3″。

1.2.1.2 面积单位换算（表1.11）

表1.11 面积单位换算

米^2（m^2）	厘米^2（cm^2）	英尺^2（ft^2）	英寸^2（in^2）
1	10^4	10.7639	1.550×10^3
10^{-4}	1	1.0764×10^{-3}	0.1550
9.2903×10^{-2}	9.2903×10^2	1	1.44×10^2
6.4516×10^{-4}	6.4516	6.944×10^{-3}	1

1.2.1.3　体积单位换算（表1.12）

表1.12　体积单位换算

米³（m³）	升（L）	英寸³（in³）	英尺³（ft³）
1	10^3	6.1024×10^4	35.31
10^{-3}	1	0.61024×10^2	3.531×10^{-2}
1.6387×10^{-5}	1.6387×10^{-2}	1	5.787×10^{-4}
2.83168×10^{-2}	28.3168	1.728×10^3	1

注：①1升（L）＝1分米³（dm³）＝1000厘米³（cm³）；

②1毫升（mL）＝1厘米³（cm³）。

1.2.1.4　质量单位换算（表1.13）

表1.13　质量单位换算

吨（t）	千克（公斤）（kg）	磅（lb）
1	1000	2204.6
0.001	1	2.2046
4.536×10^{-4}	0.4536	1

1.2.1.5　密度单位换算（表1.14）

表1.14　密度单位换算

克/厘米³(g/cm³)或吨/米³(t/m³)	千克/米³(kg/m³)或克/升(g/L)	磅／英尺³(lb/ft³)
1	10^3	62.428
10^{-3}	1	6.2428×10^{-2}
1.6018×10^{-2}	16.018	1

1.2.1.6　力的单位换算（表1.15）

表1.15　力的单位换算

牛（N）	达因（dyn）	千克力（kgf）	磅力（lbf）
1	10^5	0.10197	0.2248
10^{-5}	1	1.0197×10^{-6}	2.248×10^{-6}
9.80665	9.80665×10^5	1	2.2046
4.4482	4.4482×10^5	0.4536	1

注：1达因（dyn）＝1克·厘米/秒²（g·cm·s⁻²）。

1.2.1.7 压力和应力单位换算（表1.16）

表1.16 压力和应力单位换算

帕 （Pa）	巴 （bar）	标准大气压 （atm）	毫米汞柱 （mmHg）	毫米水柱 （mmH₂O）	工程大气压 （at）	千克力/毫米² （kgf/mm²）	磅力/英寸² （lbf/in²）
1	10^{-5}	9.87×10^{-6}	7.5×10^{-3}	0.10197	1.02×10^{-5}	1.02×10^{-7}	1.45×10^{-4}
10^5	1	0.9869	750.1	10197	1.0197	0.0102	14.5
101325	1.01325	1	760	10332	1.0332	0.0103	14.7
133.322	1.33×10^{-3}	1.32×10^{-3}	1	13.6	1.36×10^{-3}	1.36×10^{-5}	0.01934
9.8067	9.8067×10^{-5}	0.9678×10^{-4}	0.0736	1	10^{-4}	10^{-6}	1.422×10^{-3}
98067	0.98067	0.9678	735.6	10^4	1	0.01	14.22
9.807×10^6	98.07	96.78	73556	10^6	100	1	1422
6894.8	0.06895	0.068	51.71	703	0.0703	7.03×10^{-4}	1

注：① 1兆帕（MPa）＝1牛/毫米²＝0.102千克力/毫米²；

② 1托（Torr）＝1毫米汞柱（mmHg）；

③ "磅力/英寸²"也可写成"psi"；"千磅力/英寸²"也可写成"ksi"，1千磅力/英寸²＝0.70307千克力/毫米²。

1.2.1.8 力矩单位换算（表1.17）

表1.17 力矩单位换算

牛·米（N·m）	千克力·米（kgf·m）	磅力·英尺（lbf·ft）
1	0.10197	0.7376
9.80665	1	7.23301
1.356	0.13826	1

1.2.1.9 能、功和热量单位换算（表1.18）

表1.18 能、功和热量单位换算

焦（J）	千克力·米（kgf·m）	千瓦·时（kW·h）	千卡（kcal）
1	0.10197	2.778×10^{-7}	2.389×10^{-4}
9.8067	1	2.724×10^{-6}	2.342×10^{-3}
3.6×10^6	3.671×10^5	1	859.845
4186.8	426.935	1.163×10^{-3}	1

1.2.1.10 功率单位换算（表1.19）

表1.19 功率单位换算

瓦（W）	千克力·米/秒 （kgf·m/s）	米制马力 （ps）	英制马力 （hp）	千瓦（kW）	英尺·磅力/秒 （ft·lbf/s）
1	0.10197	1.3596×10^{-3}	1.3405×10^{-3}	10^{-3}	0.73756
9.8067	1	0.01333	0.01315	9.807×10^{-3}	7.233

表1.19（续）

瓦（W）	千克力·米/秒 (kgf·m/s)	米制马力 (ps)	英制马力 (hp)	千瓦（kW）	英尺·磅力/秒 (ft·lbf/s)
735.499	75	1	0.9863	0.7355	542.48
745.7	76.04	1.014	1	0.7457	550
1000	101.97	1.3596	1.3405	1	737.56
1.3558	0.13826	1.843×10^{-3}	1.817×10^{-3}	1.356×10^{-3}	1

1.2.1.11 温度换算（表1.20）

表1.20 温度换算

开尔文（K）	摄氏度（℃）	华氏度（℉）
n	$n-273.15$	$\frac{9}{5}(n-273.5)+32$
$n+273.15$	n	$\frac{9}{5}n+32$
$\frac{5}{9}(n-32)+273.5$	$\frac{5}{9}(n-32)$	n

1.2.2 常用数学公式

1.2.2.1 常见平面图形的周长和面积计算公式（表1.21）

表1.21 常见平面图形的周长和面积计算公式

名称	简 图	周长(L)	面积(S)	说 明
三角形		$L=a+b+c$	$S=\frac{1}{2}ch$	a，b，c为边长；h为c边上的高
正方形		$L=4a$	$S=a^2$	a为边长
矩形		$L=2(a+b)$	$S=ab$	a，b为边长
平行四边形		$L=2(a+b)$	$S=ah$	a，b为边长；h为a边上的高
菱形		$L=4a$	$S=\frac{1}{2}d_1d_2$	a为边长；d_1，d_2为两对角线长

表 1.21（续）

名称	简 图	周长（L）	面积（S）	说 明
梯形	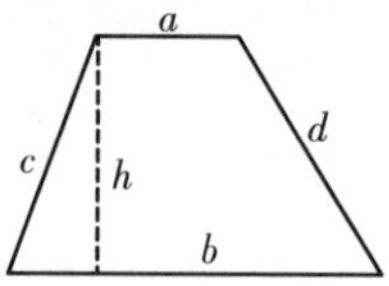	$L = a + b + c + d$	$S = \dfrac{1}{2}(a+b)h$	a，b 分别为上底、下底边长；c，d 为腰长；h 为高
正六边形	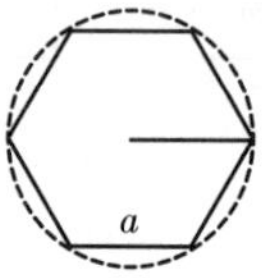	$L = 6a$	$S = 2.5981a^2$	a 为边长
圆形	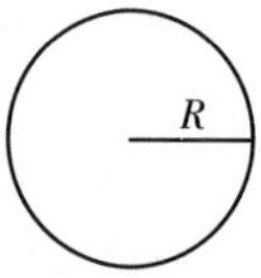	$L = 2\pi R$	$S = \pi R^2$	R 为半径
扇形	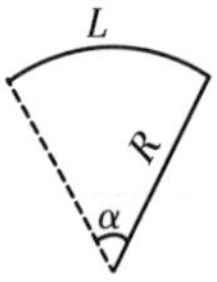	$L = \dfrac{\pi R\alpha}{180}$	$S = \dfrac{\pi R^2\alpha}{360} = \dfrac{1}{2}RL$	R 为半径，L 为弧长，α 为圆心角度数
弓形	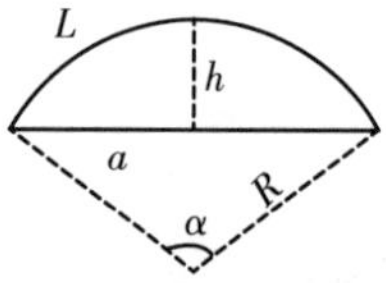	$L = \dfrac{\pi Ra}{180}$	$S = \dfrac{\pi R^2 a}{360} - \dfrac{1}{2}\alpha(R-h)$	R，L，a 同上，α 为圆心角度数，h 为弓形高
圆环形	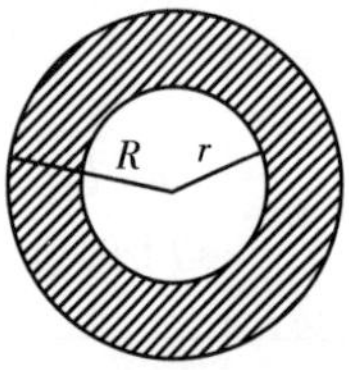	$L = 2\pi(R+r)$	$S = \pi(R^2 - r^2)$	R，r 分别为大圆、小圆半径
圆环扇形	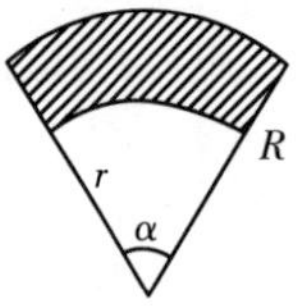	$L = \dfrac{\pi\alpha(r+R)}{180}$	$S = \dfrac{\pi\alpha}{360}(R^2 - r^2)$	R，r，a 同上，α 为圆心角度数

1.2.2.2 常见立体图形的体积、表面积计算公式（表 1.22）

表 1.22 常见立体图形的体积、表面积计算公式

名称	简 图	表面积（S）或侧面积（M）	体积（V）	说 明
正方体	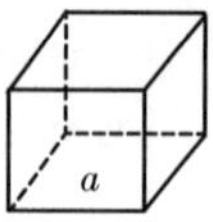	$S = 6a^2$	$V = a^2$	a 为棱长

表 1.22（续）

名称	简　图	表面积（S）或 侧面积（M）	体积（V）	说　明
长方体		$S = 2(ab + bc + ac)$	$V = abc$	a，b，c 分别为长、宽、高
圆柱		$M = 2\pi Rh$	$V = \pi R^2 h$	R 为底面半径，h 为高
空心圆柱		$M = $内侧表面积$+$外侧表面积 $= 2\pi h(R + r)$	$V = \pi h(R^2 - r^2)$	R 为外圆半径，r 为内圆半径，h 为高
正六棱柱		$M = 6ah$	$V = 2.5981a^2 h$	a 为底面边长，h 为高
正四棱台		$S = a^2 + b^2 + 2(a + b)h_1$	$V = \dfrac{a^2 + b^2 + ab}{3}h$	a，b 为上、下底边长；h_1 为斜高；h 为高
圆锥		$S = \pi r(l + r)$ $M = \pi r l$ $= \pi r\sqrt{r^2 + h^2}$	$V = \dfrac{\pi r^2 h}{3}$	l 为母线，h 为高，r 为底面半径
圆台		$M = \pi l(r + r_1)$ $S = \pi l(r + r_1) +$ $\pi(r_1^2 + r^2)$	$V = \dfrac{\pi h(r^2 + r_1^2 + rr_1)}{3}$	l 为母线；h 为高；r_1，r 为上、下底面半径
球		$S = 4\pi r^2$	$V = \dfrac{4\pi r^3}{3}$	r 为球半径
球缺 （球冠）		$M = 2\pi Rh$ $S = 2\pi Rh + \pi r^2$	$V = \dfrac{\pi h}{6}(3r^2 + h^2)$ $= \pi h^2\left(R - \dfrac{1}{3}h\right)$	R 为球半径，r 为球截面圆半径，h 为球缺高

1.2.3 金属和合金的理化性能

1.2.3.1 硬度换算表（表1.23）

表1.23 硬度换算表

布氏硬度 （HB）	洛氏硬度 （HRC）	维氏硬度 （HV）	肖氏硬度 （HS）	布氏硬度 （HB）	洛氏硬度 （HRC）	维氏硬度 （HV）	肖氏硬度 （HS）
	68.0	940	97	388 375	41.8 40.4	410 396	56 54
	67.5	920	96	—	—	—	—
	67.0	900	95	363 352	39.1 37.9	383 372	52 51
767	66.4	880	93	—	—	—	—
757	65.9	860	92	341 331	36.6 35.5	360 350	50 48
745	65.3	840	91	321 311	34.3 33.1	339 328	47 46
733	64.7	820	90	—	—	—	—
722	64.0	800	88	302 293	32.1 30.9	319 309	45 43
710	63.3	780	87	—	—	—	—
698	62.5	760	86	285 277	29.9 28.8	301 292	— 41
684	61.8	710	—	269	27.6	284	40
682	61.7	737	84	262	26.6	276	39
670	61.0	720	83	255	25.4	269	38
656	60.1	700	—	248	24.2	261	37
653	60.0	697	81	241	22.8	253	36
647	59.7	690	—	235	21.7	247	35
638	59.2	680	80	229	20.5	241	34
630	58.8	670	—	223	—	234	—
627	58.7	667	—	217	—	228	33
620	58.3	660	79	212	—	222	—
601	57.3	640	77	207	—	218	32
578	56.0 55.6	615 607	75 —	201 197	— —	212 207	31 30
555	54.7 54.0	591 579	73 —	192 181	— —	202 196	29
534	53.5 52.5	569 553	71 —	183 179	— —	192 188	28 27

表1.23（续）

布氏硬度（HB）	洛氏硬度（HRC）	维氏硬度（HV）	肖氏硬度（HS）	布氏硬度（HB）	洛氏硬度（HRC）	维氏硬度（HV）	肖氏硬度（HS）
514	52.1	547	70	174	—	182	—
	51.6	539	—	170	—	178	26
	51.1	530	—	167	—	175	
495	51.0	528	68	163	—	171	25
	50.3	516	—	156	—	163	—
477	49.6	508	66	149	—	156	23
	48.8	495	—	143	—	150	22
461	48.5	491	65	137	—	143	21
	47.2	474	—	131	—	137	—
444	47.1	472	63	126	—	132	20
429	45.7	455	61	121	—	127	19
415	44.5	440	59	116	—	122	18
401	43.1	425	58	111	—	117	15

1.2.3.2　常见铁合金、纯金属的熔点和密度（表1.24）

表1.24　常见铁合金、纯金属的熔点和密度

合金名称	代　号	成分/%	熔点/℃	密度/(g·cm⁻³)
硅铁	FeSi75	$w(Si) = 72 \sim 80$	1300 ~ 1330	3.5
	FeSi45	$w(Si) = 40 \sim 47$	1290	5.15
高碳锰铁	FeMn70C7.0	$w(C) = 7.0$	—	—
	—	$w(Mn) = 70$	1250 ~ 1300	7.1
中碳锰铁	FeMn80C1.5	$w(C) \leqslant 1.5$	1300 ~ 1310	7.0
	—	$w(Mn) = 80$	—	—
高碳铬铁	FeCr67C6.0	$w(Cr) = 65 \sim 70$	1520 ~ 1550	6.44
		$w(C) = 6 \sim 8$	—	—
中碳铬铁	FeCr55C4	$w(C) = 2 \sim 4$	—	—
	—	$w(Cr) = 50 \sim 60$	1500 ~ 1540	7.0 ~ 7.28
低碳铬铁	FeCr55C25	$w(C) = 0.15 \sim 0.50$	1723 ~ 1873	7.29
	—	$w(Cr) = 50 \sim 60$	—	—
硅钙	Ca31Si60	$w(Si) = 60$	1000 ~ 1245	2.55
	—	$w(Ca) = 31$	—	—
钒铁	FeV40	$w(V) = 40$	1480	7.0
	FeV50	$w(V) = 50$	1540	—
钼铁	—	$w(Mo) = 36$	1440	—
	FeMo55	$w(Mo) = 58$	1750	9.0

表1.24（续）

合金名称	代　号	成分/%	熔点/℃	密度/(g·cm⁻³)
钨铁	FeW75	$w(W) > 70$	> 2000	—
	—	$w(W) = 50$	1600	—
钛铁	FeTi40	$w(Ti) = 40$	1580	5.11
	—	$w(Ti) = 20$	1450	6.0
磷铁	FeP21	$w(P) = 10$	1050	6.34
	—	$w(P) = 15$	1160	6.41
	—	$w(P) = 20$	1360	~6.5
硼铁	FeB12	$w(B) = 10$	1380	—
	FeB17	$w(B) = 15$	1500	~7.2
镍	—	99.5~99.8	1453	8.9
纯铜	—	99.5~99.7	1084.5	8.9
铝	—	98~99	659	2.7
锑	—	99.0~99.85	630	6.68
锡	—	99~99.9	231	7.3
铋	—	99.9	271	9.8
钪	—	99.95~99.99	1541	2.985
钇	—	93.4~99.8	1522	4.689
镁	—	99.8~99.9	651	1.74
锰	—	94~98	1244	7.3
铬	—	99.2 ~ 99.4	1907	7.19

1.2.4　非金属材料的理化性能

1.2.4.1　黏土质耐火砖的物理指标（表1.25）

表1.25　黏土质耐火砖的理化指标

项　目		指　标				
		PN－42	PN－40	PN－35	PN－30	PN－25
$w(Al_2O_3)$/%	$\mu_0 \geqslant$	42	40	35	30	25
	σ	2.5				
$w(Fe_2O_3)$/%	$\mu_0 \geqslant$	2.0	—	—	—	—
	σ	0.4				
显气孔率/%	$\mu_0 \geqslant$	20（22）	24（26）	26（28）	23（25）	21（23）
	σ	2.0				

表1.25（续）

项　目		指　标				
		PN-42	PN-40	PN-35	PN-30	PN-25
常温耐压强度/MPa	$\mu_0 \geqslant$	45（35）	35（30）	30（25）	30（25）	30（25）
	X_{min}	35（25）	25（20）	20（15）	20（15）	20（15）
	σ	10				
0.2 MPa荷重软化温度 $T_{0.6}$/℃	$\mu_0 \geqslant$	1400	1350	1320	1300	1250
	σ	13				
加热永久线变化/%	$U-L$	1400 ℃×2 h -0.4～0.1	1350 ℃×2 h -0.4～0.1	1300 ℃×2 h -0.4～0.1	1300 ℃×2 h -0.4～0.1	1250 ℃×2 h -0.4～0.1

资料来源：《粘土质耐火砖》（GB/T 34188—2017）。

注：①括号内数值为格子砖或特异型砖的指标。

②推荐用途：PN-42、PN-40、PN-35可适用于热风炉、焦炉及一般工业炉等；PN-30、PN-25可适用于焦炉半硅砖及一般工业炉耐碱砖等。

③抗热震性、体积密度根据用户要求提供检测数据。

④μ_0代表合格质量批均值，σ代表批标准偏差估计值，U代表上规范限，L代表下规范限。

1.2.4.2　硅质耐火砖的理化指标（表1.26）

表1.26　硅质耐火砖的理化指标

项　目		指　标
		GZ-94
$w(Si_2O_3)$/%	μ_0	≥94
	σ	1.0
$w(Fe_2O_3)$/%	μ_0	≤1.4
	σ	0.3
显气孔率/%	μ_0	≤24
	σ	1.5
真密度/(g·cm⁻³)	μ_0	≤2.35
	σ	0.1
常温耐压强度ᵃ/MPa	μ_0	≥30
	σ	10
	X_{min}	20
0.2 MPa荷重软化开始温度/℃	μ_0	≥1650
	σ	13

资料来源：《硅砖》（GB/T 2608—2012）。

注：ᵃ耐压强度所测单值应大于 Xmin规定值。

1.2.4.3 镁砖及镁铝砖的理化指标（表1.27）

表1.27 镁砖及镁铝砖的理化指标

项 目		指 标						
		M-98	M-97A	M-97B	M-95A	M-95B	M-91	M-89
$w(MgO)/\%$	$\mu_0 \geqslant$	97.5	97.0	96.5	95.0	94.5	91.0	89.0
	σ	1.0					1.5	
$w(SiO_2)/\%$	$\mu_0 \geqslant$	1.00	1.20	1.50	2.00	2.50	—	—
	σ	0.30						
$w(CaO)/\%$	$\mu_0 \geqslant$	—	—	—	2.00	2.00	3.00	3.00
	σ	0.30						
显气孔率/%	$\mu_0 \geqslant$	16	16	18	16	18	18	20
	σ	1.5						
体积密度/(g·cm⁻³)	$\mu_0 \geqslant$	3.00	3.00		2.95		2.90	2.85
	σ	0.03						
常温耐压强度/MPa	$\mu_0 \geqslant$	60	60		60		60	50
	X_{min}	50	50		50		50	45
	σ	10						
0.2 MPa荷重软化开始温度/℃	$\mu_0 \geqslant$	1700	1700		1650		1560	1500
	σ	15						
加热永久线变化/%	$X_{min} \sim X_{max}$	1650 ℃ × 2 h −0.2 ~ 0			1650 ℃ × 2 h −0.3 ~ 0		1600 ℃× 2 h −0.5 ~ 0	1600 ℃× 2 h −0.6 ~ 0

资料来源：《镁砖和镁铝砖》（GB/T 2275—2017）。

1.2.4.4 镁铬砖的理化指标（表1.28）

表1.28 镁铬砖的理化指标

项 目		指 标					
		MGe-16A	MGe-16B	MGe-12A	MGe-12B	MGe-8A	MGe-8B
$w(MgO)/\%$	$\mu_0 \geqslant$	50	45	60	55	65	60
	$\hat{\sigma}$	2.5					
$w(Cr_2O_3)/\%$	$\mu_0 \geqslant$	16	16	12	12	8	8
	$\hat{\sigma}$	1.5					
显气孔率/%	$\mu_0 \geqslant$	19	22	19	21	19	21
	$\hat{\sigma}$	1.5					

表1.28（续）

项 目		指　标					
		MGe-16A	MGe-16B	MGe-12A	MGe-12B	MGe-8A	MGe-8B
常温耐压强度[a]/MPa	$\mu_0 \geqslant$	35	25	35	30	35	30
	X_{min}	30	20	30	25	30	25
	$\hat{\sigma}$	15					
荷重软化温度/℃ （0.2 MPa，$T_{0.6}$）	$\mu_0 \geqslant$	1650	1550	1650	1550	1650	1530
	$\hat{\sigma}$	20					

资料来源：《镁铬砖》（YB/T 5011—2014）。

注：[a] 耐压强度所测单值应均大于X_{min}规定值。

1.2.4.5　高铝质耐火砖的理化指标（表1.29）

表1.29　高铝质耐火砖的理化指标

项　目		指　标								
		LZ-80	LZ-75	LZ-70	LZ-65	LZ-55	LZ-48	LZ-75G	LZ-65G	LZ-55G
$w(Al_2O_3)$/%	$\mu_0 \geqslant$	80	75	70	65	55	48	75	65	55
	σ	1.5								
显气孔率/%	$\mu_0 \geqslant$	21(23)	24(26)	24(26)	24(26)	22(24)	22(24)	19	19	19
	σ	1.5								
常温耐压强度[a]/MPa	$\mu_0 \geqslant$	70(60)	60(50)	55(45)	50(40)	45(40)	40(35)	65	60	50
	X_{min}	60(50)	50(40)	45(35)	40(30)	35(30)	30(35)	55	50	40
	σ	15								
0.2 MPa荷重软化开始温度/℃	$\mu_0 \geqslant$	1530	1520	1510	1500	1450	1420	1520	1500	1470
	σ	13								
加热永久线变化/%	X_{min} X_{max}	1500 ℃×2 h −0.4~0.2		1450 ℃×2 h −0.4~0.1				1500 ℃ ×2 h −0.2~ 0.1	1450 ℃×2 h −0.2~0	

资料来源：《高铝砖》（GB/T 2988—2012）。

注：① 括号内数值为格子砖和超特异型砖的指标。

② 热震稳定性可根据用户需求进行检测。

③ [a] 耐压强度所测单值均应大于X_{min}规定值。

1.2.4.6　镁砂的理化指标（表1.30）

表1.30　镁砂的理化指标

牌号	指标					
	$w(MgO)/\%$ ≥	$w(SiO_2)/\%$ ≤	$w(CaO)/\%$ ≤	灼烧减量/% ≤	CaO/SiO_2（质量比）≥	颗粒体积密度/($g \cdot cm^{-3}$) ≥
MS98A	98.0	0.3	—	0.30	3	3.40
MS98B	97.7	0.4	—	0.30	2	3.35
MS98C	97.5	0.4	—	0.30	2	3.30
MS97A	97.0	0.6	—	0.30	2	3.33
MS97B	97.0	0.8	—	0.30	—	3.28
MS96	96.0	1.5	—	0.30	—	3.25
MS95	95.0	2.2	1.8	0.30	—	3.20
MS94	94.0	3.0	1.8	0.30	—	3.20
MS92	92.0	4.0	1.8	0.30	—	3.18
MS90	90.0	4.8	2.5	0.30	—	3.18
MS88	88.0	4.0	5.0	0.50	—	—
MS87	87.0	7.0	2.0	0.50	—	3.20
MS84	84.0	9.0	2.0	0.50	—	3.20
MS83	83.0	5.0	5.0	0.80	—	—

资料来源：《烧结镁砂》（GB/T 2273—2007）。

1.2.4.7　铝矾土熟料（表1.31）

表1.31　铝矾土熟料分级

序号	分级代号	Al_2O_3含量/% ≥	有害杂质含量/% ≤				
			Fe_2O_3	TiO_2	$CaO + MgO$	$K_2O + Na_2O$	灼减量
1	85	85	1.0	4.0	0.4	0.4	0.5
2	80	80	1.5	4.0	0.5	0.5	0.5
3	70	70	2.0	5.0	0.6	0.6	0.5

资料来源：《熔模铸造用铝钒土砂、粉》（GB/T 12215—2019）。

1.2.4.8　不同种类耐火砖之间的反应（表1.32）

表1.32　不同种类耐火砖之间的反应

耐火砖名称	黏土砖				高铝砖（Al₂O₃ 70%）				高铝砖（Al₂O₃ 90%）			
	反应温度/℃											
	1500	1600	1650	1710	1500	1600	1650	1710	1500	1600	1650	1710
黏土砖					不	不	不		不	不	不	
高铝砖（Al₂O₃ 70%）	不	不	不						不	不	不	
高铝砖（Al₂O₃ 90%）	不	不	不		不	不	不					
硅砖	中	严	严		不	中	中	中	中	不	中	
镁砖	严	整	整		中	中	中	严	不	中	严	严

耐火制品名称	硅砖				镁砖			
	反应温度（℃）							
	1500	1600	1650	1710	1500	1600	1650	1710
黏土砖	中	严	严		严	整	整	
高铝砖（Al₂O₃ 70%）	不	中	中	中	中	中	中	严
高铝砖（Al₂O₃ 90%）	不	不	中		不	中	严	严
硅砖					中	中	严	
镁砖	中	严	整					

注：不——不起反应；中——中等反应；严——严重反应；整——整个破坏性反应。

1.2.4.9　炉渣、炉气、铁水与耐火砖的作用（表1.33）

表1.33　炉渣、炉气、铁水与耐火砖的作用

耐火砖名称	熔渣		炉气		铁水
	酸性	碱性	氧化性	还原性	
黏土砖	作用微弱	作用较大	不毁坏	1400℃以下抵抗性较好	抵抗性较好
半硅砖	作用微弱	作用较大	不毁坏	1400℃以下抵抗性较好	抵抗性较好
硅砖	抵抗性较好，但对氟化物作用激烈	作用激烈	不毁坏	1600℃以下抵抗性较好	抵抗性较好
高铝砖	抵抗性较好	抵抗性尚好	不毁坏	1800℃以下抵抗性较好	抵抗性较好
镁砖	作用较大	抵抗性很好	不作用	1450℃以下抵抗性很好	抵抗性较好
碳化硅砖	作用微弱	作用激烈	毁坏	抵抗性较好	渐渐毁坏
石墨砖	抵抗性尚好	抵抗性较好	激烈毁坏	抵抗性较好	抵抗性较好
刚玉砖	抵抗性尚好	抵抗性尚好	不作用	1800℃以下抵抗性较好	抵抗性较好

1.2.4.10　盐类的物理性质（表1.34）

表1.34　盐类的物理性质

盐类物质名称	化学分子式	密度/(g·cm⁻³)		温度/℃	
		常温固态	熔点液态	熔点	沸点
氯化锂	$LiCl$	2.07	1.5	603	1360
氯化钠	$NaCl$	2.163	1.55	804	1490
氯化钾	KCl	1.988	1.53	776	1500
氯化铵	NH_4Cl	1.53	—	—	350（升华）
氯化镁	$MgCl_2$	2.18	—	715	—
氯化钙	$CaCl_2$	2.15	—	772	>1600
氯化锰	$MnCl_2$	2.977	—	650	1190
二氯化铁	$FeCl_2$	2.7	—	—	—
氯化锌	$ZnCl_2$	2.91	—	283	732
氯化锡	$SnCl_2$	—	—	246.3	623
氯化钡	$BaCl_2$	3.87	—	955	1560
氯化铅	$PbCl_2$	5.85	—	501	950
氯化硼	BCl_3	—	1.434	−107	17
氯化铝	$AlCl_3$	2.44	1.33	—	183（升华）
三氯化铁	$FeCl_3$	2.8	—	282	315
光卤石	$KCl \cdot MgCl_2$	—	1.5	487	—
四氯化碳	CCl_4	1.59	—	−23.8	76.7
六氯乙烷	$C_2H_6Cl_6$	2.091	—	—	185（升华）
氟化钠	NaF	2.77	1.95	992	1704
氟化钾	KF	2.48	1.91	860	—
氟化铝	AlF_3	3.07	—	1040	—
氟硼酸钾	KBF_4	2.50	—	530	—
氟锆酸钾	K_2ZrF_6	3.58	—	—	—
氟硅酸钠	Na_2SiF_6	2.67	—	>450 ℃时熔解	—
冰晶石	Na_3AlF_6	2.95	2.09	995	—
萤石	CaF_2	3.18	—	1360	—
硝酸钠	$NaNO_3$	2.27	—	316	380
亚硝酸钠	$NaNO_2$	2.168	—	271	—
硼砂	$Na_2B_4O_7$	2.37	—	741	—
铬酸钾	K_2CrO_4	2.73	—	971	1500
高铬酸钾	$K_2Cr_2O_7$	2.69	—	396	—

第2章 造型材料

凡用来造型制芯的材料统称造型材料。造型材料种类很多，本手册只介绍砂型铸造用的造型材料。

2.1 铸造用原砂

2.1.1 铸造用硅砂

2.1.1.1 硅砂的来源及分类

铸造用硅砂是指二氧化硅（SiO_2）的质量分数大于或等于75%，粒径为0.053~3.35 mm的石英砂粒。硅砂可分为天然硅砂和人工硅砂两大类。

天然硅砂是由火成岩风化破碎，又经水流或风力搬运沉积而成的。为了提高天然砂的质量，可对其进行水洗、擦洗、擦磨、浮选加工。加工后的硅砂，含泥量低（达0.5%甚至0.3%以下），表面状态良好。

人工硅砂一般用石英岩或石英砂岩经人工破碎筛选而成，其二氧化硅含量比天然砂高，但粒形不佳（多为尖角形），且加工费用高，现已很少采用。

2.1.1.2 硅砂的组成、性能和技术条件

1）硅砂的矿物组成及化学成分 硅砂的主要矿物成分为石英（SiO_2），纯石英的熔点为1713℃，是一种高硬度的高温耐火材料。石英在加热和冷却过程中发生同质异构结晶结构的变化，如图2.1所示。加热时伴有体积膨胀，冷却时产生相应的体积收缩。在铸型浇注条件下，当铸型温度上升到573℃时，发生β-石英向α-石英的转变，体积膨胀为0.45%；870℃时，发生α-石英向α-鳞石英的转变，体积膨胀为5.1%。石英砂中，石英含量愈高，膨胀值愈大。石英砂的受热膨胀会引起铸型表面膨胀、开裂，从而形成铸件夹砂、结疤等缺陷。

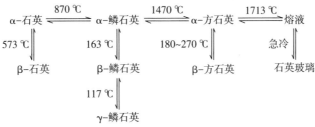

图2.1 石英的同质异构变化

硅砂中的杂质主要为长石、云母、铁的氧化物、碳酸盐及碱金属和碱土金属的氧化物等。它们的存在降低了砂子的耐火度和耐用性。工业上一般用化学分析方法检测二氧化硅的含量，尽量限制杂质含量。

根据国家标准《铸造用硅砂》（GB/T

9442—2010），铸造用硅砂按二氧化硅含量　分级见表2.1。

表2.1　铸造用硅砂按二氧化硅含量分级和各级的化学成分

分级代号	SiO₂ （质量分数）/%	杂质化学成分（质量分数）/%			
		Al₂O₃	Fe₂O₃	CaO + MgO	K₂O + Na₂O
98	≥98	< 1.0	< 0.3	< 0.2	< 0.5
96	≥96	< 2.5	< 0.5	< 0.3	< 1.5
93	≥93	< 4.0	< 0.5	< 0.5	< 2.5
90	≥90	< 6.0	< 0.5	< 0.6	< 4.0
85	≥85	< 8.5	< 0.7	< 1.0	< 4.5
80	≥80	< 10.0	< 1.5	< 2.0	< 6.0

2）铸造用硅砂的含泥量及颗粒特性

（1）含泥量。铸造硅砂中粒径不大于0.02 mm的微粉称为泥分，其含量占砂子总重的百分数称为含泥量。铸造用硅砂的含泥量分级见表2.2。

表2.2　铸造用硅砂按含泥量分级

分级代号	最大含泥量(质量分数)/%
0.2	0.2
0.3	0.3
0.5	0.5
1.0	1.0

（2）粒度。粒度是标志粒径大小程度的，可按《铸造用硅砂》（GB/T 9442—2010）所规定的试验方法进行测定，其筛号与筛孔的基本尺寸应符合表2.3的要求。

表2.3　筛号与筛孔基本尺寸对照表

筛　　号	6	12	20	30	40	50
筛孔尺寸/mm	3.350	1.700	0.850	0.600	0.425	0.300
筛　　号	70	100	140	200	270	底盘
筛孔尺寸/mm	0.212	0.150	0.106	0.075	0.053	—

铸造用砂的粒度组成通常用残留量最多的相邻三筛的前后两筛号表示，如50/100表示该砂集中残留在50，70，100三个筛中，且50号筛中的残留量比100号筛中的多。若100号筛中的残留量比50号筛中的多，则用100/50表示。最集中的相邻三筛上残留砂量之和占砂子总量的百分数称为主含量。主含量愈高，粒度愈均匀。铸造用砂粒度的主含量应不少于75%，相邻四筛上的残留量应不少于85%。

铸造用硅砂的粒度还可以用平均细度来表示。

①铸造用硅砂平均细度的计算。

首先计算出筛分后各筛上停留的砂粒

质量占砂样总量的百分数，再乘以表2.4所列的相应的细度因数，然后将各乘相加，用乘积总和除以各筛号停留砂粒质量百分

数的总和，并将所得数值根据数值修约规则取整，其结果即为平均细度。

表2.4 筛号与对应的细度因数

筛 号	6	12	20	30	40	50	70	100	140	200	270	底盘
细度因数	3	5	10	20	30	40	50	70	100	140	200	300

$$平均细度 = \frac{\sum P_n \cdot X_n}{\sum P_n}$$

式中：

P_n——任一号筛上停留砂粒质量占总量的百分数；

X_n——细度因数；

n——筛号。

② 铸造用硅砂平均细度的计算示例。平均细度的计算示例见表2.5。

表2.5 铸造用硅砂的平均细度计算示例

筛 号	砂样质量：50.0 g 各筛上的停留量		泥分质量：0.56 g 细度因数	砂粒质量：49.44 g 乘 积
	g	%		
6	无	0.00	3	0
12	0.06	0.12	5	0.6
20	1.79	3.58	10	35.8
30	4.99	9.98	20	199.6
40	7.09	14.18	30	425.4
50	12.85	25.70	40	1 028.0
70	15.57	31.14	50	1557.0
100	3.97	7.94	70	555.8
140	1.85	3.70	100	370.0
200	0.79	1.58	140	221.2
270	0.09	0.18	200	36.0
底盘	0.39	0.78	300	234.0
总和	49.44	98.88		4663.4

$$平均细度 = \frac{4\,663.4}{98.88} = 47$$

（3）硅砂的砂粒形貌及形状。硅砂的形貌（如形状、表面状态、有无裂纹），一般可用立体显微镜观察鉴别。颗粒形状分为圆形、椭圆形、钝角形、多角形和尖角

形。原砂的比表面积与理想比表面积（与砂子粒径相当的球形体的比表面积）之比称为角形因数，是定量地表示颗粒形状好坏的指标。表2.6是铸造用硅砂角形因数分类。

表2.6 铸造用硅砂按角形因数分类

形　状	角形因数	代　号
圆　形	≤1.15	○
椭圆形	≤1.30	○－□
钝角形	≤1.45	□
多角形	≤1.63	□－○
尖角形	≤1.63	△

2.1.1.3 铸造用硅砂的分级与牌号

1）铸造用硅砂的分级　铸造用硅砂可根据其用途进行分级。

（1）铸铁件用硅砂等级见表2.7。

表2.7 铸铁件用硅砂等级

项　目	指　标		
	优 等 砂	一 等 砂	合 格 砂
二氧化硅的质量分数/%	≥93	≥90	≥85
含泥量/%	≤0.3	≤0.7	≤1.0
角形因数	≤1.3	≤1.45	—

（2）铸钢件用硅砂等级见表2.8。

表2.8 铸钢件用硅砂等级

项　目	指　标		
	优 等 砂	一 等 砂	合 格 砂
二氧化硅的质量分数/%	≥98	≥97	≥96
含泥量/%	≤0.2	≤0.5	≤1.0
角形因数	≤1.3	≤1.45	—

2）铸造用硅砂的牌号　铸造用硅砂牌号按《铸造用硅砂》（GB/T 9442—2010）表示如下：

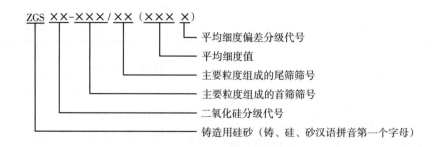

2.1.1.4 检定铸造黏结剂用标准砂

检定铸造黏结剂用标准砂应符合《检定铸造粘结剂用标准砂》(GB/T 25138—2010)

的规定。该标准规定,二氧化硅含量不低于90%,含泥量、含水量均小于0.3%,角形因数不大于1.20,粒度组成符合表2.9的要求。

表2.9 检定铸造黏结剂用标准砂的粒度组成

筛 号	6~30	40	50	70	100	140	200	底盘
余留量(质量)/%	< 2	< 13	18~23	40~46	13~17	< 8	< 1.5	≤0.3

2.1.2 铸造用特种砂

铸造砂按矿物组成不同分为石英砂(硅砂)和特种砂两大类。铸造行业内一般统称非石英质(或非硅质)砂为特种砂。特种砂是具有更高的耐火度和热化学稳定性的一种特种耐火材料,也可作为涂料的耐火骨料。由于硅砂耐火性有一定限度,且氧化硅是酸性氧化物,易与碱性金属氧化物反应,形成低熔点化合物,导致化学粘砂;硅砂除热膨胀性大外,还存在由于相变而引起的体积突变,导致出现夹砂缺陷。随着对铸件质量、综合成本控制、环境保护等要求的不断提高,石英砂(包括高纯度硅砂和焙烧硅砂)固有的缺点越来越突出,需要具有耐火度高、导热性好、热膨胀性小、抗熔渣浸蚀能力强等性能的特种砂,使得特种砂得以广泛应用。特种砂的共同特点是熔点高、化学稳定性好和加热时体积变化小。

特种砂种类较多,用途各异,按照矿物组成和生产方法又可分为天然特种砂和人工特种砂。

天然特种砂:通过选矿、破碎、筛分,个别经过煅烧而成,没有成分和组织的改变,一般称为天然特种砂。常见的有:锆砂(锆英石砂)、铬铁矿砂、橄榄石砂、镁砂等。

人工特种砂:以高岭土、铝矾土等为原料,通过造粒、烧结,或者熔融、风碎,以及分筛、级配等工艺生产出不同成分、不同物相的陶瓷类球形砂等,很多可采用合成原料,称为人工特种砂。常见的有宝珠砂、陶粒砂、Cerabeads(CB砂)、月砂等。日本专家黑川丰按照生产方法的不同,将人工特种砂(陶瓷砂)分为烧结法、熔融风碎法、火焰熔融法等。

2.1.2.1 锆砂

锆砂的主要矿物组成是硅酸锆($ZrSiO_4$),其锆英石制品的主要成分为$ZrO_2 \cdot SiO_2$,用于大型铸钢件及合金钢件的芯砂或砂型的面砂,或将其粉料用作涂料。纯硅酸锆熔点为2430 ℃(因含有$Fe_2O_3 \cdot CaO$等杂质,实际铸造用锆砂的熔点为2200 ℃左右),为中性或弱酸性材料。

锆砂可以用任何铸造黏结剂黏结,锆砂在高温下呈中性至弱酸性,与碱性氧化物反应缓慢,所以可耐金属渗透、侵蚀,又加之粒度较细,热膨胀较小、耐火度高,以之做面砂就可获得表面光洁度很高、尺寸精度高和铸造缺陷少的铸件。

但对于大重型铸件,锆英砂层很容易从铸型表面脱离,粘在铸件表面上形成粘砂。对于小芯子,许多锆砂也容易粘在表层(内表层)难于清理,这往往要加入少量的锆粉,同时铸型要刷一层优质涂料来解决这一问题。锆砂的激冷作用比石英砂要高出20%，但很少用作冷铁。

根据国家机械行业标准《铸造用锆砂、粉》（JB/T 9223—2013）的规定，铸造用锆砂的技术指标如下：铸造用锆砂、粉按二氧化锆（铪）含量分级，各级的化学成分见表2.10；按粒度组成分组，见表2.11。

表2.10　铸造用锆砂、粉按二氧化锆（铪）含量分级，各级的化学成分

分级代号	化学成分（质量分数）/%					
	$(Zr \cdot Hf)O_2$	SiO_2	TiO_2	Fe_2O_3	Al_2O_3	P_2O_5
	≥	≤				
66	66.00	33.00	0.15	0.10	0.80	0.15
65	65.00	33.00	0.30	0.20	1.50	0.20
63	63.00	33.50	0.50	0.30	2.00	0.20

表2.11　铸造用锆砂、粉按粒度组成分组

分组代号	主要粒度组成/mm
＞270（粉）	＜0.053
140/270（特细砂）	0.106, 0.075, 0.053
100/200（细砂）	0.150, 0.106, 0.075
70/140（中细砂）	0.212, 0.150, 0.106

铸造用锆砂牌号表示方法如下：

示例：ZGS 66-70/140-75表示铸造用锆砂的$(Zr \cdot Hf)O_2$最小含量为66%，主要粒度组成首筛筛号为70，尾筛筛号为140的中细砂，其原砂细度为75。

铸造用锆粉牌号表示方法如下：

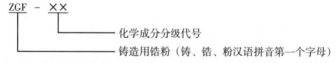

示例：ZGF-66表示铸造用锆粉的$(Zr \cdot Hf)O_2$最小含量为66%。

2.1.2.2　铬铁矿砂

铬铁矿砂的主要矿物组成是铬铁矿$FeO \cdot Cr_2O_3$，用于大型或特殊铸钢件的面砂、芯砂，其粉料可用作涂料。其有害杂质为$CaCO_3$、$MgCO_3$等。铬铁矿砂的熔点高于1900 ℃，导热性好，有良好的抗碱性渣和抗粘砂的作用。

由于铬铁矿砂的密度要比石英砂的密度高出60%，所以消耗黏结剂的量仅为石

英砂的一半或三分之二。铬铁矿砂与大多数黏结剂作用，都会取得令人满意的效果；但与酸固化的呋喃树脂作用时，若酸耗值过高，就会导致固化缓慢或不固化，所以若用呋喃树脂作固化剂，就必须严格要求酸耗值。

在铸造生产中，铬铁矿砂的耐火度高（1600~1850 ℃）、固相烧结温度低、1100 ℃时表面易形成固相烧结，具有高温热稳定性好、1700 ℃时无相变、高的热传导及蓄热系数等优点，使得铬铁矿砂广泛应用于大中型铸件、尺寸精度及表面精度要求高的铸件，

适用于石英砂不能适应的、条件苛刻的特重型钢铁铸件。在铬铁矿砂中加入适量的锆英砂会产生良好的效果，既有良好的抗粘砂性能，又能解决与呋喃树脂作黏结剂时固化困难的问题。由于铬铁矿砂的蓄热系数很高，故通常用作冷铁。在使用铬铁矿砂时要严格控制其化学成分，避免被污染，特别要严格控制微粉、CaO、SiO_2的含量。

根据国家机械行业标准《铸造用铬铁矿砂》（JB/T 6984—2013）规定，铸造铬铁矿砂化学成分见表2.12，按粒度分组见表2.13，按平均细度偏差分级见表2.14。

表2.12　铬铁矿砂化学成分（质量分数）　单位：%

三氧化二铬（Cr_2O_3）	全铁（$\sum Fe$）	二氧化硅（SiO_2）	氧化钙（CaO）
≥46	≤27	≤1.3	≤0.4

表2.13　铸造用铬铁矿砂按粒度组成分组

分组代号	主要粒度组成/mm		
30/50	0.600,	0.425,	0.300
40/70	0.425,	0.300,	0.212
50/100	0.300,	0.212,	0.150
70/140	0.212,	0.150,	0.106

表2.14　铸造用铬铁矿砂按平均细度偏差分级

分级代码	偏差值
A	±2
B	±3
C	±4
D	±5

铸造用铬铁矿砂牌号表示方法如下：

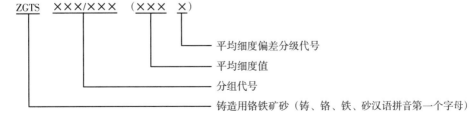

示例：ZGTS 50/100（49B）表示铸造用铬铁矿砂的主要粒度组成首筛筛号为50，尾筛筛号为100，平均细度为49，平均细度偏差值为±3。

2.1.2.3 橄榄石砂

橄榄石砂由橄榄石矿石经破碎、煅烧等加工而成，主要矿物组成是镁橄榄石（$MgSiO_4$）与铁橄榄石（Fe_2SiO_4）的固溶矿物（$MgFe)_2SiO_4$。橄榄石砂中镁橄榄石含量愈高，耐火度愈高。一般铸造用橄榄石砂中FeO不大于10%，为弱碱性耐火材料，熔点为1750~1800℃，用于中型铸铁件、有色合金铸件以及高锰钢铸件的型砂和芯砂。

和铬铁矿砂一样，橄榄石砂也属于碱性砂，故最好不用酸固化的呋喃树脂作黏结剂。除此以外，它的表面粗糙且多裂纹，故耗黏结剂量较大。

天然的橄榄石砂常含有蛇纹石、滑石等杂质，在浇注时产生大量气体，生产低碳钢和高碳钢时会造成气泡、皱纹，而对高锰钢不会产生太大影响。故在使用前，先通过水洗，将微粉去除，有的工厂则会在使用前将其烧毁。回用的橄榄石砂经过高温铁液的作用，使用效果会特别好。实践证明，橄榄石砂不会提高高碳钢、低合金钢的表面质量，但对高锰钢，因其具有强碱性，不与MnO_2作用，就会得到表面光洁的高锰钢铸件，尤其适用中小高锰钢铸件。

根据国家机械行业标准《铸造用镁橄榄石砂》（JB/T 6985—1993）的规定，铸造用镁橄榄石砂按物化性能分为三级，见表2.15。按粒度分组见表2.16。

表2.15　镁橄榄石砂按物化性能分级

等级代号	MgO/%	SiO₂/%	Fe₂O₃/%	灼烧减量/%	含水量/%	含泥量/%	耐火度/℃
一级	≥47	≤40	≤10	≤1.5	≤0.5	≤0.5	≥1690
二级	≥44	≤42	≤10	≤3	≤0.5	≤0.5	≥1690
三级	≥42	≤44	≤10	≤3	≤1.0	≤1.0	≥1690

表2.16　镁橄榄石砂按粒度分组

分组代号	筛孔尺寸/mm								
	0.85	0.60	0.425	0.30	0.212	0.150	0.106	0.075	0.053
42	≤15%		≥75%			≤10%			
30	≤15%			≥75%			≤10%		
21		≤15%			≥75%			≤10%	
15			≤15%			≥75%			≤10%
10			≤15%				≥75%		≤10%

铸造用镁橄榄石砂的牌号表示方法如下：

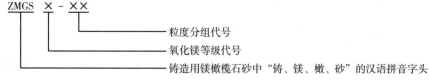

例如：ZMGS 1-30。

2.1.2.4 镁砂

镁砂是指以 MgO 为主成分和以方镁石为主晶相的原料。镁砂可分为烧结镁砂、电熔镁砂两大类。通常所说的烧结镁砂是指以菱镁矿 $MgCO_3$ 为原料，在 $1550\sim1900\ ℃$ 下充分煅烧而得的产品。由于镁砂的烧结温度高，烧结程度好，故烧结镁砂也称死烧镁砂。电熔镁砂是由天然菱镁矿、轻烧氧化镁粉或烧结镁砂在电弧炉中经过 $2750\ ℃$ 高温熔融而成的镁质原料，其强度、耐蚀性及化学惰性均优于烧结镁砂。镁砂的密度为 $3.5\ g/cm^3$ 左右，纯镁砂

的熔点为 $2800\ ℃$。镁砂的热膨胀量少，没有因相变引起的体积突变，属于碱性材料，抗碱性渣的能力强，抗酸性渣的能力稍差。镁砂适用于做锰钢铸件的型芯砂的涂料、涂膏，铸造过程中热应力很大的型、芯也可以采用镁砂。

根据国家标准《烧结镁砂》（GB/T 2273—2007）的规定，烧结镁砂按其理化指标划分为 14 个牌号：MS98A、MS98B、MS98C、MS97A、MS97B、MS96、MS95、MS94、MS92、MS90、MS88、MS87、MS84、MS83。烧结镁砂理化指标见表 2.17。

表 2.17 烧结镁砂理化指标

牌 号	指 标					
	$w(MgO)/\%$ $\geqslant$	$w(SiO_2)/\%$ $\leqslant$	$w(CaO)/\%$ $\leqslant$	灼烧减量/% $\leqslant$	$w(CaO)/w(SiO_2)$	颗粒体积密度 $/(g\cdot cm^{-3})$ $\geqslant$
MS98A	98.0	0.3	—	0.30	3	3.40
MS98B	97.7	0.4	—	0.30	2	3.35
MS98C	97.5	0.4	—	0.30	2	3.30
MS97A	97.0	0.6	—	0.30	2	3.33
MS97B	97.0	0.8	—	0.30	—	3.28
MS96	96.0	1.5	—	0.30	—	3.25
MS95	95.0	2.2	1.8	0.30	—	3.20
MS94	94.0	3.0	1.8	0.30	—	3.20
MS92	92.0	4.0	1.8	0.30	—	3.18
MS90	90.0	4.8	2.5	0.30	—	3.18
MS88	88.0	4.0	5.0	0.50	—	—
MS87	87.0	7.0	2.0	0.50	—	3.20
MS84	84.0	9.0	2.0	0.50	—	3.20
MS83	83.0	5.0	5.0	0.80	—	—

2.1.2.5 铝矾土耐火熟料砂

铝矾土或高岭土经过高温（$1300\sim1500\ ℃$）煅烧，再经破碎、筛选，便成为

铝矾土耐火熟料砂。其主要矿物成分为莫来石（$3Al_2O_3\cdot 2SiO_2$）。Al_2O_3 含量超高，耐火度越高。Al_2O_3 含量若达到 71.8%，其耐火度在 $1800\ ℃$ 以上。莫来石为中性耐火材

料，热膨胀系数小，可用作中大型铸钢件的型砂和芯砂。其粉料可用作铸造用涂料的耐火骨料。

根据国家标准《熔模铸造用铝矾土砂、粉》（GB/T 12215—2019）的规定，按铝矾土熟料中 Al_2O_3 和有害杂质含量，铝矾土熟料分为三级，见表2.18；铝矾土砂按粒度组成分为六组，见表2.19。

表2.18　铝矾土熟料砂分级

序号	分级代号	Al_2O_3含量/% ≥	有害杂质含量/% ≤				
			Fe_2O_3	TiO_2	$CaO + MgO$	$K_2O + Na_2O$	灼减量
1	85	85	1.0	4.0	0.4	0.4	0.5
2	80	80	1.5	4.0	0.5	0.5	0.5
3	70	70	2.0	5.0	0.6	0.6	0.5

表2.19　铝矾土砂粒度组成

序　号	分组代号	粒　度/mm		
		前　筛	主　筛	后　筛
1	170	3.350	1.700	0.850
2	85	1.700	0.850	0.600
3	60	0.850	0.600	0.425
4	30	0.425	0.300	0.212
5	21	0.300	0.212	0.150
6	15	0.212	0.150	0.106

2.1.2.6　刚玉砂（粉）

从高铝矾土中精选出较纯的 Al_2O_3，再经高温（2000 ℃）电熔，使 Al_2O_3 再结晶成 $\alpha\text{-}Al_2O_3$ 晶体，称为刚玉。刚玉经破碎、筛分而成为刚玉砂（粉），刚玉砂多为中性耐火材料，抗酸、碱性强，熔点高（2000~2500 ℃）；结构致密、导热系数大，故在氧化剂、还原剂或各种金属液作用下都不发生变化，可制得尺寸精确的各类铸件，但价格昂贵，主要用作高合金钢的熔模铸造上。$\alpha\text{-}Al_2O_3$ 含量高达99%~99.5%者为白色，称白刚玉；含量在92%以上者为棕色，称棕刚玉。白刚玉价格昂贵，只在少数厚大铸钢件或合金钢铸件上用作局部面砂、芯砂或作为涂料骨料。常用的多为棕刚玉。

根据国家标准《普通磨料　棕刚玉》（GB/T 2478—2022）的规定，棕刚玉牌号规定如下：

——陶瓷结合剂固结磨具、涂附磨具用棕刚玉的牌号为A；

——有机结合剂固结磨具用棕刚玉的牌号为A-B；

——喷丸抛光用棕刚玉的牌号为A-S。

各牌号产品的化学成分见表2.20。

表2.20 各牌号棕刚玉化学成分

牌号	粒度范围		化学成分(质量分数)/%				
			Al_2O_3	TiO_2	CaO	SiO_2	Fe_2O_3
A	F4—F24	P12—P24	94.50 ~ 96.50	2.00 ~ 3.40	≤0.42	≤1.00	≤0.25
	F30—F80	P30—P80	95.00 ~ 96.50				
	F90—F150	P100—P150	94.50 ~ 96.50				
	F180—F220	P180—P220	94.00 ~ 96.50	2.00 ~ 3.60	≤0.45		
	F230—F800(J240—J1500)	P240—P1500	≥93.50	2.00 ~ 3.80		≤1.20	
	F1000—F1200(J2000—J2500)	P2000—P2500	≥93.00	≤4.00	≤0.50	≤1.40	
A-B	F4—F80	—	≥94.00	2.20 ~ 3.80	≤0.45	≤1.20	—
	F90—F220	—	≥93.00	2.50 ~ 4.00	≤0.50	≤1.50	—
	F230—F800(J240—J1500)	—	≥92.50	≤4.20	≤0.60	≤1.80	—
	F1000—F1200(J2000—J2500)	—	≥92.00			≤2.00	—
A-S	16—220		≥93.00	—	—	—	—

2.1.2.7 熔融陶瓷砂(宝珠砂)

熔融陶瓷砂(宝珠砂)的主要矿物组成是Al_2O_3,其优点是耐高温、粒型好、抗酸碱侵蚀、破碎率低、回用性强,是铸铁、铸钢、铸铜、铸铝的理想造型材料。其性价比超过铬铁矿砂、锆英石砂。

以优质铝矾土(Al_2O_3含量65% ~ 85%)为原料,通过电弧熔融、风碎成球得到的铸造砂都是宝珠砂。宝珠砂的制造方法是:选取优质铝矾土原料,置于电弧炉中熔融,当熔融料液自炉中流出时,用压缩空气流将其吹散,冷却后得到球形或接近于球形的表面光滑的颗粒。

熔融陶瓷砂的生产流程:铝矾土→简单破碎→电弧熔融→风碎成球→筛分→混配→宝珠砂成品。

根据《铸造用球形陶瓷砂》(JB/T 13043—2017)的规定,Al_2O_3含量分级和各级的化学成分见表2.21。

表2.21 Al_2O_3含量分级和各级的化学成分

分级代号	Al_2O_3(质量分数)/%	SiO_2(质量分数)/%	杂质化学成分(质量分数)/%			耐火度/℃
			Fe_2O_3	TiO_2	$K_2O + Na_2O$	
Ⅰ	>78	>12	<1	<1.9	<0.3	>1900
Ⅱ	>75	>13	<1.9	<2	<0.35	>1800
Ⅲ	>70	>16	<3	<3	<0.37	>1700
Ⅳ	>65	>16	<3	<3	<0.37	>1600

熔融陶瓷砂的粒度组成分级见表2.22。

表2.22　熔融陶瓷砂的粒度组成分级

代号	平均细度	粒度组成/%									细粉含量（底盘）/%
		20号筛	30号筛	40号筛	50号筛	70号筛	100号筛	140号筛	200号筛	270号筛	
350	25～35	5～10	20～35	35～45	10～20	0～5					≤0.3
450	35～45		0～10	25～45	25～45	10～25	0～5				≤0.3
550	45～55			5～10	25～40	25～45	15～25	0～5			≤1
650	60～70				10～25	20～40	20～40	15～25	5～8		≤5
750	75～85				5～10	20～30	20～40	20～30	5～10		≤5
950	90～100					5～10	20～40	25～40	10～20	0～5	≤5
1000	100～110					0～5	25～40	25～40	15～25	5～10	≤10

铸造用球形陶瓷砂的牌号表示如下：

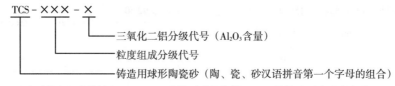

TCS - ××× - ×

三氧化二铝分级代号（Al₂O₃含量）

粒度组成分级代号

铸造用球形陶瓷砂（陶、瓷、砂汉语拼音第一个字母的组合）

示例：TCS-035-I 表示粒度组成代号为035、Al_2O_3含量（质量分数）>78%的铸造用球形陶瓷砂。

各种铸造用熔融陶瓷砂牌号按三氧化二铝（Al_2O_3）、三氧化二铁（Fe_2O_3）等质量分数分级，见表2.23。

表2.23　铸造用熔融陶瓷砂按Al_2O_3和Fe_2O_3等质量分数分级

等级	耐火度/℃	Al₂O₃/%	SiO₂/%	Fe₂O₃/%	TiO₃/%	K₂O + NaO/%	CaO + MgO/%
1级	≥1790	≥75	<20	<3.5	<3.5	<1.5	<0.8
2级	≥1750	≥70	<25	<5	<4	<2	<1
3级	≥1700	≥65	<30	<8	<4.5	<2	<1.5

"月砂"也是一种熔融陶瓷砂。2006年，天津中国矿产有限公司与日本花王公司合作，引进技术生产铸造用"月砂"系列的球形人造砂。"月砂"共有三个系列：

（1）Spheresand CL 莫来石质球形铸造砂；

（2）Spheresand BL 矾土质球形铸造砂；

（3）Spheresand AL 白刚玉质球形铸造砂。

天津中国矿产有限公司有贵州修文和山西介休两个矿产基地，可大量生产Spheresand CL 莫来石质球形铸造砂的原料，即高温合成莫来石。

以Spheresand CL 莫来石质球形铸造砂为例，其生产流程为：高温合成莫来石→破碎→火焰熔融→冷却→筛分、配制→成品。

2.1.2.8　烧结陶瓷砂

烧结陶瓷砂的主要原料也是铝矾土（含铝量45%～75%），再辅以锰粉、回料等，经煅烧→破碎→配料→粉磨→造粒→再煅烧→冷却→筛分等工序制造而成。其与熔融陶瓷砂的对比见表2.24。

表2.24　熔融陶瓷砂与烧结陶瓷砂的对比

项目类别	熔融陶瓷砂		烧结陶瓷砂	
原料	煅烧铝矾土，Al_2O_3含量为70%~80%		(1) 煅烧铝矾土，Al_2O_3含量为45%~75%； (2) 辅料：锰粉、回料等	
生产流程	破碎 → 熔融 → 成球 磁选 ← 筛分 ← 冷却 配砂 → 包装 (1) 破碎：将煅烧铝矾土（Al_2O_3含量在70%~80%）经颚式破碎机破碎，将其粒度控制在不大于15 mm； (2) 熔融：在电弧炉中，不断加入原料，利用电弧放电产生的高温（温度高达2000℃），将其熔化成液体； (3) 成球：在液体流出炉子时，对其施以70~85 m/s的空气压（压力0.3~0.8 MPa），使液体破碎、急速冷却，得到形状为球形或近似球形的颗粒，粒度从6号筛到325号筛不等； (4) 冷却：颗粒在料仓中自然冷却； (5) 筛分：冷却后的熔融陶瓷砂，可以直接输送到多级振动筛，按要求筛分成"单筛砂"（10号、20号、30号筛等）； (6) 磁选：将单筛砂经磁选机磁选，将游离铁选出，得到合格的单筛砂； (7) 配砂：根据用途或客户要求，经自动配砂线，按颗粒级配要求配比、混合； (8) 包装：根据要求包装，不同牌号的熔融陶瓷砂要分别装运和存放，运输和储存时应严防雨淋和水泡		破碎 → 配料 → 粉磨 冷却 ← 烧结 ← 造粒 筛分 → 包装 (1) 破碎：将煅烧铝矾土（铝含量为45%~75%）经颚式破碎机和锤式破碎机组成的二级破碎系统破碎，将其粒度控制在不大于8mm； (2) 配料：将破碎后的铝矾土与其他种类的辅料按配方比例混合； (3) 粉磨：混料进入球磨机进行研磨，利用选粉机得到所需的混合料，粒度控制在325号筛甚至400号筛； (4) 造粒：在造粒锅内事先加入"引子"，在雾化喷水的情况下，不断加入物料，通过顺时针锅体选中，使物料在锅内翻滚、摩擦和挤压，最终形成类似球形的颗粒产品； (5) 烧结：料球进入带有一定斜度的回转窑进行煅烧（1200~1400℃），得到高强度的烧结陶瓷砂； (6) 冷却：采用回转式冷却机冷却至室温； (7) 筛分：出冷却机的陶粒砂，可以直接输送到多级振动筛，按要求分为多个粒径的品种； (8) 包装：根据要求包装，不同牌号的陶粒瓷砂要分别装运和存放	
物理性能	(1) 角形因数≤1.1，极似球形； (2) 堆积密度：1.95~2.05 g/cm^3； (3) 耐火度≥1790℃		(1) 角形因数≤1.1，极似球形； (2) 堆积密度：1.53 g/cm^3； (3) 抗压强度：50~85 MPa	
化学成分（质量分数）	一级	二级	低密度	中密度或高密度
	Al_2O_3不小于75%	Al_2O_3不小于70%	Al_2O_3不小于45%~50%	Al_2O_3不小于65%~80%
	Fe_2O_3不大于3%	Fe_2O_3不大于5%	Fe_2O_3不大于3%	Fe_2O_3不大于8%

2.2 铸造用黏结材料

2.2.1 膨润土

膨润土是以蒙脱石类矿物为其主要组分的优质黏土。由于它具有比普通黏土更好的吸水膨胀性、胶体分散性和吸附性，故具有更强的黏结力。

铸造用膨润土按《铸造用膨润土》（JB/T 9227—2013）分类、分级如下：

（1）铸造用膨润土按其主要交换阳离子种类分类，见表2.25。

表2.25 铸造用膨润土的分类

代 号	$\dfrac{\sum Na^{+} + \sum K^{+}}{\sum Ca^{2+} + \sum Mg^{2+}}$	类 别
Na	≥1	钠膨润土
Ca	<1	钙膨润土

注：钠膨润土分为天然钠膨润土和人工钠化膨润土。人工钠化膨润土以代号前加R表示。

（2）铸造用膨润土按工艺试样的湿压强度分级，见表2.26。

（3）铸造用膨润土按工艺试样的热湿拉强度分级，见表2.27。

表2.26 铸造用膨润土的湿压强度分级

等级代号	湿压强度/kPa
11	>110
9	91～110
7	71～90
5	50～70

表2.27 铸造用膨润土的热湿拉强度分级

等级代号	热湿拉强度/kPa
35	>3.5
25	2.6～3.5
15	1.6～2.5
5	0.5～1.5

（4）牌号。

铸造用膨润土牌号表示方法如下：

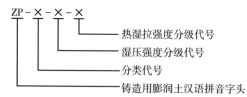

示例1：ZP-RNa-11-35表示铸造用膨润土为人工钠化膨润土，湿压强度大于110 kPa，热湿拉强度大于3.5 kPa。

示例2：ZP-Ca-9-5表示铸造用膨润土为钙膨润土，湿压强度大于90～110 kPa，热湿拉强度为0.5～1.5 kPa。

2.2.2 铸造用水玻璃

水玻璃别名泡花碱，是硅酸钠、硅酸钾、硅酸锂和硅酸季铵盐在水中以离子、分子和硅酸胶粒并存的分散体系。它们处在特定的模数和含量范围内，分别称为钠水玻璃、钾水玻璃、锂水玻璃和季铵盐水玻璃。在本手册中除特别指明外，水玻璃一般指钠水玻璃。其化学通式为 $Na_2O \cdot mSiO_2 \cdot nH_2O$。$SiO_2$ 与 Na_2O 的摩尔数比值称为模数，用 M 表示。

$$M = \frac{SiO_2 摩尔数}{Na_2O 摩尔数} = \frac{SiO_2 质量分数}{Na_2O 质量分数} \times 1.033$$

铸造中使用的水玻璃的模数通常为 $2 < M < 4$。水玻璃的 SiO_2 与 Na_2O 的质量分数比称为硅碱比，但西方某些国家习惯上也将钠水玻璃的硅碱比称为模数。

钾水玻璃、锂水玻璃和季铵盐水玻璃由于原材料供应和价格等方面的原因，过去很少用于铸造生产。现代研究表明，这些非钠水玻璃用作型砂黏结剂，相对于钠水玻璃，在抗吸湿、抗侵蚀、抗烧结以及控制硬化反应等方面具有优势，可用于钠水玻璃的改性，正逐步得到应用。水玻璃的行业标准见表2.28。

表2.28　铸造用水玻璃行业标准技术指标

技术指标	ZS-2.8	ZS-2.4	ZS-2.0
横数(M)	2.5～2.8	2.1～2.4	1.7～2.0
密度（20℃)/(g·cm^{-3})	1.42～1.50	1.46～1.56	1.39～1.50
黏度（20℃)/(mPa·s)	≤800	≤1000	≤600
w(Fe)（质量分数)/%	≤0.05		
水不溶物（质量分数)/%	≤0.5		

资料来源：《砂型铸造用水玻璃》(JB/T 8835—2013)。

注：ZS-2.0为改性水玻璃。

2.2.3 水溶性有机黏结剂

2.2.3.1 预糊化淀粉（俗称α淀粉）

在铸造生产上用的淀粉多为玉米粉、马铃薯粉、木薯粉和甘薯粉。天然淀粉常温不溶于水，须加热成糊状才能做黏结剂，一般用它改善油砂的湿强度。天然淀粉在一定温度和压力下进行糊化处理，再经烘干粉碎，得到预糊化淀粉。预糊化淀粉常温下可溶于水，可直接添加在型砂中，用于黏土砂湿型机械化造型，以提高高压造型型砂的塑性、韧性和湿强度，减少夹砂、粘砂等铸造缺陷。预糊化淀粉的性能指标见表2.29。

表2.29　铸造用预糊化淀粉的技术指标

项　目	ZDF-45	ZDF-30
膨润值/(mL·5 g^{-1})	≥45	≥30
水分/%	≤12	≤15
pH值	6～9	

表 2.29（续）

项　目	ZDF-45	ZDF-30
细度（0.15 mm 筛通过率）/%	≥80	≥70
燃烧减量/%	≥98	≥95

2.2.3.2　糊精

糊精是淀粉中加入酸，加热处理后得到的产物，能溶于水，吸湿性强，很少单独用作芯砂黏结剂。将它加入油砂中，可提高其湿强度，并保持高的干强度。糊精还用于配制砂芯胶合剂。铸造用糊精的性能指标见表 2.30。

表 2.30　铸造用糊精性能指标

项　目	外　观	水分/%	溶解度（20 ℃）/%	工艺试样干拉强度/MPa
白糊精	粉状	<2	>60	>0.30
黄糊精	粉状	<2	>90	>0.35

2.2.4　铸造用合成树脂黏结剂

合成树脂是以尿素、甲醛、苯酚及糠醇等为主要化工原材料，在一定催化剂的作用下，经过缩聚而成的高分子量的化合物，如呋喃树脂、酚醛树脂等。合成树脂按其加热后的变化情况可分为热固性树脂和热塑性树脂两大类。由于铸造用合成树脂种类繁多，可按树脂的化学结构将其划分为呋喃树脂、酚醛树脂和酚脲烷系树脂等三大类。但是，在铸造生产中，为了使用方便，一般按造型、制芯工艺，将铸造用树脂分为自硬法用树脂、壳型（芯）用树脂、热芯盒法用树脂、冷芯盒法用树脂及其他合成树脂黏结剂等几种。

2.2.4.1　自硬法用树脂

自硬法用树脂是在常温下加入固化剂能自行硬化的合成树脂黏结剂。根据使用的固化剂种类不同，这种树脂又可分为三类：酸固化呋喃树脂、酯固化碱性酚醛树脂和酚脲烷系树脂等。

1）酸固化呋喃树脂及其固化剂　呋喃树脂一般由糠醇和尿醛或酚醛树脂按一定比例缩聚而成。

根据机械行业标准《铸造用自硬呋喃树脂》（JB/T 7526—2008），呋喃树脂分类如下：

（1）按树脂中氮含量分类，见表 2.31。

表 2.31　按氮含量分类

分类代号	氮含量（质量分数）/%
W（无氮）	≤0.5
D（低氮）	0.5 ~ 2.0[①]
Z（中氮）	2.0 ~ 5.0
G（高氮）	5.0 ~ 10.0

---

① 此处的"0.5 ~ 2.0"写法，其意思是氮含量（质量分数）大于0.5%、小于等于2.0%。其余类同。本章中除有另外说明，其他表格中此类写法的含义同此。

氮是铸件产生气孔的重要原因，树脂中的含氮量会影响铸件的质量和应用范围。无氮、低氮呋喃树脂性能好，但价格较高，常用于铸钢件和重要铸铁件；中氮树脂用于一般铸铁件；高氮树脂可用于有色金属铸件。

（2）按试样常温抗拉强度分级，见表2.32。

表2.32 按试样常温抗拉强度分级

等级代号	试样常温抗拉强度/MPa			
	W	D	Z	G
1（一级）	≥1.2	≥1.5	≥1.8	≥1.4
2（二级）	≥1.0	≥1.3	≥1.5	≥1.2

（3）按呋喃树脂中游离甲醛含量分级，见表2.33。

表2.33 按游离甲醛含量分级

等级代号	游离甲醛含量（质量分数)/%
01（一级）	≤0.1
03（二级）	≤0.3

（4）铸造用呋喃树脂其他有关性能指标符合表2.34的规定。

表2.34 呋喃树脂其他有关的性能指标

性能指标	氮含量分类			
	W	D	Z	G
黏度（20℃)/(mPa·s)	≤60			≤150
密度（20℃)/(g·cm⁻³)	1.10～1.25			

注：铸造用自硬呋喃树脂的游离苯酚含量（质量分数）可作为抽检性能指标：对于含氮的呋喃树脂小于或等于0.1%，而对于无氮呋喃树脂则小于或等于0.2%。

铸造用自硬呋喃树脂的牌号表示方法如下：

示例：铸造用自硬呋喃树脂氮含量（质量分数）为3.5%，游离甲醛含量（质量分数）为0.08%，可表示为：ZF-Z-3.5Z-01。

合成磺酸类固化剂是将甲苯和（或）二甲苯和浓硫酸或发烟硫酸、三氧化硫及氯磺酸等的一种或两种发生磺化反应生成对甲苯磺酸和（或）二甲苯磺酸。通过改变苯类及其配比、溶剂的种类和控制固化剂的主要技术指标，制成不同固化速度的磺酸固化剂，以适应不同季节的生产条件。

磺酸类固化剂的物化性能指标包括密度、黏度、总酸度、游离酸含量等。一般采用固化剂的总酸度来衡量固化剂的活性。总酸度是指固化剂中质子含量的多少，由于磺酸中磺酸基为—SO₃H，一般以 H_2SO_4 含量作为总酸度计算。不同季节对固化剂酸度的要求是不一样的。夏季气温高，有利于树脂砂固化，因此达到工艺要求所需的固化剂酸度相对较低；冬季由于气候寒冷，不利于砂型固化反应的进行，因此需要高活性的固化剂；春秋两季居中。

表2.35列出了国家标准中铸造自硬呋喃树脂用磺酸固化剂的技术指标。

表2.35 铸造自硬呋喃树脂用磺酸固化剂的技术指标

项　目	指　　标															
	GH01		GH02		GH03		GH04		GH05		CH06		GH07		GH08	
	A型	B型	A型	B型	A型	B型	A型	B型	A型	B型	A型	B型	A型	B型	A型	B型
密　度 /(g·cm⁻³)	0.90～1.10		1.10～1.20		1.10～1.20		1.10～1.20		1.20～1.30		1.20～1.30		1.20～1.40		1.17～1.30	
黏度(20℃) /(mPa·s) ≤	20.0		20.0		20.0		20.0		50.0		50.0		80.0		50.0	
总酸度 (以 H₂SO₄ 计)/%	6.0～8.0	6.5～13.0	12.0～14.0	10.0～17.0	14.0～16.0	13.0～22.0	16.0～18.0	18.0～26.0	18.0～20.0	23.0～31.2	21.0～26.0	29.0～33.7	24.5～27.5	32.0～36.0	32.5～35.0	34.0～40.5
游离硫酸/%	0.0～1.5	1.5～5.0	0.0～1.5	5.0～9.0	0.0～1.5	7.0～14.0	0.0～1.5	8.5～16.0	0.0～1.5	13.0～21.8	7.0～10.0	16.0～23.5	2.5～4.5	20.0～24.3	7.0～12.0	14.3～24.0
石油醚溶解物含量*/%	—	—	—	—	—	—	—	—	—	—	—	—	—	—	—	—
外观	浅黄色至棕红色透明液体、无肉眼可见的不溶物，在−15℃以上不应有结晶析出															

资料来源：《铸造自硬呋喃树脂用磺酸固化剂》（GB/T 21872—2008）。

注：根据用户要求检测项目。

2）酯固化的碱性酚醛树脂及其固化剂　这种树脂一般由苯酚和甲醛，在KOH或NaOH碱性催化下，缩聚而成，具有低毒性、低气味、抗湿性好、铸件热裂倾向小等一系列优点，目前，在国内外重型、阀门、水泵、汽轮机及有色金属铸造等行业得到应用。

碱性酚醛树脂常采用有机酯作固化剂，如甘油醋酸酯等，加入量为树脂的30%左右。

3）酚脲烷系自硬树脂　该黏结系统由三组分组成。组分Ⅰ为聚苯醚酚基树脂，组分Ⅱ为聚酚异氰酸，组分Ⅲ为催化剂，主要是吡啶衍生物，含羟基的酚醛树脂与聚异氰酸酯在催化剂（胺或金属催干剂）作用下生成尿烷而得名。

2.2.4.2　覆膜砂用酚醛树脂

覆膜砂一般采用热塑性固体酚醛树脂，它是由苯酚和甲醛，以酸作催化剂合成的高分子化合物。

覆膜砂用酚醛树脂的主要性能有强度、软化点、聚合速度、黏度、流动性、游离酚含量。采用不同摩尔分数的配料、催化剂、添加剂，以及采用不同的合成工艺，可制成性能不同的覆膜砂用酚醛树脂，以满足不同的使用要求。酚醛树脂的性能受其微观结构的影响，如连接苯环的化学键的数量、位置和类型，树脂相对分子质量的大小和分布等。当树脂不能满足其某些特定的使用要求时，必须对其结构进行改性。

根据《铸造覆膜砂用酚醛树脂》（JB/T 8834—2013）的规定，其分类、分级和牌号以及相关技术要求如下：

（1）铸造覆膜砂用酚醛树脂按聚合时间分类见表2.36。

表2.36　铸造覆膜砂用酚醛树脂按聚合时间分类

分类代号	聚合时间/s
F（快速）	≤35
M（中速）	35～75
S（慢速）	75～115

（2）游离酚含量分级见表2.37。

表2.37　铸造覆膜砂用酚醛树脂按游离酚含量分级

分类代号	游离酚含量（质量分数)/%
I	≤3.5
II	3.5～5.0

（3）铸造覆膜砂用酚醛树脂的牌号表示方法如下：

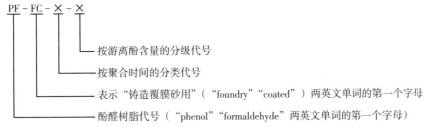

示例：聚合时间为40 s，游离酚含量为1.0%的铸造覆膜砂酚醛树脂，可表示为：PF-FCM I。

（4）铸造覆膜砂用酚醛树脂的性能指标应符合表2.38的规定。

表2.38　铸造覆膜砂用酚醛树脂的性能指标

性能指标	按聚合时间分类		
	F	M	S
外　观	条状、粒状或片状的黄色至棕红色透明固体		
软化点/℃	82～105		
流动度/mm	30～90	30～90	90～130

近年来，由于汽车等行业的发展需要，覆膜砂用酚醛树脂在品种和质量上已有了大幅度的提高。济南圣泉集团股份有限公司采用优质的原材料和独特的合成工艺，制得了强韧性高、聚合速度快、游离酚含量低的优质覆膜砂用酚醛树脂。

2.2.4.3 热芯盒法用树脂及其固化剂

热芯盒法用树脂有糠醇改性的尿醛树脂，酚醛改性的尿醛树脂，糠醇改性的酚醛树脂和酚醛树脂等。使用时，须加固化剂，并加热固化。根据《铸造用热芯盒树脂》（JB/T 3828—2013）的规定，铸造用热芯盒树脂按含氮量分级见表2.39，按游离甲醛含量分级见表2.40。

表2.39 含氮量分级

分级代号	含氮量（质量分数）/%
W（无氮）	≤0.5
D（低氮）	0.5 ~ 5.0
Z（中氮）	5.0 ~ 7.5
G（高氮）	7.5 ~ 12.0

表2.40 游离甲醛含量分级

分级代号	游离甲醛含量（质量分数）/%
I	≤0.6
II	0.6 ~ 1.8

铸造用热芯盒树脂的牌号表示方法如下：

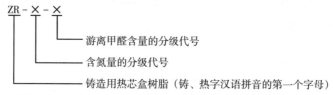

示例：铸造用热芯盒树脂含氮量为8.5%，游离甲醛含量为0.45%，可表示为：ZR-G-I。

铸造用热芯盒树脂其他有关的性能指标应符合表2.41的规定。

表2.41 铸造用热芯盒树脂其他有关的性能指标

性能指标			按含氮量分级			
			W（无氮）	D（低氮）	Z（中氮）	G（高氮）
外 观			棕黄色至深棕色透明或半透明黏性液体			
黏度（20℃)/(mPa·s) ≤			500	200	600	900
抗拉强度/MPa ≥		热态	0.2	0.4	0.4	0.2
		常温	1.5	2.5	2.5	2.5
抗弯强度/MPa ≥		热态	0.5	1.0	1.0	0.5
		常温	4.0	6.0	6.0	6.0

热芯盒法用树脂的固化性能较好，固化温度低，固化温度范围大，固化速度快，且型、芯砂强度高。为了使热芯盒法用树脂砂具有较长的可使用时间，一般都

采用潜伏固化剂，即在常温下呈中性或弱酸性，而在加热时放出强酸，促使树脂迅速固化。因此，热芯盒法用树脂常用酸类或酸性盐作固化剂。

2.2.4.4　冷芯盒法用树脂

冷芯盒法用树脂按所使用固化剂种类的不同，分为三大类：三乙胺法、SO₂法、

CO_2法。目前，三乙胺法应用最多。

三乙胺法的树脂黏结剂一般由两组分组成：第一组分是能提供固化反应时所需的活性羟基的聚苄醚醛树脂；第二组分是聚异氰酸酯，一般采用4, 4'二苯基甲烷二异氰酸酯（MDI）。三乙胺为气体催化剂。

铸造用三乙胺冷芯盒法树脂按使用条件分类见表2.42，理化性能指标见表2.43。

表2.42　铸造用三乙胺冷芯盒法树脂按使用条件分类

类　型	分类代号	
	组分 I	组分 II
普通型	SL I -P	SL II -P
抗湿型	SL I -K	SL II -K
高强度型	SL I -G	SL II -G

表2.43　铸造用三乙胺冷芯盒法树脂的理化性能指标

项　目	SL I -P		SL I -K		SL I -G		SL II -P	SL II -K	SL II -G
	优级品	合格品	优级品	合格品	优级品	合格品			
外　观	淡黄色至棕红色透明液体						褐色液体		
密度(25 ℃)/(g·cm⁻³)	1.05 ~ 1.15						1.05 ~ 1.20		
黏度(25 ℃)/(mPa·s)	≤210						20 ~ 75		
游离甲醛 (质量分数)/%	≤0.3	≤0.5	≤0.3	≤0.5	≤0.3	≤0.5	—		
异氰酸根含量 (质量分数)/%	—						22.0 ~ 28.0		
水分(质量分数)/%	≤0.8								

《铸造用三乙胺冷芯盒法树脂》（JB/T 11738—2013）规定了铸造用三乙胺冷芯盒法树脂的术语和定义、分类和牌号、技术要求、试验方法和检验规则，以及包装、标志、运输和储存方式。该标准适用于铸造用三乙胺冷芯盒法制芯（型）用树脂。

铸造用三乙胺冷芯盒法树脂的牌号表示方法如下：

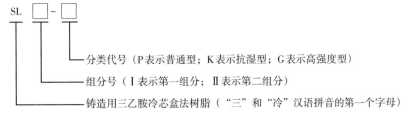

分类代号（P表示普通型；K表示抗湿型；G表示高强度型）

组分号（ I 表示第一组分；II 表示第二组分）

铸造用三乙胺冷芯盒法树脂（"三"和"冷"汉语拼音的第一个字母）

示例：SL I -K表示铸造用三乙胺冷芯盒法树脂组分 I 抗湿型树脂。

2.2.5 加热硬化无机黏结剂

2000年以后，德国对硅酸盐类黏结剂进行了全面、深入的研究和开发，ASK公司和HA公司研制出适用于铝合金铸造的新型硅酸盐黏结剂，可以取代三乙胺冷芯盒工艺用于汽车气缸体、气缸盖等铝合金铸件的大量生产，大大减少了制芯和浇注过程的废气排放，改善了劳动环境。德国的BMW汽车公司、大众汽车公司将其大量应用于生产过程。由于采用这种制芯工艺时，芯盒需要加热，同时要吹热空气，温度都在150 ℃左右，所以这种工艺也称"硅酸盐黏结剂温芯盒"工艺。我国的长春一汽铸造有限公司、沈阳华晨宝马汽车公司等已经将这种工艺用于铝合金铸件的大量生产。

德国的R. Scheuchl有限公司开发和生产出用于这种新型硅酸盐黏结剂砂制芯工艺的热法再生成套设备，再生后的砂子可再用于制芯。

2.3 其他原材料

2.3.1 偶联剂

偶联剂是一种提高树脂与砂粒表面结合力的附加物。硅烷作为偶联剂，其分子式的一端能与砂粒表面形成硅氧键，牢牢地抓住砂粒；其另一端的氨基与树脂进行交联，这样就在树脂与石英砂粒间架起了桥梁，使二者偶联起来，从而大大提高了树脂自硬砂的强度，节约了树脂用量。偶联剂的加入量一般为树脂量的0.2% ~ 0.5%。加入偶联剂的树脂保存期为1 ~ 4周，过期失效。常用偶联剂有：KH—550，化学名称为γ-氨基丙基三乙氧基硅烷，为无色液体；KH—560，化学名称为γ-缩水甘油丙基三甲氧基硅烷，为无色透明液体；还有一种叫乙烯基三乙氧基硅烷，为无色透明液体。偶联剂对玻璃中的硅有侵蚀作用，不得存放在玻璃容器中，可存放在塑料容器中。

2.3.2 抗粘砂材料

2.3.2.1 煤粉

煤粉最主要的作用是防止湿型黏土砂铸铁件的表面粘砂，改善铸件的表面质量。此外，它还可以防止铸件产生皮下气孔，减少夹砂结疤倾向，改善铸件尺寸的稳定性。根据《湿型铸造用煤粉》（JB/T 9222—2008）标准，其性能指标见表2.44。

表2.44 煤粉的技术指标

牌 号	SMF-Ⅰ	SMF-Ⅱ	SMF-Ⅲ
光亮炭（质量分数）/%	≥12	≥10	≥7
挥发分（质量分数）/%	≥30	≥30	≥25
硫含量（质量分数）/%	≤0.6	≤0.8	≤1.0
焦渣特性	4 ~ 6级		
灰分（质量分数）/%	≤7		
水分（质量分数）/%	≤4		
粒 度	100%通过0.150 mm筛孔，95%以上通过0.106 mm筛孔		

由于煤粉中光亮炭含量低,灰分含量较高,会降低型砂的耐火度和黏土的黏结能力,增加周转砂的含水量,又因煤粉在使用过程中对人和环境的污染,近年来开发出许多煤粉用材料,能明显消除或减少煤粉的缺点。

2.3.2.2 石墨粉

石墨粉有两种:一种是微晶石墨,为黑色粉状;另一种是鳞片状晶形石墨,有金属光泽。石墨有良好的导热性、润滑性、化学稳定性,且与铁水不润湿,可做铸型(芯)表面敷料,以防粘砂,也可做铸铁件防粘砂涂料的耐火骨料。根据含碳量,鳞片石墨可分为高纯石墨、高碳石墨、中碳石墨和低碳石墨,铸造常用后两种石墨。国家标准《鳞片石墨》(GB/T 3518—2008)中的分类见表2.45。石墨的具体技术标准见国家标准《微晶石墨》(GB/T 3519—2008)。

表2.45 分类及代号

名　称	高纯石墨	高碳石墨	中碳石墨	低碳石墨
固定碳 $w(C)$/%	$w(C)\geqslant99.9$	$94.0\leqslant w(C)<99.9$	$80.0\leqslant w(C)<94.0$	$50.0\leqslant w(C)<80.0$
代　号	LG	LG	LZ	LD

2.3.3 悬浮剂及增稠剂

2.3.3.1 钠基膨润土

钠基膨润土是做水基涂料最常用的悬浮剂。可用天然的钠基膨润土,也可用钙膨润土进行活化处理(离子交换)后得到的钠膨润土。其技术要求见本章2.2.1部分。

2.3.3.2 锂基膨润土

锂基膨润土在自然界很少见到,它由钠基膨润土经人工改性而得。锂基膨润土与少量水混匀,待充分吸水后,可溶于酒精或溶剂油中。在乙醇中膨胀值24小时为100%。可用作醇基涂料的增稠剂及悬浮剂。

2.3.3.3 有机改性膨润土

有机改性膨润土是用季铵盐($R_4N^+Cl^-$)或季铵碱(R_4NOH)与膨润土浆进行离子交换处理,使有机阳离子与膨润土中无机阳离子进行置换生产出的。它溶于醇及油类,可用作醇基涂料的悬浮剂及增稠剂。我国有机改性膨润土的性能指标见表2.46。

表2.46 有机改性膨润土性能指标

名　称	外　观	含水量/%	灼烧减量/%	不亲水物含量/%	细　度	溶剂中胶凝状态
十八烷基铵改性膨润土	白色粉末	<2	34~36	95~98	全部通过200号筛	呈厚糊状
7812有机改性膨润土	米黄色粉末	<3	—	—		

2.3.3.4 凹凸棒土

凹凸棒土,其主要矿物成分为凹凸棒石(坡铝缟石),是一种水化硅酸铝的黏土矿物。置于水中搅拌后,其晶粒质点呈针状或棒状分散于水中,并交互成网络,有较好的增稠效果,是一种水基涂料的增稠剂。涂料中加入3%左右的凹凸棒土,具有良好的悬浮性和触变性。我国安徽嘉山和江苏盱眙县出产凹凸棒土，其成分和性能为SiO_2 55%～60%，Al_2O_3 8%～13%，MgO 9%～13%，含水量10%～15%，pH值6.6～6.9，密度1.3 g/cm³，1 min吸水率不小于200%。

2.3.3.5 羧甲基纤维素钠（CMC）

CMC为白色或略带微黄色的纤维性粉

末，溶于水呈糊状，用作水基涂料的增稠剂。它与钠基膨润土一同使用效果更佳。根据国家标准《食品安全国家标准　食品添加剂　羧甲基纤维素钠》（GB 1886.232—2016），其感官要求和理化指标列于表2.47和表2.48。铸造生产中，一般用中、低黏度的工业用的CMC即可，价格便宜，但黏度须保证在600 mPa·s左右。

表2.47　羧甲基纤维素钠感官要求

项　目	要　求	检　验　方　法
色泽	白色或微黄色	将适量试样均匀置于白瓷盘内，在自然光线下观察其色泽和状态
状态	纤维状粉末或颗粒状	

表2.48　食品添加剂羧甲基纤维素钠理化指标

项　目		指　标
羧甲基纤维素钠含量（质量分数）/%	≥	99.5
黏度（质量分数为2%水溶液）/(mPa·s)	≥	5.0
取代度		0.20～1.50
pH（10 g/L水溶液）		6.0～8.5
干燥减量（质量分数）/%	≤	8.0
乙醇酸钠（质量分数）/%	≤	0.4
氯化物（以NaCl计）（质量分数）/%	≤	0.5
钠（质量分数）/%	≤	12.4
砷（As）/(mg·kg⁻¹)	≤	2.0
铅（Pb）/(mg·kg⁻¹)	≤	2.0

注：① 当黏度（质量分数为2%水溶液）不小于2000 mPa·s时，应改用质量分数为1%水溶液测定。
② 干燥温度为（105±2）℃，干燥时间为2 h。

2.3.3.6 聚乙烯醇缩丁醛（PVB）

PVB为白色或黄色粉末，溶于乙醇等有机溶剂，形成无色透明溶液，有强黏结力，用于醇基涂料，作为增稠剂和黏结剂。

2.4 型（芯）砂

型（芯）砂又称造型（芯）混合料，

是原砂、黏结剂和附加物混合而成的混合物。

2.4.1 湿型黏土砂

湿型黏土砂多以膨润土做黏结剂，造型后不需烘干而直接合箱浇注。用湿型黏土砂造型，生产效率高，节能，成本低，便于组织流水生产。但湿型浇注时，若控制不好水分蒸发和迁移，会使铸件产生气孔、夹砂、粘砂等缺陷，故应严格控制湿型黏土砂的性能。

2.4.1.1 湿型黏土砂性能控制

对于湿型黏土砂，一般控制以下性能。

1）含水量　含水量过高，铸件易产生气孔、夹砂等缺陷；含水量过低，砂子的塑性及韧性差，增加造型（芯）废品率，因此应严格控制其含水量。对于手工造型，适宜含水量为5.0% ~ 6.0%；对于机器造型，适宜含水量为4.5% ~ 5.5%。高密度机器造型，即铸型密度为1.5 ~ 1.6 g/cm³，压实比压在0.7 MPa以上的高压和挤压造型以及气冲造型，适宜含水量为2.5% ~ 4.0%。

2）湿透气性　足够的透气性，可以保证浇注后铸型受热产生气体的顺利排出，防止铸件产生侵入气孔。但透气性过高（如采用粗砂），会恶化铸件表面质量。湿透气性一般控制在70 ~ 120，对于高密度造型要适当增大。

3）湿压强度　造型和浇注都要求型砂具有一定的湿压强度，但湿压强度过高，不仅落砂困难，且易使铸件产生夹砂、结疤等缺陷。湿抗压强度一般控制在60 ~ 100 kPa；对于高密度造型，最好大于100 kPa。

除上述性能外，对高密度造型还要控制以下性能。

4）湿拉和热湿拉强度　高密度造型一般要将湿拉强度控制在20 ~ 25 kPa，热湿拉强度要大于2 kPa。

5）紧实率　紧实率是高密度造型型砂的重要性能指标，它不仅反映了有效黏土含量和水分的比例是否合适，还反映了型砂的造型性能是否良好。高密度造型型砂紧实率一般控制在40%±5%。

2.4.1.2 湿型黏土砂性能检测

生产中，特别是为机械化自动化生产线供应的湿型黏土砂，必须按固定周期或连续进行性能检测，发现波动，及时调整，以保持性能稳定。

2.4.1.3 回用旧砂的性能控制

旧砂反复使用，含泥量增加，砂粒破碎，烧结的煤粉、死黏土黏附在砂粒表面，使部分砂粒粗化，这些都会影响型砂性能，故对回用旧砂的性能也必须按规定定期进行检测。

2.4.1.4 湿型黏土砂的配方、性能和制备工艺

1）配方与性能　一些铸造厂的铸铁件、铸钢件和有色合金铸件湿型黏土砂配方和性能见表2.49至表2.51。表中数据仅供参考，读者宜根据自己所在地区、生产季节和铸件材质、结构、尺寸等的不同进行适当调整。

2）湿型黏土砂的制备工艺　一般是将旧砂、新砂、膨润土、煤粉等固体材料加入混砂机混匀，再加入水（淋入或雾化后加入）进行湿混，经叶片搅拌和碾轮碾压，使黏结剂均匀地包覆在砂粒周围。碾轮或摆轮式混砂机混好的砂一般须经调匀及松砂处理，而后用于造型或造芯。旧式碾轮混砂机混制面砂每碾约需7 ~ 12 min。20世纪80年代发展起来的转子式高效混砂机，其混砂工艺为砂加水混合，使水先将砂粒表面润湿，然后加入膨润土等其他粉状材料进行混合，每碾混砂时间缩短为1 ~ 3 min。因取消了碾轮，混出的型砂松散性很好，无须调匀和松砂，可直接用于造型。

表2.49　铸铁件各种造型方法用的湿型黏土砂的性能、组分及控制目标（参考值）

型砂性能、组分	手工造型	震压造型	高压、气冲静压造型	射压造型	
				有箱造型	无箱造型
湿压强度/kPa	60～75	75～100	120～180	90～120	120～180
湿拉强度/kPa	—	—	>11.0	>15.0	>20.0
湿劈裂强度/kPa	—	—	>17.0	>23.0	>31.0
紧实率/%	50～60	45～55	32～40	30～38	
含水量（质量分数）/%	5.0～5.5	4.5～5.5	3.0～3.8	2.8～3.5	
透气性	60～80	70～90	100～140	90～120	
含泥量（质量分数）/%	13～15			12～13	
活性膨润土含量（质量分数）/%	5～6	6～7	6～9		
发气量/(mL·g^{-1})	—	20～26	16～22		
灼烧减量（质量分数）/%	3.5～5.0				

表2.50　铸钢件各种造型方法用的湿型黏土砂的性能、组分及控制目标（参考值）

型砂性能、组分	手工造型	震压造型	高压造型
湿压强度/kPa	65～80	70～90	80～120
湿拉强度/kPa	—	—	>11.0
湿劈裂强度/kPa	—	—	>17.0
紧实率/%	50～60	45～55	34～40
含水量（质量分数）/%	4.5～5.5	4.0～5.0	3.0～3.5
透气性	60～80	70～90	90～140
含泥量（质量分数）/%	10～12	10～12	10～13
活性膨润土含量（质量分数）/%	5～7	6～8	6～8

表2.51　非铁合金铸件用的湿型黏土砂的性能、组分及控制目标（参考值）

型砂性能、组分	铜合金用	铝合金用
原砂粒度	0.212～0.106 mm(70/140号筛)	0.150～0.075 mm(100/200号筛)
湿压强度/kPa	30～60	30～50
含水量（质量分数）/%	4.5～5.5	4.5～5.0
透气性	30～60	20～50
含泥量（质量分数）/%	8～12	8～10

2.4.2　水玻璃砂

水玻璃砂是以水玻璃做黏结剂并加入其他附加物混制而成的造型（芯）混合料，主要用于铸钢件生产中的造型和制芯。按其硬化方法的不同，水玻璃砂可分为CO$_2$水玻璃砂、真空置换硬化法（VRH法）水玻璃砂和酯硬化水玻璃砂。

2.4.2.1 CO₂水玻璃砂

CO₂水玻璃砂是铸钢车间曾经常用的造型（芯）工艺。它具有硬化快、生产效率高、铸型（芯）尺寸准确、铸件尺寸精度高、成本低、无毒、污染小等优点。主要缺点是砂型溃散性差、落砂困难、铸件清理劳动强度大、旧砂再生回用比较麻烦。

1）CO₂水玻璃砂对原材料的要求

（1）原砂。原砂的粒度、粒形、含泥量、SiO_2含量对混合料的性能、铸件质量影响很大。有些工厂只注重原砂的SiO_2含量，将其控制在不小于97%，这是必要的，却忽视了对含泥量的控制，使含泥量达到不小于1.0%，结果使得水玻璃加入量很高，达到8%～10%，造成溃散性很差，即便加入溃散剂，也收效不大。故改善水玻璃砂溃散性的根本方法，在于减少水玻璃的加入量，而减少水玻璃加入量的有效途径之一是严格控制原砂的含泥量。建议采用水洗砂，使原砂含泥量控制在不大于0.5%，角形因数不大于1.45，则水玻璃加入量可由原来的8%～10%降到6%～8%，这是改善水玻璃砂溃散性的有效办法之一。对原砂的要求见表2.52。

表2.52 铸钢件生产水玻璃砂对原砂的要求

名　称	粒度组别	SiO₂含量/%	含泥量/%	200号筛以下粉/%	含水量/%	角形因数
铸钢原砂	40/70	>97	<0.5	<0.3	<0.5	<1.45
	50/100					

（2）水玻璃。CO₂水玻璃砂所用水玻璃为中低模数水玻璃，模数为2.2～2.5，密度为1.44～1.56 g/cm³。夏季用较低模数的水玻璃，冬季可用稍高一点模数的水玻璃。

（3）溃散剂。为了改善水玻璃砂的溃散性，试用过多种溃散剂。其中属于无机材料的有煤粉、石墨粉、石灰石粉、氧化镁、氧化铁和铝矾土等；属于有机材料的有纤维素类如糠醛渣、羧甲基纤维素、腐殖酸等，糖类的有葡萄糖、淀粉等。这些都有一定效果，但均不显著。近年来，国内外研制出新的复合型溃散剂。或水玻璃改性方法，从而有效地改善了水玻璃砂的溃散性。举例见表2.53。

表2.53 几种行之有效的改性水玻璃和溃散剂

序号	名　称	水玻璃改性方法或溃散剂材料
1	Solosill 433	水玻璃中加入氢化淀粉水溶液和无机钠盐
2	易溃散水玻璃	在压力釜内加入聚丙烯酰胺等附加物与水玻璃合成改性水玻璃
3	ZNM改性水玻璃	经糊化处理的淀粉与水玻璃在一定温度与压力下制成改性水玻璃
4	MIXUT—1	氧化铁、渣油等与水玻璃合成的复合溃散剂
5	LK系列溃散剂	有机材料与无机材料复合型溃散剂系列 LK—1型（烘干砂），LK—2型（CO₂砂），LK—3型（自硬砂）

2）CO₂水玻璃砂的配比及性能　详见表2.54。表中所示水玻璃加入量偏高，如使用的原砂符合表2.52的要求，水玻璃加入量可减少。

表2.54　CO₂水玻璃砂的配比举例及性能

序号	新砂 粒度组别	新砂 加入量	水玻璃	NaOH 15%~20%溶液	重油	膨润土或高岭土	含水量/%	湿透气性	湿压强度/kPa	硬化后抗压强度/kPa	用途
1	70/140	100	8~9	0.7	—	4~5	4~5	>100	25~30	>1.5	大型铸钢件型（芯）面砂
2	40/70	100	6.5~7.5	—	—	—	4.5~5.5	>300	5~15	—	铸钢件型（芯）砂
3	40/70	100	7	0.75~1.00	0.5~1.0	3	4.5~5.5	>200	17~23	>1.0	
4	50/100	100	4.0~4.5	KJ—2溃散剂3	水 0.4~0.6	—	<3.5	>150		>1.0	
5	40/70	100	易溃水玻璃5	水 1~1.5	溃散剂1.0	—	—	—	5.5	>1.3	
6	40/70	100	ZNM—2改性7	—	—	—	3.5~4.2	>240	7	>1.3	
7	再生砂	30/70	8	—	—	1~2	3.8~4.4	>100	8~12	>3.0	铸钢件型砂
8	50/100旧砂	50/50	4.5~5.5	—	—	1~2	4~6	>80	25~40	—	小于1t铸铁件型砂
9	50/100旧砂	50/50	5.5~6.5	—	煤粉 2~4	1~2	4~6	>80	25~40	—	
10	40/70旧砂	60/40	5~6	—	—	2~4	4~6	>100	30~50	—	1~5t铸铁件型砂
11	40/70旧砂	60/40	5.5~6.5	—	木屑 1.0~1.5	2~3	4~6	>100	30~50	—	1~5t铸铁芯砂

3）CO₂水玻璃砂混制工艺　可使用任何种类的混砂机，先加入砂和固体粉状材料，混合均匀后，加入水玻璃及其他液体材料和适量的水，快速混匀。混砂时间不应超过5 min。

4）吹CO₂硬化工艺　吹气压力控制在0.1~0.15 MPa，低流量吹气。

2.4.2.2　真空置换硬化法（VRH法）水玻璃砂

将已造好的水玻璃砂型送入真空容器内，进行抽真空脱水硬化，然后向容器内充入CO₂气体，进行化学硬化。这种双重硬化提高了水玻璃黏结膜硬化后的强度，可大幅度地降低水玻璃的加入量至4%~5%，节约CO₂用量和减少吹气时间，从根本上改善了水玻璃砂的溃散性，也有利于旧砂的再生和回用。

1）VRH法水玻璃砂的配方和性能　表2.55为一实例。

表2.55 VRH法水玻璃砂配比及性能实例

配 比/%		性 能		
原砂（符合表2.52的要求）	水玻璃（M:2.1~2.4,ρ:1.50~1.54）	硬化后抗压强度/MPa	800~1000℃残留强度/MPa	真空脱水率/%
100	4%	4	<0.4	0~25
		6	<0.7	

2）VRH法水玻璃砂硬化工艺　将砂型置入真空容器内并密闭后，打开通往真空泵的阀门，抽真空。当真空容器内压力达到2.7 kPa以下时，迅速关闭真空阀，通入CO_2气体，压力控制在20~30 kPa，保持30~40 s（据砂型大小而定），即可完成硬化工艺过程。

2.4.2.3 酯硬化水玻璃砂

酯硬化水玻璃砂用液体有机酯做固化剂，由于硬化后强度很高，可大幅度降低水玻璃加入量，因而克服了水玻璃溃散性差和旧砂再生回用困难的严重缺点。

1）对原材料的要求　原砂应符合表2.52所规定的性能要求。作为固化剂的有机酯为多元醇与有机酸合成的酯，工业用的多为不纯的混合酯，铸造上常用酯的种类和性能见表2.56。不同种类的酯硬化速度不同，如甘油双醋酸酯，硬化速度快；甘油三醋酸酯，硬化速度相对较慢。化工厂按铸造生产的要求，将不同的酯进行搭配，生产出三种不同硬化速度的有机酯，分别称为快酯、中酯和慢酯。

表2.56 铸造上常用的有机酯种类及性能

名 称	外 观	密 度/(g·cm⁻³)	沸点/℃	凝点/℃	闪点/℃	酸 位（mgKOH/g）
甘油一醋酸酯	无色油状液体	1.200	158	—	—	—
甘油双醋酸酯	淡黄色油状液体	1.178	280	−15	160	≤1.0
甘油三醋酸酯	无色油状液体	1.160	258~260	—	—	—
乙二醇二醋酸酯	无色水果香味透明液体	1.109	190.5	—	—	—
丙二醇碳酸酯	无色透明液体	1.206	241.7	−49.2	—	—
二甘醇二醋酸酯	黄色液体	1.140~1.145	—	—	—	—

2）酯硬化水玻璃砂配方及性能　表2.57为几种配比实例。

表2.57 酯硬化水玻璃砂配方及性能实例

序号	配 比				性 能						备 注
	原 砂		水玻璃/%	有机酯/%	水 分/%	抗压强度/MPa					
	粒度	%				1 h	2 h	24 h	800℃残强	1000℃残强	
1	40/70	100	（M:2.6,ρ:1.46）3.5	(CSC—4)0.21	—	0.34		2.6	—	0.41	铸钢件

表 2.57（续）

序号	配 比				性 能						备 注
	原 砂		水玻璃/%	有机酯/%	水 分/%	抗压强度/MPa					
	粒度	%				1 h	2 h	24 h	800 ℃ 残强	1000 ℃ 残强	
2	50/100	湖口砂 100	$(M:2.4, \rho:1.48)$	(SS—10) 0.3				4.07	0.624		铸钢件
3	50/100	大林砂 100	$(M:2.2, \rho:1.5)$ 4.0	(SS—30) 0.4	2.0 ~ 2.5	0.154		> 0.9	0.13	0.51	铸铁件
4	50/100	东山砂 100	$(M:2.43)$ 3.0	(MDT—901) 0.4	1.5 ~ 1.7			3.0			铸钢件
5	50/100	100	$(M:2.43)$ 3.0	(MDT—902) 0.4				3.6			铸钢件，加入 2.5% 溃散剂
6	50/100	东山砂 100	$(M:2.65, \rho:1.53)$ 3.0	(凌桥中酯) 0.24		0.485	1.855	1.93		0.15	

注: CSC—4 有机酯主要成分为乙二醇醋酸酯，SS—10 为快酯，MDT—901 为中酯，MDT—902 为较快酯，MDT 系列的主要成分为丙三醇醋酸混合酯。酯加入量通常为水玻璃加入量的 8% ~ 12%。

3）酯硬化水玻璃砂的混制工艺 适于采用高速连续混砂机。先加砂，加固化剂混合，再加入水玻璃混合，混匀后立即充型、紧实。混制芯砂也可采用碗形叶片式混砂机，但不宜使用碾轮式混砂机。

2.4.2.4 水玻璃砂旧砂再生

浇注后的水玻璃砂型，其残留强度较高，部分水玻璃黏结膜熔融成玻璃体，远离铸件表面，浇注后温升不高的部分，落砂后成为大块，在落砂机上难以破碎。残留在水玻璃中的 Na_2O 有很强的碱性，不去除则砂子不能回用。故再生的任务是恢复粒度、清除粘在砂粒表面的惰性膜和降低 Na_2O 的含量。最困难的是清除惰性膜，这种膜不仅强度高，而且有韧性。水玻璃加入量愈高，再生愈困难。目前，水玻璃砂再生方法有：

1）湿法再生 将旧砂在水中浸泡、搅拌，可溶去大部分的 Na_2O 和部分未烧结的硅酸凝胶。Na_2O 去除率达 80% ~ 90%，湿法再生的效果较好，再生率可达 90% ~ 95%，但投资大、设备占地面积大，产生的污水需要处理利用。

2）干法再生 先将砂块破碎成砂粒，再在再生机（离心式、气流式等）中进行撞击、擦磨，以除去黏结在砂粒表面的惰性膜。由于水玻璃砂的惰性膜强而韧，机械方法只能除去一部分，而 Na_2O 的去除率只有 20% ~ 30%，再生率可达 85% 左右。

3）复合法再生 复合法再生是将干法与湿法串联起来使用。先用再生机进行干法再生，去除部分惰性膜和 Na_2O，再用湿法进一步洗去硅酸凝胶和 Na_2O。这种方法的效果最好，但费用也较高，主要用于酯硬化水玻璃砂的再生。但是应用这种方法再生也要注意废水的处理问题，应做到达标排放，再生率可达 95%。

合格的水玻璃再生砂应达到以下的性能指标：Na_2O 含量，对于大件不大于

0.3%，对于小件不大于0.5%；灼烧减量不大于0.8%。

2.4.3 自硬树脂砂

自硬树脂砂是以常温下（加入固化剂）能自行硬化的树脂作黏结剂的混合料。

2.4.3.1 自硬呋喃树脂砂

1）自硬呋喃树脂

（1）呋喃树脂的应用现状及展望。呋喃树脂是指以糠醇或糠醛为主要原料配以甲醛、苯酚、丙酮或尿素等生产出的一类树脂，也可以说是对脲醛树脂、酚醛树脂或脲酚醛树脂用糠醇进行改性以后，得到的一系列新的化合物的总称。呋喃树脂结构含有"呋喃环" —〈 〉—，含有活性很强的羟基（—OH）和羟甲基（CH₂OH）及氨键（—H），以短链线性化合结构存在，是低聚合度的缩聚树脂。在酸的催化作用下，经链状化合物发生（—H）＋（—OH）＝H₂O的脱水反应，交联成三维的大分子有机化合体。

铸造呋喃树脂的应用始于1958年，我国20世纪70年代初进行开发研制工作，80年代初开始生产应用。我国呋喃树脂从研究、试生产到生产应用可概括为：由高氮含量向低氮含量、高游离甲醛含量向低游离甲醛含量（目前有的树脂供应商还提出

了无醛树脂）、高水分含量向低水分含量、高黏度向低黏度、高加入量向低加入量以及由低糠醇含量向高糠醇含量、低强度向高强度、低质量向高质量的发展过程。自硬呋喃树脂发展至今，已突破了树脂中游离甲醛过高、恶化铸造车间作业环境的技术难点；解决了脲醛改性呋喃树脂沉淀析出，以及树脂物化性能指标提高而又使树脂砂型（芯）性能降低的技术难题。目前，树脂黏结剂产品质量达到或接近工业发达国家同类产品水平，质量稳定，品种齐全，技术指标先进，完全可以满足铸造生产的需要。

未来对呋喃树脂的研究将集中在以下方面：

① 进一步减少树脂中的气味（即降低游离酚和游离醛含量）。

② 开发新型无氮树脂、新型酮醛改性呋喃树脂和酚醛改性自硬呋喃树脂等。

③ 改进合成工艺，提高呋喃树脂的反应活性，以减少酸性固化剂的用量。

④ 寻找糠醇或糠醛的部分替代品，以降低树脂生产成本。

⑤ 寻找呋喃树脂及其原料的合适溶剂，降低树脂黏度，减少树脂加入量。

（2）呋喃树脂的种类。呋喃树脂的组成、性能及使用范围见表2.58。其中以脲醛改性呋喃树脂应用量最大，各种呋喃树脂由于其组分不同，性能也各异。

表2.58 呋喃树脂的组成、性能及使用范围

序号	名　称	表示方法	主要组成	性　能	使用范围
1	脲醛改性呋喃树脂	UF/FA	羟甲基脲与糠醇的缩聚物	强度高，韧性好，毒性小，价格便宜，应用范围广；含氮量高时，铸钢件等会产生气孔缺陷	铸钢、铸铁、铸造非铁合金
2	酚醛改性呋喃树脂	PF/FA	甲阶酚醛树脂与糠醇的缩聚物或共聚物	优点是无氮，高温性能好和抗粘砂能力强等；缺点是储存性差，黏度大，硬透性不好，型砂脆性大和常温强度低等	铸钢

表2.58（续）

序号	名　称	表示方法	主要组成	性　　能	使用范围
3	酮酚醛改性呋喃树脂	KPF/FA	含酮醛的甲阶酚醛树脂与糠醇的缩聚物或共聚物	基本特点与酚醛改性呋喃树脂相似；增加了酮醛缩聚物，可保证树脂中游离甲醛的质量分数控制在0.4%以下	铸钢
4	脲酚醛改性呋喃树脂	UPF/FA	羟甲基脲、甲阶酚醛树脂与糠醇的缩聚物或共聚物	特有PE/FA和UF/FA树脂的优点	铸钢、铸铁、铸造非铁合金
5	脲酚酮醛改性呋喃树脂	UPKF/FA	羟甲基脲、甲阶酚醛树脂、酮醛缩聚物与糠醇的缩聚物或共聚物	兼有PF/FA和UF/FA树脂的优点	铸钢、铸铁、铸造非铁合金
6	甲醛改性呋喃树脂	F/FA	甲醛与糠醇缩聚物	不含酚和氮，气味小，其糠醇含量（质量分数）在90%以上，储存稳定性好，其树脂砂常温及高温强度高；但其价格较高	铸钢
7	高呋喃树脂	FA	糠醇自聚物或少量增强剂	糠醇含量（质量分数）达95%以上，不含氮和酚。由于单纯的高呋喃树脂脆性较大，型砂性能不理想，实际上几乎不单独使用，常加入少量的附加物改善其性能	铸钢

（3）呋喃树脂的性能指标。呋喃树脂的性能优劣一般以其物化性能指标表示。物化性能指标一般包括含氮量、糠醇含量、游离甲醛含量、含水量、黏度和密度等。而含氮量、糠醇含量、游离甲醛含量和黏度是评价树脂质量优劣和选用树脂的重要技术指标。

《铸造用自硬呋喃树脂》（JB/T 7526—2008）分别按照氮含量、试样常温抗拉强度、游离甲醛、黏度和密度等给出的性能指标见表2.59至表2.62。

表2.59　自硬呋喃树脂按氮含量分类

分类代号	氮含量（质量分数）/%
W（无氮）	≤0.5
D（低氮）	0.5～2.0
Z（中氮）	2.0～5.0
G（高氮）	5.0～10.0

表2.60　自硬呋喃树脂按试样常温抗拉强度分级

等级代号	试样常温抗拉强度/MPa			
	W	D	Z	G
1（一级）	≥1.2	≥1.5	≥1.8	≥1.4
2（二级）	≥1.0	≥1.3	≥1.5	≥1.2

表2.61 自硬呋喃树脂按游离甲醛含量分级

等级代号	游离甲醛含量（质量分数）/%
1（一级）	≤0.1
2（二级）	≤0.3

表2.62 呋喃树脂其他有关的性能指标

	氮含量分类			
	W	D	Z	G
黏度(20 ℃)/(mPa·s)	≤60			≤150
密度(20 ℃)/(g·cm⁻³)	1.10 ~ 1.25			

注：铸造用自硬呋喃树脂的游离苯酚含量（质量分数）可作为抽检性能指标：对于含氮的呋喃树脂小于或等于0.1%，而对于无氮呋喃树脂则小于或等于0.3%。

铸造用自硬呋喃树脂的牌号表示方法如下：

示例：铸造用自硬呋喃树脂氮含量（质量分数）为3.5%，游离甲醛含量（质量分数）为0.08%，可表示为ZF-Z-3.5-01。

（4）呋喃树脂的选用。呋喃树脂各组分所占的比例均可在相当大的范围内变动。具体选用时，应综合考虑以下各种因素：

① 成本。各组分中，糠醇的价格最高，苯酚次之，尿素最便宜。树脂中，尿素含量越多，则成本越低；糠醇量越高，则成本越高。

② 含氮量。呋喃树脂的主要四组分中，除尿素外，均不含氮。尿素中氮的质量分数为46.6%，树脂的含氮量全部由尿素带入。因此，如要求树脂含氮量低，则其价格较高。事实上，即使用于制造高合金钢铸件，也实无追求树脂完全无氮的必要。

③ 树脂砂的硬透能力。就硬化性能而言，脲醛的活性最强，糠醇次之，酚醛最弱。但脲醛或酚醛树脂中加入糠醇改性，则树脂砂的硬透能力都会有所改善。共聚树脂中，脲醛和糠醇越多，则树脂砂的硬化性能越好。

④ 树脂砂的强度。脲醛和糠醇的黏结强度基本相同，均高于酚醛。故树脂中酚醛含量越高，则树脂砂的强度越低。

⑤ 树脂砂的脆性。按降低树脂砂的脆性来评定，大体上可认为脲醛最好，糠醇略低于脲醛，酚醛最差。

⑥ 树脂砂对使用条件的适应性。使用条件（如环境温度及原砂质量）略有变化时，脲醛树脂的适应性比酚醛好。增加树脂中的糠醇量，适应性一般均可改善。

脲醛或酚醛呋喃树脂主要应用于生产特钢件、球墨铸铁件及合金铸铁件。其树脂中氮的质量分数小于3%，树脂砂常温抗拉强度大于2.0 MPa。树脂理化参数指标均符合国家标准。

2）自硬呋喃树脂用固化剂 呋喃树脂在合成阶段只是得到具有一定聚合程度的树脂预聚物，而在树脂应用中的固化阶段，得到具有较高强度的多维交联的固体产物，才是最后完成缩聚反应的全过程。这一固化阶段的完成，必须引入具有很高浓度和很强酸性的介质。而对酸在树脂砂硬化过程中的作用则论述各异，未有定论。一些人称酸为固化剂、硬化剂、交联剂，而另一些学者则提出酸起催化作用，称之为催化剂、活化剂等。在本书中，用于自硬呋喃、自硬酚醛等树脂固化的酸、酯等统称固化剂。

实践证明，一种高黏结能力的呋喃树脂，必须要有相应的固化剂及其加入量才能充分发挥其黏结效率，从而使呋喃树脂砂具有较好的工艺性能和力学性能。

呋喃树脂用固化剂的种类和物化性能对型砂的所有工艺指标以及对造型（芯）生产率，砂芯、砂型和铸件质量均有显著的影响，固化剂对型砂的重要性并不次于树脂，而且从控制硬化过程的观点看，还

有决定意义。

呋喃树脂在固化剂作用下的硬化是一个纯催化自硬过程，固化剂不产生化学消耗，而是机械地包含在聚合物的结构中。从呋喃系、酚醛系树脂自硬砂用酸性固化剂看，其与热芯盒法制芯用固化剂的主要差别是不用潜伏型固化剂，而是采用活性固化剂。固化剂本身就是强酸或中强酸，一般采用芳基磺酸、无机酸，以及它们的复合物。常用的无机酸为磷酸、硫酸单酯、硫酸乙酯；芳基磺酸对甲苯磺酸（PT-SA）、苯磺酸（BSA）、二甲苯磺酸、苯酚磺酸、萘磺酸、对氯苯磺酸等。

3）自硬呋喃树脂砂铸件缺陷及防止措施　使用自硬呋喃树脂砂铸型（芯），其铸件的主要缺陷有机械粘砂、脉纹（脉状凸起、毛刺、飞翅）、气孔和热裂等。其产生原因及防止措施见表2.63。

表2.63　自硬呋喃树脂砂铸件缺陷的产生原因及防止措施

缺陷名称	产生原因	防止措施
机械粘砂	500 ℃左右树脂热分解，树脂膜被烧蚀，砂粒间空隙增大并失去黏结力，液态金属渗入而形成机械粘砂。 （1）原砂粒度过粗或分布过于集中； （2）型（芯）砂流动性较差或使用超过可使用时间的型（芯）砂，从而使型（芯）砂紧实度不够，表面稳定性差； （3）涂料耐火度不够，或涂层太薄或施涂不当等； （4）金属液浇注温度过高，静压力太大等	（1）采用细砂或粒度分布在4～5个筛号的原砂； （2）提高型（芯）砂的流动性； （3）施涂具有适度耐火度或烧结性的，并具有一定涂层渗透深度耐火涂料及降低浇注温度； （4）提高树脂耐热性，如增加糠醇含量或在树脂砂中添加附加物（如氧化铁、硼砂等）以提高热强度； （5）采用高温下烧结、软化的原砂，如铬铁矿砂等
脉纹（脉状凸起、毛刺、飞翅）	在金属液激热下，石英受热相变热膨胀。与此同时，缩聚型呋喃树脂受热后其黏结桥会突然收缩而脆性破裂。在膨胀收缩应力作用下导致表层龟裂，金属液从裂缝渗入砂层，在铸件上形成毛刺状凸起，称为脉纹	（1）采用热膨胀小或粒度较分散的硅砂旧砂或锆砂或铬铁矿砂等特种砂； （2）在型（芯）砂中加氧化铁粉； （3）降低浇注温度； （4）刷激冷涂料等
气　孔	因树脂砂发气量大，气体不能及时排出而形成侵入性气孔；树脂中含氮的化合物形成针孔（皮下气孔）	（1）选用发气量小或含氮量低的树脂； （2）加强铸型和砂芯中的排气； （3）在型（芯）砂中加氧化铁粉或者涂敷气密性涂料； （4）严格规范树脂砂工艺、涂料施涂工艺等的操作，以消除或减少气体的产生

表 2.63（续）

缺陷名称	产生原因	防止措施
热裂	（1）树脂砂冷却速度慢，浇注金属液后形成一层坚固的结焦残碳层的骨架，或树脂黏结剂不能被烧透，型（芯）退让性差，铸件（特别是薄壁铸钢件）收缩受阻而形成； （2）树脂砂中的硫渗入金属液中	在型砂中添加各种有效的附加物，以及优化浇注系统方案，以减轻或消除其缺陷的发生程度

2.4.3.2　甲阶酚醛自硬树脂砂

1）甲阶酚醛树脂的合成　甲阶酚醛树脂的反应原料主要是酚类化合物和醛类化合物。常用的酚类化合物包括苯酚、甲酚、二甲酚、双酚 A 以及烷基苯酚，或者是芳烷基苯酚，但较常用的是苯酚。醛类化合物主要包括甲醛、多聚甲醛、三聚甲醛、乙醛、三聚乙醛和糠醛等。其中甲醛有个二官能度，也是较常用的醛类物质。用于甲阶酚醛树脂合成的催化剂主要有 Ba(OH)$_2$、Mg(OH)$_2$、Ca(OH)$_2$、NaOH、KOH、LiOH、三乙胺和醋酸锌等。

合成甲阶酚醛树脂的必要条件是 pH 值大于 7，并且甲醛/苯酚（F/P）的摩尔分数大于 1。苯酚和甲醛发生缩聚反应，可分为 3 个阶段，即甲阶段、乙阶段和丙阶段。在甲阶段，得到的是线型、支链少的树脂，有可溶的特性，故称为甲阶酚醛树脂。酸硬化或酶硬化的酚醛树脂，含有较多的活性羟甲基富能团（—CH$_2$OH），硬化时活性羟甲基富能团反应，直到形成三维的交联结构。

2）甲阶酚醛树脂的硬化　甲阶酚醛树脂在酸性硬化剂的作用下，经甲基和少量亚甲醚（—CH$_2$OCH$_2$—）与易反应的苯酚环作用，发生缩合反应而成为三维交联结构，并释放水分。

目前应用于铸造工业的酚醛树脂黏结剂多属热固性酚醛树脂，虽然人们对热固性酚醛树脂固化过程的知识缺乏，但在树脂热固化机理和酸固化机理方面已形成较成熟的理论体系。热固性酚醛树脂的热固化机理是缩合反应，羟甲基与氢脱水反应，或者羟甲基之间反应进行次甲基醚化，然后脱甲醛，形成次甲基键，成为三维网状结构；一阶树脂酸固化时的主要反应是固化剂的质子作用于甲阶酚醛的羟甲基，生成甲基碳离子，并与其他的甲阶酚醛树脂迅速反应固化，在树脂分子间形成次甲基键。

反应释放的水会稀释酸性硬化剂而使硬化过程减慢，故必须使酸有一定的浓度，以保证合理的硬化速度和厚铸型硬透的能力。

甲阶酚醛树脂也可用于热芯盒法，此时，甲醛对苯酚的摩尔分数比酸硬化的甲阶酚醛树脂还要高一些。在有氨盐作催化剂的条件下加热，可以得到坚硬的交联结构。

3）甲阶酚醛树脂的优缺点

（1）甲阶酚醛树脂的优点。甲阶酚醛树脂的价格一般比呋喃树脂低，此种树脂完全无氮，不会产生针孔缺陷；型砂的高温强度比用呋喃树脂者高；造型、制芯时游离甲醛气味较轻，适用于制造碳钢或合金钢铸件。

（2）甲阶酚醛树脂的缺点。最主要的缺点是储存稳定性不佳。由于含有较多的活性羟甲基官能团，在室温下会自行缩合而变调，并有水分分离出来。在一般情况下，储存期只有 4～6 个月，如储存温度不超过20℃，则可以更长一些。

甲阶酚醛树脂的另一缺点是在低温下硬化反应缓慢。例如，用甲苯磺酸或苯磺酸的水溶液作硬化剂，在环境温度低于15℃时，型砂的硬化即明显减慢，在10℃以下，经2~3h仍不能具有起模所需的强度。解决这个问题可以有两种办法：①采用砂温控制器保证原砂温度在25℃左右。②改用总酸度高的有机酸（如二甲苯磺酸）作固化剂，并用醇代替水作溶剂。

实践证明，硅酸乙酯是改善甲阶酚醛树脂砂性能的较理想的附加剂。采用优选的工艺，能够较好地改善甲阶酚醛树脂砂的固化特性，使其强度提高20%~30%，可使用时间与起模时间的比值由原来的0.5以下提高到0.6左右。

甲阶酚醛树脂砂加入硅酸乙酯的作用机理是：由于硅酸乙酯水解消耗了树脂固化时脱出的水，增大了树脂膜的质量；另外，硅酸乙酯的不完全水解产物$(C_2H_5O)_3SiOH$起到了类似硅烷的作用，使其附着强度又大大提高。

4）甲阶酚醛树脂砂用固化剂 在自硬砂中，呋喃树脂在弱酸（如磷酸）的作用下，即可催化硬化；而酚醛树脂则不同，磷酸根本无法催化硬化酚醛树脂。酚醛树脂的活性低于呋喃树脂，作为酚醛树脂的固化剂，必须是强酸（如硫酸、盐酸、有机磺酸类等），而需酸量（在达到同等硬化程度时）是呋喃树脂的2倍。

目前，较为理想的固化剂是有机磺酸类，常用的有苯磺酸、对甲苯磺酸、二甲苯磺酸、酚磺酸以及它们的混合物。试验表明，在酚醛树脂加入量相同，温度、湿度相等的条件下，用对甲苯磺酸作固化剂，所制的型芯强度高，硬化性能好；用磺酸催化的酚醛树脂砂，硬化后的强度最高；用磷酸作固化剂，其断口松散，树脂膜有许多孔洞。这是因为磷酸属无机物，酚醛属有机物，二者互溶性差，即键长、键能、键角等不"近似"造成的。

5）酸自硬甲阶酚醛树脂砂工艺 酸自硬甲阶酚醛树脂砂的特点是：①气味小，改善了工人的劳动环境；②不含氮，避免了氮气孔的危害；③高温强度高，适于大型铸件的生产。

酸自硬甲阶酚醛树脂砂使用工艺见表2.64。

表2.64 酸自硬甲阶酚醛树脂砂使用工艺

配　方	混砂工艺	选用条件
树脂加入量2.0%~2.5%（占砂质量分数） 固化剂加入量为40%~60%（占树脂质量分数）	用连续式或间歇式混砂机先将砂和催化剂混匀，然后加入树脂混匀。混砂时间一般为1~2min，混匀后立即出砂使用	当温度在20℃以上、相对湿度不大于75%时，可选用GSO3固化剂；当温度低于20℃、相对湿度不小于80%时，可选用GCO9固化剂；当温度低于8℃时，建议适当提高砂温，以免影响固化速度和强度

2.4.3.3 酯硬化碱性酚醛树脂砂

1）概述 酯硬化碱性酚醛树脂砂（ECP）根据硬化剂的状态不同，国外对其有不同的称谓。液体自硬型称α-硬化法，气体硬化型称β-硬化法。

酯硬化碱性酚醛树脂砂是英国Borden公司于1980年开发的。在1982的英国铸钢研究和贸易协会年会上，Baiiey和P. H. Lemon介绍了这种方法。α-硬化法适用性比较强，特别适合用于生产高低合金钢铸件、结构较为复杂的铸钢件，也更适用于生产高质量的铸钢件产品，如不锈钢叶轮、轴箱体类机车件、石油机械件，以及低碳钢、合金钢高压阀门件等。

从2002年起，酯硬化碱性酚醛树脂砂陆续在数家铸造企业的大型铸钢件的生产中得到推广应用，并已成功地生产出汽轮机缸体、不锈钢上冠及下环，16 m³电铲履带板、主动轮、4 m³电铲齿尖，轧钢机架等重要铸件。

在铸铁生产方面，针对自硬呋喃树脂砂生产球墨铸铁曲轴存在的问题——局部球化不良，某柴油机公司采用自硬碱性酚醛树脂砂造型，生产了6160、6200、WD615三个系列柴油机大断面球墨铸铁曲轴。

酯硬化碱性酚醛树脂砂与酸固化呋喃树脂砂、酸固化酚醛树脂砂等相比，其优缺点见表2.65。

表2.65 酯硬化碱性酚醛树脂砂的优缺点

优 点	缺 点
（1）体系中只含有C、H、O，无S、P、N，不会产生铸钢件渗硫、渗磷和球墨铸铁的球化不良现象，可减少针孔等铸造缺陷； （2）高温下的热塑性阶段和二次硬化特性缓解了砂子受热膨胀而产生的应力，且型（芯）在较长时间内不被破坏，从而既可防止铸件产生热裂和毛刺，又可避免砂芯在高温作用下，由于强度过低、过早溃散而产生的冲砂、夹渣等缺陷； （3）树脂本身的高碱性，使其适用橄榄石砂、铬铁矿砂等，尤其适合于生产箱体、壳体等薄壁铸件	（1）酯硬化碱性酚醛树脂砂的常温强度较低，导致型（芯）砂中树脂加入量较多，且表面安定性较差； （2）固化速度（起模时间）虽比呋喃树脂砂、水玻璃砂稍快，但其生产率还是低于酚脲烷树脂砂，潜力还未充分发挥出来； （3）酯硬化碱性酚醛树脂砂的导热性比其他任何一种树脂砂都差； （4）酯硬化碱性树脂旧砂再生回用还存在一定难度

2）酯硬化碱性酚醛树脂砂 酯硬化碱性酚醛树脂砂用树脂是以苯酚和甲醛为主要原料，在碱性条件下（NaOH、KOH、LiOH作为催化剂）缩聚而成的甲阶水溶性酚醛树脂。一种碱性甲阶酚醛树脂合成工艺流程如图2.2所示。

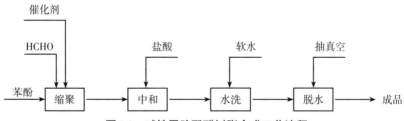

图2.2 碱性甲阶酚醛树脂合成工艺流程

在碱性催化剂的作用下，甲醛对苯酚过量时，可合成热固性酚醛树脂，甲阶热固性酚醛树脂基本上是各种酚醇及其低聚物的混合物。苯酚和甲醛的反应不仅仅与介质的pH值有关，还与催化剂的种类和用量、甲醛和苯酚的物质的量之比及反应时间有关。

碱性酚醛树脂的外观为棕红色液体，黏度为50～280 mPa·s，pH值大小12，固含量（质量分数）为41%～50%。

根据《铸造用自硬碱性酚醛树脂》（JB/T 11739—2013），铸造用自硬碱性酚醛树脂按试样常温抗拉强度和游离甲醛的分级应分别符合表2.66和表2.67的规定，铸造用自硬碱性酚醛树脂其他有关的技术指标应符合表2.68的规定。

表2.66　铸造用自硬碱性酚醛树脂常温抗拉强度分级

名　　称	1（一级）	2（二级）
试样常温抗拉强度/MPa	≥0.8	≥0.5

表2.67　铸造用自硬碱性酚醛树脂游离甲醛分级

名　　称	01（一级）	03（二级）
游离甲醛（质量分数）/%	≤0.1	≤0.3

表2.68　铸造用自硬碱性酚醛树脂其他有关的技术指标

项　　目	指　　标
外观	棕红色液体
pH值	≥12
密度（25℃)/(g·cm⁻³)	1.20～1.30
黏度（25℃)/(mPa·s)	≤150

3）酯类固化剂　碱性酚醛树脂砂用固化剂一般为多元醇的有机酯，是低分子内酯、醋酸甘油酯、低分子碳酸酯等液态酯类，或这些酯组成的混合物。常用的酯固化剂有甲酸甲酯、丁丙酯、乙二醇乙二醋酸酯、甘油三醋酸酯、丙甘醇双醋酸酯、丁二醇双醋酸酯等。甲酸甲酯的硬化速度最快，丁二醇双醋酸酯的硬化速度最慢，由前向后硬化速度依次递减。在国内，甘油醋酸酯多为三醋酸甘油酯、二醋酸甘油酯的混合物，应用较普遍，其用量为树脂质量的20%～30%。

醋酸甘油酯和乙二醇醋酸酯化合成方法主要是甘油（或乙二醇）与醋酸酯化法。其原理为多元醇与醋酸在催化剂存在下，进行酯化脱水，生成醋酸甘油酯或乙二醇醋酸酯。其反应式为（以醋酸甘油酯为例）：

$$
\begin{array}{l}
CH_2\text{—}OH \\
| \\
CHOH \\
| \\
CH_2OH
\end{array}
\; + 3CH_3COOH \underset{}{\overset{\text{催化剂}}{\rightleftharpoons}}
\begin{array}{l}
CH_2\text{—}OOCCH_3 \\
| \\
CHOOCCH_3 \\
| \\
CH_2OOCCH_3
\end{array}
\; + 3H_2O
$$

该反应是一可逆平衡反应，酯化时使用过量的醋酸和催化剂，并使用脱水剂使生成的水不断离开反应系统，可使酯化反应向生成醋酸酯的方向移动。

在酯硬化酚醛树脂砂体系中，有机酯是参与化学反应的固化剂，它使树脂交联硬化，硬化速度的快慢取决于有机酯的活度。活度大，活化分子多，化学反应速度快。为了满足造型与制芯的需要，往往需要多种酯来调节固化速度，以保证有合适的可使用时间与起模时间。

4）碱性酚醛树脂砂的高温性能

（1）热应力和热膨胀率。碱性酚醛树脂砂相对于酸硬化的呋喃树脂砂而言，具有低的热应力和热膨胀率，从而具有好的退让性，可减少铸件（特别是合金钢铸件）的热裂倾向。因此，采用碱性酚醛树脂砂生产阀门、泵类，可有效地防止铸件热裂。

（2）高温强度和残留强度。碱性酚醛树脂中含有多个羟甲基，常温下没有完全交联，高温下继续充分交联，使砂型（芯）温度升高时有一个强度上升的过程，增强了砂型（芯）耐金属液的冲刷能力，可防止砂型破坏引起的冲砂等缺陷。

2.4.3.4 自硬树脂砂的再生

1）树脂砂再生的目的 所谓树脂砂再生，理论上是指使砂子恢复到原来的形态。再生处理是一个综合处理过程，目的是使旧砂通过再生处理后达到一定的使用要求。

再生砂的使用是循环往复的，每次加入适量的新砂就可满足生产需要。一般首次使用的新砂经再生后的灼烧减量较低；经重复使用后，灼烧减量值会随回用次数的增加而增加，但其增长率依次下降，增加到某一数值后即达到饱和状态，一般经6～10次后即达到稳定值。此时，再生砂的循环处于平衡状态，再生砂的粒度分布、微粉含量、灼烧减量在某一范围内波动，再生砂质量基本稳定。

再生砂与新砂相比有着更优良的铸造工艺性能，其对于改善型砂性能和提高铸件质量起到了重要作用。主要表现在：①急热膨胀性小，热稳定性好，在铸件对砂子的热作用下，再生砂将产生较小的热膨胀；②粒度均匀，再生砂的粒度分布接近新砂，均匀性略有提高；③经过再生使砂粒棱角减少，砂粒形状得到了改善。

旧砂再生不仅可提高树脂砂性能，有利于提高铸件质量，而且可大大减少昂贵新砂的用量，并可节省昂贵的树脂及固化剂，因而可大大降低树脂砂成本。此外，旧砂再生最大限度地减轻了因排放废砂等造成的环境污染。

近些年来，随着国内外自硬树脂砂的应用越来越多，其再生技术也随之迅速发展，并已成为自硬树脂砂工艺不可分割的一个组成部分。

2）自硬树脂砂再生的方法 自硬树脂砂再生的方法可概括为物理和化学两个方面。化学方法主要是采用加热的方法，把可燃的有机惰性膜燃烧掉，或者靠溶剂以化学反应的方法将惰性膜溶解掉；而物理的方法则是靠机械力、风力或水力的方法将惰性膜去除掉，从而达到再生的目的。根据再生原理和实际应用情况，旧砂再生可分为湿法、干法、热法和联合再生法等。其中，干法再生属于部分再生方法，而热法、湿法再生等属于完全再生方法。有的学者认为，砂再生方式分为以日本太洋铸机公司为代表的硬再生式、以德国FAT公司为代表的"破碎机+撞击再生机"软再生式以及二者的混合式等。

表2.69列出了几种再生方法的优缺点。

表2.69　几种再生方法的优缺点

再生方法	基本过程及作用	优　点	缺　点
湿法再生	水冲洗、搓擦、搅拌。去除泥分及砂粒表面的黏结剂膜，溶解部分水溶性的化学黏结剂	可以去除部分粉尘和微粒；较好地去除残留黏结物；减少砂的破碎损失，提高回收率，再生效果好；改善车间劳动条件	砂子需要干燥，污水处理装置比较庞大，基建投资和运转费用高；黏结剂补充量大，应用较少

表2.69（续）

再生方法	基本过程及作用	优　点	缺　点
干法再生	利用机械力（冲击式和擦磨式）脱去旧砂砂粒表面上树脂膜的再生方法： 冲击式又有离心式、气流式、振动式和逆流式等； 再生方式有"破碎机＋离心再生机"式硬再生和"破碎机＋撞击再生机"软再生式	应用较为广泛，适用于所有型（芯）砂的再生	砂粒破碎率高；就某种工艺而言，再生效果有所不同，脆性树脂膜的呋喃树脂砂再生效果较好，碱性酚醛树脂砂再生效果不甚理想
热法再生	利用加热将砂粒表面的有机黏结剂和有机杂质燃烧掉，达到再生的目的。热法再生可分为机械回转式、沸腾床式和热法与机械合一式三种类型	再生砂的发气量少、热稳定性好，可以恢复到原来粒度的分布状况，且可以完全回用	能耗高，设备费用大
联合再生	将几种再生方法组成联合再生系统，如湿法与热法联合、热法与干法联合、干法与干法联合等	可提高旧砂再生回用率，使再生砂具有良好的综合性能和质量	设备组成较复杂、庞大，能耗和费用高

3）酯硬化碱性酚醛树脂砂的热法再生　酯硬化碱性酚醛树脂砂的热法再生根据要去除的有机物种类，可分为高温热法再生（800~900℃）和低温热法再生（320~350℃）两种。再生砂抗压强度随加热温度升高呈增长趋势。当加热温度达800℃以上时，再生砂强度稍高于新砂，说明高温加热可有效去除旧砂砂粒表面的树脂膜、残留酯和钾，明显改善再生砂的抗压强度。

4）两种自硬树脂再生砂性能指标

（1）自硬呋喃树脂再生砂性能及应控制的指标。

① 再生砂试样在不同放置时间下的强度及其终强度明显比新砂高，特别是1~2h强度，对于多角形、粗糙的新砂来说则更显著。这是由于再生时砂粒相互摩擦，棱角部分被磨掉，砂粒变得圆整，粉尘被抽走，黏结剂在砂粒凹部及缝隙中填充，砂粒表面变得平滑，粒度分布趋于均匀，总比表面积大大减小。另外，新砂的耗酸量高，故硬化速度慢，而其经再生后，耗酸量降低，硬化速度也高，且型砂的黏结强度随回用次数增加而提高。

② 再生砂的表面稳定性基本保持不变，而新砂在使用时表面稳定性较差，但其开始回用再生时会有显著提高，而后保持稳定。由于再生砂砂粒圆整，树脂加入量减少，所以型砂透气性也提高了。

③ 在树脂加入量相同时，再生砂的灼烧减量及发气量均高于新砂，但生产上使用时，由于树脂加入量减少，还加入部分新砂，故其发气量与灼烧减量也相应降低，而且在旧砂不断再生循环的情况下，旧砂灼烧减量基本可保持在一定限度内不再增高，趋于稳定。

④ 再生砂的热稳定性好，热膨胀小，化学性能稳定，耗酸量低，故树脂砂的性能易控制。这有利于提高铸件质量，减少脉纹、机械粘砂等铸造缺陷。

自硬呋喃树脂再生砂的再生效果主要以灼烧减量去除率来衡量，以便达到要求的质量指标。在有机自硬砂中，部分残留黏结剂薄薄地覆盖在砂粒上，有利于再混制新黏结剂附着，能使强度提高，故过于强调去除率不一定恰当，也会提高砂粒破碎率。但过多的残留树脂势必增加发气量。

自硬呋喃树脂再生砂质量控制指标见表2.70。

表2.70 自硬呋喃树脂再生砂质量控制指标

灼烧减量 （质量分数）/%	含水量 （质量分数）/%	细 粉 （150号筛以下） （质量分数）/%	含氮量 （质量分数）/%	酸耗值/mL	pH值
铸钢＜1.5，铸铁＜3.0 铸铜＜2.5，铸铝＜5	＜2.0	＜1.0	铸钢＜0.03， 铸铁＜0.1	＜2	＜6

（2）自硬酚脲烷树脂再生砂的灼烧减量。国内某铸造企业对经再生设备系统处理后的再生砂取样筛分，将筛分出的不同目数的再生砂进行灼烧减量测定，同时对经除尘系统抽出的200号筛以上的细粉进行灼烧减量检测。由该表可看出，砂粒越细，比表面积越大，残留树脂膜越多，灼烧减量越大。被除尘系统抽出的细粉，主要是经机械摩擦后砂粒表面剥离的树脂膜细粉、炭份，其次是石英灰份，所以该细粉灼烧减量极大。

2.4.4 覆膜砂

覆膜砂是将固态热塑性酚醛树脂包覆在砂粒表面制成的一种型（芯）砂。这种砂具有良好的流动性，可利用吹芯机或翻斗将覆膜砂充入已预先加热到树脂固化温度的模板上或芯盒内，树脂膜熔融并固化，在模板上或芯盒内形成一定厚度的壳。未固化的覆膜砂倾出后仍可供下次使用。由于覆膜砂固化后强度很高，故可以制成壁厚很薄的薄壳砂型（即壳型）和形状复杂的空心的薄壳砂芯（壳芯）。壳型（芯）具有良好的透气性，表面又十分光滑，金属液流动的阻力很小；且浇注时树脂燃烧发热，有很好的保温作用，故可浇注薄壁铸件。最薄壁厚，铸钢件为2.5 mm，铸铁件可达1.5 mm。

2.4.4.1 覆膜砂的原材料

1）原砂 应采用擦洗砂，含泥量和含水量均不大于0.3%，pH值不大于7，角形因数不大于1.30，粒度组别为70/140或50/100。一般可用三筛砂，为了减少膨胀应力，最好采用四筛砂。对于铸钢件，还要求SiO_2含量不小于96%。

2）覆膜砂用酚醛树脂的性能 覆膜砂用酚醛树脂的主要性能有强度、软化点、聚合速度、黏度、流动性、游离酚含量。采用不同物质的量之比的配料、催化剂、添加剂，以及采用不同的合成工艺，可制成性能不同的覆膜砂用酚醛树脂，以满足不同的使用要求。酚醛树脂的性能受其微观结构的影响，如连接苯环的化学键的数量、位置和类型，树脂相对分子质量的大小和分布等。当树脂不能满足其某些特定的使用要求时，必须对其结构进行改性。

根据《铸造覆膜砂用酚醛树脂》（JB/T 8834—2013）的规定，其分类、分级和牌号以及相关技术要求如下：

（1）铸造覆膜砂用酚醛树脂按聚合时间分类见表2.71。

表2.71 铸造覆膜砂用酚醛树脂按聚合时间分类

分类代号	取合时间/s
F（快速）	≤35
M（中速）	35～75
S（慢速）	75～115

（2）铸造覆膜砂用酚醛树脂按游离酚　含量分级见表2.72。

表2.72　铸造覆膜砂用酚醛树脂按游离酚含量分级

分级代号	游离酚含量(质量分数)/%
I	≤3.5
II	3.5～5.0

（3）铸造覆膜砂用酚醛树脂的性能指　标应符合表2.73的规定。

表2.73　铸造覆膜砂用酚醛树脂的性能指标

性能指标	按聚合时间分类		
	F	M	S
外　观	条状、粒状或片状的黄色至棕红色透明固体		
软化点/℃	82～105		
流动度/mm	30～90	30～90	90～130

3）固化剂　常用的固化剂是乌洛托品（六　亚甲基四胺）。乌洛托品的性能要求见表2.74。

表2.74　乌洛托品的性能指标

级别	外　观	纯度（质量分数)/%	干燥失重（质量分数)/%	灰分（质量分数)/%
一级	白色结晶	≥99	≤0.5	≤0.03
二级	白色或微色调剂晶	≥98	≤1.0	≤0.08

4）添加剂　常用的添加剂为硬脂酸钙，作为润滑剂在混砂时加入，以提高覆膜砂的流动性，防止砂子结块，并可防止粘芯盒和模样。为使覆膜砂具有一些特殊性能，如耐热性、溃散性、速硬性等，还可加入某些特种添加剂。

2.4.4.2　覆膜砂的性能

几种热法覆膜砂的性能见表2.75。

根据国家机械行业标准《铸造用覆膜砂》（JB/T 8583—2008），铸造用覆膜砂按常温抗弯强度分级见表2.76、按灼烧减量分级见表2.77。

表2.75　覆膜砂种类、特征及其应用

覆膜砂种类	主要特征	应　用
普通覆膜砂	由硅砂、热塑性酚醛树脂、乌洛托品和硬脂酸钙组成，不加有关添加剂，常温抗拉强度为1.0～1.1 MPa（树脂质量分数为1%）	适用于一些要求不高、结构较简单的铸铁件生产
高强度低发气覆膜砂	加入有关特性的添加剂和采用新的配制工艺，其抗拉强度要比普通覆膜砂高30%以上，发气速度比普通覆膜砂要慢3 s以上	小型、复杂、精密的多缸发动机的水冷缸盖、阀体类的铸钢件和铸铁件的砂型（芯）

表2.75（续）

覆膜砂种类	主要特征	应　用
耐高温覆膜砂	其高温强度大，耐热时间长，高温变形小，如普通覆膜砂在1000℃下的抗压强度小于0.2 MPa，耐热时间小于90 s，而耐高温覆膜砂在该温度下的抗压强度大于0.8 MPa，耐热时间大于150 s	复杂薄壁精密的铸铁件（如汽车发动机缸体、缸盖等）以及高要求的铸钢件（如集装箱箱角和火车制动缓冲器壳体等）的砂芯
耐高温、低膨胀、低发气覆膜砂	其高温抗压强度大于0.8 MPa，耐热时间大于150 s，热膨胀率小于0.6%，发气量不大于15 mL/g，冷拉强度大于3.5 MPa，冷弯强度大于7.0 MPa	
易溃散覆膜砂	针对非铁合金铸件不易清砂而开发的一种覆膜砂，在具有较好强度的同时具有优异的低温溃散性	进气歧管、缸盖水套砂芯、增压蜗轮壳体等
湿态覆膜砂	在室温下为湿态，并且长时间存放不会自然干燥，一般存放期大于1年	湿态手工类覆膜砂用于手工制芯；湿态机械类覆膜砂用于直接代替热芯盒砂，用射芯机制芯，射头不用改装
离心铸造覆膜砂	覆膜砂的密度较大，发气量较低且发气速度慢	该覆膜砂适用于热模法离心铸造工艺，可用它代替涂料生产离心铸管等
低氨覆膜砂	每1%灼烧减量对应的氨气量不大于400×10⁻⁴%的覆膜砂，根据其氨气量（10⁻⁴%/1%灼烧减量）分为3级：≤250、>250～350、>350～400	制型（芯）及烧注过程中气味低的场所

表2.76　覆膜砂按常温抗弯强度分级

代　　号	10	8	7	6	5	4	3
常温抗弯强度/MPa	≥10	≥8	≥7	≥6	≥5	≥4	≥3

表2.77　覆膜砂按灼烧减量分级

代　　号	15	20	25	30	35	40	45
灼烧减量/%	≤1.5	≤2.0	≤2.5	≤3.0	≤3.5	≤4.0	≤4.5

2.4.4.3　覆膜砂的生产与供应

覆膜砂多由专业厂生产供应，铸造厂一般可到市场购买，无须自行配制。

2.4.4.4　覆膜砂型（芯）的制造

覆膜砂型（芯）制造的基本流程分为5个阶段：吹砂或翻转→结壳→排砂→硬化→取芯（型）。

（1）吹砂或翻转。即将覆膜砂倾倒于壳型模样上或将其吹入芯盒内而制造壳型或壳芯。

（2）结壳。通过调节加热温度和保持时间来控制壳层厚度。

（3）排砂。将模样和芯盒翻转，使未反应的覆膜砂从被加热的壳型表面落下，收集后供再次使用。为使未熔融的覆膜砂更容易去除，如有必要，可采取前后摇动的机械方法来进行。

（4）硬化。为使壳层厚度更均匀，在一定的时间下使之与加热壳型表面接触，进一步硬化。

（5）取芯（型）。将硬化的壳型和壳芯从模样和芯盒中取出。

2.4.5　热芯盒砂

热芯盒砂是用热固性呋喃树脂作黏结

剂混制成的芯砂，用于热芯盒射芯机制芯。芯盒加热温度一般为170~230℃。

2.4.5.1 热芯盒砂用原材料

1）原砂　对含泥量、pH值的要求与壳芯砂相同，粒度多用50/100。

2）树脂　常用尿醛与糠醇缩合而成的高氮呋喃树脂，酚醛与糠醇缩合而成的无氮呋喃树脂或尿醛、酚醛和糠醇三者缩合而成的中低氮树脂以及酚醛树脂等。

3）固化剂　热芯盒树脂砂一般用氯化铵水溶液或对甲苯磺酸溶液来固化。近年来，国内外开发出潜活性复合固化剂，使用效果较好。

4）其他附加物　尿素，可以中和游离甲醛，减少刺鼻气味；三氧化二铁粉，可减少铸件气孔，防止渗碳，改善芯砂导热性能；硼砂，可减少侵入气孔。

2.4.5.2 热芯盒砂的配方及混制工艺

圣泉公司推荐的热芯盒砂的配方见表2.78。热芯盒树脂砂可以在普通的碾轮式混砂机中混制，其混砂工艺举例如下：

$$砂+氧化铁粉\xrightarrow[20~30s]{干混}+氯化铵水溶液\text{(固化剂)}$$

$$\xrightarrow[1min]{湿混}+树脂\xrightarrow[1~2min]{混合}出砂$$

出砂后，将砂用筒式容器储放，或送入热芯盒射芯机上方的砂斗。保存时间应不超过4小时。

表2.78　圣泉公司推荐的热芯盒树脂砂配方及性能

树脂		固化剂		混砂时间/min		抗拉强度/MPa	用途
型号	占砂用量/%	型号	占树脂用量/%	加入固化剂	加入树脂		
FR-201	1.5~2.5	HC-01	20~30	1	1~2	≥2.8	铸铁、有色金属
FR-208	1.0~1.6	HC-01	20~30	1	1	—	有色金属
FR-202	1.6~2.5	HC-02	20~30	1	2	≥2.2	铸铁
FR-203	1.5~2.5	HC-03	15~25	1	2	≥2.2	铸铁
FR-204	2.0	HC-04	20~30	1	2	≥1.2	铸铁
FR-205	1.6~2.0	HC-05	20~24	1	2	≥1.8	铸钢

2.4.6 温芯盒砂

温芯盒砂是温芯盒制芯工艺方法所使用的芯砂。它使用与树脂自硬砂同类的低黏度呋喃树脂，一般用游离甲醛小于0.3%的低氮或中氮树脂，以强酸盐，如硫酸铜、氯化铜等的溶液做固化剂。二者混制成的芯砂，其常温下性能稳定，不会自然固化。当射入加热到170℃左右的温芯盒中后，强酸盐就会在70~120℃时分解出硫酸（H_2SO_4）或盐酸（HCl），使砂芯中的树脂固化。因其芯盒加热温度低于热芯盒法，故名温芯盒法。温芯盒砂中树脂加入量为砂重的1%左右，固化剂加入量为树脂重的20%~30%。此法适于制造中等大小的砂芯。

2.4.7 气硬冷芯盒砂

2.4.7.1 气硬冷芯盒砂的分类及特点

气硬冷芯盒砂工艺是一种节能、高效

的造型及制芯工艺。它于20世纪60年代末开发，70年代后期获得大量推广应用，有逐步取代热芯盒的趋势。气硬冷芯盒法原先专指三乙胺法，现在用来泛指借助于气体或气雾催化或硬化，在室温下瞬时成型的树脂砂制芯工艺。

2.4.7.2 胺法冷芯盒砂

1）胺法冷芯盒工艺应用现状 胺法冷芯盒工艺（PUCB）是最早的有机黏结剂冷芯盒工艺，于1968年在克利夫兰举行的AFS Cast Expo会上被公之于众。

最先采用PUCB工艺的是德国的奔驰公司，1969年就投入生产应用，随后，该技术很快在欧洲得到推广。1970年，加拿大的Holmes铸造厂采用该工艺生产汽车零件。直到20世纪70年代中期受"能源危机"影响，美国才开始采用PUCB工艺。PUCB工艺应用初期，存在的问题比较多：整套设备结构复杂，成本高；对原材料要求苛刻；砂芯的存放性差；热性能不足；树脂粘模等。这些因素在一定程度上制约了冷芯盒工艺的推广和应用。为此，国外企业近年来从设备、材料等诸多方面对其

进行不断研究和完善，使该技术取得了飞速发展。比如，开发高强度的新型三乙胺冷芯盒法用黏结剂；进行抗吸湿性的研究；开发采用植物油作溶剂的环保型树脂；开发多种制芯设备及其外围设备等。

目前，胺法冷芯盒工艺在国外的市场份额逐年增加，在所有冷芯盒工艺中，其比率达85%以上。例如，奔驰、福特、雪铁龙等大型汽车厂均广泛采用这种工艺，占其制芯总量的90%以上。在英、美等国，应用胺法冷芯盒工艺已超过44%，德国已达57%。

在国内，20世纪70年代末，相关部门开始自行研究三乙胺冷芯盒法。到80年代中期，汽车和化工行业分别从美国等引进冷芯盒法设备及树脂制造技术。目前，三乙胺冷芯盒法用户遍及国内的汽车、拖拉机、内燃机、机车车辆、飞机等行业。冷芯盒制芯技术的开发是铸造工业领域的一次大飞跃，为铸造生产提供了具有良好强度性能和优异尺寸精度的高效制芯方法，为铸造业的柔性发展奠定了基础。

三乙胺冷芯盒法的优缺点见表2.79。

表2.79 三乙胺冷芯盒法的优缺点

优 点	缺 点	应用效果
型（芯）砂再生性好，溃散性好，流动性好，型芯尺寸精确稳定。浇注钢铁铸件时，容易落砂，发气量低，型芯硬化速度快，可操作性能好，型芯强度高等	异氰酸酯遇水易分解，硬化后型芯有吸湿倾向，存放性能较差；另外，控制空气中三乙胺的浓度很困难，并易造成三乙胺浪费；同时，还存在一定的铸造缺陷，即由黏结剂中的氮引起的针孔，由聚集在铸件表面的碳引起的光亮碳，以及由铸型（芯）的开裂而引起的毛刺或脉纹等	制造的砂芯质量为0.3～60 kg，砂芯壁厚为3～170 mm。 三乙胺冷芯盒法与其他热固法工艺相比，具有能耗少、生产率高、铸件尺寸精度高等优点，其能耗约为壳芯的1/7，热芯的1/5，而劳动生产率为热固法的1.5倍

2）黏结剂

（1）双组分黏结剂。胺法冷芯盒砂用黏结剂包括两部分：组分Ⅰ为酚醛树脂，组分Ⅱ为聚异氰酸酯。催化剂为叔胺，有

三乙胺（TEA）、二甲基乙胺（DMEA）、异丙基乙胺和三甲胺（TMA）。因为三乙胺价格便宜，其应用较普遍，所以胺法冷芯盒工艺又称三乙胺冷芯盒法（简称三乙胺

法）。三乙胺冷芯盒法用干燥的压缩空气、二氧化碳或氮气作为液胺的载体气体，稀释到5%左右。这三种气体中，因为空气中含有大量的氧气，若混合到空气中，胺的浓度较大时易爆炸，而二氧化碳在使用中常有降温冷冻现象，因此以用氮气为宜。

制芯工艺的一般过程为：将混好的树脂芯砂吹入芯盒，然后向芯盒中吹入催化剂气雾（压力为0.14～0.20 MPa），使砂芯硬化成形。尾气通过洗涤塔加以吸收。其硬化反应为：

$$液态组分 I + 液态组分 II \longrightarrow 固态黏结剂$$

$$酚醛树脂 + 聚异氰酸酯 \xrightarrow{\text{叔胺催化剂}} 脲烷$$

$$\left[\begin{array}{c} R \\ \bigotimes -OH \\ R' \end{array}\right] + \left[R'' - \bigotimes -NCO \right] \xrightarrow{\text{叔胺催化剂}} \begin{array}{c} R \\ \bigotimes -O-\overset{O}{\underset{}{C}}-\overset{H}{\underset{}{N}}- \bigotimes -R'' \\ R' \end{array}$$

即在催化剂的作用下，组分 I 中酚醛树脂的羟基与组分 II 中异氰酸基反应形成固态的脲烷树脂。

在该工艺中，酚醛树脂是在醛与酚的物质的量之比大于或等于2的条件下合成的含水较少或不含水的热固型树脂，其结构要求为苯醚型，即苯醚键要多于或至少等于亚甲基桥连接。同时，还有羟甲基和氢原子、羟基、醛基或卤素衍生的酚轻基，这样的酚醛树脂与异氰酸酯在室温反应的产物具有良好的强度性能。组分 I 中含有少于1%的水，组分 II 和催化剂是无水的。脲烷反应也不产生水和其他副产物。

组分 I 为4，4'-二苯基甲烷二异氰酸酯（MDI）或多次甲基多苯基多异氰酸酯（PAPI）等，该黏结剂中含有质量分数为

3%～4%的氮（来自聚异氰酸酯）。组分 I 和组分 II 都用高沸点的酯或酮稀释以达到低浓度，这样可使它们具有良好的可泵性，便于以一层薄膜包覆砂粒，而且能提高树脂砂的流动性和充型性能，并使催化剂的作用更明显。

（2）铸造用酚脲烷冷芯盒树脂的牌号和分类、技术要求。酚脲烷/胺法工艺用酚脲烷树脂黏结剂与自硬酚脲烷树脂相似。《铸造用酚脲烷树脂》（GB/T 24413—2009）规定了铸造用酚脲烷树脂的分类和牌号、技术要求、试验方法、检验规则、标志、包装、运输和储存方式。

① 铸造用酚脲烷冷芯盒树脂的牌号表示方法如下：

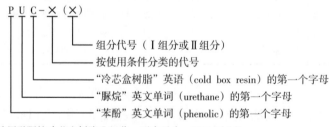

示例：普通型铸造用酚脲烷冷芯盒树脂 I 组分，可表示为：PUC-1(I)。

② 铸造用酚脲烷冷芯盒树脂按使用条件分类见表2.80。

表2.80 铸造用酚脲烷冷芯盒树脂按使用条件分类

产品分类	分类代号	
	Ⅰ组分	Ⅱ组分
普通型	PUC-1(Ⅰ)	PUC-1(Ⅱ)
抗湿型	PUC-2(Ⅰ)	PUC-2(Ⅱ)
高强度型	PUC-3(Ⅰ)	PUC-3(Ⅱ)

③ 铸造用酚脲烷冷芯盒树脂的理化性能和硬化性能要求分别见表2.81和表2.82。

表2.81 铸造用酚脲烷冷芯盒树脂的理化性能要求

序号	项 目	PUC-1(Ⅰ)		PUC-2(Ⅰ)		PUC-3(Ⅰ)		PUC-1(Ⅱ)	PUC-2(Ⅱ)	PUC-3(Ⅱ)
		优级品	合格品	优级品	合格品	优级品	合格品			
1	外观	淡黄色至棕红色液体						深棕红色液体		
2	密度(25℃)/(g·cm⁻³)	1.00～1.10						1.05～1.15		
3	黏度(25℃)/(mPa·s)	<220		220～350				<35	35～80	
4	游离甲醛(质量分数)/%	≤0.3	≤0.5	≤0.3	≤0.5	≤0.3	≤0.5	—		
5	异氰酸根(质量分数)/%	—						21.0～23.8	>23.8～25.8	

表2.82 铸造用酚脲烷冷芯盒树脂Ⅰ组分与Ⅱ组分混合后的硬化性能要求

序号		项 目		PUC-1(Ⅰ)+PUC-1(Ⅱ)	PUC-2(Ⅰ)+PUC-2(Ⅱ)	PUC-3(Ⅰ)+PUC-3(Ⅱ)
1	1.1	抗拉强度	即时/MPa ≥	0.8	1.0	1.2
	1.2		24小时高干/MPa ≥	2.0	2.2	2.2
	1.3		24小时高湿/MPa ≥	0.8	1.2	1.0
2		发气量/(mL·g⁻¹)		根据用户要求协商确定		
3		抗压强度/MPa		根据用户要求协商确定		

注：① 高干条件：规格为240 mm玻璃干燥器内放入新的或经烘干的变色硅胶，温度控制在（20±2）℃。
　　② 高湿条件：规格为240 mm玻璃干燥器内放入水，温度控制在（20±2）℃

（3）铸造用三乙胺冷芯盒法树脂《铸造用三乙胺冷芯盒法树脂》（JB/T 11738—2013）规定了铸造用三乙胺冷芯盒法树脂的术语和定义、分类和牌号、技术要求、试验方法和检验规则，以及包装、标志、运输和储存方式。该标准适用于铸造用三乙胺冷芯盒法制芯（型）用树脂。

① 铸造用三乙胺冷芯盒法树脂的牌号表示方法如下：

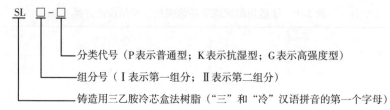

分类代号（P表示普通型；K表示抗湿型；G表示高强度型）

组分号（Ⅰ表示第一组分；Ⅱ表示第二组分）

铸造用三乙胺冷芯盒法树脂（"三"和"冷"汉语拼音的第一个字母）

示例：SLⅠ-K表示铸造用三乙胺冷芯盒法树脂组分Ⅰ抗湿型树脂。

② 铸造用三乙胺冷芯盒法树脂按使用   条件分类见表2.83。

表2.83 铸造用三乙胺冷芯盒法树脂按使用条件分类

产品分类	分类代号	
	组分Ⅰ	组分Ⅱ
普通型	SLⅠ-P	SLⅡ-P
抗湿型	SLⅠ-K	SLⅡ-K
高强度型	SLⅠ-G	SLⅡ-G

③ 铸造用三乙胺冷芯盒法树脂的理化   性能要求见表2.84。

表2.84 铸造用三乙胺冷芯盒法树脂的理化性能要求

项 目	SLⅠ-P		SLⅠ-K		SLⅠ-G		SLⅡ-P	SLⅡ-K	SLⅡ-G
	优级品	合格品	优级品	合格品	优级品	合格品			
外观	淡黄色至棕红色透明液体						褐色液体		
密度/($g \cdot cm^{-3}$)	1.05 ~ 1.15						1.05 ~ 1.20		
黏度/(mPa·s)（25℃）	≤210						20 ~ 75		
游离甲醛（质量分数)/%	≤0.3	≤0.5	≤0.3	≤0.5	≤0.3	≤0.5	—		
异氰酸根（质量分数)/%	—						22.0 ~ 28.0		
水分（质量分数)/%	≤0.8						—		

3）混砂工艺 三乙胺气硬冷芯盒用原砂应根据铸件的合金种类选用。硅砂、锆砂、铬铁矿砂等均可使用，但应用最多的仍然是硅砂。硅砂的技术条件要求见表2.85。

脂的两个组分可以同时加入砂中，也可以分别加入。混拌以树脂能均匀黏附在砂粒上为宜，混砂时间为2 min左右。

表2.85 硅砂的技术条件要求

项 目	最佳范围	允许范围
平均细度	50 ~ 60	40 ~ 80
粒形	圆形	—
酸耗值/mL	尽可能低	0 ~ 10

表2.85（续）

项　　目	最佳范围	允许范围
杂质（质量分数）/%	无	泥分0~0.3
	—	氧化铁0~0.3
砂温/℃	21~26	10~40
含水量（质量分数）/%	0~0.1	<0.25

4）制芯工艺　制芯工艺的一般过程为：将混好的树脂砂吹入芯盒，然后向芯盒中吹入催化剂气雾（压力为0.14~0.20MPa），使砂芯硬化成形。尾气通过洗涤塔加以吸收。其工艺流程见图2.3。

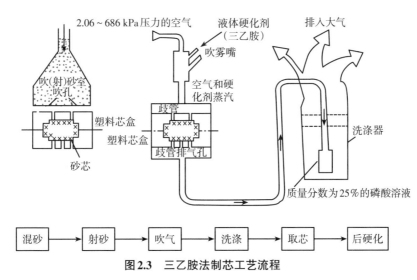

图2.3　三乙胺法制芯工艺流程

2.5　铸造涂料及辅助材料

2.5.1　涂料

在砂型铸造生产中，为了提高铸件表面质量，减少铸件粘砂和冲砂缺陷，往往在型芯砂表面刷上一层涂料。铸型涂料用量虽仅占型、芯砂总重的1.0%~2.0%，但是，它对于提高铸件质量有着十分重要的作用。

铸造涂料包括砂型（芯）涂料和金属型涂料两类，本节只介绍砂型（芯）涂料。砂型（芯）涂料按其分散介质的不同，分为水基涂料、醇基涂料和有机溶剂自干涂料。

目前，国内外已摆脱了传统的铸造厂家自制自用的陈旧方式，逐步采用了由铸造材料专业生产厂集中供应的办法，这对于稳定和提高铸型涂料的质量起到了很大的作用。

2.5.1.1　涂料应具备的性能

涂料应具备以下性能：

（1）较高的耐火度和热化学稳定性。

（2）良好的悬浮性，保证在一定时间内不分层、不沉淀。

（3）良好的涂刷性和流平性，即涂料在涂刷后无刷痕、不流淌。

（4）良好的渗透性，能渗入砂型（芯）

表面2～3层砂粒。

（5）良好的表面强度及抗裂性。

（6）发气性低，对人无害，不污染环境。

2.5.1.2 涂料的基本组成

涂料以耐火粉料作为骨料，以水或其他液体作为分散载体，再配上黏结剂、悬浮剂及改善某些性能的添加剂混制而成。

1）耐火粉料 它是铸型涂料中最基本、最重要的材料，构成涂料的主体部分，一般用270筛号以上的细粉状耐火材料，常用的有锆英粉、石墨粉、莫来石粉、铝矾土粉、橄榄石粉、滑石粉、叶腊石粉和镁砂粉等。涂料抵抗金属液的热作用、机械作用和化学作用，主要依靠这些耐火材料，它们占涂料组成的50%～70%。

2）悬浮剂 它使涂料具有一定的悬浮稳定性和触变能力，使之在使用和存放过程中不沉淀、不结块，并能与其他助剂一起改善涂料的涂挂性，以适应不同涂刷方法的要求。水基涂料常用的悬浮剂有：膨润土、累托石、凹凸棒石和海泡石等。醇基涂料常用的悬浮剂有：锂基膨润土、有机膨润土等。将上述材料多种成分组合使用，效果会更好。

3）黏结剂

（1）水基涂料黏结剂。常用的常温黏结剂有羧甲基纤维素钠、海藻酸钠、水溶性合成树脂、聚乙烯醇、聚醋酸乙烯（白乳胶）、纸浆残液等。提高涂层高温强度的有普通黏土、膨润土、硅溶胶、水玻璃、聚合磷酸盐等。

（2）醇基涂料黏结剂。常用的常温黏结剂有聚乙烯缩丁醛、松香、松香与酚醛树脂聚合物、漆片（虫胶）等。提高涂层高温强度的有热固性酚醛树脂、硅酸乙酯、锂膨润土及有机膨润土等。

4）载体（分散剂）

（1）水基涂料载体。水基涂料的载体为水，普通的自来水即可，最好使用软水。碳酸盐过多的硬水对涂料性能有一定的影响。

（2）醇基涂料和自干涂料载体。异丙醇是做醇基涂料的最佳载体。因其燃烧温度适当，且挥发比乙醇慢，燃烧时间长，涂料能干透，但价格较贵。国内最常用的还是乙醇，即工业酒精。

5）助剂 助剂是为了改善涂料的某些功能而添加的少量材料。包括：

（1）渗透剂。其功能为增强涂料对砂型表面的润湿能力，提高涂料对砂型的渗透性。多采用低泡或无泡型表面活性剂，如非离子型JFC（脂肪醇聚乙烯醚），阳离子型有T80琥珀酸辛脂磺酸钠盐、OP—10乳百灵（烷基芳基聚氧乙烯醚）。

（2）防渗。醇基涂料与水基涂料的不同之处是载体极易渗入砂型而影响涂料的涂刷性和流平性，故需加入防渗剂。醇基涂料的悬浮剂，如聚乙烯缩丁醛，就是很好的防渗剂。

（3）消泡剂。为消除制备过程中，由于搅拌而产生的大量气泡，可加入微量的消泡剂。消泡剂有正丁醇、正辛醇和正戊醇等。

（4）防腐剂。加入防腐剂是为了防止水基涂料中有机物的腐败变质。常用的防腐剂有甲醛水溶液（福尔马林）、三氯苯酚、五氯苯酚、苯甲酸钠、麝香草酚等。

（5）着色剂。国外商品涂料，为了区别其种类，也为了美观，常加入不同的着色剂。国内尚未采用。

2.5.1.3 涂料性能的测定

砂型铸造用涂料性能按《砂型铸造用涂料》（JB/T 9226—2008）进行测定。铸造车间通常检测以下几种性能：

（1）条件黏度。一般控制在 $12 \sim 28$ s（$\phi 4$ 孔流杯，$25\,℃$）之间。

（2）悬浮性。对于醇基涂料，4 h 的悬浮度应控制在不小于96%；水基涂料的24 h 悬浮度应控制在不小于98%。

（3）涂刷性。它是反映涂料以不同的方法涂敷时，能否渗入深度合适、不流淌、不堆积、无流痕、厚度均匀和平整。一般认为，涂料的涂刷性与它的流变特性中的剪切稀释性有关。具有良好的剪切稀释性的涂料，它的剪切应力明显下降，表观黏度很低，涂刷时手感滑爽、涂层均匀完整，但是不宜过高，否则涂料易堆积。所以，对涂料的剪切稀释性和触变性必须加以控制。一般测定涂料的流变性可以较好地评价涂料的涂刷性。

2.5.1.4　涂料的选用

目前，铸造车间使用的涂料种类繁多，分类方法也很多，但一般常以载体分为两类：水基涂料和醇基涂料。

水基涂料应用较广，因为水便宜、无污染，而且水基涂料具有许多优良的性能，如悬浮性、涂刷性等，但是水基涂料层需要烘干。醇基涂料常用乙醇、异丙醇和甲醇作为载体。这种涂料可点燃"自干"，缩短生产周期，节约能源，但涂料成本高，运输不便，悬浮性、涂刷性等不如水基涂料。

铸型涂料按供货状态又可分为浆状、膏状、粉状和粒状等四种形式。浆状和膏状涂料的特点是涂料已完全制备好，用户使用时只需加入一定量的载体，将涂料稀释到一定的黏度后便可使用，涂料的性能较好，但涂料包装费用高，醇基涂料远距离运输不安全，长期存放会产生沉淀。粉状和粒状涂料中由于不含载体，可用塑料袋包装，包装费用低，运输方便。但用户需有专用的搅拌装置来调配涂料，同时，对这种涂料的制备技术要求高，有些性能还难以保证。粒状涂料的优越性高于粉状涂料，使用时无粉尘污染，涂料性能可保证。

2.5.1.5　特种涂料

1）表面合金化涂料　涂料中加入某种金属或合金粉末，浇注过程中，涂料中的合金粉末熔化并渗入铸件表层，使其表面合金化，可以有效地提高铸件的表面性能（例如耐磨性）。用此方法可使碳钢铸件表面渗铬、渗锰。它是将高碳铬铁粉末、锰铁粉末加入水玻璃等材料制成涂料，涂敷在铸型表面，烧注后可得到含铬11%～16%铸件表层，大大提高铸件的耐磨性。铸铁件常用含碲（Te）的涂料，使铸件表面得到白口组织，防止出现麻口，同时，也能防止厚壁和热节处出现麻口及疏松。含碲涂料配比实例见表2.86。

表2.86　铸铁用含碲涂料配比实例

序号	铸铁原组织	涂料配比（质量分数)/%				密度 /($g \cdot cm^{-3}$)	用　途
		碲	糊精	膨润土	水		
1	珠光体灰铸铁	15	40	45	适量	$1.35 \sim 1.40$	使热节处致密
2	珠光体灰铸铁	75	5	20	适量	$1.30 \sim 1.40$	使铸件表面呈白口
3	合金灰铸铁	25	25	25	适量	1.4	使铸件表面呈白口
4	可煅铸铁	30	20	50	适量	1.3	防止毛胚出麻口

注：涂料3中，另加水玻璃5%、糖浆20%。

2）自干涂料 采用能自然挥发的有机溶剂做载体配制而成的涂料叫自干涂料，涂料在涂刷后，溶剂挥发，涂层自干。常用的有机溶剂有三氯甲烷、三氯乙烷、二氯甲烷等。这些溶剂挥发出的气体对人有害，使用时应密闭，或加强通风。一般用于负压造型。

3）无溶剂粉末状涂料 它类似覆膜砂，将耐火粉料热覆上一层酚醛树脂和乌洛托品薄膜。用喷枪喷射出的粉末通过电场带上电荷，被吸附在带电的铸型（芯）表面，铸型加热时涂料层固化。这种涂料多用于壳型和壳芯上，可以提高铸件的尺寸精度。

2.5.1.6 涂料的涂敷方法

涂料的涂敷方法有四种：浸涂、刷涂、淋（浇）涂和喷涂。生产上应依据砂型（芯）的大小、形状、生产批量、生产方式选择适宜的涂敷方法。表2.87可供参考。

表2.87 涂料涂敷方法及适用范围

涂料涂敷方法			浸 涂		刷 涂		淋（浇）涂		喷 涂	
			醇基	水基	醇基	水基	醇基	水基	醇基	水基
砂芯	单件生产	小型	+	+	+	+	–	–	–	–
		中型	+	+	+	+	+	+	+	+
		大型	0	+	+	+	+	+	+	+
	大量生产	小型	+	+	0	0	–	–	–	+
		中型	+	+	0	0	0	+	–	+
		大型	0	+	0	0	+	+	–	+
砂型	单件生产	小型	–	–	+	+	–	–	+	+
		中型	–	–	+	+	0	0	+	+
		大型	–	–	+	+	0	0	+	+
	大量生产	小型	–	–	–	–	–	–	–	+
		中型	–	–	0	0	0	0	0	+
		大型	–	–	+	+	0	0	0	+

注：符号"+"表示合适或常用；"0"表示在某种条件下可能用；"–"表示不能用或不常用。

1）浸涂法 将砂芯浸没于涂料槽中，停留片刻后取出，淋去多余涂料，可获得厚薄均匀的涂料层。小砂芯需放在漏筐内浸涂。中等大小的砂芯一般悬挂在带有机械手的悬链式输送器上，进行浸涂。当行进到浸涂工位时，机械手将砂芯浸入涂料池中，边行进边转动，然后提起。适用于大批量生产性质的车间。大型砂芯不宜用这种方法。

2）刷涂法 这种方法是最简单最灵活的方法，应用最为广泛，特别是单件小批量生产性质的铸造车间，基本上都采用这种方法。中大型砂型及砂芯也大多采用此法。触变性良好的涂料，搅动后黏度下降，涂刷滑爽，涂层均匀，且易渗入砂型表层。凹凸不平的部位可以补刷。这方法的缺点是效率较低，劳动量大，对操作工的技术水平要求较高。

3）淋（浇）涂法 它是用低压泵将涂料从槽中抽出，通过雨淋式喷头淋浇在砂芯（型）上。悬挂砂芯（型）的装置可以翻转，多余的涂料流回槽中继续使用。这种方法节省涂料，生产效率高，但厚度难以控制，适用于大平面、形状简单（无凹槽）的大砂型和砂芯。

4）喷涂法 喷涂法有两种：雾化喷涂和压力喷涂。

（1）雾化喷涂。这种方法是使用专用的涂料喷枪，通入压缩空气（0.4～0.6 MPa），将涂料雾化后喷洒在砂型或砂芯表面。砂芯悬挂起来进行喷涂最为有利。在成批和大量生产性质的铸造车间，常设置砂芯喷涂生产线，将砂芯挂在悬链输送器的吊钩上，当行进到喷涂工位时，吊钩在前进中同时自转，使芯子的各个面都得到喷涂。雾化喷涂生产效率高，特别适合于中大型砂芯和大面积砂型。其缺点是由于雾化压力较高，涂料雾有气垫回弹作用，凹槽部位不易喷匀；涂料损失率高，对环境有污染，须采用专用喷涂室强制通风。为确保安全，醇基等挥发性强的涂料不宜采用此法。

（2）压力喷涂。与雾化喷涂不同的是压缩空气不与涂料混合，而只是向盛装在密封容器中的涂料加压，使涂料在一定压力下通过喷枪喷涂在砂型或砂芯表面。这种喷涂方法不存在"气垫回弹"，因而即使凹槽部位也能喷涂均匀，溶剂挥发少，不污染周围环境。通常采用低压喷涂，压缩空气压力控制在0.4 MPa以下。

近年来出现了高压无气喷涂新工艺。这种工艺涂层均匀，无飞溅，不污染环境，不仅适用于水基涂料，也适用于醇基涂料。

压力喷涂更适用于密度较大的耐火粉料涂料，如锆英粉涂料和铬铁矿涂料。

2.5.2 辅助材料

2.5.2.1 修补砂

修补砂是用来修补烘干或硬化后的砂型（芯）的缺肉、掉角和填堵工艺孔的辅助材料。修补砂应具有良好的黏附性和可塑性。修补后需经表面烘干。若自然硬化则需放置3～4 h后才可下芯浇注。常用修补砂的配方实例见表2.88。修补砂的混制工艺是先将干料混匀，再加入液体材料和水混碾成橡皮泥状，其水分比所用型砂略高一些。自硬砂型可用同种型砂进行修补。

表2.88 修补砂配方实例

序号	配 比/%					
	新砂	膨润土	纸浆残液	糊精	桐油	水
1	100	32	20	—	—	≈12
2	100	12	17	—	—	适量
3	100	4	—	6	—	适量
4	100	50	30	—	4.9	20

2.5.2.2 修补膏

修补膏用来修补烘干后砂型或砂芯表面的小裂纹和疏松部位。将其涂于缺陷处，用压勺或用手抹平抹光。修补膏配方实例见表2.89。

表2.89　修补膏配方实例

序号	配　比/%					
	磷片石墨	膨润土	纸浆残液	糊精	干性油	水
1	100	25	25	—	10	≈12
2	100	5~6	—	5	—	适量
3	100	25	12.5	—	—	适量
4	硅石粉100	5.5	—	5.5	3.5	适量
5	滑石粉100	9.5	—	—	—	80

2.5.2.3　黏合剂

黏合剂是用来黏结砂芯的。有的砂芯须分成两半或几部分分别制芯，烘干后再将它们组装起来，组合在一起的主要方法是黏结。黏结砂芯的材料称黏合剂。黏合剂也可用来修补砂型和砂芯的破损。黏合剂配方实例见表2.90。以1号黏合剂为例，

其配制工艺是：将膨润土、糊精、糖浆倒入锅内，加入部分纸浆残液，进行搅拌，搅匀后加入剩下的全部纸浆残液，继续搅拌，均匀后煮沸10 min，然后加入0.1%的浓度为20%的工业盐酸，再煮沸10 min，即成为黑色胶状物，可供使用。这种黏合剂将砂芯黏合后需烘干1~2 h。

表2.90　砂芯黏合剂配方实例

序号	配　比/%						干拉强度/MPa
	膨润土	纸浆残液	糊精	糖浆	盐酸*	水	
1	29.3	66.6	2	2	0.1	—	>1.0
2	40~50	—	50~60	—	—	适量	>0.75
3	12	88	—	—	—	—	

注：浓度为20%的工业用盐酸。

随着热芯盒、冷硬树脂砂等工艺的发展，人们又发明了快干黏合剂。商品黏合剂多像牙膏一样装于软管内，使用时挤出即可，十分方便。使用这种快干黏合剂，可将两个半芯中的一个半芯做出黏合销，另一个半芯上则做出销孔，黏合时将黏合剂挤入销孔，合上两半芯子即可。

2.5.2.4　封箱泥膏（条）

封箱泥膏（条）是一种可塑柔性体，

用于密封上下箱之间的缝隙，可防止铸件跑火和产生飞边。圣泉公司生产有MP-01型封箱泥膏和MS-01封箱泥条，其特点及适用范围见第9章9.6节。

2.5.2.5　脱模剂

脱模剂又叫分型剂，在造型、制芯时通常要在模样、金属模或塑料模以及芯盒的表面涂一层脱模剂，以防止型、芯砂粘模或减少脱模力。

第3章　铸造工艺

3.1　铸造方法和特点

3.1.1　铸造方法分类

铸造是一种既经济又便捷的金属成型工艺，适用范围广。铸造方法很多，通常从铸型材料、铸型特性、充型和凝固等方面对铸造方法进行分类。

铸造根据铸型材料分为砂型铸造和特种铸造。

（1）砂型铸造。砂型铸造是以型砂为主要造型材料制备铸型，在重力下浇注生产铸件的铸造方法。它具有适应性广、成本低廉等优点，是应用最广泛的铸造方法。

（2）特种铸造。特种铸造是指与砂型铸造不同的其他铸造方法。目前，特种铸造方法有20多种，常用的方法有熔模铸造、消失模铸造、金属型铸造、压力铸造、低压铸造、铁型覆砂铸造、离心铸造、V法铸造等。

3.1.2　铸造方法及工艺特点

常用铸造方法及其特点见表3.1。

表3.1　常用铸造方法及其特点

铸造方法	铸件质量	适用铸件复杂程度	铸件尺寸公差等级	适用范围	工艺特点
砂型铸造	几十克～几百吨	一般	DCTG8～DCTG13	适用范围广，合金种类、铸件结构和生产批量几乎不受限制。手工造型：单件、小批量铸件。机械化、自动化造型：批量生产的中小铸件	手工造型：生产组织灵活，但劳动强度大，效率低，尺寸精度和表面质量低；机械化、自动化造型：效率高，尺寸精度和表面质量高
熔模铸造	几克～几百千克	简单～复杂	DCTG4～DCTG6	铸钢、铸铁、有色合金及高熔点合金；特别适合小型铸件、复杂铸件和精密铸件生产	生产组织灵活；尺寸精度高、表面光洁，但成本高
消失模铸造	数十克～几十吨	简单～复杂	DCTG7～DCTG11	主要用于铸铁，包括灰铸铁、球墨铸铁和蠕墨铸铁，也可用于铸钢、铸铜、铸铝等	铸件结构设计灵活，铸件无披缝；干砂无黏结剂造型，旧砂回用率95%以上，生产作业环境好
金属型铸造	几十克～几十千克	简单	DCTG7～DCTG10	常用合金均可以使用，其中以铝合金、镁合金等熔点低的合金最为合适	铸件尺寸精度和表面质量高，组织致密，生产率高；适合铸造形状不太复杂的中小铸件

表3.1（续）

铸造方法	铸件质量	适用铸件复杂程度	铸件尺寸公差等级	适用范围	工艺特点
铁型覆砂铸造	几千克~几吨	较简单	DCTG8~DCTG11	可用于铸铁、铸钢件生产	铸件组织致密，尺寸精度高，特别适用于球墨铸铁件生产
V法铸造	几十千克~几十吨	简单	DCTG10~DCTG11	铸铁、铸钢、有色合金，形状简单但精度要求较高的铸件或薄壁类铸件	干砂无黏结剂造型，旧砂几乎100%回用，生产作业环境好；设备简单、工艺流程简单，但难以提高生产效率
低压铸造	几十克~几百千克	一般	DCTG7~DCTG10	大中型、薄壁结构铝合金铸件，也可以用于铸钢和铸铁件生产	铸件组织致密，金属纯净度高，力学性能好；可采用各种铸型，但生产效率较低
压力铸造	几克~几百千克	一般	DCTG4~DCTG8	大量生产铝、镁等有色合金铸件、薄壁铸件	铸件尺寸精度高、表面光洁，生产率高，成本低
离心铸造	几十千克~几吨	回转体	外表面质量好，内表面质量较差	适合大批量回转体铸件，可用于铸铁、铸钢、有色合金等回转体铸件，如离心铸管、冶金轧辊、缸套、轴瓦等	工艺流程短，生产率高；铸件外层组织致密，纯净度高，但中心或内表层质量较差；适合铸造双金属回转体铸件

3.1.2.1　砂型铸造

砂型铸造生产工艺过程如图3.1所示。

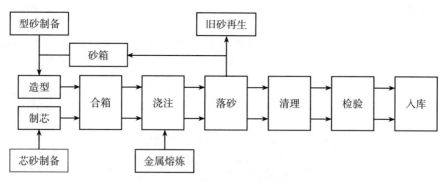

图3.1　砂型铸造生产工艺流程图

砂型铸造造型材料价廉易得，铸型制造简便，几乎不受铸件结构、大小和生产批量限制，既可以铸造外形和内腔十分复杂的铸件（如各种箱体、床身、机架等），也可以生产几十克至几百吨的铸件，对铸件的单件生产、成批生产和大量生产均能适应。

砂型铸造的优点：

（1）砂型铸造比其他铸造方法成本低，生产工艺简单，生产周期短。

（2）工艺适应性好。对铸件的单件生产、成批生产和大量生产均能适应，也几乎适用于各种合金铸造。

砂型铸造的缺点：

型砂质量影响因素多，铸件易产生气孔、砂眼、粘砂、夹砂等缺陷。

3.1.2.2　熔模铸造

熔模铸造是一种以蜡模为阳模，在蜡模外表涂覆若干层耐火材料后，熔化掉蜡模得到一个耐火材料空腔——模壳，往模壳中浇注金属液获得铸件的方法。

与砂铸、压铸等铸造工艺相比，熔模铸造的工序较长。如图3.2所示，熔模铸造工艺流程主要归纳为三个阶段：蜡模制作阶段、模壳制作阶段、铸件浇注和清理阶段。

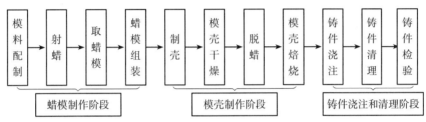

图3.2　熔模铸造工艺流程

蜡模制作阶段的主要控制要点为：蜡料的强度、线收缩率、硬度、流动性、滴点、黏度、灰分，压蜡机的压注压力、压注（蜡模）温度、保压时间、起模时间、压型温度、蜡模冷却介质和温度等。

模壳制作阶段的主要控制要点为：涂料的黏度、粉液比、涂挂性等，以及构成涂料的耐火材料的耐火度、粒径等；涂料黏结剂的类型，目前主要采用硅溶胶黏结剂。

铸件浇注和清理阶段的主要控制要点为：合金液的成分、合金液熔炼与浇注温度、浇注速度、浇注时型壳温度、脱氧剂规格等。

熔模铸造的优点：

（1）可以浇注结构复杂、壁厚较薄的零件：壁厚可小于0.8 mm。

（2）外观精美。零件外观平整，粗糙度为 $Ra6.3 \sim Ra3.2$。

（3）尺寸精度高，为CT4～CT6级。

（4）适用于各种金属材料的铸件。

（5）铸件无披缝，打磨清理工作量小。

（6）生产组织灵活性好，可用于各种批量铸件生产。

熔模铸造的缺点：

（1）工序多，周期长，管理与质量控制点多。

（2）不适合制作大中型铸件。

目前，工业领域常见合金（如铁基、铜基、铝基、钛基、镍基合金等）均可用熔模铸造工艺生产，并广泛应用于人工关节、牙套等医用器材以及金银首饰制作。

3.1.2.3　消失模铸造

消失模铸造是将与铸件尺寸、形状相似的泡沫模型粘接组合成成型模簇，浸涂耐火涂料并烘干后，埋在石英砂中振动造型，在负压下浇注，使模型气化，液体金属占据模型位置，凝固冷却后形成铸件的新型铸造方法。

铸件消失模铸造基本工艺流程如图3.3所示。

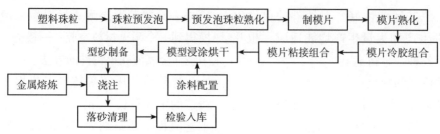

图3.3 铸件消失模铸造基本工艺流程

消失模铸造的优点：

（1）铸件尺寸、形状精确，重复性好，铸件尺寸精度为DCTG7～DCTG11级。

（2）铸件结构设计灵活，无分型面，减少了铸造披缝。

（3）无黏结剂，干砂造型，造型简单，旧砂回用率达到95%以上，有"绿色铸造工艺"的美誉。

（4）负压浇注，有利于液体金属的充型和补缩，提高了铸件的组织致密度。

（5）易于实现机械化自动流水线生产，生产线弹性大，可在一条生产线上实现不同合金、不同形状、不同大小铸件生产。

（6）模具使用寿命长。金属模具寿命可达8万次以上，从而降低了模具维护费用。

消失模铸造的缺点：

（1）由于珠粒燃烧产生残留物，所以消失模铸造铸件易产生碳黑。

（2）细长件或刚度差的铸件容易产生变形。

（3）铸钢件会产生铸件表面增碳，碳含量越低，增碳量越明显。

消失模铸造工艺应用广泛，主要用于铸铁（包括灰铸铁、球墨铸铁和蠕墨铸铁），也可用于铸钢、铸铜、铸铝等，其适用性按从好到差的顺序大致是：灰铸铁——球墨铸铁——铝镁合金——低碳钢和合金钢。

若采用消失模工艺浇注重要铸钢件，可采用烧损或熔融的方法，在浇注金属液之前先去除消失模，并清除壳型中的残渣，然后浇注。

3.1.2.4 金属型铸造

金属型铸造又称硬模铸造或永久型铸造，它是依靠重力的作用将熔融的金属液浇入金属型腔，获得铸件的铸造方法。金属型铸造基本工艺流程如图3.4所示。

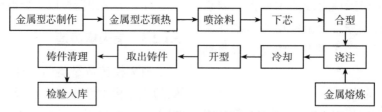

图3.4 金属型铸造基本工艺流程

金属型铸造的特点：

（1）金属型铸造的优点。

① 金属型的冷却速度快，铸件组织致密，力学性能比砂型铸造的铸件高15%左右。

② 铸件尺寸精度高，表面粗糙度值低；质量稳定性好，工艺出品率高。

③ 与砂型铸造相比，减少了粉尘和有害气体，工作环境好。

④ 易于实现机械化和自动化，生产效

率高。

（2）金属型铸造的缺点。

① 金属型的冷却速度快，降低了金属液的充型能力，不宜生产薄壁铸件，铸件厚度一般不小于2 mm。

② 金属型无退让性，铸件凝固收缩时易产生裂纹和变形，不适合热裂倾向大的铸件。

③ 金属型本身无透气性，必须采取一定措施导出型腔中的空气和砂芯中产生的气体。

④ 金属型制造周期长，修改困难，费用大，只适用于批量生产铸件。

表3.2为几种材料金属型铸造和砂型铸造的力学性能比较。

表3.2 几种材料金属型铸造和砂型铸造的力学性能比较

材料		金属型铸造				砂型铸造			
		R_m/MPa	A/%	HBW	a_k/ $(J \cdot cm^{-2})$	R_m/MPa	A/%	HBW	a_k/ $(J \cdot cm^{-2})$
灰铸铁		200～250	—	170～220	—	180～200	—	150～180	—
球墨铸铁		450～550	13～18	170～220	—	400～500	10～15	170～220	—
铸钢		580	21	182	72	550	19	168	50
高锰钢		789	—	—	—	707	—	—	—
铝合金	ZL101A(T6)	295	3	80	—	275	2	80	—
	ZL105A(T5)	300	1.5	80	—	280	1.0	80	—

金属型铸造的应用范围：

（1）合金种类。除一些热裂倾向大的合金外，一般常用合金均可以使用金属型铸造，其中以铝合金、镁合金等熔点低的合金最为合适，高熔点合金使用金属型铸造时，铸型易产生变形、开裂，使用寿命较短。

（2）铸件形状和大小。金属型铸造适合铸造形状不太复杂的中小件。有色合金铸件可以相对复杂一些，如气冷式发动机汽缸盖、油泵壳体、各种机匣等，钢铁只能铸造简单的零件。铝合金和镁合金等熔点低的合金，铸件质量由几十克至几十千克；钢铁等熔点高的合金，铸件质量由几百克至几百千克。

（3）铸件尺寸公差和表面粗糙度。铸件尺寸公差一般为DCTG7～DCTG10级，铝合金和镁合金铸件的尺寸公差为DCTG7～DCTG9级；铸件表面粗糙度一般为12.5～6.3 μm，最高可达3.2 μm。

（4）生产规模。一般用于批量规模的铸件生产。

3.1.2.5 压力铸造

压力铸造简称压铸，是将液态或半液态金属在高压作用下，以高速充填铸型，并在压力作用下结晶凝固、形成铸件的一种铸件生产方法。

压力铸造的常用压力为20～120 MPa，充型初始速度为0.5～100 m/s，高压、高速是压力铸造的重要特征，也是其与其他铸造方法的根本区别。

压力铸造基本工艺流程如图3.5所示。

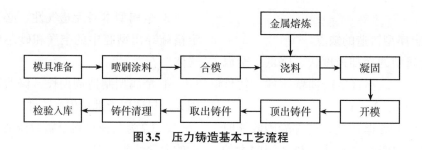

图3.5 压力铸造基本工艺流程

压力铸造的特点：

（1）生产效率高。压铸机生产效率高，易实现机械化和自动化。

（2）产品质量好。压力铸造采用金属型，铸件尺寸精度高，为DCTG4～DCTG8级；表面粗糙度值低，铸件组织致密，力学性能好。

（3）存在问题。

① 普通压铸生产的铸件易产生气孔，不能热处理。

② 压铸生产高熔点合金和复杂件比较困难。

③ 压铸设备投资大，模具费用高，周期长，一般不适合小批量生产。

压力铸造的应用范围：

压力铸造是一种快速高效的铸件生产方法，广泛应用于汽车、电气仪表、电信器材、医疗器械、计算机和手机外壳、日用五金以及航空航天工业等领域。

3.1.2.6 低压铸造

低压铸造是对保温炉内的金属液表面施加一定的压力，金属液在压力作用下逆重力方向充填型腔，并在压力下凝固获得铸件的一种铸造方法。由于所用的充型压力较低（一般小于60 kPa），所以叫作低压铸造。低压铸造所用铸型可分为金属型和非金属型两类。

图3.6是低压铸造设备工作原理图。图3.7是典型低压铸造基本工艺曲线，第一阶段（0～t_1），向保温炉内通入压缩气体，炉内压力逐渐升高到p_2；第二阶段（t_1～t_2），开始向炉内通压缩气体施压，金属液在气体压力作用下沿升液管进入型腔，并逐渐增大压力至p_3；第三阶段（t_2～t_3），金属液充满型腔后，继续增压至p_4，使铸件在一定的压力作用下凝固；第四阶段（t_3～t_4），金属冷却凝固，保持一定的压力，使型腔、升液管、保温炉内的金属液保持静止状态，升液管内的金属液不断对铸件的凝固收缩进行补充；第五阶段（t_4～t_5），待型腔内的金属完全凝固后逐渐降低炉内压力，升液管中金属液在重力作用下流回保温炉。

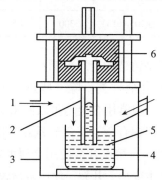

图3.6 低压铸造设备工作原理图

1—压缩气体；2—升液管；3—保温炉（或密封容器）；
4—坩埚；5—金属液；6—铸型

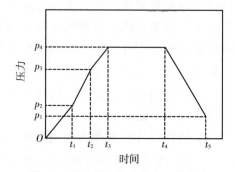

图3.7 典型低压铸造基本工艺曲线

低压铸造的特点：

（1）金属液逆重力方向充型，充型平稳。

（2）充型金属液来自熔池下部，避免了金属液面的浮渣进入型腔，铸件材质纯净度高。

（3）铸件在压力下充型、凝固，有利于大型薄壁件充型，铸件凝固组织致密，力学性能好。

低压铸造的应用：

（1）低压铸造主要用于铝合金，如铝合金汽缸盖、轮毂、汽缸体、叶轮、活塞、轮胎模具等，也可以用于铸钢和铸铁件生产。

（2）低压铸造可采用不同的铸型材料，可以使用金属型，也可以使用砂型和石墨型等，取决于铸件材质和批量。

表3.3是低压铸造铸件与其他铸造方法所得铸件的力学性能比较。

表3.3　低压铸造铸件与其他铸造方法所得铸件的力学性能比较

铸件及铸造方法		抗拉强度/MPa		断后伸长率/%		布氏硬度/HBW		备注
		铸态	热处理	铸态	热处理	铸态	热处理	
铝活塞	金属型重力铸造	140～180	170～230	—	—	70～80	95～115	—
	金属型低压铸造	170～210	240～320	—	—	75～85	100～120	
铜泵体	砂型铸造	300	—	15.0		90		
	砂型低压铸造	345～374		18.5～48.7		84～100		
铝壳体	砂型铸造	—	350～360		13.0	—	70～80	合金为ZAlMg10
	砂型低压铸造	—	390～395		21.0～24.0	—	98	
	金属型低压铸造	—	440～450		17.0～22.0	—	120～125	

3.1.2.7　离心铸造

离心铸造是将金属液浇入旋转的铸型中，在离心力的作用下成型、凝固获得铸件的过程。

离心铸造的优点：

（1）不用砂芯就可以铸出中空筒形和环形铸件，以及不同直径、不同厚度和不同长度的管件，生产效率高，生产成本低。

（2）金属液在离心力的作用下凝固，密度小的渣、氧化物夹杂等在离心力的作用下挤到铸件心部和中孔铸件的内表面，铸件外表面或外层组织致密，质量优异。

（3）对于一定壁厚范围的铸件，当采用金属型时，可获得由外向内凝固的柱状晶组织。

（4）一般不需要浇冒口，从而提高了金属液的利用率。如球墨铸铁管的工艺出品率可超过96%（包括废品损失）。

（5）可浇注双金属铸件，获得冶金轧辊、面粉机磨辊等。

离心铸造的局限性：

（1）离心铸造适用于回转体铸件，不适用于一般形状铸件。

（2）由于铸件在离心力的作用下凝固，凝固组织存在明显密度差异时，易产生成分偏析和组织偏析。

（3）密度小的渣、氧化物夹杂易集中到铸件心部和中孔铸件的内表面，铸件中心或内表层质量较差。

（4）铸件内表面粗糙，尺寸精度低。

离心铸造可用于铸铁、铸钢、有色合金等大批量生产的回转体铸件，如离心铸管、冶金轧辊、缸套、轴瓦等。离心铸造的代表性产品见表3.4。

表3.4　离心铸造的代表性产品

产品名称	材质及规格
铸管	球墨铸铁；压力管：长4.5~8 m，直径φ75~2600 mm
汽缸套	灰铸铁、球墨铸铁；各种规格发动机缸套
轧辊和辊子	高速钢、合金钢、球墨铸铁、灰铸铁、有色金属；各种规格直径和长度
活塞环	灰铸铁、球墨铸铁；铸成筒形件（最长至2 m）后加工切割
阀门密封件	灰铸铁、球墨铸铁
滑动轴承	有色金属
减摩轴承	黄铜
双金属件	合金钢-球墨铸铁

3.1.2.8　V法铸造

V法铸造也称为真空负压铸造。V法铸造工艺原理是，在带有抽气室的砂箱内充填不含黏结剂的干砂作为型砂，砂型的内腔表面与外表面都以塑料薄膜遮盖（密封），用真空泵将铸型内的空气抽出，使铸型呈负压（真空）状态。依靠真空泵连续抽气保持铸型内外压力差，使干砂紧实；凭借砂粒之间的摩擦力保持铸型稳定，得到铸型浇注时所需的强度，并且保持压力差一直到铸件凝固，然后解除真空负压，铸件冷却即可落砂清理。

V法铸造工艺流程：

（1）把带有吸引箱和抽气孔的专用模型放在造型机上。

（2）用特定的加热装置对拉伸率大、塑性变形率高的塑料薄膜进行加热软化，加热温度一般在80~120 ℃。

（3）将软化的薄膜覆盖在模样表层上，通过模型抽气孔，在负压吸力作用下，使薄膜紧贴在模型表面。

（4）喷涂专用涂料。

（5）将带有抽气回路的专用砂箱放在已覆好EVA薄膜的模型上。

（6）向砂箱内充填干砂、震实，将砂型刮平，覆盖密封膜，打开抽气阀门，抽去型砂中的空气，使铸型内外存在压力差，以使铸型具有较高的硬度。

（7）解除模型内的真空，然后起模。对铸型继续抽真空，直到下芯，合箱，完成浇注。

（8）待铸件凝固后，停止对铸型抽气，型内压力接近大气压时，使干砂松散、流出，完成落砂。

图3.8是V法铸造基本工艺流程图。

1. 模具准备　2. 薄膜加热　3. 薄膜成型　4. 喷涂　5. 放置砂箱

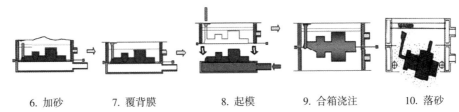

| 6. 加砂 | 7. 覆背膜 | 8. 起模 | 9. 合箱浇注 | 10. 落砂 |

图3.8 V法铸造基本工艺流程

V法铸造的优点：

（1）铸件尺寸精度高，为DCTG10～DCTG11级；铸件表面光洁，铸铁件的粗糙度为12.5～25 μm；铸件拔模斜度小，轮廓清晰。

（2）设备简单，简化生产过程，可以大幅降低生产成本。

（3）采用无黏结剂的干砂，减少了环境污染。

V法铸造的缺点：

（1）由于薄膜延伸率及砂粒流动性的限制，不适合生产几何形状复杂的铸件。

（2）受造型工序的限制，以及从造型开始到浇注、冷却，需要始终保持负压状态，不易提高生产率。

V法铸造可用于铸铁、铸钢、有色合金等形状简单且较精密铸件或薄壁类铸件的生产，如工程机械平衡重、桥壳、机械变速箱体、机床床身以及铁道车辆用摇枕、侧架等。

3.1.2.9 铁型覆砂铸造

铁型覆砂铸造是采用与铸件外形相近的铸铁型作为砂箱，铁型表面覆盖一层6～15 mm覆膜砂形成铸型，用于浇注铸件的方法。

铁型覆砂造型是在铁型（砂箱）内腔和模具之间留有6～15 mm缝隙，射入覆膜砂并在一定温度下固化，在铁型内腔表面覆上一层砂层，形成铸件的型腔。铁型覆砂铸造最突出的特点是铸型刚性强和冷却能力强。

铁型覆砂铸造基本工艺流程见图3.9。

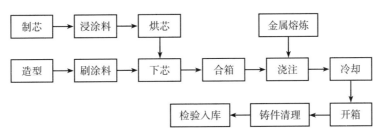

图3.9 铁型覆砂铸造基本工艺流程

铁型覆砂铸造的特点：

（1）铸型刚性好，型壁移动范围小，特别适用于球墨铸铁件生产，可以有效地利用球墨铸铁的共晶石墨化膨胀进行自补缩，组织致密，铁型覆砂铸造球墨铸铁曲轴的球化率可达95%以上，石墨大小为6级，珠光体不小于90%，密度为7.12～7.17 g/cm³。

（2）铸件尺寸稳定，精度高。铸件加工余量一般为3 mm左右，铁型覆砂铸造的球墨铸铁件一般比砂型铸造的球墨铸铁件轻3%～5%。

（3）铸型蓄热能力强，铸件凝固过程组织细化，铸件强度高。在合金加入量较砂型铸造减少的情况下，灰口铸铁件的本体强度一般为240～260 MPa，球墨铸铁件铸态本体强度可达到700 MPa。在化学成分相同的情况下，铸件本体强度可提高25～50 MPa。

（4）铸造废品率低。在使用较为普通的铸造材料的条件下，铸造综合废品率为1%～2%。

（5）用砂量少，废砂可以完全再生后重复使用，现场干净无粉尘，是一种环保铸造工艺。

（6）生产过程操作相对简单，对人员技能要求低，易于招工。

（7）工装模具一次性投入大，生产组织灵活性较差，不太适合多品种、小批量产品生产。

铁型覆砂铸造适用铸件类型：

（1）优先适用类铸件。

① 力学性能要求高的球墨铸铁件，如QT900-2，QT800-2，QT700-2等。

② 铸件尺寸精度要求高的灰铁件，如汽缸体、汽缸盖、变速箱等。

③ 铸件致密性要求较高的球墨铸铁、蠕墨铸铁、灰铸铁铸件，如液压阀体、压缩机缸体等。

④ 综合性能要求高的铸件，如高铁铸件、风电铸件等要求耐低温冲击的铸件，电梯铸件、汽车制动铸件、转向器铸件等要求安全性高的铸件。

（2）碳含量较低的铸件，如高铬铸铁件、高锰钢铸件、低合金钢铸件，虽然这类铸件无石墨化膨胀，但铁型覆砂工艺可以增加铸件凝固速度，细化组织，同时增加铸件凝固温度梯度，增加冒口补缩效率，提高工艺出品率。

铁型覆砂铸造已大量应用于球墨铸铁曲轴、汽车底盘件以及球磨机磨球等铸件生产，并取得了良好的效果。表3.5是铁型覆砂工艺铸造车用球墨铸铁曲轴的主要工艺参数。

表3.5 铁型覆砂工艺铸造车用球墨铸铁曲轴主要工艺参数

模具温度/℃	铁型温度/℃	射砂压力/MPa	射砂保压时间/s	保温固化时间/s
200±30	220±30	0.2～0.4	6～15	40～150

注：① 铁型温度要比模具温度高20 ℃左右。

② 保温固化时间要视铸件模样高度、温度等具体条件来定，原则上模样越高、模样温度越低，则起模时间越长。

3.2 砂型造型方法及其种类与选择

砂型按造型方法分类及其特点与应用见表3.6，按砂型种类分类及其特点与应用见表3.7。

表3.6 砂型按造型方法分类及其特点与应用

造型方法		主要特点	适用范围
手工造型	砂箱造型	在砂箱内造型，操作方便，劳动量较小	大中小型铸件，成批和单件生产均可
	脱箱造型	造型后取走砂箱，在无箱或加套箱后浇注	小件的大量、成批或单件生产
	刮板造型	用专制的刮板刮制，节省制造模样的材料，操作麻烦，生产率低	用于单件、外形简单的铸件生产

表3.6（续）

造型方法			主要特点	适用范围
手工造型	劈箱造型		将模样和砂箱分成相应的几块分别造型，然后组装。造型、搬运与合箱检验均较方便，但模样与砂箱制造的成本与工作量大	常用于成批生产的大型复杂铸件，如机床床身、大型柴油机机身
	组芯造型		砂型由多块砂芯在砂箱中或地坑中或用夹具组装而成	用于单件或成批生产结构复杂的铸件
	地坑造型		在地坑中造型，不用砂箱或只用一个盖箱。操作麻烦，生产周期长	用于单件生产的大中型铸件
机器造型	震击造型		以机械震击赋予型砂动能和惯性紧实成型，砂型上松下紧，常需补压。噪声大，劳动量大，生产率低	用于精度要求不高的中小型铸件的成批、大量生产，目前应用较少
	压实	单纯压实造型	按比压大小分为低压（0.15～0.4 MPa）、中压（>0.4～0.7 MPa）、高压（>0.7 MPa）三种	中低压用于铸件尺寸精度要求不高的中小件批量生产；高压用于铸件尺寸精度和表面粗糙度要求优质和较复杂的中小铸件大量生产
		单向压实造型	砂型直接受压面紧实度较高，若比压不足，则紧实度低	用于精度要求不高且扁平中小型铸件批量生产
		双向压实造型	首先压头预压（上压），其次模样面补压（下压），最后压头终压，紧实度与均匀性优于单向压实	用于精度要求较高、较复杂的中小型铸件大量生产
	震压	普通震压造型	震击加压实。砂型紧实率波动范围小，可获得紧实度较高的砂型	用于精度要求较高、较复杂小铸件成批、大量生产
		微震压实造型	震击震幅小，频率高。可同时微震与压实或先微震后压实。比单纯压实的紧实度与均匀性好，且噪声小，生产率高	可用于尺寸精度要求较高和形状较复杂的中小型铸件成批、大量生产
	气流紧压	气流静压造型	先将型砂填入砂箱内（模板有通气塞），再对型砂施以压缩空气进行气流加压，经通气塞排气，愈近模板的紧实度愈大，然后用压实板补压。此法砂箱吃砂量较小，起模斜度较小	可用于精度要求高、形状较复杂的中小铸件大量生产
		气流冲击造型	以具有一定压力的气体瞬时膨胀释放出的冲击波作用在型砂上使其紧实；且型砂由于受到急速的冲击产生触变，克服了黏土膜引起的阻力，提高了流动性。在冲击与触变作用下迅速成型，砂型紧实度均匀且分布合理（靠模样处的紧实度高于砂型背面），有利于提高铸件尺寸精度和减少铸件产生气孔。通常以压缩空气作为动力，通过调节压强来调节砂型紧实度	可用于精度要求高的砂箱面积不大于1.5 m²的大量生产的各类铸件，比静压造型具有更大的适应性
	射压造型		以压缩空气射砂填砂和预紧实，然后用压头补压成型，可分为有箱和无箱两大类，生产率高。无箱的比压较高，属高压造型范围，应用较多。无箱射压造型分为水平分型和垂直分型两种	用于大量生产精度高的中小型铸件。垂直分型射压造型只适于可垂直分型的铸件，它下芯困难；水平分型无箱射压造型则克服了这类缺点

表3.6（续）

造型方法		主要特点	适用范围
机器造型	抛压造型	用抛头抛砂方法使砂型逐层紧实，抛砂速度越大，紧实度越高。若供砂速度、抛头移运速度与抛砂高度稳定，则紧实度较均匀	用于单件、成批生产大中型铸件
	3D打印砂型	逐层铺设砂粒、逐层固化；逐层堆积，形成整体砂型。不需要传统的铸造模样，造型快捷、灵活，铸型精度高，可以有效地缩短新产品开发周期	特别适用于新产品开发、小批量铸件和复杂铸件生产
	无模造型	采用数控机床直接对砂块进行切削加工制作砂型，不需要传统的铸造模样。造型快捷、灵活，铸型精度高，可有效地缩短新产品开发周期	特别适用于新产品开发、大中型高精度铸件生产

注：①尺寸精度要求高和表面粗糙度值小的铸件，应选择砂型紧实度高的机器造型方法。

②铸件产量大、品种单一的，宜选用生产效率高或专用的造型设备；小批量多品种的，宜选用工艺性灵活、生产组织方便的设备；高效率的造型机不单独使用，应配造型生产线。

表3.7　按砂型种类分类及其特点与应用

砂型种类	主要特点	适用范围
湿型	以膨润土或黏土作为黏结剂，砂型不烘干，成本低，劳动条件好，机械化造型应用最多，也可用于手工单件、小批量生产。采用膨润土活化砂及高压造型，可得到强度高、透气性较好的砂型	多用于单件或大批、大量生产的中小型铸铁件及有色合金铸件，也可用于小型铸钢件
树脂砂型	自硬砂型，强度高；铸件尺寸精度高，表面粗糙度值小，主要采用连续混砂机机械化生产，生产率高，铸件易清砂	适用于各类铸造合金的大中型铸件的单件或大批生产
水玻璃砂型	砂型强度高，生产效率高，粉尘少，多采用CO_2硬化和有机酯硬化，可用手工或造型机生产，可组成生产线对中小件批量生产。铸件清砂较困难，有机酯硬化砂型的溃散性能优于CO_2砂型的溃散性能	在各类大中小型铸钢件中应用最广

3.3　制芯方法与选择

制芯方法分类及其特点与应用见表3.8。

表3.8　制芯方法分类、特点和应用

制芯方法		主要特点	适用范围
手工制芯	芯盒制芯	用黏土砂、水玻璃砂、树脂砂等以芯盒内表面制成各类砂芯的形状，尺寸准确	各种形状、尺寸和批量的砂芯均可采用，但主要用于单件、小批生产
	刮板制芯	用特制的刮板刮制，节省制造芯盒的材料，操作麻烦，效率低	用于单件小批生产形状简单的砂芯，对某些形状较复杂的砂芯可采用部分用刮板与部分用芯盒相结合的方法生产
机器制芯	微震压实式制芯	在微震的同时加压紧实砂芯，生产率较高，但机器结构较复杂，有噪声	可用于黏土砂的中小砂芯成批生产

表3.8（续）

	制芯方法	主要特点	适用范围
机器制芯	震实式与翻台震实式制芯	用气动或手动震击紧实砂芯。目前这类机器应用得较普遍，但噪声大，生产率低，对厂房基础要求高	气动震击制芯机适用于不填焦炭块的大中型砂芯批量生产；小批生产小砂芯时，可采用手动震击制芯机；主要用于黏土砂芯制造
	壳芯机制芯	将覆膜砂吹入加热的芯盒中保持所要求的结壳时间，待形成要求厚度的薄壳后，将芯盒口朝下，摇摆芯盒倒出多余的芯砂，形成中空的壳芯。砂芯强度、透气性、精度、表面质量和出砂性好，精度高	用于成批、大量生产。目前使用的壳芯机有两大类：底吹式壳芯机适用于制造形状较简单的小壳芯；顶吹式壳芯机适用于制造形状复杂的大中型壳芯
	热芯盒法制芯	将已经混有适量热固化树脂和固化剂的芯砂射（吹）入加热的芯盒中，硬化后取出，得到尺寸精确、强度高和表面光洁的砂芯，操作方便，生产率高，易落砂，但有刺鼻气味	最适合成批大量生产中小型砂芯，但砂芯截面厚度不宜大于50 mm，若过厚，可将其设计成中空、砂层截面厚度约25 mm，广泛用于汽车、拖拉机铸件制造
	冷芯盒法制芯	先将原砂与冷芯盒树脂混合后射（吹）入常温芯盒内，再吹入气体固化剂，砂芯快速固化，最后吹入干燥空气净化残余的固化剂，即可出芯。生产效率高，比壳芯法约高1倍；可用木质或塑料芯盒，利于中小批量多品种铸件生产；砂芯精度高，表面粗糙度值小，易于落砂清理	可制造各类批量和复杂程度不同、大小不等的砂芯，广泛用于汽车和拖拉机铸件生产
	温芯盒法制芯	将原砂与适量的树脂和固化剂混制的芯砂射（吹）入加热至约17 ℃的芯盒内，硬化后取出砂芯；使用无机黏结剂时，将混制好的芯砂射（吹）入芯盒，用80～200 ℃热空气吹气硬化。 与冷芯盒相比，黏结剂加入量少，生产效率高，但需要加热设备；与热芯盒相比，能耗低，模具使用寿命长。使用无机黏结剂时，无色无味，作业环境好	适合大批量生产厚度大于50 mm的砂芯。无机黏结剂砂芯主要用于铝合金铸件生产
	3D打印砂芯	逐层铺设砂粒、逐层固化；逐层堆积，形成整体砂芯。不需要传统的芯盒，成型灵活，精度高，可有效地缩短新产品开发周期	特别适用于新产品开发、复杂砂芯制作和小批量铸件生产

3.4 铸造工艺设计

3.4.1 铸造工艺符号及其表示方法

按《铸造工艺符号及表示方法》（JB/T 2435—2013）规定使用的铸造工艺符号及其表示方法，见表3.9。

表3.9　铸造工艺符号及其表示方法

名称	示　例	说　明
分型线	两开箱 上 下 三开箱 上 中 中 下 示例：上 下	绘制在零件图样上时，用红色线表示，并写出"上""中""下"红色字样； 绘制墨线工艺图样时，用细实墨线表示，并写出"上""中""下"黑色字样
分模线	示例：	绘制在零件图样上时，用红色线表示，可在任一端画红色"＜"号； 绘制墨线工艺图样时，用细实墨线表示，可在任一端画"＜"号
分型分模线	上 下 示例：上 下	绘制在零件图样上时，用红色线表示； 绘制墨线工艺图样时，用细实墨线表示

表3.9（续）

名称	示 例	说 明
分型负数		绘制在零件图样上时，用红色线表示，并注明减量数值； 绘制墨线工艺图样时，用细实墨线表示，并注明减量数值
不铸出的孔和槽		绘制在零件图样上时，用红色线打叉，如示例（a）； 绘制墨线工艺图样时，在图样中不画出，如示例（b）
工艺补正量		绘制在零件图样上时，用红色线表示，并注明正或负补正量的值，如示例（a）； 绘制墨线工艺图样时，用粗实墨线表示毛坯轮廓，双点划墨线表示零件形状，注明正或负工艺补正量的值，如示例（b）

表 3.9（续）

名称	示　例	说　明
冒口		绘制在零件图样上时，用红色线表示，注明尺寸，有采用斜度表示之处则注明斜度，用序号 1#，2#，…区分冒口； 　绘制墨线工艺图样时，用细实墨线表示冒口，注明尺寸，有采用斜度表示之处则注明斜度，用序号 1#，2#，…区分冒口。 　注明冒口类型
冒口切割余量		绘制在零件图样上时，用红虚线表示，注明切割余量数值； 　绘制墨线工艺图样时，用虚线表示，注明切割余量数值
补贴		绘制在零件图样上时，用红色线表示，注明尺寸； 　绘制墨线工艺图样时，用细实墨线表示，注明尺寸
出气孔		绘制在零件图样上时，用红色线表示，注明尺寸； 　绘制墨线工艺图样时，用细实墨线表示，注明尺寸
冷铁		绘制在零件图样上时，用蓝色线表示，内冷铁涂淡蓝色，外冷铁打叉； 　绘制墨线工艺图样时，用细实线表示，内冷铁涂淡黑色，外冷铁打叉

表 3.9（续）

名称	示　例	说　明
模样活块		绘制在零件图样上时，用红色线表示，并在此线上画两条平行短线； 绘制墨线工艺图样时，用细实线表示，并在此线上画两条平行短线
铸件附铸试块	附铸试块	绘制在零件图样上时，用红色线表示，注明尺寸，写出"附铸试块"字样； 绘制墨线工艺图样时，用细实线表示，注明尺寸，写出"附铸试块"字样
工艺夹头	工艺夹头	绘制在零件图样上时，用红色线画出轮廓，写出"工艺夹头"字样； 绘制墨线工艺图样时，用双点划线画出轮廓，写出"工艺夹头"字样
拉筋、收缩筋	收缩筋　拉筋	绘制在零件图样上时，用红色线表示，注明尺寸，写出"拉筋"或"收缩筋"字样； 绘制墨线工艺图样时，用细实线表示，注明尺寸，写出"拉筋"或"收缩筋"字样
反变形量	上下	绘制在零件图样上时，用红色双点划线表示，注明反变形量数值； 绘制墨线工艺图样时，用双点划线表示，注明反变形量数值
样板	样板	绘制在零件图样上时，用蓝色线画出轮廓及木材剖面纹理，写出"样板"字样； 绘制墨线工艺图样时，用细实线画出轮廓及木材剖面纹理，写出"样板"字样； 专门绘制样板图样时，在检验位置注明样板标记

表3.9（续）

名称	示　例	说　明
砂芯编号、边界符号及芯头边界		绘制在零件图样上时，芯头边界用蓝色线表示；绘制墨线工艺图样时，用细实墨线表示；砂芯编号用1#、2#等标注，边界符号一般只在芯头及芯头交界处用与砂芯编号相同的小号阿拉伯数字表示
芯头斜度与芯头间隙		绘制在零件图样上时，用蓝色线表示；绘制墨线工艺图样时，用细实线表示；注明斜度及间隙数值
砂芯增量、减量与砂芯间的间隙		绘制在零件图样上时，用蓝色线表示；绘制墨线工艺图样时，用细实线表示，注明增量、减量与间隙数值，或在工艺说明中说明

表3.9（续）

名称	示 例	说 明
填砂方向、出气方向、紧固方向		填砂方向、出气方向、紧固方向用蓝色线半箭头表示，并在其箭头一侧标注大写英文字母，箭尾画出不同符号。 如果几块砂芯填砂方向一致，则选出适宜的视图，在适当的位置标画一个公用箭头即可
芯撑		绘制在零件图样上时，用红色线表示；绘制墨线工艺图样时，用粗实线表示；特殊结构的芯撑写出"芯撑"字样
浇注系统		在零件图样上绘制工艺图样时，用红色线或红色双线表示；绘制墨线工艺图样时，用细实线或细实双线表示；注明尺寸

表3.9（续）

名称	示　例	说　明
机械加工余量	示例（第一种方法）： 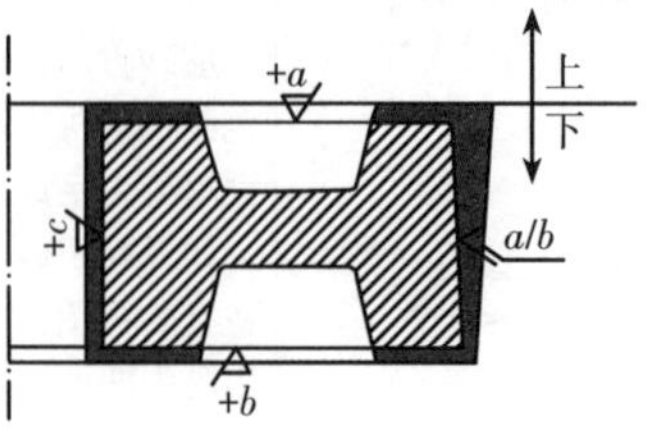 	加工余量分两种表示方法，可任选其一：加工余量用红色线表示，在加工符号附近注明加工余量数值；在工艺说明中写出"上、侧、下"字样，注明加工余量数值，特殊要求的加工余量可将数值标在加工符号附近。凡带斜度的加工余量应注明斜度

3.4.2　铸造工艺方案确定

3.4.2.1　浇注位置

浇注位置的确定原则见表3.10。

表3.10　确定浇注位置的一般原则

序号	一般原则	简　图
1	铸件的重要加工面、主要工作面和受力面应尽量放在底部或侧面，以防止产生砂眼、气孔、夹渣等缺陷。简图中齿轮的轮齿是重要的加工面和工作面，应将其朝下以保证组织致密和防止产生铸造缺陷	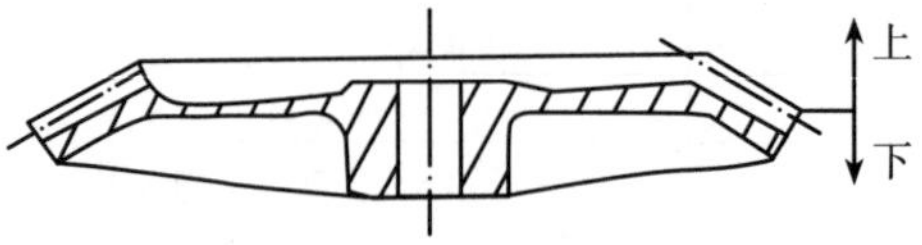 （a）不合理 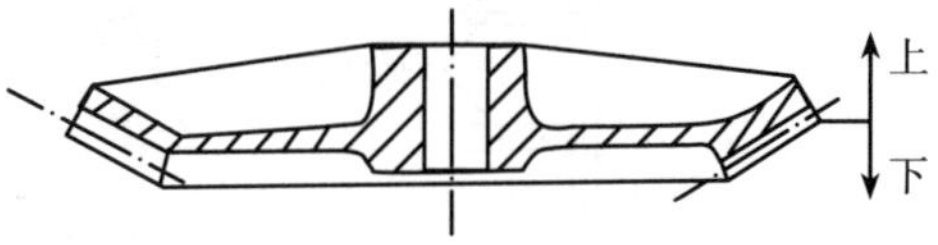 （b）合理
2	对于凝固体收缩率较大的铸造合金，应满足顺序凝固的原则，铸件厚实部分应尽可能置于上方，以利于设置冒口补缩	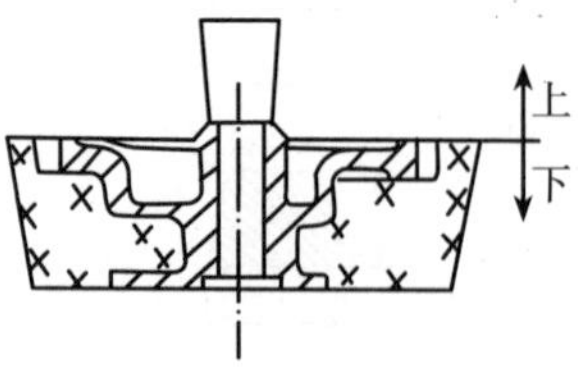 （a）不合理 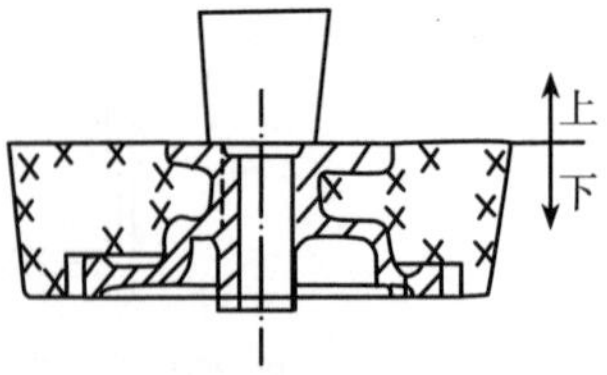　　　　　（b）合理
3	有利于砂芯的定位、固定和排气，尽量避免吊芯和悬臂砂芯。简图（a）的浇注位置改为图（b）后，对于凝固体收缩率大的合金，既减少砂芯数量、利于砂芯固定和排气，又有利于设置冒口补缩	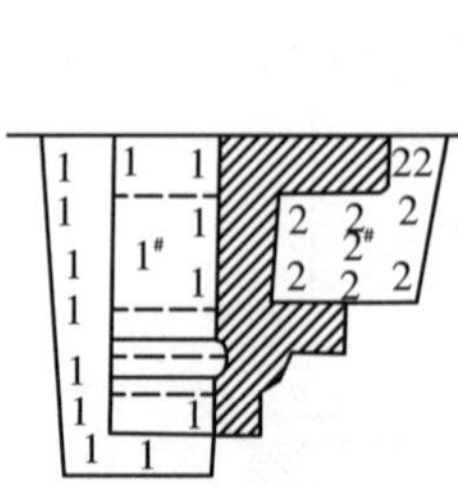 （a）不合理 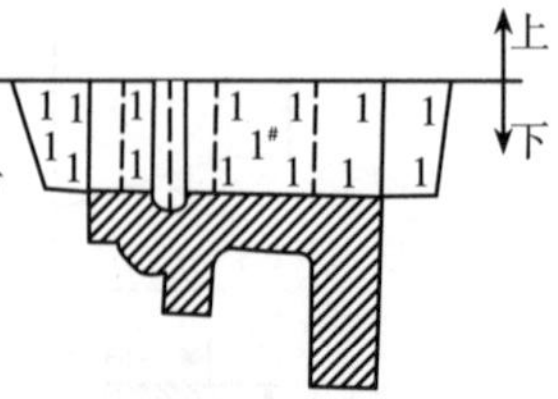　　　　（b）合理

表3.10（续）

序号	一般原则	简 图
4	大平面应置于下部或倾斜放置，以防夹砂等缺陷。有时为了方便造型，可采用"横做立浇、平做斜浇"的方法。图（a）为平台浇注位置，大平面朝下；图（b）和图（c）为平板件浇注位置，图（b）不合理，图（c）合理	 （a）平台浇注位置　（b）不合理　（c）合理
5	铸件薄壁部分应置于浇注位置的底部或侧面，以防浇不足、冷隔等缺陷。图为铝电机端盖浇注位置	 $a > b$
6	在大批量生产中应使铸件的飞翅、毛刺最少且易于清除	 （a）不合理　　　　　（b）合理
7	要避免厚实铸钢件冒口下面的受力面产生偏析	 （a）不合理　　　　　（b）合理
8	尽量使冒口能置于加工面上，以减少铸件清整工作量； 冒口设在加工面上的立浇方案［图（b）］，既有利于冒口补缩，又可减少砂眼、气孔、夹渣等缺陷	 （a）不合理　　　　　（b）合理

3.4.2.2 分型面

分型面选择应尽量与浇注位置一致，以免合型后翻转砂型。表3.11是选择分型面的一般原则。

表3.11 分型面的选择原则

序号	一般原则	例　图
1	尽量将铸件的全部或大部分放在同一箱内，以减少错箱和不便验箱造成的尺寸偏差；图(a)方案虽增加了一个砂芯，但可保证尺寸精度	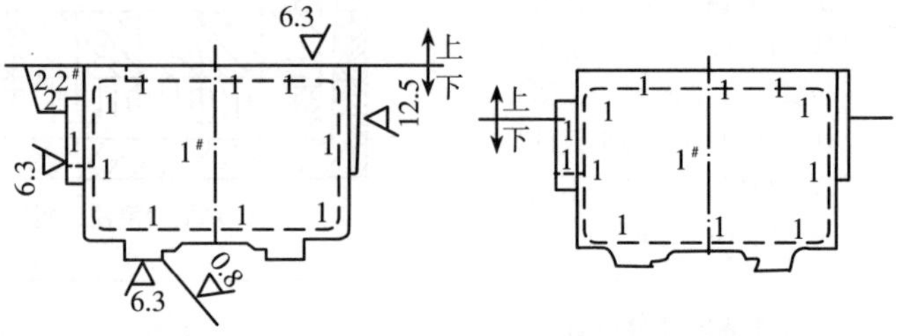 (a) 合理　　(b) 不合理
2	尽量将加工定位面和主要加工面放在同一箱内，以减少加工定位的尺寸偏差，图示φ602处为定位面	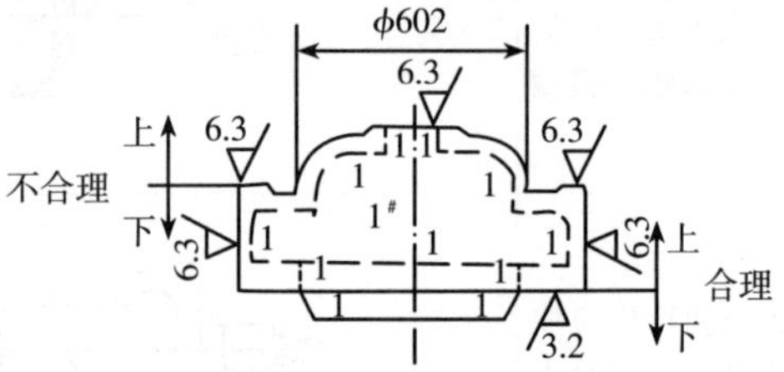
3	尽量减少分型面数量，机器造型一般采用一个分型面，例图所示铸件，利用1#、3#两个砂芯可将方案(a)的三个分型面变为方案(b)的一个分型面	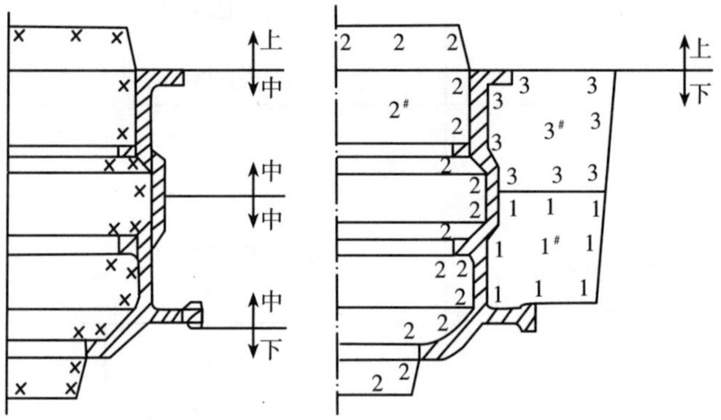 (a) 不合理　　(b) 合理
4	在机器造型中，应尽量避免使用活块，必要时用砂芯取代模样活块，例图为飞轮壳的一例	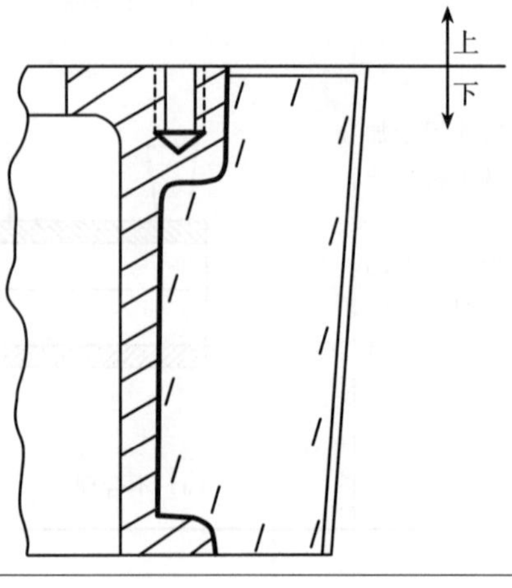

表 3.11（续）

序号	一般原则	例　图
5	尽量减少砂芯数量，如图中 $\phi60$ 孔由上、下型分别做出，可不用砂芯	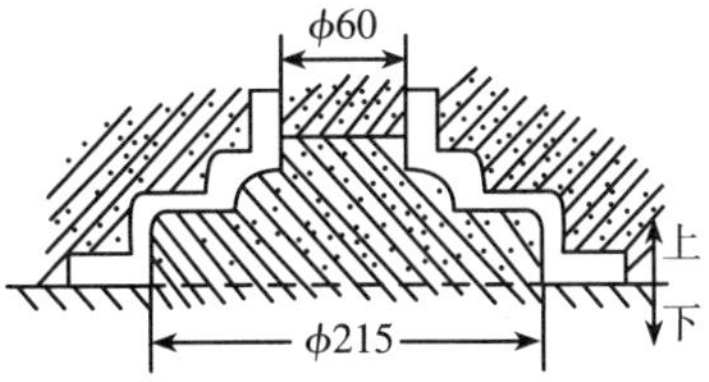
6	尽量使分型面为平面，必要时也可不做成平面。图（a）为起动臂的平面分型，图（b）为大手轮的曲面（ABCDEF 面）分型	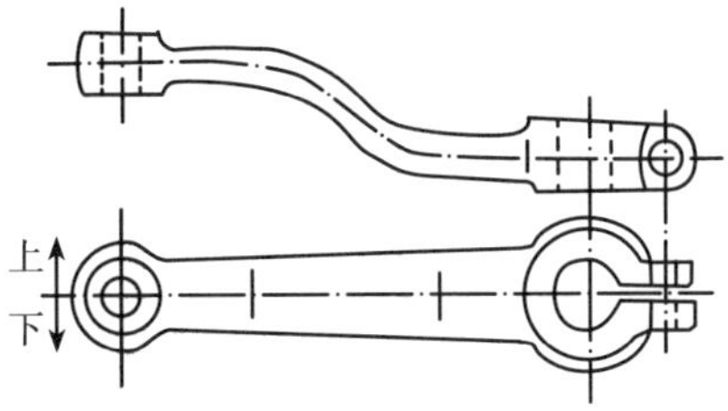 （a）平面分型 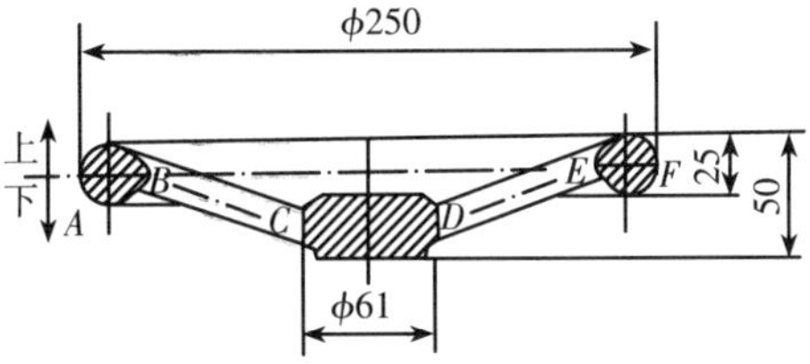 （b）曲面分型
7	分型面应在铸件的最大截面处。对于较高的铸件，尽量不使铸件在一箱内过高。图中的合理方案可避免模样在一箱内过高，利于机器造型和易于适应已有砂箱高度	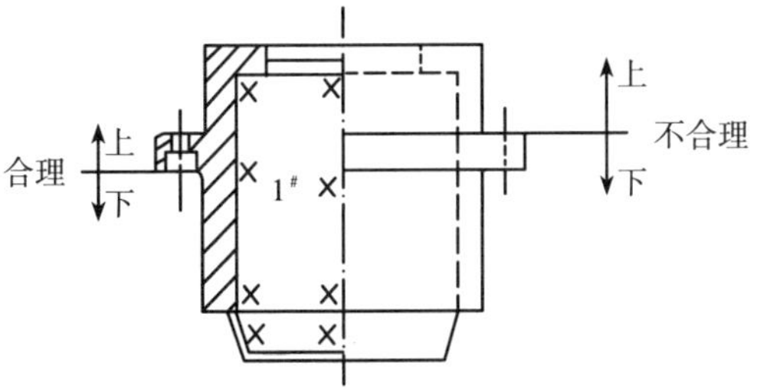
8	在大量生产时，分型面选择应有利于铸件清整，方案（a）产生较多飞翅，方案（b）的飞翅少且位置利于清理	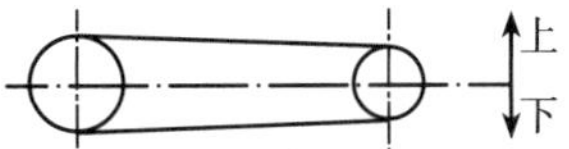 （a）不合理 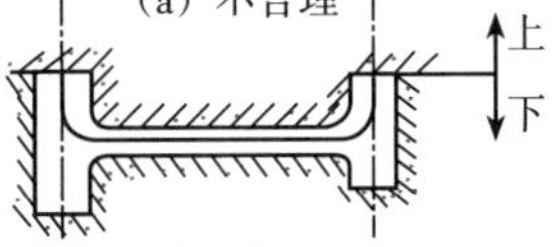 （b）合理

表 3.11（续）

序号	一般原则	例　图
9	选择分型面应考虑造型方法，例如高压造型和射压造型与震击造型相比，砂型紧实度较高。狭小吊砂处易损坏，故高压造型应避免用吊砂。图示为射压造型时因射压方式不同所采用的不同分型面	（a）水平分型时分型面的位置 （b）垂直分型时分型面的位置

3.4.3　铸造工艺参数

3.4.3.1　铸件尺寸公差

按《铸件　尺寸公差、几何公差与机械加工余量》（GB/T 6414—2017）规定，公差等级分为 DCTG1 ~ DCTG16 级。适用于砂型铸造铸件的一般为 DCTG7 ~ DCTG16，其数值见表 3.12。DCTG16 级仅适用于一般定义为 DCTG15 级铸件的壁厚公差。

表 3.12　铸件尺寸公差　　　　　　　　　　单位：mm

铸件基本尺寸	公差等级 DCTG									
	7	8	9	10	11	12	13	14	15	16
≤10	0.74	1.0	1.5	2.0	2.8	4.2	—	—	—	—
10 ~ 16[①]	0.78	1.1	1.6	2.2	3.0	4.4	—	—	—	—
16 ~ 25	0.82	1.2	1.7	2.4	3.2	4.6	6	8	10	12
25 ~ 40	0.90	1.3	1.8	2.6	3.6	5.0	7	9	11	14
40 ~ 63	1.0	1.4	2.0	2.8	4.0	5.6	8	10	12	16
63 ~ 100	1.1	1.6	2.2	3.2	4.4	6	9	11	14	18
100 ~ 160	1.2	1.8	2.5	3.6	5.0	7	10	12	16	20
160 ~ 250	1.4	2.0	2.8	4.0	5.6	8	11	14	18	22
250 ~ 400	1.6	2.2	3.2	4.4	6.2	9	12	16	20	25
400 ~ 630	1.8	2.6	3.6	5	7	10	14	18	22	28
630 ~ 1000	2.0	2.8	4.0	6	8	11	16	20	25	32
1000 ~ 1600	2.2	3.2	4.6	7	9	13	18	23	29	37
1600 ~ 2500	2.6	3.8	5.4	8	10	15	21	26	33	42
2500 ~ 4000	—	4.4	6.2	9	12	17	24	30	38	49
4000 ~ 6300	—	—	7.0	10	14	20	28	35	44	56
6300 ~ 10000	—	—	—	11	16	23	32	40	50	64

① 此处的“10 ~ 16”写法，其意思是铸件基本尺寸大于 10 mm、小于等于 16 mm。其余类同。本章中除有另外说明，其他表格中此类写法的含义同此。

表3.13是砂型铸造成批和大量生产铸件的尺寸公差等级，表3.14是砂型铸造小批和单件生产铸件的尺寸公差等级。

表3.13 成批和大量生产铸件的尺寸公差等级

铸造工艺方法	公差等级DCTG						
	铸钢	灰铸铁	球墨铸铁	铜合金	轻金属合金	镍基合金	钴基合金
砂型手工造型	11～13	11～13	11～13	10～12	9～11	11～14	11～14
砂型机器造型	8～10	8～10	8～10	8～10	7～9	8～12	8～12

注：一种铸件只能选定一个尺寸公差等级。

表3.14 小批和单件生产铸件的尺寸公差等级

造型材料	公差等级DCTG						
	铸钢	灰铸铁	球墨铸铁	铜合金	轻金属合金	镍基合金	钴基合金
湿型黏土砂	13～15	13～15	13～15	13～15	11～13	13～15	13～15
自硬砂	11～13	11～13	11～13	10～12	10～12	12～14	12～14

注：一种铸件只能选定一个尺寸公差等级。

铸件的基本尺寸应包括机械加工余量。铸件的基本尺寸与尺寸公差的关系如图3.10所示。

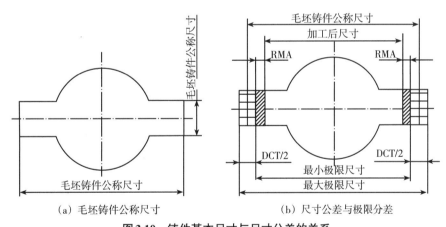

(a) 毛坯铸件公称尺寸　　　　(b) 尺寸公差与极限分差

图3.10 铸件基本尺寸与尺寸公差的关系

铸件在图样上通常用公差等级标注。例如，GB/T 6414-DCTG10。

铸件壁厚尺寸公差可以比基本尺寸公差降一级。例如，图样上规定铸件的基本尺寸公差为DCTG10级，则铸件壁厚尺寸公差可为DCTG11级。

公差带一般应对称于铸件基本尺寸设置，也可以非对称设置。凡有特殊要求时，公差值应在基本尺寸后注明。例如，95 ± 1.1 或 $95^{+1.4}_{-0.8}$。

3.4.3.2 机械加工余量

按《铸件 尺寸公差、几何公差与机械加工余量》（GB/T 6414—2017）规定，机械加工余量用"RMA"表示，由精到粗分为A，B，C，D，E，F，G，H，J，K共10个等级，其中F，G，H，J四个等级适用于一般砂型铸造。砂型铸造铸件机械加工余量选择见表3.15和表3.16。

表3.15　铸件的机械加工余量等级

铸件公称尺寸		铸件的机械加工余量等级RMAG及对应的机械加工余量RMA									
大	至	A	B	C	D	E	F	G	H	J	K
—	40	0.1	0.1	0.2	0.3	0.4	0.5	0.5	0.7	1	1.4
40	63	0.1	0.2	0.3	0.3	0.4	0.5	0.7	1	1.4	2
63	100	0.2	0.3	0.4	0.5	0.7	1	1.4	2	2.8	4
100	160	0.3	0.4	0.5	0.8	1.1	1.5	2.2	3	4	6
160	250	0.3	0.5	0.7	1	1.4	2	2.8	4	5.5	8
250	400	0.4	0.7	0.9	1.3	1.8	2.5	3.5	5	7	10
400	630	0.5	0.8	1.1	1.5	2.2	3	4	6	9	12
630	1000	0.6	0.9	1.2	1.8	2.5	3.5	5	7	10	14
1000	1600	0.7	1.0	1.4	2	2.8	4	5.5	8	11	16
1600	2500	0.8	1.1	1.6	2.2	3.2	4.5	6	9	13	18
2500	4000	0.9	1.3	1.8	2.5	3.5	5	7	10	14	20
4000	6300	1	1.4	2	2.8	4	5.5	8	11	16	22
6300	10000	1.1	1.5	2.2	3	4.5	6	9	12	17	24

注：等级A和等级B只适用于特殊情况，如带有工装定位面、夹紧面和基准面的铸件。

表3.16　铸件机械加工余量等级选用

方法	机械加工余量等级								
	铜	灰铸铁	球墨铸铁	可锻铸铁	铜合金	锌合金	轻金属合金	镍基合金	钴基合金
砂型铸造 手工铸造	G～J	F～H	F～H	F～H	F～H	F～H	F～H	G～K	G～K
砂型铸造 机器造型和壳型	F～H	E～G	E～G	E～G	E～G	E～G	E～G	F～H	F～H

机械加工余量应按下列方式标注在图样上：

（1）用公差和机械加工余量代号统一标注。

例如，对于最大尺寸范围为大于400 mm、小于或等于630 mm，机械加工余量为6 mm。机械加工余量为6 mm（加工余量等级为H）的铸件，一般公差采用GB/T 6414-DCTG12的通用公差，可以标注为：

GB/T 6414-DCTG12—RMA6(RMAG H)。

注：允许在图样上直接标注出加工余量值。

（2）在铸件的表面需要局部的加工余量时，应单独标注在图样的特定表面上，标注应符合《产品几何技术规范（GPS）技术产品文件中表面结构的表示法》（GB/T 131—2006）的规定，如图3.11所示。

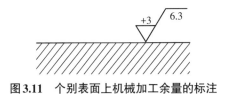

图3.11 个别表面上机械加工余量的标注

3.4.3.3 铸造收缩率

铸造收缩率以模样与铸件的长度差除以模样长度的百分比表示：

$$\varepsilon = \frac{L_1 - L_2}{L_1} \times 100\% \qquad (3.1)$$

式中，L_1——模样长度，mm；

$\quad\quad\ L_2$——铸件长度，mm；

$\quad\quad\ \varepsilon$——铸造收缩率，%。

表3.17、表3.18、表3.19和图3.12列出了常用铸造合金的线收缩率，可供参考。

表3.17 铸铁件的铸造收缩率

铸件种类			收缩率/%	
			阻碍收缩	自由收缩
灰铸铁	中小型铸件		0.8～1.0	0.9～1.1
	大中型铸件		0.7～0.9	0.8～1.0
	特大型铸件		0.6～0.8	0.7～0.9
	特殊的圆筒形铸件	长度方向	0.7～0.9	0.8～1.0
		直径方向	0.5	0.6～0.8
球墨铸铁	珠光体球墨铸铁		0.8～1.2	1.0～1.3
	铁素体球墨铸铁		0.6～1.2	0.8～1.2

表3.18 树脂自硬砂型铸铁件的铸造收缩率

铸件类型		收缩率/%
其中	灰铸铁件	0.8～1.4
	薄壁箱体类铸件	0.8～1.0
	长而厚大的铸件	1.2～1.4

表3.19 有色合金铸件的铸造收缩率

合金种类	收缩率/%		合金种类	收缩率/%	
	阻碍收缩	自由收缩		阻碍收缩	自由收缩
锡青铜	1.2	1.4	铝硅合金	0.8～1.0	1.0～1.2
无锡青铜	1.6～1.8	2.0～2.2	铝铜合金（Cu7～12）	1.4	1.6
锌黄铜	1.5～1.7	1.8～2.0			
硅黄铜	1.6～1.7	1.7～1.8	铝镁合金	1.0	1.3
锰黄铜	1.8～2.0	2.0～2.3			

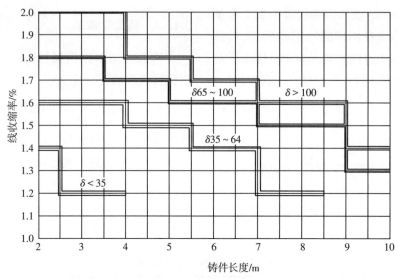

图3.12　水玻璃硅砂铸型铸钢件线收缩率

δ—铸件壁厚，mm

使用图3.19时应注意以下几点：

（1）空心辊子、厚壁圆筒和长形实体件，按图中数值增加20%。

（2）圆圈类铸件，按图中数值减少20%~22%。

（3）长梁类铸件，按图中数值增加12%~15%。

（4）平台、砧座类厚实件，按图中数值增加10%~12%。

（5）长度很长而横截面尺寸相对不大的件，要分别选择长、宽、高方向的收缩率。

（6）高锰钢件按图中数值增加30%~50%；高铬合金钢件增加18%~20%。

（7）低合金钢与碳钢中小型的中薄壁铸件的线收缩率，可直接取1.5%~1.8%；厚实铸件，且属自由收缩的，可取2%~2.4%。

3.4.3.4　起模斜度

起模斜度形式如图3.13所示。起模斜度选择可参见表3.20至表3.22。

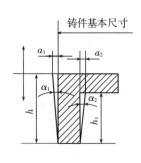
（a）增加铸件壁厚

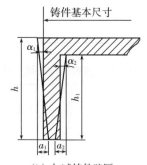
（b）加减铸件壁厚

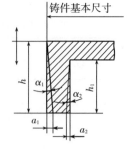
（c）减少铸件壁厚

图3.13　起模斜度的三种形式

表3.20 黏土砂造型模样外表面的起模斜度

测量面高度(h)/mm	起模斜度,≤			
	金属模样、塑料模样		木模样	
	α_1,α_2	a_1,a_2/mm	α	a/mm
	黏土砂造型,模样外表面的起模斜度			
≤10	2°20′	0.4	2°55′	0.6
10~40	1°10′	0.8	1°25′	1.0
40~100	0°30′	1.0	0°40′	1.2
100~160	0°25′	1.2	0°30′	1.4
160~250	0°20′	1.6	0°25′	1.8
250~400	0°20′	2.4	0°25′	3.0
400~630	0°20′	3.8	0°20′	3.8
630~1000	0°15′	4.4	0°20′	5.8
1000~1600	—	—	0°20′	9.5
1600~2500	—	—	0°15′	11
>2500	—	—	0°15′	—

表3.21 黏土砂造型时,模样凹处内表面的起模斜度

测量面高度(h)/mm	起模斜度,≤			
	金属模样、塑料模样		木模样	
	α_1,α_2	a_1,a_2/mm	α_1,α_2	a_1,a_2/mm
≤10	4°35′	0.8	5°0′	0.9
10~40	2°20′	1.6	2°30′	1.7
40~100	1°10′	2.0	1°10′	2.0
100~160	0°45′	2.2	0°50′	2.3
160~250	0°40′	3.0	0°40′	3.0
250~400	0°40′	4.6	0°40′	4.6
400~630	0°30′	5.5	0°30′	5.5
630~1000	0°20′	6.0	0°20′	6
>1000	—	—	—	6

表3.22 自硬砂造型时,模样外表面的起模斜度

测量面高度(H)/mm	起模斜度,≤			
	金属模样、塑料模样		木模样	
	α_1,α_2	a_1,a_2/mm	α_1,α_2	a_1,a_2/mm
≤10	0	0	0	0
10~40	1°50′	1.4	1°50′	1.4
40~100	0°50′	1.6	0°50′	1.5
100~160	0°35′	1.6	0°35′	1.6

表 3.22（续）

测量面高度（H）/mm	起模斜度，≤			
	金属模样、塑料模样		木模样	
	α_1，α_2	a_1，a_2/mm	α_1，α_2	a_1，a_2/mm
160 ~ 250	0°30′	2.2	0°30′	2.2
250 ~ 400	0°30′	3.6	0°30′	3.6
400 ~ 630	0°25′	4.6	0°25′	4.6
630 ~ 1000	0°20′	5.8	0°20′	5.8
1000 ~ 1600	—	—	0°14′	6.5
1600 ~ 2500	—	—	0°9′	6.5
> 2500	—	—	—	6.5

注：① 自硬砂造型时，模样凹处内表面的起模斜度值允许按其外表面的斜度值增加50%。

② 对起模困难的模样，允许采用较大起模斜度，但不能超过表中数值一倍。

③ 芯盒的起模斜度可参照本表。

④ 当造型机工作比压在700 kPa以上时，允许将本表起模斜度增加，但不得超过50%。

⑤ 铸件结构本身在起模方向上有足够的斜度时，不再增加起模斜度。

⑥ 如果铸件侧面不允许有斜度，可采用分块或抽芯模样，也可采用在砂型下砂芯形成该侧面的方法，尤其对于自硬型。

⑦ 同一铸件，上下两个起模斜度应取在分型面上同一点（图3.14）。

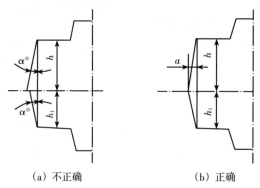

（a）不正确　　　　　　　　（b）正确

图 3.14　起模斜度取法示意图

3.4.3.5 非加工壁厚负余量

非加工壁厚负余量，可参考表 3.23 取值。

表 3.23　非加工壁厚负余量

铸件质量/kg	铸件壁厚/mm								
	8 ~ 10	11 ~ 15	16 ~ 20	21 ~ 30	31 ~ 40	41 ~ 50	51 ~ 60	61 ~ 80	81 ~ 100
≤50	-0.5	-0.5	-1.0	-1.5	—	—	—	—	—
51 ~ 100	-1.0	-1.0	-1.0	-1.5	-2.0	—	—	—	—
101 ~ 250	-1.0	-1.5	-1.5	-2.0	-2.0	-2.5	—	—	—
251 ~ 500	—	-1.5	-1.5	-2.0	-2.5	-2.5	-3.0	—	—

表3.23（续）

铸件质量/kg	铸件壁厚/mm								
	8~10	11~15	16~20	21~30	31~40	41~50	51~60	61~80	81~100
501~1000	—	—	−2.0	−2.5	−2.5	−3.0	−3.5	−4.0	−4.5
1001~3000	—	—	−2.0	−2.5	−3.0	−3.5	−4.0	−4.5	−4.5
5001~5000	—	—	—	−3.0	−3.0	−3.5	−4.0	−4.5	−5.0
5001~10000	—	—	—	−3.0	−3.5	−4.0	−4.5	−5.0	−5.5
>10000	—	—	—	—	−4.0	−4.5	−5.0	−5.5	−6.0

3.4.3.6　最小铸出孔

铸件可铸出的最小孔，可参考表3.24

和表3.25。小于表中的孔，原则上不予铸制而用切削加工制成。

表3.24　灰铸铁件最小铸出孔直径

生产批量	铸出孔最小直径/mm
大量生产	12~15
成批生产	15~30
单件和小批生产	30~50

表3.25　普通碳钢和低合金钢铸件最小铸出孔尺寸　　　　单位：mm

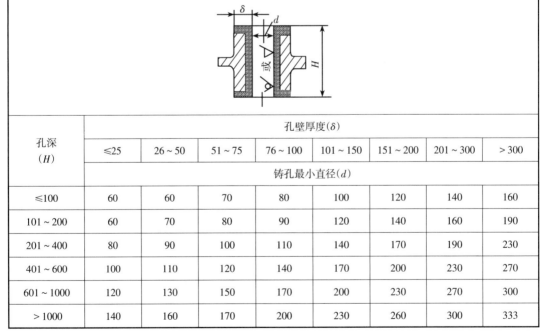

孔深 (H)	孔壁厚度(δ)							
	≤25	26~50	51~75	76~100	101~150	151~200	201~300	>300
	铸孔最小直径(d)							
≤100	60	60	70	80	100	120	140	160
101~200	60	70	80	90	120	140	160	190
201~400	80	90	100	110	140	170	190	230
401~600	100	110	120	140	170	200	230	270
601~1000	120	130	150	170	200	230	270	300
>1000	140	160	170	200	230	260	300	333

注：① 不穿透的圆孔直径要大于表中数值20%。

　　② 对矩形和方形的穿透孔要大于表中数值20%；不穿透孔则要大于40%。

　　③ 表中孔壁厚大于300 mm和孔深大于600 mm的铸孔直径，一般不应小于壁厚的90%。

3.4.3.7 反变形量

为消除铸件壁厚不均或结构原因在冷却过程中引起的变形,通常在制造模样时,在铸件可能产生变形的相反方向做出反变形量予以抵消,或采用加工艺筋等措施来防止。由于影响铸件变形的因素较多,所以反变形量一般根据生产经验确定。图3.15为半圆开口形铸钢件反变形量,反变形量为开口宽度的1.0%~1.5%;表3.26为灰铸铁机床床身反变形量的经验数值;表3.27为大中型半圆形铸钢件的拉筋尺寸。

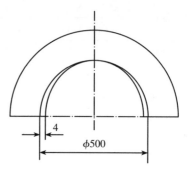

图3.15 半圆开口形铸钢件反变形量

表3.26 灰铸铁机床床身的反变形量

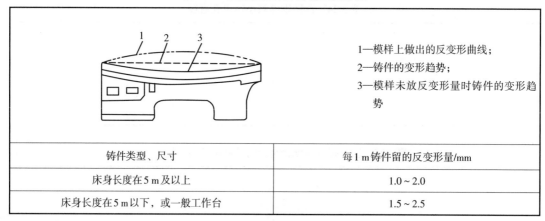

1—模样上做出的反变形曲线;

2—铸件的变形趋势;

3—模样未放反变形量时铸件的变形趋势

铸件类型、尺寸	每1 m铸件留的反变形量/mm
床身长度在5 m及以上	1.0~2.0
床身长度在5 m以下,或一般工作台	1.5~2.5

注: ①铸件壁厚薄相差较大时,或长度与高度之比较大时,应选取上限值。

②用树脂砂造型时,床身长不足2 m可不放反变形量,可适当加大加工余量或采用同时凝固原则。

表3.27 大中型半圆形铸钢件的拉筋尺寸 单位：mm

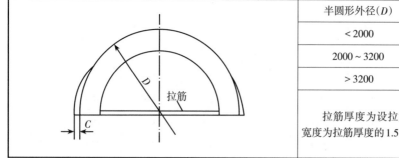

半圆形外径(D)	补正量(C)
<2000	10~15
2000~3200	15~18
>3200	18~22
拉筋厚度为设拉筋处铸件厚度的40%~60%,宽度为拉筋厚度的1.5~2倍	

注: 热处理后将拉筋割除。

3.4.3.8 工艺补正量

工艺补正量可参考表3.28和表3.29。

用树脂砂生产时可取下限值;批量生产时,应通过试生产进行调整。

表3.28 一般铸件的工艺补正量　　　　　　　　　　　　　　　　单位：mm

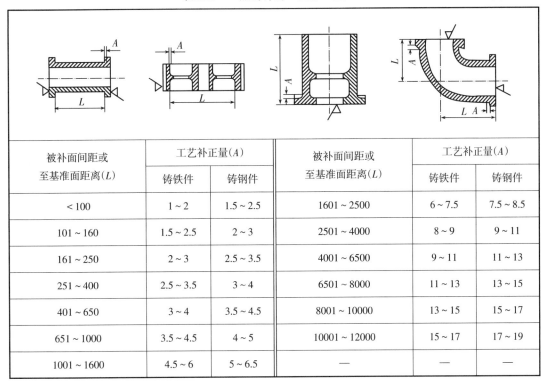

被补面间距或至基准面距离（L）	工艺补正量（A）		被补面间距或至基准面距离（L）	工艺补正量（A）	
	铸铁件	铸钢件		铸铁件	铸钢件
< 100	1 ~ 2	1.5 ~ 2.5	1601 ~ 2500	6 ~ 7.5	7.5 ~ 8.5
101 ~ 160	1.5 ~ 2.5	2 ~ 3	2501 ~ 4000	8 ~ 9	9 ~ 11
161 ~ 250	2 ~ 3	2.5 ~ 3.5	4001 ~ 6500	9 ~ 11	11 ~ 13
251 ~ 400	2.5 ~ 3.5	3 ~ 4	6501 ~ 8000	11 ~ 13	13 ~ 15
401 ~ 650	3 ~ 4	3.5 ~ 4.5	8001 ~ 10000	13 ~ 15	15 ~ 17
651 ~ 1000	3.5 ~ 4.5	4 ~ 5	10001 ~ 12000	15 ~ 17	17 ~ 19
1001 ~ 1600	4.5 ~ 6	5 ~ 6.5	—	—	—

表3.29 铸件凸台的工艺补正量　　　　　　　　　　　　　　　　单位：mm

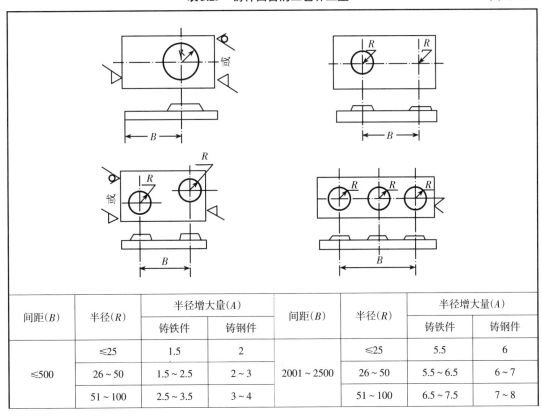

间距（B）	半径（R）	半径增大量（A）		间距（B）	半径（R）	半径增大量（A）	
		铸铁件	铸钢件			铸铁件	铸钢件
≤500	≤25	1.5	2	2001 ~ 2500	≤25	5.5	6
	26 ~ 50	1.5 ~ 2.5	2 ~ 3		26 ~ 50	5.5 ~ 6.5	6 ~ 7
	51 ~ 100	2.5 ~ 3.5	3 ~ 4		51 ~ 100	6.5 ~ 7.5	7 ~ 8

表 3.29（续）

间距（B）	半径（R）	半径增大量（A）铸铁件	半径增大量（A）铸钢件	间距（B）	半径（R）	半径增大量（A）铸铁件	半径增大量（A）铸钢件
501～1000	≤25	2.5	3	2501～3000	≤25	6.5	7
	26～50	2.5～3.5	3～4		26～50	6.5～7.5	7～8
	51～100	3.5～4.5	4～5		51～100	7.5～8.5	8～9
1001～1500	≤25	3.5	4	3001～5000	≤25	7.5	8
	26～50	3.5～4.5	4～5		26～50	7.5～8.5	8～9
	51～100	4.5～5.5	5～6		51～100	8.5～9.5	9～10
1501～2000	≤25	4.5	5	—	—	—	—
	26～50	4.5～5.5	5～6				
	51～100	5.5～6.5	6～7				

3.4.3.9　分型负数

自硬砂型分型负数的取值可参考表 3.30。

表 3.30　自硬砂型模样的分型负数　　　　　　　　　单位：mm

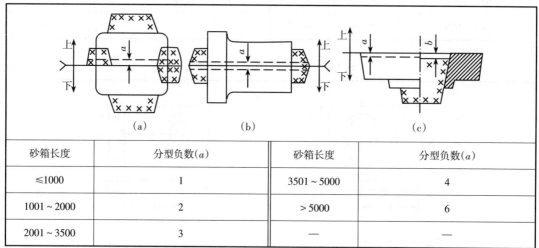

(a)　　　　　　　　(b)　　　　　　　　(c)

砂箱长度	分型负数（a）	砂箱长度	分型负数（a）
≤1000	1	3501～5000	4
1001～2000	2	＞5000	6
2001～3500	3	—	—

确定分型负数时，应注意以下几点：

（1）若模样分成对称的上、下两半，则上、下两半模样各取分型负数的一半，见表 3.30 中插图（b）；否则，分型负数放在上半模样，见插图（a）。

（2）多箱造型时，每个分型面都要放分型负数。

（3）湿型一般不放分型负数，但砂箱平面尺寸大于 1.5 m² 时，也放分型负数，其值应比表中的数值小。

（4）在分型面上的砂芯间隙 b 不能比分型负数小，b≥a，见表中插图（c）。

3.4.4　砂芯设计

3.4.4.1　芯头基本尺寸

1）垂直芯头　垂直芯头的高度和芯头与芯座的间隙可按图 3.16 和表 3.31 设计。若型芯高度与直径之比大于 2.5，则应将下

表3.31 垂直芯头高度和芯头与芯座的配合间隙

单位：mm

D 或 $\dfrac{A+B}{2}$

L	砂型类别	≤25		25~40		40~63		63~100		100~160		160~250		250~400		400~630		630~1000		1000~1600		1600~2500	
		s	h	s	h	s	h	s	h	s	h	s	h	s	h	s	h	s	h	s	h	s	h
≤100	湿型	0.2	15~20	0.2	20~25	0.3	25~30	0.3	25~30	0.5	25~30	1	30~35	1	35~40	1.5	40~50						
	自硬砂型	0.2	15~20	0.3	20~25	0.5	25~30	0.5	25~30	1	25~30	1	30~35	1.5	35~40	2	40~50						
100~160	湿型	0.2	20~25	0.2	25~30	0.3	30~35	0.3	30~35	0.5	30~35	1	35~40	1.5	35~40	1.5	40~50	2	50~60				
	自硬砂型	0.2	20~25	0.3	25~30	0.5	30~35	0.5	30~35	1	30~35	1	35~40	1.5	35~40	2	40~50	2	50~60				
160~250	湿型	0.3	—	0.3	30~35	0.3	30~40	0.3	35~40	0.5	35~45	1	35~40	1.5	40~50	2	45~55	2	50~65	2	60~75	2.5	70~90
	自硬砂型	0.3	—	0.5	30~35	0.5	30~40	0.5	35~40	1	35~45	1.5	35~40	1.5	40~50	2	45~55	2	50~65	2	60~75	2.5	70~90
250~400	湿型					0.5	45~55	0.5	50~60	0.5	50~60	1	40~50	1.5	45~55	2	50~60	2	60~70	2.5	65~80	2.5	80~100
	自硬砂型					0.5	45~55	0.5	50~60	1	50~60	1.5	40~50	1.5	45~55	2	50~60	2	60~70	2.5	65~80	2.5	80~100
400~630	湿型									0.5	60~70	1	50~60	1.5	55~65	2	60~70	2.5	65~80	2.5	70~85	3	80~100
	自硬砂型									1	60~70	1.5	50~60	1.5	55~65	2	60~70	2.5	65~80	2.5	70~85	3	80~100
630~1000	湿型									1	70~85	1	60~70	1.5	60~70	2	65~80	2.5	70~90	3	80~100	3	80~100
	自硬砂型									1.5	70~85	1.5	60~70	1.5	60~70	2	65~80	2.5	70~90	3	80~100	3	80~100
1000~1600	湿型											1	70~85	1.5	70~85	2	75~90	2.5	80~100	3	90~110	4	100~120
	自硬砂型											1.5	70~85	1.5	70~85	2	75~90	2.5	80~100	3	90~110	4	100~120
1600~2500	湿型															2.5	80~100	3	90~120	4	100~130	5	110~140
	自硬砂型															2.5	80~100	3	90~120	4	100~130	5	110~140

注：① 当芯头高度受到砂箱尺寸限制时，可按表中数值减小20%~25%；

② 当没有上部芯头时，下部芯头高度可按表中数值增加30%~50%；

③ 对于一些大批量生产，且对高度中心线对称的芯，上下部的芯头尺寸可以相同；

④ 间隙 s_1 的值可按 $(1.5~2)s$ 计算；

⑤ 上部芯头高度 h_1 的值可按 $(0.6~0.7)h$ 计算。

部垂直芯头加大，使 $D_1 = (1.5\sim2)D_2$，$D_1 \leqslant$ 0.8D，如图 3.17 所示。垂直芯头的斜度按

图 3.16 和表 3.32 选定。垂直芯头顶面与芯座的配合间隙按图 3.16 和表 3.33 选定。

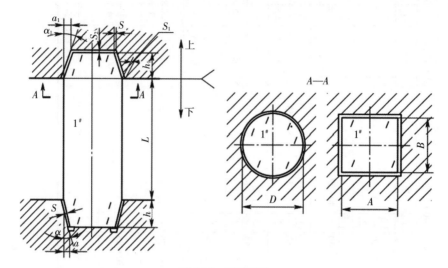

图 3.16　垂直芯头

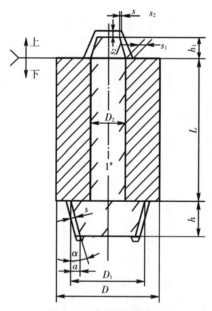

图 3.17　加大下部芯头

表 3.32　垂直芯头斜度　　　　　　　　　　　　　　　　　　　单位：mm

芯头位置		芯头高度			
		≤40	40~63	63~100	>100
		芯头斜度，≤			
上部芯头	α_1	10°	10°	8°	8°
	a_1	7	11	14	23
下部芯头	α	7°	7°	6°	6°
	a	5	8	11	17

表 3.33 垂直芯头顶面与芯座的配合间隙 单位：mm

间隙	砂型类别	D 或 $\dfrac{A+B}{2}$										
		≤25	25~40	40~63	63~100	100~160	160~250	250~400	400~630	630~1000	1000~1600	1600~2500
S_2	湿型	0	0	0	0.5	1	1	1.5	2	2	—	—
	自硬砂型	0	0.5	1	1	1	1	2	3	3	4	5

注：芯头底面和芯座的配合间隙，需要时可按湿型为 0~1.5 mm、自硬砂型为 0~2 mm 考虑。

2）水平芯头 湿型、自硬砂型的水平芯头顶面和芯座的配合间隙按图 3.18 和表 3.34 选定；水平芯头长度按图 3.18 和表 3.35 选定；芯头斜度和芯头与芯座的配合间隙按图 3.18 和表 3.36 选定。

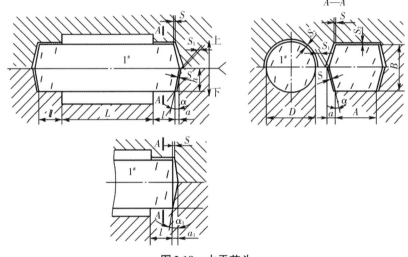

图 3.18 水平芯头

表 3.34 湿型、自硬砂型的水平芯头顶面和芯座的配合间隙 单位：mm

L	砂型类别	D 或 A										
		≤25	5~40	40~63	63~100	100~160	160~250	250~400	400~630	630~1000	1000~1600	1600~2500
		S_2										
≤25	湿型	0.3	—	—	—	—	—	—	—	—	—	—
	自硬砂型	0.5		—	—	—	—	—	—	—	—	—
25~40	湿型	—	0.3		0.5	—	—	—	—	—	—	—
	自硬砂型	—	0.5		1	1.5	—	—	—	—	—	—
40~63	湿型	—	—	0.5		1		—	—	—	—	—
	自硬砂型	—	—	1		1.5			—	—	—	—

表 3.34（续）

L	砂型类别	D或A										
		≤25	5~40	40~63	63~100	100~160	160~250	250~400	400~630	630~1000	1000~1600	1600~2500
		S_2										
63~100	湿型	—	—	—	1	1.5	1.5	2	2	—	—	—
	自硬砂型	—	—	1.5	1.5	1.5	2	2	2	2.5	—	—
100~160	湿型	—	—	—	—	2	2.5	3	4	—	—	—
	自硬砂型	—	—	—	—	2.5	3	3.5	3.5	4	—	—
160~25	湿型	—	—	—	—	—	—	3.5	4.5	—	—	—
	自硬砂型	—	—	—	—	—	—	—	4	5	5	—
250~400	湿型	—	—	—	—	—	—	—	—	—	—	—
	自硬砂型	—	—	—	—	—	—	—	—	—	—	5

注：芯头底面和芯座的配合间隙，需要时可按湿型为 0~1.5 mm、自硬砂型为 0~2 mm 考虑。

表 3.35　湿型、自硬砂型的水平芯头长度　　　　单位：mm

L	砂型类别	D或$\dfrac{A+B}{2}$										
		≤25	>25~40	>40~63	>63~100	>100~160	>160~250	>250~400	>400~630	>630~1000	>1000~1600	>1600~2500
≤100	湿型	20~25	25~40	30~35	35~40	40~45	45~55	—	—	—	—	—
	自硬砂型	15~20	20~30	25~35	30~40	35~45	45~50	—	—	—	—	—
100~160	湿型	20~30	30~40	35~45	40~50	45~55	50~60	60~70	—	—	—	—
	自硬砂型	20~25	25~35	30~40	35~45	40~50	45~55	50~60	—	—	—	—
160~250	湿型	—	35~45	40~50	45~55	50~60	55~65	65~75	75~85	—	—	—
	自硬砂型	—	30~40	35~45	40~50	45~55	50~60	55~65	60~72	—	—	—
250~400	湿型	—	—	45~55	50~60	55~65	60~75	65~85	75~90	—	—	—
	自硬砂型	—	—	40~50	40~50	50~60	55~65	60~75	65~85	75~95	—	—
400~630	湿型	—	—	50~60	55~65	60~75	65~85	75~95	85~110	100~170	—	—
	自硬砂型	—	—	45~55	50~60	55~65	60~75	65~85	75~95	85~100	—	—
630~1000	湿型	—	—	—	60~75	75~90	90~105	100~120	110~170	130~250	—	—
	自硬砂型	—	—	50~60	55~70	60~80	70~90	80~100	85~115	100~140	120~160	—

表3.35（续）

L	砂型类别	D或$\frac{A+B}{2}$										
		≤25	25~40	40~63	63~100	100~160	160~250	250~400	>00~630	630~1000	1000~1600	>00~2500
1000~1600	湿型	—	—	—	—	—	—	—	—	—	—	—
	自硬砂型	—	—	—	60~80	70~90	80~100	85~120	100~140	120~160	140~190	180~230
1600~2500	湿型	—	—	—	—	—	—	—	—	—	—	—
	自硬砂型	—	—	—	70~90	80~100	85~120	100~140	120~160	140~180	160~230	220~290

注：① 芯头中设有浇注系统时，可根据浇注系统的大小，芯头长度可比表3.35所示值大；
　　② 芯头长度受到砂箱尺寸限制时，可按表3.35数值减小20%~25%，但需在芯座部分附加铁片或耐火砖等，以提高芯座的抗压能力；
　　③ 多支点（两个以上支点或安放芯撑作为支点）的芯头长度，可以适当减小。

表3.36　水平芯头斜度和芯头与芯座的配合间隙　　　　　单位：mm

芯头高度(h)		≤40	40~63	63~100	100~160	160~250	250~400	400~630	630~1000	>1000
芯头斜度≤	α	7°	7°	6°	6°	5°	4°30′	3°30′	2°30′	2°
	a	5	8	11	17	22	32	39	44	—
	α_1	4°	3°	2°30′	2°	—	—	—	—	—
	a_1	3	3	4	6	9	—	—	—	—
间隙(s)	湿型	0.5	0.8	1	1.3	1.5	2	2.5	3	—
	自硬砂型	0.8	1	1.3	1.5	2	2.5	3	3.5	4

注：间隙s_1的值可按（1.5~2）s计算。

3.4.4.2　砂芯负数

砂芯负数（减量）可参考表3.37，使用方法参见图3.19。砂芯负数，一般用于黏土自硬砂芯。

表3.37　砂芯负数（减量）s　　　　　单位：mm

砂芯长与宽平均尺寸	舂砂方向的砂芯高度							
	≤300	301~400	401~650	651~1000	1001~1500	1501~2000	2001~2500	>2500
300~400	0~1	1.5	—	—	—	—	—	—
401~650	1.5	2	2.5	—	—	—	—	—
651~1000	2	2.5	3	4	—	—	—	—
1001~1500	2.5	3	4	5	5	—	—	—
1501~2000	3	4	5	6	6	7	—	—

表3.37（续）

砂芯长与宽平均尺寸	舂砂方向的砂芯高度							
	≤300	301～400	401～650	651～1000	1001～1500	1501～2000	2001～2500	>2500
2001～2500	4	5	6	7	7	8	8	—
2501～3200	5	6	7	8	8	9	10	10
>3200	6	7	8	9	9	10	11	11

注：① 采用脱落式芯盒或特殊加固的芯盒时，减量可取表值的1/2。

② 垂直于舂砂方向的芯盒上、下面的减量总值取表值的一半或不取。

③ 表中的减量数值，是沿该方向减量数值的总和。

④ 被减面上如有工艺补正量时，应将砂芯减量与工艺补正量合并。

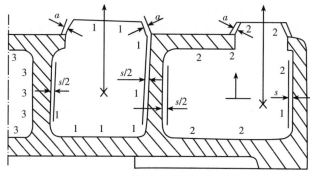

图3.19 砂芯负数（减量）s使用方法

a—芯头间隙

3.4.4.3 芯骨

芯骨一般用铸铁浇成。小芯骨可用退过火的盘圆制作。大芯骨可用型钢焊成或用铸钢做框架、用圆钢杆做插齿、用盘圆做格子筛网扎制或组焊而成，这类芯骨可反复使用。水玻璃砂和树脂砂的中小砂芯，可用圆钢或钻有φ(3~5) mm小孔（孔距80~100 mm）的钢管做芯骨；简单的小砂芯可不用芯骨。

图3.20至图3.22是几种形式的芯骨。表3.38至表3.41分别是芯骨框架横截面尺寸、插齿直径、吊环直径和吃砂量，可供参考。

图3.20 铸铁芯骨示意图

（用吊环吊运）

1—吊环；2—框架；3—插齿

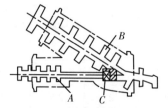

图3.21 水泵曲管的可拆式芯骨

（A，B两部分通过方锥C

连接，组成整体芯骨）

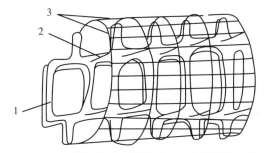

图3.22 大型芯骨架的一种形式（用主梁两端吊运）

1—主梁；2—圆钢；3—盘圆

表3.38 芯骨框架横截面尺寸（高×宽） 单位：mm

砂芯尺寸（长×宽）	砂芯高				
	≤100	100~200	200~500	500~1500	>1500
≤500×500	25×20	25×20	30×25	45×35	55×40
500×500~1000×1000	30×25	30×25	30×25	45×35	55×40
1000×1000~1500×1500	30×25	45×35	45×35	45×35	55×40
1500×1500~2500×2500	45×30	45×35	45×35	55×40	70×50
>2500×2500	45×30	45×35	55×40	55×40	70×50

表3.39 芯骨插齿直径 单位：mm

砂芯高度	插齿直径	砂芯高度	插齿直径
<300	10~15	500~800	20~25
300~500①	15~20	800~1200	25~30

表3.40 芯骨吊环直径 单位：mm

砂芯尺寸（长×宽）	砂芯高				
	≤100	100~200	200~500	500~1500	>1500
≤500×500	3	5	8	8	12
500×500~1000×1000	8	8	10	12	12
1000×1000~1500×1500	8	8	12	12	15
1500×1500~2500×2500	8	12	12	15	15
>2500×2500	12	12	15	15	15

注：吊环用铁丝、盘圆或圆钢弯制而成。

表3.41 芯骨吃砂量 单位：mm

砂芯尺寸（长×宽）	吃砂量	砂芯尺寸（长×宽）	吃砂量
<300×300	15~25	1000×1000~1500×1500	30~50
300×300~500×500	20~40	1500×1500~2000×2000	40~60
500×500~1000×1000	25~40	2000×2000~2500×2500	50~70

① 此处的"300~500"写法，其意思是砂芯高度大于等于300 mm、小于500 mm。其余类同。本章中除有另外说明，其他表格中此类写法的含义同此。

3.4.5 浇注系统设计

3.4.5.1 浇注系统的组成、作用与内浇道设置的一般原则

浇注系统由浇口杯（盆）、直浇道、横浇道和内浇道组成，其结构如图3.23所示。浇口杯（盆）的作用是承接金属液，并将其导入直浇道，可起挡渣作用。浇口杯用于各类铸件。

直浇道对进入型内的金属液产生一定压力，因此它应高出铸件最高点100～500 mm。直浇道一般在造型时形成；对于大型铸铁件或铸钢件，直浇道直径不小于60 mm时，一般采用耐火砖管制作。

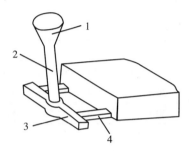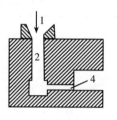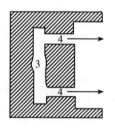

图3.23　浇注系统的基本组成部分
1—浇口杯；2—直浇道；3—横浇道；4—内浇道

横浇道的作用，除了将金属液引入各个内浇道外，主要是挡渣。因此它应有一定的高度和长度，以利于渣粒上浮和滞留在浇道顶面，而不进入型腔。一般要求它的高度最好是内浇道高度的4~6倍，最后一道内浇道距横浇道末端不应少于50 mm。铸钢件的浇包包孔直径不小于φ55 mm的，通常采用流钢砖做横浇道。

内浇道的作用是，控制金属液流入型腔的速度和方向，调节铸件各部分的温差。对于铸钢件，浇包包孔直径不小于φ55 mm的，一般采用流钢砖或特制扁平内浇道口的耐火砖管做内浇道。内浇道设置通则如下：

（1）壁厚差大的铸件，内浇道开在设有冒口的厚壁处，以形成顺序凝固，一般是使金属液通过冒口或在冒口根部进入型腔。对于特殊结构件，为避免造成内应力过大而产生裂纹，内浇道也可开在冒口附近的次厚处。对于凝固体收缩率大的合金，内浇道的开设通常采用顺序凝固的方式，例如铸钢件、球墨铸铁件、铝合金铸件、无锡青铜铸件和黄铜铸件等。

（2）壁厚差不大的铸件，为形成同时凝固，内浇道开在薄壁处，且数量要多，分散布置，特别是对于灰铸铁件和锡青铜铸件。但对于凝固体收缩率大的合金，除薄而壁厚均匀的铸件外，内浇道还是开在设有冒口的部位为好。

（3）结构复杂的大型铸件，可采用顺序凝固与同时凝固相结合的原则开设内浇道，以使铸件厚实部分能得到充分补缩，又有利于快速充满砂型，使应力和变形减至最小。

（4）凝固体收缩率大的中大型铸件，若内浇道开在没有设置冒口的部位，内浇道处会产生过热，可引起铸件局部产生缩孔、缩松；对于重要铸件，为消除这类缺陷，必须对其增设补贴，以形成顺序凝固，将缩孔、缩松引入冒口中。

（5）内浇道不应开在靠近有芯撑或有外冷铁的部位。即使需要开在有外冷铁

处，也需加厚冷铁和采用钢或铜冷铁。

（6）有利于平稳、快速充型和排气、排渣，不严重冲刷砂型和砂芯，能尽量缩短金属液在型腔中的流程。

（7）尽可能开设在分型面上；但对于有一定高度的铸件，最好采用底注式或阶梯式浇道。

对于树脂砂型，为防止高温金属液的严重冲刷，可用浇口陶瓷管做浇注系统。

树脂砂生产铸钢件时，选择扁形的鸭嘴式内浇口，可减轻内浇口处的缩松和裂纹倾向。

3.4.5.2 浇注系统的类型和应用范围

浇注系统按各组元截面积比的分类与应用见表3.42，按内浇道进入铸件的位置分类与应用见表3.43。

表3.42 浇注系统按各组元截面积比分类与应用

类型	截面积比例关系	特点及应用
封闭式	$\sum F_{杯} > \sum F_{直} > \sum F_{横} > \sum F_{内}$	控流截面在内浇道；浇注开始后，金属液容易充满浇注系统，呈有压流动状态。 挡渣能力较强，但充型液流速较快，冲刷力大，易产生喷溅，金属液易氧化。 适用于铸铁湿型小件，树脂砂型大、中、小件均可采用
开放式	$\sum F_{内} > \sum F_{横} > \sum F_{直}$	控流截面在直浇道；内浇道和横浇道往往是充不满的，呈无压流动状态。 流速小而平稳，冲刷力小，但挡渣作用差。 适用于铸钢件和有色合金铸件。在球墨铸铁件中常采用，灰铁铸件也有应用
半封闭式	$\sum F_{横} > \sum F_{直} > \sum F_{内}$	控流截面在内浇道；横浇道截面最大。浇注中，浇注系统能充满，但较封闭式晚。流速慢，又称缓流封闭式。 具有一定的挡渣能力，充型的平稳性及冲刷力都优于封闭式。 广泛用于各类灰铸铁件及球墨铸铁件
封闭—开放式	① $\sum F_{杯} > \sum F_{直} < \sum F_{横} < \sum F_{内}$ ② $\sum F_{杯} > \sum F_{直} > \sum F_{集渣包出口} < \sum F_{横后} < \sum F_{内}$ ③ $\sum F_{直} > \sum F_{控} < \sum F_{横后} < \sum F_{内}$ ④ $\sum F_{直} > \sum F_{控} < \sum F_{内} < \sum F_{横后}$	有三种形式，控流截面在直浇道下端，或在横浇道中，或在集渣包出口处，或在内浇道之前设置的控流挡渣装置处。表中 $\sum F_{横后}$ 是指控流截面之后各段横浇道截面之和。 控流截面之前封闭，其后开放，既利于挡渣，又充型平稳，兼有封闭与开放式浇道的优点。 多用于铸铁小件和铝合金铸件，特别是在模板造型一箱多件时广泛应用；用转包浇注的小型铸钢件亦用此类浇道

表 3.43　浇注系统按内浇道进入铸件的位置分类与应用

类型	形式	图　例	特点及应用
顶部注入	基本形式	1—浇口杯；2—直浇道；3—出气口；4—铸件	金属液从开在铸件顶部的内浇道进入型腔，有利于形成自下而上的顺序凝固和冒口补缩。 　对砂型的冲击力大，金属液易氧化、喷溅，易产生砂眼、铁豆等。 　适用于结构简单和不高的各类铸造合金的中小铸件；但对于易氧化的铝合金，其铸件高度最好不超过100 mm
	雨淋式	1—内浇道；2—浇口杯；3—横浇道；4—冒口；5—铸件	横浇道（雨淋环）是截面最大组元，金属液从铸件顶面许多小孔（内浇道）连续地以多股细流形式注入型腔，冲击力小，液面活跃，熔渣及夹杂物不易黏附在侧壁上，排气方便，顺序凝固性也好，有利于提高铸件质量。 　适用于壁厚均匀的圆筒形铸铁件，如缸套。也广泛用于锡青铜套类铸件上。一般对易氧化的铝合金和铸钢基本上不采用
	楔形式	1—楔形口；2—缝隙内浇道；3—铸件	内浇道呈缝隙状，根部窄而长，能迅速充满型腔，易清理。 　适用于薄壁盆、锅等类铸铁件
	搭边式	1—浇口杯；2—直浇道；3—横浇道；4—内浇道	金属液沿型壁流入，充型快而平稳，可防止冲砂，但清除内浇道残根较麻烦。 　适用于薄壁中空的小型铸铁件和铝合金铸件
	压边式	1—压边浇口；2—铸件	金属液通过窄缝注入型内，充型慢而平稳，冲击力小，边浇注边补缩，顺序凝固与补缩效果好。 　主要用于厚实的中小型铸铁件，也用于锡青铜铸件。 　关键在于选好缝隙的宽度与面积，对于圆柱（筒）形铸铁件，压边长度约为周长的1/6；对于方形中小型铸铁件，压边长度均为边长的1/2。缝隙宽度大致为： 　铸件质量小于30 kg，2～3 mm； 　铸件质量为30～110 kg，3～4 mm； 　铸件质量大于110 kg，5～6 mm

表 3.43 （续）

类型	形式	图　例	特点及应用
中间注入	基本形式	1—浇口杯；2—出气口；3—直浇道；4—横浇道；5—内浇道；6—铸件	内浇道在铸件中部某一高度的分型面上，造型方便，广泛应用。 兼有顶注式和底注式优缺点。 适用于平做平浇的各类铸造合金铸件，管类铸件与阀壳类铸件广泛采用。但用于铸钢和有色合金铸件上，需将图例中的出气口改为顶冒口或改用边冒口而在图例中的出气口处改用圆杆或扁杆形出气口
	控流式	（a）垂直控流式 　（b）水平控流式 1—直浇道；2—横浇道；3—控流片	分水平控流与垂直控流两类，由于控流片很窄（4～7 mm），从浇口杯到控流片这一段封闭性强，利于挡渣。从控流片流出的金属液进入宽大的横浇道，流速减慢，有利于渣子上浮，所以挡渣性能好。 水平控流式结构简单，制作方便，适用于小批手工造型，但挡渣效果差一些；垂直控流式结构复杂，制作困难，适用于挡渣要求高的中小件机器造型。在铸铁件上应用
	稳流式（缓流式）	1—直浇道；2—内浇道	利用在分型面上、下型安置的多级横浇道增加金属液的流动阻力，使充型平稳。 $F_直 > F_内$，能挡渣，如同时使用过滤网（器），可增加挡渣能力。 与控流式相比，对型砂质量要求较低，适用于成批大量生产较重要的、复杂的中小型铸铁件，也用于铝合金、镁合金铸件生产

表 3.43（续）

类型	形式	图　例	特点及应用
中间注入	集渣包式	1—集渣包	一般做成离心式，使金属液在集渣包内旋转，将熔渣聚集在集渣包中心，液流出口方向应与旋转方向相反。液流入口截面积应大于出口截面积，以满足"封闭"条件。 　当集渣包足够大时，可以起到暗冒口作用。 　适用于重要的大中型铸铁件，较多用于球铁铸件。无锡青铜和黄铜类铸件也有应用
	锯齿式	1—直浇道；2—横浇道	适用于各类铸造合金中小型铸件生产
底部注入	基本形式	1—铸件；2—浇道	内浇道在铸件底部，金属液引入平稳，对型、芯冲击力小，利于排气。 　铸件下部温度高，不利于补缩。 　适用于高度不大的铸钢件、铝合金铸件、无锡青铜和黄铜铸件。也用于要求较高、形状复杂的铸铁件
	底雨淋式	1—浇口杯；2—直浇道；3—铸件； 4—内浇道；5—横浇道	充型均匀平稳，可减少金属液飞溅和氧化，熔渣不易黏附在芯壁上，不利于补缩。 　适用于要求较高、形状复杂的筒类或大型床身等铸铁件。黄铜与无锡青铜蜗轮、活塞体、轴衬等铸件上也广泛应用

表 3.43（续）

类型	形式	图例	特点及应用
底部注入	牛角式	 （a）正牛角 （b）反牛角 1—浇口杯；2—直浇道； 3—横浇道；4—牛角浇道	常与过滤网配合使用，使金属液平稳洁净地充型。分正牛角形与反牛角形两种，后者可避免出现"喷泉"现象，减少冲击和氧化。有色合金小铸件，特别是铝青铜小蜗轮类铸件应用较多
分层注入	阶梯式	 1—直浇道；2—分配浇道； 3—横浇道；4—内浇道	金属液分层自下而上注入型腔，采用开放式浇注系统，阻流截面设在直浇道，分配浇道的截面积应大于直浇道的截面积。底层内浇道总截面积等于直浇道截面积，上层各层内浇道总截面积大于下一层内浇道总截面积，每两层内浇道的间距为 600～1200 mm，兼有底注和顶注的优点。 广泛用于高度大于 800 mm 的大型铸钢件，也用于复杂高大的汽缸体、床身和箱形类铸铁件
	垂直缝隙式	 1—中间直浇道；2—缝隙内浇道	属于阶梯式浇注系统的特殊形式，中间直浇道截面积大，最后充满。 充型平稳，利于排气、排渣，能自下而上顺序凝固，但消耗金属多，切割麻烦，多用于高大薄壁的筒形铝合金铸件

3.4.5.3 灰铸铁件浇注系统

灰铸铁件浇注系统各组元的截面积比和应用范围见表 3.44；内浇道（或控流截面）的总截面积可查表 3.45；图 3.24 是查找雨淋式内浇道总截面积的曲线图。查出内浇道（或控流截面）总截面积以后，便可查表 3.44 确定直浇道和横浇道的截面积比。

表3.44 灰铸铁件浇注系统各组元的截面积比和应用范围

类型		$\sum F_{内}:\sum F_{横}:\sum F_{直}$	应用范围
封闭式		1:1.5:2	大型铸件
		1:1.2:1.4	大中型铸件
		1:1.1:1.15	中小型铸件
		1:1.06:1.11	薄壁件和湿型小铸件
		1:1.25:1.5	用树脂砂型生产的铸件
半封闭式		1:(1.3~1.5):(1.1~1.2)	中小型铸件
		1:1.4:1.2	重型机械铸件
		1:1.5:1.1	表干型生产的铸件
缓流式		1:1.4:1.2 注：下箱段 $F_{横}$ 略小于上箱段 $F_{横}$，但大于 $F_{内}$，大于 $F_{直}$；上、下横浇道搭接面积不能小于 $F_{横}$	质量要求高的中小型铸件
控流式		$F_{内}:F_{横}:F_{控}:F_{直}$ 1:1.2:0.65:1.2	质量要求高的中小型铸件
雨淋式		1:(1.2~1.5):1.2 注：雨琳孔 $\phi6$~$\phi16$，孔径向铸件方向扩张 1~$3\,mm$，孔边间距 30~$40\,mm$，均匀分布	筒形铸件（上雨淋） 大型机床床身（下雨淋）

表3.45 铸铁件内浇道总截面积 $\sum F_{内}$

铸件质量/kg	铸件壁厚/mm						
	<5	5~10	10~15	15~25	25~40	40~60	60~100
	$\sum F_{内}/cm^2$						
≤1	0.6	0.6	0.4	—	—	—	—
1~3	0.8	0.8	0.6	—	—	—	—
3~5	1.6	1.6	1.2~2.2	1.2~2.0	1~1.8	—	—
5~10	2.0	1.8~3.0	1.6~2.6	1.6~2.4	1.2~2.2	—	—
10~15	2.6	2.4~3.7	2~3	2.0~3.2	1.8~2.7	—	—
15~20	4.0	3.6~4.2	3.2~3.6	3.0~3.4	2.7~2.8	—	—
20~40	5.0	4.4~5.2	4~5	3.6~4.2	3.2~4	—	—
40~60	7.2	5.8~7	5.6~6.4	5.2~6.0	4.2~5	—	—
60~100	—	7~8	6.5~7.4	6.2~6.5	6	—	—
100~150	—	8~12	8~10	8~8.6	7.6	6	—
150~200	—	10~15	9~12	9~10	8~9	7.5	—
200~250	—	13~18	12~14	10~11	9.4~10	8	—
250~300	—	14~22	12.4~15	11~12	10	8.6	—
300~400	—	15~23	13~15.4	12~13	10~12	9	—
400~500	—	16~25	14~18	13~14	11~13	10	—
500~600	—	20~28	18~22	15~16	14	12	10

表 3.45（续）

铸件质量/kg	铸件壁厚/mm						
	< 5	5 ~ 10	10 ~ 15	15 ~ 25	25 ~ 40	40 ~ 60	60 ~ 100
	$\sum F_{内}/\text{cm}^2$						
600 ~ 700	—	28 ~ 30	19 ~ 23	16 ~ 18	15 ~ 16	14 ~ 15	11 ~ 12
700 ~ 800	—	30 ~ 35	22 ~ 24	17 ~ 20	17 ~ 18	15 ~ 16	12 ~ 13
800 ~ 900	—	35 ~ 38	24 ~ 26	20 ~ 22	19 ~ 21	17 ~ 18	14 ~ 15
900 ~ 1000	—	36 ~ 40	25 ~ 28	24 ~ 25	21 ~ 23	19 ~ 20	15 ~ 17
1000 ~ 1500	—	—	28 ~ 36	26 ~ 30	23 ~ 25	20 ~ 26	18 ~ 20
1500 ~ 2000	—	—	31 ~ 48	28 ~ 40	26 ~ 30	25 ~ 30	21 ~ 25
2000 ~ 3000	—	—	54 ~ 60	34 ~ 50	30 ~ 34	28 ~ 32	24 ~ 28
3000 ~ 4000	—	—	—	37	34 ~ 38	29 ~ 36	27 ~ 29
4000 ~ 5000	—	—	—	38	36 ~ 42	30 ~ 38	28 ~ 30
5000 ~ 6000	—	—	—	42	42 ~ 46	32 ~ 40	29 ~ 32
6000 ~ 8000	—	—	—	46	48	42	36
8000 ~ 10000	—	—	—	50	50	44	40

注：壁薄、轮廓尺寸相对较大、外形曲折、结构复杂的铸件，其 $\sum F_{内}$ 取偏大值。

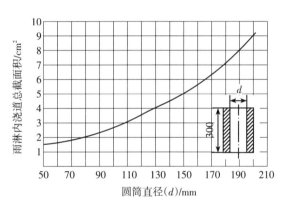

（a）与圆筒内径的关系（只查圆筒形铸件的 $\sum F_{内}$）

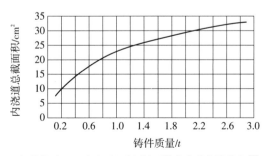

（b）与铸件质量的关系（查除圆筒形铸件外其他铸件的 $\sum F_{内}$）

图 3.24　雨淋式内浇道总截面积 $\sum F_{内}$ 与铸件的关系

表3.46至表3.50是浇注系统各组元的 系列化尺寸，可供选用。

表3.46　漏斗形和三角形浇口杯尺寸

直浇道下端直径 d/mm	D_1/mm	D_2/mm	h/mm	铁水容量/kg
< 16	56	42	40	0.5
16 ~ 18	58	54	42	0.6
18 ~ 20	60	56	44	0.7
20 ~ 22	62	58	46	0.8
22 ~ 24	64	60	48	0.9
24 ~ 26	66	62	50	1.0
26 ~ 28	68	64	52	1.2
28 ~ 30	70	66	54	1.3

编号	L/mm	H/mm	h/mm	R_1/mm	R_2/mm	R_3/mm	C/mm	α/(°)
1	120	150	10	375	150	20	5	80
2	180	200	10	375	200	30	5	80
3	250	300	30	375	300	50	10	60
4	400	400	30	375	400	150	10	40

注：用于中小型铸件。

表3.47　盆形浇口杯尺寸

编号	铸件质量 /kg	浇口杯尺寸/mm										铁水消耗量 /kg
		A	B	l	H	H_1	d	a	R	R_1	H_2	
1	50 ~ 100	200	120	70	120	10	30	10	20	15	30	17.5
2	100 ~ 200	250	140	90	14.0	12	38	15	25	20	35	29
3	200 ~ 600	320	200	110	155	15	50	20	30	25	45	59
4	600 ~ 1000	450	250	130	185	20	60	25	40	25	65	125
5	1000 ~ 2000	600	300	172	225	25	70	25	50	30	75	245
6	2000 ~ 4000	800	400	200	260	30	85	30	60	35	90	430

注：① 铁水消耗量系指浇注完毕后，留在浇口杯中的剩余铁水量。

② d 可以根据选用的直浇道尺寸作适当调整。

表 3.48 直浇道尺寸

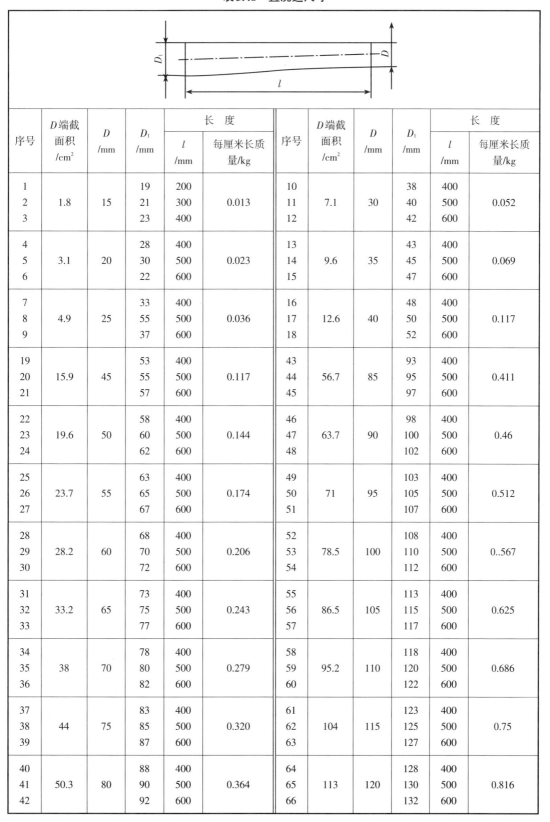

序号	D 端截面积 /cm²	D /mm	D₁ /mm	长 度		序号	D 端截面积 /cm²	D /mm	D₁ /mm	长 度	
				l /mm	每厘米长质量/kg					l /mm	每厘米长质量/kg
1			19	200		10			38	400	
2	1.8	15	21	300	0.013	11	7.1	30	40	500	0.052
3			23	400		12			42	600	
4			28	400		13			43	400	
5	3.1	20	30	500	0.023	14	9.6	35	45	500	0.069
6			22	600		15			47	600	
7			33	400		16			48	400	
8	4.9	25	55	500	0.036	17	12.6	40	50	500	0.117
9			37	600		18			52	600	
19			53	400		43			93	400	
20	15.9	45	55	500	0.117	44	56.7	85	95	500	0.411
21			57	600		45			97	600	
22			58	400		46			98	400	
23	19.6	50	60	500	0.144	47	63.7	90	100	500	0.46
24			62	600		48			102	600	
25			63	400		49			103	400	
26	23.7	55	65	500	0.174	50	71	95	105	500	0.512
27			67	600		51			107	600	
28			68	400		52			108	400	
29	28.2	60	70	500	0.206	53	78.5	100	110	500	0..567
30			72	600		54			112	600	
31			73	400		55			113	400	
32	33.2	65	75	500	0.243	56	86.5	105	115	500	0.625
33			77	600		57			117	600	
34			78	400		58			118	400	
35	38	70	80	500	0.279	59	95.2	110	120	500	0.686
36			82	600		60			122	600	
37			83	400		61			123	400	
38	44	75	85	500	0.320	62	104	115	125	500	0.75
39			87	600		63			127	600	
40			88	400		64			128	400	
41	50.3	80	90	500	0.364	65	113	120	130	500	0.816
42			92	600		66			132	600	

表3.49　横浇道尺寸

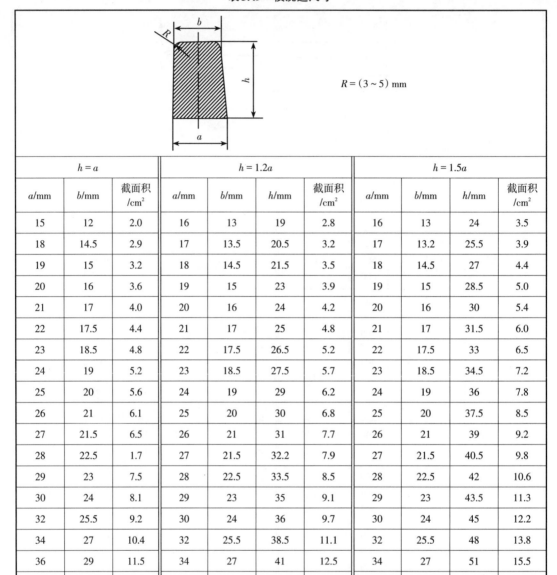

$R = (3 \sim 5)\ \text{mm}$

h = a			h = 1.2a				h = 1.5a			
a/mm	b/mm	截面积/cm²	a/mm	b/mm	h/mm	截面积/cm²	a/mm	b/mm	h/mm	截面积/cm²
15	12	2.0	16	13	19	2.8	16	13	24	3.5
18	14.5	2.9	17	13.5	20.5	3.2	17	13.2	25.5	3.9
19	15	3.2	18	14.5	21.5	3.5	18	14.5	27	4.4
20	16	3.6	19	15	23	3.9	19	15	28.5	5.0
21	17	4.0	20	16	24	4.2	20	16	30	5.4
22	17.5	4.4	21	17	25	4.8	21	17	31.5	6.0
23	18.5	4.8	22	17.5	26.5	5.2	22	17.5	33	6.5
24	19	5.2	23	18.5	27.5	5.7	23	18.5	34.5	7.2
25	20	5.6	24	19	29	6.2	24	19	36	7.8
26	21	6.1	25	20	30	6.8	25	20	37.5	8.5
27	21.5	6.5	26	21	31	7.7	26	21	39	9.2
28	22.5	1.7	27	21.5	32.2	7.9	27	21.5	40.5	9.8
29	23	7.5	28	22.5	33.5	8.5	28	22.5	42	10.6
30	24	8.1	29	23	35	9.1	29	23	43.5	11.3
32	25.5	9.2	30	24	36	9.7	30	24	45	12.2
34	27	10.4	32	25.5	38.5	11.1	32	25.5	48	13.8
36	29	11.5	34	27	41	12.5	34	27	51	15.5
38	30.5	13	36	29	43	14	35	25	52.5	16.5
40	32	14.4	38	30.5	45.5	15.5	36	29	54	17.3
44	35	17.4	40	32	48	17.3	38	30.5	57	19.5
48	38.5	20.8	45	36	54	21.8	40	32	60	20.6

表3.50　内浇道尺寸　　　　　　　　　　　　　　　单位：mm

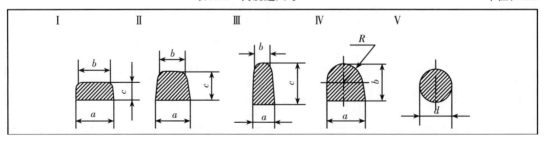

表 3.50（续）

$F_{内}$ /cm²	I			II			III			IV			V
	a	b	c	a	b	c	a	b	c	a	b	R	d
0.3	11	9	3	6	4	6	4	3	9	9	5	3	6.5
0.4	11	9	4	7	5	7	5	3	10	9	6	4	7
0.5	11	9	5	8	6	7	6	4	10	10	7	4	8
0.6	11	9	6	8.5	6.5	8	6.5	5	11	11	7	5	9
0.8	14	12	6	10	8	9	8	5	12	13	8	6	10
1.0	15	13	7	11	9	10	9	5	14	14	9	7	11.5
1.2	18	14	7.5	12	10	11	10	6	15	16	10	7	12.5
1.5	20	18	8	14	11	12	11	7	17	18	11	8	14
1.8	21	19	9	16	12	13	12	8	18	20	12	9	15
2.2	23	21	10	17	13	15	13	9	20	22	14	9	17
2.6	25	23	11	17.5	15.5	17	13	9	24	24	15	10	18.5
3.0	28	24	12	18	14	19	14	10	26	27	16	11	20
3.4	32	25	12	19	15	20	15	10	28	28	17	12	21
4.0	38	30	12	21	15	22	16	10	30	30	18	13	22.5
4.5	40	36	12	22	16	24	17	11	32	30	20	14	24
5.0	42	38	12.5	23	17	25	18	11	34	35	20	15	25.5
5.4	44	40	13	24	18	25.5	19	12	35	35	21	15	26
6.0	45	41	14	25	21	26	20	12	37	36	22	16	27.5
9.0	56	50	17	30	23	34	24	16	45	42	28	19	34
12.0	58	52	22	37	28	36	28	20	50	18	32	20	39

对于树脂砂型，可以在查出黏土砂型的内浇道总截面积以后（查表 3.45）乘以扩大系数 1.2 ~ 1.5，然后按表 3.44 的比例关系就可以计算出浇注系统各组元的截面积。对于大中型铸件，可采用多包多直浇道同时浇注，浇注时间可参考表 3.51。

表 3.51　树脂砂型生产铸件的浇注时间

铸件质量/kg	< 100	100 ~ 1000	1000 ~ 4000	≥4000
浇注时间/s	5 ~ 10	10 ~ 25	25 ~ 40	40 ~ 60

注：必要时，可依据实际浇注时间参考本表调整浇注系统尺寸。

3.4.5.4　球墨铸铁件的浇注系统

球墨铸铁件浇注系统的参考尺寸，可

根据铸件质量从表 3.52 中查找出各组元的截面积，以其截面积从表 3.46 至表 3.50 查出各浇道尺寸。

表3.52　常用球墨铸铁件浇注系统尺寸

铸件质量 /kg	内浇道		横浇道	直浇道	
	数量/个	总截面积/cm²	总截面积/cm²	数量/个	总截面积/cm²
≤2	1	1.0	3.0	1	3.1
2~5	1或2	1.9~2.0	3.0	1	3.1
5~10	1~3	2.8~3.0	3.6	1	4.2
10~20	1~4	3.8~4.5	4.8~5.6	1	4.8~6.5
20~50	1~5	4.8~5.0	5.4~5.8	1	6.3~6.7
50~100	2~5	7.2~7.6	8.4~8.8	1	9.8~10.3
100~200	2~6	9.0~9.6	11.4~12	1	13.3~14
200~300	4~9	13.5~14.5	16.2~17.4	1	19~21
300~600	4~9	17.4~19.2	22~24	1	26~28
600~1000	4~9	26~32	32~37	1或2	38~44
1000~2000	5~10	37.5~42	44~47	1或2	52~56
2000~4000	6~10	45~48	56~60	2	64~69
4000~7000	8~12	73~75	86~88	2	98~101
7000~10000	8~14	90~98	112~122	2	129~140

除此之外，球墨铸铁件内浇道截面积也可采用灰铸铁件的方法查表，按查得的数值，根据具体情况增加30%~100%。浇注系统各组元的截面积比如下：

一般球墨铸铁件，$\sum F_内 : \sum F_横 : \sum F_直 = 1 : (1.2 \sim 1.3) : (1.4 \sim 1.5)$；

厚壁球墨铸铁件，$\sum F_内 : \sum F_横 : \sum F_直 = (1.5 \sim 4) : (2 \sim 4) : 1$；

薄壁小球墨铸铁件，$\sum F_内 : \sum F_横 : \sum F_直 = 1 : 2.7 : 1.3$。

表3.53给出了大型风电球墨铸铁件常用浇注系统尺寸。

表3.53　风电球墨铸铁件常用浇注系统尺寸

铸件质量 /t	内浇道		横浇道	直浇道	
	数量/个	总截面积/cm²	总截面积/cm²	数量/个	总截面积/cm²
10~20	6~12	120~400	55~100	1	50~80
20~30	8~14	155~500	75~120	1	60~90
30~40	10~15	280~700	100~145	1	75~100
40~50	14~16	395~960	100~210	1或2	75~130
50~60	16~23	600~1380	150~210	2	125~160
60~70	24~28	900~1680	200~320	2	125~190

3.4.5.5　铸钢件浇注系统

1）封闭—开放式　以转包浇注的小铸件，其内浇道截面积可查表3.54。表中d的计算式为：$d = G/V$，V是铸件的轮廓体积，是铸件三个方向最大尺寸的乘积，其单位

要与 G 的单位相对应。

$$\sum F_{内}:\sum F_{横}:\sum F_{直}=1:(0.8\sim0.9):(1.1\sim1.2)$$

浇注系统各组元的截面积比如下：

表 3.54 铸钢件内浇道总截面积 $\sum F_{内}$

浇入钢水总质量 (G)/kg	铸件相对密度(d)						
	≤1.0	1.1~2.0	2.1~3.0	3.1~4.0	4.1~5.0	5.1~6.0	>6.0
	$\sum F_{内}$/cm^2						
1	2.2	2.0	1.8	1.6	1.4	1.2	1.0
2	2.4	2.2	2.0	1.8	1.6	1.4	1.2
4	2.7	2.4	2.2	2.0	1.8	1.6	1.4
6	3.0	2.8	2.6	2.4	2.2	2.0	1.8
8	3.4	3.2	3.0	2.8	2.6	2.4	2.2
10	4.0	3.7	3.4	3.1	2.9	2.7	2.5
13	5.2	4.8	4.4	4.0	3.5	3.0	2.7
16	6.3	5.9	5.2	4.6	3.9	3.4	3.0
20	7.5	7.7	6.2	5.4	4.5	4.0	3.4
25	9.1	8.7	7.0	6.1	5.1	4.5	3.8
30	10.2	9.3	7.5	6.7	5.6	5.0	4.2
35	11.7	9.8	8.3	7.2	6.1	5.3	4.5
40	12.5	10.6	8.6	7.7	6.4	5.6	4.8
45	13.4	11.2	9.4	8.9	6.9	5.9	5.1
50	14.2	12.0	9.8	9.0	7.2	6.2	5.3
60	14.8	12.8	10.9	9.4	7.9	6.9	5.9
70	15.6	13.9	11.5	10.2	8.6	7.2	6.4
80	17.6	14.9	12.3	10.9	9.1	7.8	6.9
90	19.4	16.3	13.1	11.5	9.7	8.3	7.3
100	21.2	17.8	13.9	12.1	10.2	8.8	7.7
120	22.6	18.5	15.4	12.4	10.8	9.4	8.2
140	24.4	20.0	16.0	13.2	11.4	10.0	8.8
160	25.5	21	17.7	13.9	12.1	10.5	9.2
180	26.9	22	18.4	14.6	12.6	11.0	9.7
200	29.8	24	20.3	16.3	14.0	12.2	11.4

2）开放式 以底注包浇注的铸钢件，均采用开放式浇注系统，以包孔截面积作为控流面积。浇注时，同时控制塞杆对包孔的开启程度，以控制流量速度。浇注系统的计算过程如下：

（1）钢水上升速度确定。钢水在型腔中上升速度通常不应小于表 3.55 中的值；但对于大型铸件，上升速度亦不应大于 30 mm/s。

表3.55　钢水在型腔中的最小允许上升速度

铸件结构	铸件质量/t					
	≤5	5～15	15～35	35～65	65～100	>100
	上升速度(v_L)/(mm·s^{-1})					
复杂	25	20	16	14	12	10
中等	20	15	12	10	8	7
简单	15	10	8	8	5	4

表3.55中的数值适用于一般铸件；浇注较高的铸件时，上升速度适当增加；浇注较低的板形铸件时，上升速度可适当减小。具体规定如下：

立浇砧座类铸件，上升速度按复杂铸件数值取。

平板、平台类铸件，可按表中简单铸件数值降低20%～30%。

齿轮类铸件，可按表中简单铸件数值取。

大型合金钢铸件与承压铸件，可按表中复杂铸件数值增加30%～50%。

高度很低、长度和宽度较大的平板类铸件，虽经调整上升速度值，但仍难以达到要求时，一般按1∶10的斜率垫高，但铸件长度超过3 m的，以垫高到不高于300 mm为宜，如图3.25所示。

（2）浇注时间确定。浇注时间t（单位：s）可按式（3.2）计算：

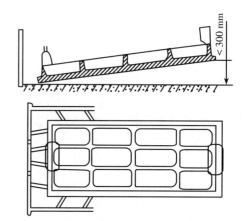

图3.25　倾斜浇注铸件的垫高与浇注系统

$$t = \frac{G}{Nnv_{包}} \quad (3.2)$$

式中，G——型内钢水总质量（含胀箱和冒口质量，胀箱增重率见表3.56），kg；

N——同时浇注的浇包数量，个；

n——每个浇包的包孔数量，个；

$v_{包}$——钢水的浇注质量速度，kg/s。

表3.56　铸件胀箱增重率

铸件计算质量/t	机器造型	手工造型		铸件计算质量/t	机器造型	手工造型	
		简单件	复杂件			简单件	复杂件
≤0.1	7%	8%	10%	20～50	—	4%	5%
0.1～1	6%	7%	8%	50～100	—	3%	4%
1～5	5%	6%	7%	>100	—	2.5%	3.5%
5～20	4%	5%	6%	—	—	—	—

表3.57给出了不同包孔直径所对应的　浇注质量速度平均值。

表3.57　不同包孔直径钢水浇注质量速度平均值

包孔直径(d)/mm	30	35	40	45	50	55	60	70	80	100
浇注质量速度($v_{包}$)/(kg·s^{-1})	10	20	27	42	55	72	90	120	150	195

（3）钢水上升速度验算。浇注时钢水在型内的上升速度 v_L（单位：mm/s）可按式（3.3）算出：

$$v_L = \frac{C}{t} \tag{3.3}$$

式中，C——铸件高度，mm；

　　　t——浇注时间，s。

将式（3.2）代入式（3.3），得：

$$v_L = \frac{CNnv_{\text{包}}}{G} \tag{3.4}$$

倾斜浇注计算上升速度时，其高度 C 取铸件高度加上倾斜高度值的一半。

具有多个高度，而各个高度差值又较大的铸件，计算上升速度时，其高度 C 应取占钢水量较多的部分，G 取计算高度范围内的值。

根据式（3.4）计算的值，如能满足表3.56 的要求，则说明所选定的浇包数量和包孔直径与数量是合适的，否则，应对上述项目作适当调整，使其满足表中的规定。

（4）浇注系统各组元截面积的确定。确定了包孔直径和数量，便确定了控流截面积 $\sum F_{\text{包}}$。以它为1，按如下比例关系便可算出各组元的截面积：

$$\sum F_{\text{包}} : \sum F_{\text{直}} : \sum F_{\text{横}} : \sum F_{\text{内}}$$
$$= 1 : (1.8 \sim 2) : (1.8 \sim 2) : (2 \sim 2.5)$$

为了减轻金属液对铸型的冲刷，可按下列比例关系选择浇注系统各组元的截面积：

$$\sum F_{\text{包}} : \sum F_{\text{直}} : \sum F_{\text{横}} : \sum F_{\text{内}} = 1 : 2 : 2 : 4$$

计算出各组元的截面积以后，便可依据工艺对浇注系统的要求，计算或查表求出各组元的截面尺寸。表3.58和表3.59是根据包孔直径给定的各组元的截面尺寸，可供参考。

表3.58　浇注系统各组元耐火砖管直径和数量的确定　　　　单位：mm

包孔直径 (d)	直浇道直径 (d₁) ≥	横浇道直径(d₂)		内浇道直径(d₃)　≥			
		单向 ≥	对称 ≥	40	60	80	100
				每层内浇道数量/个			
35	60	60	40	2	1	—	—
40	60	60	40	2	1	—	—
45	60	60	40	3	1	—	—
50	80	80	60	3	2	1	—
55	80	80	60	4	2	1	—
60	100	100	60	5	2	1	—
70	100	100	80	6	3	2	1
80	120	120	80	8	4	2	1
100	140	140	100	13	6	3	2

表3.59　浇注系统各组元尺寸和数量的确定　　　　单位：mm

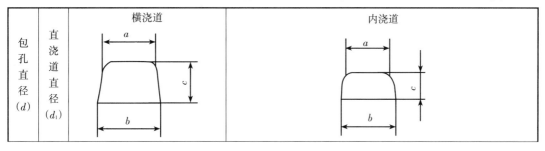

表 3.59（续）

		单向			对称			1个			2个			3个			4个		
		a	b	c	a	b	c	a	b	c	a	b	c	a	b	c	a	b	c
35	60	35	45	45	25	35	30	45	55	40	30	40	30	25	35	25	20	30	20
40	60	45	55	50	30	40	35	55	65	45	35	45	35	30	40	25	25	35	25
45	60	50	60	55	35	45	40	60	70	50	35	45	40	30	40	30	25	35	30
50	80	55	65	65	35	45	45	75	85	50	40	50	45	35	45	35	30	40	30
55	80	65	75	65	40	50	50	90	100	50	45	55	50	30	40	40	30	40	35

3.4.5.6 铝合金铸件浇注系统

铝合金铸件要求浇注系统能平稳快浇，能挡渣，不产生涡流、飞溅和冲刷砂型（芯），有利于形成顺序凝固；但薄壁件，则要求内浇道分散开在薄壁处，以利于形成同时凝固。

浇注系统多为底注或垂直缝隙式；对于复杂大型铸件，多采用底注与顶注联合式；对于不高于100 mm的一般铸件，可采用顶注式。为了挡渣，常采用带过滤网（过滤网放在缓冲槽与横浇道的搭接处）缓流式浇注系统。可从表3.60中查到直浇道的截面积，从表3.61和表3.62中选择直浇道形式与尺寸，从表3.63中找到各类铸件浇注系统各组元截面积比。横浇道和内浇道的截面尺寸及内浇口杯，可从表3.46至表3.50中选择，薄壁件用扁平横截面内浇道，厚壁件用梯形横截面内浇道，缝隙浇道可从表3.64中查找。

表 3.60　铝合金铸件的浇注质量与直浇道截面积的关系

浇注质量(G)/kg	≤5	5~10	10~15	15~30	30~50	50~100	100~250	250~500	>500
直浇道截面积 $\left(\sum F_直\right)$/cm^2	1.5~3.0	3~4	4~5	5~7	7~10	10~15	15~20	20~30	>30
直浇道直径 /mm	14~20	20~22	22~25	25~30	30~35	$(25~30)$ $×2$	$(30~35)×2$ 或$(22~25)$ $×4$	$(35~45)×2$ 或$(25~30)$ $×4$	>45×2或 >30×4

表 3.61　直浇道形式

形式	图　例	特点与应用
圆锥形	1—直浇道；2—缓冲槽；3—横浇道	浇道太粗时，容易产生涡流，从而易使铸件形成氧化夹杂和气孔。适用于中小型铸件。浇道直径最好不超过25 mm，当必须采用较大的直浇道截面积时，应改用多个较小截面积的直浇道或采用其他形式（如片状排列式）直浇道

表 3.61（续）

形式	图 例	特点与应用
片状		金属液流动平稳，不易引起涡流，有利于防止铸件形成氧化夹杂和气孔。常用于大中型铸件。片状浇道冷却快，故选取断面时，应比圆断面略大些
蛇形		浇道阻力由浇道曲折数控制，液流平稳，无冲击力和涡流产生，需做专用的浇道芯盒，多用于大中型铸件

表 3.62　直浇道尺寸　　　　　　　　　　　　　单位：mm

截面积 $\left(\sum F_{直}\right)/\text{cm}^2$	圆锥形	片　状					蛇　形						
							c	e	曲折数				
									直浇道高度				
	d	a	b	s	n				300	400	500	600	700
0.8	10	—	—	—	—		13	6	2	3	4	5	6
1.0	12	—	—	—	—		14	7	2	3	4	5	6
1.5	14	16	5	18	2		19	8	2	3	4	5	6
2.0	16	20	5	18	2		22	9	2	3	4	5	6
2.5	18	22	6	20	2		25	10	2	3	3	5	6
3.0	20	20	5	18	3		27	11	2	3	3	5	6
3.5	21	20	6	20	3		29	12	1	2	3	4	5
4.0	23	22	6	20	3		31	13	1	2	3	4	5
5	25	22	6	20	4		36	14	1	2	3	4	5
6	—	25	8	25	3		38	16	1	2	3	4	5
7	—	30	8	25	3		41	17	1	2	3	4	4
8	—	25	8	25	4		45	18	1	2	3	4	4
10	—	30	8	25	4		50	20	1	2	3	3	4
12	—	25	8	25	6		—	—	—	—	—	—	—
14	—	30	8	25	6		—	—	—	—	—	—	—

表 3.62（续）

截面积 $(\sum F_直)/cm^2$	圆锥形 d	片 状 a	片 状 b	片 状 s	片 状 n	蛇 形 c	蛇 形 e	蛇形 曲折数 直浇道高度 300	400	500	600	700
16	—	25	8	25	8	—	—	—	—	—	—	—
20	—	30	8	25	8	—	—	—	—	—	—	—
22	—	25	8	25	12	—	—	—	—	—	—	—
25	—	25	8	25	12	—	—	—	—	—	—	—
28	—	30	8	25	12	—	—	—	—	—	—	—

注：表中 n 为片状浇道的数量，其他代号见表3.61。

表 3.63 铝铸件浇注系统各组元常用截面积比

铸件类型	大型铸件	中型铸件	小型铸件
$\sum F_直 : \sum F_横 : \sum F_内$	1:(2~5):(2~6)	1:(2~4):(2~4)	1:(2~3):(1.5~4)

表 3.64 缝隙浇道尺寸

部位名称	尺寸关系	图 例
缝隙厚度(a)	设缝隙浇道处铸件壁厚为δ，则 δ≥10 mm时，取 a=(0.8~1)δ; δ<10 mm时，取 a=(1~1.5)δ。 有时，为了将热节引向集渣筒与冒口，可取 a>1.5δ，并可考虑在缝隙对面放适宜的冷铁激冷	
缝隙长度(b)	视具体情况而定，常取（15~35）mm	1—浇口杯；2—直浇道；3—集渣筒；4—缝隙浇道；5—铸件；6—顶冒口
集渣筒直径(D)	D=(4~6)a	
缝隙数目(n)	n=0.024p/a 式中，p——铸件外围周长，mm	

注：①缝隙浇道应尽量设在铸件外形较为平直的垂直面，避免在高度方向上中断。
②缝隙可做成上厚下薄，但除冒口部分外不宜突变，通常上下厚度一致，或以 1°~2° 向上扩张。
③缝隙的最低点应高于直浇道进入集渣筒的高度，以利于浮渣。
④铸件较高或考虑补缩需要，可将缝隙与冒口连通，增加冒口处缝隙厚度。

3.4.5.7 铜合金铸件浇注系统

常用的铸造铜合金是锡青铜、铝青铜和黄铜。

锡青铜铸件浇注系统多采用顶注式，广泛采用雨淋式和压边式，内浇道尽量分散。对于阀壳类铸件可采用中间注入式，通过边冒口或法兰充填的浇注系统。

铝青铜铸件多采用底注式浇注系统，使液流平稳；阀壳类铸件采用中间注入式，通过边冒口或法兰充型。浇注系统常加设过滤网和集渣包的挡渣措施。

黄铜铸件可采用铝青铜的原则设计浇注系统。

各类铜合金铸件的直浇道下端直径尺寸，可从图3.26中依据铸件质量找到。查出直径尺寸即可从表3.48中查出其对应的横截面积。再按表3.65规定的比例关系即可计算出浇注系统各组元的截面积。横浇道与内浇道截面尺寸可按其所要求的截面积从表3.49和表3.50中选择。浇口杯尺寸可按铸件的近似质量或直浇道直径从表3.46或表3.47中选择。

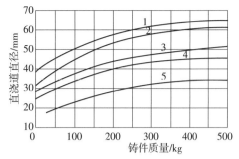

图3.26　铜铸件质量与直浇道直径的关系
1—适用于锡青铜壁厚3~8 mm的铸件；
2—适用于锡青铜壁厚8~30 mm的铸件；
3—适用于锡青铜壁厚大于30 mm的铸件；
4—适用于无锡青铜和黄铜铸件；
5—适用于特殊黄铜铸件

表3.65　铜合金铸件浇注系统各组元的截面积比

铸件类型	各组元的截面积比	适用范围
锡青铜铸件	$F_直:F_横:F_内=1:(1.2\sim2):(1.2\sim3)$ $F_直:F_滤:F_横:F_内=1:0.9:(1.2\sim2):(1.2\sim3)$	大中型件，内浇道处不设暗冒口，采用底注式
	$F_直:F_横:F_内=1.2:(1.5\sim2):1$	阀壳件，内浇道处设暗冒口，亦适用于雨淋式
	$F_直:F_滤:F_横:F_内=1.2:1.1:1.5:(2\sim3)$	阀壳件，采用过滤网浇道
无锡青铜与黄铜铸件	$F_直:F_滤:F_横:F_内=1:0.9:1.2:(3\sim10)$	复杂的大型铸件
	$F_直:F_滤:F_横:F_内=1:0.9:1.2:(1.5\sim2.0)$	小型简单铸件
特殊黄铜铸件	$F_直:F_滤:F_横:F_内=0.8:(2\sim2.5):1:(10\sim30)$	螺旋桨

注：① $F_滤$ 是过滤网的通流面积。
　　② 雨淋式内浇道孔径尺寸可参考表3.44设计。

3.4.5.8　过滤网浇注系统设计

为了减少非金属夹杂物进入型腔，防止铸件夹渣缺陷，改善铸件性能，常在浇注系统中设置过滤网。当金属液流经过滤网时，过滤网能起到过滤和吸附夹杂和夹渣的作用，使金属液进一步净化。

1）过滤网种类及性价比

（1）过滤网的种类。

过滤网按网孔形状结构可分为二维结构和三维结构两大类。二维结构过滤网有玻璃纤维过滤网、金属丝过滤网，其中以玻璃纤维过滤网最常用；三维结构过滤网按孔型分类有蜂窝直孔陶瓷过滤网和泡沫陶瓷过滤网两种。

① 金属丝过滤网。采用不锈钢丝编制，主要应用于铝液和低熔点金属液的过滤。现在已较少使用。

② 玻璃纤维过滤网。由耐高温纤维编制而成，制作简单，价格便宜，过滤效果一般；主要用于铸铁和铸铝。

③ 蜂窝直孔陶瓷过滤网。用陶瓷材料挤压或干压成形，再经过高温烧结而成。该过滤网机械强度较高，适用于熔点高的大型铸件，过滤效率优于纤维过滤网；但孔隙率较低，只有30%~40%。

④泡沫陶瓷过滤网。在泡沫塑料骨架上涂陶瓷浆料，经高温烧结而成。泡沫陶瓷过滤网孔隙率高，过滤效果好，优于其他类型的过滤网，适用于对质量要求高的铸件。

（2）综合技术性能比较。几种过滤网的技术指标及经济性比较见表3.66。

表3.66 几种过滤网的技术指标及经济性比较

项 目	玻璃纤维过滤网	蜂窝直孔陶瓷过滤网	泡沫陶瓷过滤网
结构特点	编制，简单	挤压或干压，简单	三维立体，较复杂
刚性及强度	较高	高	较高
孔型	较少	较少	较多
孔隙率/%	40～60	20～60	70～90
过滤效果	较好	一般	好
过滤网价格	低	较高	高

2) 玻璃纤维过滤网 玻璃纤维过滤网包括普通玻璃纤维过滤网和高硅氧玻璃纤维过滤网两种。普通玻璃纤维过滤网适用于铸铝及低熔点金属，高硅氧玻璃纤维过滤网可用于铸铁、铸铜以及小型铸钢件。常用玻璃纤维过滤网的性能见表3.67。

表3.67 常用玻璃纤维过滤网的性能

网材料	孔隙率/%	工作温度/℃	软化点/℃	适用范围
普通玻璃纤维	50～60	≤800	1000	铸铝
高硅氧玻璃纤维	50～60	1400～1450	1710	铸铁、铸铜、铸铝

玻璃纤维过滤网厚度规格有：0.35，0.5，0.8 mm。

网孔规格有：1.0 mm×1.0 mm，1.2 mm×1.2 mm，1.5 mm×1.5 mm，2.0 mm×2.0 mm，2.5 mm×2.5 mm等。

纤维过滤网的大小可以根据需要裁剪。

3) 蜂窝直孔陶瓷过滤网 蜂窝直孔陶瓷过滤网外形分为方形、圆形及其他形状，孔有圆孔、方孔和三角孔。表3.68是干压直孔（圆孔）陶瓷过滤网规格和主要使用指标。表3.69是国内某公司生产的挤压直孔（圆孔）陶瓷过滤网规格和主要使用指标。表3.70是国内某公司生产的挤压方孔陶瓷过滤网规格和主要使用指标。表3.71是国内某公司生产的挤压三角孔陶瓷过滤网规格和主要使用指标。

表3.68 干压直孔（圆孔）陶瓷过滤网规格和主要使用指标

规格	尺寸/mm			孔径	开孔率	流速/(kg·s⁻¹)			最大浇注量/kg		
(mm×mm×mm)	长	宽	厚	/mm	/%	灰铸铁	球墨铸铁	铸铝	灰铸铁	球墨铸铁	铸铝
166×100×20	166	100	20	φ3.30	45.47	49	24	17	664	332	237
150×150×22	150	150	22	φ3.80	47.41	66	33	24	900	450	321
133×133×22	133	133	22	φ3.80	56.39	52	26	19	708	354	253
100×100×22	100	100	20	φ2.81	41.65	29	15	11	400	200	143

表3.68（续）

规格/(mm × mm × mm)	尺寸/mm			孔径/mm	开孔率/%	流速/(kg·s⁻¹)			最大浇注量/kg		
	长	宽	厚			灰铸铁	球墨铸铁	铸铝	灰铸铁	球墨铸铁	铸铝
100 × 75 × 20	100	75	20	φ2.17	41.89	22	11	8	300	150	107
100 × 60 × 20	100	60	20	φ2.31	41.19	18	9	6	240	120	86
100 × 50 × 22	100	50	22	φ2.17	37.70	15	7	5	200	100	71
82 × 82 × 20	82	82	20	φ2.31	44.29	20	10	7	269	134	96
82 × 82 × 20	82	82	20	φ2.50	42.69	20	10	7	269	134	96
82 × 82 × 20	82	82	20	φ2.81	41.39	20	10	7	269	134	96
75 × 75 × 22	75	75	22	φ2.17	41.66	17	8	6	225	113	80
75 × 75 × 22	75	75	22	φ2.50	41.91	17	8	6	225	113	80
75 × 50 × 20	75	50	20	φ2.17	36.87	11	6	4	150	75	54
66 × 66 × 15	66	66	15	φ2.31	40.20	13	6	5	174	87	62
66 × 66 × 15	66	66	15	φ1.70	35.00	13	6	5	174	87	62
55 × 55 × 15	55	55	15	φ2.17	44.85	9	4	3	121	61	43
55 × 55 × 15	55	55	15	φ2.31	50.82	9	4	3	121	61	43
55 × 50 × 15	55	50	15	φ2.31	41.39	7	4	3	100	50	36
40 × 40 × 12.5	40	40	12.5	φ2.17	43.20	5	2	2	64	32	23
φ60 × 12.5	φ60		12.5	φ2.17	40.7	8	4	3	113	57	40
φ50 × 12.5	φ50		12.5	φ2.31	42.5	6	3	2	79	39	28
φ50 × 12.5	φ50		12.5	φ1.70	36.2	6	—	—	79	—	—

表3.69 挤压直孔（圆孔）陶瓷过滤网规格和主要使用指标

尺寸（长×宽）/(mm × mm)	厚/mm	孔径/mm	开孔率/%	孔数	过滤面积/mm²	流速/(kg·s⁻¹)		最大浇注量/kg	
						灰铸铁	球墨铸铁	灰铸铁	球墨铸铁
37 × 37	12.5	φ2.3	62	161	1073	3～4	1～3	25～50	14～30
38 × 38	12.5	φ1.5	51	328	1140	2～3	0.5～1	15～30	10～20
40 × 40	12.5	φ1.5	56	407	1280	2～3	1～2	25～50	10～20
	15	φ2.3	56	172	1280	2～4	1～3	25～50	10～20
43 × 43	10	φ2.3	60	216	1505	3～4	1～3	25～50	16～44
50 × 50	13	φ2.3	61	294	2000	5～9	2～4	80～130	16～44
55 × 55	12.5	φ1.5	56	790	2475	4～6	2～3	65～110	25～70
		φ2.0	54	429	2475	4～6	2～4	65～110	13～36
		φ2.3	61	367	2475	6～10	3～5	105～180	27～75
66 × 66	12.5	φ1.5	56	1137	3564	7～13	2～5	130～230	30～90
		φ1.8	55	768	3564	5～9	2～6	100～175	15～45
		φ2.3	62	537	3564	9～16	4～6	159～270	20～60

表3.69（续）

尺寸/ （mm×mm） （长×宽）	厚 /mm	孔径 /mm	开孔率 /%	孔数	过滤面积 /mm²	流速/(kg·s⁻¹)		最大浇注量/kg	
						灰铸铁	球墨铸铁	灰铸铁	球墨铸铁
75×75	22	φ2.5	58	562	4725	10～18	5～8	150～260	40～95
	12.5	φ1.8	55	900	4725	9～16	4～7	130～240	50～120
75×50	20	φ1.4	56	920	2790	5～7	3～4	70～120	45～100
		φ2.3	60	465	2790	7～13	2～6	120～220	30～80
81×81	12.7	φ1.5	55	1777	5740	9～14	3～6	145～275	30～85
		φ1.8	59	1202	5740	8～13	3～7	140～250	30～90
		φ2.5	61	710	8090	16～27	6～13	220～380	50～120
98.3×98.3	21.5	φ2.5	57	940	8090	24～40	8～20	300～510	50～130
		φ3.8	53	448	15030	30～65	10～25	300～510	70～185
133×133	21.5	φ2.5	56	1732	15030	30～55	12～30	650～1150	150～400
		φ3.8	66	880	15030	30～130	30～65	1400～2200	600～1100
		φ5	63	494	15030	30～200	50～100	2600～4000	1100～2000
150×150	21.5	φ3.5	—	1165	—	—	—	—	—
φ50	10	φ2.3	±60	—	—	—	—	—	—
φ90	20	φ2.3	±60	—	—	—	—	—	—
φ100	20	φ2.5	±60	—	—	—	—	—	—

表3.70　挤压方孔陶瓷过滤网规格和主要使用指标

外形尺寸（长×宽×厚）/ （mm×mm×mm）	方孔边长/mm	孔壁厚/mm	开孔率/%
40×40×12	1.30	0.45	51.3
	1.92	0.60	57.0
50×50×12	1.30	0.45	51.3
	1.92	0.60	57.0
55×55×12	1.30	0.45	51.3
	1.92	0.60	57.0
66×66×12	1.30	0.45	51.3
	1.92	0.60	57.0

表3.71　挤压三角孔陶瓷过滤网规格和主要使用指标

外形尺寸/(mm×mm×mm) （长×宽×厚）	三角孔边长/mm	孔壁厚/mm	开孔率/%
40×40×12	2	0.45	40
50×50×12	2	0.45	40

表3.71（续）

外形尺寸/(mm×mm×mm) （长×宽×厚）	三角孔边长/mm	孔壁厚/mm	开孔率/%
66×66×12	3	0.70	52
75×75×12	3	0.70	52
82×82×13	3	0.70	52
100×100×15	3	0.70	52

4）泡沫陶瓷过滤网　泡沫陶瓷过滤网的孔洞曲折，比蜂窝直孔陶瓷过滤网具有更好的吸附细小熔渣和夹杂的能力。当金属液流经泡沫陶瓷过滤网时，其中的夹杂物与孔壁接触的概率大为增加，强化了孔壁对夹杂物的吸附，能显著提高金属液的纯净度。

（1）泡沫陶瓷过滤网分类及牌号。泡沫陶瓷过滤网按用途（或使用温度）分类见表3.72，按每英寸（25.4 mm）上的孔数量分类见表3.73。泡沫陶瓷过滤网的牌号表示方法如图3.27所示。

表3.72　泡沫陶瓷过滤网按用途（或使用温度）分类

分类代号	产品用途	使用温度/℃
G	铸钢用	≤1700
T	铸铁、铸铜用	≤1500
L	铸铝用	≤1100

表3.73　泡沫陶瓷过滤网按网孔（PPI）分类

分类代号	PPI（孔数/25.4 mm）
6 PPI	5～8
10 PPI	7～15
15 PPI	13～17
20 PPI	16～25
25 PPI	22～27
30 PPI	26～35
40 PPI	36～45
50 PPI	46～55

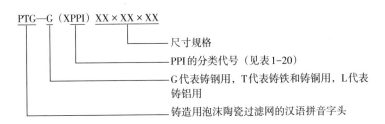

示例：

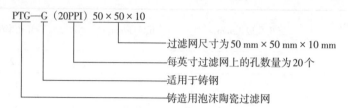

图3.27　泡沫陶瓷过滤网的牌号表示方法

不同型号泡沫陶瓷过滤网的物理性能　指标见表3.74。

表3.74　不同型号泡沫陶瓷过滤网的物理性能

型　号	体积密度 /(g·cm⁻³)	孔隙率 /%	常温耐压强度 /MPa	抗热震性 (1100℃)/次	高温抗弯强度 /MPa	掉渣率 /%
PTG—G	0.40~0.85	≥76.0	≥0.6	≥2	≥0.4	
PTG—T	0.36~0.50	≥80.0	≥0.5	≥2	≥0.4	<0.30
PTG—L	0.30~0.50	≥80.0	≥0.4	≥2	≥0.4	

（2）泡沫陶瓷过滤网种类。泡沫陶瓷过滤网很多，外形有方形和圆形，材质有氧化锆基、含碳陶瓷基、碳化硅基、刚玉和堇青石基等。不同材质的过滤网用于不同金属液的过滤，氧化锆泡沫陶瓷过滤网和含碳泡沫陶瓷过滤网主要用于铸钢，碳化硅泡沫陶瓷过滤网主要用于铸铁和铸铜，刚玉和堇青石泡沫陶瓷过滤网主要用于铸铝。

① 氧化锆泡沫陶瓷过滤网。氧化锆泡沫陶瓷过滤网一般以高纯氧化锆为基本原料，使用温度可达1750℃以上。表3.75和表3.76分别是市场上的氧化锆泡沫陶瓷过滤网规格尺寸及其过滤能力。

表3.75　国内某公司生产的氧化锆泡沫陶瓷过滤网规格尺寸及其过滤能力

直径(边长)/cm	厚度/mm	孔径/PPI	过滤能力/(kg·cm⁻²)
40~75	15~25	10~30	
80~120	20~25	10~20	不锈钢:1.0~4.0
125~150	25~35	10~15	碳素钢:1.0~2.7
175~200	30~35	10	
225~300	35~40	10	

表3.76　国外某公司生产的氧化锆泡沫陶瓷过滤网规格尺寸及其过滤能力

规格尺寸/(mm×mm×mm)(PPI)	断面积/cm²	过滤能力/(kg·cm⁻²)
50×50×15(15)	25.0	
φ50×20(10)	19.6	
φ60×20(10)	28.3	不锈钢:1.9~4.0
φ70×15(10)	44.2	碳素钢:1.4~2.7
φ70×25(10)	44.2	
φ90×25(10)	63.6	

② 含碳泡沫陶瓷过滤网。含碳泡沫陶瓷过滤网主要以碳质材料和无机耐高温材料为原料，在高温无氧化气氛中烧结而成。表3.77和表3.78分别是市场上的含碳泡沫陶瓷过滤网规格尺寸及其过滤能力。

表3.77 国内某公司生产的含碳泡沫陶瓷过滤网规格尺寸及其过滤能力

规格尺寸/mm(PPI)		过滤能力 /(kg·cm^{-2})
方 形	圆 形	
50×50×10(10)	ϕ50×22(10)	
55×55×25(10)	ϕ50×25(10)	
75×75×22(10)	ϕ60×25(10)	
75×75×25(10)	ϕ70×25(10)	
80×80×25(10)	ϕ75×25(10)	灰铸铁：6.0 球墨铸铁：4.0 碳钢：1.2～2.5
90×90×25(10)	ϕ80×25(10)	
100×100×25(10)	ϕ90×25(10)	
125×125×30(10)	ϕ100×25(10)	
150×150×30(10)	ϕ125×30(10)	
175×175×30(10)	ϕ150×30(10)	
200×200×35(10)	ϕ200×35(10)	

表3.78 国外某公司生产的含碳泡沫陶瓷过滤网的规格尺寸及其过滤能力

规格尺寸/mm(PPI)	断面积/cm^2	过滤能力/(kg·cm^{-2})
50×50×20(10)	25	
72×75×25(10)	56.3	
100×100×25(10)	100	不锈钢：1.9～4.0 碳素钢：1.4～2.7
150×150×30(10)	225	
200D×35(10)	314	

③ 碳化硅泡沫陶瓷过滤网。碳化硅泡沫陶瓷过滤网主要以碳化硅和其他无机耐高温材料为原料，使用温度可达1500 ℃，主要用于铸铁和铸铜。碳化硅泡沫陶瓷过滤网外形一般尺寸为30～150 mm，厚度为10～22 mm，孔径一般为10，15，20 PPI。

④ 氧化铝泡沫陶瓷过滤网。氧化铝泡沫陶瓷过滤网的原材料是以刚玉、堇青石为主的耐火材料，使用温度为1150 ℃，一般用于铝合金的过滤。氧化铝泡沫陶瓷过滤网外形一般尺寸为40～200 mm，厚度为10～30 mm，孔径为10～30 PPI。

⑤ 氧化镁泡沫陶瓷过滤网。氧化镁泡沫陶瓷过滤网一般用于镁合金的过滤，表3.79是氧化镁泡沫陶瓷过滤网常见规格及其过滤量。

表3.79 氧化镁泡沫陶瓷过滤网常见规格及其过滤量

规格尺寸/(mm×mm×mm)	过滤量/kg
50×50×22	50
60×60×22	75

表3.79（续）

规格尺寸/(mm×mm×mm)	过滤量/kg
75×75×22	120
80×80×22	130
100×100×22	200
120×120×22	220
150×150×25	300
ϕ50×22	40
ϕ60×22	60
ϕ70×22	80
ϕ75×22	95
ϕ90×22	120
ϕ100×22	150
ϕ150×25	230

5）过滤网选用 选用过滤网时，一定要考虑铸件材质、浇注温度、浇注量、浇注时间以及过滤网在浇注系统中的位置等因素；要根据铸件质量要求、金属液纯净度来选择过滤网孔径大小。

（1）过滤网类型选择。各类过滤网的适用性见表3.80。

表3.80 各类过滤网的适用性推荐表

铸件材质	玻璃纤维	直孔陶瓷	氧化铝泡沫陶瓷	碳化硅泡沫陶瓷	含碳泡沫陶瓷	氧化锆泡沫陶瓷
铸铝	效果差	不推荐	优选	不推荐	推荐	不推荐
铸铜	效果差	推荐	不适用	优选	可用，贵	不推荐
铸铁	效果差，小铸件	推荐	不适用	优选	大型铸件	大型铸件
铸钢	效果差	不推荐	不适用	不适用	推荐	优选

（2）过滤网孔径选择。过滤网孔径一般根据铸件金属液的流动性、纯净度以及铸件质量要求来选择。过滤网孔径越小，过滤效果越好，但过滤能力降低，需要增加过滤面积。选择过滤网孔径时，应注意以下几点：

① 铸件越大，孔径越大；

② 金属液流动性差或纯净度低，选择的孔径应大；

③ 铸件质量要求越高，过滤网孔径应越小；

④ 对于泡沫陶瓷过滤网，生产灰铸铁时，孔径一般选用10，15，20，30 PPI；生产球墨铸铁时，孔径一般选用10，15 PPI；生产铸钢时，孔径一般选用6，10，15 PPI；生产铸铝时，孔径一般选用20，30，40 PPI；生产铸铜时，孔径一般选用15，20 PPI。

（3）过滤网有效过滤面积。过滤网的有效过滤面积A_F由式（3.5）确定：

$$A_F = KA_0 \qquad (3.5)$$

式中，A_F——有效过滤面积，cm^2。

A_0——放置过滤网处浇道的原有断面积，cm^2。

K——系数，铸件质量小于5.0 kg

时，K 取 2.5；铸件质量为 50~100 kg 时，K 取 3。金属液纯净度差或过滤网孔小时，K 值应适当加大。

由式（3.5）计算得到的有效过滤面积必须满足相应过滤网的过滤能力。表 3.81

和表 3.82 分别列出了济南圣泉集团股份有限公司和福士科铸造材料公司生产的泡沫陶瓷过滤网的过滤能力。有效过滤面积应为原有浇道截面积或阻流面积的 4 倍或以上。

表 3.81　济南圣泉集团股份有限公司生产的泡沫陶瓷过滤网的过滤能力

过滤网类型	合金类型	过滤能力/(kg·cm⁻²)
氧化锆陶瓷过滤网	碳素钢	1.0~2.7
	不锈钢	1.0~4.0
含碳陶瓷过滤网	碳素钢	1.2~2.5
	球墨铸铁	4.0
	灰铸铁	6.0

表 3.82　福士科铸造材料公司生产的泡沫陶瓷过滤网的过滤能力

过滤网类型	合金类型	过滤能力/(kg·cm⁻²)
氧化锆陶瓷过滤网	碳素钢	1.4~2.7
	不锈钢	1.9~4.0
含碳陶瓷过滤网	碳素钢	1.4~2.7
	不锈钢	1.9~4.0

过滤网的有效过滤面积 A_F 的另一个简易算法：

$$A_F = G/R \qquad (3.6)$$

式中，A_F——有效过滤面积，cm²。
G——需过滤金属液的总量，kg。
R——过滤网的过滤能力，kg/cm²。

过滤能力（R 值）即单位面积的过滤量，其大小应根据铸件的材质进行合理选定，不同厂家、不同规格过滤网的过滤能力（R 值）会有差异，表 3.81、表 3.82 和表 3.83 为常用的泡沫陶瓷过滤网的过滤能力。

表 3.83　碳化硅泡沫陶瓷过滤网的常见规格尺寸及其过滤能力

规格尺寸/(mm×mm×mm)	最大过滤能力/(kg·cm⁻²)		金属液流量/(kg·s⁻¹)	
	球墨铸铁	灰铸铁	球墨铸铁	灰铸铁
30×50×22	30	60	3	4
40×40×22	32	64	3	4
50×50×22	50	100	4	6
75×50×22	75	150	6	9
100×50×22	100	200	8	12
75×75×22	110	220	9	14
100×75×22	150	300	12	18
100×100×22	200	400	16	24
150×100×22	300	600	24	36

表 3.83（续）

| 规格尺寸/ | 最大过滤能力/(kg·cm⁻²) | | 金属液流量/(kg·s⁻¹) | |
(mm × mm × mm)	球墨铸铁	灰铸铁	球墨铸铁	灰铸铁
150 × 150 × 22	450	900	36	54
φ40 × 11	20	40	2	3
φ50 × 22	35	70	3	4.5
φ60 × 22	50	100	4.2	6.5
φ70 × 22	75	150	5.5	8.8
φ80 × 22	100	200	7.2	11
φ90 × 22	120	240	9	14
φ100 × 22	140	280	11	17
φ150 × 22	350	700	25	38

通常情况下会对过滤网单位面积过滤的金属液量加以限制，单位面积最大过滤量为：铸钢 $1.4 \sim 4.0$ kg/cm²；球墨铸铁 $1.0 \sim 2.0$ kg/cm²；灰铸铁 $2.0 \sim 4.0$ kg/cm²。

需要说明的是，当采用玻璃纤维过滤网浇注铸铁和铸钢件时，一般要控制浇注时间。铸钢浇注时间控制在 20 s 以内，铸铁浇注时间控制在 1 min 以内，具体应根据玻璃纤维过滤网的化学成分和粗细确定。

6）过滤网放置　过滤网应放置在浇注系统中金属液流动最平稳的区域，要避免金属液对过滤网的冲刷。过滤网必须覆盖整个浇道截面，使浇注金属液全部从过滤网通过；不管是玻璃纤维过滤网，还是多孔陶瓷过滤网，过滤网都必须固定在铸型上，不得松动。图 3.28 是多孔陶瓷过滤网在浇注系统上的安装示意图。

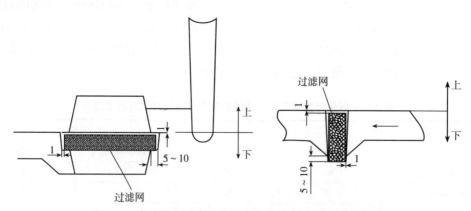

图 3.28　多孔陶瓷过滤网水平和垂直放置结构设计示意图

3.4.6　冒口设计

3.4.6.1　铸钢件冒口

1）冒口补缩距离　通常用的冒口补缩距离计算方法有两种。

（1）图表法。冒口水平方向的补缩距离见表 3.84、图 3.29 至图 3.31。

表 3.84 C0.20%～0.30%碳钢平板和杆的补缩距离

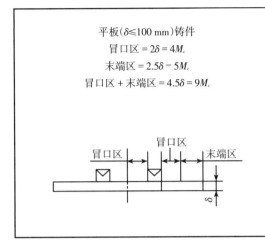

平板（$\delta \leq 100$ mm）铸件

冒口区 $= 2\delta = 4M_c$

末端区 $= 2.5\delta = 5M_c$

冒口区 + 末端区 $= 4.5\delta = 9M_c$

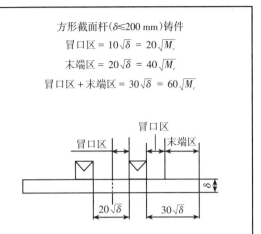

方形截面杆（$\delta \leq 200$ mm）铸件

冒口区 $= 10\sqrt{\delta} = 20\sqrt{M_c}$

末端区 $= 20\sqrt{\delta} = 40\sqrt{M_c}$

冒口区 + 末端区 $= 30\sqrt{\delta} = 60\sqrt{M_c}$

注：① 截面的宽厚比不小于 5:1 者称为板。

② δ 为铸件的厚度，M_c 为铸件的模数，cm。

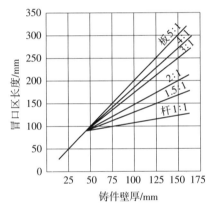

5:1，4:1，…，1:1 为铸件截面宽厚比

图 3.29 冒口区长度与铸件厚度的关系

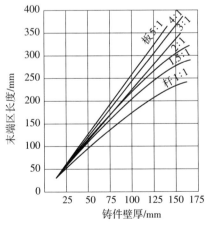

图 3.30 末端区长度与铸件厚度的关系

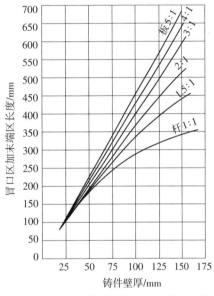

图 3.31 冒口区加末端区的长度与铸件厚度的关系

结晶温度范围较大的铸钢，冒口补缩距离较小；结晶温度范围较小的铸钢，冒口补缩距离较大；厚实铸件的凝固区域变宽，冒口补缩距离相对变小。

（2）延续度法。冒口延续度是指冒口根部尺寸之和与同方向铸件长度的比例，要求每两个冒口之间的距离相等。普通铸件的冒口延续度见表 3.85，齿轮类铸件的冒口延续度见表 3.86。

表3.85　普通铸件的冒口延续度

铸件厚度/mm	≤100	101～150	>150
延续度/%	38～40	35～38	30～35

注：不重要铸件的冒口延续度可适当减小。

表3.86　齿轮类铸件的冒口延续度

名　称	轮缘最大直径（D）/mm	冒口延续度/%
单辐板齿轮	≤450	35
	451～650	45～45
	651～1000	45
	>1000	42
双辐板齿轮	≤1500	48
	1501～2000	46
	>2000	12
三辐板齿轮	≤1200	50
	1201～1600	48
	>1600	48
齿式半联轴套和联轴器	≤500	25
	501～1500	25～30
	>1500	30～32
齿　圈	—	42
制动轮	600～1000	42～45

　　冒口在垂直方向的补缩距离与水平方向的补缩距离相近。铸件的下端放置冷铁能增加冒口的补缩距离。

　　2）补贴设计　对于致密度要求高的铸件，当冒口的补缩距离不足时，可在冒口之侧（对于水平补缩）或冒口之下（对于垂直补缩）设置补贴造成向冒口方向顺序凝固，以增加冒口的补缩距离。其设计方法有如下几种：

　　（1）图表法。图表法是以试验件实验结果制定的通用方法。图3.32是冒口的凸肩尺寸，它是冒口增加水平方向补缩距离的一种补贴形式。图3.33是根据厚度不大于100 mm的碳钢板状试验件顶注、垂直补缩

实验结果制定的补贴厚度，其值为补贴上端的厚度。

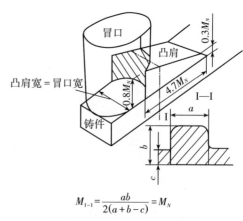

$$M_{1-1} = \frac{ab}{2(a+b-c)} = M_N$$

M_{1-1}—凸肩模数；M_N—冒口颈模数

图3.32　冒口的凸肩尺寸

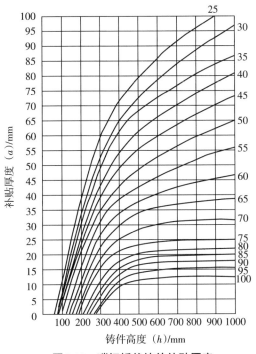

图 3.33　碳钢板状铸件补贴厚度

杆状铸件冒口的补缩距离比板状铸件小。为获得致密的铸件，首先按其厚度从图 3.33 查得楔形补贴的上端厚度，再根据杆的横截面的宽厚比从表 3.87 查得补偿系数，两者的乘积即为杆状件垂直方向补贴的上端厚度 a。

对于底注式碳钢板形件和高合金钢板形件，因其热差恶化，需通过增加补贴厚度来补偿，以促成顺序凝固的进行，其增大系数见表 3.88；以增大系数乘以从图 3.33 查得的厚度，即为其垂直补贴厚度。此表也适用于杆状铸件，但需再乘以表 3.87 中的补偿系数。

根据厚度为 100~150 mm 介于杆、板之间的铸钢试验件的垂直补缩试验结果，射线探伤质量等级与补贴斜率存在表 3.89 所示的关系。

表 3.87　杆状铸件补贴值的补偿系数

横截面的宽厚比	补偿系数	横截面的宽厚比	补偿系数
4 : 1	1.00	1.5 : 1.0	1.7
3 : 1	1.25	1 : 1	2.0
2 : 1	1.50	—	—

表 3.88　铸件材质和浇注方式的补偿系数

材质及浇注方式	碳钢及低合金钢		高合金钢	
	上注	底注	上注	底注
补偿系数	1	1.25	1.28	1.56

表 3.89　补贴斜率选定

射线探伤质量等级	1	2	3	4	5
补贴斜率/%	10 ~ 11	9 ~ 10	8 ~ 9	6 ~ 8	5 ~ 7

厚度越大，补缩变得越困难，需要的补贴斜率越大。

铸件加放与不加放补贴，或者补贴厚度或斜率的大小，应视铸件技术条件对内在质量的要求而选定。

（2）经验法。表 3.90 是根据实践经验总结出的确定各种齿轮补贴尺寸的方法，可供参考。

（3）保温补贴。有多种计算保温补贴的方法，这里简介铸件壁厚（δ）不大于

80 mm碳钢铸件的硅酸铝纤维型保温补贴的一种计算方法。其内容如下：

① 对于板形（含简形）铸件（图3.34）：

表3.90 补贴尺寸的确定

铸件名称及部件	图　例	补贴尺寸/mm
双辐板齿轮的轮缘		$a = (D_0 - \delta) + H_c/6$ $h = H_c/2$
三辐板齿轮的轮缘		$a = (D_0 - \delta) + H_c/6$ $h = H_c/2 + H_1$
单辐板齿轮的轮缘	δ—加工余量	d 比接头热节圆直径 D_0 大 $6\% \sim 12\%$ $d_1 = (1.05 \sim 1.1)d$ $d_2 = (1.05 \sim 1.1)d_1$ d_1 和 d_2 的圆心分别在 d 和 d_1 的圆周上 或： $a = 1.1D_0 + 0.3H$ $R = r + 1.1D_0$ 下端与 R 所画圆弧相切
齿轮轮毂		采用作圆法，其方法与轮缘补贴的滚圆扩大法相同

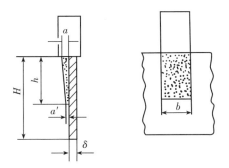

图3.34 板形铸件保温补贴

$$\left.\begin{array}{l} h = H - (2 \sim 3)\delta \\ a \geq 1.9(\delta - \delta^2/50) \\ a' = 25 \text{ mm} \end{array}\right\} \quad (3.7)$$

式中，h——补贴高度，mm；

H——铸件高度，mm；

δ——铸件厚度，mm；

a——补贴上端厚度，mm；

a'——补贴下端厚度，mm。

② 对于铸件的T形接头（图3.35）：

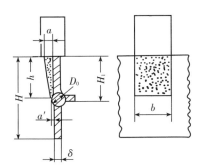

图3.35 T形接头保温补贴

$$\left.\begin{array}{l} H_1 - \left(\dfrac{7}{10}D_0 + 1.5\right) \leq h \leq H_1 - \dfrac{D_0}{3} \\ a > 1.9\delta - \delta^2/50 \\ a' \geq D_0 - \delta \end{array}\right\} \quad (3.8)$$

式中，H_1——见图3.42，mm；

D_0——T形接头热节圆直径，mm；

其余代号同式（3.7）。

补贴的长度 b 与冒口的长度相同。

对于①与②所设计的保温补贴的斜度是否合适，用下式校核：

$$(a - a'/h) \times 100 \geq 10 - 3\delta/40 \quad (3.9)$$

若计算值满足校核结果，则所设计的补贴是合适的；否则，应调整补贴上端与下端的厚度差，使之满足式（3.9）的要求。

制造保温补贴块的材料，与硅酸铝纤维型保温冒口套的材料相同。

3）冒口设计 冒口设计计算方法较多，目前国内应用比较普遍的方法有模数法和比例法。这里仅介绍这两种设计计算冒口的方法以及由此派生出来的易割冒口、保温冒口和发热保温冒口的计算方法。

（1）模数法设计计算冒口。

① 铸件模数计算。铸件模数（又称凝固模数）用下式表示：

$$M_c = V_c/A_c \quad (3.10)$$

式中，M_c——铸件的模数，cm；

V_c——铸件被补缩部位的体积，cm³；

A_c——铸件被补缩部位的面积，cm²。

模数计算举例：

如图3.36所示双法兰铸钢件，上、下法兰均需要补缩，用模数法设计并计算冒口尺寸。

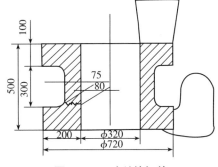

图3.36 双法兰铸钢件

由于铸件较大，上、下法兰较厚，上、下法兰均需要冒口补缩。上、下法兰环形结构，可视为长杆铸件，但法兰与圆柱体连接的部位宽度为80 mm，是一非传热面，因此模数计算式为：

$$M_c = \frac{ab}{2(a+b)-c} = \frac{10 \times 20}{2(10+20)-8} = 3.84 \text{ cm}$$

铸件结构有简单与复杂之别，结构复杂的铸件是由简单几何基体组合构成的，因此在计算冒口之前，需按铸件的结构特征细分成几个构成组元，然后计算每一组元的模数值。表3.91列出了简单几何体的模数计算方法，表3.92列出了接头的模数计算方法。简形类铸件的内表面对着渐次

收缩的砂芯体积，内表面传出的热量由较小体积的砂芯吸收，外表面传出的热量由渐次开放的较大的砂型吸收，因此，内侧的凝固速度要比外侧的小，热中心自截面的中心线向砂芯方向推移，虚假地增大了铸件的截面厚度，延长了铸件的凝固时间。在计算凝固模数时，应将铸件的图样厚度乘以一增大系数 k 方能符合实在模数，k 值见表3.93；当铸件内径 d 小于铸件外径 D 的27%时，一般将简形体看作实心圆柱体，以计算模数值。

表3.91　简单几何体的模数计算

简　图	体积（V）、表面积（A）、模数（M）计算式
基体面积1 cm² 板及圆板 $a \geqslant 5\delta$	板内画出的小块 $V = 1 \text{ cm}^2 \times \delta$，$A = 2 \text{ cm}^2$，$M = V/A = \delta/2$（cm） 因为板是由任意数量的这种小块组成的，故板的模数： $$M = \delta/2 \text{（cm）}$$
长杆 $a \leqslant b < 5a$	杆内画出的小块 $V = a \times b \times 1 \text{ cm}^3$，$A = (a+b) \times 1 \text{ cm}^2 \times 2$，$M = V/A = ab/2(a+b)$（cm） 因为长杆是由任意数量的小块组成的，故杆的模数： $$M = ab/2(a+b) \text{（cm）}$$
环形体和空心圆筒体	将它视作展开的长杆体 $$M = ab/2(a+b) \text{（cm）}$$ 当 $b \geqslant 5a$ 时，将它视作展开的板 $$M = a/2 \text{（cm）}$$

表 3.91（续）

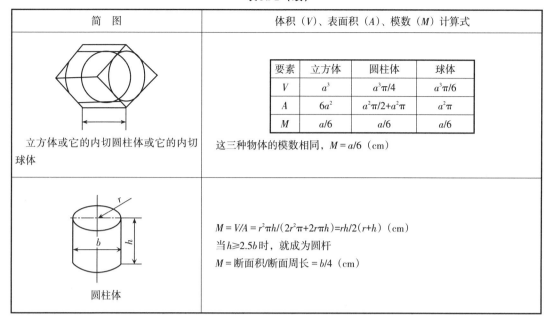

简　图	体积（V）、表面积（A）、模数（M）计算式

立方体或它的内切圆柱体或它的内切球体

要素	立方体	圆柱体	球体
V	a^3	$a^3\pi/4$	$a^3\pi/6$
A	$6a^2$	$a^2\pi/2+a^2\pi$	$a^2\pi$
M	$a/6$	$a/6$	$a/6$

这三种物体的模数相同，$M = a/6$（cm）

圆柱体

$M = V/A = r^2\pi h/(2r^2\pi+2r\pi h)=rh/2(r+h)$（cm）

当 $h\geqslant 2.5b$ 时，就成为圆杆

$M = $ 断面积/断面周长 $= b/4$（cm）

表 3.92　复合体接头模数计算式

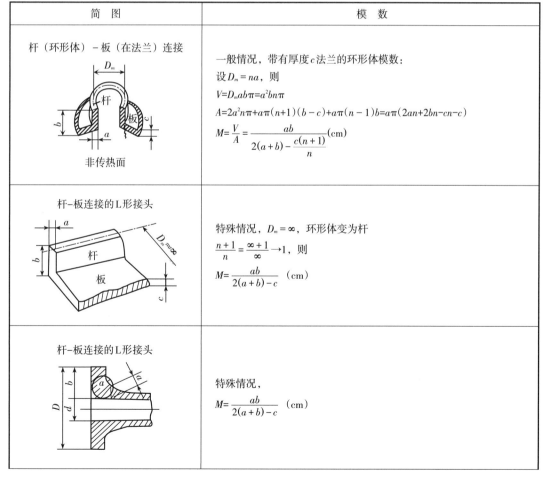

简　图	模　数

杆（环形体）–板（在法兰）连接

非传热面

一般情况，带有厚度 c 法兰的环形体模数：

设 $D_m=na$，则

$V=D_m ab\pi=a^2 bn\pi$

$A=2a^2 n\pi+a\pi(n+1)(b-c)+a\pi(n-1)b=a\pi(2an+2bn-cn-c)$

$M=\dfrac{V}{A}=\dfrac{ab}{2(a+b)-\dfrac{c(n+1)}{n}}$（cm）

杆–板连接的 L 形接头

特殊情况，$D_m=\infty$，环形体变为杆

$\dfrac{n+1}{n}=\dfrac{\infty+1}{\infty}\to 1$，则

$M=\dfrac{ab}{2(a+b)-c}$（cm）

杆–板连接的 L 形接头

特殊情况，

$M=\dfrac{ab}{2(a+b)-c}$（cm）

表 3.92（续）

简 图	模 数
板上凸起 	特殊情况， $n=1$，$\dfrac{n+1}{n}=2$，则 $M=\dfrac{ab}{2(a+b-c)}=\dfrac{d(h+c)}{2(d+2h)}$ （cm）
杆-板连接 	特殊情况， $M=\dfrac{da}{2(d+a-b)}$ （cm）
T、"+"、L形板接头 （a）T形板接头 （b）"+"形板接头 （c）L形板接头。考虑到砂型尖角影响， 将热节圆扩大	（a）T形板接头 $M=\dfrac{2b_1^2+bb_1+b^2}{4b_1+3b}$ （cm） 当 $b=b_1$ 时，$M\approx r$ （cm） （b）"+"形板接头 $M=\dfrac{2b^2+bb_1+b_1^2}{4(b+b_1)}$ （cm） 当 $b=b_1$ 时，$M\approx r$ （cm） （c）L形板接头 $M=\dfrac{b_1}{1.957}\sim\dfrac{b_1}{1.738}\approx r$ （cm）

表3.92（续）

简　图	模　数
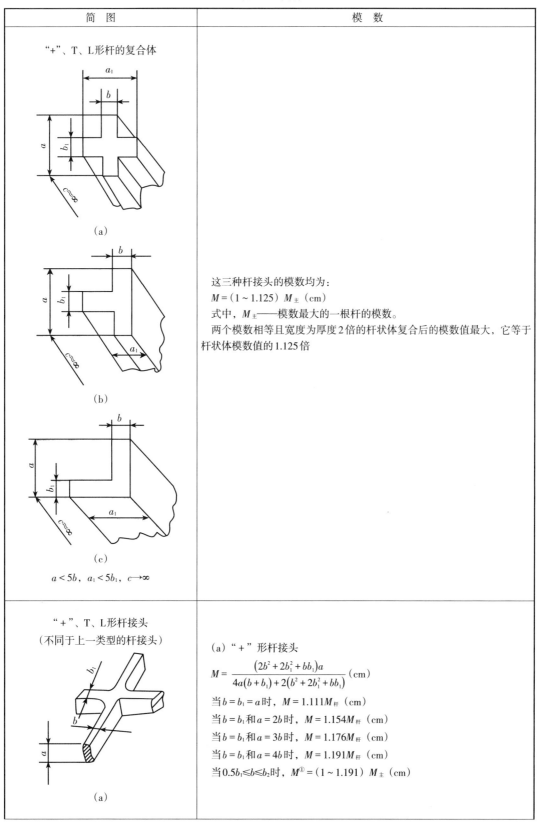	

"+"、T、L形杆的复合体

（a）

（b）

这三种杆接头的模数均为：
$M = (1 \sim 1.125) M_主$（cm）
式中，$M_主$——模数最大的一根杆的模数。
　　两个模数相等且宽度为厚度2倍的杆状体复合后的模数值最大，它等于杆状体模数值的1.125倍

（c）

$a < 5b$，$a_1 < 5b_1$，$c \rightarrow \infty$

"+"、T、L形杆接头
（不同于上一类型的杆接头）

（a）

（a）"+"形杆接头

$$M = \frac{(2b^2 + 2b_1^2 + bb_1)a}{4a(b + b_1) + 2(b^2 + 2b_1^2 + bb_1)}$$（cm）

当 $b = b_1 = a$ 时，$M = 1.111 M_杆$（cm）

当 $b = b_1$ 和 $a = 2b$ 时，$M = 1.154 M_杆$（cm）

当 $b = b_1$ 和 $a = 3b$ 时，$M = 1.176 M_杆$（cm）

当 $b = b_1$ 和 $a = 4b$ 时，$M = 1.191 M_杆$（cm）

当 $0.5b_1 \leq b \leq b_2$ 时，$M^{①} = (1 \sim 1.191) M_主$（cm）

表3.92（续）

简 图	模 数
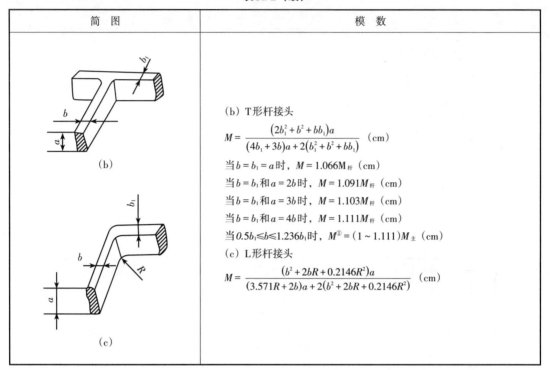	（b）T形杆接头 $M = \dfrac{(2b_1^2 + b^2 + bb_1)a}{(4b_1 + 3b)a + 2(b_1^2 + b^2 + bb_1)}$ （cm） 当 $b = b_1 = a$ 时，$M = 1.066 M_{杆}$ （cm） 当 $b = b_1$ 和 $a = 2b$ 时，$M = 1.091 M_{杆}$ （cm） 当 $b = b_1$ 和 $a = 3b$ 时，$M = 1.103 M_{杆}$ （cm） 当 $b = b_1$ 和 $a = 4b$ 时，$M = 1.111 M_{杆}$ （cm） 当 $0.5b_1 \leqslant b \leqslant 1.236 b_1$ 时，$M^{①} = (1 \sim 1.111) M_{主}$ （cm） （c）L形杆接头 $M = \dfrac{(b^2 + 2bR + 0.2146 R^2)a}{(3.571R + 2b)a + 2(b^2 + 2bR + 0.2146 R^2)}$ （cm）

注：①是计算接头的简化式。

表3.93　k值的确定

砂芯直径（d）/cm	5δ	4δ	3δ	2δ	1.5δ	δ	0.5δ
系数k	1.28	1.33	1.40	1.50	1.57	1.67	1.80

注：δ为图样的铸件厚度，折算成以 cm 为单位。

　　铸件模数越大，凝固时间越长；模数相等的铸件，凝固时间相同或接近。根据构成铸件各组元模数值的大小，推定各组元凝固顺序，凝固较晚的组元可作为设置冒口的位置。但是，一些晚凝固的组元可通过设置冷铁或补贴，使形成向设置冒口的组元方向凝固，使之不另设冒口。找出需设置冒口的组元以后，则可选定冒口的类型和数量。例如图3.37的铸钢阀体，计算各组元的模数后表明：①、②、⑤、⑦、⑧等部位的模数较大，但这些组元均被模数较小、较早凝固的组元分隔开，假如对这些较晚凝固的组元不采取措施，则将产生缩孔或缩松。据此，拟定在部位⑦设置边冒口；上部位①设置顶冒口（上部位①与下部位①对称）；下部位①设置冷铁，缩小其模数，以部位②作为下部位①的补缩通道；部位⑤设置冷铁，使其模数缩小至小于部位⑥，以部位⑥作为其补缩通道；⑧不宜设置冒口或冷铁，可对⑩加厚，以增大其模数，此时⑩就可作为⑧与⑨的补缩通道。图中④的曲面部分虽与其邻接部分等壁厚，但曲面部分的凝固时间较长，为获得致密铸件，在曲面部位设置顶冒口。通过以上计算、分析与工艺措施，就可确定冒口的位置、数量和类型。

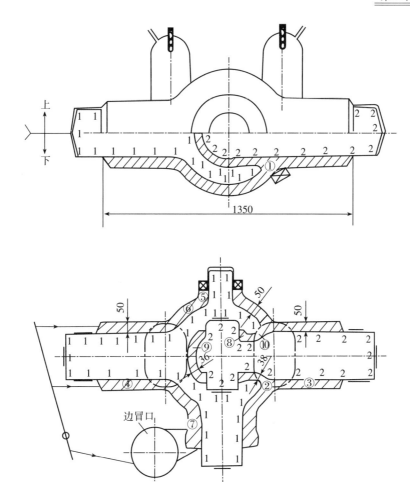

图3.37 阀体铸造工艺方案（正视图中未画出边冒口）

②冒口模数确定。冒口模数M_R按表3.94计算。

表3.94 冒口模数的确定

冒口类型	模数/cm
明顶冒口	$M_R = 1.2M_c$
暗顶冒口	$M_R = 1.1M_c$
边冒口	$M_c : M_N : M_R = 1 : 1.1 : 1.2$
	$L = 2M_R$

注：M_R—冒口模数；M_c—设置冒口部位的铸件模数；M_N—冒口颈模数；L—冒口颈长度。

对于冒口，除了具有合适的模数外，必须依据冒口补缩区域内的铸件体积决定冒口的最小体积。一定的冒口体积所能补缩的最大铸件体积由式（3.11）确定：

$$\left.\begin{array}{l} V_R = \dfrac{\varepsilon}{\eta - \varepsilon} V_{c\,\mathrm{max}} \quad (\mathrm{cm}^3) \\ \text{或} \\ V_{c\,\mathrm{max}} = \dfrac{\eta - \varepsilon}{\varepsilon} V_R \quad (\mathrm{cm}^3) \end{array}\right\} \quad (3.11)$$

式中，V_R——冒口初始体积，cm^3；

V_{cmax}——冒口补缩区域内铸件体积（含铸型胀箱体积），cm^3；

ε——合金的液态收缩和凝固收缩率，%；

η——冒口补缩效率，%。

若铸件上设置上、下两层冒口，在计算上层冒口体积时，需将下层冒口体积的50%（对于厚实件为75%）计入被补缩铸件的体积。另外，在工艺上一定要采取措施，使上、下冒口的补缩区域尽快隔离。

③合金的收缩量。合金的收缩量ε（包括液态收缩和凝固收缩）不仅与合金成分有关，还与浇注温度有关。

碳钢体收缩率ε与碳含量和浇注温度的关系以及主要合金元素对铸件体收缩率的影响见表3.95。合金钢的体收缩率比碳钢大，它既与碳含量和浇注温度有关，又受合金元素及其含量的影响。纯铜和纯铝的体收缩率见表3.96。表3.97是ZG1Cr18Ni9Ti体收缩率ε的计算结果。

表3.95　铸钢收缩率与成分和温度的关系

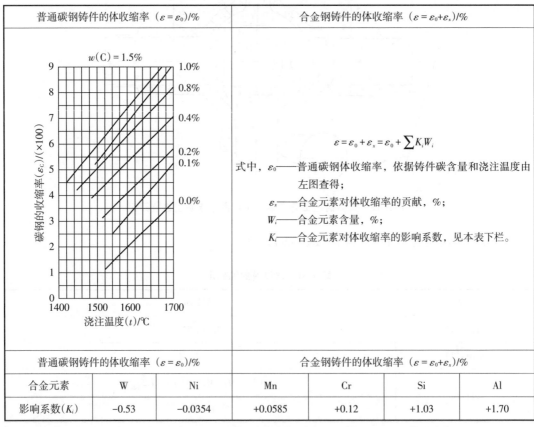

普通碳钢铸件的体收缩率（$\varepsilon = \varepsilon_0$）/%

合金钢铸件的体收缩率（$\varepsilon = \varepsilon_0 + \varepsilon_x$）/%

$$\varepsilon = \varepsilon_0 + \varepsilon_x = \varepsilon_0 + \sum K_i W_i$$

式中，ε_0——普通碳钢体收缩率，依据铸件碳含量和浇注温度由左图查得；

ε_x——合金元素对体收缩率的贡献，%；

W_i——合金元素含量，%；

K_i——合金元素对体收缩率的影响系数，见本表下栏。

普通碳钢铸件的体收缩率（$\varepsilon = \varepsilon_0$）/%			合金钢铸件的体收缩率（$\varepsilon = \varepsilon_0 + \varepsilon_x$）/%		
合金元素	W	Ni	Mn	Cr	Si	Al
影响系数（K_i）	−0.53	−0.0354	+0.0585	+0.12	+1.03	+1.70

注：体收缩系数是合金元素含量为1%引起的体收缩率变化，仅适用于低于1600 ℃的体收缩率。

表3.96　纯铜和纯铝的体收缩率

铸件材质	ε/%
纯铝	6.60
纯铜	4.92

表3.97 **ZG1Cr18Ni9Ti体收缩率ε计算**

成 分		体收缩系数	体收缩率/%
元 素	质量分数/%		
C	0.10	查表3.95	+3.8
Mn	1.20	+0.0585	+0.0702
Si	1.20	+1.03	+1.236
Cr	18.00	+0.12	+2.06
Ni	10.00	−0.0354	−0.354
合计			+6.81

注：① 浇注温度为1600 ℃。

② 为安全起见，取体收缩率（ε）为7%。

④ 冒口的补缩效率。冒口的补缩效率 η 值主要取决于冒口的种类、形状及工艺条件。冒口的具体补缩效率由试验得出，一般冒口的补缩效率 η 值可参考表3.98。

表3.98 **冒口的补缩效率**

冒口种类、形状或工艺条件	圆柱形或腰圆柱形冒口	球形冒口	补浇冒口	浇道通过冒口	保温冒口	发热冒口	大气压力冒口
补缩效率（η）/%	12 ~ 15	15 ~ 20	15 ~ 20	30 ~ 35	25~45	40 ~ 50	15 ~ 20

⑤ 冒口的形状。常用冒口的形状如图3.38所示。

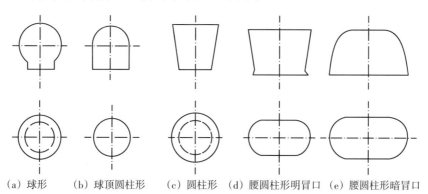

（a）球形　（b）球顶圆柱形　（c）圆柱形　（d）腰圆柱形明冒口　（e）腰圆柱形暗冒口

图3.38 **常用冒口的形状**

冒口的形状直接影响冒口的补缩效果。在设计冒口时，应从体积相同的不同形状冒口中选用散热面积最小的，这是因为冒口凝固时间因散热慢而变长，选用散热面积最小的冒口可以提高冒口的补缩效果。在实际生产中，要根据铸件或铸件热节的形状而定，例如，轮类铸件在轮缘处热节形状为长条形，通常采用压边的腰圆柱形冒口较好。

⑥ 冒口位置确定。通用冒口位置确定一般遵循以下原则：

· 冒口应设在铸件热节的上方（顶冒

口）或旁侧（边冒口）。

·冒口应尽量设在铸件最高、最厚的部位。对低处的热节增设补贴或使用冷铁，以保证顺序凝固和补缩通道畅通，形成补缩的有利条件。

·冒口尽量不要设在铸件重要的、受力大的部位，以防力学性能因组织粗大而降低。

·冒口不要选在铸造应力集中处，应注意减轻对铸件的收缩阻碍，以免产生裂纹。

·尽量用一个冒口同时补缩几个热节或铸件，提高工艺出品率，简化生产操作。

·在满足补缩的前提下，冒口应便于铸件清理，尽可能将其设在铸件加工面上，以减少清整冒口根部的工作量。

常用冒口的设置位置如图3.46所示。铸钢件或有色合金铸件的冒口一般采用顶冒口，如图3.39（a）所示；图3.39（b）所示的冒口形式一般适用于铸铁件。

（2）比例法设计计算冒口。依据冒口设置部位铸件的厚度或热节圆直径，以一定比例确定冒口的尺寸。表3.99至表3.101的冒口设计计算方法可供参考。

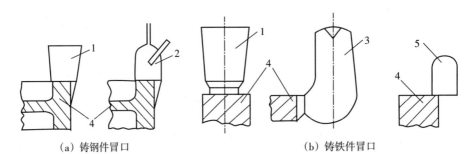

(a) 铸钢件冒口   (b) 铸铁件冒口

图3.39 常用冒口的设置位置

1—明顶冒口；2—大气压力顶冒口；3—边（侧）冒口；4—铸件；5—压边冒口（暗顶冒口）

比例法属于经验性比较强的一种冒口设计方法，在确定冒口尺寸后，一般需要用铸件工艺出品率（也称工艺收得率）和冒口补缩距离进行冒口尺寸和数量验算。如果验算结果认为初步设计的冒口不当，则需要调整冒口尺寸或数量。铸件工艺出品率计算见式（3.12）。

$$铸件工艺出品率 = \frac{铸件毛重}{铸件毛重 + 浇冒口重} \times 100\%$$

$$(3.12)$$

一般铸件工艺出品率见表3.102和表3.103。为了提高冒口的补缩效果，明冒口上需撒上足量的保温覆盖剂。

表3.99 齿轮轮缘冒口尺寸计算   单位：mm

轮缘厚度（T）	冒口宽度（B）	冒口长度（L）	轮缘高度（H_e）	冒口高度（H）
≤50	$T + a + 30$			暗：$B + (0 \sim 50)$
51 ~ 80	$T + a + (30 \sim 40)$			
81 ~ 120	$T + a + (40 \sim 80)$	$(1.5 \sim 2)B$	≤150	
121 ~ 180	$T + a + (60 \sim 100)$			明：$1.5H_e$
≥180	$T + a + (100 \sim 120)$			

表 3.99（续）　　　　　　　　　　　　　　　　　　　　　　单位：mm

轮缘厚度（T）	冒口宽度（B）	冒口长度（L）	轮缘高度（H_c）	冒口高度（H）
			151～200	暗：$B+(0～50)$
				明：$1.4H_c$
			201～300	暗：$B+(0～50)$
				明：$1.5H_t$
			301～400	暗：$B+(0～50)$
				明：$1.3H_c$
			401～500	暗：$B+(0～50)$
				明：$1.15H_c$
			501～600	明：$(1～1.1)H_c$
			601～650	明：$(0.8～0.9)H_c$
			651～900	明：$(0.7～0.8)H_c$
			＞900	明：$0.6H_t$

注：① a 值见表 3.90。

　　② 轮缘厚度（T）偏上限时，冒口宽度（B）取偏上限。

　　③ 三幅板齿轮，当轮缘外径 $D_1＞2500$ mm 和上 $H_c＞1000$ mm 时，H 可按表值降低 10%～15%，但浇注后需点浇冒口和撒保温覆盖剂。

表3.100　齿轮轮毂冒口尺寸计算　　　　　　　　单位：mm

图　例	轮毂尺寸范围	冒口直径(D)或宽度(B)	冒口高度（H）
	$H_c < D_c \leqslant 180$ 或$H_c > 1.2D$， $D_c > 180$	$D = D_c - (6 \sim 10)$	$H = H_c - 30$ 或 $H = D + (0 \sim 40)$
	$H_c > D_c \leqslant 180$	$D = D_c - (6 \sim 10)$	可设明冒口，其 高度与轮缘冒口 同，且$H \geqslant 1.2D$
可设内冷铁	$H_c > 2D_c$	$D > D_c$	可设明冒口，其 高度与轮缘冒口 同，且$H \geqslant 1.2D$
		保证轮毂部分的收得率小于70%	
	$D_c > 180$	$H_c = \dfrac{D_c}{2}$　　$D = 2T$	$H = D + (0 \sim 40)$
		$H_c = \dfrac{D_c}{2}$　　$D = 2.5T$	
		$H_c = \dfrac{3}{4}D_c$　　$D = 3T$	
		$H_c = D_c$　　$D = 3.5T$	

单位：mm

图　例	轮毂尺寸范围	冒口直径(D)或宽度(B)	冒口高度（H）
	$D_c \geqslant H_c$，D_c 很大且 T 较薄	设2个以上冒口，冒口总长度等于轮毂周长的25%～30%，冒口尺寸参数可参考上值	
	$H_c = (1 \sim 1.2)D_c$	$B = (0.6 \sim 0.7)D_c$	$H = B + (0 \sim 50)$
	$H_c = (1.2 \sim 1.5)D_c$	$B = (0.7 \sim 1.0)D_c$	
		如果 B 压过轴孔，则砂芯要伸入冒口内，且与冒口一侧立面距离大于 20 mm。一般情况下，轮毂与轮辐形成的热节要用滚圆法滚入冒口中	

表3.101　某些铸件局部位置冒口尺寸确定　　　　　　　　单位：mm

图　例	冒口根部尺寸(D)	冒口高度(H)
	$L/T{\leqslant}4$时 $D=(1.8\sim2.2)T$ $L/T>4$时 $D=3T$	$(1.5\sim2.0)D$
	$D=2T_1+T_2$	$(1.5\sim2.0)D$
	$D=2T_1+1.5T_2$	$(1.5\sim2.0)D$
	$D=T_1+T_2+2R$	$(1.5\sim2.0)D$
	$D=2T_1+1.5(T_2+T_3)$	$(1.5\sim2.0)D$

表 3.102　碳钢和低合金钢铸件工艺出品率

铸件质量/kg	铸件主要厚度/mm	加工面所占比例/%	工艺出品率/%	
			明冒口	暗冒口
≤100	≤20 21～50 >50	>50	58～62 54～58 51～55	65～69 61～65 58～62
	≤20 21～50 >50	≤50	63～67 59～63 50～60	68～72 65～69 62～66
101～500	≤30 31～60 >60	>50	63～67 62～65 58～62	66～70 64～68 62～66
	≤30 31～60 >60	≤50	65～69 63～67 61～65	68～72 66～70 64～68
501～5000	≤50 51～100 >100	>50	64～70 61～67 59～65	66～72 64～70 62～68
	≤50 51～100 >100	≤50	65～71 63～69 61～67	67～73 66～72 65～71
5001～15000	≤50 51～100 >100	>50	65～71 63～69 61～67	67～73 65～71 63～69
	≤50 51～100 >100	≤50	64～72 62～70 61～69	66～74 65～73 64～72
>15000	≤100 101～300 >300	>50	64～72	—
	≤100 101～300 >300	≤50	66～74	—

表 3.103　齿轮类铸钢件工艺出品率

名　称	铸件质量/kg	工艺出品率/%		名　称	铸件质量/kg	工艺出品率/%	
		明冒口	暗冒口			明冒口	暗冒口
单辐板齿轮	≤250	45～52	46～55	圆锥齿轮	≤500	≈52	≈55
	251～500	45～55	48～58		501～1000	≈56	≈59
	501～2000	49～59	52～62		1001～2500	≈59	≈62
	>2000	52～62	55～65		>2500	≈62	—
双辐板齿轮	≤500	50～60	53～63	齿圈	≤3000	57～61	—
	201～2000	53～63	56～66		3001～10000	58～62	—
	2001～10000	54～64	—		10001～20000	59～63	—
	>10000	56～66	—		>20000	60～64	—

（3）易割冒口。易割冒口与铸件的连接形式见图3.40。易割冒口尺寸计算方法与普通冒口相同，因此凡是按模数法或比例法计算得出的各类冒口数据及计算方法均适用于易割冒口。

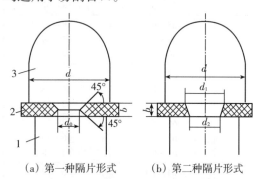

（a）第一种隔片形式　　（b）第二种隔片形式

图3.40　易割冒口

1—铸件；2—隔片；3—冒口

易割冒口的隔片厚度 b 和补缩颈断面尺寸可用下式计算：

$$b = 0.093d = 0.56M_c \qquad (3.13)$$

$$d_0 = 0.39d = 2.34M_c \qquad (3.14a)$$

$$或 \quad \frac{\pi d_0^2}{4} = 4.32M_c^2 \qquad (3.14b)$$

表3.104 和表3.105 所列的隔片尺寸可供选用。隔片可采用如下材料配制而成：黏土15%，耐火泥60%，膨润土10%，耐火砖粉15%，水12%。隔片成型后自然干燥24 h 再装炉干燥、烧结。烧结温度为1000～1100 ℃，保温2～3 h，随炉冷却。

表3.104　隔片主要尺寸 ［图3.47（a）］

M_c/cm	0.84	0.92	1.00	1.09	1.17	1.25	1.34	1.42	1.51	1.59
b/mm	4.2	4.6	5.1	5.1	5.9	6.3	6.7	7.2	7.6	8.0
d_0/mm	19.5	21.5	23.5	25.5	27.5	29	31	33	35	37
M_c/cm	1.67	1.84	2.00	2.20	2.34	2.50	2.67	2.84	3.00	3.17
b/mm	8.4	9.2	10	11	11.7	12.6	13.5	14.5	15	16
d_0/mm	39	43	47	51	55	59	63	66	70	74

注：表中 M_c 是铸件的模数。

表3.105　隔片主要尺寸 ［图3.47（b）］　　　　　　单位：mm

d	b	d_1	d_2	d	b	d_1	d_2
80	6	30	25	150	8	40	34
100	7	34	30	180	10～12	46	40
120	7	40	34	—	—	—	—

（4）保温冒口。保温冒口采用热导率和密度都非常小的保温材料作为冒口套材料。目前保温冒口套的类型主要有珍珠岩复合型保温冒口套、纤维复合型保温冒口套、空心微珠复合型保温冒口套和陶粒保温冒口套。保温冒口套材料的物理性能要求见表3.106。

表3.106　保温冒口套材料的物理性能

项　目		性能指标	说　明
密度/(kg·m⁻³)		≤800	—
强度/MPa	干　压	≥0.7	—
	室温抗折	≥0.6	适用于纤维复合型保温套

表 3.106（续）

项　目	性能指标	说　明
热导率/(W·m^{-1}·K^{-1})	≤0.28	—
耐火温度/℃	≥1500	—
含水量/%	≤1	—
	≤0.5	适用于纤维复合型保温套

保温冒口套的规格和形状可根据厂家的要求定做。

保温冒口套厚度 δ 与冒口直径 D 的关系一般为 $\delta = (0.2 \sim 0.4) D$，保温性能好的材料可取下限。明保温冒口的顶面应用保温覆盖剂，覆盖剂的用量一般取冒口质量的 $1.0\% \sim 1.7\%$（以不见冒口顶面红色为原则）。

保温冒口设计计算方法有多种，这里介绍一种比较简易的方法。

一般认为，相同尺寸保温冒口的凝固时间是普通冒口的 $1.15 \sim 1.18$ 倍，则保温冒口的模数相当于普通冒口的 $1.3 \sim 1.4$ 倍，保温冒口的补缩效率 $\eta = 25\% \sim 30\%$。保温效果好的取上限，保温效果差的取下限。补缩效率还与铸件形状系数有关，见表 3.107，其中 q 值（周界商）按式（3.15）计算：

$$q = \frac{V_c}{M_c^3} \qquad (3.15)$$

式中，V_c——铸件体积，cm^3；

M_c——铸件模数，cm。

保温冒口的模数可根据式（3.16）或（3.17）计算。

$$M_{R_1} = \frac{M_R}{K} \geq \frac{1.2M_c}{(1.3 \sim 1.4)} \qquad (3.16)$$

即

$$M_{R_1} \geq (0.85 \sim 0.92)M_c \qquad (3.17)$$

式中，M_{R_1}——保温冒口模数；

M_R——普通冒口模数；

M_c——铸件模数；

K——冒口模数扩大系数，$K = \dfrac{K_R}{K_{R_1}}$，

其中，K_{R_1} 为发热冒口的凝固系数，K_R 为普通冒口凝固系数，保温冒口的 K 值一般为 $1.3 \sim 1.4$。

冒口应有足够的金属液补缩铸件缩孔，冒口体积应按式（3.11）计算。

表 3.107　保温冒口补缩效率（η）与铸件形状系数（q）的关系

铸件形状系数(q)	< 200	200	300	400	500~1000	>1000
冒口补缩效率(η)/%	25	30	33	35	40	45

（5）发热保温冒口。发热保温冒口通常包括发热剂保温冒口。发热保温冒口在具备良好保温性能的同时，在高温下具有发热特性，对冒口内金属进行加热，延长冒口凝固时间，提高了冒口利用率，在球墨铸铁件上得到很好的应用。

发热保温冒口材料由发热材料、保温材料、耐火骨料和黏结剂等组成。发热材料有含铝材料、铝热剂及氧化剂、调节剂；保温材料一般为漂珠、珍珠岩、膨胀蛭石、硅酸铝纤维棉、纸浆纤维等；耐火骨料有耐火黏土、高铝矾土、莫来石等；黏结剂有树脂和水玻璃。

发热保温冒口套材料的性能见表3.108。发热保温冒口可以根据需要做成各种形状，常用发热保温冒口套形状和几何尺寸见表3.109至表3.113。

表3.108　发热保温冒口套材料的性能

性能指标（试样）	指标要求		
	内径小于200 mm		内径不小于200 mm
	Ⅰ（射砂工艺）	Ⅱ（浆料工艺）	Ⅲ（浆料工艺）
密度/(g·cm⁻³)	0.6～0.9	0.6～0.9	0.6～0.9
含水量（质量分数）/%	≤1.0	≤1.0	≤1.0
透气性	≥70	≥50	≥30
抗压强度/MPa	≥4.0	≥2.5	≥1.5
热导率/(W·m⁻¹·K⁻¹)	0.28	≤0.28	≤0.28
发热能力/(kJ·g⁻¹)	≥8.5	≥8.0	≥3.5
最高发热温度/℃	≥1450	≥1380	≥1250
保温时间/s	≥230	≥180	—

表3.109　圆柱形发热保温暗冒口套

规　格	开口外径(D_u)/mm	开口内径(d_u)/mm	内腔高度(h)/mm	外形高度(H)/mm	几何模数/cm	容积/cm³	冒口套简图
A2/5	40.0	24.0	40	49.0	0.45	20	
A3.5/5	53.0	35.0	39.5	49.5	0.60	30	
A4/6	56.0	38.0	55	65.0	0.70	50	
A4/7	62.5	41.5	63	71.5	0.75	70	
A5/8	73.5	52.0	70	80.0	0.95	130	
A6/9	80.0	57.5	78.5	91.0	1.05	180	
A7/10	94.0	69.5	87	99.0	1.25	300	
A8/11	102.0	79.0	96.5	108.0	1.40	420	
A9/12	115.0	89.0	104.5	120.0	1.55	580	
A10/13	127.5	97.0	118	133.0	1.75	800	
A12/15	154.5	118.0	130	150.0	2.00	1350	

表3.110　圆柱形发热保温明冒口套

规格	内径(d_0)（大端）/mm	壁厚(T)/mm	高度(H)/mm	几何模数/cm	容积/cm³	冒口套简图
Z150×150	150	22.5	150	2.50	2649	
Z180×180	180	25.0	180	3.00	4578	
Z200×200	200	25.0	200	3.33	6280	
Z225×225	225	25.0	225	3.75	8942	
Z250×250	250	25.0	250	4.17	12266	
Z275×275	275	25.0	275	4.58	16326	
Z300×300	300	30.0	300	5.00	21195	

表3.110（续）

规格	内径(d_0)（大端）/mm	壁厚(T)/mm	高度(H)/mm	几何模数/cm	容积/cm³	冒口套简图
Z325×163	325	30.0	163	4.07	13515	
Z350×175	350	32.5	175	4.38	16828	
Z375×188	375	32.5	188	4.69	20753	
Z400×200	400	32.5	200	5.00	25120	
Z450×150	450	32.5	150	4.50	23844	

表3.111 圆柱形发热保温缩颈明冒口套

规格	外径(D_u)（小端）/mm	外径(N)（小端）/mm	外径(D_0)（大端）/mm	内径(d_0)（大端）/mm	高度(H)/mm	几何模数/mm	容积/cm³	冒口套简图
S80	70	39	100	78	100	1.37	420	
S150	120	74	192	147	192	2.56	2780	
S180	132	88	222	175	222	2.98	4440	
S200	150	100	250	200	250	3.40	6540	
S225	160	113	278	225	278	3.82	9320	
S250	180	126	310	252	310	4.28	12960	
S300	210	150	360	300	360	5.06	21310	
S350	240	178	410	355	410	5.94	34190	

表3.112 发热保温斜颈明冒口套

规格	大口直径(D)/mm	高度(H)/mm	冒口颈(N)/mm	几何模数/cm	容积/cm³	冒口套简图
CX150	152	304.8	76.2	3.10	2100	
CX180	175	304.8	88.9	3.46	6675	
CX200	203	304.8	101.6	3.83	8588	
CX225	229	304.8	114.3	4.15	10663	
CX250	254	304.8	101.6	4.46	12787	
CX300	305	304.8	121.9	5.04	18234	
CX350	356	304.8	142.2	5.50	24005	
CX400	400	304.8	175.0	5.85	29599	

表3.113 腰圆形发热保温明冒口套

规格	宽度(a)/mm	长度(b)/mm	壁厚(T)/mm	高度(H)/cm	容积/cm³	冒口套简图
Y60/15	60	144	15	150	1200	
Y80/20	80	160	20	150	1700	
Y100/20	100	200	20	200	3500	
Y120/20	120	180	20	200	3700	

表3.113（续）

规格	宽度(a)/mm	长度(b)/mm	壁厚(T)/mm	高度(H)/cm	容积/cm³	冒口套简图
Y140./22	140	210	22	200	5000	
Y160/22	160	240	22	200	6600	
Y180/22	180	270	22	200	8300	
Y200/24	200	300	24	200	10300	
Y220/26	220	330	26	200	12400	
Y250/28	250	375	28	200	16000	
Y270/30	270	405	30	200	18700	

相同的冒口尺寸，发热保温冒口的补缩效果更好，其冒口模数扩大系数达 1.45～1.65，补缩效率可达35%～50%。

发热保温冒口的简易计算方法类似于保温冒口，先计算出合金的凝固体收缩率和采用普通冒口的模数 M_R，然后根据发热保温冒口的特性，计算发热保温冒口的模数 M_{R_2}。

$$M_{R_2} = \frac{M_R}{K} \geq \frac{1.2M_c}{(1.45 \sim 1.65)} \quad (3.18)$$

即

$$M_{R_2} \geq (0.73 \sim 0.83)M_c \quad (3.19)$$

式中，M_{R_2}——发热保温冒口模数；

M_R——普通冒口模数；

M_c——铸件模数；

K——冒口模数扩大系数，发热保温冒口的 K 值一般为1.45～1.65。

发热保温冒口体积应按式（3.11）计算。

在选择保温冒口和发热保温冒口的补缩效率和冒口模数扩大系数时，必须注意各供应商的具体产品质量，因为保温材料和发热材料及冒口套厚度严重影响冒口的补缩效率。

3.4.6.2 灰铸铁件冒口

1）冒口补缩距离　灰铸铁件冒口补缩距离一般为铸件热节圆直径的10～17倍，高牌号灰铸铁取偏小值。

2）冒口计算　碳、硅含量高的低牌号灰铸铁件和小型薄壁（$M_c \leq 1$ cm）灰铸铁件一般不设冒口，只设出气口。碳、硅含量较低的高强铸铁、合金铸铁以及厚壁的普通灰铸铁件需要设置冒口进行补缩。常用冒口尺寸见表3.114和表3.115。

表3.114　灰铸铁件明顶冒口尺寸　　　　单位：mm

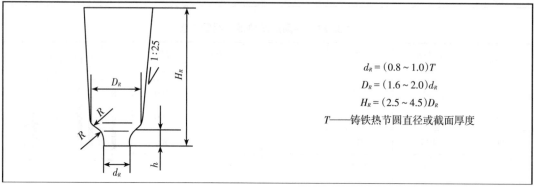

$$d_R = (0.8 \sim 1.0)T$$
$$D_R = (1.6 \sim 2.0)d_R$$
$$H_R = (2.5 \sim 4.5)D_R$$
T——铸铁热节圆直径或截面厚度

表 3.114（续）

d_R	D_R	h	R	H_R	质量/kg
20	38	10	5	250	3.2
				400	6.5
25	45	12	6	250	4.3
				400	8.5
30	53	14	7	300	7
				500	15
35	60	16	8	300	9
				500	18
40	68	18	9	300	10.5
				500	22
45	75	19	10	300	13
				500	25.5
50	83	20	11	350	18
				500	30
55	90	21	12	350	21
				500	34
60	97	22	13	350	24
				500	38
65	105	23	14	350	28
				500	44
70	115	24	15	350	32
				500	51
75	125	26	16	350	38
				500	58
80	135	28	18	350	44
				500	68
90	150	30	20	500	80
100	165	32	22	500	90
110	180	34	25	500	112

表3.115　高强度灰铸铁件暗边冒口（与浇口连接）尺寸　　　　　　　　单位：mm

T	D	H_2	H_1	冒口颈 （$a \times b$）	E	横浇道 （上宽×高×下宽）
25.4	35	35	101.6	12.7×12.7	12.7	$9.6 \times 25.4 \times 6.4$
38.1	50.8	50.8	114.3	16×16	12.7	$9.6 \times 25.4 \times 6.4$
50.8	63.5	63.5	114.3	19.2×19.2	16	$9.6 \times 25.4 \times 6.4$
63.5	76.2	63.5	127	19.2×19.2	16	$12.7 \times 25.4 \times 9.6$
76.2	88.9	63.5	139.7	22.2×22.2	19.2	$12.7 \times 25.4 \times 9.6$
88.9	101.6	70	152.4	22.2×22.2	19.2	$127 \times 25.4 \times 9.6$
101.6	101.6	70	177.8	25.4×25.4	22.2	$16 \times 25.4 \times 12.7$
114.3	114.3	70	190.5	25.4×25.4	22.2	$16 \times 25.4 \times 12.7$
127	127	70	203.2	31.8×31.8	25.4	$19.2 \times 31.8 \times 16$
152.4	152.4	76.2	215.9	38.1×38.1	31.8	$22.2 \times 31.8 \times 19.2$

注：①当冒口补缩的为X，Y，L和T形截面时，冒口直径D等于该截面的内切圆直径。

②为了提高冒口补缩能力，H_3最好大于100 mm。

重要铸件应按冒口补缩距离验算冒口的数量。

3.4.6.3　球墨铸铁件冒口

球墨铸铁件冒口形式多样，这里介绍普通冒口和发热保温冒口设计。

1）冒口补缩距离　球墨铸铁件具有糊状凝固特性，易产生缩松缺陷。提高铸型刚度（如采用金属型覆砂造型、自硬砂型），可以充分利用共晶石墨化膨胀，实现自补缩，消除缩松缺陷。对于一般铸件，可以不考虑冒口的补缩距离。如果采用黏土湿型黏土砂铸造，冒口补缩距离可参见表3.116。

表 3.116 球墨铸铁件冒口补缩距离 单位：mm

铸件厚度或 热节圆直径(T)	水平补缩			垂直补缩
	湿型	湿型	湿型	壳型
6.35	—	31.75	—	—
12.70	101.6 ~ 114.3	101.6	88.9	88.9
15.86	—	—	127	—
19.05	—	—	—	133.4
25.40	101.6 ~ 127.0	114.3	127	165.1
38.10	139.7 ~ 152.4	—	—	228.6
50.80	—	228.6	—	—

注：表中三组湿型数据是在不同试验条件下得到的。

2）**冒口计算** 球墨铸铁冒口设计方法众多，这里介绍两种：一种是基于经验设计球墨铸铁件冒口；另一种是基于球墨铸铁凝固特性设计球墨铸铁件冒口。

（1）基于经验设计球墨铸铁件冒口。表3.117是基于经验设计的球墨铸铁件冒口。

表 3.117 球墨铸铁件冒口尺寸 单位：mm

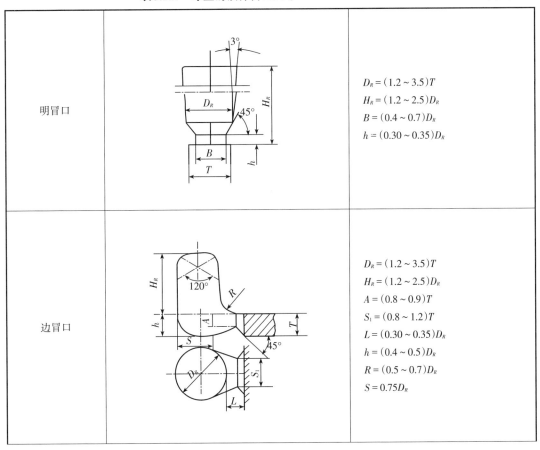

明冒口	$D_R = (1.2 \sim 3.5)T$ $H_R = (1.2 \sim 2.5)D_R$ $B = (0.4 \sim 0.7)D_R$ $h = (0.30 \sim 0.35)D_R$
边冒口	$D_R = (1.2 \sim 3.5)T$ $H_R = (1.2 \sim 2.5)D_R$ $A = (0.8 \sim 0.9)T$ $S_1 = (0.8 \sim 1.2)T$ $L = (0.30 \sim 0.35)D_R$ $h = (0.4 \sim 0.5)D_R$ $R = (0.5 \sim 0.7)D_R$ $S = 0.75D_R$

表 3.117（续）

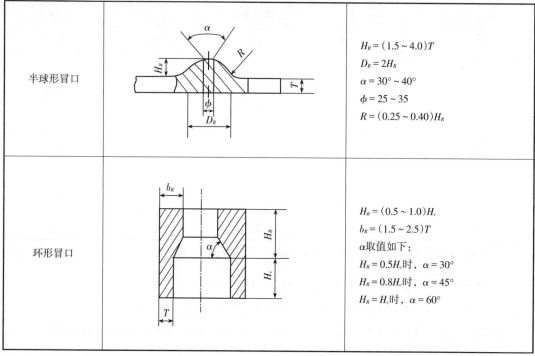

半球形冒口		$H_R = (1.5 \sim 4.0)T$ $D_R = 2H_R$ $\alpha = 30° \sim 40°$ $\phi = 25 \sim 35$ $R = (0.25 \sim 0.40)H_R$
环形冒口		$H_R = (0.5 \sim 1.0)H_c$ $b_R = (1.5 \sim 2.5)T$ α 取值如下： $H_R = 0.5H_c$ 时，$\alpha = 30°$ $H_R = 0.8H_c$ 时，$\alpha = 45°$ $H_R = H_c$ 时，$\alpha = 60°$

注：① T 为铸件厚度或热节圆直径。

② 明冒口高度 H_R 可按砂箱高度适当调整。

③ D_R/T 的比值随铸件补缩条件的好坏而变，条件好的取 1.2～1.5，次之取 1.6～2.5，差的取 2.6～3.5；圆柱体与立方体等取 $D_R = (1.2 \sim 1.5)T$。

（2）基于球墨铸铁凝固特性设计球墨铸铁件冒口。

① 冒口体积。冒口只给铸铁件的液态收缩提供补缩，当液态收缩终止或体积膨胀开始时，冒口颈及时凝固冻结。在刚性好的铸型内，铸铁析出石墨的膨胀力迫使金属液流向收缩部位，这样就可以预防铸件出现缩孔、缩松缺陷。

冒口的体积 V_R 可由式（3.20）计算获得：

$$V_R = \frac{\varepsilon_{液}}{\eta - \varepsilon_{液}}(V_c + V_m) \quad (3.20)$$

式中，η——冒口的补缩效率，%；

$\varepsilon_{液}$——铸铁的液态收缩率，%；

V_c——铸件补缩区域的体积；

V_m——铸型扩大部分的体积，当发热保温冒口补缩区域较小时，V_m 可以忽略。

确定冒口的体积后，再确定冒口的尺寸。冒口的模数可以大于也可以小于铸件的模数，但必须大于冒口颈模数。

② 冒口颈设计。冒口颈设计的原则是铸件液态收缩结束或共晶膨胀开始时刻，使冒口颈完全凝固。冒口颈模数 M_n 的计算公式为：

$$M_n = M_c \frac{t_p - 1150}{t_p - 1150 + \dfrac{L}{C}} = M_c \frac{t_p - 1150}{t_p - 900}$$

（3.21）

式中，M_n——冒口颈模数，cm；

M_c——铸件补缩区域"关键"部位的模数，cm；

C ——铁液的比热容，$C = 0.835$ J/$(g \cdot ℃)$；

L ——铸铁的熔化热（结晶潜热），$L = 209$ J $\cdot$ g^{-1}；

t_p ——浇注温度，℃。

根据实际情况，对式（3.21）进行修正，结果如图 3.48 所示。用图 3.41 查出的冒口颈模数比用式（3.21）计算的值略大。

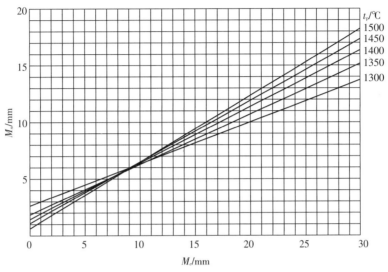

图 3.41　冒口颈模数 M_n 与铸件模数 M_c 的关系

3）发热冒口　发热冒口是指采用发热冒口套的冒口。发热冒口套主要由发热材料、耐火材料和黏结剂组成。发热材料包括发热剂和氧化助燃材料；耐火材料一般采用耐火黏土、高铝矾土、硅砂、锆砂和铬铁矿砂等；黏结剂可选用树脂和水玻璃等。

发热冒口套具有发热持续时间长、发热量高的特点，补缩效率可高达 70%；发热冒口套不含保温材料，具有高的强度，可满足各种造型线上使用。表 3.118 为某公司商品发热冒口套的性能指标。

表3.118　某公司商品发热冒口套的性能指标

体积密度/(g·cm^{-3})	含水量(质量分数)/%	透气性	抗弯强度/MPa	内外径公差/mm
1.0 ~ 1.5	≤1.0	≥100	≥4.0	±1.0

发热冒口套还具有体积小、冒口套与铸件接触面小的特点，适用于铸件上只有小面积区域的"点补缩"。

发热冒口套的使用如图 3.42 所示，冒口套由安装在模板上的定位销定位，造型时直接镶嵌在砂型中，适用于各种高压造型线。

发热冒口套一般与易割片（隔片）一

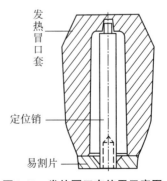

发热冒口套

定位销

易割片

图 3.42　发热冒口套使用示意图

起使用，易于冒口清理。若不使用易割片，则冒口套与铸件间应有砂楔。这时可应用弹簧定位销固定冒口套，如图3.43所示。造型时，冒紧实砂型，冒口套被压下，冒口套与铸件模样之间形成砂楔。

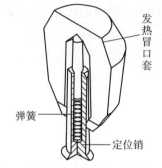

图3.43　弹簧、定位销和发热冒口套

3.4.6.4　有色合金铸件冒口

冒口补缩距离见表3.119和表3.120。冒口尺寸计算方法见表3.121。

表3.119　铝合金铸件冒口补缩距离

简　图	合金类型	冒口补缩距离(L)
	共晶型	$L = 4.5T$
	非共晶型	$L = 2T$

表3.120　铜合金铸件冒口补缩距离

合金类型	铸件形状	末端区长	冒口区长	补缩距离
锡锌青铜 （Sn 8%, Zn 4%）	板形件 杆形件	$4T$	0	$4T$ $10\sqrt{T}$
锰铁黄铜 （Cu 55%, Mn 3%, Fe 1%）	板形件	$5T$	$2.5T$	$7.5T$
铝铁青铜 （Al 9%, Fe 4%）	板形件	$5.5T$	$3T$	$8.5T$

注：① 在干型、水平浇注条件下测出。

②　T为板或杆的厚度。

表3.121　有色合金铸件冒口尺寸

简　图	合金类型	冒口尺寸	适用范围
(a)	铝合金	$D_R = 1.2d_c$ $H_R = (1.2 \sim 1.5)D_R$ $h = 5 \sim 8$ mm $D_N = 0.9d_c$ 式中，D_R——冒口直径； 　　　d_c——铸件厚度或热节圆直径； 　　　h——切割余量； 　　　D_N——冒口根缩颈直径 注：缩颈可有可无	适用于圆柱形、矩形、T形、L形及十字形截面的铸件

表 3.121（续）

简 图	合金类型	冒口尺寸	适用范围
（b）	铝合金	$D_R = 1.2d_c$ $H_R = (1.2 \sim 1.5)D_R$ $h = 5 \sim 8$ mm $D_N = 0.9d_c$ 式中，D_R——冒口直径； 　　　d_c——铸件厚度或热节 　　　　　圆直径； 　　　h——切割余量； 　　　D_N——冒口根缩颈直径 注：缩颈可有可无	适用于圆柱形、矩形、T形、L形及十字形截面的铸件
（c）	锡青铜、磷青铜	$D_R = 1.2.d_c$ $H_R = (1.5 \sim 2.0)D_R$ $h = 5 \sim 8$ mm	
（d）	铝青铜、黄铜	$D_R = (1.3 \sim 1.5)d_c$ $H_R = (1.5 \sim 2.0)D_R$ $h = 5 \sim 8$ mm	
	铝合金	$T_R = 1.2T_c$ $H_R = (1.2 \sim 1.5)T_R$ $h = 5 \sim 8$ mm	适用于套缘冒口，对大直径的套缘应将环形冒口改为按冒口补缩距离设计的2个或几个单独冒口，以节省金属

表 3.121（续）

简　图	合金类型	冒口尺寸	适用范围
	锡青铜、磷青铜	（1）轮类（$\phi > H_c$）。 当 $\phi > 500$ mm、$H_c > 150$ mm 时，$T_R = 1.5T_c$； $H_R = (1.5 \sim 2.0)T_R$； H_R 最大 150 mm。 （2）套类（$H_c > \phi$）。 当 $\phi > 200$ mm、$H_c > 500$ mm 时，$T_R = 1.5T_c$； $H_R = (1.5 \sim 2.0)T_R$； H_R 最小 70 mm，最大 150 mm； $h = 5 \sim 8$ mm	适用于轮类和套类铸件的冒口

3.4.7　出气孔设计

出气孔按是否与砂型外大气直接相通，分为明出气孔与暗出气孔（图 3.44 所示）；按是否与铸件直接相连，分为直接出气孔与间接出气孔（图 3.45 所示）。按断面形状，一般有圆形与扁形两种。圆形出气孔一般设在铸件浇注位置的最高点及容易窝气的法兰、筋条、凸台等处，扁形出气孔多用在铸件法兰上。

机器造型生产薄壁铸件，常采用暗的出气针或出气片。出气针一般设在凸台处，出气片一般设在法兰上。

直接出气孔根部截面直径（或厚度）一般等于设置处铸件厚度的 1/2 ~ 3/4，凝固体

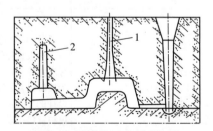

图 3.44　明出气孔与暗出气孔

1—明出气孔；2—暗出气孔

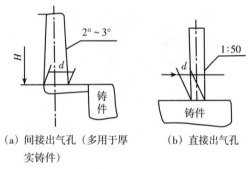

（a）间接出气孔（多用于厚实铸件）　　（b）直接出气孔

图 3.45　直接出气孔与间接出气孔

收缩率大的合金取偏小值。如果没有明冒口，一般认为出气孔根部总截面面积至少应与内浇道总截面面积相等，以防止型内气压过分增大。

3.4.8　冷铁设计

冷铁分为外冷铁和内冷铁。外冷铁应用较广泛，且安全、可靠，本书仅介绍外冷铁。

3.4.8.1　铸钢件外冷铁

铸钢件圆柱形外冷铁用轧制的圆钢杆截成，成型外冷铁用高碳钢铸成。用外冷铁形成人为末端区，以增加冒口补缩距离，消除接头与凸台等热节区的裂纹、缩

孔、缩松和控制顺序凝固等。铸钢件外冷铁分为直接外冷铁和间接外冷铁。

1）直接外冷铁　冷铁与铸件的接触面要随形平（圆）滑、无气孔和缩凹；表面光洁，无氧化铁层和油污。

为形成人为末端区、控制顺序凝固和消除热节区的过多热量，一定要将设置冷铁部位的铸件几何模数 M_0 缩小到所要求的应用模数 M_r；M_r 是根据控制顺序凝固的需要进行定值的。因此，要求冷铁有一定值的与铸件接触的表面积和体积（质量），以吸收铸件的热量。

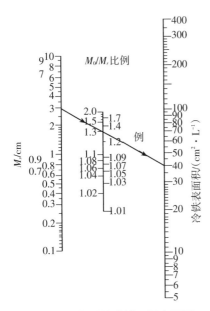

图 3.46　无气隙的冷铁设置表面积

在冷铁与铸件的接触面，当铸件线收缩不产生气隙时，接触面积 A_{ch} 按图 3.46 确定，图中的数值是设置冷铁部位每升铸件体积所需要的与冷铁接触的冷铁表面积，将它乘以设置冷铁部位铸件的体积，即得所要求的冷铁接触总面积 A_{ch}。

例如，如图 3.47 所示的某铸件凸台的体积为 10 L，其 M_0（M_c）$=3.9$ cm。拟将其模数缩小到所要求的应用模数 $M_r=3$ cm，连 $M_r=3$ cm 和 $M_0/M_r=1.3$，直线延伸，得冷铁

表面积 40 cm²/L。10 L 体积的凸台，所需要的冷铁接触总面积为：$A_{ch}=40\times10=400$ cm²。

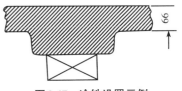

图 3.47　冷铁设置示例

当冷铁表面与铸件之间有气隙时，按图 3.48 查冷铁设置表面积。

冷铁厚度取设置冷铁部位铸件厚度的 0.5～1.0 倍，浇道附近的冷铁和有气隙的冷铁取偏大值。冷铁的长度和宽度取被激冷铸件厚度的 2～4 倍。冷铁之间的间距取冷铁长度的 1/2～2/3。在不宜设置冷铁过多的情况下，常以 A_{ch} 计算值的 2/3 左右作为实际设置冷铁的表面积，其余作为冷铁间距的面积，其激冷效果相同。

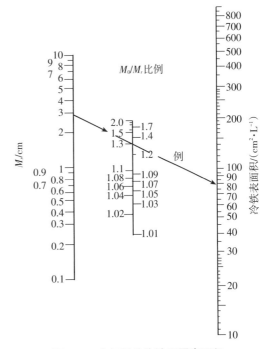

图 3.48　有气隙的冷铁设置表面积

用冷铁激冷几何模数较大的铸件断面，以便能从几何模数较小的相邻断面获得良好的补缩时，只有相邻断面的几何模

189

数不小于设置冷铁断面几何模数 M_0 的 2/3 的情况下，设置冷铁才是合理的；而且需将 M_0 缩小到与其相邻断面的模数的 80% ~ 90%才能实现顺序凝固。

各类铸件设置冷铁以后，冷铁激冷效应见表3.122。

表3.122　冷铁的激冷效应与冷铁设置位置的关系

名称	草　图	计　算	名称	草　图	计　算
板型铸件		不放冷铁时， $M_0 = d/2$	凸台部分		不放冷铁时， $M_0 = \dfrac{D(a+d)}{2(D+2a)}$
		下部放冷铁时， $M_r = M_0/2 = d/4$			$M_r = \dfrac{D(a+d)}{4(D+a)}$ 因为 $M_r < M_0$， $a \leqslant \dfrac{0.95Dd}{1.05D - 2d}$
		一侧面放冷铁时， $M_r = \dfrac{2}{3}M_0$ $= d/3$			$M_r = \dfrac{D(a+d)}{3D+4a}$ $a \leqslant \dfrac{0.45Dd}{1.05D - 2d}$
		二侧面放冷铁时， $M_r = \dfrac{1}{3}M_0$ $= d/6$			$M_r = \dfrac{D(a+d)}{4(D+a)}$ $a \leqslant \dfrac{0.95Dd}{1.05D - 2d}$

表3.122（续）

名称	草　图	计　算	名称	草　图	计　算
杆型铸件		不放冷铁时， $M_0 = \dfrac{AB}{2(A+B)}$	杆型铸件		$M_r = \dfrac{AB}{2(2A+B)}$
		$M_r = \dfrac{AB}{2(A+2B)}$			$M_r = \dfrac{AB}{3A+4B}$
		$M_r = \dfrac{AB}{3A+2B}$			$M_r = \dfrac{AB}{4(A+B)}$

2）间接外冷铁　也称隔砂冷铁，厚实铸件一般使用间接外冷铁。间接外冷铁影响铸件温度场的因素是冷铁厚度、挂砂层厚度和激冷面积。当冷铁厚度达到一定值时（一般取冷铁厚度为铸件厚度的0.5～1.0倍），可以选择不同挂砂层厚度和激冷面积，以实现对铸件凝固顺序的控制。

若以不使用冷铁时砂型面积的冷却系数为1，采用同砂型面积相等的冷铁激冷面积以后，冷却系数会扩大。挂砂层厚度在一定值时，存在相应值的冷却扩大系数 y；但当挂砂层厚度超过40 mm时，冷铁对铸件不起激冷作用。为了使铸件几何模数 M_0 缩小到应用模数 M_r，需设置的间接外冷铁激冷表面积 A_{ch} 的计算式为：

$$A_{ch} = \frac{V_0(M_0 - M_r)}{(y-1)M_0 M_r} \ (\text{cm}^2) \quad (3.22)$$

式中，V_0——设置冷铁部位的铸件体积，cm^3；

M_0——设置冷铁部位的铸件几何模数，cm；

M_r——设置冷铁部位的铸件应用模数，cm；

y——冷却表面积扩大系数（查图3.56）。

由式（3.22）可以导出应用模数 M_r 的计算式为：

$$M_r = \frac{V_0 M_0}{(y-1) A_{ch} M_0 + V_0} \quad (3.23)$$

$$y = 1 + \frac{V_0 (M_0 - M_r)}{M_0 M_r A_{ch}} \quad (3.24)$$

从式（3.23）可以导出冷却表面积扩大系数 y 为：

由 y 值，可以从图3.49查得冷铁的挂砂层厚度。

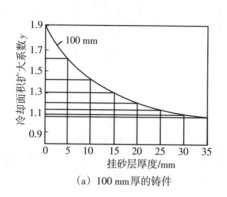

（a）100 mm 厚的铸件

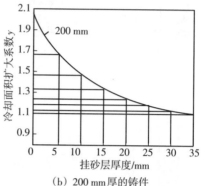

（b）200 mm 厚的铸件

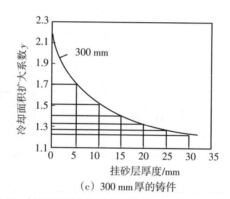

（c）300 mm 厚的铸件

图3.49　挂砂层厚度与冷却面积扩大系数的关系

为了用间接外冷铁控制铸件顺序凝固，增加冒口补缩距离，应按铸件相邻单元（可取每块冷铁激冷面对应的铸件为一个计算单元，对于厚实铸件，取冷铁长度 $L \leq 500$ mm）的应用模数比等于或大于1.1～1.2的应用模数扩大原则，由远离冒口端向冒口方向递增。当 A_{ch} 为预定值时，可通过调整挂砂层厚度来控制各相邻单元的 M_r 值，使其逐步向冒口方向递增，以达到控制顺序凝固的目的。当最大的 M_r 值对应的挂砂层厚度接近或等于40 mm时，不应再朝冒口方向增设冷铁，因为挂砂层厚度大于40 mm时已不起控制凝固的作用。假如

挂砂层厚度和设置单面冷铁的面积已达到极限值，仍满足不了控制顺序凝固的要求，则可采用双面或三面冷铁，只要 A_{ch} 值保持不变，其激冷效果是相同的，即：对于一个激冷单元，无论采用单面或双面或三面冷铁，只要其激冷总面积和挂砂层厚度相等，其应用模数 M_r 是相等的。如果采用三面冷铁仍不足以控制定向凝固，则应重新研究工艺方案。

例：图3.50为一机架体，两冒口之间的立柱为补缩困难区，拟采用间接外冷铁控制两立柱的定向凝固，试计算挂砂层厚度。

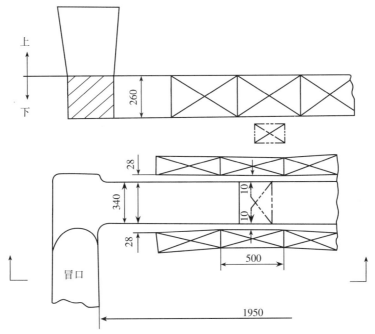

图3.50 机架体间接外冷铁工艺（单位：mm）

解：补缩困难区的长度为 1950 mm，拟采用双面冷铁，每块冷铁长度取 500 mm，则每面可放 3 块冷铁，每块冷铁激冷面积为：$50 \times 26 = 1300 \text{ cm}^2$，则双面冷铁的激冷面积为：$A_{ch} = 1300 \times 2 = 2600 \text{ cm}^2$。

立柱横截面尺寸为 340 mm × 260 mm，则 $M_0 = 34 \times 26 / [2 \times (34 + 26)] = 7.37 \text{ cm}$。

每块冷铁所对应的铸件体积为：$V_0 = 34 \times 26 \times 50 = 44200 \text{ cm}^3$。

考虑操作方便，取人为末端区的挂砂层厚度为 10 mm，查图3.56中铸件平均厚度为 300 mm 的曲线，得 $y = 1.52$。

根据式（3.23），人为末端区的应用模数为：

$$M_{r1} = \frac{V_0 M_0}{(y-1)A_{ch}M_0 + V_0}$$

$$= \frac{44200 \times 7.37}{(1.52 - 1) \times 2600 \times 7.37 + 44200}$$

$$= 6 \text{ cm}$$

取模数扩大系数为 1.11，则与其相邻单元的应用模数应为：

$$M_{r2} = 6 \times 1.11 = 6.66 \text{ cm}$$

根据式（3.24），则相邻单元的激冷面积扩大系数为

$$y = 1 + \frac{V_0(M_0 - M_r)}{M_0 M_r A_{ch}} =$$

$$1 + \frac{44200 \times (7.37 - 6.66)}{7.37 \times 6.66 \times 2600}$$

$$= 1.25$$

以 $y = 1.25$ 查图3.56，得挂砂层厚度为 28 mm。

冷铁的布置与各块冷铁的挂砂层厚度见图3.57。如欲进一步加强人为末端区的激冷，可在铸件的底面再加一块长度较短的间接外冷铁（图3.57所示冷铁）。

3.4.8.2 铸铁件外冷铁

1）灰铸铁件外冷铁 灰铸铁件的外冷铁可以采用浇铸成型的冷铁，也可以用钢板切割加工或用石墨块制作。铸铁件外冷铁的计算方法见表3.123和表3.124。

表 3.123 灰铸铁件外冷铁尺寸

示　图	适用范围	冷铁厚度（δ_{ch}）
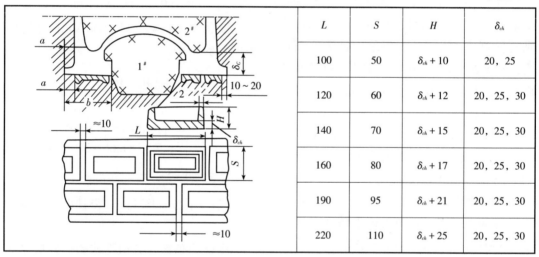	机床导轨面上的冷铁	$(0.25 \sim 0.40)\delta_c$
	一般灰铸铁件上的冷铁	$(0.30 \sim 0.35)\delta_c$
	质量要求较高的灰铸铁件上的冷铁	$(0.5 \sim 0.6)\delta_c$
	铸件质量要求较高的点触式冷铁[图(a)]	$(0.5 \sim 0.6)\delta_c$
	铸件质量要求较高的间接外冷铁[图(b)]	$(0.8 \sim 1.0)\delta_c$

注：①δ_c为被冷铁激冷部位的铸件厚度或热节圆直径。

②铸件内转角处的圆角半径$R < 30$ mm时，可采用圆钢截成的冷铁。

③冷铁的长、宽尺寸可参考铸钢件的冷铁取值，冷铁间距取$10 \sim 30$ mm。

④机床导轨面采用石墨冷铁时，$\delta_{ch} = (0.3 \sim 0.5)\delta_c$。

表 3.124 机床导轨面上的冷铁尺寸和排列形式　　单位：mm

	L	S	H	δ_{ch}
	100	50	$\delta_{ch} + 10$	20，25
	120	60	$\delta_{ch} + 12$	20，25，30
	140	70	$\delta_{ch} + 15$	20，25，30
	160	80	$\delta_{ch} + 17$	20，25，30
	190	95	$\delta_{ch} + 21$	20，25，30
	220	110	$\delta_{ch} + 25$	20，25，30

注：①冷铁材质为HT150或HT200。

②床身导轨截面积小于100 mm $\times 100$ mm时，$\delta_{ch} = 0.38$；大于100 mm $\times 100$ mm时，$\delta_{ch} = 0.48\delta_c$。冷铁宽度$S = 0.8b$，若采用双排冷铁，则宽度减半。冷铁长度$L = (1 \sim 1.5)b$。

③从导轨面一端引入铁水时，靠近内浇道的冷铁应比远端的厚。

④冷铁离导轨面端部的距离$a = 10 \sim 20$ mm。

2）球墨铸铁件外冷铁　可采用铸铁外冷铁或石墨块做激冷物，或用开设有通压缩空气或通水内腔的铸铁冷铁，以提高激冷效果。

图3.51是通过实践绘成的列线图。利用此图可求出M_c为一定值的铸件，在其受冷铁激冷面积占铸件表面积的比例x不同和浇注温度不同的条件下的凝固时间；也可

用所要求的凝固时间和浇注温度从图中查找该铸件合适的冷铁激冷面积占铸件表面积的比例。凝固时间越短，石墨球化率越高。

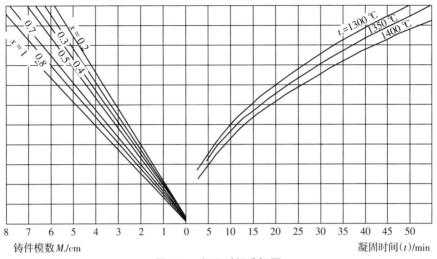

图3.51　凝固时间选择图

x—冷铁激冷面积占铸件表面积的比例；t_j—浇注温度

图3.52是根据模数 M_c 及在图3.58中查找到的 x 值，确定冷铁厚度的列线图。图中虚线是在固相线时实现热平衡，实线是在900℃时实现热平衡。冷铁厚度可在实线与虚线之间选取。

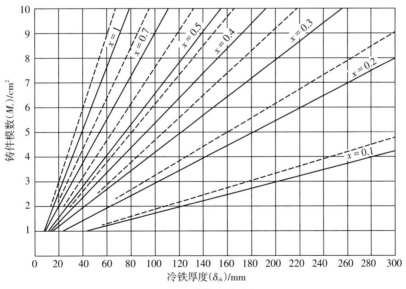

图3.52　冷铁厚度选择

x—冷铁激冷面积占铸件表面积的比例

3）外冷铁表面涂料　外冷铁表面涂料　可参考表3.125。

表3.125　外冷铁表面涂料

砂型种类	涂料种类	说　明
湿型	石蜡	冷铁烘热后，擦上很薄一层石蜡，即可存放或待用
呋喃树脂砂型	使用与铸型相同的涂料	醇基或水基均可，使用前必须清除冷铁表面的油污和锈蚀

3.4.8.3　有色合金铸件外冷铁

有色合金铸件外冷铁计算方法见表3.126。对于湿型，可采用除蜡法对冷铁工作面进行处理，即：将无油无锈的冷铁烘热后，擦上一层很薄的石蜡，即可存放待用；对于自硬砂型，可与砂型使用相同的涂料。

表3.126　有色合金铸件外冷铁尺寸

合金类型	冷铁通常材质	冷铁厚度(δ_{ch})
铝合金	铸铁	$(0.8 \sim 1.0)\delta_c$
	铸铝	$(1.2 \sim 1.5)\delta_c$
无锡青铜、黄铜	铸铁	$(0.7 \sim 1.2)\delta_c$
锡青铜	铸铜	$(0.6 \sim 1.0)\delta_c$

注：①冷铁长、宽尺寸可按铸钢件取值。
　　②δ_c为铸件厚度或热节圆直径。

3.4.9　铸件充型过程和凝固过程模拟

3.4.9.1　铸造工艺设计CAE基本概念

铸造工艺设计CAE（Computer Aided Engineering）在计算机设计的虚拟环境下进行铸造过程数值模拟，评估铸造过程设计的合理性，通过人机交互方式，优化铸造工艺，不需要或少做现场试生产，从而大幅度缩短新产品开发周期，降低废品率，提高经济效益。

铸造工艺设计CAE设计流程如图3.53所示，主要包括以下内容：

（1）根据铸件技术要求、生产批量和生产条件，对零件结构的铸造工艺性进行分析，选择铸造方法或造型、制芯方法，确定铸造工艺方案。

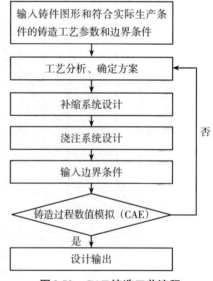

图3.53　CAE铸造工艺流程

（2）利用铸造工艺设计软件进行工艺参数设计，包括铸件尺寸公差、机械加工余量、铸造收缩率、起模斜度、不铸出孔槽等。在输入铸造工艺参数时，一定要根据实际生产条件确定输入参数，并不断进行优化。

（3）利用铸造工艺设计系统设计铸件浇注系统、补缩系统以及必要的工艺措施。

（4）利用铸造工艺设计CAE软件，对铸造过程进行数值模拟，预测铸造缺陷，分析铸造工艺的合理性。在输入边界条件时，一定要输入符合实际生产条件的边界条件，以获得可靠的模拟结果。

（5）优化铸造工艺设计，确定铸造工艺设计方案。

（6）输出设计，如铸造工艺图、铸件图、工艺卡以及铸件模样、模板、芯盒、砂箱等工艺装备的设计。

3.4.9.2　铸造工艺设计CAE的发展过程

早期的铸造工艺设计软件基于二维的CAD软件，建立起相关工艺参数数据库，由计算机代替人工快速选择、确定工艺参数；根据浇注系统和冒口系统的数据库，选择设计浇注系统和补缩冒口系统，并快速地绘制铸造工艺图。其流程如图3.54所示。

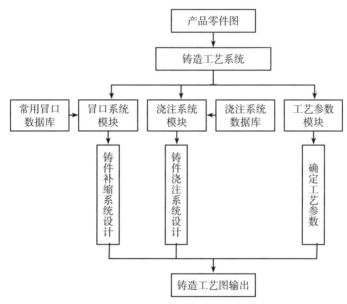

图3.54　传统铸造工艺系统框架

铸造工艺设计软件可以执行以下任务：

（1）零件铸造工艺性分析。

（2）物理量计算（包括铸件体积、表面积、质量及模数计算）。

（3）铸造工艺设计：浇注系统设计计算（包括浇注系统和各组元尺寸计算）；补缩系统设计计算（包括冒口和冷铁设计计算）；工艺参数选择（加工余量、分型负数、收缩率、浇注温度等）。

（4）模板布置与模具或模样设计、砂芯和芯盒等工装模具设计（包括铸件图、

铸造工艺图、铸造工艺卡等图表绘制）等。

铸造生产工艺过程复杂，企业生产条件千差万别，仅凭计算机系统中的数据库来设计有不计其数的不同结构、不同材质的零件铸造工艺显然是不够的，也是不可靠的。

铸造过程数值模拟（CAE）是铸造工艺CAD技术深入发展的结果，也是铸造技术发展的一个里程碑。采用计算机软件对设计的铸造工艺进行模拟射砂、模拟充型和模拟铸件的凝固过程，预测可能产生的

铸造缺陷，评估铸造工艺设计，特别是浇注系统和补缩系统设计的合理性，可使铸造工艺进一步得到优化，大大提高铸造工艺设计的可靠性。传统铸造技术是个"黑匣子"，要等到铸件浇注、凝固冷却后才知道结果的好坏，而通过铸造CAE技术可获得任何时刻、任何部位（点、线、面）铸件信息，使铸造过程完全透明，因此铸造CAE技术也称为"可视铸造技术"。

3.4.9.3　铸造CAE模拟软件使用操作步骤

铸造CAE模拟软件系统一般分前处理、求解和后处理三部分。

前处理主要包括铸造工艺三维建模、确定与计算有关的边界条件和界面参数，如铸件材料和铸型材料的热物性参数、模型边界条件、时间步长等，对模型进行网格划分。求解主要是根据问题，确定求解方程和求解方法，获得需要的数值结果。后处理是将求解结果变成各种可展示的图表。

前处理和求解直接关系到模拟精度和结果的可靠性；后处理作为模拟结果的表现形式，应该正确、清晰。

1）铸造CAE模拟计算步骤　铸造CAE模拟软件结构见图3.55，利用铸造CAE技术进行工艺设计的基本流程如下：

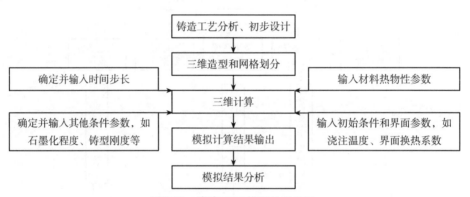

图3.55　铸造CAE模拟软件结构

（1）铸造工艺分析。确定铸造工艺方案，如浇注方式、浇注系统、补缩系统、铸造工艺参数等，建立铸件的铸造工艺物理模型。理论上讲，这部分工作可以由计算机完成。但事实上，还是要由人工完成，特别是应靠有丰富经验的工程技术人员完成。仅凭有限的专家数据库，计算机很难确定合适的铸造工艺方案。

（2）根据物理模型和铸造过程，确定铸造过程有关参数，如铸件材料的热物性参数、造型材料的热物性参数、界面换热系数或界面热阻、石墨化系数（铸铁）、浇注温度等。

（3）根据确定的铸造工艺进行三维造型。造型时必须明确系统组元材料，如型砂、芯砂、冷铁、保温冒口套、铸造合金等。

（4）网格划分。在模拟涉及的区域从空间上和时间上进行离散化处理，使之形成一系列微小单元或节点，如图3.56所

图3.56　模拟对象网格划分

示。一般在关键区域或关键部位，网格细一点，如界面区域、铸件连接处或易产生铸造缺陷的部位等；在非关键区域，网格可以粗一点，如铸型上，在保证计算求解精度的前提下，减少计算量。网格划分时必须依据软件系统采用的计算方法，遵循基本的网格划分原则。

商业化应用软件都具有自动划分网格功能，只要按照计算机界面上的菜单操作即可。图3.57为AnyCasting铸造过程模拟软件数据输入界面。

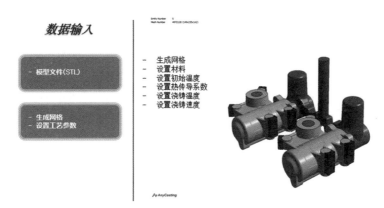

图3.57　AnyCasting铸造过程模拟软件数据输入界面

（5）确定并输入特定铸件与铸造过程有关的热物性参数、边界条件等。这一点非常重要，是决定计算机模拟技术应用成功与否的关键。一般铸造过程模拟软件自带数据库，其中有常规铸造材料的物理特性参数，如常用造型材料呋喃树脂砂、湿型黏土砂、酚醛树脂砂、覆膜砂，标准牌号的铸铁、铸钢、铸铝等。操作人员只要根据如图3.64所示的计算机界面菜单逐项选择即可，但任何模拟软件数据库都不可能包含所有数据，有些数据必须由操作人员确定，例如：

① 非标牌号的铸造合金。操作人员可以选择相近牌号或成分的热物性参数或根据经验确定具体参数。

② 铸件或铸型界面换热系数或热阻值。铸件或铸型界面换热系数或热阻值直接影响铸件凝固过程模拟结果，计算机软件系统一般会给出参考区间。影响铸件或铸型界面换热系数或热阻值的因素比较复杂，如铸件收缩情况、铸型特性、铸件合金和铸型的界面反应等，至今也没有合适的方法可以测定铸件或铸型界面换热系数或热阻值，操作人员必须根据生产实际确定。

③ 铸铁件石墨化程度等级。铸铁件石墨化程度直接影响到铸件的缩松、缩孔的可能性，但实际铸件产生缩孔、缩松大小又与石墨化膨胀的利用程度有关。石墨化程度或石墨化膨胀量与铸件产生缩孔、缩松倾向或缩孔、缩松的大小不存在必然关系。铸铁件凝固模拟软件一般会考虑石墨化的影响，给出石墨化程度分级参量，由操作人员根据生产实际确定。

对于铸件或铸型界面换热系数或热阻值和铸铁件石墨化程度等级等难以直接测定的参数，操作人员只能根据实际情况，凭经验确定后具体输入。一般通过试错法或反求法选择参数比较合适。即使常规铸造材料，在不同使用条件下应用时，其物性参数也不一样，如砂型紧实度、含水量、煤粉含量等对湿型黏土砂的性能均有明显影响。因此，铸造凝固模拟软件的物性参数应根据实际条件进行适当修整。

（6）确定时间步长，输入初始条件，如浇注温度等。

（7）铸造过程模拟计算。

（8）结果处理，形成各种数据、图形或其他文件。

（9）模拟结果分析，若结果满足要求，即可输出设计；若结果不能满足要求，则修改设计，再次进行模拟，直至满足要求为止。

3.4.9.4 铸造CAE软件及主要功能

1）铸造CAE软件功能　铸造CAE软件可以完成以下工作：

（1）充型过程模拟。利用流体力学和传热学原理，耦合计算流体的流动与传热，模拟铸件浇注充型过程，观察模拟液流的流态，预测卷气、二次氧化、夹渣、冷隔、浇不足等铸造缺陷形成的可能性，实现浇注系统设计的优化。

（2）凝固过程模拟。利用传热学原理计算铸件凝固过程中的温度场分布，依据补缩通道和补缩液量等基本特性参数，预测铸件形成缩松、缩孔缺陷的可能性。

（3）应力场模拟。计算铸件凝固过程中铸型对铸件的阻碍以及铸件各部位因冷却速度差异产生的相互制约而导致的铸件热应力，预测铸件的热裂、冷裂倾向以及残余应力和铸件变形倾向等。

（4）凝固组织模拟。计算铸件凝固过程中的形核数、枝晶生长速度、组织转变以及预测铸件力学性能等。

2）国内外主要商品化铸造过程模拟软件　国内外主要商品化铸造过程模拟软件见表3.127。

表3.127　国内外主要商品化铸造过程模拟软件

软件名称	主要功能	适用铸造方法	适用铸造合金
华铸CAE	几何建模、充型、凝固	砂型铸造、金属型铸造、壳型铸造、铁模覆砂铸造、熔模铸造、低压力铸造和压力铸造	钢、铁、铝、铜等各类铸造合金
AnyCasting	几何建模、充型、凝固、残余应力	砂型铸造、金属型铸造、熔模铸造、低压力铸造、压力铸造、离心铸造和挤压力铸造	钢、铁、铝、镁、锌等铸造合金
MAGAMA SOFT	几何建模、射砂、充型、凝固、微观组织、残余应力、铸件变形	砂型铸造、金属型铸造、压力铸造、低压力铸造	所有铸造合金
ProCAST	几何建模、充型、凝固、微观组织、残余应力、铸件变形	砂型铸造、金属型铸造、压力铸造、低压力铸造、消失模铸造、离心铸造、连续铸造和熔模铸造	所有铸造合金
FLOW-3D	几何建模、充型、凝固、微观组织、残余应力、铸件变形	所有铸造方法	所有铸造合金
JSCAST	几何建模、充型、凝固、残余应力、铸件变形	压力铸造、低压力铸造、砂型铸造、金属型铸造、熔模铸造、壳型铸造、差压铸造、半固态铸造	钢、铁、铝、镁、铜、钛等铸造合金

表 3.127（续）

软件名称	主要功能	适用铸造方法	适用铸造合金
AFS Solidification System（3D）	几何建模、充型、凝固	砂型铸造、壳型铸造、金属型铸造和熔模铸造	所有铸造合金
CAM-CAST/ SIMULOR	几何建模、充型、凝固、微观组织、残余应力	砂型铸造、金属型铸造和熔模铸造	铸铝、铸钢和铸铁
NOVCAST	几何建模、充型、凝固、残余应力	压力铸造、低压铸造、砂型铸造、金属型铸造、半固态铸造、熔模铸造、差压铸造、连续铸造、消失模铸造和离心铸造等	铸铁、铸钢、镁合金和铝合金等
CASTCAE	几何建模、充型、凝固、微观组织	砂型铸造、壳型铸造、压力铸造、V法铸造和熔模铸造	所有铸造合金
CASTVIEW	几何建模、充型、凝固、微观组织、残余应力	砂型铸造、金属型铸造、压力铸造和低压力铸造	钢、铁、铝、锌、铜等铸造合金
PASSAGE/ POWERCAST	几何建模、充型、凝固、微观组织	所有铸造方法	所有铸造合金

3）常用铸造材料热物性参数和边界条件 一些常用金属和造型材料的热物性参数见表 3.128 至表 3.130。表 3.131 是铸件和铸型界面的传热系数。

表 3.128 常用金属和合金的热物性参数

热物性参数	低合金钢（1600 ℃）	灰铸铁（1400 ℃）	纯铝（700 ℃）	纯铜（1100 ℃）	纯镁（700 ℃）
液相线温度/℃	1430 ~ 1530	1122 ~ 1180	660	1083	651
密度/(kg·m^{-3})	6800 ~ 7000	6500 ~ 6900	2350	7900	1580
比定压热容/(kJ·kg^{-1}·K^{-1})	0.61	0.92	1.09	0.50	1.26
热导率/(W·m^{-1}·K^{-1})	40	—	100	170	80
凝固潜热/(J·g^{-1})	251 ~ 268	209 ~ 268	394	205	230
凝固线收缩率/%	3.0 ~ 4.0	−0.8 ~ 0.5	6.5	4.2	4.2

表3.129　常用金属和合金不同温度时的热物性参数

金属	温度/K	比定压热容/(kJ·kg⁻¹·K⁻¹)	热导率/(W·m⁻¹·K⁻¹)	密度/(t·m⁻³) 液相线 T_L/K 固相线 T_s/K	金属	温度/K	比定压热容/(kJ·kg⁻¹·K⁻¹)	热导率/(W·m⁻¹·K⁻¹)	密度/(t·m⁻³) 液相线 T_L/K 固相线 T_s/K
纯铁	298	0.448	80.5	7.88(293K) 7.3(1773K) 7.0(1873K)	共晶灰铸铁	293	—	77.7	7.1 (288K)
	473	0.519	63.5			473		59.0	
	673	0.607	50.3			673		43.7	
	1042	1.498	31.0			1073		29.4	
	1073	0.962	29.6			1273		15.0	
	1273	0.619	29.5		白口铸铁	293	—	18.7	7.5~7.8 (288K)
	1773	0.753	34.3			473		21.4	
						673		22.3	
						1073		19.6	
						1273		20.1	
镇静钢 (0.08%C)	273	0.469	59.4	7.86(288K)	纯铜	293	0.385	399	8.92(288K) $T_L=T_s=1356$
	473	0.519	53.6			473	0.403	390	
	673	0.594	44.7			873	0.443	366	
	1073	0.962	28.5			1273	0.483	336	
	1473	0.661	29.7						
软钢 (0.23%C)	273	0.469	51.8	7.86(288K)	90%Cu+10%Al	293	0.440	50.9	$T_L=1315$ $T_s=1303$
	473	0.519	48.6			473	0.464	65.4	
	673	0.594	42.6			873	0.517	97.6	
	1073	0.954	25.9			1273	0.570	130	
	1473	0.661	29.7						
中碳钢 (0.40%C)	273	0.469	51.8	7.85(288K)	70%Cu+30%Zn	293	0.395	112	$T_L=1228$ $T_s=1188$
	473	0.510	48.1			473	0.420	146	
	673	0.586	41.8			873	0.474	150	
	1073	0.619	24.6			1173	0.515	154	
	1473	0.653	29.7						
铬钢 (1.0%Cr)	293	0.477	—	7.84(288K) $T_L=1793$ $T_s=1693$	60%Cu+40%Zn	293	0.386	126	$T_L=1178$ $T_s=1173$
	473	0.519	44.4			473	0.406	145	
	673	0.594	38.5			873	0.451	151	
	1073	0.893	25.9			1173	0.481	140	
	1473	0.610	30.1		70%Cu+30%Ni	293	0.403	28.9	$T_L=1513$ $T_s=1443$
						473	0.424	36.8	
						873	0.469	54.4	
						1273	0.515	71.9	
合金结构钢(3.1%Cr,0.5%Ni)	293	0.477	22.0	7.7(288K) $T_L=1783$ $T_s=1727$	60%Cu+40%Ni	293	0.421	23.4	$T_L=1553$ $T_s=1500$
	473	0.498	22.9			473	0.440	30.8	
	673	0.611	24.2			873	0.482	47.3	
	1073	0.895	26.2			1273	0.524	63.7	
	1473	0.569	29.0			1473	0.545	72.0	
不锈钢 (18%~20%Cr, 8%~12%Ni)	293	0.494	14.7	$T_L=1727$ $T_s=1672$	纯铝	293	0.901	237	2.70(288K) $T_L=T_s=933.2$
	473	0.536	18.0			473	0.984	239	
	673	0.569	20.8			773	1.12	222	
	1073	0.644	26.3			933	1.20	212	
	1473	0.669	31.9						

表 3.129（续）

金属	温度/K	比定压热容/(kJ·kg⁻¹·K⁻¹)	热导率/(W·m⁻¹·K⁻¹)	密度/(t·m⁻³) 液相线 T_L/K 固相线 T_s/K	金属	温度/K	比定压热容/(kJ·kg⁻¹·K⁻¹)	热导率/(W·m⁻¹·K⁻¹)	密度/(t·m⁻³) 液相线 T_L/K 固相线 T_s/K
球墨铸铁	293 473 673 1073 1273	0.5	42.3 36.5 30.0 21.2 17.0	7.1(288K)	Al+4.5%Cu	93 473 773	0.870 0.959 1.09	138 188 193	T_L=911 T_s=775

表 3.130　常用铸型的热物性参数

铸型种类	温度/K	比定压热容/(kJ·kg⁻¹·K⁻¹)	热导率/(W·m⁻¹·K⁻¹)	铸型种类	温度/K	比定压热容/(kJ·kg⁻¹·K⁻¹)	热导率/(W·m⁻¹·K⁻¹)
硅砂（98%SiO₂）+6%水玻璃	25 50 100 200 300 400 500 600 700 800 900 1000 1100 1200	0.897 0.906 0.923 0.958 0.993 1.028 1.063 1.058 1.132 1.167 1.202 1.237 1.272 1.307	0.467 0.446 0.406 0.335 0.279 0.239 0.217 0.215 0.237 0.283 0.356 0.458 0.592 0.759	硅砂（回用砂+新砂）+黏土	20 100 200 300 400 500 600 700 800 900 1000	— — — — — — — — — — —	0.350 0.382 0.422 0.462 0.502 0.542 0.582 0.622 0.662 0.702 0.857
铬铁矿砂（35% Cr₂O₃+38% Fe₂O₃+10.3% MgO+9.6% Al₂O₃+5.2% SiO₂）+5%水玻璃	25 100 200 300 400 500 600 700 800 900 1000 1100 1200	0.743 0.778 0.826 0.876 0.927 0.979 1.032 1.087 1.142 1.199 1.258 1.317 1.378	0.781 0.804 0.840 0.886 0.943 1.014 1.098 1.200 1.319 1.460 1.623 1.811 2.026	硅砂+树脂	20 100 200 300 400 500 600 700 800 900	— — — — — — — — — —	0.714 0.652 0.575 0.497 0.485 0.477 0.470 0.518 0.567 0.616

表3.130（续）

铸型种类	温度/K	比定压热容/$(kJ \cdot kg^{-1} \cdot K^{-1})$	热导率/$(W \cdot m^{-1} \cdot K^{-1})$	铸型种类	温度/K	比定压热容/$(kJ \cdot kg^{-1} \cdot K^{-1})$	热导率/$(W \cdot m^{-1} \cdot K^{-1})$
刚玉砂（95% Al_2O_3）+5%水玻璃	20	0.979	0.868	钛矿渣砂（74% Al_2O_3 + 12% Ti_2O_3 + 10% CaO + 4%水玻璃）	20	0.812	0.315
	100	1.067	0.904		50	0.817	0.336
	200	1.179	0.959		100	0.827	0.374
	300	1.293	1.038		200	0.852	0.457
	400	1.410	1.122		300	0.884	0.551
	500	1.530	1.248		400	0.924	0.660
	600	1.652	1.392		500	0.972	0.786
	700	1.777	1.582		600	1.027	0.930
	800	1.984	1.818		700	1.090	1.097
	900	2.034	2.106		800	1.160	1.280
	1000	2.167	2.453		900	1.237	1.507
	1100	2.302	2.867		1000	1.322	1.757
	1200	2.439	3.355		1100	1.415	2.042
					1200	1.515	2.364

表3.131　铸件和铸型界面的传热系数

界面种类	传热系数/$(W \cdot m^{-2} \cdot K^{-1})$		界面种类	传热系数/$(W \cdot m^{-2} \cdot K^{-1})$
	传热时间/s	数值		
铸钢-砂型（难以产生空隙时）	300	>3490	铝硅合金-金属型（金属液流动时）	1260
	420	2330		
	600	990		
	1200	580	铝合金-金属型（低压铸造）	420~840
	1800	580		
铸钢-砂型（容易产生空隙时）	300	930	铝合金-金属型铸造	$(1.3 \sim 1.7) \times 10^4$（没有空隙）$(1.7 \sim 2.9) \times 10^4$（有空隙）
	420	580		
	600	470		
	1200	350		
	1800	230		
碳素钢-表面氧化铁铸型	0	960	铝合金压铸	$(8 \sim 9) \times 10^4$
	60	840		
	120	750	铜合金（金属型）	8370~16700（没有涂料）2510（涂料厚100 μm）
	240	670		
	360	590		
	600	500		

注：数据来自苏仕方. 铸造手册：第5卷 铸造工艺［M］. 4版. 北京：机械工业出版社，2021.

3.4.9.5　铸造过程CAE应用实例介绍

1）铸件充型过程模拟　铸件名称：叶轮；材质牌号：M05；铸件质量：73.3 kg；铸造方式：普通砂型铸造；浇注温度：1390 ℃。

图3.58是叶轮充型过程模拟结果，从计算机上可以清楚地看到整个铸件的充型情况，整个过程充型平稳，充型时间为14.8 s。由图3.58展示的充型0.8，2.8，8.2 s和充满型腔这几个时间节点的充型状态来看，前沿充型金属液整齐向前推进，没有明显的紊乱或飞溅现象，说明这样的浇注系统设计是合理的。

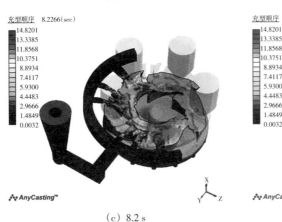

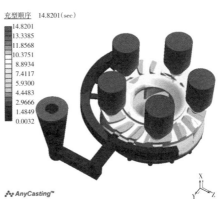

（a）0.8 s　　　　　　（b）2.8 s

（c）8.2 s　　　　　　（d）14.8 s

图3.58　叶轮充型过程模拟结果

2）凝固过程模拟　铸件名称：阀体；材质牌号：CF8M；铸件质量：18978 kg；铸造方式：普通砂型铸造；浇注温度：1580 ℃。

图3.59是阀体凝固过程模拟结果。图3.59（a）是开始凝固（固相率为1.12%）时铸件的温度分布，图3.59（b）是铸件凝固中期（固相率为51.05%）时铸件的温度分布，图3.59（c）是铸件凝固75.58%时的温度分布，图3.59（d）是铸件完全凝固、仅有冒口有一点金属尚未凝固（固相率为99.03%）时铸件的温度分布。图3.59展示了阀体铸件的外形温度场情况，计算机后处理技术可以给我们提供铸件任意时刻、任意剖面、任意位置的信息。

铸件的凝固顺序从铸件的下部逐步向上、向冒口推进，冒口最后凝固，具有良好的补缩功能，这样的冒口补缩系统设计是合理的。

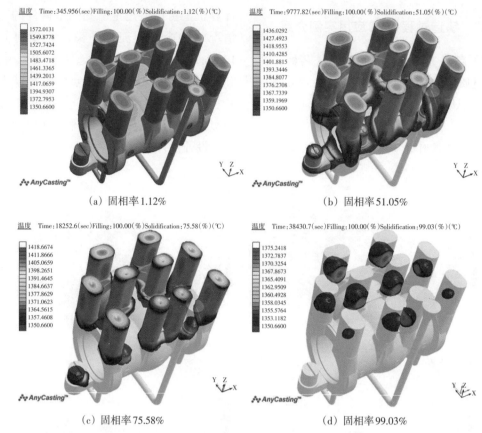

（a）固相率1.12%　　　　　　（b）固相率51.05%

（c）固相率75.58%　　　　　　（d）固相率99.03%

图3.59　CF8M阀体铸造凝固过程模拟结果

3）铸件缩孔缺陷模拟　铸件名称：推盘；材质牌号：QT600-3；铸件质量：6.3kg；铸造方式：砂型铸造；浇注温度：1380℃。

图3.60是球墨铸铁推盘铸件凝固过程中产生缩孔缺陷的模拟结果。从图3.60（a）

看到，在铸件上部临界冒口根部位置，产生缩孔的概率很高，即完全有可能出现缩孔。图3.60（b）为增大冒口后的模拟结果，可以看到，在铸件上部临界冒口根部的缩孔区域消失，这表明通过增大冒

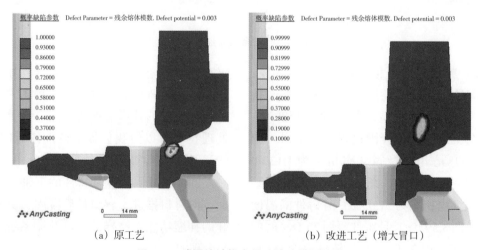

（a）原工艺　　　　　　（b）改进工艺（增大冒口）

图3.60　球墨铸铁推盘缩孔缺陷模拟结果

口的方法可以消除该铸件的缩孔缺陷。

铸造CAE后处理技术可以提供铸件任何剖面的信息，通过铸造CAE模拟分析，可以掌握最易产生铸造缺陷的危险区域或部位。在实际产品试制时，只需要对危险区域进行检测或解剖分析即可。

4）铸件缩松缺陷模拟　铸件名称：推盘；材质牌号：QT500-7；铸件质量：13.7 kg；铸造方式：砂型铸造；浇注温度：1360 ℃。

图3.61是球墨铸铁推盘铸件凝固过程中产生缩松缺陷的模拟结果。从图3.61（a）看到，在铸件的三个热节部位产生缩松的概率很高。为此对铸件结构进行改进，减小铸件热节，其模拟结果如图3.61（b）所示。图3.61（c）和图3.61（d）分别是结构改进前后浇注的铸件，可以看到，改进前铸件在热节部位存在缩松，改进后缩松消失，铸件致密。因此，优化铸件结构、减少铸件热节后，能消除铸件缩松倾向。

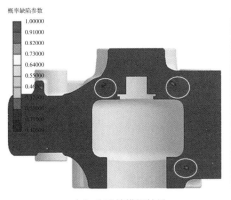

（a）改进前模拟结果

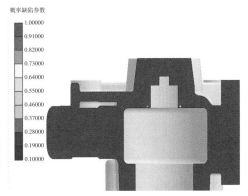

（b）改进后模拟结果

（c）改进前的铸件

（d）改进后的铸件

图3.61　球墨铸铁推盘缩松缺陷模拟结果

5）铸件夹杂物缺陷模拟　铸件名称：壳体；材质牌号：ADC12；铸件质量：3.2 kg；铸造方式：压力铸造；浇注温度：680 ℃。

图3.62是压力铸造铝合金壳体产生夹杂物缺陷的模拟结果。从图3.62（a）看到，充型完成但尚未凝固时，在铸件的很多区域有氧化物，这些氧化物可能成为铸件的氧化夹杂物。改变浇注条件，将大气环境浇注改为真空（400 mmHg）浇注，氧化物夹杂缺陷大幅度减少，其模拟结果如图3.62（b）所示。

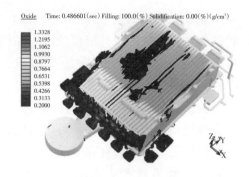

（a）大气环境下压力铸造 　　　　　（b）真空环境下压力铸造

图3.62　压力铸造铝合金壳体氧化物夹杂缺陷模拟结果

6）铸件气孔缺陷模拟　铸件名称：汽车底板；材质牌号：HT250；铸件质量：25.6 kg；铸造方式：砂型铸造；浇注温度：1410 ℃。

图3.63是砂型铸造HT250汽车底板产生气孔缺陷的模拟结果。从图3.63（a）看到，铸件充型完成但尚未凝固之前，在铸件上表面的很多区域有较高的气体含量，这些区域有可能产生气孔缺陷。通过更换芯砂，减少砂芯发气量，铸件含气量大幅度减少，其模拟结果如图3.63（b）所示，可以消除铸件气孔缺陷。

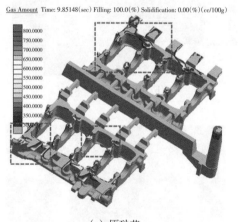

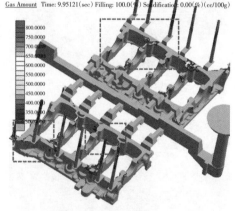

（a）原砂芯　　　　　　　　　（b）低发气量砂芯

图3.63　砂型铸造HT250汽车底板气孔缺陷模拟结果

7）铸件残余应力场模拟　铸件名称：壳体；材质牌号：ADC12；铸件质量：2.7 kg；铸造方式：重力铝合金；浇注温度：680 ℃。

限于人们对铸件凝固和冷却过程规律认识水平，目前计算机还不能可靠模拟铸件的残余应力值，只能模拟铸件的高残余应力部位。图3.64是重力铸造铝合金壳体铸件铸造应力模拟结果。从图3.64（a）看到，进排气管与本体连接处有高应力区。

通过改变浇注系统，优化铸件温度场分布，铸件的铸造应力大幅度减小，其模拟结果如图3.64（b）所示。

正确的模拟结果依赖于合理的模型和正确的输入参数，包括铸件材料和造型材料的热物性参数、边界条件和铸造工艺参数等。人们对铸件充型过程、凝固过程的研究比较多，认识也较充分，所以铸件充型和凝固过程数值模拟相对比较成熟。

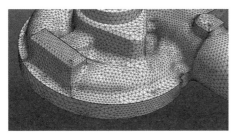 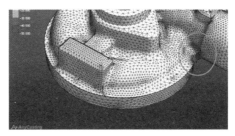

（a）原浇注系统　　　　　　　　　　（b）改进的浇注系统

图3.64　重力铸造铝合金壳体铸造应力模拟结果

但人们对铸造过程中有些规律，如对高温金属液表面或界面特性、铸件材料高温热物性和力学性能，特别是接近固相线附近时的弹塑性特性等的认识还是模糊的，还存在很多问题需要解决。

3.5　造型和制芯

3.5.1　手工造型与制芯

3.5.1.1　手工造型

造型方法分类、特点与应用已在表3.6中作了简介，此处只介绍手工造型通则和某些造型方法的操作要点与要求。

1）造型前的准备工作

（1）熟悉零件图样和有关工艺文件，研究操作顺序和要点。

（2）检查模样（含浇冒口）是否完整，尺寸是否合格，活动部分定位销松紧是否合适，起模装置是否齐备、合理。如不符合要求，应退回修理。

（3）检查造型底板是否平直、坚固，尺寸是否符合要求。

（4）检查砂箱尺寸及吃砂量是否符合工艺要求。吃砂量一般可参考表3.132。

表3.132　手工造型吃砂量　　　　　　　　　　单位：mm

砂型分类	砂箱内腔平均尺寸	模样至砂箱内壁尺寸	浇冒口至砂箱内壁尺寸	模样顶部至砂箱带部尺寸
树脂砂 水玻璃砂型	≤500	≥40	≥30	15～20
	500～1000	≥60	≥60	21～25
	1000～2000	≥100	≥100	26～30
	2000～3000	≥150	≥120	31～40
	＞3000	≥250	≥150	＞40
湿　型	≤300	≥30	≥40	≥30
	300～800	≥60	≥100	≥50
	＞800	≥100	≥100	≥70

（5）砂箱使用前应清除松动的锈皮、干砂残留物；损坏、断裂、少吊攀的砂箱不能使用；箱带不得妨碍浇冒口的正确位置；不使用打箱后温度过高的砂箱；有定位销的砂箱，其定位销和定位销孔的允许磨损偏差可参考表3.133。

表3.133　定位销与定位销孔允许磨损偏差　　　单位：mm

两销孔中心距	允许磨损偏差	
	定位销（设计尺寸的最小外径）	定位销孔（设计尺寸的最大外径）
≤500	-0.2	+0.2
500～1000	-0.3	+0.3
>1000	-0.5	+0.5

（6）刨口砂箱的箱口允许不平度，可参考表3.134。

表3.134　刨口砂箱的箱口允许不平度　　　单位：mm

两孔中心距	最大不平度
≤500	0.5
500～1000	1.0
>1000	2.0

（7）检查造型材料是否符合要求，造型工具是否完好齐备。

2）造型

（1）模底板应放置平稳，清理干净；模样应洁净。

（2）使用非刨口砂箱须将箱口垫平，大型砂箱需在四角垫高约20 mm。

（3）冷铁应按工艺要求放置，表面有锈、有油污和不光滑的冷铁不得使用。

（4）为防止过重模样翻箱时掉落，可用铁丝或螺栓将其紧固在箱带上，待翻箱时将砂箱竖起或翻箱后将砂箱置于架子上，松开螺栓或铁丝，切记操作安全。

（5）湿型填砂前应在砂箱内壁刷清水或白泥水。

（6）砂型需加固时可下铁钩或绑吊，一般距离模样15～30 mm；凸台处的加固，湿型可插木条（使用前用清水浸泡）。

（7）不准填入干湿不均或热的型砂。使用非单一砂时，其面砂紧实后的厚度不应小于表3.135的规定；每层松散背砂填入厚度可参考表3.136。

表3.135　紧实后的面砂层厚度

铸件质量/kg	厚度/mm	铸件质量/kg	厚度/mm
<100	20～30	1000～5000	40～50
100～1000	30～40	>5000	50～60

注：铸件厚度大于90 mm的，面砂层厚度应大于90 mm。

表3.136　每层松散背砂填入厚度

造型方法	厚度/mm	造型方法	厚度/mm
手工舂实	80～120	用捣固器舂实	120～200

注：使用单一砂时，可按此表确定松砂填入厚度。

（8）浇冒口模样放好后，先填入少量面砂，用手工适当捣实，固定在正确的位置上，然后按规定填入面砂。

（9）金属液冲刷严重和放芯撑部位，必要时可预先放置耐火砖。

（10）舂砂应避免撞击模样（含浇冒口）和冷铁，防止位置移动；由外向内逐层舂实，硬度均匀，起模后即测得的型腔表面硬度值（湿硬度）要求见表3.137。

表3.137　型腔表面硬度值（起模后即测）要求

铸件质量/kg	型腔底部至浇口杯高度/mm	硬度值（用湿型表面硬度计）	
		湿　型	水玻璃砂型
≤25	<150	30~40	>55
25~100	<300	35~50	
100~500	<750	46~65	
500~2000	<1500	55~75	>65
2000~5000	<2500	—	
>5000	>2500	—	

（11）挖砂造型时形成的分型面应平整，坡度不能太大，坡脚离型腔应有一定距离 B（>20 mm），以免形成尖薄的吊砂和合箱时擦落型砂掉入型腔（图3.65）。

（a）铸件

（b）舂实后的下型

（c）挖砂后的下型

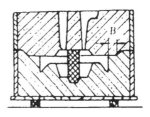

（d）合箱的砂型

图3.65　挖砂造型

（12）活砂造型的模样必须做成分开的，一般先舂上型；舂下型之前，应先舂制活砂（以砂型做芯盒），通过翻箱，活砂（湿砂芯）就安放在下型中（图3.66）。如果产量大，应简化造型，用砂芯代替活砂（图3.67）。

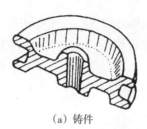

（a）铸件

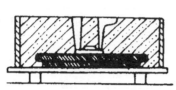

（b）舂上型

（c）翻转上箱挖出分型面，放上半模样形成"芯盒"，舂制活砂

（d）下型舂实后翻转起下半模样

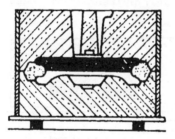

（e）下型合到上型后一起翻转，活砂落在下型，提上型取出上半模样

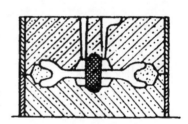

（f）配箱后的砂型

图3.66 活砂造型

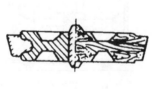

（a）模样

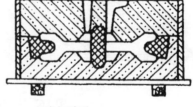

（b）砂型

图3.67 砂芯代替活砂

（13）三箱造型时，模样最少应有一个分模面，将模样的一个芯头做成活动可拆的，先造中型，再造下型，后造上型（图3.68）。

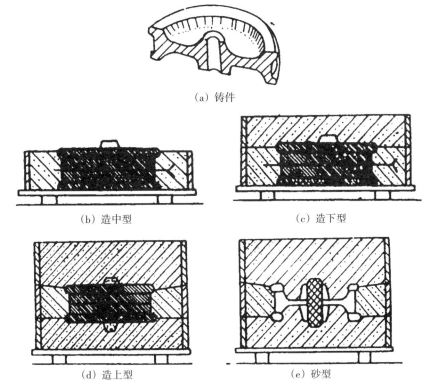

（a）铸件

（b）造中型　　　　　　　　　　　　（c）造下型

（d）造上型　　　　　　　　　　　　（e）砂型

图3.68　三箱造型示意图

（14）砂型舂好后应刮平，扎排气眼，　表3.138。
气眼与模样距离 10～20 mm，排气标准见

表3.138　砂型排气标准

排气针直径/mm	气眼数	
	自硬砂型	湿　型
5～8	1或2个/200 cm²	3～6个/200 cm²

（15）无外定位销或内定位锥的砂型，舂好型后至少打三面合箱泥号，线条细直清楚。

（16）敞开箱后的砂型应放平，湿型应放在平面松软且挖有通气沟的砂层上（为防止粘砂，可在舂好的砂型背面撒一层隔砂）。模样（含浇冒口）周围应适当刷水，

修整分型面，压出的披缝应平直、均匀，不宜过大，要求严格的铸件或湿型薄壁件不应有披缝。

（17）起模时如果用铁锤敲打须垫木块，敲动应均匀，敲动允许松动量可参考表3.139。

表3.139　敲动允许松动量　　　　　　　　　　单位：mm

模样尺寸	松动量	模样尺寸	松动量
<500	0.5～1.0	>1000	1.0～4.0
500～1000	0.8～2.0	—	—

（18）起模要找正，垂直平稳起出。对于起模较困难的模样，可边敲边晃动边起模；对于大型模样的立面可做成活块（抽心模），起出主体模后再起出活块。

3）修型

（1）起模后检查型腔各部紧实度，如有局部松软或损坏，须用同种型砂填实修补。

（2）修理大块损坏处，要先松动该处型砂，少刷清水（湿型）或水玻璃（水玻璃砂型），再用同类型砂填实补好，保证原来尺寸和形状。不应大修芯头座，以免落芯定位不准。

（3）按要求倒出铸造圆角；不允许多次压型，防止起皮。

（4）对黏土砂型的损坏修补处、凸台、棱角、沟槽、大平面、浇注系统等必要部位插钉加固。

（5）根据铸件结构需要，在必要处扎出出气孔或出气冒口；上、下芯头座用ϕ20 mm铁钎打通出气眼；水平芯头座打通出气眼或在分型面挖出至型外的排气沟；对暗冒口要按工艺要求打通出气孔。

3.5.1.2　手工制芯

手工制芯操作要点如下：

（1）芯盒必须符合工艺要求，制芯之前擦净芯盒腔。

（2）芯骨尺寸与要求见砂芯设计部分。芯骨在放入芯盒之前需用清水润湿；对于水玻璃砂芯，要用水玻璃润湿。放入芯骨之前，在芯盒内填入和舂实一层芯砂后再敲入芯骨。

（3）逐层填砂，逐层舂实，每层填砂厚度可在80～150 mm，紧实度要均匀合适；要避免撞坏芯盒、撞偏活块和冷铁；冷铁不能有锈和油污，表面要光滑。

（4）对于中大型砂芯，制芯过程中需在砂芯中间放入通气填料。

（5）对于使用芯撑的中大型砂芯，在安放芯撑处需预先放置耐火砖块。

（6）若填砂面为工作面，必须加以修整，倒出圆角；当带有活块时，在放置部位挖松芯砂再压印成型；修整后刷涂料（对于黏土砂芯），用纸覆盖；若非平面，还需用型砂填平压实并随芯板一起翻转。不平整的芯板，用时应铺上一层松砂，不使用不安全可靠的芯板。

（7）出芯后，检查砂芯各部分的紧实度，砂芯表面硬度可参考表3.140。对于松软和损坏处用相同芯砂修补，必要时可插钉加固。

表3.140　砂芯表面硬度（湿型硬度计测）

砂芯尺寸/(mm×mm×mm)	硬度值	
	黏土砂芯	水玻璃砂芯
<1500×1500×1500	60～80	55～65
1500×1500×1500～2000×2000×2000	70～90	60～75

（8）对黏土砂芯，砂芯的凸台、筋条、棱角和大砂芯工作面应插钉加固。

（9）不要大修芯头，要保证芯头的准确尺寸。

（10）对于有吊攀的芯骨，要挖出吊攀，并尽可能减少挖砂面积。

（11）砂芯需湿态装配时，应保证位置和尺寸准确，气道畅通，结合牢固。

（12）砂芯修整好后，检查必要部位的尺寸，按工艺要求刷上涂料；刷涂料时，应防止堵塞气眼。

砂芯的排气道在制芯过程中制出。排

气方法见表3.141和图3.69。

表3.141 砂芯排气方法

方法	示意图	应 用
扎排气孔	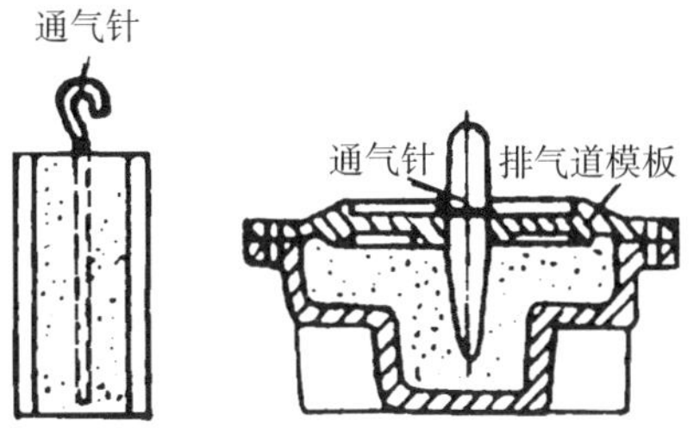 （a）（b）	多用于形状简单的小砂芯，产量大时用排气道模板［图（b）］，既能提高生产率，又能使排气孔位置准确、深度适宜
挖排气道	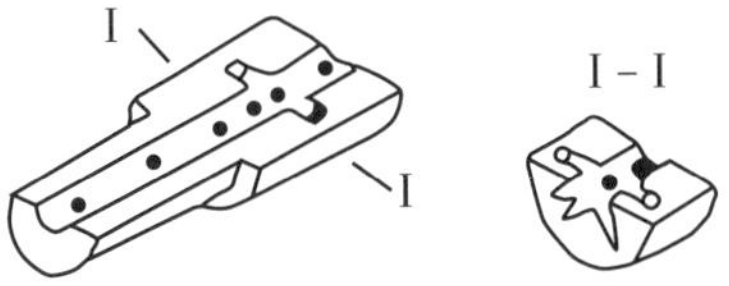 Ⅰ Ⅰ-Ⅰ Ⅰ	用于两半制作的砂芯，为提高较大砂芯的排气能力，需要再扎一些排气眼（见Ⅰ-Ⅰ剖面），孔距不大于50 mm，孔到砂芯表面距离10～15 mm，孔径ϕ3～ϕ5 mm
用尼龙通气绳做排气道	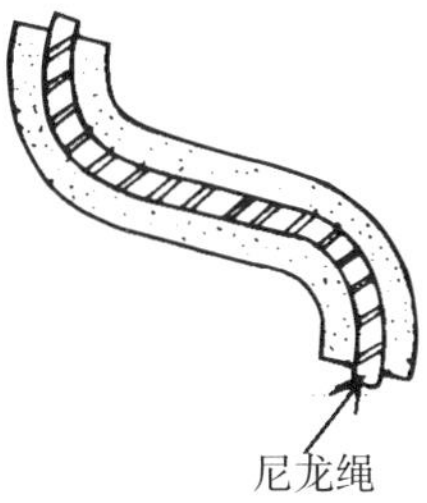 尼龙绳	可预埋尼龙通气绳做排气道
放排气填料	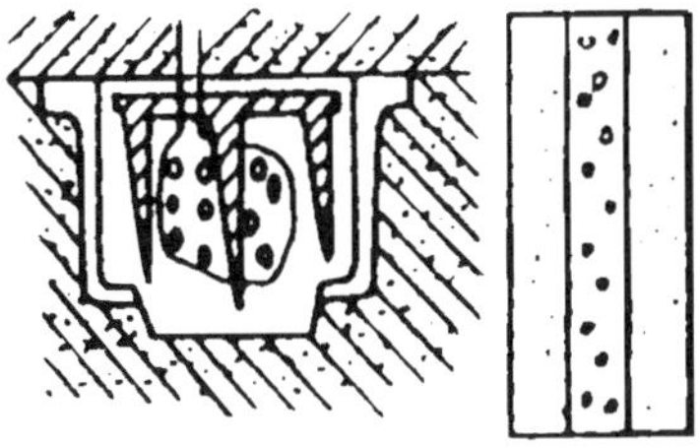 （a）（b）	中大型砂芯，中心放焦炭或炉渣填料，再挖排气道［图（a）］或用钻有孔眼的钢管［图（b）］引出气体，填料粒度10～40 mm，砂层厚度参考下表： <table><tr><td>砂芯尺寸/(mm×mm)</td><td>砂层厚度/mm</td></tr><tr><td>≤500×500</td><td>60～80</td></tr><tr><td>500×500～1000×1000</td><td>80～100</td></tr><tr><td>1000×1000～1500×1500</td><td>100～120</td></tr><tr><td>＞1500×1500</td><td>120～150</td></tr></table>

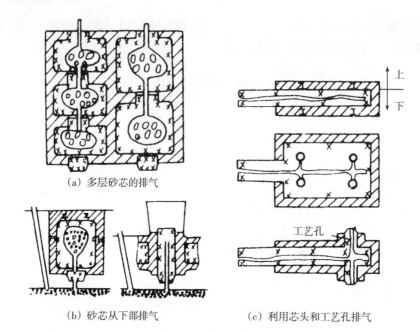

（a）多层砂芯的排气

（b）砂芯从下部排气 （c）利用芯头和工艺孔排气

图3.69   砂芯排气方法

3.5.2   机器造型

普通机器造型方法有震实、震压、射压、高压、微震等多种，其工艺要求不完全相同，通用工艺规程如下。

3.5.2.1   造型前的准备

（1）检查所需的模板等工艺装备，如有损坏、变形、松动等现象，修复后再用。

（2）检查模板或模板框上的定位销和砂箱上的定位套孔的尺寸精度，超过允许的磨损量时应更换。

（3）检查砂箱，有下列情况者不能使用：

① 定位销或定位套孔磨损超过极限偏差；

② 箱把有裂纹；

③ 砂箱粘有大量干砂或铁液渣等；

（4）检查所用的下芯定位夹具、样板等，应符合工艺要求。

（5）检查冷铁、芯撑、垫片质量，不允许有油、水、锈存在。

（6）准备所需脱模剂和其他辅助材料及工具。

（7）检查型砂，应符合工艺要求。

3.5.2.2   造型

（1）填砂之前，模板应清理干净。

（2）需涂脱模剂时要涂均匀，不允许有堆积现象。

（3）采用面砂时，面砂应均匀地覆盖在模样及浇注系统上，紧实后的厚度为15~45 mm。

（4）放背砂要适量，边震实边刮平，四角处应有足够的砂和均匀的紧实度。

（5）根据铸件的特点，规定出上、下砂型的硬度，注明硬度计型号。

（6）造型工和班长填写机器造型记录。

3.5.2.3   修型

（1）检查砂型硬度是否达到要求，如发现局部松软或破损处，应使用同类砂修补实。

（2）砂型总体达不到硬度要求或扒砂严重失去修理基准面的，应报废。

（3）修型后，砂型应保持原来的几何形状，其尺寸与模样相同。

（4）为提高砂型强度，在必要的部位允许插钉子加固。

（5）砂型需上涂料时，应做到均匀无堆积现象。

（6）修饰浇道，凡需露出的通气孔应露出。

（7）对于重要铸件，应有打印标志，标明浇注要求。

3.5.3　树脂砂造型与制芯

树脂砂造型与制芯工艺一般分为自硬法、热硬法和气硬法三类。自硬法适用于单件、小批量和多品种中、大型铸件生产，在机床、通用、重型、造船等行业得到应用。热硬法与气硬法适用于大批量流水线生产各种复杂的中、小型铸件的砂芯，在汽车、拖拉机、柴油机等行业得到广泛应用。

3.5.3.1　自硬法

自硬法是树脂自硬砂在砂箱（芯盒）中经一定时间自行硬化成型的造型（制芯）工艺。该法采用的树脂砂有三种：呋喃树脂自硬砂、碱性酚醛树脂自硬砂和酚脲烷树脂自硬砂。三种自硬砂的优缺点对比见表3.142。我国当前采用最多的是呋喃树脂自硬砂。

表3.142　三种树脂自硬砂的优缺点对比

种　类	优　点	缺　点
呋喃树脂自硬砂	（1）树脂黏结强度高，加入量少； （2）固化剂价格低； （3）型、芯砂高温强度高； （4）旧砂再生容易，再生率高	（1）取模时间长，工产效率低； （2）铸型（芯）高温退让性差，铸钢件裂纹倾向大； （3）对原砂质量要求较高； （4）球墨铸铁表面易产生非球状石墨
碱性酚醛树脂自硬砂	（1）黏结剂系统不含N，P，S； （2）型、芯砂高温塑性好，铸件不易开裂； （3）对原砂酸耗值要求低，适应性好； （4）树脂气味低，改善劳动条件	（1）树脂加入量大； （2）固化剂价格高； （3）树脂存放性差，黏度较大
酚脲烷树脂自硬砂	（1）树脂砂硬化速度快，无反应副产物； （2）型、芯砂流动性好，取模时间短	（1）聚异氰酸酯价格高，易水解； （2）型、芯砂高温性能差，易产生冲砂、毛刺等铸件缺陷； （3）造型、浇注时有异味

树脂砂的终强度要求：铸铁件型砂为$0.6 \sim 0.8$ MPa，芯砂为$0.8 \sim 1.0$ MPa；有色合金件要求指标可适当降低。

1）树脂自硬砂造型、制芯工艺特点

树脂自硬砂的特点是：流动性好，发气量大，发气速度快，溃散性好。因此，编制树脂自硬砂造型、制芯工艺时，除遵循一般原则外，还应充分考虑这些特点。设计浇注系统时，宜采用快速浇注，缩短浇注时间，内浇道应尽量分散，保证铁水充填均匀、平稳，流程不宜太长；对于大件，宜用耐火制品做浇注系统。砂型、砂芯要加强排气，如扎气孔、设置出气留口、放焦炭和空心尼龙绳等。

2）树脂自硬砂造型制芯操作要点 造型制芯之前，先将模样、砂箱或芯盒备齐，按工艺要求将浇注系统、出气冒口棒放好。由于树脂砂强度较高，芯骨和吊攀与黏土砂相比可大为简化，一般不必做成整体带齿的铸铁芯骨，大多数采用散插铁棒和钢管等方法。吊攀对于起模（吊芯）、运芯、下芯等工序十分重要，可根据砂芯尺寸、质量，选用不同粗细的吊攀。

准备工作做好后，便可开始放砂造型制芯。由于树脂砂的流动性较好，自紧实性能也较好，因此在造型制芯的操作中，无须像黏土砂那样用砂春强力紧实。但在操作中仍须十分注意对不易自然充实的凹部、拐角处、活块凸台下部等地方的紧实，可以用木棒捣或手塞，填砂面最后用木槌紧实。震实台可使砂型（芯）整体提高紧实度，但要防止活块、凸台下部被震松，这些部位起模后很难修补，容易产生机械粘砂、冲砂或砂眼等铸造缺陷。放砂与紧实过程中要注意防止模样活块、浇道棒、出气口棒、冒口棒和浇道陶管等移位和跌落。直浇道棒、出气口棒和冒口棒等应在造型后几分钟至十几分钟内拔出。

大件造型制芯时，放砂时间往往超过树脂砂可使用时间，因此，放砂路线应采用纵向推进式，而不能像黏土砂填砂时采用的水平分层方法。先放进的型砂，尽量不要再去挖动。对于填砂面上的吊攀，应在制芯完成后及时将吊攀头部挖出；对于芯盒底部或侧面的吊攀，放砂时在吊攀头部可以用一些新干砂做记号，以便拆芯盒后容易找到该吊攀。浇道部分如果采用浇道陶管，应事先按工艺要求，利用直陶管及弯头等制成需要的长度和形状，放在砂箱中。露出填砂面的部分，应用旧报纸或棉纱等物塞住，以防止放砂时型砂流入浇道。

连续混砂机开始工作放砂时，树脂及固化剂的配比可能不正常，故这部分称为"头砂"的型砂，不可用作面砂，只能先放入桶中备作背砂。

浇注系统各部分均应采用面砂制成，因为它往往是造成铸件缺陷的重要原因。铁水量多、高度大的直浇道，最好采用陶管制作。这样不仅可以避免冲砂，还省掉了直浇道上涂料的工序。

呋喃树脂砂造型时，一定要多扎气眼，尽可能使铸型芯部与大气连通，这样可以加快砂型的硬化，并有利于铸型硬化内外均匀，缩短铸型硬化时间。

树脂自硬砂的起模时间要适当控制，因为太早砂型强度太低，会产生局部塌型或变形；太晚会因砂型强度高而起模困难。如果采用手工起模，一定要注意保持模样的平衡，不得用铁锤头敲击模样，可用木槌或橡皮槌敲击模样四角，以帮助模样均衡起出。树脂自硬砂大多利用翻箱起模机进行起模，可以提高起模质量和效率。

拆芯盒时，要注意每个活动部分的起模顺序与方向。依次起出后，及时将各活块和整个芯盒按次序重新装配好待用。砂芯起出后要进行修整，修平披缝砂，并挖出砂芯上各吊攀。

凡是接触金属液的型、芯表面，均须全部涂上涂料。使用醇基涂料时，上好涂料后应立刻点燃干燥，对于燃烧不充分的部位用喷枪补充干燥，但火力不可太强，以防树脂被烧掉。用水基涂料时，应在150~180℃温度下烘干，保温时间为1~2h，超过200℃会使树脂过烧，型芯丧失强度，铸件表面质量恶化。

涂料的涂敷方法有刷涂、喷涂、浸涂和流涂4种。其中，刷涂适用性强，应用较普遍，可充分利用涂料的触变性，但效率低，劳动强度大；浸涂和流涂效率很高，表面质量也好，在流水线生产中较多采用，但对涂料的流挂性等性能有较高的要求；喷涂可以避免刷涂存在的刷痕问题，缺点是复杂砂型（芯）易形成喷涂死角。

酯固化碱性酚醛树脂自硬砂和酚脲烷树脂自硬砂，除了型、芯配方不一样，其造型制芯工艺基本上与呋喃树脂自硬砂相同。

3.5.3.2 热硬法

热硬法是指型、芯本体通过外部加热源来进行加热，使型、芯在一定温度下在芯盒中硬化成型的一种制芯工艺。目前，在国内得到应用的有两种：热芯盒法和壳型法，其特点对比见表3.143。

表3.143　两种热硬法的优缺点对比

种　类	优　点	缺　点
热芯盒法	（1）型、芯砂制备简单，投资少； （2）成型温度低，节省能源； （3）硬化速度快，生产效率高； （4）型、芯砂溃散性好，铸件清砂方便	（1）芯砂流动性差，不能制作形状复杂的砂芯； （2）芯砂可使用时间短，随混随用； （3）抗湿性差，存放性不好； （4）黏结剂含氮高，铸件易产生气孔； （5）含游离甲醛高，气味较大
壳型法	（1）芯砂流动性好，可做复杂件； （2）存放性好，芯砂可集中生产供应； （3）芯砂强度大，可制成薄壳； （4）型、芯可不上涂料； （5）铸造车间可省去混砂设备	（1）覆膜砂制备复杂，投资大； （2）树脂加入量高，发气量大，成本高； （3）成型温度高，消耗能源； （4）硬化时间长，生产效率低； （5）黏结剂中游离酚高，污染大

现今在我国汽车、柴油机行业的高效批量制芯工艺中，热法制芯可达70%以上，其中热芯盒法应用较多。

1）热芯盒法　热芯盒制芯法是利用射芯机将原砂、树脂黏结剂和催化剂的混合物射入加热到一定温度的芯盒里硬化成型的一种工艺。

热芯盒法制芯工艺为：制芯均采用热芯盒射芯机，按其工位划分有单工位、两工位和多工位射芯机；按芯盒分盒方式又可分为垂直分盒、水平分盒和多开盒等。射砂之前，将按上述配方混制好的芯砂放入射砂筒内，关闭闸板打开射砂阀，让贮气罐中的压缩空气瞬间进入射砂腔，通过射砂筒，在0.5～1.0 s内将芯砂射入已加热到170～230 ℃的金属芯盒中。一般大型复杂砂芯的射砂压力为0.5～0.7 MPa，简单小型砂芯为0.4～0.5 MPa。利用高速射芯的动能和造成的压力差的作用，使芯砂在芯盒中紧实。根据砂芯大小和壁厚，保温一定时间使之硬化，然后从芯盒中顶出，依靠余热和催化剂的作用，产生放热反应，使砂芯继续硬化而制得砂芯。具体的制芯工艺参数见表3.144。

表3.144　热芯盒法制芯工艺

参数名称	数　量		使用要点
	呋喃树脂	中氮树脂	
芯盒温度/℃	200～230	170～200	细、薄、小砂芯的温度可低些；高大砂芯的温度可高些，时间稍长些
硬化时间/s	40～90	20～70	

表3.144（续）

参数名称	数量		使用要点
	呋喃树脂	中氮树脂	
射砂压力/MPa	0.4～0.7	0.3～0.6	砂芯形状复杂的取上限，简单的可取下限
射砂时间/s	0.5～1.0	0.5～1.0	
分型剂			分型剂多采用甲基硅油乳化液，喷涂量不宜过多，每制芯10～15个喷涂一次
涂料			对于易产生粘砂部分或大型铸件，可上水基或醇基涂料
存放性			由于砂芯内未完全硬化树脂中羟甲基吸收空气中水分，导致强度下降，砂芯不宜久存，但是吸湿砂芯可在100～200℃下烘干使用，而中氮树脂的抗湿性较好

2）壳型（芯）法　壳型（芯）法是利用壳型（芯）机将覆膜砂吹入加热到一定温度的芯盒里，并保持一定时间（结壳时间），使靠近芯盒壁附近的覆膜砂中树脂先熔融、后交联，将砂粒黏结在一起，沿芯盒壁形成一层具有一定厚度的薄壳。然后，将未黏附的覆膜砂倒出，继续加热一定时间（硬化时间），使树脂完全硬化成为一个坚固的薄壳，便可打开芯盒，顶出壳芯。

壳型（芯）法制芯工艺为：壳型（芯）法制芯均采用壳型（芯）机。常用的壳型（芯）机有顶吹式和底吹式两种，而以顶吹式应用较多，因为它的翻转机构可将芯盒和吹砂斗一起旋转225°（正向转180°，反向转45°），砂芯可在正向180°范围内任意角度吹砂，故可用来吹制十分复杂的砂芯。

制壳工艺参数选择，除了根据铸件大小及合金种类外，很大程度上取决于覆膜砂的性能，如覆膜砂熔点太高，强度下降，结壳不厚；反之，覆膜砂不易倒出，壳芯轮廓不清晰，常易出现脱壳和存放时结块等问题。一般壳型（芯）制造工艺见表3.145。

表3.145　壳型（芯）制造工艺

工艺参数选择			使用要点
芯盒温度/℃		250～300	取决于结壳厚度与硬化时间，以不过烧为准。尽量选择高些，但应均匀分布，便于脱壳
吹砂	压力/MPa	顶吹0.1～0.35 底吹0.4～0.5	压力高、时间长，壳芯表面易产生波纹；压力低、时间短，则吹不紧。壳芯强度低，吹砂斗砂位要稳定，砂位过低会导致芯子吹不成
	时间/s	顶吹2～5 底吹15～35	
	吹砂斗砂位高度/mm	100～200	
结壳	厚度/mm	6～5	壳芯厚度与覆膜砂熔点和结壳时间有关，应根据运送、下芯及浇注要求而定
	时间/s	15～60	
硬化时间/s		30～100	硬化时间为结壳时间的1.5～2倍，硬化时间短，壳芯强度低，过长则表层碳化，失去强度
涂料		常用甲基硅油乳化液。每喷一次，制芯5～10个	只有个别热节粘砂处，浸涂涂料

3.5.3.3 气硬法

气硬法即冷芯盒法，是指在常温下（芯盒无须加热）向芯盒内吹入气体或气雾催化剂，使砂芯硬化的一种制芯工艺。这种制芯工艺的特点是：芯砂可使用时间长，硬化脱模时间短，生产效率高；芯盒无须加热，节能节材，改善工作场地的作业条件，比较适合批量生产各种壁厚的大型砂芯。根据气体催化剂种类又可细分为三乙胺法、SO_2法和CO_2法。我国目前多采用三乙胺法。三乙胺法制芯的主要工序有：配料混砂、射芯成型、吹气硬化、清洗净化和脱模取芯等。射芯一般在专用冷芯盒射芯机上进行，射芯工艺与热芯盒法基本相同。由于三乙胺有毒性，废气不能直接排入大气，必须经过处理。

3.5.3.4 树脂砂造型与制芯的工艺装备

1）模样

（1）模样材料。树脂砂造型用制模材料的种类、特点和适用范围见表3.146。

表3.146 各种制模材料的特点及适用范围

制模材料	主要特点		采用条件	适用工艺
	优 点	缺 点		
木 材	易加工，制造周期短，价廉	寿命短，吸湿易变形，精度差，表面质量不好	用于单件、小批量、多品种生产各种模样	树脂自硬砂和气硬树脂砂
铝合金	易加工，质量小，表面光洁，表面抗蚀性好	强度和硬度均小，不耐磨	用于批量生产中小型模样	树脂自硬砂和气硬树脂砂
塑 料	制造简单，表面光洁，收缩变形小，尺寸精度高，成本低	性脆，导热性差，原材料有毒	用于批量生产形状复杂、难于机加工的模样	气硬树脂砂
铸 铁	机械加工性好，表面光洁，强度与硬度均高，经久耐用	密度大，易生锈，钳加工和焊接均困难	用于大批量生产中小型模样	热硬法树脂砂

（2）模样结构。由于树脂砂强度较大，模样结构可简化。但大多数中小型模样均采用实体模样，对于中大型模样，可用胶合板做面料的空心结构。为提高模样表面质量及脱模性，面料也可用硬质塑料板，不过其接缝尽可能与起模方向平行。模样上的活块应采用燕尾榫式，不得用钉子活插式。同时，模样应尽量不分模，减少活动部分的数量，选择合理的拔模斜度，以提高铸件的精度。

（3）模底板。选用树脂砂造型工艺时，一般都使用模底板。为便于起模时翻箱，采用单面模底板的较多。模底板的种类、特点和应用范围见表3.147。

表3.147 模底板的种类、特点和应用范围

类 别	主要特点	材 质	应用范围
单面模底板	（1）上、下箱分别采用各自的模底板，分开造型； （2）模样尽量固定在模底板上； （3）模底板与砂箱之间、模底板与模样之间均有精确、可靠的定位装置； （4）一块模底板可用于多种模样	木材	手工树脂砂造型
		铸铁	
		铸铁	壳型机、射芯机等造型
		铸钢	

表 3.147（续）

类　别	主要特点	材　质	应用范围
双面模底板	两面均装有模样，在一块模底板上造上、下型，多数采用曲面形截面，以增加其刚性	木材	小型铸件，大批量脱箱造型
		塑料	
		铝合金	

2）砂箱　设计树脂砂用的砂箱时，应考虑以下几点：

（1）最好选用钢结构件。这种砂箱质量小、制造周期短，不需要加工便可直接使用。也可选用球铁、灰铸铁或铸钢。

（2）由于树脂砂发气量大，箱壁上的出气孔宜小而多，便于迅速排气。

（3）树脂砂强度大，吃砂量可比黏土砂小，一般可取 20～50 mm。为了防止浇注时铁水压头过低，可通过加浇口杯、冒口圈、出气圈等方法来弥补。

（4）砂箱箱带不必过密，也不必随形，但箱壁应有一定强度，防止跑火。

（5）铸件种类繁多时，可采用通用砂箱系列。

3）芯盒　芯盒可用木材、塑料、金属等材料来制造。单件、小批量树脂自硬砂芯盒常用木材制造；大批量生产的热芯盒、壳芯盒及冷芯盒则常用金属制造。热芯盒一般由芯盒本体、定位装置、排气系统、射砂孔、顶芯机构和加热装置等组成，表 3.148 列出了热芯盒及其附件的常用材料。树脂自硬砂用芯盒和热芯盒法用芯盒的结构特点见表 3.149。芯盒本体的射砂孔类型、特点及应用范围见表 3.150。

表 3.148　热芯盒及其附件常用材料

序号	名　称	材料		技术要求
		名　称	牌　号	
1	热芯盒本体	灰铸铁	HT200 或 HT250	去应力退火
2	镶块和活块	灰铸铁和铜合金	HT200 和 ZCuSn5Pb5Zn5	去应力退火
3	顶芯杆和回位顶杆	碳钢	45#	45～50HRC
4	顶杆板	碳钢	45#	45～50HRC
5	顶杆压板	碳钢	45#	45～50HRC
6	回位顶杆弹簧	弹簧钢	50CrVA	45～50HRC
7	定位销	碳钢	45#	45～50HRC
8	定位销套	碳钢	45#	42～48HRC
9	排气塞	铝合金	ZAlSi7Mg	—
		铜合金	ZCuZn38	
10	加热板	灰铸铁	HT200 或 HT250	去应力退火
11	水冷射砂板	灰铸铁	HT200 或 HT250	去应力退火

表 3.149 树脂自硬砂和热芯盒法用芯盒的结构特点

工艺方法	芯盒材料	结构特点
树脂自硬砂	木材	中大型芯盒做成空心框架结构，空心框架可用型钢焊接而成，面料用胶合板或硬质塑料板，而活块用燕尾榫，并选用一定的起模斜度
热芯盒	金属	(1) 芯盒本体一般用整体结构。为便于加工及排气，也可做成镶块组合式的。 (2) 对于垂直分盒芯盒，形状复杂、深度较大部分应放在动芯盒上。 (3) 对于尺寸较大的二工位水平分盒芯盒，可由2块或3块单体组成，分别装在上、下加热板上，形状复杂、深度较大部分应放在下芯盒部位。 (4) 芯盒内腔部分起模斜度大于1°，中空镶块部分斜度为2°~5°。 (5) 芯盒分型面及其他配合面应开排气槽，其他凹槽、转角等排气困难部位应放金属排气塞。 (6) 射砂孔的要求见表3.150。 (7) 芯盒可采用煤气或电热元件加热。大型芯盒加热体可直接装在芯盒本体中。 (8) 为防止错位，芯盒应有定位装置，它由定位销和套组成。为防止温差造成销与套相互咬住，开盒困难，应采用圆形和槽式混合定位形式。 (9) 射砂板常采用中空箱体结构，有整铸式、两半装配式和焊接式三种。焊接射砂板用钢板制造，其余用灰铸铁制造。板上射砂孔的数量、大小及分布应与芯盒本体上完全对应一致。

表 3.150 芯盒本体射砂孔的类型、特点及应用范围

芯盒类型	特点	应用范围
单工位、垂直分盒芯盒	射砂孔位置应尽量对准芯盒深穴处，数量要少。常用尺寸为 $\phi8$、$\phi10$、$\phi12$、$\phi16$、$\phi20$ mm，选取的射砂孔截面积应小于芯盒内的最小截面积	形状简单、对射砂头投影面积较小的砂芯
二工位、水平分盒芯盒	射砂孔数量较多，常用尺寸为 $\phi10$、$\phi12$、$\phi14$ mm	形状较复杂、对射砂头投影面积较大的砂芯

壳芯芯盒分为顶射式和底射式两种类型，其结构、设计原理和选用的材料与热芯盒基本相同。

冷芯盒法使用的工艺装备主要是芯盒、射砂头和吹气硬化系统。芯盒由芯盒本体、密封装置、定位装置、射砂孔、排气装置和顶芯机构组成。这部分的设计原则与热芯盒基本相同。

冷芯盒射砂孔不仅是芯砂进入芯盒中的通道，在通常情况下还作为吹气硬化的吹气口。因此，射砂口的设计不仅要满足射砂工艺要求，而且要适合吹气硬化工艺的需要。砂芯高度越高，硬化气体通过砂芯时的阻力就越大，并随着砂芯硬化层深度增加而加剧，使砂芯硬化速度降低，常常发生砂芯下部、外表面和拐角部位不硬化的现象。为此，在设计吹气硬化系统时，应考虑如下几点：

(1) 在射砂后从砂芯上部沿轴线方向向下应形成通气孔道，使硬化气体自上而下迅速地吹到砂芯底部，并向外扩散使轴孔部位的砂芯硬化。

(2) 在芯盒分盒面上的外边缘嵌普通密封条，而在芯盒内腔边附近开设辅助进气道，使硬化气体从实际上接触不平的分盒面缝隙中渗入未硬化的砂芯外表面，起到很好的补充硬化作用。

(3) 应将射砂系统、排气系统与吹气硬化系统分开，以防硬化气体从射砂排气道中的通气孔逸出至大气中，产生"短路"现象。

3.5.4 组芯造型

组芯造型是用若干块砂芯组合成铸型的造型方法。根据铸件结构特点，有不同的组芯方式。

（1）铸件的所有内外腔结构由多个砂芯形成，不同砂芯分别经过制芯、组芯、浸涂及烘干、组装并锁紧成为整组砂芯，整组砂芯下入砂型后合箱浇注。图3.70为缸体组芯造型示意图。

（a）铸件砂芯

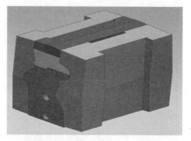
（b）整组砂芯

图3.70　缸体组芯造型示意图

缸体组芯造型铸造基本工艺流程如图3.71所示。

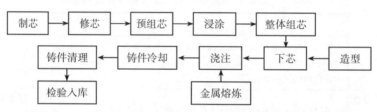

图3.71　缸体组芯造型铸造基本工艺流程

图3.72为康明斯某六缸缸盖组芯造型工艺，一型两件，铸件材质为HT250，质量为98 kg，单件铸件包含8个砂芯。

（a）砂芯预组芯

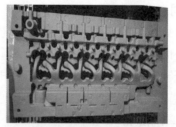
（b）砂芯组浸涂烘干

（c）整体砂芯组装锁紧

（d）整体砂芯下入砂型

图3.72　康明斯某六缸缸盖组芯造型工艺

（2）采用覆膜砂制作壳型，在壳型内组装砂芯，并组合形成整体壳型，将整体壳型埋入金属箱体内，壳型背面充填钢丸（或铁丸、干砂），或直接用夹具紧固壳型，形成可浇注金属液的铸型。图3.73是壳型埋箱造型基本组成部分，图3.74是壳型埋箱组芯造型基本工艺流程。

金属砂箱

壳型

图3.73 壳型埋箱造型基本组成

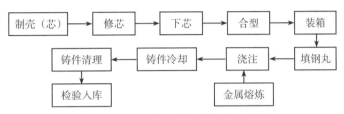

图3.74 壳型埋箱组芯造型基本工艺流程

（3）叠箱造型是另一种组芯造型形式，如图3.75所示。叠箱造型除顶面和底面两个砂型外，中间的每个砂型（芯）上下两面都将构成铸件型腔的工作面。金属液从一个共用的直浇道注入，自下而上依次注入每个型腔。也可采用覆膜砂砂芯，叠加形成叠型，用螺杆、卡具将叠型紧固，在最上层安放浇口杯、浇冒口，即可浇注金属液。

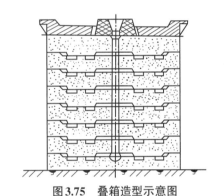

图3.75 叠箱造型示意图

叠箱造型基本工艺流程如图3.76所示。

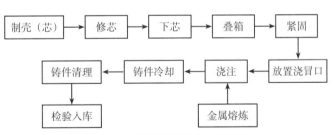

图3.76 叠箱造型基本工艺流程

组芯造型工艺便于实现自动化流水线生产，生产的铸件尺寸精度高、表面质量好。该工艺适用于中型复杂结构铸件生产，如汽油（柴油）发动机缸体、缸盖等；壳芯组芯造型主要用于汽车曲轴、凸轮轴、排气歧管、缓冲器箱体等的生产。

叠箱造型生产线投资相对较小、建设周期短，具有铸件工艺出品率高、生产效率高等优点，适用于阀门、管件、支架等小型铸件生产；主要存在砂芯排气不畅、壳型跑火等风险。

3.6 3D打印砂型（芯）

3.6.1 3D打印概念与基本原理

3D打印（3DP，也称喷射黏结成型）是一种基于数字模型文件的技术，它使用粉末状金属、陶瓷或塑料等黏合材料，通过逐层打印来构造物体。3D打印机与普通打印机工作原理基本相同，只是打印材料不同：普通打印机的打印材料是墨水和纸张，而3D打印机的打印材料是金属、陶瓷、塑料、砂等。与传统制造技术不同，3D打印将三维实体设计为若干个二维平面，通过逐层打印、逐层叠加，直至完成三维实体制作，能大大简化复杂实体制造工艺。

3D打印技术每一层的打印过程分为两步：首先是均匀地铺设一层粉体材料；然后是对设定区喷洒黏结剂和固化剂，使之黏结在一起。在铺设一层粉体、喷射一次黏结剂和固化剂的交替下，完成三维实体打印。没有遇到黏结剂的粉体仍然保持松散状态。打印完毕后，只要清除松散粉体，就可以取出三维实体，而松散的粉体可以循环使用。

3D打印是一种分层制造、逐层叠加的成形模式。它集计算机辅助设计（CAD）、计算机辅助制造（CAM）、计算机数字控制（CNC）、精密伺服驱动和新材料设计制造等先进技术于一体。3D打印成形原理如图3.77所示，首先将三维实体通过计算机造型，将其分解成一系列简单的二维平面体，再将二维平面体逐层叠加，构成三维实体。

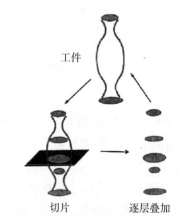

图3.77 3D打印成形原理示意图

3D打印成形全过程可简单地归纳为3个阶段，如图3.78所示。

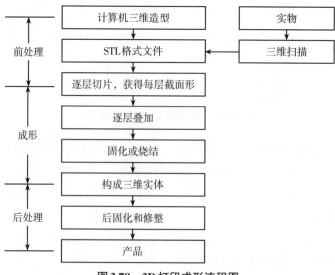

图3.78 3D打印成形流程图

（1）前处理：工件原型数据测量和三维数值模型构造、三维模型成形方向选择和三维模型的切片处理。

（2）分层叠加成形：工件截面制作与截面叠加。

（3）后处理：工件的剥离、后固化和表面修整处理等。

3D打印技术具有以下特点：

（1）不需要专用的工装、夹具和模具，可以直接打印零件和产品。

（2）成形技术柔性高，只需修改CAD数值模型就可以修改零件的几何形状和尺寸。

（3）零件的复杂程度对其制造成本影响很小。

（4）由于不需要传统的工装模具，零件的结构、形状不受工装的限制，可以制造形状复杂或不规则的零件。

（5）3D打印成形生产效率低，一般不用于规模化大批量生产。

3D打印比较适合新产品开发、单件及小批量零件制造、复杂形状零件制造，以及难加工材料的零件制造。

在铸造领域，3D打印目前主要用于制作砂型、砂芯。3D打印铸型、砂芯时，可以减少组型和组芯，即可以减少披缝，提高铸型（芯）精度和刚度；3D打印不需要专用的工装、夹具和模具，因此可以灵活修改设计和制造工艺，大大缩短新产品开发周期和降低开发成本。

3D打印是诸多增材制造方法之一，其基本原理与光固化快速成形、薄片叠层制造、熔融沉积成形、选择激光烧结（或熔化）成形等增材制造方法类同，均是采用逐层叠加的加工成形模式，只是具体"叠加"方式有所差异。铸造领域用增材制造方法、成形原理及其应用见表3.151。由于光固化快速成形、薄片叠层制造、熔融沉积成形在铸造领域应用较少，这里仅对喷射黏结成形和选择激光烧结（或熔化）成形做一简单介绍。

表3.151　铸造领域用增材制造方法、成形材料及典型应用

序号	增材制造方法	成形材料	典型应用
1	薄片叠层制造（LOM）	薄片状材料，如塑料、石蜡薄膜	失蜡铸造用蜡模
2	光固化快速成形（SLA）	液态聚合物	塑料模具； 失蜡铸造用蜡模
3	熔融沉积成形（FDM）	丝状材料，如塑料、石蜡等低熔点材料以及低熔点金属等	失蜡铸造用蜡模； 模具
4	选择激光烧结成形（SLS）	粉体，如覆膜砂、石蜡、陶瓷等	砂型，陶瓷芯； 失蜡铸造用蜡模
5	喷射黏结成形（3DP）	粉体和黏结剂，如型芯砂、树脂和固化剂等	铸型、砂芯

3.6.2　铸型（芯）打印

3.6.2.1　喷射黏结成形

喷射黏结成形的工作原理如图3.79所示，其基本步骤为：

（1）由计算机接收和存储工件的三维模型，沿模型的成形方向截取一系列截面轮廓信息，发出控制指令。

（2）系统先在工作平台上铺一层预混好固化剂的粉体材料。

（3）喷墨打印头根据计算机系统数据

生成的截面形状，选择性地对工作台上的粉体表面喷出黏结剂（如呋喃树脂），打印出一个截面。喷过黏结剂的材料被黏结在一起，其他地方仍为松散粉末。

（4）工作台面下降一个层厚。

（5）系统重复铺砂，喷黏结剂，下降一个层厚，如此层层堆叠。

（6）最后去除未黏结的松散粉体，得到想要的三维物体。

步骤1	步骤2	步骤3	步骤4	步骤5	步骤6	步骤7
传输3D设计数据	铺设粉体	选择性喷涂黏结剂	工作平台下降一个层厚	重复步骤2~4	去除松散粉体	最终完成三维物体

图3.79　喷射黏结成形工作原理图

当采用喷射黏结成形工艺制作树脂砂铸型（芯）时，其粉料为均匀混有固化剂的砂粒，喷射的树脂在固化剂作用下产生铰链，将砂粒黏结在一起，而未喷砂树脂区域仍为散砂。清除散砂，即可得到所需的铸型（芯）。基于不同的黏结剂，喷射形成工艺流程略有差异。

1）基于呋喃树脂黏结剂的砂型喷射黏结成形工艺　图3.80是基于呋喃树脂黏结剂的砂型喷射黏结成形工艺流程。该工艺需要先将原砂和固化剂混合，再进行砂型打印成形。砂型打印成形后需要在砂箱中放置一定时间后才能取出，取出的砂型还要进行烘干，使砂型充分固化。最终需进一步清理砂型表面，获得所需的砂型。

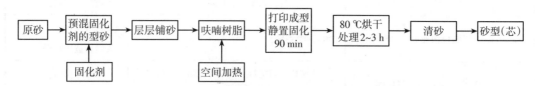

图3.80　基于呋喃树脂黏结剂的砂型喷射黏结成形工艺流程

图3.81是喷射黏结成形的整体叶轮砂芯和浇铸的整体叶轮铸件，图3.82是喷射黏结成形的发动机缸体砂芯、砂型和铸件。

图3.81　喷射黏结成形的整体叶轮砂芯和浇铸的整体叶轮铸件

（a）砂芯　　　　　　　（b）砂型　　　　　　（c）缸体

图3.82　喷射黏结成形的发动机缸体砂芯、砂型和铸件

2）基于酚醛树脂黏结剂的砂型喷射黏结成形工艺　图3.83是基于酚醛树脂黏结剂的砂型喷射黏结成形工艺流程。该工艺不需要对原砂进行预处理，但砂型打印过程中需要一定的辅助加热，并且砂型完成打印后需要在粉床中固化3 h左右，取出的砂型仍需要在一定的温度下继续固化，以获得合适的强度。

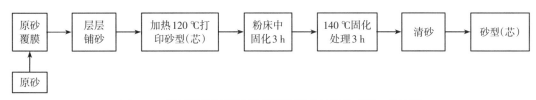

图3.83　基于酚醛树脂黏结剂的砂型喷射黏结成形工艺流程

3）基于无机黏结剂的砂型喷射黏结成形工艺　图3.84是基于无机黏结剂的砂型喷射黏结成形工艺流程。该工艺需要对原砂进行预处理，添加辅助剂。砂型完成打印后需要在粉床中对砂型进行加热固化处理，使砂型具有一定的初始强度。取出的砂型要进行清理，去除表面未黏结的浮砂，然后将砂型放置在220 ℃环境下进行二次固化，以获得合适的强度。

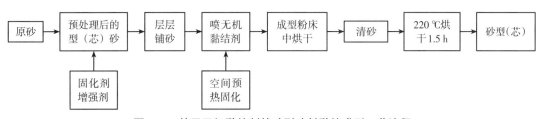

图3.84　基于无机黏结剂的砂型喷射黏结成形工艺流程

与选择激光烧结成形相比，喷射黏结成形具有成形速度快、制造成本低的优点，但制品表面质量比较粗糙。因此，喷射黏结成形适用于制作大的砂型或砂芯，选择激光烧结成形适用于制造复杂精细的砂型或砂芯。

喷射黏结成形用原砂有硅砂、铬铁矿砂、宝珠砂和陶粒砂，喷射成形分层厚度一般为砂粒平均尺寸的3倍，目前喷射成形分层厚度为0.35～0.50 mm，因此砂粒粒度主要集中在70/140目。

表3.152和表3.153分别是国产喷射黏结成形用呋喃树脂及配套固化剂的物理性能。

表3.152　某公司开发的喷射黏结成形用呋喃树脂及固化剂的物理性能（一）

材料名称	密度/(g·cm⁻³)	黏度/(mPa·s)	原砂粒度/μm	表面张力/(mN·m⁻¹)
呋喃树脂	1.1.5 ~ 1.20	8 ~ 12	$d_{99} < 0.45$	35 ~ 40
固化剂	1.20 ~ 1.30	15 ~ 45	—	—

表3.153　某公司开发的喷射黏结成形用呋喃树脂及固化剂的物理性能（二）

材料名称	密度/(g·cm⁻³)	黏度/(mPa·s)
呋喃树脂	1.19	10.5~11.5
固化剂	1.28	12~15

表3.154是国产喷射黏结成形设备及主要参数，表3.155和表3.156分别是美国某公司和国内某公司生产的3D打印砂型（芯）设备及主要参数。

表3.154　国产喷射黏结成形设备及主要参数

型　号	KOCELAJD2200A	KOCELAJD2200B	KOCELAJD2500A	KOCELAJD2500B	KOCELAJS2500A	KOCELAJS2600A	KOCELAJS1800A	KOCELAJS300A	KOCELAJS800A	KOCELAJS300A
设备成形尺寸/(mm×mm×mm)	2200×1500×700×2（双工作箱）	2200×1500×700×2（双工作箱）	2200×1500×700×2（双工作箱）	2200×1500×700×2（双工作箱）	2200×1500×1000	2600×2000×1000	1800×1100×700	300×200×200	800×500×400	1000×600×500
喷头分辨率/dpi	≥300	≥300	≥300	≥300	≥300	≥300	≥300	400	400	400
打印效率/(L·h⁻¹)	160 ~ 400	180 ~ 450	200 ~ 500	200 ~ 500	140 ~ 400	200 ~ 500	65 ~ 170	2 ~ 5	18 ~ 45	25 ~ 65
打印层厚/mm	0.2 ~ 0.5									
打印精度/mm	±0.35							±0.3		
固体材料	石英砂、陶粒砂等									
液体材料	呋喃树脂、酚醛树脂、无机黏结剂									
打印文件格式	STL									

表3.155　美国某公司的3D打印砂型（芯）设备及主要参数

型　号	S-Max®Flex	S-Max®Pro	S-Print®	S-Max®
成型空间/(mm×mm×mm)	1900×1000×1000	1800×1000×700	800×500×400	1800×1000×700
最大成形体积/L	1900	1260	160	1260
打印速度/(L·h⁻¹)	115	145	40	125
打印层厚/mm	0.28 ~ 0.50	0.2 ~ 0.5		

表3.156 国内某公司生产的3D打印砂型（芯）设备及主要参数

型 号	Easy3DP-2200	Easy3DP-S500	Easy3DP-S450
成型空间/(mm×mm×mm)	2200×1000×1000	500×450×4000	450×220×300
制件精度	±0.2 mm（$L \leqslant 200$ mm）或±0.1%（$L > 200$ mm）		
砂型抗拉强度/MPa	1.0～4.0		
铸件表面粗糙度	Ra12.5		
砂型发气量	12～20 mL/g（850 ℃）	12～20 mL/g（850 ℃）	12～20 mL/g（850 ℃）
打印速度	10～50秒/层	7～25秒/层	7～25秒/层
打印层厚/mm	0.1～0.5可调		
送粉方式	自动上送粉	自动上送粉或下送粉	下送粉
喷头数量	4（可按需配置）	1	1
喷头规格	压电式，长度72 mm，物理分辨率为360 dpi		
成型材料	硅砂，覆膜砂		
软件支持格式	STL，3MF		

3.6.2.2 选择激光烧结成形

选择激光烧结成形（SLS）设备由计算机、原材料存储和回收系统、铺粉机构、激光器系统、可升降工作台、控制系统、取件机构和机架等组成，如图3.85所示，其工作流程为：

（1）由计算机接收和存储工件的三维模型，沿模型的成形方向截取一系列截面轮廓信息，发出控制指令。

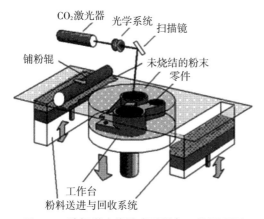

图3.85 选择激光烧结成形设备工作原理图

（2）铺粉辊将粉状原材料铺设到工作台上方并刮平。

（3）激光器根据计算机获取的工件截面信息，对特定区域的粉料进行加热烧结或使之熔融，得到工件的一个截面层，并与下面已成形的截面黏结成一体。非烧结区的粉状材料仍呈松散状。

（4）在每层成形完毕之后，可升降工作台降低一个设定高度，以铺设下一层材料。

（5）数控系统执行计算机发出的指令，铺设下一层材料，并进行加热烧结等，完成下一个循环。如此不断反复，最终形成三维工件。

（6）取出已成形的工件。

（7）对工件进行后固化处理，以提高工件强度。

选择激光烧结成形适用于金属粉体、陶瓷粉体和有机物粉体材料，其在计算机控制下层层堆积，用激光对特定区域粉体进行烧结；改变粉状材料特性，可以制造不同材料的产品。因此，选择激光烧结成形可以制作金属零件、陶瓷工件和塑料制品。在铸造方面，选择激光烧结成形可用于制造覆膜砂型芯，还可以制作失蜡铸造用熔模。

用选择激光烧结成形制造覆膜砂砂芯时，先在工作台上铺一层覆膜砂，用红外线对覆膜砂进行预热，在计算机控制下，按照砂芯截面轮廓信息，激光束对砂芯截面部位的覆膜砂进行扫描，使覆膜砂表面的树脂达到熔融状态，被激光束照射的砂粒相互黏结，而非烧结区的砂粒仍呈松散状。一层成形完成后，工作台下降一截面层的高度，再进行下一层覆膜砂铺设和烧结，如此循环，直至完成整个砂芯制造。

　（a）电机冷却器铸型　　（b）某型号发动机燃
　　　　　　　　　　　　　　油管砂芯

图3.86　选择性激光烧结制作的覆膜砂型芯

图3.86（a）是用选择性激光烧结制作的电机冷却器铸型，图3.86（b）是某型号发动机燃油管砂芯，砂芯直径为12 mm，中间有ϕ5 mm中空，以便于排气。

采用Laser Core-6000制作的液压件组合芯、发动机排气歧管等复杂砂芯，砂芯每层厚度一般为0.2 mm，精度达DCTG5~DCTG7级；采用粒度较细的树脂砂，运用SLS工艺，分层厚度可达0.08 mm，得到表面质量较好的铸型。

当选择使用粉状蜡料时，用选择激光烧结成形可以制作失蜡铸造用熔模。采用不同粉体材料，可以得到各种各样的模型。图3.87是采用选择激光烧结成形技术，以聚苯乙烯粉为原料，制作精密铸件的过程。首先用聚苯乙烯粉料打印铸件模型［图3.87（a）］；再打印浇注系统，与零件模型黏结，组成模组［图3.87（b）］；在组装的实体模型表面制作硅溶胶制壳，烧结后聚苯乙烯脱落，得到型壳［图3.87（c）］；最后浇铸得到如图3.87（d）所示的铸件。

　（a）聚苯乙烯模型　　　　（b）模组　　　　　　（c）型壳　　　　　　　（d）铸件

图3.87　选择激光成形精密铸造过程示意图

3.7　合箱

对于地面上装配的砂型，装配前应将放砂型的干砂地弄平、弄松，必要时挖出"井"字形或"十"字形沟槽（对湿型和由下型排气的砂芯尤为需要），检查砂型和砂芯质量，不使用破损、返潮、表面粉化和气道不通的砂芯。

3.7.1　下芯

下芯之前要熟悉铸造工艺图样和工艺要求，了解砂芯之间及与砂型的相对位置和下芯顺序。必须首先安装保证铸件主要尺寸的砂芯。对于多层砂芯，要在砂芯层间的气道周围围上泥条或泥膏，防止钻入金属液。对于只有下芯头的砂芯，必须打通下型的芯头座排气孔；下芯后填塞好芯头与芯头座之间的缝隙，防止钻入金属液。下芯完毕后要检查砂芯之间及与砂型之间的相对位置和相对尺寸；对于多层砂芯，应该每下完一层砂芯，检查一次相对尺寸。需放芯撑时，要检查放芯撑位置的铸件实际壁厚。

3.7.2　合型

砂芯安装完毕，尺寸检查合格和砂型、砂芯无损坏的条件下，仍需检查水平芯头在分型面往型外的排气道是否畅通，对于中小砂型，对着芯头排气道在砂型分型面上要有挖出的排气沟；对于大型砂型，在分型面上对着砂芯的排气位置放一根尺寸合适、往型外排气的钢管，或对着芯头在上型做出排气口。对于竖立式砂芯，如果没有做出上芯头，而又从上部排气的（通常在上型设有排气孔），则对于湿型，可使砂芯高出分型面1 mm，以保证砂芯与上型贴紧；对于自硬砂型，砂芯与上型之间一定要留有间隙，沿砂芯排气道围一圈泥条或泥膏，防止金属液钻入排气道。

吸出落入型腔中的散砂、杂物，清除浇冒口及排气道中的积砂。

为防止跑火，自硬砂型分型面靠近型腔一侧（含水平芯头）围一圈封型泥条或泥膏，但不能堵塞排气道。

对于不用合箱销或合箱键的大型砂型，合箱时，上型呈水平状态徐徐下落的同时，要查核直浇道与下型模浇道的相对位置和砂芯有无卡砂的可能，要准确定位合型。合型后查核明冒口的相对位置。

3.7.3　紧固

合型后紧固砂型，或用压铁紧固，或用螺栓或弓形卡等紧固。

用压铁时，压铁重力应由砂箱壁承受，以防压坏砂型。

对于大型砂型，通常在分型面砂箱的四角垫有合适尺寸的垫铁，防止紧固时压坏砂型。砂型紧固好以后，为防止分型面跑火，一般要在分型面的外周用湿型黏土砂填塞舂实，必要时在舂实后的外周加焊角钢或圆钢管加固。

3.7.4　合型后允许等待浇注的时间

合型后到浇注之前的时间愈短，愈容易保证铸件质量。允许等待的时间见表3.157。不同地域、不同季节，由于空气湿度不同，对合型后允许等待的浇注时间应作相应调整。

表3.157　合型后允许等待的浇注时间　　　　　　　　　　　　　单位：h

湿　型		树脂砂型		水玻璃砂型	
小砂型	中等砂型	中等砂型	大砂型	中等砂型	大砂型
2~4	4~6	≤24	≤48	≤24	≤24

3.8　铸件落砂、清理及后处理

铸件落砂、清理及后处理，是获得铸件优良的表面质量和改善内部质量的一道重要工序。经过后处理的铸件，应符合有关技术标准的规定，以满足用户的需要。

图3.88和图3.89是几类铸件落砂、清理流程举例。

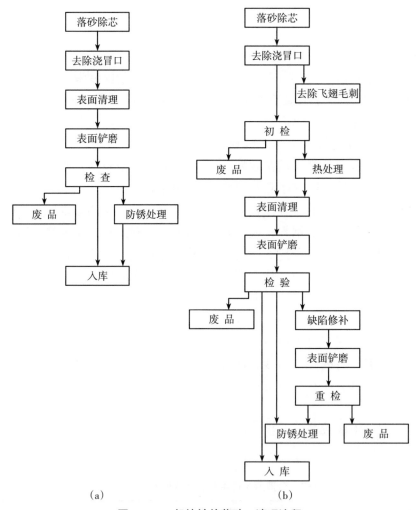

（a）　　　　　　　　　（b）

图3.88　一般铸铁件落砂、清理流程

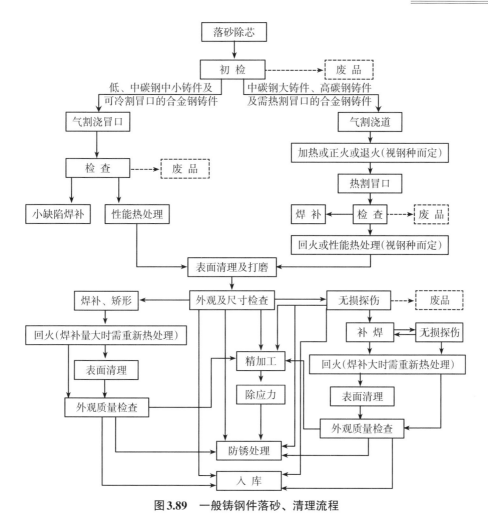

图3.89　一般铸钢件落砂、清理流程

3.8.1　铸件落砂

3.8.1.1　铸件冷却

铸件在砂型内的冷却时间与铸件的材质、质量、壁厚和结构等因素有关。

1）铸铁件在型内的冷却时间　在砂型内的冷却时间根据开箱时铸件温度来确定，可参考下列数据：一般铸件为300~500℃；易产生冷裂与变形的铸件为200~300℃；易产生热裂的铸件为800~900℃，开箱后立即去除浇冒口及清除砂芯，再放入热砂坑中缓冷或进炉热处理。

通常铸铁件在砂型内的冷却时间可参考表3.158至表3.160。

表3.158　中小型铸铁件在型内的冷却时间

铸件质量/kg	<5	5~10	10~30	30~50	50~100	100~250	250~500	500~1000
铸件壁厚/mm	<8	<12	<18	<25	<30	<40	<50	<60
冷却时间/min	20~30	25~40	30~60	50~100	80~160	120~300	240~600	480~720

注：壁薄、质量小、结构简单的铸件，冷却时间取小值，反之取大值。

表3.159　大型铸铁件在型内的冷却时间

铸件质量/t	1～5	5～10	10～15	15～20	20～30	30～50	50～70	70～100
冷却时间/h	10～36	36～54	54～72	72～90	90～126	126～198	198～270	270～378

注：地坑造型时，铸件冷却时间约需增加30%。

表3.160　中小型铸铁件在生产线上浇注时的型内冷却时间

铸件质量/kg	<5	5～10	10～30	30～50	50～100	100～250	250～500
冷却时间/min	8～12	10～15	12～30	20～50	30～70	40～90	50～120

注：① 铸件质量指每箱中铸件的总质量。
　　② 铸件在生产线上常采用通风手段强制冷却，冷却时间较短。

2）铸钢件在型内的冷却时间　水力清砂、喷丸清砂和风动工具清砂的铸件，应在型内冷却到250～450 ℃落砂。高于450 ℃落砂，可能引起铸件变形和裂纹。在型内冷却时间可参考图3.90至图3.92。使用此三图时，应注意下列几点：

（1）碳钢铸件质量超过110 t时，冷却时间按图3.91查取110 t值的基础上，质量每增加1 t，增加冷却时间1～3 h。

（2）ZG310-570和合金钢铸件超过8.5 t时，冷却时间可比按图3.90和图3.91查取的碳钢铸件的值增加1倍。

（3）形状简单、壁厚均匀的厚实铸件（如砧座等），可不入炉热处理，在浇注坑内自然冷却，以1.5～2.0 t/24 h计算保温时间。

（4）结构复杂、壁厚差较大、易产生裂纹的铸件，冷却时间应比图中查得的值增加约30%。

（5）某些地坑造型的铸件，需提前吊走盖箱或撬松砂型，这会增加冷却速度，使冷却时间缩短10%。

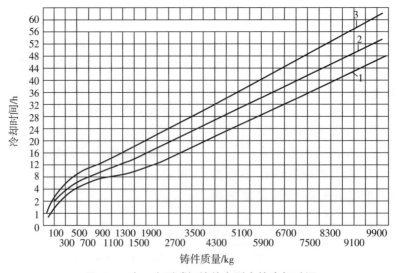

图3.90　中、小型碳钢铸件在型中的冷却时间

1—主要壁厚在35 mm以下和局部较厚的铸件；2—主要壁厚为36～80 mm和局部较厚的铸件；

3—主要壁厚为81～100 mm和局部较厚的铸件

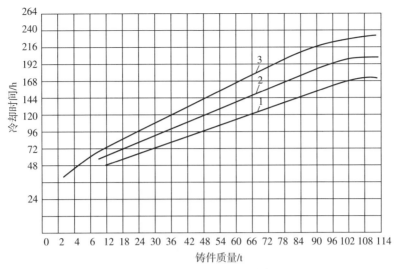

图3.91　大型碳钢件在型中的冷却时间

1—主要壁厚为36～80 mm的铸件；2—主要壁厚为81～200 mm的铸件；

3—主要壁厚超过200 mm的铸件

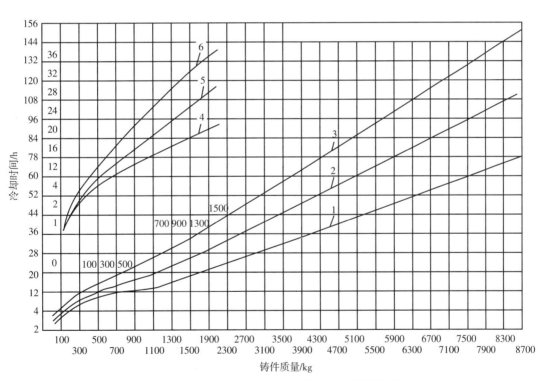

图3.92　ZG310-570和合金钢铸件在型中的冷却时间

1，4—主要壁厚在35 mm以上和局部较厚的铸件；3，6—主要壁厚为81～150 mm和局部较厚的铸件；

2，5—主要壁厚为36～80 mm和局部较厚的铸件；1，2，3—碳素钢铸件；4，5，6—合金钢铸件

3）有色合金铸件的出型温度　出型温　度可参考表3.161。

表3.161 有色合金铸件的出型温度

名　称	铸造工艺性	出型温度/℃
铝合金铸件	热裂倾向性小，如Al-Si系合金	250～300
	热裂倾向性大，如Al-Cu系合金	150～200
铜合金铸件	热脆性小，如铝青铜（具有自行退火特性）	450～500
	热脆性大，如锡青铜、硅黄铜（400～500℃有热脆性）	250～300

3.8.1.2　机械落砂除芯

应用较普遍的落砂除芯设备是振动落砂机，它分为偏心式和惯性式两类。偏心式振动落砂机，适用于产品批量较小、品种较多的中小砂型的落砂；惯性式振动落砂机一般适用于产品批量大、品种少的铸造厂。落砂机的部分规格见表3.162。

表3.162　部分振动落砂机规格和主要参数

类　型	型　号	负荷/t	栅架尺寸/(mm×mm)	频率/min⁻¹	振幅/mm	功率/kW	质量/t	外形尺寸/(mm×mm×mm)
偏心式	L113	2.5	1600×1600	800	3～6	10	3.4	2700×2400×1200
惯性式	L121	1	1600×1000	1200	≈3	4	1.2	2100×1700×1100
	L122	2	4000×800	725	5～10	13	4	4000×1700×2600
	L125	5	2000×1250	960	1～3	11	5	2500×2000×900
	15t	15	3280×2480	725	—	30	—	—
	60t	60	6600×5000	725	4～5	120	4×16	6900×6500×1320
惯性冲击式	L128	7.5	1800×1400	650	36	7.5	2.3	2300×2000×1000
	L1310	10	2500×1900	653	21	15	5.3	2500×2500×1200
振动电机惯性式	L123	3	2000×1600	996	5～10	2×3.7	3.8	2200×1800×1300
	L126	6	2760×1840	996	5～10	4×3.7	6	3160×1900×1130

3.8.1.3　水力清砂

水力清砂主要用于中大型铸件落砂后的清砂。它是利用高压泵输出的高压水经过喷枪形成高压射流射向铸件，以清除砂芯和黏附在铸件表面砂层的一种清砂方法，如图3.93所示。它由水力清砂除芯、旧砂湿法再生及污水处理与再生循环等三

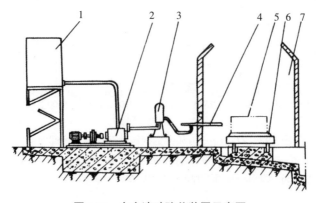

图3.93　水力清砂除芯装置示意图

1—水箱；2—高压泵；3—稳压器；4—水枪；5—铸件；6—转台；7—清砂室

部分组成。

水力清砂除芯操作要点与注意事项如下：

（1）待清砂铸件温度不可太高，以防在水的激冷下开裂。

（2）先开油泵再开高压水泵，待空转运行正常后，关紧泄水阀，再开水枪进行清砂。

（3）水枪喷嘴与铸件距离保持在300～600 mm。

（4）参考表3.163选择水压与喷嘴直径。

表3.163 水压、喷嘴直径及其应用范围

水压/MPa	喷嘴直径/mm	应用范围
2.5～5	6～10	用于产量小、形状简单、砂芯强度较低的中小型铸件
6～10	5～8	用于产量小、形状较简单、砂芯强度较低的中大型铸件
11～15	4～6	用于产量大、形状复杂、砂芯强度较高的中大型铸件
16～25	3～5	用于产量大、形状复杂、砂芯强度高的中大型铸件

（5）水枪的前后移动机构在不调节时必须锁紧，以防打开水枪时突然后退伤人。

（6）严禁随意调整安全阀和松动高压部分螺栓。

（7）停车之前应先打开泄水阀，然后切断电源进行停车。

（8）在冰冻期，一定要关闭进水阀，放出高压水泵中的剩水，以防冻裂。

3.8.2 铸件浇冒口、飞翅和毛刺去除

去除方法和应用范围见表3.164。

表3.164 浇冒口、飞翅和毛刺去除方法和应用范围

去除方法	应用范围
锤击敲断法	广泛用于铸铁件
机械冲、锯、切法	主要用于中小型球墨铸铁件、有色合金铸件
氧-乙炔焰气割法	用于铸钢件、中大型球墨铸铁件
电弧气刨法	用于球墨铸铁件、高强铸铁件、小型铸钢件
等离子切割法	适用于各种铸件
导电切割法	多用于成批生产的小而硬脆的铸件

3.8.2.1 机械锯割

锯割常用锯机的技术规格见表3.165和表3.166。切割中小铸件冒口常用的砂轮切割机的结构和工艺参数见图3.94和表3.167。

表3.165 圆锯机规格

型号名称	主要技术规格				外形尺寸（长×宽×高）/（mm×mm×mm）	质量/t
	浇冒口最大锯断直径/mm	圆锯片尺寸（直径×厚度）/（mm×mm）	转速范围/（r·min⁻¹）	锯片进给量/（mm·mm⁻¹）		
G607型半自动圆锯机	240	ϕ710×6.5	4.75~13.5	25~400	2350×1300×1800	3.6
G6010型半自动圆锯机	350	ϕ1010×8	2~20	12~400	2980×1600×2100	6.2
G6014型半自动圆锯机	500	ϕ1430×10	1.52~16.55	12~400	3710×1930×2350	10

表3.166 弓锯机规格

型号名称	主要技术规格			外形尺寸（长×宽×高）/（mm×mm×mm）	质量/t
	浇冒口最大锯断直径/mm	锯条尺寸（长×宽×高）/（mm×mm×mm）	锯弓切割速度/（m·min⁻¹）		
G72弓锯机	220	35×450×2	22.29	1592×1045×1280	0.75

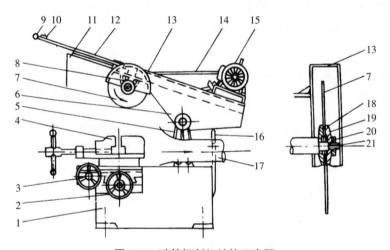

图3.94 砂轮切割机结构示意图

1—底座；2—左右操纵手轮；3—前后操纵手轮；4—可转动虎钳；5，8—支座；6—支架；
7—砂轮；9—手柄；10—启动按钮；11—安全围裙；12—观察窗；13—防护罩；14—传动带；15—电机；
16—支撑器；17—吸尘罩；18—内夹片；19—外夹片；20—螺母；21—砂轮轴

表3.167 砂轮切割机工艺参数

砂轮转速/（r·min⁻¹）	电动机功率/kW	砂轮片尺寸（直径×厚度）/（mm×mm）	切割最大厚度/mm	砂轮片消耗/（片·小时⁻¹）
800~1500	2.0~5.5	300×2.5	90	2~4
		400×3	120	

3.8.2.2　电弧气刨

电弧气刨是利用炭电极与铸件之间产生的高温电弧来熔化金属，并用压缩空气流将熔融的金属吹除，以切除浇冒口、飞翅毛刺、胀箱、重皮和冒口根部，切割焊接坡口与修整焊缝等。电弧气刨及电弧气刨机的主回路接线简图见图3.95。电源常用AB-500型直流弧焊机，当需要大电流切割厚度较大的工件时，可将两台小型直流弧焊机并联使用。

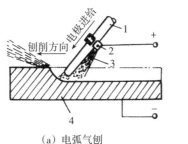
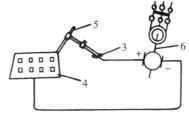

（a）电弧气刨　　　　　　　　　（b）电弧气刨主回路接线简图

图3.95　电弧气刨及电弧气刨机主回路接线简图

1—电极；2—刨钳；3—压缩空气；4—铸件；5—炭棒；6—直流焊机

连接铸件和切割枪的电源导线，根据所用电流大小来选择，见表3.168。炭棒规格及其使用电流范围见表3.169。

表3.168　电流与导线截面积

电流/A	导线截面积/mm²		电流/A	导线截面积/mm²	
	单　股	双　股		单　股	双　股
200	25	—	450	70	2×35
300	50	2×16	600	90	2×35

表3.169　炭棒规格及其使用电流范围

类　别	型　号	外　皮	规格/mm	电　源	电流/A
圆形炭棒	DB6	铜皮	φ6×355	直流	200～250
	DB8	铜皮	φ8×355	直流	350～400
	DB10	铜皮	φ10×355	直流	450～550
	DB12	铜皮	φ12×355	直流	—
扁形炭棒	DB3×12	铜皮	3×12×355	直流	200～300
	DB4×12	铜皮	4×12×355	直流	300～380
	DB5×12	铜皮	5×12×355	直流	340～450
	DB5×15	铜皮	5×15×355	直流	400～500
	DB5×18	铜皮	5×18×355	直流	500～600

表 3.169（续）

类　别	型　号	外　皮	规格/mm	电　源	电流强度/A
	—	铜皮	5 × 20 × 355	直流	500 ~ 600
扁形炭棒	—	铜皮	5 × 25 × 355	直流	—
	—	铜皮	6 × 20 × 355	直流	—

铸钢通常采用反接法，即铸件接负极，炭棒接正极；铸铁及有色合金采用正接法。采用的电流计算公式为：$I = (35 \sim 40)d$，其中 I 为刨削电流（A），d 为炭棒直径（mm）；刨削速度控制在 600 ~ 700 mm/min。电流过大，容易使切边渗碳（铸钢件）或形成过深的白口层（铸铁件）。压缩空气可采用 0.5 ~ 0.6 MPa 的压缩空气源。弧长取 0.5 ~ 1.0 mm，以炭棒不顶到金属液或未熔化的金属为限。

3.8.2.3　氧-乙炔焰气割

氧-乙炔焰气割主要用于切割铸钢件的浇冒口、补贴、工艺筋和飞翅毛刺，也可用于切割大型球墨铸铁件和合金铸铁大件的冒口。

（1）氧气和乙炔气的工作压力见表 3.170。氧气瓶和乙炔瓶应远离气割位置；有条件的，应采用输送管道。

表 3.170　氧气和乙炔气工作压力与加氧管规格

冒口直径或宽度 /mm	氧气工作压力 /MPa	乙炔气工作压力 /MPa	加氧管规格	
			直径/mm	数量/个
< 500	> 0.59	> 0.029	—	—
500 ~ 800	> 0.98	> 0.029	8	1
800 ~ 1000	> 0.98	> 0.029	8	1 ~ 2
> 1000	> 1.18	> 0.029	8	2

（2）中碳钢大铸件、高碳钢铸件和某些合金钢铸件，在热处理前气割冒口易产生裂纹，因此需要采用热割工艺，常用钢号热割冒口的温度见表 3.171。

表 3.171　热割冒口的温度

钢　号	温度/℃	附　注
ZG230-450，ZG270-500 等	>150	冒口直径小于等于 200 mm，不必热割；冒口直径大于 200 mm，需热割。热割冒口可利用落砂后铸件本体的余热或局部加热。齿轮件全部热割冒口
ZG22CrMo，ZG20CrMo，ZG15Cr1Mo，ZG15Cr2Mo1，ZG17Cr1Mo，ZG20MnSi，ZG25MnSi 等	>200	利用落砂后铸件本体的余热或局部加热或正火后利用余热切割，切割后热处理
ZG310-570，ZG35SiMn，ZG42SiMn，ZG35SiMnMo，ZG25CrMnMo，ZG40Cr，ZG25CrNiMo，ZG40CrMn，ZG40CrV，ZG35CrMnSi 等	>250	利用落砂后铸件本体的余热或局部加热或正火后利用余热切割，切割后热处理

表 3.171（续）

钢　号	温度/℃	附　注
ZG20CrMoV，ZG15Cr1Mo1V，P91，P92，CB2，ZG13Cr13，ZG06Cr13Ni4Mo，ZG0Cr13等	>350	高温退火后冷却至350℃切割，切割后立即进行热处理

注：基体为马氏体或马氏体–铁素体组织的高合金钢铸件需热割冒口，通常应分二次切割冒口，第一次高温退火利用余热切割冒口，并留有足够的余量，第二次是在热处理后热割，割后回火处理。

（3）冒口气割应一次割完，不得中途停顿。需热割的冒口，割后应将冒口留在原位保温24 h以后才能吊走。如果冒口脱离了铸件，则应将铸件进炉缓冷或热处理；如果冒口直径较小，可在气割面上覆盖干砂进行保温缓冷。小冒口可用单枪法切割，大冒口切割有单枪法和加氧法两种。

单枪法切割大冒口时，如果一次切不透，可用分块切割法或推磨法切割，见图3.96。

（a）分两块气割　　（b）分三块气割　　（c）推磨法气割

图 3.96　单枪切割大冒口示意图

加氧气割冒口见图3.97，先用乙炔焰将冒口切割处预热到高温，然后用内径8 mm的铜管或紫铜管吹氧气，加氧压力为1.0～1.5 MPa，使金属氧化燃烧，随着吹氧管移动将冒口割除。加氧管数量见表3.170。

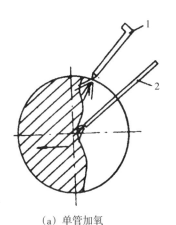 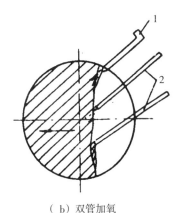

（a）单管加氧　　　　　　　　　　　（b）双管加氧

图 3.97　加氧法气割大冒口示意图

1—气割枪；2—加氧管

3.8.2.4 分离钳和击断器、冲击锤

分离钳和击断器、冲击锤去除浇冒口效率高，对铸件损伤小，广泛用于铸铁件的浇冒口清理，也可用于塑性较低的其他合金铸件。

图3.98至图3.100分别是液压分离钳、击断器和气动冲击锤示意图。表3.172至表3.174列出了某公司相关产品的技术参数。根据铸件结构特点、浇注系统和冒口颈的大小选择合适的液压分离钳、击断器和冲击锤。

1）液压分离钳

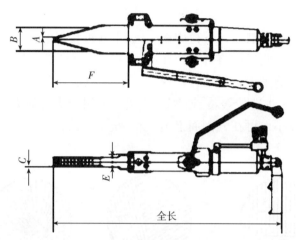

图3.98　液压分离钳结构示意图

A—尖端宽；B—根部宽；C—楔铁厚；E—楔铁根部厚；F—楔铁长

表3.172　液压分离钳型号和主要技术参数

型　号	全长/mm	质量/kg	扩张力/T	开口宽/mm	尖端宽/mm	根部宽/mm	楔铁厚/mm	楔铁长/mm	输入压力/MPa	输出吨位/t	备　注
EP-30N (15)	526	8	11.5	15	12	46	16	132	30～70	4.9～11.5	用于小件浇冒口清理，最大浇道截面积 20×20 mm²
EP-80N (30)	526	18	14.7	30	16	68	45	124	30～70	6.3～14.7	用于中小件浇冒口清理，最大浇道截面积 25×25 mm²
EP-80N (23)	526	17	19.1	23	16	75	33	128.5	30～70	8.2～19.1	用于中小件浇冒口清理，最大浇道截面积 30×30 mm²
EP-100N (32)	735	25	33.1	32	15	83	31	189	30～70	14.2～33.1	用于中大件浇冒口清理，最大浇道截面积 45×45 mm²
EP-150N (32)	793	28	50	32	15	90	34	245	30～70	21.4～50.0	用于大件浇冒口清理，最大浇道截面积 50×50 mm²
EP-150N (28)	793	28	57.1	28	15	90	34	245	30～70	24.4～57.1	用于大件浇冒口清理，最大浇道截面积 55×55 mm²

表3.172（续）

型　号	全长/mm	质量/kg	扩张力/T	开口宽/mm	尖端宽/mm	根部宽/mm	楔铁厚/mm	楔铁长/mm	输入压力/MPa	输出吨位/t	备　注
EP-200N（33）	970	45	89.6	33	17	92	38	319	30～70	38.4～89.6	用于大件浇冒口清理，最大浇道截面积65×65 mm²
EP-260N（33）	1074	64	166	33	17	100	48	419	30～70	71.1～166	用于大件浇冒口清理，最大浇道截面积90×90 mm²
EP-150N	795	32	57.1	28	60	80	34	245	30～70	24.4～57.1	用于φ60～φ98 mm缸套浇注系统清理
ASN-YY40P	328	11	16.2	33	14	45	50	135	30～70	6.9～16.2	用于小件浇冒口清理，最大浇道截面积28×28 mm²
ASN-YY48P	375	18	23.4	35	17	52.5	68	162	30～70	10.0～23.4	用于中小件浇冒口清理，最大浇道截面积35×35 mm²
ASN-YY56P	479	29	32	48	21	67	75	200	30～70	13.7～32.0	用于中型件浇冒口清理，最大浇道截面积40×40 mm²

2）击断器

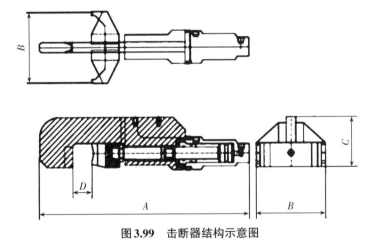

图3.99 击断器结构示意图

A—全长；B—宽度；C—高度；D—开口宽

表3.173 击断器型号和主要技术参数

型号	全长/mm	质量/kg	扩张力/T	开口宽/mm	宽度/mm	高度/mm	悬挂方式	输入压力/MPa	输出吨位/t	备　注
J47	542	21	12	50	180	169	平衡器	30～70	5.1～12.0	用于中小件浇冒口清理
J60	542	52	24.8	77	240	293			10.6～24.8	用于中小件浇冒口清理

3）气动冲击锤

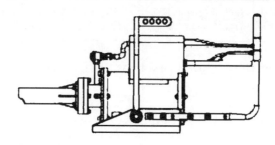

图3.100　气动冲击锤结构示意图

表3.174　气动冲击锤型号和主要技术参数

型　号	冲击效果			频率 /(次·分钟$^{-1}$)	耗气量 /(L·min^{-1})	铸铁浇冒口 直径/mm	使用温度 /℃	质量 /kg
	大锤/LB	能量/J	力/N					
ASN-45	4	500	5500	≤40	300	45		102
ASN-65	10	1000	11000	≤40	600	60		145
ASN-90	20	2000	23000	≤30	1000	90	−20～90	260
ASN-110	30	3500	26000	15～22	1200	140		350
ASN-140	—	6000	65000	10～15	1600	200		600
ASN-200	—	8000	94000	10～15	2200	300		900

3.8.3　铸件表面清理

铸件表面清理方法及应用范围见表3.175。

表3.175　铸件表面清理方法及应用范围

清理方法	应用范围	清理方法	应用范围
手工工具	单件小批生产的铸件	喷丸、喷砂	喷丸用于批量生产的铸钢和铸铁件；喷砂用于批量生产的有色合金铸件
风动工具	单件小批生产的铸件	抛丸	批量生产的铸钢和铸铁件
滚筒	批量生产的小型铸铁、铸钢件	机械手自动打磨	成批及大量流水线生产的铸件

3.8.3.1　滚筒表面清理

滚筒表面清理时，滚筒的装入量通常为滚筒容量的70%～80%，既不能太多，也不能太少；为提高清理效果，加入10%～

20%用白口铁铸成的尺寸为20～60 mm的星形铁或碎白口铁；清理时间根据实际需要而定。清理滚筒有圆形、方形、六角形和八角形；大多数铸件可选用圆形滚筒清理机，其规格见表3.176。

表3.176 圆形滚筒清理机规格

型号	滚筒直径/mm	容积/m³	转速/(r·min⁻¹)	周期/h	装料量/kg	生产率/(吨·班次⁻¹)	铸件最大尺寸/(mm×mm)	功率/kW	外形尺寸/(mm×mm)
Q116	600	0.28	39	1.5~2.0	560	2.5~3.0	300×400	2.6	2.7×1×1
Q118	800	0.77	30	1.5~2.0	1500	6~8	600×500	7.5	4.4×1.5×1.3

3.8.3.2 喷丸表面清理

喷丸清理用喷丸器的工作原理如图 3.101 所示。它分上、下两室，分别由锥形阀门控制进入钢丸或铁丸。

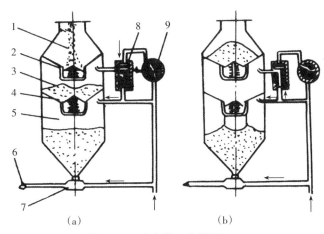

图3.101 喷丸器工作原理

1—钢丸；2—上锥形阀门；3—上室；4—下锥形阀门；5—下室；

6—喷嘴；7—混合室；8—转换阀；9—三通阀

工作时打开总进气阀，压缩空气一路进入混合室7，一路进入下室5。当三通阀处于图3.101（a）所示的位置时，上室3经转换阀8与大气相通，下锥形阀门4关闭，上锥形阀门2在钢丸重力作用下开启。钢丸卸完后，上锥形阀门2在弹簧作用下被关上。当三通阀9处于图3.101（b）位置时，压缩空气进入上室3，上锥形阀门2被关紧，此时上、下两室压力相等，在上室钢丸重力作用下将下锥形阀门4打开，钢丸落入下室5。当钢丸进入混合室7后，即与来自进气管的压缩空气相混合经喷嘴喷射出。通过操纵转换阀8，使钢丸不断经上室向下室补充。下室始终处于压缩空气压力下，使喷丸器连续不断地喷丸，以清除铸件表面的粘砂和氧化皮。喷丸清理可代替水力清砂除芯，钢丸与旧砂可经分离器分离回用。

表面清理采用的钢丸粒度一般为1~3 mm。粒度细，则铸件表面粗糙度值小，但喷射冲击力小，清理时间长；粒度粗，则铸件表面粗糙度值大，喷射覆盖率低。一般选用粒度为1.7~2.5 mm比较合适。清理过程中钢丸会破碎耗损，应及时补充新丸。喷嘴直径在使用过程中会磨损扩大，使压缩空气消耗量增加，降低清理效率，应经常检查并及时更新，喷嘴直径一般应控制在不大于15 mm。

常用的喷丸设备见表3.177和表3.178。

表3.177　转台喷丸清理机型号和规格

型号	转台直径/mm	生产率/(kg·h⁻¹)	喷丸量/(kg·h⁻¹)	铸件最大尺寸/(mm×mm)	铸件质量/kg		质量/t	外形尺寸/(mm×mm)
					总重	单重		
Q2511	1100	300~350	1000~1500	300×300×200	100	20	0.82	1.4×1.3×3.1
Q135A	1300	250~300	350~400	350×300×200	150	20	1.7	1.6×1.8×1.9

表3.178　喷丸清理室型号和规格

型号	转台直径/mm	载重量/t	生产率/(kg·h⁻¹)	喷丸量/(kg·h⁻¹)	铸件最大尺寸/(mm×mm)	功率/kW	质量/t	外形尺寸/(mm×mm)
Q265A	2000	5	2000	(1000~1500)×2	1800×1500×1500	5.4	10.6	5.7×5.5×6.2 内尺寸: 4×3.6×2.78

3.8.3.3　抛丸清理表面

抛丸清理利用抛丸器中叶轮旋转产生的离心力，将钢丸高速抛向铸件表面，以清除铸件表面的粘砂和氧化皮。

抛丸清理设备种类颇多，按结构特点大致可分为：滚筒式抛丸清理机、履带式抛丸清理机、转台抛丸清理室、吊钩悬链抛丸清理室、抛喷丸联合清理室等。流水线上常用的连续滚筒式抛丸清理机示意图如图3.102所示。滚筒抛丸清理设备类型和规格见表3.179，抛喷丸联合清理室型号和规格见表3.180。

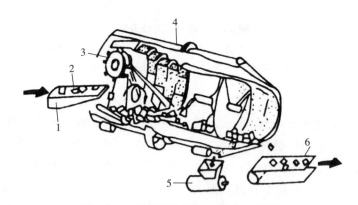

图3.102　连续滚筒式抛丸清理机示意图
1—铸件馈送装置；2—铸件；3—抛丸器；4—滚筒；5—磁选滚筒；6—铸件输送带

表3.179　滚筒抛丸清理设备类型和规格

类型	型号	筒径/mm	筒长/mm	转速/(r·min⁻¹)	铸件最大参数			生产率/(t·h⁻¹)	功率/kW	质量/t	外形尺寸/(mm×mm)
					装载量/kg	单重/kg	长度/mm				
滚筒式	Q3110	1000	800	4	300	15	400	1.5	9.4	3.7	3.1×2.1×2.3
	Q3113	1300	1200	2.5	600	30	1100	2	16.2	7	5.1×3.2×2.6
倾斜滚筒式	Q3313	1300	1200	4.13	800	30	500	4	32	12.1	5.6×4.5×6.2

表3.179（续）

类型	型号	筒径 /mm	筒长 /mm	转速 /(r·min⁻¹)	铸件最大参数			生产率 /(t·h⁻¹)	功率 /kW	质量 /t	外形尺寸 /(mm×mm)
					装载量 /kg	单重 /kg	长度 /mm				
履带式	Q326	600	900	—	300	10	—	1.6	7.4	—	1.6×1.4×3.5
	Q3210	1000	1200	—	800	150	—	5	20.6	7.5	—

表3.180 抛喷丸联合清理室型号和规格

类型	型号	载重 /t	铸件尺寸 /m	室内尺寸 /(mm×mm)	生产率 /(t·h⁻¹)	抛丸量 /(t·h⁻¹)	功率 /kW	喷丸量 /(t·h⁻¹)	外形尺寸 /(mm×mm)
单钩式	Q7530	3	φ1.6×2.2	2.6×2.6×3.2	3~18	3×10	44	1~1.5	6.6×4.7×9.2
台车式	765	5	φ2×1	3.4×3.4×2.5	6~8	2×17	64	1~1.5	6.1×4.4×7.3
	7630B	30	φ4×2	5×5×3.4	9×18	4×17	126	1~1.5	9.2×7.7×11
	φ7710	10	3×3×1.3	4×4×2.5	20	3×15	144	—	—
	φ7720A	20	4×4×3	5×5×3.5	40	3×15	—	—	—

3.8.3.4 喷丸清理铸件内腔

对于内腔结构复杂的铸件，为提高铸件内腔清洁度，可采用内腔喷丸机对铸件内腔进行喷丸处理。

常用内腔喷丸机分为气动式内腔喷丸机和手动式内腔喷丸机两种类型，主要由高压罐、输送辊道、喷丸室、喷枪、丸料循环系统、丸料收集系统、丸料分离系统、电气控制系统等组成。喷丸室配置一个或多个喷嘴（固定式或移动式）。

其工作原理是：磨料（一般为0.3～1.0 mm的铸钢丸）混同压缩空气高速喷射并撞击到工件的内腔表面，达到清除铸件内腔残余物、清理铸件内腔表面的目的。

内腔喷丸适用于内腔结构复杂的铸件（如发动机缸体和缸盖铸件），通过内腔喷丸可有效清除（或减轻）水道腔、油道孔、进气道及排气道等部位的粘砂、烧结、脉纹、氧化皮和涂料皮等缺陷。

3.8.3.5 铸件表面打磨

铸件表面打磨方法和应用范围见表3.181。

表3.181 铸件表面打磨方法和应用范围

打磨方法	应用范围
砂轮机	各类铸件打磨
风动工具	各类铸件打磨
打磨机床	规模化批量生产铸铁件打磨，也可用于小型铸件的浇冒口切割
机器人打磨	各种铸铁件、铸钢件打磨
自动打磨切割设备	适合铸钢、铸铁和有色金属铸件打磨和浇冒口切割
自动打磨线	规模化大批量生产铸件打磨
自动打磨切割线	规模化大批量生产铸件打磨和浇冒口切割

1）砂轮机及砂轮 砂轮机有固定式、悬挂式和手提式三种。常用砂轮机规格见表3.182至表3.184，风砂轮机规格见表3.185。

砂轮磨料可根据铸件材质选定，见表3.186。打磨之前用木槌轻击砂轮，如声音清脆，便可使用；如声音破杂，则砂轮有裂纹，应更换新轮。打磨中如发出异常声音，应停机检查，消除故障后方可继续使用。操作人员不能直对砂轮旋转方向。手提式砂轮机不可放在地面上，以防进入砂子影响使用；更不可放在湿地和具有腐蚀性或易爆性气体环境中，以免电机绝缘材料腐蚀和发生爆炸。

表3.182 固定式砂轮机规格

型 号	主要技术规格				外形尺寸（长×宽×高）/(mm×mm×mm)	质量/kg
	砂轮外径×宽度/(mm×mm)	转数/(r·min⁻¹)	两轮中心距/mm	砂轮中心高度/mm		
M3025	φ250×25	2250	490	800	640×390×950	190
M3030	φ300×32	1910	500	800	660×410×970	210
M3035	φ350×32	1650	500	800	660×455×995	210
M3040A	φ400×40	1430	700	850	970×540×1075	320
M3060	φ600×75	1310	1030	850	1310×750×1340	830

表3.183 悬挂式砂轮机规格

型 号	主要技术规格		外形尺寸（长×宽×高）/(mm×mm×mm)	质量/kg
	砂轮外径×宽度/(mm×mm)	转数/(r·min⁻¹)		
S3140	φ400×40	1860	2500×550×560	280
S3SX-400	φ400×40	1880	2450×550×650	250

表3.184 手提式砂轮机规格

型号名称	主要技术规格		外形尺寸（长×宽×高）/(mm×mm×mm)	质量/kg
	砂轮外径×宽度/(mm×mm)	转数/(r·min⁻¹)		
S35R-100软轴式	φ100×20		400×220×275	18
S35R-150软轴式	φ150×20	2800	500×410×460	45
S35R-200软轴式	φ200×20		500×410×480	50

表3.185 风砂轮机规格

型 号	最大砂轮直径/mm	工作气压/MPa	气管内径/mm	空转转速/(r·min⁻¹)	空转耗气量/(m³·min⁻¹)	负荷转速/(r·min⁻¹)	负荷耗气量/(m³·min⁻¹)	功率/kW	全长/mm	质量/kg
S100	100	0.49	13	7500~8500	0.8	4000	1	0.66	470	3.8
S150	150	0.49	16	5500~6500	1.2	3100	1.7	1.1	476	4.0

表3.185（续）

型　号	最大砂轮直径 /mm	工作气压 /MPa	气管内径 /mm	空转转速 /(r·min⁻¹)	空转耗气量 /(m³·min⁻¹)	负荷转速 /(r·min⁻¹)	负荷耗气量 /(m³·min⁻¹)	功率 /kW	全长 /mm	质量 /kg
S40Z190	40（树脂）25（陶瓷）	0.49	6.35	18500	0.35	—	—	—	181	0.6
S50Z170	50（树脂）30（陶瓷）	0.49	9.5	16500	0.4	—	—	—	186	0.7

表3.186　铸件用砂轮磨料的选择

类别	名称	代号	色泽	性能	应用范围
刚玉类	棕刚玉	GZ	棕褐色	硬度高、韧性好	碳钢、合金钢、可锻铸铁、硬青铜
	白刚玉	GB	白色	硬度比棕刚玉高，韧性比棕刚玉低	淬火钢、高速钢、高碳钢
	单晶刚玉	GD	淡黄色或白色	硬度和韧性比白刚玉高	不锈钢和高钒高速钢等密度高、切性好的材料，供高速磨削
	铬刚玉	GG	玫瑰色	硬度与白刚玉相近，韧性比白刚玉高，耐用性好	高速钢、高碳钢、薄壁件、量具
	微晶刚玉	GW	棕褐色	强度高，韧性和自锐性好	不锈钢、高速钢、特种球铁，供高速磨削
	锆刚玉	GA	黑褐色	强度高，耐磨性好	耐热合金钢、奥氏体不锈钢、钛合金
碳化硅类	墨碳化硅	TH	黑色或深蓝色，有光泽	硬度比白刚玉高，性脆而锋利	铸铁、黄铜、铝及非金属材料
	绿碳化硅	TL	绿色	硬度和脆性比墨碳化硅高	不锈钢、硬质合金、陶瓷、玻璃
人造金刚石类	单晶金刚石	MBD	淡黄色或黄色，光泽强	硬度高、耐磨性、抗压性优良	灰铸铁件、低牌号球墨铸铁件高速磨削和切割，铸铁件打磨，不锈钢铸件切割

2）铸件打磨机床和打磨（切割）线

（1）打磨机床。该设备类似机床形式，可实现对铸件的打磨，特点是承载力大，但灵活性差，设备维护复杂。适用于规模化批量生产铸铁件打磨、小型浇冒口切割。

（2）机器人打磨。将机器手串联，如串联三关节、六关节机械手对铸件打磨。其优点是灵活性高，缺点是机器人机械臂的承载能力较弱。适用于小型铸铁件的打磨。图3.103是串联机械手打磨设备照片。

图3.103　串联机械手打磨设备

（3）自动打磨切割设备。该设备是针对铸件结构特点构建的铸件磨切一体设备。设备刚度高，承载能力大，灵活性大，适用

251

于铸钢、铸铁件打磨和浇冒口切割。

自动打磨切割设备可根据铸件结构特点和工艺需要，分为敞开式和封闭式，见图3.104，可适用于大、中、小型且形状各异的铸件。

（a）封闭式设备

（b）敞开式设备

图3.104　自动打磨切割设备

（4）铸件自动化打磨线。铸件进入自动化打磨之前必须先进行预处理，即铸件落砂后，先进行抛丸或喷丸处理，取出浇冒口和表面残余物，然后进入自动化打磨工序。

自动化打磨生产线由铸件输送线，上、下料机构和铸件打磨设备组成。其主要流程为：铸件定位输送——铸件抓取——上料——铸件打磨——下料（抓取）——人工精修。

铸件输送和上、下料方法有：

① 将铸件输送到指定位置，桁架机械手抓取铸件，执行上、下料。

② 由人工或由皮带自动定位将铸件输送至指定位置，机械手抓取铸件，执行上、下料。一台机械手可对应2台或3台打磨设备。

③ 悬链物流形式将铸件输送至指定位置，机械手抓取铸件，执行上、下料。悬链输送形式节省空间，一般用于场地狭小区域，但对设备定期维护保养要求高。

④ 桁架机械手抓取铸件，并完成上、下料。适合较小铸件上、下料，中大件不适合。

图3.105为大型缸体自动化打磨生产线。

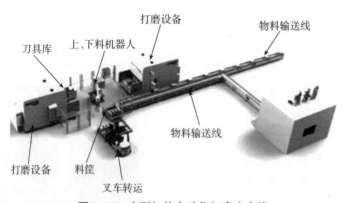

图3.105　大型缸体自动化打磨生产线

⑤ 铸件自动化打磨切割线。铸件自动化打磨切割线一般包括铸件输送单元、打磨切割单元和下料单元。与自动化打磨线相比，增加了铸件的切割功能，配备了承载能力强、刚度高的自动打磨切割设备。

自动化打磨切割线可实现切割、打磨、精修一次性完成，效率高、精度高，适用于铸钢、铸铁和有色金属铸件打磨和切割。

3）铸件自动化打磨（切割）应用

（1）叉车用铸造驱动桥、转向桥铸件打磨。

① 驱动桥和转向桥铸件形状见图3.106。材质：QT450-10；尺寸：驱动桥为1183 mm × 394 mm × 254 mm，转向桥为870 mm × 200 mm × 460 mm。

（a）驱动桥

（b）转向桥

图3.106　双机器人自动打磨铸件

② 打磨设备名称：复杂桥体类铸件双机器人自动打磨单元，主要设备构成及布置如图3.107所示。

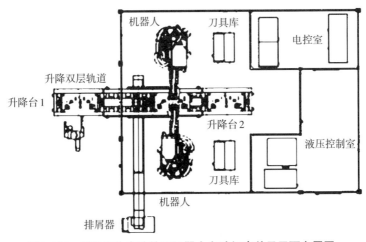

图3.107　复杂桥体类铸件双机器人自动打磨单元平面布置图

③ 打磨方式：采用机器人抓取金刚石切割片及磨具，完成铸件打磨。

④ 打磨工艺流程：

升降台1上料——工件夹紧工件——工件从上层辊道滚动至打磨工位——夹具落下（升降台1同时落下）——激光检测——机器人抓取磨头打磨——夹具上升——夹具滚动至升降台2——升降台2落下——夹具从下层辊道返回升降台1——升降台1上升——下料——铸件打磨完成。

⑤ 打磨效率：3分钟/件。

⑥ 特点：双机器人打磨效率高，适合于多品种、变批量柔性生产，但安装调试时间较长。

（2）工程机械用变速箱、变矩器铸件打磨。

① 变速箱和变矩器铸件形状见图3.108。材质：HT300；尺寸：变速箱为465 mm × 420 mm × 215 mm，变矩器为510 mm × 485 mm × 223 mm。

（a）变速箱

（b）变矩器

图3.108　工程机械用变速箱和变矩器铸件

②设备名称：高强铸件机器人自动打磨单元，主要设备及布置如图3.109所示。

③打磨方式：采用单机器人抓取金刚石切割片及磨具，完成铸件打磨。

④工艺流程：

设定打磨程序——左侧工作台上料——夹紧——上料完成——工装检测——铸件识别——铸件和工装输送至打磨工位——刀具准备——打磨——转台换面——打磨——铸件和工装输送至左侧工位——下料——铸件打磨完成——右侧工作台上料，进行下一个铸件的打磨循环。

⑤打磨效率：5分钟/件。

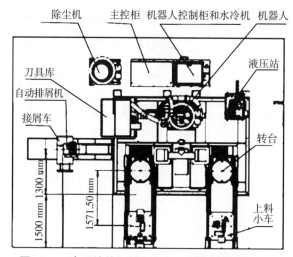

图3.109　高强铸件机器人自动打磨单元平面布置图

⑥设备特点：设备整体集成度高，安装调试简单方便；单机器人打磨效率不如双机器人，复杂铸件打磨需要两次定位装夹。

3.8.4　铸件缺陷修补

铸件缺陷常用的修补方法有电焊焊补、气焊焊补、工业修补剂修补和浸渗修补等，其中以焊补的应用最广泛，且具有可靠性高的优点。

3.8.4.1　电焊焊补

1）铸铁件焊补　铸铁件焊接性能较差，容易产生裂纹、白口缺陷。为此，除了采取适当的工艺措施外，还要选用合适的电焊条。电焊条选用参见表3.187，其规格和特点见表3.188。

表3.187　铸铁件焊补电焊条选用

铸件材质	焊补后要求	可选用焊条
灰铸铁件	不机械加工	J422，Z100，Z208，Z607
灰铸铁件	机械加工	Z116，Z117，Z248，Z308，Z408，Z508，Z616

254

表3.187（续）

铸件材质	焊补后要求	可选用焊条
高强度铸铁件	机械加工	Z116，Z117，Z408
球墨铸铁件	机械加工	Z238，Z408，Z116，Z117

表3.188 铸铁件焊补电焊条规格和特点

序号	焊条直径/mm	焊芯材质	药皮类型	采用电源	补焊特点
Z100	3.2，4.5	碳钢	氧化型	交流或直流	焊件预热400℃以上，焊后缓冷
Z116	2，2.5，3.2，2.4	碳钢	低氢型	交流或直流	焊件可不预热
Z117	2，2.5，3.2，4	碳钢	低氢型	直流	焊件可不预热
Z208	3.2，4，5	碳钢	石墨型	交流或直流	焊件预热400℃以上，焊后缓冷
Z218	3.2，4，5	碳钢	石墨型	交流或直流	焊件预热400℃以上，焊后缓冷
Z228	3.2，4，5	碳钢	石墨型	交流或直流	焊件预热400℃以上，焊后缓冷
Z238	3.2，4，5	碳钢	石墨型	交流或直流	焊件预热500℃左右，焊后缓冷，并经热处理（正火或退火）
Z248	4~8	灰铸铁	石墨型	交流或直流	
Z308	2.5，3.2，4	纯镍	石墨型	交流或直流	焊件可不预热
Z408	2.5，3.2，4	镍铁合金	石墨型	交流或直流	焊件可不预热
Z508	2.5，3.2，4	镍铁合金	石墨型	交流或直流	焊件可不预热
Z607	3.2，4，5	紫铜	低氢型	直流	焊件可不预热，也可预热至300℃
Z616	3.2	铜芯铁皮	低氢型	交流或直流	焊件可不预热，也可预热至300℃
J422	2，2.5，3.2，4，5，5.8	低碳钢	钛钙型	交流或直流	—
J423	3.2，4，5，5.8	低碳钢	钛铁矿型	交流或直流	—

铸件根据焊补前是否预热，分为冷焊、半热焊和热焊三种。冷焊的铸件不预热，常用于焊补非加工面上的缺陷，多采用非铸铁焊条。半热焊，需将铸件全部或局部预热到约400℃，焊条一般用钢芯石墨型焊条，常用于焊补非加工面和要求不高的加工面上的缺陷。热焊，需将铸件全部或局部预热到500~700℃（重要件取上限），一般采用铸铁芯焊条，用于焊补加工面上的缺陷。

焊前需要做好下列几点：必须将焊补处清理干净；缺陷处开出坡口，如图3.110所示；为了防止焊补裂纹缺陷不断向前伸延，可在裂纹两端相距5~10 mm处钻出φ8~φ10 mm止裂孔，如图3.111所示。热焊时，为防止铁水流失，可用型砂或火泥做一围坝挡住，如图3.112所示。

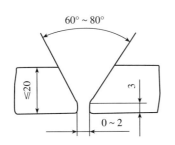
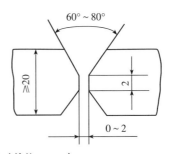

图3.110 焊补坡口（单位：mm）

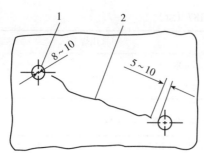

图3.111 止裂孔（单位：mm）

1—止裂孔；2—裂纹

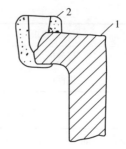

图3.112 防止铁水流失的围坝

1—铸件；2—围坝

电流选用见表3.189至表3.191。热焊或半热焊后，铸件应进炉缓冷或用保温材料覆盖缓冷或按工艺立即热处理。

表3.189 热焊时电流的选用

铸铁芯直径/mm	4	5	6	7	8	9	10
焊补电流/A	200~240	250~300	300~360	350~420	400~480	450~540	500~600

表3.190 半热焊时电流的选用

焊条牌号	焊条直径/mm	焊补电流/A
Z208	3.2	130~160
	4	170~200
	5	210~250

表3.191 冷焊时焊条直径与焊接电流的选用

焊条类型	焊条直径/mm							
	2	2.5	3.2	4	5	6	7	8
	焊补电流/A							
钢芯铸铁焊条	—	—	80~100	100~120	130~150	—	—	—
高钒铸铁焊条	40~60	60~80	80~120	120~160	—	—	—	—
铜铁铸铁焊条	—	90~100	100~120	—	—	—	—	—
镍基铸铁焊条	—	70~100	90~110	120~150	160~190	—	—	—
铸铁芯铸铁焊条	—	—	—	200~280	250~350	300~420	350~490	400~560

2）铸钢件焊补 焊补规范见表3.192，采用的焊补电流见表3.193，缺陷部位坡口形式见表3.194，焊补方法见表3.195。

表3.192 铸钢件焊补规范

钢 号	焊条牌号	预热温度/℃	
		焊 接	气割,气刨
ZG230-450	J422,J423,J506,J507	—	—
ZG270-500,ZG20MnSi	J506,J507	≈150	—
ZG310-570,ZG42SiMn	J607,J606	200～300	≈150
ZG20CrMo,ZG22CrMo	R307	200～300	≈200
ZG20CrMoV	R317	250～350	≈250
ZG15CrMoV	R327,R337	300～400	≈300
ZG15Cr2Mo	R407	≥250	≈250
ZG15CrMo,ZG15CrMoA	R307	≥200	≈150
ZG35SiMn,ZG40Mn	J507	150～250	≈100
ZG1Cr13,ZG2Cr13,ZG3Cr13	D527	>300	≈250
ZG1Cr17,ZG9Cr18	G302	>300	≈250
ZGCr28	A307,A407	>350	≈300
ZG1Cr17Mn9Ni4Mo3Cu2N	A207,A202	—	—
ZG3Cr13Mn13Si2N	A407	—	—
ZG15Mn2,ZG35Mn2	J857	—	—
ZG40Mn2	J857	>300	≈250
ZG15Cr,ZG20Cr	J857	—	—
ZG30Cr	J857	>300	≈250
ZG35CrMnTi,ZG40CrMnTi	J107	>300	≈250
ZG30CrMnSi,ZG40CrMnSi	J107	>300	≈250
ZG5MnSi,ZG6SiMnV,ZG5CrMnMoV,ZG5SiMnMoV	D397	>300	≈250
ZG22CrMnMo	J107	—	—
ZG25Cr2MnMo,ZG40CrMnMo	J107	>380	≈250
ZGMn13	D256	水韧后常温补焊	—
ZG1Cr18Ni9	A307,A132	—	—
ZG2Cr18Ni9	A107,A102	—	—
ZG2Cr23Ni18	A407	—	—
ZG5Cr28Ni4	A307,A302	>300	≈250
ZGCr17Ni2	A107,A102	>300	≈250
ZG1Cr18Ni9Ti	A137,A132	—	—
ZG1Cr18Ni12Mo3Ti,ZG1Cr18Ni12Mo2Ti	A212	—	—
ZG3Cr24Ni12Si	A307,A407	—	—
ZG3Cr18Ni25Si2	A407	—	—
ZG1Cr25Ti	A307,A407	>300	≈250

表 3.192（续）

钢 号	焊条牌号	预热温度/℃	
		焊 接	气割、气刨
ZG2Cr5Mo，ZG4Cr9Si2	R507	> 300	≈250
ZG1Cr24Ni20Mo2Cu3	A222	—	—
ZG1Cr18Mn13Mo2CuN	A207，A202	—	—

表 3.193 铸钢件的焊补电流

焊条类型	焊条直径/mm			
	2.5	3.2	4.0	5.0
	焊补电流/A			
珠光体耐热焊条	60～90	90～120	140～190	190～220
奥氏体不锈钢焊条	50～80	80～100	110～150	160～250
结构钢酸性焊条	50～80	100～130	160～210	200～270
堆焊焊条	60～100	80～140	130～190	190～240
铬不锈钢焊条	—	80～120	120～160	160～200

表 3.194 铸件缺陷部位坡口形式

说 明		坡口形式
未穿透孔穴或裂纹		
铸件壁厚小于 20 mm	穿透性缺陷	
	当坡口间隙比较大时，可垫一块 3～4 mm 厚的铜板，焊后将铜板去除	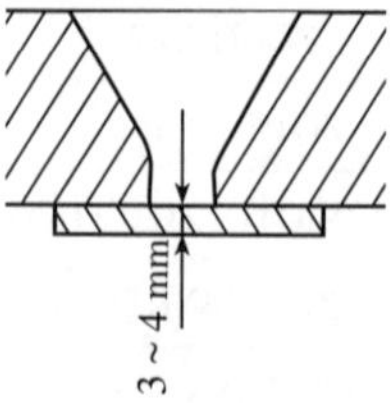

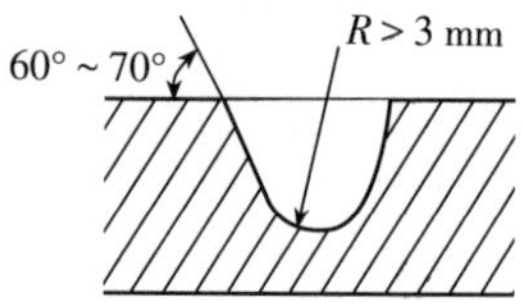

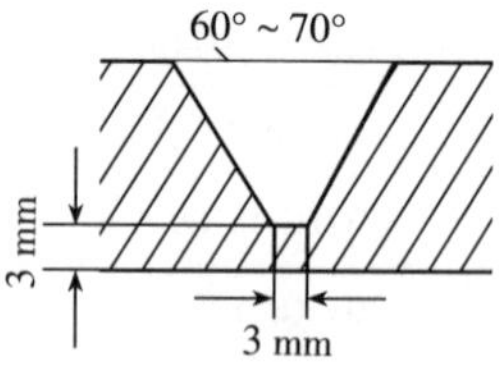

表3.194（续）

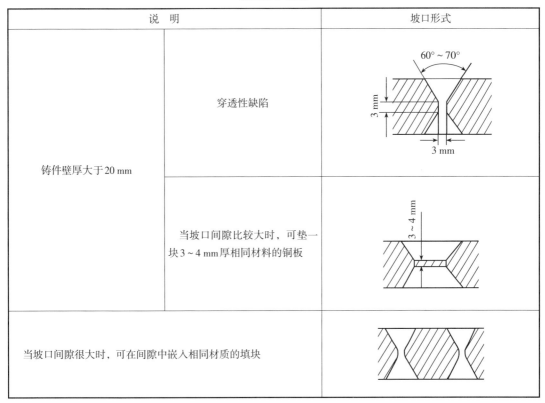

说　明		坡口形式
铸件壁厚大于20 mm	穿透性缺陷	
	当坡口间隙比较大时，可垫一块3～4 mm厚相同材料的铜板	
当坡口间隙很大时，可在间隙中嵌入相同材质的填块		

注：坡口可用机械加工、铲凿、气割和电弧气刨等方法形成。采用气割、气刨时应按表3.192中推荐的温度预热，缺陷清除后应铲磨表面，使其露出金属光泽，确认缺陷清除后才能焊补。

表3.195　焊补方法

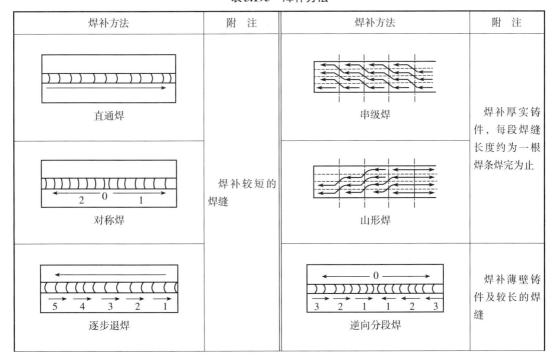

焊补方法	附　注	焊补方法	附　注
直通焊	焊补较短的焊缝	串级焊	焊补厚实铸件，每段焊缝长度约为一根焊条焊完为止
对称焊		山形焊	
逐步退焊		逆向分段焊	焊补薄壁铸件及较长的焊缝

表 3.195（续）

焊补方法	附 注	焊补方法	附 注
跳 焊	焊补薄壁铸件及较长的焊缝	单面逐步堆焊	间隙很大的穿透性坡口
交替焊		环形焊	不大的圆形坡口

注：① 焊条使用前按说明书烘干。

② 多层焊时，要认真清除每层焊缝的熔渣、焊瘤、溅沫等，补焊金属应平滑过渡到基体。

③ 多道焊缝时，焊道要排列紧密整齐，后一道焊道要覆盖前一焊道的1/3。

④ 焊后缓冷，对重要铸件或焊补量大的铸件要立即热处理。

3.8.4.2　气焊焊补

气焊焊补是利用氧-乙炔火焰的高温使铸件本体金属和焊补金属（焊条或焊丝）熔接成一体的焊补方法。

1）铸铁件焊补　分冷焊和热焊两种。

热焊补之前铸件应整体或局部加热到约600 ℃，然后立即焊补。焊补后铸件应在650～700 ℃进行保温缓冷，以防止产生白口和裂纹。

气焊焊条规格见表3.196，气焊剂规格见表3.197。气焊之前准备工作与电焊类似。

表 3.196　铸铁件气焊焊条规格

牌号	化学成分(质量分数)/%					长度/mm						适用
	C	Si	Mn	P	S	$\phi3.15$	$\phi4$	$\phi5$	$\phi6$	$\phi8$	$\phi10$	
QHT-1	3.3～3.9	3.0～3.8	0.5～0.8	0.15～0.40	≤0.08	250～400	300～550	400～600	400～600	450～550	450～550	热焊
QHT-2		3.8～4.5										冷焊

表 3.197　气焊剂规格

牌 号	名 称	基本性能	备 注
气剂201	铸铁气焊焊剂	熔点约650 ℃，呈碱性反应，易潮解，应密封存放，能除掉焊补过程产生的氧化物和硅酸盐，有助熔作用	可用于焊补各种铸铁件，主要适用于铸铁焊条

气焊时注意:

(1)气焊用的焊炬按表3.198选择;

(2)气焊宜用弱还原焰或中性焰,以减少硅锰烧损和消除过厚的氧化膜;

(3)焊件要熔透,火焰始终要盖住熔池,焰心与熔池相距15~20 mm;

(4)熔池中若有小气泡和白亮氧化物,可向熔池中加入少量气焊剂,并用火焰加热熔池,使气泡和氧化夹杂浮起,用焊条沾上或挑出;

(5)焊缝形成后,可用火焰加热,减少焊缝冷却速度,防止产生白口和裂纹。

表3.198　气焊焊补铸铁件时焊炬选择

铸件厚度/mm	焊嘴孔径/mm	氧气压力/MPa
< 20	2	0.39
20 ~ 50	3	0.58

2)有色合金铸件焊补　采用的焊丝和焊剂见表3.199至表3.203。

表3.199　铸铝件和铸铜件常用焊丝

铸件材质	焊丝名称	焊丝牌号	焊丝主要成分(质量分数)/%
铝硅合金	铝硅合金焊丝	HS311	$w(Si) = 4 ~ 6$
铝镁合金	铝镁合金焊丝	HS331	$w(Mg) = 4.7 ~ 5.7$
铝锰合金	铝锰合金焊丝	HS321	$w(Mn) = 1.0 ~ 1.6$
纯铝	纯铝焊丝	HS301	$w(A) \geqslant 99.6$
黄铜	锡黄铜焊丝	HS221	$w(Sn) = 0.8 ~ 1.2$,$w(Cu) = 59 ~ 61$,$w(Si) = 0.15 ~ 0.35$,$w(Zn)$余量
		HS222	$w(Sn) = 0.7 ~ 1.0$,$w(Fe) = 0.35 ~ 1.20$,$w(Cu) = 57 ~ 59$,$w(Zn)$余量
黄铜	硅黄铜焊丝	HS224	$w(Si) = 0.3 ~ 0.7$,$w(Cu) = 61 ~ 69$,$w(Zn)$余量
纯铜	特制紫铜焊丝	HS201	$w(Sn) = 1.0 ~ 1.2$,$w(Si) = 0.35 ~ 0.50$,$w(Mn) = 0.35 ~ 1.50$,$w(P) = 0.1$
	低磷紫铜焊丝	HS202	$w(P) = 0.2 ~ 0.4$

表3.200　铝合金铸件焊剂成分(质量分数)　　单位:%

序号	KCl	NaCl	LiCl	BaCl$_2$	NaF	Na$_3$AlF$_6$
1(粉401)	50	28	14	—	8	—
2	48	35	—	—	8	9
3	29	19	—	48	—	4
4	50	30	—	—	—	20

表3.201　纯铜、锡青铜焊剂成分(质量分数)　　单位:%

序号	脱水硼砂	硼酸	磷酸钠	木炭粉	硅石粉
1	100	—	—	—	—
2	50	35	15	—	—
3	50	—	15	20	15
4	94	—	—	—	6

表3.202　黄铜焊剂成分（质量分数）　　　　　　单位：%

序号	脱水硼砂	硼酸	磷酸氨钠	氯化钡
1	100	—	—	—
2	50	80	—	—
3	50	35	15	—
4	20	70		10

表3.203　铝青铜焊剂成分（质量分数）　　　　　　单位：%

序号	粉401	硼酸	氯化钾	氯化钡	氯化钠	氟化钠
1	100	—	—	—	—	—
2	40	60	—	—	—	—
3	—	—	47	21	16	16

（1）铝合金铸件气焊。应在无穿堂风且不低于15℃的环境中施焊。对大型复杂件或裂纹倾向性大的ZL201铸件，焊后应立即装入200~300℃炉中缓冷。焊补收尾时，适当填加焊丝，填满熔池，防止产生缩孔、裂纹。采用中性焰，壁厚小于5 mm的铸件采用左焊法，壁厚大于5 mm的铸件采用右焊法。焊补规范见表3.204。

表3.204　铝合金铸件气焊焊补规范

铸件厚度/mm	< 2	2 ~ 3	3 ~ 5	5 ~ 10	10 ~ 20
焊炬型号	HO1 ~ 6	HO1 ~ 6	HO1 ~ 6	HO1 ~ 12	HO1 ~ 12
焊嘴号码	1	1 ~ 2	2 ~ 4	2 ~ 4	2 ~ 4
氧气压力/MPa	0.2	0.2 ~ 0.3	0.3 ~ 0.4	0.4 ~ 0.5	0.5 ~ 0.6
乙炔压力/MPa	0.001 ~ 0.100				

（2）黄铜铸件焊补。采用弱氧化性火焰焊补，使熔池表面覆盖一层氧化锌薄膜，以防止锌蒸发。火焰焰心末端与铸件表面相距15~20 mm，采用左焊法，焊补速度尽可能快，一次焊成。焊补规范见表3.205。

表3.205　黄铜铸件气焊焊补规范

缺陷深度/mm	焊丝直径/mm	焊炬型号	乙炔流量/(L·h⁻¹)
≈3	2	HO1 ~ 2	100 ~ 150
3 ~ 4	3	HO1 ~ 2 或 HO1 ~ 6	100 ~ 300
4 ~ 5	4	HO1 ~ 6	250 ~ 350
5 ~ 10	5 ~ 8	HO1 ~ 12	500 ~ 700
> 12	8	HO1 ~ 12	750 ~ 1000

（3）锡青铜铸件气焊。锡青铜有热脆性，焊前应预热，焊后不能立即搬动。采用中性焰焊补。焊丝的化学成分应与铸件相同或相近，但含锡量应比铸件高 1% ~ 2%，以补充锡的烧损，或采用含 P、Si、Mn 等脱氧元素的青铜焊丝进行焊补。

（4）铝青铜铸件气焊。铸件焊前预热至 500 ~ 600 ℃；先焊补大缺陷，后焊补小缺陷，长而深的缺陷可将铸件倾斜约 15°进行上坡焊；焊补中在熔池表面产生氧化膜时，可加焊剂或挑除；熔池出现过热氧化时，应一面继续用火焰加热，一面用铁丝刮去氧化膜，然后加入铝粉和焊剂继续焊补。焊后保温缓冷。

3.8.4.3　工业修补剂修补

用于修补铸件缺陷的工业修补剂可修补气孔、缩孔、砂眼、裂纹等缺陷。修补方法有填补法和镶嵌法：直径为 2 ~ 10 mm 的孔洞可采用修补剂填补法；直径大于 10 mm 的孔洞可用修补剂粘镶合适的金属块（柱）

进行修补。可根据铸件的合金种类、力学要求、工况压力和温度选择合适的修补剂。

3.8.4.4　浸渗修补

在浸渗罐内加压，将含有填料和胶体物质的渗透液浸渗铸件，使渗透液在铸件缺陷孔隙中固化，用于修补承压铸件上的穿透性与非穿透性气孔、缩松、裂纹等缺陷引起的渗漏。目前生产中应用效果较佳的浸渗剂有硅酸盐型、合成树脂型和厌氧胶型三种。可根据铸件的材质、工况压力与环境、缺陷的类型与大小，选用合适牌号的浸渗剂。

3.8.5　铸件除应力处理

3.8.5.1　铸铁件内应力消除

灰铸铁件除内应力退火规范见表3.206，球墨铸铁件除应力退火工艺曲线如图3.113所示。如果此类铸件要经过其他热处理，不一定要单独进行除应力退火。

表 3.206　灰铸铁件除内应力退火规范

铸件类型	铸件质量/t	铸件壁厚/mm	退火规范					
			装炉温度/℃	加热速度/(℃·h⁻¹)	退火温度/℃	保温时间/h	冷却速度/(℃·h⁻¹)	出炉温度/℃
鼓风机机架等形状复杂且要求尺寸精确的铸件	> 1.5	> 70	200	75	500 ~ 550	9 ~ 10	20 ~ 30	< 200
		40 ~ 70	200	70	450 ~ 500	8 ~ 9	20 ~ 30	< 200
		< 40	150	65	420 ~ 450	5 ~ 6	30 ~ 40	< 200
机床床身及类似铸件	> 2.0	20 ~ 80	< 150	30 ~ 60	500 ~ 550	8 ~ 10	30 ~ 40	150 ~ 200
较小型机床铸件	< 1.0	< 60	200	100 ~ 150	500 ~ 550	3 ~ 5	20 ~ 30	150 ~ 200
筒形结构简单铸件	< 0.30	10 ~ 40	100 ~ 300	100 ~ 150	550 ~ 600	2 ~ 3	40 ~ 50	< 200
纺织机械等小型铸件	< 0.05	< 15	150	50 ~ 70	500 ~ 550	1.5	30 ~ 40	150
汽轮机铸件		≤100	≤200	≤80	530 ~ 550	4 ~ 8	40 ~ 50	< 200
		101 ~ 200	≤200	≤60	530 ~ 550	8 ~ 12	30 ~ 40	< 200
		201 ~ 400	≤200	≤40	530 ~ 550	12 ~ 16	20 ~ 30	< 200

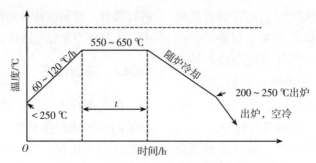

图3.113 球墨铸铁件除应力退火工艺曲线

3.8.5.2 铸钢件内应力消除

消除铸钢件粗加工应力、气割应力或焊补应力的回火温度应比同钢种铸件性能热处理的回火温度低30~50 ℃。升温速度不大于60 ℃/h。均温后保温时间计算方法为：2.4 min/mm×铸件壁厚（mm）。随炉冷却至低于300 ℃出炉。

3.8.5.3 有色合金铸件内应力消除

消除焊补应力的热处理工艺与消除铸造应力的热处理工艺相同。

对于铝合金铸件，将铸件在炉内缓慢加热至290~310 ℃，保温2~4 h，出炉空冷或随炉冷却到室温。

对于锡青铜铸件，加热至650 ℃保温2~3 h，随炉冷却或随炉冷却至300 ℃出炉空冷。

对于磷青铜铸件，加热至500~550 ℃保温1~2 h，随炉冷却或随炉冷却至300 ℃出炉空冷。

对于普通黄铜铸件，α黄铜加热至500~600 ℃保温1~2 h，（α+β）黄铜加热至600~700 ℃保温1~2 h，随炉冷却或随炉冷却至300 ℃出炉空冷。

第4章 铸 铁

4.1 概述

4.1.1 铸铁分类、特点和应用

4.1.1.1 铸铁的分类

铸铁是含碳量较高的铁碳合金，一般含碳量为 2.0% ~ 4.5%，含硅量为 0.5% ~ 4.5%，此外，还含有锰、磷、硫及其他合金元素。

铸铁的种类较多。表4.1列出了按断口特征、化学成分、金相组织、使用性能等的分类。

表4.1 铸铁的分类

分类方法	类　别		特　征
断口	白口铸铁		亮白色
	灰铸铁		灰色
	麻口铸铁		亮白色伴有灰色斑点
化学成分	普通铸铁		常存元素 C，Si，Mn，S，P 含量为通常范围，不加特殊合金元素
	合金铸铁	低合金铸铁	合金元素含量在3%以下
		中合金铸铁	合金元素含量为3% ~ 10%
		高合金铸铁	合金元素含量在10%以上
石墨形态	白口铸铁		无石墨，碳绝大部分以渗碳体（Fe_3C）形式存在
	灰铸铁		片状
	蠕墨铸铁		蠕虫状
	球墨铸铁		球状
	可锻铸铁		团絮状
基体组织类型	珠光体灰铸铁		有一定强度、好的减振性和铸造性能
	球墨铸铁	铁素体型	有较高的韧性和塑性，有低硅和高硅铁素体
		铁素体—珠光体型	有较高的强度和韧性
		珠光体型	有高的强度和耐磨性
		奥铁体型	强度高，同时兼具优良的韧性和耐磨性
	蠕墨铸铁	铁素体	具有较高强度的同时，具有一定的延伸率，导热性好
		铁素体＋珠光体	较高的强度，组织致密，抗渗漏性能好
		珠光体	较高的强度和导热性，致密性好，抗热疲劳性能好

表4.1（续）

分类方法	类别			特征
基体组织类型	可锻铸铁	铁素体型		有较高的韧性和强度
		珠光体型		有较高的强度和耐磨性
特殊性能	耐磨铸铁	白口铸铁	普通白口铸铁	抗磨，脆
			合金白口铸铁	抗磨，有一定强度
		冷硬铸铁		冷硬层硬度高，耐磨，其余部分有一定强度
		机床类耐磨铸铁		含P，Cu，Mo，V，Ti或稀土等，耐磨
		动力机械类耐磨铸铁		含Cr，Mo或B等，耐磨
	耐热铸铁			含Si，Al或Cr等，耐热
	耐蚀铸铁			含Si，Al，Cr，Mo或稀土等，耐腐蚀
	奥氏体型铸铁			镍含量高，无磁性，具有很高的耐热性和耐蚀性

4.1.1.2 铸铁牌号的表示方法

各种铸铁代号，由表示该铸铁特征的汉语拼音字母的第一个大写正体字母组成，当两种铸铁代号字母相同时，在大写字母后加小写字母来区别。合金元素以其元素符号和名义含量表示（小于1%时，一般不标注）。后面第一组数字表示抗拉强度，第二组数字表示断后延伸率。示例说明如下：

（1）
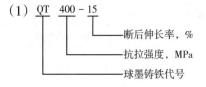

（2）
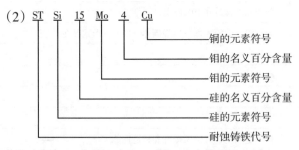

（3）
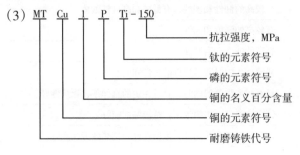

铸铁牌号表示方法实例，见表4.2。

表4.2 铸铁名称、代号及牌号表示方法

铸铁名称		代 号	牌号表示方法实例
灰铸铁		HT	HT250
蠕墨铸铁		RuT	RuT450
球墨铸铁	普通	QT	QT450-10
	固溶强化铁素体		QT600-10
	低温铁素体		QT400-18L
	等温淬火	QTD	QTD1050-7
	奥氏体	QTA	QTANi35SiCr2
黑心可锻铸铁		KTH	KTH300-06
白心可锻铸铁		KTB	KTB350-04
珠光体可锻铸铁		KTZ	KTZ450-06
耐磨铸铁		MT	MTCu1PTi-150
抗磨白口铸铁		KmTB	KmTBMn5Mo2Cu
抗磨球墨铸铁		KmTQ	KmTQMn6
冷硬铸铁		LT	LTCrMoR
耐蚀铸铁		ST	STSi15R
耐蚀球墨铸铁		STQ	STQA15Si5
耐热铸铁		RT	RTCr2
耐热球墨铸铁		RTQ	RTQA16
奥氏体灰铸铁		HTA	HTANi15Cu6Cr2

4.1.1.3 各种铸铁的特点和应用

各种铸铁的特点和应用，见表4.3。

表4.3 几种铸铁的特点和应用

名称及牌号			性能特点	应用范围
灰铸铁	铁素体+珠光体	HT100	强度低，好的减振性和铸造性能	力学性能要求不高的零件
	珠光体+铁素体	HT150		
	珠光体	HT200	较好的强度和耐磨性，好的减振性和铸造性能	承受中等静载荷的零件，耐中等压力的液压件
		HT225		
		HT250		
		HT275	较高的强度和耐磨性，较好的减振性	承受较大的静载荷的零件，耐较高压力的液压件
		HT300		
		HT350		
	奥氏体基体	HTANi15Cu6Cr2	良好的耐蚀性和耐热性，但热膨胀系数高	泵、阀、衬套、活塞环托架、无磁性铸件
		HTANi13Mn7	无磁性	无磁性铸件，如涡轮机端盖、开关设备外壳、绝缘体法兰、终端设备、管道

表 4.3（续）

名称及牌号		性能特点	应用范围
铁素体	QT400-18	高的韧性和塑性	承受高的冲击振动和扭转，要求高的韧性和塑性的零件
	QT400-15		
	QT450-10		
	QT450-18	硅含量较高，其强度和塑性好，硬度一致性好，低温韧性差	风电底座、轴类、发动机轴承盖、箱体等
	QT500-14		
	QT600-10		
	QT350-22L	含硅量较低，较高的塑性和低温冲击韧性	风电轮毂、高铁变速箱等零件
	QT400-18L		
铁素体+珠光体	QT500-7	较高的韧性和强度	承受较大动载荷和静载荷的零件
珠光体+铁素体	QT600-3	较高的强度和耐磨性	要求较高强度和耐磨性的动载荷零件
珠光体	QT700-2		
	QT800-2		
回火马氏体	QT900-2	很高的强度和耐磨性	要求很高强度和耐磨性，受力条件恶劣的动载荷零件
正火+回火索氏体或屈氏体	QT800-6	具有很高的强度与塑性，疲劳性能好	主要应用于发动机的曲轴、商用车支架等承受动载荷的零部件
	QT900-5		
	QT1000-5		
奥铁体	QTD800-11	优异的抗弯曲疲劳强度，较好的抗裂纹性能	发动机支架、卡车悬挂件等
	QTD900-9	较高的韧性和抗弯曲疲劳强度	柴油机曲轴、齿轮、控制臂等
	QTD1050-7	高强度高韧性，低温性能好	大马力柴油机曲轴、正时齿轮等
	QTD1200-4	高抗拉强度，较好的疲劳强度，抗冲击	柴油机正时齿轮、链轮、销套等
	QTD1400-2	高强度，高接触疲劳强度和高耐磨性	凸轮轴、斜锲、滚轮等
	QTD1600-1		磨球、衬板、锤头等
奥氏体	QTANi20Cr2	良好的耐蚀性和耐热性，较高的承载性和热膨胀系数	泵阀、压缩机、衬套、涡轮增压器壳、排气歧管、无磁性铸件
	QTANi20Cr2Nb	适用于焊接产品，其他同 QTANi20Cr2	同 QTANi20Cr2
	QTANi22	延伸率较高，比 QTANi20Cr2 耐蚀性和耐热性低，膨胀系数高	同 QTANi20Cr2
	QTANi23Mn4	延伸率特别高，-196 ℃仍具韧性，无磁性	适用于-196 ℃的制冷工程用铸件
	QTANi35	热膨胀系数低，耐热冲击	要求尺寸稳定的机床零件、科研仪器、玻璃模具
	QTANi35Si5Cr2	抗热性好，其延伸率和抗蠕变能力高于 QTANi35Cr3	燃气涡轮壳体、排气歧管、涡轮增压器外壳
	QTANi13Mn7	无磁性，与 HTANi13Mn7 性能相似，但力学性能有所改善	无磁性铸件，如涡轮机端盖、开关设备外壳、绝缘体法兰等

球墨铸铁

表 4.3（续）

		名称及牌号	性能特点	应用范围
球墨铸铁	奥氏体	QTANi30Cr3	力学性能与 QTANi20Cr2Nb 相当，但耐蚀性和耐热性好，中等膨胀，良好的耐热冲击	泵、锅炉、阀、过滤器零件、涡轮增压器壳等
		QTANi30Si5Cr5	良好的耐蚀性和耐热性，中等膨胀系数	泵、排气歧管、涡轮增压器壳、工业熔炉铸件
		QTANi35Cr3	与 QTANi35 性能相似，但耐高温性能好	涡轮机外壳，玻璃模具
蠕墨铸铁	铁素体	RuT300	较好的塑性、韧性和导热性	承受冲击载荷和热疲劳的零件
	铁素体＋珠光体	RuT350	强度、硬度适中，热导率较高	要求较高强度和热疲劳性能的零件
	珠光体＋铁素体	RuT400	强度、硬度高，耐磨性、导热性较好	要求较高强度、硬度和耐磨性的零件
	珠光体	RuT450	强度高，耐磨性好，导热性较好	要求强度和耐热疲劳性高的零件，如缸盖、缸体等
		RuT500		

4.1.2 碳当量和共晶度

分析某一具体成分铸铁的结晶过程、组织和性能，首先需要知道该成分在铁碳相图中的位置。位于共晶点成分的合金称为共晶铸铁，位于共晶点以左成分的合金称为亚共晶铸铁，位于共晶点以右成分的合金称为过共晶铸铁。而实际铸铁并非纯铁、碳二元合金，一般都含有硅、锰、硫、磷及其他合金元素，各元素都将改变共晶点的实际位置。根据铸铁中各元素对共晶点位置影响的大小，将其折算为碳量，并与铸铁含碳量相加，得到的总和称为碳当量，以 $CE\%$ 表示。为简化计算，一般只考虑硅、磷的影响，因而有：

$$CE\% = w(C)\% + 1/3w(Si + P)\%$$

在平衡条件下，将 $CE\%$ 值和 C' 点碳量（4.26%）相比，即可判断某一具体成分铸铁偏离共晶点的程度：

$CE\%$ 小于 4.26% 为亚共晶成分

$CE\%$ 等于 4.26% 为共晶成分

$CE\%$ 大于 4.26% 为过共晶成分

这样，铁碳二元相图中的成分（横坐标）以碳当量代替，则可扩大相图的使用范围，对分析和判断实际铸铁（多元合金）的结晶过程、组织和性能，既简单又方便。

实际上，铸铁在非平衡凝固条件下，其共晶点不是 4.26%，并且是动态的，其值高于 4.26%。这就是说，对于碳当量为 4.26%～4.3% 的铸铁，其组织可能是亚共晶组织。

灰铸铁成分偏离共晶点的程度，还可以用铸铁实际含碳量与共晶点实际含碳量的比值来表示，即以铸铁实际含碳量为分子，以计入硅、磷影响的共晶含碳量为分母的比值，来反映铸铁成分接近共晶的程度。其公式为

$$S_C = \frac{w(C)\%}{4.26\% - 1/3w(Si + P)\%}$$

S_C 称为共晶度。

根据共晶度值亦可判断某一具体成分铸铁偏离共晶点的程度：

S_c 小于 1 为亚共晶成分

S_c 等于 1 为共晶成分

S_c 大于 1 为过共晶成分

铸铁的力学性能在一定程度上可用共晶度衡量，常见的关系式为

$$R_m = 1000 - 809 S_c（MPa）$$

$$HBW = 100 + 0.438 R_m$$

其中，R_m 代表抗拉强度，HBW 代表布氏硬度。

当然，因熔炼、铸造条件不同及微量元素的影响，R_m 和 HBW 的计算值常有一些偏差。

4.1.3 铸铁结晶

铸铁的结晶过程和室温组织，见表4.4。

共晶转变过程决定了高碳相（渗碳体、石墨）的形式，按亚稳定系相图转变时高碳相为渗碳体，形成白口铸铁；按稳定系相图转变时高碳相为石墨，形成灰铸铁。共析转变过程决定了基体组织（珠光体、铁素体）的形态，按亚稳定系相图转变时基体组织为珠光体；按稳定系相图转变时基体组织为铁素体。对于工业用灰铸铁，大多为亚共晶成分；对于球墨铸铁和蠕墨铸铁，大多为共晶范围的成分。其基体组织因共析转变方式不同，可分为铁素体、珠光体或铁素体+珠光体三种类型，详见表4.5。表中字母的含义见表4.6。

表4.4　铸铁的结晶过程

类　别		按稳定系结晶	按亚稳定系结晶
共晶铸铁	结晶过程	金属液 共晶转变 共晶奥氏体　共晶石墨 从奥氏体中析出二次石墨 共析转变 铁素体　共析石墨	金属液 共晶转变（莱氏体） 共晶奥氏体　共晶渗碳体 从奥氏体中析出二次渗碳体 共析转变（珠光体） 铁素体　共析渗碳体
	室温组织	铁素体+石墨（共晶石墨、共析石墨、二次石墨）	铁素体+渗碳体（共晶渗碳体、共析渗碳体、二次渗碳体）
	凝固冷却曲线		

表 4.4（续）

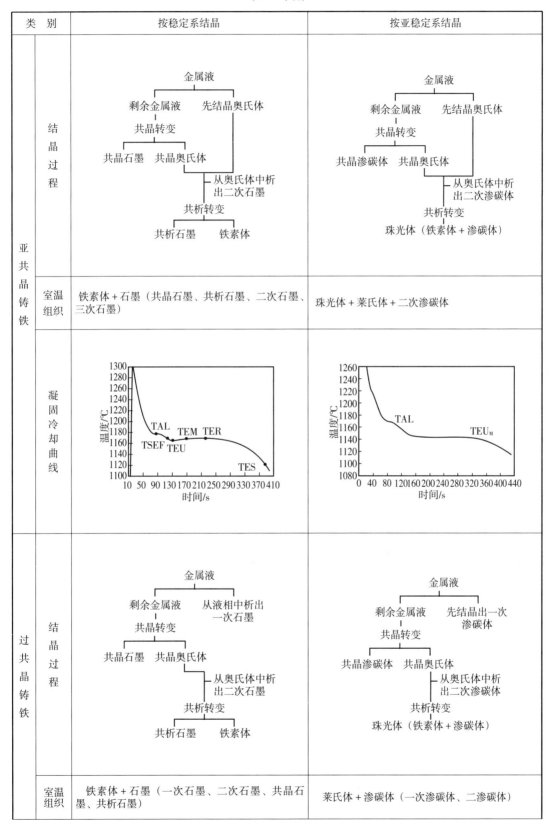

类别		按稳定系结晶	按亚稳定系结晶
亚共晶铸铁	结晶过程	金属液 剩余金属液　先结晶奥氏体 共晶转变 共晶石墨　共晶奥氏体 从奥氏体中析出二次石墨 共析转变 共析石墨　铁素体	金属液 剩余金属液　先结晶奥氏体 共晶转变 共晶渗碳体　共晶奥氏体 从奥氏体中析出二次渗碳体 共析转变 珠光体（铁素体 + 渗碳体）
	室温组织	铁素体 + 石墨（共晶石墨、共析石墨、二次石墨、三次石墨）	珠光体 + 莱氏体 + 二次渗碳体
	凝固冷却曲线		
过共晶铸铁	结晶过程	金属液 剩余金属液　从液相中析出一次石墨 共晶转变 共晶石墨　共晶奥氏体 从奥氏体中析出二次石墨 共析转变 共析石墨　铁素体	金属液 剩余金属液　先结晶出一次渗碳体 共晶转变 共晶渗碳体　共晶奥氏体 从奥氏体中析出二次渗碳体 共析转变 珠光体（铁素体 + 渗碳体）
	室温组织	铁素体 + 石墨（一次石墨、二次石墨、共晶石墨、共析石墨）	莱氏体 + 渗碳体（一次渗碳体、二渗碳体）

表 4.4（续）

类　别		按稳定系结晶	按亚稳定系结晶
过共晶铸铁	凝固冷却曲线	温度/℃（纵轴 1040～1300），时间/s（横轴 0～360） TGL　TER　TEU （石墨化倾向大，结晶过冷度小） 温度/℃（纵轴 1105～1265），时间/s（横轴 10～370） TGL　TGR　TER　TGU　TEU　TES （结晶过冷度较大）	温度/℃（纵轴 960～1120），时间/s（横轴 0～450） TCM$_L$　TEU$_M$

热分析曲线的特征点及其意义		
参数特征	意　义	特　征
TAL	初生奥氏体析出温度	亚共晶热分析曲线上的第一个拐点
TCM$_L$	初生渗碳体析出温度	介稳定系过共晶热分析曲线的第一个拐点
TGL	初生石墨析出温度	过共晶热分析曲线上的第一个拐点
TSEF	共晶开始形核温度	亚共晶热分析曲线二阶导为零，由负转正
TGU	共晶前奥氏体析出最低温度	过共晶热分析曲线上第二个拐点
TGR	共晶前奥氏体析出最高温度	TGU后温度回升极大值
TEU	稳定系结晶的共晶最低温度	共晶阶段温度回升前的最低点
TEU$_M$	介稳定系的共晶温度	介稳定系热分析曲线的共晶温度平台
TEM	回升速度最大时温度	共晶阶段温度回升速度最大
TER	共晶最高温度	共晶阶段温度回升后的最高点
TES	共晶结束温度	铁液全部凝固

表4.5 工业用亚共晶铸铁的结晶过程和室温组织

铸铁名称		共晶转变		共析转变		室温组织
		亚稳定系	稳定系	亚稳定系	稳定系	
白口铸铁可锻铸铁坯件		是	否	是	否	P＋Le 或 P＋Le＋Fe₃C
灰铸铁	珠光体基体	否	是	是	否	P＋G
	珠光体＋铁素体基体	否	是	一部分奥氏体是	一部分奥氏体是	P＋F＋G
	铁素体基体	否	是	否	是	F＋G
麻口铸铁		一部分铁液是	一部分铁液是	是	否或是	P＋F＋G＋Le 或 P＋G＋Le

表4.6 铸铁金相组织基本组元的特征和性能

序号	组元名称	代号	特 征	主要性能
1	石墨	G	碳的一种同素异形形式，属六方晶系点阵结构。按析出的时间不同，有初析（一次）石墨、共晶石墨、二次石墨和共析石墨。由于生成条件不同，石墨呈不同形态，主要有片状、球状、蠕虫状和团絮状	强度非常低，抗压强度仅20 MPa左右
2	奥氏体	A	碳在γ铁中的间隙固溶体，面心立方晶格，通常存在于727～1493 ℃之间，1147 ℃时的最大溶碳量为2.14%	具有良好的塑性，强度和硬度高于铁素体。R_m＝400～800 MPa，A＝40%～50%，HBS＝160～200
3	渗碳体	Cm	铁和碳的化合物（Fe₃C），含碳量为6.69%，具有复杂的正交晶格。按析出的时间不同，有初析（一次）渗碳体、共晶渗碳体、二次渗碳体和共析渗碳体。渗碳体的形状有针条状、网状、块状和莱氏体状	具有很高的硬度，但脆性很大，几乎没有塑性和韧性。R_m＝30～50 MPa，A＝0，HB≈500
4	铁素体	F	碳在α铁中的间隙固溶体，体心立方晶格，固溶的碳量极低，727 ℃最大溶碳量为0.034%	具有良好的塑性和韧性。而强度和硬度较低。R_m＝350～400 MPa，A＝30%～50%，HB＝50～80
5	珠光体	P	铁素体和渗碳体片层相间、交替排列的组织。因转变时过冷度大小不同，可形成普通片状珠光体、细片状珠光体（索氏体）及极细珠光体（托氏体），通过热处理还可以得到粒状珠光体	具有良好的力学性能和耐磨性能。R_m＝500～1400 MPa，A＝8%～13%，HB＝160～230
6	莱氏体	Le	共晶转变时形成的奥氏体和渗碳体的共晶组织，其中奥氏体在共析温度发生分解，所以，常温下莱氏体是渗碳体与珠光体或渗碳体与铁素体所构成的混合组织	硬度高，冲击韧性很低
7	磷共晶		分为二元磷共晶（γ＋Fe₃P）和三元磷共晶（γ＋Fe₃P＋Fe₃C）两种，沿晶界呈网状或岛状分布	性质硬而脆，降低了铸铁的抗拉强度、伸长率和冲击韧性，但可提高耐磨性

4.1.4 影响铸铁组织和性能的因素

4.1.4.1 铸铁的组织和性能

铸铁的力学性能和使用性能主要决定于显微组织。铸铁显微组织的基本组元包括石墨、渗碳体、铁素体、珠光体、莱氏体、奥氏体和磷共晶等，各组元的特征和性能见表4.6。由于上述基本组元所占比例

和存在形态的不同，即形成了各种不同铸铁组织；化学成分、冷却速度、孕育处理、炉料、铁液过热温度等因素对铸铁组织的形成则起着重要作用。

4.1.4.2 化学成分的影响

各种元素对铁碳相图中临界点位置的影响见表4.7，对铸铁组织的影响见表4.8和表4.9。

表4.7　1%的元素对Fe-C稳定系状态图临界点位置的影响

元素	共晶点 C'		奥氏体最大溶解碳点 E'		共析点 S'	
	温度的变化/℃	碳量的变化/%	温度的变化/℃	碳量的变化/%	温度的变化/℃	碳量的变化/%
Si	+14	−0.3	+2.5	−0.10	+(20~30)	−(0.0~0.15)
Mn	−2	+0.027	−2	—	−20	−0.05
P	−21	−0.3	−35	−0.1	+6	—
S	—	−0.036	0	0	0	0
Ni	+5	−0.04	+4	−0.05	−30	−0.08
Cr	−6	−0.07	0	−0.05	+8	−0.05
Cu	+4	0	+5.2	0	−10	—
Al	+8	−0.10	+8	—	+10	−0.02

注：符号"+"表示升高，"−"表示降低，"0"表示无影响。

表4.8　五大元素对铸铁组织的影响

五元素		C	Si	Mn	P	S
对石墨的影响	共晶转变的石墨化	促进	促进	稍阻碍	忽略	强阻碍
	共析转变的石墨化	促进	强促进	阻碍	稍阻碍	强阻碍
	形成枝晶间石墨的倾向	阻碍	无	促进	阻碍	促进
	形成枝晶间石墨的大小	粗大	无	细小	粗大	细小
	共晶团的粗细	粗大	无	无	细小	细小
对金属基体的影响		稍促成铁素体	强促成铁素体	细化珠光体		

注：表中的 S 指的是活性S。

表4.9　其他元素对铸铁组织的影响

元素	对石墨的影响				对金属基体的影响	
	石墨化作用		石墨大小	易促成的石墨形态	共析转变温度	易促成的基体
	共晶	共析				
Ni	促进	阻碍	—		减低	索氏体、托氏体、奥氏体

表4.9（续）

元素	对石墨的影响				对金属基体的影响	
	石墨化作用		石墨大小	易促成的石墨形态	共析转变温度	易促成的基体
	共晶	共析				
Ti	促进		细化	树枝状晶体间石墨	升高	—
Cu	促进	阻碍	细化	—	减低	索氏体、托氏体
Al	强烈促进		—	树枝状晶体间石墨	升高	—
Mo	阻碍		细化		减低	索氏体、托氏体、渗碳体
Cr	强烈促进		细化	树枝状晶体间石墨	升高	珠光体、渗碳体
V	强烈阻碍		细化	促进枝晶间石墨	升高	索氏体、托氏体、渗碳体
Mg	强烈阻碍			球状	减低	珠光体、渗碳体
Ce	强烈阻碍			球状	减低	珠光体、渗碳体
B	强烈阻碍			促进球状石墨畸变	减低	珠光体、渗碳体
Te	强烈阻碍			消耗镁，反球化	减低	珠光体、渗碳体
H	强烈阻碍			树枝状	减低	珠光体、渗碳体
Sn	促进	阻碍	细化	—	减低	索氏体
Sb	阻碍		细化	活性Sb干扰球化，促进蠕化，但厚大断面球铁与RE化合，可促球化	减低	促珠光体
Bi	阻碍	0	细化	活性Bi干扰球化，与RE化合，增加核心，促球化	—	促珠光体；如球数增加，铸态铁素体增加
Pb	阻碍	—	细化	干扰球化，促进魏氏石墨，或过冷石墨	—	促珠光体
Zn	阻碍	0	—	影响镁吸收，促蠕化	—	影响不大
W	阻碍		—	影响不大	升高	促珠光体和渗碳体

4.1.4.3 冷却速度的影响

改变铁液凝固或冷却过程中的冷却速度，会改变相变时的实际温度与平衡相变温度的温度差——过冷度，对铸铁组织产生显著影响。冷却速度与过冷度、铸铁组织的关系，见表4.10、表4.11和表4.12。

表4.10 冷却速度与共晶过冷度的关系

（C 3.09%、Si 1.87%、Mn 0.46%、S 0.099%）

冷却速度/（℃·min⁻¹）	16	56	97	158	319	383
共晶过冷度/℃	8	20	27	36	44	46

（C 3.16%、Si 2.5%、Mn 0.14%、S 0.072%）

冷却速度/（℃·min⁻¹）	50	77	168	266
共晶过冷度/℃	13	22	28	40

表4.11 铸铁组织随冷却速度变化的规律

项目 名称	石墨化 作用	石 墨			共晶转 变温度	共析转 变温度	基 体	
		数量	大小	分 布			珠光体量	分 布
提高冷 却速度	阻碍	减小	细化	由均匀分布的A型变为菊 花状的B型或变为枝晶状的 D、E型	降低	降低	增加	晶粒细化，珠光 体细化

表4.12 冷却速度与灰铸铁组织的关系

冷却速度/(℃·min⁻¹)	组 织
	C 3.4% Si 2.5% Mn 0.4% P 0.4% S 0.1%
> 500	珠光体 + 莱氏体的白口铸铁
> 300 ~ 500	有D型石墨的珠光体灰铸铁
200 ~ 300	有细片状石墨的珠光体灰铸铁
< 200	有粗片状石墨的珠光体 + 部分铁素体的灰铸铁
	C 3.4% Si 1.05% Mn 0.75% P 0.40% S 0.09%
> 180	珠光体 + 莱氏体的白口铸铁
120 ~ 180	珠光体 + 莱氏体 + 石墨的麻口铸铁
< 120	珠光体灰铸铁

冷却速度与铸件壁厚、浇注温度、铸型条件有关。铸件壁厚和浇注温度对铸铁组织和性能的影响如图4.1至图4.3所示。不同铸型材料与冷却速度的关系见表4.13。

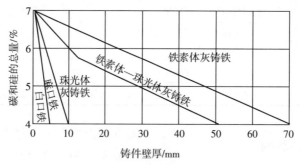

图4.1 铸铁组织图

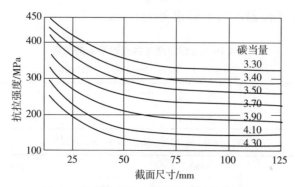

图4.2 铸件壁厚与灰铸铁力学性能的关系

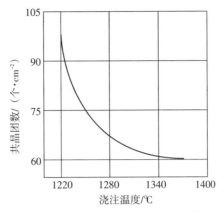

图4.3 浇注温度对灰铸铁共晶团数目的影响

表4.13 铸型材料与冷却速度的关系

试样直径	平均冷却速度/(℃·min⁻¹)			
	湿砂型	干砂型	预热型	金属型
30	20.5	12.0	9.1	35
300	1.7	1.2	0.5	2.3

4.1.4.4 炉料的影响

炉料自身的某些性质容易"遗传"给铸铁，影响铸铁的组织和性能，见表4.14。提高铁水过热温度和多种炉料搭配使用，可消除炉料"遗传性"的影响。

表4.14 炉料对铸铁组织的影响

炉 料	对铸铁组织的影响
废钢或石墨细小的炼钢生铁、高牌号回炉料	铸件石墨细小，组织致密，基体为珠光体。但废钢使用过多，会促成枝晶石墨的产生和白口倾向的增加
石墨粗大的炉料	铸件石墨相对较大
含气量多的炉料	铸件含气量多，白口倾向增加
白口铸铁	铸件白口倾向增大
多种炉料相配	铸件受"遗传性"的影响减少

4.1.4.5 铁水过热的影响

在一定范围（1550℃以下）提高铁液的过热温度，延长高温静置时间，会细化石墨和基体组织，提高铸铁强度；但过热温度过高或高温静置时间过长，反而会恶化石墨形态，使基体粗化，降低铸铁性能。

4.1.4.6 孕育处理的影响

孕育处理是在浇注以前或浇注过程中，向铁液中加入孕育剂，以改变铁液的凝固过程，从而改善铸铁的组织和性能的操作。孕育处理对铸铁组织的影响见表4.15。

表4.15 孕育处理对铸铁组织的影响

铸铁名称	对组织的影响
灰铸铁	（1）促进石墨化，使白口或麻口组织变为细珠光体组织，D，E型石墨变为均匀分布的A型石墨； （2）细化共晶团； （3）提高铸件不同壁厚处组织的均匀性
球墨铸铁	（1）提高球化率，增加石墨球圆整度； （2）消除渗碳体； （3）增加石墨球数量，减小直径； （4）铸态条件下，可增加铁素体量
蠕墨铸铁	（1）降低白口倾向； （2）增加共晶团； （3）过量或瞬时孕育，石墨球数增加，降低蠕化率

4.2 灰铸铁

4.2.1 灰铸铁组织

4.2.1.1 石墨

石墨的形状、分布、尺寸及数量对铸铁的性能有很大影响。灰铸铁石墨分布形状和长度分级见表4.16和表4.17。

表4.16 灰铸铁石墨分布形状

名称	符号	说明	分布形状图
片状	A	片状石墨均匀分布	
菊花状	B	A型片状与细小卷曲状石墨聚集呈菊花状分布	

表4.16（续）

名称	符 号	说 明	分布形状图
直片状	C	粗大直片状初生石墨	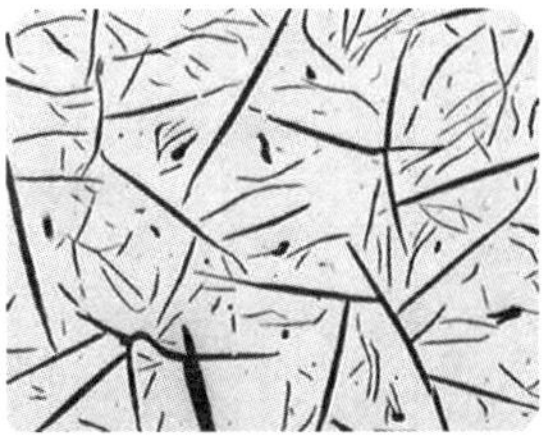
枝晶细小石墨	D	细小卷曲的片状枝晶间石墨，呈无方向性分布	
枝晶片状	E	短小片状枝晶间石墨呈有方向分布	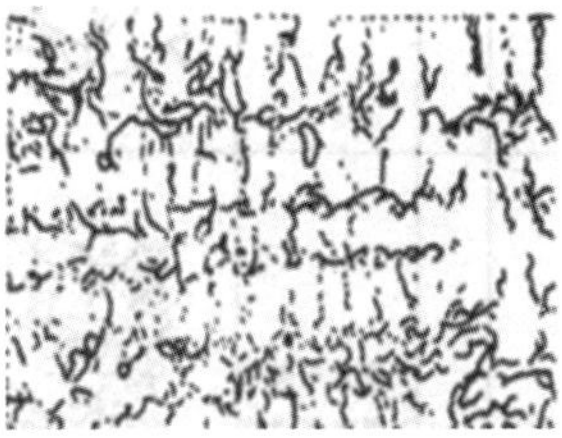
星状	F	初生的星状或蜘蛛状石墨	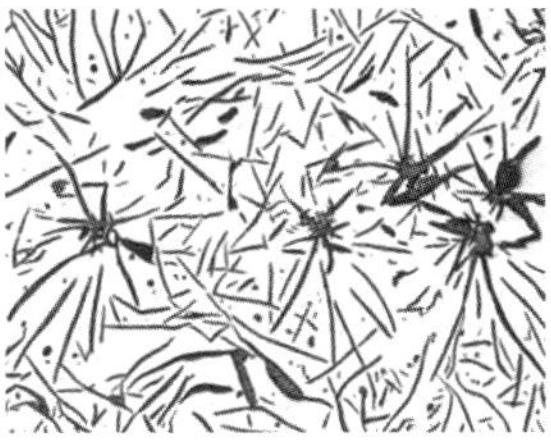

表4.17 石墨长度的分级

级 别	1	2	3	4	5	6	7	8
名 称	石长100	石长75	石长38	石长18	石长9	石长4.5	石长2.5	石长1.5
放大100倍时石墨长度/mm	>100	50～100	25～50	12～25	6～12	3～6	1.5～3.0[①]	≤1.5

　　石墨的力学性能很差，在铸铁中减少了基体的有效断面积，而且石墨尖端又易引起应力集中，所以对铸铁的力学性能影响很大。表4.18和图4.4、图4.5表明，随着石墨数量增加、石墨变粗大，抗拉强度、挠度、疲劳强度降低，弹性模量也随之下降，如图4.6所示。

---

　　① 此处的"1.5～3.0"写法，其意思是放大100倍时石墨长度大于1.5 mm、小于等于3.0 mm。其余类同。本章中除有另外说明，其他表格中此类写法的含义同此。

表 4.18 石墨对灰铸铁强度和挠度的影响

总碳量/%	化合碳量/%	石墨碳量/%	粗大石墨			细小石墨		
			抗拉强度/MPa	抗弯强度/MPa	挠度/mm	抗拉强度/MPa	抗弯强度/MPa	挠度/mm
3.69	0.38	3.31	136	255	7.2	—	—	—
	0.04	3.65	—	—	—	188	434	16.4
3.36	0.36	3.00	185	297	10.1	—	—	—
	0.09	3.27	—	—	—	233	510	22
3.27	0.43	2.84	205	345	10.2	—	—	—
	0.14	3.13	—	—	—	295	590	32
2.79	0.48	2.31[①]	325	442	3.4	—	—	—
	0.05	2.74	—	—	—	428	731	—

注："①"石墨呈团絮状。

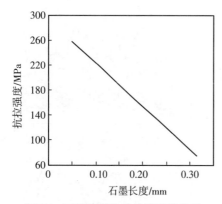

图 4.4 石墨长度与抗拉强度的关系

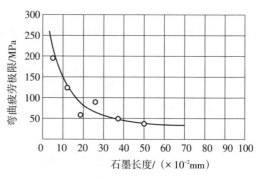

图 4.5 石墨长度与疲劳强度的关系

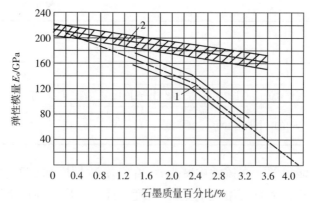

图 4.6 石墨质量百分比与弹性模量的关系

1—片状石墨；2—蠕虫状石墨＋球状石墨

石墨在铸铁中的吸振能力或阻止振动传播的作用，使灰铸铁有优良的减振性，而且 A 型石墨优于 D 型、E 型石墨。一般来说，灰铸铁的抗拉强度愈低，减振性愈好，如图4.7所示。石墨对减少铸铁对外来　　缺口的敏感性也有相似作用。

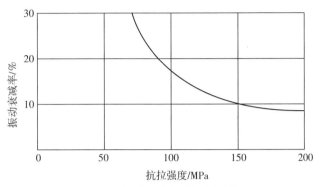

图4.7　灰铸铁强度与减振性的关系

石墨对铸铁导热、导电能力的影响如图4.8所示。

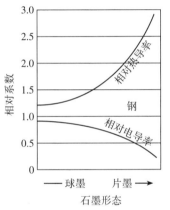

图4.8　石墨形状对铸铁导热、导电能力的影响

此外，由于石墨减少了基体的有效断面积，所以，石墨数量增加会加快铸铁的磨损。但在有润滑的条件下，石墨有储油作用，并且石墨本身是良好的润滑剂和冷却剂，所以，石墨对铸铁又起到很好的减磨作用。

石墨形状对铸铁性能的影响往往比石墨数量的影响更大，所以，改变石墨形状是改变铸铁性能的重要途径。表4.19列出了石墨形状的影响规律。

表4.19　石墨形状对铸铁性能的影响

石墨形状	片　状	蠕虫状	团絮状	团块状	球　状
强度			⟶	高	
塑性			⟶	高	
韧性			⟶	高	
弹性模数			⟶	高	
耐磨性			⟶	好	
缺口敏感性		好 ⟵			
减振性		好 ⟵			

4.2.1.2　基体

灰铸铁基体组织特征按其铸态和经热处理后状态分为7种，见表4.20。

表 4.20 灰铸铁的基体组织

组织名称	组 织 形 态		说 明
铁素体			镶边状白色组织为铁素体
片状珠光体		 片间距 150～450 nm	珠光体中碳化物和铁素体呈片状平行排列，间距较大
索氏体		 片间距 80～150 nm	低倍下，基体呈黑色；高倍下可看到碳化物与铁素体片层相间分布，间距比较小
屈氏体		 片间距 50～80 nm	低倍下，基体呈黑色；高倍下可看到碳化物与铁素体片层相间分布，间距很小
粒状珠光体			在白色铁素体基体上分布着粒状碳化物
奥铁体		 高倍扫描电镜照片	光学显微镜下，基体组织由针片状铁素体和白色的高碳奥氏体组成，奥氏体分布于片状铁素体之间

表4.20（续）

组织名称	组 织 形 态		说 明
马氏体			高碳马氏体外形呈透镜状，有明显的脊面，不回火时针面明亮

珠光体数量和珠光体片间距的分级见 表4.21和表4.22。

表4.21 珠光体数量的分级

级 别	1	2	3	4	5	6	7	8
名 称	珠98	珠95	珠90	珠80	珠70	珠60	珠50	珠40
珠光体数量/%	≥98	95~98	85~95	75~85	65~75	55~65	45~55[①]	<45

表4.22 珠光体片间距的分级

级 别	名 称	说 明
1	索氏体型珠光体	放大500倍下，铁素体和渗碳体难以分辨
2	细片状珠光体	放大500倍下，片间距不大于1 mm
3	中等片状珠光体	放大500倍下，片间距为1~2 mm
4	粗片状珠光体	放大500倍下，片间距大于2 mm

碳化物分布形状分为四种：针条状、网状、块状、莱氏体状。碳化物数量百分比分为六级，见表4.23。

表4.23 碳化物数量的分级

级 别	1	2	3	4	5	6
名 称	碳1	碳3	碳5	碳10	碳15	碳20
碳化物数量/%	≈1	≈3	≈5	≈10	≈15	≈20

铸铁金相组织基本组元的性能差异很大（表4.6），所以，具有不同基体组织的铸铁，其性能亦不一样。表4.24列出了基体组织对铸铁力学性能的影响。

表4.24 基体组织对铸铁力学性能的影响

力学性能	白口铁	灰铸铁		球墨铸铁		蠕墨铸铁	
		铁素体	珠光体	铁素体	珠光体	铁素体	珠光体
抗拉强度/MPa	100~200	100~200	250~350	400~500	600~800	300~350	400~500

① 此处的"45~55"写法，其意思是珠光体数量大于等于45%、小于55%。其余类同。本章中除有另外说明，其他表格中此类写法的含义同此。

表 4.24（续）

力学性能	白口铁	灰铸铁		球墨铸铁		蠕墨铸铁	
		铁素体	珠光体	铁素体	珠光体	铁素体	珠光体
屈服强度/MPa				250～320	370～480	210～250	280～350
伸长率/%		0.2～0.6		7～22	2～3	1.5～3.0	0.75
硬度/HB	500～700	150～220	190～280	130～210	190～310	120～220	190～280
冲击吸收能量/J	1～5	10～15	5～10	50～150	15～40		

4.2.1.3 磷共晶

磷共晶按其组成分为4种：二元磷共晶、三元磷共晶、二元磷共晶-碳化物复合物和三元磷共晶—碳化物复合物。磷共晶分布形状分为4种：孤立块状、均匀分布、断续网状和连续网状。磷共晶按其数量百分比分为≈1%，≈2%，≈4%，≈6%，≈8%，≈10%等六级。

磷共晶有很高的硬度（600～750 HV），具有良好的减摩和抗磨作用。图4.9表示了磷对铸铁磨损的影响。

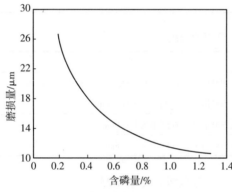

图4.9 含磷量对磨损的影响

4.2.1.4 共晶团

灰铸铁共晶凝固时，石墨领先生核，石墨和奥氏体从晶核向外共同生长，最后长成石墨-奥氏体相结合的共晶体，称之为共晶团。共晶团的大小标志着铸铁的熔炼、孕育和冷却等工艺控制是否合理，对铸铁的性能有直接影响。

共晶团数量分级见表4.25。

表 4.25 共晶团数量的分级

级 别	直径 φ70 mm 图片中共晶团数量/个		单位面积中实际共晶团数量/(个·cm⁻²)
	放大 10 倍	放大 40 倍	
1	>400	>25	>1040
2	≈400	≈25	≈1040
3	≈300	≈19	≈780
4	≈200	≈13	≈520
5	≈150	≈9	≈390
6	≈100	≈6	≈260
7	≈50	≈3	≈130
8	<50	<3	<130

共晶团数目愈多，尺寸愈细小，则力学性能愈好。灰铸铁的强度随着共晶团的细化而提高，如表4.26和图4.10所示。

但是，过高的共晶团数量会使铸件产

生缩松，导致铸件渗漏。

表4.26 共晶团数目对灰铸铁强度的影响

共晶团数目/(个·cm⁻²)	抗拉强度(R_m)/MPa	抗弯强度(σ_w)/MPa	缩松强度
320	253	408	轻微
335	273	431	较严重
517	282	476	严重
772	286	481	严重
865	312	549	非常严重

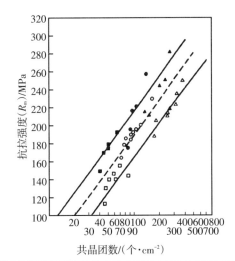

w(CE)/%	φ12.5 mm	φ25 mm	φ37.5 mm
4.46	△	○	□
3.70	▲	●	■

图4.10 共晶团数与抗拉强度的关系

4.2.2 灰铸铁牌号

据国家标准《灰铸铁件》（GB/T 9439—2023），灰铸铁牌号按照立浇单铸 φ30 mm试棒或者并排试棒加工的φ20 mm测试的抗拉强度分为8个牌号，见表4.27。当铸件壁厚超过20 mm，而质量超过200 kg，并有特殊要求时，经供需双方协商同意，也可采用与铸件冷却条件相似的附铸试棒加工成试样测试抗拉强度来验收，见表4.28。

表4.27 单铸试棒的抗拉强度

牌 号	最小抗拉强度（R_m)/MPa	牌 号	最小抗拉强度（R_m)/MPa
HT100	100	HT250	250
HT150	150	HT275	275
HT200	200	HT300	300
HT225	225	HT350	350

表4.28 灰铸铁试棒的抗拉强度

材料牌号	铸件主要壁厚(t)/mm		抗拉强度(R_m)/MPa		
			单铸试棒或并排试棒		附铸试棒
	>	≤	≥	≤	≥
HT100	5	40	100	200	—
HT150	2.5	5	150	250	—
	5	10			—
	10	20			—
	20	40			125
	40	80			110
	80	150			100
	150	300			90
HT200	2.5	5	200	300	—
	5	10			—
	10	20			—
	20	40			170
	40	80			155
	80	150			140
	150	300			130
HT225	5	10	225	325	—
	10	20			—
	20	40			190
	40	80			170
	80	150			155
	150	300			145
HT250	5	10	250	350	—
	10	20			—
	20	40			210
	40	80			190
	80	150			170
	150	300			160
HT275	10	20	275	375	—
	20	40			230
	40	80			210
	80	150			190
	150	300			180

表4.28（续）

材料牌号	铸件主要壁厚(t)/mm		抗拉强度(R_m)/MPa		
			单铸试棒或并排试棒		附铸试棒
	>	≤	≥	≤	≥
HT300	10	20	300	400	—
	20	40			250
	40	80			225
	80	150			210
	150	300			190
HT350	10	20	350	450	—
	20	40			290
	40	80			260
	80	150			240
	150	300			220

灰铸铁的抗拉强度与铸件壁厚有关，同一牌号的灰铸铁件，不同壁厚处会得到不同的抗拉强度。为了便于设计和使用，表4.29给出了各种牌号不同壁厚的灰铸铁件能达到的抗拉强度的参考值。

表4.29　依据主要壁厚预期的灰铸铁件本体抗拉强度

材料牌号	铸件主要壁厚(t)/mm		铸件抗拉强度预期值(R_m)/MPa
	>	≤	≥
HT100	5	40	—
HT150	2.5	5	165
	5	10	150
	10	20	135
	20	40	115
	40	80	100
	80	150	90
	150	300	—
HT200	2.5	5	220
	5	10	200
	10	20	180
	20	40	155
	40	80	135
	80	150	120
	150	300	—

表 4.29（续）

材料牌号	铸件主要壁厚(t)/mm		铸件抗拉强度预期值(R_m)/MPa
	>	≤	≥
HT225	5	10	—
	10	20	225
	20	40	205
	40	80	175
	80	150	155
	150	300	140
HT250	5	10	250
	10	20	225
	20	40	195
	40	80	170
	80	150	160
	150	300	155
HT275	25	20	250
	20	40	215
	40	80	190
	80	150	180
	150	300	170
HT300	10	20	270
	20	40	235
	40	80	210
	80	150	195
	150	300	185
HT350	10	20	315
	20	40	275
	40	80	240
	80	150	220
	150	300	210

如果要求以硬度作为检验灰铸铁件材质的力学性能，应符合表4.30的规定。

表 4.30 灰铸铁件硬度等级

硬度牌号	铸件主要壁厚(t)/mm		铸件的布氏硬度/HBW	
	>	≤	Min.	Max.
H155	2.5	5	—	210
	5	10	—	185
	10	20	—	170
	20	40	—	160
	40	80	—	155
H175	2.5	5	170	260
	5	10	140	225
	10	20	125	205
	20	40	110	185
	40	80	100	175
H195	4	5	190	275
	5	10	170	260
	10	20	150	230
	20	40	125	210
	40	80	120	195
H215	5	10	200	275
	10	20	180	255
	20	40	160	235
	40	80	145	215
H235	10	20	200	275
	20	40	180	255
	40	80	165	235
H255	20	40	200	275
	40	80	185	255

注：铸件特定位置的布氏硬度差不大于 40 HBW 的，仅适用于长期生产的铸件。经供需双方同意，可以适当增大硬度值波动范围。

（1）单铸试棒。单铸试棒的铸型应与铸件铸型具有相仿的冷却条立式浇注，当供需双方协商同意后，也可用湿砂型。同一铸型可同时浇注若干根试棒，相互间距不得小于 50 mm，试棒的长度 L 根据试样和夹持装置的长度确定（图 7.1）。

试棒须用浇注铸件的同一批铁液浇注，出型温度不得高于 500 ℃。如果需要热处理，试棒和铸件同炉处理，但进行消除应力的时效处理时，试棒可不予处理。

（2）附铸试棒（块）。附铸试棒（块）的安排方式应使其冷却条件与所代表的铸件大致相仿。附铸试棒（块）的长度 L 根据试样和夹持装置的长度确定。图中括号内数字分别适用于 $\phi50$ mm 试棒和 R25 mm 试块。

如果铸件需要热处理，附铸试棒（块）应在铸件热处理后再切下。

4.2.3　灰铸铁化学成分

灰铸铁的化学成分由生产厂决定，一般不作为铸件验收的依据。一些工厂砂型铸造灰铸铁件的化学成分统计数据见表4.31。

表4.31　砂型铸造灰铸铁化学成分的参考数据　　　　单位：%

牌号		铸件主要壁厚/mm	C	Si	Mn	P	S	备注
普通灰铸铁	HT100	所有尺寸	3.2~3.8	2.1~2.7	0.5~0.8	<0.3	≤0.15	
	HT150	<15	3.3~3.7	2.0~2.4	0.5~0.8	<0.2	≤0.12	锰含量作为参考
		15~30	3.2~3.6	2.0~2.3				
		>30~50	3.1~3.5	1.9~2.2				
		>50	3.0~3.4	1.8~2.1				
普通灰铸铁	HT200	<15	3.2~3.6	1.9~2.2	0.6~0.9	<0.15	≤0.12	
		15~30	3.1~3.5	1.8~2.1	0.7~0.9			
		>30~50	3.0~3.4	1.5~1.8	0.8~1.0			
		>50	3.0~3.2	1.4~1.7	0.8~1.0			
孕育铸铁	HT250	<15	3.2~3.5	1.8~2.1	0.7~0.9	<0.15	≤0.12	锰含量作为参考
		15~30	3.1~3.4	1.6~1.9	0.8~1.0			
		>30~50	3.0~3.3	1.5~1.8	0.8~1.0			
		>50	2.9~3.2	1.4~1.7	0.9~1.1			
	HT300	<15	3.1~3.4	1.5~1.8	0.8~1.0	<0.15	≤0.12	加入适量的Cr、Cu、Mo、Sn等
		15~30	3.0~3.3	1.4~1.7	0.8~1.0			
		>30~50	2.9~3.2	1.4~1.7	0.9~1.1			
		>50	2.8~3.1	1.3~1.6	1.0~1.2			
	HT350	<15	2.9~3.2	1.4~1.7	0.9~1.2	<0.15	≤0.12	
		15~30	2.8~3.1	1.3~1.6	1.0~1.3			
		>30~50	2.8~3.1	1.2~1.5	1.0~1.3			
		>50	2.7~3.0	1.1~1.4	1.1~1.4			

4.2.4　灰铸铁铸造性能

4.2.4.1　流动性

灰铸铁的熔点低，凝固温度范围窄，有较好的流动性。在正常浇注温度下，它的流动性约为碳钢的2倍、可锻铸铁的1.5倍。

灰铸铁的流动性主要决定于化学成分和浇注温度，见表4.32。共晶铸铁的流动性最好；亚共晶铸铁随含碳量增加，流动性明显提高：当含碳量超过共晶点（过共晶）时，流动性开始下降（图 4.11）。提高 浇注温度可大大延长铁液流动时间，大幅度提高铁液的充型能力（图 4.12）。

表 4.32 灰铸铁流动性参考数据

测定条件		螺旋线长度/mm
螺旋形流动性试样		
浇注温度	1200 ℃	300
	1240 ℃	400
	1290 ℃	600
	1340 ℃	800
浇注温度	1260~1270 ℃	
	碳当量 = 4.5%	720
	= 4.3%	780
	= 4.2%	680
	= 4.0%	500
含磷量	$w(P) = 0.1\%$	520
	$w(P) = 0.2\%$	550
	$w(P) = 0.33\%$	600
	$w(P) = 0.52\%$	700
	$w(P) = 0.70\%$	800
	$w(P) = 0.85\%$	900

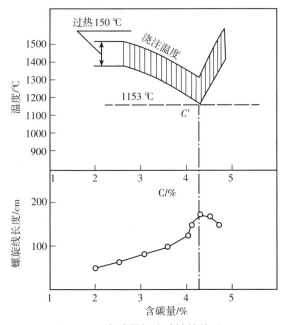

图 4.11 含碳量与流动性的关系

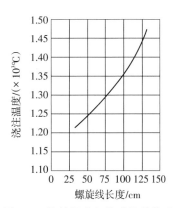

图 4.12 浇注温度与流动性的关系

4.2.4.2 收缩

铸铁从浇注温度起到冷却至室温止，其收缩可分为液态收缩、凝固收缩和固态收缩三个阶段。各阶段的收缩特性见表4.33。其中，液态收缩和凝固收缩决定了缩孔、缩松的倾向性，固态收缩决定了线收缩、内应力、变形与裂纹。

表4.33　灰铸铁收缩特性

收缩阶段	阶段范围	影响因素	收缩率
液态收缩	自浇注温度到铸铁液相线	浇注温度升高或含碳量增加，铁液液态收缩增大	$\varepsilon_{V液} = \alpha_{V液}(t_{浇} - t_{液}) \times 100\%$ 式中，$\varepsilon_{V液}$——液态体收缩率； $\alpha_{V液}$——铸铁液态收缩系数； $t_{浇}$——浇注时温度； $t_{液}$——1540–90C $\alpha_{V液} = (90 + 30C)10^{-6}$ 式中，C——铸铁含碳量；
凝固收缩	自液相线到固相线	铸铁凝固收缩因有石墨化膨胀而减小。因此，其随含碳量增加而减小	$\varepsilon_{V凝} = 10.1 - 2.9C$ 式中，$\varepsilon_{V凝}$——凝固体收缩率； C——铸铁含碳量
固态收缩	自铁液凝固到冷却至室温	铸铁固态收缩因有石墨析出膨胀而减小。灰铸铁石墨化程度越大，则固态收缩越小	一般灰铸铁固态总线收缩率为0.9%～1.3%

注：固态收缩可分为收缩前的膨胀、珠光体前的收缩、珠光体转变时的膨胀和珠光体转变后的收缩等4个阶段。

灰铸铁的收缩较小，其自由线收缩率见表4.34。碳硅含量对灰铸铁线收缩率的影响见表4.35。由于受铸型和铸件结构的阻碍，灰铸铁的铸造收缩率一般取0.8%～1.0%。

表4.34　铸铁的自由线收缩率

铸铁名称	铸件性质	自由线收缩率/%
灰铸铁	小型	1.00～1.25
	中型	0.75～1.00
	大型	0.50～0.75
孕育铸铁	中小型	1.00～1.25

表4.35　碳硅总量对灰铸铁线收缩率的影响

铸件壁厚 /mm	碳硅总量/%				
	4.5	4.7	4.9	5.1	5.3
10	—	—	1.30	1.25	1.20
20	1.35	1.30	1.25	1.20	1.15
40	1.30	1.25	1.15	1.10	0.95
70	1.10	1.00	0.90	0.80	0.70

4.2.4.3 断面敏感性

断面敏感性是指铸件各部位（外层与内层、厚壁处与薄壁处）结晶后组织和性能的差异程度。它取决于铸铁成分、处理工艺和冷却速度。由于冷却速度不同，不仅影响晶粒的大小，而且影响碳的存在形式和分布，所以灰铸铁的断面敏感性要比其他金属大：薄壁处易形成过冷石墨及白口，厚壁处石墨粗大，使铸件不同部位有不同的硬度、强度，从而影响到机械加工和使用性能。

减小断面敏感性的主要措施是孕育处理和添加合金元素。

4.2.5 灰铸铁孕育

4.2.5.1 孕育处理的作用

孕育处理的主要作用在于：

（1）促进石墨化，减少白口倾向；

（2）改善石墨形态和分布状况；

（3）增加共晶团数量，细化基体组织；

（4）改善断面均匀性。

通过孕育处理，达到改善铸铁力学性能和其他性能的目的。因此，孕育处理已成为提高铸铁性能的重要手段。

4.2.5.2 孕育铸铁的化学成分与配料

孕育处理前，原铁液的化学成分必须保证有足够的白口倾向，即这种铁液若不经孕育处理便浇注，铸铁将出现麻口、白口组织。只有这种低碳硅的铁液经孕育处理后，铸铁强度才能大幅度提高。若配料时碳硅含量较高，孕育处理势必造成铸铁中石墨增多，基体更软，其强度难以提高。所以，熔制孕育铸铁一定要求原铁液的碳硅含量较低。对于中等厚度铸铁，孕育铸铁的化学成分和配料见表4.36。

表4.36 孕育铸铁的化学成分与配料参考值

牌号	化学成分(质量分数)/%									配 料/%				孕育剂/%
	C	Si		Mn	P	S	Cu	Cr	Sn	废钢	生铁	回炉料	铁合金	
		孕育前	孕育后											
HT250	3.0~3.3	1.5~1.8	2.0~2.2	0.7~1.0	<0.1	0.06~0.11	适量	适量	适量	20~50	20~35	20~35	适量	0.3~0.5
HT275	2.9~3.2	1.5~1.7	1.9~2.1	0.8~1.0	<0.1	0.06~0.11	适量	适量	适量	40~60	10~20	10~20	适量	0.3~0.5
HT300	2.8~3.1	1.4~1.6	1.8~2.0	0.8~1.0	<0.1	0.06~0.11	适量	适量	适量	50~70	0~20	10~20	适量	0.3~0.5
HT350	2.7~3.0	1.3~1.5	1.7~1.9	0.9~1.1	<0.1	0.06~0.11	适量	适量	适量	60~80	0~15	10~20	适量	0.3~0.5

孕育铸铁化学成分的选择，要和铸件的壁厚结合考虑。过大过厚的铸件，如壁厚超过 60 mm，原铁液的碳硅含量应更低，废钢加入量可超过50%，含锰量也应增加。

4.2.5.3 孕育剂

孕育剂的种类很多，各自具有不同的特点。表4.37中列举了不同系列孕育剂的成分、性能特点及适用范围。用得最多的仍然是 FeSi75，它在孕育处理后的短时间内（5~8 min）有良好效果，而且价格便宜。孕育作用所需的硅量，一般为 $w(Si) = 0.15\%\sim0.30\%$，以 FeSi75 硅铁计算，约为铁液质量的0.25%~0.60%。

表4.37　孕育剂系列及其特点、适用范围

序号	类别	名称	代号	主要成分(质量分数)/%	性能特点	选用范围
1	普通	硅铁	FeSi75	Si72～80，Al1.5～2.0，Ca1.0，Fe其余	石墨化、孕育速度快	一般铸件或后期、瞬时孕育
2	长效	钡硅铁	BaSiFe	Si60~68，Ba4~6，Ca0.8~2.2，Al1～2，Fe其余	抗衰退，强石墨化，断面均匀性好	厚大件，壁厚不均匀件，浇注时间长铸件
3	强石墨化	锶硅铁	SrSiFe	Si73~78，Sr0.6~1.2，Al≤0.5，Ca≤0.1，Fe其余	强石墨化，不明显增加共晶团，减小缩松倾向，易熔，形渣少	薄壁急冷件，复杂薄壁且耐水压件
4	强石墨化	碳硅钙	TG-1	Si33～40，C27~37，Al<1，Ca5～8，Fe其余	强石墨化，断面均匀性好，要求较高的孕育温度	壁厚不均匀件，薄壁急冷件
5	稀土复合	稀土钙钡硅铁	RECaBa	RE3~5，Ca1~3，Ba1.5~4，Al<3，Si46~54，Fe其余	中等石墨化，高碳当量仍有较好孕育效果，改善强度、硬度和断面均匀性	薄壁复杂或壁厚不均匀中等强度的铸件
6	稀土复合	稀土铬锰硅铁	RECrMn	Si35~40，RE6~8，Ca5~6，Mn6，Cr15，Al3~4	中等石墨化，改善强度、硬度、耐磨性	壁厚不均匀的复杂件，要求耐磨和中等强度的铸件
7	稳定化	氮系复合孕育剂	DWF	Si25~50，Cr30，N2，Zr1，Ca1~10，Al2，Fe其余	石墨化能力弱，稳定、细化珠光体，显著提高强度、硬度、弹性模量	高碳当量（CE 3.85%~4.0%）、高温铁水（≥1450℃）条件下，高强度厚大铸件
8	特种性能或工艺	型内孕育块	HT-1	FeSi75粉，热熔胶黏结剂，助熔剂	瞬时高效强烈孕育，熔解均匀	球铁或灰铸铁型内孕育

孕育剂的粒度根据铁液量、铁液温度及孕育处理方法确定，见表4.38，铁液量多、温度高时取上限，铁液量少、温度低时取下限。铁液温度一般不应低于1400℃。孕育剂应干净、干燥。

表4.38　孕育剂的粒度

铁水容量/kg	硅铁粒度/mm
50～100	2～5
100～1000	6～10
1000～5000	15～20

4.2.5.4　孕育处理方法

孕育处理的方法很多，表4.39是炉内孕育和包内孕育方法。一般多采用冲入法。孕育处理后的铁液应尽快浇注，否则会产生孕育衰退现象。为了提高孕育效果，减少孕育剂用量，并避免孕育衰退，可采用表4.40所列的瞬时孕育方法。表4.39中的浮硅孕育也起到了瞬时孕育的作用。

表 4.39 炉内孕育和包内孕育方法

名 称		工艺方法要点	优缺点及适用范围
炉内孕育		扒清熔渣，孕育剂加入（撒入或钟罩压入）炉内，搅拌均匀后出炉浇注	孕育剂熔解均匀，可使铁水随后继续孕育取得更好效果。适于小容量电炉熔炼一次出炉
包内孕育	出铁槽冲入	孕育剂加到出铁槽的铁水流中，随铁水冲入包内	操作简单，孕育剂耗量较大，易出现孕育衰退。广泛应用
	包内冲入	孕育剂加入包内，然后半路上入铁；也可以采用包内加入孕育丝孕育处理	操作简单，但孕育剂氧化烧损大，且浮起后易和渣混在一起，降低孕育效果，孕育剂耗量大，易出现孕育衰退。广泛应用
	倒包孕育	孕育剂在铁水转包或分包时加在承接包内，或随铁水冲入承接包内	操作较简单，孕育剂耗量较小，不易衰退。适于出铁量大、分包浇注或二次以上孕育场合
	浮硅孕育	将大块孕育剂放在包底后冲入铁水或出铁扒渣后将大块孕育剂放在铁水表面	铁水表面富硅，不易出现孕育衰退，但孕育剂耗量大，且铁水量、铁水温度、孕育剂块度等必须匹配，较难控制。适于大型灰铸铁件

表 4.40 瞬时孕育方法

名称	简 图	说 明
包外孕育		（1）孕育剂粒度为 0.5 ~ 1.0 mm； （2）加入量为 0.10% ~ 0.15%
浇口杯孕育		（1）浇口杯可容纳铸件所需的全部铁水，孕育后拔塞浇注； （2）孕育剂粒度约 1 mm； （3）加入量为 0.06% ~ 0.12%
型内孕育		（1）反应室孕育，如左图所示； （2）粉状孕育剂涂在或撒在型腔内或某些局部位置，改善铸件组织和共晶团数
随流孕育	 1—造型线控制盘；2—启闭塞杆信号；3—铸型；4—给料器控制盘； 5—压缩空气气路；6—给料器；7—铁液光学探测器	孕育剂的质量分数能减少到 0.10% ~ 0.15%；孕育剂粒能均匀进入铁液流，无衰退，效果比包内孕育法要好。最好定点使用，控制系统要可靠，孕育剂颗粒要均匀，应为 0.6 ~ 2.5 mm

4.2.5.5 孕育效果的炉前检验与控制

在炉前检验孕育效果好坏，一般采用三角试样。常用三角试样的形状和尺寸参见图4.13和表4.41。三角试样尺寸的选择和孕育处理前后白口宽度的控制，均应根据铸件的壁厚和形状来考虑。孕育前白口宽度是用来检验原铁液是否符合低碳硅铁液的要求。只有孕育前白口宽度达到一定

数值，孕育后才能达到足够的强度。若孕育后白口宽度相同，孕育前白口宽度越大，则强度越高。当然，一味地提高孕育前白口宽度也是不必要的，因为这需要增加炉料中的废钢量，同时孕育剂消耗也多。孕育后的白口宽度亦要保持在一定范围内。应根据孕育前后白口宽度的差值，来控制孕育剂的加入量。

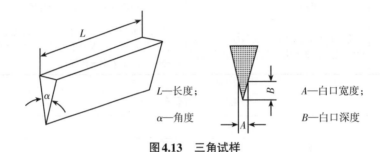

L—长度；

α—角度

A—白口宽度；

B—白口深度

图4.13　三角试样

表4.41　三角试样尺寸

三角试样号	底宽/mm	顶角/(°)	长度/mm	读数限度/mm
1	13	28.5	130	9
2	19	24	130	11
3	25	25	150	13
4	51	24	180	28

注：表中读数指白口宽度。

有的工厂孕育处理后的三角试样的白口宽度一般控制在铸件壁厚的1/7～1/4；铁液温度在1400～1430℃时，加入0.1%的Fe-Si75可降低白口宽度1 mm，以此"加一去一"的经验方法来控制孕育剂的加入量。

试样制作注意事项：

（1）先制作尺寸稳定、表面光洁的合格试样模型，要求模型尖角部位保持有0.8～1.0 mm半径的圆角。

（2）造型时试样铸型尽量采用与所浇铸件相同的造型材料，以保证铁液在浇注和凝固初期的激冷条件相同。造好的型要保证尖角部位尽量完整，两侧平面尽量

平整。

（3）尽量按相对恒定的浇注温度将铁液浇入已制备好的铸型内。

（4）试样冷却到600℃（暗红色）后取出，快速淬入水中，并适当搅动，使试样快速冷却。

（5）试样冷却到100～200℃后取出，等表面水汽蒸干后从中部打断，观察断口。

4.2.6　时效处理

灰铸铁件在成形过程中会产生各种应力，它与工作载荷应力叠加，往往超过灰

铸铁件的强度，从而使得铸件开裂，或者使铸件变形丧失使用功能。为此，应对要求高的铸件进行时效处理，也叫减应力退火。图4.14为灰铸铁件典型的时效处理曲线。表4.42为时效温度和保温时间对应力消除和性能的影响。表4.43为各种铸件的时效热处理规范。

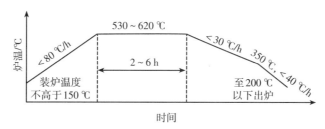

图4.14 灰铸铁件典型的时效处理曲线

表4.42 时效温度和保温时间对应力消除和性能的影响

退火温度 /℃	保温时间 /h	残余应力 /MPa	应力消除 /%	布氏硬度/HBW		抗拉强度 /MPa
				表面	距表面25 mm深处	
铸态	—	23.0	0	229～265	178	264
450	3	22.0	10	217～241	170	256
	6	20.4	12	217～238	170	256
	9	17.0	26	217～235	—	—
500	3	17.1	25	217～241	—	—
	6	15.3	40	217～241	178	258
	9	10.3	53	217～241	162	—
550	3	11.9	48	217～225	178	262
	6	8.7	62	217～228	170	233
	9	8.2	64	179～187	162	217
600	1	12.0	48	—	170	247
	3	8.2	64	196～207	170	233
	6	4.7	73	—	170	—
	9	4.1	83	139～179	156	209

表4.43 各类铸件的失效热处理规范

铸件种类	铸件质量 /t	铸件厚度 /mm	时效工艺参数					
			装炉 温度 /℃	升温 速度 /(℃·h⁻¹)	退火 温度 /℃	保温 时间 /h	降温 速度 /(℃·h⁻¹)	出炉 温度 /℃
较大的机床件	>2	20～80	<150	30～60	500～550	8～10	30～40	150～200
较小的机床铸件	<1	<60	≤200	<100	500～550	3～5	20～30	150～200
编织机械小铸件	<0.05	<15	<150	50～70	500～550	1.5	30～40	150

表4.43（续）

铸件种类	铸件质量/t	铸件厚度/mm	时效工艺参数					
			装炉温度/℃	升温速度/(℃·h⁻¹)	退火温度/℃	保温时间/h	降温速度/(℃·h⁻¹)	出炉温度/℃
结构复杂、有较高精度要求的铸件	>1.5	>70	<200	<75	500~550	9~10	20~30	<200
		40~70	<200	<70	450~550	8~9	20~30	<200
		<40	<150	<60	420~450	5~6	30~40	<200
一般精度要求铸件	0.1~1.0	15~60	100~200	<75	500	8~10	40	<200
简单或圆筒状铸件	<0.3	10~40	100~300	100~150	550~600	2~3	40~50	<200

4.3 球墨铸铁

4.3.1 球墨铸铁组织

4.3.1.1 石墨

根据球墨铸铁的石墨形态、石墨分布和球化率，将球化分为六级，见表4.44。石墨球化的好坏直接影响球墨铸铁的力学性能。在各种石墨形态中，圆球状最好。形态差的石墨，不仅降低球墨铸铁的强度，更使动载荷下的力学性能冲击韧性、疲劳强度明显降低。

表4.44 球化分级

级 别	说 明	球化率/%
1	石墨呈球状，少量团状，允许极少量团絮状	≥95
2	石墨大部分呈球状，其余为团状和极少量团絮状	90~94
3	石墨大部分呈团状和球状，其余为团絮状，允许有极少量蠕虫状	80~89
4	石墨大部分呈团絮状和团状，其余为球状和少量蠕虫状	70~79
5	石墨呈分散分布的蠕虫状、球状、团状、团絮状	60~69
6	石墨呈聚集分布的蠕虫状、片状及球状、团状、团絮状	50~59

石墨大小分为六级，见表4.45有的用单位面积上石墨球数来表示石墨的大小：单位面积上石墨球数越多，石墨越小；反之亦然。减小石墨球径，增加石墨球在单位面积上的个数，可明显地提高球墨铸铁的强度、塑性和韧性，如图4.15所示。

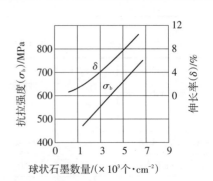

图4.15 石墨球数对力学性能的影响

表 4.45　石墨大小分级

级　别	3	4	5	6	7	8
放大100倍时石墨直径/mm	25～50	12～25	6～12	3～6	1.5～3	≤1.5
实际尺寸/mm	0.25～0.50	0.12～0.25	0.06～0.12	0.03～0.06	0.015～0.030	≤0.015

4.3.1.2 基体

　　基体对球墨铸铁力学性能影响很大，改变基体可大幅度改变球墨铸铁的力学性能。如珠光体球墨铸铁的抗拉强度和硬度比铁素体球墨铸铁高50%以上，铁素体球墨铸铁的断后伸长率又几乎是珠光体球墨铸铁的3～5倍。图4.16和图4.17表明了基体中珠光体数量减少，铁素体数量增加，则抗拉强度下降，断后伸长率提高的规律。

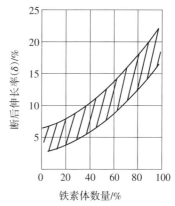

图 4.17　铁素体数量与断后伸长率的关系

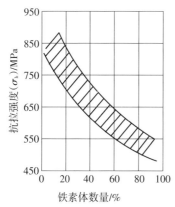

图 4.16　铁素体数量与抗拉强度的关系

　　铁素体数量以分散分布的块状或网状铁素体数量分级，见表4.46。珠光体分为12级，见表4.47。珠光体形态也是不容忽视的因素，随着珠光体的细化，球墨铸铁的强度和硬度都有所提高。珠光体按其粗细分为三级，见表4.48。

表 4.46　分散分布的铁素体数量分级

级　别	铁5	铁10	铁15	铁20	铁25	铁30
块状或网状铁素体数量/%	≈5	≈10	≈15	≈20	≈25	≈30

表 4.47　珠光体数量分级

级　别	珠光体数量/%	级　别	珠光体数量/%
珠95	>90	珠35	31～40
珠85	81～90	珠25	≈25
珠75	71～80	珠20	≈20
珠65	61～70	珠15	≈15
珠55	51～60	珠10	≈10
珠45	41～50	珠5	≈5

表4.48 珠光体粗细分级

级　别	在500倍下，观察珠光体中渗碳体、铁素体片间距
粗片状珠光体	较大
片状珠光体	明显可辨
细片状珠光体	难以分辨

球墨铸铁的基体组织还有奥氏体、奥铁体、马氏体及回火组织等，它们的特征和生成条件见表4.49至表4.51。

表4.49 奥氏体形态及生成条件

类　别	形态及伴生组织	生成条件
奥氏体基体球墨铸铁	奥氏体为主，伴有碳化物	含有多量稳定奥氏体元素 Ni，Mn 等，铸态下获得，例如含 Ni18% ~ 36%及适量 Cr
奥铁体基体球墨铸铁	含有一定比例的富碳奥氏体及片状铁素体，奥氏体分散于片之间和内部	奥氏体化处理后在较高等温温度淬火（例如350 ~ 400 ℃），生成30% ~ 40%稳定化的高碳（1.8% ~ 2.2%）奥氏体和层片状铁素体
	石墨球周围以针片状铁素体和富碳奥氏体为主，在晶界处分布少量奥氏体和马氏体	奥氏体化处理后在较低等温温度淬火（230 ~ 350 ℃），生成比例较低的高碳（1.6% ~ 2.0%）奥氏体和针片状铁素体，以及少量残余奥氏体和马氏体
马氏体或回火组织中的残余奥氏体	分布于晶界附近	奥氏体化处理后，淬火生成马氏体及残余奥氏体，回火后仍存在残余奥氏体

表4.50 奥铁体特征及形成条件

形态特征	生成条件
层片状组织，由晶界向晶内平行排列	奥氏体化加热后，在较高形成温度（350 ~ 400 ℃）等温淬火或连续冷却转变
呈细针状交叉分布，较淬火马氏体针细，且易受浸浊	奥氏体化加热后，在较低形成温度（230 ~ 350 ℃）等温淬火或连续冷却转变

表4.51 马氏体及其回火组织的特征和生成条件

类　别	组织特征	主要条件
淬火马氏体	由奥氏体经共格式相变而成的碳在 α-Fe 中的过饱和间隙固溶体，呈白色针叶形状交叉或成排分布	奥氏体化加热后，快速冷却至 Ms 点（约230 ℃）以下，例如油淬或水淬
回火马氏体	从淬火马氏体中析出极细碳化物颗粒，使马氏体含碳量降低，易受浸蚀，呈黑色针叶状	马氏体淬火后，经140 ~ 250 ℃低温回火
回火托氏体	从淬火马氏体分解而形成的铁素体和细小弥散渗碳体质点的混合物	马氏体淬火后，经350 ~ 500 ℃中温回火
回火索氏体	从淬火马氏体分解而形成的铁素体和细小渗碳体的混合物	马氏体淬火后，经500 ~ 650 ℃高温回火，亦称调质处理

4.3.1.3 渗碳体和磷共晶

球墨铸铁一般不允许出现自由渗碳

体，因为它会明显地降低球墨铸铁的强度和韧性。渗碳体数量分级见表4.52。

表4.52 渗碳体数量分级

级 别	渗1	渗2	渗3	渗4	渗10
渗碳体数量/%	≈1	≈2	≈3	≈5	≈10

磷共晶在球墨铸铁中对力学性能的危害比在灰铸铁中大得多，特别是对韧性影响更大。所以，一般均限制球墨铸铁的含磷量或控制磷共晶成为分散、细小和钝化的二元磷共晶。评定磷共晶时，按其数量分级，见表4.53。

表4.53 磷共晶数量分级

级 别	磷0.5	磷1	磷1.5	磷2	磷3
磷共晶数量/%	≈0.5	≈1.0	≈1.5	≈2.0	≈3.0

4.3.2 球墨铸铁牌号

根据国家标准《球墨铸铁件》(GB 1348—2019)，球墨铸铁件牌号按其单铸试样、并排试样的力学性能分为14个牌号，见表4.54。近年来，开发了固溶强化铁素体和低温铁素体球墨铸铁，其牌号见表4.55和表4.56。球墨铸铁铸件本体试样力学性能见表4.57至表4.58。对铁素体基体球墨铸铁和低温铁素体球墨铸铁规定了室温和低温的冲击韧性，见表4.59至表4.62。如果按照硬度作为验收指标，按照表4.63和表4.64的规定进行。

表4.54 铁素体珠光体球墨铸铁试样的拉伸性能

材料牌号	铸件壁厚 (t) /mm	屈服强度 ($R_{p0.2}$) (min)/MPa	抗拉强度 (R_m) (min)/MPa	断后伸长率 (A) (min)/%
QT350-22L	t≤30 30<t≤60 60<t≤200	220 210 200	350 330 320	22 18 15
QT350-22R	t≤30 30<t≤60 60<t≤200	220 220 210	350 330 320	22 18 15
QT350-22	t≤30 30<t≤60 60<t≤200	220 220 210	350 330 320	22 18 15
QT400-18L	t≤30 30<t≤60 60<t≤200	240 230 220	400 380 360	18 15 12
QT400-18R	t≤30 30<t≤60 60<t≤200	250 250 240	400 390 370	18 15 12

表4.54（续）

材料牌号	铸件壁厚（t）/mm	屈服强度（$R_{p0.2}$）（min）/MPa	抗拉强度（R_m）（min）/MPa	断后伸长率（A）（min）/%
QT400-18	$t \leqslant 30$ $30 < t \leqslant 60$ $60 < t \leqslant 200$	250 250 240	400 390 370	18 15 12
QT400-15	$t \leqslant 30$ $30 < t \leqslant 60$ $60 < t \leqslant 200$	250 250 240	400 390 370	15 14 11
QT400-10	$t \leqslant 30$ $30 < t \leqslant 60$ $60 < t \leqslant 200$	310 供需双方商定	450	10
QT500-7	$t \leqslant 30$ $30 < t \leqslant 60$ $60 < t \leqslant 200$	320 300 290	500 450 420	7 7 5
QT550-5	$t \leqslant 30$ $30 < t \leqslant 60$ $60 < t \leqslant 200$	350 330 320	550 520 500	5 4 3
QT600-3	$t \leqslant 30$ $30 < t \leqslant 60$ $60 < t \leqslant 200$	370 360 340	600 600 550	3 2 1
QT700-2	$t \leqslant 30$ $30 < t \leqslant 60$ $60 < t \leqslant 200$	420 400 380	700 700 650	2 2 1
QT800-2	$t \leqslant 30$ $30 < t \leqslant 60$ $60 < t \leqslant 200$	480 供需双方商定	800	2
QT900-2	$t \leqslant 30$ $30 < t \leqslant 60$ $60 < t \leqslant 200$	600 供需双方商定	900	2

资料来源：《球墨铸铁件》（GB/T 1348—2019）。

表4.55　固溶强化铁素体球墨铸铁铸造试样的拉伸性能

材料牌号	铸件壁厚（t）/mm	屈服强度（$R_{p0.2}$）（min）/MPa	抗拉强度（R_m）（min）/MPa	断后伸长率（A）（min）/%
QT450-18	$t \leqslant 30$ $30 < t \leqslant 60$ $60 < t \leqslant 200$	350 340 供需双方商定	450 430	18 14
QT500-14	$t \leqslant 30$ $30 < t \leqslant 60$ $60 < t \leqslant 200$	400 390 供需双方商定	500 480	14 12
QT600-10	$t \leqslant 30$ $30 < t \leqslant 60$ $60 < t \leqslant 200$	470 450 供需双方商定	600 580	10 8

资料来源：《球墨铸铁件》（GB/T 1348—2019）。

表 4.56　低温铁素体球墨铸铁单铸试样力学性能

材料牌号	抗拉强度（R_m） （min）/MPa	屈服强度（$R_{p0.2}$） （min）/MPa	断后伸长率（A） （min）/%	布氏硬度 HBW
QT350-22L （-50 ℃，-60 ℃）	350	220	22	≤160
QT400-18L （-40 ℃，-50 ℃，-60 ℃）	400	240	18	≤170

资料来源：《低温铁素体球墨铸铁件》（GB/T 32247—2015）。

表 4.57　固溶强化铁素体球墨铸铁件本体试样力学性能指导值

材料牌号	铸件壁厚（t）/mm	屈服强度（$R_{p0.2}$） （min）/MPa	抗拉强度（R_m） （min）/MPa	断后伸长率（A） （min）/%
QT450-18/C	$t≤30$ $30<t≤60$ $60<t≤200$	350 340 供方提供指导值	440 420	16 12
QT500-14/C	$t≤30$ $30<t≤60$ $60<t≤200$	400 390 供方提供指导值	480 460	12 10
QT600-10	$t≤30$ $30<t≤60$ $60<t≤200$	450 430 供方提供指导值	580 560	8 6

资料来源：《球墨铸铁件》（GB/T 1348—2019）。

注：若需方要求特定位置的最小力学性能值，由供需双方商定。

表 4.58　铁素体珠光体球墨铸铁件本体试样力学性能指导值

材料牌号	铸件壁厚（t）/mm	屈服强度（$R_{p0.2}$） （min）/MPa	抗拉强度（R_m） （min）/MPa	断后伸长率（A） （min）/%
QT350-22L/C	$t≤30$ $30<t≤60$ $60<t≤200$	220 210 200	340 320 310	20 15 12
QT350-22R/C	$t≤30$ $30<t≤60$ $60<t≤200$	220 210 200	340 320 310	20 15 12
QT350-22/C	$t≤30$ $30<t≤60$ $60<t≤200$	220 210 200	340 320 310	20 15 12
QT400-18L/C	$t≤30$ $30<t≤60$ $60<t≤200$	240 230 220	390 370 340	15 12 10
QT400-18R/C	$t≤30$ $30<t≤60$ $60<t≤200$	250 240 230	390 370 350	15 12 10

表 4.58（续）

材料牌号	铸件壁厚（t）/mm	屈服强度（$R_{p0.2}$）（min）/MPa	抗拉强度（R_m）（min）/MPa	断后伸长率（A）（min）/%
QT400-18/C	$t \leqslant 30$ $30 < t \leqslant 60$ $60 < t \leqslant 200$	250 240 230	390 370 350	15 12 10
QT400-15/C	$t \leqslant 30$ $30 < t \leqslant 60$ $60 < t \leqslant 200$	250 240 230	390 370 350	12 11 8
QT450-10/C	$t \leqslant 30$ $30 < t \leqslant 60$ $60 < t \leqslant 200$	300	440	8
		供方提供指导值		
QT500-7/C	$t \leqslant 30$ $30 < t \leqslant 60$ $60 < t \leqslant 200$	300 280 260	480 450 400	6 5 3
QT550-5/C	$t \leqslant 30$ $30 < t \leqslant 60$ $60 < t \leqslant 200$	330 310 290	530 500 450	4 3 2
QT600-3/C	$t \leqslant 30$ $30 < t \leqslant 60$ $60 < t \leqslant 200$	360 340 320	580 550 500	3 2 1
QT700-2/C	$t \leqslant 30$ $30 < t \leqslant 60$ $60 < t \leqslant 200$	410 390 370	680 650 600	2 1 1
QT800-2/C	$t \leqslant 30$ $30 < t \leqslant 60$ $60 < t \leqslant 200$	460	780	2
		供方提供指导值		

资料来源：《球墨铸铁件》（GB/T 1348—2019）。

注：若需方要求特定位置的最小力学性能值，由供需双方商定。

表 4.59　低温铁素体球墨铸铁件附铸试样的力学性能

材料牌号	铸件厚度/mm	试块厚度/mm	抗拉强度（R_m）（min）/MPa	屈服强度（$R_{p0.2}$）（min）/MPa	断后伸长率（A）（min）/%	布氏硬度/HBW
QT350-22AL （-50℃，-60℃）	≤30	25	350	220	22	≤160
	30~60	40	330	210	18	
	60~200	70	由供需双方商定			
QT400-18AL （-40℃，-50℃，-60℃）	≤30	25	390	240	18	≤170
	30~60	40	370	230	15	
	60~200	70	由供需双方商定			

资料来源：《低温铁素体球墨铸铁件》（GB/T 32247—2015）。

表4.60 铁素体球墨铸铁试样加工的 V 型缺口试样的最小冲击吸收能量

牌 号	铸件壁厚 t/mm	最小冲击吸取能量/J					
		室温（23±5）℃		低温（-20±2）℃		低温（-40±2）℃	
		三个试样平均值	单个值	三个试样平均值	单个值	三个试样平均值	单个值
QT350-22L	t≤30	—	—	—	—	12	9
	30<t≤60	—	—	—	—	12	9
	60<t≤200	—	—	—	—	10	7
QT350-22R	t≤30	17	14	—	—	—	—
	30<t≤60	17	14	—	—	—	—
	60<t≤200	15	12	—	—	—	—
QT400-18L	t≤30	—	—	12	9	—	—
	30<t≤60	—	—	12	9	—	—
	60<t≤200	—	—	10	7	—	—
QT400-18R	t≤30	14	11	—	—	—	—
	30<t≤60	14	11	—	—	—	—
	60<t≤200	12	9	—	—	—	—

资料来源：《球墨铸铁件》（GB/T 1348—2019）。

表4.61 低温铁素体球墨铸铁单铸试样 V 型缺口冲击吸收能量

材料牌号	最小冲击吸取能量/J					
	（-40±2）℃		（-50±2）℃		（-60±2）℃	
	三个试样平均值	单个试样	三个试样平均值	单个试样	三个试样平均值	单个试样
QT350-22L（-50℃）	—	—	12	9	—	—
QT350-22L（-60℃）	—	—	—	—	12	9
QT400-18L（-40℃）	12	9	—	—	—	—
QT400-18L（-50℃）	—	—	12	9	—	—
QT400-18L（-60℃）	—	—	—	—	12	9

资料来源：《低温铁素体球墨铸铁件》（GB/T 32247—2015）。

注：牌号后的温度表示该牌号的适用温度。

表4.62 低温铁素体球墨铸铁附铸试样 V 型缺口冲击吸收能量

材料牌号	铸件壁厚 /mm	试块厚度 /mm	最小冲击吸取能量 KV/J					
			（-40±2）℃		（-50±2）℃		（-60±2）℃	
			三个试样平均值	单个试样	三个试样平均值	单个试样	三个试样平均值	单个试样
QT350-22AL（-50℃）	≤30	25	—	—	12	9	—	—
	30~60	40	—	—	12	9	—	—
	60~200	70	—	—	—	—	—	—

表 4.62（续）

材料牌号	铸件壁厚 /mm	试块厚度 /mm	最小冲击吸取能量 KV/J					
			(−40±2)℃		(−50±2)℃		(−60±2)℃	
			三个试样平均值	单个试样	三个试样平均值	单个试样	三个试样平均值	单个试样
QT350–22AL (−60℃)	≤30	25	—	—	—	—	12	9
	30～60	40	—	—	—	—	12	9
	60～200	70	—	—	—	—	—	—
QT400–18AL (−40℃)	≤30	25	12	9	—	—	—	—
	30～60	40	12	+	—	—	—	—
	60～200	70	—	—	—	—	—	—
QT400–18AL (−50℃)	≤30	25	—	—	12	9	—	—
	30～60	40	—	—	12	9	—	—
	60～200	70	—	—	—	—	—	—
QT400–18AL (−60℃)	≤30	25	—	—	—	—	12	9
	30～60	40	—	—	—	—	12	9
	60～200	70	—	—	—	—	—	—

资料来源：《低温铁素体球墨铸铁件》（GB/T 32247—2015）。

表 4.63　铁素体珠光体球墨铸铁材料的硬度等级

材料牌号	布氏硬度范围/HBW	其他性能[①②]	
		抗拉强度 $(R_m)(min)$/MPa	屈服强度 $(R_{P0.2})(min)$/MPa
QT–HBW130	< 160	350	220
QT–HBW150	130～175	400	250
QT–HBW155	135～180	400	250
QT–HBW185	160～210	450	310
QT–HBW200	170～230	500	320
QT–HBW215	180～250	550	350
QT–HBW230	190～270	600	370
QT–HBW265	225～305	700	420
QT–HBW300[③]	245～335	800	480
QT–HBW330[③]	270～360	900	600

资料来源：《低温铁素体球墨铸铁件》（GB/T 32247—2015）。

注：① 当硬度作为检验项目时，这些性能值仅供参考。

　② 除了对抗拉强度有要求外还对硬度有要求时，推荐的硬度的测定步骤参考该标准中的表 E.3。

　③ HBW300 和 HBW330 不适用于厚壁铸件。

表4.64 固溶强化铁素体球墨铸铁材料的硬度等级

材料牌号	布氏硬度范围/HBW	其他性能[①②]	
		抗拉强度$(R_m)(min)/MPa$	屈服强度$(R_{P0.2})(min)/MPa$
QT-HBW175	160~190	450	350
QT-HBW195	180~210	500	400
QT-HBW210	195~225	600	470

资料来源:《球墨铸铁件》(GB/T 1348—2019)。

注:①当硬度作为检验项目时,这些性能值仅供参考。

②除了对抗拉强度有要求外还对硬度有要求时,推荐的硬度的测定步骤参考该标准中的表E.3。

(1)单铸试块。试块的形状和尺寸由供需双方商定,可从第7章图7.6、表7.4、表7.5中选择。单铸试块应与该批铸件以同一批铁液浇注,并在每包铁液的后期浇注。其冷却条件应与铸件大致相同,出型温度不应超过500 ℃。需热处理时,试块应与铸件同炉热处理。

(2)附铸试块。当铸件质量等于或超过2000 kg,而且壁厚在30~200 mm范围时,一般采用第7章图7.7、表7.6所示附铸试块。附铸试块在铸件上的位置,由供需双方商定,以不影响铸件的使用性能、外观质量以及试块致密度为原则。附铸试块应在热处理后从铸件上切取。

4.3.3 球墨铸铁化学成分

与灰铸铁相比(表4.65),球墨铸铁的化学成分一般有"两高三低"的特点:碳、硅含量高,锰、磷、硫含量低(指铁素体球墨铸铁,珠光体球墨铸铁中锰含量稍高)。此外,还含有一定量的球化元素(镁、稀土)。当然,球墨铸铁的种类不同,其化学成分也有差异。表4.66列出了各种铁素体球墨铸铁和珠光体球墨铸铁推荐化学成分。表4.67为奥铁体球墨铸铁化学成分实例。化学成分的确定还与铸件的壁厚有关。表4.68表示了碳当量与铸件壁厚的关系,其中含碳量3.5%~3.9%,薄小件取上限,厚大件取下限,以保证充分石墨化、防止石墨漂浮及改善铸造性能。球化元素残留量见表4.69。壁厚越小,铁水含硫量越低,球化元素残留量应越低,尤其应降低稀土含量。另外,镁球墨铸铁中残留量可比稀土镁球墨铸铁提高0.01%~0.02%;采用型内球化工艺时允许残留镁量较低,因为它不存在衰退现象。

常用合金元素及其选用目的、含量范围见表4.70。

表4.65 球墨铸铁与灰铸铁化学成分对比(适用于中频炉熔炼)

铸铁名称	化学成分(质量分数)/%						
	C	Si	Mn	P	S	Mg	RE
灰铸铁	2.9~3.5	1.4~2.1	0.6~1.0	0.03~0.05	0.06~0.12		
球墨铸铁	3.5~3.9	1.6~4.5	<0.5	<0.08	<0.02	0.03~0.06	0.006~0.020

表4.66　铁素体和珠光体球墨铸铁推荐化学成分

类　别		化学成分（质量分数）/%				
		C	Si	Mn	P	S
铁素体	铸态	3.5～3.9	2.5～3.0	≤0.3	≤0.07	≤0.02
	退火	3.5～3.9	2.0～2.7	≤0.6	≤0.07	≤0.02
	低温用	3.5～3.9	1.7～2.1	≤0.2	≤0.04	≤0.01
珠光体	铸态	3.6～3.8	2.0～2.2	0.3～0.5	≤0.07	≤0.02
	热处理	3.5～3.7	2.0～2.4	0.4～0.8	≤0.07	≤0.02

表4.67　奥铁体球墨铸铁化学成分实例

名　称	化学成分（质量分数）/%					合金元素
	C	Si	Mn	P	S	
柴油机曲轴	3.5～3.8	2.76～2.84	0.27～0.33	＜0.07	≤0.02	加入适量的Cu、Ni、Mo等
冷轧管轧辊	3.42	2.62	0.47	0.06	0.02	
塔吊升降螺母	3.94	2.54	0.15	0.04	0.025	
凸轮轴	3.8～3.9	2.37～2.42	0.67	＜0.06	＜0.018	

表4.68　推荐碳当量范围

类　别		铸件壁厚/mm			
状　态	基体	＜25	25～50	＞50～100	＞100
铸　态	铁素体	4.6～4.7	4.4～4.6	4.3～4.5	4.1～4.4
	珠光体	4.5～4.7	4.4～4.6	4.3～4.5	4.1～4.4
热处理	铁素体	4.5～4.7	4.4～4.6	4.3～4.5	4.1～4.4
	珠光体	4.4～4.6	4.4～4.6	4.3～4.5	4.1～4.4

表4.69　稀土镁球墨铸铁件球化元素残留量

壁　厚/mm	＜25	25～50	50～100	100～250
Mg含量/%	0.030～0.040	0.030～0.045	0.035～0.050	0.040～0.080
RE含量/%	≤0.02[1]			0～0.006[2]

注：① 随着壁厚的增加，RE含量应逐渐降低。

　　② 采用重稀土允许不大于0.018%。

表4.70　合金元素的选定

名称	使用目的和场合	含量范围/%
镍	奥氏体耐蚀、低温、非磁球墨铸铁，稳定奥氏体	18～36
	等温淬火球墨铸铁提高淬透性，改善组织均匀性，与Mo同时使用	0.5～5.0
	球光体或索氏体球墨铸铁，稳定和细化珠光体	0.5～2.0

表4.70（续）

名称	使用目的和场合	含量范围/%
铜	铸态珠光体球墨铸铁，稳定和细化珠光体	0.5 ~ 1.0
	大断面正火珠光体球墨铸铁件，稳定珠光体，与Mo同时添加	0.5 ~ 1.0
	等温淬火球墨铸铁，改善淬透性，同时加Mo	0.5 ~ 1.0
铝	大断面正火或铸态珠光体球墨铸铁件，提高淬透性	0.2 ~ 1.0
	等温淬火球墨铸铁件，提高淬透性	0.20 ~ 0.75
	提高400 ~ 600 ℃高温强度，防止回火脆性，改善综合力学性能	0.2 ~ 0.4
锑	铸态珠光体球墨铸铁，强烈稳定珠光体，同时添加一定比例的稀土	0.03 ~ 0.08
铬	提高淬透性，促进珠光体形成，提高强度和硬度；形成碳化物，增加含碳物等温淬火球铁（CADI）的耐磨性	0.3 ~ 1.0
锡	增加珠光体，细化片间距，提高强度	0.03 ~ 0.08

4.3.4　球化处理和孕育处理

4.3.4.1　球化剂

球化剂类别及使用范围列于表4.71。其中使用最多的是稀土镁硅铁合金，其牌号和化学成分列于表4.72。钝化镁颗粒可作为球化镁线的球化剂。其成分列于表4.73。使用纯镁进行球化处理时，常附加稀土硅铁合金或混合稀土金属，以抵消球化干扰元素的不良影响。稀土硅铁合金的成分列于表4.74。球化包芯线的牌号与化学成分见表4.75。

表4.71　国内外常用球化剂类别及适用范围

序号	名　称	主要成分/%	密度/(g·cm⁻³)	熔点/℃	沸点/℃	球化处理工艺	适用范围
1	纯镁	Mg≥99.85	1.74	651	1105	压力加镁法、转包法、钟罩法	用于干扰元素含量少的炉料，生产大型厚壁铸件，离心铸管，高韧性铁素体基体的铸件
2	稀土镁硅铁合金	RE0.5 ~ 20 Mg5 ~ 12 Si35 ~ 45 Ca < 5 Ti < 0.5 Al < 0.5 Mn < 4 Fe 余量	4.5 ~ 4.6	~ 1100		冲入法、型内球化法、密封流动法	用于含有干扰元素的炉料，生产各种铸件，有良好的抗干扰脱硫，减少黑渣、缩松的作用
3	钇基重稀土镁硅铁合金	Y2.4 ~ 3.2 Mg6 ~ 8 Si40 ~ 45 Ca2 ~ 3	4.4 ~ 5.1	—	—	冲入法	大断面重型铸件，抗球化衰退能力强

表4.71（续）

序号	名 称	主要成分/%		密度 /(g·cm⁻³)	熔点 /℃	沸点 /℃	球化处理工艺	适用范围
4	铜镁合金	Cu80 Mg20		7.5	800	—	冲入法	大型珠光体基体铸件
5	镍镁合金	Ni80，Mg20 Ni85，Mg15		—	—		冲入法	珠光体基体铸件、奥氏体基体铸件、奥铁体基体铸件
6	镁硅铁合金	Mg5~20 Si45~50 Ca0.5 RE0~0.6		—	—		冲入法	干扰元素含量少的炉料或净化后的铁液
7	球化包芯线	Mg15%~31% RE0.5%~3.5% Si<48% Ca2%~3%		—	—		喂丝法	各种类型的球墨铸铁，一般球化铁液大于500 kg

表4.72 我国球墨铸铁用球化剂的牌号和化学成分

牌 号	化学成分（质量分数）/%					
	Mg	RE	Si	Al	Ti	其他
Mg4RE	3.5~4.5	>0~1.5	≤48.0	<1.0	<0.5	余量
Mg4RE2	3.5~4.5	>1.5~2.5	≤48.0	<1.0	<0.5	余量
Mg5RE	>4.5~5.5	>0~1.5	≤48.0	<1.0	<0.5	余量
Mg5RE2	>4.5~5.5	>1.5~2.5	≤48.0	<1.0	<0.5	余量
Mg6RE	>5.5~6.5	>0~1.5	≤48.0	<1.0	<0.5	余量
Mg6RE2	>5.5~6.5	>1.5~2.5	≤48.0	<1.0	<0.5	余量
Mg6RE3	>5.5~6.5	>2.5~3.5	≤48.0	<1.0	<0.5	余量
Mg7RE	>6.5~7.5	>0~1.5	≤48.0	<1.0	<0.5	余量
Mg7RE2	>6.5~7.5	>1.5~2.5	≤48.0	<1.0	<0.5	余量
Mg8RE3	>7.5~8.5	>2.5~3.5	≤48.0	<1.0	<0.5	余量
Mg8RE5	>7.5~8.5	4.5~5.5	≤48.0	<1.0	<0.5	余量
Mg8RE7	>7.5~8.5	>6.5~7.5	≤48.0	<1.0	<0.5	余量

资料来源：《球墨铸铁用球化剂》（GB/T 28702—2012）。

注：其中Mg表示有效镁量，$w(Mg) = $总镁量－氧化镁中的镁量。

表4.73 原生镁锭

牌号	化学成分（质量分数）/%											
	Mg>	杂质元素≤										
		Fe	Si	Ni	Cu	Al	Mn	Ti	Pb	Sn	Zn	其他单个杂质
Mg9999	99.99	0.002	0.002	0.0003	0.0003	0.002	0.002	0.0005	0.001	0.002	0.003	—

表4.73（续）

牌号	化学成分（质量分数）/%											
	Mg>	杂质元素≤										
		Fe	Si	Ni	Cu	Al	Mn	Ti	Pb	Sn	Zn	其他单个杂质
Mg9998	99.98	0.002	0.003	0.0005	0.0005	0.004	0.002	0.001	0.001	0.004	0.004	—
Mg9995A	99.95	0.003	0.006	0.001	0.002	0.008	0.006	—	0.005	0.005	0.005	0.005
Mg9995B	99.95	0.005	0.015	0.001	0.002	0.015	0.015	—	0.005	0.005	0.01	0.01
Mg9990	99.90	0.04	0.03	0.001	0.004	0.02	0.03	—	—	—	—	0.01
Mg9980	99.80	0.05	0.05	0.002	0.02	0.05	0.05	—	—	—	—	0.05

资料来源：《原生镁锭》（GB/T 3499—2011）。

注：Cd、Hg、As、Cr^{6+}元素，供方可不做常规分析，但应监控其含量，要求$w(Cd + Hg + As + Cr^{6+}) \leqslant 0.03\%$。

表4.74 稀土硅铁合金的牌号和化学成分

产品牌号		化学成分（质量分数）/%							
字符牌号	对应原数字牌号	RE	Ce/RE	Si	Mn	Ca	Ti	Al	Fe
					≤				
RESiFe-23Ce	195023	21.0≤RE<24.0	≥46.0	≤44.0	2.5	5.0	1.5	1.0	余量
RESiFe-26Ce	195026	24.0≤RE<27.0	≥46.0	≤43.0	2.5	5.0	1.5	1.0	余量
RESiFe-29Ce	195029	27.0≤RE<30.0	≥46.0	≤42.0	2.0	5.0	1.5	1.0	余量
RESiFe-32Ce	195032	30.0≤RE<33.0	≥46.0	≤40.0	2.0	4.0	1.0	1.0	余量
RESiFe-35Ce	195035	33.0≤RE<36.0	≥46.0	≤39.0	2.0	4.0	1.0	1.0	余量
RESiFe-38Ce	195038	36.0≤RE<39.0	≥46.0	≤38.0	2.0	4.0	1.0	1.0	余量
RESiFe-41Ce	195041	39.0≤RE<42.0	≥46.0	≤37.0	2.0	4.0	1.0	1.0	余量
RESiFe-13Y	195213	10.0≤RE<15.0	≥45.0	48.0≤Si<50.0	6.0	2.5	1.5	1.0	余量
RESiFe-18Y	195218	15.0≤RE<20.0	≥45.0	48.0≤Si<50.0	6.0	2.5	1.5	1.0	余量
RESiFe-23Y	195223	20.0≤RE<25.0	≥45.0	43.0≤Si<48.0	6.0	2.5	1.5	1.0	余量
RESiFe-28Y	195228	25.0≤RE<30.0	≥45.0	43.0≤Si<48.0	6.0	2.0	1.0	1.0	余量
RESiFe-33Y	195233	30.0≤RE<35.0	≥45.0	40.0≤Si<45.0	6.0	2.0	1.0	1.0	余量
RESiFe-38Y	195238	35.0≤RE<40.0	≥45.0	40.0≤Si<45.0	6.0	2.0	1.0	1.0	余量

资料来源：《稀土硅铁合金》（GB/T 4137—2015）。

表4.75 牌号及芯料的化学成分

牌 号	化学成分（质量分数）/%						
	Mg	RE	Si	Ca	Al	Ti	Fe
QX-Mg22RE	21.0~23.0	0.5~1.5	<48.0	2.0~3.0	<1.0	<0.3	余量
QX-Mg22RE2	21.0~23.0	1.5~2.5					
QX-Mg24RE	23.0~25.0	0.5~1.5					
QX-Mg24RE2	23.0~25.0	1.5~2.5					

表4.75（续）

牌　号	化学成分（质量分数）/%						
	Mg	RE	Si	Ca	Al	Ti	Fe
QX–Mg26RE	25.0～27.0	0.5～1.5					
QX–Mg26RE2	25.0～27.0	1.5～2.5					
QX–Mg26RE3	25.0～27.0	2.5～3.5					
QX–Mg28RE	27.0～29.0	0.5～1.5					
QX–Mg28RE2	27.0～29.0	1.5～2.5	<48.0	2.0～3.0	<1.0	<0.3	余量
QX–Mg28RE3	27.0～29.0	2.5～3.5					
QX–Mg30RE	29.0～31.0	0.5～1.5					
QX–Mg30RE2	29.0～31.0	1.5～2.5					
QX–Mg30RE3	29.0～31.0	2.5～3.5					

资料来源：《球墨铸铁用球化包芯线》（JB/T 13472—2018）。

注：本表中Mg表示总镁量，RE表示稀土元素总量。

球化包芯线芯料中MgO的含量小于或等于总Mg量的5%。

表4.76　各种球化方法的特点

名称	简　图	特　点
冲入法		设备简单，操作简便； 烟尘、闪光严重，吸收率低（30%～40%）； 广泛适用
盖包法	 1—球化包；2—电子秤	加盖后镁光和烟尘污染减小，节省了污染治理费用； 减少了镁的氧化，镁的吸收率从30%~40%提高到50%～60%，球化剂的加入量可减少20%～30%； 消除了敞口包球化处理时出现的热对流、热辐射向环境散热造成的热损失，出铁温降可减少30～40℃，减少了能源消耗； 由于隔绝了空气，氧化渣量减少，铸件不易产生夹渣缺陷； 球墨铸铁件内在质量稳定性显著提高

表4.76（续）

名称	简 图	特 点
喂丝法		易于进行环保处理，烟尘污染小，有利于改善车间的环境； 处理包应是平底包，处理包的高度和直径之比应达 1.5～2.0； 处理包应有足够的净空间供铁水沸腾，同时，处理包应加盖； 在满足浇注温度的条件下，处理温度应尽可能低； 通常采用高镁（15%～31%Mg）合金包芯线，且其直径应与铁水量相匹配。
转包法		吸收率较高（60%～70%），烟尘、闪光较轻； 可用纯镁或镁焦处理，可处理高硫（0.05%）铁液； 设备费用高，操作较复杂； 适于大量生产大中型铸件、含硫量高的铁液

4.3.4.2 球化处理方法

球化处理方法很多，主要的见表4.76。其中，最简便、用得最多的是冲入法，冲入法所用的球化处理包有堤坝式、凹坑式、洞穴式，如图4.18所示。球化处理包比灰铸铁包和浇注包深，其深度 H 与内径 D 之比 $H/D = 1.5～2.0$。但是，近年来由于环保的要求，喂丝法和盖包法球化处理应用越来越多，其球化包如图4.19和图4.20所示。也有使用转包法（图4-21）处理球铁的。

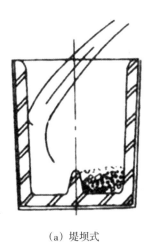 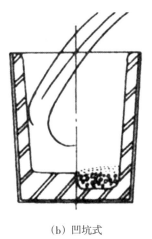 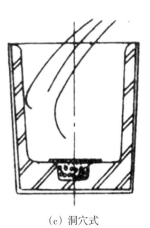

（a）堤坝式 　　　　（b）凹坑式 　　　　（c）洞穴式

图4.18 冲入法球化处理包

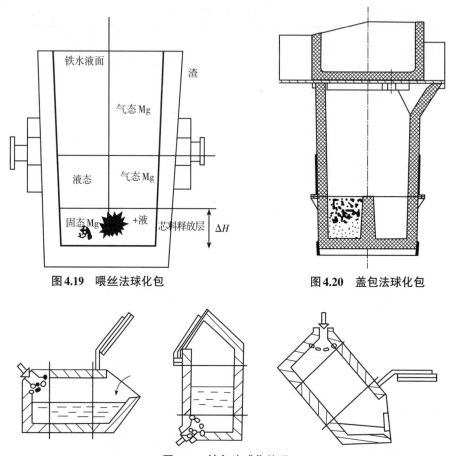

图4.19　喂丝法球化包

图4.20　盖包法球化包

图4.21　转包法球化处理

球化剂加入量应根据铁液成分、铸件壁厚、球化剂成分和球化处理过程的吸收率等因素分析比较确定。由于许多工厂铁液含硫量较高，故球化剂加入量在很大程度上决定于铁液含硫量的高低、铸件壁厚的大小和铸件凝固冷却速度。

4.3.4.3　孕育处理

孕育处理是球墨铸铁生产过程中的一个重要环节，它不仅促进石墨化，防止自由渗碳体和白口出现，而且有助于球化，并使石墨变得更细小、更圆整、分布均匀，从而提高球墨铸铁的力学性能。

孕育剂除了表4.37所列的以外，还有硅钙（Si60%～65%，Ca25%～30%）、硅铁—铋等。目前用得最多的仍是FeSi75。孕育剂加入量应根据铸件壁厚、力学性能要求等确定，一般为铁水量的0.3%～0.6%，若要求铸态铁素体基体时，孕育剂加入量可高些，为0.8%～1.0%。

球墨铸铁的孕育处理方法与灰铸铁的孕育处理方法没有本质区别（表4.39、表4.40），为了提高孕育效果，如果条件允许，可以采用多次倒包孕育处理，也可以在浇注包内喂丝孕育。各种瞬时孕育方法均可达到防止孕育衰退、改善石墨形态、提高力学性能的目的。

4.3.4.4　球化效果炉前检验

迅速、准确地判断球化质量是球墨铸铁生产过程中必不可少的环节。炉前检验方法见表4.77。

表4.77 球化效果炉前检验

名 称	试 样	球化效果鉴别
火苗判断法	球化处理后补加铁液搅拌或倒包时，观察铁液表面火苗	火苗长而多，球化良好；火苗短而无力，球化较差；无火苗，球化很差
三角试样法	浇铸三角试样，冷至暗红色，淬水冷却，砸断后观察断口	断口银白色，尖端白口，中心有缩松，两侧凹缩，同时砸断时有电石气味，敲击声和钢相似，则球化良好，否则球化不良
快速金相法	浇铸金相试样，磨平抛光，用金相显微镜观察石墨状态	按球化分级标准评定。由于试样尺寸小，球化级别高于铸件，不作为验收依据
热分析法	铁液浇入专用样杯，用电子电位差计测取冷却曲线	与球化级别标准曲线对照评定或与灰铸铁冷却曲线比较，球化良好时： (1) 初晶、共晶温度低； (2) 共晶回升温度小； (3) 曲线尾部下降平缓

4.3.5 球墨铸铁凝固特点与铸造性能

4.3.5.1 球墨铸铁的凝固特点

铁液经过孕育处理，石墨结晶核心多，且很快被奥氏体包围，生长缓慢，所以球墨铸铁的共晶团比灰铸铁细小得多。这虽然有利于力学性能的提高，但也严重恶化了补缩性能。同时，球墨铸铁共晶凝固温度范围宽，凝固过程中存在着相当宽的液–固共存区域，构成了糊状凝固方式，故易出现缩松。而且，铸件表层不容易很快形成高强度的外壳（图4.22），再加上球墨铸铁有较大的共晶石墨化膨胀，其膨胀力通过不坚实的外壳很容易传递至铸型，因此，容易使铸型型腔尺寸变大。当铸件内部凝固时，产生熔体的体积亏空，其结果是易产生缩松缺陷。

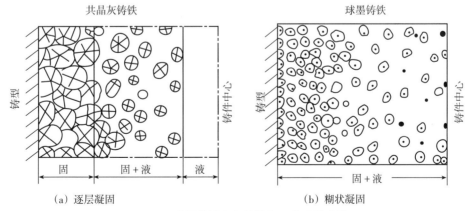

（a）逐层凝固 （b）糊状凝固

图4.22 球墨铸铁和灰铸铁凝固方式的比较

4.3.5.2 球墨铸铁的铸造性能

1）流动性 因为球墨铸铁铁液接近共晶成分，而且铁液在球化处理中得到净化，所以温度相同时其流动性优于灰铸铁。但是，由于球化和孕育处理降温幅度较大，再加上铁液表面镁形成的氧化膜作用，球墨铸铁的实际流动性下降。

2）收缩 由于球墨铸铁收缩前的膨胀比灰铸铁大，所以总的自由线收缩比灰铸铁稍小，见表4.78。铸造收缩率一般取0.7%~0.9%。

表4.78 球墨铸铁和灰铸铁的自由线收缩值

铸铁种类	收缩前膨胀	珠光体前收缩	共析膨胀	珠光体后收缩	总线收缩
球墨铸铁收缩率$\varepsilon_l \times 100$	0.40~0.94	0.3~0.6	0~0.08	0.94~1.09	0.5~1.2
灰铸铁收缩率$\varepsilon_l \times 100$	0~0.3	0~0.4	0.1	0.9~1.0	0.9~1.3

由于球墨铸铁共晶转变过冷度较大，比灰铸铁大致低20~40℃开始共晶；共晶石墨化有时不充足，凝固收缩大；再加上收缩前膨胀易使铸件尺寸变大，增加了铁液消耗等原因，球墨铸铁的缩孔体积往往比灰铸铁、白口铸铁大（表4.79）。因而，球墨铸铁的冒口往往较大。但是，如果增加铸型的紧实度或刚度，利用收缩前的共晶石墨化膨胀力来提高铸件自身补缩能力，则可实现少冒口，甚至无冒口铸造。

表4.79 各种材料的缩孔、缩松比例

材 料	灰铸铁	白口铸铁	碳钢(0.7%~0.9%C)	球墨铸铁
缩孔缩松比例/%	1~2	5~6	5.0~6.3	6.7~8.7

球墨铸铁共晶凝固温度范围宽，为糊状凝固；共晶团细小，补缩通道狭窄；又兼铸件外形尺寸易变大，所以球墨铸铁的缩松倾向较大。

3）铸造应力及裂纹 球墨铸铁的弹性模量比灰铸铁大，所以其内应力大于灰铸铁。但是，由于强度高，收缩前膨胀较大，因此，球墨铸铁的裂纹倾向较小。

4.3.6 球墨铸铁热处理

球墨铸铁的石墨呈球形，对基体的削弱作用小，所以，球墨铸铁的力学性能主要由基体决定。而铸铁的共析转变温度范围宽，奥氏体、铁素体、石墨三相共存，并且石墨相当于碳的集散地，碳在奥氏体中的溶解度可变化，因而，调节加热温度、保温时间、冷却速度，可获得不同数量和形态的铁素体、珠光体或其他奥氏体转变产物及残余奥氏体，在很大范围内调节或改变球墨铸铁的力学性能。

4.3.6.1 退火

退火的目的主要是使铸态组织中的自由渗碳体和珠光体中的共析渗碳体分解，获得高韧性的铁素体球墨铸铁，因而又称石墨化退火。石墨化退火工艺分为低温石墨化退火、高温石墨化退火和去铸造应力退火，见表4.80。

表4.80　球墨铸铁去应力和石墨化退火

种　类	作　用	工　艺　规　范
去铸造应力退火	消除或减轻球墨铸铁件的铸造应力	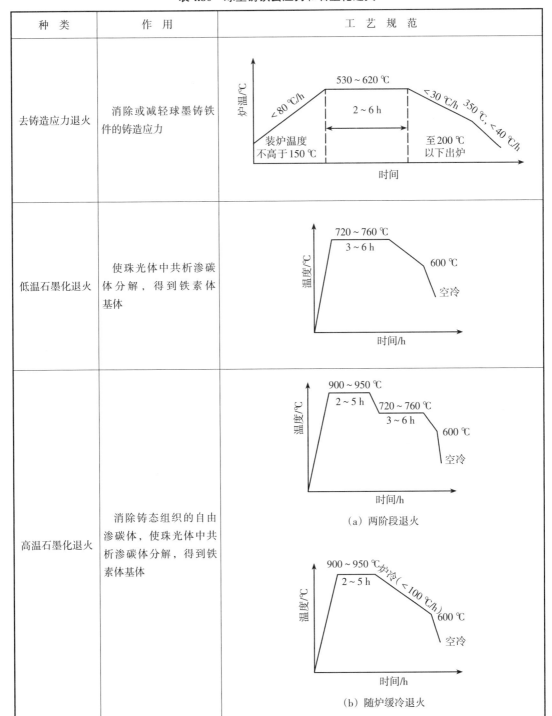
低温石墨化退火	使珠光体中共析渗碳体分解，得到铁素体基体	
高温石墨化退火	消除铸态组织的自由渗碳体，使珠光体中共析渗碳体分解，得到铁素体基体	

4.3.6.2　正火

正火的目的是获得以珠光体为主的基体组织，并使晶粒细化、组织均匀，提高球墨铸铁的强度和硬度。正火后一般应进行消除内应力和改善韧性的回火，回火温度为500~600℃。正火工艺见表4.81。

表4.81　球墨铸铁的正火

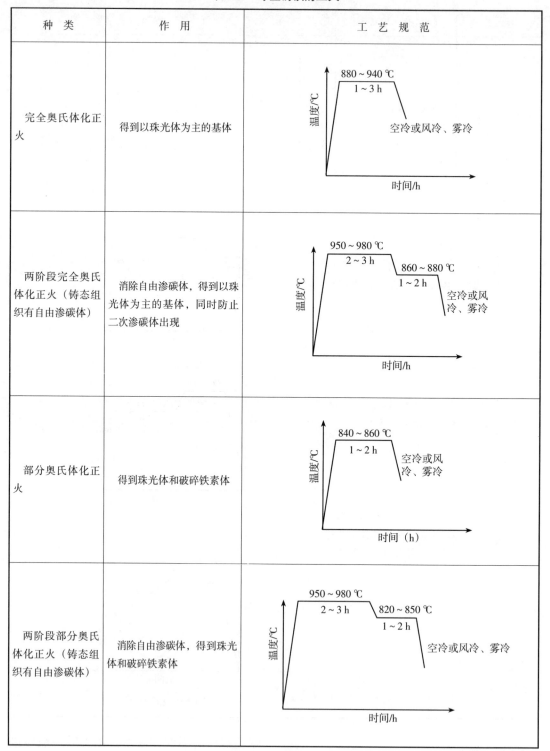

种　类	作　用	工　艺　规　范
完全奥氏体化正火	得到以珠光体为主的基体	880～940℃　1～3 h　空冷或风冷、雾冷
两阶段完全奥氏体化正火（铸态组织有自由渗碳体）	消除自由渗碳体，得到以珠光体为主的基体，同时防止二次渗碳体出现	950～980℃　2～3 h　860～880℃　1～2 h　空冷或风冷、雾冷
部分奥氏体化正火	得到珠光体和破碎铁素体	840～860℃　1～2 h　空冷或风冷、雾冷
两阶段部分奥氏体化正火（铸态组织有自由渗碳体）	消除自由渗碳体，得到珠光体和破碎铁素体	950～980℃　2～3 h　820～850℃　1～2 h　空冷或风冷、雾冷

4.3.6.3　淬火与回火

球墨铸铁淬火可得到马氏体基体，硬度高，但韧性差。再进行不同温度回火，可得到不同组织和性能，见表4.82。

表 4.82 球墨铸铁的淬火与回火

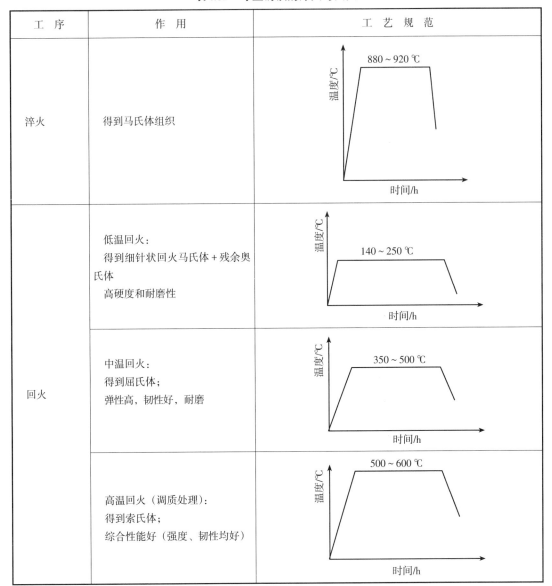

工 序	作 用	工 艺 规 范
淬火	得到马氏体组织	880～920 ℃
回火	低温回火： 得到细针状回火马氏体 + 残余奥氏体 高硬度和耐磨性	140～250 ℃
	中温回火： 得到屈氏体； 弹性高，韧性好，耐磨	350～500 ℃
	高温回火（调质处理）： 得到索氏体； 综合性能好（强度、韧性均好）	500～600 ℃

4.3.6.4 等温淬火

等温淬火是目前发挥球墨铸铁材料潜力的最佳热处理方法。球墨铸铁经过等温淬火的基体组织主要为富碳奥氏体（20%～40%）和低碳铁素体（针片状），这种混合的基体组织称为奥铁体（Ausferrite）。等温淬火球墨铸铁（ADI）具有较高的强度和硬度，同时具有较高的韧性和塑性。其组织中含有一定数量的碳化物，具有非常高的耐磨性，这种材料简称CADI。单铸、并排或附铸试块的等温淬火球墨铸铁（ADI）的牌号与性能（GB/T 24733—2023）见表4.83所示。铸件本体试样的抗拉强度和伸长率见表4.84。等温淬火球墨铸铁无缺口试样的最小冲击吸收能量和布氏硬度分别见表4.85和表4.86。单铸试样、并排试样和附铸试样的力学性能见表4.87。

表4.83 单铸、并排或附铸试块的力学性能

材料牌号	铸件主要壁厚（t）/mm	抗拉强度（R_m）(min)/MPa	屈服强度（$R_{p0.2}$）(min)/MPa	伸长率（A）(min)/%
QTD 800–11 QTD 800–11R	$t \leqslant 30$	800	550	11
	$30 < t \leqslant 60$	750	550	7
	$60 < t \leqslant 100$	720	550	6
QTD 900–9	$t \leqslant 30$	900	650	9
	$30 < t \leqslant 60$	850	650	6
	$60 < t \leqslant 100$	820	650	5
QTD 1050–7	$t \leqslant 30$	1050	750	7
	$30 < t \leqslant 60$	1000	750	5
	$60 < t \leqslant 100$	970	700	4
QTD 1200–4	$t \leqslant 30$	1200	850	4
	$30 < t \leqslant 60$	1170	850	3
	$60 < t \leqslant 100$	1140	850	2
QTD 1400–2	$t \leqslant 30$	1400	1100	2
	$30 < t \leqslant 60$	1300	供需双方商定	2
	$60 < t \leqslant 100$	1250	供需双方商定	1
QTD 1600–1	$t \leqslant 30$	1600	1300	1
	$30 < t \leqslant 60$	1450	供需双方商定	供需双方商定
	$60 < t \leqslant 100$	1300	供需双方商定	供需双方商定

表4.84 铸件本体试样抗拉强度和伸长率的指导值

材料牌号	屈服强度（$R_{p0.2}$）(min)/MPa	抗拉强度（R_m）/MPa			伸长率（A）/%		
		铸件主要壁厚（t）/mm					
		$t \leqslant 30$	$30 < t \leqslant 60$	$60 < t \leqslant 100$	$t \leqslant 30$	$30 < t \leqslant 60$	$60 < t \leqslant 100$
QTD 800–11 QTD 800–11R	550	790	740	710	9	6	5
QTD 900–9	650	880	830	800	8	5	4
QTD 1050–7	750	1020	970	940	6	4	3
QTD 1200–4	850	1170	1140	1100	3	2	2
QTD 1400–2	1100	1360	由供需双方商定				
QTD 1600–1	1300	1540	由供需双方商定				

表4.85 无缺口试样的最小冲击吸收能量

材料牌号	(23±5) ℃时最小冲击吸收能量(J)/min
QTD 800-11 QTD 800-11R	110
QTD 900-9	100
QTD 1050-7	80
QTD 1200-4	60
QTD 1400-2	35
QTD 1600-1	25
QTD HBW 400	25
QTD HBW 450	20

表4.86 布氏硬度指导值

材料牌号	布氏硬度范围/HBW
QTD 800-11 QTD 800-11R	250 ~ 310
QTD 900-9	270 ~ 340
QTD 1050-7	310 ~ 380
QTD 1200-4	340 ~ 420
QTD 1400-2	380 ~ 480
QTD 1600-1	400 ~ 490

表4.87 单铸试样、并排浇注试样和附铸试样的力学性能

牌 号	铸件主要壁厚 (t)/mm	抗拉强度 (R_m)/MPa	屈服强度 $(R_{p0.2})$/MPa	断后伸长率 (A)/%	布氏硬度 /HBW	室温（23±5 ℃）冲击吸收能量(K)/J
QTD800-11	$t \leqslant 30$ $30 < t \leqslant 60$ $60 < t \leqslant 100$	800 750 720	550	11 8 7	240 ~ 310	115
QTD850-10	$t \leqslant 30$ $30 < t \leqslant 60$ $60 < t \leqslant 100$	850 810 770	600	10 7 6	260 ~ 330	110
QTD900-9	$t \leqslant 30$ $30 < t \leqslant 60$ $60 < t \leqslant 100$	900 850 820	700	9 6 5	280 ~ 350	100
QTD1050-8	$t \leqslant 30$ $30 < t \leqslant 60$ $60 < t \leqslant 100$	1050 1000 970	750	8 5 4	320 ~ 380	80
QTD1200-4	$t \leqslant 30$ $30 < t \leqslant 60$ $60 < t \leqslant 100$	1200 1170 1140	900	4 3 2	350 ~ 430	60

表4.87（续）

牌 号	铸件主要壁厚 (t)/mm	抗拉强度 (R_m)/MPa	屈服强度 ($R_{p0.2}$)/MPa	断后伸长率 (A)/%	布氏硬度 /HBW	室温（23±5 ℃）冲击吸收能量(K)/J
QTD1400-2	t ≤ 30 30 < t ≤ 60 60 < t ≤ 100	1400 1300 1250	1100 — —	2 2 1	380 ~ 480	35
QTD1600-1	t ≤ 30 30 < t ≤ 60 60 < t ≤ 100	1600 1450 1300	1300 — —	1 — —	440 ~ 550	20

资料来源：《等温淬火球墨铸铁件》(T/CFA 02010243—2021)。

因等温淬火温度不同，其转变产物的形态不同，导致其力学性能不同。增加奥氏体化保温时间，使高温奥氏体达到碳饱和，可增加淬透性；适当缩短奥氏体化时间，降低高温奥氏体含碳量，可改善韧性，但这种效果只有铸态基体组织为铁素体时才能够显现出来。适当提高奥氏体化温度，可增加高温奥氏体的含碳量，提高淬透性，增加强度、硬度、冲击韧性，降低伸长率。但过高的奥氏体化温度，冲击韧性反而降低。中小型铸件高温奥氏体化时间一般为60 ~ 90 min，等温淬火保温时间为60 ~ 90 min。在生产中，常在230 ~ 400 ℃范围内进行等温淬火处理，见表4.88。

表4.88 球墨铸铁的等温淬火

性 能	工 艺 规 范
抗拉强度： R_m≥900 MPa；伸长率(A)≥10%；无缺口冲击吸收能量K≥64 J	
抗拉强度 R_m≥1200 MPa；伸长率A≥1%；无缺口冲击吸收能量K≥24 J	

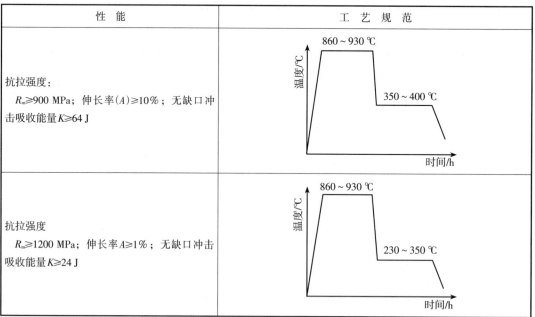

4.3.6.5 表面淬火

表面淬火的目的是在球墨铸铁件的表面获得硬度较高的马氏体组织，提高表面耐磨性，同时，铸件截面的芯部还具有良好的塑性和韧性。其常用的表面淬火工艺见表4.89。

表4.89 表面淬火处理典型工艺

工艺种类	参 数	淬透层深度/mm	硬 度	应 用
感应淬火	功率密度：$10.9 \sim 18.6$ W/mm²； 频率：10 kHz ~ 2 MHz； 表面淬火温度：$900 \sim 980$℃； 铸态组织：珠光体大于50%； 冷却介质：淬火液	$0.25 \sim 6.40$	HRC50	铸件内外圆柱面、平面、齿面等要求硬度高、耐磨的零件
火焰淬火	氧乙炔焰，或丙烷、甲烷的氧焰； 表面加热温度：$850 \sim 900$ ℃； 铸态组织：珠光体 > 70%； 冷却介质：水或油	$0.8 \sim 6.4$	HRC55-60	铸件局部硬化，如凸轮轴、轧辊、齿轮、汽车覆盖件拉延模等
激光淬火	CO_2激光器，功率 $630 \sim 1000$ W激光； 扫描速度：$1 \sim 2$ mm/s； 功率密度：1.3×10^4 W/mm²； 铸态组织：珠光体	$0.53 \sim 0.95$	55-65 HRC	凸轮轴、汽车覆盖件拉延模具等

4.3.6.6 化学热处理

为提高球墨铸铁机械加工成品零件的表面硬度，改善耐磨性、抗擦伤能力、耐蚀性及提高疲劳寿命，可对其进行化学热处理，其常见工艺见表4.90。

表4.90 化学热处理典型工艺参数及效果

名称	工 艺 参 数	效 果
气体渗氮	（1）预处理：小于700 ℃均匀化退火或铁素体退火。 （2）渗氮介质：氨气流，分解率为30% ~ 45%； 渗氮温度为650 ℃； 渗氮时间为3 ~ 4 h。 （3）渗氮介质同（2）， 渗氮温度为600 ~ 650 ℃， 渗氮时间为1 ~ 2 h。 （4）注意：①球墨铸铁含硅量高，不利于渗氮； ②球墨铸铁比碳素钢的渗氮层深度大、硬度高、显微硬度均匀性差	改善渗氮层硬度均匀性； 渗氮层深度为0.35 mm； 表面硬度：800 HV； 改善耐磨性，提高疲劳寿命； 提高耐蚀性，用于防锈处理
氮碳共渗	（1）铁素体球墨铸铁齿轮的氮碳共渗： 氮碳共渗介质（体积比）$V(CO_2):V(NH_3) = 5:100$，氮的分解率为62% ~ 63%，处理温度为570 ℃，处理时间为4 h，然后随炉冷却 （2）185柴油机曲轴的氮碳共渗： 预处理：低碳奥氏体化正火和部分粒状化回火。氮碳共渗介质：氨气流量为0.65 ~ 0.75 m³/h，压力为2350 Pa，滴入乙醇量65 ~ 75滴/min，加入催渗剂NH_4Cl 22 ~ 25 g，处理温度为570 ℃，处理时间为4 ~ 5 h	硬度为64HRC； 白亮层深度为7 μm； 扩散层深度为143 μm； 接触疲劳极限提高73%（处理前569 MPa，处理后1060 MPa）； 氮碳共渗层深度为190 ~ 220 μm； 曲轴疲劳强度提高71%
离子共渗	195柴油机齿轮的辉光离子渗氮： 温度为540~550℃，时间为6~8h，电压750~850V，电流为25 A，氨气压为133~266 Pa，真空度为13.3 Pa	硬化深度为0.2 mm，渗氮后内孔尺寸基本不变，不需要再磨内孔 使用试验表明耐磨性良好

表4.90（续）

名称	工 艺 参 数	效 果
渗硫	盐浴渗硫介质的质量分数 $w(KOH) = 5.8\%$，$w(FeS_2) = 5\%$，$w(NaCl) = 0.85\%$，$w(Na_2CO_3) = 0.35\%$，其余为 $K_4Fe(CN)_6$； 处理温度为 $540 \sim 560\,℃$，处理时间为 $2.5 \sim 3\,h$，也可用气体介质（H_2S）或固体介质（FeS，Fe_2S）渗硫	渗硫层深度为 $200 \sim 300\,\mu m$； 改善耐磨性、耐蚀性及抗擦伤能力
渗铬	（1）在介质氯化铬中处理温度为1000℃，处理时间5 h； （2）在含 Cr_2O_3 和硫酸的电解质中，电解温度为 $50 \sim 55\,℃$，处理时间为 $5 \sim 6\,h$	在工艺（1）中，渗铬层深度14 μm； 在工艺（2）中，渗铬层深度 $110 \sim 150\,\mu m$； 改善耐蚀性、耐磨性
渗硼	（1）$Na_2B_4O_7$ 熔融介质中电解渗硼，电流密度 $0.3 \sim 0.4\,A/cm^2$，温度为 $900\,℃$，处理时间小于 $8\,h$，或温度为 $950\,℃$，处理时间小于 $4\,h$； （2）$Na_2B_4O_7$ 的质量分数为 60% + B_4C 的质量分数为 40%介质中液态渗硼，处理温度为 $900 \sim 950\,℃$，处理时间小于 $6\,h$	提高耐磨性和抗磨蚀能力

4.4 蠕墨铸铁

蠕墨铸铁是介于灰铸铁和球墨铸铁之间的一种铸铁材料，其抗拉强度、塑韧性高于普通灰铸铁，但低于相同基体的球墨铸铁，铸造性能优于球墨铸铁，具有优良的热疲劳性能和导热性能。目前，它在柴油机缸体和缸盖、排气管、增压器壳体、制动鼓、液压件、焦化设备台车架和炉门框、钢锭模、玻璃模具、机床床身等铸件的生产中获得了较广泛的应用。

4.4.1 蠕墨铸铁金相组织

蠕墨铸铁的石墨形态是蠕虫状石墨和球状石墨共存的混合状态。典型蠕虫状石墨共晶团成长和宏观状态类似片状石墨共晶团，不同的是石墨不在共晶团间穿插，而连接共晶团的一般是球状石墨及其基体框架，有人称之为"筐络结构"。从二维形状来看，蠕虫状石墨接近片状石墨，只是长厚比较片状石墨小，端部圆而钝，似蠕虫（图4.23和表4.91）。

（a）片状石墨

（b）蠕虫状石墨

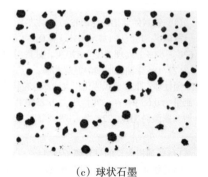

（c）球状石墨

图4.23 铸铁的石墨形态

表4.91 几种铸铁中石墨的长厚比

铸铁种类	灰铸铁	蠕墨铸铁	球墨铸铁
石墨长度/石墨厚度	>50	2~10	≈1

《蠕墨铸铁金相检验》(GB/T 26656—2023) 中规定的蠕化率级别见表4.92。

表4.92 蠕化率级别

蠕化率级别	蠕虫状石墨量/%
蠕95	≥95
蠕90	90
蠕85	85
蠕80	80
蠕70	70
蠕60	60
蠕50	50
蠕40	40

铸态蠕墨铸铁的基体由铁素体和珠光体组成,铁素体围绕石墨形成共晶团,其数量占基体的20%~40%。随着稀土残留量增加,铸态珠光体数量增加,有时也可能出现自由渗碳体。珠光体数量从小于10%到大于90%分为10级,磷共晶和碳化物数量级别在《蠕墨铸铁金相检验》(GB/T 26656—2023)中也都有具体规定。抗拉强度和硬度随着珠光体数量增加而提高,塑性和韧性随着铁素体数量增加而提高。

4.4.2 蠕墨铸铁牌号、性能与应用

4.4.2.1 蠕墨铸铁的牌号

《蠕墨铸铁件》(GB/T 26655—2022)中规定,蠕墨铸铁分为5种牌号,见表4.93和表4.94。

表4.93 单铸试样的力学性能和主要基体组织

牌号	抗拉强度(R_m)/MPa ≥	屈服强度($R_{p0.2}$)/MPa ≥	断后伸长率(A)/% ≥	典型的布氏硬度范围/HBW	主要基体组织
RuT300	300	210	2.0	140~210	铁素体
RuT350	350	245	1.5	160~220	铁素体+珠光体
RuT400	400	280	1.0	180~240	珠光体+铁素体
RuT450	450	315	1.0	200~250	珠光体
RuT500	500	350	0.5	220~260	珠光体

注:布氏硬度(指导值)仅供参考。

表4.94　并排试样和附铸试样的力学性能及主要基体组织

牌号	主要壁厚/mm	抗拉强度(R_m)/MPa ≥	屈服强度($R_{p0.2}$)/MPa ≥	断后伸长率(A)/% ≥	典型的布氏硬度范围/HBW	主要基体组织
RuT300A	$t≤30$	300	210	2.0	140～210	铁素体
	$30<t≤60$	275	195	2.0	140～210	
	$60<t≤200$	250	175	2.0	140～210	
RuT350A	$t≤30$	350	245	1.5	160～220	铁素体+珠光体
	$30<t≤60$	325	230	1.5	160～220	
	$60<t≤200$	300	210	1.5	160～220	
RuT400A	$t≤30$	400	280	1.0	180～240	珠光体+铁素体
	$30<t≤60$	375	260	1.0	180～240	
	$60<t≤200$	325	230	1.0	180～240	
RuT450A	$t≤30$	450	315	1.0	200～250	珠光体
	$30<t≤60$	400	280	1.0	200～250	
	$60<t≤200$	375	260	1.0	200～250	
RuT500A	$t≤30$	500	350	0.5	220～260	珠光体
	$30<t≤60$	450	315	0.5	220～260	
	$60<t≤200$	400	280	0.5	220～260	

注：① 从并排试样或附铸试样上测得的力学性能并不能准确地反映铸件本体的力学性能，但与单铸试样测得的值相比，更接近于铸件的实际性能值。该标准中附录E给出了蠕墨铸铁力学和物理性能指导值。

② 力学性能随铸件结构和冷却条件而变化，随铸件断面厚度增加而相应降低。

③ 对于主要壁厚大于200 mm的铸件，供需双方商定试样的类型、尺寸和性能最低值。

4.4.2.2　蠕墨铸铁的性能和应用

与灰铸铁相比，石墨对基体不利的作用减弱，所以，蠕墨铸铁的抗拉强度等力学性能高于灰铸铁，接近球墨铸铁；由于石墨的空间结构仍是分枝相连，类似于片状石墨，它的导热性、耐热冲击性和吸振性等优于球墨铸铁，接近于灰铸铁。几种铸铁力学性能的对比，见表4.95。

表4.95　几种铸铁力学性能的比较

性　能	灰铸铁	蠕墨铸铁	球墨铁铁（铸态）
抗拉强度（R_m）/MPa	150～350	300～500	400～800
屈服强度（$R_{p0.2}$）/MPa	—	210～350	250～480
伸长率（A）/%	0～0.5	0.75～3.00	2～15
硬度/HBW	150～280	120～280	130～330

由于石墨形态的改善和稀土对基体的强化作用，蠕墨铸铁有较高的耐磨性。从表4.96和表4.97的实例可以看出，蠕墨铸铁的耐磨能力为灰铸铁的2倍左右。

表 4.96　B2152 龙门刨床床身磨损量

导轨名称	床身材质	最大磨损量/μm	平均磨损量/μm	耐磨性系数
平导轨	蠕墨铸铁	8.0	5.0	2.0
	灰铸铁	40.9	10.0	1.0
V 型导轨	蠕墨铸铁	9.0	5.0	2.8
	灰铸铁	16.0	14.0	1.0

注：耐磨性系数 $= \dfrac{\text{灰铸铁平均磨损量}}{\text{同组对比的蠕墨铸铁的平均磨损量}}$。

表 4.97　干摩擦条件下各种铸铁的磨损性能

材　质	灰铸铁	蠕墨铸铁	球墨铸铁
质量损失/%	35 ~ 40	18 ~ 33	12 ~ 15

注：① 试样尺寸：直径为 10 mm，长为 10 mm，试样承受压载荷力为 8 kg。
　　② 磨盘速度为 5.4 m/s，经历磨程为 6.5 km。

蠕墨铸铁还具有良好的导热性能。各类铸铁的热导率和热疲劳性能的比较见表4.98 和表4.99。此外，蠕墨铸铁的致密性较好。各种牌号蠕墨铸铁的性能特点与应用举例见表4.100。

表 4.98　各类铸铁的热导率　　　　　　　　　　　　　　单位：W/(m·K)

种类	室温	100 ℃	200 ℃	300 ℃	400 ℃	500 ℃	600 ℃	700 ℃	800 ℃	900 ℃
灰铸铁	63.22	56.94	52.34	48.57	45.22	42.29	40.19	38.52	37.68	37.68
蠕墨铸铁	50.66	46.47	44.80	41.87	39.36	37.68	36.01	34.75	33.49	32.66
球墨铸铁	—	28.47	28.89	29.31	28.47	27.21	—	27.63	—	17.58

注：表中热导率采用激光法测定。

表 4.99　各类铸铁的热疲劳性能

种　类	金相组织		力学性能		试样产生首次裂纹的循环次数		
	石墨形态	基　体	R_m/MPa	A/%	循环温度/℃		
					250 ~ 500	250 ~ 700	250 ~ 900
灰铸铁	细片状	100% 珠光体	215	0.6	2900	340 ~ 460	80 ~ 180
蠕墨铸铁	90% 蠕虫状	30% 珠光体	395	2.14	11250	1200 ~ 1650	450 ~ 640
球墨铸铁	球状	75% 珠光体	760	2.10	18000	1100 ~ 1800	550 ~ 640

表 4.100　蠕墨铸铁的性能特点和典型应用

材料牌号	性能特点	典型应用例子
RuT300	强度低，塑韧性高； 高的热导率和低的弹性模量； 热应力积聚小； 以铁素体基体为主，长时间暴露于高温之中引起的生长小	排气歧管； 涡轮增压器壳体； 离合器零部件； 大型船用和固定式发动机缸盖

表 4.100（续）

材料牌号	性能特点	典型应用例子
RuT350	与合金灰铸铁比较，有较高强度并有一定的塑韧性； 与球墨铸铁比较，有较好的铸造、机加工性能和较高的工艺出品率	机床底座、托架和联轴器； 离合器零部件； 大型船用和固定式柴油机缸体和缸盖； 铸锭模
RuT400	材料强度、刚性和热传导综合性能好； 较好的耐磨性	汽车发动机缸体和缸盖； 机床底座、托架和联轴器； 重型卡车制动鼓； 泵壳和液压件； 铸锭模
RuT450	比 RuT400 有更高的强度、刚性和耐磨性，不过切削性能稍差	汽车发动机缸体和缸盖； 气缸套； 火车制动盘； 泵壳和液压件
RuT500	强度高，塑韧性低； 耐磨性最好，切削性差	负荷汽车缸体； 气缸套

蠕墨铸铁的铸造性能介于灰铸铁和球墨铸铁之间，但由于生产控制手段不同，蠕虫状石墨、球状石墨及块状石墨的比例可在较大范围内变动，使得铸造性能也很不一样。一般情况下，蠕墨铸铁由于碳当量高，接近共晶成分，蠕化剂又有去硫、去氧作用，所以流动性较好。几种铸铁流动性的比较见表 4.101。蠕墨铸铁的体收缩与蠕化率、浇注温度有关。蠕化率越高，体收缩率越小，接近灰铸铁；反之，则接近球墨铸铁，见表 4.102。蠕墨铸铁的线收缩率与灰铸铁大致相同，为 0.8%～1.2%。蠕墨铸铁的铸造应力大于灰铸铁，但比球墨铸铁小，见表 4.103。由于蠕化剂的作用，蠕墨铸铁的白口倾向比灰铸铁大。

表 4.101　几种铸铁流动性比较

材料	化学成分(质量分数)/%											浇注温度/℃	螺旋线长度/mm
	C	Si	Mn	P	S	RE	Mg	Ti	Cr	Cu	Mo		
蠕墨铸铁	3.36	2.43	0.60	0.06	0.028	0.024	0.014	0.13	—	—	—	1330	960
球墨铸铁	3.45	2.62	0.51	0.07	0.027	0.024	0.04	—	—	—	—	1315	870
合金灰铸铁	2.95	1.85	0.89	0.07	0.044	—	—	—	0.35	0.95	0.92	1340	445

表 4.102　蠕化率对体收缩率的影响　　　　　　　　　　　　单位：%

蠕化率	90	80	70	60	50	40	30
体收缩率	3.61	4.24	4.45	4.19	4.49	5.18	7.1

表4.103　各种铸铁的铸造应用

材　质	弹性模量(E)/GPa	$\Delta L^{①}$/mm	铸造应力/MPa	材质	弹性模量E/GPa	$\Delta L^{①}$/mm	铸造应力/MPa
灰铸铁	77	0.26	51.25	蠕墨铸铁	146	0.32 ~ 0.36	119.6 ~ 134.6
合金铸铁	119	0.34	104.2	球墨铸铁	172	0.40	176.4

注：ΔL为应力框粗杆锯开后的伸长量（mm）。

4.4.3　蠕墨铸铁化学成分

蠕墨铸铁的化学成分与球墨铸铁相似，即高碳、高硅、低磷、低硫和一定的含锰量（铁素体蠕墨铸铁含锰量低，珠光体蠕墨铸铁含锰量稍高），还含有蠕化元素。蠕墨铸铁中五元素及常见合金元素的确定，见表4.104和表4.105。典型蠕墨铸铁件的化学成分见表4.106。

表4.104　蠕墨铸铁五元素的选择及控制

成　分	选择范围及控制
碳当量	应接近共晶或稍过共晶。铸件壁厚小于12 mm，CE4.6% ~ 4.7%；壁厚大于50 mm，CE4.3% ~ 4.4%，铸件壁厚12 ~ 50 mm，CE4.4% ~ 4.6%
碳	一般3.6% ~ 4.1%，大断面铸件，C宜较低； 原铁水经蠕化处理，降碳0.1% ~ 0.2%
硅	原铁水应含硅量低，一般小于1.8%；蠕化后，含Si 2.0% ~ 3.0%，厚壁铸件偏下限，中硅钼蠕墨铸铁硅含量控制在4.0% ~ 4.5%范围内
锰	铁素体基体，锰宜低，一般小于0.3%；珠光体基体，Mn一般为0.4% ~ 0.6%。通常，珠光体蠕墨铸铁不完全依靠Mn元素来稳定珠光体
磷	一般小于0.06%
硫	原铁液中含硫量要小于0.03%，否则，容易蠕化衰退；但不能过低（<0.008%），否则，结晶核心少。关键是原铁液含硫量要稳定。蠕化后的残留硫量控制在0.008% ~ 0.012%为宜

碳硅含量对蠕化率有较大影响：高硅促球；在亚共晶范围内，高碳促蠕；在过共晶范围内，高碳促球。

表4.105　蠕墨铸铁中常见合金元素的选择

元　素	选　择　范　围
钛	钛抑制镁的球化作用，放宽残镁量，可稳定地获得蠕虫状石墨； 用镁钛稀土合金处理时，铁水含Ti 0.15% ~ 0.3%，可得到蠕墨铸铁
铝	铝抑制Mg的球化作用。若含Al 0.3%，即使Mg残留0.05%，石墨仍以蠕虫状为主； 在Ti 0.06% ~ 0.15%和一定量Mg残留情况下，含Al 0.025% ~ 0.009%，可稳定地得到蠕虫状石墨
铜	对于RuT400至RuT500高牌号蠕铁，需要加入0.5% ~ 1.2%的铜，保证获得珠光体，提高抗拉强度和硬度
镍	镍改善蠕墨铸铁的高温性能
锑	机床铸件加入Sb 0.03% ~ 0.07%，珠光体量达70%，导轨面硬度180 ~ 240 HB，但加入Sb后，铁液的收缩倾向大，且蠕化率提高
锡	锡稳定珠光体。加Sn 0.03% ~ 0.1%，改善综合性能；Sn过量，冲击韧度恶化

表4.106　典型蠕墨铸铁的化学成分（质量分数）　　　　　单位：%

铸件名称	C	Si	Mn	P	S残	Mg	RE	其他
一般铸件	3.5 ~ 3.9	2.2 ~ 2.8	0.4 ~ 0.8	< 0.1 （< 0.06）	0.012	0.01 ~ 0.16	0.012 ~ 0.018	
12 V240柴油机缸盖 R_m 300 ~ 400 MPa A1% ~ 4%	3.6 ~ 3.8	原铁水小于1.5，终铁水2.5 ~ 2.8	0.7 ~ 0.9	< 0.1	≤0.012		0.040 ~ 0.055	
2942 kW（4000马力）柴油机缸盖	3.7 ~ 3.9	原铁水1.5 ~ 1.8	0.6 ~ 0.8	< 0.06	0.012	0.01 ~ 0.015	0.013 ~ 0.048	Cu0.6 ~ 1.0
大功率柴油机缸盖 R_m > 400 MPa	3.6 ~ 3.9	原铁水1.8 ~ 1.9，终铁水2.0 ~ 2.1	0.5 ~ 0.7	< 0.06	< 0.012	0.01 ~ 0.16	0.001 ~ 0.016	Cu0.7 ~ 1.1 Sn0.06 ~ 0.10
拖拉机4125柴油机缸盖 R_m 400 ~ 450 MPa	3.65	原铁水1.83，终铁水2.7	原铁水0.82，终铁水0.81	< 0.06	< 0.012	0.018	痕量	
涡轮压缩机壳体，柴油机零件 R_m 350 MPa A 1.5%	3.3 ~ 4.0	2.0 ~ 3.0	0.5 ~ 1.2	< 0.1	< 0.01		0.10 ~ 0.15	
液压件 R_m 350 ~ 400 MPa	3.7 ~ 4.1	2.2 ~ 3.0	0.3 ~ 0.9	< 0.1	< 0.012	0.010 ~ 0.018	0.010 ~ 0.018	
钢锭模	3.5 ~ 3.8	2.5 ~ 2.8	0.5 ~ 0.8	≤0.06	< 0.012	0.016 ~ 0.022	0.0076 ~ 0.0180	Al 0.020 ~ 0.041
玻璃瓶模具	3.2 ~ 3.6	2.5 ~ 3.5	0.6 ~ 0.8	0.07 ~ 0.10	< 0.012	0.012 ~ 0.018	0.012 ~ 0.020	Cr 0.2 ~ 0.4 Mo 0.15 ~ 0.2 Ni 0.2 ~ 0.3 Ti 0.15 ~ 0.20

4.4.4　蠕化处理和孕育处理

4.4.4.1　蠕化剂

蠕化剂的种类和成分见表4.107。

表4.107　蠕化剂

蠕化剂	化学成分(质量分数)/%	特　点
镁钛系硅铁合金	Mg 4.0 ~ 5.0 Ti 8.5 ~ 10.5 Ce 0.25 ~ 0.35 Ca 4.0 ~ 5.5 Al 1.0 ~ 1.5 Si 48.0 ~ 52.0 Fe余量	熔点约为1100 ℃，密度3.5 g/cm³，合金沸腾适中，操作方便，白口倾向小，渣量少；适用于接近共晶成分、大量生产硫含量小于0.03%的铁液，合金加入量0.7% ~ 1.3%；但其回炉料残存Ti，会引起钛的积累和污染问题。另外，机加工性能降低

表4.107（续）

蠕化剂	化学成分(质量分数)/%	特 点
镁钛系硅铁合金	Mg 4～6 Ti 3～5 RE 1～3 Ca 3～5 Al 1～2 Si 45～50 Fe 余量	基本同镁钛合金。与前项镁钛合金相比，RE量提高后有利于改善石墨形貌及提高耐热疲劳性能，延缓蠕化衰退，扩大蠕化范围；由于生铁本身已含一些钛，因此酌量减少蠕化剂中含钛量。减少外界带入的钛的污染和累积
稀土基硅铁镁合金	FeSiMg4RE 12合金 RE 11～13 Mg 3.5～4.5 Ca 2～3 Si 38～45 Fe 余量	有搅拌作用、白口倾向小，但合金适宜加入量范围窄，处理的铁液温度应大于等于1480 ℃
	FeSiMg 8RE 18合金 RE 17～19 Mg 7～9 Ca 3～4 Si 40～44 Fe 余量	适用于厚壁铸件，高硫铁液有搅拌作用，蠕化效果稳定
	FeSiMg 3RE 8合金 RE 7.5～8.5 Mg 3～4 Ca 1.5～2.5 Si 43～47 Fe 余量	适用于中等壁厚铸件，有搅拌作用，蠕化效果稳定
	FeSiMg4RE 9合金 RE 9.0～10.0 Mg 4.0～5.0 Ca 1.5～2.5 Si 40～46 Fe 余量	粒度5～25 mm； 适用于中厚或较厚度铸件； 高硫铁液也可使用； 反应平稳； 回炉料应无钛或其他杂质元素
	14REMgZn 3-3合金 RE 13～15 Mg 3～4 Zn 3～4 Ca<5 Al 1～2 Si 40～44 Fe 余量	浮渣最少，有自沸腾能力，并且石墨球化倾向小，但适宜加入量范围比稀土硅铁稍窄，且有烟雾
混合稀土金属	大多采用低铈混合稀土金属，稀土总的质量分数大于99%，其中铈的质量分数约为50%	较容易获得蠕墨铸铁，加入量决定于铁液中含氧及含硫量。如冲天炉铁液，经CaC₂脱S后，含硫量w(S) 为0.03%，则加质量分数为0.25%。感应炉铁液，w(S) 为0.012%，加质量分数为0.10%。 混合稀土金属价格贵，白口倾向较大。在原铁液含硫量很低时使用才合理

表 4.107（续）

蠕化剂	化学成分(质量分数)/%		特 点
稀土镁硅铁合金蠕化剂	FeSiMg8RE7	RE 6～8 Mg 7～9 Ca＜4 Si 40～45 Fe余量	有搅拌作用，但合金适宜加入量范围窄，若处理工艺不稳定，易引起残余Mg、RE量超过临界含量，影响蠕化效果的稳定性
	FeSiMg6RE6	RE5.0～6.0 Mg5.0～6.0 Ca1.5～2.5 Si40～46 Al＜1.0	粒度5～25 mm； 适用于薄壁或中等厚度铸件； 反应比较平稳； 回炉料应无钛或其他杂质元素； 适用于S小于0.025%
	FeSiMg6RE2	Mg5.0～6.0 RE1.0～2.0 Ca1.5～2.5 Si40～46 Al＜1.0	粒度5～25 mm； 白口倾向小，适用于薄壁铸件； 反应比较平稳； 适用于S小于0.020%； 回炉料应无钛或其他杂质元素
	FeSiMg5RE2	Mg4.0～5.0 RE1.0～2.0 Ca1.5～2.5 Si40～46 Al＜1.0	粒度5～25 mm； 白口倾向小，适用于薄壁铸件； 反应平稳； 可以不孕育或者少孕育； 适用于S小于0.015%； 回炉料应无钛或其他杂质元素

4.4.4.2 蠕化处理方法

蠕墨铸铁生产工艺与球墨铸铁相似，但控制难度更大：蠕化剂加入量稍多，则易出现过多球状石墨；蠕化剂加入量不足，则会产生片状石墨。因此，必须合理选择蠕化剂，并严格控制蠕化处理过程的各项工艺因素。用得最多的蠕化处理方法有包底冲入法、喂丝法和"两步法"，见表4.108。

表 4.108　蠕化处理方法

处理方法	适当蠕化剂	优 缺 点
包底冲入法	有自沸腾能力的合金，如Mg-Ti合金、FeSiMgRE合金、REMg-Zn合金	操作简便，但有烟尘。一般采用堤坝式包底冲入法［图（a）］。为减少烟尘，提高吸收率，也有采用加盖处理包进行蠕化处理，收效明显，但此法必须与铁液定量装置配合使用，否则铁液量难以控制［图（b）］。 （a）包底冲入法处理　　　　（b）加盖包处理 1—加盖处理包；2—铁液定量电子秤

表4.108（续）

处理方法	适当蠕化剂	优 缺 点
喂丝法	蠕化包芯线的几种成分： （1）Mg3%～10%，RE15%～20%，Ca2%～5%，Ba0.5%～2%，Si35%～44%。 （2）Mg7%～9%，RE适量，Ca2%～3%，Ba适量，Si40%～50%。 （3）Mg29%～31%，RE适量，Ca3.5%～4.5%，Ba适量，Si40%～44%	用喂丝机将蠕化剂包芯线以一定速度不间断地连续插入铁液中，通过预置喂丝速度、喂丝长度等参数，可以十分精确地控制蠕化剂的加入量，吸收率高，成本低，烟尘少，由先进的检测方法和计算机控制，可以稳定地获得蠕化率在80%以上的蠕墨铸铁 喂丝法处理蠕铁对蠕化镁线的线密度要求严格一致，否则蠕化处理不稳定
「两步法」	采用预蠕化处理＋二次喂丝处理的蠕化处理工艺。 （1）预处理剂：常规的冲入法蠕化剂，或球化剂＋适量稀土金属，加入量少。 （2）二次喂线的直径为5～10 mm，粉料为钝化镁粉＋铁粉＋适量硅铁。 （3）孕育线为常规的球化孕育线。 （4）对预处理铁液采用热分析样杯测试凝固过程曲线，分析冶金质量	 （1）可准确调控蠕化处理铁液的蠕化率、孕育指数、共晶指数、缩松指数、共晶点活性碳当量、碳硅含量等冶金质量参数。 （2）根据铸件要求的蠕化率和孕育指数，系统自动计算镁线和孕育线的喂线长度，实现蠕化处理的自动化和智能化控制。 （3）可有效降低铸件的缩孔和缩松缺陷。 （4）可实现出铁温度、出铁质量、浇注温度和光谱化学成分的无线传输、存储、科学管理与追溯。 （5）"两步法"蠕化处理可做到闭环控制，蠕墨铸铁件冶金质量稳定。 （6）处理工艺控制系统界面友好，操作简单

目前，传统蠕化处理工艺存在着不可克服的问题：原铁液冶金质量的波动引起蠕化质量不稳定；由于出铁质量和温度的变化导致蠕化工艺过程不稳定；共晶点的碳当量控制不准确；蠕化率和碳当量的波动容易引起蠕墨铸铁铸件的缩松缺陷；蠕化率波动范围大，力学性能、物理性能、铸造性能不稳定。因此，要解决蠕墨铸铁件的冶金质量波动大的难题，采用"两步法"蠕化处理工艺是一个发展趋势。

"两步法"蠕化处理的工作原理是：第一步，当中频炉熔炼原铁液熔清并达到1450 ℃左右时，浇注原铁液样杯，测试原铁液的碳硅含量。控制好CEL。第二步，当原铁液碳硅含量调整合格及其他化学成分满足要求后，进行预蠕化处理（也叫欠处理）。第三步，对预蠕化处理后的铁液取样，浇注热分析试样，测试热分析曲线，计算机自动对曲线进行特征值的分析。根据热分析曲线的特征值，系统预测蠕墨铸铁铁液的蠕化率、孕育指数、共晶指数、收缩指数、碳硅含量、共晶点碳当量真值等；然后，系统根据所生产蠕墨铸铁产品要求的蠕化指数和孕育指数目标值，自动计算铁液所需要的镁线和孕育线长度，并通过网络或者无线传输发给喂丝机控制系统。第四步，依据系统给出的数据对预处理后的铁液进行喂镁线和孕育线，进一步修正蠕化率和孕育效果，以获得满足铸件要求的铁液蠕化率。第五步，去浇注铸

件，从而保证铸件的蠕化率等冶金质量参数控制在要求范围内，稳定蠕墨铸铁件的性能和内在质量。

4.4.4.3 孕育处理

一般蠕化剂中含有较多的硅，具有一定孕育作用，但蠕化处理过程中孕育处理仍是一项必不可少的工艺操作。根据蠕化处理工艺的不同，孕育处理方法也不尽相同。孕育处理的要点见表4.109。

表4.109 孕育处理的要点

处理效果	孕育剂选用	工 艺 因 素
（1）消除或减少由于镁和稀土元素的加入引起的白口倾向，防止在基体组织中出现莱氏体和自由渗碳体 （2）提供足够的石墨结晶核心，增加共晶团数，使石墨细小并分布均匀，提高力学性能	（1）普遍采用$\omega(Si)$75%的硅铁 （2）除加入硅铁外，再加入质量分数为0.10%~0.15%的硅钙对改善组织有一定效果	（1）根据原铁液的碳硅质量分数，确定孕育剂的加入量，一般为铁液质量的0.1%~0.4%（质量分数）。 （2）冲入法处理工艺一般采用孕育剂覆盖在蠕化剂上面，必要时（如薄壁铸件）可采用倒包二次孕育工艺。 （3）稀土蠕墨铸铁对孕育较敏感，当稀土残余含量足以形成蠕虫状石墨组织时，若孕育不足，则白口倾向大，难以消除碳化物；若孕育过量，又易促成球状石墨的形成，降低蠕化率。 （4）对于未出现碳化物的厚大断面铸件，也可不进行孕育处理。 （5）用高硫铁液制取蠕墨铸铁时，也可不进行孕育处理，这是由于铁液中生成大量的CeS，MgS等颗粒，它们会成为析出石墨核心的基底，可使铸件薄壁处的过冷度减少到很小，从而减少或消除碳化物。 （6）喂丝蠕化处理可采用同时孕育线处理

需要注意，孕育处理使得在高温液相中形成许多细小的石墨球核心，部分较大尺寸石墨球核心生存下来，共晶时被奥氏体壳包围，继续以球状形式长大，因而孕育具有促进石墨球化的效果，见表4.110。

如果孕育量增加的同时，终硅量也增加，对蠕化率的影响更显著。特别强调的是，微量的随流孕育促球效果更加明显，如图4.24所示。因此，不建议蠕墨铸铁铸件生产采用随流孕育处理。

表4.110 孕育对蠕化率的影响

序 号	硅铁孕育/%			序 号	硅钙孕育/%		
	加入量	终硅量	蠕化率		加入量	终硅量	蠕化率
1	0.6	2.34	80~90	5	0.3	2.10	80~90
2	0.9	2.52	70~80	6	0.5	2.23	70~80
3	1.2	2.60	50~60	7	0.7	2.33	50~60
4	1.5	2.87	30~40	8	0.9	2.38	30~40

注：原铁液含硫量0.074%；蠕化剂加入量1.6%稀土硅铁合金+0.2%稀土镁硅铁合金；蠕化处理温度1450~1500℃。

 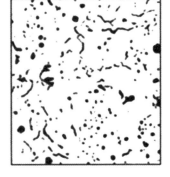

（a）孕育前蠕化率为97%　　　　　（b）0.08%孕育后蠕化率为79%

图4.24　镁蠕化处理瞬时孕育对蠕化率的影响（直径25 mm试棒）

4.4.4.4　蠕化率检测

表4.111和表4.112分别列出了几种典型的炉前和炉后的蠕化处理检测方法。

表4.111　炉前蠕化率检测方法

名称	方法简述	蠕化鉴别	优缺点
三角试样判断	炉前浇注三角试块	（1）蠕化良好。 ①断口呈银白色，有均匀分布的小黑点，黑点占比越大，蠕化率越高； ②两侧凹陷轻微； ③悬空敲击试样，声音清脆。 （2）球状石墨过多。 ①断口呈银白色； ②两侧凹陷严重； ③敲击试样，声音清脆。 （3）处理不成，石墨为片状。 ①断口呈灰色； ②两侧无凹陷； ③敲击试样，声音闷哑	操作简易，速度快，但不能区分蠕化等级，且易判断失误
快速金相检查	用显微镜观察蠕化等级	（1）参照《蠕墨铸铁金相检验》（GB/T 26656—2023）评定石墨等级。 （2）由于铸件一般比试样大，金相试样上观察到的蠕化率与铸件本体有差异，应根据经验找出两者的对应关系	此法直观准确，但须配备专人检查。一般需3～5 min才能测得结果
热分析法	浇注 $\phi30$ mm × 50 mm试样，用热分析仪记录冷却曲线，根据冷却曲线上各特征点算出石墨的蠕化率	图 典型冷却曲线及特性值 t_{max}—最高温度；t_1—初晶温度；t_0—共晶最低温度；t_e—共晶最高温度；Δt_1—t_1-t_0；Δt_e—t_e-t_0；τ_1—从t_1到t_0的时间；τ_e—从t_0到t_e的时间	（1）利用计算机信息技术可以简便迅速地自动测定。 （2）由于影响冷却曲线形状特征的因素较多，采用单样杯热分析预测蠕化率有一定困难。 （3）当化学成分处于共晶或过共晶范围，碳当量过高时，共晶再辉度与蠕化率相关性不大。 （4）目前，通过三样杯

335

表 4.111（续）

名称	方法简述	蠕化鉴别	优缺点
		判据 1：试样浇注温度 1360～1420 ℃，浇注量为 220～250 g，根据上述 8 个特性值、原铁液中和 Si 成分，以及冷却曲线所属类型的回归方程，利用微处理机测出蠕化率。精度±5%。 判据 2：$t_e - t_0$ 为区分灰铸铁和球墨铸铁的判据，Δt_e 和 t_0 至 t_e 段温度回升速度 $dt/d\tau$ 为蠕化率判据： 蠕化率为 50%～70%时，$dt/d\tau = 6～24$ ℃/min，$\Delta t_e = 4～10$ ℃； 蠕化率大于 70%时，$dt/d\tau = 24～60$ ℃/min，$\Delta t_e = 10～35$ ℃	热分析进行蠕化率预测较为准确

表 4.112 炉后蠕化率检测方法

名称	方法简述	蠕化鉴别	优缺点
断口分析法	待铸件自然冷却后根据浇冒口的断口特征判断是否处理成功	（1）蠕化良好：断口呈银白色，有均匀分布的小黑点；蠕化率越高，冷却速度越快，则黑点细而密。断口呈黑白相间的网目状，蠕化率越低，黑点越少。 （2）处理不成：断口呈灰色，表明石墨为片状，黑色则为过冷石墨。 （3）处理过头：断口呈银白色，无黑点，表明球状石墨过多	简便易行，能正确区分处理成功与否，但难以评定蠕化等级
音频检测法	将被测铸件置于支撑架上，敲击一端，利用音频检测仪，根据因振动而发出的声音测出该铸件的固有频率，从而间接反映其组织特征	每一种有固定结构的铸件的固有频率主要取决于材质的弹性模量及其密度，它与蠕化率大小有良好的对应关系，根据生产要求通过试验确定蠕化率合格时的频率范围。如某厂排气管的固有频率为： 蠕化率 > 50%，510～580 Hz 蠕化率 < 50%，> 580 Hz 片状石墨，< 510 Hz	操作简便，不带主观性，适用于大量生产。但此法目前尚不能对蠕化率分级
超声波速度检测法	浇注一定尺寸的试样，测出其超声波速度，根据超声波速度与石墨形态、抗拉强度有良好的对应关系确定蠕化率；有时也可使用专用胎具，将铸件固定，逐个进行超声波速度的测定	试样直径为 ϕ30 mm 的超声波速度与石墨形态、抗拉强度的关系如下图所示：蠕墨铸铁的超声波速度与铸件的形状无关（但应校准断面厚度），超声波速度在 5.2～5.4 km/s 范围内；对于非常大的铸件（如钢锭模），则为 4.85～5.10 km/s 超声波速度与石墨形态、抗拉强度的关系	简便易行，适用于批量生产，但因受基体组织的影响，要精确测定蠕化率等级尚有困难
金相检测法	金相试样从试棒上或本体上切取，使用光学显微镜观察	根据铸件的技术条件，订出金相试样上蠕化等级要求，按蠕墨铸铁金相标准评级	准确可靠，直接反映力学性能试棒的组织特征，应用最普遍

4.5 铸铁熔炼

铸铁熔炼炉主要有两类：冲天炉和感应电炉。15年前，铸铁熔炼主要以冲天炉为主；近10年来，由于环保的原因，冲天炉逐渐被淘汰，主要以中频感应炉为主。两种熔炼炉的参数比较见表4.113。另外，对于球墨铸铁铸管行业，多采用双联熔炼工艺。

表4.113 两种熔炼炉有关技术参数比较

技 术 参 数		冲天炉	无芯感应电炉
熔化1 t铁液能量消耗		< 125 kg焦炭 15 ~ 20 kW·h	< 700/kW·h
热效率/%	总计	30 ~ 40	60 ~ 70
	其中用于加热熔化	50 ~ 60	50 ~ 60
	其中用于过热	6 ~ 8	60 ~ 70
金属总烧损量/%		6 ~ 8	2 ~ 3
Si烧损量/%		10 ~ 20	1
Mn烧损量/%		15 ~ 30	1
炉渣量/(kg/t铁水)		100 ~ 150	10 ~ 15
铁液成分偏差/%	C	0.2 ~ 0.3	0.1
	Su	0.2 ~ 0.4	0.1
铁液含硫量/%		0.06 ~ 0.12	0.01 ~ 0.03
烟气量/(kg/t铁水)		<1000	< 30
烟气量尘量/(m³/t铁水)		10 ~ 18	0.30 ~ 0.35
温度控制		受限制	容易

对铸铁熔炼的基本要求见表4.114。

表4.114 对铸铁熔炼的基本要求

项 目	技 术 要 求
铁液温度	熔化、过热到所需温度，铁水出炉温度应为1480 ~ 1550 ℃
铁液化学成分	铁液化学成分符合材质和性能要求，而且成分波动范围小
生产率	熔炼炉的生产率或熔化率必须与造型能力（所需铁液量）相适应
能量和材料消耗	能量和材料消耗少，熔炼费用低。冲天炉熔炼的焦铁比一般为1:10 ~ 1:8
环境保护	噪声小，粉尘少

4.5.1 炉料

4.5.1.1 金属炉料

冲天炉和电炉熔炼用的炉料包括新生铁、废钢、回炉铁、铁合金、某些纯金属、熔剂及增碳剂等。对金属炉料的主要技术要求见表4.115。

表4.115 对金属炉料的主要技术要求

金属炉料名称	使用目的	主要技术要求
新生铁	冲天炉熔炼时，是灰铸铁、球墨铸铁、蠕墨铸铁和特种铸铁的最主要部分，占配料质量的29%~100%	（1）新生铁进厂时，应有质量证明书，注明生铁的牌号及化学成分等，并经工厂取样化验核实。 （2）新生铁进厂后，必须根据其牌号、产地、批号分类堆放。 （3）新生铁在投炉前，铁块表面应洁净不应黏附泥沙和油污。 （4）新生铁在投入冲天炉时，铁块块度最大尺寸不得超过加料口炉径的1/3，铁块块度最大质量不宜超过以下质量： 表：冲天炉熔化量/(t·h⁻¹)：2、3、5~7、10；铁块最大质量/kg：<15、<20、<25、<40 （5）铁液牌号不同，选用新生铁牌号也应有所区别。对于低牌号灰铸铁，宜选用铸造生铁222、Z26、Z30；对于高牌号灰铸铁，宜选用铸造生铁Z14、Z18；对于球墨铸铁，宜选用球墨铸铁生铁Q10、Q12、Q16或炼钢生铁L04、L08、L10；对于合金铸铁，宜选用含相应合金生铁，如含P生铁、含Cu生铁、含V生铁、Ti生铁等
废钢	主要以调整原铁液的碳量，并改变生铁的遗传性。 高温热风冲天炉熔炼铸铁可多用废钢代替新生铁。 感应炉熔炼生产合成铸铁，提高灰铸铁的性能，同时降低成本	（1）废钢表面不得有严重锈蚀和油污，夹带的泥沙必须清理干净。 （2）废钢要分类保管。成批的合金钢废料必须有成分化验才能使用，一般应单独配料使用，不要和普通钢混在一起或搭配使用。含W、Mo的高合金钢（如高速钢）最好不要用作冲天炉炉料。 （3）废钢中严禁混有弹壳、密封管头和其他易爆物品。 （4）废钢在投入冲天炉时，废钢块度最大尺寸不得超过加料口炉径的1/3，废钢块度最大质量不宜超过以下质量： 表：冲天炉熔化量/(t·h⁻¹)：2、3、5~7、10；废钢最大质量/kg：<15、<5、<1、0<15 废钢块厚度小于1mm的应打包使用。 （5）钢屑应进行打包、压块或烧结。 （6）废钢不应含反球化元素以及容易产生偏析和碳化物的合金元素。可锻铸铁中的废钢加入量较大，一般为70%~95%，但废钢的含铬量应小于0.6%
回炉铁（或废铁）	从经济性角度考虑回炉铁（或废铁）加入愈多，成本愈低；但从质量角度考虑，加入量不应超过70%	（1）回炉铁应按不同牌号和成分分类堆放，不得混杂，尤其不要将普通灰铸铁与特种铸铁的回炉铁混杂在一起。 （2）回炉铁在使用前应清除表面粘砂及型腔内的泥芯等，力求洁净。 （3）回炉铁在投入冲天炉时，回炉铁块度最大尺寸不得超过加料口炉径的1/3，回炉铁块度最大质量不宜超过以下质量： 表：冲天炉熔化量/(t·h⁻¹)：2、3、5~7、10；废铁最大质量/kg：<15、<20、<25、<40 （4）回炉铁在配料中一般只占30%左右，并尽量不要超过70%
铁合金（或纯金属等）	主要用以调整铸铁中的合金含量，提高铸件的有关性能	（1）各类铁合金（或纯金属等）均应有质量证明书，注明其种类及化学成分等。 （2）铁合金（或纯金属等）在堆放时应避免受潮、黏附泥沙和油污。 （3）铁合金（或纯金属等）在使用时，应破碎成规定的块度，炉后加入的块度一般为30~100mm，炉前对孕育剂、球化剂的块度要求如下： 表：铁液量/kg：<200、200~1000、1000~2000、>2000；粒度/mm：2~5、5~10、10~15、10~20

常用生铁的规格及要求见表4.116至表4.118。如果用于感应炉熔炼灰铸铁，没有冲天炉熔炼的增硫作用，普通铸造生铁硫含量应该提高至0.06%～0.12%为宜，如此，电炉熔炼可以不增硫或少增硫。

表4.116 铸造用生铁

牌　号			Z14	Z18	Z22	Z26	Z30	Z34
化学成分（质量分数）/%	C		≥3.30					
	Si		≥1.25～1.60	>1.60～2.00	>2.00～2.40	>2.40～2.80	>2.80～3.20	>3.20～3.60
	Mn	1组	≤0.5					
		2组	0.50～0.90					
		3组	0.90～1.30					
	P	1级	≤0.060					
		2级	0.060～0.100					
		3级	0.100～0.200					
		4级	0.200～0.400					
		5级	0.400～0.900					
	S	1类	≤0.030					
		2类	≤0.040					
		3类	≤0.050					

资料来源：《铸造用生铁》（GB/T 718—2005）。

表4.117 炼钢用生铁

铁 号	牌　号		炼04	炼08	炼10
	代　号		L04	L08	L10
化学成分（质量分数）/%	Si		<0.45	>0.45～0.85	>0.85～1.25
	Mn	1组	<0.30		
		2组	0.30～0.50		
		3组	0.5		
	P	1组	<0.15		
		2组	0.15～0.25		
		3组	0.25～0.40		
	S	特类	<0.02		
		1类	0.02～0.03		
		2类	0.03～0.05		
		3类	0.05～0.07		

资料来源：《炼钢用生铁》（YB/T 5296—2011）。

表4.118　球墨铸铁用生铁

牌号	化学成分（质量分数）/%										
	C	Si	Ti		Mn		P		S		
Q10	≥340	0.50～1.00	1档	≤0.050	1组	≤0.20	1级	≤0.050	1类	≤0.020	
									2类	0.020～0.030	
Q12		＞1.00～1.40	2档	0.050～0.080	2组	0.20～0.50	2级	0.050～0.060	3类	0.030～0.040	
					3组	0.50～0.80	3级	0.060～0.080	4类	≤0.045	

资料来源：《球墨铸铁用生铁》（GB/T 1412—2005）。

　　近年来，风电、高铁、军工等低温球铁铸件规定了生铁中铬、钒、钼、锡、锑、铅、铋、碲、砷、硼、铝等11个微量元素含量，相继制定了高纯生铁的标准，见表4.119至表4.124。

表4.119　铸造用高纯生铁的牌号和化学成分

牌号	化学成分（质量分数）/%					
	C	Si	Ti	Mn	P	S
C1	≥3.50	≤0.40	≤0.010	≤0.05	≤0.015	≤0.015
C2		≤0.70	≤0.030	≤0.01	≤0.030	≤0.020

资料来源：《铸造用高纯生铁》（T/CFA 0202050201—2018）。

表4.120　微量元素含量及总和最大值（质量分数）　　　　　　　　单位：%

微量元素	Cr	V	Mo	Sn	Sb	Pb	Bi	Te	As	B	Al	微量元素总和最大值
C1	0.012	0.012	0.005	0.003	0.0008	0.0008	0.0005	0.0005	0.0015	0.0008	0.005	0.045
C2	0.015	0.015	0.008	0.003	0.0008	0.0010	0.0005	0.0005	0.0018	0.0010	0.010	0.060

资料来源：《铸造用高纯生铁》（T/CFA 0202050201—2018）。

表4.121　铸造用高纯生铁的牌号和化学成分

牌号	化学成分（质量分数）/%					
	C	Si	Ti	Mn	P	S
C1	≥3.3	≤0.40	≤0.010	≤0.05	≤0.020	≤0.015
C2	≥3.3	≤0.70	≤0.030	≤0.15	≤0.030	≤0.020

资料来源：《铸造用高纯生铁》（JB/T 11994—2014）。

表4.122　微量元素含量及总和最大值

微量元素	Cr	V	Mo	Sn	Sb	Pb	Bi	Te	As	B	Al
最大值/%	0.015	0.015	0.01	0.003	0.0008	0.001	0.001	0.003	0.002	0.001	0.01

资料来源：《铸造用高纯生铁》（JB/T 11994—2014）。

　　注：铸造用高纯生铁中的铬、钒、钼、锡、锑、铅、铋、碲、砷、硼、铝等11种微量元素的含量总和：C1级≤0.05%，C2级≤0.07%。

表 4.123 高端装备铸造用高纯生铁的牌号和化学成分

牌 号	化学成分（质量分数）/%					
	C	Si	Ti	Mn	P	S
GC1	≥3.5	≤0.40	≤0.008	≤0.05	≤0.012	≤0.012
GC2	≥3.6	≤0.70	≤0.028	≤0.15	≤0.028	≤0.020

资料来源：《高端装备铸造用高纯生铁》（T/CPUMT 005—2022）。

表 4.124 微量元素含量大值

微量元素		化学成分（质量分数）/%										
		Cr	V	Mo	Sn	Sb	Pb	Bi	Te	As	B	Al
最大值	GC1	0.012	0.010	0.005	0.003	0.0008	0.0008	0.0005	0.0005	0.0015	0.0008	0.005
	GC2	0.015	0.015	0.008	0.003	0.0008	0.0010	0.0005	0.0005	0.0018	0.0010	0.010

资料来源：《高端装备铸造用高纯生铁》（T/CPUMT 005—2022）。

注：高端装备铸造用高纯生铁中铬、钒、钼、锡、锑、铅、铋、碲、砷、硼、铝等11种微量元素的质量分数总和应符合牌号 GC1≤0.042%、牌号 GC2≤0.060%。

国内外部分生铁的微量元素见表4.125和表4.126。

表 4.125 我国部分生铁微量元素含量

生产工厂	微量元素（质量分数）/(×10⁻⁴%)																	
	Pb	Bi	Sn	Sb	Nb	Se	V	Cr	Se	Zn	B	Al	Cu	Ti	Ni	Mo	总量
本钢一厂	1	0.2	1.08	2.08	4.6	8	40	50	<1	<1	7.3	18	28	520	30	3.3	715.6
本钢二厂	1	0.4	1.11	2.06	11.5	25	62	46	<1	<1	8.6	37	55	590	63	5.1	881.5
太钢	1	0.2	1.20	4.28	15.5	28	79	77	1	<1	7.6	17	59	840	52	11.7	1194.3
包钢	1	0.2	1.23	3.10	22.0	36	230	43	<1	<1	8.5	8	40	1380	76	28.0	2000.8
鞍钢	1	0.2	1.34	6.70	10.5	21	130	150	<1	<1	7.3	12.0	35	1960	52	3.5	2470.5
湘钢	1	0.4	1.15	27.1	22.0	18	150	53	<1	<1	8.3	12	75	710	23	5.0	1108.0
武钢	1	0.3	1.34	50.0	25.0	94	280	47	<1	<1	9.1	55	101	910	94	9.7	1634.4

表 4.126 世界上几种生铁的微量元素含量

铁种	微量元素（质量分数）/%												
	Mn	P	S	Ti	V	Cr	Cu	As	Al	Ni	Sb	Pb	Mg
瑞典木炭生铁	<0.01	<0.025	0.02	0.06	0.020	0.003	0.04	0.008	0.007	0.010	0.002	—	—
挪威OB生铁	<0.05	<0.025	<0.025	<0.01	0.05	<0.01	0.035	—	—	—	<0.05	—	—
日本球铁专用生铁	0.14	0.073	0.017	0.04	0.008	0.016	0.1	0.001	0.001	—	0.008	—	—
日本高纯生铁	0.04	0.007	0.003	0.004	0.003	0.002	0.07	0.001	0.008	—	0.008	—	—

表4.126（续）

铁种	微量元素（质量分数）/%												
	Mn	P	S	Ti	V	Cr	Cu	As	Al	Ni	Sb	Pb	Mg
德国蒂森厂生铁	—	—	—	0.006 ~ 0.010	0.003 ~ 0.010	0.006 ~ 0.010	0.003 ~ 0.004	0.002 ~ 0.004	0.002 ~ 0.003	0.001 ~ 0.003	0.003 ~ 0.006	0.003 ~ 0.005	0.001 ~ 0.002
俄罗斯亚述厂生铁	0.0034	—	—	0.046	0.032	0.019	0.04	0.002	0.0013	0.0012	0.002	0.00015	—
加拿大 Sorelmetal	0.009	0.027	0.020	—	—	—	—	—	—	—	—	—	—
南非 Sorelmetal R–D–1	0.043	0.026	0.070	—	—	—	—	—	—	—	—	—	—

废钢是中频炉熔炼铸铁的重要原材料，对其要求见表4.127和表4.128。目前，很多铸造企业多采用废钢利用中频感应炉熔炼合成铸铁，以改善金相组织，提高力学性能。但需要注意：废钢来源不同，含氮量不一样，特别是钢轨的含氮量比较高。对于中频感应炉熔炼，要求废钢的杂质元素含量比较低。如果冲天炉熔炼铸铁，由于炉内氧化性气氛，熔炼过程中某些微量元素被部分氧化烧损掉，因此废钢的杂质含量可适当放宽。

表4.127　熔炼用废钢分类

型号	类别	外形尺寸及质量要求	供应形状	典型示例
重型废钢	Ⅰ类	1200 mm ×600 mm 以下，厚度 ≥12 mm，单重 10 ~ 2000 kg	块、条、板、型	钢锭和钢坯、切头、切尾、中包铸余、冷包、重机解体类、圆钢、板材、型钢、钢轨头、铸钢件、扁状废钢等
	Ⅱ类	800 mm × 400 mm 以下，厚度 ≥6 mm，单重 ≥3 kg	块、条、板、型	圆钢、型钢、角钢、槽钢、板材等工业用料、螺纹钢余料、纯工业用料边角料，满足厚度单重要求的批量废钢
中型废钢	—	600 mm × 400 mm 以下，厚度 ≥4 mm，单重 ≥1 kg	块、条、板、型	角钢、槽钢、圆钢、板型钢等单一的工业余料，各种机器零部件、铆焊件、大车轮轴、拆船废、管切头、螺纹钢头/各种工业加工料边角废钢
小型废钢	—	400 mm × 400 mm 以下，厚度 ≥2 mm	块、条、板、型	螺栓、螺母、船板、型钢边角余料、机械零部件、农家具废钢等各种工业废钢，无严重锈蚀氧化废钢及其他符合尺寸要求的工业余料
轻薄料废钢	—	300 mm × 300 mm 以下，厚度 < 2 mm	块、条、板、型	薄板、机动车废钢板、冲压件边角余料各种工业废钢、社会废钢边角料，但无严重锈蚀氧化
打包块	—	700 mm × 700 mm × 700 mm 以下，密度 ≥1000 kg/m²	块	各类汽车外壳、工业薄料、工业扁丝、社会废钢薄料、扁丝、镀锡板、镀锌板冷轧边料等加工（无锈蚀、无包芯、夹什）成形
破碎废钢	Ⅰ类	150 mm × 150 mm 以下，堆密度 ≥1000 kg/m³	—	各类汽车外壳、箱板、摩托车架、电动车架、大桶、电器柜壳等经破碎机械加工而成
	Ⅱ类	200 mm × 200 mm 以下，堆密度 ≥800 kg/m³	—	各种龙骨、各种小家电外壳、自行车架、白铁皮等经破碎机械加工而成

表 4.127（续）

型号	类别	外形尺寸及质量要求	供应形状	典型示例
渣钢	—	500 mm × 400 mm 以下或单重≤800 kg	块	炼钢厂钢包、翻包、渣罐内含铁料等加工而成（渣的质量分数≤10%）
钢屑	—	—	—	团状、碎切屑及粉状

资料来源：《废钢铁》（GB/T 4223—2017）。

表 4.128 废钢及废钢屑化学成分

废钢特征	化学成分（质量分数）/%				
	C	Si	Mn	P	S
普通碳素钢	0.14 ~ 0.22	0.12 ~ 0.30	0.34 ~ 0.65	< 0.045	< 0.050
普通碳素铸钢	0.20 ~ 0.60	0.50 ~ 0.60	0.80 ~ 0.90	0.04	0.04
钢屑压块	0.12 ~ 0.32	0.20 ~ 0.45	0.35 ~ 0.85	< 0.06	< 0.06

硅铁、锰铁、铬铁、钼铁、钨铁、硼铁、磷铁、钒铁、钛铁、铌铁、锡、铋、锑、铜、稀土金属的规格见表4.129至表4.143。各种铁合金的密度、熔点见表4.144。

表 4.129 普通硅铁和铝硅铁

类别	牌 号	化学成分（质量分数）/%								
		Si	Al	Ca	Mn	Cr	P	S	C	Ti
							≤			
普通硅铁	PG FeSi75Al1.5	75.0 ~ < 80.0	1.5	1.5	0.4	0.3	0.045	0.020	0.10	0.3
	PG FeSi75Al2.0		2.0	1.5			0.040	0.020	0.20	
	PG FeSi75Al2.5		2.5	—						
	PG FeSi72Al1.5	72.0 ~ < 75.0	1.5	1.5	0.4	0.3	0.045	0.020	0.20	0.3
	PG FeSi72Al2.0		2.0				0.040			
	PG FeSi72Al2.5		2.5							
	PG FeSi70Al2.0	70.0 ~ < 72.0	2.0	—	0.5	0.5	0.045	0.020	0.20	—
	PG FeSi70Al2.5		2.5							
	PG FeSi65	65.0 ~ < 70.0	3.0	—	0.5	0.5	0.045	0.020	—	—
	PG FeSi40	40.0 ~ < 47.0	—	—	0.6	0.5	0.045	0.020	—	—
低铝硅铁	DL FeSi75Al0.3	75.0 ~ < 80.0	0.3	0.3	0.4	0.3	0.030	0.020	0.10	0.3
	DL FeSi75Al0.5		0.5	0.5			0.030			
	DL FeSi75Al0.8		0.8	1.0			0.035			
	DL FeSi75Al1.0		1.0	1.0						
	DL FeSi72Al0.3	72.0 ~ < 75.0	0.3	0.3	0.4	0.3	0.030	0.020	0.10	0.3
	DL FeSi72Al0.5		0.5	0.5			0.030			
	DL FeSi72Al0.8		0.8	0.8			0.035			
	DL FeSi72Al1.0		1.0	1.0			0.035			

表 3.129（续）

类别	牌 号	化学成分（质量分数)/%								
		Si	Al	Ca	Mn	Cr	P	S	C	Ti
		≤								

类别	级 别	规格/mm	筛下物（质量分数)/%	筛上物（质量分数)/%
			粒度下限值	2边或3边长度超过粒度上限的 1.15倍的量
硅铁粒度要求	自然块	—	小于 20 mm × 20 mm 的质量 ≤8	—
	加工块	10 ~ 50	≤6	≤5
	硅粒	3 ~ 10	≤6	≤5
	硅粉	0 ~ 3	—	≤5
		0 ~ 1	—	≤10

资料来源：《硅铁》（GB/T 2272—2020）。

表 4.130 锰铁

类别	牌 号	化学成分（质量分数)/%						
		Mn	C	Si		P		S
				I	II	I	II	
				≤				
微碳	FeMn90C0.05	87.0 ~ 93.5	0.05	0.5	1.0	0.03	0.04	0.02
	FeMn84C0.05	80.0 ~ 87.0	0.05	0.5	1.0	0.03	0.04	0.02
	FeMn90C0.10	87.0 ~ 93.5	0.10	1.0	2.0	0.05	0.10	0.02
	FeMn84C0.10	80.0 ~ 87.0	0.10	1.0	2.0	0.05	0.10	0.02
	FeMn90C0.15	87.0 ~ 93.5	0.5	1.0	2.0	0.08	0.10	0.02
	FeMn84C0.15	80.0 ~ 87.0	0.15	1.0	2.0	0.08	0.10	0.02
低碳	FeMn88C0.2	85.0 ~ 92.0	0.2	1.0	2.0	0.10	0.30	0.02
	FeMn88C0.4	80.0 ~ 87.0	0.4	1.0	2.0	0.15	0.30	0.02
	FeMn88C0.7	80.0 ~ 87.0	0.7	1.0	2.0	0.20	0.30	0.02
中碳	FeMn82C1.0	78.0 ~ 85.0	1.0	1.0	2.5	0.20	0.35	0.03
	FeMn82C1.5	78.0 ~ 85.0	1.5	1.5	2.5	0.20	0.35	0.03
	FeMn78C2.0	75.0 ~ 82.0	2.0	1.5	2.5	0.20	0.40	0.03
高碳	FeMn78C8.0	75.0 ~ 82.0	8.0	1.5	2.5	0.20	0.33	0.33
	FeMn74C7.5	70.0 ~ 77.0	7.5	2.0	3.0	0.25	0.38	0.03
	FeMn68C7.0	65.0 ~ 72.0	7.0	2.5	4.5	0.25	0.40	0.03

表4.130（续）

类别	牌　号	化学成分（质量分数)/%						
		Mn	C	Si		P		S
				I	II	I	II	
				≤				
高炉	FeMn78	75.0～82.0	7.5	1.0	2.0	0.20	0.30	0.03
	FeMn73	70.0～75.0	7.5	1.0	2.0	0.20	0.30	0.03
	FeMn68	65.0～70.0	7.0	1.0	2.0	0.20	0.30	0.03
	FeMn63	60.0～65.0	7.0	1.0	2.0	0.20	0.30	0.03
锰铁粒度要求	等　级	粒　度		允许偏差/%　≤				
				筛上物		筛下物		
	1	20～250		3		7		
	2	50～150		3		7		
	3	10～50（或70）		3		7		
	4	0.097～0.450		3		30		

资料来源：《锰铁》（GB/T 3795—2014）。

表4.131　铬铁

类别	牌　号	化学成分（质量分数)/%									
		Cr	Cr≥		C	Si≤		P≤		S≤	
			I	II		I	II	I	II	I	II
微碳	FeCr65C0.03	60.0～70.0	—	—	0.03	1.0	—	0.03	—	0.025	—
	FeCr55C0.03	—	60.0	52.0	0.03	1.5	2.0	0.03	0.04	0.03	—
	FeCr65C0.06	60.0～70.0	—	—	0.06	1.0	—	0.03	—	0.025	—
	FeCr55C0.06	—	60.0	52.0	0.06	1.5	2.0	0.04	0.06	0.03	—
	FeCr65C0.10	60.0～70.0	—	—	0.10	1.0	—	0.03	—	0.025	—
	FeCr55C0.10	—	60.0	52.0	0.10	1.5	2.0	0.04	0.06	0.03	—
	FeCr65C0.15	60.0～70.0	—	—	0.15	1.0	—	0.03	—	0.025	—
	FeCr55C0.15	—	60.0	52.0	0.15	1.5	2.0	0.04	0.06	0.03	—
低碳	FeCr65C0.25	60.0～70.0	—	—	0.25	1.5	—	0.03	—	0.025	—
	FeCr55C0.25	—	60.0	52.0	0.25	2.0	3.0	0.04	0.06	0.03	0.05
	FeCr65C0.50	60.0～70.0	—	—	0.50	1.5	—	0.03	—	0.025	—
	FeCr55C0.50	—	60.0	52.0	0.50	2.0	3.0	0.04	0.06	0.03	0.05
中碳	FeCr65C1.0	60.0～70.0	—	—	1.0	1.5	—	0.03	—	0.025	—
	FeCr55C1.0	—	60.0	52.0	1.0	2.5	3.0	0.04	0.06	0.03	0.05
	FeCr65C2.0	60.0～70.0	—	—	2.0	1.5	—	0.03	—	0.025	—
	FeCr55C2.0	—	60.0	52.0	2.0	2.5	3.0	0.04	0.06	0.03	0.05

表 4.131（续）

类别	牌　号	化学成分（质量分数）/%										
		Cr	Cr≥		C	Si≤		P≤		S≤		
			Ⅰ	Ⅱ		Ⅰ	Ⅱ	Ⅰ	Ⅱ	Ⅰ	Ⅱ	
中碳	FeCr65C4.0	60.0~70.0	—	—	4.0	1.5	—	0.03	—	0.025	—	
	FeCr55C4.0	—	60.0	52.0	4.0	2.5	3.0	0.04	0.06	0.03	0.05	
高碳	FeCr67C6.0	60.0~72.0	—	—	6.0	3.0	—	0.03		0.04	0.06	
	FeCr55C6.0	—	60.0	52.0	6.0	3.0	5.0	0.04	0.06	0.04	0.06	
	FeCr57C9.5	60.0~72.0	—	—	9.5	3.0	—	0.03		0.04	0.06	
	FeCr55C10.0	—	60.0	52.0	10.0	3.0	5.0	0.04	0.06	0.04	0.06	
其他要求	（1）铬铁以质量分数为50%的铬作为基准量考核单位。需方对砷、锑、铋、锡、铅等元素含量有特殊要求的，由供需双方协商确定。 （2）铬铁应呈块状，每块质量不得大于15 kg，尺寸小于20 mm×20 mm铬铁块的质量分数不得超过铬铁总质量分数的5%，其他粒度要求由供需双方协商											

资料来源：《铬铁》（GB/T 5683—2008）。

注：本表未收录该标准中的真空法微碳铬铁。

表 4.132　钼铁

牌　号	化学成分（质量分数）/%							
	Mo	Si	S	P	C	Cu	Sb	Sn
		≤						
FeMo70	65.0~75.0	1.50	0.10	0.05	0.10	0.05	—	—
FeMo70Cu1	65.0~75.0	2.20	0.10	0.05	0.10	1.00	—	—
FeMo70Cu1.5	65.0~75.0	2.50	0.20	0.10	0.10	1.50	—	—
FeMo60-A	55.0~65.0	1.00	0.10	0.04	0.10	0.50	0.04	0.04
FeMo60-B	55.0~65.0	1.50	0.10	0.05	0.10	0.50	0.05	0.06
FeMo60-C	55.0~65.0	2.00	0.15	0.05	0.20	1.00	0.08	0.08
FeMo60	≥60.0	2.00	0.10	0.05	0.15	0.50	0.04	0.04
FeMo55-A	≥55.0	1.00	0.10	0.08	0.20	0.50	0.05	0.06
FeMo55-B	≥55.0	1.50	0.15	0.10	0.25	1.00	0.08	0.08

资料来源：《钼铁》（GB/T 3649—2008）。

表 4.133　钨铁

牌　号	化学成分（质量分数）/%											
	W	C	P	S	Si	Mn	Cu	As	Bi	Pb	Sb	Sn
		≤										
FeW80-A	75.0~85.0	0.10	0.03	0.06	0.50	0.25	0.10	0.06	0.05	0.05	0.05	0.06
FeW80-B	75.0~85.0	0.30	0.04	0.07	0.70	0.35	0.12	0.08	0.05	0.05	0.05	0.08

表 4.133（续）

牌　号	化学成分（质量分数）/%											
	W	C	P	S	Si	Mn	Cu	As	Bi	Pb	Sb	Sn
		≤										
FeW80-C	75.0 ~ 85.0	0.40	0.05	0.08	0.70	0.50	0.15	0.10	0.05	0.05	0.05	0.08
FeW70	≥70.0	0.80	0.07	0.10	1.20	0.60	0.18	0.12	0.05	0.05	0.05	0.1

资料来源：《钨铁》（GB/T 3648—2013）。

表 4.134　硼铁

类别	牌　号		化学成分（质量分数）/%					
			B	C	Si	Al	S	P
				≤				
低碳	FeB22C0.05		21.0 ~ 25.0	0.05	1.0	1.5	0.010	0.050
	FeB20C0.05		19.0 ~ < 21.0	0.05	1.0	1.5	0.010	0.050
	FeB18C0.1		17.0 ~ < 19.0	0.10	1.0	1.5	0.010	0.050
	FeB16C0.1		14.0 ~ < 17.0	0.10	1.0	1.5	0.010	0.050
中碳	FeB20C0.15		19.0 ~ < 21.0	0.15	1.0	0.5	0.010	0.05
	FeB20C0.5	A	19.0 ~ < 21.0	0.50	1.5	0.05	0.010	0.10
		B		0.50	1.5	0.5	0.010	0.10
	FeB18C0.5	A	17.0 ~ < 19.0	0.50	1.5	0.05	0.010	0.10
		B		0.50	1.5	0.50	0.010	0.10
	FeB16C1.0		15.0 ~ < 17.0	1.0	2.5	0.50	0.010	0.10
	FeB14C1.0		13.0 ~ < 15.0	1.0	2.5	0.50	0.010	0.20
	FeB12C1.0		9.0 ~ < 13.0	1.0	2.5	0.50	0.010	0.20

资料来源：《硼铁》（GB/T 5682—2015）。

表 4.135　磷铁

牌　号	化学成分（质量分数）/%								
	P	Si	C		S		Mn	Ti	
			I	II	I	II		I	II
					≤				
FeP29	28.0 ~ 30.0	2.0	0.20	1.00	0.05	0.50	2.0	0.70	2.00
FeP26	25.0 ~ < 28.0	2.0	0.20	1.00	0.05	0.50	2.0	0.70	2.00
FeP24	23.0 ~ < 25.0	3.0	0.20	1.00	0.05	0.50	2.0	0.70	2.00
FeP21	20.0 ~ < 23.0	3.0	1.0		0.5		2.0	—	
FeP18	17.0 ~ < 20.0	3.0	1.0		0.5		2.0	—	
FeP16	15.0 ~ < 17.0	3.0	1.0		0.5		2.0	—	

资料来源：《磷铁》（YB/T 5036—2015）。

表4.136 钒铁

牌　号	化学成分（质量分数)/%							
	V	C	Si	P	S	Al	Mn
		≤					
FeV50-A	48.0～55.0	0.40	2.0	0.06	0.04	1.5	—
FeV50-B	48.0～55.0	0.60	3.0	0.10	0.06	2.5	—
FeV50-C	48.0～55.0	5.0	3.0	0.10	0.06	0.5	—
FeV60-A	58.0～65.0	0.40	2.0	0.06	0.04	1.5	—
FeV60-B	58.0～65.0	0.60	2.5	0.10	0.06	2.5	—
FeV60-C	58.0～65.0	3.0	1.5	0.10	0.06	0.5	—
FeV80-A	78.0～82.0	0.15	1.5	0.05	0.04	1.5	0.50
FeV80-B	78.0～82.0	0.30	1.5	0.08	0.06	2.0	0.50
FeV80-C	78.0～82.0	0.30	1.5	0.08	0.06	2.0	0.50

资料来源：《钒铁》(GB/T 4139—2012)。

表4.137 钛铁

牌　号	化学成分（质量分数)/%							
	Ti	C	Si	P	S	Al	Mn	Cu
		≤						
FeTi50-B	＞45.0～55.0	0.20	4.0	0.08	0.04	9.5	3.0	0.4
FeTi60-A	＞55.0～65.0	0.10	3.0	0.04	0.03	7.0	1.0	0.2
FeTi60-B	＞55.0～65.0	0.20	4..0	0.06	0.04	8.0	1.5	0.2
FeTi60-C	＞55.0～65.0	0.30	5.0	0.08	0.04	8.5	2.0	0.2
FeTi70-A	＞65.0～75.0	0.10	0.50	0.04	0.03	3.0	1.0	0.2
FeTi70-B	＞65.0～75.0	0.20	3.5	0.06	0.04	6.0	1.0	0.2
FeTi70-C	＞65.0～75.0	0.40	4.0	0.08	0.04	8.0	1.0	0.2
FeTi80-A	＞75.0	0.10	0.50	0.04	0.03	3.0	1.0	0.2
FeTi80-B	＞75.0	0.20	3.5	0.06	0.04	6.0	1.0	0.2
FeTi80-C	＞75.0	0.40	4.0	0.08	0.04	7.0	1.0	0.2
其他要求	（1）钛铁应按炉组批或按牌号组批交货，每批批量不大于60 t。按牌号组批时，构成一批交货产品的各炉号之间的平均钛含量之差应不大于3%。产品的组批方式应在合同中注明。 （2）粒度规格符合下表要求。经供需双方协商并在合同中注明，可供应其他粒度要求的钛铁							

粒度级别	粒度/mm	小于下限粒度/%	大于上限粒度/%
		≤	
1	5～100	5	5
2	5～70	5	5
3	5～40	5	5
4	＜20	—	5
5	＜2	—	5

资料来源：《钛铁》(GB/T 3282—2012)。

表 4.138　铌铁

牌　号	化学成分（质量分数)/%														
	Nb + Ta	Ta	Al	Si	C	S	P	W	Ti	Cu	Mn	As	Sn	Sb	Pb	Bi
		≤														
FeNb70	7 ~ 80	0.8	3.8	1.5	0.04	0.03	0.04	0.30	0.3	0.3	0.30	0.005	0.002	0.002	0.002	0.002
FeNb60-A	60 ~ 70	0.5	2.0	0.4	0.04	0.02	0.02	0.20	0.2	0.3	0.30	0.005	0.002	0.002	0.002	0.002
FeNb60-B	60 ~ 70	0.8	2.0	1.0	0.05	0.03	0.05	0.20	0.3	0.3	0.30	0.005	0.002	0.002	0.002	0.002
FeNb50-A	50 ~ 60	0.8	2.0	1.2	0.05	0.03	0.05	0.10	0.3	0.3	0.30	0.005	0.002	0.002	0.002	0.002
FeNb50-B	50 ~ 60	1.5	2.0	4.0	0.05	0.03	0.05	—	—	—	—	—	—	—	—	—

资料来源：《铌铁》（HB/T 7737—2007）。

表 4.139　锡锭

牌　号			Sn99.90		Sn99.95		Sn99.99
级　别			A	AA	A	AA	A
化学成分 （质量分数)/%	锡含量，≥		99.90	99.90	99.95	99.95	99.99
	杂质， ≤	As	0.0080	0.0080	0.0030	0.0030	0.0005
		Fe	0.0070	0.0070	0.0040	0.0040	0.0020
		Cu	0.0080	0.0080	0.0040	0.0040	0.0005
		Pb	0.0250	0.0100	0.0200	0.0100	0.0035
		Bi	0.0200	0.0200	0.0060	0.0060	0.0025
		Sb	0.0200	0.0200	0.0140	0.0140	0.0015
		Cd	0.0008	0.0008	0.0005	0.0005	0.0003
		Zn	0.0010	0.0010	0.0008	0.0008	0.0003
		Al	0.0010	0.0010	0.0008	0.0008	0.0005
		S	0.0010	0.0010	0.0010	0.0010	—
		Ag	0.0050	0.0050	0.0005	0.0005	0.0005
		Ni + Co	0.0050	0.0050	0.0050	0.0050	0.0006

资料来源：《锡锭》（GB/T 728—2020）。

注：① 锡含量为100%减去表中杂质实测总和的余量。

　　② 对化学成分有特殊要求，由供需双方协商确定。

表 4.140　铋

牌号	化学成分（质量分数)/%														
	Bi≥	杂质元素，≤													
		Cu	Pb	Zn	Fe	Ag	As	Sb	Sn	Cd	Hg	Ni	Te	Cl	总和
Bi99997	99.997	0.0003	0.0007	0.0001	0.0005	0.0005	0.0003	0.0003	0.0002	0.0001	0.00005	0.0003			0.003
Bi9999	99.99	0.001	0.001	0.0005	0.001	0.004	0.0003	0.0005	—	—	—	—	0.0003	0.0015	0.010
Bi9995	99.95	0.003	0.008	0.005	0.001	0.015	0.001	0.001	—	—	—	—	0.001	0.004	—

表4.140（续）

牌号	Bi≥	化学成分（质量分数）/%												
		杂质元素，≤												
		Cu	Pb	Zn	Fe	Ag	As	Sb	Sn	Cd	Hg	Ni	Te	Cl	总和
Bi998	99.8	0.005	0.02	0.005	0.005	0.025	0.005	0.005	—	—	—	—	0.005	0.005	—

资料来源：《铋》（GB/T 915—2010）。

注：铋含量为100%减去Bi99997牌号所列实测杂质总量的差值。

表4.141 锑锭

牌　号	Sb≥	化学成分（质量分数）/%								
		杂质元素值，≤								
		As	Fe	S	Cu	Se	Pb	Bi	Cd	总和
Sb99.90	99.90	0.010	0.015	0.040	0.0050	0.0010	0.010	0.0010	0.0005	0.10
Sb99.70	99.70	0.050	0.020	0.040	0.010	0.0030	0.150	0.0030	0.0010	0.30
Sb99.65	99.65	0.100	0.030	0.060	0.050	—	0.300	—	—	0.35
Sb99.50	99.50	0.150	0.050	0.080	0.080	—	—	—	—	0.50

资料来源：《锑锭》（GB/T 1599—2014）。

注：锑的含量为100%减去表中所列砷、铁、硫、铜、硒、铅、铋和镉杂质含量实测总和的差值。

表4.142 阴极铜的化学成分

Cu + Ag不小于（质量分数）/%	杂质不大于（质量分数）/%									
	As	Sb	Bi	Fe	Pb	Sn	Ni	Zn	S	P
99.95	0.0015	0.0015	0.0006	0.0025	0.002	0.001	0.002	0.002	0.0025	0.001

资料来源：《阴极铜》（GB/T 467—2010）。

表4.143 混合稀土金属化学成分

产品牌号	RE≥	化学成分（质量分数）/%												
		稀土元素/RE					非稀土杂质，≤							
		La	Ce	Pr	Nd	Sm	Mg	Zn	Fe	Si	W+Mo	Ca	C	Pb
194025A	99.5	>80	—	—	—	<0.1	0.05	0.05	0.1	0.03	0.035	0.01	0.05	0.02
194025B	99.5	33~37	51~59	2.5~3.2	6.0~9.3	<0.1	0.05	0.05	0.1	0.03	0.035	0.01	0.03	0.02
194025C	99.5	25~29	49~53	4~7	—	<0.1	0.05	0.05	0.1	0.03	0.035	0.01	0.05	0.02
194020A	99	61~65	24~28	—	—	<0.1	0.1	0.05	0.2	0.05	0.035	0.02	0.02	0.05
194020B	99	>33	>62	—	—	<0.1	0.1	0.05	0.2	0.05	0.035	0.02	0.02	0.03
194020C	99	>30	>60	4~8	—	<0.1	0.1	0.05	0.2	0.05	0.035	0.02	0.05	0.05

资料来源：《混合稀土金属》（GB/T 4153—2008）。

表 4.144 铁合金的密度、堆密度及熔点

铁合金名称	密度		堆密度/(t·m⁻³)	熔点	
	密度/(g·cm⁻³)	备注（质量分数)/%		密度/(g·cm⁻³)	备注（质量分数)/%
硅铁	3.5 5.15	Si:75 Si:45	1.4 ~ 1.6 2.2 ~ 2.9	1300 ~ 1330 1290	Si:75 Si:45
高碳锰铁	7.10	Mn:76	3.5 ~ 3.7	1250 ~ 1300	Mn:70 C:6
中碳锰铁	7.0	Mn:92	—	1310	Mn:80 C:0.5
高碳铬铁	6.94	Cr:60	3.8 ~ 4.0	1520 ~ 1550	Cr:65 ~ 70 C:6 ~ 8
中碳铬铁	7.28	Cr:60	—	1600 ~ 1640	—
低碳铬铁	7.29	Cr:60	2.7 ~ 3.0	—	—
硅钙	2.55	Cu:31 Si:59	—	1000 ~ 1245	—
钒铁	7.9	V:40	3.4 ~ 3.9	1540 1480 1680	V:60 V:40 V:80
钼铁	9.0	Mo:60	4.7	1760 1440	Mo:58 Mo:36
铌铁	≈7.4	Nb:50	3.2	1410 1590	Nb:20 Nb:30
钨铁	16.4	W70 ~ 80	≈7.2	> 2000 1600	W > 70 W:50
钛铁	6.0	Ti:20	2.7 ~ 3.5	1580 1450	Ti:40 Ti:20
磷铁	6.34	P:25	—	1050 1160 1360	P:10 P:15 P:20
硼铁	≈7.2	B:15	3.1	1380	B:10

4.5.1.2 焦炭和熔剂

冲天炉熔炼所需要的焦炭、熔剂等原材料见表 4.145 至表 4.149。

表 4.145 铸造焦炭

指 标	等级		
	优级	一级	二级
粒度/mm	> 120、120 ~ 80、80 ~ 60		
水分(M_t)/%	≤5.0		
灰分(A_d)/%	≤8.00	≤10.00	≤12.00

表 4.145（续）

指　标	等　级		
	优级	一级	二级
挥发分(V_{daf})/%	≤1.5		
硫分($S_{t,d}$)/%	≤0.60	≤0.80	≤0.80
抗碎强度(M_{40})/%	≥87.0	≥83.0	≥80.0
落下强度(SI_4^{50})/%	≥93.0	≥89.0	≥85.0
显气孔率(P_s)/%	≤40	≤45	≤45
碎焦率（<400 mm）/%	≤4.0		

资料来源：《铸造焦炭》（GB/T 8729—2017）。

表 4.146　我国山西等焦炭主要产地焦炭组成

名　称	组成（质量分数）/%				水分（质量分数）/%	粒度/mm
	固定碳	灰分	挥发分	硫分		
山西柳林	88～90	8～10	<1.5	<0.5	<8	100～300
山西柳林	83～86	12～18	<1.5	0.5～0.6	<8	100～300
山西太谷	88.5	10	1.4	<0.5	5～8	80～300
山西沁源	88～89	8～10	1.5	0.5～0.6	5	80～120以上
山西神木	85	14.5	1.5	0.7	8	20～80
山西运城	85～90	10	1.5	0.6	8	—
山西太原	85～87	11～13	1.3～1.6	0.4～0.5	5～10	—
河北峰峰	85～86	12.5～13.0	1.2～1.9	0.6～0.7	<8	40～80
山东兖州	85～86	12.0～12.5	1.15～1.65	0.6	8～10	25～80
山东德州	88	10.7	1.3	0.8	—	—
山东邹平	87	10～11	1.2	0.5	5	—
内蒙古乌海	85～86	12.8～13.4	1.1～1.6	0.75～0.80	8	25～80
安徽淮北	84～85	12.50～12.84	1.27	0.38～0.57	7～8	25～80
宁夏	85	13.5	1.5	0.8	10	0～100
贵州六盘水	78～82	16	1.98	0.85	12～13	—

表 4.147　国外几种铸造焦炭质量指标

生产国	灰分（质量分数）/%	硫分（质量分数）/%	挥发分（质量分数）/%	转鼓强度/%		落下强度/%	堆密度/(g·cm⁻³)	显气孔率/%	粒度/mm
				M80	M40				
美国	<7	<0.6	<1.0	—	>80	>95	0.85～1.10	45～50	76～230
英国	<7	<0.7	<1.0	—	>80	>90	0.95～1.40	45～52	76～150
法国	9～10	<0.7	<1.0	65～70	—	—	0.9～1.1	45～52	60～90 60～152

表4.147（续）

生产国	灰分（质量分数)/%	硫分（质量分数)/%	挥发分（质量分数)/%	转鼓强度/% M80	转鼓强度/% M40	落下强度/%	堆密度/(g·cm⁻³)	显气孔率/%	粒度/mm
日本	6～14	＜0.8	＜20	65～70	—	70.1～90.1	—	—	＞100 75～100 35～50
德国	7.5～8.5	0.80～0.95	—	65～70	—	70.1～90.1	—	—	＞100 ＞80 80～120
俄罗斯	9.5～12.5	0.45～1.40	＜1.2	—	73～80	—	—	—	＞80 ＞60 40～60 60～80

表4.148 推荐焦炭块度

炉膛直径/mm	500～600	700	900～1100	1300～1500
底焦块度/mm	60～100	80～120	100～150	120～300
层焦块度/mm	40～80	40～100	60～120	70～150

表4.149 石灰石

类 别	牌 号	化学成分（质量分数)/% CaO	CaO+MgO	MgO	SiO₂	P	S
		≥			≤		
普通石灰石	PS540	54.0	—	3.0	1.5	0.005	0.025
	PS530	53.0			1.5	0.010	0.035
	PS520	52.0			2.2	0.015	0.060
	PS510	51.0			3.0	0.030	0.100
镁质石灰石	GMS545	—	54.5	8.0	1.5	0.005	0.025
	GMS540		54.0		1.5	0.010	0.035
	GMS535		53.5		2.2	0.020	0.060
	GMS525		52.5		2.5	0.030	0.100

4.5.1.3 增碳剂

1）人造石墨 人造石墨是品质最好的增碳剂。制造人造石墨的主要原料是优质煅烧石油焦粉，沥青作为黏结剂，并加入少量其他辅料。压制成形后在2500～3000℃、非氧化性气氛中进行石墨化处理。经高温处理后，灰分、硫、气体含量都大幅度减少。

2）石油焦 石油焦是目前广泛应用的增碳剂。

石油焦是精炼原油得到的副产品。渣油及石油沥青经焦化后就得到生石油焦。生石油焦有海绵状、针状、粒状和流态等品种。

生石油焦中的杂质含量高，不能直接用作增碳剂，必须先经过煅烧处理。石油焦的煅烧，是为了除去硫、水分和挥发分。将生石油焦于1200~1350℃煅烧，可以使其成为基本上纯净的碳。

各种石油焦制品的大致成分见表4.150。

表4.150　各种石油焦制品的大致成分（质量分数）　　　　　单位：%

品　种	固定碳	硫	灰　分	挥发分	水　分
生石油焦	85～89	1～6	0.2～0.5	10～14	8～10
煅烧石油焦	98.5	0.02～3.00	0.2～0.5	0.3～0.5	≤0.5
合成碳制品	99	0.01～0.03	0.1～0.5	—	≤0.5
低硫合成碳制品	99.9	0.01～0.03	0.01～0.03	—	≤0.2

3）天然石墨　天然石墨可分为鳞片石墨和微晶石墨两类。

微晶石墨灰分含量高，一般不用作铸铁的增碳剂。

鳞片石墨有很多品种：高碳鳞片石墨需用化学方法萃取，或加热到高温使其中的氧化物分解、挥发，这种鳞片石墨产量不多且价格高，一般也不用作增碳剂；低碳鳞片石墨中的灰分含量高，不宜用作增碳剂；用作增碳剂的主要是中碳鳞片石墨，但用量也不多。

4）增碳剂分类与牌号

（1）分类。增碳剂分为石墨增碳剂（ZTS）、石油焦增碳剂（ZTJ）和其他炭质增碳剂（ZTT）。

（2）牌号。增碳剂牌号表示如下：

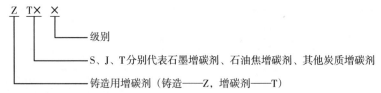

示例1：ZTS-1表示铸造用石墨增碳剂，级别1级。

示例2：ZTJ-2表示铸造用石油焦增碳剂，级别2级。

示例3：ZTT-3表示铸造用其他炭质增碳剂，级别3级。

表4.151为铸造用增碳剂的理化指标。

表4.151　增碳剂的理化指标

类别	等级	固定碳/%	灰分/%	挥发分/%	水分/%	硫含量/%	氮含量/%
石墨增碳剂	ZTS-1	≥99.20	≤0.40	≤0.40	≤0.20	≤0.03	≤0.015
	ZTS-2	≥98.50	≤1.00	≤0.50	≤0.50	≤0.05	≤0.03
石油焦增碳剂	ZTJ-1	≥98.50	≤1.00	≤0.50	≤0.50	≤0.30	≤0.20
	ZTJ-2	≥98.00	≤1.00	≤1.00	≤0.50	≤0.50	≤1.00
其他炭质增碳剂	ZTT-1	≥95.00	≤4.00	≤1.00	≤0.50	≤0.25	≤0.50
	ZTT-2	≥92.00	≤6.00	≤1.50	≤0.50	≤0.30	≤0.60
	ZTT-3	≥90.00	≤8.00	≤1.50	≤0.50	≤0.30	≤0.70

表4.152 不同增碳剂的增碳效率

增碳剂	成分含量（质量分数）/%			增碳效率/%
	固定碳	灰分	硫	
增烧硬沥青	99	0.40	0.25	95～97
低硫煅烧石油焦	99	0.30	0.42	95～97
中硫煅烧石油焦	98	0.48	1.50	93～95
沥青焦	94.3	4.30	0.37	88～91
沥青	87	11.30	1.25	63～67

4.5.1.4 增硫剂

1）牌号 铸造用增硫剂的牌号表示如下：

示例1：如ZFeS30-A：ZFeS表示铸造用增硫剂，30表示硫含量为25.0%～35.0%，A表示增硫剂的粒度为10～50mm。

示例2：如ZFeS50-B：ZFeS表示铸造用增硫剂，50表示硫含量为45.0%～55.0%，B表示增硫剂的粒度为3～10mm。

铸造用增硫剂按硫含量和粒度分为6个牌号，见表4.153。

表4.153 铸造用增硫剂的牌号

牌　　号	硫含量(质量分数)/%	粒　　度/mm
ZFeS30-A	25.0～35.0	10～50
ZFeS30-B	25.0～35.0	3～10
ZFeS40-A	35.0～45.0	10～50
ZFeS40-B	35.0～45.0	3～10
ZFeS50-A	45.0～55.0	10～50
ZFeS50-B	45.0～55.0	3～10

2）增硫剂技术要求 铸造用增硫剂的 化学成分和粒度应符合表4.154的规定。

表4.154 铸造用增硫剂的主要化学成分和粒度

牌　　号	主要化学成分(质量分数)/%					粒 度	
	S	C	P	Si	Fe	粒度/mm	综合粒度偏差/%
ZFeS30-A	25.0～35.0	≤0.40	≤0.30	≤7.0	≥22.0	10～50	<5
ZFeS30-B	25.0～35.0	≤0.40	≤0.30	≤7.0	≥22.0	3～10	<5
ZFeS40-A	35.0～45.0	≤0.30	≤0.25	≤5.0	≥30.0	10～50	<5

表 4.154（续）

牌　号	主要化学成分（质量分数）/%					粒　度	
	S	C	P	Si	Fe	粒度/mm	综合粒度偏差/%
ZFeS40-B	35.0 ~ 45.0	≤0.30	≤0.25	≤5.0	≥30.0	3 ~ 10	< 5
ZFeS50-A	45.0 ~ 55.0	≤0.20	≤0.20	≤3.0	≥39.0	10 ~ 50	< 5
ZFeS50-B	45.0 ~ 55.0	≤0.20	≤0.20	≤3.0	≥39.0	3 ~ 10	< 5

4.5.2　冲天炉熔炼

4.5.2.1　冲天炉的基本结构

冲天炉的基本结构组成如图4.25所示。各部分的作用和结构特点见表4.155。

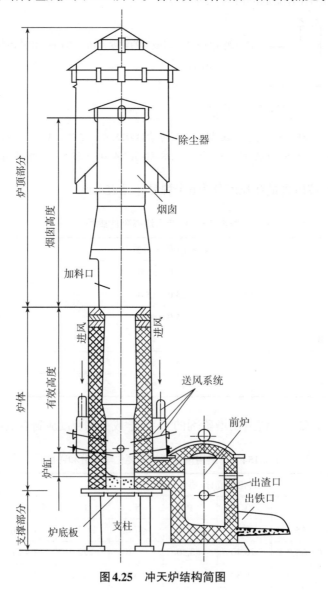

图 4.25　冲天炉结构简图

表4.155 冲天炉各部分的作用与结构特点

名　称	作　用	结 构 特 点
炉底	承受冲天炉及加入炉料的质量，并满足打炉清理余料和修炉的要求	炉底由支柱、炉底板和炉底门组成。炉底门有单扇和双扇两种结构形式
炉体	容纳炉料，并确保熔炼过程在其中正常进行	炉体由钢板制成的外壳和用耐火材料砌制的炉衬两部分组成。为避免炉壁加热变形，并减少热量损失，一般在炉壳与炉衬之间留有间隙，填入砂子或炉渣材料。炉体上部开设加料口，下部有风口、过桥口、修炉工作门等。对于热风冲天炉，密筋炉胆安装在炉体内
烟囱	将冲天炉内的气体、粉尘、焦炭碎粒和火花等引至炉顶，并加以收集	烟囱是炉身的延长部分，一般由钢板制成的外壳和耐火砖砌制的炉衬两部分组成，顶部设有火花捕集器；附设炉气净化装置的冲天炉，炉气和粉尘抽入净化装置处理，上部无烟囱和火花捕集器
前炉	储存铁液，前炉可使铁液的化学成分和温度均匀，减少铁液与焦炭的接触时间，防止铁液增碳、增硫	前炉安装在炉身前方，通过过桥与炉身相连。前炉由钢板制成的外壳和耐火材料砌制的炉衬两部分组成。前炉设有出铁口和出渣口
供风系统	将足够量、具有一定压力的空气送入炉膛	供风系统一般由风箱、风管和风口等部分组成

4.5.2.2 冲天炉用耐火材料

冲天炉各部分的工况条件不同，对炉衬的要求也不相同。各部分的工作温度与合适的炉衬耐火材料见表4.156。耐火材料的分类及主要性能等见表4.157至表4.168。

Al_2O_3-SiC-C砖及其不定型同级别的耐火材料的性能见表4.168。这种砖简称ASC砖，耐冲刷、抗侵蚀、热稳定性好，是用作炉缸内衬及过桥的优良耐火材料，使用寿命长，是长炉龄冲天炉运行周期的长短、生产能够正常的重要保证。

表4.156 冲天炉耐火材料的选用

修砌部位	工作温度/℃	适合的耐火材料
烟囱	200～300	(1) 低级别黏土质耐火砖N-5、N-6修砌，修砌厚度为65 mm。 (2) 硅酸盐水泥浇注料，浇注厚度为50～80 mm
加料口	200～300	(1) 低级别黏土质耐火砖N-5、N-6砌筑，修砌厚度为65 mm或114 mm。 (2) 硅酸盐水泥浇注料，浇注厚度为80～120 mm
预热区	400～1300	(1) 半硅砖或中等黏土质耐火砖N-3、N-4，低级别的高铝砖LZ-48。 (2) 高铝水泥浇注料、磷酸盐浇注料、高铝捣打料、高铝可塑料。 (3) 天然红硅石、白泡石砖或天然红硅石粉捣打料
熔化区和过热区	1200～1750	(1) 酸性普通冲天炉：高级别的黏土质耐火砖N-1、N-2。 (2) 碱性普通冲天炉：镁砖MZ-87、MZ-82，镁铝砖ML 80A、ML-80B，镁质白云石砖M-75、M-70等。 (3) 中性普通冲天炉：①高级别的高铝砖LZ-65、LZ-75；②如果确实必要，可以用Al_2O_3-SiC-C（简称ASC）砖、高铝水泥浇注料、捣打料、可塑料等高级材料修砌。 (4) 水冷长炉龄冲天炉：由于冷却水对炉壁的保护作用，大型炉可不修砌耐火材料，中小型炉为了提高熔化初期的铁液温度，可用低级别黏土砖N-6、黏土可塑料（即耐火泥）

表4.156（续）

修砌部位	工作温度/℃	适合的耐火材料
炉缸	≈1600	（1）酸性、碱性、中性普通冲天炉：同熔化区和过热区选用耐火材料 （2）水冷长炉龄冲天炉：采用 Al_2O_3-SiC-C（简称ASC）系列中性炉衬材料。①ASC砖作后备衬，表面用ASC捣打料；②全部采用ASC捣打料；③全部采用ASC低水泥浇注料；④修补料用ASC可塑料
过桥或出铁口	1450～1550	（1）酸性、碱性、中性普通冲天炉：同熔化区和过热区选用耐火材料。 （2）水冷长炉龄冲天炉：①出铁口与出渣口采用高纯高密ASC树脂结合成形砖；或者采用SiC质量分数不低于85%的ASC系列超低水泥浇注料预制；或者采用ASC捣打料与炉缸同时成形；用ASC可塑料修补出铁口与出渣口；②出铁槽底、槽侧首先用黏土砖铺垫，表面用ASC捣打料，ASC可塑料修砌
前炉	>1450	（1）保温层用黏土隔热砖NG-0.8、NG-0.9，高铝隔热砖LG-0.7、LG-0.8，Z膨胀珍珠岩砖，硅酸铝纤维毡等。 （2）接触铁液、渣液的内层用高级别黏土砖N-1、N-2或高铝砖LZ-65、LZ-75；还可以用黏土或高铝水泥结合的浇注料或捣打料、可塑料。 （3）采用合成莫来石原料或ASC原料，用沥青、树脂、磷脂盐、高铝水泥、黏土等结合剂结合的浇注料、捣打料、可塑料，可使内衬寿命达到半年

表4.157　耐火材料的分类

分类依据	类型与类别		说　明
化学性质	酸性		主要化学成分为 SiO_2、ZrO_2 等，矿物成分包括硅质、半硅质、黏土质、锆质、锆石等
	中性		主要化学成分为 Al_2O_3、Cr_2O_3、SiC、C 等，矿物成分包括高铝质、铬质、碳质、碳化硅质、氮化硅质等
	碱性		主要化学成分为 MgO、CaO 等，矿物成分包括镁质、白云石质、镁铝质、镁铬质等
矿物成分	硅质	硅砖	主要化学成分为 SiO_2，矿物成分包括鳞石英、方石英
		熔融石英	化学成分为 SiO_2，即石英玻璃
	铝质	半硅砖	化学成分主要为 SiO_2、Al_2O_3 等，矿物成分包括方石英、莫来石
		黏土砖	化学成分主要为 SiO_2、Al_2O_3 等，矿物成分包括莫来石、方石英
		高铝砖	化学成分主要为 Al_2O_3、SiO_2 等，矿物成分包括莫来石、刚玉
	镁质	镁砖	化学成分主要为 MgO，矿物成分为方镁石
		镁硅砖	化学成分主要为 MgO、SiO_2 等，矿物成分包括方镁石、镁橄榄石
		镁橄榄石砖	化学成分主要为 MgO、SiO_2 等，矿物成分包括镁橄榄石、方镁石
		镁铝砖	化学成分主要为 MgO、Al_2O_3 等，矿物成分包括方镁石、镁铝尖晶石
		镁钙砖	化学成分主要为 MgO、CaO 等，矿物成分包括方镁石、硅酸二钙、硅酸三钙
		镁铬砖	化学成分主要为 MgO、Cr_2O_3 等，矿物成分包括方镁石、镁铬尖晶石
	白云石质	白云石砖	化学成分主要为 CaO、MgO 等，矿物成分包括氧化钙、方镁石
		镁白云石砖	化学成分主要为 MgO、CaO 等，矿物成分包括方镁石、氧化钙

表4.157（续）

分类依据	类型与类别		说 明
矿物成分	铬质制品	铬砖	化学成分主要为Cr_2O_3、FeO等，矿物成分包括亚铁尖晶石
		铬镁砖	化学成分主要为Cr_2O_3、MgO等，矿物成分包括镁铬尖晶石、方镁石
	锆质	锆石砖	主要化学成分为ZrO_2、SiO_2等，矿物成分为锆英石
		锆刚玉砖	化学成分主要为ZrO_2、Al_2O_3、SiO_2等，矿物成分包括刚玉、斜锆石、莫来石
		锆莫来石砖	化学成分主要为ZrO_2、Al_2O_3、SiO_2等，矿物成分包括莫来石、锆英石
	碳质	碳砖	化学成分为C，矿物成分包括无定形碳、石墨
		石墨化碳砖	化学成分为C，矿物成分包括石墨、无定形碳

表4.158 耐火材料的主要性能

主要性能	说 明
耐火度	耐火材料在无荷重条件下，抵抗高温作用而不熔化的特性（℃）。属于选用耐火材料的重要参考，耐火材料容许使用温度大大低于耐火度
荷重软化温度	也称荷重变形温度或荷重软化点，一般指耐火材料在升温中承受某恒定额度载荷产生规定变形时的温度。一般是在高温中承受0.2 MPa净负荷、产生4%变形时的温度
热稳定性	承受温度剧烈变化而不开裂、损坏的能力（用次数表示）
加热永久线变化	耐火材料加热到规定的温度，保温一定时间，冷却到常温后所产生的线性膨胀或线性收缩。正号"+"表示膨胀，负号"−"表示收缩。针对烧成耐火制品，也称作重烧线变化
强度	包括高温抗拉强度、常温抗拉强度、高温耐压强度、高温抗扭强度等
高温扭转蠕变	在设定的扭矩和温度下，在保温过程中或一定的时间内，耐火材料产生的扭转角度或断裂
气孔率	耐火材料中的气孔分为封闭型、开口型和贯通型。显气孔率是开口和贯通型气孔的总和占耐火材料总体积的百分率（%），真气孔率指耐火材料中的开口气孔和闭口气孔的体积之和占总体积的百分率（%）
吸水率	耐火材料中开口气孔所吸收水的质量与其干燥试样的质量之比（%），吸水率常用于鉴定制品或原料的烧结质量
体积密度	也称容积密度，指耐火材料在110 ℃温度下干燥后的质量与其总体积之比（kg/m^3）
试样渣蚀率	在高温流动的渣液中，试样被炉渣熔蚀的质量分数
抗氧化性	规定尺寸的试样在高温和氧化气氛中抵抗氧化的能力。选用高纯度石墨和碳化硅，提高致密度，添加高纯金属Si、Al、Mg粉，可提高含碳与碳化硅耐火材料的抗氧化性
抗热震性	耐火材料抵抗温度急剧变化而不损坏的能力

资料来源：《耐火材料术语》（GB/T 18930—2020）。

表4.159 耐火材料的化学成分和熔点

名 称	化学成分	熔点/℃	名 称	化学成分	熔点/℃
氧化硅	SiO_2	1725	氮化硼	BN	3000
氧化铝	Al_2O_3	2025	石墨	C	3700
氧化钙	CaO	2570	莫来石	$3Al_2O_3 \cdot SiO_2$	1810

表 4.159（续）

名　称	化学成分	熔点/℃	名　称	化学成分	熔点/℃
氧化镁	MgO	2800	镁铝尖晶石	$MgO \cdot Al_2O_3$	2135
氧化铬	Cr_2O_3	2435	镁铬尖晶石	$MgO \cdot Cr_2O_3$	2180
氧化锆	ZrO_2	2690	锆石	$ZrO_2 \cdot SiO_2$	2500
碳化硅	SiC	2700	正硅酸钙	$2CaO \cdot SiO_2$	2130
氮化硅	Si_3N_4	2170	镁橄榄石	$2MgO \cdot SiO_2$	1890
碳化硼	B_4C	1350	白云石	$MgO \cdot CaO$	2300（低共熔点）

表 4.160　普通黏土砖的理化指标

项　目		指　标				
		PN-42	PN-40	PN-35	PN-30	PN-25
$w(Al_2O_3)/\%$	$\mu_0 \geqslant$	42	40	35	30	25
	σ	2.5				
$w(Fe_2O_3)/\%$	$\mu_0 \geqslant$	2.0	—	—	—	—
	σ	0.4				
显气孔率/%	$\mu_0 \geqslant$	20（22）	24（26）	26（28）	23（25）	21（23）
	σ	2.0				
常温耐压强度/MPa	$\mu_0 \geqslant$	45（35）	35（30）	30（25）	30（25）	30（25）
	X_{min}	35（25）	25（20）	20（15）	20（15）	20（15）
	σ	10				
0.2 MPa 荷重软化温度 $T_{0.6}/℃$	$\mu_0 \geqslant$	1400	1350	1320	1300	1250
	σ	13				
加热永久线变化/%	$U-L$	1400 ℃×2 h −0.4～0.1	1350 ℃×2 h −0.4～0.1	1300 ℃×2 h −0.4～0.1	1300 ℃×2 h −0.4～0.1	1250 ℃×2 h −0.4～0.1

资料来源：《粘土质耐火砖》（GB/T 34188—2017）。

注：①括号内数值为格子砖或特异型砖的指标。

　　②推荐用途：PN-42、PN-40、PN-35 可适用于热风炉、焦炉及一般工业炉等；PN-30、PN-25 可适用于焦炉半硅砖及一般工业炉耐碱砖等。

　　③抗热震性、体积密度根据用户要求提供检测数据。

　　④μ_0 代表合格质量批均值，σ 代表批标准偏差估计值，U 代表上规范限，L 代表下规范限。

表 4.161　硅藻土砖

技术要求	耐火度/℃	密度/(kg·m⁻³)	显气孔率/%	耐压强度/MPa	线胀系数/(×10⁻⁶·K⁻¹)	平均热容量/(J·K⁻¹)
	1280	（500～600）±50	73～78	0.5～1.1	0.9～0.97	$0.2 + 0.06 \times 10^{-9}$
外观	砖体四周应完好无损，不得雨浇水泡					

表4.162 普通硅酸铝耐火纤维及制品的性能指标

项 目		耐火纤维及制品的耐温类型		
		低温型	中温型	高温型
化学成分（质量分数）/%	Al_2O_3	≥40	≥50	≥60
	$Al_2O_3 + SiO_2$	≥95	≥96	≥98.5
	Fe_2O_3	≤2	≤1.2	≤0.3
直径5 μm纤维的含量/%		>80	>80	>70
渣球直径>0.25 mm的含量（质量分数）/%		≤5	≤5	≤8
密度/($kg \cdot m^{-3}$)		50~200	5~200	270±20
热导率/($W \cdot m^{-1} \cdot K^{-1}$)		—	900 ℃时≤0.128	1100 ℃时≤0.21
收缩率4%时的试验温度与时间/($℃ \cdot h^{-1}$)		1000/6	1150/9	1350/6
耐火度/℃		>1650	>1760	>1810
工作温度/℃		≤900	≤1050	≤1200

表4.163 不定形耐火材料的分类

分类依据	类型与类别		说 明
化学性质矿物成分	高铝质		$w(Al_2O_3)$≥45%，莫莱石、刚玉等
	黏土质		10%≤$w(Al_2O_3)$≤45%，莫莱石、方石英等
	硅质		$w(SiO_2)$≥85%、$\omega(Al_2O_3)$<10%，鳞石英、方石英等
	碱性材料		碱土金属氧化物及其混合物，镁砂、铬铁矿、尖晶石、镁橄榄石、白云石、方镁石、镁铝尖晶石、氧化钙、硅酸二钙、铬尖晶石等
	特殊材料		炭、碳化物、氮化物、锆石等及其混合物，碳化硅、氮化硅、锆石等
结合剂	陶瓷结合		由高温烧结形成的非晶质和晶质联结的结合形式
	水硬性结合		室温下通过水化凝结、硬化
	化学结合		在室温或高温下通过化学反应而产生的结合形式
	有机结合		在室温或稍高温度下由有机物的作用而产生的硬化
使用类型	整体构筑修补材料	捣打料	用捣打（机械或人工）方法施工的不定形耐火材料
		可塑料	具有较高的可塑性，以软坯状、块状或片状等状态交货，施工后加热硬化的不定形耐火材料
		浇注料	主要以干散状交货，加水或其他液体混合后浇注，也可制备成预制件交货。浇注料按氧化钙的含量分为普通水泥浇注料[1]、低水泥浇注料[2]、超低水泥浇注料[3]、无水泥浇注料[4]4种
		压入料	加水或液态结合剂调和成膏状或浆体用挤压方法施工的不定形耐火材料
		喷涂料	以机械喷射方法施工的不定形耐火材料
	接缝泥浆	水硬性	细骨料、粉料以水泥为结合剂组成的混合料
		热硬性	细骨料、粉料和磷酸或磷酸盐等热硬结合剂组成的混合料
		气硬性	细骨料、粉料和硅酸钠等气硬性结合剂组成的混合料
	涂抹料		以手工或机械涂抹方法施工的混合物

表4.163（续）

分类依据	类型与类别	说　明
密度	致密材料	真气孔率小于30%的不定形耐火材料
	隔热材料	真气孔率不低于45%的不定形耐火材料

注：① 普通水泥浇注料：氧化钙的质量分数大于2.5%的水泥浇注料。

② 低水泥浇注料：氧化钙的质量分数为1.0%～2.5%的水泥耐火浇注料。

③ 超低水泥浇注料：氧化钙的质量分数为0.2%～1.0%的水泥耐火浇注料。

④ 无水泥浇注料：氧化钙的质量分数小于0.2%的水泥浇注料。

表4.164　高铝–碳化硅捣打料的性能指标

项　目		捣打料的牌号						
		SAK3	SAN1–1	SAN1–2	SAN2–1	SAN2–2	SSN	SRG–10
化学成分（质量分数）/%	Al_2O_3，≥	65	55	45	75	70	45	58
	SiC，≥	10	20	20	3	3	10	12
密度/(kg·m⁻³) ≥	干燥后	2500	2450	2350	2700	2650	2000	2200
	1450℃、2 h	2.45	2.40	2.30	2.65	2.60	1.95	2.30
抗折强度/kPa ≥	干燥后	1960	2450	1960	2430	2940	1765	1960
	1450℃、2 h	3920	2940	2450	2940	2450	2745	2940
1450℃、2 h线变化率/%		±0.5						
热态抗折强度/kPa(1450℃、2 h)		1470	—	—	980	980	—	—

表4.165　浇注料的性能参数

结合剂类型	高铝水泥						磷酸盐			水玻璃
浇注料牌号	G3L	G2L	G2N	G1L	G1N2	G1N1	LL2	LL1	LN	BN
$w(Al_2O_3)$/%，≥	85	60	42	60	42	30	75	60	45	40
耐火度/℃，≥	1790	1690	1650	1690	1650	1610	1770	1730	1710	—
重烧线变化不大于1%，保温3 h的温度/℃	1500	1400	1350	1400	1350	1300	1450	1450	1450	1000
105～110℃烘干后抗压强度/MPa ≥	25	20	20	10	10	10	15	15	15	20
105～110℃烘干后抗弯强度/MPa ≥	5	4	4	3.5	3.5	3.5	3.5	3.5	3.5	—
最高使用温度/℃	1650	1400	1350	1400	1350	1300	1600	1500	1450	1000

表4.166　常见水泥浇注料的组成和使用部位

组成材料			最高使用温度/℃	冲天炉使用部位
胶结料	掺和料	骨料		
硅酸盐水泥	稀土熟料粉、废耐火黏土砖粉	黏土熟料、废火稀土砖	1000～1200	烟囱、加料口、热风炉胆、除尘器热风换热器、炉气冷却器等内衬

表4.166（续）

组成材料			最高使用温度/℃	冲天炉使用部位
胶结料	掺和料	骨 料		
高铝水泥	高铝熟料粉	高铝熟料	1300～1400	过桥与流槽底层铺垫、烟囱、加料口、热风炉胆、除尘器、热风换热量、炉气冷却器等内衬
铝60高铝水泥	高铝黏土熟料粉等	高铝、黏土熟料等	1300～1500	前炉内衬的修砌与修补
低钙高铝水泥	高铝矾土熟料粉、废高铝砖	高铝矾土熟料、废高铝砖	1400～1500	炉缸、出铁口、出渣口的砌筑、预制与修补

表4.167　稀土质和高铝质耐火可塑料的性能

类 别		A 类						B 类					
牌 号		SG1	SG2	SG3	SG4	SG5	SG6	SD1	SD2	SD3	SD4	SD5	SD6
$w(Al_2O_3)$/%，≥		—	—	—	48	60	70	—	—	—	48	60	70
耐火度/℃，≥		1580	1690	1730	1770	1790	1790	1580	1690	1730	1770	1790	1790
1300～1600 ℃，3 h重烧线变化/%		±2											
110 ℃干燥后强度/MPa，≥	耐压	5.884						1.961					
	抗折	1.471						0.490					
可塑性指数/%		15～40						15～40					
吸水率/%		≤13.0						≤13.0					

表4.168　Al₂O₃-SiC-C砖的性能

成分及性能		刚玉基	铝矾土基	红柱石基
化学成分（质量分数）/%	Al_2O_3	53～75	50～68	40～50
	SiO_2	—	5	29
	Fe_2O_3	0.4	1.3	1.0
	TiO_2	—	2.6	0.2
	SiG	8～36	8～36	8～36
密度/(kg·m⁻³)		2000～4000	2000～4000	2000～4000
显气孔率/%		≤3.0	≤2.93	≤2.80
耐压强度/MPa		≥50	≥45	≥40

4.5.2.3　冲天炉工作过程

从热交换角度分析，冲天炉的工作过程是焦炭燃烧放出热量、与金属炉料进行强烈的热交换、炉料吸热熔化并过热的过程。从冶金角度分析，冲天炉的工作过程又是各种元素或物质发生一系列物理、化学变化达到冶炼目的的过程。

冲天炉炉内气氛、炉气温度、金属温度的变化曲线，如图4.26所示。按照金属（铁料和铁液）受热状况和炉气变化情况，可将炉内按照高度方向划分为不同区域或者带。

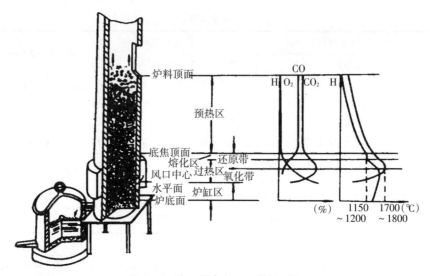

图4.26　冲天炉内各区、带的划分

各区、带的特性见表4.169。

表4.169　冲天炉各区、带的特征

各区、带名称和位置		焦炭燃烧特性			金属炉料变化
		燃烧反应	炉气成分	炉温	
预热区：从加料口下缘到底焦顶面		焦炭不燃烧	CO₂、CO、O₂浓度变化不大，同还原带顶部	炉气温度：加料口200～300℃；底焦顶面1200～1300℃	金属炉料被加热到将要熔化温度（1150～1200℃）；石灰石被预热分解
熔化区：金属炉料开始熔化至熔化完毕区间（底焦顶面波动范围）	还原带：从氧化带上端至炉气中CO₂还原反应基本停止区间	CO_2被还原：$CO_2+C \rightarrow 2CO$	顶部 CO₂ 18%～13%；CO 4%～13%；O₂ <0.5%。底部 CO₂ 20%～18%；CO 1%～3%；O₂ <0.5%	炉气温度：顶部 1200～1300℃；底部 1700～1800℃	金属炉料在底焦顶面（1150～1200℃）熔化；造渣
过热区：金属炉料熔化后（底焦顶面）至一排风口之间	氧化带：从一排风口到自由氧基本耗尽，CO₂浓度达最大值区间	焦炭氧化燃烧：$C+O_2 \rightarrow CO_2$ $C+\frac{1}{2}O_2 \rightarrow 2CO$ $CO+\frac{1}{2}O_2 \rightarrow CO_2$	风口进风O₂浓度为21%，向上O₂浓度逐渐减少，CO₂、CO浓度增大，顶部炉气成分 CO₂ 20%～18%；CO 1%～3%；O₂ <0.5%	从风口开始炉温急剧上升，顶部炉温达1700～1800℃	铁液滴下落过程被炽热焦炭和炉气过热至1500～1650℃；继续造渣
炉缸区：一排风口至炉底之间		除开渣口和打开出铁口外，焦炭基本不燃烧	炉气成分主要是CO	开炉初期温度较低（1200～1300℃），随着开炉时间增加，温度逐渐升高	过热铁水流经炉缸、过桥、前炉温度降低，一般降温50～100℃

冲天炉的熔炼操作要求见表4.170。

表4.170 冲天炉熔炼操作要求

工序	操作要点
点火与烘炉	(1) 除新砌的炉衬要提前用木柴、焦炭长时间烘烤外，一般不单独烘炉。 (2) 通常在熔化前2 h左右开始点火。以油布、刨花、木柴等做引火材料，也有的以煤气火焰点火。 (3) 底焦要分2~3次加入，后一批焦炭要在前一批焦炭全部燃烧后加入。 (4) 出铁口、出渣口和观察孔要敞开，利用自然通风引燃焦炭和烘炉。为了缩短烘炉时间，亦可断续或少量鼓风助燃
装料熔化	(1) 装料前要检查底焦高度，如不够规定高度应补加底焦。检查底焦高度前应通过风口捣实底焦。 (2) 底焦全部烧红后，鼓风吹净炉灰，开始装料。先加石灰石，其加入量为正常批量的2倍左右。而后每批料的加料顺序是：废钢—生铁—铁合金—回炉铁—焦炭—石灰石。 (3) 熔剂应加在炉料中心，其余炉料应均匀分布。 (4) 装满炉料后，自然通风15~30 min，预热炉料，然后鼓风熔化。鼓风后半分钟左右，可关闭观察孔。待出铁口有铁花喷出时堵死。 (5) 熔炼不同牌号铸铁，变换炉料时，要注意处理交界铁液，必要时加隔焦。不同牌号铸铁的熔化顺序，应尽量将牌号相近的炉料安排靠近。 (6) 熔炼过程中，要及时取好试样，测量铁液温度，检查液水、熔渣质量，注意风量、风压变化，保持风口畅通，及时排除故障，以保证熔化正常进行； 要严格控制铁液牌号，及时出铁出渣，准确地进行炉前处理。 (7) 中途停风时，要先打开观察孔，后停风；复风时，要先送风，后关闭观察孔。停风时要出净炉内铁液，并视停风时间长短适当补加焦炭
停炉	(1) 熔化结束前，在最后一批炉料上加压炉铁。压炉铁最好选用生铁锭或大块废铁，以便于落炉后的清理。 (2) 停炉前要先打开观察孔，然后停风，出净炉内铁液和熔渣。炉周围要清理干净，尤其不得有积水。 (3) 落炉后要迅速熄灭红热焦炭和铁块

4.5.2.4 常炉衬冷风冲天炉主要规格（表4.171）

表4.171 常炉衬冷风冲天炉主要规格

项目名称	两排大间距									两排小间距		
	熔炼生产率 $Q_1/(\text{t}\cdot\text{h}^{-1})$									熔炼生产率 $Q_1/(\text{t}\cdot\text{h}^{-1})$		
	1	2	3	5	7	10	15	20	30	1	2	3
加料机平台标高(H)/m	4.5	5.0	6.0	7.0	8.5	9.0				4.5	5.0	6.0
前后炉中心距(L)/m	—	1200	1500	1740	1800	2465				—	1200	1500
炉壳外径(D_1)/mm	750	1108	1260	1452	1550	1910				750	1108	1260
烟囱外径(D_2)/mm	529	700	800	800	920	1160				529	700	800
上排风口区内径(d_1)/mm	400	530	620	800	920	1130				300	350	450

表4.171（续）

项目名称	两排大间距									两排小间距		
	熔炼生产率 $Q_1/(\text{t}\cdot\text{h}^{-1})$									熔炼生产率 $Q_1/(\text{t}\cdot\text{h}^{-1})$		
	1	2	3	5	7	10	15	20	30	1	2	3
下排风口区内径 (d_2)/mm	360	450	520	650	750	920				400	450	540
熔化区最大内径 (d_3)/mm	500	680	780	960	1150	1350				500	680	820
炉膛平均直径 (d_p)/mm	440	585	675	843	993	1187.5	1500	1700	2100	425	540	657.5
风口排距/mm		500	570	650	700	800	850	850	850			
炉缸高度/mm		320	400	400	400	440	500	500	500			
前炉高度/mm		1048	1200	1398	1520	1780				—	1048	1200
前炉内径/mm		660	800	950	1128	1380				—	660	800
有效容量/t	0.7~10	1.65	2~3	4	5~7	10				—	1.065	2~3
风箱风压/Pa	7845	11768	11768	14710	17652	19613				7845	11768	11768
风量/($\text{Nm}^3\cdot\text{min}^{-1}$)	16	30	40	62	85	120	260	320	400	16	25	40
风口比/%	1.86	3.9	3	4	4	4	4.6~5.0	4.6~5.0	4.6~5.0	3.06	3.3	3.3
硅锰烧损率（质量分数）/%	<15						—			<15		
炉渣量（质量分数）/%	<6						—			<6		
金属结构总重/t	4	7.5	11.47	10.71	19	22.66				4	7.67	11.49
砌体总重/t	2.8	9.85	12.04	23.56	18	43.28				2.8	9.85	12.04
主要生产厂家	江阴市铸造设备厂、青岛青力环保设备有限公司、青岛中智达环保熔炼设备有限公司等											

4.5.2.5 旁置外热风水冷长炉龄冲天炉

图4.27（a）为8 t/h旁置外热风水冷炉炉体部分的结构，该炉用爬式加料机加料，操作平台与加料平台之间设有中间平台。该炉水冷熔化段总高度为2840 mm，内部修砌65 mm的薄炉衬。

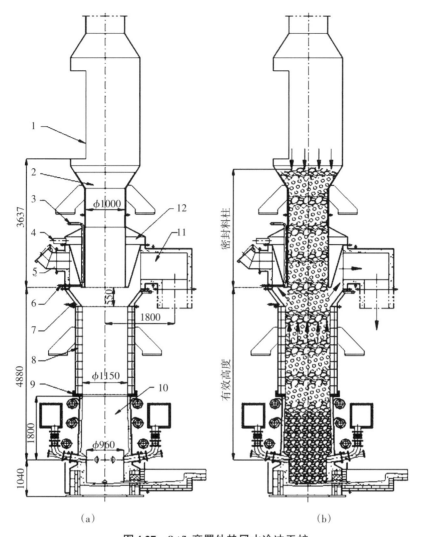

图 4.27 8 t/h 旁置外热风水冷冲天炉

1—加料口；2—导料钟；3—水套进水管；4—水套回水口；5—防爆阀；
6—水套排污管；7—锥形水套；8—预热段；9—炉体膨胀缝；10—水冷熔化段；
11—炉气环室与出口；12—环室水套

该炉的炉气出口结构比较复杂，包括环室水套、进水管、出水管、防爆阀、炉气环室与出口等部分，炉气出口在加料平台之下。如图4.27（b）所示，当旁置外热风及其除尘系统工作时，炉气环室与出口呈负压状态，炉气通过环形空腔进入炉气出口；加料口以上的空气可穿过密封炉料的间隙向下进入炉气出口。加料口以下炉料柱的阻力作用，减少了进入炉气出口的空气量，不仅有利于提高炉气中一氧化碳的浓度、提高热风温度，而且可以减少除尘系统的炉气处理量，降低除尘系统的功率消耗。

图4.28（a）为30 t/h旁置外热风水冷炉的炉体部分，该炉用爬式加料机加料。水冷熔化段采用5个水冷风口、无炉衬，水冷炉壁采用环形缝隙式喷淋冷却装置。炉气出口设置在加料平台以下。

图4.28（b）为40 t/h旁置外热风水冷炉的炉体部分，该炉采用桥式加料机加

料。水冷熔化段采用10个铸造结构的水冷风口，水冷风口以上炉膛内全部无炉衬。炉气出口设置在加料平台以下，采用环室式炉气出口。连续出铁出渣装置为压力分渣器。

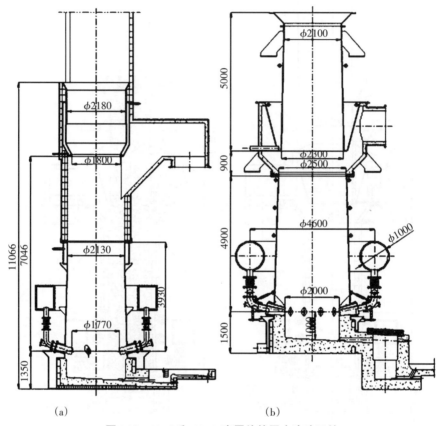

（a）　　　　　　　　　　（b）

图4.28　30 t/h和40 t/h旁置外热风水冷冲天炉

旁置外热风水冷长炉龄冲天炉规格见表4.172。

表4.172　旁置外热风水冷长炉龄冲天炉规格

技术规格		熔化率/(t·h⁻¹)							
		3/5	8	10	12	15	20	30	50
主要技术性能	实际熔炼生产率/(t·h⁻¹)	3 ~ 5	6 ~ 9	8 ~ 12	10 ~ 14	13 ~ 17	18 ~ 24	25 ~ 36	40 ~ 60
	焦耗率/%	11 ~ 13	10 ~ 12			8 ~ 12			
	热风温度/℃	400 ~ 600							
	助燃室气量/(Nm³·h⁻¹)	7 ~ 8	10 ~ 11	11 ~ 13	12 ~ 14	20 ~ 25	24 ~ 30	35 ~ 40	55 ~ 60
	出铁温度/℃	>1500							
	炉身冷却水耗量/(m³·h⁻¹)	50	70	75	80	100	140	165	220
	风口冷却水耗量/(m³·h⁻¹)	40	60	65	70	90	120	145	200

表 4.172（续）

技术规格		熔化率/(t·h⁻¹)							
		3/5	8	10	12	15	20	30	50
主要寸尺	炉底标高(H_1)/m	1.5	2.225	2.5	3.0	3.0	3.5	3.5	4.8
	炉顶标高(H_2)/m	9.54	13.665	14.90	16.50	17.04	20.55	23.15	37.10
	炉底厚度(h_1)/mm	500	600	700	900	900	1000	1000	1000
	炉缸深度(h)/mm	800	1000	1100	1300	1300	1350	1600	2200
	炉缸直径(d_1)/mm	770	880	900	900	980	1100	1400	3400
	风口上炉衬厚度(h_3)/mm	200	200	200	200	260	350	350	400
	炉壳高度(h_4)/mm	3500	4400	4800	5000	5400	6400	7900	12200
	炉壳下底直径(D_1)/mm	1090	1340	1448	1800	1900	2100	2500	3980
	炉壳上底直径(D_2)/mm	990	1230	1340	1650	1750	1850	2350	38300
	炉壳喉管间距(h_5)/mm	400	480	500	500	580	650	1000	2000
	受料斗高度(h_6)/mm	390	560	600	600	600	800	800	1500
	受料斗口直径(D_3)/mm	1035	1980	2100	2250	2350	2500	2900	3900
	集气室外径(D_4)/mm	1980	2670	2860	3200	3350	4200	5900	7240
	集气室排气管直径(d_2)/mm	620	750	800	800	900	1100	1800	2750
	风箱中心圆直径(D_5)/mm	1080	3400	3680	4000	4300	5200	6000	7500
	风管直径(d_3)/mm	410	580	800	850	930	1100	1700	1900

4.5.3 感应炉熔炼

铸铁熔炼感应电炉分为无芯工频炉、中频炉、高频炉、有芯感应炉和电弧炉。中频感应炉具有熔化速度快、电磁搅拌效果好、使用灵活、启动操作方便等优点。因此，中频感应炉是用于铸铁熔炼的首选炉型。

4.5.3.1 中频感应炉及其特点

1）基本原理 感应炉加热和熔化金属是依据法拉第电磁感应定律和电流热效应的焦耳-楞次定律，在金属炉料内部形成的感应电流来加热和熔化金属的。感应炉系统的主要组成有变压器、变频电源、电容器、感应线圈和水冷却系统等。变频电源由三相整流、逆变和滤波三部分组成。常用的可控硅变频器的基本电路如图4.29所示。

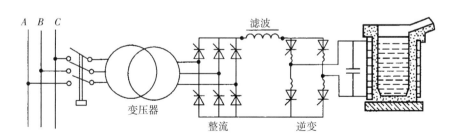

图4.29 中频感应炉（可控硅静止变频器）的主电路

2）中频电源的技术参数 可控硅中频电源的技术参数和相应配套的熔化率可参考表4.173。

表4.173　可控硅中频电源的技术参数和熔化率

感应炉额定容量/t	配用的变频电源			
	额定功率推荐范围/kW	频率推荐范围/Hz	进线输入电压或者电压范围/V	熔化率范围/(t·h⁻¹)
0.10～0.15	100	1000～2500	380～660	0.15～0.25
0.25～0.50	200～500			0.32～20.84
0.75～1.00	600～800			1.05～1.40
1.5	750～1200	500～1000	575～1250	1.35～2.20
2	1000～1600			1.80～2.90
3～4	1500～3000	500		2.75～5.50
5	2000～3500		575～1250	3.64～6.45
8～10	2500～6000	200～500	575～1400	5.45～11.10
12～15	4000～8000	150～500	1250～1500	9.10～16.8
20～30	6000～12000	200～300	1400～1600	14.90～27.52
40～60	12000～20000	150～250	1500～1600	21.30～37.20

国内用于保温的中频无芯感应炉的技术参数见表4.174。

表4.174　国内用于保温的中频无芯感应电炉产品系列规格

额定容量/t	中频电源额定功率推荐值/kW	中频电源频率推荐值/Hz	中频电源电压推荐值/V	升温100℃的能力范围/(t·h⁻¹)
1	150～300	500～800	380～660	2.0～4.0
1.5	200～300			4.0～6.0
2.0～2.5	250～600			5.5～13.0
3～4	400～1000	300～500		8.8～220.0
5	600～1200		575～1250	13.6～27.0
8～10	800～2000	200～500	575～1400	17.5～45.5
12～15	1200～3200	150～500	1250～1500	26.6～71.0
20～30	2000～5000	200～300		44.5～110.0
35～60	3000～8000	150～250	1300～1600	66.0～177.0

3）中频感应炉熔炼铸铁的冶金特点

由于中频感应炉熔炼铸铁不使用焦炭和鼓风机，熔炼过程中其冶金反应与冲天炉显著不同，见表4.175。

表4.175　中频感应炉熔炼铸铁的冶金特点

项目	特点	应用说明
碳和硅的变化	当铁液温度达到1450℃以上时，酸性炉衬中的SiO_2将被铁液中的C所还原，使铁液脱碳增硅。温度越高、保温时间越长，脱碳增硅现象越强烈	铸件的碳当量主要取决于精确配料。当使用大量廉价废钢为原料时，可用增碳剂于熔炼加料前加入炉内，或者用生铁（于熔炼后期加入作为微调）以达到要求的含量。一般要求终碳含量比冲天炉熔炼时高0.05%～0.10%（质量分数）

表 4.175（续）

项 目	特 点	应 用 说 明
锰含量的变化	酸性炉衬时，熔炼中锰含量是减少的，但烧损量不大，一般在5%（质量分数）以下	应在配料时精确计算。MnS起石墨化核心作用，锰含量应与硫含量一同考虑
硫含量的变化	因熔炼中不接触焦炭，因此铁液无增硫的来源；若长时间高温保温，铁液中的硫化物会上浮，且在扒渣中去除，从而使硫含量下降；高硫原材料时，可使用脱硫剂，使硫含量下降到0.01%（质量分数）以下	（1）中频感应炉熔炼不增硫，这是用中频感应炉生产球墨铸铁的突出优点。 （2）熔炼灰铸铁时，硫含量太低对孕育不利，故必要时还必须用增硫剂增硫。 （3）硫含量应和锰含量综合考虑。 （4）增碳剂是铁液增硫的重要来源，应选择高质量的增碳剂，避免硫含量不适当地提高
磷的变化	熔炼中磷变化不显著，磷含量在0.08%（质量分数）以下时，对铸件性能无影响	注意配料时勿混入高磷炉料；微量磷能提高铁液流动性，并对铸件的力学性能有好的影响
铁液气体含量的变化	铁液中气体含量（氮、氧、氢）比冲天炉熔炼时要少1/4～1/3，相应非金属夹杂物少，元素烧损少	（1）氮对铸铁质量的影响有两重性，氮含量高使铸件强度和硬度有所提高，但过高会导致产生虫状裂纹、缩松等缺陷。废钢用量增加，氮含量增加；氮含量高的增碳剂会引起增氮，选择适当保温有助于降低氮含量；适当的氮含量有稳定珠光体的作用，对改善力学性能有利。 （2）氧含量低，铁液中非金属夹杂物少，元素烧损少；氧含量太低，对铁液孕育不利。高温使氧含量急剧下降，白口倾向增加，导致产生过冷石墨，即使加强孕育，效果也不理想。 （3）氢在钢中易产生有害影响，但在铸铁熔炼中，很少论及，主要原因是氢含量比冲天炉熔炼时更低，产生危害可能更小

4.5.3.2 炉体

炉体是中频感应炉铸铁熔炼的重要部分，主要由炉壳、磁轭、电缆、坩埚、感应器等组成。炉体的结构如图4.30所示。

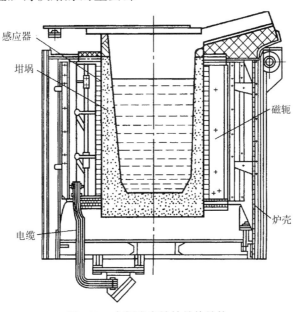

图 4.30 中频感应炉的炉体结构

4.5.3.3 坩埚的打制

坩埚在熔炼过程中承受着多种应力的作用，同时承受高温铁液和熔渣的侵蚀。感应中频熔炼炉坩埚的高温性能主要取决于所用耐火材料的物理、化学性能及矿物组成，在原辅材料选定的前提下，烧结工艺是使炉衬获得良好显微组织结构以充分发挥其耐高温性能的关键工序。炉衬烧结的致密化程度与耐火材料的化学组成、粒度配比、烧结工艺和烧结温度等因素有关。

1）坩埚耐火材料　坩埚耐火材料分为酸性、中性和碱性，见表4.176。硅砂属于酸性炉衬材料，被广泛用作铸铁熔炼感应炉的炉衬材料。中性炉衬材料有高铝矾土、刚玉、莫来石等，比较适用于熔炼球墨铸铁，可以避免金属液内残留镁与炉衬反应，导致炉衬侵蚀过快。无芯感应电炉炉衬常用耐火材料及其主要性能见表4.177，典型的案例见表4.178。

表4.176　修筑坩埚用耐火材料

种类	材质	化学组成（质量分数）/%			热膨胀率/%	抗热震性	热导率/($W \cdot m^{-1} \cdot K^{-1}$)	烧结性	最高使用温度/℃
		SiO_2	Al_2O_3	MgO					
酸性	天然石英 熔融石英	>98 >99			1.2～1.4	中	1.3	好	1650 1650
中性	刚玉 高铝矾土 铝尖晶石	<10	>98 >80	20～45	0.8～1.0 0.8～1.0 0.9～1.1	高	2.5 2.5 2.6	差	1750 1500 1750

注：铝尖晶石 Al_2O_3 为 55～75。

表4.177　无芯感应电炉炉衬常用耐火材料及其主要性能

使用部分	种类		化学成分（质量分数）/%	备注
熔炼部分	酸性	硅质炉衬 电熔石英质炉衬 锆石质炉衬	$w(SiO_2)>98$，$w(Al_2O_3)<0.2$，$w(Fe_2O_3)<0.5$ $w(SiO_2)>98$，$w(Fe_2O_3)<0.5$ $w(ZrO_2)>20～60$，$w(SiO_2)=30～70$	主要用于灰铸铁、蠕墨铸铁、球墨铸铁和可锻铸铁
	中性	高铝质炉衬 多铝红柱石质炉衬	$w(Al_2O_3)>85$，$w(SiO_2)>15$ $w(Al_2O_3)=70～80$，$w(SiO_2)=20～30$	主要用于合金灰铸铁、蠕墨铸铁、球墨铸铁
感应线圈保护部分		矾土水泥 硅质水泥	$w(Al_2O_3)<90$，$w(SiO_2)<10$ $w(SiO_2)<10$，$w(Al_2O_3)<10$	
炉口部分		石墨膏 铸造烟灰泥	$w(C)=15～20$，$w(SiO_2)=70～80$，$w(Al_2O_3)=5～10$ $w(Al_2O_3)>70$，$w(SiO_2)<30$，$w(CaO)<5$	

表4.178　几种典型的铸铁感应炉酸性耐火材料

种类	特点	应用
二氧化硅基	通过控制颗粒大小及分布和添加剂的配比，获得高密度的炉衬。使用温度可达1640℃，适应连续熔炼生产与间歇生产。体积稳定性好，抗裂性能和抗侵蚀性能优良	应用于从灰铁、蠕铁到球铁的领域，周期性熔炼到连续保温等各种生产场合
电熔石英基	通过添加电熔石英砂，提高了材料的使用性能，使用温度可达1650℃。具有优异的抗热冲击性能和抗侵蚀性能。具有较低的渗透性，体积稳定性优于二氧化硅基炉衬材料	应用于从灰铁、蠕铁到球铁的领域，周期性熔炼到连续保温等各种生产场合

表4.178（续）

种 类	特 点	应 用
二氧化硅+氧化铬	添加氧化铬，提高炉衬材料的抗熔体、抗渣侵蚀性能。最高使用温度可达1700℃，可用于特殊场合	除适用于铸铁熔炼之外，还适用于各种铁合金的熔化，如镍铁和铬铁，同样也适用于部分合金钢的熔化

2）筑炉方法　按照坩埚的大小不同，坩埚的成型分为砂浆浇注法、压力成型法、炉内成型法等三种，前两种方法主要用于小容量（100 kg以下）坩埚，第三种方法适用于中大容量坩埚的制作。

（1）砂浆浇注法。这种成型工艺适用于制作容量小于25 kg以下的特种材料坩埚，如 CaO、BeO、ZrO$_2$、ThO$_2$、Al$_2$O$_3$等。砂浆浇铸法的工艺要点见表4.179。

表4.179　砂浆浇注法工艺要点

工序	工 艺 要 点
制浆	将高纯氧化物粉料和黏结剂在球磨机中充分研磨，混合成砂浆
浇注	将砂浆注入石膏制成的坩埚模型中。浆料中水分吸干之后，脱模取出坩埚坯料，经修正后进行干燥，去除水分
预烧	经50~100℃低温干燥后，转入真空干燥，将干燥脱水后的坩埚坯料装入1000~1200℃的炉窑进行预烧，冷却后进行修正加工
烧成	在高温炉窑（1700~1800℃）进行高温烧结，最后烧成坩埚

（2）压力成型法。将制作坩埚的砂料按不同粒度比例混合均匀后，装入压力成型模具内，施以压力使其成型。压力成型分为简单压力成型和等静压成型两种方式，如图4.31和图4.32所示。

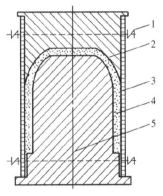

图4.32　等静压成型MgO坩埚的组装模具

1—紧固件；2—橡胶塞；3—橡胶套；
4—电熔 MgO；5—钢模芯

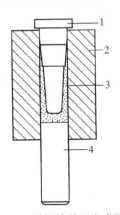

图4.31　坩埚简单压力成型法

1—上压头；2—模套；3—坩埚；4—下压头

由砂浆浇注成型法和压力成型法制作的坩埚，使用时必须安装到感应炉的感应器内。图4.33为成型坩埚的安装示意图。

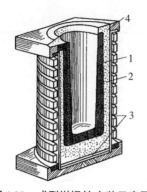

图4.33 成型坩埚的安装示意图

1—坩埚；2—填料；3—石棉布（或玻璃纤维布）；

4—炉口砂料

（3）炉内成型法。炉内成型法是广泛应用的坩埚成型方法。它适用于不同容量的坩埚成型。炉内成型法又分为人工捣制成型法和机械振动成型法。

① 坩埚的打制要点。炉内成型法的坩埚打制操作要点见表4.180。

表4.180 坩埚打制操作要点

操作程序	主要内容	操作要点
1	在感应线圈内圆表面、胶木垫块以及轭铁内侧涂上绝缘漆	若有损坏，待修补好后涂硅有机漆或酚醛绝缘漆
2	在感应线圈内圆表面以及轭铁内侧、轭铁底部的耐火砖面上垫上隔热绝缘层	要尽量使各绝缘层不发生裂缝等现象，以保证每层绝缘效果，有裂缝应用同种材料垫补上。常见的隔热绝缘层的形式如下： 云母纸 石棉布 石棉板 石棉布 坩埚壁 警报装置 云母纸 玻璃布 感应线圈 报警装置 石棉板 石棉布 坩埚壁 玻璃布 云母纸 感应线圈 石棉板 玻璃布 坩埚壁 云母片 感应线圈
3	填筑坩埚底部	逐层用捣固平锤紧实，通常第一层浮材料可铺100 mm，以后每层都不宜超过60 mm，最后应高出炉底10～30 mm，在用平锤捣实后刮平，炉底应保持水平
4	安置钢坩埚模	在安置钢坩埚模时，使炉衬壁厚尽可能均匀，当钢坩埚模安置好可在其中放入一块起熔体，以把它压牢
5	坩埚炉壁	炉壁承受着铁液的静压力、冲刷力和内外温差应力以及铁液、炉渣的化学侵蚀，要求炉壁打得均匀而致密。筑炉方法 与坩埚底部相同
6	打结炉口和炉嘴	此处温度低，不易烧结，必须在砂粒中加入较多的细粉，或添加适量的黏土、水玻璃等，以得到较结实的烧结炉口。炉嘴和炉口应具有外高内底的斜面，防止金属液外溢

② 人工捣制成型法。

·按照规定的粒度、添加剂配置砂料（表4.181），磁选，与添加剂混合均匀。

·如果湿法打结，添加1%～2%的水分；如果干法打结，砂粒应铺平，不宜堆放，避免出现粗细砂粒分层。

374

·准备坩埚型芯。型芯是控制坩埚形状和容积的胎具，如图4.34所示。

·按照上述要点打结炉底（图4.35）、炉壁和炉口。

·如果是湿法打结，打结好炉衬后，可以将型芯拔出，反复使用。如果是干法打结，将钢制型芯直接在炉内烤炉熔化。

表4.181 硅砂坩埚材料配比实例

| 序号 | 硅砂（质量分数）/% | | | | | 黏结剂（质量分数）/% | | | 备 注 |
	6~12号筛	12~20号筛	20~40号筛	40~140号筛	140号筛以上	硼酸（工业用）	水	水玻璃	
1	30	40	—	10	20	1.5 1.8	— —	— —	主要用于炉底和炉壁 主要用于炉口
2	38	12	—	35	15	1.8 2.0~2.4	— —	— —	主要用于炉底和炉壁 主要用于炉口
3	15	8	15	24	38	3.0	1.0~1.5	— 4~5	主要用于炉底和炉壁 主要用于炉口

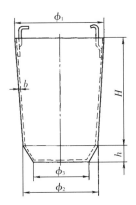

图4.34 钢板型芯

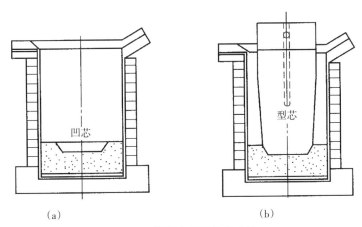

图4.35 坩埚底部的打结方法

③ 机械振动成型法。大容量感应炉坩埚采用人工打结成型，质量不易得到保证，必须采用机械振动成型的方法进行打结。筑炉机的振动源分为电动和气动两

种，同时，二者又可细分为炉底和炉壁振　动器两种，如图4.36和图4.37所示。

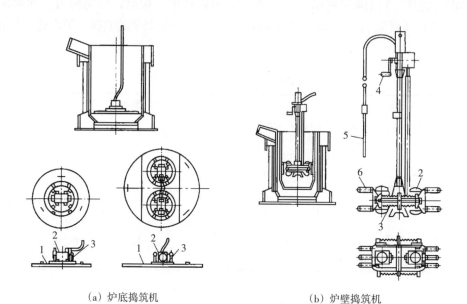

（a）炉底捣筑机　　　　　　　　　　　　（b）炉壁捣筑机

图4.36　电动振动筑炉机

1—底盘；2—振动电动机；3—压簧组；4—触头距离调节手柄；5—电缆及控制器；6—触头

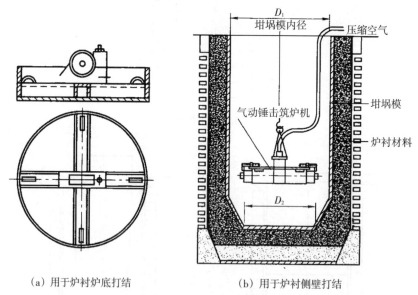

（a）用于炉衬炉底打结　　　　　　　　（b）用于炉衬侧壁打结

图4.37　气动锤击筑炉机

振动法制作坩埚采用干砂振动，粗粒容易上浮，细粒容易下沉，应控制好振动时间和振动压力，避免耐火材料分层。

④ 坩埚的烧结。为提高坩埚的致密性、强度和体积稳定性，坩埚使用前要进行烧结。烧结后的坩埚断面分为烧结层、半烧结层和未烧结层三部分，如图4.38所示。不同容量的硅砂坩埚烧结时间参考表4.182。

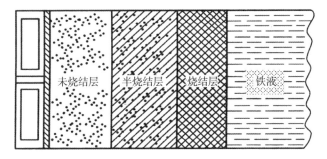

图4.38 坩埚的烧结断面结构示意图

表4.182 硅砂坩埚烘烤烧结时间（参考）

炉子容量/t	0.15	0.5	1.5	3	5	10
烘烤时间/h	7~9	8~10	10~11	12~16	12~18	24~30
烧结时间/h	3~5	3~5	4~6	5~7	8~10	12~14

图4.39为无芯感应电炉硅砂坩埚烘烤　烧结参考工艺。

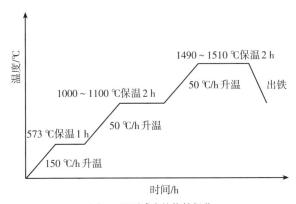

（a）2t以下感应炉烧结规范

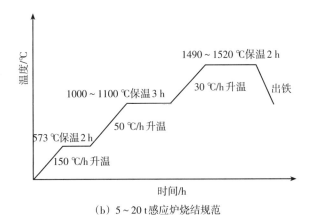

（b）5~20t感应炉烧结规范

图4.39 无芯感应炉硅砂坩埚烘烤烧结参考工艺图

3）坩埚的使用与维护　正确使用和维护坩埚是提高其使用寿命的主要途径。坩埚的使用寿命与坩埚材料的纯度、矿物结构、容量、工作制度、制作工艺、冶炼工艺等关系较大，除此之外，正确的维护也是延长坩埚使用寿命的重要途径。

在熔炼过程中，由于熔渣和炉衬起化学反应，炉衬很容易侵蚀。当侵蚀到1/4~1/3厚度时，需要进行修补，以延长使用寿命。

（1）2 t以下电炉的中修和小修。

① 当炉衬大部分侵蚀严重或局部侵蚀很严重，又不易小修时可进行中修，方法如下：

·按打结炉衬材料配置炉衬材料。

·清除要修补处的烧结釉面，直至露出干净的炉衬材料为止。

·倾转炉体，将炉内清理干净。

·在炉衬表面均匀地撒上一层结合剂，如石英砂炉衬用浓度为1.5%的硼酸水。

·放上坩埚模，按炉衬打结原则进行打结。

·按烘炉工艺烘炉。

当炉衬损坏严重，不易中修时，可将炉衬全部清除，进行大修。

② 当炉衬局部侵蚀严重或损坏时，可进行小修。小修的方法如下：

·将该处表面铲去，使内部炉衬材料露出。

·仔细观察该处有无残铁，如有，应

清理干净，当粘铁严重，面积较大时，可进行中修。

·均匀地在修补处撒上一层结合剂。

·把事先选好的钢板挡在要修补处，并将其固定在炉衬上。

·加入混制好的炉衬材料进行打结。

·把炉内浮砂清理干净。

（2）20 t电炉的中修。

准备好炉衬材料。清除应修补处铁块、渣块，放上合适的坩埚钢模（或一部分，轴向切开一缝，以便调整直径），按炉衬打结要求进行打结，使炉壁恢复到原来的尺寸。按加料要求加满炉后，再按每小时50 ℃升温进行熔炼烧结。

若中修上部三分之一炉壁，先将上三分之一炉衬清除，并将截断面尽量铲平整，清理干净，按顺序敷设绝缘报警层、隔热层，然后在坩埚截断面上撒上少量结合剂，放入高度合适的坩埚钢模部分（轴向切开一缝，以便调整直径），按炉衬打结要求进行打结后，按加料要求加满炉，再按每小时50 ℃升温速度进行烘炉烧结。

4.5.3.4　感应炉操作要点

无芯感应炉熔炼铸铁操作要点见表4.183。

表4.183　无芯感应炉熔炼铸铁操作要点

操作步骤	主要内容	说　明	
起熔	起熔方式	中频感应炉用批料熔化法：不加起熔块，直接将炉料加入炉内后通电起熔。为此，每次熔炼后可以将炉内铁液倒干净，然后重新加入金属炉料。但如果炉内残留部分铁液，也并无坏处，反而可以在下一炉熔炼开始即投入较大电力，以缩短熔炼时间	感应炉用残液熔化法可分为冷起熔和热起熔两种。 冷起熔。加入预制的熔块，其质量为炉子容量的10%~30%，内径应比坩埚内径略小10~20 mm，高度应为坩埚1/3。 热起熔。向坩埚注入铁液或保留上炉熔炼的铁液，质量可为炉子容量的10%~30%，视具体情况而定
配料	配料一般原则	（1）金属炉料有回炉料、废钢、生铁、铁屑（钢屑）、铁合金等。 （2）在保证获得优质铸件的前提下，配料时可优先选用大量廉价的废钢，以及大量钢屑、铁屑，但不得使用镀锌板废钢，一般不用或少用新生铁，但为了改善铁液的冶金性能，生铁的配比有增加份额的趋势。 （3）一般情况下，灰铸铁的配料（质量分数）约为：回炉铁30%，废钢50%，生铁和铁屑各10%	

表4.183（续）

操作步骤	主要内容	说 明
配料	配料计算	（1）酸性无芯感应炉熔炼时，配料中元素的烧损（质量分数）约为：$w(C)=1\%\sim7\%$，$w(Si)=1\%\sim10\%$，$w(Mn)=1\%\sim15\%$、S、P基本不变。各种铁合金及元素的烧损情况如下： （2）由于感应炉熔炼时易产生脱碳增硅现象，一般配料时，碳当量应比冲天炉配料时略高0.2%～0.4%。 （3）配料时，应先根据所生产铸件成分计算C、Si、Mn含量，不足部分由增碳剂及铁合金来调整
	加料	送电前，坩埚底部先加入熔点低的炉料（部分生铁或回炉料），依次加入废钢（或切屑）—增碳剂（或增硫剂FeS）—铁合金—回炉料—生铁。装料做到"实、满、顺"。增碳剂不要加在坩埚底部，尽量避免铁液表面增碳
	操作及注意事项	（1）炉料不得潮湿、锈蚀及黏附泥沙和油污等，应用清理滚筒予以清理。 （2）熔点低、元素烧损小的炉料先加入；熔点高、元素烧损大的炉料后加入；铁合金最后加入；管状、罐状料切勿混入；采用固体料投入熔池的方法比将液体金属兑入固体料中省电。 （3）略带潮湿的炉料要放在上面，让其充分预热并蒸发水分后进入铁液，以免铁液飞溅；熔池形成后，才可投入管状及罐状料，并应先检查和预热。 （4）轻拿轻放，避免粗暴装料，砸坏炉衬；避免冷料直接投入熔池，引起飞溅。 （5）炉料最好都预热，以节电并提高生产率。 （6）生铁后期加入有减少白口作用，但生铁熔点低，早期加入有利于节能，故要具体分析。 （7）一般投入炉料质量应计入5%的熔损和烧损
熔化	给电	（1）因中频感应炉功率连续可调，功率密度大，操作方便，有利于实现快速熔化。 （2）要防止炉料搭桥。搭桥会使坩埚下部铁液过热，引起炉衬侵蚀加剧，严重时导致漏炉（漏铁）、元素严重烧损、铁液气含量增加等缺点，甚至可能引起爆炸
	熔化期	（1）后续炉料应在前面投入的炉料未完全熔化完毕以前加入。 （2）切屑加入量一次不宜太多，一般以炉子容量的8%为宜，应先预处理（烧结或加压打包），加入前要预热
	成分调整与静置	（1）炉料熔清后，液面被熔渣覆盖。适当提高温度至1350～1400℃，进入到化学成分调整阶段。非金属夹杂物在电磁搅拌力作用下，与渣料结合，气体含量降低。 （2）及时分析化学成分，浇注光谱试样，分析合金元素；或浇注热分析试样测试液相碳当量、碳硅含量，或浇注三角试片，观察断口，判断铁液的白口倾向。 （3）调整化学成分时先调C，后调Si及合金成分。 （4）炉内铁液S含量高时，应进行脱S，S含量低时，应进行炉内增S。 （5）化学成分调整合格后，加大送电功率，快速使铁液升温至出炉温度，其间，做好出炉的各项准备工作。 （6）铁液一定不要在高温下长时间保温，否则，脱碳严重，铁液增硅。铁液在高温下元素的行为见表4.184和表4.185。 （7）静置出炉前，控制温度1500～1550℃，静置3～5min
出铁	停电扒渣倾炉出铁	（1）检验合格后，即可停电、扒渣、倾炉、出铁。 （2）出铁以一次完成为佳，分包出铁，前后铁液成分会有所不同。 （3）出铁可以出尽，不必保留残余铁液。 （4）出铁温度不宜过高，原则上是"高温出炉，低温浇注"，但降温很费时，倒包降温可较快；单纯静置降温，对3t左右的铁液，包内无覆盖剂，每分钟降温速度不超过3℃

嵌入表格（配料计算中）：

名称	铜（Cu）	镍（Ni）	锰铁（Fe-Mn）	硅铁（Fe-Mo）	钼铁（Fe-Mo）	铬铁（Fe-Cr）	钒铁（Fe-V）	磷铁（Fe-P）	钛铁（Fe-Ti）	回炉铁、生铁、废铜、铁屑	增碳剂
烧损（质量分数）/%	0	0	10	5～10	5～10	5～10	10～20	10～20	40～50	0	10～20

需要注意：炉衬材料性质不同，对铁液元素的烧损率也有差异，见表4.184。温度对铁液中硅和锰的烧损行为见表4.185。铁液在保温过程中，碳和硅变化行为见表4.186。铁液在炉内不要过热，否则会产生不良影响，见表4.187。

表4.184　炉衬材料对元素行为的影响

炉衬	铸铁化学元素（质量分数)/%				
	C	Si	Mn	P	S
酸性	$\frac{3.56}{3.13}$	$\frac{2.35}{2.13}$	$\frac{0.28}{0.26}$	$\frac{0.04}{0.04}$	$\frac{0.05}{0.05}$
中性	$\frac{3.47}{3.11}$	$\frac{2.28}{2.04}$	$\frac{0.26}{0.25}$	$\frac{0.04}{0.04}$	$\frac{0.05}{0.05}$

注：分子均为开始值，分母为最终值。

表4.185　铁液温度对Si和Mn行为的影响

元素	铁液温度	
	≈1450 ℃以下	≈1450 ℃以上
Si	Si烧损	Si增加
Mn	Mn烧损	

表4.186　铁液等温保温时对元素行为的影响

等温保温温度 /℃	铁液中硅的质量分数为1.8%～2.2%	
	C烧损/($\%^{①}$/h)	Si增加/($\%^{①}$/h)
1350	—	—
1450	0.07	—
1500	0.18	0.07
1550	0.30	0.11
1600	0.40	1.19

注："①"指质量分数。

表4.187　铁液过热产生的不良影响

项目	说明
电能单耗提高	在1300～1500 ℃时，对不同容量的炉子，铁液温度每升高100 ℃，电能单耗增加35～45 kW·h；若升高至1500～1600 ℃，电耗增量更大，过热温度太高，不利于节能
铁液化学成分波动	铁液温度高于1500 ℃后，Si和C波动剧烈，不利于化学成分控制
炉衬化学侵蚀	炉衬侵蚀加剧，炉衬中SiO_2被碳还原，增加运行成本

4.5.4　铁液质量检测与控制

4.5.4.1　三角试片法

三角试片（图4.40和图4.41）法是炉前快速定性检测铁液化学成分比较有效的方法之一，它根据断口的粒度粗细、颜色、平整度和白口宽度等，判断铁液的牌号和激冷倾向，特别是对高牌号铁液反应灵敏。它具有工艺操作简单、快速、准确和易掌握等特点。

生产中，常用的几种试片尺寸见表4.188。

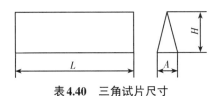

表4.40 三角试片尺寸

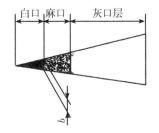

图4.41 三角试片白口宽度示意图

表4.188 三角试片尺寸

序 号	试片尺寸/mm			白口宽度极限值/mm
	A	H	L	
1	12.5	25	100	6
2	15	30	100	7
3	20	40	130	10
4	25	50	150	12
5	50	100	180	25

实际生产中，由于各厂的产品和生产条件不尽相同，白口宽度和铁液牌号的对应关系（表4.189）不尽一致。表4.190给出了白口宽度与铁液成分关系的参考值。

表4.189 一般条件下白口宽度与铁液牌号的对应关系

序 号	灰铸铁牌号	白口宽度/mm
1	HT150	0~3
2	HT200	2~5
3	HT250	4.0~6.5
4	HT300	5~8

表4.190 白口宽度与铁液成分关系的参考值

序号	白口宽度/mm	化学成分（质量分数）/%					碳硅质量（C+Si）（质量分数）/%	碳当量（CE）/%	共晶度（S_c）
		C	Si	Mn	P	S			
1	—	3.61	2.26	0.99	0.124	0.126	5.87	4.40	1.01
2	—	3.73	1.56	1.06	0.075	0.087	5.23	4.25	0.99
3	1	3.64	1.70	0.99	0.071	0.114	5.34	4.20	0.97
4	2	3.50	1.56	1.42	—	0.098	5.06	4.02	0.93
5	2	3.25	2.10	0.81	—	0.109	5.35	3.95	0.90
6	3	3.45	1.54	1.00	0.093	0.109	4.99	3.96	0.91
7	4	3.37	1.67	1.26	—	0.117	5.04	3.92	0.89

表 4.190（续）

序号	白口宽度/mm	化学成分（质量分数）/%					碳硅质量（C＋Si）（质量分数）/%	碳当量（CE）/%	共晶度（Sc）
		C	Si	Mn	P	S			
8	4～5	3.33	1.46	0.95	0.095	0.117	4.79	3.82	0.88
9	5	3.09	1.63	0.97	0.100	0.195	4.72	3.63	0.83
10	6	2.98	1.83	0.97	0.103	0.057	4.81	3.59	0.81
11	7	2.92	1.46	0.93	0.101	0.067	4.82	3.41	0.77
12	8	0.78	1.73	0.95	0.099	0.057	4.59	3.35	0.75
13	9～10	2.85	1.02	0.88	0.085	0.069	3.87	3.19	0.73

4.5.4.2 原铁液热分析碳硅检测法

热分析法测得某种铁液的冷却曲线，根据冷却曲线的液相线 TAL 和固相线（共晶凝固）温度 TEU 得出二者的关系，如图 4.42 所示。依据非平衡条件下铸铁碳、硅与 TAL 和 TEU 的回归分析数学模型，计算出原铁液的碳硅含量和碳当量。

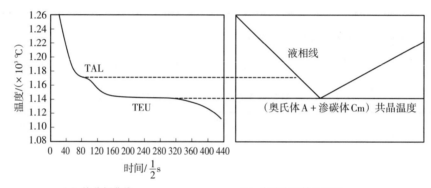

（a）热分析曲线　　　　　　　　　（b）介稳定系铸铁相图

图 4.42　热分析曲线特征点与相图的关系示意图

测定铸铁凝固热分析曲线的装置如图 4.43 所示。它由样杯、温度采集系统和计算机分析系统组成。样杯内安装有石英管保护的热电偶（直径 0.5 mm 的镍铬-镍硅偶丝）和促进白口化的碲粒，如图 4.44 所示。

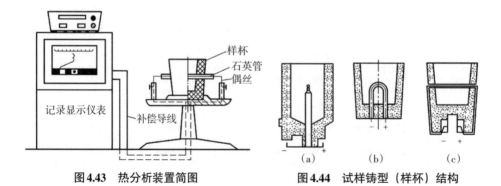

图 4.43　热分析装置简图　　　　图 4.44　试样铸型（样杯）结构

铁液成分热分析仪的主要技术指标见 表4.191。

表4.191 主要技术性能指标

准确度等级	温度测量分辨率 $(d)/℃$	温度测量误差 $(\Delta max)/℃$	活性碳当量测量误差/%	活性碳含量测量误差/%	活性硅含量测量误差/%
Ⅰ级	0.1	±0.3	0.04	0.02	0.04
Ⅱ级	0.5	±0.5	0.06	0.03	0.06
Ⅲ级	1	±1	0.1	0.04	0.1

资料来源:《炉前铁液热分析仪》(GB/T 30097—2013)。

4.5.4.3 直读光谱仪化学成分检测

直读光谱仪具有分析精度高、速度快、分析元素全面等特点,是目前大批量铸造生产的必备设备。其原理建立在物理现象的基础上:当将某一能量施加到一个原子上时,一些电子获得能量后就跳跃到一个不稳定状态的轨道上,当这些电子返回原来的轨道时,以释放一定波长光的形式恢复到其原来的精确能量。这种现象不受原子化学或结晶形式的影响。当一个含有多种元素的样品激发后将产生由每种元素特定波长所组成的光。通过一个色散系统将这些不同波长的光分开,再用光电倍增管分别测量各波长的发光强度,利用发光强度与该元素浓度的函数关系,经过计算机处理就可确定各元素的含量,如图4.45所示。

直读光谱仪分析的有效激发是在试样很薄的表层进行的,所以,制样一定要保证表层成分能够代表铁液的成分,避免结晶过程发生偏析。光谱仪不能分析铸件中的石墨态碳分,因此,试样一定保证全白口组织。试样的取样方法可参考《铸造合金光谱分析取样方法》(GB/T 5678—2013)。制作试样的模具如图4.46所示,也可采用水冷模具制样。

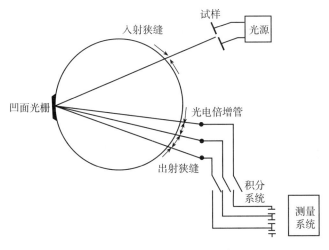

图4.45 直读光谱仪分析示意图

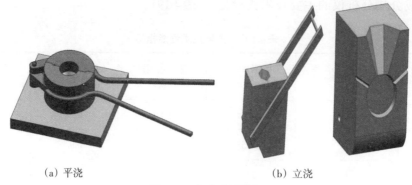

|（a）平浇|（b）立浇|

图4.46　光谱试样模具

直读光谱仪分析化学成分的准确性很大程度上取决于能否制出合格样品。合格样品的制作要求为：浇注温度大于1400 ℃，有利于样品获得全白口；表面磨削去掉0.5～1.0 mm厚度；干净光洁，不要有气孔夹渣；激发点应选择在距边缘2～3 mm的同心圆上，这样可以取得等效应的成分。另外，氩气纯度达到99.999%。

4.5.4.4　铸铁冶金质量在线检测

大量生产实践表明，即使铁液的化学成分、温度、处理工艺等控制在工艺要求范围内，仍会时常出现铸铁的材质缺陷问题，如缩松、强度或者延伸率不合格等。其原因是铸铁的凝固过程发生了变化，而目前传统铁液质量检测方法觉察不到。基于铸铁凝固热分析原理，可以实现在线检测表征球墨铸铁、蠕墨铸铁、灰铸铁冶金质量的多种技术参数。该检测技术可用于批量生产的球墨铸铁、蠕墨铸铁、灰铸铁高端铸件的质量控制，有利于控制铸铁金相组织，稳定力学性能和物理性能，降低铸件缩松倾向，提高铸件内在质量和使用质量。图4.47为球墨铸铁、蠕墨铸铁和灰铸铁三合一冶金质量检测系统界面。

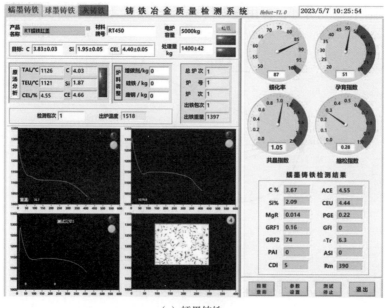

（a）蠕墨铸铁

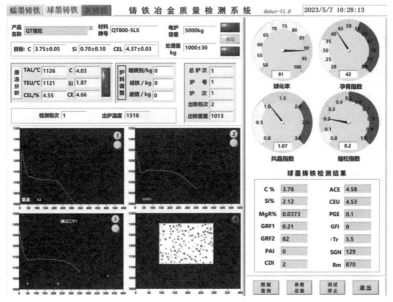

（b）球墨铸铁

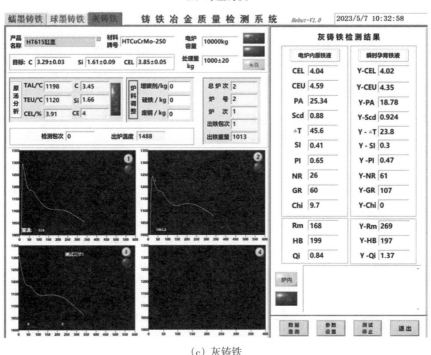

（c）灰铸铁

图4.47　球墨铸铁、蠕墨铸铁和灰铸铁三合一冶金质量检测系统界面

这种铸铁在线检测系统具有以下功能和特点：①对球/蠕化铁液的球化率/蠕化率、孕育指数、共晶指数、动态共晶点、收缩倾向、石墨化膨胀、活性镁、抗拉强度等冶金技术参数进行预测。②可对灰铸铁铁液的液相碳当量、共晶形核率、石墨化度、共晶度、收缩倾向、石墨化膨胀、抗拉强度、硬度、品质系数等冶金技术参数进行预测。③可实现球墨铸铁、蠕墨铸铁和灰铸铁生产过程技术参数和结果的储存、科学管理与数据的追溯。④其特点是测试速度快、适用于铸造生产线的批量生产，适应各种铸铁材质，操作简单，维护方便。

4.5.4.5 温度检测

铁液的温度检测有接触式和非接触式两种，测温仪表的分类和性能见表4.192。热电偶的技术性能特点见表4.193。生产上常用的测温方式为接触式快速热电偶（图4.48

和图4.49）。目前的测温装置是测温杆与显示仪表一体化。通常，热电偶需要补偿导线，其规格见表4.194。

测温过程中需要注意，每一次测温结束后，要将测温偶头从测温枪上取下，防止测温枪的测温头温度升高，影响铁液的测温精度。

表4.192 测温仪表的分类和性能

测温方式	仪表名称	测量原理	测温范围/℃	允许误差/℃	精度等级	主要特点
接触式	双金属温度计	固体热膨胀	−80～600	±(1.5～2.5)%	1，1.5，2.5	结构简单、坚固，可小型化，指示清晰、容易维护，不能远距离测量，精度低于玻璃液体温度计
	压力式温度计	气体、液体热膨胀	−100～600	±0.5%	1，1.5，2.5	结构简单、防爆、防腐蚀，可在20 m外检测，用于自动记录、报警和控制，密封系统不易修理，易产生附加误差
	玻璃液体温度计	液体热膨胀	−200～600	1/100～1/10	0.5～2.5	结构简单，使用方便，价格便宜，精度较高，易损坏，测量结果不能远传记录
	热电阻	电阻变化	−200～650	1/50～1/10	0.5～3.0	测量较准，信号可远传，自动记录报警和控温，需外接电源
	热电偶	热电效应	−261～2800	1/10～1/5	0.5～1.0	测量范围较宽，精度较高，信号可远传、记录、报警和控温，应用广泛
非接触式	光学高温计	亮度法	−300～3200	±(13～37)	1.0～1.5	结构简单，轻巧便携，容易引起人为的主观误差，不能自动记录和控制温度
	辐射高温计	全辐射	−100～2000	±1.5%	1.5	结构简单，性能稳定，指示值受光路介质吸收及对象表面发射率的影响大。可自动记录、报警和控温，刻度不均匀，下限灵敏度较低
	红外测温仪	红外辐射能量	−50～2500 分段	±1%	±5%或±0.5 ℃	测温范围宽，测量精度高，距离系数大，响应速度快，激光瞄准，使用方便可靠
	比色高温计	比色法	−50～2000	±1.5%	1	测非黑体时，发射率影响很小，测得温度接近真实温度。结构较复杂，在光路上介质对波长有明显吸收峰时，反射光对示值影响较大

表4.193 常用热电偶的技术性能特点和用途

名称	分度号		在$t_0=0$ ℃、$T=100$ ℃时热电势/mV	使用温度/℃		允许误差	特点及用途
	新号	旧号		长期	短期		
铂铑$_{10}$-铂	S	LB$_3$	0.643	1300	1600	$t \leqslant 600$ ℃，±2.4 ℃ $t > 600$ ℃，±0.4t%	稳定性、复现性、抗氧化性能好，易受氢、硫、硅及其化合物侵蚀变脆，用于铁液测温

表4.193（续）

名称	分度号		在 $t_0 = 0\ ℃$、$T = 100\ ℃$时热电势/mV	使用温度/℃		允许误差	特点及用途
	新号	旧号		长期	短期		
铂铑$_{30}$-铂$_6$	B	LL$_2$	0.034	1600	1800	$t{\leqslant}600\ ℃$，±3 ℃ $t>600\ ℃$，±0.5t%	精度高，稳定性、复现性、抗氧化性能好，抗还原性能较铂铑$_{10}$-铂好，测温上限高，适用于铁液连续测温
镍铬-镍硅	K	EU$_2$	4.10	1000	1300	$t{\leqslant}400\ ℃$，±4 ℃ $t>400\ ℃$， ±0.75t%	长期使用稳定，抗氧化性能好，上限可达1300 ℃，可代替一部分贵重金属测温，可测炉气温度
镍铬-康铜	E	EA$_2$	6.95	600	800	$t{\leqslant}400\ ℃$，±4 ℃ $t>400\ ℃$，±t%	微分热电势高，耐热和抗氧化性能好，价格便宜，可用于炉气温度和热风温度测量
铜-康铜	T	CK	4.26	200	300	$-40\sim400\ ℃$ ±0.75t%	稳定性、复现性好，价格便宜，可用于炉胆热风测温

图4.48　快速微型热电偶测温装置

1—测温头；2—保护纸管；3—测温杆；4—导线　5—显示仪表

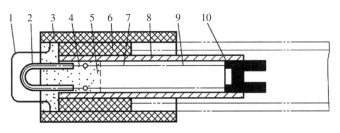

（a）a型测温头

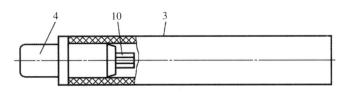

（b）b型测温头

图4.49　测温头结构

1—保护帽；2—石英管；3—外纸管；4—偶丝；5—高温水泥；

6—绝缘管；7—填料；8—小纸管；9—补偿导线；10—插件

表 4.194　补偿导线的规格

温度等级 /℃	线芯总数	股数	单线直径 /mm	标称截面 /mm²	绝缘厚度 /mm	护套厚度 /mm	最大外径/mm	
							单股线芯	多股线芯
80～100	单股线芯	1	0.80	0.5	0.5	0.8	3.7×5.7	3.8×5.9
		1	1.13	1.0	0.7	1.0	5.0×7.7	5.1×8.0
		1	1.37	1.5	0.7	1.0	5.2×8.3	5.4×8.7
		12	1.76	2.5	0.7	1.0	5.7×9.2	5.9×9.7
150	软型线芯	7	0.30	0.5	0.5	0.3	2.6×4.6	2.7×4.8
		7	0.43	1.0	0.5	0.3	3.0×5.3	3.1×5.6
		7	0.52	1.5	0.5	0.3	8.2×5.8	3.4×6.2
		19	0.41	2.5	0.5	0.3	3.6×6.7	4.0×7.3

注：屏蔽型补偿导线最大外径应加屏蔽厚度0.6～0.8 mm。

第5章 铸 钢

5.1 铸造碳钢

5.1.1 铸造碳钢牌号、化学成分和力学性能

根据含碳量的不同，铸造碳钢分为三类：低碳铸钢（含碳量小于0.25%）、中碳铸钢（含碳量为0.25%~0.60%）和高碳铸钢（含碳量大于0.60%）。铸造碳钢的牌号、化学成分和力学性能列于表5.1和表5.2。牌号中ZG是铸钢的代号，由"铸钢"的汉语拼音"Zhu Gang"两个字的第一个字母组合而成，牌号的第一组数字表示其屈服强度 $R_{eH}(R_{P0.2})$（MPa），第二组数字表示其抗拉强度 R_m（MPa）。

表5.1 铸造碳钢的化学成分（质量分数≤） 　　　　　　单位：%

牌 号	C	Si	Mn	S	P	残余元素					残余元素总量
						Ni	Cr	Cu	Mo	V	
ZG 200–400	0.20	0.60	0.80	0.035	0.035	0.40	0.35	0.40	0.20	0.05	1.00
ZG 230–450	0.30										
ZG 270–500	0.40		0.90								
ZG 310–570	0.50										
ZG 340–640	0.60										

资料来源：《一般工程用铸造碳钢件》（GB/T 11352—2009）。

注：①对上限减少0.01%的碳，允许增加0.04%的锰，对ZG 200–400的锰最高至1.00%，其余四个牌号锰最高至1.20%。

②除另有规定外，残余元素不作为验收依据。

铸造碳钢的力学性能受化学成分、熔铸工艺和热处理的影响，其中化学成分是决定力学性能最基本的因素。铸造碳钢的化学成分除铁以外，主要还有碳、硅、锰、硫和磷五大元素。

表5.2 铸造碳钢的力学性能（≥）

牌 号	屈服强度 $[R_{eH}(R_{p0.2})]$/MPa	抗拉强度 (R_m)/MPa	伸长率(A)/%	根据合同选择		
				断面收缩率 (Z)/%	冲击吸收功 (A_{KV})/J	冲击吸收功 (A_{KU})/J
ZG 200–400	200	400	25	40	30	47

表5.2（续）

牌　号	屈服强度 [$R_{eH}(R_{p0.2})$]/MPa	抗拉强度 (R_m)/MPa	伸长率(A)/%	根据合同选择		
				断面收缩率 (Z)/%	冲击吸收功 (A_{KV})/J	冲击吸收功 (A_{KU})/J
ZG 230–450	230	450	22	32	25	35
ZG 270–500	270	500	18	25	22	27
ZG 310–570	310	570	15	21	15	24
ZG 340–640	340	640	10	18	10	16

资料来源：《一般工程用铸造碳钢件》（GB/T 11352—2009）。

注：① 表中所列的各牌号性能，适应于厚度为100 mm以下的铸件。当铸件厚度超过100 mm时，表中规定的R_{eH}（$R_{p0.2}$）屈服强度仅供设计使用。

② 表中冲击吸收功A_{KU}的试样缺口为2 mm。

碳对铸造碳钢的力学性能有决定性的影响，如图5.1所示。所以，在炼钢时必须把含碳量严格控制在牌号规定的范围内。

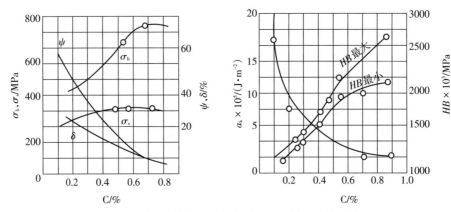

图5.1　碳对铸造碳钢（退火状态）力学性能的影响

硅是钢中的有益元素，它的主要作用是作为脱氧剂使钢水脱氧。低于规格含硅量的铸钢件易产生气孔和针孔等缺陷。

锰也是钢中的有益元素，它的主要作用是使钢水脱氧和中和硫的有害影响，防止铸件产生热裂等缺陷。为了完全中和硫的有害作用所需的锰量为钢中含硫量的4~5倍，脱氧用所需锰量为0.5%左右，因此牌号规定锰含量控制在0.8%~0.9%。

硫和磷都是钢中的有害元素，会恶化钢的力学性能。硫会增大铸造碳钢的热脆性，增大铸钢件的热裂倾向。磷会增大碳钢的冷脆性，增大铸钢件的冷裂倾向。因此，钢中的硫和磷含量越少越好。但由于原材料和冶炼技术上的原因，不可能把硫和磷彻底除掉，国家标准规定铸造碳钢中的硫和磷含量均不得大于0.04%。

5.1.2　铸造碳钢铸造性能

5.1.2.1　铸造碳钢的铸造性能特点

铸造碳钢的铸造性能比灰铸铁差得多，其特点是：① 流动性差，易产生浇不足和冷隔等缺陷；② 体收缩和线收缩值较大，产生缩孔、缩松、热裂和冷裂的倾向较大；③ 弹性模量大（比灰铸铁大2~4

倍），铸件中的内应力较大，易变形；④形成气孔和非金属夹杂的倾向较大。

因此，在制订熔炼和铸造工艺时必须充分注意这些特点。

5.1.2.2 流动性

钢水的流动性主要受含碳量、过热度和净化程度的影响。

随着含碳量的增加，钢水的流动性变好。当含碳量一定时，可以提高浇注温度来改善流动性，但浇注温度也不宜过高，否则易引起热裂、缩孔或缩松、粘沙和气孔等一系列铸造缺陷。表5.3列出了不同牌号碳钢的各种类型铸件的适宜浇注温度。

表5.3 碳钢铸件的浇注温度

铸件类型	壁 厚/mm	质 量/kg	浇注温度/℃			
			ZG 230-450	ZG 270-500	ZG 310-570	ZG 340-640
小铸件	6～20	<100	1530～1550	1520～1540	1510～1530	1500～1520
薄壁铸件	12～25	<500	1520～1540	1510～1530	1500～1520	1490～1510
结构复杂铸件	20～30	<3000	1510～1530	1500～1520	1490～1510	1480～1500
中等铸件	30～75	<5000	1505～1530	1500～1515	1495～1520	1485～1510
厚大铸件	70～150	2500～5000	1510～1530	1500～1520	1490～1510	1480～1500
重型铸件	150～500	>5000	1500～1520	1490～1510	1480～1500	1470～1490
形状简单铸件	<500	>3000	1495～1520	1490～1510	1475～1500	1470～1495

注：表中所列温度为热电偶测定的温度。

5.1.2.3 收缩性

1）体收缩率 铸造碳钢的体收缩率与含碳量及浇注温度的关系如图5.2所示。根据图5.2，正确确定铸造碳钢的体收缩率，对合理设计冒口的形状和尺寸，获得良好的补缩效果是非常重要的。

2）线收缩率 碳钢铸件的线收缩率受含碳量和铸型的影响。表5.4列出了不同碳量的钢的自由线收缩率。在收缩受阻条件下，铸钢件的实际线收缩率可根据铸件的结构、大小，壁的厚薄、砂型和砂芯的退让性、浇冒口的结构等在1.3%~1.8%范围内选取。

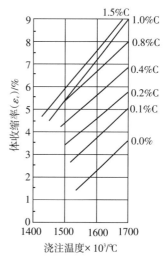

图5.2 铸造碳钢的体收缩率与含碳量及浇注温度的关系

表5.4 碳钢的自由线收缩率

含碳量/%	0.08	0.14	0.35	0.45	0.55
自由线收缩率/%	2.47	2.46	2.40	2.35	2.31

5.1.2.4　热裂倾向

热裂是铸钢件中较常见的缺陷。碳、硫和氧对铸造碳钢件热裂的影响较大。

含碳量很低的钢和高碳钢易发生热裂，含碳量在0.2%左右的碳钢较少发生热裂。

硫和氧促使碳钢产生热裂，当钢水脱氧、脱硫不良时，碳钢件的热裂倾向明显增大。因此，炼钢时钢水的脱氧和脱硫对减少热裂尤为重要。

此外，改善型（芯）砂的溃散性，减少铸钢件收缩的阻力，减少砂芯树脂加入量，在铸件易裂位置设置防裂筋，增大铸件上热节处的冷却速度等工艺措施均有利于防止热裂。

5.1.2.5　冷裂倾向

冷裂是铸钢件冷却到700 ℃以下时，由于铸造应力过大而引起的。壁厚不均、形状复杂的大型铸钢件易产生冷裂缺陷。铸钢件的化学成分和钢水的熔炼质量对冷裂倾向的影响很大。

随着含碳量的增加，碳钢的导热性降低，铸钢件中的铸造应力增大，冷裂倾向增大。

磷会增大钢的冷脆性，促使铸钢件产生冷裂。

钢水脱氧不良和钢中非金属夹杂物增多都会增大铸钢件的冷裂倾向。

5.1.3　铸造碳钢热处理

铸造碳钢在铸态下的力学性能较差，特别是冲击韧性低。其原因除了可能存在铸造缺陷（如缩孔、缩松、气孔、裂纹等）之外，还有铸态组织上存在缺陷，常见的铸态组织缺陷为晶粒粗大和魏氏组织。

在生产中，常在下列情况下形成晶粒粗大的缺陷。

（1）熔炼和浇注工艺不当。若熔炼时只用硅和锰脱氧，一次结晶晶粒粗大，二次结晶晶粒必粗大。若用铝进行终脱氧时晶粒细化。

钢水过热和浇注温度过高都会引起晶粒粗大。

（2）钢水浇入铸型后的冷却速度小。若铸件厚大或铸型散热条件差时易引起晶粒粗大。

（3）钢中含有较多促使奥氏体晶粒长大的元素，如锰和磷等。

魏氏组织是铁素体呈片状或针条状分布在珠光体内部、并与晶粒边界呈一定角度的一种组织。铸造碳钢中形成魏氏组织的倾向与钢的含碳量、铸件的壁厚之间的关系如图5.3所示。

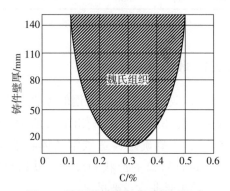

图5.3　铸钢件壁厚与含碳量对形成魏氏组织的影响

为了使粗大的晶粒细化，消除魏氏组织及铸造应力，铸造碳钢件通常需要进行热处理。常用的热处理方法有退火、正火以及正火加回火。

5.1.3.1　退火

铸造碳钢件退火的热处理规范如图5.4所示。

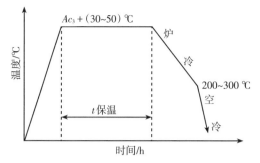

图 5.4 铸造碳钢件的退火处理规范

适宜的加热温度可根据含碳量按图 5.5 确定。保温时间的长短可根据铸钢件的壁厚按图 5.6 确定。

退火处理适用于含碳量在 0.35% 以上的铸钢件，也适用于含碳量低于 0.35% 但结构特别复杂的铸钢件。

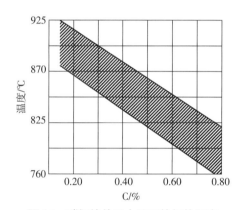

图 5.5 碳钢铸件退火处理的加热温度

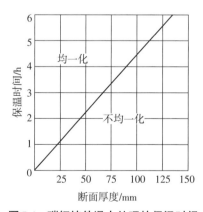

图 5.6 碳钢铸件退火处理的保温时间

5.1.3.2　正火

正火的热处理规范如图 5.7 所示，正火的加热温度与保温时间与退火相同。由于正火的冷却速度比退火要大，所以钢的晶粒比退火时更细，力学性能更好。

正火热处理适用于含碳量小于 0.35% 的铸钢件。

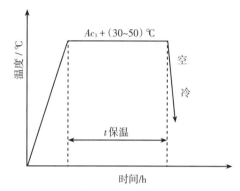

图 5.7 碳钢铸件正火的热处理规范

5.1.3.3　正火加回火

正火后进行回火可消除正火应力，提高铸件的塑性和韧性。

回火温度为 550~650 ℃，保温时间为 2~3 h，其热处理规范如图 5.8 所示。

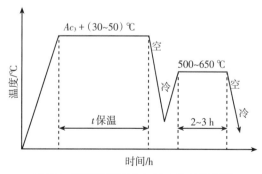

图 5.8 碳钢铸件正火加回火的处理规范

5.2 铸造低合金钢

5.2.1 铸造低合金钢牌号、化学成分和力学性能

采用低合金铸钢，主要是为了得到良好的综合力学性能，通常有较高的强度、良好的韧性和淬透性能。低合金铸钢的抗大气腐蚀和耐磨化也优于碳钢。低合金铸钢的含碳量一般小于0.45%，合金元素总量小于5%（或8%）。

我国以前常用的铸造低合金钢按所含主要合金元素分类，有40多个牌号。《一般工程与结构用低合金钢铸件》（GB/T 14408—2014），各牌号的力学性能见表5.5，硫、磷最高含量见表5.6，除非供需双方另有规定，各牌号的化学成分由供方确定，并且除硫、磷外，其他元素不作为验收标准。

表5.5　铸造低合金钢的力学性能

材料牌号	屈服强度 $(R_{P0.2})$/MPa ≥	抗拉强度 (R_m)/MPa ≥	断后伸长率(A)/% ≥	断面收缩率 (Z)/% ≥	冲击吸收能量 (A_{KV})/J ≥
ZGD 270–480	270	480	18	38	25
ZGD 290–510	290	510	16	35	25
ZGD 345–570	345	570	14	35	20
ZGD 410–620	410	620	13	35	20
ZGD 535–720	535	720	12	30	18
ZGD 650–830	650	830	10	25	18
ZGD 730–910	730	910	8	22	15
ZGD 840–1030	840	1030	6	20	15
ZGD 1030–1240	1030	1240	5	20	22
ZGD 1240–1450	1240	1450	4	15	18

资料来源：《一般工程与结构用低合金钢铸件》（GB/T 14408—2014）。

表5.6　铸造低合金钢的硫、磷质量分数最大值　　　　单位：%

材料牌号	S ≤	P ≤
ZGD 270–480		
ZGD 290–510		
ZGD 345–570	0.040	0.040
ZGD 410–620		
ZGD 535–720		
ZGD 650–830		
ZGD 730–910	0.035	0.035
ZGD 840–1030		
ZGD 1030–1240	0.020	0.020
ZGD 1240–1450		

资料来源：《一般工程与结构用低合金钢铸件》（GB/T 14408—2014）。

5.2.2 铸造低合金钢铸造性能和铸造工艺特点

5.2.2.1 铸造低合金钢的铸造性能特点

铸造低合金钢中加入的合金元素的数量不多，其铸造性能与相同含碳量的铸造碳钢的铸造性能差不多。其中，流动性差别不甚明显，但产生裂纹的倾向比铸造碳钢严重。

5.2.2.2 铸造低合金钢的铸造工艺特点

针对铸造低合金钢的裂纹倾向，铸造工艺上应注意：

（1）在浇注系统和冒口设置上，应采用分散的原则，尽量使热量分布均匀，防止铸件内产生过大的温差，减少冷却不均产生的应力。

（2）控制浇注温度，在保证充型要求的前提下尽量低温浇注，以防热裂。

（3）适当推迟打箱时间，以防开裂，打箱温度为300~400 ℃。

（4）热割冒口或消除应力后再切割冒口，避免切割冒口时由于临时热应力和铸件中残留应力叠加使铸件开裂。切割后要注意缓冷。

（5）采用细化晶粒措施，如：加入微量的钒、钛、铌等元素细化铸件的晶粒，在终脱氧时适当调整铝量，以充分发挥其细化晶粒的作用。

5.2.3 低合金钢铸件热处理

低合金钢铸件的热处理方式除退火外，主要是淬火+回火或正火+回火。

5.2.3.1 预先退火热处理

低合金钢铸件的导热性较差，合金元素的偏析倾向大，在铸件凝固和冷却过程中产生的内应力比碳钢铸件大，铸件易变形开裂。因此应先进行预先退火处理，以消除应力和细化组织，然后进行铸件粗加工及其后的淬火—回火或正火—回火处理。

预先退火处理温度列于表5.7。

表5.7 低合金钢铸件的预先退火温度

钢 种	预先退火加热温度/℃
低 Mn	850~950
低 Mn-Cr	930~1000
Si-Mn	850~1000
低 Mo	900~1000
Cr-Mo	870~1000

5.2.3.2 淬火（正火）温度及保温时间

我国常用的锰系、铬系铸造低合金钢的淬火、正火温度列于表5.8和表5.9。保温时间与碳钢铸件相同，通常按铸件壁厚每25 mm增加/h。

表5.8 我国常用的锰系铸造低合金钢的热处理温度

钢 号	化学成分（质量分数）/%			热处理
	C	Si	Mn	
ZG25Mn	0.20~0.30	0.35~0.45	1.10~1.30	正火 回火

表5.8（续）

钢　号	化学成分(质量分数)/%			热处理
	C	Si	Mn	
ZG25Mn2	0.20~0.30	0.30~0.45	1.70~1.90	正火　回火
ZG30Mn	0.25~0.35	0.30~0.45	1.05~1.35	正火　回火
ZG35Mn	0.30~0.40	0.17~0.37	1.20~1.60	850~860℃淬火 550~600℃回火
ZG40Mn	0.35~0.45	0.30~0.45	1.20~1.50	850~860℃正火 400~450℃回火
ZG40Mn2	0.35~0.45	0.20~0.40	1.60~1.80	870~890℃退火 830~850℃油淬 350~450℃回火
ZG45Mn	0.40~0.50	0.30~0.45	1.20~1.50	840~850℃正火 550~600℃回火
ZG45Mn2	0.40~0.50	0.20~0.40	1.50~1.80	正火　回火
ZG50Mn	0.45~0.55	0.20~0.45	1.20~1.50	正火　回火
ZG50Mn2	0.45~0.55	0.20~0.40	1.50~1.80	820~840℃正火 590~690℃回火
ZG20MnSi	0.16~0.22	0.60~0.80	1.00~1.30	900~920℃正火 510~600℃回火
ZG30MnSi	0.25~0.35	0.60~0.80	1.10~1.40	870~890℃正火 570~600℃回火 870~880℃正火 570~600℃回火

表5.9　我国常用的铸造铬系低合金钢的热处理温度

钢　号	化学成分(质量分数)/%							热处理
	C	Mn	Si	Cr	Ni	Mo	V	
ZG40Cr	0.35~0.45	0.50~0.80	0.17~0.37	0.80~1.10	—	—	—	830~860℃正火 520~680℃回火 830~860℃正火 830~860℃淬火 520~580℃回火
ZG20CrMo	0.15~0.25	0.50~0.80	0.20~0.45	0.40~0.70	—	0.40~0.60	—	880~900℃正火 600~650℃回火
ZG35CrMo	0.30~0.40	0.50~0.80	0.25~0.45	0.80~1.10	—	0.20~0.36	—	900℃正火 500~600℃回火 850℃淬火 600℃回火
ZG20CrMoV	0.18~0.25	0.40~0.70	0.17~0.37	0.90~1.20	—	0.50~0.70	0.20~0.30	940~950℃正火 920~940℃正火 690~710℃回火

表5.9（续）

钢 号	化学成分(质量分数)/%							热处理
	C	Mn	Si	Cr	Ni	Mo	V	
ZG15CrMoV	0.14~0.20	0.40~0.70	0.15~0.37	1.20~1.70	—	1.00~1.20	0.20~0.30	1000 ℃正火 980~1000 ℃正火 710~740 ℃回火
ZG30CrNiMo	0.28~0.35	0.50~0.80	0.17~0.37	1.30~1.60	1.30~1.60	0.20~0.30	—	860~880 ℃正火 600~650 ℃回火 860~870 ℃淬火 600~650 ℃回火
ZG40CrNiMo	0.36~0.44	0.50~0.80	0.17~0.37	0.60~0.90	1.25~1.75	0.15~0.25	—	850 ℃淬火 600 ℃回火
ZG30CrMnSi	0.28~0.38	0.90~1.20	0.50~0.75	0.50~0.80	—	—	—	880~900 ℃正火 400~450 ℃回火

5.2.3.3 回火温度及冷却速度

我国常用的锰系、铬系铸造低合金钢的回火温度列于表5.8和表5.9。由于合金元素 Mn，Cr 和单独使用 Mo 都会促使低合金铸钢件产生回火脆性，所以低合金钢铸件在回火后应快冷，在铸件结构允许、不致产生变形和开裂的条件下，可采用水冷。

5.3 高锰钢

高锰钢是一种最常用的铸造抗磨钢。

高锰钢中锰的公称含量为13%。由于大量锰的存在，高锰钢的铸态组织为奥氏体和碳化物；经过水韧处理，可消除碳化物，得到单一的奥氏体组织，韧性很好，但硬度并不高。但是，当高锰钢铸件在工作中经受强烈的冲击和挤压时，其表层组织发生加工硬化，硬度大为提高，因而具有很高的抗磨性。

5.3.1 高锰钢牌号、化学成分和力学性能

高锰钢的牌号、化学成分和力学性能见表5.10和表5.11。

表5.10 奥氏体锰钢铸件的牌号、化学成分

牌 号	化学成分(质量分数)/%								
	C	Si	Mn	P	S	Cr	Mo	Ni	W
ZG120Mn7Mo1	1.05~1.35	0.3~0.9	6~8	≤0.060	≤0.040	—	0.9~1.2	—	—
ZG110Mn13Mo1	0.75~1.35	0.3~0.9	11~14	≤0.060	≤0.040	—	0.9~1.2	—	—
ZG100Mn13	0.90~1.05	0.3~0.9	11~14	≤0.060	≤0.040	—	—	—	—
ZG120Mn13	1.05~1.35	0.3~0.9	11~14	≤0.060	≤0.040	—	—	—	—
ZG120Mn13Cr2	1.05~1.35	0.3~0.9	11~14	≤0.060	≤0.040	1.5~2.5	—	—	—
ZG120Mn13W1	1.05~1.35	0.3~0.9	11~14	≤0.060	≤0.040	—	—	—	0.9~1.2
ZG120Mn13Ni3	1.05~1.35	0.3~0.9	11~14	≤0.060	≤0.040	—	—	3~4	—
ZG90Mn14Mo1	0.70~1.00	0.3~0.6	13~15	≤0.070	≤0.040	—	1.0~1.8	—	—

表5.10（续）

牌　号	化学成分（质量分数）/%								
	C	Si	Mn	P	S	Cr	Mo	Ni	W
ZG120Mn17	1.05~1.35	0.3~0.9	16~19	≤0.060	≤0.040	—	—	—	—
ZG120Mn17Cr2	1.05~1.35	0.3~0.9	16~19	≤0.060	≤0.040	1.5~2.5	—	—	—

资料来源：《奥氏体锰钢铸件》（GB/T 5680—2010）。

注：允许加入微量 V,Ti,Nb,B 和 RE 等元素。

表5.11　奥氏体锰钢及其铸件力学性能

牌　号	力学性能			
	下屈服强度(R_{aL})/MPa	抗拉强度(R_m)/MPa	断后伸长率(A)/%	冲击吸收能量(KV_2)/J
ZG120Mn13	—	≥685	≥25	≥118
ZG120Mn13Cr2	≥390	≥735	≥20	—

5.3.2　高锰钢铸造性能特点和铸造工艺特点

高锰钢的铸造性能特点和铸造工艺特点列于表5.12。

表5.12　高锰钢的铸造性能特点和铸造工艺特点

铸造性能特点	铸造工艺特点
流动性好	高锰钢导热性差，钢水凝固慢，流动性好，适于浇注薄壁铸件和结构复杂铸件。浇注温度均为1420~1470 ℃。对于大铸件、厚壁铸件、形状简单铸件、易热裂的铸件，应采用较低的浇注温度
热烈倾向大	高锰钢线收缩大（自由线收缩为2.5%~3.0%），高温强度低，铸件在凝固和冷却过程中常因受到型、芯的阻碍而产生热裂。在造型工艺方面，应注意加强型、芯的退让性；在熔炼方面，应提高脱氧效率；在炉前进行变质处理，加入钛、锆、铌、钒以及稀土合金可细化晶粒；在浇注方面，加2%锰铁粉进行悬浮浇注细化晶粒，以提高抗裂性
铸件热应力大	高锰钢铸件热应力大，容易开裂。在用氧-乙炔火焰切割冒口时往往在冒口根部产生裂纹。因此应尽量少用或不用冒口，尽量采用同时凝固方案，局部热节处可用冷铁激冷。采用冒口时应尽量采用易割冒口，小铸件的易割冒口在水韧处理前敲掉
易产生粘砂	高锰钢钢水中含有较多碱性氧化物MnO，当采用硅砂作造型材料时，SiO_2与MnO化合生成熔点较低的化合物$mSiO_2 \cdot nMnO$，铸件容易产生化学粘砂。为避免粘砂，应采用碱性的或中性的耐火材料作型、芯的表面涂料，如镁砂、粉或铬铁矿粉涂料

5.3.3　高锰钢铸件热处理

高锰钢铸件的铸态组织为奥氏体和碳化物，碳化物降低钢的强度并使钢发脆，必须消除碳化物。最有效的办法是进行热处理——水韧处理。

水韧处理的原理是，将高锰钢铸件加热至奥氏体区并保温一段时间，使碳化物溶解在奥氏体中，然后将铸件在水中淬火。由于铸件冷却速度很大，使碳化物来不及析出，因而得到单一的奥氏体组织，提高高锰钢铸件的韧性。

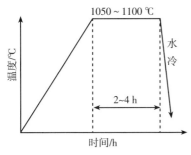

图5.9 高锰钢铸件的热处理规范

水韧处理规范如图5.9所示，普通高锰钢的热处理温度为1050 ℃，合金化高锰钢的热处理温度为1050~1100 ℃。

高锰钢铸件从室温加热至600 ℃期间特别容易开裂，加热速度不宜太快，可参照表5.13进行控制。

表5.13 高锰钢铸件水韧处理的加热速度

铸件壁厚/mm	加热速度/($℃·h^{-1}$)	
	室温~600 ℃	600~1100 ℃
< 25	70	
25~50	50	100~150
> 50	30~50	

淬火操作要快，迅速将铸件从炉中拉出投入水中，铸件入水时的温度不低于1000 ℃。为保证淬火介质有足够的冷却能力，淬火池中的水的温度应不高于50 ℃。

5.4 铸造不锈钢

按我国现行标准，铸造不锈钢成分为工程结构用中、高强度不锈钢［见《工程结构用中、高强度不锈钢铸件》（GB/T 6967—2009）］和不锈耐酸钢［见《通用耐蚀铸钢件》（GB/T 2100—2017）］两类。

中、高强度不锈钢以其力学性能为主要选用依据和验收指标，化学腐蚀性能一般不作为验收指标；不锈耐酸钢则以抗化学腐蚀性能为验收指标，化学成分是主要验收条件，一般不以力学性能为验收依据。本节的不锈钢系指不锈耐酸钢。

5.4.1 铸造不锈钢牌号和化学成分

铸造不锈钢的牌号和化学成分列于表5.14，室温力学性能列于表5.15，热处理工艺列于表5.16。

表5.14 铸造不锈钢牌号和化学成分

序号	牌 号	化学成分（质量分数)/%								
		C	Si	Mn	P	S	Cr	Mo	Ni	其 他
1	ZG15Cr13	0.15	0.80	0.80	0.035	0.025	11.50~13.50	0.50	1.00	
2	ZG20Cr13	0.16~0.24	1.00	0.60	0.035	0.025	11.50~14.00	—	—	
3	ZG10Cr13Ni2Mo	0.10	1.00	1.00	0.035	0.025	12.00~13.50	0.20~0.50	1.00~2.00	

表5.14（续）

序号	牌 号	化学成分（质量分数）/%								
		C	Si	Mn	P	S	Cr	Mo	Ni	其 他
4	ZG06Cr13Ni4Mo	0.06	1.00	1.00	0.035	0.025	12.00~13.50	0.70	3.50~5.00	Cu0.50,V0.05 W0.10
5	ZG06Cr13Ni4	0.06	1.00	1.00	0.035	0.025	12.00~13.00	0.70	3.50~5.00	
6	ZG06Cr16Ni5Mo	0.06	0.80	1.00	0.035	0.025	15.00~17.00	0.70~1.50	4.00~6.00	
7	ZG10Cr12Ni1	0.10	0.40	0.50~0.80	0.030	0.020	11.50~12.50	0.50	0.80~1.50	Cu0.30 V0.30
8	ZG03Cr19Ni11	0.03	1.50	2.00	0.035	0.025	18.00~20.00	—	9.00~12.00	N0.20
9	ZG03Cr19Ni11N	0.03	1.50	2.00	0.040	0.030	18.00~20.00	—	9.00~12.00	N0.12~0.20
10	ZG07Cr19Ni10	0.07	1.50	1.50	0.040	0.030	18.00~20.00	—	8.00~11.00	
11	ZG07Cr19Ni11Nb	0.07	1.50	1.50	0.040	0.030	18.00~20.00	—	9.00~12.00	Nb8C~1.00
12	ZG03Cr19Ni11Mo2	0.03	1.50	2.00	0.035	0.025	18.00~20.00	2.00~2.50	9.00~12.00	N0.20
13	ZG03Cr19Ni11Mo2N	0.03	1.50	2.00	0.035	0.030	18.00~20.00	2.00~2.50	9.00~12.00	N0.10~0.20
14	ZG05Cr26Ni6Mo2N	0.05	1.00	2.00	0.035	0.025	25.00~27.00	1.30~2.00	4.50~6.50	N0.12~0.20
15	ZG07Cr19Ni11Mo2	0.07	1.50	1.50	0.040	0.030	18.00~20.00	2.00~2.50	9.00~12.00	
16	ZG07Cr19Ni11Mo2Nb	0.07	1.50	1.50	0.040	0.030	18.00~20.00	2.00~2.50	9.00~12.00	NB8C~1.00
17	ZG03Cr19Ni11Mo3	0.03	1.50	1.50	0.040	0.030	18.00~20.00	3.00~3.50	9.00~12.00	
18	ZG03Cr19Ni11Mo3N	0.03	1.50	1.50	0.040	0.030	18.00~20.00	3.00~3.50	9.00~12.00	N0.10~0.20
19	ZG03Cr22Ni6Mo3N	0.03	1.00	2.00	0.035	0.025	21.00~23.00	2.50~3.50	4.50~6.50	N0.12~0.20
20	ZG03Cr25Ni7Mo4WCuN	0.03	1.00	1.50	0.030	0.020	24.00~26.00	3.00~4.00	6.00~8.50	Cu1.00 N0.15~0.25 W1.00
21	ZG03Cr26Ni7Mo4CuN	0.03	1.00	1.00	0.035	0.025	25.00~27.00	3.00~5.00	6.00~8.00	N0.12~0.22 Cu1.30
22	ZG07Cr19Ni12Mo3	0.070	1.50	1.50	0.040	0.030	18.00~20.00	3.00~3.50	10.00~13.00	
23	ZG025Cr20Ni25Mo7Cu1N	0.025	1.00	2.00	0.035	0.020	19.00~21.00	6.00~7.00	24.00~26.00	N0.15~0.25 Cu0.50~1.50

表5.14（续）

序号	牌 号	化学成分（质量分数)/%								
		C	Si	Mn	P	S	Cr	Mo	Ni	其 他
24	ZG025Cr20Ni19Mo7CuN	0.025	1.00	1.20	0.030	0.010	19.50~20.50	6.00~7.00	17.50~19.50	N0.18~0.24 Cu0.50~1.00
25	ZG03Cr26Ni6Mo3Cu3N	0.030	1.00	1.50	0.035	0.025	24.50~26.50	2.50~3.50	5.00~7.00	N0.12~0.22 Cu2.75~3.50
26	ZG03Cr26Ni6Mo3Cu1N	0.030	1.00	2.00	0.030	0.020	24.50~26.50	2.50~3.50	5.50~7.00	N0.12~0.25 Cu0.80~1.30
27	ZG03Cr26Ni6Mo3N	0.030	1.00	2.00	0.035	0.025	24.50~26.50	2.50~3.50	5.50~7.00	N0.12~0.25

资料来源：《通用耐蚀铸钢件》（GB/T 2100—2017）。

注：表中的单个值为最大值。

表5.15 铸造不锈钢室温力学性能

序号	牌 号	厚度(t)/mm ≤	屈服强度 ($R_{p0.2}$)/MPa ≥	抗拉强度 (R_m)/MPa ≥	伸长率 (A)/% ≥	冲击吸收能量 (KV_2)/J ≥
1	ZG15Cr13	150	450	620	15	20
2	ZG20Cr13	150	390	590	15	20
3	ZG10Cr13Ni2Mo	300	440	590	15	27
4	ZG06Cr13Ni4Mo	300	550	760	15	50
5	ZG06Cr13Ni4	300	550	750	15	50
6	ZG06Cr16Ni5Mo	300	540	760	15	60
7	ZG10Cr12Ni1	150	355	540	18	45
8	ZG03Cr19Ni11	150	185	440	30	80
9	ZG03Cr19Ni11N	150	230	510	30	80
10	ZG07Cr19Ni10	150	175	440	30	60
11	ZG07Cr19Ni11Nb	150	175	440	25	40
12	ZG03Cr19Ni11Mo2	150	195	440	30	80
13	ZG03Cr19Ni11Mo2N	150	230	510	30	80
14	ZG05Cr26Ni6Mo2N	150	420	600	20	30
15	ZG07Cr19Ni11Mo2	150	185	440	30	60
16	ZG07Cr19Ni11Mo2Nb	150	185	440	25	40
17	ZG03Cr19Ni11Mo3	150	180	440	30	80
18	ZG03Cr19Ni11Mo3N	150	230	510	30	80
19	ZG03Cr22Ni6Mo3N	150	420	600	20	30
20	ZG03Cr25Ni7Mo4WCuN	150	480	650	22	50
21	ZG03Cr26Ni7Mo4CuN	150	480	650	22	50

表5.15（续）

序号	牌　　号	厚度(t)/mm ≤	屈服强度 ($R_{p0.2}$)/MPa ≥	抗拉强度 (R_m)/MPa ≥	伸长率 (A)/% ≥	冲击吸收能量 (KV_2)/J ≥
22	ZG07Cr19Ni12Mo3	150	205	440	30	60
23	ZG025Cr20Ni25Mo7Cu1N	50	210	480	30	60
24	ZG025Cr20Ni19Mo7CuN	50	260	500	35	50
25	ZG03Cr26Ni6Mo3Cu3N	150	480	650	22	50
26	ZG03Cr26Ni6Mo3Cu1N	200	480	650	22	60
27	ZG03Cr26Ni6Mo3N	150	480	650	22	50

资料来源：《通用耐蚀铸钢件》（GB/T 2100—2017）。

表5.16　铸造不锈钢的热处理工艺

序号	牌　　号	热处理工艺
1	ZG15Cr13	加热到950~1050 ℃，保温，空冷；并在650~750 ℃回火，空冷
2	ZG20Cr13	加热到950~1050 ℃，保温，空冷或油冷；并在680~740 ℃回火，空冷
3	ZG10Cr13Ni2Mo	加热到1000~1050 ℃，保温，空冷；并在620~720 ℃回火，空冷或炉冷
4	ZG06Cr13Ni4Mo	加热到1000~1050 ℃，保温，空冷；并在570~620 ℃回火，空冷或炉冷
5	ZG06Cr13Ni4	加热到1000~1050 ℃，保温，空冷；并在570~620 ℃回火，空冷或炉冷
6	ZG06Cr16Ni5Mo	加热到1020~1070 ℃，保温，空冷；并在580~630 ℃回火，空冷或炉冷
7	ZG10Cr12Ni1	加热到1020~1060 ℃，保温，空冷；并在680~730 ℃回火，空冷或炉冷
8	ZG03Cr19Ni11	加热到1050~1150 ℃，保温，固溶处理，水淬。也可根据铸件厚度空冷或其他快冷方法
9	ZG03Cr19Ni11N	加热到1050~1150 ℃，保温，固溶处理，水淬。也可根据铸件厚度空冷或其他快冷方法
10	ZG07Cr19Ni10	加热到1050~1150 ℃，保温，固溶处理，水淬。也可根据铸件厚度空冷或其他快冷方法
11	ZG07Cr19Ni11Nb	加热到1050~1150 ℃，保温，固溶处理，水淬。也可根据铸件厚度空冷或其他快冷方法
12	ZG03Cr19Ni11Mo2	加热到1080~1150 ℃，保温，固溶处理，水淬。也可根据铸件厚度空冷或其他快冷方法
13	ZG03Cr19Ni11Mo2N	加热到1080~1150 ℃，保温，固溶处理，水淬。也可根据铸件厚度空冷或其他快冷方法
14	ZG05Cr26Ni6Mo2N	加热到1120~1150 ℃，保温，固溶处理，水淬。为防止形状复杂的铸件开裂，也可随炉冷却至1010~1040 ℃时再固溶处理，水淬
15	ZG07Cr19Ni11Mo2	加热到1080~1150 ℃，保温，固溶处理，水淬。也可根据铸件厚度空冷或其他快冷方法
16	ZG07Cr19Ni11Mo2Nb	加热到1080~1150 ℃，保温，固溶处理，水淬。也可根据铸件厚度空冷或其他快冷方法
17	ZG03Cr19Ni11Mo3	加热到不小于1120 ℃，保温，固溶处理，水淬。也可根据铸件厚度空冷或其他快冷方法

表5.16（续）

序号	牌 号	热处理工艺
18	ZG03Cr19Ni11Mo3N	加热到不小于1120℃，保温，固溶处理，水淬。也可根据铸件厚度空冷或其他快冷方法
19	ZG03Cr22Ni6Mo3N	加热到1120~1150℃，保温，固溶处理，水淬。为防止形状复杂的铸件开裂，也可随炉冷却至1010~1040℃时再固溶处理，水淬
20	ZG03Cr25Ni7Mo4WCuN	加热到1120~1150℃，保温，固溶处理，水淬。为防止形状复杂的铸件开裂，也可随炉冷却至1010~1040℃时再固溶处理，水淬
21	ZG03Cr26Ni7Mo4CuN	加热到1120~1150℃，保温，固溶处理，水淬。为防止形状复杂的铸件开裂，也可随炉冷却至1010~1040℃时再固溶处理，水淬
22	ZG07Cr19Ni12Mo3	加热到1120~1180℃，保温，固溶处理，水淬。也可根据铸件厚度空冷或其他快冷方法
23	ZG025Cr20Ni25Mo7Cu1N	加热到1200~1240℃，保温，固溶处理，水淬
24	ZG025Cr20Ni19Mo7CuN	加热到1080~1150℃，保温，固溶处理，水淬。也可根据铸件厚度空冷或其他快冷方法
25	ZG03Cr26Ni6Mo3Cu3N	加热到1120~1150℃，保温，固溶处理，水淬。为防止形状复杂的铸件开裂，也可随炉冷却至1010~1040℃时再固溶处理，水淬
26	ZG03Cr26Ni6Mo3Cu1N	加热到1120~1150℃，保温，固溶处理，水淬。为防止形状复杂的铸件开裂，也可随炉冷却至1010~1040℃时再固溶处理，水淬
27	ZG03Cr26Ni6Mo3N	加热到1120~1150℃，保温，固溶处理，水淬。为防止形状复杂的铸件开裂，也可随炉冷却至1010~1040℃时再固溶处理，水淬

资料来源：《通用耐蚀铸钢件》（GB/T 2100—2017）。

在不锈钢中，合金元素的种类很多。通常按它们对组织形成的影响，将其分为两大类：奥氏体形成元素（Ni，Mn，Cu，C，N 等）和铁素体形成元素（Cr，Mo，Si，Ti，Nb 等）。依照每种元素所起作用的大小，可将其折算成相应的铬当量和镍当量值，即

$$Cr\ 当量 = \%Cr + \%Mo + 1.5 \times \%(Si + Ti) + 0.5 \times \%Nb$$

$$Ni\ 当量 = \%Ni + 0.5 \times \%Mn + 30 \times \%(C + N)$$

不锈钢的组织与 Cr 当量和 Ni 当量之间的关系如图5.10所示。

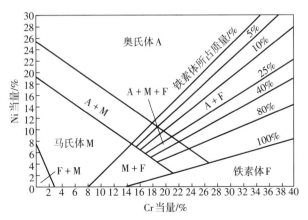

图5.10 不锈钢的组织状态图

5.4.2 铸造不锈钢铸造性能特点和铸造工艺特点

常用不锈钢的铸造性能特点和铸造工艺特点列于表5.17。

表5.17　常用不锈钢的铸造性能特点和铸造工艺特点

类别	铸造性能特点	铸造工艺特点
马氏体型与铁素体型	（1）含铬量高，钢水流股易形成氧化铬膜，铸件易产生夹渣缺陷； （2）流动性差，易产生冷隔、浇不足缺陷； （3）体收缩比碳钢大，易形成缩孔； （4）导热性差，钢的高温强度低，易形成热裂； （5）铸造收缩率为1.7%～2.0%	（1）提高浇注温度，增大浇注系统断面尺寸，缩短浇注时间； （2）实现顺序凝固，增大冒口尺寸，比碳钢件大30%～50%； （3）提高型芯和铸型的退让性
奥氏体型	（1）含铬量高，钢水表面易形成氧化铬膜，铸件易形成夹渣缺陷； （2）流动性差，易产生冷隔、表面皱皮缺陷； （3）易形成热裂； （4）易产生热粘砂	（1）提高浇注温度，增大浇注系统断面尺寸，增大浇注速度，缩短浇注时间； （2）实现顺序凝固，增大冒口尺寸，比碳钢件大10%～20%； （3）提高型芯和铸型的退让性； （4）采用耐火度高的涂料（铬矿粉、镁砂粉、锆英粉、刚玉粉涂料）
奥氏体铁素体型	（1）流动性好； （2）体收缩大，易产生缩孔； （3）易产生化学粘砂	（1）合箱操作注意加强防跑火； （2）实现顺序凝固，采用冒口补缩； （3）炼钢时尽量降低钢水中的含氢量； （4）砂型烘干烘透，浇注时砂型温度保持在80℃以上； （5）含N量尽量控制在下限，Cr控制在化学成分的上限； （6）采用碱性或中性的涂料（铬铁矿粉、镁砂粉涂料）

5.5 铸造耐磨合金钢

在复杂的工况环境下，工件失效形式主要为磨损，约80%零部件的失效是由于过度磨损造成的，据不完全统计，每年因此造成的经济损失约占国民经济GDP的3%～5%。提高材料的耐磨性能是矿山、冶金、建材、电力等行业设备始终关注的焦点。人们也对此进行了深入的研究，现在常用的耐磨钢按组织构成分类主要有：奥氏体钢（高锰钢）、马氏体钢、珠光体钢、贝氏体钢。

5.5.1 马氏体耐磨钢

马氏体耐磨钢的显微组织以马氏体为主，通过加入Mn，Cr，Mo，Ni等合金元素显著提高淬透性，淬火热处理工艺后得到以马氏体为主的显微组织。马氏体组织有较高的强度及硬度，以其作为主要组织的耐磨产品在不同的服役条件下均表现出较好的耐磨损性能，但淬火马氏体中引起的晶格畸变会引起钢的塑韧性下降，在较大的冲击作用下，其耐磨性会急剧恶化，因此，人们更多地将研究重点集中在提升马氏体钢的断裂韧性及塑性上。

耐磨合金钢由于具有良好的韧性和较高的硬度，同时合金钢中含多种合金元素，可以通过热处理工艺在较大范围内调整其组织结构和力学性能的匹配性。近年来，各类耐磨合金钢多有发展，尤其是中、高碳耐磨合金钢。表5.18是我国使用的部分耐磨合金钢。

表5.18 我国部分耐磨合金钢

牌 号	化学成分（质量分数）/%			
	C	Si	Mn	Cr
ZG20CrMn2MoBRE	0.20～0.30	0.5～1.0	2.0～3.0	1.0～1.5
ZG28Mn2MoVB	0.25～0.30	0.3～0.8	1.4～2.0	—
ZG30Cr2MnSiMoRE	0.25～0.35	1.1～1.4	0.8～1.1	1.8～2.2
ZG31Mn2SiRE	0.25～0.36	0.7～0.8	1.3～1.7	—
ZG40CrMnSiMoRE	0.35～0.45	0.8～1.5	0.8～2.5	0.8～1.5
ZG40CrMn2SiMo	0.35～0.45	0.8～1.5	1.5～1.8	0.9～1.4
75Cr2MoSiMnNi	0.70～0.90	0.5～1.0	0.5～1.0	2.0～3.0

目前，国内研制的耐磨合金钢衬板材料主要有马氏体组织类型。ZG42SiMn2CrMoCu合金衬板，加入Mn，Si，Cr，Mo的中碳低合金耐磨铸钢，经过930 ℃×2 h油淬+240 ℃×2 h回火+240 ℃×2 h回火处理后机械性能良好，材料硬度达到HRC54，冲击吸收能量达到34.4 J，抗拉强度R_m达到1820 MPa。断裂机理主要是准解理断裂，断口中有大量的韧窝。利用我国是稀土资源大国的有利条件，在一些耐磨合金钢衬板材料中通过添加稀土和硼元素，细化晶粒，改善了钢的组织，显著提高了衬板材料的机械性能和耐磨性。低合金耐磨钢衬板中添加Ti、B、稀土等合金元素，钢板组织为回火马氏体，改善了钢板的低温冲击韧性，使其表面及纵向硬度分布均匀，表现出较好的综合力学性能。

5.5.2 珠光体耐磨钢

珠光体耐磨钢是高碳铬钼钢，合金总量一般不超过5%，常规通过正火处理下获得具有珠光体显微组织的钢，通过形成粒状碳化物提高耐磨性，这类钢在500～600 ℃下具有很高的高温强度，因此常用于600 ℃以下耐热、耐磨的零部件或者用于低应力磨损条件下的工件。

通过对Cr-Mo系合金钢的热处理工艺及材料性能进行研究，采用"风冷+雾冷"方式进行淬火，制定了合适的淬火回火工艺，并对衬板材料不同淬火回火温度下的显微组织与力学性能进行分析，结合显微组织与综合力学性能确定最佳热处理工艺。材料最佳热处理工艺为920 ℃淬火+

600 ℃回火，采用"风冷＋雾冷"的淬火处理工艺得到的组织为针状马氏体，经高温回火后得到的组织主要为回火索氏体。硬度达到388 HBW，冲击功达到55 J，抗拉强度达到1295 MPa，断后伸长率为4.5%。析出碳化物为M_2C，M_3C，M_7C_3，$M_{23}C_6$型碳化物，大量弥散析出的碳化物对材料的强度、硬度和耐磨性有积极影响。随着回火温度的升高，碳化物逐渐长大并开始球化。含Ni，V合金元素衬板600 ℃回火后比不含Ni，V合金元素衬板抗拉强度提升12%、硬度提升20%。

5.5.3　贝氏体耐磨钢

贝氏体耐磨钢通常由等温淬火的工艺来获得目标微观组织，贝氏体钢硬度低于马氏体钢，但其因具备优异的强韧配合度、高耐磨性、工艺简单等优点而备受人们的青睐。为了降低贝氏体耐磨钢的获取难度，人们通过添加不同元素改变贝氏体相变温度，如Mn，Mo，W，V等元素可在空冷下获得贝氏体组织。随着工业技术的发展，贝氏体钢的应用也越来越广泛，逐步成为人们的研究热点。

我国相继研发了系列贝氏体钢。一种是准贝氏体钢，该类钢通过添加合金元素缩小了中高温转变的相区，奥氏体化后通过空冷方式便可获得贝氏体组织，该准贝氏体组织由贝氏体铁素体和残余奥氏体组成，其中，贝氏体铁素体为碳的过饱和固溶体，具有较高的强度及硬度，部分残余奥氏体在外力作用下诱导发生马氏体相变，提高了钢的耐磨性，同时还能使裂纹钝化，增加了断裂功。另一种是隐晶贝氏体贝氏体钢，该类钢在微观组织及耐磨性方面均要优于国内外已有的贝氏体钢，在矿山机械的应用上表现出了极佳的耐磨性能。此外，Mn-B系列的贝氏体钢突破了传统贝氏体钢的设计思路，使得Mo，W合金元素成为非必要元素，贝氏体转变的发生变得更加容易，突破了空冷贝氏体钢的碳含量的限制，丰富了贝氏体钢的种类和用途。随着研究的深入，发现贝氏体钢中的无碳化物贝氏体钢，该类钢组织主要由贝氏体和残余奥氏体组成。无碳化物贝氏体钢中不同形态残余奥氏体在受到外力冲击作用时其稳定性不同，薄膜状残余奥氏体稳定性高于块状残余奥氏体，残余奥氏体的尺寸、形态、各相比例、分布位置对材料的强度、韧性、耐磨性均存在影响。含铌贝氏体钢中贝氏体铁素体和残留奥氏体相邻晶粒取向差以小角度为主（<15°），存在少量大角度晶界（50°～63°）；不含铌贝氏体钢中贝氏体铁素体相邻晶粒取向差以大角度为主，残留奥氏体仍以小角度取向差为主。在冲击磨料磨损条件下，含铌贝氏体钢的耐磨性优于不含铌贝氏体钢。

5.6　铸钢熔炼和处理

5.6.1　炼钢用原材料

5.6.1.1　金属材料

1）生铁　炼钢用生铁的牌号和化学成分列于表5.19。

表5.19 炼钢用生铁

牌 号			L03	L07	L10
化学成分(质量分数)/%	C		≥3.50		
	Si		≤0.35	0.35 ~ 0.70	0.70 ~ 1.25
	Mn	一组	≤0.40		
		二组	0.40 ~ 1.00①		
		三组	1.00 ~ 2.00		
	P	特级	≤0.100		
		一级	0.100 ~ 0.150		
		二级	0.150 ~ 0.250		
		三级	0.250 ~ 0.400		
	S	一类	≤0.030		
		二类	0.030 ~ 0.050		
		三类	0.050 ~ 0.070		

资料来源:《炼钢用生铁》(YB/T 5296—2011)。

2)回炉废钢 回炉废钢包括回炉碳素废钢和回炉合金废钢。回炉碳素废钢用于冶炼碳钢和合金钢,回炉合金废钢用于冶炼合金钢。

3)回炉废铁 回炉废铁比生铁便宜,可用来代替一部分炼钢用生铁,但回炉废铁的含硫量比生铁高,所含的气体和夹杂物也较多。

4)铁合金 铁合金包括硅铁、锰铁、钛铁、铬铁、硼铁、钒铁、钨铁和钼铁等。它们的牌号和化学成分列于表5.20至表5.31。

表5.20 高硅硅铁牌号和化学成分

类别	牌 号	化学成分(质量分数)/%									
		Si	Al	Fe	Ca	Mn	Cr	P	S	C	Ti
						≤					
高硅硅铁	GG FeSi97Al1.5	≥97.0	1.5	1.5	0.3	0.4	0.2	0.040	0.030	0.20	—
	GG FeSi95Al1.5	95.0 ~ <97.0	1.5	2.0	0.3						
	GG FeSi95Al2.0		2.0	2.0	0.4						
	GG FeSi93Al1.5	93.0 ~ <95.0	1.5	2.0	0.6						
	GG FeSi93Al3.0		3.0	2.5	0.6						
	GG FeSi90Al2.0	90.0 ~ 93.0	2.0	—	1.5	0.4	0.2	0.040	0.030	0.20	—
	GG FeSi90Al3.0		3.0	—	1.5						
	GG FeSi87Al2.0	87.0 ~ <90.0	2.0	—	1.5						
	GG FeSi87Al3.0		3.0	—	1.5						

资料来源:《硅铁》(GB/T 2272—2020)。

① 此处的"0.40 ~ 1.00"写法,其意思是化学成分(质量分数)大于0.40%、小于等于1.00%。其余类同。本章中除有另外说明,其他表格中此类写法的含义同此。

表5.21 普通硅铁和低铝硅铁牌号和化学成分

类别	牌号	化学成分(质量分数)/%								
		Si	Al	Ca	Mn	Cr	P	S	C	Ti
			≤							
普通硅铁	PG FeSi75Al1.5	75.0 ~ <80.0	1.5	1.5	0.4	0.3	0.045	0.020	0.10	0.30
	PG FeSi75Al2.0	75.0 ~ <80.0	2.0	1.5	0.4	0.3	0.040	0.020	0.20	0.30
	PG FeSi75Al2.5	75.0 ~ <80.0	2.5	—	0.4	0.3	0.040	0.020	0.20	0.30
	PG FeSi72Al1.5	72.0 ~ <75.0	1.5	1.5	0.4	0.3	0.045	0.020	0.20	0.30
	PG FeSi72Al2.0	72.0 ~ <75.0	2.0	1.5	0.4	0.3	0.040	0.020	0.20	0.30
	PG FeSi72Al2.5	72.0 ~ <75.0	2.5	—	0.4	0.3	0.040	0.020	0.20	0.30
	PG FeSi70Al2.0	70.0 ~ <72.0	2.0	—	0.5	0.5	0.045	0.020	0.20	—
	PG FeSi70Al2.5	70.0 ~ <72.0	2.5	—	0.5	0.5	0.045	0.020	0.20	—
	PG FeSi65	65.0 ~ <70.0	3.0	—	0.5	0.5	0.045	0.020	—	—
	PG FeSi40	40.0 ~ <47.0	—	—	0.6	0.5	0.045	0.020	—	—
低铝硅铁	DL FeSi75Al0.3	75.0 ~ <80.0	0.3	0.3	0.4	0.3	0.030	0.020	0.10	0.30
	DL FeSi75Al0.5	75.0 ~ <80.0	0.5	0.5	0.4	0.3	0.030	0.020	0.10	0.30
	DL FeSi75Al0.8	75.0 ~ <80.0	0.8	1.0	0.4	0.3	0.035	0.020	0.10	0.30
	DL FeSi75Al1.0	75.0 ~ <80.0	1.0	1.0	0.4	0.3	0.035	0.020	0.10	0.30
	DL FeSi72Al0.3	72.0 ~ <75.0	0.3	0.3	0.4	0.3	0.030	0.020	0.10	0.30
	DL FeSi72Al0.5	72.0 ~ <75.0	0.5	0.5	0.4	0.3	0.030	0.020	0.10	0.30
	DL FeSi72Al0.8	72.0 ~ <75.0	0.8	1.0	0.4	0.3	0.035	0.020	0.10	0.30
	DL FeSi72Al1.0	72.0 ~ <75.0	1.0	1.0	0.4	0.3	0.035	0.020	0.10	0.30

资料来源：《硅铁》（GB/T 2272—2020）。

表5.22 高纯硅铁牌号和化学成分

类别	牌号	化学成分(质量分数)/%											
		Si	Ti	C	Al	P	S	Mn	Cr	Ca	V	Ni	B
		≥	≤										
高纯硅铁	GC FeSi75Ti0.01–A	75.0	0.010	0.012	0.01	0.010	0.010	0.1	0.1	0.01	0.010	0.02	0.002
	GC FeSi75Ti0.01–B	75.0	0.010	0.015	0.03	0.015	0.010	0.2	0.1	0.03	0.020	0.03	0.005
	GC FeSi75Ti0.015–A	75.0	0.015	0.015	0.01	0.020	0.010	0.1	0.1	0.01	0.015	0.03	—
	GC FeSi75Ti0.015–B	75.0	0.015	0.020	0.03	0.025	0.010	0.2	0.1	0.03	0.020	0.03	—
	GC FeSi75Ti0.02–A	75.0	0.020	0.015	0.03	0.025	0.101	0.2	0.1	0.03	0.020	0.03	—
	GC FeSi75Ti0.02–B	75.0	0.020	0.020	0.10	0.030	0.010	0.2	0.1	0.10	0.020	0.03	—
	GC FeSi75Ti0.02–C	75.0	0.020	0.050	0.50	0.030	0.010	0.2	0.1	0.50	0.020	0.03	—
	GC FeSi75Ti0.03–A	75.0	0.030	0.015	0.10	0.030	0.010	0.2	0.1	0.10	0.020	0.03	—
	GC FeSi75Ti0.03–B	75.0	0.030	0.020	0.20	0.030	0.010	0.2	0.1	0.20	0.020	0.03	—

表5.22（续）

类别	牌 号	化学成分(质量分数)/%											
		Si	Ti	C	Al	P	S	Mn	Cr	Ca	V	Ni	B
		≥					≤						
高纯硅铁	GC FeSi75Ti0.03−C	75.0	0.030	0.050	0.50	0.030	0.015	0.2	0.1	0.50	0.020	0.03	—
	GC FeSi75Ti0.05−A			0.015	0.10	0.025	0.010	0.2	0.1	0.10	0.020	0.03	—
	GC FeSi75Ti0.05−B	75.0	0.050	0.020	0.20	0.030	0.010	0.2	0.1	0.20	0.020	0.03	—
	GC FeSi75Ti0.05−C			0.050	0.50		0.015	0.2	0.1	0.50	0.020	0.05	—

资料来源：《硅铁》（GB/T 2272—2020）。

表5.23 电炉锰铁化学成分

类别	牌 号	化学成分(质量分数)/%						
		Mn	C	Si		P		S
				I	II	I	II	
				≤				
微碳锰铁	FeMn90C0.05	87.0～93.5	0.05	0.5	1.0	0.03	0.04	0.02
	FeMn84C0.05	80.0～87.0	0.05	0.5	1.0	0.03	0.04	0.02
	FeMn90C0.10	87.0～93.5	0.10	1.0	2.0	0.05	0.10	0.02
	FeMn84C0.10	80.0～87.0	0.10	1.0	2.0	0.05	0.10	0.02
	FeMn90C0.15	87.0～93.5	0.15	1.0	2.0	0.08	0.10	0.02
	FeMn84C0.15	80.0～87.0	0.15	1.0	2.0	0.08	0.10	0.02
低碳锰铁	FeMn88C0.2	85.0～92.0	0.2	1.0	2.0	0.10	0.30	0.02
	FeMn84C0.4	80.0～87.0	0.4	1.0	2.0	0.15	0.30	0.02
	FeMn84C0.7	80.0～87.0	0.7	1.0	2.0	0.20	0.30	0.02
中碳锰铁	FeMn82C1.0	78.0～85.0	1.0	1.0	2.5	0.20	0.35	0.03
	FeMn82C1.5	78.0～85.0	1.5	1.5	2.5	0.20	0.35	0.03
	FeMn78C2.0	75.0～82.0	2.0	1.5	2.5	0.20	0.40	0.03
高碳锰铁	FeMn78C8.0	75.0～82.0	8.0	1.5	2.5	0.20	0.33	0.03
	FeMn74C7.5	70.0～77.0	7.5	2.0	3.0	0.25	0.38	0.03
	FeMn68C7.0	65.0～72.0	7.0	2.5	4.5	0.25	0.40	0.03

资料来源：《锰铁》（GB/T 3795—2014）。

表5.24 高炉锰铁化学成分

类别	牌 号	化学成分(质量分数)/%						
		Mn	C	Si		P		S
				I	II	I	II	
				≤				
高碳锰铁	FeMn78	75.0～82.0	7.5	1.0	2.0	0.20	0.30	0.03
	FeMn73	70.0～75.0	7.5	1.0	2.0	0.20	0.30	0.03

表5.24（续）

类别	牌　号	化学成分（质量分数）/%						
		Mn	C	Si		P		S
				I	II	I	II	
			≤					
高碳 锰铁	FeMn68	65.0～70.0	7.0	1.0	2.0	0.20	0.30	0.03
	FeMn63	60.0～65.0	7.0	1.0	2.0	0.20	0.30	0.03

资料来源：《锰铁》（GB/T 3795—2014）。

表5.25　锰铁的粒度范围

粒度级别	粒　度/mm	允许偏差/% ≤	
		筛上物	筛下物
1	20～250	3	7
2	50～150	3	7
3	10～50（或70）	3	7
4	0.097～0.45	5	30

资料来源：《锰铁》（GB/T 3795—2014）。

注：中碳锰铁可以粉状交货。

表5.26　钛铁的牌号及化学成分

牌　号	化学成分（质量分数）/%							
	Ti	C	Si	P	S	Al	Mn	Cu
		≤						
FeTi30-A	25.0～35.0	0.10	4.5	0.05	0.03	8.0	2.5	0.10
FeTi30-B	25.0～35.0	0.20	5.0	0.07	0.04	8.5	2.5	0.20
FeTi40-A	>35.0～45.0	0.10	3.5	0.05	0.03	9.0	2.5	0.20
FeTi40-B	>35.0～45.0	0.20	4.0	0.08	0.04	9.5	3.0	0.40
FeTi50-A	>45.0～55.0	0.10	3.5	0.05	0.03	8.0	2.5	0.20
FeTi50-B	>45.0～55.0	0.20	4.0	0.08	0.04	9.5	3.0	0.40
FeTi60-A	>55.0～65.0	0.10	3.0	0.04	0.03	7.0	1.0	0.20
FeTi60-B	>55.0～65.0	0.20	4.0	0.06	0.04	8.0	1.5	0.20
FeTi60-C	>55.0～65.0	0.30	5.0	0.08	0.04	8.5	2.0	0.20
FeTi70-A	>65.0～75.0	0.10	0.50	0.04	0.03	3.0	1.0	0.20
FeTi70-B	>65.0～75.0	0.20	3.5	0.06	0.04	6.0	1.0	0.20
FeTi70-C	>65.0～75.0	0.40	4.0	0.08	0.04	8.0	1.0	0.20
FeTi80-A	>75.0	0.10	0.50	0.04	0.03	3.0	1.0	0.20
FeTi80-B	>75.0	0.20	3.5	0.06	0.04	6.0	1.0	0.20
FeTi80-C	>75.0	0.40	4.0	0.08	0.04	7.0	1.0	0.20

资料来源：《钛铁》（GB/T 3282—2012）。

表 5.27　铬铁的牌号及化学成分

类别	牌　号	化学成分（质量分数）/%									
		Cr			C	Si		P		S	
		范　围	I	Ⅱ	I	I	Ⅱ	I	Ⅱ	I	Ⅱ
		≥			≤						
微碳	FeCr65C0.03	60.0～70.0			0.03	1.0		0.03		0.025	
	FeCr55C0.03		60.0	52.0	0.03	1.5	2.0	0.03	0.04	0.030	
	FeCr65C0.06	60.0～70.0			0.06	1.0		0.03		0.025	
	FeCr55C0.06		60.0	52.0	0.06	1.5	2.0	0.04	0.06	0.030	
	FeCr65C0.10	60.0～70.0			0.10	1.0		0.03		0.025	
	FeCr55C0.10		60.0	52.0	0.10	1.5	2.0	0.04	0.06	0.030	
	FeCr65C0.15	60.0～70.0			0.15	1.0		0.03		0.025	
	FeCr55C0.15		60.0	52.0	0.15	1.5	2.0	0.04	0.06	0.030	
低碳	FeCr65C0.25	60.0～70.0			0.25	1.5		0.03		0.025	
	FeCr55C0.25		60.0	52.0	0.25	2.0	3.0	0.04	0.06	0.030	0.05
	FeCr65C0.50	60.0～70.0			0.50	1.5		0.03		0.025	
	FeCr55C0.50		60.0	52.0	0.50	2.0	3.0	0.04	0.06	0.030	0.05
中碳	FeCr65C1.0	60.0～70.0			1.0	1.5		0.03		0.025	
	FeCr55C1.0		60.0	52.0	1.0	2.5	3.0	0.04	0.06	0.030	0.05
	FeCr65C2.0	60.0～70.0			2.0	1.5		0.03		0.025	
	FeCr55C2.0		60.0	52.0	2.0	2.5	3.0	0.04	0.06	0.030	0.05
	FeCr65C4.0	60.0～70.0			4.0	1.5		0.03		0.025	
	FeCr55C4.0		60.0	52.0	4.0	2.5	3.0	0.04	0.06	0.030	0.05
高碳	FeCr67C6.0	60.0～72.0			6.0	3.0		0.03		0.04	0.06
	FeCr55C6.0		60.0	52.0	6.0	3.0	5.0	0.04	0.06	0.04	0.06
	FeCr67C9.5	60.0～72.0			9.5	3.0		0.03		0.04	0.06
	FeCr55C10.0		60.0	52.0	10.0	3.0	5.0	0.04	0.06	0.04	0.06
真空法微碳铬铁	ZKFeCr65C0.010		65.0		0.010	1.0	2.0	0.025	0.030	0.03	
	ZKFeCr65C0.020		65.0		0.020	1.0	2.0	0.025	0.030	0.03	
	ZKFeCr65C0.010		65.0		0.010	1.0	2.0	0.025	0.035	0.04	
	ZKFeCr65C0.030		65.0		0.030	1.0	2.0	0.025	0.035	0.04	
	ZKFeCr65C0.050		65.0		0.050	1.0	2.0	0.025	0.035	0.04	
	ZKFeCr65C0.100		65.0		0.100	1.0	2.0	0.025	0.035	0.04	

资料来源：《铬铁》（GB/T 5683—2008）。

表 5.28　硼铁的牌号及化学成分

类别	牌　号		化学成分(质量分数)/%					
			B	C	Si	Al	S	P
				≤				
低碳	FeB22C0.05		21.0～25.0	0.05	1.0	1.5	0.010	0.050
	FeB20C0.05		19.0～<21.0	0.05	1.0	1.5	0.010	0.050
	FeB18C0.1		17.0～<1.9.0	0.10	1.0	1.5	0.010	0.050
	FeB16C0.1		14.0～<17.0	0.10	1.0	1.5	0.010	0.050
中碳	FeB20C0.15		19.0～21.0	0.15	1.0	0.50	0.010	0.050
	FeB20C0.5	A	19.0～21.0	0.50	1.5	0.05	0.010	0.10
		B		0.50	1.5	0.50	0.010	0.10
	FeB18C0.5	A	17.0～<19.0	0.50	1.5	0.05	0.010	0.10
		B		0.50	L5	0.50	0.010	0.10
	FeB16C1.0		15.0～17.0	1.0	2.5	0.50	0.010	0.10
	FeB14C1.0		13.0～<15.0	1.0	2.5	0.50	0.010	0.20
	FeB12C1.0		9.0～<13.0	1.0	2.5	0.50	0.010	0.20

资料来源：《硼铁》（GB/T 5682—2015）。

表 5.29　钒铁的牌号及化学成分

牌　号	化学成分（质量分数）/%						
	V	C	Si	P	S	Al	Mn
		≤					
FeV50-A	48.0～55.0	0.40	2.0	0.06	0.04	1.5	—
FeV50-B	48.0～55.0	0.60	3.0	0.10	0.06	2.5	—
FeV50-C	48.0～55.0	5.0	3.0	0.10	0.06	0.5	—
FeV60-A	58.0～65.0	0.40	2.0	0.06	0.04	1.5	—
FeV60-B	58.0～65.0	0.60	2.5	0.10	0.06	2.5	—
FeV60-C	58.0～65.0	3.0	1.5	0.10	0.06	0.5	—
FeV80-A	78.0～82.0	0.15	1.5	0.05	0.04	1.5	0.50
FeV80-B	78.0～82.0	0.30	1.5	0.08	0.06	2.0	0.50
FeV80-C	75.0～80.0	0.30	1.5	0.08	0.06	2.0	0.50

资料来源：《钒铁》（GB/T 4139—2012）。

表 5.30　钨铁的牌号及化学成分

牌　号	化学成分（质量分数)/%											
	W	C	P	S	Si	Mn	Cu	As	Bi	Pb	Sb	Sn
		≤										
FeW80-A	75.0～85.0	0.10	0.03	0.06	0.50	0.25	0.10	0.06	0.05	0.05	0.05	0.06

表 5.30（续）

牌　号	W	化学成分（质量分数）/%										
		C	P	S	Si	Mn	Cu	As	Bi	Pb	Sb	Sn
		≤										
FeW80–B	75.0～85.0	0.30	0.04	0.07	0.70	0.35	0.12	0.08	0.05	0.05	0.05	0.08
FeW80–C	75.0～85.0	0.40	0.05	0.08	0.70	0.50	0.15	0.10	0.05	0.05	0.05	0.08
FeW70	≥70.0	0.80	0.07	0.10	1.20	0.60	0.18	0.12	0.05	0.05	0.05	0.10

资料来源：《钨铁》（GB/T 3648—2013）。

表 5.31　钼铁的牌号及化学成分

牌　号	Mo	化学成分（质量分数）/%						
		Si	S	P	C	Cu	Sb	Sn
		≤						
FeMo70	65.0～75.0	2.0	0.08	0.05	0.10	0.5		
FeMo60–A	60.0～65.0	1.0	0.08	0.04	0.10	0.5	0.04	0.04
FeMo60–B	60.0～65.0	1.5	0.10	0.05	0.10	0.5	0.05	0.06
FeMo60–C	60.0～65.0	2.0	0.15	0.05	0.15	1.0	0.08	0.08
FeMo55–A	55.0～60.0	1.0	0.10	0.08	0.15	0.5	0.05	0.06
FeMo55–B	55.0～60.0	1.5	0.15	0.10	0.20	0.5	0.08	0.08

资料来源：《钼铁》（GB/T 3649—2008）。

5）纯金属　炼钢常用的纯金属有镍、铜、铝、锰、铬等。

5.6.1.2　耐火材料

1）镁砂　镁砂的主要成分是氧化镁（MgO），氧化镁是碱性氧化物。镁砂中还含有二氧化硅和氧化钙等杂质，杂质的含量越多，镁砂的耐火度越低。镁砂是高级碱性耐火材料，用于打结碱性炉的炉衬。

2）镁砖　镁砖用煅烧过的镁砂制成，属碱性耐火材料，常用于砌筑碱性电炉的炉底和炉壁。

3）高铝砖　高铝砖是用刚玉和其他高铝质岩石作原料制成的，其主要成分是氧化铝（Al₂O₃）。高铝砖属中性耐火材料，具有较高的耐火度（达1790℃以上），主要用于砌筑碱性电炉和酸性电炉的炉盖。

4）黏土砖　黏土砖的主要成分是高岭土（Al₂O₃·2SiO₂·2H₂O）。黏土砖是一种弱酸性的耐火材料，具有良好的耐急热急冷的性能。主要用于砌筑炉底和炉壁的绝热基。

5）硅砂　硅砂的主要成分是二氧化硅（SiO₂），是酸性耐火材料，用于打结酸性炉的炉衬。

6）硅砖　硅砖是用石英岩作原料制成的酸性耐火材料，用于砌筑酸性炉的炉体和炉盖。硅砖在600℃以下的耐急冷急热能力低，因此，烘烤炉衬时在600℃以下必须缓慢烘烤。

5.6.1.3　造渣材料、氧化剂和增碳剂

造渣材料主要有石灰和萤石（氟石）。石灰的主要成分是氧化钙（CaO），炼钢用

石灰的成分应符合表5.32的要求。萤石的主要成分是氟化钙（CaF_2），用于调整炉渣黏度（使炉渣变稀）。炼钢用的萤石的成分应符合表5.33至表5.37要求。

表5.32　冶金石灰的化学成分（质量分数）

类别	品级	CaO /%	CaO + MgO /%	MgO /%	SiO₂ /%	S /%	灼减 /%	活性度,4 mol (40±1)℃,10 min
普通冶金石灰	特级	> 92.0	.	< 5	≤1.5	≤0.020	≤2	≥360
	一级	> 90.0	—		≤2.5	≤0.030	≤4	≥320
	二级	> 85.0			≤3.5	≤0.050	≤7	≥260
	三级	> 80.0			≤5.0	≤0.100	≤9	≥200
镁质冶金石灰	特级	—	≥93.0	≥5	≤1.5	≤0.025	≤2	≥360
	一级		≥91.0		≤2.5	≤0.050	≤4	≥280
	二级		≥86.0		≤3.5	≤0.100	≤6	≥230
	三级		≥81.0		≤5.0	≤0.200	≤8	≥200

资料来源：《冶金石灰》（YB/T 042—2014）。

5.33　萤石的分类及牌号

分　类	牌　号
萤石精粉FC	FC–97.5　FC–97　FC–96　FC–95　FC–93
萤石块矿FL	FL–95　　FL–90　FL–85　FL–80　FL–75　FL–70　FL–65
萤石矿粉FF	FF–95　　FF–90　FF–85　FF–80　FF–75　FF–70
萤石球团FP	FP–90　　FP–85　FP–80　FP–75　FP–70

资料来源：《萤石》（YB/T 5217—2019）。

表5.34　萤石精粉的化学成分

等　级	牌　号	化学成分（质量分数）/%							
		CaF₂ ≥	SiO₂ ≤	CaCO₃ ≤	S ≤	P ≤	As ≤	有机物 ≤	H₂O ≤
特级品	FC–97.5	97.50	1.20	1.00	0.05	0.05	0.0005	0.10	14.00
一级品	FC–97	97.00	1.50	1.10	0.05	0.05	0.0005	0.10	14.00
二级品	FC–96	96.50	2.00	1.10	0.05	0.05	0.0005	0.10	14.00
三级品	FC–95	95.00	2.50	1.50	—	—	—	—	14.00
四级品	FC–93	93.00	3.50	2.00	—	—	—	—	14.00

资料来源：《萤石》（YB/T 5217—2019）。

注：通过海上运输的萤石精粉水分（H_2O）除外。

表5.35　萤石块矿的化学成分

牌　号	化学成分（质量分数）/%			
	CaF₂ ≥	SiO₂ ≤	S ≤	P ≤
FL–95	95.00	4.50	0.10	0.06

表5.35（续）

牌 号	化学成分(质量分数)/%			
	CaF₂	SiO₂	S	P
	≥	≤	≤	≤
FL-90	90.00	9.30	0.10	0.06
FL-85	85.00	14.00	0.15	0.06
FL-80	80.00	18.50	0.20	0.08
FL-75	75.00	23.00	0.20	0.08
FL-70	70.00	28.00	0.25	0.08
FL-65	65.00	32.00	0.30	0.08

资料来源：《萤石》（YB/T 5217—2019）。

表5.36 萤石矿粉的化学成分

牌 号	化学成分(质量分数)/%		
	CaF₂	Fe₂O₃	H₂O
	≥	≤	≤
FF-95	95.00	0.20	0.50
FF-90	90.00	0.20	0.50
FF-85	85.00	0.30	0.50
FF-80	80.00	0.30	0.50
FF-75	75.00	0.30	0.50
FF-70	70.00	—	—

资料来源：《萤石》（YB/T 5217—2019）。

注：未经过机械加工的，粒度在1～6 mm范围内的萤石矿粉，水分（H_2O）不大于5.00%。

表5.37 萤石球团矿的化学成分

牌 号	化学成分(质量分数)/%			
	CaF₂	SiO₂	S	P
	≥	≤	≤	≤
FP-90	90.00	9.30	0.10	0.06
FP-85	85.00	14.00	0.15	0.06
FP-80	80.00	18.50	0.20	0.08
FP-75	75.00	23.00	0.20	0.08
FP-70	70.00	28.00	0.25	0.08

资料来源：《萤石》（YB/T 5217—2019）。

氧化剂主要有氧化铁皮和天然富铁矿石，其技术要求列于表5.38。

电炉用增碳剂的成分应符合表5.39的要求。

表5.38 炼钢用氧化剂的技术指标

名 称	化学成分(质量分数)/%					烘 烤		作 用
	Fe	SiO$_2$	S	P	H$_2$O	温度/℃	时间/h	
氧化铁皮	>70	<3	<0.04	<0.05	<0.5	~600	>2	调整炉渣的化学成分,提高炉渣的FeO含量,改善炉渣的流动性,提高炉渣的脱磷能力
铁 矿 石	≥55	<8	<0.1	<0.1	<0.5	~600	>2	

表5.39 炼钢用增碳剂的技术指标

名 称	化学成分(质量分数)/%				烘 烤		粒 度/mm
	C	灰分	S	H$_2$O	温度/℃	时间/h	
电极粉	>95	<2	<0.1	<0.5	60~100	>8	0.5~1
焦炭粉	>80	<15	<0.1	<0.5	60~100	>8	0.5~1

5.6.1.4 脱氧剂

常用的脱氧剂可分为粉状和块状两类。粉状脱氧剂一般用于扩散脱氧,主要有炭粉、硅铁粉、铝粉、硅钙粉和电石粉等。块状脱氧剂一般用于沉淀脱氧,主要有锰铁、硅铁、铝、锰硅合金、硅钙合金和硅铬合金等。锰硅合金、硅钙合金和硅铬合金的牌号、化学成分列于表5.40至表5.42。

表5.40 锰硅合金的牌号及化学成分

牌 号	化学成分（质量分数)/%						
	Mn	Si	C	P			S
				I	Ⅱ	Ⅲ	
				≤			
FeMn64Si27	60.0~67.0	25.0~28.0	0.5	0.10	0.15	0.25	0.04
FeMn67Si23	63.0~70.0	22.0~25.0	0.7	0.10	0.15	0.25	0.04
FeMn68Si22	65.0~72.0	20.0~23.0	1.2	0.10	0.15	0.25	0.04
FeMn62Si23 (FeMn64Si23)	60.0~<65.0	20.0~25.0	1.2	0.10	0.15	0.25	0.04
FeMn68Si18	65.0~72.0	17.0~20.0	1.8	0.10	0.15	0.25	0.04
FeMn62Si18 (FeMn64Si18)	60.0~65.0	17.0~20.0	1.8	0.10	0.15	0.25	0.04
FeMn68Si16	65.0~72.0	14.0~17.0	2.5	0.10	0.15	0.25	0.04
FeMn62Si17 (FeMn64Si16)	60.0~<65.0	14.0~20.0	2.5	0.20	0.25	0.30	0.05

资料来源:《锰硅合金》(GB/T 4008—2008)。

注:括号中的牌号为旧牌号。

表5.41　硅钙合金的牌号及化学成分

牌　号	化学成分（质量分数）/%								
	Ca	Si	C		Al	P	S	O	Ca + Si
			I	II					
	≥		≤						≥
Ca31Si60	31	58 ~ 65	0.5	0.8	1.4	0.04	0.05	2.5	90
Ca28Si60	28	58 ~ 65	0.5	0.8	1.4	0.04	0.05	2.5	90
Ca24Si60	24	58 ~ 65	0.5	0.8	1.4	0.04	0.04	2.5	90
Ca20Si55	20	55 ~ 60	0.5	0.8	1.4	0.04	0.04	2.5	—
Cal6Si55	16	55 ~ 60	0.5	0.8	1.4	0.04	0.04	2.5	—

资料来源：《硅钙合金》（GB/T 5051—2016）。

注：合金粉剂中水分小于0.5%。

表5.42　硅铬合金的牌号及化学成分

牌　号	化学成分（质量分数）/%					
	Si	Cr	C	P		S
				I	II	
	≥		≤			
FeCr30Si40-A	40.0	30.0	0.02	0.02	0.04	0.01
FeCr30Si40-B	40.0	30.0	0.04	0.02	0.04	0.01
FeCr30Si40-C	40.0	30.0	0.06	0.02	0.04	0.01
FeCr30Si40-D	40.0	30.0	0.10	0.02	0.04	0.01
FeCr32Si35	35.0	32.0	1.0	0.02	0.04	0.01

资料来源：《硅铬合金》（GB/T 4009—2008）。

5.6.1.5　石墨电极

石墨电极的技术指标应符合表5.43的要求。

表5.43　石墨电极的技术指标

项　目		公称直径/mm									
		75 ~ 130		150 ~ 225		250 ~ 300		350 ~ 450		500 ~ 800	
		优级	一级	优级	一级	优级	一级	优级	一级	优级	一级
电阻率/(μΩ·m) ≤	电极	8.5	10.0	9.0	10.5	9.0	10.5	9.0	10.5	9.0	10.5
	接头	8.0		8.0		8.0		8.0		8.0	
抗折强度/MPa ≥	电极	10.0		10.0		8.0		7.0		6.5	
	接头	15.0		15.0		15.0		15.0		15.0	
弹性模量/GPa ≤	电极	9.3		9.3		9.3		9.3		9.3	
	接头	14.0		14.0		14.0		14.0		14.0	
体积密度/(g·cm⁻³) ≥	电极	1.58		1.53		1.53		1.53		1.52	
	接头	1.70		1.70		1.70		1.70		1.70	
热膨胀系数/(10⁻⁶/℃)（室温 ~ 600 ℃）	电极	2.9		2.9		2.9		2.9		2.9	
	接头	2.7		2.7		2.8		2.8		2.8	

表5.43（续）

项 目	公称直径/mm									
	75 ~ 130		150 ~ 225		250 ~ 300		350 ~ 450		500 ~ 800	
	优级	一级	优级	一级	优级	一级	优级	一级	优级	一级
灰 分/% ≤	0.5		0.5		0.5		0.5		0.5	

资料来源：《石墨电极》（YB/T 4088—2015）。

注：灰分和热膨胀系数为参考指标。

5.6.2 电弧炉炼钢

5.6.2.1 三相电弧炉的结构及主要技术规格

电弧炉炼钢通常采用三相电弧炉。三相电弧炉主要由炉体、炉盖、装料机构、电极升降机构、炉盖旋转机构、电气装置和水冷装置构成，其构造如图5.11所示。

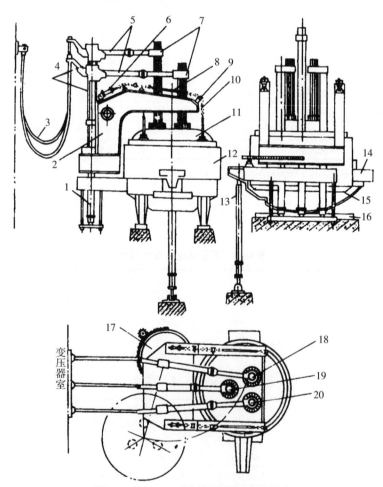

图5.11 HX-15型电弧炼钢炉结构简图

1—升降电级液压缸；2—提升炉盖支撑臂；3—电缆；4—升降电极立柱；5—电极支撑横臂；6—提升炉盖液压缸；
7—电极夹持器；8—拉杆；9—滑轮；10—提升炉盖链条；11—炉盖；12—炉体；13—倾炉液压缸；
14—出钢槽；15—月牙板；16—支撑轨道；17—转动炉盖机构；18，19，20—1号电极，2号电极，3号电极炉体用钢板制成外壳，内部砌有耐火材料。酸性电弧炉的炉体内部用硅砖砌成，硅砖的里面是用水玻璃硅砂打结的炉衬。碱性电弧炉的炉体内部是镁砖和黏土砖砌成的，镁砖的里面是用焦油镁砂或卤水镁砂打结的炉衬。碱性电弧炉的炉体构造如图 5.12 所示。

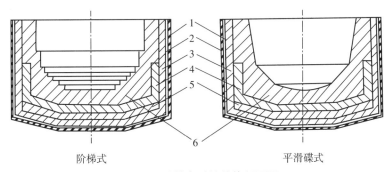

阶梯式　　　　　　　　　　平滑碟式

图 5.12　碱性电弧炉炉体剖面图

1—炉壳钢板；2—8～15 mm 厚石棉板；3—115 mm 厚侧砌镁砖；
4—115 mm 厚直砌镁砖；5—65 mm 厚平砌黏土砖（绝热层）；6—打结镁砂

炉盖是用钢板制成炉盖圈，圈内用耐火砖砌成，其构造如图 5.13 所示。酸性炉一般用硅砖砌筑炉盖，碱性炉一般用高铝砖砌筑炉盖。

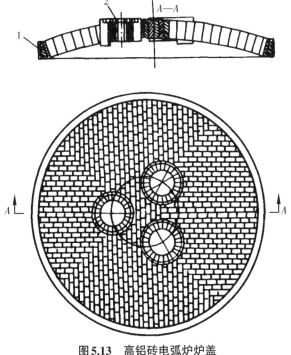

图 5.13　高铝砖电弧炉炉盖

1—炉盖圈；2—电极孔砖

我国生产的 HX 型系列三相电弧炉的主要技术参数列于表 5.44。

表5.44　炉盖旋转式顶装料（HX）型电弧炉主要技术参数

型　号	HX-1.5	HX-3	HX-5	HX-10	HX-20	HX-30	HX-50	HX-75	HX-100
炉壳内径/mm	2200	2700	3240	3800	4200	4600	5400	5800	6400
额定容量/t	1.5	3	5	10	20	30	50	75	100
变压器额定容量/kVA	1250	2200	3200	5500	9000	12500	18000	25000	32000
电抗器额定容量/kVAR	200（内装）	250（内装）	320（内装）	350（内装）	400（外装）	—	—	—	—
变压器一次电压/kV	6 10	6 10	6 10	10	35	35 60 110	35 60 110	35 60 110	35 60 110
变压器二次电压/V	104～210	110～220	121～240	139～260	140～300	150～340	160～380	170～430	180～480
	4级				13级				
额定电弧电流/kA	3.4	5.78	7.7	12.2	17.32	21.2	27.34	33.56	38.5
频率/Hz	50								
石墨电极直径/mm	200	250	300	350	350	400～450	500	500	600
倾炉角：出钢方向/出渣方向	45°/14°				45°/12°				
冷却水消耗量/(m³·h⁻¹)	14	15	20	25	53	80	133	100	—
金属结构质量/t	8	19	42	62	125	165	277	370	—
炉体总质量/t	16.6	37	66	91	192	243	372	500	—

5.6.2.2　碱性电弧炉炼钢的工艺方法特点

碱性电弧炉炼钢方法主要有两种：氧化法和不氧化法。它们的特点列于表5.45。

表5.45　碱性电弧炉氧化法和不氧化法熔炼的特点

炼钢方法	特　点
氧化法	炉料熔化后，加入铁矿石或吹氧使钢液产生剧烈的氧化沸腾，以便脱碳、脱磷、除气和去除非金属夹杂物。氧化法对炉料的要求不十分苛刻，适用于冶炼大多数碳素结构钢、合金钢和某些特殊钢种，如不锈钢等
不氧化法	在熔炼过程中无氧化期，不加入氧化剂，钢水不发生剧烈沸腾，不能有效地脱磷、除气和去除非金属夹杂物；没有氧化脱碳过程，不能降低钢液含碳量，因此，不适于冶炼低碳的合金钢（如ZG1Cr18Ni9Ti等）。由于没有氧化期，可以缩短熔炼时间，省电和减少合金元素的烧损。适用于用纯净的、含有大量合金元素的废钢熔炼合金钢，特别是高合金钢

5.6.2.3　碱性电弧炉氧化法炼钢

1）炼钢工艺过程　氧化法炼钢的工艺过程包括补炉、装炉、熔化期、氧化期、还原期和出钢。其工艺要点列于表5.46。

表5.46　氧化法炼钢的工艺要点

阶段	工　艺　要　点
补炉	（1）扒炉。前一炉钢出完后，把炉坡、炉底及坑洼处的残渣剩钢扒净，操作时做到扒机快净。 （2）补炉。焦油镁砂打结的炉衬用焦油镁砂补，卤水镁砂打结的炉衬用卤水镁砂补。要求镁砂中的MgO含量大于88%，粒度小于3 mm，黏结剂焦油加入量为10%，卤水加入量为5%～8%。操作时趁热用大铲贴补或铁锨投补，做到高温、快速、薄补
装炉	（1）装料前在炉底上铺一层石灰（占炉料质量的1.0%～1.5%），以保护炉底和用于熔化初期造渣。 （2）装料。把料罐中的炉料装入炉内。 布料要求：在炉底铺中等块度的炉料，在三根电极下和高温区装大块炉料，在顶部放小块炉料。 注意：配料中的增碳剂（电极或冶金焦炭）应装在炉底层的灰上；低磷低硫生铁应装在料层的最上面；铬铁应放在炉坡四周；镍应避免在电弧区；钨铁、钼铁等不易氧化且难熔的合金可放在高温区，但不能放在电极下面
熔化期	（1）穿井。大功率通电，电极下部的炉料首先熔化并形成三个熔井（通常称"穿井"）。 （2）塌料。电极下降至炉底，形成有炉渣保护的熔池。电极升起时旁边的炉料不断塌落而熔化（通常称为"塌料"）。 （3）推料助熔。炉料大部分熔化后，用耙子把边缘部分未熔的炉料推到电极下，以加速熔化。 （4）吹氧助熔。在炉底存有一定量的钢液后可吹氧来加速熔化。 （5）造渣。在熔池形成后补加1.0%～1.5%的石灰造渣，在炉料熔化70%～80%时加入占炉料质量1%～2%的小块铁矿石或氧化铁皮造渣覆盖钢液。熔化期总渣量约为炉料质量的3%～4%，碱度为2.0%～2.3%（碱度 $R = \dfrac{\%CaO}{\%SiO_2}$）。 （6）放旧渣，造新渣。炉料熔化完毕后，放掉大部分炉渣（炉渣中含有大量的磷），再加石灰石、萤石另造新渣。 （7）搅拌钢液，取样分析碳和磷
氧化期	氧化期的操作方法有矿石法、吹氧法和矿石—吹氧法三种。 （1）矿石法。 ① 氧化期的前一阶段炉温较低，造渣、低温脱磷。取第一个试样分析碳、磷后，立即向炉内加入占炉料质量1%的铁矿石造渣，经10 min左右，在不停电的情况下扒出60%～70%的富磷炉渣。 ② 造新渣，提温。向炉内加入占炉料质量1.0%～1.5%左右的石灰造新渣，把钢液提温到1540 ℃左右，加萤石调整炉渣的流动性。 ③ 加铁矿石进行氧化脱碳、除气和去除非金属夹杂物，向炉内分批加入铁矿石和石灰，每批的组成为每吨炉料用10 kg铁矿石和5～7 kg石灰。大约10 min加一批矿石，即当钢液的剧烈沸腾开始变弱时，再加一批矿石，一般分3～4批加完。在每批铁矿石加入前先搅拌钢液，取样分析碳和磷，按分析结果控制氧化脱碳反应的进程。 氧化脱碳反应生成的CO气泡造成钢液沸腾，清除钢液中的气体（氮和氢等）和非金属夹杂物。炉渣因气体逸出产生泡沫并上涨，操作时使炉渣经工作门自动流出，以防止炉渣中的磷还原，并不断造新渣。 ④ 当含碳量降到与规格的下限相等和P含量小于0.015%时，在不停电的情况下扒去约80%的炉渣，在薄炉渣条件下进行纯沸腾10 min，使脱碳反应进行得更彻底。 ⑤ 当含碳量小于规格下限0.02%～0.03%，P含量小于0.015%和钢液温度比出钢温度稍高时，先带电扒渣，在露出钢水时，立即停电，升高电极，尽快扒除全部炉渣。 （2）吹氧法。 用直径为1/2～3/4英寸（1英寸≈2.54厘米）的普通钢管经炉门插入钢液吹氧，吹入角（吹氧管与渣面交角）一般为20°～30°，插入钢液的深度为100～200 mm（如下图所示）。吹氧管出口的压力一般为0.5～1.0 MPa，耗氧量与脱碳有关，脱碳量为0.3%时，每吨钢液的耗氧量为4 m³左右。

表 5.46（续）

阶段	工 艺 要 点
氧化期	 操作时要注意移动吹氧管，以利于整个熔池沸腾。吹氧管不得距炉底和炉壁太近，以避免造成炉底和炉壁过热。吹氧终了后有 5~7 min 的净沸腾时间。吹氧法除了用吹氧代替加矿石外，其余操作同加矿石法，操作时注意自动扒渣。 （3）矿石—吹氧法。 矿石—吹氧结合脱碳法也是分批加入矿石，在加每批矿石之间吹氧，操作时做到高温均匀沸腾，自动扒渣
还原期	（1）脱氧、脱硫。 ① 预脱氧，造稀薄渣。扒除氧化渣后，往熔池中加入锰铁进行预脱氧。锰铁的加入量使钢液中的 Mn 含量保持在规格中下限。加入锰铁后立即造稀薄渣，造渣料的配比为：石灰:萤石:碎耐火砖块 = 3~4:1:1，用稀薄渣覆盖钢液。渣量为钢液质量的 2%~3%。 ② 造还原渣进行还原，在还原过程中进行脱氧、脱硫。还原渣有白渣和电石渣两种：白渣适于冶炼含碳量较低（C 含量不大于 0.35%）的钢种，电石渣适于冶炼含碳量较高（C 含量大于 0.35%）的钢种。 ・白渣还原法。稀薄渣造成后（约经 10~15 min），在炉渣上加入由石灰:萤石:焦炭粉 = 8:2:1 组成的混合料，加入量为钢液的 4%~7%（大炉取下限，小炉取上限）。关上炉门，密闭电极孔进行还原，炉渣中的碳起脱氧作用，石灰起脱硫作用。 用碳脱氧约经 20~30 min，黑色的富 FeO 和 MnO 的炉渣变灰，加入由石灰:萤石:焦炭粉:硅铁粉 = 4:1:1:1 的混合料继续造渣，混合料中的硅铁粉约为钢液量的 0.2%~0.3%，可分 2~3 批加入，每批间隔 5~7 min，这时的脱氧主要靠硅铁粉。还原 15~20 min 后，炉渣变白。此时渣中的 FeO 能去掉 90%，钢液中的 FeO 能去掉 65%，脱硫能达到要求。 操作时要注意： 第一，炉渣黏度要适中，良好的炉渣在炉内会产生泡沫，在样勺或耙子上会均匀形成 3~5 mm 厚的一层薄渣； 第二，在白渣下还原，钢液每小时增碳 0.02%~0.04%； 第三，硅铁粉大约只有 50% 用于还原，其余的会进入钢液，因此总的硅铁粉用量不可过多，以防硅超出规定要求。 ・电石渣还原法。稀薄渣形成后，加入由石灰:萤石:焦炭粉 = 3:1:1 组成的混合料，混合料的总量为钢液重的 1%~2%。关闭炉门，密封电极孔，使用大电流，约经 20 min 在电弧高温作用下氧化钙和碳作用生成碳化钙，当炉门冒出黑烟时，表明电石渣已形成。电石渣中的碳起脱氧作用，石灰起脱硫作用，并再起增碳作用。 随还原过程脱氧、脱硫的进行，炉渣逐渐失去脱氧、脱硫的能力，必须向炉内补加石灰和炭粉。通常每隔 8~12 min 加入一批，每批造渣材料中石灰为 4~6 kg/t 钢液，炭粉为 1~2 kg/t 钢液，钢液在良好的电石渣下还原的时间应不少于 20~25 min。 操作时注意： 出钢前，由于电石渣黏度较大，须使其变成白渣，即打开炉门，引进空气，把电石渣氧化成白渣。 （2）调整钢液温度达到出钢温度要求。 （3）调整钢液的化学成分。冶炼碳钢时，加入适量的硅铁、锰铁，调整含硅量和含锰量。冶炼合金钢时，除调整含硅量和含锰量外，还要调整合金元素含量。

表 5.46（续）

阶段	工 艺 要 点
还原期	（4）用铝进行终脱氧。用铝进行终脱氧的加铝量：浇注砂型时，加铝量为钢液重的0.10%～0.15%，浇注湿砂型时取0.15%，浇注干砂型时取0.10%。 终脱氧方法： 插铝法：临出钢前，停电，用钢钎将铝块插入钢液进行脱氧。 冲铝法：将铝块放在出钢槽上，利用钢液将铝冲熔进行脱氧
出钢	大流出钢，钢、渣齐出； 对少数含有易氧化元素的钢种，可先出钢后出渣

2）炼钢过程的控制

（1）钢液化学成分的控制。

① 含碳量。在炼钢过程中要控制配料时的炉料含碳量，炉料熔清时钢液含碳量、氧化末期钢液含碳量和成品钢含碳量。

·炉料（配料时）含碳量。炉料的平均含碳量=所冶炼的钢种的规格含碳量+氧化脱碳量。表5.47列出了不同工艺条件时的炉料平均含碳量。

表 5.47　炉料平均含碳量

钢　号	规格含碳量/%	炉料平均含碳量/%	
		无吹氧助熔+吹氧脱碳	吹氧助熔+吹氧脱碳
ZG200—400	0.2	0.42～0.52	0.62～0.82
ZG230—450	0.3	0.52～0.62	0.72～0.92
ZG270—500	0.4	0.62～0.72	0.92～1.02
ZG310—570	0.5	0.72～0.82	1.02～1.12
ZG340—640	0.6	0.82～0.92	1.12～1.22

·炉料熔清时的含碳量。炉料熔清时要取样分析含碳量。若钢液含碳量不足，应在开始氧化脱碳以前进行增碳。钢液对几种增碳材料的吸收率列于表5.48。

表 5.48　增碳材料的碳吸收率

增碳材料	吸收率/%	特　点
电极碎块	70～80	含S少，影响脱P
焦炭碎块	50～70	含S多，影响脱P
无烟煤块	50～75	影响脱P
生　铁	100	含杂质多，不影响脱P

·氧化末期钢液含碳量。氧化脱碳终了时含碳量应比规格含碳量低0.04%～0.09%。

·成品钢含碳量。在钢液还原期结束时取样分析钢液含碳量。还原期中加入的铁合金（特别是锰铁）含碳，会使钢液增碳0.02%～0.05%，使用高碳锰铁时取上限，使用中碳锰铁时取下限。

还原期渣中的炭粉和电石会使钢液增碳0.02%～0.04%，白渣法时取下限，电石渣法时取上限。

在控制得当时，希望对含碳量不作调整。出钢后，从盛钢桶中取样分析成品钢的含碳量。

② 含磷量。在炼钢过程中应控制几个阶段的含磷量：炉料（配料）中含磷量、炉料熔清时钢液含磷量、氧化末期含磷量和成品钢含磷量。

熔炼碳钢及一般的合金钢时，应将炉料的平均含磷量控制在0.06%以下。氧化末期钢液含磷量应小于0.015%，出钢后从盛钢桶中取样分析成品钢含磷量。

③ 含硫量。在炼钢过程中需控制炉料含硫量、还原末期含硫量和成品钢含硫量。

炉料的平均含硫量应控制在0.06%以下。还原末期钢液的含硫量降到0.03%以下。出钢过程中钢液含硫量能进一步降低30%~50%。出钢后从盛钢桶中取样分析成品钢含硫量。

④ 含硅量。配料时一般不考虑含硅量，在熔化期、氧化期和还原期的前一阶段不控制含硅量。

在钢液还原良好、准备出钢之前，化验含硅量并加硅铁调整含硅量，从盛钢桶中取样分析成品钢的含硅量。

⑤ 含锰量。炉料熔化过程中锰被大量烧损。还原期开始时加锰铁预脱氧，同时补充钢液含锰量的不足，使钢液含锰量达到规格含锰量的下限或平均值，在充分还原后取样分析钢液含锰量。若含锰量不足，加锰铁调整，锰的收得率大于95%。出钢后从盛钢桶取样分析成品钢含锰量。

⑥ 合金元素。熔炼合金钢时，为了准确控制钢的化学成分，应严格控制合金元素加入的次序、时间，采用正确的加入方法。表5.49列出了常用的合金和纯金属的加入方法及合金元素的收得率。

表5.49　电弧炉炼钢合金化一般方法简表

元素	加入形式	熔点/℃	密度/(g·cm⁻³)	加入方法	收得率/%
Ni	电解镍(>99%)	1452	8.9	装料时配入，还原初期调整	97
Mo	Fe-Mo(66%)	1800	9.0	装料时配入或熔化初期加入，还原期调整	95~98
Co	电解钴(>98%)	1490	8.8	同Mo	98
W	Fe-W(80%)	>2600	15.5	高W钢返回冶炼时在装料时配入	90~95
				结构钢氧化末期还原初期加入	95~98
Mn	Fe-Mn(76%~80%)	1275	6.8	还原初期加入，出钢前调整	90~95
Cr	Fe-Cr(68%)	1550	7.2	返回吹氧法冶炼高Cr钢时，装料时加入，还原期调整	80~90
				结构钢还原期加入	95~98
Si	Fe-Si(75%)	1330	3.27	出钢前5~15 min，良好的渣层下面加入	90
V	Fe-V(30%) (50%)	1450	6.0	含V量小于0.3%时，出钢前8~15 mm加入	80~90
			6.7	含V量大于1%时，出钢前20~30 min加入	95~98
Ti	Fe-Ti(20%~25%)	1550	6.2	出钢前5~10 min加入	40~60
Al	电冶铝(>99%)	658	2.7	还原期，在钢液脱氧良好的情况下，停电，扒渣后插铝	55~70
B	Fe-B(15%~17%)		2.3	出钢时加入盛钢桶中	30~60
Nb	Fe-Nb			还原期加入	90~95
Cu	电解铜			熔化末期或还原初期加入	95~98

（2）钢液温度的控制。炼钢过程中需控制开始进行氧化脱碳的钢液温度，氧化末期钢液温度和出钢温度。

只有在钢液温度超过 1540 ℃时才可开始进行氧化脱碳。氧化末期钢液的温度应高于出钢温度。碳钢的出钢温度应按表 5.50 控制。

表 5.50　碳钢的出钢温度

钢的规格含碳量/%	出钢温度/℃
0.01 ~ 0.20	1620 ~ 1640
0.20 ~ 0.30	1610 ~ 1630
0.30 ~ 0.40	1600 ~ 1620
0.40 ~ 0.50	1590 ~ 1610
0.50 ~ 0.60	1580 ~ 1600

（3）炉渣的控制。在炼钢过程中注意控制炉渣的成分和黏度。通常对炉渣的成分不作全面分析，只根据需要分析个别项目，主要是还原期炉渣中的氧化亚铁含量。生产中还常根据炉渣的外观特征判断其含 FeO 量的多少，表 5.51 列出了炉渣的外观特征。

表 5.51　炉渣的 FeO 含量及外观特征

炉　渣	FeO 含量/%	外观特征
氧化末期炉渣	10～30	冷却后的炉渣呈黑色并发亮
还原期的良好白渣	0.8～1.0	白色，易粉化
还原期的良好电石渣	0.5～0.8	灰色或黄色，浸水后发出电石气味

炉渣的黏度可用沾渣厚度来衡量，即用钢钎在炉中沾上一层炉渣，根据渣层的厚度来判断炉渣黏度的高低。渣层越厚，表明炉渣黏度越大。适宜的沾渣层厚度为 3～5 mm。

（4）钢液脱氧质量的控制。检验钢液脱氧程度是根据圆杯试样的收缩程度来衡量的。圆杯试样的铸型如图 5.14 所示，铸型材料与铸件的铸型材料相同。

如图 5.15 所示，如果试样表面显著凹陷，则试样的内部没有气孔，表明钢液脱氧良好。如果试样表面凹陷不显著或不凹陷，则试样内部有气孔，表明钢液脱氧不良。如果试样表面凸起，则试样的内部气孔很多，表明钢液脱氧极差。只有圆杯试样表面显著凹陷时才可以进行终脱氧和出钢。

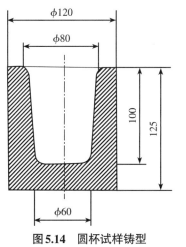

图 5.14　圆杯试样铸型

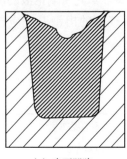
（a）表面凹陷

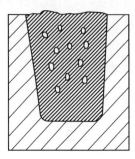
（b）表面不凹陷

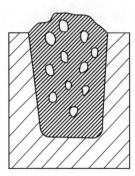
（c）表面凸起

表5.15　圆杯试样的收缩情况

3）碱性电弧炉氧化法炼钢实例　铸造碳钢炼钢工艺、铸造低合金钢和高合金钢的炼钢工艺实例列于表5.52至表5.55。

表5.52　铸造碳钢氧化法熔炼工艺

时期	序号	工　序	操　作　要　点
熔化期	1	通　电	用允许的最大功率供电
	2	助　熔	推料助熔。熔化后期，加入适量渣料及矿石。炉料熔化60%～80%时，吹氧助熔。熔化末期换用较低电压供电
	3	取样、扒渣	炉料全熔后，充分搅拌钢液，取钢样"1"，分析C，P。带电放出大部分炉渣后，加入渣料，保持渣量在3%左右
氧化期	4	吹氧脱碳	钢液温度在1560℃以上时，进行吹氧脱碳或矿石–吹氧脱碳。吹氧压力为0.6～0.8 MPa，耗氧量约6～9 m³/t
	5	估碳取样	估计钢液含碳量降至低于规格下限0.02%～0.04%时，停止吹氧。充分搅拌钢液，取钢样"2"，分析C，P，Mn
还原期	6	扒渣、预脱氧	扒除全部氧化渣（先带电、后停电），加入全部锰铁，并加入2%～3%渣料（石灰:萤石:耐火砖块＝4:1.5:0.2），造稀薄渣
	7	还　原	稀薄渣形成后，加入还原渣料（C含量大于0.35%，造弱电石渣；C含量不大于0.35%，造白渣），恢复通电，进行还原。钢液在良好的还原渣下保持的时间一般应不少20 min
	8	取　样	充分搅拌钢液，取钢样"3"，分析C，Si，Mn，P，S；并取渣样分析，要求FeO含量大于0.8%
	9	调整成分	根据钢样"3"的分析结果调整化学成分（含硅量于出钢前10 min调整）
	10	测　温	测量钢液温度。要求出钢温度见表5.50；并作圆杯试样，检查钢液脱氧情况
出钢	11	出　钢	钢液温度符合要求，圆杯试样收缩良好时，停电、升高电极，插铝1 kg/t，出钢。要求大口出钢，钢渣同流

注：①表中的出钢温度系铜液量为3 t时的情况。

②表中所列温度均为热电偶温度。

表5.53 ZG20CrMo钢氧化法熔炼工艺

时期	序号	工 序	操 作 要 点
熔化期	1	通电熔化	用允许的最大功率供电，熔化炉料
	2	助熔，加钼铁	推料助熔。熔化后期，加入适量渣料及矿石。熔化末期，加入钼铁，并换较低电压供电。炉料熔化60%～80%时，吹氧助熔
	3	取样、扒渣	炉料全熔后，充分搅拌钢液，取钢样"1"，分析C，P，Mo，要求C含量不小于0.40%，P含量不小于0.02%。符合要求时，带电放出大部分炉渣后，加入渣料，保持渣量在3%左右
氧化期	4	吹氧脱碳	钢液温度在1560℃以上时，即行吹氧脱碳，吹氧压力为0.6～0.8 MPa，当火焰大量冒出时，停电，继续吹氧。耗氧量约6～9 m³/t
	5	估碳取样	估计含碳量降至0.15%左右，停止吹氧，充分搅拌钢液，取钢样"2"，分析C，P，要求P含量不大于0.015%
还原期	6	扒渣、预脱氧	扒除大部分炉渣，加入全部锰铁和渣料造稀薄渣
	7	加铬铁	稀薄渣料形成后，加入预热的铬铁
	8	还 原	加入渣料，恢复供电，造白渣还原
	9	取 样	铬铁熔清，炉渣变白后，充分搅拌钢液，取钢样"3"，进行全分析，并取渣样分析，要求FeO含量不大于0.8%
	10	调整成分	根据钢样"3"的分析结果，调整化学成分（含硅量于出钢前10 min调整）
	11	测 温	测量钢液温度。要求出钢温度为1610～1630℃，并作圆杯试样。检查钢液脱氧情况
出钢	12	出 钢	钢液温度符合要求，圆杯试样收缩良好时，停电，升高电极，插铝0.8 kg/t，出钢。要求大口出钢，钢渣同流

注：① 表中的出钢温度系钢液量为3 t时的情况。

② 表中所列温度均为热电偶温度。

表5.54 ZG1Cr18Ni9Ti钢氧化法熔炼工艺

时期	序号	工 序	操 作 要 点
熔化期	1	通电熔化	用允许的最大功率供电，熔化炉料
	2	助 熔	推料助熔，陆续加入2%～3%的渣料及适量的矿石（加入量视炉料含碳量而定）。炉料熔化60%～80%时，吹氧助熔，换较低电压，加矿石1%
	3	取样、扒渣	炉料熔清，搅拌钢液，取钢样"1"，分析C，P，Ni（熔清要求C含量等于0.25%～0.45%，P含量不大于0.100%）。扒除全部炉渣，补入2%渣料（如果磷高，须再次造渣除磷）
氧化期	4	吹氧脱碳	测钢液温度，达1560℃以上时，进行吹氧脱碳，氧气压力为0.6～0.8 MPa，耗氧量为12～18 m³/t
	5	估碳取样	当含碳量降至不大于0.1%时，升高电极，停电，继续吹氧。估计含碳量降至不大于0.04%时，停止吹氧。搅拌钢液，取钢样"2"，分析C，P
还原期	6	预脱氧、加铬铁	加入低碳锰铁和硅钙预脱氧，快速加入经过烤红的铬铁（全部加入量的2/3），并加硅钙粉还原。复电，用大功率熔化铬铁。铬铁熔清，再加剩余的铬铁，继续加硅钙粉还原，用较低电压
	7	取样、扒渣	铬铁熔清，炉渣转色，取钢样"3"，分析C，P，Cr，Ni，Si，Mn，扒除绝大部分炉渣，补入新渣料，用混合还原剂还原。炉渣变白时，取渣样分析FeO，要求FeO含量不大于0.5%。测量钢液温度

表 5.54（续）

时期	序号	工 序	操 作 要 点
还原期	8	调整成分	根据钢样"3"分析结果，调整成分。调匀炉渣，继续用混合还原剂还原
	9	测温、加钛铁	测钢液温度（测两次），当温度达到 1620～1640℃时，做圆杯试样。当试样收缩良好时，即可升高电极，停电，插铝 0.5 kg/t，推开渣，加入钛铁
出钢	10	出 钢	钢液化学成分和温度符合要求时，插铝 0.8 kg/t，出钢。要求大口出钢，钢渣同流

注：① 出钢温度应根据钢液量而定，表内所列温度系钢液量为 3 t 的出钢温度。

② 表中所列温度均为热电偶温度。

表 5.55 ZGMn13 钢氧化法熔炼工艺

时期	序号	工 序	操 作 要 点
熔化期	1	通电熔化	用允许的最大功率供电，熔化炉料
	2	助 熔	推料助熔。熔化后期，加入适量渣料及矿石。炉料熔化 60%～80%，吹氧助熔。熔化末期换用较低电压供电
	3	取样、扒渣	炉料全熔后，充分搅拌钢液，取钢样"1"，分析 C，P。根据含磷量的高低，决定扒除大部分或全部炉渣，并重新造渣
氧化期	4	氧化脱碳	钢液温度在 1560℃以上，炉渣流动性良好，即可吹氧脱碳，吹氧压力为 0.6～0.8 MPa
	5	估碳取样	估计含磷量降至 0.22% 左右时，停止吹氧。充分搅拌钢液，取钢样"2"，分析 C，P（要求 P 含量不大于 0.015% 才可扒渣）
还原期	6	扒渣、预脱氧	扒除全部氧化渣，加入预脱氧剂锰铁 5～10 kg/t，加入稀薄渣料
	7	加锰铁、还原	稀薄渣化好后，加入烤红的锰铁，随后造电石渣还原，钢水在电石渣下还原 15 min 后，将渣变白
	8	取 样	锰铁熔清后，充分搅拌钢液，取钢样"3"，作全分析，并继续还原。并取渣样分析，要求 FeO 含量不大于 0.5%
	9	调整成分	根据钢样"3"的分析结果，调整化学成分（含硅量在出钢前 10 min 调整）
	10	作弯曲试样	取钢液浇注弯曲试样，进行检验，如不合格，须继续还原一段时间，重作试验，直至合格为止
	11	测 温	测量钢液温度，要求出钢温度 1470～1490℃；并作圆杯试样，检查钢液脱氧情况
出钢	12	出 钢	钢液温度符合要求，圆杯试样收缩良好时，停电，升高电极，插铝 0.7 kg/t，出钢。要求大口出钢，钢渣同流

注：① 表中的出钢温度系钢液量为 3 t 时的情况。

② 表中所列温度均为热电偶温度。

5.6.2.4 碱性电弧炉吹氧返回法炼钢

吹氧返回法是熔炼不锈钢的一种方法，其优点是充分利用不锈钢返回料，回收其中的 Cr。它与氧化法的不同之处在于 Cr 的全部或大部分是在装料时加入的，而氧化法中的 Cr 是在还原期加入的。这种方法可以避免在还原期加入大量的不锈钢返回料和铬铁而往钢液中带入气体和非金属夹杂物，保证钢液质量。这种方法也可以冶炼含 Cr 的低合金钢。

炉料中合金元素的收得率、还原期加入炉中的合金元素的收得率、吹氧的温度条件、几种不锈钢的吹氧返回法冶炼工艺列于表5.56至表5.61。

表5.56 炉料中合金元素的收得率

元 素	元素含量/%	收得率/%
Ni		98
Mo		95
W	< 2	70
	2 ~ 8	80
	> 8	90
Cr	< 2	30 ~ 50
	2 ~ 8	50 ~ 80
	> 8	80 ~ 90
Mn	≤1	30 ~ 50
	> 1	50 ~ 70
V	≤0.5	20
	> 0.5	30

表5.57 还原期加入炉中的合金元素的收得率

元素	Mn	Si	Ni	Cr	Mo	W	Ti			Al	V	B
收得率/%	90	90	98	95	95 ~ 98	95 ~ 98	≤0.5% 30 ~ 60	> 0.15% 40 ~ 70	> 0.8% 60 ~ 80		85 ~ 95	30 ~ 60

表5.58 吹氧温度条件

炼钢方法	氧化法	吹氧返回法
吹氧前钢液含铬量/%	不含铬	13
吹氧前钢液含碳量/%	0.3 ~ 0.4	0.3 ~ 0.4
吹氧温度条件/℃	≥1560	≥1600

表5.59 ZG1Cr13、ZG2Cr13钢吹氧返回法熔炼工艺

时期	序号	工 序	操 作 要 点
熔化期	1	通电熔化	用允许的最大功率供电,熔化炉料
	2	助 熔	推料助熔。熔化后期,陆续加入适量石灰造渣,并换较低电压供电。炉料熔化90%左右,吹氧助熔。助熔后加3 kg/t的硅钙粉还原初期渣
	3	取 样	炉料熔清后,充分搅拌钢液,取钢样"1",分析C,P,Cr。吹氧前要求渣量2%左右,如渣量过多,可扒除部分炉渣,以保证吹氧脱碳在薄渣下进行
氧化期	4	吹氧脱碳	钢液温度要求按铬碳比决定:Cr含量不大于10时,t≥1520 ℃;Cr含量等于10%~13%时,t≥1550 ℃。要求炉渣流动性良好。符合上述条件时,加入硅铁3~5 kg/t,即行吹氧脱碳,氧气压力为0.8~1.2 MPa,耗氧量18~24 m³/t
	5	估碳取样	估计含碳量降至:ZG1Cr13,C含量小于0.1%;ZG2Cr13,C含量小于0.14%时,停止吹氧。取钢样"2",分析C,P,Cr

表 5.59（续）

时期	序号	工　序	操　作　要　点
还原期	6	预脱氧、加铬铁	停止吹氧后，加入预脱氧剂：铝 0.5 kg/t 和硅钙块 2 kg/t。随即加入烤红的铬铁。然后用 5～7 kg/t 混合还原剂（硅铁粉：硅钙粉 = 1:2）还原
	7	取样、扒渣	铬铁熔清后，炉渣转色（原来黑色转棕灰色），充分搅拌钢液，取钢样"3"，进行全分析。然后扒除大部分炉渣，补加渣料（石灰：萤石 = 3.5:1）造渣，保持渣量在 3% 左右，渣料化开后，继续用 3～4 kg/t 的混合还原剂还原。炉渣变白后，取渣样分析，要求 FeO 含量不大于 0.5%
	8	调整成分	根据钢样"3"的分析结果，调整化学成分
	9	测温	测量钢液温度（测两次）。要求出钢温度为：ZG1Cr13，$t = 1610～1620$ ℃；ZG2Cr13，$t = 1600～1610$ ℃。并作圆杯试样，检查钢液脱氧情况
出钢	10	出　钢	一切符合要求时，停电，升高电极，插铝 0.8 kg/t，出钢。要求大口出钢，钢渣同流

注：① 表中所列出钢温度系钢液量为 3 t 时的情况。

② 表中所列温度均为热电偶温度。

表 5.60　ZG1Cr18Ni9Ti 钢吹氧返回法熔炼工艺

时期	序号	工　序	操　作　要　点
熔化期	1	通电熔化	用允许的最大功率供电，熔化炉料
	2	助　熔	推料助熔，熔化后期加入适量的石灰造渣，并换较低的电压供电。炉料熔化 90% 左右，吹氧助熔。助熔后加 3 kg/t 的硅钙粉还原初期渣
	3	取　样	炉料熔清后，充分搅拌钢液，取钢样"1"，分析 C、P、Cr(Mo)，要求 C 含量大于 0.30%，P 含量不大于 0.030%。吹氧前要求渣量 2% 左右，如渣量过多，可扒除部分炉渣，以保证吹氧脱碳在薄渣下进行
氧化期	4	吹氧脱碳	钢液温度要求 $t \geqslant 1600$ ℃；要求炉渣流动性良好，符合要求时，即行吹氧脱碳。氧气压力为 1.2～1.5 MPa，耗氧量为 24～30 m^3/t。当火焰大量冒出时，升高电极，停电吹氧，吹氧应连续进行，不得中断
	5	估碳取样	估计含碳量降至 0.05% 左右时，停止吹氧。搅拌钢液，取钢样"2"，分析 C、P、Cr、Ni
还原期	6	预脱氧、加铬铁	停止吹氧后，加入预脱氧剂：铝 0.5% kg/t、硅钙块 2 kg/t 和低碳锰铁（加至中、下限）。快速加入烤红的铬铁，将铬铁压入钢液中后，加硅钙粉 5～7 kg/t 还原，随即复电（先用高电压，5 min 后，换用低电压）
	7	取样扒渣	铬铁熔清后，炉渣转色，充分搅拌钢液，取钢样"3"，分析 C、P、Cr、Ni、(Mo)。扒除绝大部分炉渣，补入渣料（石灰：萤石 = 3.5:1），保持渣量在 3% 左右（扒渣时升高电极停电，渣料加好后复电）
	8	调整成分	根据钢样"3"的分析结果调整成分，并调匀炉渣，控制好钢液温度，继续用混合还原剂还原
	9	测温、加钛铁	测量钢液温度（测两次），要求出钢温度 ZG1Cr18Ni9Ti 钢，$t = 1640～1660$ ℃；并作圆杯试样，检查钢液脱氧情况，当试样收缩良好时，即可停电，升高电极，插铝 0.5 kg/t，推开炉渣，加入经过烘烤的钛铁，并用耙将钛铁压入钢液中，充分搅拌
出钢	10	出　钢	加钛铁 10 min 后，插铝 0.8 kg/t，出钢。要求大口出钢，钢渣同流

注：① 表中所列出钢温度系钢液量为 3 t 时的情况。

② 表中所列温度均为热电偶温度。

③ 不扒渣加钛铁须符合以下条件：钢液温度不过高或过低；渣量不超过 3%；钢液中 Si 含量小于 0.5%；渣中 FeO 含量不大于 0.5%，否则应扒渣加钛铁。

表 5.61 ZG1Cr18Mn13Mo2CuN / ZG1Cr17Mn9Ni4Mo3Cu2N 钢吹氧返回法熔炼工艺

时期	序号	工 序	操 作 要 点
熔化期	1	通 电	用允许的最大功率供电
	2	助 熔	推料助熔，熔化后期，加入适量石灰造渣，并换较低电压供电。炉料熔化90%左右，吹氧助熔
	3	加钼、铜	熔化末期，加入钼铁和铜
	4	取 样	炉料熔清后，充分搅拌钢液，取钢样"1"，分析 C，P，Cr，Mo，Cu，要求 C 含量为 0.30% ~ 0.50%； 吹氧前要求渣量2%左右，如渣量过多，可扒除部分炉渣，以保证吹氧脱碳在薄渣下进行
氧化期	5	吹氧脱碳	钢液温度要求 $t \geqslant 1600$ ℃，要求炉渣流动性良好。符合要求时，加入 3 ~ 5 kg/t 硅铁，即行吹氧脱碳。氧气压力为 1.2 ~ 1.5 MPa。当火焰大量冒出时，升高电极，停电吹氧
	6	估碳取样	估计含碳量降至0.05%左右时，停止吹氧。搅拌钢液，取钢样"2"，分析 C，Cr，P，Mn，N
还原期	7	预脱氧、加铬铁	停止吹氧后，加入预脱氧剂：硅钙块 2 ~ 3 kg/t，随即加入铬铁，然后用混合还原剂（硅铁粉：硅钙粉 = 1:2）4 ~ 6 kg/t 还原，随即复电（先用高电压，5 min 后，换用低电压）
	8	扒 渣	铬铁熔清后，炉渣转色，扒除大部分炉渣，补入渣料
	9	加合金	加入红热的金属锰、氮化铬、氮化锰，并继续用4 ~ 6 kg/t混合还原剂还原
	10	取 样	合金熔清后，炉渣转淡绿色，取钢样"3"作全分析。过 10 min 后，取试样"4"，分析 C，Cr，Mn，N，并取渣样分析，要求 FeO 含量不大于0.5%
	11	测 温	测量钢液温度（测两次），要求出钢温度：Cr-Mn-N 钢，$t = 1550 \sim 1570$ ℃；Cr-Mn-Ni-N 钢，$t = 1530 \sim 1550$ ℃。并作圆杯试样，检查钢液脱氧情况
出钢	12	出 钢	一切符合要求，插硅钙1.5 ~ 2 kg/t，停电，升起电极，出钢。出钢时，在出钢槽中冲硅钙0.5 kg/t。要求大口出钢，钢渣同流

注：① 表中所列出钢温度系钢液量为 3 t 时的情况。

② 表中所列温度均为热电偶温度。

5.6.2.5 碱性电弧炉不氧化法炼钢

不氧化法炼钢基本上是炉料的重熔过程。为保证钢的质量，炉料平均含碳量应等于或略低于规格含碳量；平均含磷量应比规格限度低0.02%；平均含硫量应不超过规格限度。

合金元素的收得率列于表5.62。

表 5.62 合金元素收得率（不氧化法）

元 素	Ni	Mo	W	Cr			Mn		Al
钢中元素含量/%	—	—	> 2	< 2	2 ~ 8	> 8	≤ 1	> 1	> 1
合金元素收得率/%	98	95	90	80	85	95	85	85 ~ 90	75 ~ 80

几种高合金钢的冶炼工艺列于表5.63。

表5.63　ZGMn13不氧化法冶炼工艺

时期	序号	工序	操作要点
熔化期	1	通电	用允许的最大功率供电
	2	推料助熔	推料助熔。熔化后期加入适量渣料，并调整炉渣，使炉渣流动性良好。熔化末期，换较低电压供电
	3	取样	炉料熔清后，充分搅拌钢液，取钢样"1"，分析C，P，Mn，钢液温度达到1500℃以上时，扒除大部分炉渣，加入1%的萤石，造稀薄渣
	4	沸腾	稀薄渣形成后，分批加入2%的石灰石，作石灰石沸腾。必要时，可进行低压吹氧沸腾，吹氧压力不大于0.4 MPa，耗氧量约6 m³/t
还原期	5	还原	加炭粉造电石渣还原，造渣材料为石灰5~10 kg/t，萤石2~3 kg/t；炭粉4~5 kg/t，萤石2~3 kg/t；钢液在电石渣下还原15 min后，变白渣。取渣样分析，要求FeO含量不大于0.5%。并作弯折角试验
	6	取样	搅拌钢液，取钢样"2"，分析C，Si，Mn，P，S
	7	调整成分	根据钢样"2"的分析结果，调整钢液化学成分（含硅量在出钢前10 min以内调整）
	8	测温	测量钢液温度，要求出钢温度为1470~1490℃。并作圆杯试样，检查钢液脱氧情况
出钢	9	出钢	钢液温度符合要求，圆杯试样收缩良好时，停电，升高电极，插铝0.5 kg/t，出钢。要求大口出钢，钢液同流

注：① 表中的出钢温度系指钢液量为3 t时的情况。

　　② 表中所列温度均为热电偶温度。

5.6.2.6　酸性电弧炉炼钢

　　酸性电弧炉的炉衬用酸性耐火材料（硅砖和硅砂）砌筑而成。与碱性电弧炉炼钢相比，其优点是炉衬寿命长，冶炼时间短，耗电量较少，钢液中的气体和夹杂物较少。其主要缺点是不能脱磷和脱硫，必须使用低磷和低硫的炉料。

　　酸性电弧炉可用来熔炼碳钢、低合金钢和某些高合金钢（如含Si或Cr的高硅钢、高铬钢等），但不适合冶炼高锰钢。

　　酸性电弧炉炼钢主要用氧化法，也可以用不氧化法。其炼钢工艺与碱性电弧炉炼钢工艺有许多相似之处。

　　酸性电弧炉氧化法炼钢的工艺要点列于表5.64。

表5.64　酸性电弧炉氧化法炼钢工艺要点

工序	工艺要点
配料	应保证足够的氧化脱碳量：用矿石脱碳时，氧化脱碳量不小于10%~20%；用吹氧脱碳时，氧化脱碳量不小于0.25%~0.35%。 严格控制炉料的磷、硫含量。生铁中含碳、硫量都高，限制其用量在10%以下
补炉与装料	补炉材料用硅砂，用2%~6%的水玻璃作黏结剂。装炉料前，炉底不铺任何材料
熔化期	熔化炉料用最大功率供电。应采取推料助熔和吹氧助熔，促进炉料熔化。 加入酸性造渣材料（硅砂、适量的石灰和碎耐火砖块），或加入部分酸性炉渣。造渣材料加入量占钢液质量的2%左右。熔化期末炉渣的成分如下：SiO_2，40%~45%；FeO，22%~30%；MnO，20%~25%；CaO，6%~8%

表5.64（续）

工 序	工 艺 要 点
氧化期	氧化脱碳造成钢液沸腾，清除钢液中气体和非金属夹杂物。脱碳可用吹氧法或矿石法。吹氧脱碳时，吹氧压力为0.5～1.0 MPa，脱碳量为0.25%～0.35%时，耗氧量约9～12 m³/t。吹氧终了，搅拌钢液，取样分析。 氧化末期，炉渣成分如下：SiO_2，45%～55%；FeO，15%～20%；MnO，15%～20%；CaO，7%～8%，冷却后呈黑褐色。氧化期终了，扒除全部或大部分炉渣，另造新渣
还原期	脱氧和调整化学成分。工艺过程是：首先造薄渣。造渣材料配比为硅砂：石灰＝3：2。加入量是炉料质量的3%左右。然后加入4～5 kg/t的锰铁预脱氧。再加入混合脱氧材料进行还原。混合材料包括：炭粉10 kg/t、碎电极块10 kg/t和硅铁粉10 kg/t，应分批加入，间隔为3～5 min。还原的总时间为15～30 min。还原渣的成分如下：SiO_2，50%～60%；FeO，5%～10%；Fe_2O_3，≤0.2%；MnO，5%～10%；CaO，10%～25%；Al_2O_3，5%～10%；冷却后呈浅绿色或青灰色。用试样检查钢液脱氧，若脱氧良好，且温度达到要求，即可调整化学成分。出钢前用铝终脱氧，加铝量为1.5 kg/t（浇注湿型铸件）或1 kg/t（烧注干型铸件）
出 钢	插铝后即可停电，升起电极，倾炉出钢

5.6.3 感应电炉炼钢

5.6.3.1 感应电炉炼钢的特点

感应电炉炼钢的优点是：加热速度快，炉子的热效率较高；氧化烧损较轻，吸收气体较少。其缺点是：炉渣不能充分地发挥它在冶炼过程中的作用。感应电炉炼钢的方法有氧化法和不氧化法。

感应电炉依照容量的大小采用不同的电流频率，可分为高频感应电炉、中频感应电炉和工频感应电炉。炼钢一般多采用无芯中频感应电炉。

5.6.3.2 无芯中频感应电炉的结构与基本参数

无芯中频感应电炉由炉体和电气部分组成。炉体构造如图5.16所示。电气部分的作用是供给感应器所需的交流电流。电气部分包括变频的装置。

无芯中频感应电炉的基本参数列于表5.65。

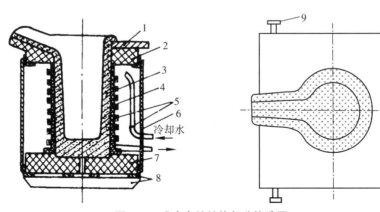

图5.16 感应电炉炉体部分构造图

1—水泥石棉盖板；2—耐火砖上框；3—捣制坩埚；4—玻璃丝绝缘布；

5—感应线圈；6—水泥石棉防护板7—耐火砖底座；8—不锈钢边框；9—转轴

表 5.65　无芯中频感应电炉的基本参数

序号	基本参数	电炉型号			
		GGW—0.06	GGW—0.15	GGW—0.4	GGW—0.9
1	电炉容量/kg	60	150	400	900
2	额定功率/kW	50	100	250	500
3	感应器电压/V	750	1000	2000	2000
4	相数	1	1	1	1
5	频率/Hz	2500	2500	2500	1000
6	功率消耗/(kW·kg^{-1})	0.83	0.66	0.58	0.55
7	工作温度/℃	1600	1600	1600	1600
	熔炼时间/min	60	75	75	70
9	单位耗电量/(kW·h·t^{-1})	1000	950	940	770
10	耗水量/(m³·h^{-1})	1	1	5	4.5
11	坩埚直径(炉口/炉底)/mm	220/170	275/225	430/380	560/480
	坩埚高度/mm	360	520	550	800
12	炉体外形尺寸 (长×宽×高)/mm	1245×1030 ×1096	1245×1030 ×1096	2280×1920 ×2180	2120×2700 ×3800

5.6.3.3　酸性中频感应电炉炼钢

酸性中频感应电炉炼钢一般采用不氧化法。熔炼过程包括打结（或修补）坩埚、装料、熔化、脱氧、合金化及钢液温度的调整和出钢。

1) 坩埚的打结与烧结　酸性中频感应电炉的坩埚用材料列于表 5.66。硅砂在使用前应很好地进行磁选，除去其中的铁磁性物质，以免在熔炼时由于这些铁磁性物质引弧而击穿坩埚。

表 5.66　酸性中频感应电炉的坩埚用材料

材料			用途						
			炉衬				炉领		
硅砂	粒度/mm		5.0~6.0	2.0~3.0	0.1~1.0	石英粉	1.0~2.0	0.2~0.5	石英粉
	配比/%		25	20	30	25	30	50	20
	化学成分(质量分数)/%	SiO$_2$	不小于 99.0~99.5						
		杂质	Fe$_2$O$_3$ 含量不大于 0.5，CaO 含量不大于 0.25，Al$_2$O$_3$ 含量不大于 0.2，水分含量不大于 0.5%						
黏结剂			硼酸：B$_2$C$_3$ 含量不小于 98% 水分含量不大于 0.5% 粒度小于 5 mm 加入量为 1.7%~2.0%				水玻璃　10% 或 20%黏土＋少量水玻璃		

打结炉衬时，先在感应器内壁和底部放置石棉板，然后将混合好的炉衬材料分批填入感应器内，每批厚 30~40 mm，用尖锤捣实。坩埚底打好后，放上坩埚模型（用 5~7 mm 厚的钢板焊成坩埚的内部形状）并加以固定，继续分批加料打结。打

结层紧实度应一致且无分层现象。当打结到感应器以上高度时，换用炉领材料继续打结。坩埚打结完以后，不必将坩埚模型取出，在通电烘炉过程中它能起感应加热作用，并在熔炼第一炉钢时随同炉料一起熔化。

坩埚打结好之后，先进行自然干燥（约一昼夜），再进行烘烤。把木柴装在坩埚模型内，点火缓慢烘烤，然后通电缓慢烘烤，可采用间断通电的方法，烘烤时间不少于8 h。

第一次开炉时，最好多熔炼几炉，使坩埚材料充分烧结。

2）装料 酸性中频感应电炉由于不能脱硫和脱磷，所用炉料必须是低碳低硫的，一般应低于合金的规格上限0.005%～0.010%。

装料时必须停电操作。装料时先在坩埚底装入占炉料重1%的熔剂。把大块炉料装在坩埚壁附近，小块炉料装在中间部分和炉底，在大块炉料的空隙中间必须用小块炉料充填。上部炉料不能超过感应器高度，长棒形炉料应竖直装入坩埚，力求做到下紧上松，避免炉料"架桥"而不能顺利下降。

3）熔化 炉料装好后即可送电熔化。开始送电几分钟用较低的功率（40%～60%），当电流波动较小后，采用最大功率，直至熔清。在熔化过程中应经常用炉钎捅料，防止发生"架桥"。当大部分炉料熔化后，加入造渣材料。造渣材料的配比为：造型用新砂65%、碎石灰25%、萤石粉10%。也可以用碎玻璃造渣。炉料熔清后，炉渣覆盖住钢液表面。

4）脱氧 炉料熔清后，倾侧炉体，扒净炉渣，并随即造新渣覆盖钢液，接着即可进行脱氧。

对一般钢种采用沉淀脱氧法，直接将脱氧剂（锰铁、硅铁和硅锰、硅钙合金）加入钢液中，由于电磁搅拌作用，脱氧生成物能迅速上浮。对杂质要求严格的钢种，必须采用扩散脱氧法，脱氧剂分批均匀地撒在渣面上，常用的脱氧剂为炭粉和硅铁粉（炼低碳钢时用硅钙粉和铝粉）。在调整化学成分后，插铝进行终脱氧。

5）合金化及钢液温度的调整 用酸性中频感应电炉不氧化法冶炼合金钢（含高锰成分的钢种除外）时的合金元素收得率列于表5.67。

表5.67 酸性中频感应电炉不氧化法炼钢的合金元素收得率

元素名称	合金名称	适宜的加入时间	收得率/%
Si	硅铁	出钢前7～10 min	100
Mn	锰铁	出钢前10 min	90
Cr	铬铁	加料时	95
Mo	钼铁	加料时	98
W	钨铁	加料时	98
Ni	电解镍	加料时	100
V	钒铁	出钢前7 min	92～95

当合金元素全部加入，终脱氧结束，使钢液温度达到出钢温度。

6）出钢 停电，扒渣，出钢，将钢液倒入预热到700～800 ℃的浇包中，稍作静置即可浇注。

酸性中频感应电炉炼钢一般是造酸性渣，不能脱磷和脱硫。如果炉料条件差，必须在炼钢过程中脱磷或脱硫时，可采取在短时间内造碱性脱磷或脱硫炉渣来处理钢液。由于感应电炉中具有电磁搅拌钢液

的作用，钢液与炉渣接触面积大，反应速度快，使脱磷或脱硫过程得以迅速完成，因而显著地减轻碱性炉渣对于酸性炉衬的侵蚀作用。在酸性中频感应电炉中脱磷和脱硫的方法见表5.68。

表5.68　酸性中频感应电炉内脱磷和脱硫方法

序号	项　目	脱　磷	脱　硫
1	造渣材料及加入量（占钢液重百分比）	碱性造渣材料（石灰:氟石=3:1）加入量为3.0%～3.5%，氧化铁皮加入量为1.0%～1.4%	碱性造渣材料（石灰:氟石=3:1）加入量为2.5%～3.0%，炭粉和硅铁粉加入量为1.0%
2	处理时间	炉料化清后及时处理	还原末期进行处理
3	钢液温度条件	在较低的钢液温度（1520℃左右）下进行处理	在较高的钢液温度(1580～1620℃)下进行处理
4	处理方法	在钢液温度为1520℃左右时，扒除原有炉渣，加入氧化铁皮，搅拌钢液，送电1～3min，升温至1540℃左右，加入碱性造渣材料并送电3～5min，然后降温至1480℃左右，扒净炉渣再造酸性炉渣	出钢前4～5min，将配好的造渣材料加入炉内，送电2～3min，然后加入炭粉和硅铁粉，并及时出钢
5	较好的炉渣成分	CaO，40%～60%；SiO$_2$，15%～20%；FeO，10%～15%；MnO，3%～6%；P$_2$O$_5$，0.5%～2.0%（炉渣碱度R=2～3.5）	CaO，40%～60%；SiO$_2$，20%～30%；MnO，1.0%～1.5%；FeO，<0.8%（炉渣碱度R=2～3）
6	处理效果	脱磷效率：15%～20%	脱硫效率：30%～40%

5.6.3.4　碱性感应电炉炼钢

碱性感应电炉炼钢的工艺与酸性感应电炉炼钢的工艺有很多相似之处。碱性感应电炉炼钢有不氧化法和氧化法。生产中

常用不氧化法，其过程包括打结坩埚、装料、熔化、脱氧和出钢。

1）坩埚的打结　碱性感应电炉的坩埚用材料列于表5.69。

表5.69　碱性感应电炉的坩埚用材料

材　料		用　途				
		炉　衬			炉　领	
镁砂（MgO含量不小于88%，CaO含量不大于5%，SiO$_2$含量不大于4%）	粒度/mm	2～4	0.8～1.0	<0.5	2～1	<1
	配比/%	15	55	30	40	40
黏结剂/%		硼酸：1.5～1.8			耐火土20+适量水玻璃	

炉衬的打结方法与酸性感应炉相同。

2）炉料与装料　原则与酸性感应电炉

炼钢法相同。由于碱性感应电炉能起到一些脱磷和脱硫的作用，炉料的平均含磷量

和含硫量允许高一些。

3）熔化 熔化过程及操作要点大体上与酸性感应电炉不氧化法炼钢相同。造渣材料为：石灰80%，萤石20%。当炉料中含磷、硫量较高时，在炉料熔清时，可扒除大部分炉渣，另造新渣。

4）脱氧和出钢 采用扩散脱氧法。脱氧材料为炭粉和硅铁粉（炼低碳钢种时不

用炭粉和硅铁粉，而用硅钙粉和铝粉）。还原过程进行到炉渣变白色为止。调整钢液的化学成分，然后插铝终脱氧，停电，出钢。

用碱性感应电炉不氧化法冶炼合金钢时，合金的适宜加入时间及合金元素的收得率列于表5.70。

表5.70 碱性感应电炉不氧化法炼钢的合金元素收得率

元　素	合金名称	适宜的加入时间	收得率/%
Ni	电解镍	装料时	100
Cu	电解铜	装料时	100
Mo	钼铁	装料时	100
Nb	铌铁	装料时	100
W	钨铁	装料时	100
Cr	铬铁	装料时	97～98
Mn	锰铁，金属锰	还原期	94～97
		装料时	90
N	氮化锰，氮化铬	还原期	85～95
V	钒铁	还原期	95～98
Si	硅铁	出钢前7～10 min	90
Al	电解铝	出钢前3～5 min	93～95
Ti	钛铁	出钢前，插铝后，停电加入	85～92
B	硼铁	出钢前，或出钢时加在盛钢桶内冲熔	50

5.6.3.5 中频感应电炉炼钢实例

1）ZG310—570的熔炼 ZG310—570

通常在酸性炉熔炼，其化学成分和炉料的计算成分列于表5.71。炉料中ZG310—570的回炉料不超过70%。

表5.71 ZG310—570的化学成分和炉料成分　　　　单位：%

元　素	C	Si	Mn	P	S	Cr	Ni
规格上限	0.5	0.6	0.9	0.04	0.04	—	—
炉　料	0.53～0.58	0.25～0.30	1.10～1.50	<0.045	<0.045	<0.30	<0.30

操作过程如下：

（1）在坩埚底部装入部分小块料和电极碎料（增碳剂，用量少于20 g时可在熔

化后加入），然后紧密地装入回炉料和新钢料。

（2）通电熔化。整个熔炼过程在熔剂

覆盖下进行。熔剂为80%硅砂和20%碎玻璃。

（3）全部炉料熔化后，提温至1610～1620℃，加入预热好的锰铁和硅铁（合金元素加入剂）。

（4）提温至1640～1650℃，除去熔渣，造新渣覆盖。

（5）依次加入0.2%锰铁、0.1%硅铁和0.1%铝进行脱氧。

（6）提温至1650～1670℃，扒净熔渣，出钢浇注。

2）ZG30CrMnSi的熔炼　根据ZG30CrMnSi

的化学成分，这种钢可用酸性炉也可用碱性炉熔炼。在碱性坩埚中熔炼时采用80%石灰、10%萤石和10%镁砂造渣，在酸性坩埚中熔炼时采用80%硅砂和20%碎玻璃造渣。

由于ZG30CrMnSi在不同性质的坩埚中熔炼时的锰和硅的烧损量相差很大，配料时应采取不同的炉料计算成分，见表5.72。在酸性坩埚中，硅的烧损量较小，一般小于10%，锰的烧损量很大。但在碱性坩埚中硅的烧损量较大。

表5.72　ZG30CrMnSi的炉料计算成分　　　　单位：%

元　素	C	Cr	Mn	Si	P	S	Ni	W	Mo	V
规格要求	0.28～0.38	0.50～0.80	0.90～1.20	0.50～0.75	≤0.035	≤0.035	—	≤0.40	≤0.20	≤0.20
酸性炉用料	0.40～0.43	0.80～0.95	1.50～1.80	0.75～0.85	≤0.035	≤0.035	<0.40	≤0.40	≤0.20	≤0.20
碱性炉用料	0.40～0.43	0.80～0.95	1.40～1.50	1.10～1.30	≤0.035	≤0.035	<0.40	≤0.40	≤0.20	≤0.20

操作过程如下：

（1）首先在坩埚底撒上一层10～20mm的熔剂，装入部分小料，然后装入铬铁和碎电极，最后紧密地装入回炉料及新钢料。

（2）通电熔化。出现钢液时撒熔剂覆盖。熔化中不断向下捅料，炉料全部熔化后加入钼铁。提温至1600～1610℃时，推开熔渣，加入预热好的锰铁和硅铁（合金化），搅拌后覆盖熔剂。

（3）提温至1640℃时，换渣并预脱氧，先加0.15%～0.20%锰铁，后加0.05%～0.10%硅铁。继续提温至1640～1650℃，加0.10%～0.20%硅钙或0.08%～

0.10%铝进行终脱氧。

（4）停电，扒渣，出钢浇注。

3）ZG1Cr18Ni9Ti的熔炼　根据ZG1Cr18Ni9Ti的成分特点，在熔炼中必须注意：

（1）含碳量低，必须采用低碳原材料。

（2）含碳量低，钢液中含氧量高，必须充分脱氧。

（3）要保证钢中有足够的含Ti量，并注意Ti的加入时间。

ZG1Cr18Ni9Ti在碱性坩埚中熔炼，其化学成分和炉料计算成分列于表5.73。

表5.73　ZG1Cr18Ni9Ti的化学成分与炉料计算成分　　　　单位：%

元　素	C	Si	Mn	Cr	Ni	Ti	S	P
规格要求	≤0.12	≤1.0	1.0～2.0	17.0～20.0	8.0～11.0	≈0.8	≤0.03	≤0.045
炉　料	<0.12	≤0.7	≤1.8	18.0～19.0	9.0～11.0	0.9～1.0	<0.03	<0.045

操作过程如下：

（1）先在坩埚底上撒一层熔剂，依次

加入锰（作脱氧剂，其用量不超过合金允许的锰量）、铬、镍和纯铁，然后紧密地装入回炉料、重熔料及 ZG1Cr18Ni9Ti 新料。

（2）通电熔化。随熔随将未装完的炉料陆续加入，并覆盖上熔剂。炉料全部熔化后，升温至 1560～1580℃时，加入硅铁，然后换渣。

（3）提温至 1600～1620℃时插入 0.1% 的硅钙脱氧，并覆盖熔剂。继续提温至 1610～1630℃时，加 0.2% Al 进行脱氧。

（4）钢液温度达到 1630～1650℃，圆杯试样收缩良好时，扒除一半炉渣，然后加钛铁，并将钛铁压入钢液内。

（5）钢液在熔剂覆盖下停电静止几分钟后除渣出钢浇注。

5.6.4 钢液炉外精炼

钢液炉外精炼是将由电炉初炼的钢液移至炉外精炼装置中，继续完成一些必要的精炼任务，目的是去除气体、排除夹渣、降低硫磷含量、调整化学成分和温度、创造最佳浇注条件，从而提高钢液质量，确保铸件质量，并提高生产效率。下面介绍几种炉外精炼方法。

5.6.4.1 钢包吹氩精炼

钢包吹氩处理的方法如图 5.17 所示。往钢液中吹入氩气时，氩不会溶解于钢液中而产生大量的气泡，氩气泡在上浮的过程中可以将钢液中的氢、氧、氮等气体和悬浮在钢液中的非金属夹杂物清除掉，起到净化钢液的作用。吹氩前后钢液含气量的变化如图 5.18 所示。

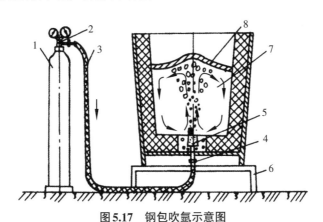

图5.17 钢包吹氩示意图

1—氩气瓶；2—减压阀；3—耐压橡胶管；
4—活接头；5—透气塞；6—钢包支架；7—钢液；8—炉渣

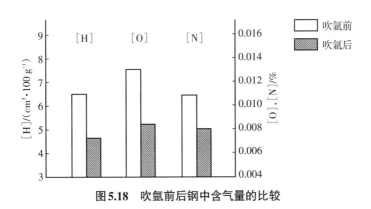

图5.18 吹氩前后钢中含气量的比较

吹氩处理装置中的透气塞是用耐火度很高的刚玉（Al₂O₃）和莫来石（Al₂O₃·2SO₂）以及黏结剂、附加剂所组成的混合料压制成坯并经高温烧结而成的。透气塞具有一定的孔隙度，能使氩气通过并在钢液中形成细小而分散的氩气泡，提高净化效果。透气塞的结构如图5.19所示。在透气塞的下部包有一厚1.0～1.5 mm的铁皮，底部开有一小孔并与管子一端相焊接，管子的另一端有细纹，可以用活接头连接耐压橡胶管。

吹氩压力一般为0.4～0.6 MPa，以钢液不露出渣面为宜。吹氩时间为5～7 min。每吨钢液平均耗氩量为0.1 m³左右，吹氩处理钢液可缩短冶炼时间25%以上，耗电量降低20%左右。

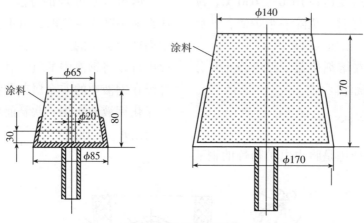

图5.19　吹氩用透气塞

吹氩处理时钢液的降温速度因钢液量的多少而不同。经验数据为：处理10 t钢液时的平均降温速度为8 ℃/min左右，处理18 t钢液时的平均降温速度为6.5 ℃/min左右。

5.6.4.2　氩氧脱碳精炼

钢液的炉外氩氧脱碳精炼方法简称AOD法，其装置如图5.20所示。氩氧脱碳精炼的过程如图5.21所示。

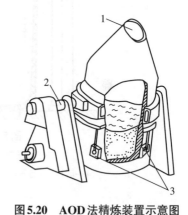

图5.20　AOD法精炼装置示意图

1—加料、取样、出钢口；2—转轴；3—吹氧、氩用风口

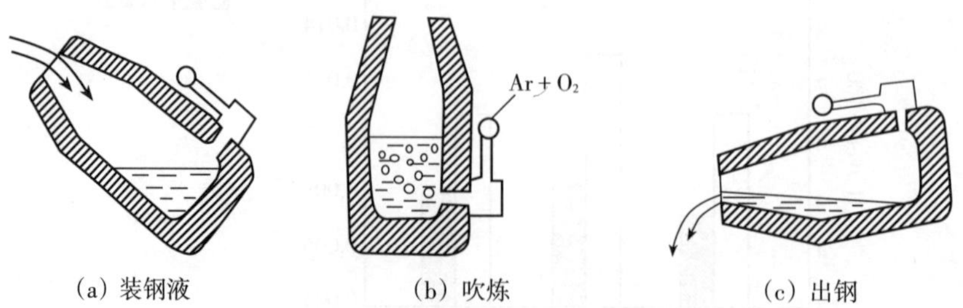

（a）装钢液　　　　　（b）吹炼　　　　　（c）出钢

图5.21　AOD法精炼过程示意图

（1）将高温钢液（$t\geqslant1560$ ℃）装入AOD容器中。

（2）回转容器至竖直位置，吹入气体。先全部吹入氧气，随过程进行吹入的氧气逐渐减少，吹入的氩气逐渐增多，后期全部吹入氩气。精炼过程中发生反应：

$$2[C]+O_2(气)\rightarrow2\{CO\}$$
$$2[Fe]+O_2(气)\rightarrow2[FeO]$$
$$[C]+[FeO]\rightarrow[Fe]+\{CO\}$$

生成的CO气泡和氩气泡一起对钢液进行搅拌，清除钢液中的气体和夹杂物。碳和氧反应产生的热量使钢液温度上升。

（3）化学成分和温度达到要求时倾炉出钢。

AOD法脱碳充分，可用含碳量高的原钢液生产出超低碳钢种（C含量小于0.03%），钢液中的含氢量和含氮量可分别降至2×10^{-6}和80×10^{-6}以下，适于生产高强度和超高强度合金钢。

5.6.4.3　真空氧脱碳精炼和真空氩氧脱碳转炉精炼

真空氧脱碳精炼法简称VOD法；真空氩氧脱碳转炉精炼法简称VODC法，是VOD法和有氩气搅拌功能的转炉工艺相结合的一种精炼法。图5.22为VODC法所用的精炼设备示意图。精炼过程为：

（1）注入钢液，在大气条件下进行氩氧脱碳精炼，顶部吹氧，底部吹氩。

（2）当钢液含碳量稍高于规格成分要求时，将炉体转至竖直位置，真空罩平移至炉体上口正中位置，将罩盖上炉口并密封，抽真空，在真空条件下吹氩精炼，进一步清除钢液中的气体和非金属夹杂物，将超过规格的一小部分碳氧化掉。

（3）添加合金，调整钢的化学成分，移出真空罩，倾炉出钢。

VODC法能炼出很纯净的钢液，特别适

用于低合金钢。

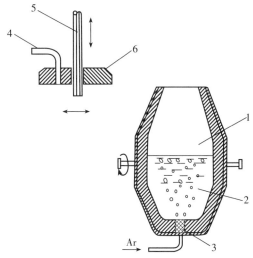

图5.22　VODC法所用的精炼设备示意图
1—炉体（容器）；2—钢液；3—透气塞；4—抽真空管；
5—吹氧管；6—真空炉盖

5.6.4.4　钢包电弧加热精炼

钢包电弧加热精炼方法简称LF法，该法的装置如图5.23所示。其精炼过程为：

（1）将钢液注入精炼用钢包。

（2）将钢包送至加热工位，降下加热炉盖，降下电极，通电加热钢液并提温至正常出钢温度以上30~50 ℃。

（3）将钢包移至精炼工位，降下真空炉盖，抽真空，从钢包底部吹氩进行精炼，精炼15~25 min。

（4）重新加热钢液。将钢包再移至加热工位，调整钢液的化学成分和温度。

（5）往钢包中插入终脱氧剂，出钢浇注。

LF法具有良好的加热钢液、清除气体和非金属夹杂物、脱硫等功能。其中，低合金钢中的除氢率可达50%~60%，精炼钢中的[H]含量不大于$2.5~3.0\times10^{-6}$；脱氧率为40%左右；脱氮率为15%左右，钢中N含量不大于50×10^{-6}，脱硫率为50%~60%，钢中含硫量可降至0.005%以下；非金属夹杂物含量可降低40%左右。

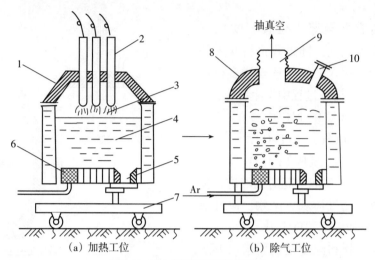

（a）加热工位　　　　　　　（b）除气工位

图5.23　LF精炼法装置示意图

1—加热炉盖；2—加热电极；3—电弧；4—钢液；5—滑动水口；

6—透气塞；7—移动车；8—真空炉盖；9—真空接管；10—加料孔

第6章 铸造有色合金

有色合金是以一种有色金属为基体，含有一种或几种其他元素构成的合金。有色合金亦称非铁合金。常用的铸造有色合金有：铸造铝合金、铸造铜合金、铸造镁合金、铸造锌合金、铸造钛合金等。

6.1 铸造铝合金

6.1.1 铸造铝合金材质

6.1.1.1 铸造铝合金的分类

铸造铝合金是在纯铝的基础上加入其他金属或非金属元素，它不仅保持了纯铝的基本性能，而且由于合金化及热处理作用，使铝合金具有良好的综合性能（如力学性能高、耐蚀能力强、对各种工艺过程适应性强）。常用的铸造铝合金有 Al-Si 系、Al-Cu 系、Al-Mg 系、Al-Zn 系和 Al-RE 系五个系列。

1）Al-Si 系合金　指以硅为主要合金元素的铝合金。图 6.1 所示为 Al-Si 二元相图，Al-Si 二元系共晶成分含 Si 12.6 wt%，通常将含 Si 11% ~ 13% 的合金视为近共晶合金，含 Si 4% ~ 11% 的合金视为亚共晶合金，含 Si 13% 以上的合金视为过共晶合金。Al-Si 系合金具有优良的铸造性能（流动性好、气密性好、收缩率小和热裂倾向小），经过细化变质和热处理之后，具有良好的力学性能（强度高）、物理性能（热膨

胀系数小）、耐蚀性和耐磨性，是铸造铝合金中用途最广、品种最多的一类合金。

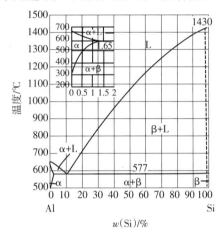

图6.1　Al-Si 二元相图

2）Al-Cu 系合金　指以铜为主要合金元素的铝合金。一般铝铜系合金的 Cu 含量为 4.0% ~ 5.5%，以便获得最佳淬火效果。Cu 含量超过 7% 的合金通常都在铸态下使用。Al-Cu 系合金具有良好的切削加工和焊接性能，但铸造性能较差。

3）Al-Mg 系合金　指以镁为主要合金元素的铝合金。实用的 Al-Mg 二元合金中 Mg 含量通常不超过 11%。它具有较高的力学性能、良好的切削加工性能和优良的抗蚀性能，但熔炼和铸造工艺比较复杂。

4）Al-Zn 系合金　指以锌为主要合金元素的铝合金。Al-Zn 合金中加入适量的 Mg [$w(\text{Zn}) + w(\text{Mg}) < 6\%$] 可有极明显的强化效果。

5）Al-RE 系合金　以稀土为主要合金元素的铝合金，该系合金牌号不多。

6.1.1.2 合金元素的作用

1）硅　硅是大部分铸造铝合金的主要合金化元素，Si与α-Al形成共晶体，加入硅可以提高流动性，改善铸造性能，提高补缩性和抗热裂性。初晶及共晶Si是硬质相，所以合金的硬度随着Si含量的增加而增加，但是却降低了塑性。

共晶Al-Si合金结晶温度范围小，在一定的浇注温度下流动性最好，凝固时形成集中性缩孔，这类合金适用于薄壁件。亚共晶Al-Si合金适用于高强度件，过共晶Al-Si合金组织中有大量块状初生硅，切削加工性差，但这类合金线膨胀系数小，耐磨耐蚀且抗热裂性好，主要用于制造活塞等耐磨件。

2）铜　加入铜可提高室温强度和高温强度，提高硬度，改善切削加工性，降低铸造性能、抗热裂性和耐蚀性。

3）镁　加入镁可提高强度，使其具有优良的力学性能、抗蚀性和切削加工性，主要缺点是铸造性能不好，特别是熔炼时容易氧化和形成氧化夹渣。加入0.2%~0.6%的Mg可使Al-Si合金经过热处理而得到强化，通过Mg_2Si以细小分散的形式析出而改善力学性能。

4）锰　锰含量在0.3%~1.5%时，可以改善铸造性能和力学性能，提高铸件的致密性，锰控制合金中富铁的金属间化合物，减轻铁的有害作用。

5）铁　铁对大多数铝合金都是有害元素，铁含量高会降低铸造性能、塑性、抗震性和切削加工性，大部分合金限制铁含量在0.8%以下。但是对于Zn+Mg总量高的Al-Zn-Mg合金，铁含量为1.0%~1.7%时，能使晶粒和晶界上的共晶体细化，改善力学性能和铸造性能。在压铸铝合金中，铁能提高铸件脱模性。

6）镍　镍与铜结合时可提高高温强度和硬度。

7）锌　锌与铜、镁结合时可改善热处理和自然时效特性，增加流动性，但是可能出现收缩方面的缺陷。Al-Zn合金中加入适量的Mg，可有极明显的强化效果，是有前途的高强度铝合金。

8）其他合金元素　加入0.05%~0.25%的钛或0.05%~0.25%的锆可细化晶粒，提高力学性能；加入超过0.1%的铅可提高切削加工性；硼与钛结合可细化晶粒组织；磷在过共晶Al-Si合金中细化初生Si相，但在亚共晶合金中，少量的磷会使共晶组织粗大和降低钠与锶对共晶硅的变质效果。

6.1.1.3 铸造铝合金的规格

国家标准《铸造铝合金》（GB/T 1173—2013）列有28个牌号，其化学成分、杂质允许含量、力学性能如表6.1至表6.3所示。铸造铝合金的力学性能与铸造方法、是否经变质处理以及合金状态（如铸态或某种热处理态）密切相关。表6.3中铸造方法和合金状态的代号说明如下：

铸造方法和变质处理代号

S——砂型铸造

J——金属型铸造

R——熔模铸造

K——壳型铸造

B——变质处理

合金状态代号

F——铸态

T1——人工时效

T2——退火

T4——固溶处理加自然时效

T5——固溶处理加不完全人工时效

T6——固溶处理加完全人工时效

T7——固溶处理加稳定化处理

T8——固溶处理加软化处理

表6.1　铸造铝合金化学成分

合金种类	合金牌号	合金代号	化学成分(质量分数)/%							
			Si	Cu	Mg	Zn	Mn	Ti	其他	Al
Al-Si合金	ZAlSi7Mg	ZL101	6.5~7.5		0.25~0.45					余量
	ZAlSi7MgA	ZL101A	6.5~7.5		0.25~0.45			0.08~0.20		余量
	ZAlSi12	ZL102	10.0~13.0							余量
	ZAlSi9Mg	ZL104	8.0~10.5		0.17~0.35		0.2~0.5			余量
	ZAlSi5Cu1Mg	ZL105	4.5~5.5	1.0~1.5	0.4~0.6					余量
	ZAlSi5Cu1MgA	ZL105A	4.5~5.5	1.0~1.5	0.4~0.55					余量
	ZAlSi8Cu1Mg	ZL106	7.5~8.5	1.0~1.5	0.3~0.5		0.3~0.5	0.10~0.25		余量
	ZAlSi7Cu4	ZL107	6.5~7.5	3.5~4.5						余量
	ZAlSi12Cu2Mg1	ZL108	11.0~13.0	1.0~2.0	0.4~1.0		0.3~0.9			余量
	ZAlSi12Cu1Mg1Ni1	ZL109	11.0~13.0	0.5~1.5	0.8~1.3				Ni 0.8~1.5	余量
	ZAlSi5Cu6Mg	ZL110	4.0~6.0	5.0~8.0	0.2~0.5					余量
	ZAlSi9Cu2Mg	ZL111	8.0~10.0	1.3~1.8	0.4~0.6		0.10~0.35	0.10~0.35	Be 0~0.07	余量
	ZAlSi7Mg1A	ZL114A	6.5~7.5		0.45~0.75			0.10~0.20	Sb 0.1~0.25	余量
	ZAlSi5Zn1Mg	ZL115	4.8~6.2		0.4~0.65	1.2~1.8				余量
	ZAlSi8MgBe	ZL116	6.5~8.5		0.35~0.55			0.10~0.30	Be 0.15~0.40	余量
	ZAlSi7Cu2Mg	ZL118	6.0~8.0	1.3~1.8	0.2~0.5		0.1~0.3	0.10~0.25		余量
Al-Cu合金	ZAlCu5Mn	ZL201		4.5~5.3			0.6~1.0	0.15~0.35		余量
	ZAlCu5MnA	ZL201A		4.8~5.3			0.6~1.0	0.15~0.35		余量
	ZAlCu10	ZL202		9.0~11.0						余量
	ZAlCu4	ZL203		4.0~5.0						余量
	ZAlCu5MnCdA	ZL204A		4.6~5.3			0.6~0.9	0.15~0.35	Cd 0.15~0.25	余量
	ZAlCu5MnCdVA	ZL205A		4.6~5.3			0.3~0.5	0.15~0.35	Cd 0.15~0.25 V 0.05~0.3	余量
Al-RE-Cu合金	ZAlRE5Cu3Si2	ZL207	1.6~2.0	3.0~3.4	0.15~0.25		0.9~1.2		Zr 0.15~0.25 B 0.005~0.6 Zr 0.15~0.25 Ni 0.2~0.3 RE 4.4~5.0	余量

表6.1（续）

合金种类	合金牌号	合金代号	化学成分(质量分数)/%							
			Si	Cu	Mg	Zn	Mn	Ti	其他	Al
Al-Mg合金	ZAlMg10	ZL301			9.5~11.0					余量
	ZAlMg5Si	ZL303	0.8~1.3		4.5~5.5		0.1~0.4			余量
	ZAlMg8Zn1	ZL305			7.5~9.0	1.0~1.5		0.10~0.20	Be 0.03~0.10	余量
Al-Zn合金	ZAlZn11Si7	ZL401	6.0~8.0		0.1~0.3	9.0~13.0				余量
	ZAlZn6Mg	ZL402			0.5~0.65	5.0~6.5	0.2~0.5	0.15~0.25	Cr 0.4~0.6	余量

资料来源：《铸造铝合金》（GB/T 1173—2013）。

注："RE"为"含铈混合稀土"，其混合稀土总量应不少于98%，铈含量不少于45%。

表6.2 铸造铝合金杂质元素允许含量

杂质含量(质量分数)/% ≤

合金种类	合金牌号	合金代号	Fe S	Fe J	Si	Cu	Mg	Zn	Mn	Ti	Zr	Ti+Zr	Be	Ni	Sn	Pb	其他杂质总和 S	其他杂质总和 J
Al-Si合金	ZAlSi7Mg	ZL101	0.5	0.9		0.2		0.3	0.35						0.05	0.05	1.1	1.5
	ZAlSi7MgA	ZL101A	0.2	0.2		0.1		0.1	0.10			0.25	0.1		0.05	0.03	0.7	0.7
	ZAlSi12	ZL102	0.7	1.0		0.30	0.10	0.1	0.5	0.2							2.0	2.2
	ZAlSi9Mg	ZL104	0.6	0.9		0.1		0.25				0.15			0.05	0.05	1.1	1.4
	ZAlSi5Cu1Mg	ZL105	0.6	1.0				0.3	0.5						0.05	0.05	1.1	1.4
	ZAlSi5Cu1MgA	ZL105A	0.2	0.2				0.1	0.1			0.15	0.1		0.05	0.05	0.5	0.5
	ZAlSi8Cu1Mg	ZL106	0.6	0.8				0.2							0.05	0.05	0.9	1.0
	ZAlSi7Cu4	ZL107	0.5	0.6			0.1	0.3	0.5						0.05	0.05	1.0	1.2
	ZAlSi12Cu2Mg1	ZL108		0.7				0.2	0.2	0.20				0.3	0.05	0.05		1.2
	ZAlSi12Cu1Mg1Ni1	ZL109		0.7				0.2		0.20					0.05	0.05		1.2
	ZAlSi5Cu6Mg	ZL110		0.8				0.6	0.5						0.05	0.05		2.7
	ZAlSi9Cu2Mg	ZL111	0.4	0.4				0.1							0.05	0.05		1.2
	ZAlSi7Mg1A	ZL114A	0.2	0.2		0.2		0.1	0.1								0.75	0.75
	ZAlSi5Zn1Mg	ZL115	0.3	0.3		0.1			0.1						0.05	0.05	1.0	1.0
	ZAlSi8MgBe	ZL116	0.60	0.60		0.3		0.3	0.1						0.05	0.05	1.0	1.0
	ZAlSi7Cu5Mg	ZL118	0.3	0.3				0.1							0.05	0.05	1.0	1.5

表6.2（续）

杂质含量（质量分数）/%　≤

合金种类	合金牌号	合金代号	Fe S	Fe J	Si	Cu	Mg	Zn	Mn	Ti	Zr	Ti+Zr	Be	Ni	Sn	Pb	其他杂质总和 S	其他杂质总和 J
Al-Cu合金	ZAlCu5Mn	ZL201	0.25	0.3	0.3		0.05	0.2			0.2			0.1			1.0	1.0
	ZAlCu5MnA	ZL201A	0.15		0.1		0.05	0.1			0.15			0.05			0.4	
	ZAlCu10	ZL202	1.0	1.2	1.2		0.3	0.8	0.5					0.5			2.8	3.0
	ZAlCu4	ZL203	0.8	0.8	1.2		0.05	0.25	0.1	0.2	0.1				0.05	0.05	2.1	2.1
	ZAlCu5MnCdA	ZL204A	0.12	0.12	0.06		0.05	0.1						0.05			0.4	
	ZAlCu5MnCdVA	ZL205A	0.15	0.16	0.06		0.05				0.15						0.3	0.3
	ZAlRE5Cu3Si2	ZL207	0.6	0.6				0.2									0.8	0.8
Al-Mg合金	ZAlMg10	ZL301	0.3	0.3	0.30	0.1		0.15	0.15	0.15	0.20		0.07	0.05	0.05	0.05	1.0	1.0
	ZAlMg5Si	ZL303	0.5	0.5		0.1		0.2		0.2							0.7	0.7
	ZAlMg8Zn1	ZL305	0.3		0.2	0.1			0.1								0.9	
Al-Zn合金	ZAlZn11Si7	ZL401	0.7	1.2		0.6			0.5								1.8	2.0
	ZAlZn6Mg	ZL402	0.5	0.8	0.3	0.25			0.1								1.35	1.65

资料来源：《铸造铝合金》（GB/T 1173—2013）。

注：熔模、壳型铸造的主要元素及杂质含量按表6.1、表6.2中砂型铸型指标检验。

447

表6.3　铸造铝合金的力学性能

合金种类	合金牌号	合金代号	铸造方法	合金状态	力学性能 ≥		
					抗拉强度 (R_m)/MPa	伸长率 (A)/%	布氏硬度 /HBW
Al-Si 合金	ZAlSi7Mg	ZL101	S、J、R、K	F	155	2	50
			S、J、R、K	T2	135	2	45
			JB	T4	185	4	50
			S、R、K	T4	175	4	50
			J、JB	T5	205	2	60
			S、R、K	T5	195	2	60
			SB、RB、KB	T5	195	2	60
			SB、RB、KB	T6	225	1	70
			SB、RB、KB	T7	195	2	60
			SB、RB、KB	T8	155	3	55
	ZAlSi7MgA	ZL101A	S、R、K	T4	195	5	60
			J、JB	T4	225	5	60
			S、R、K	T5	235	4	70
			SB、RB、KB	T5	235	4	70
			JB、J	T5	265	4	70
			SB、RB、KB	T6	275	2	80
			J、JB	T6	295	3	80
	ZAlSi12	ZL102	SB、JB、RB、KB	F	145	4	50
			J	F	155	2	50
			SB、JB、RB、KB	T2	135	4	50
			J	T2	145	3	50
	ZAlSi9Mg	ZL104	S、R、J、K	F	150	2	50
			J	T1	200	1.5	65
			SB、RB、KB	T6	230	2	70
			J、JB	T6	240	2	70
	ZAlSi5Cu1Mg	ZL105	S、J、R、K	T1	155	0.5	65
			S、R、K	T5	215	1	70
			J	T5	235	0.5	70
			S、R、K	T6	225	0.5	70
			S、J、R、K	T7	175	1	65
	ZAlSi5Cu1MgA	ZL105A	SB、R、K	T5	275	1	80
			J、JB	T5	295	2	80
	ZAlSi8Cu1Mg	ZL106	SB	F	175	1	70
			JB	T1	195	1.5	70
			SB	T5	235	2	60
			JB	T5	255	2	70
			SB	T6	245	1	80
			JB	T6	265	2	70
			SB	T7	225	2	60
			JB	T7	245	2	60

表6.3（续）

合金种类	合金牌号	合金代号	铸造方法	合金状态	力学性能 ≥		
					抗拉强度 (R_m)/MPa	伸长率 (A)/%	布氏硬度 /HBW
Al-Si 合金	ZAlSi7Cu4	ZL107	SB	F	165	2	65
			SB	T6	245	2	90
			J	F	195	2	70
			J	T6	275	2.5	90
	ZAlSi12Cu2Mg1	ZL108	J	T1	195	—	85
			J	T6	255	—	90
	ZAlSi12Cu1Mg1Ni1	ZL109	J	T1	195	0.5	90
			J	T6	245	—	100
	ZAlSi5Cu6Mg	ZL110	S	F	125	—	80
			J	F	155	—	80
			S	T1	145	—	80
			J	T1	165	—	90
	ZAlSi9Cu2Mg	ZL111	J	F	205	1.5	80
			SB	T6	255	1.5	90
			J、JB	T6	315	2	100
	ZAlSi7Mg1A	ZL114A	SB	T5	290	2	85
			J、JB	T5	310	3	95
	ZAlSi5Zn1Mg	ZL115	S	T4	225	4	70
			J	T4	275	6	80
			S	T5	275	3.5	90
			J	T5	315	5	100
	ZAlSi8MgBe	ZL116	S	T4	255	4	70
			J	T4	275	6	80
			S	T5	295	2	85
			J	T5	335	4	90
	ZAlSi7Cu2Mg	ZL118	SB、RB	T6	290	1	90
			JB	T6	305	2.5	105
Al-Cu 合金	ZAlCu5Mg	ZL201	S、J、R、K	T4	295	8	70
			S、J、R、K	T5	335	4	90
			S	T7	315	2	80
	ZAlCu5MgA	ZL201A	S、J、R、K	T5	390	8	100
	ZAlCu10	ZL202	S、J	F	104	—	50
			S、J	T6	163	—	100

表6.3（续）

合金种类	合金牌号	合金代号	铸造方法	合金状态	力学性能 ≥		
					抗拉强度 (R_m)/MPa	伸长率 (A)/%	布氏硬度 /HBW
Al-Cu 合金	ZAlCu4	ZL203	S、R、K	T4	195	6	60
			J	T4	205	6	60
			S、R、K	T5	215	3	70
			J	T5	225	3	70
	ZAlCu5MnCdA	ZL204A	S	T5	440	4	100
	ZAlCu5MnCdVA	ZL205A	S	T5	440	7	100
			S	T6	470	3	120
			S	T7	460	2	110
	ZAlRE5Cu3Si2	ZL207	S	T1	165	—	75
			J	T1	175	—	75
Al-Mg 合金	ZAlMg10	ZL301	S、J、R	T4	280	9	60
	ZAlMg5Si	ZL303	S、J、R、K	F	143	1	55
	ZAlMg8Zn1	ZL305	S	T4	290	8	90
Al-Zn 合金	ZAlZn11Si7	ZL401	S、R、K	T1	195	2	80
			J	T1	245	1.5	90
	ZAlZn6Mg	ZL402	J	T1	235	4	70
			S	T1	220	4	65

资料来源：《铸造铝合金》（GB/T 1173—2013）。

表6.4中列出了国标中的合金以及对应 的国际标准和国外标准中的相似合金牌号。

表6.4 铸造铝合金的国内外牌号对照

序号	中国GB/T 1173—2013		相近国际标准 ISO 3512— 1984（E）	美国 ASTM B26/ B26M—88	英国 BS1490 —88	法国 NFA57- 702—81	日本 JIS H 5202—90	德国 DIN1725— 86
	合金牌号	合金代号						
1	ZAlSi7Mg	ZL101	Al-Si7Mg(Fe)	A03560	LM25	A-S7G	AC4C	
2	ZAlSi7MgA	ZL101A		A13560		A-S7G03	AC4CH	G-AlSi7Mg
3	ZAlSi12	ZL102	Al-Si12		LM6	A-S13	AC3A	G-AlSi12
4	ZAlSi9Mg	ZL104	Al-Si10Mg	A03600*	LM9	A-S9G	AC4A	G-AlSi10MgWa

表6.4（续）

序号	中国GB/T 1173—2013		相近国际标准 ISO 3512— 1984（E）	美国 ASTM B26/ B26M—88	英国 BS1490 —88	法国 NFA57— 702—81	日本 JIS H 5202—90	德国 DIN1725— 86
	合金牌号	合金代号						
5	ZAlSi5Cu1Mg	ZL105	Al-Si5Cu1Mg	A03550	LM16		AC4D	
6	ZAlSi5Cu1MgA	ZL105A		A33550				
7	ZAlSi8Cu1Mg	ZL106		A03280	LM27			
8	ZAlSi7Cu4	ZL107	Al-Si6Cu4		LM21	A-S7U3G	AC2B	
9	ZAlSi12Cu2Mg1	ZL108	Al-Si12Cu					G-AlSi12（Cu）
10	ZAlSi12Cu1Mg1Ni1	ZL109			LM13	A-S12CING	AC8A	
11	ZAlSi5Cu6Mg	ZL110						
12	ZAlSi9Cu2Mg	ZL111						
13	ZAlSi7Mg1A	ZL114A				A-S7G06		
14	ZAlSi5Zn1Mg	ZL115						
15	ZAlSi8MgBe	ZL116						
16	ZAlCu5Mn	ZL201						
17	ZAlCu5MnA	ZL201A						
18	ZAlCu4	ZL203	Al-Cu4Ti				AC1A	G-AlCu4Tita
19	ZAlCu5MnCdA	ZL204A						
20	ZAlCu5MnCdVA	ZL205A						
21	ZAlRE5Cu3Si2	ZL207						
22	ZAlMg10	ZL301	Al-Mg10	A05200			AC78	
23	ZAlMg5Si	ZL303	Al-Mg5Si1		LM5			G-AlMg5Si
24	ZAlMg8Zn1	ZL305						
25	ZAlZn11Si7	ZL401				A-Z5G		
26	ZAlZn6Mg	ZL402	Al-Zn5Mg	A07120	LM31			

注："*" ASTM B85–84。

6.1.1.4 压铸铝合金

国家标准《压铸铝合金》（GB/T 15115—2009）列有7个牌号，其化学成分、力学性能如表6.5所示。国标中的合金和国外主要压铸合金的对照如表6.6所示。

表6.5 压铸铝合金牌号、化学成分和力学性能

序号	合金牌号	合金代号	化学成分（质量分数）/%											力学性能（不低于）		
			Si	Cu	Mn	Mg	Fe	Ni	Ti	Zn	Pb	Sn	Al	抗拉强度(R_m)/MPa	伸长率(A)/%	硬度/HBW
1	YZAlSi10Mg	YL101	9.0~10.0	≤0.6	≤0.35	0.45~0.65	≤1.0	≤0.50	—	≤0.40	≤0.10	≤0.15	余量	200	2.0	70
2	YZAlSi12	YL102	10.0~13.0	≤1.0	≤0.35	≤0.10	≤1.0	≤0.50	—	≤0.40	≤0.10	≤0.15	余量	220	2.0	60
3	YZAlSi10	YL104	8.0~10.5	≤0.3	0.2~0.5	0.30~0.50	0.5~0.8	≤0.10	—	≤0.30	≤0.05	≤0.01	余量	220	2.0	70
4	YZAlSi9Cu4	YL112	7.5~9.5	3.0~4.0	≤0.50	≤0.10	≤1.0	≤0.50	—	≤2.90	≤0.10	≤0.15	余量	320	3.5	85
5	YZAlSi11Cu3	YL113	9.5~11.5	2.0~3.0	≤0.50	≤0.10	≤1.0	≤0.30	—	≤2.90	≤0.10	—	余量	230	1.0	80
6	YZAlSi17Cu5Mg	YL117	16.0~18.0	4.0~5.0	≤0.50	0.50~0.70	≤1.0	≤0.10	≤0.20	≤1.40	≤0.10	—	余量	220	<1.0	—
7	YZAlMg5Si1	YL302	0.8~1.3	≤0.1	0.1~0.4	4.5~5.5	≤1.1	≤0.15	—	≤0.15	≤0.10	≤0.15	余量	220	2.0	70

资料来源：《压铸铝合金》（GB/T 15115—2009）。

注：除有范围的元素和铁为必检元素外，其他元素在有要求时抽检。

表6.6　国内外主要压铸铝合金牌号对照表

合金系列	中国 GB/T 15115—2009	美国 ASTM B179—06	日本 JIS H 2118：2006	欧洲 EN 1676：1997
Al-Si 系	YL102	A413.1	AD1.1	EN AB-47100
Al-Si-Mg 系	YL101	A360.1	AD3.1	EN AB-43400
	YL104	360.2	—	—
Al-Si-Cu 系	YL112	A380.1	AD10.1	EN AB-46200
	YL113	383.1	AD12.1	EN AB-46100
	YL117	B390.1	AD14.1	—
Al-Mg 系	YL302	518.1	—	—

6.1.2　熔炼和浇注

铝合金的熔炼是铝铸件生产过程中的一个重要环节，它包括选择熔炼设备和工具、炉料处理与配料计算以及控制熔炼工艺过程。

6.1.2.1　熔炼炉与坩埚

1）熔炼炉　铝合金以及其他铸造有色合金熔炼中的问题是元素氧化烧损量大，合金液吸气量多。因此，熔炼炉应保证金属炉料快速熔化，缩短熔炼时间，以减少合金元素烧损和吸气；降低燃料、电能消耗；延长炉龄。常用的熔炼炉见表6.7。

表6.7　铝合金常用的熔炼炉

类　别	优　点	缺　点	适用范围
电阻坩埚炉	控制温度准确，金属烧损少，合金吸气少，操作方便	熔化速度较慢，生产率不高，耗电量大	所有牌号铸铝合金、铝镁系合金宜采用此种熔炉
电阻反射炉	炉子容量大，金属烧损少，温度控制准确，操作方便	发热元件寿命较短，熔化速度较慢	适用于大批量连续生产
红外熔炼炉	热效率高，金属熔化快，金属烧损少，控制温度准确，调节方便	熔化量较小	铸铝合金都适用
中频感应炉	熔炼可达较高温度，熔化速度快，灵活方便，合金受磁场搅拌均匀	设备较复杂，熔化量较小	适用于配制中间合金及含钛的铝铜系合金
无芯工频感应炉	熔化速度快，金属液成分均匀，温度控制准确，操作简单	熔炼过程中金属液有翻腾，金属烧损较大	适宜作熔化炉使用
焦炭坩埚炉	设备简单，熔化速度快	炉温较难控制，金属烧损大，合金吸气量大，燃料耗量大，效率低	铸铝合金都适用

表6.7（续）

类　别	优　点	缺　点	适用范围
煤气或重油坩埚炉	设备简单，熔化速度快，熔炼可达较高温度，温度易控制，使用灵活，金属烧损较少	燃料消耗量大，温度控制的准确度不如电炉高	铸铝合金都适用
火焰反射炉	熔化速度快，熔化量大	温度不易控制，金属烧损多，燃料消耗量大	适用于大批量连续生产

2）坩埚　熔炼铝合金的坩埚有铸铁（材质多为含铬耐热铸铁或中硅耐热球铁）坩埚和石墨坩埚两种。表6.8所示为固定式石墨坩埚的尺寸。表6.9所示为坩埚的准备要点。

表6.8　固定式石墨坩埚主要尺寸

坩埚号		10	20	30	40	50	60	70	80	100	120	150	200
主要尺寸/mm	D_1	148	183	208	234	252	265	267	291	312	335	352	384
	D_2	141	175	199	227	243	251	253	271	293	305	337	359
	D_3	100	120	146	162	183	176	180	186	213	223	244	276
	H	182	232	269	292	314	328	355	356	391	400	442	497

注：①坩埚号代表容纳铜质量（kg），其他金属的容量应用下列系数乘坩埚号：铁—0.86，铝—0.39，黄铜—0.96，锌—0.82。石墨坩埚不宜熔炼钢、镁、镍等。

②选用坩埚时，应考虑坩埚的容量增加15%。

表6.9　坩埚的准备要点

名称	要　点
铁质坩埚	（1）新坩埚使用前用同一牌号废料洗炉。 （2）坩埚使用后趁热清理坩埚壁，并在装料前加热至150～200℃。喷上涂料，然后加热至暗红色，方可装料。 （3）坩埚可渗铝处理以提高使用寿命。渗铝处理的操作是：将坩埚外表面喷砂，除去锈蚀和油污，预热至150～250℃，平稳压入温度为840～860℃的含铁6%～8%的铝铁合金液。保温40～60 min，提出冷却，然后在渗铝层表面涂一层厚0.5～1 mm的涂料（石墨粉50%、硅砂30%、耐火黏土20%，用水玻璃调成糊状），自然干燥24 h后，放在炉内加温至（1000±20）℃，保温5 h，然后随炉冷却至600℃以下
石墨黏土坩埚	（1）新坩埚使用前，应由室温缓慢升至800℃，保温15 h，并随炉冷却，存放在通风、干燥处。坩埚不能重叠堆放。 （2）旧坩埚使用前应检查是否损坏，清除表面熔渣和其他脏物，并预热至250～300℃

6.1.2.2　熔炼材料

熔炼铝合金的材料包括金属炉料、熔剂和辅助材料。

1）金属炉料　金属炉料有纯金属料、预制合金锭、中间合金和回炉料。各种纯金属料都已按其纯度和用途标准化并列入国家标准中，见表6.10。各种铝中间合金锭的牌号、化学成分和主要物理性能见表6.11。回炉料分为三级，一般将废铸件、浇冒口等称为一级回炉料，将小块浇冒口、坩埚底部剩料称为二级回炉料，将碎小废料、溅块等称为三级回炉料。

表6.10　重熔用铝锭化学成分

牌　号	Al[a] ≥	化学成分(质量分数)/%								
		杂　质 ≤								
		Si	Fe	Cu	Ga	Mg	Zn	Mn	其他单个	总和
Al99.85[b]	99.85	0.08	0.12	0.005	0.03	0.02	0.03	—	0.015	0.15
Al99.80[b]	99.80	0.09	0.14	0.005	0.03	0.02	0.03	—	0.015	0.20
Al99.70[b]	99.70	0.10	0.20	0.01	0.03	0.03	0.03	—	0.03	0.30
Al99.60[b]	99.60	0.16	0.25	0.01	0.03	0.03	0.03	—	0.03	0.40
Al99.50[b]	99.50	0.22	0.30	0.02	0.03	0.05	0.05	—	0.03	0.50
Al99.00[b]	99.00	0.42	0.50	0.02	0.05	0.05	0.05	—	0.05	1.00
Al99.7E[b,c]	99.70	0.07	0.20	0.01	—	0.02	0.04	0.005	0.03	0.30
Al99.6E[b,d]	99.60	0.10	0.30	0.01	—	0.02	0.04	0.007	0.03	0.40

资料来源：《重熔用铝锭》(GB/T 1196—2017)。

注：① 对于表中未规定的其他杂质元素含量，如需方有特殊要求时，可由供需双方另行协商。

② 分析数据的判定采用修约比较，修约规则按GB/T 8170的规定进行，修约数位与表中所列极限值数位一致。

a. 铝含量为100%与表中所列有数值要求的杂质元素含量实测值及大于或等于0.010%的其他杂质总和的差值，求和前数值修约到与表中所列极限数位一致，求和后将数值修约至0.0X%再与100%求差。

b. Cd、Hg、Pb、As元素，供方可不作常规分析，但应监控其含量，要求$w(Cd+Hg+Pb)\leq0.0095\%$；$w(As)\leq0.009\%$。

c. $w(B)\leq0.04\%$；$w(Cr)\leq0.004\%$；$w(Mn+Ti+Cr+V)\leq0.020\%$。

d. $w(B)\leq0.04\%$；$w(Cr)\leq0.005\%$；$w(Mn+Ti+Cr+V)\leq0.030\%$。

炉料必须严格管理，入厂炉料须附制造厂产品合格证和成分分析报告，并经本厂复验其主要成分和有害杂质。入库时应填写入库卡片，注明材料名称、牌号、化学成分、炉号、批重及入库日期。炉料不露天存放，存放处应通风良好，湿度不大于75%。各种金属应分类存放，不直接堆放在地上，并应定期检查是否锈蚀等。出库时应认真核对所领材料与入库卡片是否一致。为防止镁合金混料，可磨掉炉料表面

表6.11 各种铝中间合金锭的牌号、化学成分和主要物理性能

序号	牌号	化学成分(质量分数)/%																								物理性能	
		合金元素												杂质,≤												熔化温度/℃	特性
		Cu	Si	Sr	Mn	Ti	Ni	Cr	B	Zr	Sb	Fe	Be	Al	Cu	Si	Mn	Ti	Ni	Cr	Zr	Fe	Zn	Mg	Pb	Sn		
1	AlCu50	48.0~52.0	—	—	—	—	—	—	—	—	—	—	—	余量	—	0.40	0.35	0.10	0.20	0.10	—	0.45	0.30	0.20	0.10	0.10	570~600	脆
2	AlSi24	—	22.0~26.0	—	—	—	—	—	—	—	—	—	—	余量	0.20	—	0.35	0.1	0.20	0.10	—	0.45	0.2	0.40	0.10	0.10	700~800	脆
3	AlSi20	—	18.0~21.0	—	—	—	—	—	—	—	—	—	—	余量	0.20	—	0.35	0.1	0.20	0.10	—	0.45	0.2	0.40	0.10	0.10	640~700	脆
4	AlSi12	—	11.5~13.0	—	—	—	—	—	—	—	—	—	—	余量	0.03	—	0.10	0.10	—	—	—	0.35	0.08	—	—	0.1	560~620	脆
5	AlMn10	—	—	—	9.0~11.0	—	—	—	—	—	—	—	—	余量	0.20	0.40	—	0.1	0.20	0.10	—	0.45	0.2	0.50	0.10	0.10	770~830	韧
6	AlTi4	—	—	—	—	3.0~5.0	—	—	—	—	—	—	—	余量	—	0.2	—	—	—	—	—	0.3	0.1	—	—	—	1020~1070	易偏析
7	AlTi5	—	—	—	—	4.5~6.0	—	—	—	—	—	—	—	余量	0.15	0.50	0.35	—	0.10	0.10	0.25	0.45	0.15	0.50	0.10	0.10	1050~1100	易偏析
8	AlNi10	—	—	—	—	—	9.0~11.0	—	—	—	—	—	—	余量	—	0.2	0.1	—	—	—	—	0.5	—	—	0.1	—	680~730	韧
9	AlCr2	—	—	—	—	—	—	2.0~3.0	—	—	—	—	—	余量	—	0.2	—	—	—	—	—	0.5	0.1	—	—	—	900~1000	易偏析
10	AlB3	—	—	—	—	—	—	—	2.5~3.5	—	—	—	—	余量	0.1	0.2	—	—	—	—	—	0.4	0.1	—	—	—	800	韧

表6.11 (续)

序号	牌号	合金元素 化学成分(质量分数)/%													杂质,≤												物理性能	
		Cu	Si	Sr	Mn	Ti	Ni	Ce	B	Zr	Sb	Fe	Be	Al	Cu	Si	Mn	Ti	Ni	Cr	Zr	Fe	Zn	Mg	Pb	Sn	熔化温度/°C	特性
11	AlB1	—	—	—	—	—	—	—	0.5~1.5	—	—	—	—	余量	0.1	0.2	—	—	—	—	—	0.3	0.1	—	—	—	800	韧
12	AlZr4	—	—	—	—	—	—	—	—	3.0~5.0	—	—	—	余量	—	0.2	—	—	—	—	—	0.3	0.1	—	0.1	—	800~850	易偏析
13	AlSb4	—	—	—	—	—	—	—	—	—	3.0~5.0	—	—	余量	—	0.2	—	—	—	—	—	0.3	—	—	—	—	660	易偏析
14	AlFe20	—	—	—	—	—	—	—	—	—	—	19.0~21.0	—	余量	0.1	0.2	0.3	—	—	—	—	—	0.1	—	—	—	1020	脆
15	AlTi5B1	—	—	—	—	4.5~6.0	—	—	0.9~1.2	—	—	—	—	余量	0.02	0.20	0.02	—	0.04	0.02	—	0.30	0.03	0.02	—	—	800	易偏析
16	AlBe3	—	—	—	—	—	—	—	—	—	—	—	2.5~3.5	余量	—	0.2	—	—	—	—	—	0.25	0.1	—	—	—	820	韧
17	AlSr5	—	—	4.0~6.0	—	—	—	—	—	—	—	—	—	余量	0.01	—	—	—	—	—	—	0.2	0.05	0.05	—	0.05	680~750	韧
18	AlSr10	—	—	9.0~11.0	—	—	—	—	—	—	—	—	—	余量	0.1	—	—	—	—	—	—	0.2	0.1	0.1	—	0.1	780~850	韧

资料来源:《铝中间合金锭》(YS/T 282—2000)。

氧化皮，滴上稀盐酸，若呈黑色即为含锆镁合金，若呈白色则为含铝镁合金。

炉料熔炼前应进行表面清理（如用钢丝刷刷干净），表面清理后的炉料经预热（如在350～450℃下烘烤3h以上）后入炉熔炼。

2）熔剂 熔剂包括覆盖剂、精炼剂、变质剂和有害元素处理剂（除钙剂）等。

覆盖剂用来覆盖于合金液表面，阻止合金氧化和吸气。常用的覆盖剂见表6.12。

表6.12 熔炼铝合金用的覆盖剂

序号	化学成分(质量分数)/%							用 途
	氯化钠	氯化钾	氟化钙	冰晶石 Na₃AlF₆	光卤石 MgCl₂·KCl	氯化钙	氯化镁	
1	50	50						一般铝合金用
2	47	47		6				
3	20	50				30		
4	75					25		
5	39	50	4.4	6.6				一般铝合金用，尚有一定去气作用
6	36～38		15～20				44～47	铝-镁合金用
7			20		80			
8	31		11			44	14	

精炼剂用来清除合金液中所含的气体和氧化夹杂物等。铝合金常用的精炼剂有：氮气、氩气及由氯化钠、氯化钾、冰晶石等组成的盐类混合物，见表6.13。

表6.13 几种熔炼铝合金用的精炼剂

序号	化学成分(质量分数)/%									
	氯化钠	氯化钾	冰晶石	氟化钙	氟化钠	氯化锌	六氯乙烷	氟硅酸钠	二氧化钛	光卤石
1	45	45		10						
2			75			25				
3	45		15		40					
4							50	50		
5							36～65		65～35	
6				40						60

变质剂是指含有变质元素的添加剂，微量添加于合金液中，改变晶体生长机理和晶体形貌，使合金的结晶组织和性能得到明显改善。常用的变质元素有：钠、锶、锑、磷、镧、钇、铋等。常用的钠盐变质剂见表6.14。

表6.14 熔炼铝合金常用的钠盐变质剂

名 称	成 分/%				适 用 范 围
	氟化钠	氯化钠	氯化钾	冰晶石粉	
二元变质剂	67	33	—	—	适用于ZL102合金
三元变质剂	25	62	13	—	适用于ZL101，ZL501合金
一号通用变质剂	60	25	—	15	适用于ZL101，ZL102，ZL104合金，浇注温度为760~780℃时
二号通用变质剂	40	45	—	15	适用于ZL101，ZL104合金，浇注温度为740~760℃时
三号通用变质剂	30	50	10	10	适用于ZL101，ZL104合金，浇注温度为700~760℃时

注：采用通用变质剂处理ZL101，ZL102合金更为适宜。

3）辅助材料 辅助材料是指铁质坩埚及熔炼工具表面上涂的涂料。涂料成分及配比见表6.15。

表6.15 铁质坩埚、工具和锭模用的涂料

序 号	成 分	配制比例/%	适用范围
T-1	耐火水泥 硅砂（K70/140） 苏打 水（≥40℃）	27.8 16.7 27.8 27.7	熔铝坩埚涂料
T-2	白垩粉 水玻璃（密度为1.45~1.55 mg/m³） 水	22.2 3.8 74	熔铝工具涂料
T-3	滑石粉 水玻璃 水	20~30 6 余量	熔铝坩埚、锭模及工具涂料

6.1.2.3 配料计算

配料计算主要是如何搭配金属炉料，以满足合金的成分和质量要求，所以要求配料计算能配出合乎要求的化学成分，并使各种金属炉料得到合理利用。通常在炉料中用30%~80%的回炉料，铸造重要零件时回炉料用量应限制在60%以下。

配料计算时要知道所熔合金的牌号和化学成分、熔炼合金液质量、所用各种炉料（纯金属料、预制合金锭、中间合金、回炉料）的成分和回炉料用量，还要知道

合金元素在熔炼过程中产生的烧损情况。元素的烧损情况与金属炉料状态、加入方法、熔炼设备和熔炼工艺等因素有关，变化范围较大。熔炼铝合金时各元素的烧损率如下：

硅：1%~2%　　　　镍：0.5%~1%

铜：0.5%~1.5%　　铍：0.5%~1%

镁：2%~10%　　　钛：1%~2%

锌：1%~3%　　　　铝：1%~5%

锰：0.5%~2%

当锌、镁等以纯金属形式加入时，烧损量增加，锌烧损率达10%~15%，镁达

15% ~ 30%。

炉料的配料计算实例（以熔炼 ZL104 合金为例）见表6.16。

表6.16　炉料的计算程序实例

计 算 程 序	举 例
（1）明确熔炼要求：合金牌号与成分；所需合金液质量；所用的炉料成分；回炉料用量 P	熔制 ZL104 合金 80 kg。 　根据具体情况选定配料成分：Si 9%，Mg 0.27%，Mn 0.4%，Al 90.33%，杂质 Fe 应不大于 0.6%，其他杂质从略。 　炉料：各种纯金属料，中间合金，回炉料。 　　铝锭：Al 99.5%，Fe 0.3%； 　　镁锭：Mg 99.8%； 　　铝硅合金锭：Si 12%，Fe 0.5%； 　　Al-Mn 中间合金：Mn 10%，Fe 0.45%； 　　回炉料：Si 9.2%，Mg 0.27%，Mn 0.4%，Fe 0.4%； 　　回炉料用量 $P=24$ kg（占炉料总量的 30%）
（2）确定元素的烧损率	各元素的烧损率为： E_{Si} 1%，E_{Mg} 20%，E_{Mn} 0.8%，E_{Al} 1.5%
（3）计算包括烧损在内的 100 kg 炉料内各元素的需要量 Q： $$Q=\frac{\alpha}{1-E}$$ α：指熔炼合金牌号的成分	100 kg 炉料中，各元素的需要量 Q 为： $$Q_{Si}=\frac{9}{1-E_{Si}}=\frac{9}{1-\dfrac{1}{100}}=9.09(kg)$$ $$Q_{Mg}=\frac{0.27}{1-E_{Mg}}=\frac{0.27}{1-\dfrac{20}{100}}=0.34(kg)$$ $$Q_{Mn}=\frac{0.4}{1-E_{Mn}}=\frac{0.4}{1-\dfrac{0.8}{100}}=0.40(kg)$$ $$Q_{Al}=\frac{90.33}{1-E_{Al}}=\frac{90.33}{1-\dfrac{1.5}{100}}=91.71(kg)$$
（4）根据熔制合金的实际质量 W，计算各元素的需要量 A： $$A=\frac{W}{100}\times Q$$	熔制 80 kg 合金实际所需元素量 A： $$A_{Si}=\frac{80}{100}\times Q_{Si}=\frac{80}{100}\times 9.09=7.27(kg)$$ $$A_{Mg}=\frac{80}{100}\times Q_{Mg}=\frac{80}{100}\times 0.34=0.27(kg)$$ $$A_{Mn}=\frac{80}{100}\times Q_{Mn}=\frac{80}{100}\times 0.40=0.32(kg)$$ $$A_{Al}=\frac{80}{100}\times Q_{Al}=\frac{80}{100}\times 91.71=73.37(kg)$$
（5）计算回炉料中各元素的含有量 B：	24 kg 回炉料中所有元素质量 B： $$B_{Si}=24\times 9.2\%=2.21(kg)$$ $$B_{Mg}=24\times 0.27\%=0.07(kg)$$ $$B_{Mn}=24\times 0.4\%=0.1(kg)$$ $$B_{Al}=24\times 89.73\%=22.54(kg)$$
（6）计算应补加的各元素质量 C： $$C=A-B$$	应补加的各元素质量 C： $$C_{Si}=7.27-2.21=5.06(kg)$$ $$C_{Mg}=0.27-0.07=0.20(kg)$$ $$C_{Mn}=0.32-0.1=0.22(kg)$$

表6.16（续）

计 算 程 序	举 例
（7）计算中间合金质量D： $$D = \frac{C}{F}$$ （F为中间合金中的百分比含量） 中间合铝金所带入的铝量Al_M为 $$Al_M = D - C$$	相应于补加的各元素量，应补加的中间合金量为： $$D_{Al-Si} = \frac{C_{Si}}{\frac{12}{100}} = 5.06 \times \frac{100}{12} = 42.1 \ (kg)$$ $$D_{Al-Mn} = \frac{C_{Mn}}{\frac{10}{100}} = 0.22 \times \frac{100}{10} = 2.2 \ (kg)$$ 中间合金带入的铝： $$Al_{Al-Si} = 42.17 - 5.06 = 37.11(kg)$$ $$Al_{Al-Mn} = 2.2 - 0.22 = 1.98(kg)$$
（8）计算应补加的纯铝Al_C	应补加的纯铝量Al_C为： $$Al_C = Al_A - (Al_B + Al_{Al-Si} + Al_{Al-Mn})$$ $$= 73.37 - (21.54 + 37.11 + 1.98) = 12.74(kg)$$
（9）计算实际的炉料总质量W	实际的炉料质量W为： $$W = Al_C + D_{Al-Si} + D_{Al-Mn} + C_{Mg} + P$$ $$= 12.74 + 42.17 + 2.2 + 0.20 + 24 = 81.31(kg)$$
（10）核算杂质含量u（以铁为例）	炉料中铁的总量u为： $$u = Al_C \times 0.3\% + D_{Al-Si} \times 0.5\% + D_{Al-Mn} \times 0.45\% + P \times 0.4\%$$ $$= 12.74 \times 0.3\% + 42.17 \times 0.5\% + 22 \times 0.45\% + 24 \times 0.4\%$$ $$= 0.355(kg)$$ 炉料中铁的含量： $$u_{Fe} = \frac{0.355}{80} \times 100\% = 0.44\%$$

6.1.2.4 熔炼工艺

为得到优质铝合金液，熔炼时应注意以下几项原则：

（1）炉料成分准确，清理干净并且充分预热。

（2）熔炼工具及坩埚应仔细清理，喷涂适当涂料并经充分干燥预热。严格避免铁器工具直接与铝液接触。

（3）所用覆盖剂、精炼剂及变质剂必须脱水处理。熔剂使用前应该烘烤。

（4）避免炉气与铝液直接接触，必要时使用覆盖剂。

（5）快速熔化但应避免合金过热。

（6）熔炼过程中尽量保持氧化膜完整，避免不必要的搅拌，搅拌时搅拌勺应上下运动，不要破坏表面氧化膜。

（7）精炼后，熔液应除渣，镇静5～15 min进行变质处理或浇注。

1）精炼　常用的几种精炼除气方法见表6.17。近年来，多种无毒精炼剂相继问世，这类精炼剂有一定精炼作用，精炼释放气体毒性虽较低，但还不能证实其无毒。几种无毒精炼剂的配方见表6.18。目前应用最多的是旋转吹气精炼，吹氩气或氮气。

2）变质处理　亚共晶和共晶铝硅合金变质处理的目的是改变其中共晶硅的形貌，使其由片状变为珊瑚状。亚共晶和共晶铝硅合金经变质处理后，力学性能显著提高。几种变质处理方法见表6.19。

过共晶铝硅合金组织中有粗大块状及

板状初生硅，力学性能很低，因而其变质处理的目的是细化初生硅晶体。过共晶铝硅合金的几种变质处理方法见表6.20。

3）晶粒细化处理　固溶体型铝合金（如铝铜、铝镁合金）通常用Ti、B、Zr等元素或其盐类作晶粒细化剂。常用的晶粒细化方法见表6.21。

4）熔炼工艺　铸造铝合金的熔炼方法有常规熔制法、合金锭重熔法和一次熔炼法三种。目前多采用常规熔制法。几种铸造铝合金常规熔制法的熔炼工艺见表6.22。合金锭重熔法实际上是铸造厂购买合金代号相同的铝合金锭进行重熔，这是今后的发展方向。一次熔炼法中，大部分合金元素以纯金属的形式加入，不用中间合金，这就使熔炼合金时能耗下降，并可提高劳动生产率、降低成本，近年来国内有些工厂使用此工艺在实践中获得良好的效果。

表6.17　常见的几种精炼除气方法

精炼除气方法	要　点	处理时间/min	处理后静置时间/min	优缺点
脱气管通惰性气体（氮气或氩气）	扒开铝液表面浮渣，将脱气管平稳置入铝熔池中，避免与炉壁接触，确保脱气管排出的气体可弥散分布整个熔池	7～15	5～10	方法简单，成本低，依靠人工移动除气装置，脱气管气泡无法打散，精炼效果稳定性较差
炉底透气砖通惰性气体（氮气或氩气）	在炉底安装透气砖，可在炉底不同位置均匀排布，惰性气体经透气砖可形成多路细小气泡	7～15	5～10	该方法前期投入成本较高，透气砖长期处在铝熔体液面以下，适合连续作业。相对于单孔吹炼法，透气砖多孔除气法精炼效果更好，但在实际生产中，透气砖存在易堵塞、渗漏铝液、维护困难、液面翻滚和造渣等问题
旋转喷吹惰性气体（氮气或氩气）	惰性气体经旋转转子喷入铝液，形成大量弥散、细小气泡，精炼过程中需保证铝液表面平稳	7～15	5～10	操作简单，可实现自动化，精炼除气效果好，造渣少，但转子转速过高会引起液面翻腾
旋转喷吹溶剂法（惰性气体及溶剂粉末联用）	将粉状精炼剂置入喷粉装置中，经惰性气体旋转出气管均匀喷入铝液中，在惰性气体与粉状精炼剂的共同作用下实现精炼	7～15	5～10	含熔剂惰性气体，进入铝熔体后，粉状熔剂熔化，形成熔剂膜包围气泡表面，并将气泡表面氧化膜溶解，氢气从熔体中经熔剂膜扩散进入气泡的效率大幅提高，精炼效果好
光卤石60%氟化钙40%	用量：2%～4%，精炼处理温度660～680℃，搅拌至合金液面呈镜面，熔渣与合金液分离			适用于含Be、Ti的Al-Mg系合金
光卤石（或初熔剂）	用量：1%～2%，精炼处理温度660～680℃，搅拌至合金液面呈镜面，熔渣与合金液分离			适用于不含Be、Ti的Al-Mg系合金

表6.18　几种无毒精炼剂的配方（质量分数）　　　　　　　单位：%

序号	硝酸钠	硝酸钾	石墨粉	冰晶石粉	氟硅酸钠	食　盐	耐火砖粉	用量（占金属液的比例）
1	34	—	6	20	—	10	20	0.3～0.5
2	—	40	6	20	20	10	—	0.3～0.5
3	36	—	6	—	—	28	20	0.3～0.5

表6.19　几种变质处理方法

变质剂种类		钠变质（三元变质剂）	钠变质（四元变质剂）	锶变质	碲变质	锑变质
变质剂配比		氟化钠45% 氯化钠40% 氯化钾15%	氟化钠30% 氯化钠50% 氯化钾10% 冰晶石10%	含Sr 4%～10%的Al-Sr合金	三级纯碲	含Sb 3%～5%的Al-Sb合金
变质剂用量（占合金的比例）/%		1.5～2	2～3	0.02～0.06（Sr加入量）	0.05～1.10	0.3～0.5（Sb加入量）
变质剂的预热	温度/℃	200～400				
	时间/h	>3				
变质处理温度/℃		740～760		700～740		
变质操作要点		（1）将经预热的变质剂撒在合金表面上，覆盖10～15 min； （2）打碎覆盖层，将其压入合金液100～150 mm深处，操作3 min后除渣		变质剂在精炼除气前加入，既可以克服潜伏期长的缺点，也可以克服合金吸气倾向强的不足。 不能用氯或氟盐除气		Al-Sb合金可随炉料加入，也可在精炼除气后加入
优缺点		优点： 变质效果稳定。 缺点： （1）变质效果保持时间短； （2）变质剂易吸湿； （3）腐蚀铁质坩埚		优点： 变质效果可保持8 h或更长，经处理的合金重熔5～6次，仍能保持变质效果。 缺点： （1）变质后有40 min的潜伏期； （2）有增加合金吸气倾向		优点： 长效变质。 缺点： （1）Sb和Na会互相抵消变质作用； （2）变质作用需借助快冷实现，不适用于砂型

6.20　过共晶铝硅合金的变质处理

变质剂	AlP4或AlSiP4晶种合金（GB/T 27677—2017）	SiP10	CuP12或CuP8（YS/T 283—2009）
加入量（占合金的比例）/%	0.4～0.8	0.2～0.4	0.6～1.2
变质温度	合金含Si 22%以下，800 ℃；含Si 25%，830 ℃；含Si 30%以下，880 ℃		
说　明		覆盖合金液面即可； 处理潜伏期约10 min	变质剂易溶于铝液中； 含有多量的铜，只能用于含铜的合金

表6.21　铝合金的晶粒细化方法

晶粒细化剂	晶种合金	中间合金（YS/T 282—2000）	
	Al-TCB（AlTiCB）	AlTi5B1 因"Si"中毒而无效	AlTi5
加入量（占合金的比例）/%	0.1～0.3	0.4～0.6	0.4～0.6
细化剂预热	同炉料	同炉料	
处理时合金的温度/℃	710～730	710～730	
说　明	不存在细化"中毒"	存在Si致细化"中毒"现象	细化效果弱，加入量大

表 6.22　几种铸造铝合金熔炼工艺

工序	熔炼工艺要点			
	ZL104	ZL201	ZL301	ZL402
加料熔化	（1）加入回炉料、铝硅合金锭、铝锭铝锰中间合金； （2）熔化后搅拌均匀； （3）680～700 ℃时用钟罩将镁锭或 Al-50Mg 中间合金压入铝液	（1）加入回炉料、预制合金锭、铝锭、铝锰和铝钛中间合金； （2）熔化后加入铝铜中间合金，并轻微搅拌； （3）升温至740～750 ℃； （4）搅拌3～5 min	（1）加入铝锭； （2）熔化后加入5%～6%的覆盖剂（例如光卤石）覆盖液面； （3）装回炉料或预制锭； （4）熔化后，在680～700 ℃时，将镁锭或50Mg中间合金压入铝液	（1）加入铝锭、铝铬中间合金，铝钛中间合金； （2）全部熔化后压入锌锭
精炼	（1）于720～750 ℃进行精炼，例如用钟罩把0.4%C₂Cl₆块分数次压入铝液中，精炼6～12 min； （2）精炼完毕后，静置，除渣	（1）于710～740 ℃进行精炼，例如 C₂Cl₆、TiO₂ 精炼剂精炼； （2）静置10～12 min； （3）按工艺要求调整温度	于660～680℃进行精炼，例如撒入1%～2%的光卤石，并搅拌至熔体与金属分离、液面呈镜面	（1）于730～750 ℃进行精炼，例如吹气精炼； （2）静置5～10 min，扒渣，并用钟罩压入镁锭
细化变质处理	按表6.19选变质剂，变质处理温度为730 ℃左右			
浇注	扒渣，炉前检验。调整温度后浇注，浇注温度为700～780 ℃	扒渣，调整温度后浇注	调整温度后，把浮渣撒在一边进行浇注	扒渣，搅拌，调整温度后浇注

6.1.3　热处理

铸造铝合金热处理规范（参考件）见表6.23。

表 6.23　铸造铝合金热处理规范（参考件）

合金牌号	合金代号	合金状态	固溶处理		时效	
			温度/℃	时间/h	温度/℃	时间/h
ZAlSi7MgA	ZL101A	T4	535±5	6～12		
		T5	535±5	6～12	室温 再155±5	不少于8 2～12
		T6	535±5	6～12	室温 再180±5	不少于8 3～8
ZAlSi5Cu1MgA	ZL105A	T5	525±5	4～12	160±5	3～5
ZAlSi7Mg1A	ZL114A	T5	535±5	10～14	室温 再160±5	不少于8 4～8
ZAlSi5Zn1Mg	ZL115	T4	540±5	10～12		
		T5	540±5	10～12	150±5	3～5
ZAlSi8MgBe	ZL116	T4	535±5	10～14		
		T5	535±5	10～14	175±5	6

表6.23（续）

合金牌号	合金代号	合金状态	固溶处理		时　效	
			温度/℃	时间/h	温度/℃	时间/h
ZAlCu5MnA	ZL201A	T5	535±5 再545±5	7～9 7～9	160±5	6～9
ZAlCu5MnCdA	ZL204A	T5	530±5 再540±5	9 9	170±5	3～5
ZAlCu5MnCdVA	ZL205A	T5 T6 T7	538±5 538±5 538±5	10～18 10～18 10～18	155±5 175±5 190±5	8～10 4～5 2～4
ZAlRE5Cu3Si2	ZL207	T1			200±5	5～10
ZAlMg8Zn1	ZL305	T4	534±5 再490±5	8～10 6～8		

注：固溶处理时，装炉温度一般在300 ℃以下，升温（升至固溶温度）速度以100 ℃/h为宜。固溶处理中如需阶段保温，在两个阶段间不允许停留冷却，需直接升至第二阶段温度。固溶处理后，淬火转移时间控制在8～30 s（视合金与零件种类而定），淬火介质水温由生产厂根据合金及零件种类自定，时效完毕，冷却介质为室温空气。

6.1.4　铸造铝合金质量控制

6.1.4.1　炉前检查与控制

铝合金熔炼过程中应进行气体含量检查、断口检查和化学成分控制等。

1）气体含量检查　铝及铝合金的含气量常被近似地视为含氢量，含氢量的检测方法较多，这里仅介绍常压凝固试样法和减压凝固试样法（表6.24）。常压凝固试样法操作简单，但灵敏度不高，只能定性测量合金的相对含气量。减压凝固试样法灵敏度高，不受大气湿度影响，积累经验后能较准确地判断含气量，但需要一套测定装置。目前已有市售的炉前铝液含氢量定量测试仪。

表6.24　铝合金含气量的检测方法

方法	原　理	试　样	结果判断	操　作
常压凝固试样法	气体在铝合金液中的溶解度随着温度的降低而下降，并析出形成气泡，气泡上升至合金液面逸出	尺寸：$\phi50$ mm～$\phi50\times20$ mm 铸型：干砂型或预热300～400 ℃的金属型或石墨型	（1）根据金属液面上是否冒出气泡和气泡多少来判断； （2）试样凝固后含气量高时，断口会出现白点	勺取合金液送入铸型，用薄铁片或木片扒去表面氧化皮，进行观察
减压凝固试样法	在减压条件下，铝合金液凝固过程中，溶解的气体开始析出，形成气泡，并在试样表面可以看到凸起现象	100 g左右的铝液倒入预热的小坩埚内	（1）根据试样内部形成气泡使试样表面凸起状态判断； （2）从垂直面剖开试样，制成宏观磨片，确定气泡数量	将有铝液的小坩埚迅速放入真空室内，抽真空（通常取剩余压力0.65～6.5 kPa）。试样停留片刻即开始凝固

2）断口检查 断口检查常用于炉前检查 Al-Si 合金的变质效果。断口试样为干型明浇 90 mm × 40 mm × 12 mm 的扁平试样或砂型内浇注成圆棒状试样，也可以在金属型内浇成扁平形试样。试样冷却后击断，观察其断口，变质效果良好时，断口呈银白色，组织细小，呈丝绒状；变质过度时，断口呈青灰色，有闪亮白点，断口不平整；变质不足时，断口呈暗灰色，有硅的亮点，晶粒粗大。

断口检查也用于检查含钛合金的细化效果及有无粗大的片状 Al_3Ti 化合物。有时炉前还通过断口检查以判断精炼除渣及除氧化皮的效果。

3）化学成分的控制

（1）炉前分析。在连续熔炼、合金化学成分要求严格和某些元素含量不易掌握时，应使用炉前直读光谱分析或光谱分析。

（2）成分分析。在合金精炼前浇注单铸化学分析试样或者在铸件冒口上取试样进行化学分析。对于大炉（100 kg 以上）应在浇注过程的前、中、后各取 1～2 个试样进行化学分析。

6.1.4.2　力学性能检验

根据铸件的工作条件、用途和是否用于关键部位，可将铸件分成三类：Ⅰ类铸件是指承受大载荷，工作条件复杂，用于关键部位的铸件；Ⅱ类铸件是指承受中等载荷，用于重要部位的铸件；Ⅲ类铸件是指承受载荷不大，用于一般部位的铸件。

对于各类铸件，其力学性能（指拉伸性能试验，硬度试验，高、低温性能试验等）检验要求也有所不同。以拉伸性能试验为例，Ⅰ类铸件除用每一炉次的单铸（或附铸）试样外，还应从铸件上指定的部位切取试样测定力学性能或进行其他试验。Ⅱ类铸件则测定单铸试样的拉伸性能。Ⅲ类铸件可不检验力学性能。

6.1.4.3　内部质量检验

1）X 光透视检查 按 GB/T 11346—2018 规定，根据铸件要求进行 X 光透视，检查铸件的针孔、气泡、夹渣、疏松和偏析。

2）气密性检查 要求气密性的铸件应按其规定逐个进行气密性检验。

3）其他 如金相组织的低倍检查等。

6.1.4.4　铸造铝合金件常见缺陷和主要防止方法（表6.25）

表6.25　铸造铝合金件常见缺陷和主要防止方法

缺陷名称	特　征	主要防止方法
气孔	（1）孔壁表面一般比较光滑，带有金属光泽； （2）单个或成群存在于铸件表皮下； （3）油烟气孔呈油黄色	（1）浇注时防止空气卷入； （2）合金液在进入型腔前先过滤，以去除合金液中的夹渣、氧化皮和气泡； （3）更换铸型材料或加涂料层防止合金液与铸型发生反应
针孔	（1）均匀分布在铸件整个断面上的小孔（直径小于 1 mm）； （2）凝固快的部位孔小数量少，凝固慢的部位孔大数量也多； （3）在共晶合金中呈圆形孔洞，在凝固间隔宽的合金中呈长形孔洞	（1）合金液体状态下彻底精炼除气； （2）在凝固过程中加大凝固速度，防止溶解的气体析出； （3）铸件在压力下凝固，防止合金溶解的气体析出； （4）炉料、辅助材料及工具应干燥

表6.25（续）

缺陷名称	特 征	主要防止方法
缩孔疏松	（1）呈海绵状的不紧密组织，严重时呈缩孔，多在热节部位产生； （2）孔的表面呈粗糙的凹坑，晶粒大； （3）断口呈灰色或浅黄色，热处理后为灰白、浅黄或灰黑色	（1）保持合理的凝固顺序和补缩； （2）炉料净洁； （3）在疏松部位放置冷铁
夹杂	铸件表面或内部的与铸件成分不同的质点，由涂料、造型材料、耐火材料等混入合金液中而形成	（1）仔细精炼并注意扒渣； （2）熔炼工具涂料层应附着牢固； （3）浇注系统及型腔应清理干净； （4）炉料应保持净洁
夹渣	铸件表面和内部的非金属夹杂物： （1）氧化夹渣以团絮状存在于铸件内部，断口呈黄色或灰白色； （2）熔剂夹渣呈暗褐色点状，夹渣清除后呈光滑表面的孔洞	（1）严格执行精炼变质浇注工艺要求； （2）浇注时应使金属液流平稳地注入铸型； （3）炉料应保持净洁，回炉料处理及使用量应严格遵守工艺规程
裂纹	（1）裂纹呈直线或不规则的曲线； （2）热裂纹断面呈氧化特征，多产生在热节区尖角内侧，厚薄断面交会处，常和疏松共生； （3）断裂金属表面洁净	（1）尽可能保持顺序凝固或同时凝固，减少内应力； （2）细化合金组织； （3）选择适宜的浇注温度； （4）增加铸型的退让性
偏析	（1）在熔炼过程中坩埚底部和上部的化学成分不均匀； （2）铸件的先凝固部位与后凝固部位的化学成分不均匀	（1）熔炼过程中加强搅拌并适当地静置； （2）适当增加凝固冷却速度

6.1.5 表面处理

6.1.5.1 机械精整

机械精整是对铸件进行边缘和表面修整，改善铸件外观的平整面，使铸件表面和边缘光滑，消除尖角应力集中，提高铸件使用寿命。机械精整还可以使铸件表面处于高应力状态，显著提高铸件疲劳抗力。常用机械精整工艺包括：①磨光、抛光、刷光；②喷砂；③滚光精整。喷砂是将磨料喷射到铸件表面，去除表面缺陷，形成均匀的无光表面。喷砂具有速度高、成本低的优点，通过调整喷砂距离、角度、压力、速度和磨料种类等参数，可以得到不同效果的铸件表面。

6.1.5.2 阳极氧化

阳极氧化指铝及其合金在相应的电解液和特定的工艺条件下，在外加电流的作用下，在铝制品（阳极）上形成一层氧化膜的过程。经过阳极氧化处理，铝表面能生成几微米到几百微米的氧化膜。比起铝合金的天然氧化膜，其耐蚀性、耐磨性和装饰性都有明显的改善和提高。各类阳极氧化的性能、特点及应用范围、主要阳极氧化工艺参见相关手册。

6.1.5.3 镀层

镀层可以起到装饰、防锈、耐磨和改善铸件焊接特性等作用。铝合金的镀层主要有镀铬、镀镍、镀铜等。镀铬是为了提高耐磨性；镀镍是为了便于焊接；镀铜是为了导电和改善铝铜合金铸件的铜钎焊性能。铸件表面镀铜、镀银后，经过化学处理，能生成硫化物、铜绿等仿古色调膜层，用于制造工艺品。

镀铬层的特性是：外观光亮、硬度高、耐热性好、耐磨性好、化学安定性好。厚度变化为 1 μm 到几百微米。

1）镀铬层的种类

（1）硬铬层。硬度高达 500~1000 HV，耐磨。

（2）乳白铬。孔隙少，耐热好，耐磨好。

（3）松孔铬层。松孔多能够吸收润滑油，使铬层在高温、高压下工作时具有良好的耐磨性，应用于活塞环和气缸套。

（4）黑铬镀层。具有黑色而无光泽，耐磨性最好，镀层与底层结合力好。

（5）装饰镀铬层。具有极好的反光性，常做装饰用。为了提高耐腐蚀性，可先镀铜、镍，底层再镀铬。

2）镀铬的使用范围

（1）要求耐磨的零件可镀硬铬。

（2）修复磨损零件的尺寸可镀硬铬。

（3）要求黑色外观的零件可镀黑铬。

（4）识别标记可采用镀黑铬。

（5）装饰性防护。

6.1.5.4　化学抛光和电解抛光

化学抛光是利用化学方法，在一定的温度下，把铸件置于抛光液中进行化学反应，以得到光亮平整的铸件表面。电解抛光是利用电化学原理，将抛光件设置为阳极，配以合适的阴极，在外加电场的作用下，使铝铸件表面获得光亮平整的效果。化学抛光和电解抛光用于蚀刻、整平、镜面抛光和精加工等。

6.1.5.5　修补

1）焊补

（1）铸件焊补必须严格按标准和技术条件进行。

（2）铸件焊补一般使用与基体相同的填充金属，也可以由供需双方协商采用其他填充金属。

（3）允许用焊补的方法修复任何缺陷，除设计部门规定不允许焊补的部位外，其他部位只要便于焊补、打磨和检验均可焊补。

（4）凡经焊补的铸件应在焊补部位标记，或在有关技术文件中标注在示意图上，以备检验。

（5）采用氩弧焊焊补铸件时，经扩修后允许焊补的面积、深度、个数和间距一般应符合 GB/T 9438—2013 的规定。特殊情况下的焊补，由制造方和购买方协商制订专用技术条件。

（6）同一焊补部位焊补次数不得超过 3 次。焊区边缘间距不得小于两相邻焊区直径之和。

（7）以热处理状态供应的铸件，焊补后需要按原规定状态进行热处理，并检验力学性能。当焊区面积小于 2 cm²，焊区间距不小于 100 mm 时，经购买方同意，焊后可以不进行热处理，但一个铸件上不得多于 5 处。ZL301 和 ZL305 合金铸件焊后一律按原状态进行热处理。

（8）用肉眼或 10 倍以下放大镜、荧光等检验焊补表面质量，检验面积不小于焊补面积的 2 倍，焊区内不得有裂纹、缩孔、未焊透和未熔合等缺陷。

（9）对焊区进行无损检测，检测面积不小于焊区面积的 2 倍，Ⅰ类铸件焊补部位全部检查；Ⅱ类铸件根据用户要求按一定比例抽检，焊区内不得有裂纹、未焊透和分层等内部缺陷，在任一焊区内允许有3个最大直径不大于2 mm，且不超过壁厚1/3的气泡和夹渣（边距不小于10 mm，直径小于0.5 mm的分散气泡和夹渣不计）。面积不大于2 cm²且不能用射线检查的焊区，经用户同意可以不进行射线检验。

2）浸渗 浸渗处理的目的是提高铸件致密性和耐腐蚀性能，适用于铸件上存在与表面连通的细小孔洞类缺陷，是提高压铸件的气密性的有效方法。经浸渗处理的铸件在机械加工过程中可能导致铸件的气密性降低，允许在机械加工后对铸件进行浸渗处理，但铸件总的浸渗处理不得超过3次。常用浸渗处理方法及原材料等，请参见相关手册。

3）填补 用金属填补剂（铸工胶）修补铸件表面的砂眼、气孔等铸造缺陷或加工后的表面缺陷修复铸件。金属填补剂一般以金属粉末为主要填充物，配合黏结剂填充到铸件的缺陷部位。修复后的铸件与本体颜色一致，可以加工，具有强度高、耐腐蚀和成本低等特点。也可以用腻子修补不重要表面的缺陷。

6.1.5.6 涂漆

1）表面处理 涂漆前常常进行表面处理，主要有阳极氧化和化学氧化两种方法。涂漆前的表面处理层除本身具有良好的耐腐蚀性外，还对油漆具有良好的吸附能力，故常用作油漆的基层。经浸渗处理的铸件，为了确保漆涂层具有良好的附着力，一般在涂漆前需要对铸件进行化学处理。

2）底漆 底漆的作用是与面漆配套使用，提高铸件的耐腐蚀性。底漆的种类主要有锌黄油基底漆、锌黄醇酸底漆、锌黄丙烯酸底漆、锌黄纯酚醛底漆和锌黄环氧酯底漆。

3）面漆 用于铝合金的面漆主要有油基漆、醇酸漆和环氧漆。环氧漆应用最为广泛，环氧漆分为环氧氨基漆、环氧硝基磁漆和环氧硝基无光磁漆。

6.1.5.7 喷丸与抛丸

喷丸强化和抛丸强化工艺利用高速运动的弹丸流对金属表面的冲击而产生塑性循环应变层，由此导致该层的显微组织发生有利的变化，并使表层引入残余压应力场。表层的显微组织和残余压应力场是提高金属铸件的疲劳断裂和应力腐蚀（含氢脆）断裂抗力的两个强化因素，其结果使铸件的可靠性和耐久性获得提高。

1）喷丸强化工艺参数 喷丸强化工艺参数指弹丸材料、弹丸尺寸、弹丸硬度、弹丸速度、弹丸流量、喷射角度、喷射时间、喷嘴数目和喷嘴至铸件表面的距离等。与喷丸有关的代号和符号及其意义参见相关说明。

2）被喷丸铸件的要求

（1）铸件喷丸一般在热处理和机械加工后进行。

（2）待喷丸铸件表面应清洁、干燥无油污，必要时可以采用ZB43002净洗剂或技术条件规定的其他净洗剂清洗待喷铸件。

（3）铸件规定喷丸区的所有锐边和尖角应按规定倒圆。

（4）检查待喷铸件表面，如果发现喷丸可能被掩盖的缺陷，应停止进行。

（5）禁止喷丸区应采取适当的方法加以保护。

（6）铸件的无损检测应在喷丸前进行；经主管部门同意，也可以在喷丸后进行无损检测。

（7）除图样规定外，铸件应在不受外力的自由状态进行喷丸处理。

（8）喷丸结束后，撤去铸件表面的保

护，清除铸件表面的弹丸和粉尘。

（9）图样无专门注明时，喷丸后的铸件表面不允许以任何切削方式进行表面去层加工。经冶金和工艺部门同意，对于有装配要求的部位，只能用珩磨或研磨工艺对喷丸表面进行去层加工，去层深度不超过残余压应力层深度的1/5。

（10）禁止采用喷丸以外的其他方法对喷丸铸件进行校形。

（11）铸件喷丸区不允许进行硬度试验。

3）喷丸对两种合金性能的影响　ZL201A合金用ϕ0.5 mm的玻璃丸作喷射材料，使用压缩空气的喷射压力为0.4 MPa，喷射时间为120 s，旋转弯曲的疲劳强度S_m由不喷丸的100 MPa提高到130 MPa，强化效果为30%。

ZL205A（T5）合金使用ϕ0.5～ϕ0.7mm的铸铁丸作喷射材料，当循环次数大于1×10^7时，其三点弯曲疲劳性能α由不喷丸的125 MPa提高到175 MPa，强化效果为40%。

6.2　铸造铜合金

6.2.1　合金及其性能

6.2.1.1　铸造铜合金的规格

铸造铜合金的化学成分、允许杂质含量和力学性能见表6.26、表6.27和表6.28，铸造铜合金的国内外牌号对照见表6.29。

表6.26　铸造铜合金的化学成分

序号	合金牌号	合金名称	主要元素含量（质量分数)/%										
			Sn	Zn	Pb	P	Ni	Al	Fe	Mn	Si	其他	Cu
1	ZCu99	99铸造纯铜											≥99.0
2	ZCuSn3Zn8Pb6Ni1	3-8-6-1锡青铜	2.0~4.0	6.0~9.0	4.0~7.0		0.5~1.5						其余
3	ZCuSn3Zn11Pb4	3-11-4锡青铜	2.0~4.0	9.0~13.0	3.0~6.0								其余
4	ZCuSn5Pb5Zn5	5-5-5锡青铜	4.0~6.0	4.0~6.0	4.0~6.0								其余
5	ZCuSn10P1	10-1锡青铜	9.0~11.5			0.8~1.1							其余
6	ZCuSn10Pb5	10-5锡青铜	9.0~11.0		4.0~6.0								其余
7	ZCuSn10Zn2	10-2锡青铜	9.0~11.0	1.0~3.0									其余
8	ZCuPb9Sn5	9-5铅青铜	4.0~6.0		8.0~10.0								其余
9	ZCuPb10Sn10	10-10铅青铜	9.0~11.0		8.0~11.0								其余
10	ZCuPb15Sn8	15-8铅青铜	7.0~9.0		13.0~17.0								其余
11	ZCuPb17Sn4Zn4	17-4-4铅青铜	3.5~5.0	2.0~6.0	14.0~20.0								其余

表6.26（续）

序号	合金牌号	合金名称	主要元素含量（质量分数)/%										
			Sn	Zn	Pb	P	Ni	Al	Fe	Mn	Si	其他	Cu
12	ZCuPb20Sn5	20-5铅青铜	4.0~6.0		18.0~23.0								其余
13	ZCuPb30	30铅青铜			27.0~33.0								其余
14	ZCuAl8Mn13Fe3	8-13-3铝青铜						7.0~9.0	2.0~4.0	12.0~14.5			其余
15	ZCuAl8Mn13Fe3Ni2	8-13-3-2铝青铜					1.8~2.5	7.0~8.5	2.5~4.0	11.5~14.0			其余
16	ZCuAl8Mn14Fe3Ni2	8-14-3-2铝青铜			<0.5		1.9~2.3	7.4~8.1	2.6~3.5	12.4~13.2			其余
17	ZCuAl9Mn2	9-2铝青铜						8.0~10.0		1.5~2.5			其余
18	ZCuAl8Be1Co1	8-1-1铝青铜						7.0~8.5	<0.4			Be 0.7~1.0 Co 0.7~1.0	其余
19	ZCuAl9Fe4Ni4Mn2	9-4-4-2铝青铜					4.0~5.0*	8.5~10.0	4.0~5.0*	0.8~2.5			其余
20	ZCuAl10Fe4Ni	10-4-4铝青铜					3.5~5.5	9.5~11.0	3.5~5.5				其余
21	ZCuAl10Fe3	10-3铝青铜						8.5~11.0	2.0~4.0				其余
22	ZCuAl10Fe3Mn2	10-3-2铝青铜						9.0~11.0	2.0~4.0	1.0~2.0			其余
23	ZCuZn38	38黄铜		其余									60.0~63.0
24	ZCuZn21Al5Fe2Mn2	21-5-2-2铝黄铜	<0.5	其余				4.5~6.0	2.0~3.0	2.0~3.0			67.0~70.0
25	ZCuZn25Al6Fe3Mn3	25-6-3-3铝黄铜		其余				4.5~7.0	2.0~4.0	2.0~4.0			60.0~66.0
26	ZCuZn26Al4Fe3Mn3	26-4-3-3铝黄铜		其余				2.5~5.0	2.0~4.0	2.0~4.0			60.0~66.0
27	ZCuZn31Al2	31-2铝黄铜		其余				2.0~3.0					66.0~68.0
28	ZCuZn35Al2Mn2Fe1	35-2-2-1铝黄铜		其余				0.5~2.5	0.5~2.0	0.1~3.0			57.0~65.0
29	ZCuZn38Mn2Pb2	38-2-2锰黄铜		其余	1.5~2.5					1.5~2.5			57.0~60.0
30	ZCuZn40Mn2	40-2锰黄铜		其余						1.0~2.0			57.0~60.0

表 6.26（续）

序号	合金牌号	合金名称	主要元素含量（质量分数）/%										
			Sn	Zn	Pb	P	Ni	Al	Fe	Mn	Si	其他	Cu
31	ZCuZn40Mn3Fe1	40-3-1锰黄铜		其余					0.5~1.5	3.0~4.0			53.0~58.0
32	ZCuZn33Pb2	33-2铅黄铜		其余	1.0~3.0								63.0~67.0
33	ZCuZn40Pb2	40-2铅黄铜		其余	0.5~2.5				0.2~0.8				58.0~63.0
34	ZCuZn16Si4	16-4硅黄铜		其余							2.5~4.5		79.0~81.0
35	ZCuNi10Fe1Mn1	10-1-1镍白铜					9.0~11.0		1.0~1.8	0.8~1.5			84.5~87.0
36	ZCuNi30Fe1Mn1	30-1-1镍白铜					29.5~31.5		0.25~1.50	0.8~1.5			65.0~67.0

注：*表示铁的含量不能超过镍的含量。

表 6.27　铸造铜合金中允许的杂质含量

序号	合金牌号	杂质元素含量（质量分数）/% ≤														
		Fe	Al	Sb	Si	P	S	As	C	Bi	Ni	Sn	Zn	Pb	Mn	其他	总和
1	ZCu99					0.07						0.4					1.0
2	ZCuSn3Zn8Pb6Ni1	0.4	0.02	0.3	0.02	0.05											1.0
3	ZCuSn3Zn11Pb4	0.5	0.02	0.3	0.02	0.05											1.0
4	ZCuSn5Pb5Zn5	0.3	0.01	0.25	0.01	0.05	0.10				2.5*						1.0
5	ZCuSn10P1	0.1	0.01	0.05	0.02		0.05				0.10		0.05	0.25	0.05		0.75
6	ZCuSn10Pb5	0.3	0.02	0.3		0.05						1.0*					1.0
7	ZCuSn10Zn2	0.25	0.01	0.3	0.01	0.05	0.10				2.0*		1.5*	0.2			1.5
8	ZCuPb9Sn5			0.5		0.10					2.0*		2.0*				1.0
9	ZCuPb10Sn10	0.25	0.01	0.5	0.01	0.05	0.10				2.0*		2.0*		0.2		1.0
10	ZCuPb15Sn8	0.25	0.01	0.5	0.01	0.10	0.10				2.0*		2.0*		0.2		1.0
11	ZCuPb17Sn4Zn4	0.4	0.05	0.3	0.02	0.05											0.75
12	ZCuPb20Sn5	0.25	0.01	0.75		0.10	0.10				2.5*		2.0*		0.2		1.0
13	ZCuPb30	0.5	0.01	0.2	0.02	0.08		0.10		0.005	1.0*			0.3			1.0
14	ZCuAl8Mn13Fe3				0.15				0.10				0.3*	0.02			1.0
15	ZCuAl8Mn13Fe3Ni2				0.15				0.10				0.3*	0.02			1.0
16	ZCuAl8Mn14Fe3Ni2				0.15				0.10					0.02			1.0
17	ZCuAl9Mn2			0.05	0.20	0.10		0.05				0.2	1.5*	0.1			1.0

表 6.27（续）

序号	合金牌号	杂质元素含量（质量分数）/% ≤															
		Fe	Al	Sb	Si	P	S	As	C	Bi	Ni	Sn	Zn	Pb	Mn	其他	总和
18	ZCuAl8Be1Co1			0.05	0.10				0.10					0.02			1.0
19	ZCuAl9Fe4Ni4Mn2				0.15				0.10					0.02			1.0
20	ZCuAl10Fe4Ni			0.05	0.20	0.1		0.05				0.2	0.5	0.05	0.5		1.5
21	ZCuAl10Fe3				0.20						3.0*	0.3	0.4	0.2	1.0*		1.0
22	ZCuAl10Fe3Mn2			0.05	0.10	0.01		0.01				0.1	0.5*	0.3			0.75
23	ZCuZn38	0.8	0.5	0.1			0.01			0.002		2.0*					1.5
24	ZCuZn21Al5Fe2Mn2			0.1										0.1			1.0
25	ZCuZn25Al6Fe3Mn3				0.10						3.0*	0.2		0.2			2.0
26	ZCuZn26Al4Fe3Mn3				0.10						3.0*	0.2		0.2			2.0
27	ZCuZn31Al2	0.8										1.0*		1.0*	0.5		1.5
28	ZCuZn35Al2Mn2Fe1				0.10						3.0*	1.0*		0.5		Sb +	2.0
29	ZCuZn38Mn2Pb2	0.8	1.0*	0.1								2.0*					2.0
30	ZCuZn40Mn2	0.8	1.0*	0.1								1.0					2.0
31	ZCuZn40Mn3Fe1		1.0*	0.1								0.5		0.5			1.5
32	ZCuZn33Pb2	0.8	0.1		0.05	0.05					1.0*	1.5*		0.2			1.5
33	ZCuZn40Pb2	0.8		0.05							1.0*	1.0*		0.5			1.5
34	ZCuZn16Si4	0.6	0.1	0.1								0.3		0.5	0.5		2.0
35	ZCuNi10Fe1Mn1				0.25	0.02	0.02		0.1					0.01			1.0
36	ZCuNi30Fe1Mn1				0.5	0.02	0.02		0.15					0.01			1.0

注：① 标"*"的元素不计入杂质总和。

② 未列出的杂质元素，计入杂质总和。

表 6.28　铸造铜合金的力学性能

序号	合金牌号	铸造方法	室温力学性能，不低于			
			抗拉强度 (R_m)/MPa	屈服强度 $(R_{p0.2})$/MPa	伸长率 (A)/%	布氏硬度 /HBW
1	ZCu99	S	150	40	40	40
2	ZCuSn3Zn8Pb6Ni1	S	175		8	60
		J	215		10	70
3	ZCuSn3Zn11P4	S、R	175		8	60
		J	215		10	60
4	ZCuSn5Pb5Zn5	S、J、R	200	90	13	60*
		Li、La	250	100	13	65*

表 6.28（续）

序号	合金牌号	铸造方法	室温力学性能，不低于			
			抗拉强度 (R_m)/MPa	屈服强度 $(R_{p0.2})$/MPa	伸长率 (A)/%	布氏硬度 /HBW
5	ZCuSn10P1	S、R	220	130	3	80*
		J	310	170	2	90*
		Li	330	170	4	90*
		La	360	170	6	90*
6	ZCuSn10Pb5	S	195		10	70
		J	245		10	70*
7	ZCuSn10Zn2	S	240	120	12	70
		J	245	140	6	80*
		Li、La	270	140	7	80*
8	ZCuPb9Sn5	La	230	110	11	60
9	ZCuPb10Sn10	S	180	80	7	65*
		J	220	140	5	70*
		Li、La	220	110	6	70*
10	ZCuPb15Sn8	S	170	80	5	60*
		J	200	100	6	65*
		Li、La	220	100	8	65*
11	ZCuPb17Sn4Zn4	S	150		5	55
		J	175		7	60
12	ZCuPb20Sn5	S	150	60	5	45*
		J	150	70	6	55*
		La	180	80	7	55*
13	ZCuPb30	J				25
14	ZCuAl8Mn13Fe3	S	600	270	15	160
		J	650	280	10	170
15	ZCuAl8Mn13Fe3Ni2	S	645	280	20	160
		J	670	310	18	170
16	ZCuAl8Mn14Fe3Ni2	S	735	280	15	170
17	ZCuAl9Mn2	S、R	390	150	20	85
		J	440	160	20	95
18	ZCuAl8Be1Co1	S	647	280	15	160
19	ZCuAl9Fe4Ni4Mn2	S	630	250	16	160
20	ZCuAl10Fe4Ni4	S	539	200	5	155
		J	588	235	5	166

表 6.28（续）

序号	合金牌号	铸造方法	室温力学性能，不低于			
			抗拉强度 R_m/MPa	屈服强度 $R_{p0.2}$/MPa	伸长率 A/%	布氏硬度 HBW
21	ZCuAl10Fe3	S	490	180	13	100*
		J	540	200	15	110*
		Li、La	540	200	15	110*
22	ZCuAl10Fe3Mn2	S,R	490		15	110
		J	540		20	120
23	ZCuZn38	S	295	95	30	60
		J	295	95	30	70
24	ZCuZn21Al5Fe2Mn2	S	608	275	15	160
25	ZCuZn25Al6Fe3Mn3	S	725	380	10	160*
		J	740	400	7	170*
		Li、La	740	400	7	170*
26	ZCuZn26Al4Fe3Mn3	S	600	300	18	120*
		J	600	300	18	130*
		Li、La	600	300	18	130*
27	ZCuZn31Al2	S,R	295		12	80
		J	390		15	90
28	ZCuZn35Al2Mn2Fe2	S	450	170	20	100*
		J	475	200	18	110*
		Li、La	475	200	18	110*
29	ZCuZn38Mn2Pb2	S	245		10	70
		J	345		18	80
30	ZCuZn40Mn2	S,R	345		20	80
		J	390		25	90
31	ZCuZn40Mn3Fe1	S,R	440		18	100
		J	490		15	110
32	ZCuZn33Pb2	S	180	70	12	50*
33	ZCuZn40Pb2	S,R	220	95	15	80*
		J	280	120	20	90*
34	ZCuZn16Si4	S,R	345	180	15	90
		J	390		20	100
35	ZCuNi10Fe1Mn1	S、J、Li、La	310	170	20	100
36	ZCuNi30Fe1Mn1	S、J、Li、La	415	220	20	140

注：标"*"符号的数据为参考值。

表6.29 铸造铜合金的国内外牌号对照

序号	中国 GB 1176—2013	国际标准 ISO 1338—77	美国 ASTM[①]	英国 BSEN —1982: 2017	德国 DIN 1705—81 1709—81 1714—81 1716—81	日本 JIS[②]
1	ZCuSn3Zn8Pb6Ni1		C83800	LG1	G—CuSn2ZnPb	
2	ZCuSn3Zn11Pb4					
3	ZCuSn5Pb5Zn5	CuPb5Sn5Zn5	C83600	LG2	G—CuSn5ZnPb	BC1
4	ZCuSn10Pb1	CuSn10P	C90700	PB4		PBC2B
5	ZCuSn10Pb5				G—CuPb5Sn	LBC2
6	ZCuSn10Zn2	CuSn10Zn2	C90500	G1	G—CuSn10Zn	BC3
7	ZCuPb10Si10	CuPb10Sn10		LB2	G—CuPb10Sn	LBC3
8	ZCuPb15Sn8	CuPb15Sn8		LB1	G—CuPb15Sn	LBC4
9	ZCuPb17Sn4Zn4					
10	ZCuPb20Sn5	CuPb20Sn5		LB5	G—CuPb20Sn	LBC5
11	ZCuPb30					
12	ZCuAl8Mn13Fe3					
13	ZCuAl8Mn13Fe3Ni2		C95700	CMA1		ALBC4
14	ZCuAl9Mn2		C95300			
15	ZCuAl9Fe4Ni4Mn2		C95800	AB2		ALBC3
16	ZCuAl10Fe3	CuAl10Fe3	C95200	AB1	G—CuAl10Fe	ALBC1
17	ZCuAl10Fe3Mn2					
18	ZCuZn38				G—CuZn38Al	
19	ZCuZn25Al6Fe3Mn3	CuZn25Al6Fe3Mn2	C86300	HTB—3	G—CuZn38Al	HBSC4
20	ZCuZn26Al4Fe3Mn3	CuZn26Al4Fe3Mn3	C86200			HBSC3
21	ZCuZn31Al2					
22	ZCuZn35Al2Mn2Fe1	CuZn35AlFeMn	C86500	HTB—1	G—CuZn35Al1	HBSC1
23	ZCuZn38Mn2Pb2					
24	ZCuZn40Mn2					
25	ZCuZn40Mn3Fe1		C87800			
26	ZCuZn33Pb2	CuZn33Pb2	C85400	SCB3		YBSC3
27	ZCuZn40Pb2	CuZn40Pb	C85700	DC83	G—CuZn37Pb	
28	ZCuZn16Si4		C87800		G—CuZn15Si4	SZBC2

注：① ASTM B—22—82、B62—86、B148—90a、B176—88、B427—82。

② JIS H5101—88、H5102—88、H5111—88、H5114—88、H5115—88。

6.2.1.2　铸造铜合金的分类及其主要特点

铸造铜合金通常包括青铜、黄铜和白铜。以锌为主要合金元素的铜合金称为黄铜，以镍为主要合金元素的铜合金称为白铜，其他铜合金都称为青铜，分类如下：

1）锡青铜　锡青铜是凝固温度范围很宽的合金，凝固过程中产生大量枝晶，容易造成枝晶偏析、枝晶间疏松。锡青铜的耐磨性较好，在蒸汽、海水和碱溶液中都有良好的耐蚀性。锡青铜中常加入 P、Zn、Pb 等元素，以改善合金性能和降低合金成本。合金元素在锡青铜中的作用见表 6.30。

表 6.30　合金元素在锡青铜中的作用

合金元素	加入量/%	对锡青铜性能的影响
P	一般加入量 0.15～0.50，高含量 0.5～1.0	提高青铜的流动性； 含 P 在 0.1%以上，青铜的抗拉强度和塑性都明显提高；含 P 0.5%时强度达最高值；含 P 1.0%以上塑性很低； Cu₃P 硬而脆，含 P 高时，可改善青铜的耐磨性； 含 P 青铜易吸气，铸件易产生气孔缺陷
Zn	5～12	缩小青铜的凝固温度范围，减少疏松； 由于固溶强化作用，改善青铜的力学性能； 高锡青铜中，加锌过多，将导致脆化，实际上锌主要用于低锡青铜
Pb	3～5	显著改善青铜的耐磨性； 熔点低，填补枝晶的孔隙，改善耐水压性能； 改善切削加工性能
Ni	0.5～2.0	细化晶粒，改善力学性能和耐蚀性能； 减轻厚截面铸件的疏松

在锡青铜中，Al、Si 和 Mg 都是极为有害的杂质，它们的氧化物弥散分布在铜液中，会降低合金的流动性，且在凝固后期阻塞枝晶间的通道，进一步降低合金的致密性，使合金力学性能下降。

2）铝青铜　铝青铜是凝固温度很窄的合金，不易产生疏松，倾向于形成集中的缩孔。铝青铜力学性能优良，在酸、碱溶液中的耐蚀性优于锡青铜，铸件的致密性高。铝青铜中含有 8%～11%的 Al，在熔炼和浇注过程中易氧化而形成夹杂，也易吸气而产生气孔，熔炼时应采取类似铝合金熔炼时所用的精炼操作。铝青铜缓慢冷却时会因析出脆性相而产生缓冷脆性，可采取加速冷却或加入合金元素来解决。合金元素在铝青铜中的作用见表 6.31。硅和磷是铝青铜的有害杂质，硅影响合金的塑性，并降低铁的细化晶粒作用；磷降低铝青铜的塑性和耐蚀性。

表6.31 合金元素在铝青铜中的作用

合金元素	加入量/%	对铝青铜性能的影响
Fe	2~4	细化晶粒、提高力学性能和耐磨性； 减轻铝青铜的缓冷脆性； 过量会使合金脆化，超过5%则耐蚀性显著恶化
Mn	一般加入量1.0~2.5，高含量11.0~14.5	能最有效地抑制缓冷脆性； 有固溶强化作用，抗拉强度随含Mn量的增加不断提高，同时塑性下降很少
Ni	1~6	抑制缓冷脆性； 改善耐热性能和抗磨蚀能力
Ti、B	0.01~0.03	细化晶粒，提高力学性能
Pb	0.5~2	改善耐磨性和切削加工性能

3）铅青铜 铅不溶于铜，铅青铜中铅以游离的软质点分布在铜基体中，所以铅青铜有很好的耐磨性。铅青铜的力学性能差，且因铜和铅的密度不同极易发生偏析，在工艺上采用浇注完毕后立即喷水冷却的方法，使富铜相很快形成骨架以阻碍铅的偏析。锡等几种合金元素也有减轻铅的偏析和改善力学性能的作用（表6.32）。

表6.32 合金元素在铅青铜中的作用

合金元素	加入量/%	对铅青铜性能的影响
Sn	4~6	减轻铅的偏析，明显提高力学性能
	7~11	力学性能进一步提高，可制备铸造的轴承
Mn	1~7	减轻铅的偏析，提高力学性能
Zn	2~6	提高力学性能，减少气孔倾向
Ag	3~5	减轻偏析，用于重要的轴承

4）黄铜 锌在铜中的固溶度很高，通常在铸件冷却的条件下，α固溶体在常温下可溶解Zn 30%左右。α固溶体的塑性很好，随着含Zn量的增加，强度不断提高。含锌量超过α固溶体的固溶度后，黄铜的组织中就出现β相，β相硬而脆，随着β相增多，黄铜的强度提高，塑性下降。工业中采用的黄铜，含Zn量一般不超过45%。

黄铜也是凝固温度范围窄的合金，倾向于产生集中的缩孔。普通的黄铜耐磨性和耐蚀性都不够好，力学性能也不太高，通常加入合金元素Si、Al、Sn、Fe、Pb、Mn等，以改善黄铜的性能（表6.33）。

表6.33 合金元素在黄铜中的作用

合金元素	加入量/%	对黄铜性能的影响
Fe	普通黄铜中0.3~0.5，加有合金元素时1~3	细化晶粒，提高强度和硬度； 含量过多时，晶界上出现脆性化合物太多，导致强度、塑性及耐蚀性降低

表6.33（续）

合金元素	加入量/%	对黄铜性能的影响
Mn	2~4	少量的Mn有固溶强化作用，提高合金的强度而塑性不明显下降； 黄铜中Zn含量超过35%后，如Mn超过4%，则出现脆性相，损害塑性和韧性
Al	2~7	少量的Al就可使α黄铜中出现β相，（α＋β）黄铜中β相增多，是高强度黄铜中的重要合金元素； 含Al量高时，合金的塑性、韧性下降；含Zn量高时，引起铸件的"冷脆"
Si	2~4.5	少量的Si就能使合金的强度和硬度显著提高，塑性下降； 缩小合金的凝固温度范围，改善铸造性能
Pb	1~3	改善切削加工性能，提高耐磨性。超过3%后，显著降低强度和塑性
Sn	<1	在铸件表面形成SnO_2保护膜，显著提高黄铜的耐海水腐蚀性能。故加Sn的黄铜适用于造船业，有"海员黄铜"之称
Ni		提高强度的作用不显著； 细化组织，提高抗腐蚀性能

6.2.1.3 铸造铜合金的应用

铸造铜合金的主要特性和应用举例见表6.34。

表6.34　铸造铜合金的主要特性和应用举例

序号	合金牌号	主要特性	应用举例
1	ZCuSn3Zn8Pb6Ni1	耐磨性较好，易加工，铸造性能好，气密性较好，耐腐蚀，可在流动海水下工作	在各种液体燃料以及海水、淡水和蒸汽（小于225℃）中工作的零件，压力不大于2.5 MPa的阀门和管配件
2	ZCuSn3Zn11Pb4	铸造性能好，易加工，耐腐蚀	海水、淡水、蒸汽中，压力不大于2.5 MPa的管配件
3	ZCuSn5Pb5Zn5	耐磨性和耐蚀性好，易加工，铸造性能和气密性较好	在较高负荷、中等滑动速度下工作的耐磨耐腐蚀零件，如轴瓦、衬套、缸套、活塞离合器、泵件压盖及蜗轮等
4	ZCuSn10Pb1	硬度高，耐磨性极好，不易产生咬死现象，有较好的铸造性能和切削加工性能，在大气和淡水中有良好的耐蚀性	可用于高负荷（20 MPa以下）和高滑动速度（8 m/s）下工作的耐磨零件，如连杆、衬套、轴瓦、齿轮、蜗轮等
5	ZCuSn10Pb5	耐腐蚀，特别是对稀硫酸、盐酸和脂肪酸	结构材料，耐蚀、耐酸的配件以及破碎机衬套、轴瓦
6	ZCuSn10Zn2	耐蚀性、耐磨性和切削加工性能好，铸造性能好，铸件致密性较高，气密性较好	在中等及较高负荷和小滑动速度下工作的重要管配件，以及阀、旋塞、泵体、齿轮、叶轮和蜗轮等
7	ZCuPb10Sn10	润滑性能、耐磨性和耐蚀性能好，适合用作双金属铸造材料	表面压力高，又存在侧压力的滑动轴承，如轧辊、车辆用轴承、负荷峰值60 MPa的受冲击的零件，最高峰值达100 MPa的内燃机双金属轴瓦，以及活塞销套、摩擦片等

表6.34（续）

序号	合金牌号	主要特性	应用举例
8	ZCuPb15Sn8	在缺乏润滑剂和用水质润滑剂条件下，滑动性和自润滑性能好，易切削，铸造性能差，对稀硫酸耐蚀性能好	表面压力高，又有侧压力的轴承，可用来制造冷轧机的铜冷却管，耐冲击负荷达50 MPa的零件，内燃机的双金属轴瓦，主要用于最大负荷达70 MPa的活塞销套，耐酸配件
9	ZCuPb17Sn4Zn4	耐磨性和自润滑性能好，易切削，铸造性能差	一般耐磨件，高滑动速度的轴承等
10	ZCuPb20Sn5	有较高的润滑性能，在缺乏润滑介质和以水为介质时有特别好的自润滑性能，适用于双金属铸造材料，耐硫酸腐蚀，易切削，铸造性能差	高滑动速度的轴承及破碎机、水泵、冷轧机轴承，负荷达40 MPa的零件，抗腐蚀零件，双金属轴承，负荷达70 MPa的活塞销套
11	ZCuPb30	有良好的自润滑性，易切削、铸造性能差，易产生比重偏析	要求高滑动速度的双金属轴瓦、减磨零件等
12	ZCuAl8Mn13Fe3	具有很高的强度和硬度，良好的耐磨性能和铸造性能，合金致密性高，耐蚀性能好，作为耐磨件工作温度不大于400 ℃，可以焊接，不易钎焊	适用于制造重型机械用轴套，以及要求强度高、耐磨、耐压零件，如衬套、法兰、阀体、泵体等
13	ZCuAl8Mn13Fe3Ni2	有很高的化学性能，在大气、淡水和海水中均有良好的耐蚀性，腐蚀疲劳强度高，铸造性能好，合金组织致密，气密性好，可以焊接，不易钎焊	要求强度高耐腐蚀的重要铸件，如船舶螺旋桨、高压阀体、泵体，以及耐压、耐磨零件，如蜗轮、齿轮、法兰、衬套等
14	ZCuAl9Mn2	有高的力学性能，在大气、淡水和海水中耐蚀性好，铸造性能好，组织致密，气密性高，耐磨性好，可以焊接，不易钎焊	耐蚀、耐磨零件，形状简单的大型铸件，如衬套、齿轮、蜗轮，以及在250 ℃以下工作的管配件和要求气密性高的铸件，如增压器内气封
15	ZCuAl9Fe4Ni4Mn2	有很高的力学性能，在大气、淡水、海水中耐磨性好，铸造性能好，组织致密，气密性高，耐磨性好，不易钎焊，铸造性能尚好	要求强度高、耐蚀性好的重要铸件，是制造船舶螺旋桨的主要材料之一，也可用作耐磨和400 ℃以下工作的零件，如轴承、齿轮、蜗轮、螺帽、法兰、阀体、导向套管
16	ZCuAl10Fe3	具有高的力学性能，耐磨性和耐蚀性能好，可以焊接，不易钎焊，大型铸件自700 ℃空冷可以防止变脆	要求强度高、耐磨、耐蚀的重型铸件，如油套、螺母、蜗轮以及250 ℃以下工作的管配件
17	ZCuAl10Fe3Mn2	具有高的力学性能和耐磨性，可热处理，高温下耐蚀性和抗氧化性能好，在大气、淡水和海水中耐蚀性好，可以焊接，不易钎焊，大型铸件自700 ℃空冷可以防止变脆	要求强度高，耐磨、耐蚀的零件，如齿轮、轴承、衬套、管嘴，以及耐热管配件等
18	ZCuZn38	具有优良的铸造性能和较高的力学性能，切削加工性能好，可以焊接，耐蚀性较好，有应力腐蚀开裂倾向	一般结构件和耐蚀零件，如法兰、阀座、支架、手柄和螺母等
19	ZCuZn25Al6Fe3Mn3	有很高的力学性能，铸造性能良好，耐蚀性较好，有应力腐蚀开裂倾向，可以焊接	适用高强、耐磨零件，如桥梁支承板、螺母、螺杆、耐磨板、滑块和蜗轮等

表 6.34（续）

序号	合金牌号	主要特性	应用举例
20	ZCuZn26Al4Fe3Mn3	有很高的力学性能，铸造性能良好，在空气、淡水和海水中耐蚀性较好，可以焊接	要求强度高、耐蚀零件
21	ZCuZn31Al2	铸造性能好，在空气、淡水、海水中耐蚀较好、易切削，可以焊接	适用于压力铸造，如电机、仪表等压铸件以及造船和机械制造业的耐蚀零件
22	ZCuZn35Al2Mn2Fe1	具有高的力学性能和良好的铸造性能，在大气、淡水、海水中有较好的耐蚀性，切削性能好，可以焊接	管路配件和要求不高的耐磨件
23	ZCuZn38Mn2Pb2	有较高的力学性能和耐蚀性，耐磨性较好，切削性能良好	一般用途的结构件，船舶、仪表等使用的外形简单铸件，如套筒、衬套、轴瓦、滑块等
24	ZCuZn40Mn2	有较高的力学性能和耐蚀性，铸造性能好，受热时组织稳定	在空气、淡水、海水、蒸汽（小于300 ℃）和各种液体燃料中工作的零件和阀体、阀杆、泵、管接头，以及需要浇注巴氏合金和镀锡零件等
25	ZCuZn40Mn3Fe1	有高的力学性能、良好的铸造性能和切削加工性能，在空气、淡水、海水中耐蚀较好，有应力腐蚀开裂倾向	耐海水腐蚀的零件，以及300 ℃以下工作的管配件，制造船舶、螺旋桨等大型铸件
26	ZCuZn33Pb2	给水温度为90 ℃时抗氧化性能好，电导率为10～14 S/m	煤气和给水设备的壳体，机器制造业、电子技术、精密仪器和光学仪器的部分构件和配件
27	ZCuZn40Pb2	有好的铸造性能和耐磨性，切削加工性能好，耐蚀性能好，在海水中有应力腐蚀倾向	一般用途的耐磨、耐蚀零件，如轴套、齿轮等
28	ZCuZn16Si4	具有较高的力学性能和良好的耐蚀性，铸造性能好，流动性高，铸件组织致密，气密性好	接触海水工作的管配件以及水泵、叶轮、旋塞和在空气、淡水、油、燃料以及工作压力在4.5 MPa和250 ℃以下蒸汽中工作的铸件

6.2.2 熔炼和浇注

铜合金的熔炼必须严格控制合金的化学成分，防止和尽可能减少合金的氧化和吸气。氢在铜液中的溶解度很大，是铸件出现气孔的主要原因。铜液中溶解的 Cu_2O 也是铸件中产生显微裂纹或气孔的重要原因，因此除气和充分脱氧也很重要。熔炼铜合金时的除气方法见表6.35。铜合金熔炼还必须严格控制熔炼和浇注温度（表6.36）快速熔化，减少合金的损耗，提高工艺出品率。

常规熔炼铜合金的工艺，除锡、锌、铝以外，其他合金元素均以中间合金的形式加入。铜中间合金锭见表6.37。采用中间合金的好处是合金成分容易控制，避免了难熔元素的高熔点，避免了某些元素加入铜液后释放大量的热而使合金过热。在购买不到中间合金时，可采用一次熔炼法，除磷和铍以外，铜合金中其他合金元　　熔炼过程，也可以得到优质的合金。
素都可用纯金属直接加入，只要仔细控制

表6.35　熔炼铜合金时的除气方法

除气方法	操　作　要　点
氧化法	（1）在弱氧化性气氛下熔化： 所有的铜合金，熔炼时都先将铜熔化，然后加入其他合金； 熔铜时，一般都应保持炉气为弱氧化性气氛，以降低铜中的含氢量； 弱氧化性气氛的特征是，火焰光亮而无烟，炉气中的含氧量为0.3%～0.5%。 （2）在氧化性气氛下熔化： 熔电解铜或铜和镍时，宜用氧化性气氛。其特征是火焰呈强烈白光，并有淡绿色透明焰冠。 （3）加入氧化熔剂： 金属炉料情况复杂，在氧化性气氛下熔化不足以达到除气目的时采用； 将占炉料1%左右的MnO_2或CuO连同造渣材料随炉料加入坩埚中，在炉料熔化过程中使铜液中的含氧量提高。 （4）脱氧： 采用上述3种方法进行氧化除气时，铜熔化后加热到1200℃左右，随即用磷铜脱氧，磷铜加入量（以CuP10计）如下： 　弱氧化气氛下熔化　　　加磷铜　　0.4%～0.6% 　氧化性气氛下熔化　　　加磷铜　　0.6%～1.0% 　用氧化熔剂氧化　　　　加磷铜　　1.5%～2.0%
吹氮除气	适用于各种铜合金，可在熔炼后期出炉前进行； 氮气应经过脱湿处理，用石墨管或耐热钢管导入，用多孔吹头效果更好； 氮气压力为20～30 kPa，流量20～25 L/min，每吨金属耗氮180～200 L； 吹氮时，保持金属液面微微波动，不得有飞溅现象
$ZnCl_2$除气精炼	本法适用于含铝的铜合金（如铝青铜）； 氯化锌加入前须加热到熔点以上，脱除结晶水，冷凝后呈玻璃状； 加入量为金属液的0.15%～0.25%
锌沸腾除气	熔炼黄铜时，由于Zn的蒸发而使铜合金液沸腾，有除气作用； 含Zn量不小于30%的黄铜，沸腾除气效果好，不必采取其他除气措施； 含Zn量小于30%的黄铜，在通常熔炼温度下不会沸腾，应在熔炼后期将金属液加热到1200～1300℃，使Zn沸腾，然后降温

表6.36　铜合金的熔炼温度和浇注温度

合金牌号	熔炼温度/℃	浇注温度/℃	合金牌号	熔炼温度/℃	浇注温度/℃
ZCuSn3Zn8Pb6Ni1	1200～1250	1100～1200	ZCuAl9Fe4Ni4Mn2	1220～1270	1120～1170
ZCuSn3Zn11Pb4	1200～1250	1100～1200	ZCuAl10Fe3	1200～1250	1100～1200
ZCuSn5Pb5Zn5	1200～1250	1100～1200	ZCuAl10Fe3Mn2	1200～1250	1100～1200
ZCuSn10Pb1	1150～1180	1050～1100	ZCuZn38	1120～1150	1020～1050
ZCuSn10Pb5	1150～1180	1050～1100	ZCuZn25Al6Fe3Mn3	1080～1120	980～1020
ZCuSn10Zn2	1200～1250	1100～1200	ZCuZn26Al4Fe3Mn3	1080～1120	980～1020
ZCuPb10Sn10	1120～1130	1020～1050	ZCuZn31Al2	1080～1120	980～1020
ZCuPb15Sn8	1100～1130	1000～1030	ZCuZn35Al2Mn2Fe1	1080～1120	980～1020

表6.36（续）

合金牌号	熔炼温度/℃	浇注温度/℃	合金牌号	熔炼温度/℃	浇注温度/℃
ZCuPb15Sn4Zn4	1100～1130	1000～1030	ZCuZn38Mn2Pb2	1050～1100	980～1020
ZCuPb20Sn5	1180～1220	1080～1120	ZCuZn40Mn2	1050～1100	980～1020
ZCuPb30	1150～1170	1050～1070	ZCuZn40Mn3Fe1	1080～1120	980～1020
ZCuAl8Mn1Fe3	1200～1250	1100～1200	ZCuZn33Pb2	1050～1100	980～1020
ZCuAl8Mn13Fe3Ni2	1220～1270	1120～1170	ZCuZn40Pb2	1050～1100	980～1020
ZCuAl9Mn2	1200～1250	1100～1200	ZCuZn18Si4	1100～1180	980～1060

表6.37　铜中间合金锭

牌号	化学成分（质量分数）/%										物理性能	
	主要成分		杂　质，≤								熔化温度/℃	特性
	合金元素	Cu	Si	Mn	Ni	Fe	Sb	P	Pb	Zn	Al		
CuSi16	Si，13.5～16.5	余量	—	—	—	0.05	—	—	—	0.10	0.25	800	脆
CuMn28	Mn，25.0～30.0		—	—	—	1.0	0.1	0.1	—	—	—	870	韧
CuMn22	Mn，20.0～25.0		—	—	—	1.0	0.1	0.1	—	—	—	850～900	韧
CuNi15	Ni，14.0～18.0		—	—	—	0.5	—	—	—	0.3	—	1050～1200	韧
CuFe10	Fe，9.0～11.0		—	0.10	0.10	—	—	—	—	—	—	1300～1400	韧
CuFe5	Fe，4.0～6.0		—	0.10	0.10	—	—	—	—	—	—	1200～1300	韧
CuSb50	Sb，49.0～51.0		—	—	—	0.2	—	0.1	0.1	—	—	680	脆
CuBe4	Be，3.8～4.3	余量	0.18	—	—	0.15	—	—	—	—	0.13	1100～1200	韧
CuP14	P，13.0～15.0		—	—	—	0.15	—	—	—	—	—	900～1020	脆
CuP12	P，11.0～13.0		—	—	—	0.15	—	—	—	—	—	900～1020	脆
CuP10	P，9.0～11.0		—	—	—	0.15	—	—	—	—	—	900～1020	脆
CuP8	P，8.0～9.0		—	—	—	0.15	—	—	—	—	—	900～1020	脆
CuMg20	Mg，17.0～23.0		—	—	—	0.15	—	—	—	—	—	1000～1100	脆
CuMg10	Mg，9.0～11.0		—	—	—	0.15	—	—	—	—	—	750～800	脆

注：作为脱氧剂用的CuP14，CuP12，CuP10，CuP8，其杂质Fe的含量可允许不大于0.3%。

铜合金的基本熔炼过程见表6.38。熔炼铜合金时，通常在出炉前进行含气量试验、弯曲试验和断口检查，如有问题，可采取除气或精炼措施。

表6.38　铜合金的基本熔炼过程

合金类型	基本熔炼过程	炉内气氛	覆盖剂	备　注
锡青铜	先熔化铜（含镍时一并加镍），熔清后升温到1200℃左右，加磷铜脱氧，然后依次加入回炉料→锌锭→锡块→铅	弱氧化性或氧化性	—	可采用氧化熔剂除气

表 6.38（续）

合金类型	基本熔炼过程	炉内气氛	覆盖剂	备 注
含磷锡青铜	先熔化铜，熔清后升温到 1200 ℃左右，加入 $\frac{1}{5}\sim\frac{1}{3}$ 的磷铜，然后依次加入回炉料→锡块，最后加入剩下的磷铜	氧化性	—	可采用氧化熔剂除气
铝青铜	先熔化铜，熔清后升温到 1200 ℃左右，加磷铜 0.2%～0.3%脱氧，然后依次加入锰铜合金→铝铁合金→铝铜合金→回炉料，最后用 $ZnCl_2$ 除气	弱氧化性	冰晶石 40% 食盐 60%	
	坩埚中装铜、镍、铁、金属锰，熔清后加回炉料，然后加铝，最后用 $ZnCl_2$ 精炼除气	中性或弱氧化性	冰晶石 40% 食盐 60%	
铅青铜	先熔化铜，熔清后升温到 1200 ℃左右，加磷铜脱氧，然后依次加入回炉料→锌→锡→铅	弱氧化性或氧化性	—	可采用氧化熔剂除气
普通黄铜	先熔化铜，熔清后分批加入锌	中性或弱氧化性	—	沸腾除气
铝黄铜	先将铜、铁、金属锰熔化，然后加铝、回炉料，最后加锌	中性或弱氧化性	冰晶石 40% 食盐 60%	可在加锌前用 $ZnCl_2$ 除气
锰黄铜	先将铜、金属锰和铁熔化，熔清后加回炉料，然后加锌，最后加入铅（含铅的锰黄铜）	中性或弱氧化性	玻璃和硼砂	沸腾除气
铅黄铜	先熔化铜，然后依次加回炉料→锌→铅	中性或弱氧化性	玻璃和硼砂	沸腾除气
硅黄铜	先熔化铜，熔清后升温到 1200 ℃左右，加磷铜脱氧，然后依次加入铜硅合金→回炉料→锌→铅	弱氧化性	碳酸钠 50% 硼砂 50%	可加热到 1300 ℃，使铜合金液沸腾、除气，然后冷却

6.2.3 热处理

铸造铜合金的热处理规范见表 6.39。

表 6.39 铸造铜合金热处理规范

合金种类	热处理工艺	目 的	工艺规范
锡青铜	退火	改善水密性、消除内应力	650 ℃，保温 3 h
磷青铜	退火	清除内应力	500～550 ℃，保温 30～90 min
铝青铜	淬火并回火	提高力学性能，强化处理	淬火：850～900 ℃ 回火：500～600 ℃ 保温时间：壁厚每 25 mm，保温 1 h
普通黄铜	退火	改善冷加工性能，清除内应力	α黄铜：500～600 ℃ （α＋β）黄铜：600～700 ℃
特殊黄铜	退火	消除内应力	<350 ℃

6.2.4 铸造铜合金件常见缺陷和主要防止方法（表6.40）

表6.40 铸造铜合金件常见缺陷和主要防止方法

缺陷名称	主要防止方法
气 孔	（1）严格控制炉料和造型材料成分，特别注意控制水分含量，干型要烘透。 （2）改进设计，留足出气孔。 （3）控制浇注温度，浇注时不断流，液柱要短。 （4）冷铁除锈、烘干。 （5）金属型温度要适当，锡青铜80～120℃，黄铜和无锡青铜150～200℃。 （6）金属型分型面上多开一些通气槽，气体不易排出的部位用通气塞将气体引出
针 孔	（1）在弱氧化性或氧化性气氛下快速熔炼。 （2）对吸气严重的锡青铜、磷青铜使用氧化性熔剂。 （3）电弧炉熔炼时应采用覆盖剂。 （4）适时进行除气处理
缩孔、缩松	（1）调整浇注温度和浇注速度。 （2）改进浇注系统设计，以利于顺序凝固，增大冒口补缩能力，合理设置暗冒口或使用冷铁芯子，防止金属型个别部位过热。 （3）底注时，浇注速度不宜过慢；顶注时，不宜过快，以防局部过热
夹 渣	（1）严格执行熔炼工艺要求，限制回炉料的用量。 （2）调整加料顺序。 （3）选用合适的精炼剂精炼。 （4）改进浇注系统设计，采用过滤网和集渣包。 （5）防止二次氧化
浇不足（缺肉）、冷隔	（1）严格控制炉料杂质含量。 （2）提高浇注温度和浇注速度，防止浇注时断流。 （3）改进浇注系统设计，增加冒口高度，加快金属液的流动速度和增加补给量。 （4）降低铸型水分，增开出气孔。 （5）对锡青铜薄壁件采用分层分散的浇口
偏 析	（1）浇注前充分搅拌。 （2）降低浇注温度。 （3）提高铸型的冷却速度，如采用石墨型、金属型或水冷型。 （4）采用搅熔铸造、振动铸造、压力铸造技术
锡汗和铅汗	（1）降低杂质含量，或采用熔剂精炼。 （2）调整浇注温度。 （3）在弱氧化性或氧化性气氛下快速熔炼，充分除气。 （4）增加型砂的透气性。 （5）使用涂料

6.2.5 铸件表面处理

铜及铜合金铸件经机加工后可直接使用，有时为了提高铸件的耐磨、抗蚀性能或改变艺术铜铸件的色调，需要对铜铸件进行表面处理。常见的表面处理方法有氧化处理、钝化处理和着色处理。

6.2.5.1 氧化处理

铜及铜合金铸件在机加工后用化学或电化学方法进行氧化处理，使铸件表面生成一层黑色或蓝黑色的氧化膜，膜的厚度一般为 $0.5 \sim 2 \mu m$。铸件氧化处理后应涂油或涂透明漆，以提高氧化膜的防护能力。

1）化学氧化法

（1）铜及铜合金铸件化学氧化的溶液成分及工艺条件见表6.41。

表6.41 化学氧化的溶液成分及工艺条件

溶　液		1号溶液（过硫酸盐）	2号溶液（铜氨盐）
溶液成分	过硫酸钾（$K_2S_2O_8$）	$10 \sim 20$ g/L	—
	氢氧化钠（NaOH）	$45 \sim 50$ g/L	—
	碱式碳酸铜［$CuCO_3 \cdot Cu(OH)_2$］	—	$40 \sim 50$ g/L
	氨水（$NH_3 \cdot H_2O$）（体积分数25%）	—	200 mL/L
工艺条件	温度/℃	$60 \sim 65$	$15 \sim 40$
	时间/min	$5 \sim 10$	$5 \sim 15$

（2）工艺控制。

① 1号溶液采用的过硫酸盐是一种强氧化剂，在溶液中分解为 H_2SO_4 和极活泼的氧原子，使铸件表面氧化，生成黑色氧化铜保护膜。由于氧原子的不断供给，氧化膜不断增厚，当生成紧密的氧化膜后便冒出气泡，表明氧化处理已完成。

1号溶液的缺点是稳定性较差，使用寿命短，在溶液配制后应立即进行氧化。

② 2号溶液适用于黄铜铸件的氧化处理，能得到亮黑色或深蓝色的氧化膜。装挂夹具只能用铝、钢、黄铜等材料制成，不能用纯铜做挂具，以防止溶液质量恶化。

在氧化过程中溶液内氨的浓度会逐渐下降，使膜产生缺陷，故要经常调整溶液的浓度。

黄铜铸件生成氧化膜层的速度与合金中锌含量有关，锌含量低的铜合金氧化膜生成的速度慢，锌含量高的速度较快。

2）电化学氧化法　电化学氧化工艺简便、溶液稳定，氧化膜的力学性能和抗蚀性能都较好，适用于各种铜及铜合金铸件的氧化处理。

（1）铜及铜合金铸件电化学氧化溶液成分及工艺条件见表6.42。

表6.42 铜及铜合金铸件电化学氧化溶液成分及工艺条件

氢氧化钠（NaOH）	温　度	阳极电流密度	时　间	阴阳极面积比	阴极材料
$100 \sim 250$ g/L	$80 \sim 90$ ℃	$0.6 \sim 1.5$ A/dm^2	$20 \sim 30$ min	（$5 \sim 8$）:1	不锈钢

（2）工艺控制参见相关手册。

6.2.5.2　钝化处理

铜及铜合金铸件加工后在较好的环境条件下使用时，可采用酸洗钝化处理的方法来提高铸件的抗蚀能力。它的特点是操作简便、生产效率高、成本低。

1）铜及铜合金铸件钝化处理的溶液成分及工艺条件（表6.43）

表6.43 铜及铜合金铸件钝化处理的溶液成分及工艺条件

溶 液		1	2	3
溶液成分/（g·L⁻¹）	重铬酸钠（$Na_2Cr_2O_7$）	100 ～ 150	—	—
	重铬酸钾（$K_2Cr_2O_7$）	—	—	150
	铬酐（CrO_3）	—	80 ～ 90	—
	硫酸（H_2SO_4）	5 ～ 10	25 ～ 30	18
	氯化钠（$NaCl$）	4 ～ 7	1 ～ 2	—
	苯骈三氮唑	—	—	—
工艺条件	温度/℃	室温	室温	室温
	时间/min	3 ～ 8	15 ～ 30	2 ～ 3

2）生产工艺控制

（1）溶液中重铬酸盐及铬酐是主要成膜物质，它们是强氧化剂，浓度高、氧化力强，钝化膜光亮。

（2）钝化膜的厚度和形成速度与溶液中酸度和阴离子种类有关，当加入穿透能力较强的氯离子后，才能得到厚度较大的膜层。当硫酸含量太高时，膜层疏松、不光亮、易脱落；而含量太低时，膜的生成速度较慢。

6.2.5.3 着色处理

铜和铜合金的着色处理是借助化学药品、颜料和艺术加工的综合作用，使铜及铜合金表面呈现古铜色、装饰纹或其他颜色。

着色处理包括化学着色处理和表面涂料处理。

着色处理过程包括预处理、染色处理和后处理。预处理是将制件先抛光、热水冲洗、冷水冲洗、氰化物溶液浸蚀，然后用冷水冲洗。染色处理是将预处理的制件在染色用的溶液中浸渍，使其着色。后处理是着色之后，依次用热水、碱水、冷水、酒精冲洗，再用锯末吸干，最后涂上透明树脂，以增加耐磨性和艺术效果。铜及铜合金着色处理工艺见表6.44。

表6.44 铜及铜合金的部分化学着色处理工艺

序号	合金	颜色	着色溶液成分		工艺要点
1	铜	古铜色	K_2S $(NH_4)_2SO_4$	5 g/L 20 g/L	室温 浸30 s
2		古铜色	$K_2S_2O_8$ NaOH	15 g/L 50 g/L	60 ～ 65 ℃ 浸5 min
3		黑色	K_2SO_4 H_2O	15 g 1000 g	40 ℃ 浸5 ～ 10 s
4	黄铜	黑色	溶液A： NaOH 溶液B： NaOH KS_2O	60 g/L 60 g/L 7.5 g/L	先在溶液A中浸2 ～ 5 min，然后在加热至沸腾的溶液B中浸10 min

表 6.44（续）

序号	合金	颜色	着色溶液成分		工艺要点
5	铜	蓝色	As_2O_3 H_2O HCl	453 g 16 cm³ 8 cm³	室温浸泡至出现所需颜色，清洗后用50℃、体积分数为10%的H_2SO_4溶液冲洗
6		绿色	$CuCl_2$ NH_4Cl	40 g/L 40 g/L	室温，浸1～5 min
7	铜及黄铜	铜绿色	$Cu(NO_3)_2$ NH_4Cl $CaCl_2$ H_2O（含Cl）	113 g 113 g 113 g 16 cm³	室温涂刷，为防止溶液流掉，可加入少量$CuCO_3$使之成为糊状
8		红色	$CuSO_4$ NaCl	240 g/L 240 g/L	80～95℃，浸5 min
9		巧克力色	$K_2S_2O_8$ $CuSO_4$	7.5 g/L 60 g/L	90～100℃，浸2～3 min
10		褐色	$Na_2Cr_2O_7$ HNO_3 HCl H_2O 气溶胶	150 g 20 cm³ 5 cm³ 1000 cm³ 0.75 g	室温，浸1 min，每隔15 s翻动一次
11		古铜色	$CuCO_3$ NH_4OH	40～200 g/L 200 g/L	室温，浸5～15 min

6.3 铸造镁合金

铸造镁合金牌号及化学成分、室温力学性能见表6.45和表6.46。铸造镁合金的国内外牌号对照见表6.47。

6.3.1 合金及其性能

6.3.1.1 铸造镁合金的规格

表 6.45 铸造镁合金牌号及化学成分

合金牌号	合金代号	Mg	化学成分[a]（质量分数）/%										其他元素[d]	
			Al	Zn	Mn	RE	Zr	Ag	Nd	Si	Fe	Cu	Ni	单个	总量
ZMgZn5Zr	ZM1	余量	0.02	3.5～5.5	—	—	0.5～1.0	—	—	—	—	0.10	0.01	0.05	0.30
ZMgZn4RE1Zr	ZM2	余量	—	3.5～5.0	0.15	0.75[b]～1.75	0.4～1.0	—	—	—	—	0.10	0.01	0.05	0.30
ZMgRE3ZnZr	ZM3	余量	—	0.2～0.7	—	2.5[b]～4.0	0.5～1.0	—	—	—	—	0.10	0.01	0.05	0.30
ZMgRE3Zn3Zr	ZM4	余量	—	2.0～3.1	—	2.5[b]～4.0	0.4～1.0	—	—	—	—	0.10	0.01	0.05	0.30

表 6.45（续）

合金牌号	合金代号	Mg	化学成分[a]（质量分数）/%											其他元素[d]	
			Al	Zn	Mn	RE	Zr	Ag	Nd	Si	Fe	Cu	Ni	单个	总量
ZMgAl8Zn	ZM5	余量	7.5 ~ 9.0	0.2 ~ 0.8	0.15 ~ 0.5	—	—		—	0.30	0.05	0.10	0.01	0.10	0.50
ZMgAl8ZnA	ZM5A	余量	7.5 ~ 9.0	0.2 ~ 0.8	0.15 ~ 0.5	—	—		—	0.10	0.005	0.015	0.001	0.01	0.20
ZMgNd2ZnZr	ZM6	余量	—	0.1 ~ 0.7	—	—	0.4 ~ 1.0		2.0[c] ~ 2.8	—	0.10	0.01		0.05	0.30
ZMgZn8AgZr	ZM7	余量	—	7.5 ~ 9.0	—	—	0.5 ~ 1.0	0.6 ~ 1.2	—		0.10	0.01		0.05	0.30
ZMgAl10Zn	ZM10	余量	9.0 ~ 10.7	0.6 ~ 1.2	0.1 ~ 0.5	—	—		—	0.30	0.05	0.10	0.01	0.05	0.50
ZMgNd2Zr	ZM11	余量	0.02	—	—	—	0.4 ~ 1.0		2.0[c] ~ 3.0	0.01	0.01	0.03	0.005	0.05	0.20

资料来源：《铸造镁合金》（GB/T 1177—2018）。

注：含量有上下限者为合金主元素，含量为单个数值者为最高限，"—"为未规定具体数值。

[a] 合金可加入铍，其质量分数不大于0.002%。

[b] 稀土为富铈混合稀土或稀土中间合金。当稀土为富铈混合稀土时，稀土金属总质量分数不小于98%，铈的质量分数不小于45%。

[c] 稀土为富钕混合稀土，钕的质量分数不小于85%，其中 Nd、Pr 的质量分数之和不小于95%。

[d] 其他元素是指在本表头列出了元素符号，但在本表中却未规定极限数值含量的元素。

表 6.46　铸造镁合金室温力学性能

合金牌号	合金代号	热处理状态	力学性能，≥		
			抗拉强度(R_m)/MPa	屈服强度($R_{p0.2}$)/MPa	断后伸长率(A)/%
ZMgZn5Zr	ZM1	T1	235	140	5.0
ZMgZn4RE1Zr	ZM2	T1	200	135	2.5
ZMgRE3ZnZr	ZM3	F	120	85	1.5
		T2	120	85	1.5
ZMgRE3Zn3Zr	ZM4	T1	140	95	2.0
ZMgAl8Zn	ZM5	F	145	75	2.0
ZMgAl8ZnA	ZM5A	T1	155	80	2.0
		T4	230	75	6.0
		T6	230	100	2.0
ZMgNd2ZnZr	ZM6	T6	230	135	3.0
ZMgZn8AgZr	ZM7	T4	265	110	6.0
		T6	275	150	4.0
ZMgAl10Zn	ZM10	F	145	85	1.0
		T4	230	85	4.0
		T6	230	130	1.0
ZMgNd2Zr	ZM11	T6	225	135	3.0

资料来源：《铸造镁合金》（GB/T 1177—2018）。

表6.47 几个国家部分铸造镁合金相近牌号对照

中国（GB）	美国（ASTM）	英国（BS）	德国（DN）	俄罗斯（ΓOCT）	法国（NF）
ZM5	AZ81A	MAG1	G—MgAl8Zn1	MJ15	GA8Z
	AZ91C	3L122	G—MgAl9Zn1		GA9Z
ZM10	AM100A	MAG3	G—MgAl9Zn1	MJ16	GA9Z
		3L125			

6.3.1.2 分类及各个元素的作用

铸造镁合金按主要合金元素的不同，主要分三类：

第一类是以Mg-Al合金为基础，如镁铝锌合金和镁铝锰合金。

第二类是以Mg-Zn合金为基础，如镁锌锆合金等。这两类合金有较高的常温强度和良好的铸造性能，但耐热性较差，长期工作温度不能超过150℃。

第三类是以Mg-RE为基础，如镁稀土锆合金等。这类合金为耐热镁合金，可在250～300℃下长期工作。

在高强度铸造镁基合金中，除主要元素Al、Zn、Zr外，还添加了一些其他组元，如Cd、Nd、Ag、La等，使力学性能进一步改善。

镁合金中各个元素的主要作用如下。

1）铝（Al） 铝是Mg-Al-Zn合金的主要组元，铝在镁中的最大固溶度为12.7%（437℃），而在室温时仅为0.2%左右，因此镁–铝合金可以进行时效强化，强化相为γ相（$Mg_{17}Al_{12}$）。

2）锌（Zn） 锌的熔点较低，具有与镁相同的晶体结构（hcp）。锌在镁中的固溶度为6.2 wt%，除了固溶强化作用外，时效硬化也很有效。锌加入Mg-Al系合金中，使共晶变为成分偏离型。如含量超过1Zn∶3Al时，铸态合金中将出现$Mg_3Al_2Zn_3$三元化合物。少量锌使固溶体强化，并略提高耐蚀性；但含量过高，则会扩大合金

的结晶间隔，使铸造工艺性变差。Mg-RE系合金中添加锌，可增加晶界上化合物的数量和连续性，有使共晶变成分偏离型的趋势。

3）（锆）（Zr） 锆在镁中的溶解度很小，在包晶温度时为0.58%。由于六方α-Zr的晶格常数（$a=0.323$ nm，$b=0.514$ nm）和镁的晶格常数（$a=0.320$ nm，$b=0.520$ nm）很近，故认为锆或锆的化合物可起到镁合金晶核的作用，从而显著细化镁合金的铸造组织，提高组织的均匀性和性能的稳定性。但由于锆易与铝、锰形成稳定的化合物，使锆失去细化晶粒的作用，所以含锆的铸造和变形镁合金系列中一般不含锰和铝。

4）（锰）（Mn） 锰作为主要合金元素早已在变形镁合金中应用。在铸造Mg-Al-Zn系合金中，通常含有0.15%～0.50%的锰。也有Mg-Al-Mn合金牌号。锰与合金中的杂质铁生成化合物，可使合金的耐蚀性得到提高。

5）稀土（RE） 稀土金属不仅能改善镁合金的综合性能，而且与镁形成重要的耐热合金系。稀土镁合金具有较好耐热性的原因有：（1）Mg-RE系有较高的共晶温度（552～593℃），比Mg-Al及Mg-Zn高很多；（2）Mg-RE系中α固溶体及化合物的稳定性较高；（3）镁中加入三价的稀土元素，提高了电子浓度，增强了原子间的结合力；（4）Mg-RE系合金在200～300℃下固溶度变化较小，时效析出相均匀，相界

面附近浓度梯度较低。近年来研究较多的钆、镝和钇等通过影响沉淀析出反应动力学和沉淀相的体积分数来影响镁合金的性能。

6）钙（Ca） 少量的钙能够改善镁合金的冶金质量，减少熔炼和热处理过程中的氧化。镁合金中添加钙的目的主要有两点：一是在合金浇注前加入，可明显增加合金熔融状态下及后续热处理过程中的抗氧化作用；二是细化 Mg-Al 合金显微组织，提高镁合金的蠕变抗力，并可提高镁板的可轧制性。钙的添加量一般控制在 0.3 wt% 以下，否则镁板在焊接过程中容易开裂。

7）锑（Sb） 锑与镁能生成高热稳定性的化合物 Mg_3Sb_2，是 Mg-Al 合金中一种很有效的室温及高温强化相。此外，锑可细化含硅镁合金的晶粒，并改变 Mg_2Si 相的形貌，使之由粗大的汉字状变为细小的颗粒状，其晶粒细化效果比钙更为显著。

8）硅（Si） 硅添加到镁合金中可提高金属在熔融状态下的流动性，与铁共存时，会降低镁合金的耐蚀性能。硅与镁反应生成的 Mg_2Si 具有高熔点（1085 ℃）、低密度（1.9 g/cm^3）、高弹性模量（120 GPa）和低热膨胀系数（$7.5 \times 10^{-6} K^{-1}$），是一种非常有效的高温强化相，但通常只适合用于冷却速度较快的压铸生产中。在较慢的冷却速度下，Mg_2Si 会呈现粗大的汉字状，对合金力学性能不利，必须与钙、锑等合金元素一同加入，改善 Mg_2Si 形貌。

9）铜（Cu） 铜是影响镁合金耐蚀性的元素，通常添加量超过 0.05 wt% 时，会显著降低镁合金的抗蚀性能，但铜的加入可改善镁合金的高温强度。

10）银（Ag） 银在镁中的固溶度大，可达 15.5 wt%。银的原子半径与镁相差11%，当银溶入镁中后，间隙式固溶原子造成非球形对称畸变，产生很强的固溶强化效果。

11）锂（Li） 锂在镁中的固溶度相对较高（5.5 wt%），可以产生固溶强化效应。由于锂具有较低的密度（0.54 g/cm^3），作为合金元素能显著降低镁合金的密度，甚至能得到比纯镁还轻的镁合金。此外，锂的加入可以改善镁合金的延展性，特别是镁中锂含量达到 11 wt% 时，便可形成具有体心立方结构的 β 相，从而大幅度提高镁合金的塑性变形能力。虽然锂能提高镁合金的延展性，但也会显著降低强度和耐蚀性能。

12）（铍）（Be） 合金中铍的加入量一般不超过 0.001% ~ 0.002%，但它对于降低合金在熔融状态下的氧化性却起到很大作用，含量过多会引起晶粒粗化。

13）杂质元素 镁合金中常见的杂质元素有 Fe、Si、Cu、Ni 等，这些元素会大大降低合金的耐蚀性，因此，除非特殊情况（有时需加入铜、硅作为合金元素），一般镁合金中要严格限制这些元素的含量。

6.3.1.3 铸造镁合金的应用

铸造镁合金的主要特性和应用举例见表6.48。

表6.48 铸造镁合金特点及应用

序号	合金代号	特 点	应用举例
1	ZM1	砂型铸造，强度高，塑性好，切削加工性良好，焊接性差，T1 状态使用	用于制造断面均匀、形状简单、尺寸小的受力铸件及抗冲击负荷零件

表 6.48（续）

序号	合金代号	特　点	应用举例
2	ZM2	比ZM1焊接性能好，强度也有所提高，塑性稍有下降，高温性能优于ZM1，T1状态使用	用于制造长期在170~200℃温度工作的导弹、发动机、飞机的各种零件
3	ZM3	混合稀土为主要合金元素的热强镁合金，有良好的高温性能，气密性好，热裂倾向低，焊接性尚可，铸态或T2状态下使用	用于150~250℃下长期工作的发动机部件、仪表机匣、室温下高气密性铸件
4	ZM4	具有良好的抗蠕变性能，持久强度较高，气密性好，热裂倾向低，室温强度高于ZM3，焊接性尚可	用于150~250℃下长期工作的零件
5	ZM5 ZM5A	Mg-Al-Zn系典型合金，铸造性好，适于S、J型铸造，也可压铸，焊接性好，热裂倾向低，有较大的显微疏松倾向，中等强度，切削性良好，价格较低，但塑性较差，在F、T4、T6状态下使用	用于中等负荷铸件，如增压机匣、舱内隔框
6	ZM6	主要合金元素为钕，高温性能比ZM3、ZM4更佳，室温强度高，铸造性能好，塑性中等，具有优良的综合性能，焊接性良好，适于氩弧焊和点焊，T6状态使用	用于250℃以下长期工作的高强度、高气密性零件
7	ZM7	具有优良的疲劳性能，塑性好，抗拉强度和屈服强度高，充型性好，显微疏松倾向较大，焊接性能差，T4和T6状态下使用	用于要求高强度的零件
8	ZM10	含铝量高，耐蚀性能好，对显微疏松敏感，适于压铸	用于无较高要求的普通零件
9	ZM11	性能与ZM6相似	用于250℃以下长期工作的高强度、高气密性零件

6.3.2　熔炼和浇注

6.3.2.1　熔炼中的氧化与保护

金属镁是极活泼的元素，在固态时就可以氧化。在大气下熔炼时，镁熔体与空气中的氧直接接触，将产生强烈的氧化作用，生成氧化镁。熔炼镁合金时，一般温度超过350℃就应通入保护气体或采用覆盖剂保护，以减少固态的氧化。镁合金熔炼中防止氧化的保护方法主要有以下几种。

1）覆盖熔剂　采用的镁合金覆盖熔剂的化学成分表6.49。

表 6.49　镁合金覆盖熔剂的化学成分

编号	主要成分(质量分数)/%							杂质成分(质量分数)/% ≤				用　途
	氯化镁	氯化钾	氯化钡	氟化钙	氯化钠	氧化镁	氯化钙	氯化钠+氯化钙	不溶物	氧化镁	水	
光卤石	44~52	36~46						7	1.5	2	2	洗涤熔炼浇注工具或配制其他熔剂
RJ-1	40~46	34~40	5.5~8.5					8	1.5	1.5	2	洗涤熔炼浇注工具或配制其他熔剂

表 6.49（续）

编号	主要成分/%							杂质成分/%（不大于）≤				用途
	氯化镁	氯化钾	氯化钡	氟化钙	氯化钠	氧化镁	氯化钙	氯化钠+氯化钙	不溶物	氧化镁	水	
RJ-2	38~46	32~40	5~8	3~5				8	1.5	1.5	3	熔炼 ZM5 合金用作精炼和覆盖
RJ-3	34~40	25~36		15~20		7~10		8	1.5		3	带隔板坩埚熔炼 ZM5 合金覆盖
RJ-4	32~38	32~36	12~16	8~10				8	1.5	1.5	3	ZM1 合金精炼和覆盖
RJ-5	24~30	20~26	28~31	13~15				8	1.5	1.5	2	ZM1、ZM2、ZM3 合金精炼和覆盖
RJ-6		54~56	14~16		1.5~2.5	27~29			1.5	1.5	2	ZM3 合金精炼和覆盖

2）气体保护

（1）SF_6 气体。常采用很少量到 0.1% $SF_6 + CO_2$，或 $SF_6 + N_2$。一般需要专用的混气装置。由于 SF_6 是对臭氧层有破坏的气体，因此应用越来越少。

（2）SO_2 气体。也是与其他气体混合使用，但由于 SO_2 具有毒性，并且在有水分存在的条件下会严重腐蚀钢制设备，因此使用需谨慎。

（3）HFC-134a 等含氟气体。可以用 HFC-134a（1，1，1，2-四氟乙烷）来代替 SF_6，与其他气体混合使用。

6.3.2.2 熔炼设备

1）坩埚 镁熔体不会像铝熔体一样与铁发生反应，因此可以用铁坩埚熔化镁合金并盛装熔体。通常采用低碳钢坩埚来熔炼镁合金。

钢制坩埚有敞开式坩埚和封闭式坩埚。敞开式坩埚熔炼时采用覆盖熔剂保护，而封闭式坩埚主要是为了使用气体保护，平时投料口关闭。

目前，镁合金的熔炉大多采用双层坩埚结构。坩埚内层为耐热低合金钢板，外层为高镍铬不锈钢板。两层钢板最好是紧密结合的复合材料结构。

2）熔化炉 普通重力铸造一般采用坩埚炉熔炼镁合金，其加热方式可以是电阻加热炉、油炉或燃气炉。而与压铸机配套的熔化炉大多数采用封闭式的专用熔化炉，加热方式也可以是电阻加热炉、油炉或燃气炉。

工业生产中镁合金熔炼的主要设备除熔化炉外，还包括预热炉、保护气体混合装置等。熔化炉型有单室炉、双室炉和三室炉等。

6.3.2.3 典型熔炼工艺

1）原材料及涂料准备 镁合金熔炼大多采用重熔工艺，即采用配制好的牌号合金锭进行重熔，炉前不加料或只加入很少量的变质剂等。若是回炉料，表面氧化物必须去除干净，且洁净干燥，没有油、氧化物、沙土和锈蚀的污染。

炉前工具或金属铸型用涂料的配料成分见表 6.50，涂料的配制工艺见表 6.51。

表6.50　涂料的配料成分　　　　　　　　　　　　　　　　　　　　　　　单位：g

涂料牌号	碳酸钙粉	石墨粉	硼酸	水玻璃	水
TL4	33	11	11	—	100
TL8	12	—	1.5	2	100

表6.51　涂料的配制工艺

牌号	配制方法	备注
TL-4	（1）称料后，先将硼酸倒入热水（60℃）槽内，搅拌至全部溶解； （2）将碳酸钙粉和石墨粉混合均匀； （3）将上述混合料加入硼酸水溶液中，搅拌均匀； （4）配制好的涂料应置于有盖容器中备用	（1）涂料的存放期一般不超过24 h； （2）使用前搅拌均匀； （3）如有结块或沉淀，需过滤
TL-8	（1）称料后，先将水玻璃和硼酸倒入热水（60℃）槽内，搅拌至全部溶解； （2）将碳酸钙粉加入水玻璃+硼酸溶液中，搅拌均匀； （3）配制好的涂料应置于有盖容器中备用	（1）涂料的存放期一般不超过24 h； （2）使用前搅拌均匀； （3）如有结块或沉淀，需过滤

2）镁合金的典型熔炼工艺

（1）Mg-Zn-Zr系和Mg-RE-Zr系合金的熔炼工艺见表6.52。

（2）Mg-Al系合金的熔炼工艺见表6.53。

表6.52　Mg-Zn-Zr系和Mg-RE-Zr系合金的熔炼工艺

序号	工序名称	内容	备注
1	装料、熔化	（1）将坩埚预热至暗红色，在坩埚壁和底部撒上适量的熔剂； （2）加入预热的镁锭、回炉料，升温熔化； （3）在炉料上撒上适量的熔剂	
2	合金化	（1）升温至720~740℃后加入锌； （2）继续升温至780~810℃，分批而缓慢地加入Mg-Zr中间合金和稀土金属（指含稀土的镁合金）； （3）全部熔化后，捞底搅拌2~5 min，使合金均匀化	Mg-Zr中间合金应预热至300~400℃；搅拌时尽量不要破坏金属液表面，以减少氧化
3	断口检查	（1）浇注断口试样； （2）检查断口晶粒度	如断口的晶粒度不合格，可酌情补加质量分数为1%~3%的Mg-Zr中间合金，再自工序2重复
4	精炼	（1）将合金液温度调整至750~760℃； （2）精炼4~8 min	按6.3.2.4节要求进行
5	浇注	（1）将合金液升温至780~810℃； （2）静置10~20 min，必要时再次检查断口； （3）降至浇注温度进行浇注	

表6.53 Mg-Al系合金的熔炼工艺

序号	工序名称	内　容	备　注
1	装料、熔化	（1）将坩埚预热至暗红色，在坩埚壁和底部撒上适量的覆盖熔剂； （2）加入预热的回炉料、镁锭、铝锭，升温熔化	
2	合金化	（1）升温至700~720℃； （2）加入中间合金和锌，熔化后搅拌均匀	
3	炉前成分分析	（1）浇注光谱分析试样； （2）进行炉前光谱分析	成分不合格时，可以在调整成分后，重新取样分析
4	变质处理	（1）将合金液升温至变质处理温度； （2）变质处理	740℃左右加质量分数为0.2%~0.5%的碳酸镁，或质量分数为0.5%~0.6%的碳酸钙
5	精炼处理	（1）除渣后调整合金液温度至710~740℃； （2）精炼5~8 min	按6.3.2.4节要求进行
6	断口检查	（1）合金液升温至760~780℃静置10~20 min； （2）浇注断口试样； （3）检查断口	断口如不合格，允许重新进行变质和精炼
7	浇注	降至浇注温度进行浇注	应在1 h内浇完，否则要重新检查断口，合格后方可继续浇注。如断口不合格，允许重新进行变质和精炼处理

6.3.2.4 镁液的精炼与变质

一般压铸机进行压铸件生产时，熔炼镁合金时不采用精炼与变质处理工艺，但重力铸造或其他要求较高的场合，或是敞开式坩埚熔炼时，需进行精炼或变质处理。

1）熔剂净化 采用专门的熔剂对镁液进行精炼，去除镁液中的气体、氧化夹杂以及一些有害合金元素。镁合金熔剂的主要成分是碱金属或碱土金属的氯化物及氟化物的混合物。目前，国内常使用的熔剂是商品化的RJ系列熔剂，见表6.49，国外主要镁合金熔剂见表6.54。

表6.54 国外主要镁合金熔剂的成分、性能及用途

熔剂牌号	国家	成分（质量分数)/%							熔剂的特性	用　途
		$MgCl_2$	KCl	NaCl	$CaCl_2$	CaF_2	$BaCl_2$	MgO		
Dow230	美	34	55			2	9.0		与RJ-2熔剂相似	广泛用于固定式坩埚熔炼
Dow220	美		55		28	2	15		流动性高，不含$MgCl_2$，故与RE、Th等元素不发生置换反应	用于压铸机保温炉。用于熔炼Mg-RE、Mg-Th类合金，如可提出式坩埚熔炼末期加CaF_2稠化
Dow234	美	50	25			5	20		密度大，良好的精炼能力	压铸机保温炉中的精炼熔剂，此时表面靠SO_2气体保护

表 6.54（续）

熔剂牌号	国家	成分（质量分数）/%							熔剂的特性	用　途
		$MgCl_2$	KCl	NaCl	$CaCl_2$	CaF_2	$BaCl_2$	MgO		
Dow310	美	50	20			15		15	与 RJ-3 熔剂相近	广泛用于可提出式坩埚熔剂
Elrasal B	德	40	17	40					与 RJ-2 熔剂相似	固定式坩埚熔炼时覆盖和精炼
Elrasal C	德	46	44	6.5				2.3		重熔切屑用
Elrasal D	德	31	25	6	7	21		5	与 RJ-3 熔剂相似	广泛用于可提出式坩埚熔炼
Elrasal E	德	34	7	10	15	21		13	与 RJ-3 熔剂相似	广泛用于可提出式坩埚熔炼
Elrasal Z	德	44	41	6.5		5		2.4		可提出式坩埚中熔化废料切屑时覆盖用
Elrasal F	德	27.5	26.6	6.8	5.0	26		2.2		可提出式坩埚熔炼时精炼用

2）吹气净化　与铝合金的旋转吹气精炼相似，生产中常采用吹气法来去除镁熔体中的氢。吹气法又称气泡浮游法，它主要是将惰性气体（主要是氩气）通入熔体内部，形成气泡，熔体中的氢在分压差的作用下扩散进入这些气泡中，并随气泡的上浮而被排除，达到除气的目的。气泡在上浮的过程中还能吸附部分氧化夹杂，起到除杂的作用。

按其气体导入方式，可分为单管吹气法、多孔喷头吹气法、固定喷吹法和旋转喷吹法，所用的气体一般为惰性气体氩气。

工业上常采用下列方法去除镁合金中的气体：

（1）通惰性气体（如氩或氮）法。一般在 750～760 ℃下通入 0.5%Ar 于镁液中。通气速度应适当，以不使镁液发生飞溅为原则。通气延续时间为 10～15 min，过久会引起晶粒粗化。此法可使镁合金中氢含量由原来 15 $cm^3/100$ g～19 $cm^3/100$ g 降至小于 10 $cm^3/100$ g。

（2）通氮法。此法多用于大型熔化炉预除气，目的是防止氮与镁激烈反应生成 Mg_3N_2。通氮温度应控制在 660～685 ℃，耗量与镁液容量有关。例如，每吨镁合金液通过 ϕ6 mm 钢管的通氮时间为 30 min 左右，通氮往往会使镁合金产生氮化物夹杂。

（3）添加变质剂（$MgCO_3$）法。分解后生成的 CO_2 也有一定的除气作用。有人提出，向镁合金中加入 0.1%～0.2%Ca，有一定的除气效果，因为 Ca 与 H_2 能形成稳定的 CaH_2 化合物。

（4）联合除气法。先向镁合金液通入 CO_2，接着用氮气吹送 $TiCl_4$，这样可使镁合金液的气体含量降至 6～8 $cm^3/100$ g（普通情况为 13～16 $cm^3/100$ g），即降低 50% 左右。

镁合金除气效果与处理温度和静置时间有关。

3）过滤净化　镁合金铸件绝不可采用含氧化硅较多的、普通的泡沫陶瓷过滤片。可采用氧化镁泡沫陶瓷过滤器或过滤片。

4）镁合金的细化与变质处理

（1）Mg-Al系合金的变质处理。目前常用的晶粒细化方法是用"碳"变质处理，即在熔液中加入一定量的$MgCO_3$、$CaCO_3$、C_2Cl_6等含碳的化合物，在高温下碳化物分解还原出碳，碳又与铝生成大量弥散分布的Al_4C_3难熔质点。由于Al_4C_3与镁同属密排六方晶格，晶格常数与δ-Mg仅差4%，故可作为外来晶核，使基体晶粒细化。变质剂用量、处理温度及工艺见表6.55、表6.56。

表6.55 Mg-Al铝系合金的变质剂及其用量和处理温度

变 质 剂	用量（占炉料质量分数）/%	处理温度/℃
碳酸镁或菱镁矿碳酸钙（白垩）六氯乙烷	0.25～0.5	710～740
	0.5～0.6	760～780
	0.5～0.8	740～760

注：① 菱镁矿在使用前应破碎成约10 mm的小块。

② 碳酸钙在使用前应磨碎，过20号筛。

表6.56 Mg-Al系合金的变质处理工艺

工序名称	内 容
变质剂的准备	（1）将变质剂按规定比例称重； （2）将变质剂用铝箔包好后置于预热的钟形罩中
合金液的准备	根据所采用的变质剂，将合金液升温至合适温度
变质处理	（1）用钟形罩将变质剂缓慢地压入合金液中1/2～2/3深处；平稳地作水平移动，直至变质剂分解完毕，变质处理的持续时间不应少于5 min； （2）合金液表面燃烧处，可以用熔剂覆盖熄灭； （3）清除合金液表面上的熔渣； （4）变质后准备精炼

注：ZM1、ZM2、ZM3、ZM4和ZM6镁合金采用锆对合金进行细化晶粒（变质）处理。因此，无须进行上述变质处理。

（2）Mg-Zn、Mg-RE系合金的变质处理。"碳"变质只适用于Mg-Al系合金，对于Mg-Zn、Mg-RE系合金只有加锆才能显著细化晶粒。锆对Mg-Zn系合金晶粒细化的影响为：当锆的质量分数小于0.6%时，细化作用很小；当锆的质量分数大于等于0.6%时，Mg-Zn合金晶粒明显细化。从Mg-Zr包晶状态图可知，在包晶温度下，镁仅能溶解0.597%锆。当锆的质量分数大于0.6%时，镁熔液中出现大量难熔的α-Zr质点，起外来晶核的作用，使Mg-Zn合金晶粒细化。锆还与镁合金中的氢形成ZrH_2固态化合物，从而大大降低镁熔液中的含氢量，对减轻疏松有利。锆的熔点高（1855 ℃）、密度大（6.45 g/cm³），在镁熔液中难以溶解，无法以纯锆的形式加入；锆在镁中的溶解度很低，难以用纯锆制成含锆量高、成分均匀的Mg-Zr中间合金。锆的化学活性很强，与炉气中的氧、氮、氢、CO、CO_2及合金中的铁、铝、硅、锰、钴、镍、锑、磷等均能生成不溶于镁的化合物，沉积于坩埚淤渣中，从而使合金中的含锆量下降。生产中锆的实际加入量一般为合金成分需用量的1～3倍，并多以Mg-Zr中间合金形式加入。

6.3.3 热处理

常用镁合金的热处理规范见表6.57、 表6.58。

超过350 ℃的固溶处理阶段需要采用气体保护，以防止氧化。可采用氩气或 $SF_6 + CO$ 等气体。

表6.57 ZM1、ZM2、ZM3、ZM4和ZM6合金的热处理规范

合金代号	热处理状态	固溶处理			时效处理			退火		
		加热温度/℃	保温时间/h	冷却介质	加热温度/℃	保温时间/h	冷却介质	加热温度/℃	保温时间/h	冷却介质
ZM1	T1	—	—	—	175±5	12	空气	—	—	—
					218±5	8				
ZM2	T1	—	—	—	325±5	5~8	空气	—	—	—
ZM3	F	—	—	—	—	—	—	—	—	—
	T2	—	—	—	—	—	—	325±5	3~5	空气
ZM4	T1	—	—	—	200~250	5~12	空气	—	—	—
ZM6	T6	530±5	12~16	空气	200±5	12~16	空气	—	—	—

资料来源：《镁合金铸件热处理》（HB 5462—90）。

注：ZM2合金在低锌、高稀土含量情况下，可采用 (330±5)℃×2 h + (175±5)℃×16 h或(330±5)℃×2 h + (140±5)℃×48 h热处理工艺制度，这可以使合金性能稍有改善。

表6.58 ZM5、ZM10合金的热处理规范

合金代号	铸件组别	热处理状态	固溶处理					时效		
			加热第一阶段		加热第二阶段		冷却介质	加热温度/℃	保温时间/h	冷却介质
			加热温度/℃	保温时间/h	加热温度/℃	保温时间/h				
ZM5	Ⅰ	T4	370~380	2	410~420	14~24	空气	—	—	—
		T6	370~380	2	410~420	14~24	空气	170~180	16	空气
								195~205	8	
	Ⅱ	T4	370~380	2	410~420	6~12	空气	—	—	—
		T6	370~380	2	410~420	6~12	空气	170~180	16	空气
								195~205	8	
ZM10	—	T4	360~370	2~3	405~415	18~24	空气	—	—	—
		T6	360~370	2~3	405~415	18~24	空气	185~195	4~8	空气

资料来源：《镁合金铸件热处理》（HB 5462—90）。

注：Ⅰ组系指壁厚大于12 mm和壁厚虽小于12 mm，但局部厚度大于25 mm的砂型铸件，其余均为Ⅱ组。

6.3.4　铸件质量控制和铸造缺陷

6.3.4.1　质量控制项目和方法

质量控制项目主要包括合金的化学成分、金相组织、力学性能、铸件内部质量及气密性检验、工艺检验等。此处主要介绍化学成分和力学性能的检验。

1）化学成分的检验（表6.59）。

表6.59　化学成分的检验

项　目	内　容	要　求	备　注
化学分析或光谱分析	（1）每一熔炼炉次合金都必须检查其基本组元和主要杂质； （2）含锆合金的杂质可定期检查（连续生产下不应超过一个月）	（1）化学成分应符合《铸造镁合金》（GB/T 1177—2018）的规定； （2）第一次分析不合格时，允许重新取样分析； （3）第二次分析不合格时，该熔炼炉次所浇铸件全部报废	（1）当原材料的来源改变时，应对合金的杂质进行全面分析； （2）测得的值遇界限时，允许修约

2）力学性能的检验

（1）单铸试样和铸件切取试样的拉伸试验见表6.60。

（2）测定合金力学性能用的单铸试样应在砂型中铸造并带铸造表皮进行试验，其尺寸和形式见GB/T 1177—2018。

表6.60　单铸试样和铸件切取试样的拉伸试验

项目	内　容	要　求	备　注
拉伸试验	Ⅰ类铸件。 ① 必须测定与铸件同熔炼炉次的单铸试样的力学性能，数量为3个； ② 当图纸上指定切取试样的部位时，在连续生产情况下，大件一般不多于20件、中小件不多于50件时应抽一件检验所指定切取部位的力学性能； ③ 铸件切取试样应为3个（或3的倍数）$d=6$ mm试样（按GB/T 228.1—2001）。 Ⅱ类铸件。 必须测定与铸件同熔炼炉次的单铸试样的力学性能。 Ⅲ类铸件。 一般不检验力学性能	（1）同一炉次送检1根，测定其力学性能符合技术标准的要求，视为合格； （2）单铸试样第一次试验不合格时，再取2个试样进行试验； （3）如第二次的性能仍不合格时，则从有代表性的铸件上切取3个试样进行试验； （4）切取试样的平均值和最小值应符合技术标准的要求； （5）第三次热处理后，铸件切取试样的性能仍不合格时，则该熔炼炉次的铸件报废	（1）铸件图上没有规定切取部位时，则由检验部门确定； （2）铸件上如不能切取$d=6$ mm圆形试样时，允许切取板形比例试样； （3）试样断口上因有目视可见夹渣、气孔等缺陷而不合格时，应补充试样重新试验； （4）测得的性能值遇界限值时，允许修约

（3）实验室用镁合金力学性能测试用金属型铸造模具。该金属型模具相对于目前仅有的镁合金砂型铸造试样标准，具有结构更简单、加工容易、工作量小、耗材少等优点，且克服了砂型铸件易存在显微疏松、氧化夹杂、热裂纹等缺陷，适合在高等院校、厂矿、企业等实验室进行镁合金力学性能、耐腐蚀性能等取样用（图6.2）。

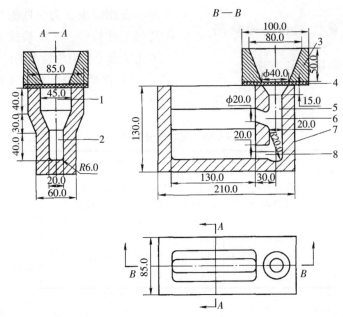

图6.2　镁合金力学性能试样金属型模具系统

1—力学性能、耐腐蚀性能取样部位（切取呈片状或圆柱状拉伸试样）；2—冒口补缩部位；
3—浇口杯；4—过滤网或陶瓷过滤块；5—直浇道；6—上内浇道；7—横具；8—下内浇道

（4）镁合金压铸方法中用的标准力学　　　的压铸铝合金）。
性能检验试样如图6.3所示（也适用于前面

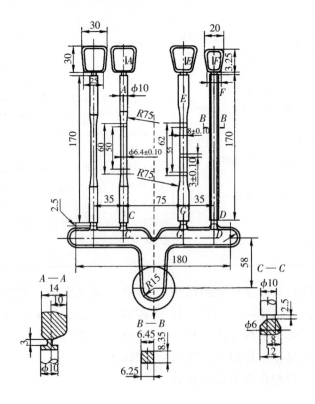

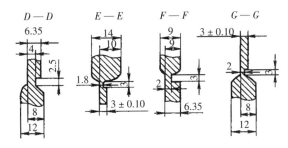

图6.3　镁合金（或铝合金）压铸力学性能试样工艺图及尺寸

6.3.4.2　常见铸造缺陷及防止方法（表6.61）

表6.61　镁合金铸件缺陷及防止方法

缺　陷	特　征	防　止　方　法
冷隔	合金液流被氧化皮隔开而未熔合为一体。严重时成为欠铸。常出现在铸件的顶壁上、薄的水平或垂直面上、厚薄转接处或薄肋条上	（1）适当提高浇注温度和金属型的温度； （2）提高铸型、型芯的排气能力； （3）合理选择浇注系统的位置、数量和面积； （4）增加铸件某一部位的厚度； （5）保持合金液流平稳、均匀而无紊流地进入铸型
夹杂 （氧化皮）	断口呈深灰、黑和浅黄色，不规则的点或小块状存在于铸件内部，外形上呈薄片、皱皮或团絮状，有时还带有少量的熔剂。薄壁铸件则常露于表面	（1）保持炉料清洁熔剂干燥，仔细精炼，充分静置并往合金中加入少量铍； （2）正确设计浇注系统，采用过滤器，起动坩埚要平稳，正确浇注，避免氧化和燃烧。浇注时不断撒以硫黄、硼酸防护剂或喷保护气体防护； （3）造型操作要正确，控制型砂水分，砂芯要干透，控制好合型时间
夹杂（熔剂夹杂）	（1）大块熔剂夹杂在铸件内呈水滴状，常与熔渣同时出现。细小熔剂夹杂呈分散状，经过一段时间后在铸件表面上或断口上呈暗色斑点； 　　（2）表面上的大块熔剂夹杂在打箱后呈暗褐色，而细小熔剂则难以被发现； 　　（3）熔剂夹杂一般分布在浇注系统和内浇道附近和铸件下部。机械加工暴露出熔剂的表面在空气中停留一段时间后呈暗色斑点，然后在斑点上出现白色粉末（"长毛"）	（1）应遵守合金的熔炼规范和浇包在坩埚中舀取合金液的规定，两次舀取合金液之间的时间间隔不少于4 min； （2）使用合格的熔剂并定期检查； （3）浇注前仔细清除坩埚周围边缘和可提式坩埚浇嘴上的熔剂； （4）吊出坩埚时要平稳，坩埚中要剩留规定比例的合金液； （5）熔剂坩埚的温度不低于780℃，浇包和工具洗净后要滴净所有的熔剂； （6）采用合理的浇注系统
反应后的砂夹杂	该缺陷存在于含锆的合金铸件中，呈"不均匀分布的点状偏析"，即轮廓极为分明，在直径约1 mm的圆形亮区，常有比中心还亮的亮圈显示于射线照片上	（1）使用有足够湿强度的型砂和型芯砂； （2）砂型的紧实度要合适，并要仔细去除型面上和浇注系统内的浮砂； （3）采用合适的浇注系统和适宜的浇注温度； （4）砂型装配好后应在较短的时期内进行浇注
疏松和缩孔	疏松是金属枝晶间或晶界孔洞。分布在铸件补缩不良的部位，用肉眼无法分辨，但在显微镜下可看到成片的小孔，在断口上呈淡黄色、灰色或黑色。射线照相检验时在底片上呈羽毛状或海绵	（1）正确使用冒口、冷铁，使铸件顺序凝固； （2）向冒口内导入热合金液、加大冒口等以延缓冒口的冷却； （3）改变零件的局部结构，消除热节部位，以利于顺序凝固；

表6.61（续）

缺　陷	特　征	防止方法
疏松和缩孔	状暗区。一般在铸件内部，有时穿透整个壁厚，造成铸件气密性不合格。 　　缩孔是金属不致密的宏观缩松，可用肉眼分辨，分布在铸件内部，露出表面后则呈虫蛀状，所以又称为"虫蛀状疏松"	（4）适当降低硬模温度，按顺序凝固原则调整涂料； （5）使内浇道均匀分布于铸型上，在某些情况下，在内浇道对面放置冷铁； （6）适当降低合金的浇注温度； （7）炉料应干燥并清洁； （8）变质良好； （9）型砂的水分要适当，铸型排气要畅通
热　裂	铸件上出现的直或曲折裂隙（穿通裂纹）、裂口（非穿通裂纹）。热裂纹处的断口被强烈氧化而呈深灰色或黑色，无金属光泽，并沿晶界裂开	（1）细化合金组织； （2）防止含铝和含锆镁合金相混，控制铍的添加量； （3）改善零件设计，消除尖角，使厚薄截面均匀过渡； （4）减少铸件收缩时的阻力，提高铸型和型芯的退让性； （5）尽可能使铸件顺序凝固； （6）降低浇注温度； （7）正确放置冷铁

6.3.5　铸件表面处理

6.3.5.1　化学氧化处理

除采用适当的铸造工艺外，镁铸件经过表面防护处理后能在大气条件下长期使用。

镁合金铸件的表面保护通常采用化学氧化处理，在表面上形成厚 $0.5 \sim 3.0\ \mu m$ 的防护膜。此膜与油漆结合良好，但容易被划伤和擦伤，故一般用它作工序间的防护和装饰。成品件在化学氧化处理后进行喷漆。

铸型必须在浇注后2个昼夜内清砂，然后在4个昼夜内进行化学氧化处理。铸件在经过清理和精整后进行热处理。不需要热处理的铸件则送交化学氧化处理。

铸件热处理后应于7个昼夜内进行重复氧化处理。氧化处理后的铸件在氧化膜未受破坏的情况下，保存期限不超过一个月，否则应进行油封。

常用氧化处理化学溶液及处理工艺参见相关手册。

6.3.5.2　阳极氧化

阳极氧化是一种在金属和合金上产生一层厚而稳定的氧化物膜层的电解工艺。这种膜层可用于提高油漆在金属上的附着力，作为染色的前提条件或作为一种钝化处理。为了获得耐磨和耐蚀膜层，必须对阳极氧化膜层进行封孔。可以通过将水合碱性金属物沉积进入孔隙来密封多孔的氧化物膜层，还可以通过在热水中煮沸、蒸汽处理、重铬酸盐封孔和油漆封孔等来完成。阳极氧化膜层不适合于单独作为铸造镁合金最终使用的表面处理膜层，但是，它能为腐蚀保护体系提供极好的油漆基底。一些已公开的铸造镁合金阳极氧化处理工艺及对涂层的影响情况参见相关手册。

6.4　铸造锌合金

6.4.1　合金及其性能

6.4.1.1　铸造锌合金的规格

我国压铸用锌合金件的牌号、化学成分见表6.62，其力学性能见表6.63。

表6.62 压铸用锌合金件牌号、化学成分

序号	合金牌号	合金代号	元素含量（质量分数）/%							
			Al	Cu	Mg	Fe	Pb	Sn	Cd	Ni
1	YZZnAl4A	YX040A	3.7~4.3	≤0.10	0.02~0.06	≤0.05	≤0.005	≤0.002	≤0.004	—
2	YZZnAl4B	YX040B	3.7~4.3	≤0.10	0.005~0.020	≤0.05	≤0.003	≤0.001	≤0.002	0.005~0.020
3	YZZnAl4Cu1	YX041	3.7~4.3	0.7~1.2	0.02~0.06	≤0.05	≤0.005	≤0.002	≤0.004	—
4	YZZnAl4Cu3	YX043	3.7~4.3	2.6~3.3	0.02~0.06	≤0.05	≤0.005	≤0.002	≤0.004	—
5	YZZnAl8Cu1	YX081	8.0~8.8	0.8~1.3	0.01~0.03	≤0.075	≤0.006	≤0.003	≤0.006	—
6	YZZnAl11Cu1	YX111	10.5~11.5	0.5~1.2	0.01~0.03	≤0.075	≤0.006	≤0.003	≤0.006	—
7	YZZnAl27Cu2	YX272	25.0~28.0	2.0~2.5	0.01~0.02	≤0.075	≤0.006	≤0.003	≤0.006	—
8	YZZnAl3Cu5	YX035	2.5~3.3	5.0~6.0	0.025~0.050	≤0.075	≤0.005	≤0.003	≤0.004	—

资料来源：《锌合金压铸件》（GB/T 13821—2023）。

表6.63 压铸用锌合金件力学性能

序号	合金牌号	合金代号	拉伸性能			布氏硬度/HBW
			抗拉强度（R_m）/MPa	屈服强度（$R_{P0.2}$）/MPa	断后伸长度（A）/%	
1	YZZnAl4A	YX040A	283	221	10	82
2	YZZnAl4B	YX040B	283	221	13	80
3	YZZnAl4Cu1	YX041	328	228	7	91
4	YZZnAl4Cu3	YX043	359	283	7	100
5	YZZnAl8Cu1	YX081	374	290	6	103
6	YZZnAl11Cu1	YX111	404	320	4	100
7	YZZnAl27Cu2	YX272	425	376	1	119
8	YZZnAl3Cu5	YX035	310	240	4	105

资料来源：《锌合金压铸件》（GB/T 13821—2023）。

注：表中数值均为最小值。

6.4.1.2 Zn-Al合金中合金元素的作用

1）铜 加入Cu，除少量固溶于η、β外，还能形成以$CuZn_3$化合物为基的ε相固溶体，从而使合金强化，提高了力学性能。含铜较高的高铝锌合金（0.75%~2.2% Cu）具有良好的耐磨性。铜的不利作用是促进锌合金中β相的分解，从而加速锌合金的"老化过程"。含铜量愈高，这个"老化过程"愈显著。

2）镁 Mg在Zn-Al合金中溶解度不大，但镁同样能起到固溶强化、提高强度和硬度的作用。高强度铸造锌合金的含镁量不宜超过0.03%（大体上是固溶强化的极

限）。镁含量过高，会降低合金的塑性、韧性及蠕变强度，增加合金的热裂、冷裂敏感性。锌合金中的镁量尽管低，但十分重要，因为镁还能防止晶间腐蚀发生。另外，镁可降低锌、铝合金的共析转变温度，抑制 β 相的分解，防止合金老化。

6.4.1.3 铸造锌合金的应用

锌合金的典型应用是五金零部件，如拉手、拉链等，大多数都是通过压铸方法成型。一般的锌合金零部件存在长时间使用中的自然时效的"老化过程"。

含铝较低的锌合金性能不高。通过多元合金化方法和采用金属型、压铸等特种铸造方法研制出一系列性能优良的高铝锌基合金（含18%～27%Al）。这类合金具有较高的力学强度、优良的湿摩擦性能，可代替锡青铜、锡基和铅基巴氏合金制造轴承材料、机床导轨等。

6.4.2 熔炼和浇注

6.4.2.1 熔炼设备、炉前准备

熔炼铝合金用的熔炉，包括焦炭炉、煤气炉、电阻炉、感应炉等，一般均适用于熔炼锌合金。此外，锌合金在通常熔炼温度下与铁发生反应，为避免铁对合金的污染，不宜采用铸铁坩埚，所用工具也应涂刷适当的耐火涂料。

所有金属炉料的化学成分必须符合要求，外观干净、无油污及泥沙。入炉前应预热至200～300℃。

新的石墨坩埚在使用前应缓慢升温至900℃进行焙烧。旧坩埚应首先检查是否已损坏，然后清除坩埚壁上附着的炉渣和金属。装料前要预热至500～600℃。

所有与锌合金液接触的工具必须清理干净，喷刷涂料（配方见表6.64）并充分干燥后方可使用。

表 6.64　熔炼锌合金时坩埚和工具用涂料的配方　　单位：%

序号	氧化锌	滑石粉	石墨粉	水玻璃	水
1	25～30	—	—	3～5	余量
2	—	20～30	—	6	余量
3	—	—	20～30	5	余量

6.4.2.2 配料及熔炼操作要点

锌合金一般可不进行精炼处理，烧损率较小（质量分数为1%～2%）。进行精炼处理时，烧损率加大，有时可达8%。配料计算所需的各元素的烧损率可参考表6.65。

表 6.65　熔炼锌合金时各元素的烧损率　　单位：%

元　素	Zn	Al	Cu	Mg
烧损率（质量分数）	1～3	1.0～1.5	0.5～1.0	10～30

锌合金的熔炼操作要点见表6.66。

表6.66 锌合金的熔炼过程要点

直接熔炼法	两步熔炼法
（1）将石墨坩埚预热至暗红色（约500～600℃）并加入一铲木炭作为覆盖剂（电炉熔化时可以不加）； （2）加入电解铜或钢锭熔化后用占 $w(\text{Cu})=0.6\%\sim1.0\%$ 的磷铜脱氧； （3）加入全部铝； （4）铝熔清后加入锌的质量分数为90%及回炉料； （5）待金属液温度达到650℃以上时，用钟罩压入所需的镁量； （6）当回炉料用量较大时，可压入质量分数为0.2%～0.3%的 C_2Cl_6 或质量分数为0.1%～0.15%的 $ZnCl_2$ 进行精炼，待反应停止后扒渣并静置5～10 min； （7）加入剩余的锌降温，搅拌、扒渣并测温。当温度符合要求时即可浇注	第一步：熔炼Al-Cu中间合金（操作要点见第1章）。 第二步：熔炼锌合金。 （1）将坩埚预热至暗红色，加入质量分数为90%左右的锌和回炉料，再加入中间合金； （2）加热熔化，待金属液温度达到650℃以上时，加入所需镁量； （3）必要时加入质量分数为0.10%～0.15%的 $ZnCl_2$ 或质量分数为0.2%～0.3%的 C_2Cl_6 进行精炼； （4）加入剩余的锌和回炉料，搅拌、扒渣； （5）取样检验、测温，合金成分合格、温度合适时即可出炉浇注

6.4.2.3 净化、变质处理和浇注

1）净化处理 锌合金可采用静置澄清、氯盐处理、惰性气体吹炼以及过滤等净化方法。其中应用最广的是氯盐处理法。待合金熔化后用钟罩压入质量分数为0.1%～0.2%的氯化铵。用细粒陶瓷过滤器过滤金属液可以获得更好的净化效果。使用平均粒径2～3 μm、层厚10 mm的过滤器可以去除ZA4-1合金中质量分数将近90%的氧化物和质量分数85%的金属间化合物。使用时将过滤器置于钟罩中，加热至500℃，放入保温炉内或浇包内。过滤后合金性能明显提高。

2）变质处理 变质处理可以细化ZA27-2合金的α固溶体枝晶组织，从而提高断后伸长率。表6.67为不同变质剂对金属型铸造ZA27-2合金力学性能的影响。

表6.67 不同变质剂对ZA27-2合金（金属型铸造）力学性能的影响

序 号	变质元素	抗拉强度/MPa	断后伸长率/%
0	—	398～401	2～6
1	B	396～409	8～20
2	Ti-B	398～418	6～19
3	Zr	361～385	< 1
4	La	393～401	12～16
5	Ce	392	13

3）浇注 锌合金的浇注一般在400～480℃下进行，浇注温度见表6.68。表中合金代号为砂型或金属型重力铸造的合金代号（GB/T 16746—2018），其化学成分与表6.62中相对应牌号成分相近。

表6.68　铸造锌合金的浇注温度

合金代号	ZA4-1	ZA4-3	ZA8-1	ZA9-2	ZAl11-5	ZAl11-1	ZA27-2
浇注温度/℃	400~430	410~440	425~480	430~485	415~470	450~530	510~590

6.4.3　热处理

6.4.3.1　稳定化处理（低温时效）

铸造锌合金的固相脱溶分解与共析转变因冷却较快和合金元素（Cu、Mg）的作用而受到抑制，从而获得介稳定组织。在室温下介稳态会逐渐缓慢地向稳定态转变而引起铸件尺寸和力学性能的变化。在低温下进行稳定化处理可加速这种组织转变，使尺寸和性能稳定，处理的温度越高，稳定化所需的时间越短。100 ℃下保温，需3~6 h；85 ℃下保温，需5~10 h；70 ℃下保温，则需10~20 h。表6.69为锌合金压铸件在铸态下和稳定化处理后的尺寸收缩情况。

表6.69　锌合金压铸件的尺寸收缩　　　　　　　　　　单位：mm/m

铸　态			稳定化处理①后		
时　间	YZZnAl4	YZZnAl4Cu1	时间	YZZnAl4	YZZnAl4Cu1
5周后	0.32	0.69	5周后	0.20	0.22
6月后	0.56	1.03	3月后	0.30	0.26
5年后	0.73	1.36	2年后	0.30	0.27
8年后	0.79	1.41			

注："①"指（100±5）℃、6 h，空冷。

6.4.3.2　均匀化

锌合金的均匀化是在320~400 ℃保持3~8 h后随炉冷却的过程。均匀化处理可以减轻或消除枝晶偏析并获得细片状共析组织，使合金的塑性和韧性提高而强度降低。

6.4.4　铸件质量控制和铸造缺陷

6.4.4.1　主要质量控制项目

质量控制项目主要包括合金的化学成分、金相组织、力学性能、铸件内部质量等。

1）炉前温度测量及控制　可采用镍铬-镍铝热电偶测温仪。

2）化学成分分析　出炉前取样进行分析，以确定合金的化学成分是否合格，如光谱分析法。

3）炉前试验　由于锌合金吸气性小，一般不进行含气试验，但可参照铜合金炉前检验法用金属型浇注弯曲试样来检查合金质量。浇注后2~3 min将已凝固的试样从铸型中取出水冷，然后将试样一端夹持在虎钳上用锤击断。根据击断时用力的大小及试样的折断角来判断合金的力学性能，并结合观察断口的晶粒大小、有无偏析、氧化、夹渣等，判断合金质量。

4）力学性能　测定试样有3种不同的制取方法：单铸、附铸或铸件上切取。力学性能检测按有关标准测定。

6.4.4.2 常见缺陷及防止方法（表6.70）

表6.70 锌合金铸件常见铸造缺陷及防止方法

名称	特 征	防 止 方 法
冷隔	为线条状、深浅不一样的槽，棱角呈圆角。常发生于铸件的宽大表面、难充填的薄壁断面或金属流在型腔中的汇合处	适当提高浇注温度； 改善合金的流动性； 改进浇注系统以提高充型速度； 改进铸型排气； 适当提高铸型温度或对产生缺陷部位的型壁加强温度控制
气孔	孔洞大小不一可能是单个的，也可能是成群的，不规则地分布于铸件内部、表面或接近表面处（属外源性或侵入性气孔）	严格控制型、芯砂的含水量； 金属型、芯必须先经预热，再喷涂料，喷涂料及补喷涂料后均应烘透； 改进浇注系统设计，并采用合理的浇注工艺使金属液平稳充型； 从工艺设计上保证型、芯排气畅通
缩孔与缩松	为敞露或封闭的孔洞，通常内壁粗糙，并常见树枝状结晶。缩孔可以是集中的，也可以是分散的。高铝锌合金缓慢冷却时缩孔常位于铸件底面（底面缩孔）。缩孔附近常见缩松区	设置冷铁加速局部冷却； 冒口尺寸应适当，并提高冒口补缩效率； 降低浇注温度； 使高铝锌合金铸件的重要表面朝上； 进行变质处理
裂纹	裂口呈波浪形或直线形，纹路狭长，穿透壁厚或不穿透壁厚	熔炼时严格控制杂质含量，还可对合金进行晶粒细化处理； 改进铸件设计并正确设置浇冒口和冷铁； 延长开型时间； 调整好型芯和推杆
夹渣	呈不规则明孔或暗孔，孔内充塞着渣	使用清洁的炉料，必要时进行精炼彻底清渣，使用清洁的浇注工具，并防止浇注时带入熔渣
重力偏析	铸件下部含锌量较高，而上部含铝量较高	浇注前充分搅拌金属液； 降低浇注温度； 加快冷却速度； 进行变质处理

6.4.5 铸件表面处理

虽然许多锌合金铸件可以在铸态下使用，但是在某些情况下还需要进行表面处理。一方面保护铸件不受腐蚀；另一方面还可起到装饰性作用，使之外表更加美观。

1）**电镀** 刚抛光过的锌合金铸件，看起来就像镀过铬的，但很快就会失去光泽。锌合金铸件的常用电镀工艺为在铜的底镀层上镀镍，并最后用铬处理。此外，锌合金铸件也可以直接镀铬，以提高硬度和耐磨性，降低摩擦因数，并改善耐蚀性。

2）**涂漆** 锌合金铸件可涂敷各种不同的漆料。涂漆前零件通常需经磷酸盐或铬酸盐溶液处理。对于某些较便宜的零件，可使用附着力不强并含有酸性腐蚀成分的丙烯酸油漆；对于耐蚀性要求高的零件，最好采用环氧树脂漆或各种胺基漆，涂漆后进行烘烤。

3）**金属喷镀** 金属喷镀法是在高真空下使经过处理的零件表面涂敷上一层很薄的金属膜。金属喷镀法可以模拟出铜、银、黄铜、金等外观颜色。这种工艺已用于锌合金压铸件。如果脱脂后涂上底漆就可以掩饰表面缺陷，则待处理的零件无须抛光，经低温烘烤后，使铝蒸汽在真空下沉积到零件上形成薄膜。等二次喷清漆后经过烘烤得到银白色的涂层，就可以将零件表面染成任何颜色。

4）阳极氧化处理　锌合金的阳极氧化处理是在阳极氧化处理液内，在不超过200 V的电压下进行的。处理后铸件的表面是多孔性的，但可在加热的水玻璃稀溶液内或者用有机涂料进行密封。阳极氧化处理能有效地提高锌合金的耐蚀性。

6.5 铸造钛合金

6.5.1 铸造钛合金材质

6.5.1.1 铸造钛合金的分类

铸造钛合金是指通过铸造的方式成形的钛合金，其力学性能较好，抗拉强度、断裂韧度、持久强度和蠕变强度与变形合金相近，但其塑性和疲劳强度较变形合金低，因为在铸造过程中形成的组织较为粗大。铸造钛合金在经过热等静压处理后，可以在抗拉强度和塑性不变的情况下，提高疲劳性能。钛合金中常见的相有 α 相和 β 相两种，铸造钛合金按照其微观组织组成通常分为三类：α 型、α + β 型、β 型。

1）α 型钛合金　目前常用的 α 型铸造钛合金主要有工业纯钛、ZTA7、ZTA12、ZTA13、ZTA15、ZTA19 等。

工业纯钛，其成型性能优异，室温抗拉强度较低，塑性较好，不能进行热处理强化，主要用于制造各种耐腐蚀和非承力结构件，工作温度最高达300 ℃，主要产品有泵体和阀门等。

ZTA7 钛合金是一种中等强度的 α 型铸造钛合金，不能热处理强化，一般在退火状态下使用。在室温和高温下具有良好的断裂韧度，焊接性能良好。该合金可用于制造航空发动机的机匣壳体、壁板、泵体、叶轮和阀门等。该合金的长期工作温度为500 ℃，短时工作可达800 ℃。

ZTA12 钛合金是一种近 α 型铸造钛合金，其综合性能较好，可在550 ℃下长时间工作。该合金塑性较好，可以采用压力加工和机械加工。生产的铸件主要用于航空发动机压气机盘和叶片等零件。

ZTA13 钛合金是一种低强度的 α 型铸造钛合金，该合金具有较高的塑性，其焊接性和热稳定性也较好，可在350 ℃下长期工作。生产的铸件主要用于航空发动机的外涵道部件。

ZTA15 钛合金是高铝当量近 α 型钛合金，该合金的铝当量为6.58%，具有良好的热强性、抗疲劳裂纹扩展的能力和断裂韧度，但室温塑性稍低于 TC4，可用于制造500 ℃下长期工作的飞机、发动机零件和焊接承力零部件。

ZTA19 钛合金是一种近 α 型铸造钛合金，该合金在540 ℃下仍具有较高的强度，可以在500 ℃下长期工作，其蠕变性能较好，该合金的加工性能和焊接性能较好。生产的铸件主要用于航空发动机的压气机机匣和飞机的蒙皮。

2）α + β 型钛合金　目前常用的 α + β 型铸造钛合金主要有 ZTC4、ZTC3、ZTC6、ZTC11、ZTC16 等。

ZTC4 钛合金是具有中等强度的 α + β 型钛合金，其具有优异的综合性能，在退火状态下可在350 ℃长期工作。合金铸造性能和焊接性能良好，一般用于制造发动机的风扇和压气机盘以及泵和阀门等铸件。

ZTC3 钛合金在500 ℃以下具有优异的热强性能和较高的室温抗拉强度，由于含有微量稀土元素，合金的高温持久性能得到了改善。该合金可用于制造在500℃以下长期工作的发动机压气机机匣、叶轮和支架等异型铸件。

ZTC6钛合金是一种综合性能良好的马氏体型α+β两相钛合金，一般在退火状态下使用。该合金具有较高的室温强度，具有优异的热加工工艺性能，是一种中温高强钛合金，工作稳定温度高达400℃。

ZTC11钛合金是一种综合性能良好的α+β型钛合金，其在500℃下高温强度和蠕变抗力较好，室温强度也较高。该合金的热加工和焊接性能较好。生产的铸件主要用于制造航空发动机的压气机盘和鼓筒等零件。

ZTC16钛合金是一种马氏体型α+β型钛合金，强度中等，塑性较好，可在350℃下使用，可以通过热处理进行强化，固溶时效后强度最高可达1030 MPa。生产的铸件主要用于紧固件等零件。

3）β型钛合金　目前常用的β型铸造钛合金主要有ZTB32、ZTB2、ZTB3、ZTB5等。

ZTB32钛合金的主要特点是耐腐蚀能力极高，可用各种方式进行焊接，但不能进行热处理强化。合金中含有大量钼，给熔炼工艺带来困难，也导致密度高达5.69 g/cm³和弹性模量降低，在500℃以上的空气中加热时氧化非常剧烈。因此，ZTB32合金仅适用于制造耐强酸的泵、阀门和航天紧固件等铸件。

ZTB2钛合金是一种亚稳定β型钛合金，该合金具有较好的冷成型性能和焊接性能，可以在300℃以下工作，固溶时效处理后其强度和塑性较好，但其密度较高，弹性模量较低。生产的铸件主要用于航空紧固件和固体火箭发动机壳体等零件。

ZTB3钛合金是一种亚稳定β型钛合金，可以进行热处理强化，在固溶时效处

理后，其冷成型性能较好。该合金的密度较高，抗高温蠕变能力较低，可以在200℃以下长期工作。生产的铸件主要用于航天紧固件等零件。

ZTB5钛合金是一种亚稳定β型钛合金，该合金的冷成型性能较好，在时效处理后，其强度可达1080 MPa，焊接性能较好，可以在200℃以下长期工作。生产的铸件主要用于各种钣金构件和紧固件。

4）TiAl金属化合物　它具有良好的高温持久性能和抗氧化性能，近年来国际上开展了广泛研究，在改善组织、提高塑性等方面取得了进展。利用Ti-48Al-2Mn-2Nb等合金制作的航空发动机低压涡轮叶片与汽车排气阀等零件均通过了长期试验。

6.5.1.2　合金元素的作用

1）铝　铝是最广泛采用的α相稳定元素，在钛合金中添加铝元素，可使其熔点降低，β相转变温度提高，铝元素在室温和高温都起到强化作用。此外，添加铝元素也能使钛合金的密度减小。铝含量在6%～7%的钛合金具有较高的热稳定性和良好的焊接性。添加铝元素在提高β相转变温度的同时，也使β相稳定元素在α相中的溶解度增大。

2）锆　锆元素是钛合金中常见的中性元素。在提高α相强度的同时，也提高其热强度，但其强化效果要低于铝。对塑性的不利作用也比铝小，这有利于压力加工和焊接。

3）锡　锡是钛合金中常见的中性元素。锡在钛中的溶解度可达20%，在常温下强化效果不明显，但能显著提高热强性。钛合金加入锡后，合金的热强性增加，塑性降低较少，同时可提高合金的工艺塑性。

4）钼　钼是β相稳定元素，添加钼元

素可以使钛合金的室温和高温强度提高。在钛合金中添加少于1%的钼，可以使合金在服役条件下具有良好的高温抗蠕变性能，而同时热稳定性变化较少。

5）硅　硅是改善钛合金热强性的重要微量合金元素。加入0.15%～0.6%的硅元素后，硅原子容易在位错附近产生偏聚现象，钉扎位错，可有效阻碍位错的移动，因而可使合金的热强性提高。但硅含量较高时，硅化物的析出及聚集长大会使合金的热稳定性急剧下降。

6）钒　钒是一种稳定β相的元素，以固溶的方式进入钛合金基体。钒元素在β相钛中无限固溶，同时在α钛中也有一定的溶解度。钒元素在对钛合金强度有很大提升的同时，还能够保证良好的塑性。

7）铌　铌是一种β相同晶元素，铌元素可以替代部分的钼元素，起到多元强化的

作用。铌元素的加入可以提高钛合金的高温抗氧化能力和耐腐蚀性能。

8）铬　铬是一种β相共析元素，铬元素的添加可以使钛合金具有较高的强度和好的塑性，可以进行热处理强化，但析出化合物时会降低钛合金的塑性。

9）稀土元素　Nd、Y等可以使钛合金在高温下的力学强度得到提升，并且可以使钛合金在高温下长期工作时有更好的稳定性。稀土元素的作用机理是在合金内与氧结合，抑制 Ti_3X 相的形成，提高高温强度和高温热稳定性。

6.5.1.3　铸造钛合金的规格

国内外铸造钛合金牌号和代号见表6.71，国内外技术标准规定的铸造钛合金室温力学性能见表6.72，铸造钛合金高温力学性能见表6.73。

表6.71　国内外铸造钛合金牌号和代号

类型	名义成分（质量分数)/%	中国		美国	俄罗斯	德国	日本
		合金牌号	合金代号				
α合金	纯钛	ZTi1	ZTA1	C-2	BT1Л	G-Ti2	KS50-C
		ZTi2	ZTA2	C-3	—	G-Ti3	KS 50-LFC
		ZTi3	ZTA3	—	—	G-Ti4	KS70-C
	Ti-5Al	ZTiAl4	ZTA5	—	—	—	—
	Ti-5Al-2.5Sn	ZTiAl5Sn2.5	ZTA7	C-5	—	G-TiAl5Sn2.2	KS115AS-C
近α合金	Ti-6Al-2Sn-4Zr-2Mo	ZTiAl6Sn2Zr4Mo2	ZTC6	Ti6242	—	G-TiAl6Sn2Zr4Mo2	—
	Ti-6Al-2Zr-1Mo-1V	ZTiAl6Zr2Mo1V1	ZTA15	—	—	—	—
	Ti-6Al-5Zr-0.7Mo-1V-0.3Cr-0.2Sn	—	—	—	—	—	—
	Ti-5.5Al-3.5Sn-3Zr-1Nb-0.3Mo-0.3Si	—	—	—	—	G-TiAl5.5Sn3.5Zr3-Nb1MoSi	—
α+β合金	Ti-5Al-5Mo-2Sn-0.25Si-0.2Ce	ZTiAl5Mo5Sn2-Si0.25Ce0.02	ZTC3	—	—	—	—
	Ti-6Al-4V	ZTiAl6V4	ZTC4	C-5	—	G-TiAl6V4	KS130AV-C
	Ti-6Al-6V-2Sn	—	—	Ti662	—	—	—
	Ti-6Al-2.5Mo-2Cr-0.4Fe-0.2Si	—	—	—	—	—	—

表6.71（续）

类型	名义成分 （质量分数）/%	中　国		美　国	俄罗斯	德　国	日　本
		合金 牌号	合金 代号				
α+β 合 金	Ti-6.5Al-3.5Mo-2Zr-0.3Si	—	—	—	—	—	—
	Ti-4Al-3Mo-1V	—	—	—	—	—	—
	Ti-5.5Al-3Mo-1.5V-0.8Fe-1Cu-0.5Sn-3.5Zr	—	ZTC5	—	—	—	—
	Ti-6Al-2Sn-4Zr-2Mo	—	ZTC6	Ti6242	—.	—	—
	Ti-5Al-2.5Fe	—	—	—	—	G-TiAl5Fe2.5	—
	Ti-6Al4.5Sn-2Nb-1.5Mo	ZTiAl6Sn4.5Nb-2Mo1.5	ZTC21	—	—	—	—
	Ti-6Al-5Zr-0.5Mo-0.5Si	—	—	—	—	G-TiAl6Zr5Mo0.5Si	—
	Ti-6Al-2Sn-4Zr-2Mo-0.5Si	—	—	—	—	G-TiAl6Sn2Zr4Mo2Si	—
β 合 金	Ti-15V-3Cr-3Al-3Sn	—	—	Ti-15-3	—	G-Ti15Cr3Al3Sn	—
	Ti-15Mo-5Zr	—	—	—	—	—	KS130MZ-C
	Ti-32Mo	ZTiMo32	ZTB32	—	—	—	—
	Ti-3Al-8V-6Cr-4Mo-4Zr	—	—	Ti-38-6-44	—	—	—

表6.72　国内外技术标准规定的铸造钛合金室温力学性能

合金代号	技术标准	状　态	R_m	$R_{p0.2}$	A	Z	K_1/J	布氏 硬度
			MPa		%			
			≥					≤
ZTA1	GB/T 6614—2014	退火	345	275	20	—	—	210
	GJB 2896A—2007	退火或HIP	345	275	12	—	—	—
ZTA2	GB/T 6614—2014	退火	440	370	13	—	—	235
ZTA3	GB/T 6614—2014	退火	540	470	12	—	—	245
ZTA5	GB/T 6614—2014	退火	590	490	10	—	—	270
	GJB 2896A—2007	退火或HIP	590	490	10	—	—	—
ZTA7	GB/T 6614—2014	退火	795	725	8	—	—	335
	GJB 2896A—2007	退火或HIP	760	700	5	12	—	—
ZTA15	GJB 2896A—2007	退火或H1P	885	785	5	12	—	—
ZTC3	GJB 2896A—2007	退火或HIP	930	835	4	8	—	—
ZTC4	GB/T 6614—2014	退火	895	825	6	—	—	365
	GJB 2896A—2007	退火或HIP	835 (890)	765 (820)	5 (5)	12 (10)	—	—

表 6.72（续）

合金代号	技术标准	状 态	R_m	$R_{p0.2}$	A	Z	K_V/J	布氏硬度
			MPa		%			
			≥					≤
ZTC5	GJB 2896A—2007	退火或 HIP	1000	910	4	8	—	—
ZTC6	GJB 2896A—2007	退火或 HIP	860	795	5	10	—	—
ZTC21	GB/T 6614—2014	退火	980	850	5	—	—	350
ZTB32	GB/T 6614—2014	退火	795	—	2	—	—	260
C-3	ASTM B367—2006	650 ℃空冷	450	380	12	—	—	235
C-5	ASTM B367—2006	650 ℃空冷	895	825	6	—	—	365
C-6	ASTM B367—2006	650 ℃空冷	795	725	8	—	—	335
Ti-Pd7B	ASTM B367—2006	650 ℃空冷	345	275	15	—	—	210
Ti-Pd8A	ASTM B367—2006	650 ℃空冷	450	380	12	—	—	235
Ti-Pd16	ASTM B367—2006	650 ℃空冷	345	275	15	—	—	210
Ti-Pd17	ASTM B367—2006	650 ℃空冷	240	170	20	—	—	235
Ti-Pd18	ASTM B367—2006	650 ℃空冷	620	483	15	—	—	365
BT3-1Л	OCT1 90060—1992	铸态	932	815	4	8	—	—
BT5Л	OCT1 90060—1992	铸态	686	617	6	14	235.2	—
BT6Л	OCT1 90060—1992	铸态	882	794	5	10	196	—
BT9Л	OCT1 90060—1992	铸态	930	813	4	8	156.8	—
BT14Л	OCT1 90060—1992	铸态	883	785	5	12	—	—
BT20Л	OCT1 90060—1992	铸态	882	784	5	12	219.2	—
G-Ti2	DIN 17865—1990	铸态	350	280	20	—	—	—
G-Ti2Pd	DIN 17865—1990	铸态	350	280	20	—	—	—
G-Ti3	DIN 17865—1990	铸态	450	350	15	—	—	—
G-Ti3Pd	DIN 17865—1990	铸态	450	350	15	—	—	—
G-Ti4	DIN 17865—1990	铸态	550	485	10	—	—	—
G-Ti4Pd	DIN 17865—1990	铸态	550	485	10	—	—	—
G-TiAl6Sn2Zr4Mo2Si	DIN 17865—1990	铸态	900	830	5	—	—	—
G-TiAl6V4	DIN 17865—1990	铸态	900	830	5	—	—	—
G-TiAl6Zr5Mo0.5Si	DIN 17865—1990	铸态	920	850	5	—	—	—
G-TiAl5Fe2.5	DIN 17865—1990	铸态	830	725	5	—	—	—

表6.73 铸造钛合金高温力学性能

合金代号	试验温度/℃	弹性模量(E)	动弹性模量(E_D)	抗拉强度(R_m)	屈服强度($R_{p0.2}$)	拉伸比例极限($R_{p0.01}$)	断后伸长率($A_{11.3}$)	断后伸长率(A)	断面收缩率(Z)
		GPa		MPa			%		
ZTC4	300	—	—	785	618	481	6	13	13
	350	96	—	—	—	—	—	—	—
	400	—	—	750	587	452	6	—	15
	450	—	—	719	580	431	6	—	18
	500	—	—	685	553	405	6	—	20
	550	—	—	647	510	367	7	—	23
ZTC3	200	—	114	—	—	—	—	—	—
	300	101	110	776	623	506	8	—	14
	400	93	101	724	580	471	—	—	15
	450	91	98	714	572	456	8	—	14
	500	87	94	686	565	457	6	—	13
	550	82	94	666	547	424	11.5	—	26.5
ZTC5	300	—	—	918	759	—	—	8.2	18.3
	350	—	—	905	738	—	—	8.4	20.8
BT3-1Л	400	—	—	716	569	—	—	9	18
	450	90	—	668	510	343	—	10	20
	500	86	—	618	490	294	—	10	20
BT9Л	150	89	—	765	588	333	—	4	15
	300	88	—	667	510	324	—	4	15
	400	86	—	637	471	314	—	4	15

6.5.2 熔炼和浇注

6.5.2.1 熔铸方法

钛及钛合金的熔点高、化学活性强，钛液几乎能与所有耐火材料以及氧、氢、氮等气体发生化学反应，因此熔炼自耗电极铸锭和浇注钛合金铸件必须在真空或惰性气体保护下和强制冷却的坩埚中进行。钛合金的熔炼方法按热源分类有真空自耗电极电弧凝壳熔铸法、真空感应熔铸法、电子束熔铸法和等离子束熔铸法等。其中，真空自耗电极电弧凝壳熔铸法在国内外应用最广泛。

6.5.2.2 铸件的熔铸工艺

1）真空自耗电极电弧凝壳熔铸法 熔铸原理及特点：真空自耗电极电弧熔铸法通常是在真空或惰性气氛下，在自耗电极和铜坩埚两端施加低电压、大电流，实现气体自激导电产生弧光放电，借助直流电弧的高温性能（约5000 K）使钛合金熔化。熔化的钛合金进入铜坩埚后在水冷套的强制作用下形成一定厚度的凝壳，有效防止熔化的钛合金被坩埚污染。液态钛合金通过坩埚翻转浇入铸型中获得铸件，再通过离心盘装置，有效提高铸件的致密度。该类装备具有容量大、熔铸效率高、金属液纯净、易操作等特点。根据其用途在结构形式上可分为卧式炉、立式炉、异形炉、双（多）室炉等。真空自耗电极电弧凝壳炉如图6.4所示。

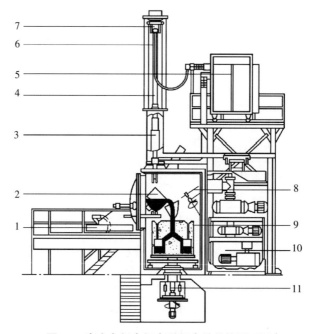

图6.4 真空自耗电极电弧凝壳炉结构原理图

1—坩埚翻转机构；2—凝壳坩埚；3—自耗电极；4—导电杆；5—电源；6—电源电缆；
7—快速提升系统；8—浇口杯屏蔽；9—铸型装置；10—真空泵系统；11—离心浇注系统

真空凝壳熔铸的主要工艺参数如下：

① 熔炼真空度：不大于0.133×10^{-1} Pa。

② 熔炼电源：大电流、低电压直流电。

③ 电弧电压：30～50 V。

④ 电流密度：0.4～0.6 A/cm^2。

⑤ 电极与坩埚的直径比：(0.45～0.88):1。

⑥ 熔化速度：$v = KW$，其中v为熔化速率（g/s），W为电弧功率（kW），K为系数，取0.33 g/(kW·s)。

⑦ 电极熔化量：$\theta = 9.5(t-1)$，其中θ为电极熔化量（kg/min），t为从起弧至灭弧的时间。

⑧ 熔池深度：$h \approx 4.5I/1000$，其中h为熔池深度（cm），I为电流强度（A）。

⑨ 坩埚直径与液面高度比约等于1:1。

⑩ 金属的熔化浇注率：70%～80%。

⑪ 金属过热度：60～80 ℃（熔炼电流为5000～6000 A）

⑫ 浇注时间：3～6 s。

⑬ 电极预热时间：15～20 min。

⑭ 坩埚冷却水温：出水温度不得超过35 ℃；进、出水温差应不大于10 ℃。

⑮ 出炉温度：铸件在炉内冷却至400 ℃以下时方可出炉。

⑯ 离心盘转速范围：0～500 r/min。

真空自耗电极电弧凝壳炉操作要点见表6.74。

表6.74 真空自耗电极电弧凝壳炉操作要点

工艺程序		内　容
装炉	清理和检查坩埚	坩埚内壁和底部必须用砂纸打磨光滑并用棉纱擦净，而且应认真检查有无被电弧烧坏的痕迹或凹坑。如果坑大又深，则不能使用
	凝壳的处理	坩埚内可以放置同一合金牌号的凝壳，外表面和底部的凹凸不平处必须手动用砂轮打磨平整。凝壳上部的浇口残余可用氧乙炔焊枪切割，并将切口上的氧化物打磨干净
	坩埚底料的制备	若无凝壳，可从自耗电极或其残头上切取一块30 mm厚圆片作为坩埚底料，也可按照自耗电极的化学成分配置一份合金包和海绵钛摊平在坩埚底部，但厚度不得少于30 mm
	引弧料的制备	凝壳底料上必须放置由铝箔折叠成20~30 mm高的三角形引弧料作为电极起弧用
	电极的调整	自耗电极与坩埚内壁周围的间隙必须均匀，不得偏斜
	坩埚位置的控制	坩埚法兰盘端面应调整成水平状态，不得倾斜
	铸型装卡的检查	若用离心法浇注铸件，必须在铸型安装完毕后开动离心机，使离心盘旋转至一定速度，待停止转动后再仔细检查铸型的装卡情况，不允许有松动现象
	模样内腔的保护	直浇道浇口要用铝箔覆盖并包扎好，以免熔炼过程中金属飞溅物掉进铸型内腔
熔铸	电极起弧和预热	自耗电极起弧后应逐渐增加电弧电流，使电极和底料得到预热，以利于加快熔化速度，提高金属液的过热度
	对真空度和坩埚水温的要求	熔炼过程中的真空度和坩埚的出水温度应在工艺参数规定的范围内，不得出现超过上限和突然变化的现象
	防止侧弧发生	电极在熔化下降过程中不得有摆动和偏移现象，也不得与坩埚内壁发生侧弧
	离心盘的操作	离心盘的转速应在浇注前逐渐增加到规定值，并在给定转速下保持一段时间，使其平稳旋转。浇注后离心盘应继续旋转3~5 min，待铸件凝固后才能停转
	浇注操作的协调	当坩埚内金属液达到需要量时，应迅速切断电源，提升电极，立即旋转坩埚。这三项工序的顺序和时间必须协调配合，严格控制
	电极残头的处理	浇注完毕后坩埚应返回原位；电极残头应下降至凝壳中间，以便由坩埚的冷却水吸收掉残头的热量
出炉	铸件出炉	浇注后铸件应在真空下冷却一定时间后出炉，以免铸件外表面、凝壳和电极残头氧化
	打标记	出炉后应将凝壳和电极残头打标记，以便辨认它们的合金成分或牌号

真空凝壳炉的技术安全除与真空自耗电极熔炼炉相同之外，还应注意如下几点：

① 铸型的直浇道口必须与离心盘同心，以免金属液被浇到外面而四处飞溅。

② 铸型必须对称而平衡地牢固安装，以免在离心作用下松动而损坏。

③ 熔化完毕后切断电源，电极提升和坩埚翻转应密切配合，先后顺序必须一致，既要快又要准确；否则，有可能出现电弧将坩埚击穿或电极残头与坩埚相撞的危险。

2）真空感应熔铸工艺　真空感应熔铸工艺是一种利用真空感应熔炼炉熔铸金属的方法。熔炼过程在一个彼此不导电的水冷弧形块或铜管组合的金属坩埚里进行，这种组合式坩埚的最大特点是每两个水冷块间的间隙都是一个增强的磁场，通过磁压缩效应引起强烈搅拌，合金组分和温度瞬间可达均衡，无须制作电极，也避免了陶瓷坩埚感应熔炼的杂质污染。其工作原理如图6.5所示。根据坩埚结构和悬浮效果，真空感应熔铸又分为冷坩埚感应凝壳熔炼和磁悬浮感应熔炼两种。

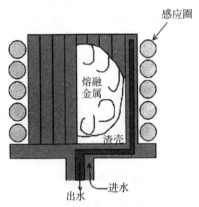

图6.5 水冷铜坩埚真空感应炉工作原理

真空感应加热过程是一个能量转化的过程，即电能→磁场能→电能→热能。真空感应熔铸法具有以下优点：① 对熔炼炉料无特殊要求，有很强的适应性；②合金熔炼均匀，可获得较高的过热度，有利于薄壁件的充型；③熔炼温度可控，可长时间保温，为熔炼难熔金属提供条件；④熔炼时间短，可有效控制成本。

但该方法长时间使用后存在以下问题：①熔炼过程中，电源利用率较低，只有0.2%~0.3%；②浇注薄壁的钛及钛合金铸件成品率较低；③该方法使用的真空感应熔炼炉容量小，没有类似凝壳炉的大容量设备。

3）其他熔铸工艺 电子束熔炼（EBM）是应用广泛的钛合金熔炼方法。在真空条件下，受热的阴极表面发射的电子流，在高压电场的作用下高速运动，通过聚焦、偏转使高速电子流准确地射向阳极，将动能转化为热能，使阳极金属熔化。图6.6为电子束熔铸炉的结构简图。

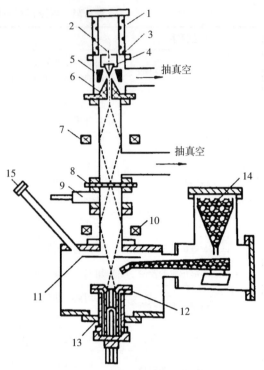

图6.6 电子束熔铸炉的结构简图

1—电子枪罩；2—钽阴极；3—钨丝；4—屏蔽极；
5—聚焦极；6—加速阳极；7、10—聚焦线圈；
8—挡孔板；9—阀门；11—隔板；12—结晶器；
13—铸锭；14—料仓；15—观察孔

电子束熔炼同其他熔炼方法相比具有以下优点：①高真空条件保证了在熔炼温度下，气态或蒸气压较高的杂质易被除去，可以很好地净化金属液；②熔炼速度和加热速度可以在大范围内调节；③功率密度高，可达$1~10^8$ W/cm²，且熔池表面温度可调，同时电子束的扫描作用也起到了搅拌作用；④ 电子束熔炼的金属铸锭凝固于水冷铜坩埚中，因此熔融的金属不会被耐火材料污染；⑤电子束熔炼温度高，可以熔化难熔金属，甚至非金属。

电子束熔炼除上述优点外，还有以下缺点：① 熔炼合金时，低熔点合金元素易于挥发，合金成分及均匀性不容易控制；②电子束熔铸炉结构复杂，需要采用直流高压电源，运行费用较高；③电子束熔铸炉熔炼过程中，会产生对人体有害的X射线，故需要采取特殊的保护。除上述几种主要钛合金熔铸方法外，还有等离子凝壳熔铸、压力熔铸等先进熔铸技术。

6.5.3　热处理

6.5.3.1　热处理的种类和工艺参数

1）退火　退火可以分为普通退火和去应力退火。普通退火可以使合金获得较均匀的性能，去应力退火可以消除铸件由铸造、焊接、机械加工等造成的残余应力。铸造钛合金主要的退火方式为消除应力退火，具体工艺参数见表6.75，退火保温时间与铸件壁厚的关系见表6.76。

表6.75　铸造钛合金的消除应力退火工艺参数

合金代号	消除应力退火温度/℃	保温时间/min	冷却方式	引用标准
ZTA1	600～750	60～240	炉冷或空冷	①，③，⑤
	500～600	30～60	炉冷或空冷	②
ZTA2	500～600	30～60	炉冷或空冷	②
	500～600	30～90	炉冷或空冷	④
ZTA3	500～600	30～60	炉冷或空冷	②
	500～600	30～90	炉冷或空冷	④
ZTA5	550～750	60～240	炉冷或空冷	①，③，⑤
	550～650	30～90	炉冷或空冷	②
	550～650	30～240	炉冷或空冷	④
ZTA7	600～800	60～240	炉冷或空冷	①，③，⑤
	550～650	30～120	炉冷或空冷	②
	600～800	60～240	炉冷或空冷	④
ZTi60	600～700	60～240	炉冷或空冷	④
ZTA9	500～600	30～120	炉冷或空冷	②
ZTA10	500～600	30～120	炉冷或空冷	②
ZTA15	600～800	60～240	炉冷或空冷	①，③，⑤
	550～750	30～240	炉冷或空冷	②
ZTA17	550～650	30～240	炉冷或空冷	②
ZTC3	620～800	60～240	炉冷或空冷	①，③，⑤
ZTC4	600～800	60～240	炉冷或空冷	①，③，④，⑤
	550～650	30～240	炉冷或空冷	②
ZTC5	550～800	60～240	炉冷或空冷	①，③，⑤
ZTC6	700～800	60～120	炉冷或空冷	③
	700～800	60～240	炉冷或空冷	⑤

注：①《钛及钛合金制件热处理》（GB/T 37584—2019）；

　　②《钛及钛合金铸件》（GB/T 6614—2014）；

③《钛及钛合金熔模精密铸件规范》（GJB 2896A—2007）；

④《舰船用钛及钛合金铸件规范》（GJB 9574—2018）；

⑤《钛及钛合金熔模精密铸件规范》（HB 5448—2012）。

表6.76　退火保温时间与铸件壁厚的关系

最大断面厚度/mm	保温时间/min
<3	15～25
3～6①	26～35
6～13	36～45
13～20	46～55
20～25	56～65
>25	在厚度为25 mm、保温时间60 min的基础上，每增加5 mm，至少增加10 min

对于表面质量要求高的铸件，必须采用真空退火消除应力。这时除真空度可以采用6.65 Pa外，其他方面与真空除氢退火相同。

2）真空除氢退火　钛合金铸件氢含量超过规定值时，可以利用氢在钛中的溶解过程的可逆反应原理进行真空除氢退火处理。其工艺参数见表6.77。真空除氢退火处理的工艺要点见表6.78。

表6.77　钛合金铸件的真空除氢退火

状　态	温　度/℃	保温时间	真空度/Pa
退火	700～750	根据铸件壁厚确定，见表6.76	≤6.65×10⁻²

表6.78　真空除氢退火处理的工艺要点

工　艺	工艺参数及其作用
装炉	装炉前应清理炉膛，去除铸件表面的油污、氧化皮和高氧层
	为了避免铸件在加热过程中发生变形，要注意装料方式，即不能集中堆积，铸件间的间隔应在20 mm以上；对于形状复杂的铸件还应该用夹具固定
	室温装炉，并在铸件周围填满清洁无氧化皮的钛屑，以防止铸件增氧
抽真空	真空度达到6.65×10⁻² Pa开始升温
加热和冷却	当铸件的壁厚差为50 mm时，允许的加热和冷却速度为40 ℃/h；当铸件的壁厚差小于等于5 mm时，冷却速度可以增加到80 ℃/h
升温	当升温至80℃时，保温15 min；升温至250℃时，保温15～30 min
出炉	铸件的出炉温度为250～300 ℃

3）热等静压处理　为减少铸件内部闭合气孔等缺陷，对铸件进行热等静压处理。其工艺参数见表6.79。热等静压时采用的介质通常为纯度 $w(Ar)=99.90\%$ 的氩

①此处的"3～6"写法，其意思是最大断面厚度大于等于3 mm、小于6 mm。其余类同。本章中除有另外说明，其他表格中此类写法的含义同此。

气，处理后铸件表面的污染层约为0.1 mm。

表6.79 热等静压工艺规范表格

合金代号	热等静压温度/℃	氩气压力/MPa	保温时间/min	冷却方式	备注
ZTA2	840~860	100~140	120~150	随炉冷至300℃以下	①
ZTA3	840~860	100~140	120~150	随炉冷至300℃以下	①
ZTA5	840~860	100~140	120~150	随炉冷至300℃以下	①
ZTi60	910~930	100~140	120~150	随炉冷至300℃以下	①
ZTA7	900~920	100~140	120~180	随炉冷至300℃以下	①~④
ZTA15	910~940	100~140	120~180	随炉冷至300℃以下	②
ZTC3	910~930	100~140	120~210	随炉冷至300℃以下	②
ZTC3	910~930	100~140	180~210	随炉冷至300℃以下	③、④
ZTC4	910~930	100~140	120~180	随炉冷至300℃以下	①~④
ZTC5	900~920	100~140	120~180	随炉冷至300℃以下，再经540~580℃保温8 h，空冷	②

注：① 《舰船用钛及钛合金铸件规范》（GJB 9574—2018）；
② 《钛及钛合金热处理》（GJB 3763A—2004）；
③ 《钛及钛合金熔模精密铸件规范》（GJB 2896A—2007）；
④ 《钛及钛合金熔模精密铸件规范》（HB 5448—2012）。

6.5.3.2 铸件热处理后表面污染处理

钛合金铸件污染层会显著降低合金的塑性、韧性及疲劳性能，并提高表面硬度。可以采用机械加工、打磨喷砂和酸洗方法去除铸件表面的污染层。常用的酸洗溶液为：3%~5%的 HF + 25%~45%的 $NHO_3 + H_2O$ 余量（体积分数）。所用时间以去除 α 层为宜。

6.5.3.3 钛合金铸件热处理效果的评定（表6.80）

表6.80 钛合金铸件热处理效果的评定

项 目	取样方法	测试方法及评定
硬度	取自同一热处理炉次和同一浇注炉次的附铸试样	按 HB 5168—1996 测定三个硬度值，并以其平均值作为检测结果
马氏硬度	取上述同样试样制成金相试样镶块后抛光	从试样外表面相内部逐点测量，以此评定铸件表面污染层的厚度。当铸件外表面与其内部的马氏硬度值相差较大时，说明表面污染层没有除尽，应重新喷砂酸洗，甚至进行真空退火处理
拉伸性能	取自同一熔炼炉次和同一热处理炉次从铸件上切取的试样	按 HB 5168—1996 测定三根试样，评定其是否符合技术条件要求
显微组织	金相试样经抛光、腐蚀后显露组织	当表面富氧层的单相 α 固溶体呈光亮的初生 α 相时，说明污染层未除尽，同时还可以观察到明显的微裂纹，则必须重新清洗
表面状态	目视检查铸件表面颜色	根据铸件表面颜色评定氧化程度：淡黄色为合格；淡紫色为不合格，应继续清除污染层

6.5.4 质量控制和铸造缺陷

6.5.4.1 质量控制

钛合金铸件一般按《钛及钛合金铸件》（GB/T 6614—2014）进行检验验收。

精整后的钛合金铸件根据上述标准及图样和用户要求，可从目视、射线、荧光、金相、硬度等方面对尺寸、化学成分及力学性能进行检查（表6.81）。对有特殊要求的铸件，也可进行高低倍金相检查。

表6.81 钛合金铸件质量检验项目

检验项目	采用的标准
着色	—
X射线照相检查	HB 22160—2014
渗透检验	GJB 2367A—2005
铸件尺寸公差及机械加工余量	GB/T 6414—2017
钛及钛合金化学成分分析	GB/T 31981—2015
金属材料室温拉伸试验	GB/T 228.1—2021
金属材料夏比摆锤冲击试验	GB/T 229—2020
金属材料高温拉伸试验	GB/T 228.2—2015
铸造表面粗糙	GB/T 6060.1—2018
钛及钛合金表面α层检测	GB/T 23603—2009

1）尺寸检查 钛合金铸件的尺寸应按铸造图纸或铸造工艺规程的规定进行检验。尺寸检测可采用常规尺寸测量、蓝光扫描、三坐标测量、关节臂测量等方法。

2）表面质量 所有钛合金铸件必须进行100%的外观检查。对于航空精密铸件，必须按照GJB 2367A—2005进行荧光检测。所有钛合金铸件的表面应清洁，不得有毛刺、飞边、裂纹、保冷和穿透缺陷。

3）内部质量 对于重要的航空精密铸件（Ⅰ、Ⅱ类）及用户提出要求的石墨型铸件，应进行100%射线检查。钛合金铸件使用ASTM E192—85《航空用熔模钢铸件的参考射线底片》和ASTM E 1320—15《钛铸件标准参考射线照片》来评定内部缺陷，见表6.82、表6.83。

表6.82 钛合金铸件目视检验、荧光渗透检验允许缺陷

质量级别	受检面积	单个孔洞			成组孔洞			线性缺陷			缺陷边沿距轮廓边沿、孔沿的最小距离
		最大尺寸	最大深度	最多数量	最大尺寸	最大深度	最多数量	最大尺寸	最大深度	最多数量	
		mm		个	mm		个	mm		个	mm
A	25 mm × 25 mm	暂不定									
B		1.0	1.0	4	5	0.8	2	1.0	0.5	2	5
C		2.0	1.5	5	8	1.0	2	1.2	0.8	2	4
D		3.0	2.0	5	15	1.5	1	1.5	1.0	2	3

表6.83　钛合金铸件X射线检验内部缺陷允许级别

质量级别	铸件壁厚/mm	标准板厚/mm	内部缺陷允许级别				
			气　孔	缩　孔	缩孔海绵状疏松	树枝状疏松	低密度夹杂
A	<3	9.5	供需双方协商确定				
	3~9.5	9.5					
	>9.5	19.0					
B	<3	3.2	6	不允许	4	5	4
	3~9.5	9.5	4	不允许	2	4	3
	>9.5	19.0	4	2	2	4	3
C	<3	3.2	7	不允许	5	7	5
	3~9.5	9.5	5	不允许	3	5	4
	>9.5	19.0	5	2	3	5	4

4）化学成分检验　钛合金铸件的化学成分应符合《铸造钛及钛合金》（GB/T 15073—2014）的规定，有异议时可对其他元素的单项和总量进行分析。化学成分必须根据熔炉的批次进行检查，取样应采用热等静压或与同一批次的铸件进行热处理。

5）机械性能检验　对于常用的石墨和熔模精密铸件，如果用户没有要求，则不需要进行机械性能检查；对于特殊航空精密铸件（Ⅰ类和Ⅱ类），应根据批号100%测试室温下的机械性能。如果用户要求，还可以测试高温性能、冲击性能和断裂韧性。样品应与铸件在同一批次中进行热等静压或热处理，从铸件上切下的样品的性能允许比附在铸件上的样品低5%。

6）表面粗糙度　重要的航空铸件要求高可靠性，铸件表面应光滑。表面粗糙度值 Ra 不应小于6.3 μm，局部转轮表面不应小于3.2 μm。表面粗糙度检测按《表面粗糙度比较样块 第1部分：铸造表面》（GB/T 6060.1—2018）进行，采用标准块比较。

7）污染层检测　航空铸件表面污染层，可通过酸洗或机械研磨去除。表面层可通过《钛及钛合金表面污染层检测方法》（GB/T 23603—2009）中的金相观察或硬度比较法进行检测。当样品边缘和中心区域之间的显微硬度差小于50 HV时，通常认为铸件表面没有污染层。

6.5.4.2　铸造缺陷

1）常见缺陷及防止方法　由于钛的活性和熔铸工艺条件的限制，钛合金件比其他金属铸件更容易产生各种冶金缺陷。表6.84列出了钛合金铸件的常见缺陷和防止方法。

表6.84　钛合金铸件的常见缺陷和防止方法

名　称	特　征	产生原因	防止方法
缩孔	形状不规则，内孔壁粗糙	补缩冒口设置不当	正确设计浇注系统
缩松	细小而分散的形状不规则的孔洞缺陷	铸件大面积薄壁部位补缩差	正确设计浇注系统

表 6.84（续）

名　称	特　征	产生原因	防止方法
气孔	圆孔尺寸不同，内表面光亮	铸型除气不佳或钛液与造型材料发生交互反应	控制造型材料及铸型焙烧除气工艺
表面裂纹	不连续的断裂缝隙	表面 α 脆性层在铸造应力作用下开裂	正确设计工艺
跑火（型漏）	金属流失，铸件充填不满	型壳浇注时开裂或石墨型装备不当	控制造型工艺
鼓胀	铸件局部突起或增厚	型壳强度不够，装配不良	控制造型工艺
表面针孔	圆形密集或非密集的表面小孔	铸型表面不结、粗糙或局部反应	控制造型工艺
夹砂	铸件局部夹砂或突起的金属反应层	由型壳或砂型表面开裂起皮或脱落造成	控制造型工艺
夹杂	存在于钛铸件内与钛和钛合金成分完全不同的质点	铸型表面被损或型腔内存在外来夹杂物	控制造型工艺
变形	铸件尺寸和形状与图样不符	蜡模、铸型变形或浇冒口设置不当，以及脱型精整时操作不当	正确设计工艺
冷隔、留痕	表面线性凹下或未焊合的金属痕迹	铸型激冷或浇注系统不合理	正确设计工艺
毛刺	表面上不光滑的小刺凸起物	铸型表面不致密	控制造型工艺

2）**热等静压**　热等静压处理可以消除铸件内部孔洞及疏松缺陷，详见6.5.3.1。

3）**焊补**　焊补是修复钛合金铸件各种缺陷的重要方法。除了技术条件规定的不允许焊补的区域外，铸件上其余区域的缺陷均可通过焊补进行修复。焊补的方法有氩弧焊、激光焊、钎焊，通常采用手工钨极氩弧焊。焊补在有保护气氛的焊箱中进行。常用的保护气体为高纯度氩气。钛合金铸件的缺陷部位在经过铣削或打磨后进行吹砂、酸洗或脱脂处理以净化表面，将焊补部位做上标志并装入焊补箱中。将焊箱封闭，预抽真空至6.6 Pa，然后充氩气至100 kPa。将铸件接通正极，用$\phi1.5 \sim \phi3$ mm钨电极进行电弧焊。起弧后用$\phi1.2 \sim \phi3$ mm钛丝熔化后填补铸件缺陷。为了保证焊接性，焊丝必须采用与铸件同一牌号的低氧合金或下限成分合金，不同牌号规格的焊丝应分类存储，标识清楚。

6.5.5　表面处理

钛合金铸件表面清理是指将铸件表面的氧化物、油污、毛刺、残留物等污物清除干净的过程。

6.5.5.1　喷砂处理

1）**原理**　喷砂处理的原理是利用压缩空气，将磨料喷射到铸件表面，磨料与铸件表面发生摩擦和磨削作用，去除铸件表面的残砂等污物，同时产生一定的粗糙度。喷砂处理的清理效果相对较好，可以去除铸件表面的各种污物，使表面光洁度达到要求，不会对铸件表面产生过多的损伤。同时喷砂处理还具有效率高、成本低等优点，是钛合金铸件目前常用的表面清理工艺。但喷砂处理过程中会产生噪声和粉尘，对环境和人体健康有一定的影响，工作时须穿戴防护服。

2）喷砂材料及工艺参数 钛合金喷砂材料一般须采用二氧化硅（SiO_2）、三氧化铝（Al_2O_3）等，其中二氧化硅（SiO_2）和三氧化铝（Al_2O_3）砂料的纯净度应大于等于95%，其中氧化亚铁（FeO）含量应小于等于0.3%，莫氏硬度不小于7。根据铸件表面粗糙度来确定砂料颗粒尺寸，细颗粒40~50 μm，粗颗粒150~400 μm，在保证表面质量的情况下，可以选用其他颗粒尺寸。

干喷砂操作应在专门的喷砂房或空间内操作，水喷砂应采用专门的液体喷砂装置。铸件应放置于固定的喷砂台面上，用工装或铸件自重固定，应保证铸件大部分处于可喷砂范围内。对于无法用工装固定

的小型铸件，水喷砂时，允许戴专用手套手持。喷砂用的压缩空气或水流，压力应在0.1~1.0 MPa，根据铸件的结构及外形尺寸，喷嘴到铸件表面距离应保持在20~400 mm，喷嘴角度应控制在20°~70°，在满足喷嘴质量和操作安全的条件下，可以选用其他距离和角度。

6.5.5.2 酸洗处理

1）原理 酸洗处理是使用化学药剂将铸件表面的污物溶解、腐蚀、脱落。这种方法适用于清理形状复杂、表面质量要求高的铸件。酸洗具有清理效果好、效率高、成本低等优点，但是化学药剂对环境和人体健康有一定的危害，需要注意安全问题。

2）酸洗原料及操作规范 酸洗液成分应按照表6.85进行配置。

表6.85 酸洗液成分配比

种　类	硝酸（HNO_3）	氢氟酸（HF）	水	溶液温度/℃	酸洗时间/min
成分1	65%~68% 150~450 mL/L	40% 20~100 mL/L	余量	18~45	2~15
成分2	65%~68% 500~550 mL/L	40% 20~100 mL/L	余量	18~45	1~15

对于钛合金铸件，一般选用成分1酸液；对于某些耐腐蚀钛合金，可选用腐蚀速率较高的成分2酸洗液。酸洗槽可由不锈钢焊接而成，内衬硬聚氯乙烯塑料板或直接用硬聚氯乙烯塑料槽，且应配有冷却装置，有温度要求的酸洗槽应安装温度显示器。同时为防止酸洗液挥发，酸洗槽应加盖和安装抽风排气系统，所用挂具、挂篮和夹具应用钛合金材料或带有保护涂料的不锈钢制成或硬聚氯乙烯塑料板焊接而成。

酸洗时，应上下移动或摆动铸件，使酸液与铸件处于相对运动中，应监测酸液温度，防止超温。根据酸液减薄量来确定酸洗时间，开始酸洗时，1~5 min之内取出，

用水冲洗后测量厚度，以便控制酸洗时间，也可采用质量损失法测量腐蚀速率来确定酸洗时间。

测定腐蚀速率时，采用尺寸为（64~76）mm×（64~76）mm×（0.4~1.2）mm的相同状态、相同材料钛合金试片，酸洗时间为15 min，腐蚀时按如下公式计算。

$$v = \frac{2 \times \Delta m \times \delta_0}{m_0}$$

式中：

v——腐蚀速率，$mg/(mm^2 \cdot h)$；

Δm——质量损失，mg；

δ_0——原始厚度，mm；

m_0——原始质量，mg。

酸洗后再水洗，水洗温度为冷水室温以下、温水 $30 \sim 60\ ℃$，最后用清洁无油的干燥压缩空气吹干，或在烘箱内烘干。酸洗后的铸件表面若有油污、油及其他污染物，可用汽油、工业乙醇和丙醇等溶剂进行清洗，酸洗后手印的污染，可用等体积比为 1：1 的丙酮和丁醇混合液去除，再用工业乙醇清洗，并用干净的无毛布将溶液擦干，不得挥发干。

6.5.5.3 其他清理工艺

抛丸清理也是钛合金铸件的表面清理工艺之一。

抛丸清理是利用抛丸机抛头上的叶轮在高速旋转时的离心力，把磨料以很高的线速度射向被处理的钛铸件表面，产生打击和磨削作用，除去铸件表面的残砂、粘砂或锈蚀，并产生一定的粗糙度。

第7章 铸件质量检验及缺陷分析

7.1 铸件质量检验

铸件质量检验项目及验收标准应根据相关铸件质量标准和供需双方协议确定。本节介绍一般铸造工厂常用检验内容与检测方法，未涉及的铸件质量检验内容请参考本书其他相关章节。

7.1.1 铸件质量一般检验内容

铸件质量一般检验项目和标准见表7.1。

表7.1 铸件质量一般检验项目和标准

类别	检验项目	应 用 标 准
通用类	铸件尺寸	《铸件 尺寸公差、几何公差与机械加工余量》（GB/T 6414—2017）
	铸件重量	《铸件重量公差》（GB/T 11351—2017）
	铸件表面粗糙度	《铸造表面粗糙度评定方法》（GB/T 15056—2017） 《表面粗糙度比较样块 第1部分：铸造表面》（GB/T 6060.1—2018）
	力学性能	《金属材料 拉伸试验 第1部分：室温试验方法》（GB/T 228.1—2021） 《金属材料 拉伸试验 第2部分：高温试验方法》（GB/T 228.2—2015） 《金属材料 拉伸试验 第3部分：低温试验方法》（GB/T 228.3—2019） 《金属材料 拉伸试验 第4部分：液氦试验方法》（GB/T 228.4—2019） 《金属材料 布氏硬度试验 第1部分：试验方法》（GB/T 231.1—2018） 《金属材料 布氏硬度试验 第2部分：硬度计的检验与校准》（GB/T 231.2—2022） 《金属材料 布氏硬度试验 第3部分：标准硬度块的标定》（GB/T 231.3—2022） 《金属材料 布氏硬度试验 第4部分：硬度值表》（GB/T 231.4—2009） 《金属材料 洛氏硬度试验 第1部分：试验方法》（GB/T 230.1—2018） 《金属材料 洛氏硬度试验 第2部分：硬度计及压头的检验与校准》（GB/T 230.2—2022） 《金属材料 里氏硬度试验 第1部分：试验方法》（GB/T 17394.1—2014） 《金属材料 维氏硬度试验 第1部分：试验方法》（GB/T 4340.1—2009） 《金属材料 肖氏硬度试验 第1部分：试验方法》（GB/T 4341.1—2014） 《金属材料 夏比摆锤冲击试验方法》（GB/T 229—2020）
	化学成分	《钢铁及合金化学分析方法》（GB/T 223系列）
	铸件无损检测	《铸件 射线照相检测》（GB/T 5677—2018） 《铸件 工业计算机层析成像（CT）检测》（GB/T 36589—2018） 《铸件X射线数字成像检测》（GB/T 39638—2020）
铸铁件类	灰铁铸件	《灰铸铁件》（GB/T9439—2023） 《灰铸铁力学性能试验方法 第1部分：拉伸试验》（JB/T 7945.1—2018） 《灰铸铁力学性能试验方法 第2部分：弯曲试验》（JB/T 7945.2—2018） 《灰铸铁金相检验》（GB/T 7216—2023）

表7.1（续）

类别	检验项目	应　用　标　准
铸铁件类	球墨铸铁件	《球墨铸铁件》（GB/T 1348—2019） 《球墨铸铁金相检验》（GB/T 9441—2021） 《球墨铸铁件　超声检测》（GB/T 34904—2017） 《球墨铸铁　超声声速测定方法》（JB/T 9219—2016）
	等温淬火球铁件	《等温淬火球墨铸铁件》（GB/T 24733—2023）
	低温铁素体球铁件	《低温铁素体球墨铸铁件》（GB/T 32247—2015）
	蠕墨铸铁件	《蠕墨铸铁金相检验》（GB/T 26656—2023）
	抗磨白口铸铁件	《抗磨白口铸铁金相检验》（GB/T 8263—2010）
	铬锰钨系抗磨铸铁件	《铬锰钨系抗磨铸铁件》（GB/T 24597—2009）
	高硅耐蚀铸铁件	《高硅耐蚀铸铁件》（GB/T 8491—2009）
	耐热铸铁件	《耐热铸铁件》（GB/T 9437—2009）
	可锻铸铁件	《可锻铸铁件》（GB/T 9440—2010） 《可锻铸铁金相检验》（GB/T 25746—2010）
	奥氏体铸铁件	《奥氏体铸铁件》（GB/T 26648—2011）
	铸铁件缺陷	《铸铁件　铸造缺陷分类及命名》（GB/T 41972—2022）
铸钢件类	铸造碳钢件和低合金钢铸件	《一般工程用铸造碳钢件》（GB/T 11352—2009） 《一般工程与结构用低合金铸钢件》（GB/T 14408—2014） 《通用铸造碳钢和低合金钢铸件》（GB/T 40802—2021） 《铸钢件　超声检测　第1部分：一般用途钢铸件》（GB/T 7233.1—2023）
	耐磨、耐热、耐蚀铸钢件	《耐磨钢铸件》（GB/T 26651—2011） 《一般用途耐热钢和合金铸件》（GB/T 8492—2014） 《耐磨耐蚀钢铸件》（GB/T 31205—2014） 《通用耐蚀钢铸件》（GB/T 2100—2017） 《一般工程用耐腐蚀双相（奥氏体-铁素体）不锈钢铸件》（JB/T 12379—2015） 《承压部件用耐腐蚀双相（奥氏体-铁素体）不锈钢铸件》（JB/T 12380—2015） 《耐热钢排气歧管铸件》（JB/T13044—2017）
	奥氏体锰钢件	《奥氏体锰钢铸件》（GB/T 5680—2023） 《铸造高锰钢金相》（GB/T 13925—2010） 《奥氏体不锈钢铸件中铁素体含量测定方法》（GB/T 38223—2019）
	高强度不锈钢铸件	《工程结构用中、高强度不锈钢铸件》（GB/T6967—2009） 《工程结构用中、高强度不锈钢铸件金相检验》（GB/T38222—2019）
	焊接结构铸钢件	《焊接结构用铸钢件》（GB/T 7659—2010）
	承压铸钢件	《承压钢铸件》（GB/T 16253—2019） 《铸钢件　超声检测　第2部分：高承压铸钢件》（GB/T 7233.2—2023） 《低温承压通用铸钢件》（GB/T 32238—2015） 《高温承压马氏体不锈钢和合金钢通用铸件》（GB/T 32255—2015）
	砂型铸钢件	《砂型铸钢件　表面质量目视检测方法》（GB/T 39428—2020）
	铸钢件焊接规范	《铸钢件焊接工艺评定规范》（GB/T 40800—2021）
	铸钢件交货验收技术条件	《铸钢件　交货验收通用技术条件》（GB/T 40805—2021）
	铸造工具钢铸件	《铸造工具钢》（GB/T 41160—2022）
	特殊物性合金钢铸件	《特殊物理性能合金钢铸件》（GB/T 41162—2022）

表 7.1（续）

类别	检验项目	应 用 标 准
有色合金及特铸件类	铝及铝合金铸件	《铝合金铸件》（GB/T 9438—2013） 《铝合金压铸件》（GB/T 15114—2023） 《铝及铝合金化学分析方法》（GB/T 6987 系列） 《铸造合金光谱分析取样方法》（GB/T 5678—2013） 《铝及铝合金光电直读发射光谱分析方法》（GB/T 7999—2015） 《乘用车铝合金车轮铸件》（GB/T 31203—2014） 《铝合金铸件射线照相检测　缺陷分级》（GB/T 11346—2018） 《铸造铝合金相　第1部分：铸造铝硅合金变质》（JB/T 7946.1—2017） 《铸造铝合金相　第2部分：铸造铝硅合金过烧》（JB/T 7946.2—2017） 《铸造铝合金相　第3部分：铸造铝合金针孔》（JB/T 7946.3—2017） 《铸造铝合金相　第4部分：铸造铝铜合金晶粒度》（JB/T 7946.4—2017）
	铜及铜合金铸件	《铜及铜合金铸件》（GB/T 13819—2013） 《铜及铜合金化学分析方法》（GB/T 5121 系列） 《铸造黄铜金相检验》（JB/T 5108—2018） 《铜及铜合金分析方法火花放电原子发射光谱法》（YS/T 482—2022） 《饮用水系统零部件用黄铜铸件》（JB/T 12283—2015）
	镁及镁合金铸件	《镁合金铸件》（GB/T 13820—2018） 《镁合金压铸件》（GB/T 25747—2022） 《镁及镁合金化学分析方法》（GB/T 13748 系列） 《镁合金汽车车轮铸件》（GB/T 26649—2011） 《摩托车和电动自行车用镁合金车轮铸件》（GB/T 26650—2011）
	锌及锌合金铸件	《锌合金铸件》（GB/T 16746—2018） 《锌及锌合金化学分析方法》（GB/T 12689 系列） 《锌合金压铸件》（GB/T 13821—2023）
	铅及铅合金铸件	《铅及铅合金化学分析方法》（GB/T 4103 系列）
	钛及钛合金铸件	《钛及钛合金铸件》（GB/T 6614—2014）
	镍及镍合金铸件	《镍及镍合金铸件》（GB/T 36518—2018）
	艺术铸造件	《艺术铸造铜雕塑件》（JB/T 10973—2010） 《艺术铸造乐器》（JB/T 10974—2010） 《艺术铸造响器》（JB/T 10975—2010）
	熔模铸造碳钢件	《熔模铸造碳钢件》（GB/T 31204—2014）
	消失模铸件	《消失模铸件质量评定方法》（GB/T 26658—2011）
其他类	钢铁铸件	《铸钢铸铁件　渗透检测》（GB/T 9443—2019） 《铸钢铸铁件　磁粉检测》（GB/T 9444—2019）
	高温合金铸件	《高温合金化学分析方法》（HB 5220.1~50—2008~2019）
	耐磨损复合材料铸件	《耐磨损复合材料铸件》（GB/T 26652—2011）

7.1.2　常规力学性能试验用试样制备

常规力学性能检测在室温下进行，检测项目通常包括抗拉强度（R_m，单位为 MPa）、抗压强度（R_{mc}，单位为 MPa）、屈服强度（规定塑性延伸强度，$R_{p0.2}$，单位为 MPa）、断后伸长率（A，单位为%）、断面收缩率（Z，单位为%）、挠度、冲击吸收能量（K、KV、KU，单位为 J）和硬度

（*HBW*、*HRA*、*HM*、*HV*等）等。本节将介绍各类试样制备方法。

7.1.2.1 试样分类

1）本体切取试样　本体切取试样指从铸件本体指定部位（一般选定铸件上受力最大部位）切取的试样。切取试样能真实反映该部位铸件本身的力学性能，但由于要损坏铸件，只能在有限情况下使用。

2）本体附铸试样　本体附铸试样指与铸件本体一起铸出的试样。本体附铸试样应附铸在铸件有代表性的部分，由于试样与铸件冷却速度不同，两者力学性能会有差异，一般很少采用。

3）独立单铸试样　独立单铸试样指独立造型单独浇注的试样。生产中多采用独立单铸试样进行评价。

7.1.2.2 各类铸件的试样标准

1）铸铁件试样

（1）灰铸铁拉伸试样[①]。

① 单铸试棒（图7.1）。试棒须用浇注铸件的同一批铁液浇注；试棒开箱温度不得高于500 ℃；如铸件需处理，则试棒应与铸件同炉处理，但消除应力的时效除外。

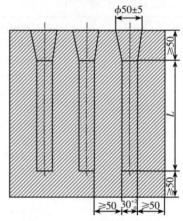

图7.1　灰铸铁件单铸试棒铸型

② 附铸试棒、附铸试块。试棒、试块应附铸在铸件有代表性的部分。图7.2和图7.3分别适用于直径为50 mm的试棒和半径为25 mm的试块。长度应根据试样和试块夹持装置的长度确定。

③ 铸件本体试棒。本体试样的取样位置由供需双方商定。

④ 拉伸试样。灰铸铁件拉伸试样的类型有A型和B型两种（图7.4和图7.5），尺寸见表7.2，也可采用表7.3所列的其他规格的拉伸试样。

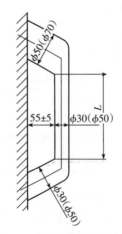

图7.2　灰铸铁件附铸试棒

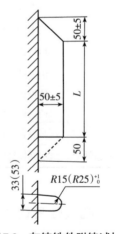

图7.3　灰铸铁件附铸试块

---

① 本部分资料来源：《灰铸铁件》（GB/T 9439—2023）。

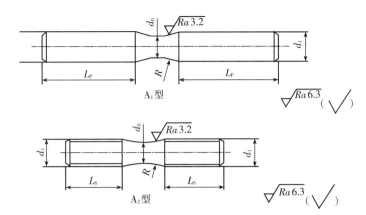

图7.4　灰铸铁件A型拉伸试样

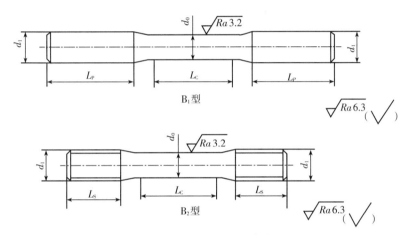

图7.5　灰铸铁件B型拉伸试样

表7.2　灰铸铁单铸试棒加工的试样尺寸　　　　　单位：mm

名　　称			尺　　寸	加工公差
最小的平行段长度(L_c)			60	—
试样直径(d_0)			20	±0.25
圆弧半径(R)			25	+5 0
夹持端	圆柱状	最小直径(d_1)	25	—
		最小长度(L_P)	65	—
	螺纹状	螺纹直径与螺距($d_2 \times P$)	M30×3.5	—
		最小长度(L_S)	30	—

表7.3　灰铸铁件拉伸试样的尺寸　　　　　单位：mm

试样直径(d_0)	最小的平行段长度(L_c)	圆弧半径(R)	夹持端圆柱状		夹持端螺纹状	
			最小直径(d_1)	最小长度(L_P)	螺纹直径与螺距($d_2 \times P$)	最小长度(L_S)
6±0.1	13	≥$1.5d_0$	10	30	M10×1.5	15
8±0.1	25	≥$1.5d_0$	12	30	M12×1.75	15

529

表7.3（续）

试样直径(d_0)	最小的平行段长度(L_e)	圆弧半径(R)	夹持端圆柱状		夹持端螺纹状	
			最小直径(d_1)	最小长度(L_P)	螺纹直径与螺距($d_2 \times P$)	最小长度(L_S)
10±0.1	30	≥$1.5d_0$	16	40	M16×2.0	20
12.5±0.1	40	≥$1.5d_0$	18	48	M20×2.5	24
16±0.1	50	≥$1.5d_0$	24	55	M24×3.0	26
20±0.1	60	25	25	65	M28×3.5	30
25±0.1	75	≥$1.5d_0$	32	70	M36×4.0	35
32±0.1	90	≥$1.5d_0$	42	80	M45×4.5	50

注：① 在铸件应力最大处或铸件最重要工作部位或能制取最大试样尺寸的部位取样；

② 加工试样时应尽可能选取大尺寸加工试样。

（2）球墨铸铁件拉伸试样[①]。

① 单铸试块。试块形状和尺寸从图7.6、表7.4和表7.5中选择。图7.6中的斜影线处为试样切取位置。

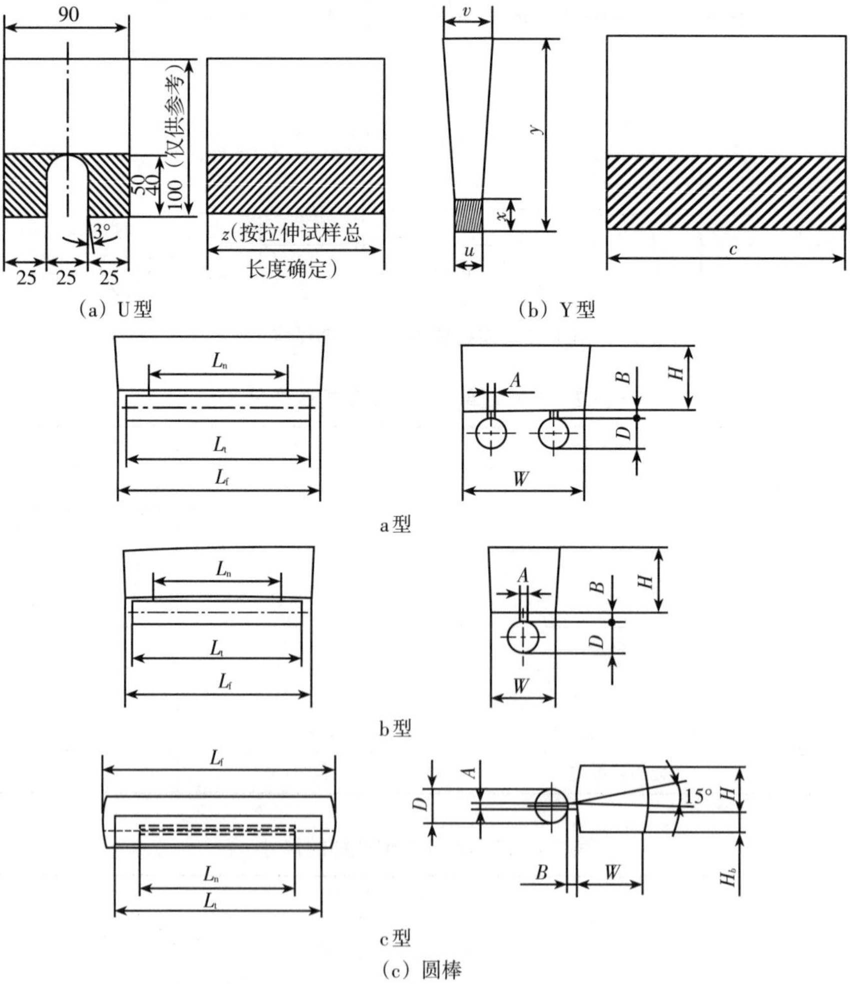

（a）U型　　　　　　　　　　（b）Y型

a型

b型

c型

（c）圆棒

图7.6　球墨铸铁件单铸试块或并排试块

---

① 本部分资料来源：《球墨铸铁件》（GB/T 1348—2019）。

表 7.4　单铸试块或并排试块（Y 型）尺寸

试块类型	试块尺寸/mm					试块的最小吃砂量/mm
	u	v	x	$y^{①}$	$c^{②}$	
I	12.5	40	25	135	根据图 7.8 所示球墨铸铁件拉伸试样的形状确定	40
II	25	55	40	140		
III	50	100	50	150		80
IV	75	125	65	175		

注：① y 尺寸供参考；

　　② 对薄壁铸件或金属型铸件，经供需双方商定，拉伸试样也可以从壁厚 u 小于 12.5 mm 的试块上加工。

表 7.5　单铸试块或并排试块（圆棒）尺寸　　　　　　　单位：mm

类型	A	B	C	H	H_b	L_t	L_m	L_t	W
a	4.5	5.5	25	50	—	$L_n + 20$	$L_t - 50$	根据图 7.6 所示不同规格拉伸试样的总长度确定	100
b	4.5	5.5	25	50	—	$L_n + 20$	$L_t - 50$		50
c	4.0	5.0	25	35	15	$L_n + 20$	$L_t - 50$		50

② 附铸试块。当铸件质量等于或大于 2000 kg，且壁厚在 30～200 mm 范围时，优先采用附铸试块；当铸件质量大于 2000 kg，且壁厚在大于 200 mm 范围时，采用附铸试块。附铸试块的尺寸和位置由供需双方商定。附铸试块的形状如图 7.7 所示，其尺寸见表 7.6。如铸件需热处理，试块应在铸件热处理后再从铸件上切开。

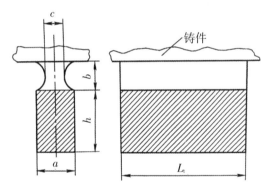

图 7.7　球墨铸铁件附铸试块的形状

表 7.6　球墨铸铁件附铸试块的尺寸　　　　　　　单位：mm

类型	铸件的主要壁厚	a	b (max)	c (min)	h	最小吃砂量	L_t
A	≤12.5	15	11	7.5	20～30	40	根据图 7.8 所示球墨铸铁件拉伸试样的形状确定
B	12.5～30	25	19	12.5	30～40		
C	30～60	40	30	20	40～65	80	
D	60～200	70	52.5	35	65～105		

注：① 在特殊情况下，L_t 可以适当减小，但不得小于 125 mm；

　　② 如选用比 A 型更小尺寸的附铸试块，应按下式规定：$b = 0.75a$，$c = 0.5a$。

③ 拉伸试样。拉伸试样取自单铸试块 [图 7.6（c）] 或试块的剖面线部位 [图 7.6（a）、（b）和图 7.7]。拉伸试样的形状和尺寸如图 7.8 所示，相应的尺寸见表 7.7。

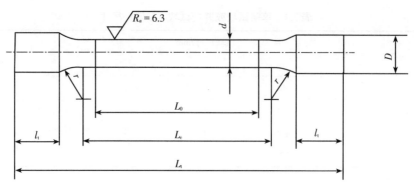

图7.8 球墨铸铁件拉伸试样的形状

L_t——试样总长（取决于 L_c 和 l_t）；$r \approx 20$ mm

表7.7 球墨铸铁件拉伸试样尺寸 单位：mm

d	L_0	L_c（min）
5±0.1	25	30
7±0.1	35	42
10±0.1	50	60
14±0.1	**70**	**84**
20±0.1	100	120

注：① 表中黑体字表示优先选用的尺寸。

② 试样夹紧的方法及夹持端的长度 l_t，可由供需双方商定。

③ L_0——原始标距长度，这里 $L_0 = 5d$；

d——试样标距长度处的直径；

L_c——平行段长度，$L_c > L_0$（原则上，$L_c - L_0 > d$）。

（3）蠕墨铸铁件拉伸试样。蠕墨铸铁件的试块和拉伸试样与球墨铸铁的试块和试样基本相同［图7.6（a）、（b）和图7.7、图7.8，表7.4、表7.6和表7.7］。

2）铸钢件试样 铸钢力学性能试验用试块主要有单铸试块和附铸试块等。单铸试块尺寸、形状应符合铸钢件标准《工程结构用中、高强度不锈钢铸件》（GB/T 6967—2009）和《一般工程用铸造碳钢件》（GB/T 11352—2009）等规定（图7.9），附铸试块的形状、尺寸和取样位置由供需双方商定。

3）有色合金铸件试样 拉伸试样的形状和尺寸应根据试验材料的形状及其用途、便于安装引伸计和形成轴向均匀应力状态等原则来确定。拉伸试样一般有圆柱形、平板形和圆管形。为了形成单向应力状态，试样的纵向尺寸要比横向尺寸大得多；为了形成均匀应力状态，通常应使试样头部的过渡圆弧半径 $r \geq 1.5d$（d 为圆形横截面试样平行长度的直径）；为了夹紧试样和使试样对中，试样头部一般机械加工成螺纹状。

为了防止试样的尺寸效应影响测定的拉伸性能判据，按《金属材料 拉伸试验 第1部分：室温试验方法》（GB/T 228.1—2021）规定，标准拉伸试样的直径参照表7.8选择，并建议使用两种比例试样，即

长比例试样：$L_0 = 11.3\sqrt{S_0}$

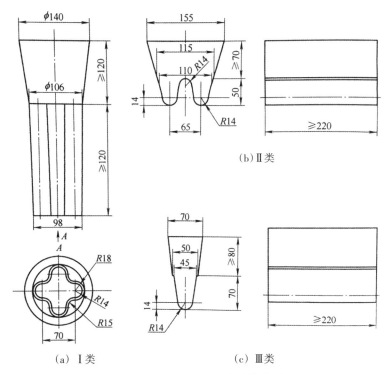

（a）Ⅰ类　　　　（c）Ⅲ类

图7.9　力学性能用单铸试块类型

短比例试样：$L_0 = 5.65\sqrt{S_0}$

为了正确测定试样的拉伸性能判据，试样表面应光滑而无缺陷，其表面粗糙度

应满足图7.10中规定的要求；试样各部分的尺寸偏差应满足表7.8和表7.9的规定。

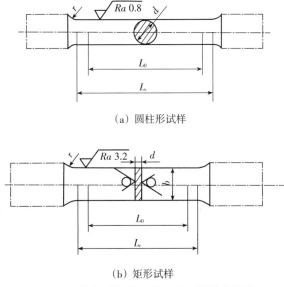

（a）圆柱形试样

（b）矩形试样

图7.10　拉伸试样的形状及表面粗糙度要求

表7.8　圆柱形横截面比例试样

d/mm	r/mm	K = 5.65			K = 11.3		
		L_0/mm	L_e/mm	试样编号	L_0/mm	L_e/mm	试样编号
25				R1			R01
20				R2			R02
15				R3			R03
10	≥0.75d	5d	$\geq L_0 + d/2$ 仲裁试验： $L_0 + 2d$	R4	10d	$\geq L_0 + d/2$ 仲裁试验： $L_0 + 2d$	R04
8				R5			R05
6				R6			R06
5				R7			R07
3				R8			R08

注：① 如相关产品标准无具体规定，优先采用R02、R04或R07试样；

　　② 试样总长度L取决于夹持方法，原则上$L > L_e + 4d$；

　　③ 如相关产品标准无具体规定，优先采用比例系数$K = 5.65$的比例试样。

表7.9　矩形横截面比例试样

b/mm	r/mm	K = 5.65			K = 11.3		
		L_0/mm	L_e/mm	试样编号	L_0/mm	L_e/mm	试样编号
12.5	≥12	$5.65\sqrt{S_0}$	$\geq L_0 + 1.5\sqrt{S_0}$ 仲裁试验： $L_0 + 2\sqrt{S_0}$	P07	$11.3\sqrt{S_0}$	$\geq L_0 + 1.5\sqrt{S_0}$ 仲裁试验： $L_0 + 2\sqrt{S_0}$	P07
15				P08			P08
20	≥12	$5.65\sqrt{S_0}$	$\geq L_0 + 1.5\sqrt{S_0}$ 仲裁实验： $L_0 + 2\sqrt{S_0}$	P09	$11.3\sqrt{S_0}$	$\geq L_0 + 1.5\sqrt{S_0}$ 仲裁实验： $L_0 + 2\sqrt{S_0}$	P09
25				P10			P010
30				P11			P011

注：如相关产品标准无具体规定，优先采用比例系数$K = 5.65$的比例试样。

7.1.3　铸件尺寸公差检测

7.1.3.1　铸件尺寸公差标准

铸件尺寸公差检测依据《铸件　尺寸公差、几何公差与机械加工余量》（GB/T 6414—2017）进行。

7.1.3.2　尺寸公差基本概念

1）铸件基本尺寸　零件基本尺寸与机械加工余量的总和，即铸件图上给定的尺寸。

2）铸件实际尺寸　铸件基本尺寸加铸件尺寸公差后的尺寸。

3）铸件尺寸公差　铸件基本尺寸所允许的变动量，如图7.11所示。

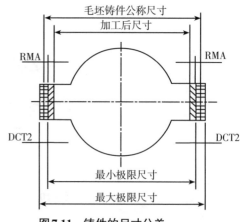

图7.11　铸件的尺寸公差

RMA—机械加工余量；DCT—铸件尺寸公差

4）铸件尺寸公差代号和公差等级 代号 为CT，等级分16级，见表7.10。

表7.10 铸件尺寸公差数值 单位：mm

公称尺寸	铸件尺寸公差等级（DCTG）															
	1	2	3	4	5	6	7	8	9	10	11	12	13	14	15	16
	相应的线性尺寸公差值															
≤10	0.09	0.13	0.18	0.26	0.36	0.52	0.74	1	1.5	2	2.8	4.2	—	—	—	—
>10~16	0.1	0.14	0.2	0.28	0.38	0.54	0.78	1.1	1.6	2.2	3	4.4	—	—	—	—
>16~25	0.11	0.15	0.22	0.3	0.42	0.58	0.82	1.2	1.7	2.4	3.2	4.6	6	8	10	12
>25~40	0.12	0.17	0.24	0.32	0.46	0.64	0.9	1.3	1.8	2.6	3.6	5	7	9	11	14
>40~63	0.13	0.18	0.26	0.36	0.5	0.7	1	1.4	2	2.8	4	5.6	8	10	12	16
>63~100	0.14	0.2	0.28	0.4	0.56	0.78	1.1	1.6	2.2	3.2	4.4	6	9	11	14	18
>100~160	0.15	0.22	0.3	0.44	0.62	0.88	1.2	1.8	2.5	3.6	5	7	10	12	16	20
>160~250	—	0.24	0.34	0.5	0.7	1	1.4	2	2.8	4	5.6	8	11	14	18	22
>250~400	—	—	0.4	0.56	0.78	1.1	1.6	2.2	3.2	4.4	6.2	9	12	16	20	25
>400~630	—	—	—	0.64	0.9	1.2	1.8	2.6	3.6	5	7	10	14	18	22	28
>630~1000	—	—	—	0.72	1.0	1.4	2	2.8	4	6	8	11	16	20	25	32
>1000~1600	—	—	—	0.80	1.1	1.6	2.2	3.2	4.6	7	9	13	18	23	29	37
>1600~2500	—	—	—	—	—	2.6	3.8	5.4	8	10	15	21	26	33	42
>2500~4000	—	—	—	—	—	—	4.4	6.2	9	12	17	24	30	38	49
>4000~6300	—	—	—	—	—	—	7	10	14	20	28	35	44	56
>6300~10000	—	—	—	—	—	—	—	11	16	23	32	40	50	64

注：除非另有规定，DCTG1~DCTG15的壁厚公差应比其他尺寸的一般公差粗一级。例如，在通用公差等级为DCTG10的图样上，壁厚公差应为DCTG11。DCTG16等级仅适用于一般定义为DCTG15级的铸件壁厚。

5）公差带位置 公差带对称分布，即公差一半取正值，另一半取负值，如图7.11所示。

6）壁厚尺寸公差 可按图样上一般尺寸公差降一级使用。

1）生产批量的选择 尺寸公差等级与铸造工艺方法、铸造合金种类和铸件生产批量相关，见表7.11、表7.12。其中，铸造工艺方法和铸造合金种类为已知，关键在于选择生产批量。

7.1.3.3 应用铸件尺寸公差标准应注意的问题

表7.11 成批和大量生产铸件的尺寸公差等级

方 法	铸件尺寸公差等级（DCTC）								
	钢	灰铸铁	球墨铸铁	可锻铸铁	铜合金	锌合金	轻金属合金	镍基合金	钴基合金
砂型铸造手工造型	11~13	11~13	11~13	11~13	10~13	10~13	9~12	11~14	11~14
砂型铸造机器造型和壳型	8~12	8~12	8~12	8~12	8~10	8~10	7~9	8~12	8~12

表7.11（续）

方法	铸件尺寸公差等级（DCTC）								
	钢	灰铸铁	球墨铸铁	可锻铸铁	铜合金	锌合金	轻金属合金	镍基合金	钴基合金
金属型铸造（重力铸造或低压铸造）	—	8~10	8~10	8~10	8~10	7~9	7~9	—	—
压力铸造	—	—	—	—	6~8	4~6	4~7	—	—
熔模铸造 水玻璃	7~9	7~9	7~9	—	5~8	—	5~8	7~9	7~9
熔模铸造 硅溶胶	4~6	4~6	4~6	—	4~6	—	4~6	4~6	4~6

注：① 表中所列出的公差等级是指在大批量生产条件下，且影响铸件尺寸精度的生产因素已得到充分改进时，铸件通常能够达到的公差等级；

② 本标准还适用于本表未列出的由铸造厂和采购方之间协议商定的工艺和材料。

表7.12　小批和单件生产铸件的尺寸公差等级

方法	造型材料	铸件尺寸公差等级（DCTG）							
		钢	灰铸铁	球墨铸铁	可锻铸铁	铜合金	轻金属合金	镍基合金	钴基合金
砂型铸造 手工造型	黏土砂	13~15	13~15	13~15	13~15	13~15	11~13	13~15	13~15
砂型铸造 手工造型	化学黏结剂砂	12~14	11~13	11~13	11~13	10~12	10~12	12~14	12~14

注：① 表中所列出的公差等级是小批量的或单件生产的砂型铸件通常能够达到的公差等级。

② 本表中的数值一般适用于大于25 mm的铸件的基本尺寸，对于较小的尺寸，通常能经济实地保证下列较精的公差：

　　a. 公称尺寸≤10 mm：精3级（精3级相同于公差等级提高3级，下同）；

　　b. 10 mm＜公称尺寸≤16 mm：精2级；

　　c. 16 mm＜公称尺寸≤25 mm：精1级。

③ 本标准还适用于本表未列出的由铸造厂和采购方之间协议商定的工艺和材料。

根据我国实际情况，生产批量可划分为如下三种情况：

（1）大量生产。一般年产5000件以上，使用专用设备与装备生产。

（2）成批生产。一般年产500~5000件，对于工艺稳定的周期生产而言，尽管铸件年产少于500件，仍可视为批量生产。

（3）小批和单件生产。一般生产一件至几十件铸件，工艺比较简单，且无专用设备，模样和芯盒也无保存价值。

需要说明的是，由于行业不同，生产批量划分标准不尽相同，应根据本行业实际情况或由供需双方协商而定。

2）划分主要和非主要尺寸　对首件生产的铸件（包括模样经大修后生产的铸件），理应检测全部尺寸，但一个较为复杂的铸件可有上百个尺寸，没有必要将其全部列入尺寸公差范围。此外，在成批大量生产中，需要定期或不定期抽查铸件，抽查中也无须对铸件每个尺寸逐一检测。因此，有必要根据零件具体要求，将铸件尺寸划分为主要和非主要尺寸，主要尺寸的公差必须在公差范围内（抽查时必须检测），而非主要尺寸公差则可放宽执行（也可不做抽查）。

3）错型（错箱）值　非加工外露表面

错型值，应该控制在尺寸公差范围内。

4）铸件模样起模斜度　按《铸件模样起模斜度》（JB/T 5105—2022）标准执行。

5）树脂砂铸件尺寸公差等级的选用树脂砂铸件的尺寸精度大大优于黏土砂铸件，其尺寸公差等级可比黏土砂铸件尺寸公差等级提高1～2级选用。

7.1.4　铸件轮廓尺寸检测方法

铸件轮廓尺寸检测方式有：① 检测铸件图和铸造工艺文件规定的全部尺寸；② 检测铸件图和铸造工艺文件规定的几个控制尺寸；③ 对需要机械加工的铸件进行划线检测；④ 对加工过程中有争议的尺寸进行分析性检测；⑤ 用专用的工、夹、量具检测全部铸件的主要尺寸。

7.1.4.1　铸件尺寸划线检测

划线检测是最常用的铸件尺寸检测方法。其依据是铸件图，根据铸件图的尺寸链和尺寸公差要求，借助平台、支承及必要的工、夹、量具，确定铸件的测量基准，划线检测铸件的尺寸。

7.1.4.2　三坐标测量仪检测法

三坐标测量仪是指在一个六面体的空间范围内，能够表现几何形状、长度及圆周分度等测量能力的仪器。其可在三个相互垂直的方向上移动，优点为测量精度高、速度快、性能稳定。

三坐标测量仪的测量方式分为接触式测量、非接触式测量和接触与非接触并用式测量。接触式测量通常使用的是机械式探头、触发式探头和扫描式探头；非接触式测量通常采用中心显微镜、中心投影器和激光扫描等形式。装备激光扫描探头的测量系统较为先进，凭借激光光源可进行连续的非接触式测量，具有实时性、主动性和适应性好等优点。接触式三坐标测量仪测量精度，生产型仪器可达到每米6～10 μm，计量型仪器可达到每米20 μm左右。

7.1.4.3　桌面（便携）3D扫描仪检测法

桌面（便携）3D扫描仪是一种新型三维激光扫描工具，因具有体积小、质量小、检测精度高等明显优点，特别适合铸造生产现场应用。桌面（便携）3D扫描仪检测精度可达每米20 μm。

对于中小型铸件，一般采用桌面式3D扫描仪检测；而对于大型铸件，可采用手持式扫描仪在铸件上测量。将扫描仪捕获的铸件数据与已知的CAD文件比对，可快速评价铸件轮廓尺寸是否符合预期，有效解决由铸造工艺导致的铸造轮廓尺寸缺陷问题。

7.1.5　铸件壁厚检测方法

7.1.5.1　解剖和着色印纸检测法

对于形状和结构特别复杂的铸件，如果无法用量具、量仪检测其内腔壁厚或缺乏现代检测手段，可用着色印纸进行抽检。采用机械切削、砂轮切割、激光切割、等离子弧切割和电火花切割等方法解剖铸件，在解剖面上涂以着色剂，贴上印纸，使解剖面形状和尺寸复印在印纸上，取下印纸即可在印纸上测量铸件解剖面尺寸。

7.1.5.2　超声波检测法

采用超声波测量仪测量物体壁厚在各行各业都有应用。在被测铸件表面涂敷耦合剂，探头发射的超声波脉冲穿过耦合介质射到铸件表面，其中部分超声波被铸件表面反射形成反射脉冲，其余部分透过表面传播到铸件底部，被铸件底面反射形成底面反射脉冲。测定铸件表面反射脉冲和底面反射脉冲的间隔时间，再乘以超声波在被检铸件中的传播速度（已知），即可确定铸件厚度。

7.1.6　铸造表面粗糙度检测

铸造表面粗糙度通过视觉或触觉对铸件表面与表面粗糙度比较样块进行比较来评定，或采用铸造表面粗糙度检测仪器对铸件表面直接检测。表面粗糙度参数值用 Ra 或 Rz 表示，单位为 μm。Ra 为已知表面轮廓算数平均偏差，Rz 为已知表面微观不平"十"点高度值，一般多选用 Ra。

7.1.6.1　表面粗糙度比较样块及其使用方法

《表面粗糙度比较样块　第1部分：铸造表面》（GB/T 6060.1—2018）将铸造表面粗糙度比较样块按合金种类和铸造方法分为若干类，各类比较样块的表面粗糙度参数值见表7.13。全国铸造标准化技术委员会监制的铸造表面粗糙度比较样块分为7类，见表7.14。检测铸造表面粗糙度，需根据铸件材质选择相应色泽的样块，如钢铁为钢灰色、黄铜为金黄色、青铜为古铜色、铝合金为银白色等。

表7.13　各类比较样块的表面粗糙度参数值

合金种类	铸造方法	表面粗糙度(Ra)标称值/μm											
		0.2	0.4	0.8	1.6	3.2	6.3	12.5	25	50	100	200	400
铸钢	砂型铸造	—	—	—	—	—	—	△	△	○	○	○	○
	壳型铸造	—	—	—	△	△	○	○	○	○	—	—	—
	熔模铸造	—	—	△	○	○	○	○	○	—	—	—	—
铸铁	砂型铸造	—	—	—	—	△	△	○	○	○	○	○	—
	壳型铸造	—	—	—	△	△	○	○	○	—	—	—	—
	熔模铸造	—	—	△	○	○	○	○	○	—	—	—	—
	金属型铸造	—	—	—	—	—	○	○	○	—	—	—	—
铸造铜合金	砂型铸造	—	—	—	—	△	△	○	○	○	○	○	—
	熔模铸造	—	—	△	○	○	○	○	○	—	—	—	—
	金属型铸造	—	—	—	—	△	△	○	○	○	—	—	—
	压力铸造	—	—	—	△	△	○	○	○	—	—	—	—
铸造铝合金	砂型铸造	—	—	—	—	△	△	○	○	○	○	○	—
	熔模铸造	—	—	△	○	○	○	○	—	—	—	—	—
	金属型铸造	—	—	—	△	△	○	○	○	—	—	—	—
	压力铸造	—	△	△	○	○	○	—	—	—	—	—	—
铸造镁合金	砂型铸造	—	—	—	—	△	△	○	○	○	○	—	—
	熔模铸造	—	—	—	△	○	○	○	—	—	—	—	—
	压力铸造	△	△	○	○	○	○	—	—	—	—	—	—

表7.13（续）

合金种类	铸造方法	表面粗糙度(Ra)标称值/μm											
		0.2	0.4	0.8	1.6	3.2	6.3	12.5	25	50	100	200	400
铸造锌合金	砂型铸造	—	—	—	—	△	△	○	○	○	○	○	—
	压力铸造	△	△	○	○	○	○	○	○	—	—	—	—
铸造钛合金	石墨型铸造	—	—	—	—	—	△	○	○	○	—	—	—
	熔模铸造	—	—	—	—	○	○	○	○	—	—	—	—

注：△表示需采取特殊措施才能达到的表面粗糙度；○表示可以达到的表面粗糙度；—表示不适用，或无此项。

表7.14　铸造表面粗糙度比较样块（全国铸造标准化技术委员会监制）

项　目	I	II	III	IV	V	VI	VII
铸型类型	砂型类				金属型类		
合金种类	钢铁	黄铜	青铜	铝、镁、锌	黄铜	青铜	铝、镁、锌
颜　色	钢灰	金黄	古铜	银白	金黄	古铜	银白
参数值/μm	$Ra = 3.2 \sim 100$ $Ra = 200 \sim 400$	$Ra = 12.5 \sim 100$ $Ra = 200$		$Ra = 12.5 \sim 100$ $Ra = 200$	$Ra = 6.3 \sim 100$		$Ra = 0.8 \sim 50$

注：样块应附标志包括：表面粗糙度参数（Ra）公称值、平均值公称和标准偏差，表征的铸造合金种类和铸造方法类型，制造厂名或商标，执行标准的标准号GB/T 6060.1—2018。

采用比较样块评定毛坯铸件的表面粗糙度时，应按《铸造表面粗糙度　评定方法》（GB/T 15056—2017）进行，要求做到：

（1）被检铸造表面清理干净，样块表面和被检铸造表面无油污和锈蚀。

（2）选用与铸件合金材质和铸造方法相近的样块。

（3）被检铸造表面划分若干检测单元，用样块与检测单元逐一比对，检测单元划分原则见表7.15。

表7.15　检测单元数

被检测铸造表面积/mm²	< 1000	> 1000 ~ 10000	> 10000 ~ 100000	> 100000
检测单元数/个	≥2	≥5	≥10	≥20

（4）采用视觉或触觉比对。视觉比对在光线明亮场地用肉眼或借助放大镜观察；触觉比对用手指在被检铸造表面和相近两参数值等级比较样块表面触摸，触感相同者视为等级相同。

（5）铸造表面粗糙度应评定为占被检表面总面积不小于80%的被检表面所达到的最粗表面粗糙度等级。

（6）铸造表面粗糙度介于比较样块两级参数值之间时，应评定为表面粗糙度最粗的样块等级。

（7）铸造表面粗糙度等级低于规定等级时，可进行精整处理。精整处理后再进行检测评定时，检测表面应包括精整后和未经精整的表面。

（8）供需双方对比较样块所评定的结

果发生异议时，应采用表面粗糙度轮廓仪进行检测。

7.1.6.2 铸造表面粗糙度测定仪

用于机加工表面评价的表面粗糙度测定仪已有多年应用历史，触针式表面轮廓仪、光学式表面粗糙度测定仪等检测装置一直在不断更新换代。铸造表面因其特殊形貌，对粗糙度仪器检测技术提出了极高的要求，目前尚无铸造表面粗糙度测定仪国家标准发布和商用检测装置可供选购。近年来，虽有高校和研究机构开展了铸造表面粗糙度测定仪研发工作，但因多种原因，研究成果未能推广。

当前，制定铸造表面粗糙度测定仪国家或行业标准，基于标准研究开发台式和便携式铸造表面粗糙度测定仪已成为铸件生产厂迫切之需。

7.1.7 铸件重量公差检测

根据铸件图计算的铸件重量，或根据供需双方认定合格的铸件重量，或按照一定方法确定的包括机械加工余量和其他工艺余量的铸件重量称为铸件公称重量。铸件实际重量与公称重量的差与公称重量的比值称为铸件重量公差（用百分率表示）。

铸件重量公差等级按《铸件重量公差》（GB/T 11351—2017）检测，分为MT1～MT16共16个等级。检测铸件重量公差时，需注意如下问题：

（1）设计的公称重量与铸件实际重量往往差别较大，应通过实测合格铸件重量，确定公称重量。

（2）对成批大量生产的铸件，应对其公称重量定期抽检核实；对工艺模样有改动的铸件，应对其公称重量进行复查和及时修正。

（3）树脂砂铸件的重量公差等级相比黏土砂铸件的重量公差等级，可提高1～2级选用。

（4）一般情况下，重量公差的下偏差和上偏差相同，但下偏差可比上偏差提高2级选用。

7.1.8 铸件缺陷无损检测

7.1.8.1 表面及近表面缺陷无损检测

用于铸件表面及近表面缺陷的无损检测方法主要有目视检测、磁粉检测、渗透检测和涡流检测。随着机器视觉和人工智能技术的快速发展，上述检测方法与计算机相结合完成铸件表面及近表面缺陷识别技术正在获得越来越多的应用。

1）目视检测　暴露在铸件表面的宏观缺陷，可用肉眼或借助低倍放大镜检查；对于铸件内表面，可用内窥镜检查。目视检测的铸件缺陷主要有飞翅、毛刺、抬型、胀砂、冲砂、掉砂、外渗物、冷隔、浇注断流、表面裂纹（包括热裂、冷裂和热处理裂纹）、鼠尾、沟槽、夹砂结疤、粘砂、表面粗糙、皱皮、缩陷、浇不足、跑火、型漏、机械损伤、错型、错芯、偏芯、铸件变形翘曲、冷豆，以及暴露在铸件表面的夹杂物、气孔、缩孔、渣气孔、渣漏孔、砂眼等。

2）磁粉检测　磁粉检测（MT）具有设备简单、操作方便、观察直观、检测灵敏度高等优点，在铸造行业中应用极为普遍。磁粉检测适合铸钢、铸铁等铁磁材料的表面及近表面缺陷（如裂纹、折叠、未熔合等）检测。一般采用交流电磁化，可检查表面下埋藏深度不超过2 mm的缺陷；采用直流磁化，可检查表面下埋藏深度不超过4 mm的缺陷。《无损检测　磁粉检测　第1部分：

总则》（GB/T 15822.1—2005）、《无损检测　磁粉检测　第2部分：检测介质》（GB/T 15822.2—2005）和《无损检测　磁粉检测　第3部分：设备》（GB/T 15822.3—2005）规定了磁粉检测相关原则。采用磁粉检测时，操作中需要注意以下要求：

（1）供需双方需就磁化方向达成一致。

（2）工件表面最小磁通密度应为1 T；对于相对磁导率高的低合金和低碳钢，磁通密度的切向场强应达到2 kA/m。

（3）连续法磁粉检测应提前磁化，并在磁化过程中持续添加检测介质。

（4）检测结束后应及时清洗铸件，当剩磁高于最大残余磁场强度值的要求时要进行退磁处理。

（5）除非另有规定，检测时必须在两个相互垂直的方向进行磁化。

3）渗透检测　渗透检测（PT）利用液体润湿和毛细管现象，将渗透剂渗入缺陷并施加显像剂后，在铸件表面形成显像薄膜，缺陷中渗透剂因毛细作用被吸至铸件表面而显示缺陷迹象。按显示方法不同可分为着色法和荧光法两种。随着非铁磁性材料的大量应用，渗透检测方法得到迅速发展。渗透检测方法原理简单、操作方便、适应性强，可检测各种非多孔性材料，不受铸件几何形状和尺寸限制。渗透检测适用于检测金属和非金属零件或材料表面裂纹、疏松、气孔、夹渣、冷隔、折叠和氧化斑疤等开口缺陷的检测，对于铸件内部和近表面的非开放性缺陷，渗透检测无法检出。

渗透检测装置主要由渗透装置、乳化装置、清洗装置、显像装置、干燥装置和观察装置等构成。渗透检测剂包括渗透剂、乳化剂、清洗剂和显像剂，不同类型的渗透探伤剂不可混用。参考试块用于检验操作方法是否合适以及渗透检测剂性能

和显示缺陷的能力，每次检测之前或操作条件发生变化时，都要用参考试块进行验证，参考试块规格应符合《无损检测　渗透检测　第3部分：参考试块》（GB/T 18851.3—2008）的规定。渗透检验标准可参考美国材料与试验协会标准《液体渗透检查用的标准参考图片》[ASTM E433—1971（2008）]、国际标准《铸钢件　液体渗透检测》（ISO 4987—2020）或国家标准《铸钢铸铁件　渗透检测》（GB/T 9443—2019）等效采用该标准分级数据。

4）涡流检测　涡流检测（ECT）是一种利用电磁场同金属间电磁感应实现缺陷无损检测的方法，适用于铁磁性和非铁磁性材料铸件表面缺陷和表面以下不大于7 mm深的缺陷检测。受涡流检测原理限制，所发现缺陷（如裂纹）一般为垂直于涡流流动方向的缺陷。

7.1.8.2　铸件内部缺陷无损检测

铸件内部缺陷无损检测的方法主要有射线检测、超声检测。近年来，声发射（AE）、红外热成像（TIR）、激光超声和金属磁记忆等检测新技术的研究得到长足发展，不同场合的应用正在日益扩大。

1）射线检测　用于铸件的射线检测（RT）主要是X射线或γ射线检测。因缺陷存在使射线穿过铸件时能量衰减不同，导致形成影像的黑度有别，所以通过分析影响异常黑度的位置、尺寸、分布和密度，可判断缺陷类型、位置和严重程度。铸件射线信息采集主要有胶片照相和数字影像两类方法：铸件缺陷工业胶片显示方法历史最久，目前仍广泛应用；数字影像技术快速发展并不断形成如工业CT和DR等多种实时成像检测新技术。

铸件射线照相检测分为A、B两个等级，一般应按《铸件　射线照相检测》

（GB/T 5677—2018）进行。应用射线检测技术需注意如下方面：铸件表面清理、检测时机、透照方式、射线源选择、射线和增感屏选择、散射线控制、射线源至工件最小距离、曝光量、曝光曲线、标记、像质计使用、胶片处理、评片要求、底片质量、底片储存等。铸钢件射线检测标准主要有国家标准《铸件 射线照相检测》（GB/T 5677—2018）、日本工业标准《铸钢件的放射线试验方法》（JIS G0581—1999）和美国实验与材料学会标准 ASTM E446—2020、E186—2020 和 E280—2021《铸钢件射线照相参考底片》。非铁合金铸件射线检测缺陷分级标准主要有国家标准《铝合金铸件射线照相检测 缺陷分级》（GB/T 11346—2018）、美国实验与材料学会标准 ASTM E155—2020《铝铸件和镁铸件标准参考射线底片》和我国航空工业标准《铝合金铸件 X 射线照相检验长形针孔分级标准》（HB 5395—1988）、《铝合金铸件 X 射线照相检验海绵状疏松分级标准》（HB 5396—1988）、《铝合金铸件 X 射线照相检验分散疏松分级标准》（HB 5397—1988）和《铝、镁合金铸件检验用标准参考射线底片》（HB 6578—1992）。

工业 CT（射线断层扫描）技术是一种由数据到图像的重建技术。工业 CT 技术根据物体横断面的一组投影数据，经过计算机处理后获得物体横断面的图像。工业 CT 装置主要由射线源和接收检测器两大部分组成，如图7.12所示。射线源一般为高能 X 射线源或 γ 射线源，接收检测器包括辐射探测器和计算机系统。射线穿过铸件后被辐射探测器接收，信号经处理后通过接口输入计算机。检测过程中，铸件做步进或旋转运动，可获得系列投影数据，由计算机重建断面或三维图像。

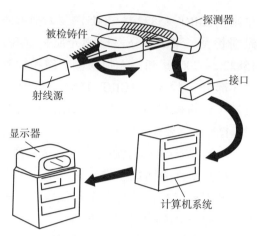

图7.12　工业 CT 装置构成简图

DR（数字化 X 射线摄影）技术是一种应用穿透性射线对生产线上的铸件进行透照，使用计算机直接进行数字化 X 射线摄影的快速检测技术。DR 系统由电子暗盒、扫描控制器、系统控制器、影像监视器等构成，直接将 X 射线光子通过电子暗盒转换为数字图像，也可称为一种广义上的直接数字化 X 射线摄影。DR 技术的显著特点是成像速度快、检测效率高、辐射剂量低、空间分辨力强和噪声率低、图像存档方便和可远距离实时观察等。一种远距离实时射线成像观察系统如图7.13所示，荧光屏将射线转换为可见光，经图像增强器增强后，强度进一步提高，使其适合被摄像头接收。摄像机将接收的信号传至位于安全区的监视器上，可实现实时显示和存储。

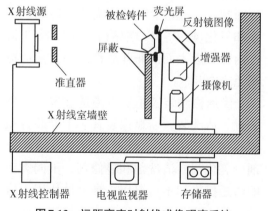

图7.13　远距离实时射线成像观察系统

2）超声检测　超声检测（UT）的工作原理是，利用具有高频声能的声束在铸件内部传播的过程中，遇到内部缺陷会产生反射的特点，根据发射信号特征，判断被测铸件内部有无缺陷和缺陷的位置、形状及大小。超声波检测是目前应用最广泛的铸件内部缺陷无损检测方法，与射线检测方法相比，具有成本低、无须防护、厚大铸件检测速度快等优点。超声检测方法的缺点是对铸件表面粗糙度有一定要求。

超声检测所用设备和材料包括超声探伤仪、探头、对比试块、耦合剂等。超声检测系统（包括探伤仪、探头和高频电缆）的工作性能，应按《无损检测　A型脉冲反射式超声检测系统工作性能测试方法》（JB/T 9214—2010）的规定进行测试，并满足下列要求：使用 $2 \sim 2.5$ MHz检测频率时，纵波直探头灵敏度余量不小于30 dB，横波斜探头灵敏度余量不小于50 dB。对比试块应采用与被检铸件材质相同或相近材料制造，试块内部不允许存在等于或大于同声程 $\phi2$ mm当量平底孔的缺陷，以保证其超声衰减系数和表面粗糙度 Ra 不大于6.3 μm的声传播速度与被测铸件的相同或相近。

铸件探伤面的表面粗糙度 Ra 应不大于12.5 μm，质量要求高的铸件，探伤面的表面粗糙度 Ra 最好不大于6.3 μm。探伤灵敏度与超声频率和探伤方式关系很大，需要合理选择。常见铸件探伤参考频率见表7.16。

表7.16　超声频率和探伤方式选择参考

探伤对象	频率/MHz	探测方法
大型铸钢件	$0.4 \sim 3.0$	反射法、穿透法
小型铸钢件	$2 \sim 5$	反射法
铸铁件	$0.4 \sim 1.0$	反射法、穿透法
轻合金	$3 \sim 10$	反射法
铜合金	$1 \sim 3$	反射法、穿透法
钢件晶粒度测定	$1.5 \sim 7.0$	反射法

铸钢件超声检测和质量评级标准主要有我国等同采用了国际标准ISO 4992-1：2020的国家标准《铸钢件　超声检测　第1部分：一般用途铸件》（GB/T7233.1—2023）、美国实验与材料学会标准《碳钢和低合金钢铸件超声波探伤标准》（ASTM A609—2018）、国际标准《铸钢件的超声检测》（ISO 4992—2020）、英国标准《铁素体钢铸件超声检查和质量分级方法》（BS 6208—1990）。

铸铁件内部缺陷超声检测可参照《铸钢件　超声检测　第1部分：一般用途铸钢件》（GB/T 7233.1—2009）进行，值得注意的是，由于铸铁件内部石墨本身相当于裂纹或夹层缺陷，尤其是灰铸铁中的片状石墨对超声检测灵敏度有较大干扰。

其他材质铸件的超声检测，需根据具体情况加以区别。对于热处理后晶粒细化的铝镁合金和钛合金，超声检测仍为有效检测方法；球铁球化率及蠕铁蠕化率可用超声检测；铜合金超声检测效果较差；奥氏体不锈钢及高温合金基本不具备超声可探性。其他铸件能否应用超声检测，需要进行超声可探性检测和材料的衰减性测量。

3）红外热成像检测　红外热成像（TIR）检测通过红外辐射的分析方法测量物体内部能量流动情况，针对内部无缺陷、存在隔热性缺陷和存在导热性缺陷三类情况，使用红外成像仪显示检测结果，对被测物体内部缺陷进行直观判断。可实现对金属、非金属及复合材料中裂纹等缺陷的无损触检测，具有非接触、检测面积大、检测速度快等优点。

红外热成像适用于生产线上铸件缺陷的在线检测以及热处理后铸件内部缺陷的快速检测，目前尚无红外热成像检测铸件缺陷的技术标准，企业需结合实际制定检测规范。

7.2 铸件常见缺陷和主要防止方法

铸件缺陷种类繁多，形貌各异。根据缺陷形貌特征，《铸造术语》（GB/T 5611—2017）将铸件缺陷分为八大类型，即多肉类，孔洞类，裂纹、冷隔类，表面类，残缺类，形状及质量差错类，夹杂类，成分组织性能不合格类缺陷。本节将以表格方式分述八类缺陷中常见缺陷的特征、形成原因及防止方法，其他铸件特殊缺陷及防止方法，可参阅本书其他有关章节内容。

7.2.1 多肉类缺陷

多肉类缺陷主要有飞翅（飞边、披缝）和毛刺、抬型（抬箱）、胀砂、冲砂、掉砂、外渗物（外渗豆）等，缺陷名称及形貌示意图、缺陷特征及识别方法、缺陷形成原因及防止方法见表7.17。

表7.17 多肉类缺陷

缺陷名称及形貌示意图	缺陷特征及识别方法	缺陷形成原因	缺陷防止方法
飞翅和毛刺： （a）飞翅 （b）毛刺 （c）脉纹	（1）缺陷特征 ① 飞翅：产生在分型面、分芯面、芯头、活块及型与芯结合面等处。通常为垂直于铸件表面的厚度不均匀的薄片状金属突起物，又称为飞边或披缝。 ② 毛刺：铸件表面的形状不规则刺状金属突起物。常出现在型、芯裂缝处。 ③ 脉纹：呈网状或脉状分布的毛刺。 （2）识别方法 肉眼外观检查。注意飞翅与毛刺的区别：飞翅出现在型—型、型—芯、芯—芯接合面处，呈连片状，是接合面间隙过大所致；毛刺由型、芯开裂引起，呈刺状或脉纹状，形状和分布不规则	（1）飞翅 ① 分型面、分芯面、芯头间隙过大。 ② 模样、芯盒、砂箱或金属型变形，使分型面、分芯面、芯头、芯座贴合不严。 ③ 型、芯放置和烘干不当，使型、芯变形，导致分型面、分芯面、芯头、芯座贴合不严。 ④ 修型修芯时，误将棱边修圆。 ⑤ 铸型装配时芯头磨小，芯头间隙和分芯面缝隙未填补修平，合型封泥垫得过厚 ⑥ 合型压铁质量不够，分布不均；紧箱螺栓或箱卡分布不均，数量不够；紧箱操作不当；金属液压头过大，造成抬型。 （2）毛刺 ① 型、芯砂成分或混制工艺不当，性能低下不均。	（1）飞翅 ① 改进工艺和工装设计，合理选择参数，严格检修模样和芯盒，使分型面、分芯面、芯头和芯座表面光滑平整，间隙适宜。 ② 下芯时不要随意磨小芯头；不要把分型面、分芯面、芯座的棱边修成圆角或倒角；合型封泥不要垫得过厚；芯头间隙和分芯面缝隙要填补修平。 ③ 型、芯烘干规范要正确，烘干时型、芯放置要平稳，防止型、芯烘干变形。 ④ 型、芯存放时要垫平，防止由振动、撞击和相互挤压导致型、芯变形。 ⑤ 合型和紧箱操作要正确，防止抬型。 ⑥ 应根据不同类型的砂型设计适宜的芯头间隙。 ⑦ 使用封箱膏或封箱条。 （2）毛刺 ① 改进型、芯砂配方和混制工艺，严格控制型、芯砂的水分和含泥量，均匀混砂。

表 7.17（续）

缺陷名称及形貌示意图	缺陷特征及识别方法	缺陷形成原因	缺陷防止方法
		② 型、芯紧实不均匀，局部紧实度过大或过小，使型、芯在起模、烘干、存放、搬运和浇注过程中开裂。 ③ 型、芯因烘干不足或过烘而开裂。 ④ 干型、芯或自硬砂型、芯在放置过程中返潮，强度下降，浇注时开裂。 ⑤ 型、芯在搬运、下芯、合型时受撞击或挤压而开裂。 ⑥ 浇注温度过高，金属液压头过高。 ⑦ 由于砂芯（型）局部受高温金属液作用，硅砂发生相变产生膨胀导致开裂，使金属液进入	② 均匀紧实型、芯，紧实度不宜过高。 ③ 型、芯存放时应垫平，避免互相交叠和挤压；搬运时应避免振动、撞击；型、芯存放时间不宜过久，以免返潮使强度降低。 ④ 型、芯烘干温度不宜过高，升温速度不宜过快，防止型、芯产生烘干裂纹。 ⑤ 浇注温度不宜过高。 ⑥ 适当加大起模斜度，微振起模，防止型、芯起模开裂。 ⑦ 有裂纹的型、芯要修补平整或废弃不用。 ⑧ 采用低膨胀砂（加入部分人造球形砂等），或加入防毛刺添加剂
抬型（抬箱）： （a）双边抬型 （b）单边抬型	（1）缺陷特征 　铸件在分型面部位高度增大，并伴有厚大飞翅 （2）识别方法 　肉眼外观检查。注意与飞翅区别：单纯飞翅厚度较薄，铸件分型面部位高度不增加	由充型金属液产生的浮力和压力，或因铸型排气不畅，型腔内气体在充型金属液热作用下膨胀产生的压力，使上型或盖芯上抬而引起。影响因素如下： ① 压铁质量不足、位置不当，漏放压铁或压铁取走过早。 ② 紧箱操作不当，单面紧箱或未紧箱，箱卡或紧箱螺栓、压板强度不够，数量太少，分布不均，松箱过早。 ③ 浇包浇注高度过高，金属液动压力过大。 ④ 上型未扎通气孔或通气孔数量少，出气冒口数量不够，位置不当	① 压铁质量或箱卡、紧箱螺栓的强度和数量要足够，分布要均匀，紧箱时要交替或对称同时操作。 ② 铸件完全凝固后再松箱或撤掉压铁。 ③ 降低浇包浇注高度。 ④ 浇注前检查是否漏放压铁、紧箱卡和紧箱螺栓。 ⑤ 造型时，上型应多扎通气孔并在适当部位设置数量足够的出气冒口

表7.17（续）

缺陷名称及形貌示意图	缺陷特征及识别方法	缺陷形成原因	缺陷防止方法
胀砂： （a）外表面胀砂 （b）内表面胀砂	（1）缺陷特征 　铸件表面局部胀大，形成不规则瘤状金属突起物。 （2）识别方法 　肉眼外观检查。注意与冲砂、掉砂、夹砂、粘砂缺陷相区别：胀砂一般不伴生其他缺陷，缺陷内不裹含砂粒和砂块；冲砂和掉砂在铸件其他部位或冒口中常伴有砂眼，冲砂与浇注系统位置及充型金属液流向有关；夹砂缺陷内裹有砂块或砂粒，有时还伴有砂眼缺陷；粘砂表面黏附有难以清除的金属和砂粒混合物	由于砂型强度和刚度低，在充型金属液压力、型内气体膨胀压力或凝固过程中铸铁石墨化膨胀力作用下，型腔表面发生退移。影响因素如下： 　①型、芯紧实度低或不匀，强度低，砂箱和芯骨刚度低。 　②混砂不匀，型、芯水分过高，流动性差，湿强度过高，使型、芯强度不均匀。 　③型、芯未烘透或返潮，强度降低。 　④浇注温度过高，浇注速度过快，浇注系统金属液压头过大。 　⑤上型未扎通气孔或通气孔数量少，出气冒口数量不够、位置不当	①选用合适原砂，控制型、芯砂中水分和黏土含量，提高型、芯砂流动性。 　②均匀紧实型、芯砂，提高型、芯紧实度和强度，采用刚度好的砂箱和芯骨。 　③用树脂砂型、水玻璃砂型或干型代替湿型，提高铸型的强度和刚度。 　④调整烘干规范，保证砂型、砂芯烘透，防止砂型、砂芯返潮。 　⑤降低浇注温度、速度和高度，修改浇注位置和浇注系统，降低金属液压头高度。 　⑥造型时，上型多扎通气孔并在适当部位放置数量足够的出气冒口
冲砂： （a）顶注内浇道下方 （b）底注内浇道前方	（1）缺陷特征 　砂型或砂芯表面局部砂芯被充型金属液冲刷掉，在铸件表面相应部位形成粗糙不规则金属瘤状物，常位于内浇道附近。被冲刷掉的砂子常在铸件上部形成砂眼。 （2）识别方法 　肉眼外观检查。注意它与胀砂、掉砂、夹砂结疤和粘砂的区别：判定冲砂时，除应根据其外观特征以区别于夹砂结疤和粘砂外，还应注意它与浇注系统结构、内浇道开设位置、金属液在型腔内的流向和途经的关系，并注意在铸件内是否伴有砂眼，以区别于胀砂和掉砂缺陷	①砂型和砂芯紧实度和强度低，涂料质量差，刷涂工艺不当。 　②型芯存放过程返潮。 　③浇注系统设计不当，内浇道数量少，开设方向使注入型腔的金属液直接冲击芯子或型壁，金属液流速过大，型、芯局部表面受金属液冲刷时间过长。 　④充型速度过快和浇注温度过高	①均匀混砂和紧实，提高砂型和砂芯的强度和紧实度，在砂型和砂芯的凸出部位应插钉加固。 　②调整型、芯烘干规范，防止烘干过度；防止型、芯在存放时返潮。 　③调整水玻璃砂或树脂砂成分和可使用时间。吹气硬化时，控制硬化气体浓度、吹气速度和时间，避免型、芯硬化不足或过硬化。 　④改进浇注系统设计，分散布置内浇道，避免内浇道直冲型壁、芯子和型腔转角，降低金属液注入型腔时的液流速度。⑤改进涂料配方，在型、芯易冲砂部位及直浇道和内浇道处采用耐火管、耐火砖和抗冲刷涂料。 　⑥适当降低浇注高度和浇注温度

表7.17（续）

缺陷名称及形貌示意图	缺陷特征及识别方法	缺陷形成原因	缺陷防止方法
掉砂： （a）原位掉砂 （b）掉砂上浮，伴生残缺或砂眼	（1）缺陷特征 砂型或砂芯的局部砂块在外力作用下掉落，在铸件表面对应部位形成的块状金属突起物。其外形与掉落的砂块相似，在铸件其他部位或冒口中往往伴有砂眼或残缺。 （2）识别方法 肉眼外观检查。注意与冲砂、胀砂和夹砂的区别：冲砂虽也常伴有砂眼缺陷，但冲砂一般发生在内浇道周围或内浇道直冲型、芯部位，外形粗糙不规则；掉砂则多发生在分型面附近、铸件上表面或起模困难部位，外形与掉落的砂块相似，通常伴有残缺；胀砂一般发生在铸件侧面和下部，边缘与铸件本体平滑过渡；夹砂与铸件上表面的掉砂极其相似，两者都裹有砂块，但掉砂边缘的金属与铸件本体相连，夹砂的金属边缘尖锐，一般不与铸件本体相连	① 铸件结构复杂，带有深腔、凹槽，起模斜度小，起模时砂型损坏。 ② 分型面不平整或分型负数不合适，芯头不平整或间隙过小，下芯和合型时将型、芯压坏。 ③ 下芯和合型操作不小心，挤、压、撞坏砂型或砂芯。 ④ 型、芯砂水分过多或型、芯不干，透气性低，浇注时发生沸腾现象。 ⑤ 型、芯紧实度不均匀，局部强度低。 ⑥ 型、芯烘干温度过高，或水玻璃砂和树脂砂型、芯过分硬化，使型、芯脆化，失去强度。 ⑦ 合型后加压铁过重或紧箱过度，或在紧箱、加压铁和运输过程中受到振动或冲击，使型、芯局部砂块掉落。 ⑧ 砂型和砂芯在施涂料后未将残留在分型面或芯座面上的涂料瘤子清理干净	① 改进铸件结构，适当加大起模斜度，铸件的深腔和凹槽部分可采用活块模，模样表面要光洁，尽量采用模板造型，使分型面平整。 ② 分型面和芯头要修平整并清理干净残留在分型面、芯座面和芯头上的涂料瘤子，应根据型砂和芯砂的类型按规范确定适当的分型负数和芯头间隙。 ③ 造型制芯时要均匀紧实，紧实度要适当；起模、下芯、合型、紧箱、输送铸型时要避免振动、冲击和碰撞；压铁质量或紧箱力要适当。 ④ 采用与铸件形状和尺寸配合适当的、刚度好的砂箱。砂箱定位销应保证定位精度。吃砂量大的砂箱和芯骨要加固，以免紧箱或加压铁后损坏型、芯。 ⑤ 减少型、芯砂水分，提高型、芯强度和透气性，以免在浇注时产生沸腾现象而损坏型、芯。 ⑥ 大而高的吊砂、凸台等型、芯薄弱处及型、芯修补处要插钉加固
外渗物（外渗豆）： 	（1）缺陷特征 铸件表面的豆粒状金属渗出物，其化学成分与铸件本体金属往往有差异。一般出现在铸件自由表面上。例如，敞浇铸件的上表面；离心铸造铸件的内表面，压铸件表面也时有出现。外渗物本质上是呈体积凝固的易吸气的宽结晶温度间隔的合金于凝固后期在析出气体压力和相变应力作用下，液相中的低熔点成分由内向外迁移并挤出铸件表面而形成的反偏析缺陷。	① 熔炼时因炉料潮湿、锈蚀和油污，熔炼温度过高、时间过长，合金液严重吸气和氧化，生成大量偏聚在晶界附近的低熔点杂质，这些杂质在析出气体压力、铸件凝固收缩应力及合金相变应力（例如铸铁中石墨化膨胀压力）作用下，在凝固后期挤出件表面，形成与铸件本体化学成分不同的豆粒状或汗珠状金属瘤。 ② 热处理温度过高，保温时间过长，使分布在晶界的低熔点相重熔，在析	① 炉料应干燥、无锈、无油污，废料、切屑最好预先压块或熔制成二次锭。 ② 避免熔炼温度过高或熔炼时间过长，加强精炼，熔清后造渣保护熔池表面，减少合金液的吸气量和夹杂物含量。采取其他防止金属液吸气的措施，例如真空或控制气氛熔炼和浇注。 ③ 减少合金中低熔点相形成元素（例如铸铁中的磷、硫）的含量。适当降低铸件的浇注温度，加快铸件的凝固速度。 ④ 严格遵守热处理规范，防止热处理温度过高。 ⑤ 压铸件一般不宜进行热处

表7.17（续）

缺陷名称及形貌示意图	缺陷特征及识别方法	缺陷形成原因	缺陷防止方法
	（2）识别方法 　肉眼外观检查。注意与冷豆的区别：冷豆一般位于铸件的下表面，表面有氧化现象，通常位于内浇道下方或前方，其数量较少，化学成分与铸件本体相同，且常伴生有反应性表面气孔，呈现气孔中有冷豆，豆外是气孔的典型特征；而外渗物则无此特征，多发生在砂型铸造的宽结晶温度范围合金的厚大铸件的自由表面上，呈数量众多且硬而脆的汗珠状金属瘤特征，并常在铸件内伴有组织疏松、渗漏和冒口上涨的菜花头缺陷	理。出气体压力作用下，重熔的低熔点成分挤出铸件表面，形成金属瘤。压铸件热处理时常产生这种现象。 　③合金化学成分不合格或含有低熔点成分，使共晶温度降低，生成大量低熔点共晶相，在凝固后期或热处理时，低熔点共晶相在析出气体压力及相变应力作用下，挤出铸件表面。例如，青铜铸件易产生锡汗或铅汗缺陷	理。压铸件时效温度不宜过高。对于必须进行热处理的压铸件，可采用真空压铸、吹氧压铸、精密压铸等无气孔压铸法进行生产。 　⑥用弱氧化或氧化性气氛快速熔炼青铜并强化精炼措施，充分除气和除渣，适当提高锌含量，以缩小青铜的凝固温度间隔，加快铸件凝固速度

7.2.2　孔洞类缺陷

孔洞类缺陷主要有气孔、针孔，缩孔、缩松、显微疏松（显微缩松）等，缺陷名称及形貌示意图、缺陷特征及识别方法、缺陷形成原因及防止方法见表7.18。

表7.18　孔洞类缺陷

缺陷名称及形貌示意图	缺陷特征及识别方法	缺陷形成原因	缺陷防止方法
气孔、针孔： （a）气孔 （b）表面气孔 （c）针孔	（1）缺陷特征 　气孔是出现在铸件内部或表层，断面呈圆形、椭圆形、腰圆形、梨形或针头状，孤立存在或成群分布的孔洞。大气孔常孤立存在，小气孔常成群或分散分布。暴露在铸件表面的气孔称为表面气孔；位于铸件表皮下的腰圆形分散性气孔称为皮下气孔；分散分布在铸件内部、状如针头的气孔称为针孔；成群分布在铸件表层、状如针头的气孔称为表面针孔。气孔壁一般较光滑。气孔常与夹杂或缩松并存。气	①炉料潮湿、锈蚀、油污，气候潮湿，坩埚、熔炼工具和浇包未烘干，金属液成分不当，金属液未精炼或精炼不足，使金属液中含有大量气体或产气物质，导致在铸件中形成析出气孔和反应气孔。 　②型、芯未充分烘干，透气性差，通气不良，含水分和发气物质过多，涂料未烘干或含发气成分过多，冷铁、芯撑有锈斑、油污或未烘干，金属型排气不良，在铸件中形成侵入气孔。 　③浇注系统不合理，浇注	①非铁合金熔炼时，炉料、熔剂、工具、坩埚和浇包要充分预热和烘干，去锈、去油污，多次重熔炉料的加入量要适当限制。 　②防止金属液在熔炼过程中过度氧化和吸气，加强脱氧、除气和除渣。在坩埚和浇包内的金属熔池表面加覆盖熔剂，防止金属液二次氧化、吸气和有害杂质返回熔池。用铝对铸钢、铸铁脱氧时，应严格控制残留铝量；吸气倾向严重的钢液，应尽量避免用铝脱氧，可采用氩氧脱碳（AOD）、真空吹氧脱碳（VOD）、多孔

表7.18（续）

缺陷名称及形貌示意图	缺陷特征及识别方法	缺陷形成原因	缺陷防止方法
（d）表面针孔 （e）卷入气孔 （f）侵入气孔 （g）反应气孔 （h）析出气孔	孔按形成原因分为卷入气孔、侵入气孔、反应气孔和析出气孔。 ① 卷入气孔。金属液在充型过程中因卷入气体而在铸件内形成的气孔，多呈孤立存在的圆形或椭圆形大气孔，位置不定，一般偏在铸件中上部。 ② 侵入气孔。由型、芯、涂料、芯撑、冷铁产生的气体侵入铸件表层而形成的气孔，多呈梨形或椭圆形，尺寸较大，孔壁光滑，表面多呈氧化色。 ③ 反应气孔。由金属液内部某些成分之间或由金属液与型、芯在界面上发生化学反应而形成的成群分布的气孔。位于铸件表层的针头形或腰圆形反应气孔称为表面针孔或皮下气孔，由金属液与型、芯涂料发生界面反应所致；分散或成群分布在铸件整个断面上或某个局部区域的针头形反应气孔通常称为针孔，由金属液内某些成分之间发生化学反应所引起。位于铸件上部的反应气孔常伴有夹渣。 ④ 析出气孔。溶解在金属液中的气体在铸件成形过程中析出而形成的气孔，多呈细小圆形、椭圆形或针头形。成群分布在铸件整个断面上或某个局部区域内，孔壁光亮。铝合金铸件的析出气孔通常表现为针孔，在铸件热节和厚截面处较严重。 （2）识别方法 铸件内部的气孔采用超声检测或射线检测，铸件表层的气孔采用渗透液或磁粉检测。各类气孔的鉴别，除应根据它们的形状、大小和分	和充型速度过快，金属型排气不良，使金属液在浇注和充型过程中产生紊流、涡流或断流而卷入气体，在铸件中形成卷入气孔。 ④ 合金液易吸气，在熔炼和浇注过程中未采取有效的精炼、保护和净化措施，使金属液中含有大量夹渣、气体和产气成分，在充型和凝固过程中形成析出气孔和反应气孔。 ⑤ 型砂、芯砂和涂料成分不当，与金属液发生界面反应，形成表面针孔和皮下气孔。 ⑥ 浇注温度过低，金属型温度过低，金属液除渣不良，黏度过高，使在浇注和充型过程中卷入的气体及由金属液中析出的气体来不及排出铸型或上浮到冒口、出气口中。 ⑦ 在气候潮湿季节熔炼易吸气的合金时，金属液大量吸气，造成铸件成批报废。 ⑧ 树脂砂的树脂和固化剂加入量过多，树脂含氮量过高，原砂和再生砂的角形系数过高、粒度过细、灼烧减量和微粉含量过高，使型砂的发气量过高，透气性过低。 ⑨ 铸钢脱氧不好，铝合金除气不好	塞吹惰性气体、喷粉法等对钢液进行炉外精炼，脱除钢液中的气体和有害杂质；对球墨铸铁，应加强脱硫，降低原铁液的含硫量，在保证球化前提下，尽量减少球化剂加入量，降低铸铁的残留镁量，并加强孕育处理；熔炼易氧化吸气的非铁合金时，采用真空熔炼、吹惰性气体或用高效精炼剂等加强对金属液的净化处理。 ③ 浇注时金属液不得断流，充型速度不宜过高，铸件浇注位置和浇注系统的设置应保证金属液平稳地充满型腔，并利于型腔内气体畅通地排出。易氧化吸气的合金，可采用真空浇注或在控制气氛下浇注。 ④ 砂型铸造时，应保证砂型（砂芯）排气畅通。砂芯内要开排气通道，合型时要填补芯头间隙，以免钻入金属液堵塞通气道；型腔最高处及易窝气的部位应设置出气冒口；大平面铸件可倾斜浇注，并在型腔最高处设置出气冒口；芯撑和冷铁应干燥，无锈，无油污；砂型要扎足够多的出气孔；型砂中不得混入铁豆、煤粒、黏土等杂物，并控制水分及碳质材料的含量，减少黏土含量，提高型砂的透气性；涂料要烘干并不含易发气物质。 ⑤ 金属型铸造和压力铸造时，适当提高浇注温度和铸型温度，在铸型内合理设置排气塞和溢流槽，必要时可采用真空吸铸、真空压铸、吹氧压铸和在惰性气体保护下浇注等方法，防止铸件产生气孔。 ⑥ 熔模铸造、消失模铸造、壳型铸造等可与真空吸铸相结合，以防止铸件产生侵入气孔和卷入气孔

表7.18（续）

缺陷名称及形貌示意图	缺陷特征及识别方法	缺陷形成原因	缺陷防止方法
	布特征外，有时还须根据它们的形成原因，辅以测定合金的化学成分及溶解在金属液内的各种气体和杂质的含量、型、芯涂料的成分、水分和发气性，以及检查和分析铸型的浇注系统和排气条件，方能确定。必要时，还应进行金相、扫描电镜和透射电镜检验，以及X射线衍射分析和微区成分分析等，才能准确鉴别		⑦ 修改浇注系统设计，保证金属液连续平稳地充型。 ⑧ 降低树脂砂的树脂和固化剂加入量，采用低氮或无氮树脂及粒形圆整、粒度适中、灼烧减量和微粉含量低的原砂和再生砂，以降低树脂砂的发气量，提高树脂砂的透气性
缩孔、缩松、显微疏松（显微缩松）： （a）缩孔 （b）缩松、显微疏松（显微缩松）	（1）缺陷特征 ① 缩孔。铸件在凝固过程中因补缩不良而在热节或最后凝固部位形成的宏观孔洞。缩孔形状不规则，孔壁粗糙，常伴有粗大树枝晶、夹杂物、气孔、裂纹、偏析等缺陷。缩孔上方或附近的铸件表面有时会出现凹陷（缩陷）。缩孔按分布特征可分为集中缩孔（简称缩孔）和分散缩孔（即缩松）两类。 ② 缩松。缩松是细小的分散缩孔。缩松的宏观断口形貌呈海绵状，有时要借助放大镜才能发现。有缩松的铸件密封性能较差，进行液压或气压试验时易渗漏。缩松严重的铸件在凝固冷却或热处理过程中容易产生裂纹。 ③ 显微疏松是铸件凝固缓慢因微观补缩通道的区域堵塞而在枝晶间及枝晶的晶臂之间形成的细小孔洞。疏松的宏观断口形貌与缩孔相似，微观形貌为分布在晶界和晶臂间，伴有粗大树枝晶的显微孔穴。 缩孔、缩松、疏松的形成与合金的凝固特性关系密切。凝固温度间隔窄的合金具有逐层凝固的特性，在顺序凝固条件下易形成集中缩	① 合金的液态收缩和凝固收缩大于固态收缩，凝固时间过长。 ② 浇注温度不当，过高易产生缩孔。 ③ 合金凝固温度间隔过宽，糊状凝固倾向强，使低熔点成分最后凝固时得不到有效补缩，易形成缩松和疏松。 ④ 合金中杂质和溶解的气体过多，在合金凝固过程中杂质和析出的气体被推向结晶前沿，阻塞补缩通道，使缩松和疏松加重。 ⑤ 合金中缺少晶粒细化元素，凝固组织晶粒粗大，易阻塞补缩通道，形成缩松和疏松。 ⑥ 浇注系统、冒口、冷铁、补贴等设置不当，使铸件在凝固时得不到有效补缩。 ⑦ 铸件结构不合理，壁厚变化突然，孤立的热节得不到补缩。 ⑧ 冒口数量、尺寸、形状、设置部位以及冒口与铸件连接不合理，补缩效果差。 ⑨ 内浇道尺寸或位置不当，使铸件不能凝固或在铸件顺序中形成局部热。	① 改进铸型工艺设计，合理设置浇冒口系统、冷铁和补贴，保证铸件在凝固过程中获得有效补缩。 ② 改用补缩效率高的保温冒口、发热冒口、压力冒口和电热冒口。 ③ 改进铸件结构设计，减小铸件壁厚差，使铸件厚壁与薄壁部位平滑过渡，尽量避免形成孤立热节。在铸件的孤立热节等冒口补缩距离达不到的部位，采用内、外冷铁以加快该部位的凝固速度。 ④ 对重要铸件，可在计算机数值模拟基础上进行计算机辅助设计，优化铸件结构和铸造工艺。 ⑤ 加强合金精炼，净化金属液，减少合金中溶解气体和低熔点杂质的含量，以利于凝固补缩。 ⑥ 采用悬浮浇注技术，在浇注过程中往金属液中随流加入晶粒细化剂或微冷铁，加快合金凝固速度并细化晶粒。 ⑦ 提高铸型刚度和强度，防止型壁位移和抬型。 ⑧ 调整合金成分，进行良好的变质或孕育处理，缩小合金的凝固温度间隔，提高其铸造性能，以利于型内金属液向内浇道和冒口方向顺序凝

表7.18（续）

缺陷名称及形貌示意图	缺陷特征及识别方法	缺陷形成原因	缺陷防止方法
	孔，补缩容易；凝固温度间隔宽的合金具有体积凝固（糊状凝固）特性，补缩困难，易形成缩松和疏松。 （2）识别方法 　铸件内部的缩孔、缩松和疏松，一般采用超声检测或射线检测法进行检验。敞露在铸件表面的缩孔用肉眼即可确定。表面有缩陷、胀型、缩沉等缺陷的铸件，内部往往有缩孔、缩松和疏松缺陷。主要根据缺陷的形状、发生部位、分布特点和断口形貌区分缩孔、缩松和疏松，以及它们与气孔的差别。缩孔形状不规则，表面粗糙，产生在铸件热节和最后凝固部位，常伴有粗大树枝晶；气孔形状规则，多呈圆形、椭圆形、腰圆形、梨形和针头形，表面光滑，分布在铸件表层，或遍布整个铸件或某个局部，断口不呈海绵状，通常不伴生粗大树枝晶	⑩合金中易形成低熔点相的杂质元素含量过多，使凝固温度间隔增大。例如，铸铁中硫、磷含量过多时会在凝固后期形成低熔点共晶，使铸件产生疏松。 ⑪砂箱、芯骨刚度差，型（砂芯）紧实度和强度低而不均，使铸件同时产生胀型、缩沉和缩孔（缩松）缺陷。对凝固过程中会产生石墨化膨胀压力的球墨铸铁件，情况更加严重。 ⑫最新的研究表明，合金的缩松倾向具有遗传性。例如，在化学成分相同的条件下，用缩松严重的生铁熔炼的铸铁液浇注的铸件缩松缺陷严重	固，提高浇冒口系统的补缩效果。 ⑨凝固温度间隔宽的合金铸件，例如球墨铸铁件，宜采用均衡凝固工艺，充分利用凝固时的石墨化膨胀补偿铸铁的液态收缩和凝固收缩。 ⑩降低球墨铸铁的硫、磷含量和残留铁量，用稀土镁合金处理时，应适当提高碳、硅含量。 ⑪降低浇注温度和浇注速度，延长浇注时间。 ⑫点冒口。在浇注后一段时间内，向明冒口内补注高温金属液，以提高冒口内补缩金属液量，延长冒口内补缩金属液量保持高温的时间，提高冒口的补缩效率。 ⑬捣冒口。用棒搅动明冒口内的金属液，阻止其表面过早凝壳，以提高明冒口的补缩效率。 ⑭鉴于合金的缩松倾向具有遗传性，在选择合金的成分和熔炼工艺时，除了要注意加强精炼和变质处理，降低合金中低熔点杂质元素的含量外，还应注意对金属炉料的选择。例如，在生产易产生缩松的厚截面球墨铸铁件时，应选择本身没有缩松缺陷的优质生铁作为金属炉料，并应控制回炉料和废铸铁的用量。 ⑮通过模拟软件优化和验证铸造工艺

7.2.3　裂纹、冷隔类缺陷

裂纹、冷隔类缺陷主要有冷裂、热裂、白点（发裂）、冷隔和热处理裂纹等，缺陷名称及形貌示意图、缺陷特征及识别方法、缺陷形成原因及防止方法见表7.19。

表 7.19 裂纹、冷隔类缺陷

缺陷名称及形貌示意图	缺陷特征及识别方法	缺陷形成原因	缺陷防止方法
冷裂：	（1）缺陷特征 冷裂是铸件凝固后冷却到弹性状态时，因铸件局部的铸造应力大于合金的极限强度而引致的裂纹。冷裂往往穿晶扩展到整个断面，呈宽度均匀的细长直线或折线状，断口有金属光泽或轻微氧化色泽。 （2）识别方法 肉眼可见。可根据其宏观形貌及穿晶扩展的微观特征，与热裂相区别	① 铸件结构或浇冒口系统设计不合理，壁厚悬殊，使铸件在冷却过程中各部分冷却速度差别过大或铸件收缩阻力过大，产生较大的收缩应力或应力集中。 ② 铸造合金抗拉强度低，有害杂质元素（例如铸钢、铸铁中的硫和磷）超标。 ③ 铸件中的夹杂物、缩孔、气孔和粗大树枝晶造成应力集中，成为裂纹萌生核心。 ④ 浇注温度过高。 ⑤ 铸件开箱过早，冷却过快，落砂温度过高，在落砂、清理、机械加工过程中受到碰撞、挤压，残余应力引起铸件开裂	① 改进铸件结构设计，壁厚力求均匀，平滑过渡，铸件内腔圆角要足够大，工艺肋设置要合理，尽量减小铸件收缩阻力。 ② 浇冒口系统的设置，应使铸件各部分冷却速度尽量趋于一致。 ③ 加强对合金的精炼，控制有害杂质元素含量在允许范围内，减少铸件中气孔、夹杂物、缩孔、缩松、粗大树枝晶等导致应力集中、萌生裂纹的缺陷。 ④ 适当降低浇注温度。 ⑤ 改善砂型、砂芯的退让性。浇注后可提前挖去大型铸件厚大部位的部分砂和芯砂，或松开芯骨，以减小对铸件的收缩阻力，促使铸件各部分均匀冷却。 ⑥ 延长铸件的型内冷却时间，以免开箱过早在铸件内产生较大内应力。水力清砂时铸件温度不宜过高。严禁水爆清砂。 ⑦ 铸件在落砂、清理和搬运过程中应避免撞击，机械加工时进给量和夹紧力不宜过大。 ⑧ 残余应力大或裂纹倾向严重的铸件，在清理、机械加工和使用前应进行热时效或振动时效处理，降低铸件内的残余应力。 ⑨ 通过模拟软件对应力进行模拟热裂
热裂：	（1）缺陷特征 热裂是铸件在凝固末期或终凝后不久，铸件尚处于强度和塑性很低状态下，因铸件固态收缩受阻而引起的裂纹。热裂断口严重氧化，无金属光泽，裂纹在晶界萌生并沿晶界扩展，呈粗细不均、曲折而不规则的曲线。外裂纹表面宽内部窄，呈撕	① 铸件壁厚悬殊，连接处过渡圆角太小，搭接部位分叉太多，铸件外框、肋板等阻碍铸件正常收缩。 ② 浇冒口系统阻碍铸件正常收缩，例如浇道、冒口太靠近箱带，冒口太小或太大等。 ③ 型砂和芯砂中黏土含量太多，芯骨太大，型（芯）	① 改进铸件结构设计，避免壁厚突变和多重交接，在易产生拉应力和凝固迟缓部位合理设置防裂肋和冷铁。 ② 改进浇注系统设计，单个内浇道截面积不宜过大，尽量采用分散的多道内浇道，避免在内浇道与铸件交接处形成热节，内浇道和冒口与铸件连接处有适当圆角，浇道和冒口

表7.19（续）

缺陷名称及形貌示意图	缺陷特征及识别方法	缺陷形成原因	缺陷防止方法
	裂状；内裂纹一般发生在铸件内部最后凝固的部位，断面常伴有树枝晶。 （2）识别方法 外裂纹肉眼可见，可根据外形和断口特征与冷裂相区别。内裂纹可用超声检测或射线检测进行检验，可根据裂纹形状和发生部位与冷裂相区别，必要时可进行断口检查予以鉴别	砂紧实度和强度太高，砂箱箱带太密，使型（芯）砂退让性太差。 ④合金线收缩率较大。 ⑤合金中低熔点相形成元素超标，例如铸钢、铸铁中硫、磷含量过高。 ⑥防裂工艺肋和冷铁使用不当，铸件飞翅过大、过厚，阻碍铸件正常收缩。 ⑦铸件开箱、落砂过早，冷却过快，或在热态下搬运铸件不慎	的形状及位置不应阻碍铸件正常收缩，并保证铸件各部位的凝固速度尽量趋于一致。 ③改善型砂和芯砂的退让性和溃散性，例如在黏土砂中加适量木屑，或用有机黏结剂砂代替黏土砂；型、芯紧实度不宜过高；芯骨尺寸不宜过大，砂箱箱带不宜过密，以保证型、芯有足够的吃砂量。 ④修整模样和芯盒，堵塞芯头间隙，避免产生过大过厚的飞翅。 ⑤控制浇注温度和浇注速度，避免浇注温度过高使型砂烧结，阻碍铸件收缩或导致凝固和冷却迟缓。 ⑥调整热裂倾向大的合金成分，降低其线收缩率；减少易生成低熔点相的有害杂质元素含量；添加晶粒细化剂，防止铸件形成粗大树枝晶；加强合金的精炼、变质和孕育处理，减少铸件的气孔、缩孔、缩松和夹杂缺陷。 ⑦通过模拟软件对应力进行模拟
白点（发裂）： （a）白点断口 （b）发状微细裂纹	（1）缺陷特征 淬透性高的合金钢铸件在快速冷却时，因析出氢及产生较高的组织应力和热应力而引起的微细裂纹。白点在铸件断口上呈银白色圆斑或椭圆斑，在腐蚀后的低倍试片上呈发状微细裂纹，故又称发裂。其断裂方式为沿晶断裂，呈冰糖块状花样；断口微观形貌呈碎条状或波纹状花样，可观察到二次裂纹和非金属夹杂物。白点的形成和溶解与钢中的氢有关，故又称为氢脆。 （2）识别方法 射线检测。注意与热裂和	①铸钢精炼不良：含大量硫、氢及夹杂物。 ②铸钢淬透性高，冷却过快，产生较高相变应力和热应力，导致脆性沿晶断裂	①严格遵守熔炼规范，预热炉料。 ②提高熔炼质量，加强精炼，除气、除渣，净化钢液，最大限度降低钢液含氢量。 ③铸件在砂箱中缓慢冷却至200℃以下再开箱。 ④根据钢种和含氢量进行合理的脱氢退火

表7.19（续）

缺陷名称及形貌示意图	缺陷特征及识别方法	缺陷形成原因	缺陷防止方法
	冷裂的区别：冷裂为穿晶裂纹，呈平直折线，常贯穿整个铸件断面；热裂为沿晶裂纹，呈较宽、粗细不均的不规则曲线，常伴有粗大树枝晶和缩松、夹杂等缺陷，多发生在铸件壁厚突变和最后凝固部位；白点仅发生在超级合金及高淬透性钢中，裂纹微细，呈毛发状沿晶断裂，无方向性。在断口特征方面，冷裂一般有金属光泽；热裂氧化严重，无金属光泽；白点为银白色圆斑或椭圆斑，呈冰糖花样		
冷隔： （a）不穿透冷隔 （b）穿透冷隔 （c）芯撑融合不良	（1）缺陷特征 冷隔是铸件上穿透或不穿透的缝隙，边缘呈圆角状，由充型金属液流股汇合时熔合不良造成。多出现在远离浇道的铸件宽大上表面或薄壁处，金属液流汇合处，激冷部位，以及芯撑、内冷铁或镶嵌件表面。因浇注中断而在铸件某一高度形成的冷隔称为断流冷隔；芯撑、内冷铁或镶嵌件表面形成的冷隔称为熔合不良。 （2）识别方法 肉眼外观检查。注意它与裂纹类缺陷及浇不到、未浇满等残缺类缺陷的区别。冷隔铸件从整体上说是浇满的。冷隔边缘呈圆角，据此可与裂纹类缺陷相区别	① 浇注温度和浇注速度过低，浇注中断或跑火。 ② 浇注系统设计不合理，浇道截面积太小，内浇道数量少或位置不当，直浇道高度不够，金属液静压头小。 ③ 铸造工艺设计不合理，铸件的薄壁大平面部位处于铸件顶部或离内浇道太远。 ④ 铸件结构不合理，壁厚太薄，铸造工艺性差。 ⑤ 铸造合金流动性差。 ⑥ 铸型透气性差，排气不良，出气冒口尺寸小、数量少、位置不当。 ⑦ 芯撑、内冷铁、镶嵌件尺寸和位置不当，或有锈斑、油污，造成熔合不良	① 减少金属液中的气体和氧化夹渣，提高金属液的流动性。 ② 提高浇注温度和浇注速度，加强集渣、挡渣或采用底注包、茶壶包浇注，浇注时不能断流，防止熔渣堵塞浇嘴而造成浇注中断。 ③ 增加浇口杯和直浇道高度，增加浇道面积和内浇道数量，提高充型速度和金属液静压头。 ④ 改变浇注位置和浇注系统，使铸件薄壁大平面不位于顶部和远离浇道，防止充型金属液发生喷溅、涡流，避免金属液流股在铸件薄壁部位或芯撑、冷铁、镶嵌件处汇合，必要时采取立浇卧冷或倾斜浇注。 ⑤ 改进铸件设计，适当增加铸件薄壁部位的厚度。 ⑥ 提高型、芯砂的透气性，加强铸型排气，出气冒口数量要足够。 ⑦ 改变芯撑、内冷铁的尺寸和安放位置，芯撑、内冷铁、镶嵌件应无锈无油污。 ⑧ 检查合箱、紧箱、放压铁操作是否稳妥，防止跑火

表 7.19（续）

缺陷名称及形貌示意图	缺陷特征及识别方法	缺陷形成原因	缺陷防止方法
热处理裂纹： 	（1）缺陷特征 　铸件在热处理过程中产生的穿透或不穿透裂纹。其断口有氧化现象。热处理裂纹可出现在铸件表面和内部，可沿晶扩展或穿晶扩展，呈线状或网状。 （2）识别方法 　铸件内部的热处理裂纹用射线检测或超声检测进行检验。其与热处理后发现的白点的区别要通过断口检查才能鉴别	① 热处理工艺不正确。例如，加热和冷却速度过快、淬火温度过高、淬火后没有及时回火、回火规范不合理等。 ② 铸件热处理前残余应力大，在热处理过程中与相变应力叠加，超过合金的极限强度，导致铸件开裂。 ③ 铸件结构不合理，壁厚悬殊，过渡圆角小，造成应力集中。 ④ 铸件内有气孔、缩松、夹杂、偏析或组织粗大等缺陷，降低铸件强度，造成应力集中，成为裂纹萌生核心	① 改进热处理工艺，适当减慢加热速度，在保证淬透前提下，适当降低淬火温度或缩短保温时间，选用冷却强度适当的淬火冷却介质以减小淬火应力，淬火后及时回火，回火规范要合理，躲避回火脆性区。 ② 改进铸件结构，壁厚力求均匀，过渡圆角要足够大，消除结构性应力集中因素。 ③ 残余应力大的铸件，热处理时要防止应力叠加。必要时在热处理前进行热时效或振动时效处理。 ④ 改进熔炼和铸造工艺，减少铸件的气孔、缩松、夹杂、偏析和晶粒粗大缺陷

7.2.4　表面类缺陷

　　表面类缺陷主要有由砂型膨胀引起的夹砂类缺陷（鼠尾、沟槽、夹砂结疤）、由金属液对砂型表面的热作用引起的粘砂类缺陷（机械粘砂、化学粘砂、热粘砂、表面粗糙），以及皱皮和缩陷等，缺陷名称及形貌示意图、缺陷特征及识别方法、缺陷形成原因及防止方法见表 7.20。

表 7.20　表面类缺陷

缺陷名称及形貌示意图	缺陷特征及识别方法	缺陷形成原因	缺陷防止方法
鼠尾、沟槽、夹砂结疤： （a）鼠尾 （b）沟槽 （c）夹砂结疤	（1）缺陷特征 　鼠尾、沟槽和夹砂结疤是砂型型腔表面在充型金属液强烈热作用下，因热应力、水分迁移、膨胀和强度降低等因素的综合作用，导致砂型表层拱起开裂，尚未凝固的金属液钻入裂缝而形成的夹砂类缺陷。 ① 鼠尾。铸件表面产生的深度较浅（<5mm）、带有锐角和叠边的凹痕，凹痕内常夹有型砂。鼠尾通常发生在铸件下表面上，以从内浇道处延伸出来的最为常见，有时	鼠尾、沟槽、夹砂结疤是由砂型型腔表面受热膨胀引起的缺陷。它们的形成原因基本相同： ① 金属液流股的热量在被烘烤的砂型表层形成低强度高湿度水分凝聚层，砂粒膨胀使表层翘曲，脱离凝聚层。翘起的砂层体积增大，由两边向金属液流股延伸，金属液充满型腔后未能将翘起的砂层压平，就形成鼠尾。 ② 在充型金属液热作用下，型腔上表面或下表面膨	① 降低砂型的膨胀应力。在型砂中加入煤粉、沥青、重油、木粉、纤维材料等易燃易软化材料，补偿砂粒膨胀，降低膨胀应力；砂型表层全部或部分用高耐火度、低膨胀率型砂（例如锆砂）代替硅砂。 ② 提高型砂湿强度。用钠基膨润土或活化膨润土配制湿型黏土砂，增加湿型黏土砂中膨润土或黏土含量；采用粒度分散的原砂（例如四筛砂），适当加粗原砂粒度；湿型黏土砂水分不宜过高；均匀紧实型砂，避免砂型局部紧实度过高

表7.20（续）

缺陷名称及形貌示意图	缺陷特征及识别方法	缺陷形成原因	缺陷防止方法
	带有分枝或交叉。铸件的上表面有时也会产生鼠尾缺陷。 ②沟槽。铸件表面产生的边缘光滑的V形凹痕，深度约为2mm。有时可达5mm以上。沟槽通常呈分枝状，多发生在铸件的上表面或下表面。 ③夹砂结疤。铸件表面产生的疤片状金属突起物。其表面粗糙，边缘锐利，有一小部分金属与铸件本体相连，疤片与铸件之间夹有砂层。通常发生在铸件的上表面和下表面上。 （2）识别方法 肉眼外观检查。发生在铸件内角和外角的夹砂结疤称为内角夹砂结疤和外角夹砂结疤，应与铸件的角部毛刺相区别。结疤夹有型砂，铲除后铸件表面凹陷；毛刺则无此特征。根据这两点及其边缘锐利的特征，可将夹砂结疤与胀砂、冲砂、掉砂、粘砂和涂料结疤（由涂料剥落引起的疤状缺陷）相区别	胀拱起的砂层未开裂或裂口较小，使金属液未能进入拱起砂层背后的空腔内，形成沟槽。沟槽实际上是夹砂结疤的早期阶段。 ③铸件上表面的夹砂结疤称为上型面夹砂结疤，由上型面沟槽发展而成。 ④铸件下表面的夹砂结疤称为下型面夹砂结疤，其形式有两种：一种类似鼠尾，但砂层翘曲程度和铸件表面凹陷程度比鼠尾严重，由鼠尾发展而成，称为夹砂结疤；另一种类似上型面夹砂结疤，由两平行金属液流股间的下型面表层拱起开型而成。 ⑤出现在铸件内角和外角的夹砂结疤称为角部夹砂结疤，由位于角部的上、下型面表层膨胀翘曲，脱离水分凝聚层伸入型腔所致。 ⑥湿型铸造的铸件，上表面或下表面为大平面，型砂膨胀率大，湿强度低，水分过多，透气性差，铸型排气不良，浇注温度过高，浇注时间过长时，易产生夹砂类缺陷。大型铸钢、铸铁和铜合金铸件易产生夹砂类缺陷	③提高型砂透气性，上型要多扎出气孔，改善砂型的通气性。 ④用自硬砂代替湿型黏土砂。 ⑤适当降低浇注温度，缩短浇注时间，使金属液快速均匀地充满型腔。对于大平面铸件，不能只根据铸件质量来确定浇注时间，应同时考虑铸件表面积大小；一型多铸时，应根据单个铸件的质量和尺寸，而不是根据型内铸件的总质量来确定浇注时间。 ⑥浇注过程中对砂型吹气冷却。 ⑦铸造工艺设计时，将铸件大平面置于侧面。必要时，可立浇卧冷或倾斜浇注。 ⑧在容易产生夹砂结疤的下型面上，镶置预制的耐火材料板；在上型表面插钉加固。 ⑨采用优质钠基膨润土和含量及型砂水分控制合理的有效膨润土，提高型砂的热湿拉强度
粘砂（机械粘砂、化学粘砂）： （a）机械粘砂 （b）化学粘砂	（1）缺陷特征 粘砂是铸件最常见的缺陷之一。一般将粘砂分为机械粘砂和化学粘砂，实际上粘砂往往是机械粘砂和化学粘砂综合作用的结果。 ①机械粘砂。机械粘砂又称为金属液渗透粘砂，是由金属液或金属氧化物通过毛细管或气相渗透方式钻入型腔砂粒间隙，在铸件表面形成的金属和砂粒机械混合的黏附层。 清铲粘砂层时可见金属光泽。机械粘砂表面呈海绵状，	①型砂和芯砂粒度太粗。 ②砂型和砂芯的紧实度低或不均匀。 ③砂型、砂芯的涂料质量差，涂层厚度不均匀，涂料剥落。 ④浇注温度和浇注高度太高，金属液动压力大。 ⑤上箱或浇口杯高度太高，金属液静压力大。 ⑥型砂和芯砂中含黏土、黏结剂或易熔性附加物过多，耐火度低，导热性差。 ⑦型、芯砂中含回用砂太多，回用砂中细碎砂粒、	①使用耐火度高的细粒原砂。 ②采用再生砂时，去除过细的砂粒、死烧黏土、灰分、金属氧化物、废金属、铁包砂及其他有害杂质，提高再生砂质量。定期补充适量新砂。 ③水是强烈氧化剂，应严格控制湿型黏土砂水分，加入适量煤粉、沥青、碳氢化合物等含碳材料，在砂型中形成还原性气氛。但高压造型时应减少含碳材料加入量，以减少发气量。 ④采用优质膨润土，减少黏土砂的黏土含量。

表7.20（续）

缺陷名称及形貌示意图	缺陷特征及识别方法	缺陷形成原因	缺陷防止方法
	牢固地黏附在铸件表面，多发生在砂型和砂芯表面受热作用强烈及砂型紧实度低的部位，如浇冒口附近，铸件厚大截面、内角和凹槽处。 ②化学粘砂。铸件的部分或整个表面上黏附着一层由金属氧化物、砂子和黏土相互作用而生成的低熔点化合物。粘砂层硬度很高，与铸件表面结合牢固，无法用喷、抛丸清理方法去除，必须用砂轮打磨掉。化学粘砂通常发生在铸件厚断面处及砂型、砂芯过热部位。 ③热粘砂。铸件表面黏附着一薄层玻璃状型砂烧结物，常发生在砂型表面受热严重的部位。粘砂层无金属渗入，易清除。 ④表面粗糙。金属液轻度渗入砂型表面砂粒间隙，是机械粘砂的早期阶段。其特征是铸件表面粗糙，粗糙层深度与型砂颗粒尺寸大致相同，但铸件表层金属未与砂粒熔合。多发生在湿型的上型表面，干型的无涂料或涂料层太薄的部位，常伴有砂眼、鼠尾、夹砂结疤等缺陷。 （2）识别方法 肉眼外观检查。粘砂与其他缺陷的识别比较容易，但不同类型粘砂的识别比较困难，尤其是化学粘砂与机械粘砂，它们外观相似，形成原因大多相同，且互为条件，互相促进，清理时都有金属光泽。一般来说，热粘砂中不含金属，常呈玻璃体状，比较薄，多发生在黏土砂型中，清理比较容易；表面粗糙，一般不粘砂粒或只有轻微的局部粘砂层。化学	粉尘、死烧黏土、铁包砂太多，型砂烧结温度低。 ⑧铸件开箱落砂太晚，形成固态热粘砂，尤其是厚大铸件和高熔点合金铸件。 ⑨金属液流动性好、表面张力低。例如，铜合金中磷、铅含量过高，铸钢中磷、硅、锰含量过高。 ⑩树脂砂型、砂芯表面未刷涂料或涂料质量差，涂层厚薄不均，浇注时砂粒间树脂膜气化，形成毛细通道，在金属液静压力、蒸气压和表面张力作用下，金属液或金属蒸气渗入毛细通道，形成机械粘砂。 ⑪金属液中的氧化物和低熔点化合物与型砂发生造渣反应，生成硅酸亚铁、铁橄榄石等低熔点化合物，降低金属液表面张力并提高其流动性，使低熔点化合物和金属液通过毛细管作用机制，渗入砂粒间隙，并在渗透过程中，不断消蚀砂粒，使砂粒间隙扩大，导致机械粘砂或化学粘砂。 ⑫浇注系统和冒口设置不当，造成铸型和铸件局部过热。 ⑬一些铸造合金含锰或铬较高，易产生这些金属的碱性氧化物，与酸性硅砂反应产生化学粘砂	⑤型砂中黏结剂含量要适当，不宜过高。提高混砂质量，保证砂粒均匀裹覆黏结剂膜，并有适度的透气性。避免型砂中夹有团块。 ⑥提高砂型的紧实度和紧实均匀性。 ⑦浇注系统和冒口设置应避免使铸件和铸型局部过热。内浇道应避免直冲型壁。 ⑧采用防粘砂涂料，均匀涂覆，在易产生粘砂部位适当增加涂层厚度。涂料中不得含有易产生气体、氧化及能与金属液和型砂发生反应的成分。尽量不采用通过反应可在铸件铸型界面形成易剥离的玻璃状粘砂层的涂料或面砂来解决粘砂问题（例如在铸铁件型砂和芯砂中加入赤铁矿粉等）。 ⑨适当降低浇注温度、浇注速度和浇注高度，降低上型高度和浇口杯高度，以减小金属液动压力、静压力及对铸型的热冲击。 ⑩加强对铸钢等高熔点合金的精炼。净化金属液，降低合金液的氧化程度和吸气量，减少低熔点相形成元素（如铸钢、铸铁中的硫、磷，青铜中的磷、铅）的含量，控制会降低金属液表面张力、提高金属液蒸气压的元素（如铸钢、铸铁中的锰和硅，青铜中的铅）的含量。熔炼时炉料要干燥，慎用会引起化学粘砂的各种熔剂（如石灰石、碳酸钠粉、氟石等），熔炼温度不得过高，以免金属液过度氧化。 ⑪对于大型厚壁铸件，适当提早开箱，加快铸件冷却，以防止固态粘砂。 ⑫采用表面光洁的模样和芯盒。

表7.20（续）

缺陷名称及形貌示意图	缺陷特征及识别方法	缺陷形成原因	缺陷防止方法
	粘砂多发生在黏土砂或水玻璃砂中，清理特别困难，只能用砂轮打磨才能去掉。机械粘砂可发生在各种砂型中，表面呈海绵状，可用喷、抛丸法清理，有时也要进行打磨。树脂砂型粘砂通常为机械粘砂		⑬采用特种砂，如铬铁矿砂、锆砂和人造球形砂
皱皮：	（1）缺陷特征 铸件表面不规则的粗粒状或皱楞状疤痕，一般带有较深的网状沟槽。通常出现在富含铬、硅、锰等易氧化元素的合金钢薄壁铸件的上表面和立面、厚壁球墨铸铁件的上表面、球墨铸铁离心铸管的内壁、截面变化大的镁合金铸件的上表面。 （2）识别方法 肉眼外观检查。易于同其他表面缺陷相区别。带有较深网状沟槽的皱皮，是球墨铸铁件和镁合金铸件特有的缺陷，根据合金种类易与一般皱皮相区别	①镁球墨铸铁在加镁处理时形成的化合物（氧化物、硫化物、硅酸盐等），通常以薄膜形式分散在金属液中，在浇包中上浮缓慢，浇注时随金属液进入铸型，并上浮至铸件上表面，离心铸造时则聚集在铸件内壁。 ②镁合金极易氧化，在熔炼和浇注过程中如缺乏保护，就会在金属液表面形成较厚的氧化膜，随浇注金属液注入型腔。当液流在型腔内由宽变窄时，氧化膜聚集在铸件上表面形成皱皮。 ③合金钢中的易氧化元素在浇注和充型过程中氧化。 ④一般皱皮由金属液黏度大、浇注温度低或浇注速度过慢、浇注过程中金属氧化、金属液与型壁反应产生气体及金属型的温度过低等原因引起	①用优质材料熔炼球墨铸铁，降低原铁液含硫量及气体、夹杂物含量；在保证球化前提下减少加镁量；调整铁液含碳量和碳当量，适当提高球化温度并加强孕育处理，降低铁液黏度，改善铁液流动性；采用挡渣效果好的浇包，浇注前铁液在浇包中停留足够时间，使熔渣和夹杂物充分上浮。 ②采用保护性气氛熔炼和浇注镁合金，防止金属液氧化；浇注位置和浇注系统设置应保证金属液迅速平稳充满型腔，缩短充型流程；采用真空吸铸。 ③易氧化合金钢在还原性或中性气氛中浇注。 ④调整合金成分以提高其流动性，适当提高浇注温度和浇注速度，防止金属液在浇注过程中氧化；改进型砂和涂料成分，以防止型壁与金属液发生化学反应，包内静置足够时间并加强挡渣，金属型铸造时适当提高金属型的温度。 ⑤在浇注系统中设置过滤网和集渣包
缩陷：	（1）缺陷特征 铸件厚截面或截面交接处上平面塌陷。大多数缩陷发生在铸件厚截面处，有时也出现在内缩孔或缩松区附近的表面。缩陷下面常伴有缩	铸件凝固收缩过程中，厚截面处或热节处金属液凝固缓慢，大气压力将具有一定塑性的铸件表层凝固壳压陷	①修改铸件设计，避免截面厚度突然变化，或在厚薄截面交接处加大圆角，设置工艺补贴，以改善顺序凝固条件。 ②如有可能，应增加冒口，设置冷铁或辅助浇道，确保正

表7.20（续）

缺陷名称及形貌示意图	缺陷特征及识别方法	缺陷形成原因	缺陷防止方法
	孔和缩松，缩陷表面与周围表面无明显区别。 （2）识别方法 肉眼外观检查。注意其与表面气孔和敞露缩孔的区别：敞露缩孔多呈漏斗形，表面粗糙，常伴有粗大树枝晶；表面气孔发生在厚截面处时，外观与缩陷相似，是由低透气性铸型的型腔气体上浮至铸件上表面，或砂型内气体及涂料发气侵入铸件表面而形成。区别这两种缺陷，往往要核查砂型透气性和通气是否良好，有时还要解剖铸件，看其内部是皮下气孔还是缩孔或缩松		确的凝固顺序和补缩。 ③ 采取与防止缩孔有关的措施

7.2.5　残缺类缺陷

残缺类缺陷主要有浇不到（浇不足），未浇满，跑火、型漏（漏箱、跑箱），损伤（机械损伤）等，缺陷名称及形貌示意图、缺陷特征及识别方法、缺陷形成原因及防止方法见表7.21。

表7.21　残缺类缺陷

缺陷名称及形貌示意图	缺陷特征及识别方法	缺陷形成原因	缺陷防止方法
浇不到（浇不足）： 	（1）缺陷特征 铸件残缺，轮廓不完整，或轮廓虽完整，但边、棱、角圆钝。常出现在型腔上表面或远离浇道的部位及薄壁处，缺陷周缘圆滑光亮。其浇注系统是充满的。 （2）识别方法 肉眼外观检查。注意其与未浇满的区别：浇不到铸件的浇注系统是充满的；未浇满铸件的浇注系统是未充满的，浇道和冒口顶面基本上与铸件上表面齐平	① 合金的结晶温度范围宽，浇注温度过低，浇注速度太慢，浇注过程中金属液断流。 ② 铸件壁太薄。 ③ 合金在熔炼、处理、浇注过程中氧化严重，含大量非金属夹杂物，黏度大，流动性差。 ④ 浇注系统设置不当。直浇道高度低，金属液静压头小；内浇道数量少，截面积小，充型速度缓慢；铸件薄截面离内浇道太远。 ⑤ 型、芯砂水分及煤粉或有机物含量过多，发气量大；型（芯）砂紧实度太	① 根据合金成分和铸件壁厚，确定适当的浇注温度和浇注速度。 ② 净化金属液，防止金属液氧化，除去金属液中的非金属夹杂物，提高金属液的流动性；浇注时加强集渣和挡渣，防止熔渣和污物堵塞浇嘴或随金属液流入铸型。 ③ 修改浇注系统设计，增加直浇道高度、浇道截面积和内浇道数量，在浇道中设置过滤网或集渣包。 ④ 提高型砂和芯砂的透气性，在上型多扎出气孔，合理设置出气冒口，保证砂芯排气通道畅通，改善铸型排气能力。

559

表7.21（续）

缺陷名称及形貌示意图	缺陷特征及识别方法	缺陷形成原因	缺陷防止方法
		高，出气孔及出气冒口数量少或位置不当，砂芯无排气通道或排气通道堵塞，型腔排气不畅。 ⑥ 金属型的温度过低，排气塞和溢流槽数量不够或位置不当。	⑤ 金属型铸造时，提高其温度，设计有效的溢流排气系统。 ⑥ 必要时，经设计者或用户同意，适当增加铸件壁厚。 ⑦ 采用新的铸造工艺，例如反重力铸造、真空吸铸、负压造型等
未浇满： 	（1）缺陷特征 铸件上部残缺。残缺部分边角呈圆形，浇注系统未充满，直浇道和冒口顶面与铸件上表面齐平。 （2）识别方法 肉眼外观检查。注意与浇不到相区别	① 浇包金属液数量不足。 ② 浇注速度过快，使金属液从直浇道或冒口溢出，浇注工误认为铸型已充满，停浇过早	① 浇包中金属液的量应足以充满铸型。 ② 加强对浇注工的培训和教育，确保充满铸型。浇注后应检查浇冒口系统是否充满
跑火、型漏（漏箱、跑箱）： （a）跑火 （b）型漏（漏箱、跑箱）	（1）缺陷特征 ① 跑火。铸件分型面以上部分严重残缺，残缺表面凹陷。有时沿型腔壁形成类似飞翅的残片，在铸件分型面处有时有飞翅。 ② 型漏（漏箱）。存在于铸件内的严重空壳状残缺。有时铸件外形虽较完整，但内部金属已漏空，铸件完全呈壳状，铸型底部残留有多余金属。 （2）识别方法 肉眼外观检查。跑火铸件残缺部分在分型面以上，残缺表面凹陷；型漏是铸件内部严重的空壳状残缺，铸件轮廓通常完整。据此区别这两种缺陷，并与浇不到和未浇满相区别	① 分型面不平，砂型四周吃砂量太小，合型后分型面缝隙太大，封型不严；紧箱力不够或分布不均，造成金属液从分型面大量漏出而形成跑火缺陷。 ② 浇注后取走压铁或松箱过早。 ③ 金属型铸造时开型过早。 ④ 模板变形，造成铸型分型面密合不严。 ⑤ 型、芯砂强度低，砂型紧实度不够，浇注温度过高或浇注速度过快，直浇道高度过高使金属液静压力过大，导致砂型或砂芯开裂，型内金属液从裂缝漏出型外或漏进砂芯内部，造成型漏。 ⑥ 浇注时碰撞砂型，造成跑火或型漏。 ⑦ 开箱落砂过早，铸件内未完全凝固的金属液突破凝固壳漏出。 ⑧ 忘记将砂型或砂芯中的装配工艺孔封死，砂芯芯头与芯座间隙过大或未封死，砂芯壁过薄，在金属液作用下开裂，使金属液漏出型外	① 选用尺寸合适的砂箱和芯骨，保证砂型和砂芯有足够吃砂量。 ② 避免直浇道高度过高，或在浇注系统中设置缓冲装置，降低浇包浇注高度，以减小铸型内金属液的动压力和静压力。 ③ 准确计算抬型力，增大压铁质量或紧箱力，不要过早松箱或撤去压铁。 ④ 砂型和砂芯应放置平稳，有平坦可靠的支承面，防止变形。 ⑤ 提高型砂、芯砂的强度和砂型、砂芯的紧实度。 ⑥ 浇注时和浇注后避免碰撞铸型或使铸型受到剧烈振动。 ⑦ 铸件完全凝固后或待铸件凝固壳强度足够时再开箱、落砂。 ⑧ 合型前要将砂型和砂芯上的装配工艺孔堵死；修芯头要适度，保证芯头与芯座之间有合适的间隙，并用填料将间隙堵死。 ⑨ 检查模板、芯盒是否严重磨损或变形翘曲，若有，应

表7.21（续）

缺陷名称及形貌示意图	缺陷特征及识别方法	缺陷形成原因	缺陷防止方法
		或漏进砂芯空腔。 ⑨金属型变形、磨损使分型面间隙增大，金属型与金属芯间隙太大，金属型的排气塞、排气孔和排气槽设计不合理，使金属液由分型面、芯子间隙或排气通道漏出	修复模板和芯盒。 ⑩金属型铸造时，等铸件完全凝固后再开型。检查金属型分型面是否磨损、变形和合严；检查金属芯与芯子导向孔的间隙是否合适，金属型排气塞、排气孔和排气槽的孔径和缝隙是否合适。如不合适，应予修正。 ⑪适当降低浇注温度和浇注速度。 ⑫内浇道不要直冲型壁和砂芯，适当增加内浇道数量，使金属液分散注入型腔，防止铸型局部过热而开裂。 ⑬在分型面、芯头面上放置封箱膏（条）或纤维绳或毡
损伤（机械损伤）： （a）在铸件边角处 （b）在铸件截面变化处	（1）缺陷特征 铸件受撞击而破损、断裂、残缺不全。多发生在铸件的铸肋、凸台、棱角等凸出部位，与浇冒口连接部位，以及截面突变等应力集中和薄弱部位。 （2）识别方法 肉眼外观检查。断口呈脆性断裂特征，有时有氧化色，由机械损伤引起，易识别	①铸件结构不良，截面厚度悬殊，呈尖角过渡，有细长凸台、肋片等。 ②铸件在搬运、装卸过程中受撞击而损坏。 ③落砂温度过高，振动、撞击过于剧烈。 ④对铸件结构和材质的脆性注意不够，清理时振动、翻滚、撞击过于剧烈。 ⑤铸件在机械加工时夹紧力和切削力过大。 ⑥浇道、冒口、出气冒口断面过大，与铸件本体连接处无缩颈或缩颈尺寸太大，圆角过小，敲除浇冒口方法不当，使铸件本体损伤缺肉。 ⑦铸件强度和韧性差。 ⑧铸件内部有较大残余应力或已有裂纹	①改进铸件结构，尽量避免带有铸肋、细长凸台等薄弱结构，避免壁厚悬殊和尖角过渡。 ②根据铸件壁厚，正确设计浇道、冒口、出气冒口与铸件连接部位的断面尺寸与缩颈尺寸；对铸铁件等脆性材料铸件，可采用易割冒口；敲除浇冒口时，方向和方法要正确，敲除前，应先用砂轮割出一道缺口。 ③铸件落砂温度不宜过高，振动、撞击力要适度。 ④滚筒清理时，薄壁铸件不与厚重铸件混装；易损铸件不用滚筒清理；搬运和装卸铸件时要避免撞击。 ⑤提高合金力学性能，降低铸件残余应力。必要时进行热时效或振动时效处理，消除残余应力后再进行清理和机械加工

7.2.6 形状及重量差错类缺陷

铸件的形状、尺寸、重量与铸件图样或技术条件的规定不符，主要有尺寸和重量差错、变形、错型（错箱）、错芯、偏芯（漂芯）、舂移等，缺陷名称及形貌示意图、缺陷特征及识别方法、缺陷形成原因及防止方法见表7.22。

表7.22 形状及重量差错类缺陷

缺陷名称及形貌示意图	缺陷特征及识别方法	缺陷形成原因	缺陷防止方法
尺寸和重量差错： （a）实际尺寸大于图样尺寸 （b）实际尺寸小于图样尺寸	（1）缺陷特征 铸件的部分或全部尺寸和重量与铸件图不符，或铸件重量超出铸件重量公差的规定，包括收缩率选错、收缩受阻（拉长）、不规则收缩、模样松动过大、模样错误、超重、失重等。 （2）识别方法 根据铸件图和技术条件检查铸件的形状、尺寸和重量。检查时应结合铸件结构、缩尺选择、模样尺寸、铸型紧实度和强度、浇冒口系统和起模操作等加以鉴别，注意它们之间的区别及与胀砂的区别	① 模样缩尺选错，使铸件所有尺寸均与铸件图不符，但实际尺寸与图样尺寸比例相等。 ② 铸件结构复杂，厚薄不均，造成铸件不规则收缩，使铸件部分尺寸与图样不符。 ③ 铸型强度和刚度过高，使框架、箱体、凸缘类铸件凝固收缩受阻，造成铸件在收缩受阻方向上尺寸拉长。 ④ 起模时模样松动过度，使铸件外形尺寸偏大和超重。 ⑤ 模样、芯盒的尺寸与图样不符或松动、变形、磨损。模样、芯盒漏装或装配错误。 ⑥ 砂型紧实不均匀或过度，使模样或活块产生移动或变形。 ⑦ 砂型和砂芯修补不当，涂料过厚，检验样板磨损。 ⑧ 模样起模斜度太小或太大。 ⑨ 铸造合金配料不当，密度发生变化，使铸件超重或失重	① 正确选择缩尺，必要时根据实测收缩率来修正模样缩尺。复杂铸件最好根据铸件不同壁厚选择不同的缩尺，避免采用单一缩尺。还可根据尺寸检查结果，用工艺补正量进行补偿，以保证铸件尺寸准确。 ② 提高砂型、砂芯退让性，选用合适的砂箱，改进浇冒口系统设计，消除各种阻碍铸件收缩的因素。 ③ 模样要有合适的起模斜度，起模时模样松动不能过大。 ④ 经常检查模样、芯盒、检验样板的尺寸是否与图样相符，及时修正
变形： 模样 铸型 铸件 （a）模样变形	（1）缺陷特征 由模样、铸型形状发生变化，或在铸造或热处理过程中由冷却和收缩不均等引起的铸件几何形状和尺寸与图样不符。根据引起变形的不同原因，铸件变形可分为模样变形、铸型变形、铸造和热处理变形。 ① 模样变形。由模样和芯	① 模样、芯盒因结构或材料不合理，或因存放时堆放不当而受潮而发生变形。 ② 造型制芯时紧实力过大或模样、芯盒的强度和刚度不够，使模样和芯盒发生弹性变形。 ③ 砂型和砂芯放置不平，吊运不当，合型后放置压铁过重或紧箱力过大，使砂型	① 改进铸件设计，必要时设置加强肋。 ② 易变形的铸件，在模样或芯盒相应部位设置适当的反挠度，补偿铸件的变形。 ③ 选择尺寸合适、刚度好的砂箱和芯骨，砂箱带应避开浇冒口，既防止砂型、砂芯变形，又避免阻碍铸件收缩。 ④ 提高型砂和芯砂的溃散

表7.22（续）

缺陷名称及形貌示意图	缺陷特征及识别方法	缺陷形成原因	缺陷防止方法
▭ 模样 ⌒ 铸型 ⌒ 铸件 （b）铸型变形 ▭ 模样 ⌒ 铸型 ⌒ 铸件 （c）铸造和热处理变形	盒变形所致。其特点是模样变形与铸件变形一致，每个铸件都有相同的变形。 ②铸型变形。由砂型和砂芯变形所致。其特点是模样和芯盒未发生变形，各个铸件的变形可能不同，铸型、砂芯有与铸件相同的变形。 ③铸造变形。模样、芯盒、砂型和砂芯均无变形，铸件在凝固冷却过程中冷却速度和收缩不均而引起变形。通常发生在铸件截面厚度变化较大的部位上，并会重复出现。 ④热处理变形。铸件在铸造后未发生变形，在热处理或时效过程中加热、冷却度不均匀及应力松弛等，引起铸件翘曲变形。 （2）识别方法 肉眼外观检查。根据变形发生的阶段和特点，区别不同类型的变形	和砂芯发生变形。 ④铸件结构设计不良，浇冒口系统设计不合理，阻碍铸件收缩或造成铸件凝固冷却速度不均衡；砂芯和砂型残留强度高，或芯骨和砂箱选用不当，阻碍铸件正常收缩。 ⑤铸造合金收缩率太大。 ⑥铸件开箱落砂过早，冷却过快，引起铸件变形或在铸件内产生较大内应力。 ⑦高温铸件在搬运时堆叠过度，放置不当。 ⑧热处理规范和操作不当。铸件在热处理炉内支架和摆放不正确，加热和淬火冷却速度过快，退火温度过高使合金软化，时效时应力松弛使铸件发生变形	性，合理设置浇冒口系统，使铸件各部均匀冷却，并减少对铸件的收缩阻力。铸件凝固后，提前将浇冒口去掉，以免浇冒口阻碍铸件收缩。 ⑤模样、芯盒的结构和材料应合理，保证有足够的刚度、抗磨性和防潮性；模样和芯盒应恒温恒湿存放，摆放要平稳；模样和芯盒表面应喷涂耐磨防潮防粘模涂层。 ⑥模底板及支承砂型和砂芯的底板应平整；带有不规则分型面的模样应采用成形模底板造型；砂芯摆放要平稳，支承牢靠，不得互相堆叠；砂型和砂芯吊运时，吊链跨距不得过大，以免引起砂型和砂芯变形。 ⑦调整合金成分，降低合金的收缩率。 ⑧采用合理的热处理规范，铸件在热处理炉内要摆放平稳，避免互相堆叠。热处理时易变形的铸件应先进行低温时效或振动时效，释放应力后再进行高温热处理。为防止高温均热时应力松弛导致铸件变形，可对铸件适当部位用夹具夹紧。 ⑨采用低膨胀砂造型
错型（错箱）： 分型面 ⊚	（1）缺陷特征 铸件的一部分与另一部分在分型面处相互错位。 （2）识别方法 肉眼外观检查。注意与错芯和春移的区别：错型是铸件外形在分型面处错位，一侧多肉，另一侧缺肉；错芯是铸件内腔沿分芯面错位，一侧多肉，另一侧缺肉；春移是铸件外形在分型面附近局部突起，形成多肉，通常是单侧多肉，另一侧不缺肉	①模样装配错位或定位销松动；错将模样定位销孔当作松模敲击孔使用，引起模样配合松动；固定在模板上的模样错位或松动。 ②砂箱合型错位，定位销、套因磨损或松动而不起作用；上、下型无合型标记，或合型时定位标记没有对准。 ③合型后砂型受碰撞造成上、下型错位。 ④金属型铸造时，两半型没对准或定位装置配合松动	①经常检查并及时维修模样、模板、砂箱的定位装置，保证定位配合精度。 ②合型标记要明显，合型时要严格按定位标记对准上、下型。 ③检查并调整好模样在模板上的位置后再投入批量生产。 ④合型后谨防在运输和浇注过程中碰撞铸型。 ⑤严禁将模样定位孔当松模孔敲击。 ⑥金属型铸造时，铸型定位、导向要准确，导套与导销的配合间隙要合适

表7.22（续）

缺陷名称及形貌示意图	缺陷特征及识别方法	缺陷形成原因	缺陷防止方法
错芯： （图）	（1）缺陷特征 由于砂芯在分芯面处错位，铸件内腔沿分芯面错开，一侧多肉，另一侧缺肉。 （2）识别方法 肉眼外观检查。注意与偏芯的区别：偏芯虽然也是一侧多肉，另一侧缺肉，但它是由整芯偏移或漂浮所致，在砂芯和铸件的分芯面上并无相互错开的现象	①用两个芯盒制芯时，芯盒定位销与销套的配合间隙过大，使两个芯盒未能对准。 ②由两个砂芯黏合而成的砂芯，黏合时没有对准，造成错位	①提高芯盒定位精度，减小定位销与销套的配合间隙，经常检查并及时维修芯盒定位装置。 ②黏合的砂芯，要加强检查，防止错位，必要时应采用样板检查
偏芯（漂芯）： 上 下 （图） （a）水平砂芯上浮 上 下 （图） （b）突出砂胎断裂上浮	（1）缺陷特征 砂芯在金属液热作用、充型压力及浮力作用下，发生上抬、位移、漂浮甚至断裂，使铸件内孔位置发生偏错、形状和尺寸不符合图样要求。偏芯铸件的一侧壁厚减薄或穿透，另一侧增厚。黏土砂湿型或干型铸造时，细长水平砂芯或有很高凸出砂胎的下型，常产生这种缺陷。下型中的砂芯或砂胎断裂后上浮，使铸件下部形成不规则帽状金属凸起，铸件上部壁厚则减薄或穿透，有时还伴有由脱落的砂芯碎块形成的沙眼。 （2）识别方法 肉眼外观检查。其与错芯的区别是铸件内腔形状不变，错芯铸件的内腔形状有相互错位的现象	①起模时敲击模样过度使芯座尺寸增大；芯头修削过度，尺寸变小；芯头与芯座间隙过大。 ②砂芯下偏。 ③细长砂芯的芯骨过细；芯头截面积太小，支撑面不够大；芯座处型砂紧实度过低。 ④芯撑强度不够，熔点低，尺寸太小或数量太少，芯撑未放稳或放置位置不当。 ⑤芯砂耐火度和强度低；砂芯烘干工艺不当、烘干不足或烘干过度，使砂芯强度降低或开裂；砂芯返潮。 ⑥吊砂或砂胎太高，设计不合理，没有使用砂钩或铁钉加固。 ⑦起模不慎，使砂型的高砂胎和吊砂部位断裂或产生裂纹。 ⑧浇注系统设计不当；直浇道高度太高，金属液静压力过大；内浇道数量太少，截面积太小或位置不当，充型金属液流速太大，直冲砂芯或芯撑，使砂芯过热、芯撑过早熔化，失去支撑作用。	①正确设计芯头尺寸，修削芯头要适度，保证芯头与芯座间有适当的间隙和足够的支承面积。 ②加大芯骨尺寸，提高芯砂的耐火度和高温强度。 ③适当增加湿型黏土砂的黏结剂含量，提高型砂湿强度，芯座处要有足够高的紧实度。 ④芯盒磨损后要及时修复，防止芯头尺寸变小。 ⑤下芯位置要正确，防止偏斜。 ⑥正确选择芯撑材料、类型、尺寸和数量，安放位置要适当，位于砂芯上表面的芯撑要压紧，避免过早接触充型金属液。对于湿型，可在芯撑下放置垫片，以加大芯撑支承面积。 ⑦合理设计浇注系统，适当降低直浇道高度，防止内浇道直冲砂芯、砂胎和芯撑。 ⑧起模操作要正确，不要过分敲击模样，以免使芯座尺寸变大或使砂型产生裂纹。 ⑨砂型和砂芯烘干工艺要正确，防止加热过快，烘干温度过高，防止砂型和砂芯因烘干不足、烘干过度而强度降低或开裂；防止砂芯返潮，返潮

表 7.22（续）

缺陷名称及形貌示意图	缺陷特征及识别方法	缺陷形成原因	缺陷防止方法
		⑨浇注温度、浇注速度或浇注高度过高，使金属液对砂芯和芯撑的热作用和冲击作用过于强烈，芯撑过早熔化	砂芯应重新烘干。⑩高砂胎和深吊砂要使用砂钩和铁钉加固。⑪合型前要修补好砂型和砂芯的裂纹，并插钉加固。⑫适当降低浇注温度、浇注速度和浇注高度
春移： （a）在分型面上 （b）在与分型面平行的分型面上	（1）缺陷特征　在分型面或与分型面平行的平面处，铸件局部凸起增厚。通常发生在分型面手工造型春砂过渡部位。（2）识别方法　肉眼外观检查。注意与错型的区别：错型铸件在分型面处一侧凸起多肉，另一侧凹进缺肉；春移铸件通常单侧凸起多肉，无缺肉现象	①手工造型时，由于春砂过度，使已紧实的型砂受到过大的单方向紧实力，沿模样表面滑移或脱离模样。带垂直面的铸件易产生春移缺陷。②机器造型时，造型机压头松动，压实时产生切向力，使已紧实的砂型壁沿模样表面滑移，脱离模样垂直面。③模样上的活块松动，在造型紧实后期活块发生移动	①模样上的活块要固定好，活块周围的型砂要先均匀填实。②模样与砂箱壁之间要有足够吃砂量。③手工造型时避免单方向过度紧实。④震压造型机的压头不能松动，震击次数不得超过工艺规定

7.2.7　夹杂类缺陷

铸件夹杂类缺陷分为金属夹杂物和非金属夹杂物两类。铸件中常见的金属夹杂物主要有外来金属夹杂物、冷豆、内渗物（内渗豆），常见的非金属夹杂物主要有夹渣、砂眼（砂孔）等，缺陷名称及形貌示意图、缺陷特征及识别方法、缺陷形成原因及防止方法见表7.23。

表 7.23　夹杂类缺陷

缺陷名称及形貌示意图	缺陷特征及识别方法	缺陷形成原因	缺陷防止方法
外来金属夹杂物：	（1）缺陷特征　铸件内有成分、结构、色泽和性能不同于基体金属，形状不规则、大小不等的外来金属或金属间化合物杂质。（2）识别方法　断口检查、金相检验结合无损检测（超声检测或射线检测）。注意与冷豆和内渗物（内渗豆）相区别：冷豆通常出现在铸件下表面，呈珠状，成分与铸件本体	①金属液中混入外来金属杂质，或外来金属杂质与铸件本体金属液反应形成金属间化合物。②金属炉料或合金添加剂未完全熔化，混在金属液中。③芯骨外露或芯撑漂浮，被金属液熔合，但未完全熔成一体	①保证炉料清洁，防止混入外来金属。②采用块度小的中间合金、合金添加剂和处理剂处理金属液，合金熔化和处理温度应足够高，待金属炉料、合金添加剂和处理剂全部熔清后再浇注；加强金属液搅拌，促使合金添加剂和处理剂迅速熔化和溶解。③当坩埚、处理包或浇包底部金属液中有未熔的金属料或沉淀物时，不进行浇注。

表7.23（续）

缺陷名称及形貌示意图	缺陷特征及识别方法	缺陷形成原因	缺陷防止方法
	相同；内渗物出现在铸件的孔洞类缺陷内，为豆粒状渗出物，由合金中的低熔点成分在铸件凝固收缩应力或溶解气体在凝固过程中析出压力作用下挤入缩孔或气孔中所致		④ 采用过滤网滤掉夹杂物
冷豆： 	（1）缺陷特征 通常位于铸件下表面或嵌入铸件表层，是化学成分与铸件本体相同、未完全与铸件熔合的金属珠。其表面有氧化现象，通常出现在内浇道下方或前方。 （2）识别方法 肉眼外观检查。冷豆与外渗物和内渗物的区别是：冷豆通常出现在铸件下表面上，化学成分与铸件本体相同，数量较少，无类似"出汗"的成群或分散分布特征；外渗物出现在铸件的自由表面上，例如敞浇铸件的上表面、离心铸件的内表面及压铸件表面，化学成分与铸件本体不同，具有类似"出汗"的成群或分散分布特征；内渗物出现在铸件内部的孔洞类缺陷内，化学成分与铸件本体不同。外渗物和内渗物形成原因基本相同，只是表现形式不同	金属液注入型腔时发生飞溅，早期溅入型腔的金属液滴迅速凝固，未能与接续注入的金属液熔合。其影响因素主要有： ① 浇注系统设计不合理，金属液由内浇道注入型腔时发生喷射或飞溅。 ② 注入型腔的金属液流股直冲型壁、砂芯或芯撑，发生飞溅。 ③ 砂芯、砂型水分过多，涂料不干，冷铁锈蚀或有油污，使充型金属液发生沸腾	① 改进浇注系统，使金属液平稳流入型腔，防止金属液注入型腔时发生喷射或飞溅，内浇道不要直冲型壁、砂芯和芯撑。 ② 谨慎浇注，包嘴应对准浇口杯，防止金属液从明冒口、出气冒口等敞口溅落到型腔内；浇口杯应与冒口保持足够距离。 ③ 控制型砂和芯砂的水分，涂料要烘干，冷铁、芯撑要干燥，无锈，无油污，防止金属液在型内发生沸腾
内渗物（内渗豆）： 	（1）缺陷特征 存在于铸件孔洞类缺陷内的光滑有光泽的豆粒状金属渗出物，其化学成分与铸件本体不一致，接近共晶成分。 （2）识别方法 无损检测（射线检测或超声检测）与断口检查相结合进行检验。注意与冷豆的区别：当内渗物外露在铸件表面时，常成群出现在冒口底	① 与外渗物形成原因相同，但出现部位和表现形式有所不同。 ② 引起内渗物或外渗物的铸件内部压力有：铸件内溶解气体析出压力，铸件凝固收缩压力，铸铁凝固时共晶石墨化产生的压力。 ③ 高磷铸铁件易产生内渗物，内渗物的含磷量比铸件本体高。 ④ 合金中易形成低熔点相	① 消除铸件的孔洞类缺陷。 ② 采取与防止外渗物相同的措施

表7.23（续）

缺陷名称及形貌示意图	缺陷特征及识别方法	缺陷形成原因	缺陷防止方法
	部或铸件的表面气孔和敞露缩孔中，具有类似"出汗"的特征，冷豆无此特征；在化学成分上，内渗物与铸件本体不同，冷豆与铸件本体相同	的元素（例如铸铁中的杂质元素硫和磷）含量较高时，易在铸件中产生内渗物	
夹渣、渣气孔、渣缩孔： （a）夹渣 （b）渣气孔和渣缩孔（气孔和缩孔内含夹渣） （c）渣气孔和渣缩孔（夹渣内含气孔、缩孔或缩松）	（1）缺陷特征 铸件表面或内部由熔渣引起的非金属夹杂物。形状不规则，通常位于铸件上表面、砂芯下面的铸件表面或铸件死角处。夹渣经常与气孔或缩孔（缩松）共生。伴有气孔或缩孔的夹渣称为渣气孔或渣缩孔。渣气孔（渣缩孔）出现部位与夹渣相同，表现形式有夹渣内含气孔（缩孔或缩松）、气孔（缩孔）内含夹渣及夹渣外气孔（缩松）成群分布三种。在铸件断面上，夹渣、渣气孔和渣缩孔均无金属光泽。 （2）识别方法 铸件表面的夹渣、渣气孔和渣缩孔一般用渗透液或磁粉检测，有时用肉眼即可发现；铸件内部的夹渣、渣气孔和渣缩孔一般用射线或超声检测，有时会暴露在经机械加工后的铸件表面上。铸件清理后，表面夹渣可能会脱落，在铸件表面留下形状不规则的孔洞。夹渣、渣气孔、渣缩孔与内渗物和外渗物的区别是：前者形状不规则，呈大片状或斑点状分布，无金属光泽；后者呈豆粒状，成群分布在铸件表面或铸件的孔洞类缺陷内，有金属光泽及类似"出汗"的特征。在渣气孔和渣缩孔中常含有无色的SiO_2颗粒的非金属夹杂物，切勿将其误判为砂眼	① 熔炼、精炼或对金属液进行处理时，加入的熔剂和形成的熔渣在浇注时随金属液一起注入型腔。 ② 金属液在浇注过程中二次氧化。例如，球墨铸铁液在输送、转包、浇注过程中由于不断翻滚、飞溅，使镁、稀土、硅、锰、铁等二次氧化，产生的金属氧化物与硫化物、游离石墨一起上浮到铸件上表面，或滞留在铸件内的死角和砂芯下表面等处。 ③ 铸钢、铸铁由于含硫量过高，锰硫比不当，脱氧、脱硫、除渣、除气不良，使金属液含有大量硫化物、一次氧化物和气体，浇注后在铸件内形成渣气孔。 ④ 合金化学成分中各组元（如铸钢、铸铁中的C、Mn、S、Si、Al、Ti）之间或这些组元与氮、氧之间发生化学反应，金属液及其氧化物与炉衬、包衬、砂型壁与涂料之间发生界面反应	① 熔炼时，炉料要干燥、清洁，加强脱氧、脱气、除渣，净化金属液。提高金属液的出炉温度和处理温度。 ② 浇包要干燥、清洁，浇注前应加入集渣剂，使渣增稠，以便于扒除；金属液在浇包内应静置一段时间，以利于渣上浮；浇注温度要适当，不宜过高或过低；最好采用底注包、茶壶包进行浇注，以保证渣留在浇包内。 ③ 浇注时应充满浇口杯和直浇道，在浇注系统中设置集渣包和过滤器，采用能够降低湍流程度的浇注系统，快速浇注，防止金属液二次氧化。 ④ 铸件的加工面或大平面尽量不要位于型腔顶部，在铸型中适当位置设置集渣冒口。 ⑤ 铸钢、灰铸铁和球墨铸铁应降低原铁液含硫量，保持合适的硅锰比$[w(Si) > w(Mn) + 0.5\%]$，限制Al、Ti的含量。在保证球化前提下，尽可能减少球墨铸铁的残留镁含量。 ⑥ 改善脱氧和除气工艺，采用过滤网

表7.23（续）

缺陷名称及形貌示意图	缺陷特征及识别方法	缺陷形成原因	缺陷防止方法
砂眼（砂孔）：	（1）缺陷特征 铸件内部或表面包裹有砂粒、砂块或涂料块的孔洞。常伴有冲砂、掉砂、鼠尾、夹砂结疤、涂料结疤等缺陷。 （2）识别方法 铸件表面的砂眼用肉眼外观检查即可识别，铸件内部的砂眼用超声或射线检测进行检验。砂眼与夹渣的区别，有时要通过断面检查方能确定	① 型内浮砂在合型前未吹扫干净。 ② 合型后由浇注系统或冒口掉入砂粒或砂块。 ③ 造型、下芯、合型操作不当，发生塌型、挤箱、压坏砂型或砂芯。 ④ 由砂型、砂芯膨胀，浇注系统设计不合理及浇注操作不当，造成砂型（芯）开裂、型（芯）砂脱落，在产生冲砂、掉砂、鼠尾、夹砂结疤等缺陷的同时，脱落的型、芯砂在铸件内形成砂眼。 ⑤ 涂料不良，或砂型、涂料不干，浇注时涂层脱落，在造成涂料结疤的同时，形成涂料夹杂	① 采取防止产生沟槽、鼠尾、夹砂结疤、冲砂、掉砂等缺陷的措施。 ② 分型负数、芯头间隙、起模斜度要适当，防止造型、下芯、合型时损坏砂型（芯）；合型前吹净型内浮砂，合型后防止砂子掉入型内。 ③ 提高砂型和砂芯的表面强度和抗冲刷性能。例如，在黏土砂中加入糖浆或用稀释的糖浆喷砂型表面。 ④ 砂芯抹缝膏要有足够的高温强度和黏结力，以防脱落。 ⑤ 砂芯及滤片砂芯要有足够的高温强度，以免过早溃散。 ⑥ 提高涂料的抗粘砂、抗冲刷性能及对砂型和砂芯的渗透性和黏附力，涂料的热膨胀系数应与砂型和砂芯适配，以免涂层剥落。 ⑦ 提高型芯强度，除净型芯浮砂，采用过滤网

7.2.8 成分组织性能不合格类缺陷

由于化学成分不符合铸件技术条件的要求，或由于熔炼、金属液处理、铸造、热处理工艺不当等，铸件显微组织异常，物理性能或力学性能不合格。常见的成分组织性能不合格缺陷分为两类：一类是物理性能、力学性能和化学成分不合格；另一类是组织异常，主要有石墨漂浮、石墨集结（石墨粗大）、组织粗大、偏析、硬点、白口、反白口、球化不良和球化衰退、亮皮（珠光体层过厚）、菜花头、脱碳等，缺陷名称、形貌示意图、缺陷特征及识别方法、缺陷形成原因及防止方法见表7.24。

表7.24 成分组织性能不合格类缺陷

缺陷名称及形貌示意图	缺陷特征及识别方法	缺陷形成原因	缺陷防止方法
物理性能、力学性能和化学成分不合格	（1）缺陷特征 铸件的化学成分、力学性能或物理性能不符合标准或铸件验收技术条件的规定。化学成分和性能是铸件内在	① 熔炼时炉料配比不正确，元素烧损估计错误，熔炼工艺和操作不当。 ② 炉料杂乱，成分不清楚。	① 准确掌握炉料成分和元素烧损率，准确配料，准确称量；成分不清的杂料应重熔成二次锭，分析成分后再配料；炉料应干净。

表7.24（续）

缺陷名称及形貌示意图	缺陷特征及识别方法	缺陷形成原因	缺陷防止方法
	质量的基础和表征，通常用与铸件同一炉次或批次的单铸试棒或附铸试棒进行测试。这类缺陷具有成批性特点，常导致铸件成批不合格。 （2）识别方法 化学分析、力学性能和物理性能测试。力学性能测试通常采用拉伸试验、冲击试验和磨损试验等，测定试件的抗拉强度、屈服强度、断后伸长率、断面收缩率、冲击吸收能量和耐磨性等。有时需进行硬度试验或用硬度试验代替拉伸试验。物理性能测试包括耐蚀性、耐热性、耐寒性以及热、电、磁性能的测试。在生产线上，为确保铸件质量，常采用光谱分析、热分析等快速分析方法来测定铸造合金的主要成分和评估其力学性能。化学成分和性能不合格，应与由铸件缺陷引起的力学性能不合格相区别。在进行力学性能试验前后，应检查试样表面和断口有无裂纹、气孔、缩松、夹杂物、偏析、组织粗大等缺陷，有缺陷的试样及其试验数据应予废除，另取无缺陷试样重新进行试验	③ 加料时炉料称量不准。 ④ 炉前化学分析不准确、不及时，未能及时调整炉料配比和熔炼工艺。 ⑤ 金属液处理和浇注工艺不正确。 ⑥ 铸造和热处理工艺不正确。 ⑦ 试棒的浇注、取样、尺寸和试验方法不正确	② 冲天炉熔炼铸铁时，应选用块度适当的金属炉料，金属切屑应压块后投炉；选用符合冲天炉熔炼要求的优质焦炭（最好是铸造焦）；防止和及时排除炉况异常。 ③ 采用炉前快速分析技术，例如光谱分析、热分析、风送试样、计算机辅助监控熔炼等，根据炉前分析结果及时调整熔炼过程。 ④ 改进金属液处理和浇注工艺，改进铸造和热处理工艺。 ⑤ 改进取样和试验方法
石墨漂浮： （图）	（1）缺陷特征 球墨铸铁件纵截面上密集的石墨黑斑，与正常的银白色截面组织之间有清晰的分界线。通常发生在铸件顶部、铸件死角处及位于砂芯下面的铸件部位。金相组织特征为石墨球破裂、畸变，并含有大量富镁氧化物和硫化物。石墨漂浮使铸件力学性能严重恶化，常导致铸件因力学性能不合格而报废。	① 就铸件壁厚而言，球墨铸铁的碳当量过高，初生的球状石墨从高温铁液中析出、上浮、集聚。 ② 球化处理和孕育处理温度过低。 ③ 金属液处理后至浇注前停留时间过长。 ④ 铸件壁太厚，型内冷却速度太慢，浇注温度过高，残余镁量过低，残余稀土量过高	① 根据铸件壁厚规定铸铁碳当量：壁厚为10 mm时，碳当量小于4.5%；壁厚为30 mm时，碳当量小于4.3%。采用低硅原铁液进行球化处理。 ② 提高铁液的出炉温度、球化和孕育处理温度，降低浇注温度，加强孕育。球化和孕育处理温度以1480~1510 ℃为宜，浇注温度以1360~1400 ℃为宜。 ③ 加快铁液在型内的冷却

表7.24（续）

缺陷名称及形貌示意图	缺陷特征及识别方法	缺陷形成原因	缺陷防止方法
	（2）识别方法 断口检查，必要时应对缺陷区进行金相检验。对于生产厚截面球墨铸铁件，可以水平浇注圆柱形试样，通过检查试样断口来判断铸件是否会产生石墨漂浮缺陷		和凝固速度，适当减薄厚大铸件的壁厚，在铸件厚大部位设置冷铁，浇注时往铁液中随流加入微冷铁。 ④ 净化铁液，降低原铁液的含硫量和氧化程度；在保证球化前提下，控制镁和稀土加入量，降低球化后铁液中的镁和稀土残留量。 ⑤ 往铁液中加入适量反石墨化元素，如锰、硼、铬等。 ⑥ 改进浇冒口系统设计，避免铸件局部过热，将漂浮石墨和夹杂物引入冒口。 ⑦ 改变浇注位置，使厚大铸件的大平面或重要表面不位于顶部
石墨集结（石墨粗大）：	（1）缺陷特征 石墨集结又称为石墨粗大或石墨针孔，是出现在铸铁件厚大部位、均匀分布、充满石墨粉的孔洞。其显微组织特征表现为粗大石墨片。通常在机械加工后发现，在加工面上表现为充满石墨粉的边缘粗糙的孔洞，呈灰黑色。其断口晶粒粗大。常出现在铸件的上表面。石墨集结使铸件组织粗糙、松软，硬度和强度低下，密封性差，易渗漏。 （2）识别方法 对机械加工表面进行肉眼检查，可发现在加工面上有成片分布的、形似针孔或苍蝇脚的内含石墨粉的灰黑色微孔。在加工过程中，加工面上会有大量石墨粉撒落并沾污加工表面。根据上述特点，可与铸铁件的缩松、疏松、表面针孔、夹渣、渣气孔及渣缩孔等缺陷相区别。还可通过金相检验，根据是否含有粗大石墨片来进行鉴别	① 铁液的碳当量，尤其是含碳量过高。 ② 熔炼温度低，金属炉料晶质差，炉料中含有的粗大石墨片未完全溶解，成为铸铁中先共晶石墨的结晶核心，造成组织遗传。 ③ 铁液孕育不良。 ④ 冲天炉熔炼时铁焦比过低，熔炼工艺不当，铁液增碳过多。 ⑤ 铸件凝固时冷却速度过慢。 ⑥ 铸件厚大或壁厚差过大。 ⑦ 浇注温度过高。 ⑧ 铸造工艺和浇冒口系统设计不当，使铸件凝固时厚大部位冷却速度过慢	① 如有可能，应重新设计铸件结构，减薄铸件的最厚截面，消除铸件中的厚大热节。 ② 根据铸件壁厚调整铁液成分，适当降低含碳量和碳当量，适当增加锰、硼等反石墨化元素含量。 ③ 炉料采用石墨细小的优质低碳高锰生铁并增加炉料中废钢的比例，提高熔炼温度和铁焦比，采用铸造焦熔炼铁液，减少熔炼过程中铁液的吸碳率。 ④ 加强孕育，低温浇注；采用底注包或茶壶包浇注铸件，浇注前浇包应静置片刻，且不要将包内铁液全部注入铸型。 ⑤ 改进铸造工艺和浇冒口系统设计，加快铁液在铸型内的冷却速度，例如，分散内浇道和冒口，避免使铸件产生厚大热节，在铸件厚断面和孤立热节处设置冷铁；采用悬浮浇注工艺，往浇注金属液流中加入微冷铁

表7.24（续）

缺陷名称及形貌示意图	缺陷特征及识别方法	缺陷形成原因	缺陷防止方法
组织粗大： 	（1）缺陷特征 　　铸件内部晶粒粗大，组织粗大常伴生疏松缺陷。晶粒粗大铸件的力学性能低下、加工后表面硬度偏低、密封性试验时易渗漏、不耐磨，常导致铸件性能不合格而报废。 　　（2）识别方法 　　金相检验。其特征易与缩松、疏松、针孔等缺陷相混淆，只有做金相检验或断口低倍检查才能加以区别	① 铁液孕育不良。 ② 浇注温度过高，冷却速度过慢。 ③ 铸件壁过厚。	① 对于铸铁件，采取与防止石墨集结相同的措施。 　　② 采用低硅原铁液进行孕育处理，防止孕育衰退。 　　③ 适当降低浇注温度，设置冷铁，提高铸件厚壁处的冷却速度。 　　④ 改进铸件结构设计，适当减薄铸件壁厚，或将厚壁部位改为空心结构。 　　⑤ 控制铝合金熔炼温度，防止过热，加强变质及晶粒细化处理
偏析： 1—A型偏析带； 2—V型偏析带； 3—负偏析区	（1）缺陷特征 　　铸造合金在凝固过程中由非平衡结晶和溶质再分配所导致的铸件或铸锭各部分成分和金相组织不一致。偏析分为宏观偏析（区域偏析和重力偏析）和微观偏析（枝晶偏析和晶间偏析）。 　　① 区域偏析。铸件在凝固过程中，各部分冷却条件和结晶方式不相同，造成铸件不同区域的化学成分和金相组织的不一致。例如，铸钢锭在近表层沿纵断面形成A型偏析区，中心形成V型偏析区，下部形成负偏析区和沉积锥区。A型偏析区处于表面柱状晶与中心等轴晶区界面处，富含碳、硫、磷、氢和氧，常伴有气孔和低熔点夹杂物；V型偏析区位于铸锭轴心，由上部缩孔下方延伸到锭身中部，富含碳、硫、磷、氢和氧，伴有疏松、气孔和低熔点夹杂物；底部负偏析区的碳、硫、磷含量低于平均含量，氢、氧等气体含量也很低；沉积锥区富含高熔点硅酸盐夹杂物。负偏析区和沉积锥区的形成与钢液组分密度差及凝固开始阶段钢锭中心等轴晶	① 区域偏析。铸件过厚、浇注温度过高、凝固时冷却速度过慢，易使凝固温度范围宽的合金产生区域偏析。合金吸气较严重时，会加重区域偏析。 　　② 重力偏析。合金熔炼和处理时搅拌不均匀、浇注温度过高、浇注速度过慢、离心铸造时转速过高、凝固速度过慢，易使合金成分中组成元素密度悬殊的铸件产生重力偏析。 　　③ 枝晶偏析（晶内偏析）。结晶温度间隔宽的固溶体合金，当冷却速度快时，发生不平衡结晶，先结晶的成分来不及充分扩散，使先结晶的主干与后结晶的支干及支干间的成分产生差异，形成枝晶偏析。偏析程度取决于金属液凝固时的冷却速度、偏析元素扩散速度及受液固相线温度间隔支配的溶质平衡分配系数。液固相线温度间隔大的固溶体合金，当凝固冷却速度较快时，易发生不平衡结晶，使先结晶成分来不及充分扩散而形成枝晶偏析。 　　（4）晶间偏析（晶界偏析）。由枝晶偏析进一步发	① 适当提高熔炼温度，加强对金属液的脱气、除渣、精炼、变质和孕育处理，加强搅拌，使金属液均匀，净化易产生枝晶偏析和晶间偏析的合金，可加入适量晶粒细化剂或微冷铁。 　　② 易产生枝晶偏析的合金，可通过调整浇注温度和浇注速度、控制型温来控制铸件的凝固冷却速度，使之与溶质的分配和扩散相匹配；易产生宏观偏析的合金，应适当降低浇注温度和加快铸件的凝固冷却速度，如设置冷铁、分散热节、减小厚大铸件的壁厚、喷水雾强化铸件冷却等。 　　③ 易产生重力偏析的合金，熔炼后浇注前应充分搅拌，缩短金属液在坩埚或浇包内的停留时间，并可通过晶粒细化处理或在浇注时随流加入微冷铁加快凝固速度。 　　④ 扩散退火可消除枝晶偏析，消除或减轻晶间偏析，减轻区域偏析

表7.24（续）

缺陷名称及形貌示意图	缺陷特征及识别方法	缺陷形成原因	缺陷防止方法
	区的对流运动有关，与重力偏析形成原因相似。 　②重力偏析。铸件在凝固过程中，因金属液组分间密度悬殊，在重力或离心力作用下形成的宏观偏析。其特点是重力铸造件上下层或离心铸造件内外层化学成分和金相组织不均一，上层（内层）富含密度小的合金组分和金相组织，下层（外层）富含密度大的合金组分和金相组织。铅青铜和铝青铜铸件常产生重力偏析。 　③枝晶偏析（晶内偏析）由固溶体晶粒内部化学成分不均匀所致。结晶温度间隔大的固溶体类合金，按树枝方式结晶时，先结晶的主干与后结晶的支干及支干间的化学成分不均一。例如，铸钢树枝晶的主干含碳量较低，支干含碳量较高，支干间含碳量更高。 　④晶间偏析（晶界偏析）。存在于晶粒或枝晶之间的成分不均匀性。特点是晶界上比晶内含有多得多的溶质或低熔点物质。 　（2）识别方法 　宏观偏析可通过对铸件不同部位进行化学分析和对铸件加工面或断口进行硫印或酸洗来检验和鉴别。区域偏析与重力偏析可根据偏析相发生的部位及组成来区别。例如，对钢锭的纵断面进行硫印检查，可发现A型偏析、V型偏析、负偏析和沉积锥。A型偏析和V型偏析属区域偏析，负偏析和沉积锥属重力偏析。又如，对铅青铜或铝青铜离心铸造轴瓦、轴套的横断面进行酸洗，可检出重力偏析。对偏	展，使固液界面液相中某些元素富集并迁移到最后凝固的晶界上所致	

表 7.24（续）

缺陷名称及形貌示意图	缺陷特征及识别方法	缺陷形成原因	缺陷防止方法
	析区进行化学分析和金相检验可确定偏析的成分和金相组织。晶间偏析需通过金相检验才能发现。其特点是在晶界上富集低熔点相或夹杂物。枝晶偏析需通过扫描电镜和电子探针（能谱或波谱）观测，才能确定其形貌和成分。偏析区常伴有非金属夹杂物、疏松、析出性气孔、反应性气孔和热裂等缺陷		
硬点：	（1）缺陷特征 出现在铸件断面上的细小分散的高硬度夹杂物颗粒，有时颗粒可能很大。通常在机械加工、抛光或表面处理时发现。这些夹杂物多为刚玉、尖晶石、碳化硅、硅酸盐或含铁量高的金属间化合物。在铝合金、铜合金铸件中较为多见。铸件加工面上的硬点使铸件的切削性能和涂镀性能恶化，严重时会使铸件报废。 （2）识别方法 断口低倍检查、硬度试验及金相检验，或在机械加工、抛光、表面处理时发现	① 熔炼时，炉料污染、熔剂污染、坩埚污染等，使非铁合金液中混入非金属氧化物、硅酸盐或富铁金属间化合物。 ② 非铁合金熔化后保温时间短，非金属夹杂物未能充分上浮至熔池表面扒除。 ③ 铸钢和铸铁由于脱氧、精炼或成分不当，或在铸造时冷却过快，形成碳化物、氮化物或磷共晶等	① 采取防止夹杂物的措施。 ② 采用铸铁坩埚熔炼非铁合金时，要喷涂质量好的涂料。 ③ 金属液在坩埚或处理包内要有足够的保温时间，保证非金属夹杂物充分上浮到熔池表面，并扒除干净。 ④ 对易氧化金属液加强保护，防止金属液在保温和浇注时氧化。 ⑤ 浇注时加强挡渣操作，最好采用茶壶包或底注包浇注，在浇包熔池表面覆盖集渣剂。 ⑥ 加强金属液的精炼、除渣、脱氧、脱气处理，净化金属液。 ⑦ 对某些易吸氮的铸钢，慎用铝脱氧，以免在金属液中生成氮化铝等有害杂质。 ⑧ 加强对铸铁的孕育处理，控制其成分，降低其白口倾向，防止生成碳化物和磷共晶。 ⑨ 在浇注系统中设置过滤网
白口：	（1）缺陷特征 在灰铸铁件的断面上全部或部分出现亮白色组织，其金相组织为分布在基体上的碳化物，硬度高，性脆，切削加工困难。通常出现在铸件的薄截面、棱角或边缘处。	① 铁液的碳当量过低。 ② 铸件壁厚太薄或冷铁使用不当，使铸件凝固冷却速度太快	① 正确配料，保证铸铁有足够的碳当量。 ② 孕育处理要充分。 ③ 限制铸铁中硫、铬、碲、钒等反石墨化元素的含量。 ④ 熔炼时要防止铁液过热或在高温保持时间过长。

表7.24（续）

缺陷名称及形貌示意图	缺陷特征及识别方法	缺陷形成原因	缺陷防止方法
	（2）识别方法 断口检查。通常用浇注铸件的同包铁液浇注单独的三角试块或圆柱形试棒，打断后检查铸铁的白口倾向		⑤合理使用冷铁，防止铸件凝固冷却速度太快。 ⑥型内孕育或对铸件易出现白口的部位进行局部孕育
反白口： 	（1）缺陷特征 在第二相为石墨的铸铁件断口的中心部位出现白口组织或麻口组织，外层是正常的石墨组织。 （2）识别方法 断口检查。方法与检查白口的相同	铸铁中某些反石墨化元素在凝固过程中被凝固前沿推移到铸件中心或厚大热节的中心而富集在液相中，最后共晶凝固形成白口组织。其影响因素如下： ①铁液的硫锰比过高； ②铁液含氢量过高； ③大量使用铬、钛、碲等强烈反石墨化元素含量高的废钢和回炉料，造成组织遗传； ④球墨铸铁中镁和稀土残留量过高； ⑤孕育不足或孕育衰退	①严格控制铁液的硫锰比，降低原铁液含硫量，保证 $w(\mathrm{Mn}) > 1.75w(\mathrm{S}) + 0.3\%$。 ②浇包要充分预热，避免铁液吸氢；厚大铸铁件宜采用树脂砂型或干型铸造。 ③严格控制炉料成分，不用或尽量少用含有强烈反石墨化元素的回炉料和废钢。 ④提高熔炼温度，加强孕育处理。 ⑤减少球化剂用量，适当降低铸铁中镁和稀土元素残留量。 ⑥采用长效孕育剂，防止孕育衰退。必要时可在包内进行二次孕育或在浇注系统中进行型内孕育处理，或在浇注时进行随流孕育处理
球化不良和球化衰退： 1 mm 铸件表面 球化不良的组织（呋喃砂型）	（1）缺陷特征 因球化剂加入量不足以使铸铁石墨充分球化，或球化处理后铁液停留、浇注、凝固时间过长而引起的铸铁石墨球化率低或不球化缺陷。前者称为球化不良，后者称为球化衰退。球化不良和球化衰退铸件中的石墨多呈团块状、开花状、枝晶状、蠕虫状、厚片状。在球化不良铸件的断口上可见到点状或块状黑斑，越接近中心越浓密。 （2）识别方法 断口检查和金相检验，也可用超声声速法无损检验球化程度。球化不良与球化衰退形成原因虽然不同，但形貌特征大致相同，很难严	①生铁和焦炭含硫量过高，原铁液炉内或炉外脱硫不良，含硫量过高。 ②铁液氧化严重。 ③铸铁中反球化元素的含量较高。 ④球化剂加入量不足，球化元素残留量过低。 ⑤球化元素镁和稀土金属易氧化、饱和蒸气压低，球化处理后，由于停留时间过长，或搅拌、振动、转包浇注频繁，球化元素逐渐从铁液中析出、上浮、蒸发、氧化而散失。 ⑥球化处理后未扒除熔池表面的富硫渣并另加覆盖剂，渣中的硫返回铁液中，消耗铁液中的球化元素，使其中的球化元素残留量降低	①选用含硫量低的生铁和铸造焦炭熔炼铸铁，进行炉内或炉外脱硫，降低原铁液含硫量。若原铁液含硫量高，应增加球化剂加入量，保证球化处理后铁液中有足够的球化元素（镁和稀土金属）残留量。 ②熔化时要防止铁液氧化，出铁时要防止熔渣混入铁液。当一炉混熔不同牌号铸铁时，交界铁液必须分离干净，防止灰铸铁的铁液与球墨铸铁原铁液混在一起。 ③包内脱硫和球化处理后要扒净浮渣，另加覆盖剂，防止回硫和球化元素蒸发烧损。 ④加强炉料管理，严格控制富含反球化元素的废钢或回炉料的投炉量，或在镁球墨铸铁中加入少量稀土元素，抵消

表7.24（续）

缺陷名称及形貌示意图	缺陷特征及识别方法	缺陷形成原因	缺陷防止方法
	格区分。通常在浇注铸件前后分别浇注一组试样，若两组试样球化率均低，则判为球化不良；若只有后一组试样球化率低，则判为球化衰退。另外，球化不良断口有块状或点状黑斑；球化衰退断口，该特征不明显。在球化不良铸件的金相组织中，石墨多呈厚片状、蠕虫状和枝晶状；在球化衰退铸件的金相组织中，团块状、开花状石墨较多，只有在球化严重衰退的铸铁件中，才出现较多的厚片状、蠕虫状和枝晶状石墨		反球化元素的干扰。 ⑤ 采用配比适当、成分稳定、抗衰退的球化剂，并根据铁液成分和温度适当调整球化剂加入量。 ⑥ 对于厚大球墨铸铁件，可在原铁液中加入钼、铜、锑、铋等合金元素，采用钇基重稀土合金球化剂，在热节处设置冷铁等，提高铸铁的抗球化衰退能力和激冷性能，保证铸件的厚截面中心部分球化良好。 ⑦ 球化处理温度不宜过高，球化处理后尽快浇注，减少停留时间。 ⑧ 加强孕育处理。 ⑨ 采用随流球化、型内球化处理工艺
亮皮（珠光体层过厚）:	（1）缺陷特征 出现在铁素体可锻铸铁件断口上的与暗灰色芯部之间有清晰界面的明亮边缘层，边缘层的组织为珠光体和退火碳。珠光体层外面可能还包有一薄层铁素体外壳。若珠光体层厚度超过1 mm，即构成缺陷。 （2）识别方法 断口检查。可用与铸件同炉热处理的单铸试样进行检查	① 铸件在潮湿气氛中石墨化退火，铸件与潮湿气氛中的氢和氧发生反应，氧使铸件表层脱碳，形成铁素体外壳；氢扩散到铸件内，对珠光体起稳定作用，在第二阶段退火过程中阻止珠光体分解。 ② 铸件在渗碳气氛中退火，碳渗透到铸件内，使铸件形成珠光体外层，在此情况下铸件不形成铁素体外壳	① 严格控制遇火炉炉气的气氛为中性气氛。 ② 退火炉炉衬必须充分烘干。 ③ 装炉铸件必须清洁、干燥、无锈、无油污
菜花头	（1）缺陷特征 在铸件最后凝固部位或冒口表面发生的鼓出、起泡或重皮现象。断口检查和金相检验可发现有密集的气孔夹杂和密度小的新相集聚。 （2）识别方法 外观检查、断口检查和金相检验	① 金属液吸气严重，在浇注厚大铸件时气体析出上浮，集聚在铸件冒口或铸件厚大断面的上部。 ② 金属液氧化严重，含有大量低密度非金属夹杂物和易形成低熔点相的元素，在铸件凝固过程中随上浮气泡集聚在铸件厚大断面的上部或冒口中	① 采取防止产生析出性气孔和反应性气孔的措施。 ② 采取防止夹渣、渣气孔、内渗物和外渗物的措施。 ③ 合理设计浇冒口系统，使非金属夹杂物和低熔点相元素上浮集聚在冒口中

表7.24（续）

缺陷名称及形貌示意图	缺陷特征及识别方法	缺陷形成原因	缺陷防止方法
脱碳（表面脱碳）： 全脱碳层 半脱碳层 总脱碳层	（1）缺陷特征 铸钢件表面有一层含碳量比中心低的低碳层，包括全部呈铁素体组织的全脱碳层及由全脱碳层逐渐向铸件内部正常组织过渡的、含碳量较低的半脱碳层。在半脱碳层中，除铁素体外，还含有珠光体等其他组织。总脱碳层（全脱碳层+半脱碳层）的深度一般为 0.3～0.6 mm，严重时可达 0.7～0.9 mm。 表面脱碳是熔模铸造的碳钢、低合金钢和某些不锈钢铸件常易产生的铸造缺陷，它使铸钢件表面硬度不足，淬火困难，疲劳强度和耐蚀性降低，对薄壁铸件力学性能的损害更为严重。 （2）识别方法 硬度试验、金相检验、淬硬性试验	铸钢件在凝固和冷却过程中，空气中的氧与溶解在钢液和固溶在奥氏体中的碳以及共析转变生成的渗碳体发生非常强烈的脱碳反应：$C + O_2 = CO_2$ 和 $2C + O_2 = 2CO$，尤其当温度降至 Ar_1 以下时，内部以碳化物形式存在的碳难以向表层扩散，导致铸件表层脱碳	① 加快铸件凝固和冷却速度。例如，降低熔模铸件的浇注温度和型壳温度，型壳外面不填砂，浇注后通过吹风来加快铸件冷却等。 ② 使铸件在非氧化性气氛下浇注和凝固。例如，真空浇注、真空吸注；浇注后向型壳内通氮气至铸件温度降至 500～700 ℃为止；浇注后将型壳罩住，向罩内滴煤油，使之在高温下分解，形成还原性气氛；以及在型壳涂料、加固层撒砂或填砂中加入石墨、煤粉、沥青等易与氧化合的还原性物质等

第8章　铸造环境保护、职业健康与安全生产

铸造生产过程中产生的粉尘、废气、高温、噪声、废弃物等，不但对操作者的健康产生影响，而且在对外排放时会污染环境，同时也使铸造生产过程存在安全事故隐患。因此，生产中必须采取相应的环境保护、职业病防护和安全防范等措施，并加强操作者的防范意识，进行相应保护。

8.1 铸造生产中的污染分析

8.1.1 铸造生产各工部的污染

铸造生产对环境的污染分为气体污染、水污染、固体废物污染、噪声污染等。

气体污染物对外排放，属环境保护范畴，为大气污染物，主要包括：颗粒物（PM）、SO_2、NO_x 和 VOCs 等；气体污染物在车间内集聚，对生产环境造成影响，属职业健康范畴，为与前文有所区别，称空气污染。由空气污染引起的职业病危害因素包括：粉尘（二氧化硅等）、一氧化碳、锰及其化合物、一氧化氮、二氧化氮、有机废气等。

铸造车间生产性废水种类不多，大部分可以循环使用，主要废水有：冷却水，如用于中频感应电炉炉体、中频电源外循环开式系统的冷却水，用于电弧炉炉体冷却和电弧炉烟气的冷却水，用于冲天炉烟气的冷却水，用于砂再生立式冷却器的冷却水，用于真空泵的冷却水，此类废水中不含有毒有害物质，仅温度升高；除尘废水，如铸造车间中各种湿式除尘器产生的废水，此类废水中的主要有害物质为固体悬浮物以及有机物等；炉渣粒化废水，其主要污染物为固体悬浮物；水力清砂废水，其主要污染物为固体悬浮物；铸件涂装前水洗及湿式水旋处理、压铸、喷脱模剂等产生的废水，其主要污染物为固体悬浮物、有机溶液等。

固体废弃物包括：一般废弃物，如砂处理的废砂、炉渣、除尘灰、废耐火材料等；危险废弃物，如废活性炭等列入《国家危险废物名录》中的相关废弃物。

铸造车间各工部产生污染情况见表8.1，铸造车间各工段产生的职业病危害因素见表8.2。

表8.1　铸造车间各工部主要污染源

序号	工部	作业	产生污染						
			空气污染			废水	废渣	噪声	
			粒状		气态				
			粉尘	烟尘					
1	原料贮存和炉料准备	存放废金属料、焦炭、石灰石、原砂	√						
		去除金属上油质		√					

表8.1（续）

序号	工部	作业	产生污染					
			空气污染			废水	废渣	噪声
			粒状		气态			
			粉尘	烟尘				
1	原料贮存和炉料准备	炉料破碎	√					√
		炉料过秤	√					
2	砂制备	新砂存放	√					
		筛砂	√				√	√
		黏土砂混砂	√					√
		树脂砂混砂			√			
		烘干及再生	√		√		√	√
3	造型制芯	黏土砂造型	√					
		树脂砂造型			√			
		机械制芯			√			
		型芯干燥	√	√	√			
4	熔炼浇注	电弧炉	√		√	√	√	√
		感应炉		√	√	√	√	√
		冲天炉	√		√	√	√	√
		孕育处理			√			
		球化处理			√			
		炉料预热烘干		√	√			
		有色合金熔炼		√	√		√	√
		燃气化铝炉	√				√	√
		浇注	√	√	√			
5	落砂清理	落砂	√	√	√	√		√
		喷抛丸	√				√	√
		打磨	√				√	√
		精铲	√				√	√
		涂漆、喷漆、浸漆			√			

表8.2 铸造车间各工段产生的职业病危害主要因素

工 序	作业岗位	职业病危害因素	产生环节	侵入途径
造型、制芯	混砂工 制芯工 造型工	矽尘、甲醛、苯酚、三乙胺、VOCs、噪声等	混砂、造型、制芯、涂料等作业过程产生，混砂机等设备运行产生等	吸入、皮肤接触、空间传导

表8.2（续）

工 序	作业岗位	职业病危害因素	产生环节	侵入途径
熔炼、浇注	熔炼工	金属烟尘、无机化合物、SO_2、噪声、高温等	中频炉、冲天炉、电弧炉、燃气炉等设备，浇铸及型（芯）砂含有的有机物高温下挥发等工序产生	吸入、皮肤接触、空间传导、热辐射
	浇铸工	VOCs、高温		
开箱、清砂	清砂工	矽尘、噪声等	落砂清砂粉尘逸散，砂处理粉尘逸散，落砂机、抛丸机等设备运行产生	吸入、皮肤接触、空间传导
去浇冒口	气割工	金属烟尘、电焊弧光、高温、噪声	使用气割机等产生	吸入、空间传导、热辐射
	气刨工			
热处理	热处理工	高温	热处理后出炉时可能接触高温等	吸入、空间传导、热辐射
打磨清理	打磨工	粉尘、噪声、振动	抛丸、使用砂轮机等产生	吸入、空间传导
	电焊工	电焊烟尘、电焊弧光、噪声	电焊作业产生	吸入、空间传导、热辐射
酸洗	酸洗工	氢氟酸等	挥发	吸入、皮肤接触、空间传导
表面喷涂	涂装工	VOCs等	涂装作业产生	吸入、皮肤接触、空间传导
检验	RT检验员	电离辐射	探伤设备产生	空间传导
	PT检验员	二氧化钛、乙醇、邻苯二甲酸酯	渗透剂、显像剂中有害物质挥发	吸入、皮肤接触
公用工程		噪声	空压机、冷却循环设备等运行产生	空间传导
供配电		工频电场	变压器运行产生	空间传导
废气处理系统		活性炭粉尘	除尘器出灰、更换活性炭、添加氢氧化钠时产生	吸入、皮肤接触

8.1.2 气体污染

8.1.2.1 大气污染

1）粉尘 由自然力或机械力产生，能够悬浮于空气或气流中的固态微小颗粒。一般粒径在 $1\sim100\ \mu m$。铸造车间各工部产生的粉尘，因工艺材料的不同，其浓度有较大的差别。铸造车间主要产尘设备的粉尘主要成分、平均起始浓度和排放方式见表8.3。

表8.3 主要产尘设备的粉尘主要成分、平均起始浓度和排放方式

序号	产尘设备	粉尘主要成分	平均起始浓度/$(mg \cdot m^{-3})$	排放方式	备 注
1	感应电炉	SiO_2、FeO、Al_2O_3等	$0.155\sim0.67$ kg/t 铁液	间歇	
2	电弧炉	Fe_2O_3、ZnO、MnO、MgO、S、SiO_2、Al_2O_3、C、P_2O_5等	炉盖排烟：$1300\sim1500$ 或 $6\sim10$ kg/t 钢液； 炉内排烟：$13000\sim20000$ 或 $8\sim12$ kg/t 钢液； 吹吸罩排烟：$1100\sim1300$； 屋顶排烟：$100\sim200$	连续	冶炼原材料差时取大值，小型炉宜取小值

表8.3（续）

序号	产尘设备		粉尘成分	平均起始浓度/(mg·m⁻³)	排放方式	备　注
3	冲天炉		SiO_2: 20%～40% CaO_2: 3%～6% Al_2O_3: 2%～4% FeO_2: 12%～16% MnO_2: 1%～2% Mg: 1%～3% 其他：20%～50%	炉气：6000～12000 排气：2000～6000 或按6～20 kg/t铁液	连续	
4	混砂机		干型砂 石灰石砂背砂 湿型背砂 湿型黏土砂	2600 33000 40 700	连续	旧砂较湿
5	滚筒落砂机		湿型黏土砂	4100	连续	
6	振动落砂机	上部排风 底抽风 吹吸式 移动密封罩 移动密封罩 半封闭罩 侧吸罩 低侧吸罩	湿型黏土砂 湿型黏土砂 湿型黏土砂 干型砂 干型石灰石砂 干型砂 湿型黏土砂 湿型黏土砂	350 12000 1900 6000 15000 1700 370 17000	间歇	
7	415双头风动型芯落砂机(移动密闭罩)		湿型黏土砂	1300	间歇	
8	双头砂轮机		铁末、砂	1200	间歇	
9	悬挂砂轮机（小室排风）		铁末、砂	120	间歇	
10	清理滚筒		氧化铁皮、砂	48000 300000	连续	铸件内带砂芯,为提高清理速度,把细砂也抽走
11	抛丸清理滚筒		氧化铁皮、砂； 铁末、砂	2400 37000	连续	二次清理,自带小旋风除尘器之前； 一次清理,自带小旋风除尘器之后
12	半自动抛丸机		铁末、砂	2600	连续	
13	抛丸室	室体 室体 提升机（上部排风） 提升机（下部排风） 铁丸风选 地坑电磁振动筛	氧化铁皮、砂	3000 1100 3800 570 20000 420	连续	一次清理 二次清理 二次清理 二次清理 二次清理 二次清理

表8.3（续）

序号	产尘设备		粉尘成分	平均起始浓度/(mg·m⁻³)	排放方式	备注
14	喷丸室	室体 室体 铁丸风选 提升机(上部排风) 提升机(下部排风)	氧化铁皮、砂	18000 790 47000 18000 490	连续	一次清理 二次清理 二次清理 二次清理 二次清理
15	滚筒筛		石灰石旧砂 干型旧砂 湿型旧砂	36000 31000 1800	连续	
16	冷却提升机		湿型黏土砂	15000	连续	
17	沸腾冷却器		湿型黏土砂	29000	连续	
18	增湿器		湿型黏土砂	15000	连续	
19	冷却除灰箱		湿型黏土砂	21000	连续	
20	犁式卸料刮料板	整体密闭罩 整体密闭罩 双侧吸罩 双侧吸罩	湿型旧砂 干型旧砂 石灰石新砂 干型旧砂	270 4200 600 3500	连续	
21	斗式提升机(上部排风)		干型旧砂	13000		
22	斗式提升机卸料点(斜伞形罩)		壳芯树脂砂	1100		
23	带式输送机转卸			2100		
24	带式输送机转卸调头(包括电磁滚筒)		石灰石砂、干型旧砂	38000		

2）烟尘　烟尘、烟气是物质在燃烧、升华、蒸发、凝聚过程中形成的，粒径分布从0.01 μm到1 μm。铸造车间各种炉窑及合金处理场地产生的烟尘烟气，包括金属及非金属氧化物、不完全燃烧的有机物、油蒸气等，排放到空气中，会污染大气和车间环境。

（1）感应电炉。感应电炉在熔炼过程中所排烟尘随原料配比不同而异，其产生的污染物主要包括：氧化铁、氧化锰、氧化硅等颗粒物以及CO、NO_x等，废铁料表面的油渍、油漆等不完全燃烧还会排放有机物。

（2）冲天炉熔炼。冲天炉在熔炼过程中所排烟尘随炉型、操作方法及原料配比不同而异，一般含有二氧化硅、金属氧化物、油烟、焦炭粉末、石灰石细尘、油蒸汽等。原始烟尘浓度为5～6 g/m³（标准条件）。实测成分见表8.4和表8.5。如在炉料中加入萤石，则会产生氟化氢气体。其浓度一般为375～1317 mg/m³（标准条件）。

表8.4　冲天炉颗粒物成分

名　称	主要范围/%	变动范围/%	名　称	主要范围/%	变动范围/%
$w(SiO_2)$	20～40	10～45	$w(MnO)$	1～2	0.5～9.0
$w(CaO)$	3～6	2～18	$w(MgO)$	1～3	0.5～5.0
$w(Al_2O_3)$	2～4	0.5～25.0	灼热烧损 （C，S，CO_2）	20～50	10～64
$w(FeO)$ （Fe_2O_3，FeO）	12～16	5～26			

表8.5　冲天炉烟气成分

成　分	CO	CO_2	SO_2	O_2	H_2	NO_x
体积分数/%	5～21	8～17	0.04～0.10	～1.8	1～3	$(3～4)×10^{-6}$

（3）电弧炉熔炼。电弧炉在熔炼中，随炉料种类、冶炼条件和冶炼阶段的不同，产生不同的烟尘浓度。在熔化期，炉料中可燃油脂类物质燃烧和金属物质在高温中气化，产生黑褐色、红棕色浓烟。在氧化期，由于吹氧或加矿石，产生大量赤褐色浓烟。在还原期，为调整化学成分，投入造渣材料，产生白色和黑色烟。一般每熔炼1 t钢，产生2～20 kg灰尘。吹氧时烟气含尘浓度（标态）为20～30 g/m³。成分见表8.6和表8.7。

表8.6　电弧炉出口处粉尘的平均粒度

粒径/μm	<0.1	0.1～0.5	0.5～1.0	1.0～5.0	5.0～10	10～20	>20
熔化期/%	1.4	4.9	17.6	55.8	7.1	5.6	6.6
氧化期/%	17.7	13.5	18.0	35.3	7.9	5.3	2.3

表8.7　电弧炉烟气成分

成　分	H_2	CO	CO_2	N_2	O_2	Ar
体积分数/%	0.14	57.85	9.16	30.65	2.00	0.22

（4）有色金属熔炼。一般使用燃气炉、感应电炉或电阻炉。铝、镁、铜合金熔炼过程中产生的大气污染物主要为颗粒物、SO_2、NO_x。

8.1.2.2　空气污染

铸造车间各工部操作区空气中有害物质的种类及浓度不仅随着工艺、材料的不同而相差悬殊，随着车间环境微小气候的变化也有所不同。

铸造车间在熔炼、浇注、型芯烘干等工部均能产生二氧化碳、一氧化碳等气体，人体吸入后会产生极大的危害。

造型材料在预处理、混制、造型制芯、浇注落砂等过程中，常伴生VOCs，对人体有一定的危害。不排风时操作区空气中的粉尘浓度见表8.8。

表8.8　不排风时操作区空气中的粉尘浓度

序号	工部或设备附近		含尘浓度/(mg·m⁻³)			
			范　围		平均值	
			单件小批生产	中批生产	单件小批生产	中批生产
1	熔炼工部及炉料库	炼钢电弧炉附近		3.75 ~ 390		83
		冲天炉和加料口附近		170 ~ 250		210
		电弧炉跨，起重机司机室内	6 ~ 22		11	
		补炉工作场所	52 ~ 90		70	
		焦炭自贮料斗至带式输送机				925
		汽车卸料			285	
		破碎铁合金	40 ~ 243		101	277
		碾耐火泥	61.3 ~ 340	130 ~ 340	170	235
2	浇注	浇注场地	4.73 ~ 93	10 ~ 166	33	51
		铸型输送机上浇注		80 ~ 130		100
3	造型工部	造型场地	3.3 ~ 60	2.7 ~ 45	19.5	14.8
		造型机旁	8.5 ~ 15	1.3 ~ 60	12	12.8
		合型吹灰	171 ~ 410		203	
		流态砂赤泥上料斗			162	
		烘炉附近	40 ~ 114		78	
		磁型造型填丸处（铁尘）		180 ~ 370		275
		小件射压造型机旁		8.5 ~ 10		9.25
4	落砂	振动落砂机操作处	107 ~ 6369	90 ~ 845	650	338
		落砂机下部地沟内	111 ~ 5333	84 ~ 2400	824	1148
		敞开架空旧砂带式输送机	23 ~ 1487		352	
5	制芯工部	磨芯机旁				20
6	砂准备及砂制备工部	砂准备场地			51	
		混砂机旁（密闭较差时）	40 ~ 1500	60 ~ 420	362	224
		辅料拆包加料处	36 ~ 340	55 ~ 350	170	200
		混砂机三层平台犁式括板卸料器处	340 ~ 611		476	
		滚筒破碎筛旁	123 ~ 1400	139 ~ 1405	355	747
7	清理工部	手工风铲清理场地				
		中小件	20 ~ 338	17 ~ 1406	132	56
		大件	20 ~ 1000		236	
		清理滚筒附近	21 ~ 378	104 ~ 472	133	200
		喷砂室附近	67 ~ 1000	100 ~ 265	380	156
		喷抛丸室附近	140 ~ 700	99 ~ 1068	402	583
		砂轮机粗磨				
		软轴式	14 ~ 295	33 ~ 340	93	134
		固定式	114 ~ 395	76 ~ 358	208	185
		悬挂式	62 ~ 65	24 ~ 103	62	76
		气割焊补场地	10 ~ 20		14	
		碳弧气刨场地	90 ~ 150		120	

表8.8（续）

序号	工部或设备附近		含尘浓度/(mg·m⁻³)			
			范围		平均值	
			单件小批生产	中批生产	单件小批生产	中批生产
8	熔模铸造车间	电炉旁		37～45		41
		振动落砂机旁				222
		清铲场地		51～224		130
		涂料撒砂		158～1545		466
		滚筒清理				88
9	模型车间	木工机床		6.5～115		
		砂轮磨锯条				26

8.1.2.3　气体污染的危害

排放到大气中的颗粒物（PM）将飘浮在空气中，严重影响空气质量，增加雾霾发生概率，这些颗粒物还会作为病毒和细菌的载体，为疾病传播推波助澜；颗粒物经过大气循环漂浮到其他地域或融入雨水中，污染其他地域的空气或水资源，间接威胁动植物生长及健康。SO_2、NO_x易形成工业烟雾，高浓度时使人呼吸困难；进入大气层后，在云中形成酸雨，对建筑、森林、湖泊、土壤等危害很大。VOCs容易在太阳光作用下产生光化学烟雾，在一定浓度下对植物和动物有直接毒性，对人体有致癌、引发白血病的危险。

铸造车间空气中悬浮粒子主要是游离二氧化硅粉尘。粉尘被人体吸入后，一部分通过呼吸重新排出，另一部分沉附在气管和肺泡壁上形成矽肺。患者症状有咳嗽、咯痰、胸痛、气短。胸部X线检查诊断分为无尘肺、职业性矽肺壹期、职业性矽肺贰期、职业性矽肺叁期。根据《劳动能力鉴定 职工工伤与职业病致残等级》（GB/T 16180—2014），由尘肺引起的伤残类别分级为七级到一级。

粉尘中的重金属元素对人体健康也有影响，如接触氧化锌烟气引起铸造热（锌热）；吸入一定浓度铅尘或铅蒸气，引起头痛无力、记忆力减退、睡眠障碍、食欲不振；锰蒸气慢性中毒会引起中枢神经系统疾病。

一氧化碳、二氧化碳、氨、苯等有害的窒息性气体、刺激性气体以及有机溶剂的挥发物，被人体吸入后，对健康有严重危害。危害程度见表8.9。

表8.9　有害气体对人体的危害

气体名称	危害程度
一氧化碳	使人体血红蛋白的输氧能力降低，造成组织缺氧，伴发头痛、眩晕、恶心、呕吐、昏迷。浓度11700 mg/m³接触5 min即可使人死亡
二氧化碳	降低工作能力，使呼吸困难、恶心、丧失意识。浓度15%～20%接触1小时以上有生命危险
二氧化硫	刺激气管、咽喉，流泪，引起咳嗽、胸痛等呼吸道系统疾病
二氧化氮	急性中毒引起肺水肿，可致死亡；慢性中毒引起肺气肿、慢性上呼吸道或支气管炎症
氨	通过皮肤、呼吸道及消化道引起中毒。低浓度长期接触，引起喉炎、声音嘶哑；高浓度大量吸入，引起支气管炎、肺炎、窒息、昏迷、休克，浓度0.7 mg/m³危及生命

表8.9（续）

气体名称	危 害 程 度
苯	对中枢神经系统有损害，表现为头痛、乏力、疲劳，浓度24000 mg/m³接触2小时，有生命危险
丙烯醛	低浓度时眼有灼热感，刺激口腔及鼻黏膜引起咳嗽；高浓度引起眩晕、昏迷，甚至引起致死性肺炎
甲醛	低浓度刺激眼黏膜、皮肤；稍高浓度刺激上呼吸道，引起咳嗽、胸痛，使黏膜溃烂
氯	通过呼吸道和皮肤黏膜中毒，对眼、鼻和咽喉产生刺激感。浓度（15～20）×10⁻⁶ mg/m³接触0.5～1小时有生命危险
氟化氢	含氟浓度超过8×10⁻⁶ mg/m³时对人体造成危害，表现为鼻黏膜溃疡出血、肺部有增殖性病变、肝大等，还能引起骨质疏松，发生骨折
硫化氢	刺激黏膜，引起眼和呼吸道炎症，严重时可导致肺水肿；高浓度能使中枢神经麻痹，以致窒息

8.1.2.4 气体污染的允许浓度及排放

为保护环境、保障操作者的健康，国家标准《铸造工业大气污染物排放标准》（GB 39726—2020）、《工业企业设计卫生标准》（GBZ 1—2010）和《工作场所有害因素职业接触限值 第1部分：化学有害因素》（GBZ 2.1—2019）给出了铸造工业大气污染物排放控制要求、工作场所基本卫生要求、工作场所化学有害因素职业接触限值、工作场所空气中粉尘职业接触限值等，摘录见表8.10至表8.14。

表8.10 铸造工业大气污染物排放限值　　　　　　单位：mg/m³

生产过程		颗粒物	二氧化硫	氮氧化物	铅及其化合物	苯	苯系物ᵃ	NMHC	TVOCᵇ	污染物排放监控位置
金属熔炼（化）	冲天炉	40	200	300	—	—	—	—	—	车间或生产设施排气筒
	燃气炉ᶜ	30	100	400	—	—	—	—	—	
	电弧炉、感应电炉、精炼炉等其他熔炼（化）炉；保温炉ᵈ	30	—	—	2ᵉ	—	—	—	—	
造型	自硬砂及干砂等造型设备ᶠ	30	—	—	—	—	—	—	—	车间或生产设施排气筒
落砂、清理	落砂机ᶠ、抛（喷）丸机等清理设备	30	—	—	—	—	—	—	—	
制芯	加砂、制芯设备	30	—	—	—	—	—	—	—	
浇注	浇注区	30	—	—	—	—	—	—	—	
砂处理、废砂再生	砂处理及废砂再生设备ᶠ	30	150ᵍ	300ᵍ	—	—	—	—	—	
铸件热处理	热处理设备ʰ	30	100	300	—	—	—	—	—	
表面涂装	表面涂装设备（线）	30	—	—	—	1	60	100	120	
其他生产工序或设备、设施		30	—	—	—	—	—	—	—	

表8.10（续）

生产过程	颗粒物	二氧化硫	氮氧化物	铅及其化合物	苯	苯系物[a]	NMHC	TVOC[b]	污染物排放监控位置

[a]苯系物包括苯、甲苯、二甲苯、三甲苯、乙苯和苯乙烯。
[b]待国家污染物监测技术规定发布后实施。
[c]燃气冲天炉适用于燃气炉，混合燃料冲天炉适用于冲天炉。
[d]适用于黑色金属铸造。
[e]适用于铅基及铅青铜合金铸造熔炼。
[f]适用于砂型铸造、消失模铸造、V法铸造、熔模精密铸造、壳型铸造。
[g]适用于热法再生焙烧炉。
[h]适用于除电炉外的其他热处理设备。

资料来源：《铸造工业大气污染物排放标准》（GB 39726—2020）。

表8.11 铸造工业二氧化硫、氮氧化物排放限值　　　　单位：mg/m^3

序号	污染物项目	排放限值	污染物排放监控位置
1	二氧化硫	200	燃烧（焚烧、氧化）装置排气筒
2	氮氧化物	200	

资料来源：《铸造工业大气污染物排放标准》（GB 39726—2020）。

表8.12 厂区内颗粒物、VOCs无组织排放限值　　　　单位：mg/m^3

污染物项目	排放限值	限值含义	无组织排放监控位置
颗粒物	5	监控点处1 h平均浓度值	在厂房外设置监控点
NMHC	10	监控点处1 h平均浓度值	
	30	监控点处任意一次浓度值	

资料来源：《铸造工业大气污染物排放标准》（GB 39726—2020）。

表8.13 工作场所空气中化学有害因素职业接触限值

序号	中文名	英文名	化学文摘号 CAS号	OELs/($mg·m^{-3}$)			临界不良健康效应	备注
				MAC	PC-TWA	PC-STEL		
2	氨	Ammonia	7664-41-7	—	20	30	眼和上呼吸道刺激	—
12	苯	Benzene	71-43-2	—	6	10	头晕、头痛、意识障碍；全血细胞减少；再障；白血病	皮，G1
66	二噁英类化合物	Polychlorinated dibenzo-p-dioxins and polychlorinated dibenzofurans	1746-01-6	—	30 pgTEQ /m^3	—	致癌	G1
67	二氟氯甲烷	Chlorodifluoromethane	75-45-6	—	3500	—	中枢神经系统损害；心血管系统影响	—

表8.13（续）

序号	中文名	英文名	化学文摘号 CAS号	OELs/(mg·m⁻³) MAC	OELs/(mg·m⁻³) PC-TWA	OELs/(mg·m⁻³) PC-STEL	临界不良健康效应	备注
69	二甲苯（全部异构体）	Xylene(all isomers)	1330-20-7; 95-47-6; 108-38-3	—	50	100	呼吸道和眼刺激；中枢神经系统损害	—
95	氮氧化物（一氧化氮和二氧化氮）	Nitrogen oxides（Nitric oxide, Nitrogen dioxide）	10102-43-9; 10102-44-0	—	5	10	呼吸道刺激	—
96	二氧化硫	Sulfur dioxide	7446-09-5	—	5	10	呼吸道刺激	—
98	二氧化碳	Carbon dioxide	124-38-9	—	9000	18000	呼吸中枢、中枢神经系统作用；窒息	—
105	甲苯-2,4-二异氰酸酯（TDI）	Toluene-2,4-diisocyanate；Toluene-2,6-diisocyanate（TDI）	584-84-9	—	0.1	0.2	黏膜刺激和致敏作用；哮喘、皮炎	敏
108	酚	Phenol	108-95-2	—	10	—	皮肤和黏膜强刺激；肝肾损害；溶血	皮
110	氟化氢（按F计）	Hydrogen fluoride, as F	7664-93-3	2	—	—	呼吸道、皮肤和眼刺激；肺水肿；皮肤灼伤；牙齿酸蚀症	—
111	氟及其化合物（不含氟化氢）（按F计）	Fluorides and compounds (except HF), as F	—	—	2	—	眼和上呼吸道刺激；骨损害；氟中毒	—
136	甲苯	Toluene	108-88-3	—	50	100	麻醉作用；皮肤黏膜刺激	皮
214	锰及其无机化合物（按MnO₂计）	Manganese and inorganic compounds, as MnO₂	7439-96-5 (Mn)	—	0.15	—	中枢神经系统损害	—
224	铅及其无机化合物（按Pb计）	Lead and inorganic Compounds, as Pb	7439-92-1 (Pb)	—	—	—	中枢神经系统损害；周围神经损害；血液学效应	G2B（铅），G2A（铅的无机化合物）
224	铅尘	Lead dust	—	—	0.05	—	中枢神经系统损害；周围神经损害；血液学效应	G2B（铅），G2A（铅的无机化合物）
224	铅烟	Lead fume	—	—	0.03	—	中枢神经系统损害；周围神经损害；血液学效应	G2B（铅），G2A（铅的无机化合物）
260	石蜡烟	Paraffin wax fume	8002-74-2	—	2	4	上呼吸道刺激；恶心	—
282	铜（按Cu计）	Copper, as Cu	7440-50-8	—	—	—	呼吸道、皮肤刺激；胃肠道反应；金属烟热	—
282	铜尘	Copper dust	—	—	1	—	呼吸道、皮肤刺激；胃肠道反应；金属烟热	—
282	铜烟	Copper fume	—	—	0.2	—	呼吸道、皮肤刺激；胃肠道反应；金属烟热	—
308	氧化钙	Calcium oxide	1305-78-8	—	2	—	上呼吸道刺激	—

表8.13（续）

序号	中文名	英文名	化学文摘号 CAS号	OELs（mg/m⁻³）			临界不良健康效应	备注
				MAC	PC-TWA	PC-STEL		
313	一氧化碳	Carbon monoxide	630-08-0	—	—	—	碳氧血红蛋白血症	—
	非高原	Not in high altitude area	—	—	20	30		—
	高原	In high altitude area	—	—				—
	海拔 2000~3000 m	2000~3000 m	—	20				—
	海拔 >3000 m	>3000 m	—	15				—

表8.14 工作场所空气中粉尘职业接触限值

序号	中文名	英文名	化学文摘号 CAS号	PC-TWA /(mg·m⁻³)		临界不良健康效应	备注
				总尘	呼尘		
6	电焊烟尘	Welding fume	—	4	—	电焊工尘肺	G2B
13	硅藻土粉尘（游离SiO₂含量<10%）	Diatomite dust（free SiO₂<10%）	61790-53-2	6	—	尘肺病	—
21	铝尘 铝金属,铝合金粉尘 氧化铝粉尘	Aluminum dust: Metal & alloys dust Aluminium oxide dust	7429-90-5	3 4	—	铝尘肺；眼损害；黏膜、皮肤刺激	—
23	煤尘（游离SiO₂含量<10%）	Coal dust（free SiO₂<10%）	—	4	2.5	煤工尘肺	—
27	膨润土粉尘	Bentonite dust	1302-78-9	6	—	鼻、喉、肺、眼刺激；支气管哮喘	—
31	砂轮磨尘	Grinding wheel dust	—	8	—	轻微致肺纤维化作用	—
33	石灰石粉尘	Limestone dust	1317-65-3	8	4	眼、皮肤刺激；尘肺	—
35	石墨粉尘	Graphite dust	7782-42-5	4	2	石墨尘肺	—
40	矽尘 10%≤游离SiO₂含量≤50% 50%<游离SiO₂含量≤80% 游离SiO₂含量>80%	Silica dust 10%≤free SiO₂≤50% 50%≤free SiO₂≤80% free SiO₂>80%	14808-60-7	1 0.7 0.5	0.7 0.3 0.2	矽肺	G1（结晶型）
49	其他粉尘ᵃ	Particles not otherwise regulated	—	8	—		

表中列出的各种粉尘（石棉纤维尘除外），凡游离SiO₂等于或高于10%者，均按矽尘职业接触限值对待。

注："a"指游离SiO₂低于10%，不含石棉和有毒物质，而未制定职业接触限值的粉尘。

8.1.3　废水

8.1.3.1　铸造废水的发生源

铸造车间生产用水大部分可以循环使用，生产性废水种类不多，主要发生源有以下几种：

（1）冲天炉、电炉等熔炼炉排出的冷却水；

（2）炉渣粒化处理的废水；

（3）制芯工序清洗涂料池产生的废水；

（4）湿式除尘器、捕集有害气体湿式装置排出的废水；

（5）旧砂湿法再生系统排出的废水；

（6）铸件涂装采用湿式水旋处理时排出的废水；

（7）压铸机、空压机等机械流出的混有机械油的冷却水等。

8.1.3.2　废水水质

铸造车间排出的废水水质因工部、生产工艺和原材料的不同而有差异。车间综合废水及单项设备废水成分实例见表8.15。冲天炉废水成分含量见表8.16。

表8.15　几项废水成分含量

种　类	项　目				
	pH值	悬浮物/$(mg \cdot L^{-1})$	生化需氧量/$(mg \cdot L^{-1})$	化学需氧量/$(mg \cdot L^{-1})$	油类/$(mg \cdot L^{-1})$
灰铸铁车间综合废水	7.0	154	89	20	17
水力清砂废水	—	570~6700	—	—	—
湿式除尘器废水	8.1	4870	95.2	617	—
旧砂湿法再生废水	7.61	4231	107	210	10
涂装废水	—	105	—	569	7.5
压铸废水	6.8	153	—	3265	154

注：涂装废水成分与涂装工艺紧密相关，水洗、脱脂、磷化、底漆、面漆等各工序成分差别较大，本表所列数据为某工厂污水处理站污水进水水质。

表8.16　冲天炉废水成分含量

指标项目	值或含量	指标项目	值或含量
pH值	2~6	氟化物/$(mg \cdot L^{-1})$	20~50
悬浮物/$(mg \cdot L^{-1})$	1000~3000	加萤石时/$(mg \cdot L^{-1})$	70~350
总固体/$(mg \cdot L^{-1})$	1000~3000	挥发物/$(mg \cdot L^{-1})$	0.02~0.3
硫化物/(mg/L^{-1})	100~500	化学需氧量/$(mg \cdot L^{-1})$	20~100
氰化物/$(mg \cdot L^{-1})$	0.01~0.5	五日生化需氧量/$(mg \cdot L^{-1})$	30~50

8.1.3.3　废水排放标准

按《污水综合排放标准》（GB 8978—1996）规定，对向地面水水域和城市下水道排放污水分别执行一、二、三级标准。

排入《地表水环境质量标准》（GB 3838—2002）中规定的Ⅲ类水域（划定的保护区和游泳区除外）和排入《海水水质标准》（GB 3097—1997）中规定的二类海域的污水，执行一级标准；排入《地表水环境质量标准》（GB 3838—2002）中规定的Ⅳ、Ⅴ类水域和排入《海水水质标准》（GB 3097—1997）中规定的三类海域的污水，

执行二级标准；排入设置二级污水处理厂的城镇排水系统的污水，执行三级标准。其最高允许排放浓度见表8.17。

表8.17 排放污染物最高容许浓度

污染物	最高容许浓度/(mg·L⁻¹)		
	一级标准	二级标准	三级标准
pH值	6～9	6～9	6～9
色度（稀释倍数）	50	80	—
悬浮物（SS）	70	150	400
五日生化需氧量（BOD₅）	20	30	300
化学需氧量（COD）	100	150	500
石油类	5	10	20
总氰化合物	0.5	0.5	1.0
硫化物	1.0	1.0	1.0
氨氮	15	25	—
氟化物	10	10	20
总铜	0.5	1.0	2.0
总锌	2.0	5.0	5.0
总锰	2.0	2.0	5.0

按《污水排入城镇下水道水质标准》（GB/T 31962—2015）规定，根据城镇下水道末端污水处理厂的处理程度，将控制项目限值分为A、B、C三个等级，见表8.18。采用再生处理时，排入城镇下水道的污水

水质应符合A级的规定。采用二级处理时，排入城镇下水道的污水水质应符合B级的规定。采用一级处理时，排入城镇下水道的污水水质应符合C级的规定。

表8.18 污水排入城镇下水道水质控制项目限值（节选）

原表序号	控制项目名称	单 位	A级	B级	C级
1	水温	℃	40	40	40
2	色度	倍	64	64	64
3	易沉固体	mL/(L·15 min)	10	10	10
4	悬浮物	mg/L	400	400	250
5	溶解性总固体	mg/L	1500	2000	2000
6	动植物油	mg/L	100	100	100
7	石油类	mg/L	15	15	10
8	pH值	—	6.5～9.5	6.5～9.5	6.5～9.5
9	五日生化需氧量（BOD₅）	mg/L	350	350	150

表8.18（续）

原表序号	控制项目名称	单 位	A级	B级	C级
10	化学需氧量（COD）	mg/L	500	500	300
11	氨氮（以N计）	mg/L	45	45	25
12	总氮（以N计）	mg/L	70	70	45
13	总磷（以P计）	mg/L	8	8	5
14	阴离子表面活性剂（LAS）	mg/L	20	20	10
15	总氰化物	mg/L	0.5	0.5	0.5
16	总余氯（以Cl_2计）	mg/L	8	8	8
17	硫化物	mg/L	1	1	1
18	氟化物	mg/L	20	20	20
19	氯化物	mg/L	500	800	800
20	硫酸盐	mg/L	400	600	600
31	总铜	mg/L	2	2	2
32	总锌	mg/L	5	5	5
33	总锰	mg/L	2	5	5
34	总铁	mg/L	5	10	10
36	苯系物	mg/L	2.5	2.5	1
37	苯胺类	mg/L	5	5	2

资料来源：《污水排入城镇下水道水质标准》（GB/T 31962—2015）。

8.1.4 固体废弃物

铸造车间排出的固体废弃物，包括一般废弃物和危险废弃物。

一般废弃物包括砂处理的废砂、炉渣、除尘灰、污泥及碎砖等。据统计，废砂占60%～75%，炉渣占20%～30%，污泥占比不大于5%，其他占比不大于5%。

危险废弃物包括废机油、废液压油、废油漆桶、废活性炭等被列入《国家危险废物名录》的相关废弃物。

铸造车间固体废弃物主要化学成分见表8.19。

表8.19 铸造车间固体废弃物的主要化学成分（质量分数） 单位：%

类别	SiO_2	Al_2O_3	Fe_2O_3	CaO	MgO
炉渣	10～65	1～19	0.5～10.0	5～64	0.8～18.0
废砂	40～95	1.1～20.0	0.2～10.0	0.2～10.0	0.2～7.0
灰分	6～89	0.6～17.0	2～79	0.1～45.0	0.1～10.0
污泥	45～79	0.4～17.0	1～15	0.1～2.0	0.1～6.0
碎砖	3～92	2～35	1.2～5.0	0.3～3.0	0.1～90.0

固体废弃物对大气、土壤、水质都会有污染，堆积废渣不仅影响环境美观，而且恶化了作业环境。固体废弃物作为一种资源，应想方设法加以利用，如将废砂作为水泥、制砖等建材，以开辟新的原料来源，减少对环境的污染。危险废物不得进入一般工业固体废物贮存场及填埋场；对于进入贮存场和填埋场的一般工业固体废物，需满足《一般工业固体废物贮存和填埋污染控制标准》（GB 18599—2020）入场要求。

8.1.5 噪声

8.1.5.1 铸造车间的噪声源

铸造车间的噪声有空气动力噪声、机械噪声和电磁噪声。铸造车间的噪声具有噪声源多、频率范围广和持续时间长的特点。铸造车间主要铸造设备的噪声级和频谱特性见表8.20。

表8.20 主要铸造设备的噪声级和频谱特性

序号	设备名称	噪声级/dB(A)	测点距离/m	备 注
1	射芯机	100～120	1	
2	混砂机	80～90	1	
3	造型机	100～110	1	
4	中频感应熔炼电炉	80～90	1	
5	电弧炉(熔化期)	100～112	2～3	
6	电弧炉(出钢期)	81～87	3	
7	落砂机	102～112	2	无罩
8	落砂滚筒	95～110	1	
9	震动破碎机	102～112	1	无罩
10	清理滚筒	99～112	1～1.5	
11	振动筛	90～100	1	
12	砂轮打磨铸件	95	1.5	
13	风铲清砂	95～103	1	
14	抛喷丸清理机	95～105	3	
15	空压机	95～105	1	
16	除尘风机	90～110	1	
17	水泵	75	1	

8.1.5.2 噪声的危害

噪声不仅影响安静的环境，而且会引起人体疾病或使人体产生其他生理功能障碍。噪声对人体的影响及危害见表8.21。

表8.21 噪声对人体的影响及危害

影响及危害	噪 声 特 征
对睡眠的影响	理想值为35 dB，最大值不超过50 dB
对交谈思考的影响	理想值为45 dB，最大值不超过60 dB

表 8.21（续）

影响及危害	噪 声 特 征
对保护听力的影响	理想值为 75 dB，最大值不超过 90 dB
引起烦恼	超过 90 dB 将引起较大烦恼，间断的强度不规则波动噪声影响更大
影响工作效率	超过 60 dB 将引起较大烦恼、惊悸、疲劳，而降低工作效率，甚至出现判断错误
对语言通信干扰	距离 0.3～1.2 m，噪声超过 65 dB，对可靠语言通信就有干扰
听力损失	在 90 dB 以下没有影响。随着声强的增加、暴露时间的延长，听力损失加大。整日工作暴露在 85～95 dB 时，听力有 10 dB 的下降
痛觉	在 120 dB 时感到不舒适，产生刺痛或痒等感觉

8.1.5.3　噪声容许标准

为避免噪声对人体带来危害，《工作场所有害因素职业接触限值 第2部分：物理因素》（GBZ 2.2—2007）规定，每周工作 5 d，每天工作 8 h，稳态噪声限值为 85 dB(A)，非稳态噪声等效声级的限值为 85 dB(A)；每周工作 5 d，每天工作不等于 8 h，需计算 8 h 等效声级，限值为 85 dB(A)；每周工作不是 5 d，须计算 40 h 等效声级，限值为 85 dB(A)。详见表8.22。

表 8.22　工作场所噪声职业接触限值

接触时间	接触限值/dB(A)	备 注
5 d/w，=8 h/d	85	非稳态噪声计算 8 h 等效声级
5 d/w，≠8 h/d	85	计算 8 h 等效声级
≠5 d/w	85	计算 40 h 等效声级

脉冲噪声工作场所，噪声声压级峰值和脉冲次数不应超过表8.23的规定。

表 8.23　工作场所脉冲噪声职业接触限值

工作日接触脉冲次数（n）/次	声压级峰值/dB(A)
n≤100	140
100<n≤1000	130
1000<n≤10000	120

铸造车间产生的噪声传至厂界的噪声级，按环境类别不同，应符合《工业企业厂界环境噪声排放标准》（GB 12348—2008）的规定，排放限值见表8.24。

表 8.24　工业企业厂界环境噪声排放限值　　　　　　单位：dB(A)

厂界外声环境功能区类别	时 段	
	昼 间	夜 间
0	50	40
1	55	45

表8.24（续）

厂界外声环境功能区类别	时 段	
	昼 间	夜 间
2	60	50
3	65	55
4	70	55

注：① 声环境功能区类别见《声环境质量标准》（GB 3096—2008）；

②《工业企业厂界环境噪声排放标准》（GB 12348—2008）同时要求夜间频发噪声的最大声级超过限值的幅度不得高于10 dB（A），夜间偶发噪声的最大声级超过限值的幅度不得高于15 dB（A）。

8.2 污染治理

防治铸造车间污染最根本的途径是采用不产生或少产生污染物的新技术、新工艺、新材料、新设备，最大限度地把污染源消除在生产过程中。对于产生的污染物要进行净化处理，使之达到排放标准。因此，在企业新建、扩建、改建和技术改造过程中，必须考虑环境及职业卫生防护措施，要同时设计、同时施工、同时投产。

8.2.1 气体污染治理

8.2.1.1 大气污染治理

1）颗粒物治理 为达到粉尘、烟尘排放标准，必须对产生粉尘、烟尘的设备进行全部密闭或局部装备排风罩排风，然后作净化处理。

铸造车间各种设备的排风量可按《铸造防尘技术规程》（GB 8959—2007）的规定选取。

排风罩的形式见表8.25，可根据污染源位置、污染程度和具备的治理条件进行排风量计算设计。

表8.25 排风罩形式

序号	名 称		特 点
1	密闭罩		将有害物源密闭在罩内的排风罩
	1.1	局部密闭罩	只将工艺设备放散有害物的部分加以密闭的排风罩
	1.2	整体密闭罩	将放散有害物的设备大部分或全部密闭的排风罩
	1.3	大容积密闭罩	在较大范围内将放散有害物的设备或有关工艺过程全部密闭起来的排风罩
	1.4	排风柜	三面围挡、一面敞开或装有操作拉门、工作孔的柜式排风罩
2	外部罩		设置在有害物源近旁，依靠罩口的抽吸作用，在控制点处形成一定的风速，排除有害物的排风罩
	2.1	上吸罩（顶吸罩）	设置在有害物源上部的外部罩
	2.2	下吸罩（底吸罩）	设置在有害物源下部的外部罩
	2.3	侧吸罩	设置在有害物源侧面的外部罩
3	接受罩		被动地接受生产过程（如热过程、机械运动过程等）产生或诱导的有害气流的排风罩

表8.25（续）

序号	名　称	特　点
4	吹吸罩	利用吹风口吹出的射流和吸风口前汇流的联合作用捕集有害物的排风罩
5	气幕隔离罩	利用气幕将含有害物的气流与洁净空气隔离的排风罩
6	补风罩	利用补风装置将室外空气直接送到排风口处的排风罩，如补风型排风柜等

除尘器是分离、捕集空气中粉尘、烟尘的装置，需根据不同地区、不同的设备、尘粒性质及大小、欲达到的除尘效果和所具备的净化条件选用。各类除尘器的除尘效率见表8.26。

表8.26　各类除尘器的除尘效率

序号	环保装备名称	主要结构或技术特点	适于排放物规格	除尘效率
1	重力除尘器	大颗粒粉尘的重力沉降。 当含尘气体水平通过沉降室时，尘粒受沉降力的作用向下运动，经过一定时间后尘粒沉降到沉降室的底部而分离，净化后的气体通过出口排出	>50 μm	30%
2	惯性除尘器	利用惯性力将粉尘从气体中分离出来，压损100～1000 Pa。 利用一系列的挡板，惯性大的颗粒被挡下落，小的颗粒绕板而过。粉尘粒径越大、气流速度越大、挡板数越多和距离越小，则除尘效率越高，但压力损失也越大	20～30 μm	40%
3	旋风除尘器	利用气体旋转产生的离心力，将粉尘从气体中分离出来的干式气-固分离设备。 结构简单，不需要特殊的附属设备；操作、维护简单，压力损失中等，动力消耗不大；操作弹性大。性能稳定，不受含尘气体的浓度和温度等影响。 旋风分离器对粉尘的物理性质无特殊要求	5～30 μm	70%～85%（单管） 85%～90%（多管）
4	湿法除尘器	主要靠惯性碰撞、黏附、扩散3种作用将粉尘除去。 当含有悬浮尘粒的气体与水相遇接触且气体冲击到湿润的器壁时，尘粒被器壁黏附，或者当气体与喷洒的液滴相遇时，液体在尘粒质点上凝集，增大了质点的质量，使之降落。可同时消除SO₂气态污染物，但要配备污水、污泥处理设施	10～50 μm 1～10 μm（文丘里、冲击式）	90%～95%
5	袋式除尘器	当含尘气体进入除尘器时，粗粉尘因受导流板的碰撞作用和气体速度的降低而落入灰斗中；其余细小颗粒粉尘随气体进入滤袋室；受滤料纤维及织物的惯性、扩散、阻隔、钩挂、静电等作用，粉尘被阻留在滤袋内，净化后的气体逸出袋外，经排气管排出。 滤袋上的积灰，用气体逆洗法或喷吹脉冲气流的方法去除，清除下来的粉尘由排灰装置排走。袋式除尘器的清灰方式已日趋成熟，目前的研究主要集中在滤料上。滤料性能和质量的好坏，直接关系到袋式除尘器的性能和使用寿命。滤料已从天然纤维发展到现在的人工合成纤维，从而使袋式除尘器的除尘性能及应用范围有了大幅提高。目前滤料的研究主要集中在表面覆膜滤料的开发上，表面覆膜技术给滤料的除尘性能带来了革命性的变化	0.1～5.0 μm	98.0%～99.9%（袋式除尘器有多种类型，除尘效率有差别）

表8.26（续）

序号	环保装备名称	主要结构或技术特点	适于排放物规格	除尘效率
6	滤筒式除尘器	以滤筒为过滤单元的除尘器。 含尘气体由进风口进入箱体，在折叠滤筒内负压作用下，气体由筒外透过滤料进入筒内，进入净气室后从出风口排出。当粉尘在滤料表面越积越多、阻力越来越大时打开脉冲阀，压缩空气直接喷入滤筒中心，对滤筒进行顺序脉冲清灰，把捕集在滤筒表面上的粉尘吹扫一清。粉尘则受主气流所趋，并在重力的作用下落入灰斗中，恢复低阻运行。 适用于各种干式粉尘，特别是入口粉尘浓度偏低的场所	0.1～5.0 μm	≥99.7%（滤料不同，除尘效率有差别）
7	膜电除尘器（MESP）	相比钢质极板，膜收尘极具有许多优异的性能，主要体现在：质轻；能捕捉空气动力学当量直径小于2.5 μm（以PM2.5表示）的细粉尘，除尘效率高；膜阳极板没有加强筋，对流场的干扰较小，减少了二次飞扬的产生；两极的间距可以缩小，使干式ESP的体积减小；耐腐蚀；清灰方式灵活多样；积灰层容易以较大的块状脱落，减少了二次飞扬；也可用来改造原来钢质阳极板的ESP。其中，耐腐蚀的优点对湿式ESP更具有吸引力，使得在ESP中同时实现除尘、脱硫、脱硝一体化成为可能	PM2.5	99.97%
8	表面过滤除尘器	表面过滤除尘器主要利用薄膜过滤粉尘，依靠薄膜的筛滤，同时借助膜表面的粉尘薄层。薄膜的孔径很小，能把极大部分尘粒阻留在膜的表面，完成气固分离过程。不同于一般滤料的分离过程，粉尘不深入纤维内部。其好处是：在滤袋开始工作时就能在膜表面形成透气性好的粉尘薄层，既能保证较高的除尘效率，又能保证较低的运行阻力		几乎"零排放"
9	塑烧板除尘器	表面经过深度处理，孔径细小均匀，具有疏水性，不易黏附含水量较高的粉尘，是处理含水量较高及纤维性粉尘的最佳选择。高精度工艺制造保持了均匀的微米级孔径，可以处理超细粉尘和高浓度粉尘。布袋收尘器的入口浓度一般小于20 g/m³，而塑烧板除尘器入口浓度可达500 g/m³。简化二级收尘为一级收尘，不但工艺方便，也可降低成本/能耗和缩小占地面积及空间管道		大于袋式除尘器

2）废气治理 应先对产生气体的工艺设备进行密闭抽风，向外排出。当排放浓度超过国家规定时，应对有害气体进行净化处理。净化处理的基本方法有：

（1）吸收法。通过使用液体吸收剂去除废气中某一气体组分或多种组分，一般可分为化学吸收法和物理吸收法。化学吸收法（酸碱中和）常用于处理冷芯盒法（三乙胺催化硬化）制芯过程中产生的三乙胺，去除效率一般可达60%以上；物理吸收法常用于处理热芯盒法制芯及部分浇注工序，去除效率一般可达60%以上。

（2）吸附法。利用吸附剂（活性炭、分子筛等）吸附废气中的VOCs，使之与废气分离。主要包括固定床吸附技术、移动床吸附技术、流化床吸附技术、旋转式吸附技术。铸造工业企业常用的吸附技术为固定床吸附技术和旋转式吸附技术。

（3）燃烧法。通过热力燃烧或催化燃烧的方式，使废气中的VOCs转化为二氧化碳和水等物质。主要包括催化燃烧技术、蓄热燃烧技术和热力燃烧技术。

催化燃烧技术在催化剂作用下使废气中的VOCs转化为二氧化碳、水等物质，适用于颗粒物浓度低于 10 mg/m³、温度低于400 ℃的废气治理。该技术 VOCs 去除效率一般可达 95%以上，适用于铸造行业各工序产生的 VOCs 废气治理，一般与吸附技术联用。

蓄热燃烧技术采用燃烧的方法使废气中的VOCs转化为二氧化碳、水等物质，并利用蓄热体对燃烧产生的热量进行蓄积和利用，VOCs 去除效率一般可达 95%以上，适用于铸造行业中使用溶剂型涂料且工况相对连续稳定的表面涂装工序 VOCs 废气治理，一般与吸附技术联用。

热力燃烧技术采用燃烧的方法使废气中的VOCs转化为二氧化碳、水等物质。该技术燃烧温度应控制在 800～1000 ℃，废气应引入高温火焰区，一般滞留时间不小于0.5 s，VOCs 去除效率一般可达 95%以上，热力燃烧设施应连续运行且有稳定高温环境（如连续式退火炉）。

（4）生化法。利用微生物对有害气体进行吸收并氧化分解。

8.2.1.2　空气污染治理

通风措施是铸造车间防止有害气体危害最重要的措施，通风措施的好坏直接关系到车间内空气质量能否满足室内卫生标准的要求。

车间通风分为全室通风和局部通风。全室自然通风利用热压、风压进行自然换气，以排走逸散到车间空气中的有害气体；全室机械通风以通风机排风形成的负压，促使室外新鲜空气进入车间，达到降低室内有害气体浓度的目的。局部机械通风对有害气体散发点使用不同的局部排风罩，用通风机将产生的有害气体强制抽走，以控制有害气体向车间内扩散。

8.2.1.3　颗粒物及废气的综合治理

铸造各工序污染物种类及废气治理可行技术汇总见表8.27。

表8.27　铸造各工序污染物种类及废气治理可行技术汇总

污染源名称	污染源设备	主要污染物项目	可行技术		备注
			排放限值	特别排放限值	
熔炼工序	冲天炉	颗粒物	布袋除尘，除尘效率可达99%以上，排放浓度可达 40 mg/m³以下	多级除尘，如：旋风+布袋除尘（布袋须覆膜或控制风量），除尘效率达 99.5%以上，排放浓度可达 30 mg/m³以下	冲天炉加料口等开口位置应保持负压，除尘器应考虑烟气高温。建议采用热风长炉龄水冷冲天炉
		二氧化硫	使用含硫量低的一级铸造焦作为燃料，二氧化硫排放可达 200 mg/m³	加干法或湿法脱硫设施，脱硫效率达80%以上，二氧化硫排放可达 150 mg/m³	
		氮氧化物	使用氮含量低的铸造焦作为燃料，氮氧化物排放可达 30 mg/m³以下		
	电弧炉	颗粒物	设集气罩，集气效率可达80%～90%，连接袋式除尘器进行除尘，除尘效率达99%以上，排放浓度可达 30 mg/m³以下	多级除尘，如：旋风+布袋除尘（布袋须覆膜或控制风量），除尘效率达 99.5%以上，排放浓度可达 20 mg/m³以下	集气罩大小、形状应考虑炉口作业面积，保证集气效率；除尘器选择应考虑烟气的高温

表8.27（续）

污染源名称	污染源设备	主要污染物项目	可行技术		备注
			排放限值	特别排放限值	
熔炼工序	中频感应炉	颗粒物	设置集气罩，连接袋式除尘器进行除尘，除尘效率可达99%以上，排放浓度可达30 mg/m³以下。铅基及铅铜合金熔炼采用布袋除尘器也有很好的除铅效果，除铅率可达99%	设置集气罩，连接袋式除尘器进行除尘（布袋需覆膜或控制风量），除尘效率可达99.5%以上，排放浓度可达20 mg/m³以下。铅基及铅铜合金熔炼采用布袋除尘器也有很好的除铅效果，除铅率可达99%以上	集气罩大小、形状应考虑炉口作业面积，保证集气效率；除尘器选择应考虑烟气的高温
	燃气炉	颗粒物	布袋除尘效率可达99%以上，排放浓度可达30 mg/m³以下	布袋除尘（布袋需覆膜或控制风量），除尘效率可达99.5%以上，排放浓度可达20 mg/m³以下	除尘器选择应考虑烟气的高温
		二氧化硫	控制燃气的硫含量	控制燃气的硫含量或尾气脱硫	
		氮氧化物	控制燃气的氮含量	控制燃气的氮含量，采用低氮燃烧技术	
砂处理工序	混砂机	颗粒物	砂处理工序应密闭，连接袋式除尘器进行除尘，除尘效率达99%以上，排放浓度可达30 mg/m³以下	砂处理工序应密闭，连接袋式除尘器（布袋需覆膜或控制风量）进行除尘，除尘效率达99.5%以上，排放浓度可达20 mg/m³以下	混砂设备必须密闭，不漏灰
造型	自硬砂及干砂造型设备	颗粒物	采取集气措施，连接袋式除尘器进行除尘，除尘效率可达99%以上，排放浓度可达30 mg/m³以下	采取集气措施，连接袋式除尘器（布袋需覆膜或控制风量）进行除尘，除尘效率可达99.5%以上，排放浓度可达20 mg/m³以下	主要针对造型设备出砂口
制芯	制芯设备	颗粒物	采取集气措施，连接除尘器进行除尘，排放浓度可达30 mg/m³以下	采取集气措施，连接袋式除尘器进行除尘，除尘效率可达99%以上，排放浓度可达20 mg/m³以下	—
		三乙胺	采取集气措施，连接净化装置，排放浓度可达20 mg/m³以下	采取集气措施，连接酸碱中和处理装置，排放浓度可达10 mg/m³以下	针对三乙胺冷芯盒制芯机
浇注工序	浇注区	颗粒物	在浇注工位上方设置集气罩，连接除尘器进行除尘，除尘效率可达80%以上，排放浓度可达30 mg/m³以下	在浇注工位上方设置集气罩，连接袋式除尘器进行除尘，除尘效率可达99%以上，排放浓度可达20 mg/m³以下	集气罩大小、形状应考虑浇注工位作业长度和面积，保证集气效率；除尘器选择应考虑烟气的高温
		非甲烷总烃	在浇注工位进行集气，连接净化装置，排放浓度可达100 mg/m³以下	连接活性炭吸附或催化燃烧装置，排放浓度可达60 mg/m³以下	
落砂工序	机械振动落砂机	颗粒物	采用效率80%左右的集气罩，连接袋式除尘器，除尘效率可达99%以上，排放浓度可达20～30 mg/m³	连接袋式除尘器（布袋需覆膜或控制风量）进行除尘，除尘效率达99.5%以上，排放浓度可达20 mg/m³以下	根据实际需求，两个工序可采用一套袋式除尘设施进行除尘
旧砂再生	自动封闭筛砂机	颗粒物	旧砂再生工序应密闭，连接袋式除尘器，除尘效率99%以上，排放浓度可达20～30 mg/m³	连接袋式除尘器（布袋需覆膜或控制风量）进行除尘，除尘效率达99.5%以上，排放浓度可达20 mg/m³以下	

表8.27（续）

污染源名称	污染源设备	主要污染物项目	可行技术		备注
			排放限值	特别排放限值	
铸件抛丸清理	自动封闭抛丸机	颗粒物	抛丸工序应密闭，除尘效率可达99%以上，排放浓度可达20～30 mg/m³	连接袋式除尘器（布袋需覆膜或控制风量）进行除尘，除尘效率达99.5%以上，排放浓度可达20 mg/m³以下	须密闭，不得漏灰
打磨工序	小型砂轮机	颗粒物	采用集气罩，经除尘器处理后排放，排放浓度可达20～30 mg/m³	采用袋式除尘，排放浓度可达20 mg/m³以下	须采取降低无组织排放控制措施
涂装工序	喷枪	苯、苯系物、TVOC	在喷涂车间排气口设置TVOC处理装置，排放浓度可达120 mg/m³以下	在喷涂车间排气口设置催化燃烧或碳吸附等措施，排放浓度可达80 mg/m³以下	须密闭

8.2.2　废水治理

铸造车间的废水宜根据工艺废水的特点和污染物浓度水平，对工艺废水进行分类收集、分质处理。

对于不同种类的生产废水，应先进行预处理，再进行物化处理或生物处理，对排放水质要求较高时应增加深度处理工艺或间接排放。

鼓励铸造工业企业采用合适的技术、工艺和设备建立废水梯级使用和循环利用系统，对生产废水、生活污水及厂区雨水净化处理后，进行资源化循环再利用。

主要生产废水处理技术：

（1）冷却水排污废水处理。冷却水排污废水是铸造工业生产中工业炉窑冷却用软化水装置产生的废水，需不定期或连续排放。这类废水宜采用pH值调整、絮凝、澄清、过滤等技术处理后进行回用或排至综合废水处理系统集中处理。

（2）吸收法废水处理。铸造工业中吸收法废水处理主要包括脱硫废水、三乙胺酸碱中和废水以及物理吸收法废水。脱硫废水是湿法脱硫工艺排放的废水，三乙胺酸碱中和废水是采用酸中和三乙胺冷芯盒法制芯工艺废气排放的废水，物理吸收法废水是采用物理吸收法处理制芯、浇注工艺废气排放的废水。宜采用pH值调整、絮凝、澄清、过滤、沉淀等技术处理后回用或排至综合废水处理系统集中处理。

（3）脱模剂废水处理。脱模剂废水是压铸生产过程中用于冷却和保护模具而喷涂的脱模剂排放的废水。该类废水含有杂油、蜡质成分、颗粒物、微生物（发臭）等污染物，宜采用纸袋过滤、油水分离、水力空化、沉淀、澄清、精密过滤、浓度调节等技术处理后进行回用或排至综合废水处理系统集中处理。

（4）湿法除尘废水处理。湿法除尘废水是采用湿法除尘的处理设施排放的废水。该类废水含有大量细微颗粒物，宜采用pH值调整、过滤、絮凝、澄清、沉淀等技术处理后进行回用或排至综合废水处理系统集中处理。

（5）生化法。生化法利用自然界的各种细菌微生物，将废水中的有机物分解转化成无害物质，使废水得以净化。生化法分活性污泥法、生物膜法、生物氧化塔法、土地处理系统法、厌氧生物水处理法。

（6）综合废水处理技术。综合废水包括熔模工艺脱蜡废水、砂再生湿法再生工艺废水、消失模工艺水环真空泵废水、气尘分离装置废水以及热处理和涂装前处理等废水。综合废水的主要污染物为COD_{Cr}、BOD_5、SS、氨氮、总磷等。综合废水一般采用预处理＋物化/生化处理＋深度处理进行处理。其中，预处理包括 pH 值调整、沉淀、过滤、水力空化等；物化/生化处理包括氧化、好氧、水解酸化-好氧、厌氧-好氧等；深度处理包括生物滤池、过滤、絮凝、澄清、膜分离、离子交换、电化学等。

（7）可以送有资质的专业第三方处理。

8.2.3　固体废弃物治理

8.2.3.1　治理原则

（1）宜按照"减量化、资源化、无害化"的原则，收集、贮存、运输、利用和处置各种固体废物。

（2）一般工业固体废物宜优先资源化利用，不能资源化利用时应按照《一般工业固体废物贮存和填埋污染控制标准》（GB 18599—2020）的规定进行处置。

（3）一般工业固体废物采用库房、包装工具（罐、桶、包装袋等）等存放。厂内暂存设施应满足防渗漏、防雨淋、防扬尘等环境保护要求，贮存与填埋设施应满足《一般工业固体废物贮存和填埋污染控制标准》（GB 18599—2020）的要求。

（4）固体废物利用和处置过程宜采取措施防止二次污染。金属废料宜综合利用；未污染的包装材料宜循环利用，热值高的固体废物（如纸盒过滤漆雾处理技术产生的废纸盒）宜采用热解技术进行减量化处置。

（5）应按照《国家危险废物名录》、《固体废物鉴别标准　通则》（GB 34330—2017）及《一般固体废物分类与代码》（GB/T 39198—2020）的规定，制定固体废物管理清单。不能明确固体废物危险特性的，应根据国家危险废物鉴别标准和鉴别方法进行危险特性判定，并按判定的类别进行管理。

（6）危险废物暂存设施（仓库式）应满足《危险废物贮存污染控制标准》（GB 18597—2023）的要求，并设置警示标志。不水解、不挥发的危险废物可在贮存设施内分别堆放，其他危险废物宜采用完好无损的容器盛装。不相容的危险废物必须分开存放，并设置隔离间隔断，禁止混装在同一容器内。无法装入常用容器的危险废物可用防漏胶袋等盛装。盛装危险废物的容器应在明显处标识危险废物名称和危险特性等。

（7）铸造生产中产生的危险废物，应委托有资质的单位进行危险废物处置。

8.2.3.2　资源化再利用技术

（1）利用园区或铸造集群区域优势，建立废砂综合回收、再生中心，再生技术包括热法再生、湿法再生、化学再生及联合再生法等。

（2）砂型铸造产生的废砂、金属熔炼（化）产生的废渣、熔炼（化）炉及浇包中废弃的炉衬等一般固体废弃物可用于建筑材料或水泥生料的原料综合利用。

（3）精密铸造废型壳可经破碎作为制备水泥、耐火砖或建筑用砖的原料，也可采用分选方法获得锆英砂和莫来砂。

（4）除尘灰可作为建筑材料的原料进行综合利用。

（5）脱硫石膏可用作水泥缓凝剂或制作石膏板，也可根据其品质用于生产石膏粉料、石膏砌块、回填矿井、改良土壤等。

8.2.4 噪声治理

预防噪声的危害可从消除和减弱噪声源、控制噪声传播和个人防护三方面着手。

8.2.4.1 消除和减弱噪声源

设计和使用低噪声、无噪声的设备；采用低噪声、无噪声的新工艺；提高设备的加工精度、装配质量；注意维修，减少过大的摩擦振动；注意发声设备的合理布局等。

8.2.4.2 控制噪声的传播

控制噪声传播的方法有消声、吸声、隔声和减振隔振。

1）消声 使用消声器，安装在气流通道或进排气口上，降低空气动力噪声。根据消声原理设计的消声器有：阻性消声器，借助安装在管道壁面上的消声材料消声；抗性消声器，借助管道截面变化，使声波反射、干涉或气柱共振衰减噪声；阻抗复合消声器，复合使用阻性、抗性两种消声器结构消声；扩散消声器。

2）吸声 用多孔材料装饰在室内墙壁上或悬挂在空间内，吸收辐射和反射的声能，一般可降低噪声 5 ~ 10 dB（A）。

3）隔声 用一定材料、结构和装置，将声源封闭，达到隔声目的。常用措施有隔声罩、声屏罩、隔声间。

4）减振隔振 振动较大的设备，机械性噪声也较大，设计中应考虑设置减振基础、隔振沟等设施。振动源与其他物体之间应采用柔性连接，如风机与风管的连接、水泵与水管的连接、振动床与罩壳的连接等。

8.3 铸造安全生产

安全生产事关人民福祉，事关经济社会发展大局。安全生产维系着正常生产秩序，是提高经济效益的重要保证，也是社会发展与文明进步的标志。党的十八大以来，在以习近平同志为核心的党中央坚强领导下，我国安全生产工作取得历史性成就，生产安全事故总量、重特大事故起数等持续下降，防范化解系统性风险、重大安全风险的能力不断提升。筑牢安全生产的红线，切实维护了广大人民群众的生命与财产安全，推动了高质量发展和高水平安全实现良性循环，夯实了国家发展和社会稳定的牢固基石。

8.3.1 安全制度及操作通则

（1）贯彻落实《中华人民共和国安全生产法》及国家相关法律、法规、规章、标准和规程，坚持"安全第一、预防为主、综合治理"的工作方针，有条件的企业应通过安全管理体系认证。

（2）铸造企业在进行新建、改建、扩建和技术改造等建设项目时，需要根据《建设项目安全设施"三同时"监督管理办法》的有关规定，委托具有相应资质的单位进行项目安全预评价，并向当地安全生产监督管理部门申请安全设施"三同时"的备案、审核、审查和竣工验收，确保项目安全防护设施与主体工程同时设计、同时施工、同时使用。

（3）建立企业安全管理制度，组建安全管理机构，明确企业内部安全管理责任分工，加强企业工作组织对安全防治工作的监督作用，配备专职或者兼职的安全管理人员，负责企业安全工作。

（4）建立企业救援制度，需包括5个方面的内容：①组建应急救援指挥机构；②明确职责分工；③制定应急预案，定期进行演练和改进；④确定医疗救援单位；⑤制定事故应急救援终止程序。

（5）所有设备均应有安全操作规程，操作者严格按规程操作，不违章操作。

（6）坚守工作岗位，做好交接班的安全检查，发现隐患及时报告处理。

（7）注意各种警示标志，在指定的安全通道上行走，不任意跨越栏杆、栏绳或进入禁止通行的危险区。

（8）正确使用和保养安全保护装置，不任意拆卸。

（9）不使用带故障运转的设备、工具，非属自己操作的设备，不乱动用。

（10）一切电气设备发生故障，必须停电停车检修，绝不带电作业。

（11）工作中规定佩戴劳动保护用品。若不佩戴劳动保护用品，不准上岗或在车间内走动。

（12）注意上下工序工作上的协调配合，多人作业时，由一人指挥。

（13）经常检查工作场地，及时清除不安全隐患和杂乱物，做到文明生产。

8.3.2　预防爆炸、烫伤事故

铸造生产中应采取如下预防措施，预防爆炸、烫伤等事故发生。

（1）混制含易燃、易爆材料的造型材料时，应严格控制混合物气体浓度，并加强通风。

（2）地坑造型时，要求砂型底部离地下水位线不少于1.5 m，并做好砂床的排气孔道。

（3）用煤气作燃料的炉窑，在点火前先通风3～5 min，排除炉内残余煤气，然后用点火管点火。严禁先放煤气后点火。

（4）使用天然气设备时，停送天然气后、重新点火前应进行吹扫，在置换管道及炉内残余空气后方可进行点火。天然气点火按程序进行，当一次点火不着或点火后熄灭时，立即关闭烧嘴阀门，彻底排除炉内混合气体。天然气放散口应符合要求。

（5）炉料中应避免爆炸物或中空封闭物混入。

（6）冲天炉炉底、感应炉炉衬不得有裂纹，以避免发生漏底、漏炉事故。

（7）冲天炉风口需装窥视孔，停风时打开窥视孔送风5～6 s后，再关上窥视孔。

（8）炉前坑、炉下周围及高温熔融金属吊运范围内不得存在潮湿、积水或其他易燃易爆物品。

（9）接触液态金属的工具、取样勺等，需经预热后再用。往液态金属中加的炉料，加入前也需预热。

（10）从事高温熔融金属吊运、浇铸作业的人员都必须穿着高温防护服、鞋，佩戴耐高温手套、脚盖，不得用手直接接触高温物体。

（11）严禁熔炼炉超过额定容量进行熔炼生产。

（12）熔炼炉用冷却水应防止与金属液接触。

（13）冲天炉打炉时，炉底下应放上干砂，周围5 m内不得有人。

（14）检查浇包及电炉倾斜装置的灵活和自锁能力，达到有效控制金属液倾注流速。

（15）确保浇包各部完好无损。浇包使用前必须烘干。底注包应注意塞头和塞座接触的严密性，避免发生漏包。

（16）浇包装载金属液不宜过满，一般要求吊包金属液距包口平面25 cm左右，抬包12 cm左右，端包10 cm左右。

（17）吊运高温熔融金属必须使用满足冶金起重机技术条件的铸造起重机，并指定专人负责操作。行车行走过程中应注意观察，缓慢、平稳，切忌急停急起。

（18）高温熔融金属和熔渣吊运行走区域禁止设置操作室、会议室、交接班室、活动室、休息室、更衣室、澡堂等人员集聚场所；不应设置放置可燃、易燃物品的仓库、储物间；不应有液压站、电气间、电缆桥架等重要防火场所和设施。

（19）行车行走过程中不得靠近未做高温防护的建筑物梁、柱等。行车行走至指定位置后，由浇铸人员配合操作浇包。浇包倾斜应缓慢、平稳，控制出料口对准浇铸口。

（20）吊运高温熔融金属和熔渣的区域应设置事故罐，事故罐应放置在专用位置或专用支架上，并设置明显的安全警示标识。

（21）行车吊运过程中发生浇包、漏液等，应先将行车行走至无人的安全地点，然后将浇包内的高温钢水倾倒至应急包中。

（22）桥式起重机司机室与滑触线、罐体和浇包的倾倒出口宜相对布置；若两者位于同一侧，则应有安全防护措施。

（23）浇注场地不得有积水，应避免金属液直接滴落在水泥地面上。

（24）浇注过程中应及时引气燃烧。

（25）浇注过程中不准直视冒口内金属液，以防突然喷溅产生伤害。

（26）浇注大型铸件应准备泥塞杆，随时堵塞浇注跑火。

（27）建（构）筑物有可能被高温熔融金属喷溅造成危害的建筑构件，应有隔热、绝热保护措施。运载高温熔融金属的罐车、过跨车、底盘铸车、（空）铸锭模车等车辆及运载物的外表面距楼板和厂房

（平台）柱的外表面不应小于800 mm，受火焰影响或辐射温度较高（钢结构不小于200 ℃，普通混凝土不小于80 ℃）的楼板和柱子应采取隔热保护措施。

（28）冶炼、熔炼、铸造主厂房，地坪应设置宽度不小于1.5 m的人行安全走道，走道两侧应有明显的标志线；主厂房及中、重级工作类型桥式起重机的厂房，应设置双侧贯通的起重机安全走道，轻级工作起重机厂房，应设单侧贯通的安全走道，走道宽度应不小于0.8 m。

（29）刷底漆用涂料、稀释剂等距明火源不得小于10 m。

（30）铸件承压试验一般用水做介质。如必须做气密性试验，应在装有安全可靠的防护装置下进行。

（31）压铸机应设置防止金属液喷溅装置。

（32）铝镁合金铸件机械打磨、喷砂作业工位按照《排风罩的分类及技术条件》（GB/T 16758—2008）的要求设置吸尘罩，采用下吸或侧吸方式收尘，吸尘口设计风速大于1 m/s，吸尘罩或吸尘柜无积尘。

（33）铝镁合金铸件打磨喷砂等有爆炸危险的工作场所应设防爆装置或设备，采用防爆电机、灯具进行操作，易燃易爆区域和操作危险区域应设有报警信号装置；同时，设明显标志，提醒操作者注意。

（34）铝镁合金铸件打磨与喷砂处理涉及有爆炸危险部位，须进行防爆、泄爆设计。

8.3.3　预防重物坠落、挤撞事故

铸造生产频繁使用起重运输设备，使用车间内机械设备时，要做好如下防护措施，防止重物坠落及挤撞事故发生。

（1）使用起重设备者要熟悉指挥手势

和联络信号，熟悉起重索具的允许负荷和报废标准，掌握被吊运物的质量及起重设备的允许负荷，不得超负荷使用起重设备和索具。

（2）起重设备运转应正常，安全防护装置齐全，卷扬限位开关正常。

（3）吊运大型砂箱、物件，或起吊摆高的中型砂箱时应有两人挂索具，另一人负责指挥。指挥人站在被吊物前进方向的侧面。吊运物不准从人的头顶和设备上通过。

（4）吊运物索具挂钩应平稳，防止物体偏重坠落。

（5）用起重设备翻转砂箱，要按砂箱大小选用合适的翻箱天平。指挥翻箱（或翻铸件）者，应通知周围人员躲开。

（6）起落吊运物应注意周围有无阻挡物，避免由吊运物的悠荡引起挤撞事故。

（7）用电动平车运送铸件或砂箱，必须待车停稳后再进行装卸。不准偏重或堆垛过高。开车前发出信号，通知周围人闪开。

（8）不准在起吊着的砂箱下面修型、绑摆芯铁等。若必须进行上述操作，应将砂箱落在支架或箱垫上再进行。

（9）堆放空砂箱时，应放置平稳，避免堆垛过高或大箱堆在小箱上。

（10）砂型、砂芯烘干及铸件退火出窑时，应放垫平稳，防止倾倒伤人。

（11）使用电磁盘上料或吸废铁时，人必须躲开，防止电源故障或突然停电失磁，物料脱落伤人。

（12）在震动落砂机上装卸工作物时，必须停车。防止边震动、边上人、边放工作物。

（13）联动机械开动前，应先发出信号，同时观察前方是否有人，若发现有人，不准开车。

（14）不准在运动中的机械装置间通过。在侧面行走时注意有无被挤压和衣物被缠绕的危险。

（15）不准将头和手伸到机器活动的部位内窥视、取物。

（16）机械设备发生故障时，要采取可靠的安全措施并在停机后方可维修。维修（或清理设备内部）应在电门开关和设备明显部位挂上"正在检修"标牌。

8.3.4　预防物体打击事故

铸造生产中，尤其是清理工部，应采取预防措施，防止物体击伤。

（1）锤击所使用的锤头应安装牢固，避免锤头脱落。锤击时应注意周围不得站人。

（2）放置起吊物件应平稳，该垫的应垫平。应避免起吊物降落过快、落偏而引起垫物反弹伤害。

（3）捆绑铸铁芯铁时，避免索具挤压飞翅引起的甩弹。

（4）锤击铸件飞边、浇冒口时，应先将易崩起的薄飞翅轻轻打掉，避免飞出伤人。

（5）清铲铸件应防止铲头或铁屑飞出伤人。

（6）禁止使用无砂轮罩和运转不均衡的手持砂轮及砂轮机。砂轮压板处必须垫有柔性垫。发现砂轮裂纹应立即停止使用。

（7）手持砂轮机转动方向的两侧应避开人，使用固定砂轮机时，操作人员须站立在砂轮机侧面45°位置，以防砂轮损坏时飞块伤人。

（8）不得用砂轮侧面磨件。砂轮片用到原直径的三分之一时，即需更换。

（9）拆卸风动工具胶管，要先关闭风门，以防风压过大，引起胶管摆甩伤人，禁止用风管直接吹身体。

（10）抛丸室应设置关门后启动的保护措施。

（11）清理滚筒在运转中，滚筒径向前后2 m内不准有人。

（12）操作平台外边缘，设高度不小于150 mm的挡板，防止物体掉下伤人。

8.3.5　其他预防措施

8.3.5.1　防火

（1）铸造车间属丁类火灾危险性建筑，建筑物的耐火等级宜按一、二级考虑。

（2）铸造车间与其他厂房、库房、液体贮罐、堆场的防火间距，应符合《建筑设计防火规范》（GB 50016—2014）的要求。

（3）铸造车间周围宜设置宽度不小于4 m的环形消防车道，如设置环形车道有困难，可沿其两个长边设置消防车道，或设置可供消防车通行且宽度不小于6 m的平坦空地。

（4）铸造车间应设置室外消火栓，其间距不应超过120 m，室外消火栓的保护半径不应超过150 m。消防水量、水压应满足规定的要求。

（5）铸造车间及其辅助房间（如控制室、液压泵站、三乙胺存放间等），均应按其火灾危险等级、火灾种类，根据《建筑灭火器配置设计规范》（GB 50140—2005）的规定设置灭火器。

（6）车间通道及通向室外的大门应满足人员紧急疏散的要求。

8.3.5.2　防触电

（1）采用安全电压。安全电压共分42，36，24，12，6 V五个等级。如采用24 V以上安全电压，必须采取防止直接接触带电体的保护措施，其电路必须与大地绝缘。

（2）带电体绝缘，防止人体直接接触。

（3）对带电体屏护。采用遮拦和障碍将带电体隔离，金属屏护装置应采取接地（零）保护措施。

（4）与带电体保持必要的安全距离。导线与地面、水面间，架空导线与建筑物、树木、道路和弱电线路间，架空线路和其他电力线路间，均应按规定保持必要的安全距离。

（5）防静电积聚措施。对带电体采用金属网、膜、板等屏蔽，屏蔽物应固定在带电体上并接地；在不影响质量、安全的前提下，采用喷雾、洒水等方法，提高相对湿度到65%来消除静电危险；用静电中和器来消除静电。

（6）感应电炉外壳和铁水必须可靠接地，维修感应电炉时，必须执行停电、挂牌、接地步骤，再用接地的方式释放电容器上的电荷后，才能进行维修。

8.3.5.3　防淹溺，防高处坠落

在水池四周设置栏杆，必要情况下，在水池上部设置盖板，防止人员跌落淹溺。

为防止高处坠落，工作岗位设置应充分考虑人员脚踏和站立的安全，操作位置高度超过1.5 m的作业区，宽于0.25 m的平台缝隙，深于1 m的敞口沟、坑、池，其周边应设栏杆，不能设置栏杆的，其上口要高出地坪0.3 m以上。

地坑四周应设防护栏杆，所有走道板、梯子、平台均应具有良好的防滑性能，梯子配有扶手。

8.3.5.4　防高、低温

（1）对于有大量余热的车间厂房，应采用避风天窗和高侧窗自然通风及加装屋

顶风机进行机械全面通风，以满足换气次数要求。

（2）车间工作人员停留相对集中固定的地方，应设置固定式风扇。

（3）高温高热设备的表面温度要求不高于50 ℃。

（4）凡使用、接触低温液体，必须戴上石棉或干皮革手套。低温设备附近应悬挂"当心冻伤"的标牌加以警示。

8.3.5.5　防辐射

（1）熔炼、浇注、焊接操作工应佩戴防紫外线、红外线辐射的护目镜。

（2）选用合适的焊接设备、缩短高频的作用时间及采取相应屏蔽措施，防止电磁辐射。

（3）防电离辐射。

① 探伤室物流出入口和人流出入口均设有安全防护门。

② 门的上方、操纵台和探伤室内均设

有声光报警装置，在辐射源处于或将要处于工作状态时，警告工作人员不要进入探伤室，探伤室的工作人员尽快离开。

③ 探伤过程在操作室内采用远距离控制，并与安全防护门联锁。当安全防护门关上并锁住后，探伤机及其控制系统才能接通电路，辐射源才能处于工作状态；当辐射源处于工作状态时，安全防护门无法打开。

④ 在设置安全联锁装置的同时，还应安装停闭辐射源的装置，一旦有人被关在探伤室内无法出来时，可以在探伤室内自己关闭辐射源紧急自动电闸，使探伤机无法启动，并可把迷路的门打开。

⑤ 探伤室内设有监视系统，以便工作人员在操作室内观察探伤室内的情况。

⑥ 在探伤室悬挂"当心电离辐射"的标牌，提示无关人员避免进入，以免造成不必要的辐射。

第9章 圣泉产品应用指南

济南圣泉集团股份有限公司深耕铸造材料领域40余年，紧紧把握铸造业提质、增效、降本、轻量、绿色、数字和智能的发展趋势和需求，在产品拓展、产品创新（绿色、精细、功能）、质量提升、服务增值、为铸造业提供完整解决方案等方面不懈追求。圣泉的全系列铸造黏结剂、涂料、泡沫陶瓷过滤网、发热保温冒口套、球化剂和孕育剂、辅助材料等产品，被广泛用于汽车、机床、风电、工程机械、通用机械、重型矿山等领域的铸件生产，并出口到欧美日等50多个国家，已成为全球最大的铸造材料厂商之一和全球铸造业著名品牌。

9.1 糠醇

圣泉产糠醇的主要技术指标见表9.1。

表9.1 圣泉产糠醇的主要技术指标

指标	密度(20℃)/(g·cm⁻³)	水分/% <	酸度/(mol·L⁻¹) <	浊点/℃ <	残醛/% <	糠醇含量/% >
优级	1.129～1.135	0.3	0.01	10.0	0.7	98.0
一级	—	0.6	0.01	—	1.0	97.5

9.2 铸造黏结剂系列（树脂）

9.2.1 自硬呋喃树脂及配套固化剂

自硬呋喃树脂采用大型（大于50 t）智能（DCS系统）在线检测合成装置生产，产品质量稳定一致；采用全新合成工艺和新材料，形成高强、绿色、高效等系列树脂品种，满足铸造业的不同需求。

9.2.1.1 高强度呋喃树脂

产品特点：高强度，低发气量，易再生。主要规格型号见表9.2。

表9.2 高强度呋喃树脂规格型号

型 号	密度(20℃)/(g·cm⁻³)	黏度(20℃)/(mPa·s) ≤	游离甲醛/% ≤	含氮量/% ≤	应用范围	保质期
FL-105	1.10～1.15	40	0.3	0.5	铸钢	12个月
SQG300	1.15～1.18	25	0.2	3.0	球铁、灰铁	12个月
SQG-550	1.16～1.20	45	0.3	5.5	灰铁	12个月
SQG-700X	1.18～1.20	75	0.3	7.5	非铁合金、灰铁	12个月

9.2.1.2 木香树脂

产品特点：环保（甲醛释放量降低

30%～50%），高活性，高抗压强度。主要规格型号见表9.3。

表9.3　木香树脂规格型号

型　号	密度(20℃)/(g·cm⁻³)	黏度(20℃)/(mPa·s)≤	游离甲醛量/%≤	含氮量/%≤	应用范围	保质期
SQM-105	1.17～1.21	60	0.3	0.5	铸钢	6个月
FG150	1.15～1.20	30	0.3	1.5	铸钢、球铁	6个月
FDF280	1.16～1.22	65	0.1	3.0	球铁、灰铁	6个月
SQM-410HB	1.16～1.20	45	0.1	4.0	灰铁	6个月
SQM-500	1.16～1.20	60	0.3	5.0	非铁合金、灰铁	6个月

9.2.1.3　低VOCs呋喃树脂

产品特点：超高活性（可降低固化剂

加入量30%～50%），低VOCs，高强度。规格型号见表9.4。

表9.4　低VOCs呋喃树脂规格型号

型　号	密度(20℃)/(g·cm⁻³)	黏度(20℃)/(mPa·s)≤	游离甲醛/%≤	含氮量/%≤	应用范围	保质期
F-200	1.15～1.25	60	0.3	2.0	铸钢、铸铁	6个月

9.2.1.4　NTF"绿色"呋喃树脂

产品特点：超低毒性（有机小分子含

量低，游离糠醇含量低），高活性，低VOCs。主要规格型号见表9.5。

表9.5　NTF呋喃树脂规格型号

型　号	密度(20℃)/(g·cm⁻³)	黏度(20℃)/(mPa·s)≤	游离甲醛/%≤	含氮量/%≤	应用范围	保质期
SQL300Plus	1.16～1.25	60	0.3	2.0	铸钢、铸铁	6个月
SQL300N	1.16～1.25	60	0.3	2.0	铸钢、铸铁	6个月

9.2.1.5　磺酸固化剂

产品特点：固化快，强度高，气味

低，黏度低。主要规格型号见表9.6。

表9.6 磺酸固化剂规格型号

型 号	总酸含量/%	游离酸/%≤	适用范围	保质期
SQ-B	6.0~8.0	2.0	一般与SQ-A配合使用	12个月
GS07	7.0~10.0	1.0	一般与GC09配合使用	12个月
GS05	14.0~16.0	1.5	夏季、高砂温	12个月
GS04	18.0~20.0	1.5	夏季25~35℃	12个月
GS03	24.0~26.0	10	春秋季15~25℃	12个月
GC09	24.5~27.5	4.5	冬季10~15℃	12个月
SQ-A	32.5~35.0	12.0	(1) 冬季5~10℃；(2) 与SQ-B配合使用	12个月
SQ-A-Ⅰ	36.0~40.0	17.0	冬季-5~5℃	12个月
SQ-A-Ⅱ	42.0~46.0	23.0	冬季、低砂温	12个月

9.2.1.6 低硫固化剂

产品特点：含硫量比普通磺酸固化剂低30%~60%，降低硫对球铁件球化不良的影响和对环境的影响。主要规格型号见表9.7。

表9.7 低硫固化剂规格型号

型 号	总酸含量/%	硫含量/%≤	适用范围	保质期
G-18	17.0~19.0	4.0	与G-51-Ⅱ配合使用	12个月
G-34	32.0~34.0	8.0	夏季	12个月
G-42	41.0~43.0	10.0	春秋季	12个月
G-51-Ⅱ	45.5~49.5	10.0	冬季或与G-18配合使用	12个月

9.2.1.7 铸造材料增值设备"A+B"固化剂智能自控仪

"A+B"固化剂智能自控仪通过自动调节固化剂酸度，消除温度变化对呋喃自硬砂和碱酚自硬砂工艺固化速度产生的不利影响。设备具有以下优点：操作简便、实现自动控制、便于车间管理、降低生产成本、性能稳定可靠。自控仪主要规格型号见表9.8，并可根据需求定制。

表9.8 "A+B"固化剂智能自控仪规格型号

混砂机规格/(t·h⁻¹)	5~10	15~20	25~40	45~60	80~100
自控仪型号	SQZNY-100	SQZNY-150	SQZNY-200	SQZNY-400	SQZNY-500

9.2.1.8 3D打印呋喃树脂及配套材料

3D打印呋喃树脂及配套材料由呋喃树脂、固化剂、清洗剂等组成，是圣泉集团为砂型铸造增材制造领域倾情奉献的一款黏结剂体系，具有完全自主知识产权，产品使用性能达到国际先进水平。

产品特点：①树脂黏度低、清洁度高，不堵塞喷头，喷墨稳定性好；②树脂强度高，固化速度快，降低树脂和固化剂加入量；③树脂稳定性好、保质期长；④有 格型号见表9.9。
害物质含量低、低气味、低排放。主要规

表9.9　3D打印呋喃树脂规格型号

型　号	外　观	密度（20℃）/(g·cm⁻³)	黏度（20℃）/(mPa·s)	游离甲醛/% ≤	含氮量/% ≤	颗粒度/μm ≤	典型特点
SQ3D100	棕红色透明液体	1.10～1.20	9.50～10.50	0.1	0.5	0.5	低黏度
200D	棕红色透明溶液	1.10～1.20	10.0～16.0	0.2	1.0	0.5	低气味、高性价比
200DP	棕红色透明溶液	1.10～1.20	12.5～15.0	0.2	1.0	0.5	高强度

配套固化剂采用混合磺酸，混合料流动性好，铺砂效果好，腐蚀性小。

配套清洗剂不参与树脂化反应，对树脂溶解效率高，腐蚀性小，对打印喷头不产生二次伤害，无异味。

9.2.2　碱性酚醛树脂及有机酯固化剂

碱性酚醛树脂适用于铸钢件生产，由

于固化剂不含硫，可避免硫对铸件表面组织的不利影响以及对人体和环境的不利影响，同时该黏结体系在高温下有热塑性和二次硬化过程，可大大减少铸件裂纹和毛刺缺陷。

产品特点：强度高、环保性能好、再生性能好。树脂及固化剂主要规格型号见表9.10、表9.11、表9.12。

表9.10　碱性酚醛树脂规格型号

型　号	密度（25℃）/(g·cm⁻³)	黏度（25℃）/(m/Pa·s) ≤	游离甲醛/% ≤	pH值 ≥	备　注
JF-103A	1.20～1.30	150	0.1	12	环保型、高强度，保质期（<25℃）3个月
JF-103D	1.20～1.30	150	0.1	12	低黏度、高强度，保质期（<25℃）3个月
JF-200	1.20～1.30	150	0.1	12	固化快、高强度，保质期（<25℃）3个月
JF-106	1.20～1.30	150	0.1	12	低黏度、再生好，保质期（<25℃）3个月
JF-300	1.20～1.30	150	0.1	12	更低浇注气味，保质期（<25℃）3个月
JF-200H	1.20～1.30	150	0.1	12	环保型、高活性，保质期（<25℃）3个月

表9.11 HQG系列固化剂规格型号

型 号	外 观	密度(25 ℃)/(g·cm⁻³)	黏度(25 ℃)/(mPa·s) ≤	酯含量/% ≥	备 注
HQG1		1.0～1.25	25	98	固化快，与HQG20混合使用
HQG10		1.0～1.25	25	98	常温10 min脱模，与HQG20混合使用
HQG20	透明液体	1.0～1.25	25	98	常温20 min脱模
HQG60		1.0～1.25	25	98	常温60 min脱模
HQG240B		1.0～1.25	25	98	常温240 min脱模

表9.12 ZQ系列固化剂规格型号

型 号	外 观	密度(25 ℃)/(g·cm⁻³)	黏度(25 ℃)/(mPa·s) ≤	酯含量/% ≥	备 注
ZQ0		1.0～1.25	25	98	砂温0 ℃ 20 min脱模
ZQ10		1.0～1.25	25	98	砂温10 ℃ 20 min脱模
ZQ20	透明液体	1.0～1.25	25	98	砂温20 ℃ 20 min脱模
ZQ30		1.0～1.25	25	98	砂温30 ℃ 20 min脱模
ZQ40		1.0～1.25	25	98	砂温40 ℃ 20 min脱模

9.2.3 酚脲烷自硬树脂

酚脲烷自硬树脂由三组分构成，组分Ⅰ为酚醛溶液，组分Ⅱ为聚异氰酸酯树脂溶液，组分Ⅲ为催化剂。该系列黏结体系硬化速度快，固透性好，脱模性好，适用于批量较大和各种复杂材质铸件的生产。

产品特点：强度高，树脂活性高，固透性好，不含S，P等有害元素，发气量低，游离甲醛含量低。双组分技术指标见表9.13，酚脲烷自硬树脂规格型号见表9.14。

表9.13 双组分技术指标

树脂组分	外 观	密度(20 ℃)/(g·cm⁻³)	黏度(20 ℃)/(mPa·s) ≤	游离甲醛/%	保质期
组分Ⅰ	黄色或棕黄色透明溶液	1.05～1.15	300	≤0.3	6个月
组分Ⅱ	深棕红色透明溶液	1.05～1.20	100	—	6个月

表9.14 酚脲烷自硬树脂规格型号

树脂型号	典型特点	应用领域	配套固化剂
NP-101HB/NP-102HB	气味小、综合性能好	铸铁、铸钢	NP-103A/NP-103/NP-103E
ZF-6060/ZF-6040	低VOCs、高强度	铸铁、铸钢	ZF-3750/ZF-3695/ZF-3620
NP-301L/NP-302L	高强度、高溃散	有色合金	NP-303

9.2.4 胺固化冷芯盒树脂

胺固化冷芯盒树脂组分Ⅰ为酚醛树脂溶液，组分Ⅱ为聚异氰酸酯溶液，两个组分在室温下吹胺快速固化。该树脂生产效率高，芯砂流动性好，强度高，砂芯尺寸精度高，被广泛应用于各种材质铸件的大批量生产中。

产品特点：强度高、韧性好、抗湿性能好、芯砂流动性好。双组分技术指标见表9.15，冷芯盒树脂规格型号见表9.16。

表9.15 双组分技术指标

组　分	外　观	密度(20 ℃) /(g·cm⁻³)	黏度(20 ℃) /(mPa·s) ≤	游离甲醛/%	保质期
组分Ⅰ	浅黄色至黄色透明溶液	1.05~1.15	350	≤0.3	6个月
组分Ⅱ	深棕红色透明溶液	1.05~1.20	100	—	6个月

表9.16 冷芯盒树脂规格型号

树脂型号	典型特点	典型应用领域	适用材质
GP-201SC/GP-202SC	流动性好、气孔倾向小	刹车盘、水套	铸铁、铸钢
GP-201GT/GP-202GT	初强度高、脱膜性好	制芯中心	铸铁、铸钢
GP-201KM/GP-202KM	高抗湿、高韧性	高湿环境、铸管承口芯	铸铁、铸钢
GP-201V/GP-202V	高固透性、高韧性	厚大砂芯、高湿环境	铸铁、铸钢
GP-201GW/GP-202GW	可使用时间长	高温砂、再生砂	铸铁、铸钢
GP-201YQ/GP-202YQ	高强度、脱模性好	水套、曲轴箱	铸铁、铸钢
ZL-1108/ZL-2108	高强度、高溃散、低黏度	热交换器水套、缸盖水套	有色合金、铸铁

9.2.5 CO₂硬化碱性酚醛树脂

CO₂硬化碱性酚醛树脂不含氮、硫等有害成分，对环境友好，硬化工艺简单，可用于一些比较简单的砂芯的生产，适用于各种材质铸件。

产品特点：强度高、环保性能好。主要规格型号见表9.17。

表9.17 CO₂硬化碱性酚醛树脂规格型号

型　号	黏度(25 ℃) /(mPa·s)	密度(25 ℃) /(g·cm⁻³)	游离甲醛 /% ≤	pH值 ≥	备　注
SQJ610	180~250	1.25~1.35	0.1	12	低气味、高强度，保质期（<25 ℃）3个月
JQ-100	≤180	1.25~1.35	0.1	12	低气味、初强度，保质期（<25 ℃）3个月

9.2.6 热芯盒树脂

产品特点：强度高、固化快、黏度低、抗湿性好。主要规格型号见表9.18。

表9.18 热芯盒树脂规格型号

树脂型号	黏度(20℃)/(mPa·s) ≤	游离甲醛/% ≤	适用范围	保质期	配套固化剂
FR-202	1500	4.0	铸铁、有色金属	6个月	HC01
FR-204S	40	1.2	铸铁	6个月	HC02A
FR-206S	150	1.2	复杂铸铁	6个月	HC06

9.2.7 温芯盒树脂及配套固化剂

温芯盒树脂为三组分黏结体系，组分Ⅰ为高活性呋喃树脂，组分Ⅱ为固化剂，组分三为添加剂，可在150~230℃范围固化，强度高，流动性好，可使用时间长，适用于非常复杂的砂芯的生产。

产品特点：强度高、固化速度快、发气量低、溃散性好、游离甲醛含量低。主要规格型号见表9.19。

表9.19 温芯盒树脂及固化剂规格型号

名 称	型 号	外 观	黏度(20℃)/(mPa·s)	密度(20℃)/(g·cm⁻³) ≤	游离醛/%	总酸/%
呋喃树脂	FW400	棕红色透明液体	1.13~1.20	40	< 0.5	—
固化剂	HW06	浅黄色至棕黑色透明液体	1.25~1.30	350	—	13.5~15.5
促进剂	AW07	浅黄色	0.80~0.85	10	—	—

9.2.8 覆膜砂用酚醛树脂

覆膜砂用酚醛树脂采用多种酚及不同催化剂和创新的合成工艺生产，形成了全系列的覆膜砂树脂，可满足不同材质铸件、不同制芯工艺要求（壳型壳芯、热芯盒射芯）以及不同大小和复杂程度砂芯、不同制芯场景要求。配套供应乌洛托品和硬脂酸钙。

产品特点：高强度、低发气量、固化速度快、低膨胀率、环保。主要规格型号见表9.20、表9.21。

表9.20 覆膜砂用酚醛树脂规格型号

型号	外 观	游离酚/%	流动度/mm	聚合时间(150℃)/s	软化点/℃	应 用
PF1911A	淡黄色至黄色粒状	≤1.0	> 70	70~120	83~90	高强度
PF1911C	白色至黄色粒状	≤1.0	50~80	50~80	82~92	超高强度
PF1903	黄色至棕黄色片粒状	≤2.0	≥80	70~95	84~92	高强度，快聚速
PF1904	黄色至棕黄色片粒状	≤2.5	≥45	50~67	80~90	高强度，快聚速
PF1901	黄色至棕黄色片粒状	≤3.0	≥31	38~58	88~98	高强度，快聚速
PF1902	黄色至棕黄色片粒状	≤1.5	≥28	38~60	95~102	高强度，快聚速
PF1350	白色至黄褐色片粒状	≤3.5	25~50	20~30	86~96	高强度，快聚速

表9.20（续）

型号	外观	游离酚/%	流动度/mm	聚合时间(150℃)/s	软化点/℃	应用
PF1913M	淡黄色至黄色粒状	≤1.5	33～53	25～37	88～98	高强度，快聚速
PF1352	片粒状固体	3.0～4.5	25～42	22～30	93～102	快聚速，抗剥壳
PF1913A	淡黄色至黄色粒状	≤2.5	25～40	22～37	92～102	快聚速，抗剥壳
PF1358	白色至黄褐色片粒状	≤2.5	23～60	17～32	83～95	快聚速，中强度
PF1829	片粒状固体	0.5～3.0	30～75	37～62	88～96	抗热裂树脂
PF1502	红褐色或者黑色粒状	<2.0	30～50	32～50	85～98	快聚速，中强度
PF1503	红褐色粒状	<1.0	40～65	50～70	83～93	中软化点，高强度
PF1504	黄色粒状	<1.0	>85	80～105	80～90	低软化点，高强度
PF1508	淡黄色至褐色粒状	<1.0	48～74	53～70	80～92	低软化点，高强度
PF0102	白色至棕黄色粒状	<2.0	50～90	47～77	85～98	低膨胀树脂

表9.21 环保型液体树脂规格型号

型号	游离酚/%	黏度(20℃)/(mPa·s)	水分/%	固含/%
PF1201	<1.5	300～600	25～30	60～65

9.2.9 无机黏结剂（无机温芯盒工艺）

无机黏结剂采用改性硅酸盐技术，由两组分构成，其固化温度为150～250℃，并在热空气辅助下实现快速固化，绿色环保，可用于各种铝合金铸件（缸体缸盖等的复杂砂芯）。

产品特点：发气量小、发气缓慢、低排放、无焦油残留等。主要规格型号见表9.22。

表9.22 无机温芯盒黏结剂规格型号

型号	外观	密度(20℃)/(g·cm⁻³)	保质期/天	特点	适用范围
SWT100	无色或浅黄色液体	1.36～1.45	360	高抗湿性	高湿环境
SWA100	无色或浅黄色液体	1.36～1.45	360	高强度、高抗湿性	可根据实际需要调整"A+B"比例
SWB100	无色或浅黄色液体	1.36～1.45	360	高紧实度	可根据实际需要调整"A+B"比例

9.2.10 酯硬化水玻璃及配套固化剂和增强剂

圣泉开发的新型改性水玻璃砂体系采用三组分：改性水玻璃＋有机酯＋增强剂，显著提高水玻璃砂的强度和抗湿性，提高水玻璃砂的再生率。

产品特点：对环境无污染、型砂溃散性好、再生回用率大于85%、防湿抗潮性能好。

主要规格型号见表9.23。

表9.23 水玻璃规格型号

型　号	密度(20℃)/(g·cm⁻³)	黏度(20℃)/(mPa·s)	外　观	产品特点	保质期/天
ZW100	1.40～1.60	≤300	半透明或青灰色液体	CO₂制芯	360
ZW102	1.40～1.60	≤300	半透明或青灰色液体	溃散性好	360
ZW106	1.40～1.60	≤300	半透明或青灰色液体	防湿抗潮	360

9.3 铸造涂料

铸造涂料采用智能配料系统和高效搅拌釜，加以独特的配方形成了多功能、多用途的系列产品，满足各种铸件、各种铸造工艺、不同涂敷工艺的使用要求。

9.3.1 醇基砂型涂料

产品特点：具有优良的触变性和流平性、悬浮稳定性好、发气量小、涂层强度高、耐火度高。主要规格型号见表9.24。

表9.24 醇基砂型涂料规格型号

涂料型号	主要骨料	密度(25℃)/(g·cm⁻³)	波美度/°Bé	颜色	适用范围	施涂方法
FQ507	石墨粉	1.15～1.30	40～50	红色	铸铁件	刷涂、浸涂或流涂
FQ607L-1	石墨粉	1.10～1.30	20～35	黑色	铸铁件	刷涂或流涂
FQ26	石墨粉	1.10～1.30	30～45	红色	铸铁件	刷涂或流涂
FQ307	石墨粉	1.40～1.70	80～100	红色	铸铁件	刷涂或流涂
FQ10	镁橄榄石粉	1.30～1.50	50～65	红色	防渗硫涂料	刷涂或流涂
FQ30pro	—	1.20～1.50	40～55	黄色	防渗硫涂料	刷涂或流涂
FQ580新	铝硅酸盐	1.50～1.80	55～75	白色	铸铁件或有色合金铸件	刷涂或流涂
FQ800B	铝硅酸盐	1.55～1.95	100～120	灰色	大型铸铁件或小型铸钢件	刷涂或流涂
FQ600	锆英粉	1.70～1.95	70～85	白色	大型铸铁件或小型铸钢件	刷涂或流涂
FQ600SP	锆英粉	1.70～2.20	≥120	白色	大型铸铁件或小型铸钢件	喷涂
FQH500	锆英粉	1.70～1.95	70～85	白色	铸钢件	刷涂
FQ100A	锆英粉	2.10～2.40	100～130	白色	铸钢件	刷涂
FQ7	锆英粉	1.90～2.10	≥120	白色	铸钢件	刷涂
FQ7Y	锆英粉	2.00～2.40	≥120	白色	高渗透涂料	刷涂
FQ400	镁砂粉	1.60～1.80	100～130	浅黄	高锰钢	刷涂
SQM～B26	锆英粉	2.30～2.60	80～100	白色	冷铁涂料	刷涂

9.3.2 水基砂型涂料

产品特点：良好的触变性、流平性，悬浮稳定性好，发气量小，烘干后涂层强度高、不开裂、不起泡、耐火度高。主要规格型号见表9.25。

表9.25　水基砂型涂料规格型号

涂料型号	主要骨料	密度(25 ℃)/(g·cm⁻³)	波美度/°Bé	颜色	适用范围	施涂方法
FAS201	石墨粉	1.20～1.40	60～80	红色	铸铁件	刷涂或浸涂
FS27	石墨粉	1.20～1.50	≥80	红色	大型铸铁件	刷涂、浸涂或流涂
FS2000	石墨粉	1.35～1.55	80～100	红色	发动机类铸铁件	刷涂或浸涂
FS1000	石墨粉	1.25～1.50	65～75	红色	防脉纹铸铁涂料	刷涂或浸涂
FS23B	云母粉	1.30～1.60	60～80	白色	有色合金铸件	刷涂或浸涂
FS90	锆英粉	2.30～2.70	≥100	白色	铸钢件	刷涂或浸涂
FS90A	锆英粉	2.30～2.70	≥100	白色	铸钢件	刷涂或流涂

9.3.3　防渗硫涂料

产品特点：防渗硫效果、涂刷性能、渗透性优异，涂层强度高、耐火度高，主要用于大型球铁铸件。主要规格型号见表9.26。

表9.26　防渗硫涂料规格型号

涂料型号	主要骨料	密度(25 ℃)/(g·cm⁻³)	波美度/°Bé	颜色	适用范围	施涂方法
FQ10	镁橄榄石粉	1.30～1.50	50～65	红色	球铁件	刷涂或流涂
FQ30pro	—	1.20～1.50	40～55	黄色	球铁件	刷涂或流涂

9.3.4　激冷涂料

产品特点：激冷效果好、悬浮稳定性好、易点燃、涂层强度高。主要规格型号见表9.27。

表9.27　激冷涂料规格型号

涂料型号	主要骨料	密度(25 ℃)/(g·cm⁻³)	黏度(25 ℃)/(mPa·s)	颜色	适用范围	施涂方法
FQT100	碲粉复合	1.25～1.65	18～21	黑色	铸铁件	刷涂
FQT101	锆英粉复合	1.95～2.25	(波美度/°Bé)50～70	白色	铸钢件	刷涂

9.3.5　消失模涂料

产品特点：优良的触变性和流平性，悬浮稳定性好，对于泡沫塑料模具有良好的涂挂性和附着力，涂层透气性好、耐火度高。主要规格型号见表9.28。

表9.28 消失模涂料规格型号

涂料型号	主要骨料	密度(25℃)/(g·cm⁻³)	波美度/°Bé	颜色	适用范围	施涂方法
FS209	石墨粉	1.25～1.50	≥90	灰色	铸铁件	刷涂、流涂或浸涂
FS15	石墨粉	1.35～1.55	90～110	灰色	铸铁件	刷涂、流涂或浸涂
FS215	锆英粉	1.70～2.00	≥100	白色	铸钢件	刷涂、流涂或浸涂

9.3.6 V法涂料

产品特点：对塑料薄膜有优良的附着力和附着强度、涂层透气性好，强度高，骨料耐火度高，具有优异的抗粘砂能力，铸件表面光洁。主要规格型号见表9.29。

表9.29 V法涂料规格型号

涂料型号	主要骨料	密度(25℃)/(g·cm⁻³)	波美度/°Bé	颜色	适用范围	施涂方法
FQ55V	石墨粉	1.40～1.70	70～80	红色	铸铁件	喷涂
FQ50V	锆英粉	1.95～2.25	90～110	白色	铸钢件	喷涂

9.3.7 金属型涂料

产品特点：利于铸件脱型抽芯，防止粘连和氧化物堆积，能明显调节铸件冷却速度，以获得组织致密的铸件，改善铸件尺寸精度和表面粗糙度，获得良好的铸件表面质量，具有较高的附着强度和半永久性，以保证生产效率。主要规格型号见表9.30。

表9.30 金属型涂料规格型号

涂料型号	主要骨料	密度(25℃)/(g·cm⁻³)	颜色	适用范围	施涂方法
SQM-B21	云母粉	1.65～1.80	灰色	低压重力铸造	喷涂
SQM-B22	滑石粉	1.50～1.80	白色	低压重力铸造	喷涂
SQM-B24	锆英粉	2.30～2.80	白色	水基工具涂料	刷涂
SQM-J	石墨粉	1.30～1.60	黑色	低压重力铸造	喷涂
SQM-L3	刚玉粉	1.65～1.85	白色	离心铸造	喷涂

9.3.8 流涂工作站

通过流涂的方式将涂料涂敷于砂型、砂芯表面的成套专用设备。

产品特点：提高施涂效率；铸件表面质量好；涂料始终处于半封闭性容器中，挥发少、波美度更容易控制；涂料质量稳定。主要规格型号见表9.31。

表9.31　流涂工作站规格型号

型　号	流量/(L·min⁻¹)	流槽尺寸/m	扬程/m	搅拌方式	流涂驱动方式	搅拌器容积/L
SLT-350	50～60	2.4×1.8	4	剪切搅拌	电动或气动	350
SLT-200	30～60	1.8×1.2	3	剪切搅拌	电动或气动	200

9.4　发热保温冒口套

发热保温冒口套采用质量稳定的原材料，运用智能配料系统和多种成型工艺进行生产，优化产品配比，并采用了先进的检测手段。冒口套规格多达上百种，可满足各种材质铸件和铸造工艺对冒口补缩性能的要求。

9.4.1　FT500系列通用发热保温冒口套

FT500系列通用发热保温冒口套密度低，适用于树脂砂、水玻璃砂生产的中小型铸铁件和铸钢件，多采用预埋方式造型使用。

FT500系列通用发热保温冒口套示意图见图9.1，主要规格型号见表9.32。

（a）明冒口套

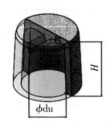
（b）暗冒口套

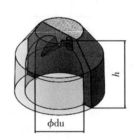
（c）圆顶暗冒口套

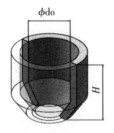
（d）缩颈冒口套

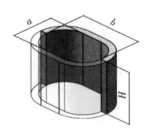
（e）椭圆冒口套

图9.1　FT500系列通用发热保温冒口套示意图（单位：mm）

表9.32　FT500系列通用发热保温冒口套规格型号

冒口套类型	冒口套规格	发热保温冒口模数/cm	保温冒口模数/cm	冒口容积/cm³	注意事项
明冒口套	FT500-M du×H 范围：FT500-M40×75 到FT500-M140×170	1.35～3.94	0.87～2.80	94～2817	（1）撒覆盖剂； （2）加盖（通出气孔）

表9.32（续）

冒口套类型	冒口套规格	发热保温冒口模数/cm	保温冒口模数/cm	冒口容积/cm³	注意事项
暗冒口套	FT500-A du/H 范围：FT500-A40/70 到FT500-A140/170	0.90~3.73	0.64~2.50	52~2140	通出气孔
圆顶暗冒口套	FT500-A du/h R 范围：FT500-A50/60R 到FT500-A130/140R	1.41~3.69	1.00~2.64	80~1440	通出气孔
缩颈冒口套	FT500-S do 范围：FT500-S70 到FT500-S140	1.95~3.68	1.37~2.64	245~2700	可加盖（通出气孔）； 撒覆盖剂； 缩颈处加易割片
椭圆冒口套	FT500-T a/b/H 范围：T500-T40/60/60 到T500-T100/150/150	1.29~3.33	0.94~2.38	120~1900	可加盖（通出气孔）； 撒覆盖剂； 在冒口套下部（与铸件接触处）加砂台

冒口盖可配合冒口套使用，示意图见图9.2，主要规格型号见表9.33。

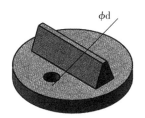

（a）圆形冒口盖　　　　　　　（b）椭圆形冒口盖

图9.2　FT500系列通用发热保温冒口盖示意图（单位：mm）

表9.33　FT500系列通用发热保温冒口盖规格型号

冒口盖类型	冒口盖规格	使用方法	注意事项
圆形冒口盖	FT500-G d 范围：FT500-G70 到FT500-G140	与冒口套配套使用	通出气孔
椭圆形冒口盖	FT500-GT a/b 范围：FT500-GT40/60 到FT500-GT70/140	与冒口套配套使用	通出气孔

9.4.2　FT100（Ⅲ）中大规格发热保温冒口套

FT100（Ⅲ）中大规格发热保温冒口套由轻质发热保温材料制作而成，配合高发热值而且对合金不造成污染的发热剂，确保高效的补缩性能。其密度低，强度和韧性较好，发气量低、透气性好、耐火度高，使得回炉料清洁。适用于树脂砂、水玻璃砂生产的大型铸铁件、铸钢件补缩，多采用预埋方式造型使用。

FT100（Ⅲ）中大规格发热保温冒口套示意图见图9.3，主要规格型号见表9.34。

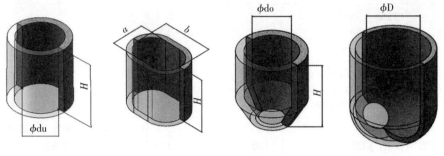

（a）直筒形冒口套　　（b）椭圆形冒口套　　（c）缩颈冒口套　　（d）斜颈冒口套

图9.3　FT100（Ⅲ）中大规格发热保温冒口套示意图（单位：mm）

表9.34　FT100（Ⅲ）中大规格发热保温冒口套规格型号

冒口套类型	冒口套规格	发热保温冒口模数/cm	保温冒口模数/cm	冒口容积/cm³	注意事项
直筒形冒口套	FT100(Ⅲ)-M du×H 范围：FT100(Ⅲ)-M150×150 到FT100(Ⅲ)-M325×200	3.58～6.49	2.75～4.93	2649～16583	加盖（通出气孔）； 撒覆盖剂
椭圆形冒口套	FT100(Ⅲ)-T a/b/H 范围：FT100(Ⅲ)-T100/200/200 到FT100(Ⅲ)-T360/580/300	3.90～9.52	2.78～7.17	3500～54280	可加盖（通出气孔）； 撒覆盖剂； 冒口套下部（与铸件接触处）加砂台
缩颈形冒口套	FT100(Ⅲ)-S do 范围：FT100(Ⅲ)-S150 到FT100(Ⅲ)-S300	3.71～7.08	2.90～5.75	2780～21310	可加盖（通出气孔）； 撒覆盖剂； 缩颈处加易割片
斜颈冒口套	FT100(Ⅲ)-X D 范围：FT100(Ⅲ)-X150 到FT100(Ⅲ)-X350	4.20～7.43	3.40～5.98	5101～24002	可加盖（通出气孔）； 撒覆盖剂

FT100中大规格发热保温（Ⅲ）冒口盖示意图见图9.4，主要规格型号见表9.35。

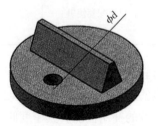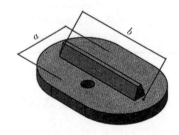

（a）圆形冒口盖　　　　　　　　　（b）椭圆形冒口盖

图9.4　FT100（Ⅲ）中大规格发热保温冒口盖示意图（单位：mm）

表9.35 FT100（Ⅲ）中大规格发热保温冒口盖规格型号

冒口盖类型	冒口盖规格	注意事项
圆形冒口盖	FT100(Ⅲ)-G d 范围：FT100(III)-G150到FT100(III)-G325	通出气孔
椭圆形冒口盖	FT100(Ⅲ)-GT a/b 范围：FT100(III)-GT100/200到FT100(III)-GT300/450	通出气孔

9.4.3 FT400系列发热保温冒口套

FT400系列发热保温冒口套适用于树脂砂、水玻璃砂工艺生产的大型铸铁件、铸钢件补缩，多采用预埋方式造型使用。为达到最佳补缩效果，建议同时使用发热保温覆盖剂。

FT400系列发热保温冒口套及冒口盖示意图见图9.5，主要规格型号见表9.36、表9.37。

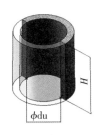
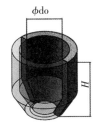
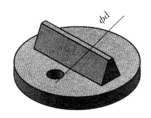

（a）直筒形冒口套　　　（b）缩颈形冒口套　　　（c）圆形冒口盖

图9.5 FT400系列发热保温冒口套、冒口盖示意图（单位：mm）

表9.36 FT400系列发热保温冒口套规格型号

冒口套类型	冒口套规格	发热保温冒口模数/cm	保温冒口模数/cm	冒口容积/cm³	注意事项
直筒形冒口套	FT400-M du×H 范围：FT400-M350×175 到FT400-M850×200	6.13～8.84	4.81～7.48	16828～113433	配合覆盖剂使用； 可加盖（通出气孔）
缩颈形冒口套	FT400-S do 范围：FT400-S350 到FT400-S600	8.31～9.19	6.75～7.08	34190～41910	加盖（通出气孔）； 撒覆盖剂

表9.37 FT400系列发热保温圆形冒口盖规格型号

冒口盖规格	应用领域	注意事项
FT400-G d 范围：FT400-G350 到FT400-G450	树脂砂、水玻璃砂	通出气孔

9.4.4 WJ100合金钢高锰钢专用冒口套

针对高锰钢、合金钢的凝固特点，冒口套选用优质耐火、发热材料制作，具有密度低、强度和韧性好的特点，适用于树脂砂、水玻璃砂生产的中大型铸钢件，多采用预埋方式造型使用。

WJ100合金钢高锰钢专用冒口套示意图见图9.6，规格型号见表9.38。

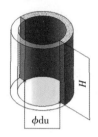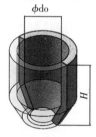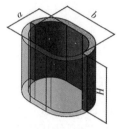

　（a）直筒形冒口套　　　（b）缩颈形冒口套　　　（c）椭圆形冒口套　　　（d）斜颈冒口套

图9.6　WJ100合金钢高锰钢专用冒口套示意图（单位：mm）

表9.38　WJ100合金钢高锰钢专用冒口套规格型号

冒口套类型	冒口套规格	发热保温冒口模数/cm	保温冒口模数/cm	冒口容积/cm³	注意事项
直筒形冒口套	WJ100-M du×H 范围：WJ100-M150×150 到WJ100-M850×200	3.58～8.84	2.75～7.48	2649～113433	加盖(通出气孔)； 撒覆盖剂
缩颈冒口套	WJ100-S do 范围：WJ100-S150 到WJ100-S600	3.71～9.50	2.90～6.80	2780～63950	可加盖(通出气孔)； 撒覆盖剂； 缩颈处加易割片
椭圆形冒口套	WJ100-T a/b/H 范围：WJ100-T100/200/200 到WJ100-T360/580/300	3.90～9.52	2.78～7.17	3500～54280	可加盖(通出气孔)； 撒覆盖剂； 冒口套下部(与铸件接触处)加砂台
斜颈冒口套	WJ100-X D 范围：WJ100-X150 到WJ100-X350	4.20～7.43	3.40～5.98	5101～24002	可加盖(通出气孔)； 撒覆盖剂

9.4.5 FT800(Ⅰ)高铬铸铁专用冒口套

针对高铬铸铁件铁水的凝固特点，选用优质耐火、发热材料制作，具有热量高、发热快的特点，满足铸件的使用要求。FT800（Ⅰ）高铬铸铁专用冒口套示意图见图9.7，主要规格型号见表9.39。

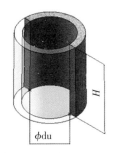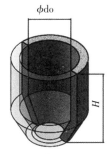

（a）直筒形冒口套   （b）缩颈冒口套

图9.7 FT800（Ⅰ）高铬铸铁专用冒口套示意图（单位：mm）

表9.39 FT800（Ⅰ）高铬铸铁专用冒口套规格型号

冒口套类型	冒口套规格	发热保温冒口模数/cm	保温冒口模数/cm	冒口容积/cm³	注意事项
直筒形冒口套	FT800(Ⅰ)-M du×H 范围：FT800(Ⅰ)-M150×150 到 FT800(Ⅰ)-M325×200	3.58～6.49	2.75～4.93	2649～16583	加盖（通出气孔）；撒覆盖剂
缩颈冒口套	FT800(Ⅰ)-S do 范围：FT800(Ⅰ)-S150 到 FT800(Ⅰ)-S300	3.71～7.08	2.90～5.75	2780～21310	可加盖（通出气孔）；撒覆盖剂；缩颈处加易割片

9.4.6 FPS500直浇冒口套

FPS500直浇冒口套由发热保温冒口套与陶瓷过滤器组合而成，具有冒口补缩和金属液过滤的综合作用。金属液直接从冒口套中浇注，省略了浇注系统设计，节省浇冒口的金属用量，降低生产成本。

FPS500直浇冒口套示意图见图9.8，规格型号见表9.40。

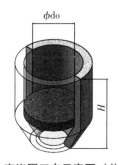

图9.8 FPS500直浇冒口套示意图（单位：mm）

表9.40 FPS500直浇冒口套规格型号

冒口套规格	冒口模数/cm	冒口容积/cm³	过滤器尺寸(D)/mm	使用方法	应用领域	注意事项
FPS500-S do/H 范围：FPS500-S70/140 到 FPS500-S225/250	1.92～5.29	402～7909	50～200	过滤器与冒口套配套使用	树脂砂、水玻璃砂	连续浇注金属液

9.4.7 FT200保温冒口套

FT200保温冒口套由轻质保温材料制作而成，尺寸规格与发热保温冒口套相同，选用时参考上述各表中的"保温冒口模数"。

9.4.8 FI200保温冒口套

FI200保温冒口套密度低、尺寸精确、强度高、发气量小、保温效果好，适用于铸铁、铸钢、铸铝件的补缩，可预埋或造型后嵌入砂型使用，尺寸规格与发热保温冒口套相同，选用时参考"保温冒口模数"。

9.4.9 FI200（Ⅱ）-TQ保温冒口套

FI200（Ⅱ）-TQ保温冒口套由轻质保温材料制作而成，尺寸规格与发热保温冒口套相同，较常规产品具有更高的强度和透气性。

FI200（Ⅱ）-TQ保温冒口套示意图见图9.9，主要规格型号见表9.41。

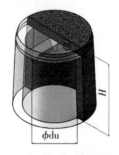

图9.9 FI200（Ⅱ）-TQ保温冒口套示意图
（单位：mm）

表9.41 FI200（Ⅱ）-TQ保温冒口套规格型号

冒口套规格	保温冒口模数/cm	冒口容积/cm³	使用方法	应用领域	注意事项
FI200(Ⅱ)-TQ: A du/H 范围：FI200(Ⅱ)-A35/50 TQ 到FI200(Ⅱ)-A40/70 TQ	0.60 ~ 0.75	30 ~ 70	嵌入式	壳型生产线	要求冒口套高强度、高透气性

9.4.10 FM100发热保温冒口套

FM100发热保温冒口套密度低、尺寸精确、强度高，适用于树脂砂、水玻璃砂或湿型黏土砂工艺生产的中小型铸铁、铸钢件的补缩，可预埋或造型后嵌入砂型中使用。

FM100发热保温冒口套示意图见图9.10，主要规格型号见表9.42。

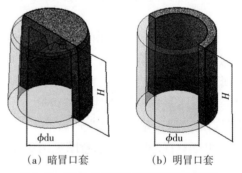

（a）暗冒口套　　　　（b）明冒口套

图9.10 FM100发热保温冒口套示意图
（单位：mm）

表9.42 FM100发热保温冒口套规格型号

冒口套类型	冒口套规格	发热保温冒口模数/cm	保温冒口模数/cm	冒口容积/cm³	注意事项
暗冒口套	FM100-A du/H 范围：FM100-A20/35 到FM100-A140/170	0.57 ~ 3.73	0.37 ~ 2.5	8 ~ 2140	预埋式：注意排气； 嵌入式：冒口套高强度
明冒口套	FM100-M du×H 范围：FM100-M40×70 到FM100-M150×150	1.34 ~ 4.05	0.79 ~ 2.5	94 ~ 2651	预埋式：配合覆盖剂使用； 嵌入式：冒口套高强度

9.4.11　L7系列高强冒口套

L7系列高强冒口套发热量大、补缩效率高，适用于湿型黏土砂高压造型线大批量铸件的生产。

产品特点：可承受高压造型的压力，不影响铸件金相组织，冒口安放灵活且极易去除，可有效解决球铁件壁厚过渡处的内部缺陷。

L7系列高强冒口套示意图见图9.11，主要规格型号见表9.43。

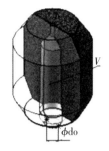

图9.11　L7系列高强冒口套示意图（单位：mm）

表9.43　L7系列高强冒口套规格型号

冒口套规格	冒口模数/cm	冒口容积/cm³	使用方法	应用领域	注意事项
L7-V/N 范围：L7-36/17 到L7-770/30	1.30～4.20	37～772	高压造型	湿型黏土砂造型线	金属易割片口径影响冒口补缩效果

9.4.12　高效发热保温覆盖剂

高效发热保温覆盖剂发热值高，保温性能突出，铺展性好，具有良好的聚渣作用。能有效阻止金属液通过明冒口上表面进行热辐射、热对流，减少热量散失，延长冒口凝固时间，改善收缩形状，增大冒口的安全系数，提高补缩效果。

主要规格型号见表9.44。

表9.44　高效发热保温覆盖剂规格型号

产品	发热性能	保温性能	适用范围
PM100	高	高	铸铁、铸钢件
PM200	中	高	铸铁、铸钢件
PM300	低	中	铸铁、铸钢件
EA	高	中	产品不含碳，适用于不锈钢铸件

9.5　过滤器（网）

泡沫陶瓷过滤网采用了优质耐高温材料、智能化配料系统、自动化成型设备、高精度温度控制烧结工艺，产品性能稳定。

9.5.1　FCF-2铸铁用泡沫陶瓷过滤网

产品特点：常温、高温强度高，孔隙率高，过滤量大，大批量生产工艺稳定，产品质量稳定。其性能指标见表9.45，常用尺寸见表9.46。

表9.45 FCF-2铸铁用泡沫陶瓷过滤网性能指标

型 号	指 标				
	常温耐压强度/MPa ≥	体积密度 /(g·cm⁻³)	孔隙率/% ≥	使用温度/℃ ≤	适用范围/特点
FCF-2BA	1.2	0.36 ~ 0.45	80	1480	球铁、灰铁件
FCF-2B	1.5	0.40 ~ 0.50	80	1500	较大球铁件
FCF-2D	1.2	0.36 ~ 0.45	80	1450	有色合金、灰铁件
FCF-2H	1.2	0.31 ~ 0.39	83	1480	高通过率；球铁、灰铁
FCF-1G	1.5	0.40 ~ 0.50	80	1560	大型球铁、碳钢件
FCF-2G	1.5	0.42 ~ 0.50	80	1520	浇温较高铸铁件

表9.46 FCF-2铸铁用泡沫陶瓷过滤网常用尺寸   单位：mm

方形	30 × 50 × 22	40 × 40 × 22	50 × 50 × 22	75 × 50 × 22	100 × 50 × 22	75 × 75 × 22	100 × 75 × 22
	100 × 100 × 22	150 × 100 × 22	150 × 150 × 40	300 × 150 × 40	125 × 125 × 30	120 × 120 × 25	
圆形	φ40 × 15	φ50 × 22	φ60 × 22	φ70 × 22	φ80 × 22	φ90 × 22	φ100 × 22
	φ125 × 25	φ150 × 30	φ200 × 40				

9.5.2 FCF-1Z氧化锆质泡沫陶瓷过滤网

产品特点：优良的高温性能，常温强度高，不易掉渣，质量稳定，孔隙率高，过滤效果好。其性能指标见表9.47，常用尺寸见表9.48。

表9.47 FCF-1Z氧化锆质泡沫陶瓷过滤网性能指标

型 号	指 标		
	常温耐压强度/MPa ≥	使用温度/℃ ≤	适用范围
FCF-1Z	1.5	1700	不锈钢及钴基、镍基等高温合金件
FCF-1ZH	1.5	1700	低合金钢、碳钢、大型铸铁件
FCF-1ZR	2.5	1750	浇注温度要求高的铸钢件
FCF-1ZW	1.5	1700	用于航空航天铸件

表9.48 FCF-1Z氧化锆质泡沫陶瓷过滤网常用尺寸   单位：mm

方形	50 × 50 × 22	60 × 60 × 22	70 × 70 × 22	75 × 75 × 25	100 × 100 × 25
	125 × 125 × 25	150 × 150 × 30	175 × 175 × 35	200 × 200 × 35	250 × 250 × 40
圆形	φ50 × 20	φ60 × 22	φ70 × 22	φ75 × 25	φ100 × 25
	φ125 × 30	φ150 × 30	φ200 × 35	φ250 × 40	φ300 × 40

9.5.3　FCF-M镁合金用泡沫陶瓷过滤网

产品特点：具有良好的高温性能及高温化学稳定性，不与合金元素起反应。其性能指标见表9.49，常用尺寸见表9.50。

表9.49　FCF-M镁合金用泡沫陶瓷过滤网性能指标

型　号	使用温度/℃ ≤	适用领域
FCF-M	1150	镁合金

表9.50　FCF-M镁合金用泡沫陶瓷过滤网常用尺寸　　　　单位：mm

方形	$50 \times 50 \times 15$	$60 \times 60 \times 15$	$70 \times 70 \times 20$	$75 \times 75 \times 20$	$80 \times 80 \times 20$
	$90 \times 90 \times 22$	$100 \times 100 \times 22$	$125 \times 125 \times 22$	$150 \times 150 \times 25$	
圆形	$\phi 40 \times 15$	$\phi 50 \times 15$	$\phi 60 \times 15$	$\phi 70 \times 20$	$\phi 80 \times 20$
	$\phi 90 \times 22$	$\phi 100 \times 22$	$\phi 125 \times 22$	$\phi 150 \times 25$	

9.5.4　FCF-3有色合金用泡沫陶瓷过滤网

产品特点：有效去除金属液中的夹杂物，提高表面质量，提升产品性能，改善机械加工性能。其性能指标见表9.51，常用尺寸见表9.52。

表9.51　FCF-3有色合金用泡沫陶瓷过滤网性能指标

型　号	指　标			
	常温耐压强度/MPa ≥	孔隙率/%	使用温度/℃ ≤	适用范围
FCF-3	1.2	80~87	1200	铝合金
FCF-3B	1.5	80~87	1300	铜合金

表9.52　FCF-3有色合金用泡沫陶瓷过滤网常用尺寸　　　　单位：mm

方形	$50 \times 50 \times 15$	$60 \times 60 \times 15$	$70 \times 70 \times 20$	$75 \times 50 \times 22$	$75 \times 75 \times 20$
	$100 \times 50 \times 20$	$100 \times 75 \times 20$	$100 \times 100 \times 22$	$150 \times 100 \times 22$	$150 \times 150 \times 25$
圆形	$\phi 40 \times 15$	$\phi 50 \times 15$	$\phi 60 \times 15$	$\phi 70 \times 20$	$\phi 80 \times 20$
	$\phi 90 \times 20$	$\phi 100 \times 22$	$\phi 125 \times 22$	$\phi 150 \times 25$	$\phi 200 \times 25$

9.5.5　FCF-4净化铝液用泡沫陶瓷过滤板

产品特点：FCF-4净化铝液用泡沫陶瓷过滤板主要用于铝液连续净化，深层过滤效果好。性能指标见表9.53，常用尺寸见表9.54。

表9.53　FCF-4净化铝液用泡沫陶瓷过滤板性能指标

体积密度/(g·cm⁻³)	0.36~0.45
孔隙率/%	80~90
常温耐压强度/MPa	> 1.0

表9.54　FCF-4净化铝液用泡沫陶瓷过滤板常用尺寸

规格/mm(inch)	最大浇铸量/t	流量/(kg·min⁻¹)
178 × 178 × 50（7）	4.2	25~45
203 × 203 × 50（8）	5.4	30~60
229 × 229 × 50（9）	7.0	35~75
254 × 254 × 50（10）	8.4	45~100
305 × 305 × 50（12）	14.0	90~165
381 × 381 × 50（15）	23.0	130~265
432 × 432 × 50（17）	35.0	210~350
508 × 508 × 50（20）	44.0	280~470
584 × 584 × 50（23）	58.0	370~540

9.5.6　FCF-1S泡沫陶瓷过滤网

产品特点：体密度小，所以蓄热系数非常低，避免初始金属液在过滤器中凝固，有利于金属液快速通过过滤器，常温及高温强度较高。其性能指标见表9.55，常用尺寸见表9.56。

表9.55　FCF-1S泡沫陶瓷过滤网性能指标

型　号	常温耐压强度/MPa ≥	体积密度 /(g·cm⁻³)	孔隙率/%	使用温度/℃ ≤	适用范围
FCF-1S-10	1.5	0.40~0.50	80~87	1650	碳钢、低合金钢、铸铁等
FCF-1S-Mn	1.5	0.40~0.50	80~87	1650	锰钢、铸铁

表9.56　FCF-1S泡沫陶瓷过滤网常用尺寸　　　　　　　　单位：mm

方形	50 × 50 × 22/10PPI	55 × 55 × 25/10PPI	75 × 75 × 22/10PPI	75 × 75 × 25/10PPI
	80 × 80 × 25/10PPI	90 × 90 × 25/10PPI	100 × 100 × 25/10PPI	125 × 125 × 30/10PPI
	150 × 150 × 30/10PPI	175 × 175 × 30/10PPI	200 × 200 × 35/10PPI	250 × 250 × 40/10PPI
圆形	φ50 × 22/10PPI	φ50 × 25/10PPI	φ60 × 25/10PPI	φ70 × 25/10PPI
	φ75 × 25/10PPI	φ80 × 25/10PPI	φ90 × 25/10PPI	φ100 × 25/10PPI
	φ125 × 30/10PPI	φ150 × 30/10PPI	φ200 × 35/10PPI	φ250 × 40/10PPI

有利于铝液快速通过，浇注系统在重熔时，过滤器会漂浮在铝液表面，很容易随渣扒除。其性能指标见表9.57。

9.5.7 FCF-5A泡沫陶瓷过滤器

产品特点：体密度小，蓄热系数低，

表9.57 FCF-5A泡沫陶瓷过滤器性能指标

常温耐压强度/MPa	孔隙率/%	体积密度/(g·cm⁻³)	使用温度/℃ ≤
≥0.80	80~90	0.25~0.35	1000

9.5.8 CHF新型直孔过滤器

产品特点：高压成型，强度高，过滤

效果好，尺寸精度高，保证了过滤器与铸型的配合精度，特别适合自动化生产线使用。其性能指标见表9.58，常用尺寸见表9.59。

表9.58 CHF新型直孔过滤器性能指标

型 号	常温耐压强度/MPa ≥	开孔率/%	使用温度/℃ ≤	过滤能力/(kg·cm⁻²)	应用范围
CHF-1S	50	40~60	1550	铸铁：≤4.5	铸铁
CHF-2	20	40~60	1500	铸铁：2~4	铸铁、铸铜、铸铝

表9.59 CHF新型直孔过滤器常用尺寸　　　　单位：mm

型 号	尺 寸		
	孔径	厚度	直径/边长
CHF-1S	3.8 ~ 6.4	9.5 ~ 22	40 ~ 150
CHF-2	1.7 ~ 3.8	9.5 ~ 22	40 ~ 150

9.5.9 纤维过滤网

本产品由耐高温玻璃纤维制成，可

剪成需要的各种尺寸规格。其性能指标见表9.60。

表9.60 纤维过滤网性能指标

型号	指 标			
	使用温度/℃	持续工作时间/s	常温抗拉强度/(千克/4根) ≥	适用范围
BXF-1	1450	10	8	铸铁件
BXF-2	850	20	6	有色合金件
BXF-3	1560	4	16	小型铸钢件

纤维过滤网的网厚为0.35 mm，孔隙率为50%～60%，网孔规格为1.5 mm×1.5 mm，2.0 mm×2.0 mm，2.5 mm×2.5 mm。

9.5.10 ZG通用型纸浇管

ZG通用型纸浇管能够替代陶瓷浇道管，主要适用于消失模铸造、实型铸造、传统砂型铸造等，对提高铸件质量、减少废品率、改善再生砂质量、减少工人作业强度等方面起到积极作用。

ZG通用型纸浇管示意图见图9.12，规格尺寸见表9.61、表9.62、表9.63。

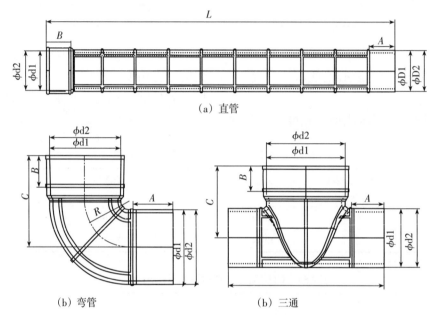

（a）直管

（b）弯管　　　　　　　（b）三通

图9.12　ZG通用型纸浇管示意图

表9.61　ZG通用型纸浇管直管规格尺寸

规　格	尺　寸/mm							包装数量/ (个·盒⁻¹)
	A	B	D1	D2	d1	d2	L	
ZG-25Z	22	22	29.5	30	30.5	31	310	156
ZG-30Z	22	22	34.5	35	35.5	36	310	156
ZG-50Z	27	27	52.4	53	53.4	54	310	68
ZG-70Z	27	27	72.4	73	73.4	74	310	39

表9.62　ZG通用型纸浇管弯管规格尺寸

规　格	尺　寸/mm								包装数量/ (个·盒⁻¹)
	A	B	D1	D2	d1	d2	C	R	
ZG-25W	22	22	29.5	30	30.5	31	52	25	126
ZG-30W	22	22	34.5	35	35.5	36	52	30	126
ZG-50W	27	27	52.4	53	53.4	54	65	35	50
ZG-70W	27	27	72.4	73	73.4	74	84	50	32

表9.63 ZG通用型纸浇管三通规格尺寸

规 格	尺 寸/mm								包装数量/(个·盒⁻¹)
	A	B	D1	D2	d1	d2	C	L	
ZG-50/30S	22	27	34.5	35	53.4	54	52	112	62
ZG-70/50S	27	27	52.4	53	73.4	74	84	145	36

9.6 辅助材料

圣泉系列造型、制芯辅助材料安全环保，使用方便，可满足造型制芯过程的不同使用要求。

9.6.1 冷芯盒脱模剂

产品特点：显著降低脱模阻力，保护芯盒，使砂芯的外观质量显著提高。其技术指标见表9.64。

表9.64 冷芯盒脱模剂技术指标

型 号	外 观	密度/(g·cm⁻³)
RA-16HB	无色透明液体	0.66～0.78
RA-21HB	无色透明液体	0.67～0.77
RA-22HB	无色透明黏稠状液体	0.80～0.95
RA-23HB	无色透明黏稠状液体	0.80～0.90

9.6.2 热芯盒覆膜砂脱模剂

产品特点：显著降低脱模阻力，脱模效果好，减少砂芯变形，在芯盒内腔上积垢量少，易清理。其技术指标见表9.65。

表9.65 热芯盒覆膜砂脱模剂技术指标

型 号	外 观	密度/(g·cm⁻³)	引火点/℃
RA-01	乳白色悬浮液体	0.90～1.00	无
RA-01-1	乳白色悬浮液体	0.86～0.91	无
RA-03A	均匀的油状液体	0.80～0.85	自然条件即可引燃

9.6.3 自硬砂脱模剂

产品特点：挥发速度快，效率高。涂膜薄且均匀，附着力强。产品环保，对工人和生产环境友好。其技术指标见表9.66。

表9.66　自硬砂脱模剂技术指标

型　号	外　观	密度/(g·cm⁻³)	引火点/℃	固含量
RA-04-1G	乳白色至淡黄色悬浮液体	0.65～0.75		
RA-04-2	金黄色悬浮液体	0.68～0.78		RA-04-2A＞RA-04-2
RA-04-2A		0.78～0.88	自然条件即可引燃	
RA-02	银灰色悬浮液体	0.68～0.72		RA-02-4＞RA-02-4A＞RA-02-4A(BT)RA-02＞RA-02-4A(YL)A-02
RA-02-4		0.75～0.85		
RA-02-4A		0.75～0.82		
RA-02-4A(BT)		0.75～0.82		
RA-02-4A(YL)		0.65～0.75		

9.6.4　湿型黏土砂专用脱模剂

产品特点：涂抹一次可连续数次造型，显著降低脱模阻力，提高铸件外观质量，在恶劣造型条件下，脱模性能优越，无火灾危险，安全性高。其技术指标见表9.67。

表9.67　湿型黏土砂专用脱模剂技术指标

型　号	外　观	密度/(g·cm⁻³)	粘度(20℃)/(mPa·s)	引火点/℃	流动点/℃
RA-05	白色乳液	0.9～1.0	3～7	无	0
RA-08	白色乳液	0.80～0.86	4～8	无	-10
RA-08A	白色乳液	0.84～0.92	6～10	无	-5

9.6.5　树脂砂清洗剂

产品特点：对已固化的树脂有迅速溶解的作用，可快速清洗芯盒、工装和设备表面的树脂膜，且不腐蚀芯盒表面。其技术指标见表9.68。

表9.68　树脂砂清洗剂技术指标

型　号	外　观	密度/(g·cm⁻³)	备　注
QA-01	无色透明、略带胺味的液体	0.92～0.96	树脂溶解度 QA-05＞QA-01(A)＞QA-01
QA-01(A)		0.92～0.96	
QA-05	淡黄色透明液体	0.93～1.00	
QA-06	无色，有少量絮状物	1.28～1.38	溶解热芯盒树脂

9.6.6　自硬快干型芯黏结剂

产品特点：常温下干燥快，强度高，非水解，用于树脂砂、水玻璃砂、油砂等型芯的黏合与修补。其技术指标见表9.69。

表9.69 自硬快干型芯黏结剂技术指标

型 号	黏度(20 ℃)/(mPa·s)	2H抗拉强度/MPa ≥
BA-01	4000~5000	0.90
BA-01-1	4500~5500	0.95
BA-01X	6000~8500	1.05
BA-01X-1	8500~11000	0.90
干燥速度	BA-01X-1 > BA-01X > BA-01-1 > BA-01	

9.6.7 无机黏结剂

产品特点：浅红色膏状物，环保、强度高、干燥快、成本低。

本产品也可用作封箱泥膏，具有优良的可塑性，可有效防止铸件飞边、跑火等，提高铸件尺寸精度，使用方便，可明显节约工时。其技术指标见表9.70。

表9.70 无机黏结剂技术指标

型 号	黏度(20 ℃)/(mPa·s)	2H抗拉强度(20±5℃)/MPa ≥	4H抗拉强度(20±5 ℃)/MPa ≥	150 ℃烘干30 min即时热拉强度/MPa ≥	150 ℃烘干30 min 10 min后冷拉强度/MPa ≥
MS-04	6000~10000	0.10	0.40	0.50	1.50
MS-04A	40000~65000	0.15	0.50	0.60	1.80

9.6.8 MS-01系列封箱泥膏

可根据客户施工黏度要求选择MS-01、MS-01C、MS-01G等型号。本品为浅红色膏状物，可塑性好，可有效防止铸件飞边、跑火等，提高铸件尺寸精度，使用方便，节约工时，适用于各种砂型。

9.6.9 MS-02系列封箱泥条

可根据客户铸件种类及工艺要求选择MS-02A、MS-02D、MS-02H等型号。本品为黑色或黄绿色可塑性柔体，可塑性好，可有效防止铸件飞边、跑火等，提高铸件尺寸精度，使用方便，明显节约工时。适用于各种砂型。

9.6.10 XB系列型芯修补膏

XB系列型芯修补膏为土黄色、灰黑色或红色膏状物，黏附性强，可塑性高，强度高，抗裂性好，发气量低、无毒。用于型芯（黏土砂、水玻璃砂、油砂、树脂砂等）的黏结、修补和砂型的合箱密封。本产品分为XB-A型（快干）、XB-B型（普通）、XB-C型（环保）、XB-D型（环保高黏）。

9.6.11 SQ-FMW-01防脉纹添加剂

该产品为无机防脉纹添加剂，不增加发气量，对型砂强度影响很小，可改善砂芯（型）塑性，显著缓解硅砂在高温下快速膨胀、加强砂芯（型）的表面激冷作用，减轻或消除脉纹缺陷。其技术指标见 表9.71。

表9.71 SQ-FMW-01防脉纹添加剂技术指标

外　观	堆积密度/(g·cm⁻³)	水分/% ≤	灼烧减量/% ≤	发气量/(mL·g⁻¹) ≤
灰黑色粉体或小型颗粒状晶体	1.70~2.05	0.3	3	13

9.6.12　AF2#M 防脉纹添加剂

产品特点：加入量低、消除膨胀缺陷、提高型砂流动性、提高砂芯表面质量。

9.6.13　SQ-FMW-02 有机防脉纹添加剂

产品特点：加入量小，提高砂芯表面质量，有效改善铸件脉纹倾向，适用于多种工艺。其技术指标见表9.72。

表9.72 SQ-FMW-02 有机防脉纹添加剂技术指标

外　观	堆积密度/(g·cm⁻³)	水分/% ≤	发气量/(mL·g⁻¹) ≤
橘红色粉体	0.80~1.00	15%	900

9.6.14　湿型黏土砂表面强化剂QH-A

增强湿型黏土砂表面强度，防止浇注时产生冲砂、掉砂和夹砂。其技术指标见表9.73。

表9.73 湿型黏土砂表面强化剂QH-A技术指标

外　观	堆积密度/(g·cm⁻³)	黏度(20℃)/(mPa·s) ≤	引火点/℃
淡蓝色黏稠状液体	0.95~1.05	40	无

9.6.15　WBJ-01铸造用微波胶

本产品为黑色黏稠膏体，具有低黏度、低膨胀、强度高、固化时间短的特点。产品主要成分为无机材料，不会造成环境污染与危害人体健康。在短时间内快速硬化，相比电炉加热生产效率大幅度提高。其技术指标见表9.74。

表9.74 WBJ-01铸造用微波胶技术指标

型　号	外观	黏度(20℃)/(mPa·s) ≤	发气量/(mL·g⁻¹) ≤
WBJ-01	黑色黏稠状膏体	1500~3000	80

9.7 球化剂、孕育剂及铁合金

内蒙古圣泉科利源新材料科技有限公司是圣泉集团控股子公司，采用环保矿热炉和电炉、自动加料系统、压力加镁工艺、优质原料，生产硅铁、稀土合金、球化剂、孕育剂、包芯线，产品成分稳定，质量稳定，是国内最大的球化剂、孕育剂生产厂家。

9.7.1 球化剂系列

产品包括：①普通球化剂（PQ系

列），适用于一般球墨铸铁生产；②重稀土球化剂（ZQ系列），常用于厚大铸件生产；③风电球化剂（FQ系列），适用于风电类等厚大球墨铸铁件的生产；④镧系球化剂（LQ系列），对于缩松倾向和白口较大的球墨铸铁件有效；⑤珠光体球化剂（ZGQ系列），适用于QT500及以上材质；⑥球化包芯线。

产品规格型号、技术参数见表9.75、表9.76、表9.77、表9.78、表9.79、表9.80。

表9.75 普通球化剂（PQ系列）技术参数

化学成分(质量分数)/%					粒 度/mm
Mg	Re	Si	Ca	Ba	根据客户要求调整
4~10	0~5	40~48	0.5~5.0	适量	

表9.76 重稀土球化剂（ZQ系列）技术参数

化学成分(质量分数)/%						粒 度/mm
Mg	Y	Si	Ca	Sb	其他元素	根据客户要求调整
4~10	0~5	40~48	0.5~5.0	适量	适量	

表9.77 风电球化剂（FQ系列）规格型号、技术参数

型号	化学成分(质量分数)/%					粒 度/mm
	Mg	Re	Si	Ca	Ba	
FQ-1	6.2~6.6	0.4~0.6	43~48	0.8~1.2	适量	
FQ-2	6.6~7.0	1.3~1.7	43~48	1.0~1.4	适量	
FQ-3	5.8~6.2	0.8~1.2	43~48	0.8~1.2	适量	根据客户要求调整
FQ-4	6.8~7.2	0.8~1.2	43~48	2.0~2.5	适量	
FQ-5	5.8~6.2	0.4~0.6	43~48	0.8~1.2	适量	

表9.78 镧系球化剂（LQ系列）技术参数

化学成分(质量分数)/%					粒 度/mm
Mg	La	Si	Ca	其他元素	根据客户要求调整
4~10	0~3	40~48	0.5~5.0	适量	

表9.79 珠光体球化剂（ZGQ系列）技术参数

化学成分(质量分数)/%					粒 度/mm
Mg	Re	Si	Ca	珠光体元素	根据客户要求调整
4 ~ 10	0 ~ 5	40 ~ 48	0.5 ~ 5.0	适量	

表9.80 球化包芯线规格型号、技术参数

规格型号	化学成分(质量分数)/%						规 格	
	RE (轻、重稀土)	Mg	Si	Ca	Ba	Sb	线径/mm	钢带厚度/mm
Mg20	0 ~ 4.0	18 ~ 22	40 ~ 52	1.0 ~ 5.0	适量	适量	ϕ10、ϕ13	0.32 ~ 0.50
Mg25	0 ~ 4.0	23 ~ 27	42 ~ 48	1.0 ~ 5.0	适量	适量	ϕ10、ϕ13	0.32 ~ 0.50
Mg30	0 ~ 4.0	28 ~ 32	42 ~ 48	1.0 ~ 5.0	适量	适量	ϕ10、ϕ13	0.32 ~ 0.50

9.81、表9.82、表9.83、表9.84。

9.7.2 孕育剂系列

孕育剂系列规格型号、技术参数见表

表9.81 普通孕育剂（PY系列）规格型号、技术参数

型 号	化学成分(质量分数)/%			粒 度/mm
	Si	Ca	Al	根据客户要求调整
PY-1	72 ~ 75	0.5 ~ 1.5	< 2.0	
PY-2	75 ~ 78	0.5 ~ 1.5	< 2.0	
PY-3	75 ~ 78	0.5 ~ 1.5	0.5 ~ 1.0	

表9.82 硅钙钡类（FY-1）规格型号、技术参数

型 号	化学成分(质量分数)/%					备 注
	Si	Ca	Ba	Al	Fe	
FY-1A	70 ~ 75	0.5 ~ 2.0	2.0 ~ 4.0	0.5 ~ 1.5	余量	
FY-1B	68 ~ 75	0.5 ~ 2.0	4.0 ~ 6.0	0.5 ~ 1.5	余量	
FY-1C	55 ~ 65	0.5 ~ 2.0	13 ~ 16	0.5 ~ 1.5	余量	粒度可根据实际需求生产
FY-1D	72 ~ 75	0.5 ~ 2.0	2.0 ~ 4.0	0.5 ~ 1.5	余量	
FY-1E	60 ~ 68	0.5 ~ 2.0	7.0 ~ 10	0.5 ~ 1.5	余量	

表9.83 特种孕育剂规格型号、技术参数

型 号	化学成分(质量分数)/%										备注
	Si	Ca	Ba	Sr	Re	Zr	Mn	Bi	Sb	Al	
FY-2A	72 ~ 76	< 0.1	—	1.2 ~ 1.8	—	1.2 ~ 1.8	—	—	—	< 0.5	硅锶锆

表9.83（续）

型号	化学成分(质量分数)/%										备注
	Si	Ca	Ba	Sr	Re	Zr	Mn	Bi	Sb	Al	
FY-3A	72~76	<0.1	—	1.2~2.0	—	—	—	—	—	<0.5	硅锶
FY-4A	70~75	0.5~2.0	1.0~2.0	—	0.4~0.8	—	—	0.4~1.0	—	<1.5	硅稀土铋
FY-5A	70~75	2.0~3.0	—	—	—	1.3~1.8	—	—	—	1.0~1.5	硅锆
FY-6A	70~75	0.5~2.0	—	—	0.5~1.5	—	—	—	—	0.5~1.5	硅稀土
FY-6B	70~75	0.5~2.0	—	—	1.5~2.5	—	—	—	—	0.5~1.5	硅稀土
FY-6C	70~75	0.5~2.0	—	—	2.5~3.5	—	—	—	—	0.5~1.5	硅稀土
FY-7A	60~65	0.5~2.0	1.0~2.0	—	—	3.0~5.0	3.0~5.0	—	—	0.5~1.5	硅锰锆
FY-8A	70~75	0.5~2.0	—	—	—	—	—	—	—	3.5~4.5	硅铝
FY-9A	70~75	0.5~2.0	1.0~2.0	—	—	—	—	—	2.5~3.5	0.5~1.5	硅锑
FY-9B	70~75	0.5~2.0	1.0~2.0	—	—	—	—	—	1.5~2.5	0.5~1.5	硅锑
FY-9C	70~75	0.5~2.0	1.0~2.0	—	—	—	—	—	0.5~1.5	0.5~1.5	硅锑

表9.84 孕育包芯线、规格型号、技术参数

化学成分(质量分数)/%						规 格	
Re	Mg	Si	Ca	Ba	Sb/Bi/Sr/Zr	线径/mm	钢带厚度/mm
0~3	0~6	45~70	1.0~5.0	适量	适量	$\phi10$、$\phi13$	0.32~0.50

9.7.3 蠕化包芯线

蠕化包芯线规格型号、技术参数见表9.85。

表9.85 蠕化包芯线规格型号、技术参数

化学成分(质量分数)/%					规 格	
Re	Mg	Si	Ca	Ba	线径/mm	钢带厚度/mm
8.0~10	17~19	45~47	4.0~5.0	适量	$\phi10$、$\phi13$	0.32~0.50

9.7.4 硅铁系列

硅铁规格型号、技术参数见表9.86、表9.87。

表9.86 普通硅铁规格型号、技术参数

规格型号	化学成分(质量分数)/%							Fe
	Si	Al	Ca	P	S	C		
				≤				
FeSi75A11.0~A	75~80	1.0	1.0	0.05	0.03	0.2		余量
FeSi75A11.0~B	72~80	1.0	1.0	0.05	0.03	0.2		余量
FeSi75A11.5~A	75~80	1.5	1.5	0.05	0.03	0.2		余量
FeSi75A11.5~B	72~80	1.5	1.5	0.05	0.03	0.2		余量
FeSi75A12.0~A	75~80	2.0	2.0	0.05	0.03	0.2		余量
FeSi75A12.0~B	72~80	2.0	2.0	0.05	0.03	0.2		余量

表9.87 高纯硅铁规格型号、技术参数

规格型号	化学成分(质量分数)/%											备注
	Si	Al	Ca	P	S	C	Ti	Mg	Cu	V	Ni	
						≤						
TFeSi75-A	74.0~80.0	0.03	0.03	0.02	0.004	0.02	0.015	—	—	—	—	
TFeSi75-B	74.0~80.0	0.10	0.05	0.03	0.004	0.02	0.04	—	—	—	—	
TFeSi75-C	74.0~80.0	0.10	0.10	0.04	0.005	0.03	0.05	0.1	0.1	0.05	0.4	
TFeSi75-D	74.0~80.0	0.20	0.05	0.04	0.01	0.02	0.04	0.02	0.1	0.01	0.04	
TFeSi75-E	74.0~80.0	0.50	0.50	0.04	0.02	0.05	0.06	—	—	—	—	
TFeSi75-F	74.0~80.0	0.50	0.50	0.03	0.005	0.01	0.02	—	0.1	—	0.1	
TFeSi75-G	74.0~80.0	1.00	0.05	0.04	0.003	0.015	0.04	—	—	—	—	

见表9.88、表9.89。

9.7.5 （铸）钢用脱氧剂

（铸）钢用脱氧剂规格型号、技术参数

表9.88 铸（钢）用脱氧剂技术参数

产品描述	化学成分(质量分数)/%							
	Ca	Si	Ba	Mn	Al	S	P	C
硅钙	≥28	≥55	—	—	—	—	—	—
硅钡钙	14~16	50~55	14~16	—	<2.0	—	—	—
硅钡钙	12~14	50~60	12~14	—	<2.0	—	—	—
硅钡钙	≥12	≥50	≥14	—	—	≤0.05	≤0.04	—
硅钡钙	≥12	≥50	≥13	—	≤3	≤0.09	≤0.03	≤0.8
低铝硅钙钡	≥10	55~65	≥14	—	≤1.0	≤0.1	≤0.1	≤0.5

表9.88（续）

产品描述	化学成分（质量分数）/%							
	Ca	Si	Ba	Mn	Al	S	P	C
硅钙钡铝	≥9	≥50	≥12	—	≥3			
硅钙钡铝	>5	45~50	>15	—	>5	≤0.06		
硅钙钡铝	—	≥50	≥12	≤0.4	≥8	≤0.09	≤0.04	≤0.8
硅锰钙	13~15	43~47	—	14~16	—	—	—	—

表9.89　（铸）钢用脱氧变质线规格型号、技术参数

规格型号	化学成分（质量分数）/%						规格	
	Re	Mg	Si	Ca	Ba	Al	线径/mm	钢带厚度/mm
SiCa30	—	—	45~70	≥28	适量	适量	φ10、φ13	0.32~0.50
KLX-1	—	—	40~45	21~25	适量	21~25	φ10、φ13	0.32~0.50
KLX-2	18~22	—	40~45	—	适量	7.0~11.0	φ10、φ13	0.32~0.50

表9.91、表9.92、表9.93。

9.7.6　铁合金

铁合金规格型号、技术参数见表9.90、

表9.90　高碳锰铁规格型号、技术参数

规格型号	化学成分（质量分数）/%					
	Si	Mn	C	S	P	Fe
FeMn63C7.0	≤2.0	60~65	≤7.0	≤0.03	≤0.03	余量

表9.91　高碳铬铁规格型号、技术参数

规格型号 FeCr55C10.0	化学成分（质量分数）/%					
	Cr	C	Si	P	S	Fe
	≥52	≤10	≤5.0	≤0.04	≤0.04	余量

表9.92　硅钡合金规格型号、技术参数

规格型号	化学成分（质量分数）/%					
	Ba	Si	Al	P	S	Fe
FeBa30Si35	≥30	≥35	≤3	≤0.04	≤0.04	余量

表9.93　稀土硅铁合金规格型号、技术参数

规格型号	化学成分（质量分数）/%						
	Re	Si	Al	Ca	Mn	Ti	Fe
ReSiFe-29	27~30	≤50	≤1.0	≤5.0	≤2.5	≤1.5	余量

9.7.7 管模粉

产品特点：可保护管模，利于脱模，减少铸管的白口倾向，消除铸管表面气孔和针孔等缺陷。其规格型号见表9.94。

表9.94 管模粉规格型号、技术参数

规格型号	化学成分(质量分数)/%						备　注
	Si	Ca	Ba	Al	Mn	Zr	
Si70Ba3	65~72	1.0~3.0	2.0~4.0	<1.5	—	—	经双方协商，Al可放宽至不大于2.0%
Si70Ba3	65~72	1.0~3.0	4.0~6.0	<1.5	—	—	
Si65Ba7	60~68	1.0~3.0	6.0~8.0	<1.5	—	—	
Si65Ba9	60~68	1.0~3.0	8.0~10.0	<1.5	—	—	
SiMnZr2Ca	60~70	1.0~3.0	—	<1.5	1.0~3.0	1.0~3.0	
SiMn4Zr4Ca	60~70	1.0~3.0	—	<1.5	3.0~5.0	3.0~5.0	

9.8 增值服务

圣泉集团构建了完善的增值服务体系。组建了由多位行业内专家组成的服务团队，并拥有综合性中试基地、计算机仿真软件、服务专用车、扫描电镜等高端分析仪器，可为铸造企业提供多元化、个性化服务，包括售前、售后服务，协助铸造厂质量攻关，提供完整的解决方案，技术培训、理化检测，协助铸造厂新产品开发等。

参考文献

[1] 李远才. 铸造手册:第4卷 造型材料[M]. 北京:机械工业出版社,2020.

[2] 苏仕方. 铸造手册:第5卷 铸造工艺[M]. 北京:机械工业出版社,2020.

[3] 李卫. 铸造手册:第1卷 铸铁[M]. 北京:机械工业出版社,2020.

[4] 娄延春. 铸造手册:第2卷 铸钢[M]. 北京:机械工业出版社,2020.

[5] 戴圣龙,丁文江. 铸造手册:第3卷 铸造非铁合金[M]. 北京:机械工业出版社,2020.

[6] 黄天佑,熊鹰. 黏土湿型砂及其质量控制[M]. 2版. 北京:机械工业出版社,2016.

[7] 金文正. 型砂化学[M]. 上海:上海科学技术出版社,1985.

[8] 李传栻. 造型材料新论[M]. 北京:机械工业出版社,1992.

[9] 张友松. 变性淀粉生产与应用手册[M]. 北京:中国轻工业出版社,1999.

[10] 金仲信. α淀粉在高密度造型中的作用[J]. 中国铸造装备与技术,2005(3):41-43.

[11] 孙宝歧,吴一善,梁志标,等. 非金属矿深加工[M]. 北京:冶金工业出版社,1995.

[12] 虞继舜. 煤化学[M]. 北京:冶金工业出版社,2000.

[13] 朱小龙,武炳焕. 高效煤粉在我厂高压造型线上的应用[J]. 铸造工程(造型材料),2001(4):9-10.

[14] 金仲信. 高密度造型型砂的管理[J]. 铸造,2002(5):316-319.

[15] 陈全芳,于震宗,黄天佑,等. 型砂质量管理专家系统 MSES 的研究应用[J]. 机械工程学报,1994(1):7-12.

[16] 樊自田,朱以松,董选普. 水玻璃砂工艺原理及应用技术[M]. 2版. 北京:机械工业出版社,2016.

[17] 朱纯熙,卢晨,季敦生. 水玻璃砂基础理论[M]. 上海:上海交通大学出版社,2008.

[18] 董选普,陆浔,樊自田,等. 原砂对新型改性水玻璃型砂溃散性的作用机理[J]. 华中科技大学学报(自然科学版),2003(6):16-19.

[19] 樊自田,黄乃瑜,黄有谋,等. 新型水玻璃旧砂湿法再生系统设备[J]. 铸造,1999(7):49-52.

[20] 金大洲,刘兆洲. VRH法水玻璃砂在铸钢生产中的应用[J]. 铸造,1992(12):30-32.

[21] 李远才,董选普. 铸造造型材料实用手册[M]. 2版. 北京:机械工业出版社,2015.

[22] 张昕,白培康,李玉新. 覆膜砂激光烧结在铸造领域的应用[J]. 铸造技术,2016,37(3):501-503.

[23] 李远才. 铸造涂料及应用[M]. 北京:机械工业出版社,2012.

[24] 张继峰. 铸件脉纹缺陷的成因分析及防止措施[J]. 现代铸铁,2015(6):82-84.

[25] 唐玉林. 圣泉铸工手册[M]. 沈阳:东北大学出版社,1999.

[26] 陶令桓.铸造手册:第1卷 铸铁[M].北京:机械工业出版社,1993.

[27] 丛勉.铸造手册:第2卷 铸钢[M].北京:机械工业出版社,1991.

[28] 黄恢元.铸造手册:第3卷 铸造非铁合金[M].北京:机械工业出版社,1993.

[29] 任善之.最新铸造标准应用手册[M].北京:机械工业出版社,1994.

[30] 朱华栋.最新铸造标准实用手册[M].北京:兵器工业出版社,1992.

[31] 胡彭生.型砂[M].2版.上海:上海科学技术出版社,1994.

[32] 曹文龙.铸造工艺学[M].北京:机械工业出版社,1998.

[33] 施廷藻.铸造实用手册[M].2版.沈阳:东北大学出版社,1994.

[34] 孟爽芬.造型材料[M].哈尔滨:哈尔滨工业大学出版社,1987.

[35] 谢明师,蒋乃隆,等.呋喃树脂自硬砂实用技术[M].北京:机械工业出版社,1995.

[36] 陈松原,潘鹏飞.简明铸工手册[M].上海:上海科学技术出版社,1988.

[37] 陈国桢.造型工手册[M].北京:中国农业机械出版社,1985.

[38] 李弘英.铸钢件的凝固和致密度的控制[M].北京:机械工业出版社,1985.

[39] 黄良余.简明铸工手册[M].北京:机械工业出版社,1991.

[40] 北京机械工程学会铸造专业学会.铸造技术数据手册[M].北京:机械工业出版社,1993.

[41] 曹善堂.铸造设备选用手册[M].北京:机械工业出版社,1990.

[42] 赵建康.铸铁铸钢及其熔炼[M].北京:机械工业出版社,1991.

[43] 曹聿,严绍华.铸工实用手册[M].北京:中国劳动出版社,1991.

[44] 铸造车间和工厂设计手册编委会.铸造车间和工厂设计手册[M].北京:机械工业出版社,1995.

[45] 刘幼华,胡起萱.冲天炉手册[M].北京:机械工业出版社,1990.

[46] 施廷藻,郭燕杰,蔡德金,等.冲天炉理论与应用[M].沈阳:东北工学院出版社,1992.

[47] 傅恒志.铸钢和铸造高温合金及其熔炼[M].西安:西北工业大学出版社,1985.

[48] 陆文华.铸造合金及熔炼[M].北京:机械工业出版社,1996.

[49] 李应堂.现代汽车铝铸件[M].上海:上海科学技术出版社,1990.

[50] 林肇琦.有色金属材料学[M].沈阳:东北工学院出版社,1986.

[51] 柏恩斯.铸工手册[M].武安安,沈东辉,译.北京:兵器工业出版社,1996.

[52] 杨国杰,陈国桢,庞凤荣.铸铁件质量手册[M].北京:机械工业出版社,1989.

[53] 温永都,李冬琪,朱承兴.铸造检验技术[M].北京:机械工业出版社,1989.

[54] 孙可伟,孙力军.铸造车间环境保护[M].重庆:重庆大学出版社,1992.

[55] 中国国家标准化管理委员会.铸造用硅砂:GB/T 9442—2010[S].北京:中国标准出版社,2010.

[56] 中国国家标准化管理委员会.奥氏体高锰钢铸件:GB/T 5680—2010[S].北京:中国标准出版社,2010.

[57] 中国国家标准化管理委员会.铸造铝合金:GB/T 1173—2013[S].北京:中国标准出版社,2013.

[58] 中国国家标准化管理委员会.铸造表面粗糙度评定方法:GB/T 15056—2017[S].北

京:中国标准出版社,2017.

[59] 中国国家标准化管理委员会.表面粗糙度比较样块铸造表面:GB/T 6060.1—2018[S].北京:中国标准出版社,2018.

[60] 中国国家标准化管理委员会.铸件尺寸公差、几何公差与机械加工余量:GB/T 6414—2017[S].北京:中国标准出版社,2017.

[61] 中国国家标准化管理委员会.铸造工艺符号及表示方法:JB/T 2435—2013[S].北京:中国标准出版社,2013.

[62] 张俊善,尹大伟.铸造缺陷及其对策[M].北京:机械工业出版社,2008.